Gesamtverzeichnis des deutschsprachigen Schrifttums (GV) 1700 – 1910

Bearbeitet unter der Leitung von
Hilmar Schmuck und Willi Gorzny
Bibliographische und redaktionelle Beratung:
Hans Popst und Rainer Schöller

85

Lau - Leg

K · G · Saur München · New York · London · Paris 1983

CIP-Kurztitelaufnahme der Deutschen Bibliothek

Gesamtverzeichnis des deutschsprachigen Schrifttums :
(GV). – München, New York, London, Paris : Saur.
Bd. 1 – 6 bearb. unter d. Leitung von Peter Geils
u. Willi Gorzny.
ISBN 3-598-30000-X

1700 – 1910 / bearb. unter d. Leitung von Hilmar
Schmuck u. Willi Gorzny. Bibliograph. u. red.
Beratung: Hans Popst u. Rainer Schöller

NE: Schmuck, Hilmar [Bearb.]

85. Lau - Leg. - 1983.

Techn. Realisierung und Druck: Norbert Gärtner, Mainz-Kastel
Binden: Karl Schaumann, Darmstadt
Printed in the Federal Republic of Germany
ISBN 3-598-30000-X (Gesamtwerk)

Lau, Hauptm. und Compagnie-Chef. Kurzer Abriss der Geschichte des 2. hannoverschen Inft.-Reg. Nr. 77. Nach den Acten und Kriegstagebüchern für die Unterofficiere und Mannschaften zusammengestellt. Mit 1 Bildniss und 7 Terrainskizzen. gr. 8. Berlin 1882.

Lau, Hauptm., kurzer Abriß der Geschichte des 2. Hannoverschen Infanterie-Regiments Nr. 77. Nach den Akten und Kriegstagebüchern für die Unteroffiziere und Mannschaften zusammengestellt. gr. 8. (IV, 41 S. mit 1 lithogr. Bildniß und 7 lithogr. und phototyp. Terrainskizzen.) Berlin 883, Mittler und Sohn. *

Lau, A., des Apostels Paulus Lehre von den letzten Dingen, historisch u. exegetisch betrachtet. Ein Beitrag zur speculativen Unsterblichkeitslehre. gr. 8. Brandenburg 837. Wiesike. 1/3 ℛ

Vokalismus des Westallgäuer Dialektes. (Dem unermüdlichen und verdienstvollen Förderer der Dialektforschung, Herrn Kgl. Universitätsprofessor Dr. Oskar Brenner zu Würzburg in Ehrfurcht gewidmet). — Von Aloys Lau, G.-A. — 1903, Kempten, Jos. Kösel. — P. V—VIII und I—63.
Progr. Lohr. K. Gymn.

Lau, Aloys, Assist. am K. hum. Gymn. Lohr: Vokalismus des Westallgäuer Dialektes. *Kempten 1903: J. Kösel.* (VIII, 63 S.) 8° [F.]
Würzburg, Phil. Diss. v. 1903

Lau, Anna, Excelsior. Gedichte. 16. (VIII, 111 S.) Stuttgart 892. Greiner & Pfeiffer. Mit Goldschn. n. 2. —

— die ersten Heilsboten des Elsasses. 1. u. 2. Aufl. gr. 16. (52 S.) Straßburg 893. C. A. Bomhoff. Kart. n.n. — 50

— Lioba. Ein Frauenbild aus dem VIII. Jahrh. 12. (15 S.) Ebd. 894. n. — 20

— Johannes Tauler, Predigermönch in Straßburg, geb. 1290, 1361 †. Ein Lebensbild. 12. (36 S. m. Bildnis.) Ebd. 893. n. — 30

Lau, Anna, s.: Volksschriften, elsässische.

Lau, Anna, was uns die Jung St. Peterkirche in Straßburg erzählt. Mit e. Abbildg. der Kirche. (53 S.) 8. Straßburg 903. Schlesier & Schweikhardt. n. 1. —

Lau, Behrend [approb. Arzt aus Kubensee]: Aus dem Laboratorium der pharmakognostischen Sammlung in Kiel. Beitrag zur Kenntnis der Wirkung des Strychnins ... Elmshorn, gedr. in J. Schüthe's Buchdr., 1886; 1 Bl. + 18 S. 8°.
Kiel, Med. Fak., Inaug.-Diss. v. 9. Okt. 1886.

Lau, C., die Sprache d. Evangeliums, die Muttersprache d. Menschenherzens. Gastpredigt, geh. am 18. Octbr. 1891 in der St. Paulskirche zu Frankfurt a. M. gr. 8. (14 S.) Frankfurt a/M. 892. Kesselring. n. — 30

Lau, Erich, a. Kossakau in Westpreußen: Beiträge zur Kenntnis der Zusammensetzung der im Ackerboden befindlichen Luft. Rostock 1905: C. Hinstorff. (34 S.) 8°
Rostock, Phil. Fak., Ref. Heinrich, Diss. v. 5. Juni 1906
[Geb. 23. Sept. 75 Kossakau; Wohnort: Rostock; Staatsangeh.: Preußen; Vorbildung: Gymn. Danzig Obersekunda-Reife M. 94; Studium: Rostock 10 S.; Rig. 30. Mai 06.]

Lau, F., Widerlegung d. chem. Ansichten v. Athmen, u. Darstellung e. pneumat. Theorie. gr. 8. (5½ B.) Bonn 830, Habicht.

Lau, F. W., moderne Zuschnittlehre. Ein nützl. Handbuch für junge und alte Schneider. Auf Grund pract. Erfahrung für den Selbstunterricht bearb. und hrsg. 4. (20 S. mit 52 autogr. Taf.) Cottbus 883. (Dresden, Merkel.)

Lau, Friedrich [aus Lübeck]: Die erzbischöflichen Beamten in der Stadt Köln während des zwölften Jahrhunderts. . . . Bonn, Hauptmann'sche Buchdr., 1891; [nur Titelbl., Vita u. Thesen.] 2 Bl. 8°
Bonn, Phil. Fak., Inaug.-Diss. v. 1. Aug. 1891

Lau, Friedrich [aus Lübeck]: Die erzbischöflichen Beamten in der Stadt Köln während des zwölften Jahrhunderts ... Lübeck, Druck v. M. Schmidt, 1891; 89 S. 8. [vgl. 1890/91 Bonn No 86.]
Bonn, Phil. Fak., Inaug.-Diss. v. [1. Aug.] 1891

Lau, Frdr., die erzbischöflichen Beamten in der Stadt Köln während d. 12. Jahrh. Diss. gr. 8. (89 S.) Lübeck 891. (Leipzig, G. Fock.) n. 1. 20

Lau, Frdr., s.: Codex diplomaticus Moenofrancofurtanus.

Lau, Frdr., Entwicklung der kommunalen Verfassg. u. Verwaltg. d. Stadt Köln bis zum J. 1396, s. a. Preis-Schriften d. Mevissen-Stiftung.

Entwicklung der kommunalen Verfassung und Verwaltung der Stadt Köln bis zum Jahre 1396. Von Friedrich Lau. Gekrönte Preisschr. *Bonn: H. Behrendt 1898.* (XVI, 408 S., 1 Bl.) 1 Bd 8.
= Preis-Schriften d. Mevissen-Stiftung. [Bd] 1. 96. 5447

Lau, Frdr., Quellen zur Rechts- u. Wirtschaftsgeschichte v. Siegburg, s.: Publikationen der Gesellschaft f. rhein. Geschichtskunde. XXIX.

Lau, Friedrich [aus Rostock]: Vergleichende Untersuchung verschiedener Rostocker Brunnenwässer, des Warnow- und Leitungswassers mit ausführlicher Angabe des eingehaltenen Untersuchungsganges und Hervorhebung der für cursorische Analysen geeigneten Bestimmungsweisen. . . . Güstrow, C. Waltenberg's Rathsbuchdr., 1888; 2 Bl. + 56 S. u. 1 Taf. 8°
Rostock, Phil. Fak., Inaug.-Diss. v. 27. Jun. 1888

Lau, Frdr., s.: Weinsberg, d. Buch.

Lau, Fritz, Johann un Trina up Reisen. Schwank in 1 Aufzuge. (39 S.) 8. Garding (910). H. Lühr & Dirks. 1. —

— Katenlüd. (VII, 120 S.) 8. Ebd. (909). 1.50; geb. in Leinw. 2. —

Lau, G., Stettiner Schreibschule, s.: Fabian, H.

Lau, G., Worte gesprochen an d. Brandstätte, beim Wegtragen der Leichen zum Friedhofe, der durch die Feuersbrunst in Bahrenfeld am 2. Mai 1865 umgekommenen 7 Personen, u. Worte am Grabe gesprochen den 7. Mai 1865. Altona 865. Hamburg, Mentzel. gr. 8. (13 S.) 3 ngr.

Lau, Geo., die Flüchtlinge. Novelle. gr. 12. (17 B.) Hamburg 841, Meißner.

Lau, Geo. Joh. Thdr., Geschichte der Einführung u. Verbreitung der Reformation in den Herzogth. Schleswig-Holstein bis zum Ende des 16. Jahrh. Hamburg 867. Nolte. gr. 8. (VIII, 537 S.) 2 ℛ 20 ngr.

Lau, Georg Joh. Th., Gregor I. der Grosse nach seinem Leben u. seiner Lehre geschildert. gr. 8. (35½ B.) Leipzig 845, T. O. Weigel. *

— **Gottl. Ernst** (Wernigerode), Diss. crim. de poena capitali in furto haud mitiganda. Präs. Gg. Sam. Madihn. Halle (Hendel) 6. XII. 1757. 26 S. (4.—) 20541

Lau, Gust. Thdr., die griechischen Vasen, ihr Formen- und Decorationssystem. 44 (chromolithogr.) Taf., aufgenommen nach Originalen der Vasensammlung in München. Mit einer histor. Einleitung von Heinr. Brunn und erläut. Texte von P. F. Krell. 2 Hälften. Fol. Leipzig 877, Seemann. [1. Hälfte. (Taf. 1—22 und Text S. 1—20.); 2. Hälfte. (Taf. 23—44 und Text S. 21—38.)] à Hälfte in Carton * ℳ 28. *

Lau, Heinr. Leop., Bemerkungen, die in Aussicht gestellte Fortbildung der evangel. Kirchenverfassung betreffend. gr. 8. (34 S.) Königsberg 849, Samter in Comm. n. 1/6 ₰

Lau, Hermann, a. Lübeck: Eugen Dühring als Religionsphilosoph. Lübeck 1907: Ch. Coleman. (36 S.) 8°
Erlangen, Phil. Fak., Ref. Falckenberg, Diss. v. 9. Febr. 1907
[Geb. 15. Okt. 82 Lübeck; Wohnort: Lübeck; Staatsangeh.: Lübeck; Vorbildung: Katharineum Lübeck Reife O. 01; Studium: Erlangen 3, Berlin 1, Kiel 4 S.; Rig. 15. Jan. 07.]

Lau, Hermann, Dr. phil.: Die angelsächsische Missionsweise im Zeitalter des Bonifaz. Preetz 1909: Hansen. VIII, 83 S. 8°
Kiel, Theol. Diss. v. 10. Dez. 1909, Ref. Ficker
[Geb. 15. Okt. 82 Lübeck; Wohnort: Lübeck; Staatsangeh.: Lübeck; Vorbildung: Katharineum Lübeck Reife O. 01; Studium: Theol. u. Phil. Erlangen 3, Berlin 1, Kiel 7 S.; Rig. 20. Febr. 09.] [U 10. 2416

Lau, J. G., Alphabete der gebräuchlichsten Schriftarten mit leichtfaßl. Grundregeln. (12 Bl.) qu. Fol. Ravensberg 844, Knapp. n. 3/8 ₰

Gedichte zweier Freunde (v. Johann Friedrich Lau) [u. Johannes Martin Heinrich Eggers]. Altona. 1847. 8°.

Chronik des Armen- und Krankenhauses – einschließl. Helenenheims – zu Nieder-Wildungen f. die Zeit v. 16. Dec. 1849 bis Ende 1900. Aus Anlaß d. Gedenkfeier d. 50jähr. Bestehens d. Anst. ⟨16. Dec. 1899⟩ verf. von Karl **Lau**, Pfarrer zu N.-Wildungen. *N. Wildungen: P. Pusch 1902.* (148 S.) 8° [F.] [03. 11870 4

Das Helenenheim in Bad Wildungen. (Verf.: [Karl] **Lau**, Pfarrer.) *Bad Wildungen (1902: P. Pusch).* (2 Bl.) 8° [Kopft. F.] [03. 11873 4

Lau, Carl Aug. (Berlin), De tubi acustici ad sciscitandam graviditatem efficacia. Diss. med. Berlin (Brüschcke) 11. IV. 1823. 30 S. mit Biogr. (3.20) 20539
Gew.: Joh. Wiebel. — Oppon.: E. Blasius, C. F. Hasse, F. W. Sabat.

Lau, Louis, Praktischer Unterricht in der heutigen Putzfedernfärberei, Lappenfärberei mit Küpenführung, Chemischer und Naß-Wäscherei. 8. (VIII, 160 S.) (Chemisch-technische Bibliothek. Bd. 180) 1.65
Dasselbe. Geb. (nur fest) 2.10

Lau, Louis. Praktischer Unterricht in der heutigen Putzfedernfärberei, Lappenfärberei m. Küpenführung u. chemischer u. Naß-Wäscherei. 8. (VIII, 160 S.) Wien 890, Hartleben. * 3 —; geb. * 3 80

Lau, Louis u. Alwin **Hampe**, praktischer Unterricht in der heutigen Wollenfärberei, enth. Wäscherei u. Carbonisirg., Alizarin-, Holz-, Säure-, Anilin- u. Waidküpen-Färberei f. lose Wolle, Garne u. Stücke. 8. (VII, 152 S.) Wien 892. A. Hartleben. n. 2. 50; geb. n. 3. 30

Lau, Max Ed., s.a. Edelau, Max

EDELAN, Max (d. i. Dr. med. *Lau*), Der Zölibätzl. (Satir. Gedicht.) Mit Illustrationen von Karl Staudinger-Dachau. Dresden, C. Piersons Verlag, 1908.
Gegen Cölibat und Index libror. probit. Verfasser und Verleger wurden ungeachtet der entlastenden Gutachten literarischer Capacitäten zu je 300 Mk. Strafe verdonnert (Juli 1908).

Edelau, Max. [= Dr. Max Ed. Lau.] Der Zölibatzi. Eine Priestergeschichte. Illustriert von Karl Staudinger-Dachau. Dresden, C. Pierson, o. J. (1910). Gr. 8°. 54 S.

Lau, Max Eduard, appr. Arzt a. Bad Wildungen: Aus d. patholog. Institut zu München ⟨Obermedizinalrat Prof. Dr. v. Bollinger⟩. Zwei Fälle von Perforationsappendicitis mit Bildung retroperitonealer, perinephritischer u. subphrenischer Abszesse und Durchbruch derselben in die Pleurahöhle. München 1905: H. Beck. (29 S.) 8°
München, Med. Fak., Ref. v. Bollinger, Diss. v. 15. Dez. 1905
[Geb. 28. Mai 76 Bad Wildungen; Wohnort: Bad Wildungen; Staatsangeh.: Waldeck; Vorbildung: Lessing-Gymn. Frankfurt a. M. als Extraneer Reife S. 97; Studium: Leipzig 1, München 6, Göttingen 1, München 4 S.; Coll. 15. Dez. 05; Approb. 29. Juli 05.]

Lau, Rich., s.: Anschluss, der, des Deutschen Reichs an die internat. Union f. gewerbl. Rechtsschutz.

Lau, Rob. J., and J. Dyneley Prince, the Abu Habba Cylinder of Nabuna'id, s.: Study-Series. Semitic. V.

— and Stephen Langdon, the annals of Ashurbanapal, s.: Study-Series, Semitic. II.

Lau, Sam., (†...) Kraft des Blutes Christi. 2 Thle. ... N. verb. Aufl. 2 Thle. 8. Bresl. 768. J. F. Korn. 5 K

— sämmtliche Schriften. 2 Thle. 8. Kopenhag. u. Leipz. 740.

— Seligkeit der Gläubigen in der Gemeinschaft Christi. 8. Wernigerode. (Hebold, S.) 737.

— geistliche Trauer- und Gedächtnißreden. 8. Königsbg. 743.

Lau, Sophus, aus dem Pfarrhaus zu Kirchwärder. Erlebnisse u. Bekenntnisse e. hamburg. Landgeistlichen. (125 S.) 8. Hamburg 906. Herold. n. 2. —; geb. in Leinw. n. 3.—

Lau, Thaddaeus, zur Auswahl. Skizzen und Artikel. 8. (VIII und 230 S.) Hamburg 859, Hoffmann und Campe.

—— die Entstehungsgeschichte der Magna Charta. 8. (V und 112 S.) Hamburg 857, Hoffmann und Campe.

Lau, Thaddäus, die Gracchen und ihre Zeit. 8. (IX und 287 S.) Hamburg 854, Hoffmann und Campe.

Lau, Thaddäus, das Leben des Syrakusaners Dion. Gekrönte Preisschrift. Prag 860. Kober & Markgraf. (Hamburg, Richter.) 8. (VII, 120 S.) n. 20 ngr.

—— Lucius Cornelius Sulla. Eine Biografie. 8. (VII und 365 S.) Hamburg 855, Hoffmann und Campe.

—— der Untergang der Hohenstaufen. 8. (VII und 506 S.) Hamburg 856, Hoffmann und Campe.

Lau, Thdr.: Die griechischen Vasen ...,
s. Lau, Gust. Thdr.

Lau, Theodor Ludwig

Lau, Th. L.: „Allen Curieusen und Verständigen Liebhabern Vernünfftiger und Christlicher wohleingerichteter und Vortheilhafftiger Finantzigen", Hamburg 1736.

Lau, Theodor Ludwig: „Den Becrönten Häuptern sich ihnen egalisierenden Puissancen: Fürsten und anderen Regierungen, nöthige und nützliche Dienste / in Policev-Cammer-Negocien Steuer- und auch Staats-Sachen", Frankfurt 1722.

Lau, Theodor Ludwig: „Entwurff einer Wohleingerichteten Policey", anonym herausgegeben Frankfurt a. M. 1717.

Lau, Theodor Ludwig: „Politische Gedancken: Welcher Gestalt Monarchen und Könige / Republiquen und Fürsten: Nebst ihren Reichen / Ländern und Unterthanen; Durch eine leichte Methode Mächtig und Reich seyn oder werden können", anonym herausgegeben Frankfurt a. M. 1717.

Lau, Theodor Ludwig: „Meditationes Philosophica / De Deo Mundo Homine" anonym herausgegeben 1717.

Lau, Theodor Ludwig: „Meditationes, Theses, Dubia Philosophico-Theologica Placidae Eruditorum Disquisitione submissa a Veritatis Eclecticae Amico", Freystadt 1719.

Lau, Th. L.: „Aufrichtige Nachricht von dem jetzigen Etat des Finantz-Wesens der Respublica des Vereinigten Niederlandes", Köln 1717 (Anonym erschienen).

Lau, Theod. Ludw. Aufrichtige Nachricht von Finantzien-Wesen der Provintz Holland. 4°. Cölln, Martau, 1717.

Lau, Theodor Ludwig: „Notification von vier versprochenen Staats- und Reichs-Werken betitelt: Das Amsterdamsche Welt-Magazin", 1738.

Lau, Theodor, Ludwig: „Unterthänigste und schuldigst verbundendste und freundschaftliche Notification An die gekrönten Häupter", Frankfurt 1722.

Lau, Theodor, Ludwig: „Vollkommener Saavedrischer Regent", Freystadt 1724.

Lau, Th. L.: „Aufrichtiger Vorschlag von glücklicher, vortellhaftiger, beständiger Einrichtung der Intraden und Einkünfte der Souverainen und ihrer Unterthanen; in welchem von Polizey- und Cammer-Negocien und Steuersachen gehandelt wird", 4 Theile, Frankfurt a. M. 1719, Neue Auflage 1729.

Lau, Theod. Ludw. Aufrichtiger Vorschlag von glücklicher, vortheilhafftiger und beständiger Einrichtung der Intraden, Einkünffte der Souverainen. 4 Thle. 4°. Frankfurt, Foerster, 1719.

Lau, Theod. Lud., aufricht. Vorschläge von Einricht. d. Intraden. 4 Thle. 4. Frkft. 729.

Lau, Th. L.: „Praktische Vorschläge welcher Gestalt Steuer und respektive Contributionen zum Nutzen eines Landes-Herren / und ohne Nachtheil der Unterthanen einzurichten seye", Anonym erschienen 1721.

Lau, Waldemar, Referendar in Kiel: Die rechtliche Stellung des Erbbauberechtigten. *Rostock 1904: C. Hinstorff.* (76 S.) 8° [J.]
Leipzig, Jur. Diss. v. 1904

Lau, Wlh., s. Beiträge zu veränderten Kirchengesängen.

— s. Psalmen Davids.

Laub u. Blüten. Gedichte v. E. L. in der Au (Emma Marschall). (95 S.) gr. 8. Coblenz (903). Pfaffendorf a/Rh. (Emserstr. 20), Emma Marschall. n. 2. —

Laub, Alb., himmlische Schatzkammer. Ablaßgebetbuch z. tägl. Gebrauch. Aus d. authent. Quellen neu zusammengestellt u. f. d. prakt. Gebrauch geordnet v. Aug. Mohnen. (539 S. m. 14 Vollbildern.) 16. Einsiedeln 909. Verlagsanstalt Benziger & Co. Geb. in Leinw. 1. 80

Laub, A., Die Unfehlbarkeit der kath. Kirche u. ihres Oberhauptes. Offenes Sendschreiben an Prof. Bunkofer in Wertheim a. M. Tauberbischofsheim, (Bott.) 1897. 8°, 43 S., 30 Pf.

Vgl. Wilh. Bunkofer, Mein Austritt aus d. röm. Kirche, denkenden Christen gewidmet. Nebst der Rede d. Herrn Schulrat Küppers von Berlin auf d. Altkatholiken-Kongreß in Wien. Wertheim, E. Buchheim Nachf., 1897, gr. 8°, 40 Pf.; Derselbe, Herrn Stadtpfarrers Laubs Broschüre: Neuestes altkath. Blendwerk ꝛc., das. 1897, gr. 8°, 16 S., 20 Pf.

Laub, Alb., die Unfehlbarkeit d. kathol. Kirche u. ihres Oberhauptes. Off. Sendschreiben an Hrn. Prof. Wilhelm Bunkofer in Wertheim a/M. (Umschlag: Neuestes altkathol. Blendwerk od. der Fall Bunkofer, allen wirklich denk. Christen zur Beurteilg. vorgelegt.) gr. 8. (43 S.) Tauberbischofsheim 897. (F. X. Bott.) n. — 30

Laub, Alfr. Ant., Brot od. Steine? Bunte Geschichten aus unserer Zeit u. anderes. 1.—5. Taus. (96 S.) 16. Ravensburg 909. F. Alber. — 50

Laub, C. A., Allöopathie, Homöopathie u. Wasserheilkunde in ihren Grundzügen dargestellt, nebst Anweis. die Gesundheit zu erhalten, das Leben zu verlängern u. ein hohes Alter zu erreichen, d. Körper zu stärken u. abzuhärten, sich gegen Krankhh. zu schützen, sowie schon entstandene Leiden schnell gefahrlos u. wohlfeil zu heilen. 8. Reichenbach 840. (Leipz., Schumann.) n. 1/2 ₰

Laub, Ch., praes. J. W. Wedel, De amaurosi. 32 pp. Jen. 4°.
1705

Laub, Hard. Otto Conr., Observationes ad vitam Johannis v. Staupitz, theol. doct. Kopenhagen (J. D. Quist) 24. III. 1832. 31 S. (3.40) 20542

Laub J, Geschichte der vormaligen 5 Donaustädte in Schwaben. Mengen 1894

Laub, J., zur Theorie der longitudinalen magnetooptischen Effekte in leuchtenden Gasen u. Dämpfen, s. a. Sitzungsberichte der Heidelberger Akademie d. Wissenschaften. Mathem.-naturw. Kl. 1910. VI.

Zur Theorie der longitudinalen magnetooptischen Effekte in leuchtenden Gasen und Dämpfen Von J. Laub. Heidelberg: Winter 1909. 20 S. 8°
(Sitzungsberichte d. Heidelberger Akademie d. Wiss. Math.-naturw. Kl. Jg. 1909, Abh. 6.) [10. 3702

Laub, J. Geo., deutsche und lateinische Gedichte. 8. Kopenh. Prost. 745.

Laub, Jakob, a. Rzeszow ⟨Österreich⟩: Über sekundäre Kathodenstrahlen. Würzburg 1907: F. Staudenraus. (87 S.) 8° ¶(Aus: Bulletin de l'acad. d. sc. de Cracovie 1907.)
Würzburg, Phil. Fak., Ref. Wien, Diss. v. 10. April 1907
[Geb. 7. Febr. 82 Rzeszow (Galizien); Wohnort: Würzburg; Staatsangeh.: Österreich; Vorbildung: Obergymn. Rzeszow Reife 01; Studium: Göttingen 6, Würzburg 2 S.; Rig. 29. Nov. 06.]

Laub, Jos., Krieger-Heimkehr. Zur 35 jähr. Gedenkfeier der Rückkehr der königl. württemb. Felddivision vom deutsch-französ. Kriege 1870/11. (VII, 79 S.) gr. 8. Stuttgart 906. W. Kohlhammer. n. 1. 20

Laubach, Thdr., Gedankenbilder. (Gedichte.) 8. (V und 178 S.) Hamburg 854, [Nolte und Köhler.] *

—— Gedichte. 16. (III und 155 S.) Hamburg 856, Nolte und Köhler. *

Lauban [Schlagwort]

Lauban, Kreis, s. a. Kreiskarten.

Lauban, Baron, Paul, Wandkarte des Kreises Lauban, entworfen nach den Messtischblättern der königl. preuss. Landes-Aufnahme. 1 : 35,000. 6 Blatt à 41×52,5 cm. Farbdr. Lauban 899. G. Reipprich. Auf Leinw. m. Stäben n.n. 13. 50

— Entfernungskarte, amtliche, des Kreises Lauban (Reg.-Bez. Liegnitz). Auf Grund amtl. Unterlagen angefertigt im Katasteramte zu Lauban, rev. im Katasterbureau der königl. Regierung zu Liegnitz. Hrsg. 1902. 1 : 75,000. 55×45 cm. Farbdr. Glogau, C. Flemming. 1. 50

Lauban. Plan der Stadt Lauban. 1 : 5000. Innerer Tl. 1 : 2000. 71×87,5 cm. Farbdr. Lauban (906). G. Köhler. n. — 75

— Verkehrskarte von Lauban, Löwenberg, Greiffenberg, Marklissa, Friedeberg, Naumburg, Schönberg, Seidenberg m. ihrer weiteren Umgebung. 26×33 cm. Farbdr. Nebst Verzeichniss der Städte Schlesiens m. Einwohnerzahl u. Angabe der Wochenmärkte, sowie dem neuen Porto-Tarif. gr. 16. (1 Bl.) Lauban (900). G. Reipprich. — 20

Laubat, R. Die Kgl. preuss. Seehandlung. gr. 8°. Leipzig 1851.

Laube, die heilige, od. Wittgenstein in Deutschland u. Frankreich. 8. Bresl. 801. Schall. 16 gr

Laube, s.: Bausteine f. die Schule.

Laube, die Katastrophe von Landeshut in Schlesien am 23. Juni 1760. Nebst 6 Beilagen u. 1 (lith. u. color.) Plane (in Fol.). Herausg. von v. Klützow. Landeshut 861. (Berlin, Mittler & Sohn.) gr. 8. (VII, 83 S.) nn. 15 ngr.

Laube, A. E., s.: Wegweiser, biblischer.

Laube, Arm. Rob. (Schlesien), Quaedam de apoplexia cerebrali. Diss. path. Berlin (Nietack) 31. X. 1833. 48 S. mit Biogr. (M.: Joh. Schwand.) (4.—) 20543
Oppon.: F. Maercker, C. Wedding, W. Davidson.

Laube, Ernst, das Buch der Rezepte u. Hausmittel. Ein getreuer Ratgeber fürs alltägl. Leben in Familie, Haus, Küche u. Keller, c. Nachschlagebuch f. Jedermann. 8. (VIII, 164 S.) Erfurt (901). F. Bartholomäus. 1.50

Laube, Ernst, der patriot. Festredner. E. Sammlg. gedieg. Festreden u. Ansprachen bei patriot. Fest- u. Gedenktagen unt. bes. Berücksicht. der Krieger- u. Militär-Vereine. 8. (236 S.) Erfurt 897. F. Bartholomäus. 1. 50

Laube, Friedrich, appr. Arzt: Zum Morbus Basedowii. Berlin 1909: G. Schade. 32 S. 8°
Berlin, Med. Diss. v. 13. Aug. 1909, Ref. His
[Geb. 18. Okt. 79 Berlin; Wohnort: Berlin; Staatsangeh.: Preußen; Vorbildung: Wilhelms-Gymn. Berlin Reife M. 99; Studium: Berlin 10 S.; Coll. 11. Aug. 09; Approb. 15. Sept. 05.] [U 09. 68

Laube, Gustav Karl

Laube, Gust. C., Georgius Agricola, s.: Wunderstadt, die, St. Joachimsthal.

– Das Alter der Erde, s. Sammlung gemeinnütziger Vorträge.

—— und Geo. Bruder, Ammoniten der böhmischen Kreide. gr. 4. (23 S. mit 10 Holzschn., 7 Taf. und 7 Bl. Erklärungen.) Stuttgart 887, Schweizerbart'sche Verlagsh. *
Aus: Palaeontographica, besonders abgedruckt.

Laube, Gust. C., über Ammonites Aon Münster u. dessen Verwandte. [Aus den Sitzungsber. d. k. Akad. der Wiss.] Wien 869. (Gerold's Sohn.) Lex.-8. (10 S.) n. 2 ngr.

Amphibienreste aus dem Diatomaceenschiefer von Sulloditz im Böhm. Mittelgebirge. Von Dr. Gustav C[arl] **Laube**, Prof. in Prag. Mit 1 Taf. *Prag: J. G. Calve 1898.* (S. 58–73.) 4°
= Abhandlungen d. deutschen naturwiss.-med. Vereines f. Böhmen 'Lotos'. Bd 1, H. 3. (1.) [oo. 7352

– dass., s.a. Abhandlungen des deutschen naturwiss.-med. Vereines für Böhmen „Lotos".

Andriasreste aus der Böhmischen Braunkohlenformation. Von Dr. Gustav C[arl] **Laube**, Prof. in Prag. Mit 1 Taf. *Prag: J. G. Calve 1897.* (31 S.) 4°
= Abhandlungen d. deutschen naturwiss.-med. Vereines f. Böhmen 'Lotos'. Bd 1, H. 2. (1.) [oo. 7350

– dass., s.a. Abhandlungen des deutschen naturwiss.-med. Vereines für Böhmen „Lotos".

Laube, Gust. C. Der geolog. Aufbau v. Böhmen, s.a. Sammlung gemeinnütziger Vorträge. Nr. 155. 156.

Laube, Gust. C., der geologische Aufbau v. Böhmen, s. a. Sammlung gemeinnütziger Vorträge. Nr. 321—323.

(F) **Laube**, G. C, Der geologische Aufbau von Böhmen. 2. Aufl. [Sammlung gemeinnützziger Vorträge. Nr. 321/323.] Gr.-8°. (116 S. mit 5 Tafeln und 1 Karte) † K —.60
Prag: Calve 1905.

Laube, Gust. C., die geologische Bedeutung d. Regentropfens, s.: Sammlung gemeinnütz. Vorträge.

— Ein Beitrag zur Kenntnis der Echinodermen des vicentinischen Tertiargebietes (mit 7 Taf.). D 29. II. 1 . . . . vgr.
Separatabdruck

– dass., s.a. Denkschriften der königl. Akad. der Wiss. 29.

— ein Beitrag zur Kenntniss der Echinodermen des Vicentinischen Tertiärgebietes. Mit 7 (lith.) Taf. [Aus den Denkschr. der königl. Akad. der Wiss.] Ebend. 868. gr. 4. (II, 38 S.) n. 1 Thlr 15 ngr.

— Ein Beitrag zur Kenntnis der Echinodermen des vicentinischen Tertiärgebietes. (Auszug. S. 56. I. 2⁰) . . . . vgr.
Separatabdruck

Laube, Prof Dr. Gustav C., Ein Beitrag zur Kenntniss d. Fische d. böhm. Turon's. S.-A. 4. (14 S. mit 1 Doppeltaf. u. 2 Zinkograph. im Text.) Wien. * Carl Gerold's Sohn. 90 kr. *1885.*

— Ein Beitrag zur Kenntnis der Fische des böhmischen Turons (mit 1 Taf. und 2 Textfiguren). D 50. II. 285 . . . . 1.80
Separatabdruck

Laube, Gust. C., ein Beitrag zur Kenntniss der Fische des böhmischen Turon's. Imp.-4. (14 S. mit 1 lithogr. Doppeltaf. und 2 Zinkogr. im Text.) Wien 885, (Tempsky.) *
Aus: Denkschriften der k. Akademie der Wissenschaften, besonders abgedruckt.

— Geologische Beobachtungen, gesammelt während der Reise auf der „Hansa“ und gelegentlich des Aufenthaltes in Süd-Grönland (mit 9 Holzschnitten und 1 Karte). S. 68. I. 17 . . . . „ 2.60
Separatabdruck

— **geologische Beobachtungen gesammelt während der Reise auf der „Hansa“ u. gelegentlich d. Aufenthaltes in Süd-Grönland.** [Aus: „Sitzungsber. d. k. Akad. der Wiss.“] [Mit 9 (eingedr.) Holzschn., e. (chromolith.) Kartenskizze (in qu. 4.) u. e. chemisch-analyt. Beilage.] Lex.-8. (93 S.) Wien 874. (Gerold's Sohn.) n. 2. 60

— Die Bivalven des braunen Jura von Balin, mit Berücksichtigung ihrer geognostischen Verbreitung in Frankreich, England, Schwaben und anderen Ländern. (Auszug.) S. 53. I. 285 . . . . vgr.
Separatabdruck

— **die Bivalven des braunen Jura von Balin mit Berücksichtigung ihrer geognost. Verbreitung in Frankreich, England, Schwaben u. anderen Ländern.** [Aus den Sitzungsber. der k. Akad. der Wiss.] Ebend. 866. Lex.-8. (8 S.) n. 2 *ngr.*

— Die Bivalven des braunen Jura von Balin. Mit Berücksichtigung ihrer geognostischen Verbreitung in Frankreich, Schwaben, England und anderen Ländern (mit 5 Taf.). D 27. II. 11 . . . . vgr.
Separatabdruck

– dass., s.a. Denkschriften d. k. Akad. der Wiss. 27.

— **die Bivalven des braunen Jura von Balin. Mit Berücksichtigung ihrer geognost. Verbreitung in Frankreich, Schwaben, England u. anderen Ländern.** [Aus den Denkschrift. d. k. Akad. der Wiss.] Ebend. 867. gr. 4. (53 S. mit 5 Steintaff. u. 5 Blatt Erklärungen.) 1 ß 20 *ngr.*

— **zerstreute Blätter u. Bilder aus Natur- u. Menschenleben.** gr. 16. (275 S. m. 8 Holzschntaf.) Prag 873. Verl. der Bohemia. n. 2. —

— Über einige fossile Echiniden von den Murray cliffs in Süd-Australien (mit 1 Taf.). S. 59. I. 183 . . . . „ —.60
Separatabdruck

—— **über einige fossile Echiniden von den Murray Cliffs in Süd-Australien.** Lex.-8. (16 S. mit 1 lithogr. Taf. in qu. 4.) Wien 869, (Gerold's Sohn.) *
Aus: Sitzungsberichte der k. Akademie der Wissenschaften, besonders abgedruckt.

— Die Echinodermen des braunen Jura von Balin. Mit Berücksichtigung ihrer geognostischen Verbreitung in Frankreich, Schwaben, England und anderen Ländern (mit 2 Taf.). D 27. II. 1 . . . . vgr.
Separatabdruck

– dass., s.a. Denkschriften d. k. Akad. der Wiss. 27.

— **die Echinodermen des braunen Jura von Balin. Mit Berücksichtigung ihrer geognost. Verbreitung in Frankreich, Schwaben, England u. anderen Ländern.** [Aus den Denkschr. der k. Akad. der Wiss.] Wien 867. (Gerold's Sohn.) gr. 4. (10 S. mit 2 Steintaf. u. 2 Blatt Erklärungen.) 16 *ngr.*

— Die Echinodermen des braunen Jura von Balin, mit Berücksichtigung ihrer geognostischen Verbreitung in Frankreich, England, Schwaben und anderen Ländern. (Auszug.) S. 53. I. 261 . . . . vgr.
Separatabdruck

—— **die Echinoiden der österreichisch-ungarischen oberen Tertiärablagerungen,** s.a. Abhandlungen der k. k. geolog. Reichsanstalt.

— **die Echinoiden der oesterreichisch-ungarischen oberen Tertiaerablagerungen.** Hrsg. v. der k. k. geolog. Reichsanstalt. [Aus „Abhandlgn. d. k. k. geolog. Reichsanstalt.“] Mit 4 lith. Taf. gr. 4. (20 S.) Wien 872. Braumüller in Comm. n. 4. 50

Laube, Gust. C., der Einfluss der bewegten Luft auf die Umgestaltg. d. Erdoberfläche, s.: Sammlung gemeinnütz. Vorträge.

– Die Entstehung des Ackerbodens, s. Sammlung gemeinnütziger Vorträge.

— **geologische Excursionen im Thermalgebiet d. nordwestlichen Böhmens, Teplitz, Carlsbad, Eger-Franzensbad, Marienbad.** Mit 2 Taf. in Farbendr., geolog. Profile darstellend. 8. (XVI, 170 S.) Leipzig 884. Veit & Co. n. 3. 60; geb. n. 4. 20

Laube Gustav Karl, Dr.: Die Fauna der Schichten von St. Cassian. Ein Beitrag zur Paläontologie der alpinen Trias. 1. Abteilung: Spongitarien, Korallen, Echiniden und Krinoiden (mit 10 Taf.). D 24. II. 223 . . . . K 8.50
— — 2. Abteilung: Brachiopoden und Bivalven (mit 10 Taf.). D 25. II. 1 . . . . . „ 8.—
Separatabdruck

— Die Fauna der Schichten von St. Cassian. Ein Beitrag zur Paläontologie der alpinen Trias. 3. Abteilung: Gastropoden. 1. Hälfte (mit 8 Taf.). D 28. II. 29 . . . . . vgr.
Separatabdruck

— Die Fauna der Schichten von St. Cassian. Ein Beitrag zur Paläontologie der alpinen Trias. 4. Abteilung: Gastropoden. 2. Hälfte (mit 7 Taf.). D 30. II. 1 . . . . . vgr.
— — 5. Abteilung: Cephalopoden. Schlußwort (mit 8 Taf.). D 30. II. 49 . . . . . vgr.
Separatabdruck

– dass., s.a. Denkschriften d. k. Akad. der Wiss.

— **die Fauna der Schichten von St. Cassian. Ein Beitrag zur Paläontologie der Alpinen Trias bearb. zunächst nach den Materialien der k. k. geolog. Reichsanstalt. 5 Abthlgn.** [Aus den Denkschr. der k. Akad. d. Wiss.] Ebend. gr. 4. n. 11 ß 5 *ngr.*
1. Abthl. Spongitarien, Corallen, Echiniden u. Crinoiden. (76 S. mit 10 Steintaff. u. 10 Blatt Erklärungen.) 865. 2 ß 25 *ngr.*
2. Abthl. Brachiopoden u. Bivalven. (76 S. mit 10 Steintaff. u. 10 Blatt Erklärungen.) 865. 2 ß 20 *ngr.*
3. Abthl. Gastropoden. — 1. Hälfte. (66 S. mit 8 Steintaff.) 868. 2 ß
4. Abthl. Gastropoden. — 2. Hälfte. (48 S. mit 7 Steintaff.) 870. n. 1 ß 20 *ngr.*
5. Abthl. Cephalopoden. (58 S. mit 8 Steintaff.) 870. n. 2 ß

Laube Gustav Karl, Dr.: Die Fauna der Schichten von St. Cassian. Ein Beitrag zur Paläontologie der alpinen Trias. 1. Abteilung. (Auszug.) S. 50. I. 319 . . . . . vgr.
— — 2. Abteilung: Brachiopoden und Bivalven. (Auszug.) S. 51. I. 251 . . . . . vgr.
— — 3. Abteilung: Gastropoden. 1. Hälfte. (Auszug.) S. 53. I. 568 . . . . . . vgr.
Separatabdruck

— Die Fauna der Schichten von St. Cassian. 4. Abteilung. Gastropoden. 2. Hälfte. (Auszug.) S. 57. I. 661 . . . . vgr.
— — 5. Abteilung: Cephalopoden. Schlußwort. (Auszug.) S. 57. I. 357 . . . . vgr.
Separatabdruck

— Die Gastropoden des braunen Jura von Balin. Mit besonderer Berücksichtigung ihrer geognostischen Verbreitung in Frankreich, England, Schwaben und anderen Ländern (mit 3 Taf.). D 28. II. 1 . . . . vgr.
Separatabdruck

– dass., s.a. Denkschriften der k. Akad. der Wiss. 28.

—— **die Gastropoden des braunen Jura von Balin. Mit Berücksichtigung ihrer geognost. Verbreitung in Frankreich, England, Schwaben und andern Ländern.** Bearb. mit Benützung eines Manuscr. von Dr. Ferd. Stoliczka. Imp.-4. (28 S. mit 3 Stnt.) Wien 867, (Gerold's Sohn.) *

— Die Gastropoden des braunen Jura von Balin, mit Berücksichtigung ihrer geognostischen Verbreitung in Frankreich, England, Schwaben und in anderen Ländern. (Auszug.) S. 54. I. 81 . . . . vgr
Separatabdruck

— **Gedenkrede auf Philipp Knoll,** s.: Knoll, Phpp., Beiträge zur heimischen Zeitgeschichte.

—— **Geologie des böhmischen Erzgebirges,** s.a. Archiv der naturwissenschaftl. Landesdurchforschung von Böhmen.

Laube, G. Geologie des Böhmischen Erzgebirges. Theil I. II. Prag, 1876 und 1887.

— **Hilfstafeln zur Bestimmung der Mineralien.** Zum Gebrauche f. Anfänger in mineralog. Uebungsstunden. 16. (53 S.) Prag 872. Calve. n. · · 80

—— Hilfstafeln zur Bestimmung der Mineralien. Zum Gebrauche für Anfänger in mineralog. Uebungsstunden. 2. verb. Aufl. 8. (70 S.) Prag 879, Calve'sche Hofbuchh. *

— **die Mineralwasser-Quellen v. Bilin, s.: Gintl, Wilh.**

— **Reise der Hansa ins nördliche Eismeer. Reisebriefe u. Erinnerungsblätter. br. 8. (VII, 103 S.) Ebend. 871. 1. 50**

— **neue Schildkröten u. Fische aus der böhm. Braunkohlenformation, s.a. Abhandlungen des deutschen naturwiss.-medic. Vereines f. Böhmen „Lotos". II. 2.**

Neue Schildkröten und Fische aus d. Böhm. Braunkohlenformation. Von Dr. Gustav C[arl] **Laube**, Prof. in Prag. Mit 3 Taf. Veröffentl. mit Unterst. d. Ges. z. Förderung deutscher Wiss. ... in Böhmen. *Prag 1900: C. Bellmann.* (S. 38–58.) 4°
— **Abhandlungen** d. deutschen naturwiss.-med. Vereines f. Böhmen 'Lotos'. Bd 2, H. 2. [00. 7924

— **Schildkrötenreste a. d. böhm. Braunkohlenformation, s.a. Abhandlungen d. deutschen naturwiss.-medic. Vereines f. Böhmen „Lotos". I.**

Schildkrötenreste aus der Böhmischen Braunkohlenformation von Dr. Gustav C[arl] **Laube**, Prof. in Prag. Mit 4 Taf. Veröffentl. mit Unterstützung d. Gesellsch. z. Förderung Deutscher Wiss., Kunst u. Litt. in Böhmen. *Prag: J. G. Calve 1896.* (19 S.) 4°
— [**Abhandlungen** d. deutschen naturwiss.-med. Vereines f. Böhmen 'Lotos'. 1, 1.] [00. 7349

———— (C.). Skizze der geologischen Verhältnisse des Mineralwassergebietes Böhmens. (Ohne Druckort und -Jahr.) 8.

— **Synopsis der Wirbelthierfauna der böhm. Braunkohlenformation, s.a. Abhandlungen des deutschen naturwiss.-medic. Vereines f. Böhmen „Lotos". II. 4.**

Synopsis der Wirbelthierfauna der böhm. Braunkohlenformation u. Beschreibung neuer, oder bisher unvollständig bekannter Arten. Von Dr. Gustav C[arl] **Laube**, Prof. in Prag. Mit 8 Taf. Im Anh.: Nachtrag z. Säugethierfauna d. böhm. Braunkohlenformation von Dr. Max Schlosser. *Prag: J. G. Calve 1901.* (80 S.) 4°
— Beiträge z. Kenntnis d. Wirbelthierfauna d. böhm. Braunkohlenformation. 2
— **Abhandlungen** d. deutschen naturwiss.-med. Vereines f. Böhmen 'Lotos'. Bd 2, H. 4. [01. 10434

— **volkstümliche Überlieferungen aus Teplitz u. Umgebung, s.a. Beiträge zur deutsch-böhm. Volkskunde. I.**

[F.] Volksthümliche Überlieferungen aus Teplitz und Umgebung v. Prof. Dr. Gustav C. **Laube**. *Prag: J. G. Calve 1896.* (107 S.) 8.
— **Beiträge** z. deutsch-böhmischen Volkskunde. Bd 1. H. 2. [97. 85

Volkstümliche Überlieferungen aus Teplitz und Umgebung von Prof. Dr. Gustav C. **Laube**. 2. durchges. u. verm. Aufl. Mit 4 Phototyp. Prag: J. G. Calve 1902. (135 S.) 8° [F.]
— **Beiträge** z. deutsch-böhmischen Volkskunde. Bd 1, H. 2. [04. 9032 2

— **aus der Vergangenheit Joachimsthals. [Aus: „Mittheilgn. d. Ver. f. Gesch. der Deutschen in Böhmen."] Lex.-8. (39 S.) Prag 873. (Leipzig, Brockhaus' Sort.) n. 1. —**

Die geologischen Verhältnisse des Mineralwassergebietes von Giesshübl Sauerbrunn. Von Dr. Gustav C[arl] **Laube**, o. ö. Prof. ... in Prag. M. 1 geolog. Kt. u. 1 Taf. in Farbendr. *Giesshübl Sauerbrunn: H. Mattoni, Selbstv.; (Hofbuchdr. v. A. Haase, Prag) 1898.* (36 S., 1 Kt., 1 Taf.) 1 Bd 4.(8.) [98. 2443

Laube, Heinrich (Mitarb.), s. Anzengruber, Ludwig: Der Pfarrer von Kirchfeld.

Laube, Heinr., die Bandomire, s.a. Inland, das belletristische.

Laube, Hnr., die Bandomire. Kurische Erzählung. 2 Thle. 8. Mitau 842, Reyher. 2¹/₂ ß

— Die Bandomire. Kurische Erzählung. Neue Ausg. (180 S.) 8. Riga 908. N. Kymmel. 2. 40

Laube, Heinrich, Die Bernsteinhexe. Historisches Schauspiel in fünf Akten. Nach *Meinhold's* Hexenprozesse: Marie Schweidler. Leipzig 1846. 8°. 253 S. (5 Mk., zum Teil durchstrichenes, anscheinend für die Bühnenaufführung benutztes Exemplar, Ernst Frensdorff, 1909.)

—— die Böhminger. Roman. 3 Bde. 8. (281; 265; 257 S.) Stuttgart 880, Hallberger. *ℳ 15.; geb.

— die Böhminger. Roman. 3 Bde. 2. Aufl. 8. (281, 265 u. 257 S.) Stuttgart 881. Deutsche Verlags-Anstalt. n. 15. —; geb. n. 18. —

Laube, Heinr., die Böhminger. Roman. 2. (Titel-)Aufl. 3 Bde. 8. (281; 265; 257 S.) Stuttgart 882, Deutsche Verlags-Anstalt. *

— die Böhminger. Roman. 2. Aufl. Wohlf. Ausg. 3 Thle. in 1 Bd. 8. (281, 265 u. 257 S.) Stuttgart 891. Deutsche Verlags-Anstalt. Geb. n. 3. 25

Laube, Hnr., politische Briefe. 8. Leipzig 833. Literar. Museum. (Schiller u. Robitzsch.) 1¹/₂ ß

Laube, Heinr., das Burgtheater. Ein Beitrag zur deutschen Theater-Geschichte. Leipzig 868. Weber. gr. 8. (III, 496 S. mit Portr. in Stahlst.) n. 3 ß

— das Burgtheater. Ein Beitrag zur deutschen Theater-Geschichte. 2. Aufl. Mit Laube's Bildniß in Lichtdr. 8. (427 u. VI S.) Leipzig 891. H. Haessel. n. 4. —; geb. in Halbfrz. n. 5. —

— moderne Charakteristiken. 2 Bde. 8. Mannheim 835. Löwenthals Verlagsh., jetzt Hoff. 3 ß

—— Gräfin Chateaubriant. Roman. 3 Bde. 8. (60¹/₄ B.) Leipzig 843, Teubner.
Vgl.: Welt, die belletristische.

—— Gräfin Chateaubriant. Roman. 2. Aufl. 3 Thle. in 1 Bd. Besond. Abdr. aus: Die belletrist. Welt. 16. (651 S.) Leipzig 846, Teubner.

— entweder — oder. Eine Erzählung. 8. (284 S.) Braunschweig 882. Westermann. n. 3. —

— letzte Erinnerungen, s.: Schriften, deutsche, f. Litteratur u. Kunst.

— **Graf Essex, s.a. Meisterwerke, die, der deutschen Bühne.**

Laube, Heinrich — Graf Essex. Trauerspiel in 5 Akten von — —. Als Manuskript gedruckt. Wien. Druck von U. Klopf sen. und Alexander Eurich. (120 S. 8.) 1856.

—— Graf Essex. Trauerspiel in 5 Acten. 4. Aufl. 8. (XXXIV, 186 S.) Leipzig 876, Weber. *

— **das junge Europa. Novelle. 1e Abthl. Die Poeten. 2 Bde. gr. 12. Leipzig 833. Wigand; jetzt Mannheim, Hoff. 1¹/₂ ß**

— **dass. 2e Abthl. 2 Bde. A. u. d. T.: die Krieger. Novelle. 2 Bde. gr. 12. Mannheim 837. Hoff. 3¹/₂ ß**

— **dass. 3e Abthl. A. u. d. T.: Die Bürger. Novelle. gr. 12. Ebd. 837. 1³/₄ ß**

— George Sand's Frauenbilder. 24 Liefg. Mit Holzschn. u. 24 Stahlst. gr. Lex.-8. Brüssel 844, Haumann u. Comp. à 1/4 ℛ 6 ℛ

—— Georges Sand's Frauenbilder. 24 Lfgn. gr. Lex.-8. (11¾ B. mit Holzschn. u. 24 Stahlst.) Brüssel 844. [Meline, Cans u. Comp.] à 7½ Ngr.

— Geschichte der deutschen Literatur. 4 Bde. Lex.-8. Stuttgart 839, 40. Hallberger. 7 ℛ

— das Glück. Novelle. gr. 12. Mannheim 837. Hoff. 1¾ ℛ

—— der belgische Graf. 8. (18 B.) Mannheim 845, Hoff.

— der Hauptmann von der Schaarwache, s.: Universal-Bibliothek.

– s. Heinse, Johann Jakob Wilhelm: Sämmtliche Schriften.

– s. Hugo, Viktor: Sämmtliche Werke.

—— Jagdbrevier. 16. (19 B.) Leipzig 841. [Berlin, Klemann.]

— Jagdbrevier. 16. Leipzig 841. Georg Wigand. 1½ ℛ

Laube, Heinr., Jagdbrevier. 2. verm. Aufl. Leipzig 858. Haessel. 16. (327 S.) n. 1 ℛ. 10 ngr

—— das neue Jahrhundert. 1. Bd. — A. u. d. T.: Polen. 8. (22 B.) Fürth 833, Korn.

—— dass. 2. Thl. — A. u. d. T.: Politische Briefe. 8. (24 B.) Leipzig 833, Literar. Museum.

— Die Karlsschüler, s.a. Meisterwerke, die, der deutschen Bühne.

—— die Karlsschüler. Schauspiel in 5 Akten. 3., verb. Aufl. 16. (255 S.) Leipzig 848, Weber. *

Laube, Heinr., die Karlsschüler. Schauspiel in 5 Akten. 3. verb. Aufl. 16. (255 S.) Leipzig 849, Weber. In Engl. Einb. m. Goldschn. n. 1½ ℛ

—— die Karlsschüler. Schauspiel in 5 Akten. 8. Aufl. 8. (206 S.) Leipzig 877, Weber. *

—— drei Königsstädte im Norden. 2 Bde. 8. (43 B.) Leipzig 845, Lorck. *

Inhalt

Bd. 1. Stockholm.
„ 2. Christiania. — Kopenhagen.

— drei Königsstädte im Norden. Neue illustr. (Titel-) Ausg. 2 Bde. 8. (670 S. m. 3 Lith.) Meißen (845) 850, Goedsche. 2 ℛ

—— der deutsche Krieg. Historischer Roman in 3 Büchern. 9 Bde. 8. Leipzig, Haessel. à Bd. 1 Thlr.

Inhalt:

Buch 1. Junker Hans. 1. Bd. 1. und 2. Aufl. und 2.—4. Bd. (1249 S.) 863.
„ 2. Waldstein. 3 Bde. 1. Aufl. 1864. und 2. Aufl. (969 S.) 865.
„ 3. Herzog Bernhard. 2 Bde. (744 S.) 866.

—— dass. — 3. Aufl. (31 Lfgn.) 8. Ebendas. 868. à Lfg. 7½ Ngr. 7

Inhalt:

Buch 1. Junker Hans. (1. Bd. 270 S., 2. Bd. 324 S. und 3. und 4. Bd. 655 S.)
„ 2. Waldstein. (1. Bd. 296 S., 2. Bd. 282 S., 3. Bd. 392 S.)
„ 3. Herzog Bernhard. 2 Bde. (364 und 380 S.)

— Der deutsche Krieg. Histor. Roman in 3 Büchern. (221, 255; 230, 290; 236, 226, 310 u. 270 u. 279 S.) kl. 8. Leipzig 908. Hesse & Becker Verl. In 4 Lw.-Bdn. 12. —

—— Franz Grillparzers Lebensgeschichte. Mit dem Portr. des Dichters in Stahlst. gr. 8. (VIII, 177 S.) Stuttgart 884. Cotta'sche Buchh. *ℳ 4.; geb. *

— Liebesbriefe. Novelle. 8. Leipzig 835. Otto Wigand; jetzt Hoff in Mannheim. 1 ℛ

— Louison, s.a. Hesse's, Max. Volksbücherei.

— Louison. Novelle. 8. (248 S.) Braunschweig 881. Westermann. n. 5. —

—— Louison. Novelle. 8. (248 S.) Braunschweig 884. Westermann. *

— französische Lustschlösser. 3 Bde. Enthalten: Fontainebleau. Chambord. — Eu, Pau. — St. Germain, Versailles. Die Kaschba. Mit 3 Titelbildern u. 2 Charten. gr. 12. Mannheim 840. Hoff. 6 ℛ

— Meisterdramen. 2 Tle. in 1 Bde. Mit den literar. Einleitgn., d. Bildnisse u. 1 Fksm. des Verf. (III, 424 u. 271 S.) kl. 8. Ebd. (908). Geb. in Leinw. 2. —

— mitten in der Nacht, s.: Universal-Bibliothek.

— Novellen. 1. Thl. A. u. d. T.: Reisenovellen, 1. Thl. 2. Aufl. 16. Mannheim 846, Hoff. 9 ngr

– Novellen. 2. Aufl. 2—10. Thl. 2—9. Thl. A. u. d. T.: Reisenovellen. 2—9. Thl. u. 10. Thl. Paris 1847. 16. Mannheim 847. 48, Hoff (jetzt: Zürich, Siegfried). 2—9. à 9 ngr 10. ½ ℛ (1—10: 3 ℛ 6 ngr)

— s. Novellen-Album.

—— Paris 1847. 8. (215 S.) Mannheim 848. [Zürich, Siegfried.]

— das erste deutsche Parlament. 3 Bde. 8. (328. 317 u. 475 S.) Leipzig 849, Weidmann. (1. u. 2. Bd. à 1½ ℛ 3. Bd. 2 ℛ) 5 ℛ

— Das erste deutsche Parlament. 3 Bde. (268, 246 u. 366 S.) kl. 8. Ebd. (910). In 1 Leinw.-Bde. 4. —

—— die Poeten. Novelle. (2 Bde.) gr. 12. (15¾ B.) Leipzig 834. [Mannheim, Hoff.]
Diese Schrift hat gleichen Inhalt mit dess. „das junge Europa"

Laube, Heinrich

Die Poeten. Novelle.
Mannheim: Hoff 1836. 192 S. 8°

— der Prätendent. 8. Leipzig 842, Teubner. 1 ℛ

– die kleine Prinzessin. Blond muß sie sein. Novellen. (258 S. m. rad. Portr.) Breslau 883. Schottländer. n. 3. —; geb. n. 4. —

—— Reisenovellen. 2 Bde. gr. 12. (42 B.) Leipzig 834. [Mannheim, Hoff.]

—— Reisenovellen. 3—6. (letzt.) Bd. — 5. u. 6. Bd. a. u. d. T.: Neue Reisenovellen. 2 Bde. 8. Mannheim, Hoff. [3., 4. (32½ B.) 836. 3 Thlr., 5., 6. (54¾ B.) 837. * 4 Thlr.]
1. u. 2. Bd. Ebendas. 1834. * 4 Thlr.

Laube, Heinrich

Neue Reisenovellen. Bd. 1. 2.
Mannheim: Hoff 1837. 8°

—— Ruben. Ein moderner Roman. 8. (III, 230 S.) Leipzig 885, Haessel. *ℳ 3.—.; geb. *

—— die Schauspielerin. Novelle. 8. (10¾ B.) Mannheim 836, Hoff.

— **Dramaturgische Schriften.** Hrsg. v. Heinr. Hub. Houben. 4 Bde. (288, 280, 212 u. 176 S.) kl. 8. Ebd. (910). In 1 Leinw.-Bde. 4. —

Laube's, Heinr., gesammelte Schriften in 15 Bdn. 1. Bd.: Erinnerungen 1810—1840. 8. (407 S.) Wien 875, Braumüller. *

Laube's, Heinr., gesammelte Schriften. In 15 Bdn. 2.—13. Bd. 8. Wien, Braumüller. à Bd. *
1.—13. Bd. geb. in 11 Leinwbde. *
Inhalt:
Bd. 2. 3. Gräfin Chateaubriant. Roman. 2 Bde. (283; 240 S.) 875.
" 4. 5. Französische Lustschlösser. 2 Bde. (234; 310 S.) 876.

Laube's, Heinr., gesammelte Schriften rc.
Bd. 6. 7. Das junge Europa. Roman in drei Büchern. 2 Bde. (304; 301 S.) 876.
" 8. 9. Reisenovellen. 2 Bde. — Die Bandomire. Kurische Erzählung. (VI, 389; VI, 222 und 173 S.) 877.
" 10—12. Der deutsche Krieg. Historischer Roman. I. Junker Hans. 3 Thle. (358; 317; 279 S.) 878.
" 13. —— dass. — II. Waldstein. 1. Thl. (361 S.) 879.
1. Bd. Ebendas. 1875. *M 4.

Laube's, Heinr., gesammelte Schriften. 14.—16. (Schluß-) Bd. 8. Wien, [Braumüller.] Stern. à Bd. *M 4. *
compl. (*M 64.)
geb. in 16 Leinwbde. (*M 80.) **
Inhalt:
Bd. 14. Der deutsche Krieg. Historischer Roman. II. Waldstein. 2. Thl. (354 S.) 880.
" 15. —— dass. — III. Herzog Bernhard. (530 S.) 880.
" 16. Erinnerungen 1841—1881. Mit Laube's Bildniß (in Heliogravüre) (226 S.) 882.
1.—13. Bd. Ebendas. 1875—79. à *M 4.

— **das Wiener Stadt-Theater.** gr. 8. (226 S.) Leipzig 875. Weber. n. 6. —

—— das Wiener Stadt-Theater. gr. 8. (226 S.) Ebendas. 877. *

Laube, Heinr., Struensee . . . . Leipzig 1800. 8°. (2 Mk. E. Frensdorff.)

— **das norddeutsche Theater.** Ein neuer Beitrag zur deutschen Theatergeschichte. gr. 8. (VIII, 266 S.) Ebend. 872. n. 6. —

Theaterkritiken und dramaturgische Aufsätze von Heinrich **Laube**. Gesammelt, ausgewählt u. mit Einl. u. Anm. versehen von Alexander v. Weilen. Bd 1. 2. Mit Portr. Berlin: Gesellsch. f. Theatergesch. 1906. 2 Bde 8° [F.]
= **Schriften** d. Gesellschaft f. Theatergeschichte. Bd 7. 8. [06. 13037

Heinrich **Laubes** ausgewählte Werke in 10 Bden. Hrsg. von Heinrich Hubert Houben. Mit 2 Bildn., e. Briefe als Handschriftprobe u. e. Namen- u. Sachreg. Bd 1—10. Leipzig: M. Hesse (1906). 10 Bde 8° [F.]
1. Einl. d. Hrsg.
2. Einl. zu Monaldeschi. Dramen: Rokoko. Struensee. Gottsched u. Gellert.
3. Die Karlsschüler. Graf Essex.
4. Briefe über d. deutsche Theater. Das Burgtheater 1.
5. Das Burgtheater 2. 6. Das norddeutsche Theater.
7. Das Wiener Stadttheater. 8. Erinnerungen 1810—1840.
9. Erinnerungen 1841—1881. Nachtr. 1—18. Selbstbiographie aus d. Akten
10. Louison. Eine Novelle. Namen- u. Sachreg.
(Max Hesses Neue Leipziger Klassiker-Ausgaben.) [06. 10837

Laube's, Heinr., ausgewählte Werke in 10 Bdn. Hrsg. v. Heinr. Hub. Houben. Mit 2 Bildnissen, e. Briefe als Handschriftprobe u. e. Namen- u. Sachregister. (275, 424, 271, 256, 280, 204, 170, 424, 456 u. 332 S.) kl. 8. Leipzig (906). M. Hesse. n. 7. 50; in 5 Bde. geb., Leinw. n. 10. —; auf besserem Pap., Halbfrz. n. 15. —; Liebhaber-Ausg., Halbfrz. n. 20. —

Laube, Heinr., dramatische Werke. 1—6. Bd. 8. Leipzig, Weber. à * 1 Thlr. *
A. u. d. Ttln.:
Bd. 1. Monaldeschi. Tragödie in 5 Act. u. ein. Vorspiel. (17¹/₄ B.) 845.
" 2. Rokoko. Lustsp. in 5 Act. (19³/₄ B.) 846.
Bd. 3. Die Bernsteinhexe. Histor. Schausp. in 5 Akt. Nach Meinhold's Hexenprozesse: Maria Schweidler. (15¹/₄ B.) 847.
" 4. Struensee. Tragödie in 5 Akt. (14¹/₄ B.) 847.
" 5. Gottsched u. Gellert. Charakter-Lustsp. in 5 Akt. (19³/₄ B.) 847.
" 6. Die Karlsschüler. Schausp. in 5 Akt. (19¹/₂ B.) 847.

Laube, Heinr., dramatische Werke. 6. Bd. A. u. d. T.: Die Karlsschüler. Schauspiel in 5 Akten. 2., verb. Aufl. 8. (LXXII und 247 S.) Leipzig 848, Weber. *

—— dramatische Werke. 6. Bd. A. u. d. T.: Die Karlsschüler. Schauspiel in 5 Akten. 4. Aufl. 8. (234 S.) Leipzig 850, Weber. *

—— dass. — 7. Bd. A. u. d. T.: Prinz Friedrich. Schauspiel in 5 Akten. 8. (234 S.) Ebds. 854. *

—— dass. — 8. Bd. A. u. d. T.: Graf Essex. Trauerspiel in 5 Akten. 8. (XXXIX und 197 S.) Ebds. 856. *
1—5. Bd. Ebendas. 1845—47. à Bd. * 1 Thlr.

—— dramatische Werke. 9. Bd. A. u. d. T.: Montrose, der schwarze Markgraf. Trauerspiel in 5 Akten. 8. (204 S.) Leipzig 859, Weber. *
1—8. Bd. Ebendas. 1845—56. 8 Thlr.

Laube's, Heinr., dramatische Werke. 6. 8. 10. und 11. Bd. 8. Leipzig, Weber. à Bd. * 1 Thlr. *
Inhalt:
Bd. 6. Die Karlsschüler. Schauspiel in 5 Akten. 5. Aufl. (206 S.) 864.
" 8. Graf Essex. Trauerspiel in 5 Akten. 2. Aufl. (XXXIX und 186 S.) 867.
" 10. Der Statthalter von Bengalen. Schauspiel in 4 Akten. (XXIV und 166 S.) 868.
" 11. Böse Zungen. Schauspiel in 5 Akten. (XXIV und 174 S.) 868.

—— dramatische Werke. 5.—8., 11.—13. Bd. 8. Leipzig 874, Weber. à Bd. *
Inhalt:
Bd. 5 Gottsched und Gellert. Charakter-Lustspiel in 5 Acten. 2. durchgeseh. Aufl. (XXXVI, 223 S.)
" 6. Die Karlsschüler. Schauspiel in 5 Acten. 6. Aufl. 1869, und 7. Aufl. (206 S.) 873.
" 7. Prinz Friedrich. Schauspiel in 5 Acten. 2. Aufl. (231 S.) 875.
" 8. Graf Essex. Trauerspiel in 5 Acten. 3. Aufl. (XXXVII, 196 S.) 872.
" 11. Böse Zungen. Schauspiel in 5 Acten. 2. Aufl. (XXII, 174 S.) 872.
Bd. 12. Demetrius. Historische Tragödie in 5 Acten. Mit Benutzung des Schiller'schen Fragments bis zur Verwandlung im zweiten Acte. (XVI, 151 S.) 872.
" 13. Cato von Eisen. Lustspiel in 3 Acten. [Die Grundidee nach Gorostiza.] Nachsicht für Alle. Originalkomödie in 5 Acten. Von Manuel Eduardo de Gorostiza. Uebers. von Hedwig Wolff. (XX, 291 S.) 875.

— **dramatische Werke.** 5—8. u. 11—13. Bd. 8. Leipzig 872—76. Weber. à n. 3. —
5. Gottsched u. Gellert. Charakter-Lustspiel in 5 Akten. 2. durchgeseh. Aufl. (XXXVI, 223 S.)
6. Die Karlsschüler. Schauspiel in 5 Akten. 7. Aufl. (206 S.)
7. Prinz Friedrich. Schauspiel in 5 Akten. 2. Aufl. (231 S.)
8. Graf Essex. Trauerspiel in 5 Akten. 4. Aufl. (XXXIV, 186 S.)

— **dramatische Werke.** 6. Bd. 8. Leipzig 877. Weber. n. 3. —
Die Karlsschüler. Schauspiel in 5 Akten. 8. Aufl. (206 S.)

— **dasselbe.** Volks-Ausg. 12 Bde. 8. Ebend. 880. à n. 1. —
1. Die Karlsschüler. Schauspiel in 5 Acten. (138 S.)
2. Graf Essex. Trauerspiel in 5 Acten. (148 S.)
3. Prinz Friedrich. Schauspiel in 5 Acten. (152 S.)
4. Gottsched u. Gellert. Charakter-Lustspiel in 5 Acten. (148 S.)
5. Struensee. Trauerspiel in 5 Acten. (106 S.)
6. Der Statthalter von Bengalen. Schauspiel in 4 Acten. (103 S.)
7. Montrose, der schwarze Markgraf. Trauerspiel in 5 Acten. (139 S.)
8. Monaldeschi od. die Abenteurer. Trauerspiel in 5 Akten u. einem Vorspiel. (136 S.)
9. Rokoko oder die alten Herren. Trauerspiel in 5 Acten. (136 S.)
10. Böse Zungen. Schauspiel in 5 Acten. (107 S.)
11. Demetrius. Historisches Trauerspiel in 5 Acten. Mit Benutzung des Schiller'schen Fragmentes bis zur Verwandlung im 2. Acte. (124 S.)
12. Cato v. Eisen. Lustspiel in 3 Acten. [Die Grundidee nach Gorostiza.] (82 S.)

—— dramatische Werke. 12 Bde. 8. Leipzig, Weber.
à Bd. ℳ 1. *

Inhalt:
Bd. 1. Die Karlsschüler. Schauspiel in 5 Acten. 1.—3. Aufl. (138 S.) 880—84.
" 2. Graf Essex. Trauerspiel in 5 Acten. 1.—3. Aufl. (148 S.) 880—83.
" 3. Prinz Friedrich. Schauspiel in 5 Acten. (152 S.) 880.
" 4. Gottsched und Gellert. Charakter-Lustspiel in 5 Acten. (148 S.) 880.
" 5. Struensee. Trauerspiel in 5 Acten. (106 S.) 880.
" 6. Der Statthalter von Bengalen. Schauspiel in 4 Acten. (103 S.) 880.
" 7. Montrose, der schwarze Markgraf. Trauerspiel in 5 Acten. (139 S.) 880.
" 8. Monaldeschi oder die Abenteurer. Trauerspiel in 5 Acten und 1 Vorspiel. (136 S.) 880.
" 9. Rokoko oder die alten Herren. Trauerspiel in 5 Acten. (136 S.) 880.
" 10. Böse Zungen. Schauspiel in 5 Acten. (107 S.) 880.
" 11. Demetrius. Historisches Trauerspiel in 5 Acten. Mit Benutzung des Schiller'schen Fragmentes bis zur Verwandlung im 2. Acte. 1. und 2. Aufl. (124 S.) 880,85.
" 12. Cato von Eisen. Lustspiel in 3 Acten. [Die Grundidee nach Gorostiza.] (82 S.)

Laube's, Heinr., dramatische Werke. Volksausg. 1.—3., 10. und 11. Bd. 8. Leipzig, Weber. à Bd. *ℳ 1.—. *

Inhalt:
Bd. 1. Die Karlsschüler. Schauspiel in 5 Acten. 4. Aufl. (138 S.) 887.
" 2. Graf Essex. Trauerspiel in 5 Acten. 4. und 5. Aufl. (148 S.) 885,87.
" 3. Prinz Friedrich. Schauspiel in 5 Acten. 2. Aufl. (152 S.) 885.
" 10. Böse Zungen. Schauspiel in 5 Acten. 2. Ster.-Aufl. (107 S.) 886.
" 11. Demetrius. Trauerspiel in 5 Acten. 2. Aufl. (124 S.) 886.

Heinrich Laube's Dramatische Werke. Volks-Ausg. Bd 1–12. *Leipzig: J. J. Weber [1886–1902].* 12 Bde 8° [F.]
1. Die Karlsschuler. 11. Aufl. [1902.] 2. Graf Essex. 9. Aufl. [1900.]
3. Prinz Friedrich. 2. Aufl. 1886. 4. Gottsched u. Gellert. 2. Aufl. 1891.
5. Struensee. 2. Aufl. 1888. 6. Der Statthalter von Bengalen. 2. Aufl. 1888
7. Montrose, der schwarze Markgraf. 2. Aufl. 1896.
8. Monaldeschi oder Die Abenteurer. 2. Aufl. 1896.
9. Rokoko oder Die alten Herren. 2. Aufl. 1896.
10. Bose Zungen. 2. Ster.-Aufl. 1886 11. Demetrius. 4. Aufl. 1896.
12. Cato von Eisen. 2. Aufl. 1892. [v2. 12717] 2

Laube's, Heinr., dramatische Werke. Volksausg. 1., 2. u. 11. Bd. 8. Leipzig, J. J. Weber. à n. 1.—
1. Die Karlsschüler. Schauspiel in 5 Acten. 5. Aufl. (138 S.) 890.
2. Graf Essex. Trauerspiel in 5 Acten. 5. Aufl. (148 S.) 887.
11. Demetrius. Historisches Trauerspiel in 5 Acten. Mit Benutzg. d. Schiller'schen Fragments bis zur Verwandlg. im 2 Acte. 3. Aufl. (124 S.) 890.

Laube's, Heinr., dramatische Werke. Volks-Ausg. 1., 2., 4. u. 12. Bd. 12. Leipzig, J. J. Weber. à n. 1.—
1. Die Karlsschüler. Schauspiel in 5 Acten. 6. u. 7. Aufl. (138 S.) 892. 894.
2. Graf Essex. Trauerspiel in 5 Acten. 6. Aufl. (148 S.) 892.
4. Gottsched u. Gellert. Charakterlustspiel in 5 Acten. 2. Aufl. (148 S.) 891.
12. Cato v. Eisen. Lustspiel in 3 Acten. (Die Grundidee nach Gorostiza.) 2. Aufl. (82 S.) 892.

Laube's, Heinr., dramat. Werke. Volks-Ausg. 1. u. 2. Bd. 8. Leipzig, J. J. Weber. à n. 1.—
1. Die Karlsschüler. Schausp. in 5 Acten. 9. Aufl. (138 S.) 898.
2. Graf Essex. Trauersp. in 5 Acten. 7. Aufl. (148 S.) 896.

Laube's, Heinr., dramatische Werke. Volks-Ausg. 1. u. 2. Bd. 8. Leipzig (900). J. J. Weber. à n. 1.—
1. Die Karlsschüler. Schauspiel in 5 Acten. 10. Aufl. (138 S.)
2. Graf Essex. Trauerspiel in 5 Acten. 9. Aufl. (148 S.)

— dramatische Werke. Volksausg. 1., 2. u. 11. Bd. 8. Leipzig. J. J. Weber. à n. 1.—
1. Die Karlsschüler. Schauspiel in 5 Akten. 15. Aufl. (138 S.)
2. Graf Essex. Trauerspiel in 5 Acten. 11. Aufl. (148 S.)
11. Demetrius. Histor. Trauerspiel in 5 Akten. Mit Benutzg. des Schiller'schen Fragments bis zur Verwandlg. im 2. Acte. 5. Aufl. (124 S.) 904.
Die große Ausg. (à Bd. 3.—) ist in M. Hesse's Verl. in Leipzig übergegangen.

— Dramatische Werke. 6 Bde. (296, 226, 292, 257, 269 u. 260 S.) kl. 8. Leipzig (910). Hesse & Becker Verl. In 3 Leinw.-Bdn. 6.—

Heinrich Laubes gesammelte Werke in 50 Bden. Unter Mitw. von Albert Hänel hrsg. von Heinrich Hubert Houben. Bd 1–50. Leipzig: Hesse 1908–09. 8°
1–3. Vorbericht u. Inhaltsverzeichnis. Das junge Europa. Roman in 3 Büchern. Bd 1–3. 1908.
1. Die Poeten. 2. Die Krieger. 3. Die Bürger.
4–6. Reisenovellen. Bd 1–3. 1908.
7. Liebesbriefe. Die Schauspielerin. 2 Novellen. 1908.
8. Das Glück. Novelle. 1908.
9. Die Bandomire. Kurische Erzählung. 1908.
10–12. Gräfin Chateaubriant. Roman in 3 Bden. Bd 1–3. 1908.
13. Der belgische Graf. 1908.
14–22. Der deutsche Krieg. Hist. Roman in 3 Büchern. Buch 1–3. 1908.
14–17. Buch 1. Junker Hans. Hist. Roman in 4 T. T. 1–4.
18–20. Buch 2. Waldstein. Hist. Roman in 3 T. T. 1–3.
21. 22. Buch 3. Herzog Bernhard. Hist. Roman in 2 T. T. 1. 2.
23–28. Dramatische Werke. Bd 1–6. (1909.)
1. Monaldeschi. Rokoko. 2. Die Bernsteinhexe. Struensee.
3. Gottsched u. Gellert. Die Karlsschuler. 4. Prinz Friedrich. Graf Essex.
5. Cato von Eisen. Montrose. Der Statthalter von Bengalen.
6. Böse Zungen. Demetrius. Schauspielerei.

Laube's, Heinr., gesammelte Werke in 50 Bdn. Unter Mitwirkg. v. Alb. Hänel hrsg. v. Heinr. Hub. Houben. (VI, 181; 295, 152, 254, 160, 207, 156, 154, 180, 191, 177, 176, 175, 221, 255, 230, 290, 236, 226, 310, 270, 279, 296, 226, 292, 257, 269, 260, 268, 280; 212, 176; 245; 320; 154, 263; 246, 366; 183, XXVIII, 424; 456, 164; 109, 213, 211; 193, 288, 221 u. 268, 280, 212, 176, 245, 320, 154, 263, 246, 366, 367 u. 304 S.) kl. 8. Leipzig (908—10). Hesse & Becker Verl. 50.—; in 20 Bde. geb. in Leinw. 60.—; in Halbfrz. 80. —

—— der Schatten Wilhelm. Eine geschichtl. Erzählung. 1. und 2. Aufl. 8. (288 S.) Leipzig 883, Haessel. *
geb. *

—— Zeitung f. d. elegante Welt, s. Zeitung etc.

Laube, Karl

— Carl (Haynau/Schles.), De singulari super onanismi vitio sententia part. I. Utrecht (R. Apitz) 22. I. 1798. (3.20) 20544

Laube, Kurt

Laube, Curt, Referendar am Kgl. Amtsgericht zu Schoenau a. K.: Erwerb und Verlust des Besitzes nicht vollkommen Geschäftsfähiger und juristischer Personen nach römischem und heutigem Recht. *Rostock 1903: H. Winterberg.* (67 S.) 8°
Rostock, Jur. Diss. v. [18. Apr.] 1903

Laube, Rich., wortkundliche Führung durch die Muttersprache (Lesebuch f. Volksschulen. Neubearbeitung. Hrsg. vom Dresdner Lehrerverein). V. Tl. Ausg. A. (III. Tl. Ausg. B). (IV, 96 S.) 8. Dresden (909). O. & R. Becker. Kart. 1. 25

Laube, Rich., Hamburg u. sein Welthandel. Projektions-Vortrag zu e. Reihe v. 88 Photogrammen. gr. 8. (22 Bl.) Dresden 900. (Verlag des „Apollo".) n. 2. —

Laube, Richard, cand. paed. aus Niedersaida: Rudolf Hildebrand und seine Schule. Ein Beitrag zur Geschichte d. deutschsprachl. Unterrichts in d. 2. Hälfte d. 19. Jahrhunderts. *Leipzig: F. Brandstetter 1903.* (XV, 136 S.) 8° [F.]
Leipzig, Phil. Diss. v. 1903

— Paris u. seine Weltausstellung. Projektions-Vortrag zu e. Serie v. 125 Photogrammen. gr. 8. (34 Bl.) Ebd. 900. n. 2. 50

— Wanderungen in Paris. Projektions-Vortrag zu e. Serie v. 90 Bildern. gr. 8. (28 Bl.) Ebd. 900. n. 2. 50

— Wortkunde f. die Volksschule. Eine Auswahl wortkundl. Stoffe in stufenmäß. Anordng. f. das 3.—8. Schulj. (auch für die entsprechenden Klassen höh. Lehranstalten). (IX, 218 S.) 8. Leipzig 908. F. Brandstetter. 2.60; geb. 3. —

[F.] 25jährige Geschichte des Kriegervereins Beuthen O.-S. bearb. v. Ehrenkameraden Robert Laube ... *Beuthen: Selbstv. d. Vereins; Dr. v. Nothmann 1898.* (4 Bl., 131 S., 1 Bl.) 1 Bd 8. [98. 4864

Laube, G. G., Ariodante. Tragödie in 5 A. gr. 8. Posen 809. Kühn. 18 gr

Laube, G. Gli., Auswahl aus Petrarca's Gesängen, s. Petrarca.

* Laube, G. G., Auswahl aus Petrarkas Gesängen als Proben ein. vollständigen Uebersetzung. 8. Glogau, Günther. 808.

— Gesetzsamml. d. vormal. Herzogth. Warschau; aus d. Poln. übers. 4 Bde. 8. Posen 816.

— s. Kupido.

— kurzer Unterricht für Jedermann über Napoleons bürgerl. Gesetzbuch. 8. Bresl. 808. W. G. Korn. 16 gr Dass. in poln. Sprache. 8. Ebd. 808. 16 gr

Lauben, von, Betrachtungen über allerhand Gegenstände. 12. Wien, Trattner. 769.

Laubenburg, Karl, die Kryptogamen des Bergischen Landes, s.: Lorch, Wilh.

Laubenburg, Karl Ernst [aus Burg a. d. Wupper]: Aus d. Klinik f. Ohrenkrankheiten zu Bonn. Ueber „Ozaena simplex sive genuina" (Rhinitis chronica atrophicans foetida) mit besonderer Berücksichtigung der Aetiologie und der Entstehung des Foetor .... Bonn, Univ.-Buchdr. v. Carl Georgi, 1888; 24 S. 8°
Bonn, Med. Fak., Inaug.-Diss. v. 11. Jun. 1888

Laubender, Bernh.

Laubender B.: Abhandlung üb. den Milzbrand d. Hausthiere. Ein Beitrag z. Geschichte desselben. Eröffnungsrede. Münch. 1814. 86 S.

— Abhandl. über den Milzbrand d. Hausthiere u. seine Geschichte. gr. 8. Münch. 815. Fleischmann. 6 gr

Laubender, Bhrd. II., s. Jos. Bauerschubert, Fest- u. Volkspredigten.

Laubender, Bhrd. I., († d. 26. März 1815.) neueste Beiträge zur Beförder. des Gartenbaues auf Dörfern. 1r Lief. 8. Leipz. 800. Fr. Fleischer. 8 gr Schrbp. 12 gr

— naturgeschichtl. Darstell. aller ansteckenden Krankheiten bei Menschen u. Thieren, nebst deren Kur u. Behandlung. 1r Bd., ansteckende Krankheiten bei Menschen. gr. 8. Leipz. 803. (Andrä). 1 Thlr. 16 gr

— naturgeschichtl. Darstellung aller ansteckenden Krankheiten. b. Menschen und Thieren u. deren Cur und Behandl. 2c. 1r Bd. ansteckende Krankh. bey Menschen. gr. 8. Lpz. Bauer. 803.

— — Naturgeschichtliche Darstellung aller ansteckenden Krankheiten bei Menschen und Tieren, nebst deren Kur und Behandlung. gr. 8. Ebd. 11. Andrä. (Staritz.) M. 4.—

Laubender, Bernhard: Über die Erkenntniss und Heilung der Engbrüstigkeit mit e. Anh. über den Dampf der Pferde. Nürnberg u. Altdorf 1804. XVI, 184 S.

Laubender B.: Das Ganze d. Rindviehpest ... Leipz. 1801. (12) 652 S.

— d. Ganze d. Rindviehpest, oder vollständ. Unterricht, d. Rindviehpest genau zu erkennen, sicher zu heilen 2c. 8. Leipz. 801. Gr. Fleischer. 1 Thlr. 16 gr

Laubender B.: Grundsätze u. Erfahrungen z. Erzielung einer reichen Milchwirthschaft. Nürnb. u. Altdorf 1804. 190 S. 1 Tvl.

— Grundsätze u. Erfahrungen zur Erzielung e. reichen Milchwirthschaft. Nebst 1 Abbild. 8. Nürnb. 804. Monath u. K. 16 gr

— Handbuch des Neuesten u. Wissenswürdigsten aus d. Haus- u. Landwirthschaft u. andern damit verwandten Wissenschaften 2c. 1r Bd., mit Kpf. 8. Nürnb. 804. Monath u. K. 1 Thlr. 8 gr

— theoret.-prakt. Handbuch d. Thierheilkunde, oder Beschreibung aller Krankheiten u. Heilmethoden d. sämmtl. Hausthiere 2c. 4 Bde, mit e. Register. 8. Erfurt 803—7. Keyser. 5 Thlr. 8 gr

— Ideen zur Organisirung e. selbstständ. Veterinär-Polizei 2c. 8. Nürnb. 805. Monath u. K. 14 gr

— — Ideen zur Organisation einer selbständigen Veterinär-Polizei etc. 8. Nürnberg 05. Recknagel. M. 1.75

B. Laubender, Der Kaffee und seine bis jetzt bekannten 42 Surrogate als Beitrag, sich und seinem Vaterlande jährlich eine große Summe Geldes zu erhalten. Nürnberg 1806.

— d. Kaffee u. seine bis jetzt bekannten 42 Surrogate 2c. 8. Nürnb. 806. Monath u. K. 14 gr

— Kenntniß u. Heilung d. Engbrüstigkeit u. des Dampfs d. Pferde. 8. Nürnb. 804. Monath u. K. 16 gr

Laubender, Bernh., Lehrbuch d. gerichtl. Thierarzneikunde zum Gebrauch f. angehende Gerichtsthierärzte. 8. Münch. Lindauer. 812.

— Lehrbuch d. gerichtl. Thierarzneikunde, zum Gebrauch für angehende Gerichtsthierärzte. 8. Münch. 816. Lindauer. 1 Thlr.

— — Miasmatologie oder ansteckende Krankheiten bei Menschen und Tieren. Leipzig 11. Andrä. M. 4.—

— Miasmatologie, oder naturgeschichtl. Darstell. aller ansteckenden Krankheiten. gr. 8. Leipz. 811. (Andrä). 1 Thlr. 8 gr

— Miasmatologie, od. naturgeschichtl. Darstellung aller ansteckenden Krankheiten. gr. 8. Leipz. Bauer. 811.

Laubender, Bernhard: Der Milzbrand der Hausthiere und seine Geschichte. München 1815. 86 S.

— der Milzbrand d. Hausthiere u. s. Geschichte. gr. 8. Münch. Fleischmann. 815.

— über d. besten Mittel, d. Rindviehpest vorzubeugen. Eine gekr. Preisschr. 8. Leipz. 802.

— d. Natur d. Ansteckungsstoffe u. d. Mittel, selbige in ihren Wirkungen zu vernichten. 8. Erfurt 802. Keyser.

Bernhard Laubender

Allgemeines Noth- und Hülfsbüchlein [Notbüchlein] für Lungenschwindsüchtige und die, welche es nicht werden wollen. Von Bernhard Laubender. Th. 1.2. Leipzig: Fleischer 1802. 8°

Laubender, Bernhard: Prodromus einer polizeilich-gerichtlichen Thierarzneykunde. 290 S., gbd.

München: Lindauer 1812

JB 5.904

— Prodromus e. polizeigerichtl. Thierarzneikunde. 8. Münch. 812. 2e verb. Aufl. von J. F. C. Dieterichs. gr. 8. Ebd. 827. Lindauer. 1 ℳ 4 gr

— d. Seuchen d. landwirthschaftl. Hausthiere nebst Geschichte derselben. 1. 1e u. 2e Abtheil. (2e Abthl. A. u. d. T.: Seuchengeschichte d. landwirthschaftl. Hausthiere von d. ältesten Zeit bis herab auf d. J. 1811.) gr. 8. Münch. 811. Fleischmann. 2 ℳ 22 gr Hbg. Pr. 2 ℳ

Laubender B.: Seuchen-Geschichte d. landwirthschaftlichen Hausthiere v. der ältesten Zeit bis herab auf das Jahr 1811. (2 Abth.). Münch. u. Burghausen 1811. (18, 692) S.
(=: Die Seuchen d. l. H. nebst Geschichte derselben. Bd. 1).

Laubender, Bhrd., über d. Ursachen, Ursprung u. Beschaffenheit d. Rindviehpest in Rußland. Eine gekrönte Preisschrift. 8. Leipz. 801.

— — Über die Ursachen, Ursprung und Beschaffenheit der Rindviehpest in Russland. (Gekr. Pr.) Leipzig 01. Andrä. M. 1.—

— über d. Wirkungs- u. Anwendungsart d. Salze im Thierreiche. 8. Leipz. 802.

— — Über die Wirkungs- und Anwendungs-Art der Salze im Tierreiche. 8. Leipzig 02. Fleischer.

Laubengeiger, Wilh., die Mutter im deutschen Liede. Eine Blumenlese deutscher Dichtgn. aus alter u. neuer Zeit üb. die edelste aller Frauen. Mit Buchschmuck v. Rich. Flockenhaus. (280 S.) 8. Berlin 910. M. Warneck.
Geb. in Leinw. 4. 50

Laubenheimer, Aug., Grundzüge der organischen Chemie. (In 3 Lfgn.) 1. u. 2. Lfg. gr. 8. (400 S.) Heidelberg 881. C. Winter. n. 10. —

Laubenheimer, Aug., Grundzüge der organischen Chemie. 3. u. 4. (Schluss-)Lfg. gr. 8. (X, u. S. 401—874.) Heidelberg 882—84. C. Winter. n. 10. —
(cplt : n. 20. —)

Laubenheimer, August
Ueber Constitution des Natriumalkoholats, Verhalten des Milchzuckers zum Kaliumpermanganat, Vorkommen des Benzylalkohols im flüssigen Storax, sowie über die Aethyläther der Fumarsäure.
Giessen 1872.. 24 S.
Habil. phil. 8. Februar 1873. vorh. 26.11.

Laubenheimer, Kurt, approb. Arzt aus Höchst a. M.: Aus d. Hygien. Institut d. Universität Gießen. Experimentelle Beiträge zur Veränderlichkeit der Agglutination bei Typhus. *Gießen 1903: v. Münchow.* (33 S.) 8°
Gießen, Med. Diss. v. 1903

Einladung zur öffentlichen Probe-Vorlesung, welche Dr. med. **Kurt Laubenheimer** zur Erlangung der Venia legendi bei der Medicinischen Fakultät der Ruprecht-Carls-Universität zu Heidelberg ... d. 29. April 1910 ... abhalten wird. Thema: Die Komplementbindung als diagnostische Methode. Heidelberg (1910): Hörning. 1 Bl. 8° [U 10. 2215
(Nicht für den Austausch)

Laubenheimer, Kurt, Dr., 1. Assist. am hygien. Inst. in Giessen: Aus d. hygien. Inst. d. Univ. Giessen. (Dir.: Kossel.). Phenol und seine Derivate als Desinfektionsmittel. Berlin & Wien: Urban & Schwarzenberg 1909. VI, 156 S. 8° ¶ (Ersch. auch als Buch ebd.)
Gießen, Med. Hab.-Schr. v. 1909 [U 09. 1248

— Photograph. Wandtafeln pathogener Protozoen. 10 Taf. 62×63 cm. Mit kurzem erläut. Text. (IV S. m. 1 Taf.) gr. 8. Heidelberg 910. Carl Winter,
In Halbleinw.-Mappe 40. —

Laubenthal, Georg, aus Treis a. d. Mosel: Ueber Messungen im Absorptionsspektrum. *Coblenz 1901: Görres-Druckerei.* (39 S.) 8° [F.]
Bonn, Phil. Diss. v. 7. Dez. 1901

Laubenthal, P., Cantica sacra [Choralmessen, Hymnen und Sequenzen], zusammengestellt, in die heutige Notenschrift übertragen und theilweise für gemischten Chor bearb. 8. (47 S.) Andernach 877, Zimmermann. *

Lauber: Der Wert der Wissenschaften vom sittlichen Standpunkte aus gewürdigt. 6 S.– Thorn, Progr. 1852.

Lauber, A., zur Latrinenfrage. Eine Studie. Mit Beziehg. auf die Verhältnisse Stuttgarts. Mit (eingedr.) Holzschn. gr. 8. (56 S.) Stuttgart 873. Schickhardt & Ebner. n. 1. —

Lauber, Des Mönches Anastasius: Großes echt egyptisches Traumbuch nebst den verläßlichen Auslegungen u. beigefügten Lotto-Nummern. Mit der oft bewährten Glückstabelle. Bearbeitet nach egyptischen u. schwedischen Handschriften vom J. 1204. 6. verb. Abdruck. Wien: Wenedikt. 1862. (111 S.) kl. 8⁰

– Dasselbe mit Planetenbuch u. Zusätzen. Ebd. 1862. (210 S.) kl. 8⁰

Lauber's, Anastas., großes echt egyptisches Traumbuch nebst den verläßl. Auslegungen und beigefügten Lotto-Nummern. Mit der oft bewährten Glückstabelle. Bearb. nach egypt. und schwed. Handschriften vom J. 1204. 7., verb. Abdr. 8. (94 S. mit 15 Stnt.) Wien 862, (Wenedikt.)
Größere Ausg. mit Anh. (101 S. mit 1 Tab. in Fol.)

Lauber's, Anastas., großes echt egyptisches Traumbuch nebst den verläßl. Ausleggn. u. beigefügten Lotto-Nummern. Mit der oft bewährten Glückstabelle. Bearb. nach egypt. u. schwed. Handschr. vom Jahre 1024. 8. verb. Abdr. Linz 869. (Wien, Wenedikt.) gr. 16. (94 S. mit 8 Steintaff.)
12 ngr; größere Ausg. 24 ngr

– Dass. Kleinere Ausgabe. Ebds. in Comm. 1868. (94 S.) kl. 8⁰

Lauber's, des Mönches Anastas., großes echt egyptisches Traumbuch, nebst den verläßl. Auslegungen und beigefügten Lotto-Nummern. Mit der oft bewährten Glückstabelle. Bearb. nach egypt. und schwed. Handschriften vom J. 1024. 9. verb. Abdr. 8. (131 und 104 S. mit eingedr. Holzschn.) Wien 877, Wenedikt.
Kleine Ausg. 9. verb. Abdr. (131 S. mit eingedr. Holzschn.)

Lauber's. Anastasius, kleines egyptisches Traumbuch nebst den verlässlichen Auslegungen u. beigefügten Lottonummern. 12., verbesserter Abdruck. 8. (127 S.) Wien, Abert A. Wenedict. 40 kr.
1883.

Lauber's, Anast.: Grosses echt ägyptisches Traumbuch nebst den verlässlichsten Auslegungen und beigefügten Lotto-Nummern. XII., verbess. Abdruck. Wien: Wenedikt. 1886. (158 S.) 8⁰
– 14. Auflage. (127, 158 S.) Ebd.
– kleines echt ägyptisches Traumbuch. 14. Aufl. (127 S.) Ebd.

Lauber's, Anastasius, großes, echtes egyptisches Traumbuch, nebst den verläßlichen Auslegungen und beigefügten Lotto-Nummern. Mit der oft bewährten Glückstabelle. Große Ausgabe mit allen Lottozugaben. 16. verbesserter Abdruck. 8. (158 S.) 1.—
— — Kleine Ausgabe. 18. verbesserter Abdruck. 8. (127 S.) Wien: Wenedikt 1889. —.40

Lauber's, A., egyptisches Traumbuch nebst den verläßlichen Auslegungen und beigefügten Lotto-Nummern. 20. verbess. Abdruck 8. (127 S.) --.40
Große Ausgabe. 8. (188 S.) 1.--
Wien: Wenedikt 1897.

Lauber, des Mönches Anastasius, berühmtes großes echt ägyptisches Traumbuch m. den verläßlichsten Ausleggn., geschöpft aus den uralten Schriften d. Patriarchen Nicephorus, Artemidorus Dalbiani, d. Oneirocriticon Astrampsychi, d. Büchern Mosis u. nach egypt. u. schwed. Handschriften v. J. 1024. 25. Aufl., m. 90 Bildern, den Lotto-Nummern u. d. so oft bewährten Glückstab. (Wenedikt's Traumbuch m. dem Schusterbuben.) (143 S.) kl. 8. Wien (909). F. C. Mickl. — 80; große Ausg. (272 S.) 2. —

Lauber, Eduard

Lauber, Ed., praktisches Handbuch des Zeugdrucks. Unter Mitwirkung von J. Bendetson, A. Grabowski, W. Haussmann, B. Masłowski, A. Steinheil und M. Kohn. Mit Abbild. und Zeugproben. 1. und 2. Lfg. gr. 8. (1. Bd. S. 1—66 mit 27 Stnt.) Zawiercie 883. (Leipzig, G. Weigel.) **

—— dass. — Unter Mitwirkung von Alb. Steinheil und M. Kohn. 3. und 4. Lfg. gr. 8. Wien. (Leipzig, G. Weigel.) [3. Lfg. (1. Bd. S. 67—110 mit 2 Stnt. und 11 Taf. mit Proben.) 883. **M 4.; 4. Lfg. (1. Bd. S. 111—154 mit 2 Taf. mit Proben.) 885. **M 3.] **

Lauber, E: Praktisches Handbuch des Zeugdrucks. 2. Aufl.
[Bd 1.] Zawiercie 1883
Bd 2. Leipzig 1902
Bd 3. Leipzig 1902—1903

Lauber, Ed., praktisches Handbuch des Zeugdrucks. Unter Mitwirkung der Coloristen Louis Schweikert, Jos. Langer und Mor. Kohn. 5. und 6. Lfg. [2. Bd. 1. und 2. Lfg.] gr. 8. (120 S. mit Abbild. und Zeugproben.) Pabianice 886. (Leipzig, G. Weigel.) à Lfg. **M 4.50. **

—— dass. — 1. Bd. 2. und 3. Aufl. gr. 8. (127 S.) (Ebendas.) 886. *

—— dass. — Hrsg. unter Mitwirkung von Jos. Langer und Maryan Zelazowski. Fabrikations-Band [zugleich Suppl. zu Bd. II.] gr. 8. (III, 185 S. mit 75 vielfarb. Baumwollzeug-Druckproben sammt Druckvorschriften.) Moskau 887. (Leipzig, G. Weigel.) *
7. Lfg. u. fg. [Schluss des 2. Bds.] erscheinen später.

— Praktisches Handbuch des Zeugdrucks. Herausgegeben unter Mitwirkung von J. Langer und M. Zelakowski. Leipzig, 1888. 8vo. With samples.

Lauber's Handbuch des Zeugdrucks. Unter Mitwirkg. v. J. Herzfeld. 7.—10. Lfg. (II. Bd. 3.—6. Lfg.) gr. 8. (S. 121—360 m. 4 lith. Taf. u. 17 Zeugproben.) Leipzig 891—893. (G. Weigel.) n. 21. —
(1—10.: n.n. 43. 50)

Lauber's, Ed., Handbuch d. Zeugdrucks. 11. Lfg. (D. II. Bds. VII. [Schluss-] Lfg.) M. ca. 70 Zeugproben u. 6 Maschinenscizzen. gr. 8. (S. 361—535.) Leipzig 898. (S. Schnurpfeil Nachf.) n. 15. — (Kplt.: n. 63. —)

Lauber, Ed., praktisches Handbuch des Zeugdrucks. I. Bd. 4., neubearb. u. verm. Aufl. Mit Abb. u. Zeugproben. 7 Lfgn. gr. 8. (II, 219 u. V S.) Leipzig 901. 902. (Buchh. G. Fock.) n. 14.—; geb. in Halbfrz. n. 17.—

Lauber, Ed., praktisches Handbuch des Zeugdrucks. II. Bd. 2., neubearb. u. verm. Aufl. Mit Abbildgn. u. Zeugproben. 8 Lfgn. gr. 8. (254 u. VI S.) Leipzig 902. (Buchh. G. Fock.) n. 16.—; in 1 Halbfrzbd. n. 20.—

— dasselbe. III. (Schluss-)Bd. 2., neubearb. u. verm. Aufl. Mit Abbildgn. u. Zeugproben. 1.—9. Lfg. gr. 8. (S. 1—288.) Ebd. 902. à n. 2.—

Lauber, Eduard, praktisches Handbuch des Zeugdrucks. III. (Schluss-)Bd. 2, neubearb. u. verm. Aufl. Mit Abbildgn. u. Zeugproben. 10.—14. (Schluss-)Lfg. (S. 289—432 u. XXXVI S.) gr. 8. Leipzig 903. (Buchh. G. Fock.) à n. 2.— (3. Bd. geb. in Halbfrz. n. 32.—)

— dasselbe. Suppl.-Bd. zur 4. Aufl. des I. Bds. u. 2. Aufl. des II. u. III. Bds. Mit Abbildgn. u. Zeugproben. (244 S.) gr. 8. Leipzig 906. [S. Schnurpfeil.] Buchh. G. Fock. Geb. m. Halbfrz. n. 26. —
(Vollständig m. Suppl. n. 95.—)

Lauber, Eduard, prakt. Handbuch des Zeugdrucks. II. Suppl.-Bd. Bericht üb. die Fortschritte des Zeugdrucks u. verwandter Industrien. Mercerisation—Bleicherei—Färberei—Appretur der Baumwollstoffe. I. Bd. 1908—1910. Hrsg. unter Mitwirkg. hervorrag. Fachmänner v. Antonio Sansone. Mit 27 Abb. u. 315 Farben- u. Zeugproben. (4 u. 16 u. 391 S.) gr. 8. Leipzig 908—10. Buchh. G. Fock. 24.—;
geb. in Halbfrz. 30. —
Hauptwerk u. I. Suppl.-Bd. Ebd. 903—05. Geb. 95.—.

Lauber's Monatshefte für Färber und Drucker. Organ des Färbermeister-Vereins von Nordböhmen und der Oberlausitz. 1. Jahrg. Oct., 1899–Sept., 1900. 1 vol. 8vo. Leipzig, 1899–1900.

— Monatshefte f. Färber u. Drucker. Organ d. Färbermeister-Vereins von Nordböhmen u. der Oberlausitz. 1. u. 2. Bd. 1900 u. 1901. à 12 Hfte. gr. 8. (à ca. 16 S. m. Abb. u. farb. Stoffmustern.) Leipzig (S. Schnurpfeil). à Bd. n. 6.—

— Neuerungen im Zeugdruck d. letzten Jahre. Mit Abb. u. Zeugproben. [Aus: „L., Hdb. d. Zeugdrucks".] gr. 8. (174 S.) Ebd. 898. n. 17. —

Lauber, Eduard. Chemiker der königl. Centralstelle für Gewerbe und Handel in Stuttgart Württemberg [von Spielberg. Württemberg]: Studien über die Synthese der Grotonsäure [!]. Stuttg. E. Greiner Dr. 1875. 31 S. 8°.
Zürich. Phil. Diss. [v. 11. März 1875].

— das Wasser in der Färberei, sow. d. Reinigg. zur Kesselspeisg. u. d. Abwässer. gr. 8. (39 S. m. Fig. u. 2 Taf.) Ebd. 898. n. 1. 50

Lauber, Erw. R., aus Strassburg i. E.: Über Formierungspunkte an Blei- und Platin-Elektroden. Ein Beitrag zur Lehre von der Polarisation und der Reversibilität der galvanischen Elemente. Zürich 1908. 47 S. 8°. [3. IV. 08.]
Zürich. Phil. Diss. II. S. 1907/08.

Lauber, G., Aufklärung von Schachgeheimnissen, oder Anleitung zur raschen und sicheren Erlernung der Kunst, Rösselgänge und Aufgaben mit Akrostichen zu fertigen und dergleichen zu lösen, nebst Rösselsprung-Aufgaben und Lösungen, sowie interessanten Zeichnungen von geschlossenen Rösselgängen auf dem Vierschachbrett. 8. (70 S. mit 9 Stnt.) Ratibor 878, Schmeer und Söhne. *

Lauber, G., Tabellen zur Ermittelung der Laudemial-Renten u. Ueberweisung der Geldabgaben auf die Rentenbanken nach den Gesetzen vom 2. März 1850. 4. (19 S.) Breslau 848, Schuhmann. n. 1/4 ₰

Lauber, G., Tabellen zur Ermittelung der Laudemial-Renten und Ueberweisung der Geldabgaben auf die Rentenbanken nach den Gesetzen vom 2. März 1850. 4. (19 S.) Breslau 850, [Hainauer.] Thlr. *

Lauber, Gust. Erläuterungs-Bericht zum Entwurf einer Luftflotten-Rotunde, nebst Lösg. des Problems d. Rentabilität der Luftschiffahrt. (16 S.) gr. 8. Mannheim 909. Dr. H. Haas. 1. —

Lauber, J., siehe: *Volks- und Kinderlieder.*

Lauber, Jos.

— kurzgefaßte Anleit. zur christl. Sittenlehre, oder Moraltheologie. 5 Bde. gr. 8. Wien 784—88. Kaulfuß. 5 ℳ

— prakt. Anleit. zum Seelsorgeramte, oder Pastoraltheologie gr. 8. Brünn 791. Gutsch. 20 ℊ

— prakt. Anweisung z. Seelensorgeramte oder Pastoraltheologie. gr. 8. Brünn, Gutsch. 791.

Lauber, Jos., strenger Beichtvater, statist., theolog., prakt. u. histor. betrachtet. 4 Stücke. 8. Wien 783, 84. Hörling. 1 ℳ

Lauber, Joseph. Die Bibel aus dem Grundterte in eine dem gemeinen Manne verständliche deutsche Sprache übersetzt. Wien, 1786.
1. Teil: enthält nur die 5 Bücher Moses.

– s. Biblia. Übers. von Jos. Lauber.

Lauber, Joseph. Denkmal der Vaterlandsliebe und Fürstentreue. (Mit Abbild.) 8. Wien 1797.

– neue Fastenreden, s.a. Lauber: Homilet. Werk.

— neue Fastenreden, homilet. bearbeitet. 8. Ebend. 799.

– Fest- u. Gelegenheitsreden, s. Lauber: Homilet. Werk.

– Frühlehren, s.a. Lauber: Homilet. Werk.

— Frühlehren, z. Gebrauch der Seelensorger rc. 2 Thle. 8. Wien, Kaulfuß. 799.

— institutiones theologiae pastoralis compendiosae ad normam praescriptam a Caesareo reg. stud. commiss. exaratae. III Tom. 8maj. Brunn 780, 81. (Gräffer in Wien). 2 ℳ

— institut. theologiae pastoral. II Tmi. 8. maj. Vien. Graeffer. 782.

— — idem. II Tmi. 8. mai. Budae. Typ. 785.

– Neue Kanzelreden, s.a. Lauber: Homilet. Werk.

— neue Kanzelreden, bey außerordentlich. Vorf. oder des homilet. Werks 8r Bd. 8. Wien, Kaulfuß. 796.

— Leben d. Heil. Gottes 6 Bde. z. 9 Hft. 8. Wien, Doll. 795-97 (à 1 Rthlr. 8 gr.)

— Leben Jesu. mit K. 8. Lpz. Liebeskind. 787.

— Leben Jesu u. d. Mutter Mariä. 8. Wien 787. N. Aufl. Pesth 797. Hartleben. (Kobrtsch in Eger). 8 ℊ

LAUBER, JOS(EPH): Leben unseres Herrn und Erlösers Jesu und seiner Mutter Mariä. Pesth 1797: Hartleben. - 8°
- Dass. Pesth 1818

Lauber, Jos., das Leben unseres Herrn u. Erlösers Jesu Christi und seiner Mutter Maria. 8. Pesth. 797. Jetzt Hartleben. u. d. Preis

— dreihundert sechs u. sechzig Lebensbeschreibungen d. Heiligen Gottes, zur Erbauung rc. 8. Wien 795. ...

– s. Mesangui: Andachtsübungen aus der heil. Schrift.

LAUBER, Joseph (Amberg): De methodo exetica.- Monachii: Hübschmann 1837. 16 S.
4.8.1835 - Urk: F 62
Diss. Ingolst.-Landsh.-Mchn.

LAUBER, JOSEPH: Katechetische Reden und Christenlehren, nebst Fragen an Kinder hierüber, auf das ganze Jahr eingetheilet. Pesth (vor 1819): Konrad Adolf Hartleben.

— neue katechet. Reden u. Christenlehren, nebst Fragen an d. Kinder hierüber, auf d. ganze Jahr eingetheilt. 2 Bde. 8. Wien 797. (Pesth) Hartleben. 1 ℳ 8 ℊ (Kobrtsch in Eger). 2 ℳ 16 ℊ

— neue katech. Reden, od. Christenlehren. 2 Bde. 8. Ebendas. (a. Liebeskind in Lpz.) 797.

— krit. Uebersicht des gesammten Lehr- u. Erziehungswesens in d. österreich. Staaten. 1r u. 2r Bd. 4. Wien 789.

Lauber, J., Was ist die Wahrheit? An die heutigen unbärtigen Schriftstellerchen. Wien (c. 1782). 8°.
Karajan's Bibl. II. no. 1462. — Rar!

— was ist Wahrheit? an d. heutigen Schriftsteller u. unbärtigen Schriftstellerchen. 8. Wien 783.

— vollständ. homilet. Werk. 1r—4r Bd. 8. Wien 795. Kaulfuß. 5r, 6r Bd. A. u. d. T.: Fest- u. Gelegenheitsreden. 2 Bde. Ebd. 795. 7r Bd. A. u. d. T.: neue Fastenreden. Ebd. 795. 2e A. 799. 16 ℊ 8r Bd. A. u. d. T.: neue Kanzelreden bei außerordentl. Umständen. Ebd. 796. 20 ℊ 9r, 10r Bd. Frühlehren, zum Gebrauch d. Seelsorger. 799. (Schaumburg). 1 ℳ Alle 10 Bde 5 ℳ

Lauber, Ludwig Martin

Lauber, L. M. Einige Bemerkungen über die jetzigen Anforderungen an die Gymn. 16 S.
Progr. Thorn 1838

Lauber, L. M. De evolvendarum functionum principiis ac formulis disquisitiones analyticae. 25 S. . . . .
Thorn, Progr. 1828

Lauber, Ludov. Mart., de evolvendarum functionum principiis ac formulis disquisit. nonnullae analyticae. 4 maj. (3½ B.) Thoruni 828. (Berolini, Reimer.)

Lauber, L. M. Ueber den Einfluß des naturwissenschaftlichen Unterrichts auf rein-menschliche Bildung. 24 S.
Progr. Thorn 1832

Lauberus, Ludovicus Martinus: • Elementa doctrinae serierum recurrentium accessit Demonstratio proprietatis notabilis numerorum naturalium. 9 Bl. 4° (2°)
Halle-Wittenberg, Phil. Diss. v. 7. Sept. 1821
Geb. [Breslau 18.6.1795 nach eigener Angabe (Die ADB. 18, 25 hat 28.6.1793)]

Lauber, Ldw. Mart., die Elemente der geometrischen Aehnlichkeits- u. Vergleichungs-Lehre, nebst einer systemat. Anlage der Elemente der Formbildung. Zum Gebrauch für den Unterricht in der reinen Geometrie in den obern Gymnasial-Klassen. gr. 8. Mit Holzschnitten. Berlin 842, Reimer. ⅓ ℳ

Lauber, Ludwig Martin: Entlassungsrede gehalten den 9. April 1851 (die Erkenntnißgebiete der Natur und Geschichte und ihre Beziehung zur Gotteserkenntniß) und Entlassungsrede gehalten den 29. September 1851 (der Werth der Wissenschaften vom sittlichen Standpunkte aus gewürdigt). 15 S. – Thorn, Progr. 1852.

Lauber, L. M., die Grundlehren der Physik vom Standpunkte einer idealen Auffassung des Naturlebens. Für einen allgemein-bildenden naturwissenschaftlichen Unterricht. Thorn 862. Lambeck. gr. 8. (VII, 68 S.) n. 10 ℊ

—— über d. Mathematik als Lehrobjekt auf Gymnasien. gr. 8. ($6\frac{1}{4}$ B.) Berlin 832, Hold.

Lauber, Ludwig Martin. Rede am Geburtsfeste Sr. Majestät des Königs den 15. October 1851. 7 S.
Thorn, Progr. 1852

Lauber, Ludw. Mart. Über die erziehende Thätigkeit der Schule. 27 S.
Thorn, Progr. 1846

Lauber, Ludw. Martin, Unterricht in der reinen Elementar-Mathematik nach Lehrkursen für den Schulgebrauch u. zur Selbstbelehrung. 1r Thl. A. u. d. T.: Die Arithmetik u. Algebra. gr. 8. Berlin 836. Reimer. 2 ℛ

— dass. 2r Thl. A. u. d. T.: Vorschule der Geometrie. Als Vorbereitung zu einer gründl. Erlernung der wissenschaftl. Geometrie, rc. Mit 2 Steintaf. gr. 8. Ebd. 837. $1\frac{1}{4}$ ℛ

Laubor, L. M. Ueber das Verhältniss des Gymnasial- und Real-Unterrichts und die Vermittlung des letztern durch die Gymnasien. Thorn, G., 1842. 30 S. 4. Progr.

—— Versuch einer rein wissenschaftl. Darstellung d. Mathematik durch strenge Begründung ders. in ihren Prinzipien u. Elementen. 1. Thl. — A. u. d. T.: Die allgem. Prinzipien d. Größenlehre nebst d. Elementen d. Zahlenlehre. gr. 8. ($10\frac{1}{4}$ B.) Berlin 834, Reimer.

—— dass. 2. Thl. — A. u. d. T.: Die Elemente der Geometrie. gr. 8. (21 B.) Ebds. 835.

Lauber, L. M. Vortrag, gehalten bei der Eröffnung des Turnplatzes. 7 S.
Thorn, Progr. 1845

Lauber, Ludw. M. Wirken und Wesen der Naturkräfte. 30 S.
Thorn, Progr. 1849

Lauber, L. M., das Wirken und Wesen der Naturkräfte in übersichtlicher zusammenhängender Darstellung. 4. (30 S.) Thorn 853, Lambeck.

Lauber, Paul, Referendar: Wie weit besteht nach dem Gesetz gegen den unlauteren Wettbewerb vom 7. Juni 1909 und dem Bürgerlichen Gesetzbuch ein subjektives Privatrecht an dem Gewerbebetrieb? ⟨Ein Beitr. z. Lehre v. subjektiven Privatrecht.⟩ Borna-Leipzig 1910: Noske. IX, 45 S. 8°
Erlangen, Jur. Diss. v. 14. März 1910, Ref. Oertmann
[Geb. 15. Juni 86 Cöln-Lindenthal; Wohnort: Aachen; Staatsangeh.: Preußen; Vorbildung: Karls-Gymn. Aachen Reife O. 05; Studium: Bonn 4, Berlin 2 S.; Rig. 14. Jan. 09.] [U 10. 725

Lauber, Raimund, prakt. Arzt u. Bahnarzt aus Neuburg a. D.: **Ueber aeltere und neuere Therapie beim Erysipel.** *Würzburg 1898: Becker.* (72 S.) 8°
Würzburg, Med. Diss. v. 1898

Laubere, de la, Beschreibung des Königreichs Siam. Aus d. Franz. Mit Kupf. u. Charten. gr. 8. Nürnberg. 800. Jetzt Eichhorn.

Laubéreau, Félix: Explicatio fragmenti Papiniani ex libro XI. responsorum in legis primae principio Digestorum de pignoribus et hypothecis libri XX. titulo primo. Halae 1861: Hendel. 31 S. 8°
Halle-Wittenberg, Jur. Diss. v. 23. Febr. 1861
Geb. [Nancy 20. 4. 1837]

Laubert. Was hat man bei der praktischen Erlernung neuerer Sprachen besonders zu beachten? Danzig, R. zu St. Johann. 1862. Progr.

Laubert, Ed., die griechischen Fremdwörter eingeleitet u. lexicalisch erklärt. Berlin 869. Guttentag. gr. 8. (102 S.) n. 16 ngr.

Laubert, E., der Genfer See. Die Insel Wight. Reise-Skizzen. 2. Folge. Danzig 865. Kafemann. gr. 16. (185 S.) 15 ngr.

Laubert, Ed. Die Insel Jersey. 42 S. Altst. Rsch. *Bremen* 1879.
Progr.

—— Länder- und Städtebilder. 3. Folge: Thüringen, Wien, Paris. 16. (V, 210 S.) Danzig 868, Kafemann. cart. *
1. und 2. Folge. Ebendas. 1864,65. ℳ 3,90.

Laubert, E., Venedig, Genua, Nizza. Drei Vorlesungen. Danzig 864. Kafemann. 8. (234 S.) 24 ngr.

Laubert, K. Uebersicht der Forschungen auf dem Gebiete der französischen Philologie. Frankfurt a. O., R., 1874. 48 S. 4. Progr.

Laubert, Karl [Dr., Dir.]: (Oberlehrer Dr. Adolf Korell, gest. am 6. Juni 1889.) Frankfurt a. O., k. Hofbuchdr. Trowitzsch u. Sohn, 1890; S. 18—19; 4°
Frankfurt an der Oder, Ober-S (RG), OP 1890

Laubert, Karl [Dir. Dr.]: Pädagogische Skizzen aus Frankreich I. Frankfurt a. O., k. Hofbuchdr. Trowitzsch u. Sohn (1890); 1 Bl., 59 S. 4°
Frankfurt an der Oder, Ober-S (RG), OP 1890

[**Laubert,** Carolus Iohannes Eduardus]: • Quotiescunque educatio in litera adhibenda modum excesserit, eam cultui atque humanitati perniciei fuisse contenditur, et quae sit causa inquiritur. S. 3—46. 4° (2°)
Halle-Wittenberg, Phil. Diss. v. 4. März 1854
Geb. [Quedlinburg 27. 7. 1824]

Laubert, Carolus Guilelmus *(geb. Quedlinburg 21. 2. 1829)*:
Vitae Urbani II. papae part. 1. Vratislaviae (1858). (45 S.) 8°
(Berliner gekr. Preisschr. v. 1850.)
Breslau, Phil. Diss. v. 5. Aug. 1858

Laubert, Manfred, aus Frankfurt a. O.: **Kritik der Quellen zur Schlacht bei Kunersdorf** ⟨12. August 1759⟩. *Berlin 1900: E. S. Mittler & Sohn.* (33 S.) 8°
Leipzig, Phil. Diss. v. [5. Sept.] 1900

Laubert, Manfred, Dr. phil.: **Presse und Zensur der Provinz Posen in neupreußischer Zeit** ⟨1815—1847⟩. Lissa i. P.: O. Eulitz 1908. (153 S.) 8° ¶ (Erscheint auch als Kap. 4 d. Werkes v. M. Laubert, Studien z. Geschichte d. Provinz Posen in d. ersten Hälfte d. neunzehnten Jahrhunderts = Sonderveröffentlichungen d. Hist. Gesellschaft f. d. Provinz Posen Bd 5.)
Breslau, Phil. Fak., Hab.-Schr. v. 14. Mai 1908
(Nicht für den Austausch)

Laubert, Manfr., die Schlacht bei Kunersdorf am 12. VIII. 1759. gr. 8. (XII, 131 S. m. 3 Karten.) Berlin 900. E. S. Mittler & Sohn. n. 3. —; geb. in Leinw. n.n. 4. 25

Laubert, Manfr., Studien zur Geschichte der Prov. Posen in der ersten Hälfte des 19. Jahrh., s. a. Sonder-Veröffentlichungen der histor. Gesellschaft f. die Provinz Posen. V.

Laubert, Manfr., Studien zur Geschichte der Provinz Posen in d. 1. Hälfte d. 19. Jh. Posen 1908. 8°.
(Sonder-Veröffentlichungen d. Hist. Ges. f. d. Prov. Posen. 5.)

Laubert, R.: Konidienform des Kartoffelpilzes, s. Appel, Otto

Laubert, R. u. Mart. Schwartz, Rosenkrankheiten u. Rosenfeinde. Eine Anleitg., die Krankheiten u. Feinde der Rosen zu erkennen u. zu bekämpfen. (VI, 59 S. m. 1 farb. Taf.) 8. Jena 910. G. Fischer. 1. —

Laubert, Richard

Laubert, R., die Rotpustelkrankheit (Nectria cinnabarina) der Bäume u. ihre Bekämpfung, s. a. Flugblätter des kaiserl. Gesundheitsamtes. Nr. 25.

Die Rotpustelkrankheit ⟨Nectria cinnabarina⟩ der Bäume und ihre Bekämpfung. Von Dr. R. **Laubert**. Berlin: P. Parey 1904. (4 S.) 8° [Kopft. F.] = Kais. Gesundheitsamt. Biolog. Abteilung. **Flugblatt** No 25. [05. 5819

Die Rotpustelkrankheit (Nectria cinnabarina) der Bäume und ihre Bekämpfung. Von Dr. R[ichard] Laubert. 2. Aufl. (Berlin: P. Parey) 1905. (4 S.) 8° [Kopft. F. u. Ant.]
= Kais. Biolog. Anstalt f. Land- u. Forstwirtschaft. Flugblatt. No 25.

— die Schwarzfleckenkrankheit (Rhytisma acerinum) der Ahornblätter, s. a. Flugblätter des kaiserl. Gesundheitsamtes. Nr. 29.

Die Schwarzfleckenkrankheit (Rhytisma acerinum) der Ahornblätter. Von Dr. R. Laubert. (Berlin: P. Parey) 1904. (4 S.) [Kopft. F.]
= Kais. Gesundheitsamt. Biolog. Abteilung f. Land- u. Forstwirtschaft. Flugblatt. No 29.

Die Schwarzfleckenkrankheit (Rhytisma acerinum) der Ahornblätter. Von Dr. R[ichard] Laubert, Hilfsarb. d. Kais. Biol. Anst. 2. Aufl. (Berlin: P. Parey) 1905. (4 S.) 8° [Kopft. F.]
= Kais. Biolog. Anstalt f. Land- u. Forstwirtschaft. Flugblatt. No 29.

Die Taschenkrankheit der Zwetschen und ihre Bekämpfung. Von Dr. R. Laubert. (2. Aufl.) (Berlin: P. Parey) 1905. (4 S.) 8°
(Kais. Gesundheitamt. Biolog. Abteilung f. Land- u. Forstwirtschaft. Flugblatt. No 30.)

Die Taschenkrankheit der Zwetschen und ihre Bekämpfung. Von Dr. R[ichard] Laubert. 3. Aufl. (Berlin: P. Parey) 1905. (4 S.) 8° [Kopft. F.]
= Kais. Biolog. Anstalt f. Land- u. Forstwirtschaft. Flugblatt. No 30.

Laubert, Richard: Untersuchungen von pflanzlichen Zellmembranen auf eine Durchlöcherung mittels Protoplasmas einschliesslich einiger Untersuchungen strittiger Fälle über den Nachweis von Protoplasmaverbindungen. *Göttingen 1897: Dieterich* (70 S. mit Taf.) 8°
Erlangen, Phil. Diss. v. 10. Dez. 1896

Laubfrosch, Der. Populäre meteorologische Abhandlungen des Neutrathaler agrar-meteorologischen Observatoriums [Frhr. Gregor Friesenhof]. I. und II., VII.—XI. Jahrg., 1888—89 und 94—98. Alt Krasno 1888, 89. O'Széplak 1894—98.

Der Laubfrosch. Jahrgang 3—6, 1890—93. Alt-Krásno 1890—93.

Laubfrosch, der Herriedener. Ein lust. Volks-Kalender u. Wetterprophet auf das J. 1868. Würzburg 867. Stahel'sche Buchh. 4. (40 S. mit vielen Bildern in eingedr. Holzschn.) n. 2½ ngr.

Laubfrosch, der Herriedener. Ein lust. Volkskalender und Wetterprophet auf die J. 1869—1875. 2.—8. Jahrg. 4. (à 44—60 S. mit vielen kom. Bildern in eingedr. Holzschn.) Würzburg, Stahel'sche Buchh. à Jahrg.

— der allein ächte Herriedener, auf das J. 1870. 3. Jahrg. Mit vielen Bildern (in eingedr. Holzschn.). Ebend. 4. (46 S.) 3 ngr.

Laubfrosch, der Herriedener. Ein lustiger Volkskalender und Wetterprophet auf die J. 1876—1880. 9.—13. Jahrg. Mit vielen kom. (eingedr. Holzschn.-)Bildern. 4. (50; 42; 50; 51; 55 S.) Würzburg, (Stahel'sche Buchh.) *

Laubfrosch, der Herriedener. Ein lust. Volkskalender und Wetterprophet für die J. 1881—1885. 14.—18. Jahrg. 4. (à Jahrg. ca. 60 S. mit eingedr. Holzschn.) Würzburg, Stahel'sche Universitäts-Buchh. à Jahrg. *

Laubfrosch, der Herriedener. Ein lustiger Volkskalender und Wetterprophet für die J. 1886—1889. 19.—22. Jahrg. Mit vielen kom. eingedr. Holzschn.-Bildern. 4. (64; 64; 32; 58 S.) Würzburg, (Stahel'sche Universitäts-Buchh.) à Jahrg. *

Laubfrosch, der allein ächte Herriedner. Ein lust. Volkskalender u. Wetterprophet auf d. J. 1891. 24. Jahrg. Mit vielen komischen Bildern. 4. (XVIII, 23 u. 8 S.) Würzburg, (Stahel). n. — 30

Laubfrosch, der allein ächte lustige Herriedener. Ein humorist. Volkskalender u. Wetterprophet auf d. J. 1893. 26. Jahrg. Mit vielen kom. Bildern. 4. (XVIII, 33, 8 S.) Würzb., (Stahel). * — 30

Laubfrosch, der ächte lustige Herriedener. Ein humorist. Volkskalender u. Wetterprophet f. d. J. 1895. 28. Jahrg. [Neue Folge 6. Jahrg.] Mit vielen kom. Bildern u. 1 Ansicht v. Herrieden. 1. u. 2. Aufl. 4. (56 u. 8 S.) Würzburg, (Stahel). n. — 30

Laubfrosch, d. ächte lustige Herriedener. E. humorist. Volkskalender u. Wetterprophet f. d. J. 1899. 31. Jahrg. (Neue Folge 9. Jahrg.) Mit vielen kom. Bildern u. 1 Ansicht von Herrieden. 4. (54 S.) Würzburg (Stahel'sche Verl.-Anst.) n. — 30

Laubfrosch, der ächte lustige Herriedener. Ein humorist. Volkskalender u. Wetterprophet f. d. J. 1903. 35. Jahrg. (Neue Folge 13. Jahrg.) Mit vielen kom. Bildern u. 1 Ansicht v. Herrieden. 4. (47 S.) Würzburg (Stahel's Verl.). n. — 30

Laubfrosch, der echte lustige Herriedener. Ein humorist. Volkskalender u. Wetterprophet f. d. J. 1906. 38. Jahrg. (Neue Folge 16. Jahrg.) Mit vielen kom. Bildern u. 1 Ansicht v. Herrieden. (56 S.) gr. 8. Würzburg (Stahel's Verl.) n. — 30

—— der, als Stubengenosse und seine Kunststücke, sowie seine Behandlung im Winter. Für meine jungen Freunde. 8. (12 S.) Staßfurt 887, Foerster. *

Laubfrosch-Kalender, der lustige, f. d. J. 1890. 4. (50 S. m. Illustr.) Stuttg., Braunbeck. * — 20
Nicht weiter erschienen.

LAUBHAIMER, Franz: De partibus hominis constitutivis earumque ad se invicem relatione. — (1855) 74 S. 8° (Handschr.) Diss. 193
Diss. Wien, Univ.

Laubhütte, die. Illustrirtes Unterhaltungsblatt. Jahrg. 1866. Novbr. u. Dezbr. 9 Nrn. (Bgn. mit eingedr. Holzschn.) Hamburg 869. Schönwald. gr. 4. 10 ngr.

Laubhütte, die. Israelitisches Familienblatt. Hrsg. v. S. Meyer. 1. u. 2. Jahrg. 1884 u. 1885. à 24 Nrn. gr. 8. (Nr. 1. 40 S.) Regensburg, Bauhof. à Jahrg. n. 6. 40

— dasselbe. 3. Jahrg. 1886. 52 Nrn. (B.) gr. 4. Ebend. n. 8. —

Laubhütte, die. Illustrirtes Israelitisches Familien-Blatt. Hrsg. v. S. Meyer. 4.—7. Jahrg. 1887—1890. à 52 Nrn. (B.) gr. 4. Regensburg, (Bauhof). à Jahrg. n. 8. —

Laubhütte, die. Israelitisches Familien-Blatt. Hrsg. v. S. Meyer. 8.—10. Jahrg. 1891—1893. à 52 Nrn. (à ca. 1½ Bog.) gr. 4. Regensburg, (H. Bauhof). à Jahrg. n. 8. —

Laubhütte, die. Israelitisches Familien-Blatt. Hrsg. v. S. Meyer. 11.—15. Jahrg. 1894—1898. à 52 Nrn. (à ca. 12 S.) gr. 4. Regensburg (H. Bauhof). à Jahrg. n.n. 8. —
Kann auch vierteljährlich bezogen werden.

Laubhütte, die. Israelitisches Familien-Blatt. Hrsg. v. S. Meyer. 16. u. 17. Jahrg. 1899 u. 1900. à 52 Nrn. gr. 4. (à ca. 14 S.) Regensburg (H. Bauhof). à Jahrg. n. 8. —
Fortsetzung s.: Zeitung, deutsche israelit.

Laubinger, Adph., einfache und populäre Darstellung der Drainage als Grundlage der neueren Landwirthschaft oder genaue und ausführl. Beschreibung ihrer pract. Ausführung auf die leichteste und beste Art. Ein nothwend. Hand- und Hülfsbüchlein für jeden pract. Landwirth und Bauersmann, der sein Feld selbst drainiren will. gr. 8. (VI und 66 S. mit 32 Fig. auf 8 Stnt.) Weimar 857, Voigt.

Laubinger, Adph., das rationelle Düngerwesen als das beste Mittel gegen Bodenverarmung. Ein nothwend. Hand- u. Hülfsbüchlein für jeden prakt. Landwirth u. Bauersmann, der von seinem Lande u. Dünger den größten Nutzen ziehen will. Weimar 866. B. F. Voigt. 8. (V, 51 S.) 6 *ngr.*

Laubinger, Adf., das Gesetz über die Ablösung von Holzberechtigungen vom 13. Juni 1873, in seiner für die Interessenten so unglücklichen Anwendung bei derartigen Ablösungen. Nach den Verhandlungen des 1876er hannover. Provinzial-Landtages dargestellt und erläutert. gr. 8. (16 S.) Hannover 877, Meyer. *

—— das Gesetz vom 13. Juni 1873 über die Abstellung von Forstservituten in der Provinz Hannover. Die Agitation dagegen und deren bisherige Erfolge. Dargestellt und erläutert durch die Verhandlungen des Herrenhauses vom 21. Febr. 1877. Den gesammten Herren Mitgliedern des Abgeordnetenhauses zu Berlin zur besond. Berücksicht. ehrfurchtsvoll gewidmet. gr. 8. (26 S.) Ebendas. 877. *

Laubinger, Adf., über die schiefe Lage des Grundbesitzes, Handwerks und Gewerbes gegenüber dem mobilen Capital und Mittel zu ihrer Aufbesserung. Vortrag, gehalten auf dem ersten hannover. Bauerntag. 1. und 2. Aufl. gr. 8. (24 S.) Hannover 882, Meyer. *

—— gleiches Recht für Alle oder die Aufhebung der ungleichen Besteuerung des Grundbesitzes, Handwerks und Gewerbes dem mobilen Kapital gegenüber. Zusammengesetzte Vorträge, gehalten auf beiden hannover'schen Bauerntagen zu Lehrte und Northeim. gr. 8. (39 S.) Berlin 883, F. Luckhardt. *

Laubinger, Heinrich: Über subcutane Injectionen von Chininum bimuriaticum bei Keuchhusten ... Leipzig, Druck v. B. G. Teubner, 1894; 29 S. 8.
Bonn, Med. Fak., Inaug.-Diss. v. [29. Nov.] 1894

Laubinger, Rudolph [app. Arzt aus Kiel]: Aus d. medicin. Poliklinik zu Kiel. Ueber den Einfluss von Schwangerschaft und Geburt auf Herzkrankheiten ... Kiel, Druck v. P. Peters, 1894; 28 S., 1 Bl. 8.
Kiel, Med. Fak., Inaug.-Diss. v. [15. Dez.] 1894

Laubis, Leonh., das badische Staatsexamen der Theologen beleuchtet. gr. 8. (IV, 48 S.) Freiburg i. Br. 879, Herder'sche Verlagsh. *

Laubling, Jh. Mch., s. Frauenzeitung, Allgemeine deutsche.

Laubling, Jh. Mch., (†1817.) Versuch einer naturgemäßen Methode d. Orthographie. 1r Curs., od. Elementarorthographie; auf d. Grundsätze d. Elementarlesemethode gebaut u. für d. frühere Kindesalter bearb. 8. Erfurt 811. Keyser. 12 K

Uebersichtskarte der Erzeugungs-, Verfrachtungs- und Verbrauchsmengen an Mineralkohle in Bayern für das Jahr 1878, von Laubmann. München, 1879.

Laubmann, üb. das Vorkommen, die Produktion u. Circulation nebst Consumtion der Mineralkohle in Bayern u. seiner Umgebung. Mit e. (chromolith.) Karte (in qu. Fol.) gr. 4. (11 S.) München 874. liter.-artist. Anstalt. n. 2. —

Laubmann, Friedrich, approb. Arzt aus München: **Beitrag zur Kasuistik der retromaxillaren Tumoren.** *München 1903: C. Wolf & Sohn.* (33 S.) 8°
München, Med. Diss. v. 1903

Laubmann, G., catalogus codicum latinorum etc., s. Catalogus.

Laubmann, G., s.: Catalogus codicum manuscriptorum bibliothecae regiae Monacensis.

Laubmann, G., Cassiodor's Institutiones humanarum rerum in d. Würzburger u. Bamberger Handschrift. S.-A. 1878. 26 S. 1.20

Laubmann, G. v., s.: Platen, Graf Aug. v., Tagebücher.

Laubmann, Dr. G. (Direktor d. Hof- u. Staatsbibliothek). Fanny's Sturz vom Frauenthurm, am 14. Jan. 1785 (Nachm. 2—3 Uhr). (S.-A. aus den „Neuesten Nachrichten" v. 14. u. 17. Jan. 1885.) (München) Knorr & Hirth, 1885. 8°. Blau Srsb. m. Silbertit. auf Deckel. Mit Autogr. d. Vf. 4 + 2 S. (= 3 Bll.) Büttenpap. — Fanny Freiin v. Ickstatt ward 1768 als ältere Tochter Peter's Frhrn. v. Ickstatt, Prof. a. d. Univers. Ingolstadt, geb. Nach dessen Tode (1771) vermählte sich die Mutter in 2. Ehe mit dem kurfürstl. Hofrath v. Heppenstein. Cfr. ob. Nr. 811 u. 833.

Laubmann, Georg (Hrsg.), s. Montgelas, Maximilian Joseph v.: Denkwürdigkeiten ...

Laubmann, H., gründliche Heilung der Hämorrhoiden, Pollutionen u. d. Rückenmarkschwindsucht. 8. Ulm 845, Ebner. 1/2 ₰

Laubmann, Hans, appr. Arzt a. München: **Ueber multiple abdominale Fettgewebsnekrose. München 1904: Kastner & Callwey.** (29 S.) 8°
München, Med. Fak., Ref. v. Bollinger, Diss. v. 15. Dez. 1904
[Geb. 28. Aug. 80 Augsburg; Wohnort: München; Staatsangeh.: Bayern; Vorbildung: Theresiengymn. München Reife Juli 99; Studium: München 10 S.; Coll. 11. Nov. 04; Approb. 12. Juli 04.]

Laubmann, Heinrich [aus Lorenzreuth]: **Beiträge zur Kenntniss der Pyrazole und Pyrazoline. . . . Würzburg, Becker's Univ.-Buchdr., 1888; 42 S. 8°**
Würzburg, Phil. Fak., Inaug.-Diss. v. 1888

Laubmann, Wilhelm [aus Hof]: **Über den Einfluss der Beschaffenheit der Haut auf die Kohlensäureausscheidung des Tierkörpers. '(Nach Versuchen am Kaninchen u. am Hunde.)' ... Erlangen, k. b. Hofbuchdr. v. A. Vollrath, 1893; 55 S., 1 Taf. 8.**
Erlangen, Med. Fak., Inaug.-Diss. v. 15. Juli 1893

Laubmeister, Josef [app. Arzt aus Goldbach]: Über Harnsäureinfarcte beim Neugeborenen ... Würzburg, Becker's Univ.-Buchdr., 1896; 27 S. 8.
Würzburg, Med. Fak., Inaug.-Diss. v. 1896

Henr. Ern. Car. Laubmeyer praecognita circuli sanguinis apud veteres ante Harveium. Regiomonti 1799. 8.

Lauboeck, Georg

Lauboeck, G., d. Holz verarbeitende Hausindustrie Osterreichs. Ein Commentar zur hausindustriellen Abteilg. der Gruppe IX (Classe 49—54) auf der Weltausstellg. Paris 1900. gr. 8. (112 S. m. 35 Abbildgn.) Wien (900). A. Hölder. n. 3.—

Lauböck, G., die mechanische Holzbearbeitung, deren Hilfsmittel und Erzeugnisse, s. Exner, W. F.

— s. Mittheilungen des k.k. technologischen Gewerbemuseums.

LAUBOECK: Perforirte Sägeblätter. - Wien 1889. - (Mitt. d. k. k. technolog. Gewerbe-Museums X. Jg., 109)

Lauboeck, Geo., d. Technik d. wicht. Baustoffe, s.: Exner, W. F.

— die Technik der wichtigeren Baustoffe, s.: Handbuch der Architektur.

Laub-, Raff- und Leseholz-Ordnung für die Herrschaftlichen Forsten der Unterherrschaft des Fürstenthums Schwarzburg-Sondershausen (vom 23. Juni 1841). - Sondershausen 1841. 11 S.

Laubsägearbeiten, einfache. Nr. 1—3. qu. 4. (à 12 Bl.) München 894. 97. Mey & Widmayer, Verl. à n. — 60

Laubsägearbeiten, hochinteressante kleine, f. Jung u. Alt. qu. 12. (6 Bl.) Berlin (899). (Berolina-Versand-Buchh.) — 10

Laubsägemuster, stylvolle, f. die Jugend. qu. 4. (24 Bl. in Tondr.) München 891. Mey & Widmeyer. n. 1. 70

Laubschat, Hans, Arzt: Aus d. psychiatr. Universitätsklinik zu Königsberg i. Pr. (Direktor: Prof. Dr. Meschede.) Ueber Krampfhusten bei Neurasthenie. *Königsberg i. Pr. 1903: O. Kümmel.* (28 S.) 8°
Königsberg, Med. Diss. v. 28. März 1903

Laubthaler, Der; eine Geschichte. Leipzig 1789—92. V: *Claudius, Georg Carl.* (KY) (MGT)

Laubthaler, der, eine Geschichte (v. G. K. Claudius). 3 Bde. 8. Leipz. 789—92. Hamann. 2 ₰ 4 gl

Laubthaler, Der. Ein Sittengemählde unserer Zeit. 4 Theile. Leipzig: Hamann 1789-92. 8°

Architektonisches Laubwerk und andere Verzierungen. (Unvollständig, ohne Titel.) 77 Blatt. Paris Fol.

Lauch, J. F., politisches Vater unser. 1 Bl. in 4. (Leipzig 848, Joachim.) 1 ngr

Lauch, Richard [aus Schönnewitz b. Halle a/S.]: Über die Einwirkung von Unterchloriger Säure auf einige organische Substanzen .... München, K. Hof-Buchdr. v. E. Mühlthaler, 1887; 31 S. 8°.
München, Phil. Fak., Inaug.-Diss. v. 1887.

Lauch, Richard, über die Einwirkung von Unterschloriger Säure auf einige organische Substanzen. Diss. München 1887, A. Buchholz. 8°. 31 S.

Lauche, W., deutsche Dendrologie. Systematische Uebersicht, Beschreibung, Kulturanweisung u. Verwendung der in Deutschland ohne oder mit Decke aushalt. Gehölze. Mit 283 (eingedr.) Holzschn. nach Zeichnungen des Verf. gr. 8. (XIII, 727 S.) Berlin 880. Parey. n. 20. —

Lauche, W., deutsche Dendrologie. Systematische Uebersicht, Beschreibg., Kulturanweisg. u. Verwendg. der in Deutschland ohne od. m. Decke anhalt. Bäume u. Sträucher. Mit 283 Holzschn. nach Zeichngn. d. Verf. 2. Ausg. gr. 8. (XIII, 727 S.) Berlin 883. Parey. n. 12. —

—— Ergänzungsband zu Lucas und Oberdieck's illustrirtes Handbuch der Obstkunde. Hrsg. im Auftrage des deutschen Pomologen-Vereins. gr. 8. (XVI, 734 S. mit 367 eingedr. Durchschnittszeichnungen.) Ebendas. 883. *

Lauche, W., „die Grenzboten" u. der Lehrerstand. Ein Wort zur Abwehr. [Veröffentlicht im Auftrage d. Halle'schen Lehrervereins.] gr. 8. (46 S.) Magdeburg 890. Rathke. n. — 80

—— **Handbuch des Obstbaues auf wissenschaftl. und prakt. Grundlage. 8 Lfgn. gr. 8. (XI, 732 S. mit 229 in den Text gedr. Holzschn.) Ebendas. 881. à Lfg. *M 2. ***
geb. *

Lauche W.: Handbuch d. Obstbaues auf wissenschaftlicher u. prakt. Grundlage. Berl. 1882. 732 S. Fig.

Lauche, W., Handbuch der Tafeltraubenkultur, s.: Goethe, R.

Lauche, W., deutsche Pomologie. Chromolithogr. Abbild., Beschreibung und Kulturanweisung der empfehlenswerthesten Sorten Aepfel, Birnen, Kirschen, Pflaumen, Aprikosen, Pfirsiche und Weintrauben. Nach den Ermittelungen des deutschen Pomologen-Vereins hrsg. (In 50 Lfgn.) 1.—14. Lfg. gr. 8. (à 4 Chromolithogr. mit 4 Bl. Text.) Berlin 879, [Wiegandt, Hempel und Parey.] Parey. à Lfg. *M 2. *

Lauche, W., deutsche Pomologie. Chromolithogr. Abbild., Beschreibung und Kulturanweisung der empfehlenswerthesten Sorten Aepfel, Birnen, Kirschen, Pflaumen, Aprikosen, Pfirsiche und Weintrauben. Nach den Ermittelungen des deutschen Pomologen-Vereins hrsg. 15.—50. Lfg. gr. 8. (à Lfg. 4 Chromolithogr. mit 4 Bl. Text.) Berlin 879—82, Parey. à Lfg. *M 2. * 72 —
geb. in 4 Bde. * 112 —
1.—14. Lfg. Ebendas. 1879. à *M 2.

— **dasselbe. Ergänzungsbd. Handbuch des Obstbaues auf wissenschaftl. u. prakt. Grundlage. gr. 8. (XI, 732 S. m. eingedr. Holzschn.) Ebend. 881. n. 16. —**

—— **dass. — 2. Folge. 51.—75. Lfg. gr. 8.** (à Lfg. 4 Chromolithogr. mit 4 Bl. Text.) **Ebendas.** 882—84.
à Lfg. *M 2. * 50 —
geb. in 2 Bde. * 56 —

Lauche, W., deutsche Pomologie. Chromolithogr. Abbild. Beschreibung und Kulturanweisung der empfehlenswerthesten Sorten Aepfel, Birnen, Kirschen, Pflaumen, Apricosen, Pfirsiche und Weintrauben. Nach den Ermittelungen des deutschen Pomologen-Vereins hrsg. 2. (Titel-)Ausg. 6 Bde. gr. 8. (à Bd. 50 Chromolithogr. mit 51 Bl. Text.) Berlin 887, Parey. cart. à Bd. *M 12.—. *
Inhalt:
1. und 2. Bd.: Aepfel. 1. und 2. Folge. — 3. und 4. Bd.: Birnen. 1. und 2. Folge. — 5. Bd.: Kirschen. Pflaumen. — 6. Bd.: Apricosen. Pfirsiche. Wein.

Lauche, W., deutsche Pomologie. Chromolith. Abbildg., Beschreibg. u. Kulturanweisg. der empfehlenswerthesten Sorten Aepfel, Birnen, Kirschen, Pflaumen, Apricosen, Pfirsiche u. Weintrauben. Nach den Ermittelgn. des deutschen Pomologen-Vereins hrsg. Auswahl. gr. 8. (100 Taf. m. IV S. u. 100 Bl. Text.) Berlin 894. P. Parey. Geb. in Leinw. n. 25. —

Oesterreichs Garten- und Gemüsebau 1818 bis 1898. Von Wilhelm Lauche und Dr. Günther Beck Ritter von Managetta. Separatabdruck aus dem zur Feier des Regierungs-Jubiläums Sr. Majestät des Kaisers Franz Joseph I. herausgegebenen Werke: „Geschichte der österreichischen Land- und Forstwirtschaft und ihrer Industrien 1848 bis 1898". Wien. 1899. In Comm. Perles. Lex.-8°. 28 S. K —.80

LAUCHER, Johann Nepomuk (Dillingen): De hydrocele tunicae vaginalis testis.- Landishuti: Thomann 1820. 26 S.,3 Bl.
23.3.1820 - Pe 380; F 98
Diss. Ingolst.-Landsh.-Mchn.

LAUCHER, Karl (Tittmoning): De hydrocele tunicae vaginalis testis.- Landishuti: Thomann 1846. 19 S.
5.8.1846 - Urk (Titel: De hydrocele.); F 66
Diss. Ingolst.-Landsh.-Mchn.

Laucher C, die Kronenquelle zu Obersalzbrunn in Schlesien. Breslau 1887

Die Kronenquelle zu Obersalzbrunn in Schlesien. Von Carl **Laucher.** (Breslau [1902]:) Grass, Barth & Co. (40 S.) 8°

Die Kronenquelle zu Obersalzbrunn in Schlesien. Von Dr. Carl **Laucher,** Med.R. in Straubing. Mit e. Darstellung über d. Wesen u. d. Behandlung von Gicht u. Steinleiden nach modern-wissenschaftl. Anschauung, neu hrsg. von Dr. S[imon] Scherbel, Arzt in Lissa i. P. *Breslau: Graß, Barth & Co. 1904.* (44 S.) 8° [04. 7661]

Lauchert, F., Lautlehre der Mundart von Rottweil und Umgegend. gr. 4. (20 S.) Rottweil 855, (Degginger.) **

Lauchert, F. **Untersuchungen über die Laut- und Formenlehre der rätoromanischen Sprache. Rottweil, G., 1845.** 20 S. 4. **Progr.**

Lauchert, Fr., Bibliographie der christkatholischen Kirche der Schweiz, s.: Bibliographie der schweizerischen Landeskunde.

Lauchert, Fr., s. Collombet, F. Z., Gesch. d. Kirchenvaters Hieronymus.

— Sprichwörter u. sprichwörtliche Redensarten bei P. Abraham a S. Clara. [Aus: „Alemannia".] gr. 8. (42 S.) Bonn 893. P. Hanstein. n. 1. —

— G. Chr. Lichtenbergs schriftstellerische Thätigkeit, in chronolog. Uebersicht dargestellt. Mit Nachträgen zu Lichtenberg's „Vermischten Schriften" u. textkrit. Berichtiggn. gr. 8. (IV, 192 S.) Göttingen 893. Dieterich's Verl. n. 3. 60

LAUCHERT, Fr.: Das Weidwerk der Römer. Eine archäologische Abhandlung nach den Quellen. - Rottweil 1848. 22 S.

Lauchert, Friedrich: Herder's griechische und morgenländische Anthologie und seine Uebersetzungen aus Jakob Balde, im Verhältniss zu den Originalen betrachtet.... München, K. Hof- u. Univ.-Buchdr. v. Dr. C. Wolf & Sohn, 1886; 175 + 1 S. 8°.
München, Phil. Fak., Inaug.-Diss. v. 1886.

Lauchert, Friedrich, Herder's griechische und morgenländische Anthologie und seine Uebersetzungen aus Jakob Balde, im Verhältniss zu den Originalen betrachtet. Diss. München 1886, A. Buchholz. 8°. 175 S.

Lauchert, F., der einfluss des Physiologus auf den euphuismus, s.: Studien, englische. 14. Bd.

Lauchert, Frdr., s.: Estoria, la, de los quatro dotores de la santa eglesia.

Lauchert, Friedr. Geschichte d. Physiologus. Mit 2 Textbeilagen. gr. 8. (XIII, 312 S.) Strassb. 889, Trübner, Verlag. * 7 —

— s.: Gottesfreundes, des, im Oberland Buch v. den zwei Mannen.

— d. Kanones d. wichtigsten altkirchl. Concilien, nebst d. apostol. Kanones, s.: Sammlung ausgew. kirchen- u. dogmengeschichtl. Quellenschriften.

— d. Lehre d. hl. Athanasius d. Grossen. Dargest. v. L. gr. 8. (XVI, 200 S.) Leipzig 895. Buchhdlg. G. Fock. n. 4. —

Lauchert, Frdr., Franz Anton Staudenmaier (1800—1856), in seinem Leben u. Wirken dargestellt. gr. 8. (VIII, 544 S. m. 1 Bildnis.) Freiburg i/B. 901. Herder. n. 5. —; geb. in Leinw. n. 6. 20

Lauchert, Gust. Adolph. (geb. Sigmaringen 24. 8. 1830): Inhalationes aetheris sulph. et chloroformi ad pneumoniam sanandam. Berolini (1852). (45 S.) 8°
Berlin, Med. Diss. v. 15. Nov. 1852

'Lauchhammer' als Bildgiesserei in Eisen und Bronce. *Leipzig & Berlin [1899]: Giesecke & Devrient.* (39 S.) quer-8° [F.]

Lauchhammer, Eisenwerk Gröditz. Musterbuch über Canalisations-Gegenstände. Gröditz bei Riesa (1899?)

Lauchhammer, Vereinigte vormals Gräfl. Einsiedel'sche Werke in Gröditz bei Riesa. Preis-Liste für Rand-Fittings Marke »A. L.« zu Gas- und Wasserleitungen. Gröditz bei Riesa 1898

Lauchhammer, Vereinigte vormals Gräfl. Einsiedel'sche Werke in Gröditz bei Riesa: Verzeichniß über Muffen- und Flanschen-Röhren usw. Gröditz bei Riesa (1899?)

Lauchstädt, ein kleines Gemälde, an H. in L. 8. Halle, Hendel.

Lauchstädt ein kleines Gemälde von Herrn D. H. in Z. Ein Pendant zum dritten Bande der neuen Reisebemerkungen in und über Deutschland. O. O. [Halle] 1787. V: *Schorcht, Salomo.* (BGE III[3], 39)

Lauchstädt ein historisches Gemälde ... Halle 1787. V: *Schorcht, Salomo.* (ML) (Ky) (Pr)

Lauchstädt, ein histor. Gemälde, in Briefen (von Sal. Schorcht). 8. Halle 787. Hendel. 5 gl

Lauck, K.

—— Dienstanweisung für die badischen Standesbeamten, im Anschluß an die neueste amtl. Ausgabe erläutert und mit Beispielen versehen, nebst den Gesetzen und Verordnungen über Personenstands-Beurkundung und Eheschließung im Großherzogth. Baden. kl. 8. (XIV, 312 S.) Ebendas. 887. cart. *

— **das badische Gesetz [vom 24. März 1888], die Ausstellung gerichtlicher Erbbescheinigungen betr., m. der einschläg. Regierungsbegründg. u. den Kommissionsberichten der beiden Kammern, nebst e. Anh.: Der Erbschein nach dem Entwurf e. bürgerl. Gesetzbuches für das Deutsche Reich. gr. 16. (V, 78 S.) Ebd. 889. cart. n. — 60**

Lauck, K., die Gewährleistung beim Viehhandel nach dem Währschaftsgesetz vom 23. Febr. 1859 u. dem badischen Landrecht, nebst den einschläg. Vorschriften der Prozeß-Ordng. 16. (VI, 71 S.) Lörrach 885. Gutsch. cart. n. — 50

— **die Gewährleistung beim Viehhandel nach dem Währschaftsgesetz vom 23. Febr. 1859 u. dem badischen Landrecht, nebst den einschläg. Vorschriften der Prozeß-Ordng. 2., verb. Aufl. gr. 16. (VIII, 87 S.) Ebd. 887. cart. n. — 50**

Lauck, K., das Vereinigungs-Verfahren der L.-R.-S. 2181 bis 2195. 16. (IV, 60 S.) Lörrach 885, Gutsch. cart. *
2. Aufl. u. d. T.:

—— das Vereinigungs-Verfahren der L.-R.-S. 2181 bis 2195 oder Anleitung, wie man durch Zahlung des Kaufpreises oder Werths eines Grundstücks dasselbe von allen Vorzugs- und Pfandrechten befreien kann. 2. unveränd. Aufl. gr. 16. (IV, 60 S.) Ebendas. 886. cart. *

Lauck, Karl, das Testament. Was jeder davon wissen soll. Ein jurist. Wegweiser. (VII, 74 S.) gr. 8. Karlsruhe (907). F. Gutsch. 1. —

Statist. Tafeln über die derzeitige Verbreitung, Grosslogen, Logen und Mitgliederzahl des Freimaurerbundes. Von Otto **Laucker**. Okt. 1890. o. O. 2 Bl. 8°. Kopftit.
Beilage zu einem Rundschreiben der Loge z. edlen Aussicht in Freiburg i. B.

Lauckhard, s.a. Laukhard.

Lauckharc, Chr. Friedr. Theod.: Beurkundete Ausführung derer Rechtsansprüche auf die Reichsgraffschafft Saarwerden und Herrschaften Lahr und Mahlberg von Seiten des Hochfürstund Hochgräfl. Leiningischen Gesamthauses gegen das Hochfürstl. Haus Nassau, der ältern, oder Walramischen Linie. Guntersblum 1790.

Lauckhard, E. F., s. Lauckhard, Karl Friedrich

Lauckhard, Friedr. Chrn., s. Laukhard

Lauckhard, Karl Friedrich

Lauckhard, C. F., Anleitung zum Unterricht im deutschen Styl für Volksschulen u. Fortbildungsklassen. Auf Grund der reproducir., collektiven u. produc. Thätigkeit. Weimar 865. Böhlau. gr. 8. (VI, 186 S.) n. 18 ngr.

Lauckhard, C. F., 200 Aufsätze f. Volksschulen. Ein Anhang zu dessen „Stylbüchlein." 8. Darmstadt 846, Jonghaus. 1/2 rf

— Bibliothek für Schule u. Haus. 1. Bdchn. A. u. d. T.: Deutsche Sagen. 8. Ebend. 845. 1/3 rf

Lauckhard, C. F., geographische Bilder aus Afrika. Fol. (IV und 63 S. mit 9 Illustr. in Farbendr. und qu. Fol.) Darmstadt 854, Bauerkeller's Prägeanstalt. *

— geograph. Bilder aus Europa. Wanderungen durch die Länder u. Staaten Europa's. Mit 1 Abbild. 12. Ebend. 846. 1 rf

Lauckhardt, C. F., und J. Fölsing, pädagogische Bilder, } s. Fölsing.

Lauckhard, Bilder aus dem Schulleben. gr. 8. (163 S.) Wien 874. Pichlers Wwe. & Sohn. n. 2. 40

— dasselbe. Neue Folge. gr. 8. (V, 168 S.) Ebend. 875. 2. 40

— Blätter aus dem Tagebuche eines Lehrers. (Forts. des Tagebuchs eines Lehrers.) 8. Ebend. 846. 3/4 rf

— Robinson Crusoë, s. Jugend- u. Hausbibliothek, neue.

—— s. Robinson Crusoe des Aelteren Reisen rc.

—— 50 Erzählungen aus dem alten und neuen Testament nebst einem Anh. Für die Schuljugend bearb. 2., verb. Aufl. gr. 8. (IV und 78 S.) Oppenheim a. R. 864, Kern. *

—— 50 Erzählungen aus dem alten und neuen Testament nebst einem Anh. Für die Schuljugend bearb. 3. verb. Aufl. 8. (80 S.) Oppenheim 873, Kern. cart. *

—— Erzählungen aus der deutschen Geschichte. Ein Schul- und Lesebuch. gr. 8. (180 S.) Bielefeld [Eisenach] 874, Bacmeister. *M. 1.; geb. *

— kleine Erzählungen für die Jugend. Jena 866. F. Mauke. 8. (244 S.) n. 16 ngr.; cart. n. 22 ngr.

Lauckhardt, C. F., kleine Erzählungen für die Jugend. 2. Aufl. 8. (194 S. m. farb. Abbildgn.) Leipzig 890. [Voigtländer.] Geibel & Brockhaus. cart. n. 2. —

Lauckhard, C. F., kleine Erzählungen für die Jugend. Mit 4 farb. Vollbildern v. H. Jäger. 4. Aufl. (VII, 189 S.) 8. Berlin (909). Neufeld & Henius. Geb. in Leinw. 3. —

— Erzählungen aus dem Morgenlande. Für die Jugend bearb. 1. Bd. gr. 8. (IV, 219 S. m. 8 Holzschntaf.) Darmstadt 871. Brill. n. 4. —

Lauckhard, [Karl Friedrich] (Alzey)
Ueber dieErziehung in der Schule. Eine pädagogische Abhandlung.
Darmstadt: Jonghaus 1855. 28 S.
[Diss. phil. Giessen 4.4.1855.] vorh. 17.

Lauckhard, C. F., über die Erziehung in der Schule. Eine pädagog. Abhandlung. gr. 8. (28 S.) Darmstadt 855, Jonghaus'sche Hofbuchh. Thlr. *

— Feenmärchen. Für die Jugend bearb. 16. (179 S.) Darmstadt 873. Brill. n. 1. 50

—— die Geographie in Uebersichten und Schilderungen. Ein Lehr- und Lesebuch für Schule und Haus. 5 Bde. gr. 8. Mannheim 873, Schneider. *M. 11,75.; cart. *

Inhalt:
Bd. 1. Afrika. *M. 2.
" 2. Asien. *M. 2,50.
" 3. Europa. *M. 4.
" 4. Amerika. *M. 2,25.
" 5. Australien. *M. 1.

– s. Geschichten, Biblische, zur Grundlage des christlichen Religionsunterrichts ...

—— s. Grimmelshausen, Hans Jak. Chrph. v., der abenteuerliche Simplicissimus.

— persische Heldensagen d. Firdusi. Für die Jugend bearb. Mit 6 Bildern in Farbendr. nach Zeichngn. v. L. Löffler. gr. 8. (334 S.) Leipzig 871. Oehmigke. geb. 4. 50

— Katechismus d. Unterrichts u. der Erziehung, s.: Webers, J. J., illustrirte Katechismen.

– Die Kleinkinderschulen, s. Fölsing, Johannes

Lauckhard, C. F., Leben u. Thaten des sinnreichen Junker Don Quixote v. La Mancha. Für die Jugend erzählt. Mit 8 Bildern in Farbendr. nach Ludw. Löffler u. A. 2. Aufl. 8. (310 S.) Leipzig 880. Oehmigke. geb. n. 3. 75

Lauckhard, C. F., Leben u. Thaten d. sahr. Ritters Don Quixote v. La Mancha. Für die Jugend erz. Mit 6 Bild. in Farbendr. nach Originalen v. Ludw. Löffler. 3. Aufl. gr. 8. (263 S.) Leipzig 897. A. Oehmigke. Geb. in Leinw. n. 3. —

Lauckhard, (C. F.), aus einem Lehrer-Tagebuch. 1. Aufl. Gotha 857. * 24 Ngr. und 2. (Titel-)Ausg. br. 8. (III und 184 S.) Breslau 861, Leuckart.

—— Lesebuch für Oberklassen. gr. 8. (XI und 425 S.) Jena 857, Mauke.

Lauckhard, C. F., Lesebuch für Oberklassen von Volksschulen und für Fortbildungsschulen. 3. Aufl. gr. 8. (VI, 297 S.) Jena 876, Fischer. *

— vaterländisches Lesebuch. Für Oberklassen u. die oberen Abtheilgn. von Volksschulen. 3. Thl. 2 Abtheilgn. 2. verb. Aufl. Ebend. 869. 8. (XI, 196 u. VII, 216 S.) n.n. 12 ngr.

— Lesebuch f. Volksschulen. In 2 Abthlgn. 2. verb. Aufl. 8. (X, 196 u. VI, 216 S.) Jena 873. Dufft. n. 1. 20

Lauckhard, Jean Paul's Levana od. Erziehlehre. In kürzerer, einfacherer Form bearb. gr. 8. (IV, 177 S.) Kassel 873. Kay. n. 3. —

— Magazin des gesammten Unterrichtsstoffes für Volks- u. Bürgerschulen. Material, Lehrgang u. die bewährtesten Methoden. Unter Mitwirkg. tücht. Fachmänner herausg. 1—6. Liefg. Darmstadt 870. Brill. gr. 8. Jede Liefg. n. 9 ngr.

1. Liefg. Der Unterricht in der deutschen Sprache. [Lesen, Grammatik, Styl.] (107 S.)
2. Liefg. Der Unterricht im Rechnen. (S. 109—192.)
3. Liefg. Der Religionsunterricht. 1. Thl. (S. 193—282.)
4. Liefg. Die Geometrie. — Der Gesangunterricht. (S. 283—358.)
5. Liefg. Der Religionsunterricht. 2. Thl. (S. 359—453.)
6. Liefg. Der Unterricht in der Geographie [Heimatkunde]. Turnunterricht. (S. 455—512.)

— Magazin d. gesammten Unterrichtsstoffes f. Volks- u. Bürgerschulen. Material, Lehrgang u. die bewährtesten Methoden. Unter Mitwirkg. tücht. Fachmänner hrsg. 7—10. Lfg. gr. 8. Darmstadt 870. Brill. n. 3.80 (1—10.) n. 9. 20:

7. 8. Der Unterricht in der Naturgeschichte. Der Unterricht im Schönschreiben. Zeichenunterricht. (S. 544—726 m. 5 Steintaf.) n. 2. —
9. Der Unterricht in den Realien. (S. 727—814.) n. — 90
10. Der Unterricht in der Geschichte. (S. 815—888.) n. — 90

Lauckhard, C. F., 1001 Nacht. Für die Jugend bearb. Nach des Verf. Tode vollendet und hrsg. von Fr. Hofmann. Mit 60 in den Text gedr. Holzschn. nach Zeichnungen von W. Friedrich, E. Jlau und Geo. Urlaub und 4 Buntdr.-Bildern. 8. (VIII, 344 S.) Leipzig 878, E. J. Günther. cart. *

—— dass. — Mit 70 in den Text gedr. Holzschn. nach Zeichnungen von W. Friedrich, E. Jlau und Geo. Urlaub und 4 Buntdr.-Bildern. 2. verm. Aufl. 8. (VIII, 349 S.) Leipzig 879, [E. J. Günther Nachf.] Abel. geb. *

— 1001 Nacht. Für die Jugend bearb. Nach des Verf. Tode vollendet u. hrsg. von Frdr. Hofmann. Mit 70 in den Text gedr. Holzschn. nach Zeichnungen von W. Friedrich, E. Jlau u. Geo. Urlaub u. 4 Buntdr.-Bildern. 4., verm. Aufl. 8. (VIII, 349 S.) Leipzig 880. Abel. geb. n. 3. —

—— 1001 Nacht. Für die Jugend bearb. Nach des Verf. Tode vollendet und hrsg. von Friedr. Hofmann. Mit 70 in den Text gedr. Holzschn. nach Zeichnungen von W. Friedrich, E. Jlau und Geo. Urlaub und 4 Buntdr.-Bildern. 3. verm. Aufl. 8. (VIII, 349 S.) Leipzig 880, E. J. Günther's Nachf. cart. * 3 —

—— dass. — 4. verm. Aufl. 8. (VIII, 349 S.) Leipzig 882, Abel. cart. * 3 —

Lauckhard, C. F., 1001 Nacht. Für die Jugend bearb. Nach des Verf. Tode vollendet und hrsg. von Friedr. Hoffmann. 5.—7. Aufl. 8. (VIII, 349 S. mit 70 in den Text gedr. Holzschn. und 4 Buntdr.-Bildern nach Zeichnungen von Wold. Friedrich, E. Jlau und Geo. Urlaub.) Leipzig 885—88, Abel. cart. *

— dasselbe. 8. u. 9., umgearb. Aufl. Mit 60 Holzschn., 4 Tonbildern u. 4 Buntdr.-Bildern nach Zeichngn. v. Wold. Friedrich, E. Jlau, Carl Römer u. Geo. Urlaub. gr. 8. (IV, 331 S.) Ebd. 889. 890. geb. n. 3. —

— 1001 Nacht. Für d. Jug. bearb. Nach d. Verf. Tode voll. u. hrsg. v. Frdr. Hofmann. M. 60 in d. Text gedr. Holzschn., 4 Tonbildern u. 4 Buntdr.-Bild. nach Zeichngn. v. Wold. Friedrich, E. Jlau, Carl Römer u. Geo. Urlaub. 15. Aufl. gr. 8. (V, 329 S.) Leipzig 898. Abel & Müller. Geb. in Leinw. n. 3. —

Lauckhard, C. F., 1001 Nacht. Für die Jugend bearb. Nach des Verf. Tode vollendet u. hrsg. v. Frdr. Hofmann. Mit 60 in den Text gedr. Holzschn., 4 Tonbildern u. 4 Buntdr.-Bildern nach Zeichngn. v. Wold. Friedrich, E. Jlau, Carl Römer u. Geo. Urlaub. 16.—18. Aufl. gr. 8. (à V, 329 S.) Leipzig 899—902. Abel & Müller. Geb. in Leinw. n. 3. —

Lauckhard, C. F., 1001 Nacht. Für die Jugend bearb. Nach des Verf. Tode vollendet u. hrsg. v. Frdr. Hofmann. Mit 60 in den Text gedr. Holzschn., 4 Tonbildern u. 4 Buntdr.-Bildern nach Zeichngn. v. Wold. Friedrich, E. Jlau, Carl Römer u. Geo. Urlaub. 19. u. 20. Aufl. (à V, 329 S.) 8. Leipzig (903. 905). Abel u. Müller. Geb. in Leinw. n. 3. —

— 1001 Nacht. Für die Jugend bearb. Nach des Verf. Tode vollendet u. hrsg. v. Frdr. Hofmann. Mit 60 in den Text gedr. Holzschn., 4 Tonbildern u. 4 Buntdr.-Bildern nach Zeichngn. v. Wold. Friedrich, E. Jlau, Carl Römer u. Geo. Urlaub. 21. Aufl. (V, 329 S.) 8. Leipzig (907). Abel u. Müller. Geb. in Leinw. 3. —

— der sinnreiche Junker Don Quixote v. La Mancha. Für die Jugend erzählt. Mit 6 (lith.) Bildern in Tondr. nach Zeichng. von Ludw. Löffler. br. 8. (347 S.) Neu-Ruppin 869. Leipzig, Oehmigke. geb. 1 *ℛ* 7½ ngr.

— der erste u. älteste Robinson, s. a. Jugend- u. Hausbibliothek, illustrirte.

—— s. a. Robinson, der erste u. älteste.

—— der erste und älteste Robinson. Robinson Crusoë des Aelteren Reisen, wunderbare Abenteuer und Erlebnisse. Begleitet von einer Geschichte der Robinsonaden und einer Lebensskizze des Daniel de Foe, Verf. des „ältesten Robinson". 7. verb. Aufl., besorgt von Frz. Otto. Mit 90 Text-Abbild., nebst 3 Buntbildern nach Zeichnungen von F. H. Nicholson u. A. gr. 8. (VIII, 250 S.) Leipzig 882, Spamer. cart. * 3 —

—— dass. — 8. verb. Aufl., besorgt von Frz. Otto. Mit 90 Text-Abbild., nebst 4 Buntbildern nach Zeichnungen von F. H. Nicholson u. A. 8. (VIII, 242 S.) Ebendas. 883. * 2 50 cart. * 3 —

Lauckhardt, C. Frdr., Deutsche Sagen. Darmstadt 1845. 8.
Ist: Bibliothek f. Schule u. Haus. Bdch. 1.

— der abenteuerl. Simplizissimus, s. a. Grimmelshausen, Chr. v.

— der abenteuerliche Simplicissimus. Von Christoffel v. Grimmelshausen. Für die reifere Jugend u. das Volk bearb. Mit 6 Bildern in Farbendr. v. W. Schäfer. br. 8. (VI, 265 S.) Leipzig 873. Oehmigke. geb. 4. 50

—— pädagogisches Skizzenbuch für die Schule und den häusl. Kreis zur Vereinigung ihrer beiderseit. Wirksamkeit. br. 8. (VI und 182 S.) Breslau 864, Leuckart.

—— pädagogisches Skizzenbuch für die Schule und den häuslichen Kreis zur Vereinigung ihrer beiderseitigen Wirksamkeit. 2. (Titel-)Aufl. br. 8. (VI, 182 S.) Leipzig (864)71, Leuckart. *

—— Stylbüchlein. Handbuch f. Lehrer beim Unterricht im deutschen Styl in Volksschulen. 8. (10 B.) Darmstadt 843, Jonghaus.

—— pädagogische Studien für Eltern und Lehrer. 1871, und Neue (Titel-)Ausg. gr. 8. (VIII, 246 S.) Leipzig 875, Oehmigke's Verlag. *

— Tagebuch eines Lehrers. 8. Ebend. 843. 1/2 Thlr.

Lauckhardt CF, Unterricht u Erziehung. 2. A. (Weber's Katech. 29) Leipzig 1874

— Unterrichtsstoffe aus der Schulpraxis. 2. (Titel-)Ausg. Darmstadt 855. (Oppenheim.) Kern. gr. 8. (128 S.) 15 ngr.

LAUCKHARD. *Die Welt in Bildern.* Orbis Pictus [I]. Bilderbuch zur Anschauung und Belehrung. 3. durchges. Aufl. mit über 600 color. Abbildungen. Leipzig, E. J. Günther [c. 1860]. 1 Bl. 148 S. Gr.-4°. Chromolith. ill. Or.-Karton m. Leinenrücken. 38.—
Interessanter Nachf. hr des Comenius, auf dem Einbandrücken als 1. Teil bezeichnet. Enth. ca. 250 reizende, schön handkolor. Bildchen auf 30 lith. Tafeln. Wenige Fleckchen. Einband leicht benutzt, Rücken lädiert.

LAUCKHARD. *Die Welt in Bildern.* Orbis Pictus. [III.] Mit über 600 [hand-]colorirten Abbildungen [auf 30 Stahlstichtafeln, nach JÄDE, A. LUCAS, R. BAUER u. v. a.] Leipzig, Günther [1860]. 4°. Orhlwd. 33.—
Mit reizenden Illustrationen, Pflanzen, Tiere, Kostüme, Szenen aus verschied. Ländern (Apfelschuß Tells! Porträts v. Washington u. Franklin, Dampfmaschine, Telegraphie etc.). — Trotz vereinz. Flecken gutes Ex.

—— die Welt in Bildern. Orbis pictus. Bilderbuch zur Anschauung und Belehrung. 2. (Titel-)Aufl. 1868, und 3. durchgeseh. Aufl. Mit über 600 color. Abbild. 3 Bde. hoch 4. Leipzig 872, E. J. Günther. [1. Bd. (148 S. mit 30 color. Kpfrt.); 2. Bd. (IV, 149 S. mit 31 color. Kpfrt.); 3. Bd. (IV, 204 S. mit 29 color. Kpfrt.)] In 6 Halbbdn. cart. à In 3 Bdn. cart. à M 6,75.; geb. in 1 Bd. *

— die Welt in Bildern. Orbis pictus. Bilderbuch zur Anschauung. u. Belehrg. Mit üb. 600 color. Abbildgn. 3 Bde. hoch 4. Leipzig 872. 75. E. J. Günther. geb. à 6. 75 —; in 1 Bd. geb. n. 21. —
1. 4. durchgeseh. Aufl. (148 S. m. 30 color. Kpfrtaf.) — 2. 3. durchgeseh. Aufl. (IV, 149 S. m. 31 color. Kpfrtaf.) — 3. 3. durchgeseh. Aufl. (IV, 204 S. m. 29 col. Kpfrtaf.)

—— die Welt in Bildern. Orbis pictus. Bilderbuch zur Anschauung und Belehrung. 2. Bd. 4. durchgeseh. Aufl. hoch 4. (IV, 148 S. mit 30 color. Kpfrt.) Ebendas. 875. cart. *
1. und 3. Bd. Ebendas. 1872. cart. à *M 4,50.; compl. geb. *M 15.

—— die Welt in Bildern. Orbis pictus. Bilderbuch zur Anschauung und Belehrung. 5. durchges. Aufl. Mit über 1800 color. (lithogr.) Abbild. 3 Abthlgn. 4. (148; 149; 204 S.) Leipzig 883, Abel. cart. à Abthl. * 4 50
geb. in 1 Bd. * 15 --

Lauckhard, Ludw., Rechtsfälle mit Entscheidungen der französischen und belgischen Gerichtshöfe, s. a. Rechtsfälle.

Lauckhard, Ldw., Rechtsfälle mit Entscheidungen der französischen u. belgischen Gerichtshöfe. Zur Erläuter. des französ. Civilrechts mit Rücksicht auf das badische Landrecht herausgeg. 1r—3r Bd. à 3 Hfte. gr. 8. Mannheim 834—38. Schwan u. Götz. (à n. 2 Thlr.) 6 Thlr.

– dass., s.a. Lauckhardt.

Lauckhardt, C.F., s. Lauckhard, Karl Friedrich.

LAUCKHARDT, Ludw.: Rechtsfälle mit Entscheidd. d. franz. u. belg. Gerichtshöfe. Zur Erläuter. d. franz. Civilrechts mit Rücks. auf d. bad. Landrecht hrsg. 1r, 2r Bd. à 3 Hfte. *Mannh.*, Schwan u. Götz. 834. 36. 38. gr. 8. (6 Thl.)

– dass., s.a. Lauckhard

Lauckner, Emil, Adressbuch sämmtlicher namhafter Firmen von Tuchfabriken, Appretur-Anstalten, Wollspinnereien u. Nebenbranchen zu Tuchfabrikationszwecken von Europa. 8. (XIV, 182 S.) Guben 882. Koenig. geb. n. 6. —

Lauckner, Clara, s. Preisausschreiben, e.

Lauczizky, Franz Von den Gedankenelementen oder Begriffen. 8 (29 S.). Progr. Staats-G. *Nikolsburg* 1889.
Bildet den ersten Abschnitt des vom Verf. herausgegebenen Lehrbuchs der Logik. 8 (VIII, 119 S.). Wien 1890, Gerolds Sohn. M 2. —.

Lauczizky, Frz., Lehrbuch der Logik zum Gebrauche an Gymnasien. gr. 8. (VIII, 119 S.) Wien 890. C. Gerold's Sohn. Geb. n. 2. —

Lauczizky, Franz Die Sage von Agamemnons Ermordung und dem Rächer Orestes in der griechischen Poesie. 8 (18 S.). Progr. Staats-G. *Nikolsburg* 1888.

LAUCZIZKY, Franz: Die Temporalsätze in der Ilias und in der Odyssee. — 1882. 60 S. Diss. Graz, Univ.

Laud, A., Rettungsbüchlein in lebensgefährlichen Unglücksfällen oder der Scheintod durch Ertrinken, Ersticken, Blitz etc. Eine gemeinnützige Schrift f. Jedermann. 16. (IV u. 48 S.) Zürich 850. (Meyer & Zeller) n. 4 ngr.

— Rettungstabelle oder der Scheintod durch Ertrinken, Erfrieren, Blitz etc. Vorsichtsmaßregeln. Allgemeine Wiederbelebungs-Versuche etc. 1 Bog. in Imp. Fol. Ebd. 850. 3 ngr.

Laud, A., der Samenfluß oder die Pollutionen, welchen das männliche Geschlecht ausgesetzt ist. Heilmittel dagegen. Mit einem Anhang. Nach den besten ärztlichen Schriftstellern frei bearb. 8. (IV und 26 S.) Zürich 854, Honegger-Schmid. **

— die Selbstbefleckung. [Onanie.] Beschreibung dieser üblen Gewohnheit in ihren bösen Folgen, die es bei männlichen u. weiblichen Onanisten nach sich zieht. Heilart der durch Onanie geschwächten Personen beiderlei Geschlechts; einiges üb. nächtliche Pollutionen, Samenfluß u. weißen Fluß u. Anhang einiger erprobter Curmethoden etc. gr. 16. (94 S.) Baden 850, Zehnder. 9 ngr.

Lauda Sion. Hymnos sacros antiquiores latino sermone et vernaculo ed. Car. Simrock. A. u. d. T.: Lauda Sion. Altchristliche Kirchenlieder u. geistliche Gedichte lateinisch u. deutsch. Von Karl Simrock. gr. 12. (360 S.) Köln 850, Heberle. 1 Thlr.; Prachtausgabe geb. mit Goldschnitt n. $1^{2}/_{3}$ Thlr.

— Eine Sammlung von Gebeten u. Gesängen zur würd. Feier des heil. Frohnleichnams-Festes zur Erbauung der Gläubigen aus bewährten Gesang- u. Gebetbüchern zusammengestellt. Würzburg 867. Stahel'sche Buchh. 8. (66 S.) 5 ngr.

Lauda Sion. Auswahl der schönsten latein. Kirchenhymnen mit deutscher Uebersetzg. von Karl Simrock. 2. Aufl. Stuttgart 868. Cotta. gr. 8. (XVI, 364 S.) n. 1 Thlr. 12 ngr.

Lauda Sion! Cantus sacri in usum prime discipulorum. Pars I. Missarum 1. Ordinarium. 16. (62 S.) Donauwörth 890. Auer. n. — 20

Lauda Sion! Cantus sacri in usum prime discipulorum. Pars II. vespertina. 1. Vesperae. 16. (32 S.) Donauwörth 891. (Auer.) n. — 10 (I u. II.: n. — 30)

Lauda Sion Salvatorem. Haus- und Herz-Musika für drei und vier Stimmen aus dem St. Elisabeth-Diakonissenhause in Berlin. gr. 16. (VII, 196 S.) Berlin 877, Wiegandt und Grieben. *

Lauda Sion salvatorem. Haus- u. Herz-Muſika f. 3 u. 4 Stimmen aus dem St. Eliſabeth-Diakoniſſenhauſe in Berlin. 1. Tl. 2. Aufl. 12. (192 S.) Berlin 895. Wiegandt & Grieben. n. 1. 60

Lauda, Ernst, Fortschritte auf hydrographischem Gebiete in Oesterreich, s.: Verbands-Schriften des deutsch-österr.-ungar. Verbandes f. Binnenschiffahrt.

Fortschritte auf hydrographischem Gebiete in Oesterreich. Von Dipl.ing. Ernst Lauda, Oberbau-R. Berlin: A. Troschel 1901. (26 S.) 8°
(Deutsch-Oesterr.-Ung. Verband f. Binnenschiffahrt. Verbands-Schriften. N.F. No 7.)

Lauda, Ernst, Aladár v. **Kovács**, **Faber**, üb. d. einheitl. Pflege der Hydrographie der Verbandsländer. 1. Hft., s.: Verbandsschriften des deutsch-österreichisch-ungar. Verbandes f. Binnenschiffahrt.

— Mich. **Bella**, Koloman v. **Kenessey**, Desider **Radány**, über die einheitliche Pflege der Hydrographie der Verbandsländer, s.: Verbands-Schriften d. deutsch-österr.-ungar. Verbandes f. Binnenschiffahrt. Nr. 48.

Lauda, Eug. A., I. Darf Volapük die Weltſprache werden? II. Kosmos oder neueſte Löſung des Weltſpracheproblems auf internationalem und ſprachhiſtor. Boden. gr. 8. (VIII, 61 S. mit 1 Tab.) Berlin 888, Hennig und Eigendorf. *
Eine Fortſetzung hierzu bildet:

—— Näheres und Weiteres zu unſerem Weltſprachenproject. Zu Lauda's Weltſpracheprogramm. 2. Abhandlung. gr. 8. (32 S.) Ebendaſ. 888. *

Lauda, T. J., Beſchreib. einer Operationsweiſe, um dem in d. freien Bauchhöhle krankhaft erzeugten Waſſer durch den Maſtdarm einen ununterbrochenen Fortgang zu verſchaffen. Mit 1 Abbild. gr. 8. Prag 830. (Calve). 12 Kr

Lauda Th.: Zum trigonometrischen Unterrichte an Mittelschulen. 41. Leitmeritz R. 76. Progr.

Lauda Theodor: Zur Statistik der Anstalt. (59) Leitmeritz R. ?. Progr.

Lauda, Thom. Joſ., das hydriatriſche Heilverfahren bei der häutigen Bräune oder dem ſogenannten Croup. Nebſt mehreren Bemerkungen über die Wirkſamkeit der Gräfenberger Waſſercur u. über das Queckſilber. Eine Schrift für Aerzte u. gebildete Leſer. 2. verm. Aufl. Mit 1 Abbild. gr. 8. Prag 845, Haaſe Söhne. 1 1/6 Thlr

Lauda, Thom. Joſ., Pflichten gegen Kinder, oder: Unterricht über Schwangerſchaft, Geburt, Wochenbett u. körperliche Kindererziehung. Ein Buch für Eltern, Lehrer u. Erzieher. Nach vieljähriger, eigener Erfahrg bearb. Mit litho- u. xylograph. Abbildgn. gr. 8. (VIII u. 424 S. m. 2 lith. Taf. u. eingedr. Holzſchn.) Leitmeritz 848, Medau. 1 1/2 Thlr

Lauda, Dr. Thomas Joſ. — Pflichten gegen Kinder, oder: Unterricht über Schwangerſchaft, Geburt, Wochenbett und körperliche Kindererziehung. Ein Buch für Eltern, Lehrer und Erzieher, um Kinder auf die einfachſte und ſicherſte Weiſe ohne Arzneimittel zu geſunden, kräftigen Menſchen zu erziehen. Nach vieljähriger, eigener Erfahrung bearbeitet von — —. 2. unveränderte Auflage. Mit litho- und xylographirten Abbildungen. Leitmeritz. 1855. Druck und Verlag von Karl Wilh. Medau. (VIII, 424 S. 8.)

Lauda, Thom. Joſ., die Unterbindung der gemeinſchaftl. Carotis mit glücklichem Erfolge unternommen u. für chirurg. Operateurs beſchrieben. Mit 1 Abbild. gr. 8. Prag, Leitmeritz u. Teplitz 838, Medau. 1/3 Thlr

Laudahn, Arnold, Prof.: Bemerkungen zu den Demosthenischen Staatsreden. *Hildesheim (1900): Gebr. Gerstenberg.* (15 S.) 4°
Hildesheim, k. G Andreanum, OP 1900 (330)

Laudahn, Arn.: Welchen Einfluss hat Isaeus auf die demosthenischen Vormundschaftsreden ausgeübt? I. Th. 10 S. – Hildesheim Andr., Progr. 1872.

Laudamus ſ.: Gert, Harald.

Laudan, Hans, a. Wandsbek: Die Chronologie der Werke des Konrad von Würzburg. Göttingen 1906: Goldschmidt & Hubert. (150 S.) 8°
Göttingen, Phil. Fak., Ref. Schröder, Diss. v. 23. Juli 1906
[Geb. 2. Juni 84 Wandsbek; Wohnort: Wandsbek; Staatsangeh.: Hamburg; Vorbildung: Gymn. Wandsbek Reife O. 02; Studium: Marburg 3, Berlin 2, Göttingen 3 S.; Rig. 31. Jan. 06.]

Laudario, il, dei Battuti di Modena, publicato a cura di Giulio Bertoni, s.: Zeitschrift f. romanische Philologie. 20. Beiheft.

Laudate. Katholiſches Andachtsbuch zum Gebrauche bei dem öffentlichen Gottesdienſte im Bisth. Augsburg. 1—4. Aufl. mit größerer Schrift. gr. 8. (IV und 544 S. mit 1 Titelkpfr.) Augsburg 859—60, Schmid'ſche Verlagsbuchh. *
Feine Ausg. *

—— Melodien dazu. 1. und 2. Aufl. (100 S.) Ebendaſ. 859,60. *
Feine Ausg. *

Laudate. Katholiſches Andachtsbuch zum Gebrauche bei dem öffentlichen Gottesdienſte im Biſthum Augsburg. Auf biſchöfl. Anordnung. 15. und 16. Aufl. 1871,73. * M 1,40., und 17. Aufl. [mit kleiner Schrift]. gr. 16. (IV, 580 S. mit 2 Stahlſt. und farb. Titel.) Augsburg 874, Schmid's Verlag. *

Laudate. Katholiſches Andachtsbuch zum Gebrauche bei dem öffentlichen Gottesdienſte. Hrsg. auf Anordng. d. hochw. Hrn. Biſchofs Pancratius v. Augsburg. (Feine Taſchen-Ausg.) 12. (580 S. m. Farbentitel u. 1 Stahlſt.) Augsburg 886. Schmid's Verl. n. 1. 40; geb. n. n. 2. 15; n.n. 2. 30; n.n. 2. 85 u. n.n. 3. 50

Laudate. Katholiſches Andachtsbuch zum Gebrauche bei dem öffentlichen Gottesdienſte im Biſthum Augsburg. Auf biſchöfl. Anordnung. 21. Aufl. (Feine Taſchen-Ausg.) 12. (580 S. mit Farbentitel und 2 Stahlſt.) Augsburg 886, Schmid's Verlag. *
geb. ** M 2.15.; ** M 2.30.; ** M 2.85 und **

—— daſſ. — 17. Aufl. 8. (550 S. mit 1 Titelkpfr.) Ebendaſ. 888. *

Laudate. Katholiſches Andachtsbuch zum Gebrauche bei dem öffentl. Gottesdienſte im Bisth. Augsburg. Auf biſchöfl. Anordng. Mit 1 Titelkpfr. 17. Aufl. 8. (IV, 560 S.) Augsburg 889. Schmid's Verl. n. 1. 4

— daſſelbe. Mit 2 Stahlſt. u. farb. Titel. 22. Aufl. m. kleiner Schrift. 16. (IV, 580 S.) Ebd. 889. n. 1. 40; geb. in Chagrinldr. m. Goldſchn. n. 3. 70; in Rück- u. Eck-Ldr. n. 2. 40; in Leinw. n. 2. 60; m. Goldſchn. n. 3. —

Laudate. Katholiſches Andachtsbuch zum Gebrauche bei dem öffentl. Gottesdienſte im Bisth. Augsburg. 23. Aufl. m. kleiner Schrift. 16. (IV, 580 S. m. farb. Titelbl. u. 2 Stahlſt.) Augsburg 892. B. Schmid's Verl. n. 1. 40; geb. n.n. 2. 15; n.n. 2. 30; n.n. 2. 60; n.n. 3. 10

Laudate. Kathol. Andachtsbuch z. Gebrauche bei dem öffentl. Gottesdienste im Bisth. Augsburg. Auf Anordng. Sr. bischöfl. Gnaden Petrus v. Hötzel. M. 2 Stahlst. u. farb. Titel. 25. Aufl. m. kleiner Schrift. gr. 16. (IV, 580 S.) Augsburg 898. B. Schmid's Verl. n. 1. 40; geb. n. 2. 40; n. 2. 60; n. 3. — u. n. 3. 80

Laudate. Kathol. Andachtsbuch zum Gebrauche bei dem öffentl. Gottesdienste im Bisth. Augsburg. 5. Aufl. m. großer Schrift gr. 8. (IV, 608 S. m. 1 Stahlst.) Augsburg 899. B. Schmid's Verl. n. 1. 80

— Kathol. Andachtsbuch. Auch zum Gebrauche bei dem öffentl. Gottesdienste im Bist. Augsburg. Auf bischöfl. Anordng. 27. verm. u. verb. Aufl. gr. 16. (IV, 622 S. m. farb. Titel u. 2 Stahlst.) Ebd. (902). n. 1. 40; geb. n. 2.—; m. Goldschn. n. 2.20; geb. in Ldr. m. Goldschn. n. 2. 70 u. n. 3. 30; in Rindsldr. n. 3. 60

Laudate. Katholisches Andachtsbuch. Auch zum Gebrauche bei dem öffentl. Gottesdienste im Bist. Augsburg. Auf bischöfl. Anordng. 18. verm. u. verb. Aufl. (623 S. m. Titelbild.) 8. Augsburg 904. B. Schmid's Verl. n. 2. 20; geb. in Halbfrz. n. 3. 20; in Ldr. m. Goldschn. n. 3. 60

Laudate. Katholisches Andachtsbuch. Auch zum Gebrauche bei dem öffentl. Gottesdienste im Bist. Augsburg. Auf bischöfl. Anordng. 29. verm. u. verb. Aufl. (IV, 623 S. m. farb. Titel u 2 Stahlst.) 16. Augsburg 905. B. Schmid's Verl. n. 1. 40; geb. n. 2. —; m. Goldschn. n. 2. 20; in Ldr. m. Goldschn. n. 2. 70 u. 3. 30; in Rindsldr. n. 3. 60

Laudate. Kathol. Andachtsbuch. Auch zum Gebrauche bei dem öffentl. Gottesdienste im Bist. Augsburg. Auf bischöfl. Anordng. 30. verm. u. verb. Aufl. (IV, 623 S. m. farb. Titel u. 2 Stahlst.) 16. Augsburg 907. B. Schmid. 1.40; geb. von nnn 1.75 bis nnn 3. 30

Laudate Dominum! Katholisches Gebet- und Gesangbuch, zunächst für höhere Lehranstalten. Nach der 3. Aufl. des Gebet- und Gesangbuches „Heil im Glauben" neu hrsg. von Pet. Jos. Peltzer und Mich. Toepler. 2. Aufl. 8. (XVII, 247 S.) Köln 877, DuMont-Schauberg'sche Buchh. *
1. Aufl. vgl. Peltzer, P. J., und M. Toepler.

— Dominum. Messgesänge f. d. vorzüglichsten Feste des Kirchenjahres. 8. (VIII, 236 u. 46 S.) Regensburg 898. A. Coppenrath's Verl. n. 1. 80; geb. in Leinw. n. 2. 20

Laudatio, Fried. Ferd. Drückii Profess. Stuttgardiensis nuper defuncti. S. l. 1807. V: *Roth, Carl Johann Friedrich.* (MGT)

Laudatio funebralis in obitum M. Andr. Unkepunz. Norimb. 1763. V: *Murr, Christoph Gottlieb von.* (Adel) (Ky) (BB) (Will)

Laudatio funebralis in obitum M. Andreae Unkepunz (a C. G. de Murr. Fol. (Nürnb.) 763. 2e A. 12. 779. 3e A., unt. d. Tit.: Satira in pedantismum, thrasonismum et charlataneriam Semieruditorum, sive laudatio etc. 789. 4e A. 805. Raw. 4 K

Laudatio funebris Benedicto Decimo Tertio Pontifici Optimo, Maximo . . . Viennae Austriae 1730. V: *Greiner, Ign.* (Jes)

Laudatio, Christoph. Fried. Rothii. Stuttgardiae 1814. V: *Roth, Carl Johann Friedrich.* (MGT)

Laudatio, Divi Thomae . . ., . . . Bresl. 1772. V: *Thamm, Johann Christoph.* (Kat. d. Druckschr. üb. Breslau. Breslau 1903. S. 263.)

Laudationes funebres quibus magnae Britanniae, Franciae et Hiberniae Regi Guilielmo III. clarissimi in Batavis Oratores M. Leydeckerus, I. G. Graeffius etc. juxta suprema solemniter fecerunt. 8. Lps. Weidmann. 703.

Laude, Godofr. Augustus (geb. Pollnow 30. 12. 1818): De typho maleode. Berolini (1845). (26 S.) 8°
Berlin, Med. Diss. v. 28. Febr. 1845

Landois, L., Lehrbuch der Physiologie des Menschen. 12. Aufl. 2. Bd. Gr.-8°. (Pag. 482—974) K 10.80, geb. K 12.— Wien: Urban & Schwarzenberg 1909.

Laudemialmissbräuche in Bayern, oder die Mittel, dem . . . Landmann . . . wieder aufzuhelfen. Leipzig 1801. V: *Kleber, Joseph Martin.* (Ky) (MGT)

Laudemialmißbräuche in Baiern, oder Mittel, dem durch Krieg verarmten Landmann nach u. nach wieder aufzuhelfen, (von Jos. Mt. Kleber). 8. Leipz. 801.

Laudenbach, Frdr. Carl, Analyse der sogenannten bayerisch-patriotischen Partei. Frankfurt a. M. 870. (München, Fritsch.) gr. 8. (42 S.) n. 6 ngr.

—— eine liberale Polemik gegen den Atheismus. 2 Thle. in 1 Bd. gr. 8. (XIV, 186; 474 S.) Frauenfeld 869, (Huber.) *

Laudenbach, Karl: Beitrag zur Entwickelungsgeschichte der menschlichen Plazenta. *Fulda 1897: Fuldaer Actiendr.* (36 S.) 8°
Würzburg, Med. Diss. v. 1897

LAUDENBACHER, Jakob (Klein-Nördlingen): Die Medicin in ihrem Zusammenhange mit den Naturwissenschaften. Ein fragmentarischer Versuch.- München 1841. 15 S.
2.4.1841 - Urk (Titel: De connexu medicinae cum studiis rerum naturalium.); F 65
Diss. Ingolst.-Landsh.-Mchn.

Laudenheimer, Ernst [aus Darmstadt]: Zur Kenntniss des o-Amidobenzylalcohols ... Darmstadt, Druck v. H. Brill, 1893; 29 S. 8.
Erlangen, Phil. Fak., Inaug.-Diss. v. 1893

Laudenheimer, Rudolf [aus Darmstadt]: Die Ausscheidung der Chloride bei Carcinomatösen ... Berlin, gedr. bei L. Schumacher, 1892; 39 S., 2 Bl. 8.
Berlin, Med. Fak., Inaug.-Diss. v. 1. Nov. 1892

Laudenheimer, Rud., über Kinderpsychosen, nebst Mitteilung e. Falles v. sexuellen Zwangsvorstellungen. gr. 8. (8 S.) Leipzig 902. B. Konegen. n. 1. —
Sonderabdruck aus: „Der Kinderarzt".

— die Schwefelkohlenstoff-Vergiftung d. Gummi-Arbeiter. Unter besond. Berücksicht. der psych. u. nervösen Störgn. u. der Gewerbe-Hygiene. gr. 8. (VII, 232 S. m. Abb. u. 2 Taf.) Leipzig 899. Veit & Co. n. 8.—

Ueber die Begründung, den Fortgang und die mannichfaltigen Schicksale der Anstalt [in Münnerstadt] von Joh. Bapt. Laudensack, P. — 1828. Ebend. — S. 3—14. *)
Progr. Münnerstadt.

Ueber Musikunterricht in den gelehrten Schulen. Von Joh. Bapt. Laudensack, G. P. — 1832. Ebend. — S. 3—20.
Progr. Münnerstadt.

Lauderdale, v., über Nationalwohlstand nach dem Engl. d. v. Schrin. gr. 8. Berlin, Realschulbuchhandl. 809.

v. **Lauderdale,** über Nationalwohlstand, nach d. Engl. des von Shrin. gr. 8. Berl. 809. (Reimer). 10 K

Lauderdale, James Maitland Earl of. Über National-Wohlstand. [Berlin 1875.] Ü: *Schön, Theodor von.* (Kat. d. Bibl. d. dtsch. Reichstages. Berl. 1882.)

Laudes Caroli VI Imperatoris Pacifici. Graecii 1732. V: *Pestaluzzi, Ludw.* (Jes)

Laudes posthumae Caroli VI. Imp. Aug. pace, bello, religione Magni, . . . Viennae Austriae 1741. V: *Focky, Ant.* (Jes)

Laudes vespertinae sive cantus diversi excerpti ex antiphonario graduali et rituali romano quae curavit sacr. rituum congregatio. 8. (99 S.) Regensburg 878. Pustet. n. — 80

Laudes Vespertinae sive Cantus diversi, excerpti ex Antiphonario, Graduali et Rituali Romano quae curavit S. Rituum Congreg. Edit. IV. 8. (IV, 96 S.) Regensburg 888. Pustet. n. — 80; geb. n. 1. 20

Laudes vespertinae sive cantus diversi excerpti ex Antiphonario, Graduali et Rituali Romano quae curavit Sacr. Rituum Congregatio. Ed. 8. [Ausg. in Rot- u. Schwarzdr.] Ed. 8. Ratisbonae: F. Pustet 1900. (123 S.) 8° [07. 9907

Laudes vespertinae sive cantus diversi excerpti ex Antiphonario, Graduali et Rituali Romano quae curavit Sacr. Rituum Congregatio. Ed. ster. Ratisbonae: F. Pustet 1903. (92, 2 S.) 8° [07. 9906

Laudetur Jesus Christus! Des Ordensstandes Gruß- u. Losungswort. Vom Verf. der Kantate „Laudetur Jesus Christus!" 16. (48 S. m. Abbildgn. u. 1 Farbdr.) Einsiedeln 902. Verlagsanstalt Benziger & Co. n. — 25

Laudi, J. L., Aufschlüsse u. sichere Beweise der Unsterblichkeit des menschlichen Geistes nach göttlichen Naturgesetzen. Hamburg 870. Nestler & Melle. 8. (71 S.) n. 6 ngr.

— moralisch-religiöse Gedanken eines Laien, s. Gedanken.

— die Uebelstände verschiedener Berufsarten und Vorschläge zu ihrer Beseitigung. 8. (121 S.) Hamburg 870, Nestler und Melle. *

Laudi, J. L., wie durch harmonische Jugendbildung edlere Menschen zu erziehen sind. Zugleich als Anh. zum 5. Hft. der vom Verf. veröffentlichten Broschüren. 8. (32 S.) Hamburg 876. Nestler & Melle. — 30

Laudien, Arthurus, Bartensteinensis: Studia Ovidiana. Gryphiae 1905: H. Adler. (38 S.) 8°
Greifswald, Phil. Fak., Ref. Gercke, Diss. v. 27. Apr. 1905
[Geb. 17. Nov. 81 Bartenstein i. Ostpr.; Wohnort: Greifswald; Staatsangeh.: Preußen; Vorbildung: Gymn. Bartenstein Reife O. 00; Studium: Königsberg 5, Greifswald 4 S.; Rig. 25. Febr. 05.]

Laudien, Bernh. Inwieweit ist die ästhetische Bildung auf Gymnasien zu berücksichtigen? 17 S. **Progr.** G. *Tilsit* 1880.

Laudien, B[ernhard]: Lehrplan der Anstalt. S. 3—47. 4. **Progr.** Städt. Johannes-Gymn. *Breslau* 1904 (212).

Laudien, *Bernhard Rede beim Rücktritt des Oberlehrer Dr. Heinicke.* 4 (S. 30—31). **Progr.** G. *Hohenstein* 1887 (5).

Laudien, C. F., Geschichte Preußens, s.: Heinel, Eduard.

Laudien, C. F., üb. die Quellen zur Geschichte Alexanders d. Grossen in Diodor, Curtius u. Plutarch. Inaugural-Dissertation. gr. 8. (IV, 40 S.) Königsberg 874. akadem. Buchh. n. 2. —

Laudien, Gustav Ernst: Über die Kondensation von Phenanthrenchinon mit Acetophenon unter dem Einfluss alkoholischen Kalis und über einige Derivate der Produkte der Einwirkung von Phtalyldichlorür auf Natriummalonsäureester. *Leipzig 1897: Metzger & Wittig.* (51 S.) 8°
Leipzig, Phil. Diss. v. [17. Dez.] 1897

Laudien, H.

— Rätselbüchlein zur Unterhaltung f. jung u. alt. 12. (48 S.) Ebd. 894. — 25

Laudien, H., Tonwellen. Gesammelte Gedichte. 2. (Titel-) Ausg. gr. 8. (212 u. IV S.) Berlin (894). 896. G. Nauck. n. 3. —

Laudien, Henriette, Bettelgang. Episches Gedicht. 12. (37 S.) Breslau 888, (Felber.) geb. *

— Kains Ende. Epische Dichtg. gr. 8. (56 S.) Berlin-Westend 897. Berlin, Deutsche evang. Buch- u. Tractat-Gesellschaft. n. 1. —

Laudien, Henriette, Haideblüthen. Erzählungen für Kinder von 11—15 Jahren. br. 8. (92 S. mit 6 Illustr., ill. Holzschntaf., von Heinr. Stelzner.) Glogau 862, Flemming. cart. -

Laudien, H., preußische Helden. Bilder aus der vaterländ. Geschichte. Mit 6 fein color. Bildern. 8. (266 S.) Mülheim 873. Bagel. geb. 3. 75

Laudien, Henriette, preußische Helden. Lebensbilder. 8. (80 S. m. 2 Farbdr.) Mülheim a/R. 897. J. Bagel. Geb. n. — 60

Laudien, H., preußische Helden. Lebensbilder. (80 S.) kl. 8. Mülheim a/R. (905). J. Bagel. Kart. — 80

Laudien, Henriette, für Hochzeit u. Polterabend. Aufführgn., heitere u. ernste Dichtgn., Aufzüge u. Scenen in Kostüm f. e. od. mehrere Personen, leb. Bilder u. s. w. (1. Bdchn.) 12. (127 S.) Mülheim a/R. (900). J. Bagel. 1. —

— dasselbe. Aufführungen, Scenen u. Dichtgn. f. silberne u. goldene Hochzeiten, sowie Prologe, leb. Bilder, Vorträge u. Gesänge. (2. Bdchn.) 12. (112 S.) Ebd. (900). 1. —

Für Hochzeit u. Polterabend. Aufführungen ... u.s.w. von Henriette **Laudien.** Bdch. 1. 2. Mülheim a. d. Ruhr: J. Bagel [1905]. 2 Bde 8° [F.] [06. 1835

— Hochzeits- und Polterabend-Aufführungen, Scenen, Dichtungen, Vorträge u. leb. Bilder. (Neue Ausg. v. L., deutsche Polterabende.) 8. (IV, 138 u. 123 S.) Ebd. 898. 1. 50

— Kinder-Glückwünsche zu Familienfesten (Geburtstag, Weihnachten, Neujahr, Polterabend). 12. (96 S.) Mülheim a/R., J. Bagel. — 60

— Kinder-Glückwünsche zu Familienfesten [Geburtstag, Weihnachten, Neujahr, Polterabend]. 8. (100 S.) Mülheim 886, Bagel.

Laudien, H., Kinder-Glückwünsche zu Familienfesten [Geburtstag, Weihnachten, Neujahr, Polterabend]. 2. Aufl. 12. (96 S.) Mülheim a. d. R. 891. J. Bagel. — 60

— verwehender Klang. Gedichte. 8. (72 S.) Berlin-Westend 897. Berlin, Deutsche evang. Buch- u. Tractat-Gesellschaft. n. 1. —

— unsere Lieblingshelden, oder: Vom großen Friedrich, vom alten Zieten, vom alten Dessauer, vom alten Blücher rc. 8. (268 S. mit 6 fein color. lithogr. Bildern.) Mülheim 877, Bagel's Verlagsh. cart.

— neue Mährchen für artige Kinder im Alter von 6 bis 10 Jahren. 859. — 2. Aufl. Mit 6 (lith.) Abbildgn. Ebend. 863. gr. 16. (VII, 112 S.) n. 10 ngr.

— neue Märchen für artige Kinder im Alter von 6 bis 10 Jahren. Mit 3 (chromolith.) Bildern nach Zeichnungen von Rud. Geißler. 3. Aufl. 8. (VII, 108 S.) Glogau 877. Flemming. cart. 1. 50

—— das Märchen von Sylt. Zur Erinnerung an den Nordseestrand erzählt. 16. (68 S.) Strasburg 877. (Berlin, Czizhatzky.) *

— das Märchen v. Sylt. Zur Erinnerg. an den Nordseestrand erzählt. 2. Aufl. 16. (79 S.) Berlin 892. E. Rentzel. Geb. in Leinw. n. 1.20

Laudien, Henriette, Fata Morgana. Märchen-Epos. 8. (154 S.) Glogau 877. Flemming in Comm. n. 2. —

— der Patriot in der Schulstube. Declamationen zum Gebrauch bei Schulfestlichkeiten. 8. (58 S.) Löbau Wpr. 880. Skrzeczek. n. — 40

—— Plaudereien. br. 8. (V und 115 S. mit 6 lithogr. und ill. Bildern in Tondr. nach Orig.-Zeichnungen von A. v. Zahn.) Dresden 859, Meinhold und Söhne.

—— Plaudereien. 2. Aufl. 8. (V und 115 S. mit 6 lithogr. und ill. Bildern nach Orig.-Zeichnungen von A. v. Zahn.) Dresden 862, Meinhold und Söhne. cart.

Laudien, Henriette, deutsche Polterabende. 1. und 2. Bdchn. 8. Mülheim 885, Bagel. à Bdchn.

Inhalt:
Bdchn. 1. Polterabend-Aufführungen, heitere und ernste Dichtungen, Aufzüge und Scenen in Kostüm für ein oder mehrere Personen, lebende Bilder ꝛc. (IV, 138 S.)
" 2. Aufführungen, Scenen und Dichtungen für silberne und goldene Hochzeiten, sowie Prologe, lebende Bilder, Vorträge und Gesänge für verschiedene Festlichkeiten. (IV, 123 S.)

— u. a., Polterabend- u. Hochzeits-Gedichte u. Aufführungen. 1.—3. Hft. 12. (48, 47 u. 47 S.) Mülheim a. d. R. 894. J. Bagel. à — 25

— Polterabend- u. Hochzeits-Gedichte u. Aufführungen. 3 Hfte. 12. (48, 47 u. 47 S.) Ebd. 896. à — 25

—— der kühne Seydlitz, s. Bibliothek interessanter Erzählungen.

—— im Sturm des Lebens. Novelle. 8. (280 S.) Berlin 878, Czizhatzky. *

Laudien, H., Marschall Vorwärts, s.a. Oehmigke's Jugendbibliothek.

— Marschall Vorwärts, s.a. Spiegelbilder aus dem Leben. 54. Bd.

Laudien, Henriette, Marschall Vorwärts! Bilder aus dem Leben eines deutschen Helden. Der Jugend u. ihren Freunden erzählt. Neu-Ruppin 867. Leipzig, Oehmigke. 8. (140 S.) 12½ ngr.; Mit 4 color. Steintaff. geb. 22½ ngr.

— Marschall Vorwärts, d. Vater Blücher. Erzählg. 8. (126 S. m. 4 Farbdr.) Mülheim a/R. 897. J. Bagel. Geb. n. — 80

— Marschall Vorwärts, der Vater Blücher. Erzählung. (126 S.) ll. 8. Ebd. (906). — 40

— Waldhannes. — In der Pension. — Das Waldfest. Drei Erzählgn. für die Jugend. Mit 4 (lith. u. color.) Bildern von L. Venus. Glogau 868, Flemming. 16. (148 S.) cart. n. 10 ngr.

Laudien, H[ermann]: Über Mikrocephalie. *Würzburg 1898: H. Stürtz.* (53 S.) 8°
Würzburg, Med. Diss. v. 1898

Laudien, K., die Elektrotechnik, s.a. Bibliothek der gesamten Technik.

Die Elektrotechnik. Die Grundgesetze d. Elektrizitätslehre . . . in gemeinverständl. Darstellung . . . Von K. Laudien. Hannover: Jänecke 1908. 295 S. 8°
(Bibliothek d. gesamten Technik. Bd 88.)

— Die Maschinenelemente, s.: Grundriss des Maschinenbaues. 8. Bd.

Laudien, Minna, Anleitung zur Brandmalerei auf Holz, Leder u. andere geeignete Stoffe. 8. (31 S. m. Abbildgn.) Leipzig 892. E. Haberland. n. — 60

— dasselbe. 2., verb. Aufl. 8. (32 S. m. Abbildgn.) Ebd. 893. n. — 60

Laudien, Minna, Anleitung zur Brandmalerei auf Holz, Leder u. andere geeignete Stoffe. 4. verb. Aufl. gr. 8. (VI, 57 S. m. Abb.) Leipzig 900. E. Haberland. n. — 75

— Anleitung zum Kerbschnitt. 8. (28 S. m. 32 Abb.) Ebd. 899. n. — 60

— Anleitung zum Lederschnitt u. zur Ausgründe-Arbeit. 8. (28 S. m. 11 Abbildgn.) Ebd. 899. n. — 60

Laudien, Minna, Bilder aus der Kinderstube. Mit Versen von Anna Laudien. 4. (8 Chromolithogr.) Wesel 888, Düms. cart. *

— Bilder aus der Kinderstube. Mit Versen v. Anna Laudien. 4. (12 S. m. farb. Abbildgn., auf Pappe.) Wesel 892. W. Düms. Geb. 1. —

—— deutsche Frauengestalten. Compositionen für decorative Malereien, in Sonderheit für Brandmalerei und Glasmalerei. Fol. (8 Taf. in Lichtdr.) Berlin 888, Claesen und Comp. In Mappe *
Einzelne Taf. à *

— Haus- u. Küchengerät; Tische u. Stühle, Vorlagen f. Holzbrandtechnik, s.: Vorlagen-Mappe.

Laudien, Minna, Kinder- u. Puppenmöbel,
— Möbel,
— farbige Vorlagen f. Möbel-Dekoration in Brandmalerei,
} s.: Vorlagen f. Brandmalerei.

— Vorlagen f. Holzbrandtechnik (Brandmalerei), s.a. Vorlagen-Mappe.

— Vorlagen f. Holzbrandtechnik, s.a. Zehl's Vorlagen-Mappe.

— Vorlagen f. Holzbrandtechnik (Brandmalerei). 3. Möbelheft m. Gebirgsmotiven. gr. Fol. (8 Taf.) Heidelberg 896. E. v. König. 5. —; einz. Taf. — 75; Doppeltaf. 1. 50

— dasselbe. Spruchheft. gr. Fol. (6 Taf.) Ebd. 896. 4. —; einz. Taf. — 75

— H. Mützel u. K. Wiederhold, Vorlagen f. Holzbrandtechnik, Holz- u. Glasmalerei, s.: Vorlagen-Mappe.

Laudien, Minna, Vorlagen zur Majolica-Malerei, s. Drews, Marie.

— moderne Vorlagen f. Brandmalerei u. Tiefbrand zu e. Truhe, s.: Vorlagen f. Brandmalerei. 85.

— neue Vorlagen f. Brandmalerei auf Holz, Pappe, Leder u. dergl., s.a. Vorlagen f. Brandmalerei.

— neue Vorlagen f. Brandmalerei f. Holz, Leder, Pappe. gr. Fol. (12 Taf.) Berlin 898. W. Schultz-Engelhard. n. 4. —

—— s. Vorlagen-Mappe.

— Wandschirm. Vorlage f. Brandmalerei. Fol. (6 Bl.) Leipzig 893. E. Haberland. n. 3. —

— dreiteiliger Wandschirm, s.: Vorlagen f. Brandmalerei. 86.

Laudien, Th., de simandris Graecorum. Regim. 1716. 4.

Laudien, Theodor [Praes.], s. Hesse, Georg Friedrich: Necessitas non habet legem. Germ. Noht hat kein Geboth.

Laudien, Theod., katechet. Passionsfrage, mehrenth. aus Rambachs Betr. des Leidens Christi u. s. w. 8. Königsb. Zeise. 748.

Laudien, Therese, d. Buch d. Erinnerg., — Gedenkbuch f. Frauen u. Mädchen, } s.: Bern, Max.

Laudien, Therese, s. Gedenkbuch f. Frauen u. Mädchen.

Laudien, Therese, m. Gott f. König u. Vaterland. 4 Aquarellen. Mit Dichtgn. v. F. Beck, Em. Geibel, O. v. Redwitz u. s. w. Farbendr. v. J. G. Bach in Leipzig. gr. 4. (4 Chromolith. u. 9 S. Text.) Leipzig 872. Arnold. Lwdbd. m. Goldschn. n. 12. —; Ldrbd. m. Goldschn. n. 16. —

[Umschlagt.:] Vorlagen für Porzellan-Malerei v. Therese u. Minna Laudien in 6 Heften. Heft I—VI ... *Frankfurt a. O.: Trowitzsch & Sohn [1891—94].* 6 Bde gr. 2.
I. [1891.] (6 Taf.) II. [1892.] (6 Taf.) III. [1892.] (6 Taf.) IV. [1894.] (6 Taf.) V. [1894.] (6 Taf.) VI. [1894.] (6 Taf.)

Laudien, Vict., Constanz Berneker. Mit Bernekers Bild u. e. Vorwort. (XVI, 187 u. IV S.) gr. 8. Charlottenburg 909. P. Lehsten. 3. —

Laudien, Vict., Richard Wagner u. die Religion des Christentums. Vortrag. gr. 8. (28 S.) Königsberg 902. F. Beyer. n. — 50

Richard Wagner und die Religion des Christentums. Vortrag von Victor Laudien, Pfarrer in Laugszargen. Königsberg i. Pr.: Thomas & Oppermann 1902. (28 S.) 8°

Laudien's Leipziger Baedeker. Praktischer Führer durch Leipzig u. Umgebgn. unter besond. Berücksicht. der Sehenswürdigkeiten, der wissenschaftl. u. Kunstinstitute, Theater etc. Mit übersichtl. Plan v. Leipzig in Farbendr., e. alphabet. Verzeichniss sämmtl. Strassen u. Plätze. Winterhalbj. 1890—91. 12. (64 S.) Leipzig 890. Laudien. — 25

Laudien's Leipziger Baedeker. Praktischer Führer durch Leipzig u. Umgebgn. unter besond. Berücksicht. der Sehenswürdigkeiten, der wissenschaftl. u. Kunstinstitute, Theater etc. Mit übersichtl. Plan v. Leipzig in Farbendr., e. alphabet. Verzeichniss sämmtl. Strassen u. Plätze. 2. Aufl. 12. (64 S.) Leipzig 891. G. Laudien. — 25

LAUDIN, GUSTAV ERNST. Ueber die Kondensation von Phenanthrenchinon mit Acetophenon unter dem Einfluss alkoholischen Kalis und über einige Derivate der Produkte der Einwirkung von Phtalyldichlorür auf Natriummalonsäureester. Leipzig, 1897.

Laudo, ò sia Sentenza Comprommissiva nella ... lite Decimale, che verteva tra il Venerabile Monastero e Comun grande di Dissentis .... (Actum, & publicatum Curiæ, die 23. Martij Anno 1737) = Spruch, o seigi Sentenza da Compromiss en la ... dispitta, ca fova denter la Venerabla Claustra a Cumin gron della Cadi .... (Dau, à publicau en Cuera sin ils 23. da Marz 1737.) 4. *s. l.*

Laudon, s. Loudon.

Laudon. Leben und Heldenthaten. kl. 8. Wien 1789—1790.

Laudon. — An die Helden ..... und Koburg. 8. Wien 1789.

Laudon der Soldatenvater, s. Volksbücher aus alter und neuer Zeit.

Laudon, Feldmarschall, der Soldaten-Vater. Vaterländische Geschichte. Dem Volke erzählt von G. und B. Dom. 8. (48 S.) Urfahr-Linz 878, Kraußlich.

Laudon, Alfred: Aus der königl. med. Universitätspoliklinik zu Königsberg. Direktor: Prof. Dr. Schreiber. Zwei Fälle von Hypertrichosis sacro-lumbalis ⟨Spina bifida occulta⟩. *Königsberg i. Pr. 1897: M. Liedtke.* (40 S. mit Taf.) 8°
Königsberg, Med. Diss. v. 10. Nov. 1897

Laudon, Alfr., zwei Fälle v. Hypertrichosis sacrolumbalis (Spina bifida occulta). Diss. gr. 8. (40 S. m. 1 Taf.) Königsberg 897. (W. Koch.) n. — 80

Laudon, D., die Fabrikation d. Porzellans, Steingutes u. Fayance-Glases, sowie d. hierzu erforderl. Glasuren, nebst e. gründl. Anweis., verschied. Metalle, als Gold, Silber, Tomback, Kupfer, vorzügl. eiserne Kochgeschirre zu emailliren. 8. (4 B. u. 1 Stnt.) Quedlinburg 838, Basse.

Laudon, J. L., über Wirthschaftseinrichtungen nach den Grundsätzen des schottischen Ackerbaues mit Berücksichtigung der landwirthschaftlichen Verhältnisse in England und über Verschönerung ländl. Besitzungen. Mit 40 Kupfert. Aus d. Engl. übers. von A. P. Biernacki und mit erklär. Anmerkungen versehen von A. Thaer. gr. Fol. Berlin, Reimer. 818.
illum.

Laudon, Karl, aus Frankfurt a. O.: Über μ-α-Di-Phenyl-β-Äthyl-Imidazole, deren Homologe, und einige ketosubstituierte Benzamidine. *Rostock 1900: C. Boldt.* (47 S.) 8°
Rostock, Phil. Diss. v. [22. Nov.] 1900

Laudon's

— Krankheit u. Tod, über; e. medicin. Fehde, (v. J. J. Hartenkeil). 8. (Salzb.) 792. Mayr. 3 K

Laudon's Leben u. Heldenthaten, (v. F. T. v. Krsowitz). 2 Thle. 8. Wien 788. 4e A. 8. Salzb. 790. Mayr. 6 K (2r Thl. A. u. d. T.: Gemälde d. Kriegsthaten d. k. k. Heeres im J. 1789, von F. X. Huber. 4 K)

— Dass., neu umgearb. Aufl. 8. Kempt. 790. Dannheimer. 3 K

— Tod, über. Der Barde an d. Vaterland, (von M. Denis). 8. Wien 790.

Laudowicz, Fel., de doctrinis ad animarum praeexistentiam atque metempsychosin spectantibus, quatenus in Iudaeorum et Christianorum theologiam vim quandam exercuerint, quaestiones. gr. 8. (73 S.) Leipzig 898. Buchh. G. Fock. n. 1. 50

Laudowicz, Fel., Wesen u. Ursprung d. Lehre v. d. Präexistenz d. Seele u. v. d. Seelenwanderg. in d. griech. Philosophie. gr. 8. (113 S.) Berlin 898. (Leipzig, Buchh. G. Fock.) n. 1. 50

Von dem Herrn Carl Friederichen, Erben zu Norwegen, Hertzogen zu Schlesswig Holstein etc. etc. Mit Consens und Bewilligung Dero Vormünder, Des Hrn. Christian Augusten, Erwehlten Bischoffen zu Lübeck etc. etc. Dem Hrn. Carln dem XII. Der Schweden, Gothen und Wenden Könige etc. etc. Vor Sr. Durchl. dermahligen allernahesten Anverwandten Vermittelst Compromissi Zur endlichen Abhelffung übergebener differentien, und darüber in Königl. Namen abgesprochenes Laudum, De dato Stockholm den 18. April 1716. o. O. u. J. 4° k.

Laue, Aug. W(.)., († d. 5. März 1808.), s. Geschichte d. vier ersten Feldzüge ꝛc.

(Laue, A. W.) Geschichte der vier ersten Feldzüge des franz. Revolutionskrieges. Bd 1. Deutschland (d. i. Braunschweig) 1805. 8°. — 1. 1792.

Laue, B., d. Anstellg. d. Militär-Anwärters im Kommunaldienst. gr. 8. (IV, 92 S.) Wiesbaden 896. Lützenkirchen & Bröcking. Kart. n. 2. —

Laue, B., Anweisung v. 31. VIII. 1894 üb. die Zu- u. Abgänge, das Hebewesen, das Strafverfahren u. die Kosten bei der Einkommensteuer u. Ergänzungssteuer m. Erläuterungen, Steuertarifen, Tabellen ꝛc. gr. 8. (VI, 148 S.) Wiesbaden 898. Magistr.-Sekr. Laue. Kart. n. 3. 25

— dasselbe. 2., ergänzte u. verb. Aufl. gr. 8. (VI, 204 S.) Ebd. 900. Kart. n. 3. 25

— Ausführungsanweisung vom 6. VII. 1900 zum Einkommensteuer-Gesetz vom 24. VI. 1891 u. zum Ergänzungssteuer-Gesetz vom 14. VII. 1893, umfassend: die Zu- u. Abgänge, das Hebewesen, das Strafverfahren u. die Kosten, m. Erläutergn., Steuertarifen, Tabellen ꝛc. 3., umgearb. Aufl. (neue [Titel-]Ausg.) der „Anweisg. v. 31. VIII. 1894". gr. 8. (VI, 188 S.) Berlin [900.] (902). [R. v. Decker.] Wiesbaden, Magistr.-Sekr. Laue. Kart. n. 2. 70

— Entscheidungen des königl. preußischen Ober-Verwaltungsgerichts ꝛc. in Gemeindesteuersachen. 12. (V, 117 S.) Wiesbaden 899. Magistr.-Secr. Laue. n. 1. 20

Laue, B., Entscheidungen des königl. preussischen Ober-Verwaltungsgerichts etc. in Gemeindesteuersachen. 12. (V, 117 S.) Wiesbaden, A. Deffner. 1. 20.

— Ergänzungssteuer. Steuertarif gem. §§ 17, 18 u. 19, Abs. 1 d. Ergänzungssteuergesetzes v. 14. Juli 1893 u. d. kgl. Verordng. v. 25. Juni 1895, nebst e. Tabelle z. Berechng. d. im Laufe d. Steuerjahres eingetret. Ergänzungssteuer-Zu- u. -Abgänge, bezw. -Ausfälle. Fol. (6 S.) Wiesbaden 895. M. Bischkopff. — 75

— maßgebende Erkenntnisse des königl. preuß. Oberverwaltungsgerichts in Kommunalabgaben-Sachen, umfassend: Gebühren u. Beiträge — indirekte u. direkte Gemeindesteuern — Naturaldienste — Rechtsmittel ꝛc., nebst Beispielen f. Berechng. der Gemeinde-Einkommensteuer. (Neue [Titel-]Ausg.) 8. (VII, 199 S.) Berlin [901.] (902). [R. v. Decker.] Wiesbaden, Magistr.-Secr. Laue. Geb. in Leinw. n. 3. —

Laue, B, Massgebende Erkenntnisse des königl. preussischen Oberverwaltungsgerichts in Kommunalabgaben-Sachen, umfassend: Gebühren u. Beiträge — indirekte u. direkte Gemeindesteuern — Naturaldienste — Rechtsmittel etc., nebst Beispiele f. Berechng. der Gemeinde-Einkommensteuer. 8. (VII, 199 S.) Wiesbaden 01, Lützenkirchen & Bröcking. Geb. in Leinw. 3. —

— d. Laufbahn im kgl. Polizei-(Bureau- u. Exekutiv-) Dienst f. Militär-Anwärter nach d. neuesten Bestimmgn. gr. 8. (15 S.) Wiesbaden 896. R. Bechtold & Co. — 30

— d. Laufbahn im Staatseisenbahndienst f. Militäranwärter, Civilsupernumerare u. nichtanstellungsberecht. Personen nach d. v. 1. Apr. 1895 ab gült. Neuordng. d. Staatseisenbahnverwaltg. 12. (IV, 112 S.) Wiesbaden 895. M. Bischkopff. n. 1. —

— wie erhält d. Militär-Anwärter e. gute Civilstellg.? 8. (247 u. VI S.) Wiesbaden 895. G. Quiel. n. 2. —

Laue, Carl, s. Laue, Karl

Laue, Erich, Kammergerichtsreferendar: Begriff und Wesen des Vorkaufsrechts nach B.G.B. Berlin 1905: W. Pilz. (63 S.) 8°

Jena, Jur. Fak., Ref. Danz, Diss. v. 12. Dez. 1905

[Geb. 25. April 79 Schönwalde, Mark; Wohnort: Dt.-Wilmersdorf b. Berlin; Staatsangeh.: Preußen; Vorbildung: Gymn. Wittstock Reife O. 98; Studium: Berlin 2 Straßburg 2, Berlin 4 S.; Rig. 12. Dez. 05.]

Laue, Erich, Ref. in Adorf i. V.: Das bedingte Verbrechen im Strafgesetzbuch für das Deutsche Reich vom 15. Mai 1871. Leipzig 1906: O. Regel. (43 S.) 8°

Leipzig, Jur. Fak., Diss. v. 9. Juli 1906

[Geb. 11. Jan. 81 Leipzig; Wohnort: Leipzig; Staatsangeh.: Sachsen; Vorbildung: Kgl. Gymn. Leipzig Reife O. 01; Studium: Leipzig 6 S.; Rig. 7. Juli 04.]

Laue, F., die Abfuhr der menschlichen Excremente u. Hausabfälle aus den Städten u. ländlichen Ortschaften, s.: Bibliothek f. Staats- u. Gemeinde-Verwaltungs-Angelegenheiten.

Laue, Franz, a. Arnstadt i. Th.: Über Krankenbehandlung und Heilkunde in der Literatur des alten Frankreichs. Arnstadt 1904: O. Böttner. (135 S.) 8°

Göttingen, Phil. Fak., Ref. Stimming, Diss. v. 9. Nov. 1904

[Geb. 27. Juli 81 Arnstadt; Wohnort: Erfurt; Staatsangeh.: Preußen; Vorbildung: Realgymn. Erfurt Reife O. 00; Studium: Jena 1, Leipzig 3, Göttingen 4 S.; Rig. 4. Mai 04.]

Laue, Friedr. Aug. (Dresden), De alienatione geradae feminae minoris. Präs. Heinr. Gottfr. Bauer. Lpz. (Langenheim) 23. VIII. 1765. 12 Seiten. (4.20) 20550

Laue, Fritz, aus Berlin, Kammergerichts-Ref.: **Haftung für Hauseinsturz.** *Berlin 1899: G. Schade.* (33 S.) 8°

Erlangen, Jur. Diss. v. 20. Mai 1899

Laue, Fritz, der Postunterbeamtendienst. Auszug aus den sämmtl. Dienstanweisgn. f. die Unterbeamten der Reichs-Post- u. Telegraphenverwaltg. Ein Hülfsbuch f. alle Postbeamten bei Ausübg. des Dienstes u. bei Vorbereitg. auf die abzuleg. Prüfgn., sowie f. alle Unterbeamten, welche sich üb. ihre Dienstobliegenheiten unterrichten wollen. 8. (IV, 79 S.) Groß-Lichterfelde 901. Gesetzverlag Schulze & Co. n. 1. 20

Der Postunterbeamtendienst. Auszug aus d. sämmtl. Dienstanweisungen f. d. Unterbeamten d. Reichs-Post- u. Telegraphenverwaltung. Bearb. von Fritz **Laue**, Ober-Postassistent. *Gross-Lichterfelde: Schulze & Co. 1901.* (79 S.) 8° [F.]

= Gesetzsammlung, Brandis. No 17. 109 3846

— Gotth. Moritz (Hubertusburg), Diss. med. de radice caincae eiusque in hydrope efficacia et usu. Präs. Carl Aug. Kuhl. Lpz. (Gust. Naumann) 26. VI. 1827. 32 S. (2.50) 20551
Gew.: Aug. Heinr. Chr. Mueller.

Laue, Hermann [app. Arzt aus Greussen]: Aus d. Patholog. Institute zu München. „Ueber primäre maligne Neubildungen des Bauchfells. . . München, Buchdr. v. M. Ernst, 1890; 36 S. 8°

München, Med. Fak., Inaug.-Diss. v. 1890

Laue, J. G., an turrium et campanarum usus Deo displiceat? Lips. 1704. 4.

Laue, J. G., das Auge des Herrn schauet hernieder! 2 Predigten zur Erinnerung an das verhängnißvolle Jahr 1847. gr. 8. (19 S.) Dessau 848, J. Fritsche. n. 1/12 Thlr.

Laue, Jo. Friedrich [Praes.], s. Wachsmuth, Jo. Gottlieb: De ruminatione animalium bisulcorum.

— Joh. Chr. (Magdeburg), Diss. med. de sanguineis viscerum abdominalium infarctibus. Halle (Grunert) 1816. (2.60) 20553

Laue, Joh[ann] Gottfr[ied]: De Telo fulgingo. Lipsiae (1706): Brandenburger. 19 S. 8° (4°)

Leipzig, Phil. Diss. v. 17. Nov. 1706

Laue, Karl

Laue, Carl ⟨geb. am 2. Aug. 1862 in Deutz bei Köln⟩: '(Aus d. Laboratorium d. med. Klinik.)' — Ueber die Verdauungsthätigkeit des Magens in einigen pathologischen Zuständen ... Bonn, Univ.-Buchdr. v. C. Georgi 1885. 30 S., 1 Bl. 8.

Bonn, Med. Fak., Diss. v. 20 Juni 1885

Laue, *Carl*: Klimatische Verhältnisse von Sangerhausen, dargestellt auf Grund 20jähr. Beobachtungen der Jahre 1878—1897. 4 (15 S.).
In Umwandlung begriffn. G. u. Rsch. *Sangerhausen* 1900 **Progr.**

Laué, Carl A., kurzgefaßte Gesanglehre f. Gymnasien-, Real-, Bürger-, höhere Töchterschulen &c. Ein method. Leitfaden nebst 85 Stimm- u. Treff-Uebgn. 8. (IV, 44 S.) Duisburg 876. Raske & Mendelssohn. n. — 50

Laué, Carl A., kurzgefaßte Gesanglehre für Gymnasien, Real-, Bürger-, höhere Töchterschulen &c. Ein method. Leitfaden nebst 85 Stimm- u. Treff-Uebungen. 2., verb. Aufl. 8. (IV, 44 S.) Duisburg 877. Raske. n. — 50

Laue, L(udwig): Die Ebed-Jahwe-Lieder im II. Teil des Jesaia exegetisch-kritisch und biblisch-theologisch untersucht. *Wittenberg: P. Wunschmann 1898.* (74 S.) 8°
Halle, Theol. Diss. v. 19. Febr. 1898

Gedanken über Optimismus, Pessimismus, Opportunismus von Pastor Lic. Dr. [Ludwig] **Laue.** *Wittenberg: P. Wunschmann 1902.* (16 S.) 8° [Umschlagt. F.]
[03. 8740 3

Laue, Ludw. Über Giftkunde und deren Berücksichtigung beim chemischen Unterricht. 25 S. **Progr.** Rg. *Dresden-Neustadt* 1879.

Laue, Ludwig [cand. min. Wittenberg]: Die Composition des Buches Hiob. E. litterar-krit. Versuch ... Halle a. S., J. Krause, *1896;* 4 Bl., 143 S. 8.
Leipzig, Phil. Fak., Inaug.-Diss. v. [27. März] 1896

Laue, Ludw., die Composition d. Buches Hiob. gr. 8. (VII, 143 S.) Halle 896. [J. Krause.] Leipzig, C. F. Tiefenbach. 2. —

Das Buch Koheleth und die Interpolationshypothese Siegfrieds. Eine exeget. Studie von [Ludwig] **Laue.** *Wittenberg: P. Wunschmann 1900.* (33 S.) 8°
[00 6709 3

Laue, Max. Die Dichter der romantischen Schule u. die Sänger der Befreiungskriege. 8. (III, 134 S.) Langensalza 890, Schulbuchh. 1 40

—— Der schwäbische Dichterkreis in chronologischer Ordnung. 8. (46 S.) Ebd. 890. — 50

Laue, Max, Diktatstoff f. Volks- u. Bürgerschulen. 8. (III, 108 S.) Langensalza 884. Schulbuchh. — 90

—— Diktatstoff f. Volks- u. Bürgerschulen. 2. u. 3. Aufl. 8. (III, 108 S.) Ebd. 889,90. — 90

Laue, Max, Diktatstoff f. Volks- u. Bürgerschulen. 4. Aufl. 8. (III, 108 S.) Langensalza 894. Schulbuchh. — 90

Laue, Max, Diktatstoff f. Volks- u. Bürgerschulen. 5. Aufl. 8. (III, 108 S.) Langensalza 897. Schulbuchh. v. Greßler. — 90

Laue, Max, Diktatstoff f. Volks- u. Bürgerschulen. 6. Aufl. 8. (III, 108 S.) Langensalza 900. Schulbuchh. — 90

Laue, Max, Christian Gottfried Ehrenberg. E. Vertreter deutscher Naturforschg. im 19. Jahrh. 1795—1876. Nach s. Reiseber., s. Briefwechsel m. A. v. Humboldt, v. Chamisso, Darwin, v. Martius u. a. Familienaufzeichngn., sow. and. handschriftl. Material. gr. 8. (VII, 287 S. m. Bildn.) Berlin 895. J. Springer. n. 5. —

Laue, Max: Ferreto von Vicenza. Seine Dichtungen und sein Geschichtswerk. Halle a/S. 1884: Karras. 30 S. 8°
Halle-Wittenberg, Phil. Diss. v. 8. Aug. 1884
Geb. Delitzsch 22. 6. 1861. V.
Ersch. vollst. im Buchhandel Halle: Niemeyer 1884. 78 S. 8° — Verf. erlebte die Diplomerneuerung 1934 als Erster Bibliotheksrat a. D. in Berlin-Lichterfelde, vgl. Anh. Nr. 766.

Laue, Max, Ferreto v. Vicenza, seine Dichtungen u. sein Geschichtswerk. Ein Beitrag zur Vorgeschichte d. Humanismus. Im Anh.: Die Gesta Florentinorum u. ihre Benutzer. gr. 8. (78 S.) Halle 884. Niemeyer. n. 2. —

Laue, Max, Glaube, Liebe, Hoffnung. E. Weihnachtsfest-Gedicht. Sep.-Ausg. d. Anh. zu „Drei Weihnachtsfestspiele" f. Kinder. gr. 8. (15 S.) Frankfurt a/M. 898. J. Schergens. n. — 15

Laue, Max, Heimatskunde oder der erste geographische Unterricht. 8. (II, 16 S.) Langensalza 885, Schulbuchhandlung. *

Laue, Max, aus Ehrenbreitstein b. Koblenz: **Über die Interferenzerscheinungen an planparallelen Platten.** *Berlin (1903): G. Schade.* (58 S.) 8°
Berlin, Phil. Diss. v. 25. Juli 1903

—— Der hallesche Kreis, Bodmer—Gottsched, Bremer Beiträge, Klopstock u. seine Anhänger, Hainbund u. Wieland, Lessing, Herder. 8. (III, 136 S.) Ebd. 890. 1 20

Laue, Max. Deutsche Litteraturgeschichte: Älteste Zeit, alte Zeit [Sagenkreis bis zur Kunstpoesie]. 8. (III, 160 S.) Langensalza 891, Schulbuchh. * 1 20

—— Schiller u. Goethe, ihr Leben u. ihre vorzüglichsten Werke. 8. (III, 136 S.) Ebd. 890. 1 —

—— deutsche Sprachlehre in konzentrischen Kreisen für Volksschulen. Ein Handbuch für Lehrer und Wiederholungsbuch für Schüler. 8. (III, 64 S.) Ebendas. 885.

—— Stilübungen für Mittel- und Oberklassen der Volksschule. 2. verm. Aufl. 8. (IV, 240 S.) Ebendas. 885. *

—— Stilübungen f. Mittel- u. Oberklassen der Volksschule. 3. Aufl. 8. (IV, 240 S.) Ebd. 890. * 1 75

— Stilübungen f. Mittel- u. Oberklassen d. Volksschule. 4. Aufl. 8. (IV, 240 S.) Ebd. 898. n. — 75

— 270 Stilübungen f. Mittel- u. Oberklassen der Volksschule. 8. (IV, 200 S.) Ebend. 884. 1. 50

—— Drei Weihnachtsfestspiele f. Kinder. 8. (36 S.) [Viersen 889, Hoster.] Bonn, Schergens. [* 1 —] * — 40

— drei Weihnachtsfestspiele f. Kinder. 2., veränd. Aufl. nebst e. Anh.: Glaube, Liebe, Hoffnung, e. Weihnachtsfest-Gedicht. gr. 8. (50 S.) Ebd. 898. n. — 50

Laue, Otto: Zur Konstitution der gemischten Azoverbindungen. 1906. 67 S. 8° ¶ Vgl. Berichte d. Deutschen Chem. Gesellschaft. , Jg. 39.
München, Dr.-Ing.-Diss. v. 6. 8. 1906

Laue, Rich., Wegweiser f. Automobilisten. Ein Leitfaden f. Fahrzeugbesitzer, Herren- u. Berufsfahrer durch die Verkehrsordng. f. Kraftfahrzeuge u. das Reichsstempelgesetz. (47 S.) 8. Braunschweig 910. B. Goeritz.
Geb. in Leinw. — 80

Laue, Rudolphus: De prolapsu foetalium partium praeter caput. Halis (1856): Orphanotropheum. 29 S. 8°
Halle-Wittenberg. Med. Diss. v. 24. Mai 1856
Geb. Wittenberg [20. 10. 1832]. V.

Laué, [Rud. Karl]

Laué, Gutachten über die Einwirkung des Gesetzes vom 18. Juli 1884 auf die Statuten der bereits vor jenem Gesetze bestandenen Actiengesellschaften, s. Schriften des Vereins zur Wahrung der wirthschaftlichen Interessen von Handel und Gewerbe.

Verein zur Wahrung der wirthschaftlichen Interessen von Handel und Gewerbe. —
Ueber die Einwirkung des Gesetzes vom 18. Juli 1884 auf die Statuten der bereits vor jenem Gesetze bestandenen Actiengesellschaften. Gutachten des ... Justizraths LAUÉ zu Berlin. Herausgegeben vom Vorstande des Vereins. Berlin, 1886. Druck der Norddeutschen Buchdruckerei und Verlagsanstalt. 8°.

Laué, üb. die Einwirkg. d. Gesetzes vom 18. Juli 1884 auf die Statuten der bereits vor jenem Gesetze bestandenen Actiengesellschaften. Gutachten. 8. (36 S.) Berlin 885. (Puttkammer & Mühlbrecht.) n.n. 1. 50

Laue, Theod. (Henr. Ludov.) Adolph. (geb. Gross-Salze bei Magdeburg 19. 5. 1836): De connexu inter oesophagi et pulmonum morbo intercedente. Berolini (1861). (32 S.) 8°
Berlin, Med. Diss. v. 30. März 1861

Laué, W., Entwürfe ausgeführter Vergnügungs-Lokale u. Bierkeller, s.: Straube, A.

Laue, Walther, Referendar: Die Erfüllung durch Dritte nach §§ 267 und 268 BGB. Leipzig 1909: Leiner. 63 S. 8°
Leipzig, Jur. Diss. v. 19. Mai 1909
[Geb. 17. Aug. 84 Leipzig; Wohnort: Leipzig; Staatsangeh.: Sachsen; Vorbildung: König-Albert-Gymn. Leipzig Reife O. 04; Studium: Leipzig 10 S.; Rig. 13. Febr. 09.] [U 09. 2585

Laué, Walt., Gedanken zu Goethes Faust. — Schiller u. die Farbenlehre. (210 S.) 8. Breslau 904. Berlin, S. Schottlaender's schles. Verlagsanst. n. 3. —; geb. n. 4. —

Laué, W., u. O. Magunna, das Kaiser-Denkmal am deutschen Eck in Coblenz. 8. (32 S. m. 3 Abb. u. 1 Plan im Text.) Köln 897. Kölner Verlagsanstalt u. Druckerei. — 25

Laué, Walter, Verse. 8. (XI, 119 S.) Köln 895. J. G. Schmitz. n. 2. —; geb. in Leinw. n. 2. 50

Laue & Timaeus, s.: Lehrbuch d. Maschinen-Strickerei.

Lauen, Alfr., die Imelungen. Ein Trauerspiel in 5 Akten. (VII, 132 S.) 8. Dresden 906. E. Pierson. n. 2. —

Lauen, G., Kraft d. Bluts Christi. 8. Breslau, Korn der ält. 768.

Lauenberg [Schlagwort]

Lauenberg, s.: Geologische Karten. Karte (Preussen).

Lauenburg [Sachliches OW]

Das Feldbataillon Lauenburg. Einbeck 1863. 8°.

Lauenburg, der Herzog v., u. die Nonen d. März. Eine antimachiavellist. Denkschrift. 1.—3. Aufl. gr. 8. (IV, 84 S.) Berl. 890, Rosenbaum u. Hart. * — 50

Lauenburg, das Herzogthum. Lex.-8. (14 S.) Kiel 871, Homann. *
Aus: Provinzialhandbuch für Schleswig-Holstein und Lauenburg, besonders abgedruckt.

Lauenburg — Preußisch! Ein offenes Wort an alle preuß. u. wahrhaft deutschen Patrioten. Quedlinburg 865. Basse. gr. 8. (15 S.) 5 ngr.

Lauenburg [Schlagwort]

Lauenburg a. E., s.: Deutschland. Uebersichtskarte. — Geologische Karten. Preussen 108.

Lauenburg i. P., s.: Deutschland. Uebersichtskarte. — Köslin, Reg.-Bez.

Lauenburg, s.: Hand- u. Reisekarten. 17. 45. — Heimatskärtchen. 21.

Lauenburgicus — Ducatus — ad Stratum hodiernum conscriptus cum fluvio Steckenitz ex Albi in mare balticum per cataractas constructas jam navigabili. Ausp. Acad. Reg. Scient. Berol. Anno 1771. Pasquier Jean Valet sculpsit à Berlin. 1: 190,000. 1 Bl.

Lauenburg, Herzogt. Karte des Kreises Herzogth. Lauenburg. Hrsg. von der kartograph. Abtheilg. der königl. preuss. Landes-Aufnahme 1902. (Aufgenommen 1879.) 1 : 100,000. 62,5×63,5 cm. Kpfrst. u. kolor. (Berlin [903]. R. Eisenschmidt.) n.n. 2. —

Lauenburgici — Typus Geographicus Ducatus — novus in suas Praefecturas ope probatorum documentorum divisus insuperque Parergo Historico etc. adornatus et delineatus a Joh. Bapt. Homanni Filio. Noribergae 1729. Emendatior editus 1805. 1: 260,000. 1 Bl.

Lauenburg [Verfasser]

Lauenburg, F., s. Zeitblüthen.

Lauener, C., u. R. Große, Katechismus d. Kanarienzucht. E. Hand- u. Lehrbuch f. Züchter u. Liebhaber edler Kanarienvögel. 8. (V, 216 S. m. Abb.) Leipzig 895. C. Lauener. Geb. in Leinw. n. 2. —

Lauenstein [Sachliches OW]

Lauenstein, Klara von,. Lstsp. in 5 Akt. 8. Dresden, Hilscher. 805.

Lauenstein [Schlagwort]

Lauenstein, s.: Bayern. Karte.

Lauenstein, s.: Kipsdorf.

Lauenstein [Verfasser]

Zum Gedächtniss König Georgs. Vortrag gehalten in der Loge Augusta zum goldenen Zirkel im Or. von Göttingen am 28. Dec. 1878 vom Br. Lauenstein. Hannover 1879: Jänecke. 18 S. 8°
[Umschlagtit.]
Abgedr. in: BstR. 3 (1883) S. 268—279.
Lebensbild des Entschlafenen.

Lauenstein, Alex. u. Kurt Grottewitz. Sonnenaufgang! Die Zukunftsbahnen der Neuen Dichtg. gr. 4. (77 S.) Lpz. 890, Reißner. * 2 —

Lauenstein, Alida, Aquarell-Vorlagen zur Dekoration von Porzellan, Holz, Leder, Seide etc. 3 Hefte. gr. 4. (à Heft 4 Chromolithogr.) Wandsbeck 886, Seitz.
Einzelne Hefte à
Einzelblätter à

Lauenstein, Alida, Sträuschen u. Streublumen, — Sträusse u. Ranken, — auf duftigen Zweigen, s.: Universal-Malvorlagen.

Lauenstein, Arm. Ed. (Hamburg), De L. T. praescriptionis anteiustinianeae vi atque effectu. Lpz. (Staritz) 18. V. 1844. Mit Biogr. v. Arm. Ed. Lauenstein. (M.: Dor. Baumgarten.) 12 S. (3.—) 20554

Lauenstein, Carl, s. Lauenstein, Karl

Lauenstein, Dietrich, in Hamburg: Der deutsche Garten des Mittelalters bis um das Jahr 1400. Göttingen 1900: Dieterich. (51 S.) 8°
Göttingen, Phil. Diss. v. [20. Juli] 1900

Lauenstein, Dietr., der deutsche Garten des Mittelalters bis um d. J. 1400. Diss. gr. 8. (51 S.) Göttingen 900. (Vandenhoeck & Ruprecht.) n. 1. 20

Lauenstein, Dietrich: Unevangelische Waffen im konfessionellen Kampf. E. offenes Wort üb. d. Evang. Bund. Als Ms. gedr. Braunschweig 1910. 8°

Lauenstein, Fr.

Lauenstein, F., Gedichte. 8. Göttingen, Brose.

— Gedichte. 8. Einbeck 821. (Sorge in Osterode). 16 gr

Lauenstein, (Fr.,) Gedichte. 8. Einbeck 824, (Göttingen, Vandenhöck u. R.)

Lauenstein, Pastor Fr., neue Sammlung von Gedichten (vermischten Inhalts). 8. Osterode 831. (Sorge). 16 gr

Auszug aus dem Vortrage des Br.·. [G. L.] **Lauenstein** als Vorsitzenden in der Johannisfest-Loge am 24. Juni 1845. [Hildesheim 1845.] 19 S. 8⁰ [Kopftit.]
[Beigedr.:]
[1.] Hartmann, G.: Rede. 1845 S. 5—17.
[2.] Schnell, K. F.: Toast. 1845 S. 18—19.
cf. FZ. 1 (1847) S. 6.
Mahnt, Parteizwecken keinen Einfluss auf die Behandlung mrischen Angelegenheiten zu gönnen. Veranlasst durch Reizbarkeit zwischen Röm. u. Deutsch. Katholiken in Hildesheim.

Lauenstein, Geo., de universitate non delinquente comment. 8maj. Gotting. 840. (Vandenhöck et Ruprecht.) 1/4 ₰

Lauenstein, Hans [app. Arzt aus Uslar]: Aus d. patholog. Institute zu Kiel. Beitrag zur Statistik des Sarkoms ... Kiel, Druck v. H. Fiencke, 1894; 23 S. 8.
Kiel, Med. Fak., Inaug.-Diss. v. [26. Juni] 1894

Albrecht, Friedr.: Einige Worte zum Gedächtniss des abgeschiedenen Brs Friedr. Albrecht, gesprochen in der Trauer □ Louisa Augusta zu den 3 Sternen in Alfeld, den 20sten April 5814 von J. D. C. **Lauenstein.** Hildesheim 1814]: Gerstenberg. 12 S. 8⁰ [Umschlagtit.]
Kl. 1443.

Lauenstein, J. Dt. Chr., d. Befreiung meines Vaterlandes. 8. Hannov. 814. Hahn. 3 gr

— Gedichte, mit Kpf. 8. Hannov. 801. Hahn. 18 gr Schrbp. 1 ₰

Lauenstein, Joach. Barv., Beantwortung der 86 Fragen, so ihm a. d. Hildesh. und Braunschw. Hist. vorgel. w. 4. Hildesh. Schröder. 743.

— specim. geographiae med. aevi diplom. h. e. descr. dioeces. Hildeshem. etc. 4. Bennop. Weygand. 745.

— historia diplomat. episcop. Hildes. oder diplomat. Hist. d. Bisth. Hildesh. mit K. 4. Hildburghaus. Schröder. 740.

— hildesheim. Kirchen- und Reformat. Hist. 8. Hannover, Richter. 745.

— Vertheid. der diplomat. Hist. des Bisth. Hildesh. 4. Ebend. 741.

Lauenstein, Johannes [Cand. med. aus Hittfeld]: Ueber einen Fall von Mesenterialcyste ... München, Druck v. J. Schreiber, 1893; 31 S. 8.
München, Med. Fak., Inaug.-Diss. v. 1893

Lauenstein, Karl

Lauenstein, Carl, der Assistenzarzt. Winke f. angeh. Hospitalassistenten, Volontärärzte u. z. Garnison-lazareth kommand. jüng. Militärärzte. 8. (VIII, 164 S.) Berlin 897. E. S. Mittler & Sohn. n. 3. —; geb. in Leinw. n.n. 3. 75

— Beiträge zur Frage d. Erwerbsfähigkeit v. Personen, behaftet m. körperl. Schäden u. Verletzungsfolgen, s.: Jahrbücher d. hamburg. Staatskrankenanstalten.

Briefe aus ernster Zeit. Ein Weihnachts-Gruß z. Erinnerung an 1870/71 für unsere treue Mutter. [Verf.: Carl u. Moritz Lauenstein.] Als Ms. gedr. Kirchhain N.-L. 1895: Schmersow. 102 S. 8°
[Umschlagt.:] Von Göttingen nach Le Mans und zurück. Soldatenbriefe aus d. Jahre 1870/71. A 12 5154

— zur Chirurgie d. Gallenwege. [Aus: „Festschrift f. Fr. v. Esmarch".] gr. 8. (52 S. m. Abb.) Kiel 893. Lipsius & Tischer. n. 1. 40

Lauenstein, Carl, aus den Cholerabaracken des Seemannskrankenhauses. [Aus: „Jahrbb. d. hamburg. Staatskrankenanstalten" 3. Bd.] gr. 8. (14 S. m. 1 Abbildg. u. 8 eingedr. Kurven.) Hamburg 894. L. Voss. n. 1. —

Ueber Entstehung und Verhütung von Krankheiten. Vortrag, gehalten zu Kiel am 24. April 1893 v. Carl Lauenstein. Siehe in: Jahresbericht des Vorstandes des Kieler Zweigvereins etc. für 1892. Kiel. 1893. 8⁰.

Lauenstein, Carl, s.: Festschrift zu Ehren d. 25jähr. Jubiläums v. Hrn. Geh. Med.-R. Dr. Ludw. Meyer.

[Kopft.:] [J.] Zur Geschichte des Namens und der Familie Lauenstein. (Vf.: Dr. Carl Lauenstein.) *(Hamburg 1894.)* (8 S.) 1 Bd 8. [98. 4496

— zur Indication, Anlegung u. Function der Magendünndarmfistel. Erfahrungen. [Aus: „Festschrift zu Ehren d. 25jähr. Jubiläums d. Geh. R. Prof. Dr. L. Meyer-Göttingen".] gr. 4. (46 S. m. 1 Taf.) Hamburg 891. W. Mauke Söhne, Verl. n. 2. 40

— gynäkologische Mitteilungen. 1) Myomexstirpation währ. d. Schwangerschaft. 2) E. Gefahr der Ausschälung grosser Geschwülste aus d. klein. Becken. 3) E. Fall v. Mastdarmdammfistel, operativ geheilt, } s.: Festschrift zur Feier d. 80jähr. Stiftungsfestes des ärztl. Vereins zu Hamburg.

— kasuistische Mitteilungen. (1. Zur Behandlung des Stirnhöhlenempyems. 2. Die chron. Entzündung des Schleimbeutels unter dem Ansatze der Achillessehne. 3. Ein Fall v. Milzabscess. 4. Fall v. Pyopneumothorax, Heilung durch ausgedehnte Rippenresektion.) [Aus: „Jahrbb. d. hamburg. Staatskrankenanstalten" 3. Bd.] gr. 8. (13 S.) Hamburg 894. L. Voss. n. 1. —

— Zur Osteotomia subtrochanterica, s. Festschrift zur Feier d. 80 jähr. Stiftungsfestes des ärztl. Vereins zu Hamburg.

— die Torsion des Hodens, s.: Sammlung klinischer Vorträge.

Lauenstein, Carl *Heinrich:* Untersuchungen über die innere Reibung wässriger Natronsalzlösungen organischer Säuren ... (Aus: Zeitschr. f. physik. Chemie. IX. Bd. 4. Heft. 1892.) Leipzig, W. Engelmann, 1892; 20 S., 1 Bl. 8.
Leipzig, Phil. Fak., Inaug.-Diss. v. [30. Mai] 1892

Lauenstein, Carl, üb. das Vorkommen v. Echinococcus in der Mamma. gr. 8. (16 S.) Göttingen 874. (Vandenhoeck & Ruprecht's Verl.) n. — 60

Lauenstein, Carl-Ludwig, Referendar: Die Wirkungen der aufschiebenden Bedingung, insbesondere die Vorschrift des § 161 Abs. 1 Satz 1 BGB. nach bürgerlichem und gemeinem Recht. Borna-Leipzig 1909: Noske. x, 39 S. 8°
Leipzig, Jur. Diss. v. 7. Jan. 1909
[Geb. 3. Okt. 79 Hamburg; Wohnort: Hamburg; Staatsangeh.: Hamburg; Vorbildung: Gymn. Goslar Reife O. 00; Studium: Lausanne 2, München 3, Berlin 1, Freiburg i. B. 1, Kiel 3 S.; Rig. 30. Mai 06.] [U 09. 2586

Lauenstein, Otto, aus Peine ⟨Hannover⟩: Über Fluorjodate, Fluormanganite und über die Einwirkung von Fluorwasserstoffsäure auf Wismutsäure bezw. Kaliumbismutat. *Leipzig 1899: Metzger & Wittig.* (24 S.) 8°
München, Phil. Diss. v. 1899

Lauenstein, Otto, üb. Magen - Dünndarmfistel. [Aus: „Jahrbb. d. hamburg. Staatskrankenanstalten" 3. Bd.] gr. 8. (35 S.) Hamburg 894. L. Voss. n. 1,75

Lauenstein, Rud., hannoversches Eherecht u. Proceß-Verfahren in Ehe- u. Verlöbnißsachen. Ein kurzer Leitfaden für Praktiker. Hannover 869. Helwing. gr. 8. (IV, 76 S.) n. 16 ℳ

Lauenstein, Rudolf

— u. A. **Hanser,** d. Eisenkonstruktionen d. einfachen Hochbaues. Zum Gebrauch f. Schule u. Praxis bearb. 1. u. 2. Tl. gr. 8. Ebd. n. 6. —
1. Material u. Konstruktionselemente. (VI, 92 S. m. 173 Holzschn.) 895. n. 2. 40
2. Anwendg. u. Ausführg. d. Konstruktionen. (IV, 171 S. m. 321 Fig.) 896. n. 3. 60

Lauenstein, R., und A. **Hanser:** Die Eisenkonstruktionen des einfachen Hochbaues. 2. Aufl. Th. 1. 2. Stuttgart 1899—1900

Lauenstein, R., die Eisenkonstruktionen des einfachen Hochbaues. Zum Gebrauch f. Schule u. Praxis bearb. unter Mitwirkg. v. A. Hanser. 2 Tle. gr. 8. Stuttgart, A. Bergsträßer. n. 7. —; geb. in Leinw. n. 8. 20
1. Material u. Konstruktionselemente. 3. Aufl. (VI, 116 S. m. 201 Abbildgn.) 902. n. 3. —; geb. n. 3. 60
2. Aufl. (VI, 1?2 S. m. 196 Abb.) 899. n. 2. 40; geb. n. 3. —.
2. Anwendung u. Ausführung der Konstruktionen. 2. Aufl. (IV, 191 S. m. 359 Abbildgn.) 900. n. 4. —; geb. n. 4. 60

Lauenstein, R., die Eisenkonstruktionen des einfachen Hochbaues. Für den Schul- u. Selbstunterricht, sowie zum Gebrauch in der Praxis bearb. 2. Tl.: Anwendung u. Ausführg. der Konstruktionen. 3. Aufl. (IV, 198 S. m. 362 Abbildgn.) gr. 8. Stuttgart 903. Leipzig, A. Kröner. n. 4. 40; geb. in Leinw. n. 5. —
(Vollständig: n. 7. 40; geb. n. 8. 60)

Lauenstein, R., die Eisenkonstruktionen des einfachen Hochbaues. Für den Schul- u. Selbstunterricht sowie zum Gebrauch in der Praxis. 2 Tle. gr. 8. Leipzig, A. Kröner. 8.40; geb. in Leinw. 9. 60
1. Das Eisen u. seine Verbindgn. 4. Aufl. Bearb. v. P. Bastine. (VIII, 120 S. m. 206 Abbildgn.) Stuttgart 907. 3.—; geb. 3. 60
2. Eisen u. Deckenbau in Ausführg. u. Anwendung. 4. Aufl. Neu bearb. v. P. Bastine. (VIII, 271 S. m. 505 Abbildgn.) 909. 5.40; geb. 6. —

Lauenstein, R. Die Festigkeitslehre. Elementares Lehrbuch f. den Schul- u. Selbstunterricht, sowie zum Gebrauch in der Praxis, nebst e. Anh., enth. Tabellen der Potenzen, Wurzeln, Kreisumfänge u. Kreisinhalte. gr. 8. (VIII, 119 S. m. 72 Holzschn.) Stuttg. 889, Cotta Nachf. * 2 50

Lauenstein, R., die Festigkeitslehre. Elementares Lehrbuch f. den Schul- u. Selbstunterricht, sowie zum Gebrauche in der Praxis, nebst e. Anh., enth. Tabellen der Potenzen, Wurzeln, Kreisumfänge u. Kreisinhalte. 2. Aufl. gr. 8. (VIII, 137 S. m. 83 Holzschn.) Stuttgart 893. J. G. Cotta Nachf. n. 3. —

Lauenstein, R., die Festigkeitslehre. Elementares Lehrbuch f. d. Schul- u. Selbstunterricht, sow. z. Gebr. in d. Praxis, nebst e. Anh., enth. Tabellen d. Potenzen, Wurzeln, Kreisumfänge u. Kreisinhalte. 3. Aufl. gr. 8. (VIII, 141 S. m. 84 Holzschn.) Stuttgart 896. A. Bergsträßer. n. 3. —

— dasselbe. 4. Aufl. gr. 8. (VI, 153 S. m. 90 Abb.) Ebd. 898. n. 3. 50; geb. in Leinw. n.n. 4. 50

— die Festigkeitslehre. Elementares Lehrbuch für den Schul- u. Selbstunterricht, sowie zum Gebrauch in der Praxis, nebst e. Anh., enth. Tabellen der Potenzen, Wurzeln, Kreisumfänge u. Kreisinhalte. 7. Aufl. gr. 8. (VI, 181 S. m. 116 Abbildgn.) Ebd. 902. n. 4. 40; geb. in Leinw. n. 5. —
5. Aufl. (VI, 157 S. m. 96 Abb.) 899. n. 4. —; geb. n. 4. 60.

— die Festigkeitslehre. Elementares Lehrbuch f. den Schul- u. Selbstunterricht, sowie zum Gebrauch in der Praxis, nebst e. Anh., enth. Tabellen der Potenzen, Wurzeln, Kreisumfänge u. Kreisinhalte. 9. Aufl. Bearb. v. C. Ahrens. (VI, 205 S. m. 132 Abbildgn.) gr. 8. Ebd. 906. n. 4. 40; geb. in Leinw. n. 5. —
8. Aufl. (VI, 187 S.) 904. n. 4. 40; geb. n. 5. —.

— Die Festigkeitslehre. Elementares Lehrbuch für den Schul- u. Selbstunterricht, sowie zum Gebrauch in der Praxis, nebst e. Anh., enth. Tabellen der Potenzen, Wurzeln, Kreisumfänge u. Kreisinhalte. 11. Aufl. Bearb. v. C. Ahrens. (VIII, 253 S. m. 151 Abbildgn.) gr. 8. Ebd. 911. 4.40; geb. in Leinw. 5. —
10. Aufl. (VI, 221 S. m. 137 Abb.) 908. 4.40; geb. 5. —

Die Festigkeitslehre. Elementares Lehrbuch f. d. Schul- u. Selbstunterricht sowie z. Gebrauch in d. Praxis nebst e. Anh. enth. Tab. d. Potenzen, Wurzeln, Kreisumfänge u. Kreisinhalte. Von R(udolf) **Lauenstein**, weil. Baur. u. Prof. Mit 151 Abb. 11. Aufl. bearb. von C[arl] Ahrens, Prof. Leipzig: Kröner 1911. VIII, 253 S. 8°
[10. 17148

— Leitfaden der Mechanik. Elementares Lehrbuch f. techn. Mittelschulen u. zum Selbstunterricht. gr. 8. (VI, 153 S. m. 140 Abbildgn.) Ebd. 892. n. 3. —

— Leitfaden d. Mechanik. Elementares Lehrbuch f. techn. Mittelschulen u. z. Selbstunterricht. 2. Aufl. gr. 8. (VI, 177 S. m. 169 Abb.) Ebd. 896. n. 3. —

— dasselbe. 3. Aufl. gr. 8. (VII, 199 S. m. 191 Abb.) Ebd. 898. n. 4. —; geb. in Leinw. n. 5. —

Lauenstein, R. Leitfaden der Mechanik. 3. Aufl. Stuttgart 1898.
dgl. 4. Aufl. Ebd. 1900.

— die Mechanik. Elementares Lehrbuch, f. techn. Mittelschulen u. zum Selbstunterricht bearb. 5. Aufl. gr. 8. (VII, 208 S. m. 215 Abbildgn.) Ebd. 902. n. 4.40; geb. in Leinw. n. 5. —
4. Aufl. (VII, 201 S. m. 210 Abb.) 4.40; geb. 5.—.

— die Mechanik. Elementares Lehrbuch f. den Schul- u. Selbstunterricht, sowie zum Gebrauch in der Praxis. 7. Aufl. Bearb. v. C. Ahrens. (VII, 217 S. m. 218 Abbildgn.) gr. 8. Ebd. 907. n. 4. 40; geb. in Leinw. n. 5. —
6. Aufl. (VII, 205 S.) 904. n. 4. 40; geb. n. 5. —.

— Die Mechanik. Elementares Lehrbuch für den Schul- u. Selbstunterricht sowie zum Gebrauche in der Praxis. 8. Aufl. Bearb. v. C. Ahrens. (VII, 238 S. m. 230 Abbildgn.) gr. 8. Ebd. 910. 4.40; geb. in Leinw. 5. —

— die graphische Statik. Elementares Lehrbuch f. techn. Unterrichtsanstalten u. zum Gebrauch in der Praxis. gr. 8. (VIII, 152 S. m. 155 Holzschn.) Ebd. 890. n. 4. —

— dasselbe. 2. Aufl. gr. 8. (VI, 164 S. m. 173 Holzschn.) Ebd. 894. n. 4. —

— d. graphische Statik. Element. Lehrbuch f. techn. Unterrichtsanstalten u. z. Gebrauch in d. Praxis. 3. Aufl. gr. 8. (VI, 166 S. m. 178 Holzschn.) Ebd. 896. n. 4. —

— dasselbe. 4. Aufl. gr. 8. (VI, 235 S. m. 255 Abb.) Ebd. 898. n. 5. —; geb. in Leinw. n. 6. —

Lauenstein, R: Die graphische Statik. 5. Aufl. Stuttgart 1899

Die Graphische Statik. Elementares Lehrbuch f. techn. Unterrichtsanstalten u. z. Gebr. in d. Praxis bearb. von R. Lauenstein, Prof., Karlsruhe. 6. Aufl. Mit 285 Abb. *Stuttgart: A. Bergsträsser 1900.* (VI, 251 S.) 8° [J.] [03. 10.06, 11

— die graphische Statik. Elementares Lehrbuch für den Schul- u. Selbstunterricht, sowie zum Gebrauch in der Praxis. 7. Aufl. gr. 8. (VIII, 252 S. m. 285 Abb.) Ebd. 902. n. 5.40; geb. in Leinw. n. 6. — 5. Aufl. (VI, 236 S. m. 270 Abb.) 899. n. 5.40; geb. 6. —.

— die graphische Statik. Elementares Lehrbuch, f. den Schul- u. Selbstunterricht, sowie zum Gebrauch in der Praxis. 9. Aufl. Bearb. v. P. Bastine. (VIII, 253 S. m. 287 Abbildgn.) gr. 8. Ebd. 906. n. 5.40; geb. in Leinw. n. 6. — 8. Aufl. (VIII, 252 S.) 904. n. 5.40; geb. n. 6. —.

— Die graphische Statik. Elementares Lehrbuch f. den Schul- u. Selbstunterricht, sowie zum Gebrauch in der Praxis. 10. Aufl. Bearb. v. P. Bastine. (VI, 253 S. m. 287 Abbildgn.) gr. 8. Ebd. 908. 5.40; geb. 6. —

Lauenstein R. die graphische Statik. 10. und 11. Auflage von P Bastine. (256 S) Leipzig. 1908. 10

Lauenstein, Wilhelm, a. Hannover, Referendar am kgl. Landgericht in Aurich: Die Verpflichtung zur polizeimäßigen Straßenreinigung innerhalb der preußischen Stadt- u. Landgemeinden. Borna-Leipzig 1906: R. Noske. (VIII, 65 S.) 8° Erlangen, Jur. Fak., Ref. Rieker, Diss. v. 19. Nov. 1906
[Geb. 30. Sept. 82 Hannover; Wohnort: Aurich; Staatsangeh.: Preußen; Vorbildung: Lyzeum I Hannover Reife O. 01; Studium: Genf 1, Tübingen 2, Berlin 2, Göttingen 1 S.; Rig. 23. Okt. 06.]

Lauenthals u. Burks Jugendgeschichte. 8. Augsb. 795. Burgten. 4 gl

Lauer and Mattill. Die Amerikaner in Kirche u Staat. Cleve, 1892.

Lauer, A. [aus Neidenstein i. Baden]: Ueber locale Asphyxie und symmetrische Gangrän der Extremitäten mit zwei neuen Beobachtungen. Strassburg, Buchdruckerei von R. Schultz u. Comp., 1884. 8. 46 S.

Lauer, Amalie, gewerbl. Kinderschutz, s. a. Tages-Fragen, soziale.

Gewerblicher Kinderschutz. Von Amalie Lauer. M.Gladbach: Volksvereins-Verlag 1908. 71 S. 8°
(Soziale Tages-Fragen. [Neue Zählung] H. 18.)

Lauer, C. T., de tentatione Chr. utrum vere et externe an in visione facta? Tub. 1768. 4.

Lauer, Chr. Fr., († d. 7. Aug. 1811.), s. Predigten f. Kinder.

Lauer, (oder Sauer?) Chr. Fr., s. Stegreif, der.

Lauer, Ernst: Die Bekämpfung der Futternoth ..., s. Stebler, F. G.

Lauer, F. W. De scriptoribus belli Mithridatici tertii. (16) 4. Wetzlar 1871.

Lauer, Friderici (Wittlich)
Diss. inaug. aphorismi de typho contagioso.
Gissae 1816.
Dr. med. 19.11.1816. vorh. 4.

Lauer, Frdr., vollständiges Elementarbuch zur leichten u. schnellen Erlernung der französischen Sprache, mit stufenweise eingelegten Sprechübgn. u. genauer Bezeichng. der Aussprache, f. Schulen u. zum Selbstunterrichte. gr. 8. (IV, 188 S.) Gießen 875. Roth. n. 1. 50

— dasselbe. Uebersetzung der deutschen Uebungsstücke. gr. 8. (23 S.) Ebend. 875. n. — 50

Lauer, Friedr., die alte Geschichte. Für die unteren Klassen der Gymnasien sowie für Real- und Bürgerschulen nach unterrichtlichen Grundsätzen bearb. 8. (VIII und 104 S.) Gießen 858, Ferber'sche Universitäts-Buchh. *

Lauer, Frdr., die alte Geschichte. Für die unteren Klassen der Gymnasien, f. Real-, Bürger- u. Fortbildungsschulen nach unterrichtl. Grundsätzen bearb. 3., m. einigen Zusätzen verm. Aufl. 8. (VIII, 104 S.) Gießen 873. Roth. n. — 70

Lauer, Friedr., die deutsche Geschichte mit besond. Berücksicht. der berühmten Personen des Auslandes. Für die unteren und mittleren Klassen der Gymnasien für Real-, Bürger- und Fortbildungsschulen nach unterrichtl. Grundsätzen bearb. 4. und 5. durch die Geschichte des 4jähr. Bürgerkriegs in den Vereinigten Staaten Nordamerikas [1861—1865] erweitert und bis zum J. 1875 fortgeführte Aufl. 8. (IV, 247 S.) Gießen 876, Roth. *

Lauer, Friedr., die deutsche Geschichte mit besond. Berücksicht. der berühmten Personen des Auslandes. Für die unteren und mittleren Klassen der Gymnasien, für Real-, Mittel- und Fortbildungsschulen nach unterrichtlichen Grundsätzen bearb. 6. erweit. und bis März 1878 fortgeführte Aufl. 8. (VI, 282 S.) Ebendas. 878. *

Lauer, Friedr., die deutsche Geschichte mit besonderer Berücksichtigung der berühmten Personen des Auslands. Zum Schulgebrauch nach unterrichtl. Grundsätzen bearb. 8. verb. und bis 1887 fortgeführte Aufl. 8. (278 S.) Gießen 887, Roth. *

— kurze Geschichte der christlichen Kirche. Zum Gebrauche bei dem evangel. Religions- u. Confirmandenunterrichte. 3., m. einigen kleinen Zusätzen verm. Aufl. 8. (20 S.) Manz 876. Kunze's Nachf. n. — 18

— die mittlere Geschichte. Für die unteren Klassen der Gymnasien sowie für Real- und Bürgerschulen nach unterrichtlichen Grundsätzen bearb. 8. (VIII und 128 S.) Gießen 860, Ferber'sche Universitäts-Buchh. *

— die neue Geschichte. Für die mittleren Klassen der Gymnasien sowie für Real- und Bürgerschulen nach unterrichtlichen Grundsätzen bearb. (Weltgeschichte. 3. Abthl.) 8. (III und 80 S.) Gießen 862, Ferber'sche Universitäts-Buchh. *

Lauer, Frdr., s.: Katechismus d. christl. Lehre f. d. evang.-protestant. Kirche.

— die Weltgeschichte. Für die unteren u. mittleren Klassen der Gymnasien f. Real-, Bürger- u. Fortbildungsschulen nach unterrichtl. Grundsätzen bearb. In 3 Abthlgn. 1. Die alte Geschichte. 2. Die mittlere Geschichte. 3. Die neue Geschichte. 3., m. einigen Zusätzen verm. u. bis zum J. 1873 fortgeführte Aufl. 8. (VIII, 102 S.) Gießen 874. Roth. n. 1. 50

— dass. — 2 Abthlgn. in 1 Bde. 4., durch die Geschichte des 4jähr. Bürgerkrieges in den Vereinigten Staaten Nordamerikas [1861—1865] erweiterte und bis zum J. 1875 fortgeführte Aufl. 8. (VIII, 104; 247 S.) Ebendas. 875. *

— die Weltgeschichte. Für die unteren und mittleren Klassen der Gymnasien, für Real-, Mittel- und Fortbildungsschulen nach unterrichtl. Grundsätzen bearb. 2 Abthlgn. 8. Gießen, Roth. *
Inhalt:
Abthl. 1. Die alte Geschichte. 5. mit einigen Zusätzen verm. Aufl. (VI, 116 S.) 876. * 75 Pf.
2. Die mittlere und neue Geschichte. 6. besonders in der englischen Geschichte erweit. und bis März 1878 fortgeführte Aufl. (X, 282 S.) 878. * M. 1,50.

— die Weltgeschichte. Zum Schulgebrauch nach unterrichtl. Grundsätzen bearb. 1. u. 2. Abtlg. 8. Ebend. 878. 81. n. 2. 25
1. Die alte Geschichte. 7., in der Sagengeschichte erweit., sonst wenig veränd. Aufl. (XII, 116 S.) n. — 75
2. Die mittlere u. neue Geschichte. 6., besonders in der engl. Geschichte erweit. u. bis März 1878 fortgeführte Aufl. (X, 282 S.) n. 1. 50

Lauer, Friedr, die Weltgeschichte. Zum Schulgebrauch nach unterrichtl. Grundsätzen bearb. 2 Abthlgn. 7. in der Sagengeschichte erweit., sonst wenig veränd. Aufl. 8. Gießen 881, Roth. * M 2.; geb. * 2 50

Inhalt:
Abthl. 1. Die alte Geschichte. (XII, 116 S.) * 75 Pf.
= 2. Die mittlere und neue Geschichte. (X, 282 S.) * M 1,50.

—— die Weltgeschichte. Zum Schulgebrauch nach unterrichtl. Grundsätzen bearb. 2. Abthl.: Die mittlere und neue Geschichte. 8. verb. und bis 1887 fortgeführte Aufl. 8. (278 S.) Ebendas. 887. *
1. Abthl. 7. Aufl. Ebendas. 1881. * 75 Pf.

Lauer, Friedr. Die Weltgeschichte. Zum Schulgebrauch nach unterrichtl. Grundsätzen bearb. 8. erweit. u. bis 1888 fortgesetzte Aufl. 2 Abtlgn. in 1 Bd. 8. (VI, 116; 278 S.) Gießen 889, Roth. * 2 —; geb. * 2 50

Lauer, Fritz, die Praxis des öffentlichen Arbeitsnachweises. Im Auftrage des Verbandes deutscher Arbeitsnachweise hrsg. (III, 95 S.) gr. 8. Berlin 908. G. Reimer. 3. —

Lauer, G. A., der vorherrschende Charakter der Krankheiten der jetzigen Generation. Ein Vortrag. gr. 8. (31 S.) Berlin 862, Hertz.

Lauer, G. A., Gesundheit, Krankheit, Tod. Ein Vortrag. Berlin 865. Hertz. gr. 8. (38 S.) 6 ngr.

Lauer, Gust. Ad. (Wetzlar), Quaedam de sanguinis differentia in morbis. Diss. path. Berlin (Aug. Petsch) 15. IV. 1830. 51 S. mit Biogr. (M.: Wilhelm am Ende.) (4.—) 20555
Gew.: D. A. Bartels.

Lauer, Hnr., Eisenbahn-Karte von Mittel-Europa mit Angabe sämmtlicher Bahnstationen und Postverbindungen. Nach den besten, neuesten Quellen. 2. rev. Aufl. Berlin, Schotte & Co., 1858. Imp.-qu.-Fol. Lith.
——, —— 8. rev. Aufl. Ebenda 1859.

Lauer, H., rheinische Lieder. Der heil. Elisabeth v. Thüringen gewidmet. 8. (XXXV, 108 S.) Mainz 873. Kirchheim. n. 1. 20

Lauer, Heinr., rheinische Lieder aus der schweren Zeit. gr. 16. (VIII, 147 S.) Mainz 881, Kirchheim. * M 2.; geb. * 3 60

Lauer, Hnr., die Philosophie des Rechts in ihren Grundzügen. 1. Thl. gr. 8. Mainz 846, Kirchheim, Schott u. Thielmann. n. 1 1/6 ₰

Lauer, Herm., Geschichte der kathol. Kirche im Großherzogt. Baden. Von der Gründg. des Großherzogtums bis zur Gegenwart. (XI, 382 S.) 8. Freiburg i/B. 908. Herder. 3.20; geb. in Leinw. 4. —

Lauer, J., kurze Darstellung der Religionsgeschichte des alten u. neuen Bundes nebst den wesentlichen Glaubens- u. Sittenlehren des Christenthums. Für Elementar- u. Realschulen. 3 Thle. 8. Reutlingen 843, Enßlin u. Laiblin. 1/6 ₰

Lauer, J., Grundriss zu einem System der griech. Mythologie. (Als Manuskript gedruckt) 1849. 18 S. 4°. 1,5[illegible]

Lauer, J. C., s.a. Lauer, J. L.

Lauer, J. C.: Skizzirte Darstellung der Verhandlungen über Schafzucht und Wollwesen, welche bei der Versammlung des mährisch-schlesischen Schafzüchter-Vereins in Brünn, am 16. u. 17. Mai 1825 statt gefunden. Brünn 1826. 135 S.
(Aus: Mitteilungen d. k. k. mähr. schles. Gesellschaft z. Beförderung d. Ackerbaues, d. Natur- u. Landeskunde.)

Lauer, J. C., skizzirte Darstellung d. Verhandlungen üb. Schafzucht u. Wollwesen, welche bei d. Versammlung d. mährisch-schlesischen Schafzüchter-Vereins in Brünn am 16. u. 17. Mai 1825 Statt gefunden haben. 8. Brünn 826. Traßler. 14 K

— Dass. vom 16. u. 17. Mai 1826. Ebd. 827. Ebd. 14 K

Lauer J. C. Mittheilungen über Getreide-Mähmaschinen. Brünn, Gastl 1852. 8.

Lauer, J. C., Mittheilungen über Getreide-Mähmaschinen. 12. (48 S.) Brünn 852. (Hauptmann.) n. 4 ngr

Lauer, J. C., s. Mittheilungen d. k. k. Mähr.-Gesellsch. zur Beförd. des Ackerbaues.

Lauer, J. L., s.a. Lauer, J. C.

Lauer, (J. L.) skizzirte Darstell. d. Verhandlungen üb. Schafzucht u. Wollwesen, welche bei d. Versamml. d. mährisch-schlesischen Schafzüchter-Vereins in Brünn am 16. u. 17. Mai 1825 Statt gefunden haben. 8. Brünn 826, Traßler.

— dass. v. 16. u. 17. Mai 1826. Eb. 827. Eb.

Lauer, Joh., Anleitung f. die rationelle Verwendung der patentirten Diller'schen Nytroglycerinpulver: Weisser Dynamit u. Rhexit im Berg- u. Eisenbahnbau, zur Steingewinnung, f. submarine Sprengungen u. f. Culturzwecke. Mit 35 in den Text gedr. (Holzschn.-)Fig. gr. 8. (V, 83 S.) Wien 875. Seidel & Sohn in Comm. n. 3. —

— Anleitung f. die rationelle Verwendung d. patentirten Nobel'schen Nytroglycerinpulvers: Dynamit im Berg- u. Eisenbahnbau, zur Steingewinnung., f. submarine Sprenggn. u. f. Culturzwecke. Mit 35 in den Text gedr. (Holzschn.-)Fig. gr. 8. (V, 83 S.) Ebend. 875. n. 3. —

Lauer, Johann [pr. Arzt aus Anklam]: Aus d. patholog. Institut d. Univ. Greifswald. Ein Fall von Hernia mesocolonialis mit Einklemmung eines Sanduhrmagens ... Greifswald, Druck v. J. Abel, 1894; 28 S. 8.
Greifswald, Med. Fak., Inaug.-Diss. v. 27. Okt. 1894

Lauer, Joh. v., Felssprengungen unter Wasser bei den Regulierungs-Arbeiten in der Donau zwischen Moldova u. Turn-Severin. Mit 36 Holzschn., 5 Taf. u. 5 Beilagen. gr. 8. (VIII, 124 S.) Wien 900. Spielhagen & Schurich. n. 9. —

— Genie- u. Pionierwesen, s.: Ausstellungs-Bericht, officieller.

—— Mauerwerks-Sprengungen mit Dynamit und Pulver. [Mit 9 (lithogr.) Taf. (in 4. und qu. gr. 4.)]. gr. 8. (IV, 93 S. mit 8 Taf. in gr. 4.) Wien 873, Seidel und Sohn. *

Lauer, Joh., Methode der Felssprengungen unter Wasser mit frei aufliegenden Sprengladungen. gr. 8. (32 S. mit 2 lithogr. Taf.) Wien 882, (v. Waldheim.) * 1 60
Aus: Mittheilungen über Gegenstände des Artillerie- und Geniewesens, besonders abgedruckt.

Lauer, Joh., Methode zur Zerstörung v. Felsen in Flüssen mittels aufgelegter Sprengladungen. Mit 10 Textabbildgn. u. 3 Taf. gr. 8. (IV, 60 S.) Wien 892. Spielhagen & Schurich. n. 4. 80

— Spreng- u. Zündversuche m. Dynamit u. comprimirter Schiessbaumwolle. Mit 9 (lith.) Taf. (in qu. Fol.) u. 13 Figuren im Texte. gr. 8. (III, 96 S.) Ebend. 872. n. 5. —

— Zerstörung v. Felsen in Flüssen. Ein Beitrag zur Kenntnis der verschiedenen Fels-Zerstörungs-Methoden, sowie der hiezu verwendbaren Spreng- u. Zündmittel. gr. 8. (VIII, 137 S. m. 35 Abbildgn. u. 16 lith. Taf.) Ebd. 892. n. 10. —

Lauer, Jul. Frz., litterarischer Nachlass. 1. Bd. Zu Homer. Hrsg. von Thdr. Beccard und Mart. Hertz. A. u. d. T.: Geschichte der homerischen Poesie. 1. und 2. Buch. Nebst Bruchstücken homer. Studien. gr. 8. (XVII und 324 S.) Berlin 851, G. Reimer.

Lauer, Jul. Frz., literarischer Nachlass. 2. Bd.: Zur Mythologie. Hrsg. von Herm. Wichmann. A. u. d. T.: System der griechischen Mythologie. Prolegomena und die griech. Himmelsgötter. Nebst Anlagen. gr. 8. (XXIV und 446 S.) Berlin 853, G. Reimer.
1. Bd. Ebendas. 1851. 1 Thlr. 10 Ngr.

Lauer, Jul. Franc., quaestiones Homericae. Quaestio I. de XI. Odysseae libri forma germana et patria. 8maj. Berolini 843, Besser. n. 1/2 ₰

Lauer, Julius Franc. (geb. Anklam 25. 7. 1819): De Odysseae libro undecimo quaestionum caput primum. Berolini (1843). (25 S.) 8°
* Vollst. ersch. u. d. T.: Quaestiones Homericae. Quaestio prima de undecimi Odysseae libri forma genuina et patria. Berolini: G. Besser 1843.
Berlin, Phil. Diss. v. 17. März 1843

Lauer, K., kleines Musiklexikon, nebst Winken zur Erlangg. u. Bewahrg. der Kunstkennerschaft. Fragmente aus dem Nachlaß L.'s. Hrsg. v. H. Osmin. 16. (32 S.) Berlin 892. Ries & Erler. n. — 50
2. Aufl. s.: Musiklexikon, kleines.

Lauer, K. A. (Pseud.), s.a. D r o s t , Walther

Lauer, K. A., Kunigunde v. Wolfenbüttel, s. W a l l n e r's Thespiskarren.

Lauer, K. A., Kunigunde v. Wolfenbüttel od.: Die Liebe ist die Wurzel alles Uebels od.: D. Turnier zu Pferde, — Schäferstunden od. Wie die Alten sungen, so zwitschern d. Jungen (Hero u. Leander. — Der Chevalier v. Clodoches. — Nand'l u. Nazi, od.: Die Berliner im Gebirge), s.: F a s t n a c h t s - B ü h n e.

Lauer, Karl, s.: H e i m u. H e r d.

Lauer, Karl [aus Karlsruhe i. B.]: Über aromatische Isopropylketone und deren Verhalten gegen Oxydationsmittel. . . . Freiburg i. Baden, Univ.-Buchdr. v. H. M. Poppen & Sohn, 1889; 41 [falsch pag.] + 1 S. + 1 Bl. 8°
Freiburg i. B., Phil. Fak., Inaug.-Diss. v. 1889

Lauer, Carl: Physiologisch-chemische Untersuchungen über die Keimung ölhaltiger Samen, und Einiges über das in chlorophyllhaltigen Zellen vorkommende Oel. *Wiesbaden 1898: R. Bechtold & C.* (30 S.) 8°
Erlangen, Phil. Diss. v. 10. Febr. 1898

Lauer, Ludwig, a. Köln: Ueber die an einem Teslapol auftretenden Potentiale und das Verhältnis von Funkenschlagweite und Spannung an demselben. Göttingen 1907: W. F. Kaestner. (46 S.) 8°
Göttingen, Phil. Fak., Ref. Riecke, Diss. v. 2. Febr. 1908
[Geb. 3. Juni 83 Cöln; Wohnort: Cöln; Staatsangeh.: Preußen; Vorbildung: Friedrich-Wilhelms-Gymn. Cöln Reife O. 02; Studium: Göttingen 10 S.; Rig. 1. Nov. 07.]

Lauer, M., armenische Chrestomathie. Zu des Verf. Grammatik der class. armen. Sprache. gr. 8. (IV, 179 S.) [Wien 881, Braumüller.] Cannstatt, Steyer. * 6 —

Lauer, M., Entwickelung und Gestaltung des belgischen Volksschulwesens seit 1842. gr. 8. (VII, 194 S.) [Berlin 885.] Gera, Th. Hofmann. *

—— Entwickelung und Gestaltung des niederländischen Volksschulwesens seit 1857. gr. 8. (IV, 320 S.) Ebendas. 885. *

Lauer, M., Grammatik der classischen armenischen Sprache. gr. 8. (VIII, 98 S.) Wien 869, Braumüller. *

Lauer, Max *Theodor Albert* [pr. Arzt, in Schoeneck-Westpr.]: Ein Beitrag zur Operation der Trichiasis bei dem Entropium trachomatosum. . . . Königsberg in Pr., Druck v. M. Liedtke, 1890; 33 S., 1 Bl. 8°
Königsberg, Med. Fak., Inaug.-Diss. v. 8. Nov. 1890

Lauer, Max. Ein Beitrag zur Operation der Trichiasis bei dem Entropium trachomatosum. Diss. gr. 8. (33 S.) Königsb. i. Pr. 890, (Koch). * — 80

LAUER, Michael (Trier): Die Essäer und ihr Verhältnis zur Synagoge und Kirche.- Wien: Braumüller 1869. 78 S.- S.-Abdr. aus: Österreichische Vierteljahresschrift für katholische Theologie. Jg. 7, H. 4.
1.6.1866 - Urk (Titel: De Essaeis.); F 44
Diss. Ingolst.-Landsh.-Mchn.

Lauer, Oscar [app. Arzt aus Weissmain]: Die Nervendehnung, eine historische Studie. . . . Erlangen, Druck v. Aug. Vollrath's k. b. Hofbuchdr., 1890; 34 S. 8°
Erlangen, Med. Fak., Inaug.-Diss. v. Apr. 1890

(**Lauer,** Wilhelm, Prof. Dr.): Katalog der Seminar-Bibliothek. Alphabetisch geordnet nach den Namen der Verfasser. Cöln 1904: Gebr. Brocker. (32 S.) 8°
Cöln, k. Friedrich-Wilhelms-G P 1904 (522)

Lauer, Guilelmus, Prof.: Lucianus num auctor dialogi Ἔρωτες existimandus sit. *(Bonn 1899: C. Georgi.)* (37 S.) 4°
Köln, k. Friedrich-Wilhelms-G, P 1899 (473)

Lauer, Wilh., d. Militair-Anwärter in d. Polizei-Verwaltg., s.: E r d m a n n , W a l d.

Lauer, Guilielmus: • De Caesaris ephemeridibus quaestio de integro instituta. 80 S. 4° (2°)
Halle-Wittenberg, Phil. Diss. v. 2. April 1870
Geb. [Barmen 15. 1. 1847]

Lauer, William E. [aus New-York]: Ueber einige Abkömmlinge des Propylamins. . . . Berlin, Druck v. H. S. Hermann, 1889; 42 S. + 2 Bl. 8°
Berlin, Phil. Fak., Inaug.-Diss. v. 28. Nov. 1889

Lauerbech, J., de descensus Christi ad inferos majestate. Altorf. 1700. 4.

Lauerburg, *Nik.* [aus Schwerbach '(Rheinprov.)']: Beitrag zur Heilung der Larynxtuberculose. Behandlg m. Milchsäure . . . Kirn '(Nahe)', Druck v. R. Schleich, 1890; 27 S. 8.
Würzburg, Med. Fak., Inaug.-Diss. v. 1892

Lauerer, Georg, Rechtsprakt. a. Wolfersdorf: Der Mißbrauch der Dienstgewalt nach deutschem Militärstrafgesetzbuch. München 1908: H. Beck. (82 S.) 8°
Erlangen, Jur. Fak., Ref. Allfeld, Diss. v. 17. Febr. 1908
[Geb. 15. Nov. 83 Wolfersdorf (Oberpfalz); Wohnort: München; Staatsangeh.: Bayern; Vorbildung: Wilhelms-Gymn. München Reife 02; Studium: München 8 S.; Rig. 14. Jan. 08.]

Lauermann, oder: das steinerne Kreuz bei Kochsdorf. Ein Räuber-Roman. — Die Raubritter in Spremberg. Histor. Novelle. — Die Türkenzüge, od.: die Förstertochter v. Luckau. Geschichtliche Phantasiegebilde. 8. (267 S.) Leipzig 848. (Schreck.) n. 2/3 ₰

Lauermann, Alb.

— ein Prachtmädel, s.: G a b e n, humorist., s. Vergnügungs-Vereine.

Lauermann, Alb., weißt du Mutter, was i träumt hab?, s.: G a b e n, humorist., s. Vergnügungs-Vereine.

Lauermann, Carl, über die Normalen der Ellipse. Lex.-8. (4 S.) Wien 881, (Gerold's Sohn.) — 15
Aus: Sitzungsberichte der k. Akademie der Wissenschaften, besonders abgedruckt.

Lauermann, Carl. Zum Normalenproblem der Ellipse. [Mit 1 Taf.] Lex.-8. (9 S.) Wien 889, (Tempsky). * — 70
Aus: Sitzungsber. d. k. Akad. d. Wiss., besonders abgedruckt.

Lauermann, Karl, z. Normalenproblem d. Hyperbel. [Aus: „Sitzungsber. d. k. Akad. d. Wiss."] gr. 8. (8 S. m. 1 Taf.) Wien 898. (C. Gerold's Sohn.) n. — 40

Lauf des Rheins, Der, mit den darau gränzenden Ländern, oder Postkarte von Ostfrankreich, Westdeutschland, Schweiz, Holland u. einem Theil von Italien. Leipzig, Hinrichs, 1813. 1 Bll.
1. Aufl. u.d.T.: Karte vom Lauf und Flussbette des Rheins.

Lauf, d., d. Welt. Lstsp. d. Congreve. 8. Rostock. 757.

Lauf, Der, der Welt; ein Lustspiel. Leipzig 1787. V: *Congreve, William.* Ü: *Bode, Joh. Joachim Christoph.* (Ky)(ML)(JL)

Lauf, der, der Welt; ein Lstspl. aus d. Französ. (d. Congreve, v. Jh. Joach. Cph. Bode). 8. Leipz. 787. Göschen. 12 gr.

Lauf, Der, der Welt, oder Beschreibung der merkwürdigsten Begebenheiten ... Berlin 1788. V: *Seyfried, Heinrich Wilhelm.* (ML) (Ky) (MGT)

— d. Welt, oder Beschreib. d. merkwürd. Begebenheiten im Sommer, (von J. W. Seyfried). 8. Berl. 788. Schön. 18 gr.

Lauf, Der, der Welt, oder Beschreibung der Winterlustbarkeiten in Berlin; ... Quartalschrift. Berlin 1788. V: *Bremer, Johann Gottfried.* (Ky) (MGT) (Kordes, Schlesw.-holst. u. eutin. Schriftst. Schleswig 1797) oder *Seyfried, Hnr. Wilh.* [?] (Alph. Reg. des Repert.)

Lauf, d., der Welt, oder Beschr. der Winterlustbarkeit in Berlin. 8. Berlin, Schöne. 788.

Lauf, Der, der Welt in treuen Kopien wahrhafter Begebenheiten ... Berlin 1782. V: *Cranz, August Friedrich.* (GGr) (BGE) (Ky)

— d., der Welt, in treuen Kopien wahrer Begebenheiten, mit lebend. Farben geschildert vom Verf. d. Lieblingsstunden (A. F. Cranz). 2 Abthll. 8. Berl. 782. Maurers B. 16 gr.

Lauf der Zeit. Taschenkalender für das Schaltjahr nach Christi Geburt von 366 Tagen, 1856. Prag, 1855. Druck von Friedrich Rohliceck, Verlag von Wilh. Stiasny. (47 S. 32.)

Lauf der Zeit. Taschenkalender für das gemeine Jahr nach Christi Geburt von 365 Tagen 1857. Druck von Friedrich Rohliček. (47 Bl. 16.)

Lauf der Zeit. Taschenkalender für das gemeine Jahr nach Christi Geburt von 365 Tagen 1858. Prag. Verlag des Eduard Fleißig. Dr. des Friedr. Rohliček 1857. (48 Bl. 12.)

Lauf der Zeit. Taschenkalender für das gemeine Jahr nach Christi Geburt 1862. 31. Jahrg. Miniaturausg. Prag, Stiasny. 1861. 15 kr.

Lauf, Albert, prakt. Arzt: Ueber **Exstirpation vereiterter Ovarialtumoren.** *Königsberg i. Pr. 1900: M. Liedtke.* (46 S.) 8°
Königsberg, Med. Diss. v. 8. Aug. 1900

Lauf, Charles: Der schöne Arno, s. Hirschberger, Paul

Lauf, Edm. Der Hochzeitskater, s. Theater, kleines.

1909. Zur Erinnerung an die Errichtung des neuen Sparkassengebäudes der Stadt Mülheim an der Ruhr. Von Karl Lauf, Sparkassendir. (Mülheim a. d. Ruhr 1909: Marks.) 60 S. 4°

Laufbahn, Die akademische, und ihre ökonomische Regelung. Ein Wort an die Regierung und an die Volksvertretung. Berlin 1895. V: *Runze, Georg Wilh. August.* (Erman & Horn, Bibliographie der dtsch. Universitäten. 1. Leipz. u. Berl. 1904, S. 205.)

Laufbahn, die akademische, u. ihre ökonom. Regelg. E. Wort an d. Regierg. u. an d. Volksvertretg. Von ***. 1. u. 2. Aufl. gr. 8. (VIII, 184 S.) Berlin 895. F. Dümmler's Verl. n. 2. 40

Laufbahn, die, des Militär-Anwärters bei der preuß. Justiz-Verwaltg. Hrsg. v. der Schriftleitg. der Zeitschr. „Der Militär-Anwärter". (IV, 39 S.) 8. Berlin 910. S. Gerstmann. 1. —

Militärische Laufbahn des Marschalls Davoust. 8. s. l. 1814.

Laufbahn, militärische, d. Gener. A. F. H. von Lindt. m. urkundl. Belegen. 4. Dresden, Arnold.
Schweizer V.

Laufbahnen, die hauptsächlichsten, der Militär-Anwärter im Königr. Bayern, nebst e. Verzeichnis sämtl. den Militär-Anwärtern im Königr. Bayern vorbehalt. Stellen u. der Behörden, an welche die Eingaben behufs Anstellg. zu richten sind. (IV, 93 S.) 8. Berlin 903. S. Gerstmann.
n. 1. —; geb. n. 1. 25

Laufbahnen, die, in der deutschen Kriegs-Marine. Ein Compendium der wesentlichsten auf den Eintritt und den Dienst in der Marine bezügl. Vorschriften. Auf Grund der neuen Bestimmungen vom 24. März 1885 nach amtl. Quellen zusammengestellt. gr. 8. (VIII, 167 S.) Berlin 885, v. Decker's Verlag. *

Laufbahnen, die, in der deutschen Kriegs-Marine. Ein Compendium der wesentlichsten, auf den Eintritt u. den Dienst in der Marine bezügl. Vorschriften. Auf Grund der neuesten Bestimmgn., Erlasse u. Verfüggn. nach amtl. Quellen zusammengestellt. 2. Aufl. gr. 8. (VI, 215 S.) Berl. 889, v. Decker. * 2 —

Laufbahnen, die, in d. deutschen Kriegs-Marine. Ein Compendium d. wesentlichsten, auf d. Eintritt u. d. Dienst in d. Marine bezügl. Vorschriften. Auf Grund d. neuesten Bestimmgn., Erlasse u. Verfüggn. nach amtl. Quellen zusammengest. 3. Aufl. gr. 8. (VIII, 236 S.) Berlin 897. R. v. Decker. n. 2. 50

— — in der kais. deutschen u. Handels-Marine, im Konsular- u. Kolonialdienst sowie die Schulschiffe der deutschen Handelsmarine. Hrsg. v. Kanzleramt d. deutschen Flott.-Vereins. Berlin 1901. 109 S.

Laufbahnen, die, des Militär-Anwärters im Reichspost- u. Telegraphendienst. Hrsg. v. der Schriftleitg. d. Zeitschrift „Der Militär-Anwärter". I. Bd. (IV, 68 S.) 8. Ebd. 910. 1.25

— **dasselbe bei den preußisch-hessischen Staats-Eisenbahnen.** Hrsg. v. der Schriftleitg. der Zeitschr. „Der Militär-Anwärter". (VII, 83 S.) kl. 8. Ebd. 909. 1.25

Laufberger, Ferd., Sgraffito-Decorationen. [Publication d. k. k. österreich. Museums für Kunst u. Industrie.] 5 Hfte. Fol. (à 5 Photolith.) Wien 878. Hölder. à n. 4. —

Sgraffito-Dekorationen entworfen von Ferdinand Laufberger. 20 Blätter. Wien 1882. Fol.

Laufberger, Ferd., Vorhang für die komische Oper im k. k. Opernhause in Wien. qu. 8. (9 Photogr.) München 877, Bruckmann's Verlag. In Leinw.-Mappe Einzelne Blätter Grösse IV. in Fol. *M* 30.; à Bl.

Laufberger's, F., Vorhang im neuen Opernhause zu Wien. Nach den Cartons gestochen. qu. Fol. (8 Kpfr.-Taf.) Wien 883. Gesellschaft f. vervielfältig. Kunst. 10. —

Laufberger, Friederike, Schloß Gunzenlech. Erzählung. 8. (218 S.) Linz 901. Wien, Österreich. Verlagsanstalt. n. 2. —; geb. n. 2. 60

— **Novellen.** 8. (201 S.) Dresden 903. E. Pierson. n. 3. —; geb. n. 4. —

Laufberger, Friederike, zwei Weihnachtsabende. s.: Gustav-Adolf-Geschichten f. Kinder. 4. Heft.

Laufen [Sachliches OW]

Laufen im Jahre 1819. Vom K. Steuer-Kataster. 1 : 2500. 1 Bl.

Laufen. Schloss L'. (Njbl.) s.a.[Hegner, Ulrich].

Laufen, Schloss. [Winterthur 1826.] V: *Hegner, Hs Ulr.* (Cat. d. Stadtbibl. Zürich. Zürich 1864—97.)

Laufen, zum, hilft nicht schnell seyn, s. Leben Hasenclever.

Laufen [Schlagwort]

Laufen, s.: Deutschland. Karte. (Abt. Bayern.)

Laufen [Verfasser]

Laufen, Paula, im Bannkreis der Musik. Münchner Roman. (275 S.) 8. München 906. G. Müller. n. 4. —; geb. n. 5. —

[F.] **Laufenberg** [Oberl. Dr.]: Über die Gestaltung des geschichtlichen Unterrichts m. bes. Berücks. s. erziehl. Bedeutg u. im Anschl. an die dens. betreffende Kgl. Ordre v. J. 1889. Essen, Druck v. G. D. Bädeker, 1892; 3—13 S. 4.
Essen a. d. R., vereinigte st. HT, P 1892**

Laufenberg, H., Der histor. Wert d. Panegyricus d. Bischofs Ennodius. Diss. 1902 41 S. 1.—

Hamburg und sein Proletariat im achtzehnten Jahrhundert. Eine wirtschaftshistor. Vorstudie zur Gesch. der modern. Arbeiterbewegg im niederelbischen Städtegebiet. Von H[einrich] **Laufenberg.** — Hamburg: Dubber 1910. 125 S. 8°

Die Legende vom Arbeiter-Papst. Von Heinrich Laufenberg. Elberfeld: Niederrhein. Agitations-Komitee (1907). 47 S. 8°

Laufenberg, Heinr., die Legende vom Arbeiter-Papst. (Umschlag: 2., m. Vor- u. Nachwort verseh. Aufl.) (47 S.) 8. Elberfeld (907). (Buchh. „Freie Presse".) — 30

Die Legende vom Arbeiter-Papst. Von Dr. Heinrich Laufenberg. (2., mit Vor- u. Nachw. versehene Aufl.) Elberfeld: Niederrhein. Agitations-Komitee (1907). 47 S. 8°

Laufenberg, Heinrich, aus Köln a. Rh.: Der historische Wert des Panegyricus des Bischofs Ennodius. *Celle 1902: Schweiger & Pick.* (41 S.) 8°
Rostock, Phil. Diss. v. [8. Juli] 1901

Laufenberg, Jakob, approb. Arzt aus Rheinbach ⟨Rheinl.⟩: Ueber eine Dermoidcyste am Sternum. *München 1901: Kastner & Lossen.* (32 S.) 8°
München, Med. Diss. v. 1901

Laufenberg, P. J. [aus Hangelar]: Ueber die Einwirkung des faradischen Pinsels auf die electrocutane Sensibilität .... Bonn, Hauptmann'sche Buchdr., 1885; 41 S. 8°.
Bonn, Med. Fak., Inaug.-Diss. v. 7. Okt. 1885.

Laufenberg, P. J., über die Einwirkung des faradischen Pinsels auf die electrocutane Sensibilität. Diss. Bonn 1885, Emil Strauss. 8°. 41 S.

Laufenberg, Pet.

Laufenberg, P., Einheitsstenographie der Zukunft. Begründet u. zum Selbstunterricht bearb. gr. 8. (67 S.) Köln (898). H. Theissing. n. — 80

— **Papparbeiten.** Hilfsbuch f. den Handfertigkeitsunterricht u. zur Selbstbeschäftigung. 8. (166 S. m. 219 Fig.) Ebd. (898). Kart. n. 1. 80

Laufenberg, Pet., neue deutsche Stenographie, begründet und zum Selbstunterricht bearb. gr. 8. (VI, 54 S., wovon 12 lithogr.) Deutz-Köln 885. (Leipzig, Robolsky.) *

Laufenberg, P., neue deutsche Stenographie, begründet u. zum Selbstunterricht bearb. 8. (VI, 55 S., wovon 12 lith.) Leipzig 888. (Robolsky.) n. 1. 50

Laufenberg, Theodor, Ref. in Düren ⟨Rheinl.⟩: Der Trödelvertrag nach dem Bürgerlichen Gesetzbuche. Düren 1905: Gebr. Degen. (32 S.) 8° [F.]
Leipzig, Jur. Fak., Diss. v. 9. Sept. 1905
[Geb. 25. April 82 Düren; Wohnort: Düren; Staatsangeh.: Preußen; Vorbildung: Gymn. Düren Reife O. 01; Studium: Innsbruck, München, Heidelberg, Bonn; Rig. 28. Okt. 04.]

[F.] **Laufenberg,** *Wilhelm* [Prof. Dr.]: Nachruf *für Direktor a. D. Dr. Otto Kares, gest. am 15. Febr. 1897.* Essen, Druck v. G. D. Bädeker, 1897; S. 14. 4.
Essen a. d. R., st. HM, P 1897**

Lavfenberg, Gvilelmvs (geb. am 2 Jan. 1850 in Köln): Qvaestiones chronologicae de rebvs Parthicis Armenlisqve a Tacito in libris XI–XVI ab exc. D. Avg. enarratis ... Bonnae, form. C. Georgi (1875). 59 S. 8
Bonn, Phil. Fak., Diss. v. 14 Aug. 1875

Laufenburg. Bade- & Luftkurort L' am Rhein, Schweiz. [Illustrierter Prospekt.] II + 32 S. quer-8. (Zürich, Orell Füssli, [1904].)

* Laufenstein, J. N., von rechtlich prakt. Vergleichungen in Vormundschaftsgegenständen. 4. Salzburg, Oberer. 808.

Laufer, unsere Polizei. Zeitgemäße Betrachtg. üb. dieselbe. gr. 8. (48 S. Schwelm 901. M. Scherz. n. — 50

— deutscher Polizei-Almanach. 2. Ausg. gr. 4. (VII, 337 S.) Ebd. 902. Geb. in Leinw. n.n. 4. —

Laufer, Alfred, Arzt aus Düsseldorf: Aus d. pathol. Institut zu Greifswald. Spontangangrän des Vorderarmes a) durch Muskelsarkom, b) durch Kompression. *Greifswald 1904: H. Adler.* (26 S.) 8°
Greifswald, Med. Diss. v. 27. Apr. 1904

Aus den Geschichten und Liedern des Milaraspa. Von Berthold Laufer. *Wien: C. Gerold's Sohn in Komm. 1902.* (62 S.) 4°
= Denkschriften d. Kais. Akademie d. Wissenschaften in Wien. Philos.-hist. Classe. Bd 48, 2. [04. 4843 4

Laufer, Berth., Klu „Bum Bsdus Pai Sñiñ Po, e. verkürzte Version d. Werkes v. d. 100000 Nâga's, s. a. Mémoires de la société finno-ougrienne.

Laufer, Berthold: [Tibetisch] ... [Ant.] Klu ˌbum bsdus pai sñiñ po. Eine verkürzte Version des Werkes von den Hunderttausend Nâga's. Tibetischer Text mit graphischen und kritischen Erläuterungen. *Berlin 1897: Gebr. Unger.* (37 S.) 8° ¶ [Erschien vollständig als XI von: Suomalais-ugrilaisen seuran Toimituksia.]
Leipzig, Phil. Diss. v. [24. Dez.] 1897

Ein Sühnegedicht der Bonpo. Aus e. Hs. d. Oxforder Bodleiana. Von Berthold Laufer. *Wien: C. Gerold's Sohn in Komm. 1900.* (60 S.) 4°
= Denkschriften d. Kais. Akademie d. Wissenschaften in Wien. Philos.-hist. Classe. Bd 46, 7. [04. 4838 4

Laufer, E., und F. Wahnschaffe, Untersuchungen des Bodens der Umgegend von Berlin, s. Abhandlungen zur geologischen Specialkarte von Preussen und den Thüringischen Staaten.

Laufer, E., die Werder'schen Weinberge, s. Abhandlungen zur geologischen Specialkarte von Preussen und den Thüringischen Staaten.

Laufer, F. Die deutschen Einkommensteuertarife unter Berücksichtigung der englischen Income Tax. Jena 1911.

Laufer, F., Rathschläge zur rationellen Pflege der Zähne. gr. 8. (VI, 32 S.) Pressburg 894. (G. Heckenast Nachf.) n. — 60

Laufer, Frz., Polizei-Beamten-Almanach. 8. (135 S.) Elberfeld 898. Wilh. Heine jr. n. 2. 50

Laufer, Frz., unser Polizeiwesen, s. a. Bibliothek der Rechts- u. Staatskunde. 22. Bd.

Laufer, F., Unser Polizeiwesen. Stuttgart, [1906]. 167 S. mit Abb. u. 3 Taf.

Laufer, Heinrich, aus Köln a. Rh.: **Beiträge zur Kenntnis der Tibetischen Medicin.** *Berlin 1900: Gebr. Unger.* (41 S.) 8° ¶ (Soll fortgesetzt werden.)
Berlin, Med. Diss. v. 10. Aug. 1900

Beiträge zur Kenntnis der tibetischen Medizin. Von Heinrich Laufer, Dr. med. T. 1. 2. Berlin 1900: Unger (2: Leipzig: Harrassowitz in Komm.). 8°
T. 1. erschien als Inaug.-Diss. Berlin 1900. [10. 5438

Laufer, Heinr., Beiträge zur Kenntnis der tibetischen Medicin. 2 Tle. gr. 8. Leipzig (O. Harrassowitz). n.n. 6. —
1. (41 S.) Berlin 900. n.n. 3.50. — 2. (S. 43—90.) 900. n. 2.50.

Laufer, Otto: Casuistische Beiträge für die Behandlung der nach Abortus an Endometritis subacuta et chronika erkrankten Frauen mit der Curette. *Strassburg i. E. 1898: W. Friedrich.* (22 S.) 8°
Strassburg, Med. Diss. v. 1898

Laufer, Schmelka [aus Bochina, Ungarn]: Smith und Helvetius. Ein Beitrag zum Adam-Smith-Problem. Berlin 1902. 77 S. 8°.
Bern. Phil. Diss. 1902/1903.

Laufer, Schmolka. Smith und Helvetius. Ein Beitrag zum Adam Smith-Problem. Diss. Phil. Bern. 77 S. 8. Berlin, C. Regenhardt, 1902.

Läufer. Der L' oder Stadt-Herold des alten Berns.... Bern 1846 s.a. [Howald, Carl F].

Läufer, der, od. Stadt-Herold des alten Berns im 46. Jahr d. XIX. Jahrh. 16. (3¼ B. u. 1 Abbild.) Bern 846, Jenni, Vater. *

– dass., s.a. Läuffer

Laufersweiler, Georg: Die ästhetischen Hauptlehren von Rutgers Marshall. Heidelberg 1909: Rössler & Herbert. 38 S. 8°
Gießen, Phil. Diss. v. 7. April 1909, Ref. Groos
[Geb. 25. Aug. 84 Kisheim; Wohnort: Friedberg i. H.; Staatsangeh.: Hessen; Vorbildung: Realgymn. Mainz Reife O. 04; Studium: Gießen 6 S.; Rig. 16. Dez. 08.] [U 09. 1218

Lauff: Erfordernisse und Hindernisse der Kunstbildung auf Gymnasien durch Gesang. 19 S. – Münster, Progr. 1851.

Lauff, Ferd. (geb. Münster in Westf. 5. 7. 1858): Zur Operation des Empyems durch Trepanation einer Rippe. Berlin (1881). (31 S.) 8°
Berlin, Med. Diss. v. 14. Febr. 1881

Lauff, J. A., über die Methode des Elementar-Unterrichtes im Lateinisch. (Programm.) 4. Münster 841, Hast u. Riese. 1/3 ß

Lauff, J. A., über d. Methode d. Elementar-Unterr. im Lateinischen. (Progr.) 4. (4¾ B.) Münster 841, [Theissingsche Bh.]

Lauff, [Johann Peter]

Lauff, dopp. Buchführung f. Notare. Mutatis mutandis auch f. Rechtsanwälte, Gerichtsvollzieher u. and. Besorger fremder Angelegenheiten. gr. 8. (49 S.) Köln 896. Kölner Verlags-Anstalt u. Druckerei. n. 1. —

— d. Erbrecht im Entwurf e. bürgerl. Gesetzbuches f. d. Deutsche Reich. Insbes.: Gesetzl. Erbfolge. Pflichttheilsrecht. Erbengemeinschaft. Schuldenhaftg. d. Miterben. Fürsorge d. Nachlaßgerichts. Inventarrecht. Auseinandersetzg. d. Miterben. Vorbehalte f. d. Landesgesetzgebung. Anh.: Zahl d. Notare im deutschen Reich. gr. 8. (60 S.) Köln 895. A. Ahn. n. 1. —

— preuß. Gerichtskostengesetz u. Gebührenordng. f. Notare v. 25. Juni 1895, nebst ausführl. Tabellen zur Berechng. d. Gebührensätze u. e. alphabet. Sachreg. zu d. beiden Gesetzen. gr. 8. (II, 111 S.) Köln 895. Kölner Verlagsanstalt u. Druckerei. 2. —

Lauff, Josef

Lauff, Jos., Advent. Zwei Weihnachtsgeschichten. 8. (99 S.) Köln 898. A. Ahn. n. 1. 50; geb. n.n. 2. 50

Advent. 3 Weihnachtsgesch. von Josef Lauff. 3. Aufl. *Berlin, Köln, Leipzig: A. Ahn [1901].* (103 S.) 8° [01. 691

Lauff, Jos., Advent. Drei Weihnachtsgeschichten. 4. Aufl. 8. (96 S.) Köln (901). A. Ahn. n. 1.50; geb. n.n. 2. 50

Lauff, Jos., Advent. 3 Weihnachtsgeschichten. 8. Taus. (III, 96 S.) 8. Berlin (905). G. Grote. n. 1. —; geb. n. 2. —

— Frau Aleit. Roman. 1.—11. Taus. (544 S.) 8. Ebd. 905. 906. n. 4. —; geb. n. 5. —

Frau Aleit. Roman von Joseph Lauff. 6. Taus. Berlin: G. Grote 1905. (544 S.) 8° [F.]
— Sammlung, Grote'sche, von Werken zeitgenöss. Schriftsteller. Bd 85. [07. 5001 11

Frau Aleit. Roman von Joseph Lauff. 9. Taus. Berlin: G. Grote 1905. (544 S.) 8° [F.]
— Sammlung, Grote'sche, v. Werken zeitgenöss. Schriftsteller. Bd 85. [06. 2194

Sankt Anne. Roman von Joseph Lauff. Berlin: Grote 1908. 458 S. 8°
(Sammlung von Werken zeitgenöss. Schriftsteller. Bd 95.)

— der Burggraf. Histor. Schausp. in 5 Aufzgn. 3. u. 4. Aufl. 8. (V, 142 S.) Ebd. 897. n. 2. —

Lauff, J., Jan van Calker. Ein Malerlied in 16 Aventüren. 8. (VIII, 215 S.) Berlin-Friedenau 887. [Thiel.] Köln, Alb. Ahn. n. 4. —; geb. n. 4. 80

— Jan van Calker. E. Lied v. Niederrhein. 2. Aufl. M. Zeichngn. v. A. Reith. 8. (XVI, 252 S.) Ebd. 892. n. 4. —; geb. in Leinw. n.n. 5. —

Jan van Calker. Ein Lied vom Niederrhein von Joseph Lauff. 2. Taus. Berlin: G. Grote 1905. (XVI, 252 S.) 8°

Lauff, Jos., Inez de Castro. Trauerspiel in 5 Aufzügen. 2. Aufl. 8. (III, 134 S.) Köln 894. A. Ahn. n. 2. —

Lauff, Jos., der Deichgräf. Ein bürgerl. Schauspiel. (III, 152 S.) 8. Köln 908. Bonn, A. Ahn. 2. —

— der Eisenzahn. Histor. Schauspiel in 5 Aufzügen. 1. u. 2. Aufl. 8. (VI, 129 S.) Ebd. 899. n. 1. 50

— die Geißlerin. 2. Aufl. 8. (VII, 268 S.) Ebd. (900). n. 4. —; geb. in Leinw. n.n. 5. —

— die Geißlerin. Eine Dichtg. 3. Taus. [Titel-Ausg.] (III, 268 S.) 8. Ebd. [900] 905. n. 3. —; geb. n. 4. —

Die Geisslerin von Josef Lauff. 4. Aufl. *Köln, Berlin, Leipzig: A. Ahn [1901].* (268 S.) 8° [F.] [01. 10576

— Gotberga. Ein dramat. Gedicht. (III, 78 S. 8. Köln (908). Bonn, A. Ahn. 1. 50

[F.] Die Hauptmannsfrau. E. Totentanz aus d. sechzehnten Jh. Roman v. Josef Lauff. M. d. Bildn. d. Vfs. Orig. Radierg v. Frank Willis in Düsseldorf. *Berlin, Köln, Leipzig: A. Ahn 1895.* (3 Bl., 420 S., 1 Portr.) 1 Bd 8. [98. 11032 Gr

— die Hauptmannsfrau. Ein Totentanz aus dem 16. Jahrh. Roman. 3. Taus. [Titel-Ausg.] (IV, 384 S. m. Bildnis.) 8. Ebd. [895] 905. n. 4. —; geb. n. 5. —

Der Heerohme. Ein bürgerl. Drama in 5 Akten von Joseph Lauff. *Berlin, Köln, Leipzig: A. Ahn 1902.* (124 S.) 8° [F.] [03. 868

Lauff, Jos. Der Helfensteiner. Ein Sang aus dem Bauernkriege. 8. (V, 254 S.) Köln 889, Ahn. geb. * 4 80

— d. Helfensteiner. E. Sang aus d. Bauernkriege. 2. Aufl. 8. (V, 254 S.) Ebd. 893. n. 4. —; geb. in Leinw. n.n. 5. —

— der Helfensteiner. Ein Sang aus dem Bauernkriege. 3. Taus. [Titel-Ausg.] (III, 248 S.) 8. Ebd. [893] 905. n. 3. —; geb. n. 4. —

— Herodias. Buchschmuck v. Otto Eckmann. gr. 8. (269 S.) Ebd. 896. Geb. in Leinw. n. 10. —

— Herodias. Eine Dichtg. Mit Buchschmuck v. Otto Eckmann. 3. Taus. (271 S.) 8. Ebd. 905. n. 3. —; geb. n. 4. —

— die Hexe. Eine Regensburger Geschichte aus dem 16. Jahrh. 8. (VIII, 348 S.) Ebd. 892. 5. —; geb. 6. —

— d. Hexe. E. Regensburger Geschichte aus d. 16. Jahrh. 4. Aufl. 8. (VIII, 348 S.) Ebd. 894. 5. —; geb. in Leinw. n. 6. —

— die Hexe. Eine Regensburger Geschichte aus dem 16. Jahrh. 4. Taus. [Titel-Ausg.] (VIII, 348 S.) 8. Ebd. [894] 905. n. 4. —; geb. n. 5. —

— s.: Jahrhundert, das deutsche.

Kärrekiek. Eine niederrhein. Gesch. Roman in 2 Büchern. Von Josef Lauff. 3. u. 4. Aufl. *Berlin, Köln, Leipzig: A. Ahn (1901).* (440 S.) 8° [F.] [01. 693

— Kärrekiek. Eine niederrhein. Geschichte. Roman in 2 Büchern. 2.—4. Aufl. 8. (à VI, 440 S.) Köln 902. A. Ahn. n. 6. —; geb. in Leinw. n.n. 7. —

— Kärrekiek. Roman. 5. Taus. (VIII, 363 S.) 8. Ebd. 906. n. 4. —; geb. n. 5. —

— Kevelaer, s. a. Sammlung, Grote'sche, v. Werken zeitgenössischer Schriftsteller.

Kevelaer. Roman von Joseph Lauff. Berlin: Grote 1910. 545 S. 8° (Grote'sche Sammlung von Werken zeitgenöss. Schriftsteller. Bd 100.) [10. 18368

— lauf' ins Land. Lieder. 8. (VIII, 87 S.) Ebd. 896. n. 2. —

— lauf' ins Land. Lieder. 3. verm. Aufl. 8. (VIII, 108 S.) Ebd. (901). n. 1. 50

Lauf' ins Land. Lieder von Josef Lauff. 4. verm. Aufl. *Berlin, Köln, Leipzig: A. Ahn [1901].* (VIII, 108 S.) 8° [F.] [01. 694

Lauff, Jos., lauf' ins Land. Lieder. 2. Taus. [Titel-Ausg.] (VIII, 108 S.) 8. Berlin [896] 905. G. Grote. n. 1. —; geb. n. 2. —

— d. Mönch v. Sankt Sebald. E. Nürnberger Geschichte aus d. Reformationszeit. Roman. 8. (VI, 419 S.) Ebd. 896. n. 6. —; geb. n. 7. —

[F.] Der Mönch von Sankt Sebald. E. Nürnberger Geschichte aus d. Reformationszeit. Roman v. Josef Lauff. 4. Aufl. *Berlin, Köln, Leipzig: A. Ahn 1896.* (3 Bl., 419 S.) 1 Bd 8. [98. 11033 Gr

Lauff, Josef
Der Mönch von Sankt Sebald. Nürnberger Geschichte. Aus der Reformationszeit. Roman. 5. Aufl.
Berlin, Köln, Leipzig: Ahn 1896. 419 S. 8°

— der Mönch v. Sankt Sebald. Eine Nürnberger Geschichte aus der Reformationszeit. 3. Taus. [Titel-Ausg.] (VI, 419 S.) 8. Ebd. [896] 905. n. 4. —; geb. n. 5. —

— Der Mönch v. Sankt Sebald. Eine Nürnberger Geschichte aus der Reformationszeit. 4. Taus. (IV, 368 S.) kl. 8. Berlin 909. G. Grote. 4.—; geb. 5. —

—— Die Oberstolzin. Ein Lied aus verklungenen Tagen. Mit Zeichngn. v. A. Reith. 8. (VII, 282 S.) Ebd. 891. * 4 — geb. * 5 —

— d. Oberstolzin. E. Lied aus verklungenen Tagen. 3. Aufl. 8. (X, 280 S.) Ebd. 895. Geb. in Leinw. n.n. 5. —

— die Oberstolzin. Ein Lied aus verklungenen Tagen. 4. Taus. [Titel-Ausg.] (X, 280 S.) 8. Ebd. [895] 905. n. 3. —; geb. n. 4. —

Pittje Pittjewitt. Ein Roman vom Niederrhein von Joseph Lauff. *Berlin: G. Grote 1903.* (530 S.) 8° [F.]
— Sammlung, Grote'sche, von Werken zeitgenöss. Schriftsteller. Bd 81. [03. 16133

— Pittje Pittjewitt. Ein Roman vom Niederrhein. 13. Taus. (580 S.) kl. 8. Ebd. 907. 4.—; geb. in Leinw. 5. —

Pittje Pittjewitt. Ein Roman v. Niederrhein. Von Joseph Lauff. Berlin: Grote 1909. 530 S. 8°
(Grote'sche Sammlung von Werken zeitgenöss. Schriftsteller. Bd. 81.)

— Regina coeli. Eine Geschichte aus dem Abfall der Niederlande. Roman. 2 Bde. 8. (VIII, 275 u. III, 259 S.) Ebd. 894. n. 8. —

Regina coeli. Eine Geschichte aus d. Abfall d. Niederlande. Roman von Josef Lauff. 6. u. 7. Aufl. Berlin, Köln, Leipzig: A. Ahn 1904. (XVI, 482 S.) 8°

— Regina coeli. Eine Geschichte aus dem Abfall der Niederlande. 4. Taus. [Titel-Ausg.] (XVI, 482 S.) 8. Ebd. [904] 905. n. 4. —; geb. n. 5. —

Im Rosenhag. Eine Stadtgesch. aus d. alten Köln. Roman von Josef Lauff. *Berlin, Köln, Leipzig: A. Ahn [1897].* (231 S.) 8° [F.] [03. 9733 4

Im Rosenhag. E. Stadtgesch. aus d. alten Köln. Roman v. Josef Lauff. 2. Aufl. Berlin, Köln, Leipzig: A. Ahn (1897). (4 Bl., 231, XV S.) 8°

— im Rosenhag. E. Stadtgeschichte aus d. alten Köln. Roman. 3. Aufl. 8. (VII, 231 S.) Ebd. 897. n. 4. —; geb. n.n. 5. —

— im Rosenhag. Eine Stadtgeschichte aus dem alten Köln. 3. Taus. [Titel-Ausg.] (V, 231 S.) 8. Ebd. [897] 905. n. 3. —; geb. n. 4. —

— Rüschhaus. Ein Nachtstück. 8. (III, 48 S.) Ebd. 901. n. 1. —

Rüschhaus. Ein Nachtstück von Josef Lauff. 2. Aufl. Berlin, Köln, Leipzig: A. Ahn [1901]. (48 S.) 8°

— s.: Schwarz, Berthold, u. seine Töchter.

— Klaus Störtebecker. Ein Nordlied. 8. (VII, 282 S.) Ebd. 893. n. 4. —

— Klaus Störtebecker. Ein Nordlied. 3. Taus. [Titel-Ausg.] (V, 282 S.) 8. Ebd. [893] 905. n. 3. —; geb. n. 4. —

Die Tanzmamsell. Roman von Joseph Lauff. Berlin: G. Grote 1907. (508 S.) 8° [F.]
— Sammlung, Grote'sche, von Werken zeitgenöss. Schriftsteller. Bd 92. [06. 18060 11

— Die Tanzmamsell. Roman. 1.—12. Taus. (508 S.) 8. Ebd. 908. 4.—; geb. 5. —

Die Tanzmamsell. Roman von Joseph Lauff. 12. Taus. Berlin: G. Grote 1908. (508 S.) 8° [F.]
— Sammlung, Grote'sche, v. Werken zeitgenöss. Schriftsteller. Bd 92. [08. 2325

— Der Tucher v. Köln, s.: Volks- u. Jugendbücher, Mainzer, 10. Buch.

Marie Verwahnen. Roman von Josef Lauff. *Köln, Berlin, Leipzig: A. Ahn [1902].* (426 S.) 8° [F.] [03. 8935

— Marie Verwahnen. Roman. 2.—6. Aufl. 8. (V, 426 S.) Ebd. (902. n. 6. —; geb. n. 7. —

— Marie Verwahnen. Roman. 3. Taus. [Titel-Ausg.] (V, 426 S.) 8. Ebd. [902] 905. n. 4. —; geb. n. 5. —

Lauffen a. N. [Schlagwort]

Lauffen a. N., s.: Württemberg. Höhenkurvenkarte.

Lauffer, vergleich. Würdigung der Reitsysteme von Baucher, Fillis, Plinzner u. d. Instruktion zum Reitunterricht f. die Kavallerie v. 31. VIII. 1882, s.: Pferde, unsere. 16. Hft.

Lauffer, Emil, Oberstlieut. des Artilleriestabes und Nikolaus **Wuich**, Hauptm. des Artilleriestabes. Elementare Schiesstheorie. (Mit 101 Fig. auf 4 Taf.) gr. 8. Wien 1884.

Lauffer, Emil, und Nik. Wuich, elementare Schießtheorie. gr. 8. (196 S. mit 101 Fig.) Wien 884, Seidel und Sohn. * 4 —

Lauffer, Erich, aus Göttingen: Zur Kenntnis des Phellandrens. *Hildesheim 1900: A. Lax.* (60 S.) 8°
Göttingen, Phil. Diss. v. [13. Juli] 1900

Lauffer, Erich, zur Kenntnis des Phellandrens. Diss. gr. 8. (60 S.) Hildesheim 900. (Göttingen, Vandenhoeck & Ruprecht.) n. 1. 80

Lauffer, F.: Die Weiber von Schorndorf. 1688. Festschrift. Schorndorf 1888.

Lauffer, Ferdinand — Harald oder Tyrfings Fluch und Sühne. Schauspiel von — —. Wien, 1857. Dr. von Ant. Schweiger. (1 Bl. 93 S.)

Lauffer, Frz., graphische Lösung der Deviationsprobleme, s. a. Veröffentlichungen des hydrographischen Amtes der k. u. k. Kriegsmarine in Pola. Nr. 26.

Graphische Lösung der Deviationsprobleme. Von Franz **Lauffer**, k. u. k. Linienschiffslt. 23 Taf. mit erl. Text. Hrsg. von d. Abt. 'Instrumentendepot'. Pola 1908: Photolithogr. des k. u. k. Marinetechn. Komitees. (35 S.) 4°
= **Veröffentlichungen** d. Hydrograph. Amtes d. k. u. k. Kriegs-Marine in Pola. Gruppe 5. Fortl. No 26. [c4. 13716

Lauffer, Frdr., der Anschauungsunterricht. Kurzgefaßte Methodik des elementaren Sachunterrichts. (64 S.) gr. 8. Stuttgart 903. A. Bonz & Co. n. — 80

— Bilder aus der württembergischen Geschichte. Mit 12 Abbildgn. nach Originalen von K. v. Häberlin. (Zugleich Textheft f. die 12 großen Wandbilder zur Geschichte Württembergs u. seiner Fürsten.) (84 S.) 8. Eßlingen (904). J. F. Schreiber. n. — 50

Lauffer, Fried., Neueste Eisenbahn- und Dampfschifffahrt-Karte Central-Europas nach den besten Quellen bearb. Cassel, C. Luckhardt, 1855. gr. Fol. Lith.

Lauffer, Frdr., die Geographie in Reimen zur angenehmen Wiederholung u. leichten Einprägung. 2. Aufl. 1. u. 2. Tl. kl. 8. Stuttgart (909). A. Lung. — 65
1. Württemberg. (30 S.) — 20. — 2. Deutschland. (62 S.) — 45

— Landeskunde v. Württemberg für Schule u. Haus. (72 S.) gr. 8. Ebd. (910). p — 40; (Lehrerausg.) geb. — 60

Lauffer, Frdr., Lehr- u. Unterrichtsplan nebst ausgeführten Lehrproben aus der Seminar-Übungsschule zu Eßlingen. Aus der Praxis f. die Praxis dargeboten. gr. 8. (IX, 446 S.) Stuttgart 901. A. Bonz & Co. n. 5. —; geb. in Leinw. n. 6. —

— Rechenaufgaben, s.: Schönmann, H.

— Rechenbuch, s.: Schönmann, H.

— württembergische Volksschulmethodik. Dargestellt an dem Lehr- u. Unterrichtsplan der Seminar-Uebungsschule zu Eßlingen. Aus der Praxis f. die Praxis dargeboten. 2., verm. Aufl. (XVIII, 670 S.) gr. 8. Stuttgart (903). A. Bonz & Co. n. 5. 50; geb. in Leinw. n. 6. 50

Lauffer, Gustav Ritter v., Hauptm. und Bataillons-Commandant in der k. k. schweren Batterie-Division Nr. 3, Besitzer des Militär-Verdienstkreuzes (K.-D.). Studien über die taktische und artilleristische Bedeutung der Masken (Verdeckungen) für den Feldkrieg. 8. Wien 1887.

Lauffer, Hermann: Zur Kenntnis des Phellandrens und Terpinens. *Göttingen 1897: Dieterich.* (72 S.) 8°
Göttingen, Phil. Diss. v. [28. Jan.] 1898

Lauffer, J. Jac., praes. J. Henr. **Schulze,** Diss. med. qua infans sine cerebro natus consideratur. 39 pp. Hal. 4°. *Haller,* Bibl. anat. II, 140. (Aliquae tamen de cerebro reliquiae supererant, et medullares nervi.) 1743

Lauffer, Johann Jakob

Lauffer. Jacob. J' Lauffers ... Genaue und umständliche Beschreibung Helvetischer Geschichte. Aus den bewährtesten Verfassern der alten und neuen Historien. und dazu dienenden Urkunden zusammen getragen. 18 Theile *u.* ... Register ... . [19 Bände.] 8. Zürich 1736–1739.

Lauffer, Johann Jacob. Beschreibung Helvetischer Geschichte ... Zürich 1736—38. H: *Altmann, Joh. Gg.* (BrMm)

Lauffer, Jac., allgemeine Gesch. der Schweizer. 18 Thle. gr. 8. Zürich, Orell, 736-38.

— — Beyträge dazu. 4 Thle. gr. 8. Ebend. 739.

Lauffer, Josephus *(grb. Bladen in Oberschl. 21. 4. 1791)*: De asthmate convulsivo ejusque ab angina pectoris differentia. [Vratislaviae] (1816.) (22 S.) 4° *(Praeses: Ernst Daniel August Bartels.)*
Breslau, Med. Diss. v. 5. März 1816

Lauffer, Caspar Gottlieb. Das Laufferische Medaillen-Cabinet oder Verzeichniss aller Medaillen, welche sowohl die historischen Begebenheiten von a. 1679 bis a. 1742 als auch andere christliche u. moralische Betrachtungen, nebst der vollkommenen Reihe der römischen Päpste enthalten. 1742. 4.

Lauffer, Otto [aus Göttingen]: Das Landschaftsbild Deutschlands im Zeitalter der Karolinger. Nach gleichzeit. litterar. Quellen. E. germanist. Studie ... Göttingen, Druck d. Univ.-Buchdr. v. W. F. Kästner, 1896; 2 Bl., 105 S. 8.
Göttingen, Phil. Fak., Inaug.-Diss. v. [17. Dez.] 1896

Lauffer, Otto, der volkstümliche Wohnbau im alten Frankfurt a. M. (II, 108 S.) Lex. 8. Frankfurt a. M. 910. K. Th. Völcker. 2. 80
Sonderabdruck aus: „Arch. f. Frankfurts Gesch. u. Kunst".

Lauffer, Otto, d. volkstüml. Wohnbau im alten Frankfurt. Jetzt: Frankfurt a. M., H. Keller.

Lauffer, Victor [aus Breslau]: Danzigs Schiffs- und Waarenverkehr am Ende des xv. Jahrhunderts ... (Aus: Zeitschr. d. westpreuss. Geschichtsver., Heft 33.) Danzig, Druck v. A. W. Kafemann, 1893; 3 Bl., 44 S., 1 Bl. 8.
Breslau, Phil. Fak., Inaug.-Diss. v. 3. Aug. 1893

Lauffer, Vict., Danzigs Schiffs- u. Waarenverkehr am Ende des XV. Jahrh. Diss. gr. 8. (V, 44 S.) Danzig 893. (Breslau, L. Köhler.) n. 1. —

Läuffer, der, od. Stadt-Herold des alten Berns im 46. Jahr des XIX. Jahrh. Mit 1 Abbild. 16. Bern 846, Jenni, Vater. n. 4 *ngl*

— dass., s.a. Läufer

Lauffher, Johs. Friedr. (Höxter), De chlorosi. Diss. med. Berlin (Reimer) 17. III. 1826. 24 S. mit Biogr. (M.: Joh. Frid. Henerici.) (3.—) 20557
Gew.: J. A. Sasse. — Oppon.: A. Muehlmann, E. de Carnal, C. Fest.

Lauffs, Alfred, aus Elberfeld: Über einige physiologische Wirkungen des Perchlorats auf die Pflanze. *Merseburg 1902: F. Stollberg.* (29 S. — Ohne Taf.) 4°(8°)
Königsberg, Phil. Diss. v. 10. Mai 1902

Lauffs, Adv. G. W., s. Alkmeen u. Menalippe.

Lauffs, Ernst: Bemerkungen zur alttestamentlichen Lehraufgabe. Altena 1908: Kord-Ruwisch. 28 S. 8°
Altena i. W., RG OP 1908 (477) [S 08. 268

Lauffs, Franciscus (geb. am 4 [nicht 5] März 1831 in Aachen): De Aenea Sylvio ... Bonnae, form. I. F. Carthausii 1853. 2 Bl., 30 S., 1 Bl. 8.
Bonn, Phil. Fak., Diss. v. 6 Aug. 1853

Lauffs, Franz (geb. am 19 März 1862 in Bonn): Ueber Eintritt von Luft in die Venen der Gebärmutter bei und nach der Geburt ... Bonn, Hauptmann'sche Buchdr. 1885. 47 S. 8.
Bonn, Med. Fak., Diss. v. 7 März 1885

Lauffs, Jacob, Arzt aus Bonn: Aus d. pathol. Institut in Bonn. Ueber Glottisschluß an der Leiche und seine Bedeutung. *Bonn 1903: P. Bieberstein.* (32 S.) 8°
Bonn, Med. Diss v. 20. Mai 1903

Lauffs, Joseph [aus Bonn]: Aus d. Klinik f. Hautkrankheiten u. Syphilis zu Bonn. Zur Casuistik der Sclerodermie ... Bonn, Druck v. E. Heydorn, *1893;* 54 S. 8.
Bonn, Med. Fak., Inaug.-Diss. v. [1. Mai] 1893

Lauffs, (Joh.) Joseph. (geb. Aachen 22. 9. 1802): De variis trepanationis methodis. Berolini (1826). (35 S.) 8°
Berlin, Med. Diss. v. 21. Aug. 1826

Lauffs, Jos. (Aachen), De variis Arepanationis methodis. Diss. chirurg. Berlin (Nortmann) 21. VIII. 1826. 35 S. mit Biogr. (M.: Johanna Degraa.) (3.20) 20558
Oppon.: M. Troschel, C. Weiss, B. Vossen.

Lauffs, Laurenz: Zur Statistik der Fussgelenkresektionen. Halle 1872: Gebauer-Schwetschke. 37 S. 8°
Halle-Wittenberg. Med. Diss. v. 9. Aug. 1872
Geb. Aachen 19. 5. 1848. V.

Lauffs, Leon Jos., Legenden u. Sagen. 1. u. 2. Thl. gr. 16. Aachen 874. Creutzer. à 1. 50
1. Rosen u. Lilien. (156 S.)
2. Violen u. Vergißmeinnicht. (198 S.)

Lauffs, Leon Jos., Rosen und Lilien. Legenden. I. gr. 16. (156 S.) Aachen 874, Creutzer.

—— Violen und Vergißmeinnicht. Legenden und Sagen. II. gr. 16. (198 S.) Ebendas. 874.

Lauffs, Leonh. Jos.

– s.a. Anton, der gute Familienvater.

(Lauffs, Leonh.,) Anton, der gute Familienvater. Ein Büchl. f. d. christl. Volk 16. (4½ B.) Köln 834, J. G. Schmitz.

Lauffs, Leonh., relig. Bibliothek. Zur Belehr. u. Erbau. f. d. gebildetere Klasse. 1. Bdchn. gr. 12. (13½ B.) Aachen 830, (Mayer.) Thlr.

—— der Engel d. Trostes. Eine Erzähl. z. Erhebung d. Trauernden u. z. Stärkung aller Christen in Glauben, Geduld u. Vertrauen. 12. (8 B.) Köln 830, (DüMont-Schauberg.)

Lauffs, Leonh. Jos., christl. Erzählungen. 12. Aachen 833, Cremersche Buchh. (Cazin.) 5 gr — 2s Bdchn. A. u. d. T.: Neue Sammlung christl. Erzählungen. 12. Ebd. 835. ⅙ Thlr

— christkathol. Hausbuch, od. Altes u. Neues aus dem Schatze der Religion. Zur Belehrung, Warnung u. Erbauung. 1e Lfrg. gr. 8. Mit der Beilage-Schrift: Die Schmerzen Mariä; In Betrachtungen u. Gebeten. gr. 12. Aachen 840. Hensen u. C. 4 Lfrgg. mit Beilage-Schrift kosten n. 1 Thlr 11 gr. Ohne Beilagen nur n. ⅔ Thlr

—— Isidor, der tugendsame Landmann. Ein Büchlein f. das liebe Landvolk. 16. (4½ B.) Köln 834, J. G. Schmitz.

—— Isidor, d. tugendsame Landmann. Ein Büchlein f. d. liebe Landvolk. 2. Aufl. 16. (4½ B.) Köln 838, J. G. Schmitz.

— Misericordia, oder Wege der Vorsehung zur Rettung der Seelen. (Aus der wohlfeilen kathol. Bibliothek besonders abgedruckt.) 12. Aachen 840. Cremersche Buchh. (Cazin.) ½ Thlr

—— die Schmerzen Mariä. In Betrachtn. u. Gebeten. gr. 12. (19⅓ B. u. 1 Stahlst.) Aachen 841, Hensen u. Comp.

Lauffs, Leonh. (Jos.), Skizzenbuch od. kleine Begebenheiten u. Gespräche zur Begründung richtiger Ansichten. 12. (10½ B.) Aachen 840, Cremer'sche Buchh.
Aus: Wohlfeile kathol. Bibliothek ꝛc., besond. abgedruckt.

– s.a. Therese, die fromme Arbeiterin.

(——) Therese, d. fromme Arbeiterinn. Ein Büchl. f. d. weibl. Jugend. 16. (4½ B.) Köln 835, J. G. Schmitz.

Laufner, A. — Predigt zur Feier der Seligsprechung des ehrwürdigen Bruders Johannes Grande, aus dem Orden des heil. Johannes von Gott, gehalten am 13. November 1853, in der Ordenskirche in der Leopoldstadt, von — —. 8. (22 S.) Wien. Mechitharisten-Congregations-Buchdruckerei. 1853.

LAUFPASS, Der. Empfindung einer Berliner Köchin, ausgehaucht in den Gefilden Moabits. Für eine Singstimme. Berlin (ca. 1830). Mit einer colorirten Abbildung. (Hosemann?) Sehr selten! (75 Pfg. G. Priewe, Heringsdorf, 1895; jetzt theurer!)

Laufpass, Der, fürs achtzehnte Jahrhundert ... O. O. 1801. V: *Albrecht, Joh. Frdr. Ernst.* (Sauer, Säculardichtungen. Berlin 1901. S. CLXIII.)

Laufpaß, d., fürs 18te Jahrhundert; e. Gedicht in Blumauers Manier. 8. Hamb. 801. Meyn. 12 gr

Laufs, A., der geprellte Alte, s.: Thalia.

— Amor u. Psyche, s.: Danner's G., Damen-Bühne.

— Das Auge des Gesetzes, s.: Fastnachts-Bühne. 97. Heft.

— Ein Denkzettel, s.: Bloch's Eduard, Theater-Korrespondenz.

Laufs, A., ein kochender Ehemann od. Küchenchemie, s.a. Bloch's, Ed., Theater-Korrespondenz.

Ein kochender Ehemann oder Küchenchemie. Schwank in 1 Akt von A. **Laufs.** *Berlin: E. Bloch [1903].* (50 S.) 8° [F.]
— **Theater-Korrespondenz,** Eduard Bloch's. No 332.

— **Ritter Kuno,** od.: die straf. Hand! od.: Rache u. Blutdurst, s.a. Fastnachtsbühne. 93. Hft.

Ritter Kuno, oder: die strafende Hand! oder: Rache u. Blutdurst. Komische Scene f. 4 Herren von A. Laufs. Berlin: E. Bloch (1903). (16 S.) 8°
(Fastnachts-Bühne. H. 93, [1.]

Laufs, A., die Naturheilmethode, s.a. Bloch's, Ed., Theater-Korrespondenz.

Die Naturheil-Methode. Schwank in 1 Akt von A. Laufs. Berlin: E. Bloch (1901). (32 S.) 8°
(Theater-Korrespondenz, Eduard Blochs. No 316.)

— ihr Romanheld, s.a. Bloch's, Ed., Theater-Korrespondenz.

Ihr Romanheld. Schwank in 1 Akt von A. **Laufs.** *Berlin: E. Bloch [1903].* (38 S.) 8° [F.]
— **Theater-Korrespondenz,** Eduard Bloch's. No 334.

— Ihr Sommergast, s.: Thalia.

— Stütze der Hausfrau, s.: Bloch's, Eduard, Theater-Korrespondenz.

— Was will er nur?, s.: Bloch's, Eduard, Theater-Korrespondenz.

— „wie Karl der Große!", s.: Bloch's, Ed., Theater-Korrespondenz.

Laufs, Carl, s. Laufs, Karl

Laufs, Fr., s. Bonafous, Matth.: Über die Kultur des Maulbeerbaumes.

Laufs, Fr., die Epochen Roms, ein histor. poetischer Versuch. Herausgeg. von J. W. Bornemann. 8. Elberfeld, Büschler. 820. Rthlr.

Laufs, Fr., d. Epochen Roms. Ein histor.-poet. Versuch. Herausg. von J. W. Bornemann. 8. Elberf. 820. (Schönian). 12 Gr.

Laufs, Fridericus (geb. am 14 Dez. 1810 in Wickrathberg bei Gladbach): Disquisitio diagnostica de carditide acuta ... Bonnae, typ. C. Georgii (1834). 4 Bl., 27 S. 4.
Bonn, Med. Fak., Diss. v. 20 Dez. 1834

Laufs, Karl

Laufs, Carl, ein Dummerjungenstreich, } s.a. Bloch's, Ed., Theater-Korresp.

Ein Dummerjungenstreich. Schwank in 1 Akt von Carl Laufs. Berlin: E. Bloch (1900). (32 S.) 8°
(Theater-Korrespondenz, Eduard Blochs. No 309.

Laufs, Carl, e. toller Einfall, s.: Universal-Bibliothek.

Laufs, Carl, am Hochzeitsmorgen, s. Theater-Mappe.

—— ein Jugendideal, s.a. Eckstein's Reise-Bibliothek.

— ein Jugendideal. Eine Liebesgeschichte im Style d. 19. Jahrh. 8. (76 S.) Berlin 886. Eckstein Nachf. n. 1. —

Die Logenbrüder von Karl **Laufs** und Kurt **Kraatz.** Schwank. Berlin: Bloch 1909. 143 S. 8°

—— Im goldnen Mainz. Preisgekrönte Localposse in 4 Akten. 8. (114 S.) Mainz 890, Wilckens. * 1 —

Auf Schleichpatrouille. Posse in 1 Akt von Carl **Laufs.** *Berlin: E. Bloch (1901).* (26 S.) 8° [F.]
= **Theator-Korrespondenz,** Eduard Blochs. No 312.

– dass., s.a. Bloch's, Ed.: Theater-Korrespondenz.

Laufs, Carl, Pension Schöller. Posse in 3 Aufzgn. Nach e. Idee v. W. Jacoby. 8. (107 S.) Berlin 898. E. Bloch. n. 3. —

Laufsport, der, s.a. Miniatur-Bibliothek.

Laufsport, (Der). Training d. Läufers auf alle Strecken. Schnellauf, Marathonlauf, Stafetten- u. Hürdenlauf. (56. S.) (Miniatur. Bibl. No. 862) Leipzig. 1910. M. —.10

Laufzettel, ärztlicher. 2.—6. Jahrg. 1895—1899. à 12 Hfte. (à ca. 35 S.) 12. München, Seitz & Schauer. à Jahrg. n. 2. —; 2 Explre. à Jahrg. n. 3. —; Saffianldr.-Etuis dazu à n.n. 3. —

Laufzettel, ärztlicher. VII.—IX. Jahrg. 1900—1902. à 12 Hfte. 12. (à ca. 32 S.) München, Verlag der ärztl. Rundschau. à Jahrg. n. 2. —; Hauptbuchformulare dazu, 4, 100 St. 1. 50

Laufzettel, ärztlicher. X.—XIII. Jahrg. 1903—1906. à 12 Hefte. (à Jahrg. 372 S.) kl. 8. München. Verlag der ärztl. Rundschau. à Jhrg. n. 2. —

Laufzettel, ärztlicher. XIV.—XVII. Jahrg. 1907—1910. à 12 Hefte. (à 32 S.) kl. 8. München, Verlag der ärztl. Rundschau. à Jahrg. 2. —

Laugel, Anselm, Etude sur le régime des impots directs en Alsace-Lorraine. gr. 8. (66 S.) Strassburg 902. J. Noiriel. n. — 80

Martin Feuerstein par A[nselme] Laugel. Strasbourg: J. Noiriel (1902). (16 S.) 4°
Aus: Revue Alsacienne Illustrée. Vol. 4. 1902.
(Biographies Alsaciennes. 11.)

Laugel, Anselme, Réflexions sur l'avenir intellectuel de l'Alsace. Conférence faite aux étudiants alsaciens-lorrains le 17. II. 1909. (15 S.) gr. 8. Strassburg (Brandgasse 2) 909. Expedition der illustr. elsäss. Rundschau. — 60

— Théophile Schuler. (Biographies alsaciennes.) gr. 4. (III, 32 u. XII S. m. Abbildgn. u. 7 Taf.) Ebd. 901. n. 8. —

— Louis Schützenberger. (Biographies alsaciennes.) gr. 4. (13 S. m. Abb. u. 14 Taf.) Ebd. (902). n. 8. —

— Georges Spetz. Illustrations par Ch. Spindler. (Biographies alsaciennes VI.) gr. 4. (28 S. m. 4 [3 farb.] Taf.) Ebd. 900. n. 5. —
3 Sonderabdrucke aus: „Revue alsacienne illustrée".

— Trachten u. Sitten im Elsass. Illustr. v. Charles Spindler. (In 30 Lfgn.) 1.—22. Lfg. Fol. (S. 1—176 m. Abbildgn. u. 44 farb. Taf.) Strassburg 900. L. Beust. à n. 1. 50

Laugel, A., Trachten u. Sitten im Elsass. Illustrationen v. Ch. Spindler. 23.—33. (Schluss-)Lfg. (XII u. S 177 bis 300 m. Abbildgn. u. 22 [21 farb.] Taf.) gr. 4. Strassburg 900—903. L. Beust. à n. 1. 50

Ⓑ — Trachten u. Sitten im Elsass. 900—903. (KBL 32. 34.) Leipzig, K. W. Hiersemann. Erh. Pr. 100. —

Laugel, Aug., der Mensch der Vorwelt. Eine Darstellung für gebildete Laien. Nach den Ergebnissen der neuesten Forschungen von Darwin, Lyell, Hurley, Owen u. A. bearb. Deutsch und mit Zusätzen verseh. von Hugo Hartmann. gr. 8. (86 S.) Leipzig 863, Gerhard. *

Die Freimaurer, was sie sind und was sie wollen. Ein Wort der Belehrung für Suchende von Otto Lauger. [um 1903.]
Recens: BstUJ. 2 (1903) Nr. 8.

Läuger, Otto, der unabhängige Orden d. Odd-Fellows. E. kurzer Abriß d. Geschichte u. Verfassg., s. Wesens u. Wirkens f. Odd-Fellows u. solche, d. es werden wollen. gr. 8. (15 S.) Leipzig 897. Th. Leibing. n. — 25

Laughlin, J. Laurence, aus dem amerikanischen Wirtschaftsleben, s. a. Aus Natur u. Geisteswelt.

Aus dem amerikanischen Wirtschaftsleben. Von J[ames] Laurence Laughlin, Chicago. Mit 9 graph. Darst. Leipzig: B. G. Teubner 1907. (160 S.) 8° [F.]
— Natur, Aus, u. Geisteswelt. Bdch. 127.

Clara E[lizabeth] Laughlin. Die Wandlungen eines Mädchenideals [The evolution of a girl's ideal]. Ein kurzer Bericht von dem Reifen d. Neigungen bis zu d. Zeit d. Liebe. Deutsch von Hänny Wolff. Berlin: Berliner Zeitschriftenvertrieb 1903. (67 S.) 8°

Laughton, John Knox, Drake—Blake—Hawke, s.: Perthes' Schulausgaben engl. u. französ. Schriftsteller. Nr. 51.

Laughton, John Knox, s. Meteorologie, die moderne.

Laugier, ..., Cours de Chimie, deutsch, s. Fr. Wolff, Vorlesungen.

Laugier, Zerlegung eines neuen Titan-haltigen Fossils. (Aus dem Journal de Pharm. August 1821. Uebersetzt von Dr. Meissner.) (Aus: Journ. f. Chem., N. R., 12. B., 2. Heft.)

Laugier, A.

Laugier u. Carpentier. Geschichte Ludwig Philipps. Deutsch bearb. von L. G. Förster. 8. Quedlinburg 1830.

Laugier, A., u. Charpentier, Geschichte Ludwig Philipps, Königs der Franzosen. Deutsch bearbeitet von L. G. Förster. In 3 Heften. 8. Quedlinburg 839. Basse. (à 1/3 ℛ) 1 ℛ

Laugier, Ed., u. A. v. Kramer, synoptische Tabellen, oder gedrängte Darstellung d. chemischen Verhaltens d. salzfähigen Basen. Aus d. Französ. Mit 8 Tabb. in gr. 4. gr. 8. Nürnb. 829. Schrag. 12 K

Laugier, Marc Antoine

Laugier, M. A. Neue Anmerkungen über die Baukunst ... A. d. Franz. ... Leipzig 1768. Ü: *Krubsacius, Friedrich August.* (Ky) (ML)

— neue Anmerkk. über d. Baukunst; nebst e. zweifachen Anhange, als: le Roi, Geschichte d. Einrichtung u. Gestalt d. christl. Kirchen von Kaiser Constantin d. Großen bis auf unsere Zeit, u. ein Vorschlag zu e. Komödien-Hause, (von Cochin). Aus d. Französ. übers. (von F. A. Krubsacius). Mit Kpf. gr. 8. Leipz. 768. Weidmann. 1 ℛ

Laugier, M. A. Über die Baukunst; a. d. Franz. Leipzig 1771. Ü: *Volckmann, Johann Jacob.* (Ky) (MGT)

Laugier, Marc Antoine. Geschichte der Unterhandlungen des Belgrader Friedens ... A. d. Franz. Leipzig 1769. Ü: *Welk, Carl Wolfgang Maximilian Reichsfreih. von.* (Ky)

Laugier, Abt, Geschichte d. Unterhandlungen d. Belgrader Friedens, d. 18. Sept. 1739, zwischen Oesterreich, Rußland u. d. Ottomann. Pforte. Aus d. Französ. (von K. W. M. v. Welk). 2 Thle. 8. Leipz. 769. Hilscher. 18 K

Laugier, Abt P., Versuch in d. Baukunst, neue Ausgabe genau übersehen u. verbess. u. mit e. Wörterbuche der darin befindl. Kunstwörter, auch mit d. Beantwortung d. von Frezier u. And. darwider gemachten Einwürfe versehen. 8. Jena 758. Melchior. (Gabler). (Knobloch in Leipz.) 20 K

Laugier, Abt P., Versuch über d. Baukunst; aus d. Französ. (v. J. J. Volckmann). 8. Leipz. 771.

Laugier, Robert de: Institutiones pharmaceuticae sive philosophia pharmaceutica. 328 S., gbd., 6 Taf.

Mutinae: 1788

JB 1.439

Laugier, Rob. de, institut. pharmaceuticae s. philosophiae pharmacevt. 3 Tmi. 8. maj. Mutinae. Graeffer. 788.

LAUGWITZ, Heinrich (Marienau): Bartholomäus Carranza, Erzbischof von Toledo geb. 1503, gest. 1576.- Kempten: Kösel 1870. VI,107 S.
4.7.1868 - Urk (Titel: De Bartholomaei Carranzae archiepiscopi Toletani vita et scriptis.);
F 44; Chr 1867/68,12
Diss. Ingolst.-Landsh.-Mchn.

Laugwitz, Heinr., Bartholomäus Carranza, Erzbischof von Toledo [geb. 1503, gest. 1576]. gr. 8. (VIII, 107 S.) Kempten 870, Kösel'sche Buchh. *

Laugwitz, Max: Experimentelle Untersuchungen über das Verhalten nicht-metallischer Gitter gegenüber elektrischen Wellen. Breslau 1907: Grass, Barth & Co. (34 S.) 8°
Breslau, Phil. Fak., Ref. Lummer-Pringsheim, Diss. v. 9. Jan. 1907
[Geb. 13. Okt. 79 Breslau; Wohnort: Breslau; Staatsangeh.: Preußen; Vorbildung: Johannes-Gymn. Breslau Reife O. 01; Studium: Breslau 12 S.; Rig. 7. Nov. 06.]

Lauheit, d., des Zeitalters gegen Religion &c. 8. Leipz. Bruder u. H. 806.

Lauheit, die, des Zeitalters gegen Religion u. Schrift &c. 2e Aufl. 8. Leipz. 806. (Schönian, in Elberf.) 16 ℛ

Lauheit, die, des Zeitalters gegen Religion u. Schrift &c. 2te Aufl. 8. Leipzig. 806. Jetzt Büschler in Elberfeld.

Lauhn, A. v., von Einführung der Schöffengerichte ist f. die Criminalrechtspflege kein Gewinn zu hoffen. Mit Bezug auf die Verhandlgn. d. 9. Juristentags in Stuttgart. 8. (28 S.) Köln 873. Du Mont-Schauberg. n. — 50

Lauhn, Arlov. (Osterfeld/Thüringen), Capita quaedam e jure communi hausta de civis aedes suas data opera incendentis impunitate. Lpz. (Staritz) 11. V. 1826. 26 S. (3.—) 20559

Lauhn, Bernh. Friedr. Rud.: „Abhandlung von denen Frohndiensten der Teutschen", Frankfurt a. M. 1754 (Varrentrapp). — Vorh.: Bibl. des Kammergerichts Berlin — Ec. 1135. — Dasselbe, mit Anmerkungen und Urkunden herausgegeben von J. Ch. Kuhn, Weißenfels 1785 (Severin). — Neue Auflage Weissenfels und Leipzig 1795.

LAUHN, Bernhrd. Friedr. Rdf.: Abhandl. v. denen Frohndiensten d. Deutschen, so entweder auf d. Person allein, od. dem vorhandenen Zugviehe zugleich haften, mithin als reell nicht anzusehen sind. N. A. Mit Anmerkungen u. Urkunden vermehrt v. Joh. Christ. KÜHN. *Weissenf.*, (Gebhard u. Reisland in *Lpz.*) (759.) 785. gr. 8. (10 Gr.)

— Abhandl. von d. Frohndiensten der Deutschen, so entweder auf d. Person allein, oder dem vorhand. Zugviehe haften &c. 8. Frankf. a. M. 760. Varrentrapp. 2 ℛ N. A. mit Anmerkk. u. Urkunden verm. v. Jh. Chr. Kühn. gr. 8. Weißenf. 785. (Weygand in Leipz.) 10 ℛ

— — Diatriba de ara et nummo dei termini. Lpz. (Breitkopf) (17. II.) 1753. 14 S. (4.—) 20563

— diatribe de ara et nummo Dei Termini. 8. Lips. 753. Langenheim. 3 ℛ

Lauhn, B. F. R., Beleuchtung eines, von d. Juristenfacultät zu H. im J. 1643. gesprochen. Urthels &c. 4. Lpz. Junius. 746.

Lauhn, Bhrd. Fr. Rud., († d. 2. Mai 1792.) Diss. epistolica de Cicerone artis medendi ac medicorum patrono. 4. Jena 750.

— Annae Luciae, paullo ante suae matronae sanctissimae, vitae curriculum moresque, scripsit monumenti ponendi causa. 8. Leipz. 770.

Lauhn, Bernh. Friedr. Rud.: Erörterung der Rechts-Frage: in wie weit das Recht eines Zwang-Backofens auf die Weiß-Back-Gerechtigkeit zum feilen Kauff zu ziehen sey? Sammt einigen beygefügten Urtheln. Franckfurt u. Leipzig 1752.

— Erörterung d. Rechtsfrage: In wie weit das Recht e. Zwangsbackofens auf die Weißbackgerechtigkeit zum feilen Kauf zu ziehen sei? 4. Jena 753. Güth. 3 ℛ

Lauhn, B. F. R., Ueber die Frohndienste der Teutschen. Mit Anmerkungen und Urkunden von Kuhn. 8°. Weissenfels 1785. 8°. Ebd. 1795.

— von Frohndiensten der Deutschen, u. Anmerk. v. Kühn. gr. 8. Weißenf. Böse. 795.

• Lauhn, von Frohndiensten; ist jetzt Verlag d. Weygandschen Buchh. in Leipz.

— — (Lausitz), Nutzbarer Gebrauch des wider klare Brief u. Siegel in denen Landen des Sächs. Rechtens anzustellenden remedii provocatorii. Lpz. (Friedr. Lanckischens Erben) 1746. 160 S. u. Reg. (4.60) 20562

— nutzbarer Gebrauch des wider klare Brief u. Siegel in d. Landen des Sächs. Rechts anzustellenden remedii provocatorii ex Lege: Si contendat, 28 D. de fideiussoribus. 4. Leipz. 746. Neue Aufl. unt. d. T.: nutzbarer Gebrauch d. Vorklage wider klare Briefe u. Siegel in den Landen d. Sächs. Rechts nach dem L. 28 D de fideiussoribus, angebl. abstammenden, aus dess. Handschriften verm. von Jh. Chr. Gruber. gr. 8. Leipz. 786. (Brockhaus). 12 ℛ

— Gebr. des in den Landen des sächsischen Rechtens anzustell. remedii provocatorii. 8. Lpz. Junius. 746.

— nutzb. Gebr. d. Vorklage wider klare Briefe und Siegel in den Land. des sächsisch. Rechts, erläutert von Gruber. gr. 8. Lpz. Gleditsch. 786.

— s. Gestalt, Die wahre, Herzog Albrechts d. V. . . .

LAUHN, Brnhd. Fr. Rdf.: Die Lehnsfolge der Mantelkinder, sammt Schild u. Helm in den Sächs. Landen. *Leipzig*, (Göthe.) 777. 8. (4 Gr.)

— d. Lehnsfolge der Mantelkinder f. Schild und Helm in den sächsisch. Landen. 8. Lpz. Göthe. 779.

— — Primae lineae successionis legitimae in feudo masculino. Meissen (Carl Friedr. Wilh. Erbstein) 1788. 24 S. (3.20) 20567

— primae lin. successionis legit. in feudo mascul. 8. maj. Meissen, Gödsche. 788.

— Diss. epistolaris Dotationis Cellae veteris literas sistens. 4. Jena 759.

— — Litteras quibus Withego, Numburgensis episcopus, conventui sanctimonialium in Brisenitz eccles. in Dorndorff addixit. Langensalza (Martin) 1760. 15 S. (5.—) 20564

— literae, quibus Withego, Numburgensis Episcopus, conventui sanctimonialium in Briseniz ecclesiam in Dorndorf addixit; cum observationibus. 4. Langens. 761.

— — Nuptiis Kuhn et Lauhnianis die 22. Nov. 1764 vinariae feliciter celebr. sacrum. spicil. de Monasterio closterroda dioeces. Halberstadiens. Weimar (Glüsing) 1764. 16 S. (5.—) 20566

— comm. epist. quid sit humaniter vivere. 4. Naumb. 751.

— Bernh. Friedr. Rud., Recursum ad comitia imperii universalia ob statibus imperii austvaegarum denegatam instantiam. Weimar (Sigism. Heinr. Hoffmann) 1739. 20 S. (4.—) 20560
Gew.: Just. Heinr. Foeckler.

— — De nuptiarum sollemnibus cum virgine elegant. Maria Christ. Kühn. Jena (Strauss) (1763). (4.—) 20565

— — (Sachs.-Weimar), Florum sparsio ad rubrum tituli cod. Theodosiani et Justiniani de silentiariis et decurionibus eorum. Erfurt (Joh. Chr. Hering) 2. I. 1743. 26 S. (5.—) 20561
Gew.: Joh. Mich. Langguth.

— spicilegium de monasterio Closterroda, dioec. Halberstad. cum ineditis literis publicis, monasteria Sittichenbach et Wiederstadt concernentibus. 4. Weimar. 764.

— epistola de usuris eadem in bonitate cum sorte solvendis 8. Jena 763.

Lauigkeit im Christenthume, über die. Christl. Betrachtungen für die Fastenzeit. 8. Leitmeritz 835. Medau'sche Buchh. ¼ ₰

Lauingen [Sachl. OW]

Lauingen. Gemessen im Jahre 1824. Vom K. Steuer-Kataster. 1 : 2500. 1 Bl.

Lauingen [Schlagwort]

Lauingen, s.: Deutschland. Kürschner-Peip.

Lauk, Ernst, aus Erlangen: Über Benzolkohlenwasserstoffe mit zwei doppelten Bindungen in der Seitenkette und ihre Reduktion zu Styrolen der Δ²-Reihe. *Erlangen 1904: Junge & Sohn.* (37 S. 8°
Heidelberg, Naturw.-math. Diss. v. 1904

Lauk, Friedrich [aus Fürth]: Heilungsresultate der Unterschenkelfrakturen ... Erlangen, k. b. Hof- u. Univ.-Buchdr. v. F. Junge, 1895; 52 S. 8.
Erlangen, Med. Fak., Inaug.-Diss. v. [18.] Dez. 1894

Lauk, J. J., über d. Ungehorsam in bürgerl. Rechtsstreitigkeiten. Inauguralabhandl. 8. (4½ B.) Würzburg 827, (Stahel.)

Lauk, Joh. Jak., Gesetz vom 26. März 1859, die Gewährleistung bei Viehveräußerungen betreffend, s. Gesetzgebung, die, des Königr. Bayern.

Lauk, Joh. Jak., Handbuch d. deutschen Civilprozesses, s. Seuffert, Joh. Ad.

– Kommentar über die bayerische Gerichtsordnung, s. Seuffert, J. A.

Lauk, Jh. Jak., s. Seuffert, Jh. Adm., Handbuch des deutschen Civilprozesses.

Laukamm, Wichard, Anregung d. Phantasie im bibl. Geschichts-Unterricht. gr. 8. (131 S.) Leipzig 895. Dürr'sche Buchh. n. 1.50

Laukamm, (Wichard), Grundzüge der Gabelsberger'schen Stenographie f. Volksschulen. (2. Taus.) (44 S.) 8. Wolfenbüttel (910). Heckner. — 60

Laukamm, (Wichard), biologisches Herbarium. Neugestaltung des Herbariums auf morphologisch-physiolog. Grundlage. (58 S.) 8. Nürnberg (910). F. Korn. 1.20

Laukamm, Wichard, unser Körper. Mit vergleich. Ausblicken auf die Tierwelt u. ausgewählten Kapiteln aus der Gesundheitslehre. (III, 88 S. m. 1 farb. Taf.) 8. Meissen (906). Sächs. Schulbuchh. Kart. n. 1.20

— Leitfaden der Gabelsbergerschen Stenographie f. Militärpersonen. (IV, 38 S.) 8. Wolfenbüttel 907. Heckner. nn — 80

— unsere Pflanzenwelt. Einzelbeschreibungen f. Schule u. Haus. 8 Lfgn. (VIII, 269 S.) gr. 8. Meißen 908. H. W. Schlimpert. à n. 1. —

— Seidenraupenzucht, s.: Unterricht. der landwirtschaftliche, im Lehrerseminar. 3. Tl.

— Sporenpflanzen. Für Schule u. Haus, f. Lehrer u. Schüler bearb. (III, 47 S.) 8. Nürnberg 909. F. Korn. 1. —

Laukamm, Wich., 100 Tierbetrachtungen. gr. 8. (XVI, 356 S.) Meißen 903. H. W. Schlimpert. n. 3.50; geb. n.n. 4. —

— Vorbereitungen auf den tierkundlichen Unterricht. Für Lehrer u. Lehrseminaristen. gr. 8. (XI, 536 S.) Ebd. 901. n. 5.50; geb. n.n. 6.25

Laukhard, Chr. Fr. Thdr., beurkund. Ausführung d. Rechtsansprüche des Leiningischen Gesammthauses gegen Nassau, auf d. N. Grafschaft Saarwerden rc. Fol. Guntersblum 790. Nachtrag dazu. Fol. Ebd. 790.

Laukhard, Friedr. Christian

— — Stein's, Wilhelm, Abentheuer, von ihm selbst, und hrsg. von Laukhard. 2 Thle. Altenburg 1810. 8°. (2⅓ Rthl.) Selten!
Auch auf damaliges Studentenleben bezüglich. — Goedeke, 1, c., 47, 18.

— — Dasselbe (nur neue Titel-Auflage): Abentheuerliche und wahrhafte Begebenheiten des Amtmann St*** (Stein) und seiner Familie. 2 Thle. Altenburg u. Leipzig, bei Wilh. Ernst Richter. 1814. 8°.
1: Tit., IV S. Vorr. (unter der sich F. C. Laukhard nennt) u. 288 S. 2: Tit. u. 366 S.

Laukhard, Fr. Chr., († d. 28. April 1832.) Abriß d. Röm. Geschichte, zu Vorlesungen. 8. Halle 783.

Anekdoten und Charakterzüge in den Feldzügen gegen die Neufranken gesammelt. 2 Bde. Halle 1794 bis 95. 8°. (2 Mk. 50 Pfg. Lippert, Halle, Cat. 28: Selten! — Jetzt theurer!)

— — Anekdotenbuch oder Sammlung unterhaltender und lehrreicher Erzählungen aus der wirklichen Welt. Erster (u. einz.) Theil. Mit Titelkpfr. von Hoppe. Leipzig, G. Fleischer d. J., 1802. 8°. VIII—348 S. (6 Mk. Jul. Neumann, Magdeb., 1906; 8 Mk., br., unbeschn., Gust. Fock, Lpz., 1907; 15 Mk., etw. fleckig, Adolf Weigel, 1907.)
Nur in einem (Weigel'schen) Cataloge Laukhard zugeschrieben.

§ — — Annalen der Universität zu Schilda, oder Bocksstreiche und Harlekinaden der gelehrten Handwerksinnungen in Deutschland. Zur Auflösung der Frage: Woher das viele Elend durch so manche Herren Theologen, Aerzte, Juristen, Kameralisten u. Minister? 3 Thle. O. O. (Leipzig) 1798—99. 8°. (Auch in Darmstadt.) (24 Mk. Gust. Fock, 1907; 40 Mk., schönes Expl., Edm. Meyer, Berlin, 1908; 25 Mk. Adolf Weigel, 1908.)
Satirischer Roman aus dem Studentenleben mit besonderer Beziehung auf Giessen. Stellenweise derb und frei. Vgl. Neue Allg. dtsch. Bibl. 46, 60 ff.; 53, 328—30. VIII—435, IV—202, IV—351 S. Gesucht und selten!

— Annalen d. Universität von Schilda, (anonym erschienen). 3 Thle. 8. Leipz. 798. 99. Gr. Fleischer. 3 ₰ 4 g.

– s. Arco, Giovanni Battista Gherardo d': Abhandlung über den Einfluß des Handels . . .

— — Astolfo, eine Banditengeschichte. 3 Thle. Pegau 1801. (Joachim in Lpz.). 8°. (3½ Rthl.)
Kayser p. 72, ohne Jahrsangabe, wo auch die folg. Ausgabe.
— — Dasselbe. 2 Thle. Leipzig, H. Richter, 1803—5. 8°. (2⅓ Rthl.)
Goedeke 525, 47, 12. — Beide Drucke selten!

– Abentheuerliche . . . Begebenheiten . . ., s. Laukhard: Wilhelm Stein's Abentheuer.

— — *F. C. Laukhards* („Magisters der Philosophie, u. jetzt Lehrers der ältern u. neuern Sprachen auf der Universität zu Halle"), Begebenheiten, Erfahrungen und Bemerkungen während des Feldzugs gegen Frankreich. 2 Thle. in 3 Bdn. Nebst dem Bildnisse des Vf. (Medaillon-Brustbild nach links). Leipzig, in Commission bey Gerhard Fleischer d. Jüng., 1796—97. 8°. (4½ Rthl.) (Besitzt Herr Hauptm. a. D. u. Bahnhofsverwalter E. Heuser in Speier.)
I: XVI—528 S. II, 1: Titel, 508 S., 1 Bl. Druckf. II, 2: Titel u. 362 S. — Diese 3 Theile der Laukhard'schen Gesammtbiographie bilden ein selbständiges Ganzes.
— — Dasselbe. 2 Thle. in 3 Bdn. Ebd. 1801. 8°. (25 Mk. Jul. Neumann, Magdeb., 1906.)

– s.a. Beiträge und Berichtigungen zu Herrn Dr. Karl Friedrich Bahrdts Lebensbeschreibung . . .

BAHRDT, Dr. Karl Friedr. (1741—92). — Beyträge u. Berichtigungen zu Herrn Dr. Karl Friedrich Bahrdts Lebensbeschreibung, in Briefen eines Pfälzers. (Verfaßt von *Friedr. Christian Laukhard.*) — Zier-Vignette in Holzschnitt. („Semper ego auditor, tantum nunquamne reponam?" Juv.) (Druckerst.) O. O. 1791. 8°. VI—248 S, (6 Mk. Friedr. Klüber, München, c. 1905.)
Eine der heftigsten Kampfschriften gegen Bahrdt; schildert viele pikante Vorfälle aus Bahrdts Leben, die verkommenen Zustände an dessen Philanthropie in Heidesheim u. verschied. andere Skandalgeschichten. Schlecht kommt auch der Frankenthaler berüchtigte „Nachdrucker" Gegel weg.

— Beyträge und Bericht. z. C. Fr. Bahrdts Lebensbeschreibungen in Briefen. 8. Halle, Hendel. 798.

— — Bernini, Lelio —, und Adela. Eine Erzählung. Leipzig. Gerhard Fleischer d. Jüng., 1805. 8°. 113 S.
Zuerst in des Vf. „Erzählungen und Novellen". Ebd. 1800. Bd. I, Nr. 1.

— Bild d. Zeiten, s. Bild, u. setze hinzu: (v. Fr. Chr. Laukhard). (Die 1e Aufl. erschien 1801.)

– s.a. Bonaparte und Cromwell.

Bonaparte und Cromwell. Ein Neujahrsgeschenk für die Franzosen von einem Bürger ohne Vorurtheil, übersetzt (verfasst) von *Chr. Laukhard*. Halle 1801. 8°. (1 Mk. 40 Pfg. Lippert, Halle, 1892; jetzt viel theurer!) Höchst selten!

Laukhard, F. F., Bonaparte u Cromwell. 12. 801. Hat jetzt Lauffer in Leipzig.

Laukhard, F. C., s.a. Briefe eines preuß. Augenzeugen über d. Feldzug d. Herzogs v. Braunschweig geg. d. Neufranken . . .

— — Briefe eines preußischen Augenzeugen über den Feldzug des Herzogs von Braunschweig gegen die Neufranken im Jahre 1792. 7 Packen (sic!). (Pack 5—7 m. d. Titel: „Neue Briefe" . . . Pack 1—3.) Germanien (Hamburg) 1793—98. 8°. (Ein schönes cplts. Expl. im Besitze des Herrn Hauptmanns a. D. Heuser in Speier.) (Nur 5 Thle., 1794—96, offerirte für Mk. 18— Bernh. Liesching, Lpz., 1907.)
So cplt. eine Seltenheit! 198, 240, 288, 240 u. 241—490. 218, 122, 160 S. (Pack 5—7 mit Doppeltitel.) Als Verfasser von Pack 3—4 wird Franz Heinr. Bispinck genannt in Ernst Rassmann's Münsterländ. Schriftsteller-Lex., 1866, S. 25.

(Laukhard, F. C.) Freimüthige Briefe über Doctor Bahrdts eigne Lebensbeſchreibung. [Folgt Motto aus Juvenal.] Berlin und Leipzig 1791. 8°. 208 S.
Goedeke IV: 329, 81 b.

Briefe (11) über Jena (von *Chrn. Friedr. Laukhard*). (5 Zeilen engl. Motto aus Edm. Burke.) Frankfurt und Leipzig (Gera, Heinsius). 1793. 8°. (Auch in Dresden: Hist. Sax. H. 1195; ferner in Berlin, Magistratsbibl.) (6 Mk. Max Harrwitz, 1904; im Preise steigend.)
Anon.-Lex. VI. p. 112 (nach Pabst, Th. Müllers Jugendleben. 1861, und Erman & Horn, Bibliogr. d. dtsch. Universitäten. 2. Lpz. u. Berlin 1904).
XXIV—144 S. Wenig bekanntes, aber sehr bemerkenswerthes Kulturbild mit wichtigen Nachrichten über Schiller und seine Jenenser Stellung. Vf. ergeht sich diesem „Coloss unter den Geistern" gegenüber in enthusiast. Lobpreisungen, bringt aber sonst die heftigsten Ausfälle über die damaligen Jenenser Zustände. Hier einige Proben:

– s.a. Briefe, Vertraute, eines alten Landpredigers . . .

Laukhard, F. Chr., vertraute Briefe e. alten Landpredigers an einen s. jüng. Amtsbrüder. 8. Altenb. W. C. Richter. 811.

— — Briefe, Vertraute, eines alten Landpredigers an einen seiner jüngeren Amtsbrüder. Halle 1811. 8°.
Goedeke V, 525, 47, 19. — Nicht im Anon.-Lex.

— Carmina et Epigrammata quaedam selecta. 8. Gütting. 780.

v. Laukhard, Fr. Chr., Corilla Danobini (hat auch Joachim in Leipzig).

§ — — Corilla Donatini, oder Geschichte einer empfindsamen Buhlerin. Halle 1804. In J. C. Hendels Verlage. 8⁰. (In Darmstadt: E 3967.) (6 Mk. Jul. Neumann, Magdeb., 1906 13 Mk. Martin Breslauer's Berliner Octob.-Auct. 1910, no. 1838.)
IV—268 SS. Ziemlich zahmer Roman, nicht häufig. — Neue Allgem. dsch. Bibl. 74, 462.

– s. Eickemeyer, Rudolf: Denkschrift über die Einnahme der Festung Mainz.

— — Emigranten, Die, oder Geschichte der Familie des Grafen von Vitacon. 2 Bde. Leipzig und Pegau 1802. 8⁰. (2 1/3 Rthl.) Selten! (6 Mk. Jul. Neumann, Magdeb., 1906.)

— die Emigranten, od. Geschichte des Grafen v. Viracon. 8. Pegau 801 u. 802. H. Richter in Leipz. 2 ß 8 gr

— Erzählungen und Novellen. 1s. und 2s Bdchen. 8. Ebend. 800. (1s 1 Rthlr. 12 gr. 2s 1 Rthlr.)

— — Erzählungen und Novellen. 2 Bdchn. Leipzig, bey Gerhard Fleischer, dem Jüngern 1801. 8⁰. (18 Mk., etwas fleckig, Paul Graupe, Berlin, 1909; 35 Mk. Auct. Deneke, no. 693.) Einiges frei.
Erstes Bdchn.: XII—427 S.
Zweytes Bdchn.: 1 Bl., 278 S.
— — Dasselbe. 2 Bde. Ebd. 1809. 8⁰. (4 Mk. 80 Pfg. J. Eckard Mueller, Halle, 1905.)
Goedeke, l. c., 9, hat „1806".

§ — — Fasten-Ressource. Hrsg. v. Laukhard u. Dornensteg. (7 Portionen in 1 Bdchn.) Mit satyr. Kpfr.-Vign. (Schaub del.) u. 1 S. Musik. Halle, gedruckt bey Joh. Chr. Hendel 1800. 8⁰. (In München: P. o. germ. 799 p.) (4 Mk. R. Bertling, Dresden, 1892; jetzt theurer!)

— Fastenressourse (auch Joachim in Leipzig).

* — — Gebrian, Marki (!) von, oder Leben und Abentheuer eines französischen Emigranten. Ein politisch-komischer Roman. 2 Thle. Leipzig 1800. 8⁰. VIII, 264 S. u. 1 Bl., † 262 S. (In Berlin: Yw 4931.) (7 Mk. Jul. Neumann, 1906; 17 Mk. A. Buchholz, München, 1908; 7 Mk. 50 Pfg. I. St. Goar, Frf. a. M., 1909.)
Neue Allg. dtsch. Bibl. 66, 352.

— Marquis v. Gebrian, od. Ränke u. Schwänke eines franzöf. Emigranten. 2 Thle. 8. Leipz. 800. Gr. Fleischer. 2 ß

– s. Institutiones theologiae dogmaticae examinis forma . . .

— — Krieg, Der, der Fünfkäfer und Bierhengste. Hrsg. von Dr. Viktor Petersen (zus. mit Eulenkapper). Stuttgart, Verlag von Robert Lutz (c. 1910). 8⁰. (Br. Mk. 4,50; Hldr. 6—.)

— Eulenkappers Leben u. Leiden. 8. Halle 803. Hendel. 20 gr

— Eulenkapper (auch Joachim in Leipzig).

§ — — Eulerkappers Leben und Leiden; eine tragkomische Geschichte. Halle, 1804. In J. C. Hendels Verlage. 8⁰. (In Darmstadt.) (6 Mk. Adolf Weigel, 1893; 12 Mk. Strobel, Jena, c. 1905; 13 Mk. 50 Pfg., Auct. Deneke, no. 694, wo aber 254 S. angegeben sind.)
IV—268 SS.
— — Dasselbe. Nach der Ausgabe von 1804 neu gedruckt. Gießen, Ricker, 1839. 8⁰. 254 S. (Orig.-Hlwd. Mk. 2,50.) (1 Mk. 50 Pfg. Gust. Fock, 1907.)

§ GIESSEN. — Lauckhard, Friedr. Chrn. (1758—1822), Eulerkappers Leben und Leiden; eine tragischkomische Geschichte. Allen seinen lieben Freunden in der ihm unvergesslichen Stadt Giessen widmet diese erbauliche Historie unter Versicherung seiner Achtung und Freundschaft der Verfasser. Halle 1804. In J. C. Hendels Verlage. 8⁰. (Auch in Darmstadt.) IV—268 S. (36 Mk. [so!], Adolf Weigel, c. 1905:)
Goedeke V, 525, 15. Originalausgabe des berühmten u. berüchtigten Studentenromans, der in Giessen spielt, und das liederliche Treiben in den akademischen Kreisen schildert.
— — Dasselbe. Nach der Ausgabe von 1804 neu gedruckt. Giessen 1889. 8⁰. (2 Mk. 50 Pfg. der Vorige.)

Laukhard's, F. Ch., Leben u. Schicksale, bearb. v. Vikt. Petersen, s. a. Memoirenbibliothek. II. Serie.

— — („vorzeiten Magister d. Philos. u. jetzt Musketier unter dem von Thaddenschen Regiment zu Halle"), Leben und Schicksale von ihm selbst beschrieben, und zur Warnung für Eltern und studierende Jünglinge herausgegeben. Ein Beitrag zur Charakteristik der Universitäten in Deutschland. 5 Bde. Mit Portrait u. 1 Kpfr. (von Chodowiecki). Halle und Leipzig 1791—1802. 8⁰. (75 Mk., cplt., J. Eckard Mueller, Halle a/S., 1905; 4 Thle.: 1—2. Halle 1792; 3—4. Leipzig 1796—97, 30 Mk., schadh. Expl., Südd. Antiqu., München, 1907; 45 Mk. Gust. Fock, Lpz., 1908; 4 Thle. in 5 Bdn., 1792—97, Leihbiblexpl., 75 Mk. Adolf Weigel, 1906.)
Diese renommirte Selbstbiographie ist von erheblicher kulturgeschichtlicher Wichtigkeit besonders für Stadt u. Universität Halle. Vollständige Exemplare sind ausserordentlich selten und kaum noch aufzutreiben.

— Leben u. Schicksale, von ihm selbst beschrieben. Mit Kpf. 1r u. 2r Thl. 8. Halle 792. (Reinike). 2 ß 8 gr 3r u. 4r Thl. (A. u. d. T.: Begebenheiten während d. Feldzugs gegen d. Neufranken.) 8. Leipz. 796. 801. Gr. Fleischer. 4 ß 8 gr 5r Thl. Bemerkk. u. Erfahrr. bis zu Ende d. J. 1802 enthaltend. 8. Ebd. 802. 1 ß 12 gr

— Leben und Schicksale von ihm selbst beschr. 1r und 2r Thl. 8. Halle, Ruff. 792. (1r 1 Rthlr. 2r 1 Rthlr. 8 gr.)

Laukhard, Friedr. Christian: F[riedr.] C[hristian] **Laukhards Leben und** Schicksale, von ihm selbst beschrieben, und zur Warnung für Eltern und studierende Jünglinge hrsg. Th. 1—5. Halle: Michaelis & Bispink; [Th. 3—5:] Leipzig: Fleischer in Comm. 1792—1802. 8⁰
1. 2. . . **Ein Beitrag zur Charakteristik der Universitäten in Deutschland.** 1792.
1. Mit e. Titelkpfr. XVI, 396 S.; 2. 512 S.
3. . . welcher dessen Begebenheiten, Erfahrungen u. Bemerk. während d. Feldzugs gegen Frankreich von Anfang bis zur Blokade von Landau enthält. Nebst d. Bildn. d. Verf. XVI, 528 S. 1796.
4. . . welche d. Forts. von dessen Begebenheiten, Erfahrungen u. Bemerk. während des Feldzugs gegen Frankreich enthält. Abth. 1. 2. 1797.
1. 508 S.; 2. 369 S.
5. . . welcher dessen Begebenheiten und Erfahrungen bis gegen das Ende des Jahres 1802 enthält. VIII, 318 S. 1802.

Auszug in: °D. polit. Literatur d. Deutschen im 18. Jh. Th. 3; °Deutsche Zustände in den siebziger u. achtziger Jahren d. vorigen Jh. 1848; °Deutschland im 18. Jh. 3 1851. Kl. 2788. Entb. zerstreute Notizen üb. Studentenorden, speziell üb. die Amicisten [T. 1 1792 S. 156—167], denen Verf. selbst angehörte.

[N. Ausg. u. d. Tit.:]

Magister F[riedr.] Ch[ristian] Laukhards Leben und Schicksale. Von ihm selbst beschrieben. Deutsche und französische Kultur- und Sittenbilder aus dem 18. Jahrhundert. Bearb. von Viktor Petersen. Einl. von Paul Holzhausen. Bd 1. 2. Stuttgart: Lutz 1908. 8°

1. XXVIII, 315 S. 1 Taf.; 2. 351 S. (Memoirenbibliothek. Ser. 2. Bd 15.)

Üb. Laukhard s. Allgem. Deutsche Biographie Bd 18 1883 S. 42—49 (G. Baur); Goedeke: Grundriss der Gesch. der deutschen Dichtung 2. Aufl. Bd 5 1893 S. 524—525.

Laukhard, F(riedrich) Ch(ristian). Magister F. Ch. Laukhards Leben und Schicksale, Von ihm selbst beschrieben. Deutsche und französische Kultur- und Sittenbilder aus dem 18. Jahrhundert. Bearb. von Dr. Viktor Petersen. [Mit] Einleitung von Paul Holzhausen. 2 Bände. [1. Aufl.] u. 2. Aufl. u. 3. unveränderte Aufl. 8. Stuttgart, Robert Lutz, 1908. [*zus.* M. 11.—, geb. Lwd. 13.—, Hfz. 15.—]

Band 1. [Mit Porträt-Tafel.] XXXII + 316 S. — Band 2. 352 S. (Memoirenbibliothek. Serie II. Band 14 u. 15....)

Darin Bd. 2, S. 318—319: Durchreise des Verf. durch Basel 1795; *s. auch Bd. 2, S. 287. 298/301 etc.*

LAUKHARD, Fr. Chr. Leben und Schickſale. Von ihm ſelbſt beſchrieben. Deutſche und franzöſiſche Kultur- und Sittenbilder aus dem 18. Jahrhundert. Bearbeitet von V. Peterſen. Einleitung von P. Holzhauſen. Mit Porträt. 4. Auflage. 2 Bde. Stuttgart 1908. 8°. XXX, 316 und 352 S. (Memoiren-Bibliothek.)

CARL MAGNUS, Rheingraf. — *Laukhard, Friedr. Christian,* Leben u. Thaten des Rheingrafen Carl Magnus, den Joseph II. auf zehn Jahre in's Gefängnis nach Königstein (in Nassau) schickte, um da die Rechte der Unterthanen und anderer Menschen respektiren zu lernen. Zur Warnung für alle winzige Despoten, Leichtgläubige und Geschäftsmänner geschildert von —. O. O. 1798. 8°. XII—355 SS.

Interessante Scandalchronik dieses ehemaligen Pfälzer Regenten. (6 Mk. Isaac St. Goar; 24 Mk. Paul Alicke, Dresden, 1909.)

— — Magnus, Carl, Rheingraf (1718—95). — Laukhard, Friedr. Chrn., Leben und Thaten des Rheingrafen Carl Magnus, den Joseph II. auf zehn Jahre ins Gefängniss nach Königstein (bei Frankf. a. M.) schickte, um da die Rechte der Unterthanen und anderer Menschen respectiren zu lernen. Zur Warnung für alle winzige Despoten, Leichtgläubige u. Geschäftsmänner. O. O. (Leipzig) 1798. 8°. XII—355 S. (6 Mk. Paul Neubner, Cöln, 1893; 6 Mk. Isaac St. Goar, Frankf. a. M.; 28 Mk. Bernhard Liebisch, Lpz., 1907.)

— — Dasselbe. Hrsg. von Dr. Viktor Petersen. Stuttgart, Verlag von Robert Lutz (c. 1910). 8°. (Geheft. Mk. 4,50; Hldr. 6—.)

— Leben u. Thaten des Rheingrafen Karl Magnus, den Joseph II. auf 10 Jahre nach d. Königstein schickte &c. 8. Leipz. 798. Gr. Fleischer. 1 ℛ 8 gl

— neues franzöſ. Leſebuch, od. Anleitung zur Uebung in der franzöſ. Sprache. 8. Leipz. 797. 2e A. 805. 3e A. 813. Gr. Fleiſcher. 8 gl

— — Melana. Aus einem italienischen Manuscript übersetzt von F. C. Laukhard. Altenburg, W. E. Richter, 1809. 8°. (1 Rthl.)

— — Dasselbe. Leipzig 1809. 8°. VIII—312 S.

Goedeke V, 525, 47, 17.

— Melana; aus e. italien. Manuſcripte. 8. Leipz. 809. Lauffer. 1 ℛ

— — Mosellaner- oder Amicistenorden, Der, nach seiner Entstehung, inneren Verfassung und Verbreitung auf den deutschen Universitäten dargestellt und zur Zurechtweisung der Schrift: Graf Guido von Taufkirchen .... herausgegeben. Halle 1799. 8°. VIII, 139 S. Rar!

Neue Allg. dtsch. Bibl. 63, 577. — Goedeke V, 525, 47, 6.

Gegen: Graf Guido von Taufkirchen, oder Darstellung des zu Jena aufgehobenen Mosellaner-Ordens .... (von Bernhard v. Turin). Weissenfels und Leipzig 1799. (Sehr selten!)

Vgl. Anon.-Lex. IV. p. 157, nach: Wilh. Erman u. Ewald Horn, Bibliogr. der deutschen Universitäten. Lpz. u. Berlin 1904—5.

— der Moſellaner- od. Amiciſten-Orden, nach ſr. Entſtehung, Verfaſſung u. Verbreitung auf deutſchen Univerſitäten dargeſtellt. 8. Halle 799. (Böhme in Leipz.) 12 gl

— — Räuber, Der, seiner eignen Braut. Eine Erzählung. Leipzig, Fleischer d. Jüng., 1805. 8°.

144 S. Zahm. — Zuerst in des Vf. „Erzählungen u. Novellen". Bdchn. 2. Ebd. 1800. Nr. 1.

— s. Reichs-Armee, Die, in ihrer wahren Gestalt ...

Laukhard, Frdr. Chr. Dissertatio de Ruperto Palatino. 4. Halae 1783.

§ — — Sammlung erbaulicher Gedichte für alle die, welchen es Ernst ist das Wohl ihrer Unterthanen, Untergebenen und Mitmenschen nicht nach dem wankenden Tiger- und Fuchs-Gesetze des Stärkern oder Listigern zu untergraben .... Mitunter ein Zuchtspiegel für die politischen Vampyrs und ein Noth- und Hülfsbüchlein für die, welche von ihnen widerrechtlich geplagt werden. 2 Bde. Mit 1 interess. Titelkpfr. Altona, auf Kosten des Herausgebers (Laukhard). (Leipzig, E. Fleischer) 1796. Gr. 8°. (Auch in Breslau, Stadtbibl., in Stuttgart u. in Darmstadt: E 4357.) (4 Mk. Erras, Frankf. a. M., 1878; 6 Mk. Baer & Co., vor 1885; 15 Mk. Auct. Deneke no. 690.)

Satyr.-polit. (nichterot.) Poesien. CII u. 464 fortl. gez. SS., nebst 5 Bl. Reg. zum 2. Bde., welcher mit S. 143 beginnt.

— — Dasselbe, titulo: Zuchtspiegel für Fürsten und Hofleute, für Theologen und Kirchenlehrer, für Adlige, Eroberungskrieger, Advocaten und Aerzte. Paris (Lpz.) 1799. 8°.

Neue Allg. dtsch. Bibl. 53, 317; Anh. zu 29—68, 2, 685; ferner Weller, fing. Druckorte, p. 166.

§ — — Schilderung der jetzigen Reichsarmee nach ihrer wahren Gestalt. Nebst Winken über Deutschlands künftiges Schicksal. Kölln, P. Hammer (Leipzig, E. Fleischer), 1796. 8°. 254 S. (In München 2 Expll.: Jus. publ. g. 406, 1, oder 424 k.) (4 Mk. Scheible, Cat. 177.)

Weller, fing. Druckorte. — Selten!

— ſ. Wilh. Steins Abentheuer.

— — Wolfstein, Franz, oder Begebenheiten eines dummen Teufels. (Freier Studenten-Roman.) 2 Bde. Mit 1 Titelkpfr. Leipzig, bei Gerhard Fleischer d. Jüng. 1798. 8°. (15 Mk. A. Buchholz, München, 1908.) Rar! XX—460 u. IV—516 S.

— Franz Wolfſtein, oder Begebenheiten eines dummen Teufels. 2 Bde. 8. Leipz. 799. Gr. Fleiſcher. 3 ℛ

— — Zuchtspiegel für Adlige. Paris (Leipzig, G. Fleischer) 1799. 8°. (1 fr. Schneider, Basel, Cat. 129.)

— — Zuchtspiegel für Eroberungskrieger, Advokaten und Aerzte. (Anthologie revolutionärer und sarkastischer Gedichte, Bruchstück einer grösseren Sammlung, mit neuem Titel apart ausgegeben; vgl. Vorr. des ungenannten Verlegers.) Paris (Leipzig, G. Fleischer) 1799. Gr. 8°. (1 Mk. 50 Pfg. G. Lau, München, 1892; jetzt theurer!)
Tit., 1 Bl. Vorr. u. S. 363—448, nebst 3 S. Inh. u. 1 Bl. Druckf. (S. 431—432 in dieser Sonder-Ausgabe cassirt.) — Dr. Franz Schnitzer's Bibl. München 1902. Nr. 264.

– Zuchtspiegel für Fürsten und Hofleute . . .,
s.a. Laukhard: Sammlung erbaulicher Gedichte . . .

— — Zuchtspiegel für Fürsten und Hofleute. Paris (Leipzig, G. Fleischer) 1799. 8°. 143 S. (142?) (4 Mk. 50 Pfg. Rich. Bertling, Dresden, 1895; 9 Mk. J. Rosenthal, c. 1903; 18 Mk., unbeschn., Gust. Fock, 1907.)
Satyrische und andere Gedichte über Fürsten, Hofleute u. Hofwesen.

— — Zuchtspiegel für Theologen und Kirchenlehrer. Paris (Leipzig, G. Fleischer) 1799. 8°. (3 Mk. J. Neumann, Magdeb., 1906; 18 Mk. G. Fock, 1907.)

Laukotsky, V.: Wie sollen fremde Sprachen gelehrt werden? 30 S. 8°. – Görz, Progr. 1853.

Laukotsky, Vinzenz, theoret.-prakt. Anleitung zur schnellen Erlernung der italien. Sprache. gr. 8. Prag 842, Kretzschmar. 3/4 ℛ

de Laulnaye, ..., Geschichte d. Religionen u. Gottesverehrung aller alten Völker der Welt. 1e Lief. mit Kpf. gr. 4. Erlang. 793. (Heyder). 2 ℛ Schweiz. Pap. 3 ℛ

[F.] **Laumann**, *Heinrich:* Aufgaben über Maxima und Minima für die Prima des Realgymnasiums. *Quakenbrück, Druck v. H. Buddenberg, 1897.* 3—24 S., 1 Taf. 4.
Quakenbrück, RG, OP 1897 (348)

Laumann, Joh., s. Musterplan f. landwirthschaftliche Bauten in Mähren.

Laumann, Theodor, a. Quakenbrück: Über den Isomorphismus von Gruppen linearer Substitutionen mit reellen und mit komplexen Koeffizienten. Göttingen 1907: Dieterich. (63 S.) 8°
Göttingen, Phil. Fak., Ref. Minkowski, Diss. v. 21. Jan. 1908
[Geb. 9. Jan. 85 Quakenbrück; Wohnort: Quakenbrück; Staatsangeh.: Preußen; Vorbildung: Realgymn. Quakenbrück Reife O. 02; Studium: Göttingen 2, Halle 2, Göttingen 6 S.; Rig. 1. Aug. 07.]

Laumann, *Heinrich Robert* Wilhelm [aus Nordhausen]: Die Semina Quercus. E. Beitr. z. Geschichte d. Arzneimittel ... Halle a. S., Hofbuchdr. v. C. A. Kaemmerer & C., 1897; 23 S., 1 Bl. 8.
Halle, Med. Fak., Inaug.-Diss. v. 9. März 1897

Geschichte des Montjoier Landes, speziell d. ehemaligen fränkischen Königshofes Conzen, in polit. u. kirchl. Beziehung. Von Heinrich **Laumans**, Pfarrer. (Bd 1.) Montjoie: Salzburg (1908). 8° 4tt. 5611

Laumen, Adph., vier Kanzel-Vorträge mit Beziehung auf das bevorstehende Concil. Düsseldorf 870. J. P. Mischel. 4. (23 S.) n. 5 ngr.

Laun, A., und F. **Ruperti**, fremde Dichtungen, s. Ruperti, F.

Laun, A. Die Dorfkirchhofselegie und ihr Dichter. Oldenburg, G., 1856. 18 S. Progr.

Laun, A. Ueber Yriartes literarische Fabeln. Oldenburg, G., 1868. 18. S. 4. Progr.

Laun, Ad., Lustspiele u. Conversationsstücke, als Uebungsstoff zum Uebersetzen aus dem Deutschen ins Französische, mit begleit. Phraseologie u. erläut. Noten. Zum Privatgebrauch u. für höhere Schulklassen. I. Bdchn. gr. 8. Bremen 841, Schünemann's Verlag. n. 5/12 ℛ

— poetische Nachbildungen ausländischer Gedichte mit einem Anhang eigener. 8. Bremen 846, Schünemann's Verlagsbuchh. n. 2/3 ℛ

Laun, Adolph (Bremen), **De anacoluthia in Homeri carminibus. Diss. phil. Göttingen (Dieterich) 18. III. 1831. (3.—)** **20569**
Oppon.: Köllner u. Wüstenfeld.

Laun, Adf., Dichtercharaktere. A. Chénier, Béranger, Burns etc. Bremen 869. Kühtmann & Co. 8. (VIII, 199 S.) n. 24 ngr.

Laun, Adf. Dichtercharaktere. A. Chénier, Béranger, Burns, Gray, Luis de Leon, Bryant, Günther, Chamisso. 2. (Titel-)Aufl. 8. (VIII, 197 S.) Norden 889, Fischer Nachf. * 1 80

Laun, Adf., Oliver Goldsmith. Sein Leben, sein Charakter u. seine Werke. Ein Lebens- u. Charakterbild. 8. (VII, 260 S.) Berlin 876. Janke. n. 3. —

Laun, Adf., Washington Irving. Ein Lebens- u. Charakterbild. 2 Bde. Berlin 870. Oppenheim. (XIV, 246 u. IV, 292 S.) n. 2 ℛ 10 ngr.

—— s. Lafontaine's Fabeln.

Laun, Adph., Liederklänge aus England u. Spanien. 16. (212 S.) Bremen 852, Geisler. 1 ℛ; in Engl. Einb. m. Goldschnitt 1 5/12 ℛ

—— s. Molière's Werke.

Laun, Adph., Uebungsstoff zum Uebersetzen aus dem Deutschen in's Französische für Geübtere. (Nr. 1—3.) Bremen 853—57. Strack. gr. 16. 21 ngr.
Nr. 1.: Die Müßiggänger. Ein Lustspiel. (76 S.) 6 ngr.
Nr. 2.: Die Einladung zum Ball. — Eine erste Vorstellung. (87 S.) 6 ngr.
Nr. 3.: Die Wuth, Sprichwörter aufzuführen. — Die Zimmerpredigt. (132 S.) 9 ngr.

Laun, Eug., kurze Darstellung von Süd-Australien u. Port-Adelaide als Leitfaden für Auswanderer nebst Angabe der Bedingungen zur Ueberfahrt. gr. 8. (VI u. 17 S.) Bremen 847, Geisler. n. 1/6 ℛ

— Führer u. Rathgeber für Auswanderer nach Süd-Australien u. Port-Adelaide. Mit genauer Beschreibung des Ackerbaues, der Viehzucht, des Bergbaus, des Ankaufs u. d. Niederlassung, so wie mit Angabe der Bedingungen der Ueberfahrt. Mit einer (lith.) Karte von Süd-Australien (in qu. 4.) gr. 8. (VIII u. 56 S.) Ebd. 849. 1/4 ℛ

Laun, F. M., d. hl. Antonius in Toulon u. das Brot d. Armen, s.: **Jouve**, Steph.

Laun, Friedrich [Pseud.]
s.a. Schulze, Friedrich August [Wirkl. Name]

– s.a. Teutobald

– s.a. Wohlgemuth, Felix

— Glitt's gesellige Abende. 4 Bde. 8. Dresd. 817—19. Hartknoch in Leipz. 6 Thlr 8 gr

— Gottliebs Abentheuer vor der zweiten Hochzeit. 2 Thle. 8. Fürth 802—805. (Campe in Nürnb.) 1 Thlr 8 gr

Laun, Fr., (F. A. Schulze), Antonie. — Das schauerliche Wort, u. die Blendlaterne. 3 Erzähll. 8. Leipz. 813. Hinrichs. 1 Thlr 4 gr

Laun, Frdr., ausführliche kathol. Antworten auf 33 Fragen üb. die Unterscheidungslehren der evangel. u. kathol. Kirche. (6. Aufl. Stuttgart 1898.) (VIII, 232 S.) 8. Rottenburg 905. W. Bader. n. 1. 80; geb. n. 2. 40

— die schwarzen Augen. 8. Leipz. 814. Hartknoch. 20 gr

† Laun, Friedr., (Friedr. Aug. Schulz,) Auswanderung, Schicksale u. Heimkehr. Ein Roman auf geschichtl. Grunde. 2 Thle. 8. (28 B.) Leipzig 829, Lehnhold.

— scherzhafte Bagatellen: Irrthum, u. das Vogelschießen. 8. Leipz. 809. Gleditsch. (Brockhaus). 22 gr

Laun, (Fr.,) der Bankerott d. Herzens. Mit 1 Kupf. 8. Berl. 824, Fr. Maurer.

Laun, Fr., der Banquerott des Herzens. Roman mit 1 Titelkpfr. 8. Berlin 824. Jetzt Heymann. $1^1/_3$ Thlr

– Das kurze Bein, s. Laun: Der Mann mit der rothen Mütze.

— Blumen u. Blätter. 8. Leipz. 815. Hinrichs. 20 gr

— die Braut auf Reisen. 8. Leipz. 827, Hartmann.

— die Braut auf Reisen. 8. Leipz. 827. (Lehnhold). 21 gr

— die Braut von vier Männern, s. S. Ungenannt.

— zwei Bräute für einen Mann. 8. Dresd. 807. 2e Aufl. 809. Arnold. 1 Thlr

— Brautproben. Ein Roman. 8. Berlin 819. (A. Förstner.) $1^1/_3$ Thlr

— Brautproben. 8. Berl. 819. Schüppel. 1 Thlr 8 gr

— die grauen Brüder, od. der Bund d. Schrecklichen. 8. Hamb. 795. (Herold jun.) 18 gr

— die Brunnengäste. 2 Bdchn. 8. Leipz. 825, Hartmann.

— die Brunnengäste. 2 Bdchn. 8. Leipz. 825. (Lehnhold). 1 Thlr 8 gr

—— die Bürger von Cöln. Histor.-romant. Darstell. aus d. 13. Jahrh. 2 Thle. 8. ($26^1/_2$ B.) Leipzig 830, Hartmann.

— Darstellungen, enth.: Welche? — Das neue Lustspiel. — Der Rollentausch. 8. Berl. 818. Schlesinger. 1 Thlr 12 gr

—— Louise von Degenfeld. Geschichtl. Novelle. 8. ($18^1/_2$ B.) Dresden 830, Arnold.

Laun, Fr., (F. A. Schulze), drei Dukaten u. ein Komet. 8. Leipz. 814. Hartknoch. 20 gr

— der Dukatenmacher u. 2 and. Kleinigkeiten. 8. Leipz. 824, Hartmann.

— der Dukatenmacher u. 2 andere Kleinigkeiten. 8. Leipz. 824. (Lehnhold). 18 gr

— das Ebenbild. 8. Leipz. 816. Hartknoch. 1 Thlr 8 gr

— das Echo. — Der Verwundete, — u. die schiefe Perücke. 8. Leipz. 819. Hinrichs. 1 Thlr 6 gr

— die seltsame Ehe. (Fortsetz. des Schlosses Riesenstein). gr. 12. Leipz. 809. (Fort). 1 Thlr 12 gr Hbg. Pr. 16 gr

— die seltsame Ehe. Ein Roman. 16. Leipz 809. (Melzer.) $^2/_3$ Thlr

— drei Ehen zur Linken Hand. 3 Erzählungen. 8. Leipz. 822, Hartmann.

— drei Ehen zur linken Hand. 3 Erzählungen. 8. Leipz. 822. (Lehnhold). 1 Thlr 6 gr

—— die Ehre d. Herzens, s. Original-Romane, 6. Thl.

Laun, Frdr., empor d. Herzen! Gebet- u. Andachtsbuch f. kathol. Christen nebst e. Anh. v. Liedern. 24. (VIII, 368 S. m. 1 Stahlst.) M.-Gladbach 898. A. Riffarth. Geb. in Leinw. m. Goldschn. n. 1. 30

— Erzählungen. 16 Bdchn. 8. Dresd. 822, Hilscher. Enthält: Der Thronfolger. Die unzerstörbare Liebe.

— Erzählungen. 16 Bdchen. (Enthält: Der Thronfolger. — Die unzerstörbare Liebe.) 8. Dresd. 822. (Meyer in Braunschweig). 20 gr

— drei Erzählungen. 8. Leipz. 820. Baumgärtner. 1 Thlr

— kleine Erzählungen. 2 Bdchen. 8. Leipz. 814 u. 815. Hartknoch. 1 Thlr 16 gr

— lustige Erzählungen. 2 Thle. 8. Berl. 803. Sander. 2 Thlr

— Erzählungen u. Schwänke. 2 Bde. 8. Berlin 818, 19. (A. Förstner.) $2^5/_6$ Thlr

— Erzählungen u. Schwänke. 2 Bde. 8. Berl. 818 u. 819. Schüppel. 2 Thlr 20 gr

— Zwanzig Erzählungen. Wohlf. Ausg. in 6 Bdchn. (Inhalt: Das Abenteuer d. Baron v. ***. — Der Polizei-Direktor. — Das geheimnißvolle Verhängniß. — Antonie. — Das schauerl. Wort. — Die Blendlaterne. — Freierei u. Drangsale Dr. Schwefellebers. — Die Brautbetten. — Die Pasteten. — Das Echo. — Die schiefe Perücke. — Die Verwundete. — Der Sylvesterabend. — Die Nacht des Entsetzens. Die veränd. Gesinnungen. — Die Leiche. — Der große Diplomatiker. — Die Traumdeutung. — Herr Blitz. — Die Glückswürfel. — (NB. Die einzelnen Erzähll. sind nur zum früh. Ladenpreis zu haben.) Mit 5 Titelkpr. 8. Leipz. 826, Hinrichs.

— Glitt's Erzählungsabende im *** Bade. 2 Thle. 8. Leipz. 821. (Lehnhold). 2 ℛ 8 ℊ

— Gabrielle d'Estrées. Trspl. in 5 A. 8. Dresd. 807. Arnold. 16 ℊ

— die ganze Familie wie sie sein sollte. 8. Dresd. 808. Arnold. 21 ℊ

— Familienglück. Eine Charakterzeichnung. 2 Thle. 8. Leipz. 827, Hartmann.

— Familienglück. Eine Charakterzeichnung. 2 Thle. 8. Leipz. 827. (Lehnhold). 1 ℛ 8 ℊ

— wunderl. Fata e. Sidevants, s. Laun: der Mann mit der rothen Mütze.

— die Fehdeburg. 2 Bde. 8. Leipz. 810—11. (Fort). 3 ℛ. Hbg. Pr. 1 ℛ 12 ℊ

— die Fehdeburg, ein Roman. 2 Thle. 8. Leipzig 810. (Melzer.) $1\frac{1}{2}$ ℛ

— Freierei u. Drangsale des Doctors Schwefellebers. 8. Leipz. 813. Hinrichs. 21 ℊ

— die Freiredoute. Ein Roman. 8. Leipz. 826, Hartmann.

— die Freiredoute. Ein Roman. 8. Leipz. 826. (Lehnhold). 1 ℛ 8 ℊ

— der vornehme Fremde. 8. Leipz. 826, Hartmann.

— der vornehme Fremde. 8. Leipz. 826. (Lehnhold). 21 ℊ

—— das Fürstenkind. 8. (19 B.) Leipzig 828, [Lehnhold.]

— Sebastians Kunzens Fußreise nach dem Brautgemache. Nebst einem Vorworte. 2 Thle. 8. Leipz. 824, Hartmann.

— Sebastians Kunzens Fußreise nach dem Brautgemache; nebst e. Vorworte. 2 Thle. 8. Leipz. 824. (Lehnhold). 1 ℛ 16 ℊ

— die Gattin zweier Könige. 8. Berl. 817. Schlesinger. 1 ℛ 6 ℊ

Laun, Fr., (F. A. Schulze,) Gedichte. 8. Leipz. 824. Tauchnitz. 20 ℊ

—— Gedichte. Ausg. letzter Hand. 8. (17 B.) Leipzig 828, Barth. 1 Thlr., fein Vlnp.

— der Geist des Bösen. Novellen a. d. ersten Jahren d. 17n Jahrh. 8. Leipz. 827, Hartmann.

— der Geist des Bösen. Novellen aus d. ersten Jahren des 17n Jahrhund. 8. Leipz. 827. (Lehnhold). 21 ℊ

– s. Geisterregiment, Das.

— Prinz Gelbschnabel; e. Mährchen. 8. Berl. 802. Sander. 1 ℛ

– Des Fürsten Geliebte, s.a. Roman- und Erzählungsschatz für das deutsche Haus.

— des Fürsten Geliebte. Eine Geschichte. 8. Frankfurt 823, Herrmann.

Laun, Frdr., d. Fürsten Geliebte. E. Geschichte. 12. (118 S.) Stuttgart 895. Franckh. n. — 40

— dasselbe, s. a. Roman- u. Erzählungsschatz f. das deutsche Haus.

— histor.-romant. Gemälde. 1r u. 2r Bd. Das Verhängniß. 2 Thle. 8. Dresd. u. Leipz. 826. Arnold. 1 ℛ 16 ℊ 3r u. 4r Bd. Johanna, Gräfin v. Montfort. 2 Thle. 8. Ebd. 827. Ebd. 1 ℛ 15 ℊ

— der gute Genius u. die Braut. Zwei Erzählungen. 8. Berlin 819. (A. Förstner.) $1\frac{1}{4}$ ℛ

— der gute Genius u. die Braut. 8. Berl. 819. Schüppel. 1 ℛ 6 ℊ

— Geschichten u. keine. 2 Thle. 8. Leipz. 815 u. 16. Hartknoch. 2 ℛ 22 ℊ

— Gespensterbuch, s. J. A. Apel.

— Gespenstergeschichten. 2 Bde. 8. Berlin 818, 20. (A. Förstner.) $2\frac{5}{6}$ ℛ

— Gespenstergeschichten. 2 Bde. 8. Berl. 818. Schüppel. 2 ℛ 20 ℊ (2s Bdchn. A. u. d. T.: die seligen Herren u. die unselige Frau. 1 ℛ 10 ℊ)

— die Gestalt auf dem Grabmale. 8. Dresd. 813. Hartknoch in Leipz. 1 ℛ

— die Gevatterschaft. 8. Pirna 808. N. Aufl. 809. (Arnold in Dresd.) 1 ℛ

— Glitt u. seine Freunde. 8. Nürnb. 816. Schrag. 1 ℛ 12 ℊ

— die Glücksritter. Ein launiger Roman. 8. Berlin 824. (A. Förstner.) $1\frac{1}{2}$ ℛ

— die Glücksritter. 8. Berl. 824, Schüppel.

—— die Handschuhe. Zwei Novellen. 2 Thle. 8. ($15\frac{1}{2}$ B.) Leipzig 829, [Hartmann.]

— die Handschuhe. 2 Novellen. 2 Thle. 8. Leipz. 829. Nauck. 21 ℊ

— die Hausfreunde. Ein komischer Roman. 8. Berlin 828. (A. Förstner.) $1\frac{5}{12}$ ℛ

—— die Hausfreunde. 8. ($17\frac{1}{2}$ B.) Berlin 828, Schüppel.

— das Hausleben. 8. Dresd. 820. (Meyer in Braunschw.) 20 ℊ

— das Heirathsfieber, nebst 3 andern Kleinigkeiten. 8. Leipzig 823, Hartmann.

Laun, Fr., (F. A. Schulze), das Heirathsfieber, nebst drei andern Kleinigkeiten. 8. Leipz. 823. (Lehnhold). 21 Gr.

— Heirathshistorien, enthält: 1) Der Husarenofficier. 2) Die Gouvernante. 8. Freiberg 801. Graz u. G. 1 Thlr. 16 Gr.

– Die seligen Herren u. die unselige Frau, s. Laun: Gespenstergeschichten, 2r Thl.

— der Herzog v. Villa Medina. Ein Roman. 8. Leipzig 825, Hartmann.

— der Herzog v. Villa Medina. Ein Roman. 8. Leipz. 825. (Lehnhold). 21 Gr.

— Historien ohne Titel. 2 Thle. 8. Dresd. ... 2e A. 808. Arnold. 1 Thlr. 18 Gr.

— das Hochzeitgeschenk. Lstspl. in 5 A. 8. Dresd. 806. Arnold. 16 Gr.

Laun, Fr., s.: Humorist, der.

— der wilde Jäger. 8. Dresd. 820. Arnold. 1 Thlr. 6 Gr.

– s. Ich und meine Frau.

— der Kampf mit Liebe u. Leben. Roman. 8. Leipzig 824, Hartmann.

— der Kampf mit Liebe u. Leben. Roman. 8. Leipz. 824. (Lehnhold). 1 Thlr.

– s. Kind, Fr.: Das Gespenst.

— Kleinigkeiten. 3 Bde. (Die schwarzen Augen. — Die erste Liebe. — Die Reise zur Hinrichtung.) 8. Leipz. 814—817. Hartknoch. 3 Thlr.

— neue Kleinigkeiten. 1) Die Schlittenfahrt zur Hochzeit. 2) Die Zwillingsschwestern &c. 8. Leipz. 823, Hartmann.

— neue Kleinigkeiten. 1) Die Schlittenfahrt zur Hochzeit. 2) Die Zwillingsschwestern &c. 8. Leipz. 823. (Lehnhold). 1 Thlr.

— Kleinstädtereien. 2 Thle. 8. Erfurt 818. Keyser. 2 Thlr. 16 Gr.

— drei Küsse u. eine lange Nase. 8. Leipz. 815. Hartknoch. 20 Gr.

— der Landjunker u. sein Pudel. 2 Thle. 8. Leipz. 826, Hartmann.

— der Landjunker u. sein Pudel. 2 Thle. 8. Leipz. 826. (Lehnhold). 1 Thlr. 3 Gr.

– s. Leander: Erzählungen für Winterabende.

— das Leben im Lichte u. im Schatten. 3 Bde. 8. Erfurt 818—820. Keyser. 3 Thlr. 4 Gr. (3r Bd. A. u. d. T.: die Nonne, britische Launen. 1 Thlr. 4 Gr.)

– s. Leben, Thaten und Meinungen eines Kammerjunkers.

– s. Leichtfertigkeiten.

—— die dritte Liebe. 2 Thle. 8. (20 B.) Leipzig 829, Lehnhold.

— die erste Liebe. 8. Leipz. 815. Hartknoch. 20 Gr.

Laun, Fr., des Pastors Liebesgeschichte. Ein komischer Roman. 8. Berlin 820. (A. Förstner.) $1^{1}/_{3}$ Thlr.

— des Pastors Liebesgeschichte. 8. Berl. 820. Schüppel. 1 Thlr. 8 Gr.

– Der Liebhaber ohne Geld, s.a. Roman- und Erzählungsschatz für das deutsche Haus.

— der Liebhaber ohne Geld. Ein Roman. 8. Berlin 822. (A. Förstner.) $1^{1}/_{2}$ Thlr.

— der Liebhaber ohne Geld; ein Roman, in 2 Bdchn. 8. Leipz. 822, Hartmann.

— der Liebhaber ohne Geld; ein Roman. 2 Bdchn. 8. Berl. 822. Schüppel. 1 Thlr. 12 Gr.

— d. Liebhaber ohne Geld. E. Roman. 2 Thle. in 1 Bd. 12. (104 u. 78 S.) Stuttgart 895. Frankh. — 60

— dasselbe. Reisen u. Irrthümer e. Heirathslustigen. D. Fürsten Geliebte. E. Geschichte. 12. (104, 78, 160 u. 118 S.) Ebd. 895. In 1 Leinw.-Bd. n. 2. 25

— Drolls Liebschaften, erstes u. letztes Dutzend. Kleinigkeiten. 8. Leipz. 823, Hartmann.

— Drolls Liebschaften, erstes u. letztes Dutzend. Kleinigkeiten. 8. Leipz. 823. (Lehnhold). 1 Thlr.

– s. Linden. – Rudolph von den Linden.

Laun, Friedr., Ludwig Philipp u. Napoleon. Zum Andenken an d. J. 1840 u. dess. Jubelfeier d. Buchdruckerkunst. (Gedicht.) gr. 8. (2 B.) Dresden u. Leipzig 840, Arnoldische Buchh.

— die Luftschlösser. Ein komischer Roman in 2 Bdn. 8. Berlin 823. (A. Förstner.) $1^{5}/_{6}$ Thlr.

— die Luftschlösser; komischer Roman. 2 Thle. 8. Berlin 823, Schüppel.

— die Macht des Wortes. An die Zeitgenossen, im Jahre 1845. (Gedicht.) 8. Dresden 846, W. Korl. 3 nGr.

– s.a. Mädchenhofmeister, Der, und das Orakel.

— der Mädchenhofmeister u. das Orakel zusammen. 8. Freiberg 802. Graz u. G. Wohlf. Ausg. 14 Gr.

Laun, F., der Mann auf Freiers Füßen, s.a. Universal-Bibliothek.

— der Mann auf Freiers-Füßen. 8. Freiberg 800. Graz u. G. 14 Gr.

— der große Mann in Liebesnöthen. Ein Roman in 2 Bdn. 8. Berlin 823. (A. Förstner.) $1^{1}/_{2}$ Thlr.

— der große Mann in Liebesnöthen. Roman. 2 Thle. 8. Berl. 823. Schüppel. 1 ₰ 12 gr

— der Mann mit der rothen Mütze. 2 Erzähll. (1, Begebenheiten eines Eidewant. 2, das kurze Bein). 8. Dresd. 801. Arnold. 18 gr

– s. M a n t e l , Der.

—— Marie von England, s. Bibliothek histor. Romane u. Erzähln., 9. Bd.

—— Memoiren. 3 Thle. 8. (46½ B.) Bunzlau 837, Appun's Bh.

— Myrthenzweige. Die ersten Drei. 8. Dresd. 824, Arnold.

— Myrthenzweige. Die zweiten Drei. 8. Dresd. 825, Arnold.

— die Nacht in der Hölle, Ein komischer Roman. 8. Berlin 825. (A. Förstner.) 1⅙ ₰

— die Nacht in der Hölle. 8. Berl. 825, Schüppel.

— die schöne Nonnenmüllerin. Ein komischer Roman. 8. Berlin 827. (A. Förstner.) 1⅙ ₰

— die schöne Nonnenmüllerin. 8. Berl. 827, Schüppel.

— Noth aus Ueberfluß. Ein komischer Roman. 2 Bde. 8. Berlin 824. (A. Förstner.) 2 ₰

— Noth aus Ueberfluß. 2 Thle. 8. Berlin 824, Schüppel.

— Novellen. 2 Thle. 8. Frankf. 821. Herrmann. 2 ₰ 16 gr Hbg. Pr. 1 ₰ 8 gr

—— der verliebte Onkel u. seine Nichten. 2 Bdchn. 8. (26¼ B.) Leipzig 830, Hartmann.

— das Orakel, od. Strafe muß sein. 8. Freiberg 802. Craz u. G. 20 gr

— der Polizeidirector, — das geheimnißvolle Verhältniß ꝛc. drei Erzähll. 8. Leipz. 812. Hinrichs. 1 ₰ 8 gr

— Possenspiele von Hans Helldunkel. Mit color. Titelkpfr. 8. Leipzig 808. (Melzer.) ¾ ₰

— der verliebte Postillion. 8. Leipz. 827, Hartmann.

— der verliebte Postillion. 8. Leipz. 827. (Lehnhold). 21 gr

— die drei Postmeisters Töchter. Roman. 8. Leipzig 816. (Melzer.) ⅔ ₰

— die drei Postmeisterstöchter. 8. Leipz. 817. (Fort). 1 ₰ Hbg. Pr. 16 gr

— die Reise ins Schlaraffenland. Fastnachtsmährchen. 8. Leipz. 816. Göschen. 18 gr

—— der Reisehofrath, s. Original-Romane, 7. Thl.

— die Reisen im Bette ꝛc. Kleinigkeiten. 8. Leipz. 820. N. A. 824. (Lehnhold). 1 ₰ 12 gr

— Reisen im Bette ꝛc. Kleinigkeiten. 2e Aufl. 8. Leipz. 825, Hartmann.

– R e i s e n und Irrthümer eines Heirathslustigen, s.a. R o m a n - und Erzählungs s c h a t z für das deutsche Haus.

— Reisen u. Irrthümer e. Heirathslustigen. 2 Thle. 8. Dresd. . . . 2e A. 809. Arnold. 1 ₰ 8 gr

— Reisen u. Irrthümer e. Heirathslustigen. 12. (160 S.) Ebd. 895. — 50

— Reisescenen u. Abentheuer zu Wasser u. zu Lande. 3 Thle. 8. Leipz. 804. Gleditsch. (Brockhaus). 4 ₰ 20 gr

— Schloß Riesenstein. 2 Thle. 8. Leipz. 807. (Fort). 2 ₰ Hbg. Pr. 1 ₰ 4 gr

— Romanesken aus Langermanns Pulte. Mit Kpf. 8. Leipz., Cnobloch. 1 ₰ 4 gr

— die Sache d. Herzens. Mit 1 Kpf. 8. Lpz. 823. Hinrichs. 1 ₰

Laun, Fr., (Fr. Aug. Schulze), Schauspiele. Enth.: d. Hochzeitgeschenk, u. Gabriele d'Estrées. 8. Dresd. 807. Arnold. 1 ₰ 8 gr

— die Schauspielerin. 8. Leipz. 824, Hartmann.

— die Schauspielerin. 8. Leipz. 824. (Lehnhold). 1 ₰

— das Schleppkleid. 8. Berl. 803. Sander. 18 gr

—— die Schlittenbekanntschaft. Eine komische Geschichte. 8. (19 B.) Leipzig 830, [Hartmann.]

— die Schlittenbekanntschaft; e. kom. Geschichte. 8. Leipz. 830. Rauck. 1 ₰ 4 gr

Laun's, Friedr., gesammelte Schriften. Neu durchgesehen, verb. u. mit Prolog v. Ludw. Tieck. 6 Bde. 8. (159¾ B. u. L's. Portr.) Stuttgart 843, Scheible, Rieger u. Sattler. à Bd. 22½ Ngr.

— Schwänke. 2 Thle. 8. Leipz. 826—28, Hartmann.

—— Schwänke. 3. Thl. 8. (12½ B.) Leipzig 829, Lehnhold. 1. u. 2. Thl. Ebendas. 1826, 28. 2 Thlr.

— Seifenblasen. 2 Thle. 8. Tübing. 809, 10. v. Cotta. 2 ₰ 8 gr

—— der Selbstmord auf d. Brühl'schen Terrasse. Novelle. 8. (11¼ B.) Neuhaldensleben 834, Eyraud.

– s. S o h n , Der, des Teufels . . .

— die Sparkasse. Ein Roman. 8. Berlin 822. (A. Förstner.) 1⅙ ₰

— die Sparkasse. Ein Roman. 8. Berlin 822, Schüppel.

—— die falschen Spielerinnen. 2 Thle. 8. (19 B.) Leipzig 828, [Lehnhold.]

—— die Stiefmutter. 2 Thle. 8. (25 B.) Leipzig 828, [Lehnhold.]

— die Strohwitwe u. ihre Anbeter. 8. Leipz. 825, Hartmann.

— die Strohwittwe u. ihre Anbeter. 8. Leipz. 825. (Lehnhold). 18 gr.

— die schwache Stunde. 8. Leipz. 823, Hartmann.

— die schwache Stunde. 8. Leipz. 823. (Lehnhold). 1 Thlr. 8 gr.

— zwei Stunden auf Reisen und die Vaterpflicht. Zwei Erzählungen. 8. Berlin 820. (A. Förstner.) 1 Thlr.

— zwei Stunden auf Reisen u. die Vaterpflicht. 8. Berl. 821. Schüppel. 1 Thlr.

Laun, Fdr., Sursum corda! Empor die Herzen! Gebet- u. Andachtsbuch f. kathol. Christen, nebst e. Anh. von Liedern. 16. (VIII, 304 S. m. 1 Farbdr.) M.-Gladbach 899. A. Riffarth. Geb. in Leinw. m. Goldschn. 1.50

— drei Tage im Ehestande. 8. Dresden. 819. (Meyer in Braunschweig). 18 gr.

— drei Tage zu Pferde. 8. Dresd. 816. (Meyer in Braunschweig). 18 gr.

— drei Tage im Weinkeller; Kleinigkeit. 8. Leipz. 821. (Lehnhold). 21 gr.

— drei Tage im Weinkeller. Kleinigkeiten. 2e Aufl. 8. Leipz. 825, Hartmann.

— die Thürmerfamilie, u. einige and. Kleinigkeiten. 8. Leipz. 820. (Lehnhold). 1 Thlr. 12 gr.

– s. Todsünden, Meine ...

— Kaspar Frühauf's Tollheiten. Ein komischer Roman in 2 Bdn. 8. Berlin 822. (A. Förstner.) $1^1/_3$ Thlr.

— Kaspar Frühaufs Tollheiten. 8. Berl. 822. Schüppel. 1 Thlr. 8 gr.

— der Traum von vier Wochen ꝛc. 8. Leipz. 820. (Lehnhold). 1 Thlr. 16 gr.

— der Traum v. 4 Wochen ꝛc. Kleinigkeiten. 2e Aufl. 8. Leipz. 825, Hartmann.

— die Traumdeutung; Herr Blitz u. d. Glückswürfel. 8. Leipz. 814. Hinrichs. 1 Thlr. 6 gr.

— die verhängnißvolle Treppe. Roman. 8. Leipz. 824, Hartmann.

— die verhängnißvolle Treppe. Roman. 8. Leipz. 824. (Lehnhold). 1 Thlr.

—— die Trugbilder d. Leidenschaft. Episode aus d. Verschwörungsgeschichte im Febr. 1832. 8. (11 B.) Neuhaldensleben 834, Eyraud.

— das Verhängniß. 2 Thle. 8. Dresd. 826, Arnold.

— meine Verlegenheiten. Ein Roman in 2 Thln. 8. Leipz. 820. (Lehnhold) 1 Thlr. 3 gr.

— meine Verlegenheiten. Ein Roman in 2 Thle. 8. Leipzig 826, Hartmann.

—— der närrische Vormund. Eine komische Geschichte. 8. ($13^1/_2$ B.) Leipzig 831, Hartmann.

— der Waidmann aus d. Nonnenkloster. 8. Hamb. 796. (Herold jun.) 10 gr.

— Welcher? drei Geschichten. 8. Dresd. 821. Arnold. 1 Thlr. 3 gr.

—— Wiederklänge von Leben u. Kunst. 3 Thle. 8. ($40^1/_2$ B.) Leipzig 828, Barth.

— Wunderbuch, s. J. A. Apel.

— die Zigeunerin. Roman. 2 Thle. 8. Leipz. 825, Hartmann.

— die Zigeunerin. Roman. 2 Thle. 8. Leipz. 825. (Lehnhold). 1 Thlr. 8 gr.

v. Laun, Hartog, u. v. Schwinden, Beschreibung e. Planetarium, Tellurium ꝛc. Aus d. Holländ. v. Fr. Meyer. Mit 2 Kpf. 8. Leipz. 807. Herzog. 20 gr.

Laun, Rud. v., das freie Ermessen u. seine Grenzen. (XI, 298 S.) gr. 8. Wien 910. F. Deuticke. 9.—

— Das Recht zum Gewerbebetrieb, s. a. Studien, Wiener staatswissenschaftliche. VII, 3.

Das Recht zum Gewerbebetrieb von Dr. Rudolf v. Laun. Wien & Leipzig: F. Deuticke 1908. (VI, 212 S.) 8°
— Studien, Wiener Staatswissenschaftliche Bd 7, H. 3. 1908. 2818

LAUN, WILHELM FRIEDRICH. Beiträge zur Kenntniss der Alkine. Kiel, 1884.

Launais, J., s.: Annuaire suisse des liquides.

Launay, Schwester Antonia von, eine französ. Klostergesch. 2 Bde. 8. Riga. (Hartknoch in Leipzig. 791–92. (I. 9 gr. II. 8 gr.)

LAUNAY, Schwester Antonia. Eine französische (zahme) Klostergeschichte. Aus d. Papieren einer Nonne, welcher das Decret der Nationalversammlung die Freyheit wieder gab. Mit TKpf. (von S. Mansfeld). Hohenzollern (Wien), bey Joh. Bapt. Wallishausser. 1793. 8°. (1 Mk., geles. Expl., A. Buchholz, München, 1908.)
235 S. (incl. 1 S. „Zusatz d. Herausgebers"). Nachdruck. — Orig.-Ausgabe: Leipzig, Hartknoch, 1791 bis 92. II.

v. Launay, Schwester Antonie; e. französ. Klostergeschichte. 2 Bde. 8. Leipz. 791, 82. Hartknoch. 17 gr.

Launay, J. B., der vollkommene Glockengießer. Aus d. Franz. Mit 1 Tafel Abbildd. 8. Quedlinburg 834. Basse. $^1/_2$ Thlr.

Launay, K. L. v., Auslegung der poetisch. Götterfabeln. Fol. Augsb. Veit. 740.

LAUNAY, CARL LUDWIG DE. Der Seinen zu erziehen habenden Jungen Cavalier in der Profan- und Kirchen-Historie, So wohl als in der Geographie, Denen Haupt-Principiis Juris Publici, dem nöthigsten von der Heraldic, der Genealogie ..., und was sonsten zu dem Anfang der Staats-Wissenschafft gehörig Getreu und gründlich unterweisende Hofmeister, Zum Nutzen derer beyden Jungen Herren Grafen von Nostiz und Rhineck etc. Verfertiget. 2 Teile in 1 Bde. Augsburg, M. Veith. 1738, 4°. *Frontispizporträt des Grafen Franz Carl von Wratislaw und Mitrowitz (Göz & Klauber sc.)*, 7 Bl. 270 S. 11 Bl.; 1 Bl. 440 S. 11 Bl. *Mit 32 gefalteten Kupferstichkarten, 6 Kupfertafeln, 42 (statt 43) gefalt. Stammtafeln und einigen kleinen Wappenholzschnitten.* Etwas fleckiges Pgt. d. Z., eine Ecke bestoßen.

Launay, Louis de

— Mineralogie d. Alten, od. Darstell. d. Erzeugnisse d. Mineralreichs, wie sie den Alten bekannt waren ... Aus d. Franz. 3 Th. Prag 1800-03 (827) S.

v. Launay, L., Mineralogie der Alten, od. Darstellung der Erzeugnisse des Mineralreichs; aus d. Französ. 3 Thle. gr. 8. Prag 800. Barth. 3 ℛ

Louis de Launay minéralogie des anciens ou exposé du regne mineral connu dans l'antiquité. Bruxelles et Paris an XI (1803). 8. 2 Voll. — German. Mineralogie der Alten. 3 Bde. Prag 1800. (1802.) 8. — Vergleichende Uebersicht der Mineralogie der Alten mit der der Neuern. Prag 1803. 8.

— vergleichende Uebersicht d. Mineralogie d. Alten mit jener der Neuern. gr. 8. Prag 803. Barth. (auch Taubert in Leipz.) 20 gl

Launay L. v.: Versuch üb. die Mineralogie d. Alten. Aus d. Französ. Prag 1797. (10) S., S. 1-27. P.

Launay, M. de, les costumes populaires de la Turquie, s.: Hamdy-Bey.

de Launay, W. B., einige Worte über Griechenland, zum Besten verarmter u. verw. Familien. gr. 8. Berl. 823. Maurersche Buchh. 6 gl

Laune, eine, s.: Vergißmeinnicht, dramatisches.

— u. Herzensgüte. Lstsp. v. Bindseil. 8. Dortmund. Mallinkrodt. 798.

Laune, Meine. 1781. V: *Eberlin, Philipp.* (Ephemeriden der Menschheit 1782. Leipzig. I. Bd., S. 245) (BiblPort)

LAUNE, Spott und Ernst, ein Wochenblatt (hrsg. von Joh. Friedr. Schink, geb. 1755, † 1835). Hamburg 1793. 8°. Goedeke IV, 351, 29 (und darnach Anon.-Lex. III. p. 11). Rar!

Laune, üble,. Lstsp. in 4 A. v. A. v. Kotzebue. 8. Lpz. Kummer. 799.

Laune, die, des Verliebten; ein Lstspl. (v. J. W. v. Göthe). 8. ... 176.. (Auch in Göthe's sämmtl. Werken.)

Laune, Er., (G. W. Sponitzer), des Hrn. Lenhardt Gesundheitstrank, das größte Wunder unser u. aller Zeiten. 8. Berl. (Leipz.) 798. (Felisch; Wienbrack). 4 gl

Launen zu haben beim Verfasser, s.a. Felner, Ignaz

Launen zu haben beim Verfasser. Gedruckt zu Freiburg i. Br. 1787. V: *Felner, Ign. Andr. Ant.* (Gradmann) (MN) (BGE IV, 48)

Launen u. Abenteuer fideler Musensöhne. 2 Thle. ist Leben u. Schwänke relegirter Studenten 1r u. 2r Thl.

LAUNEN und Anekdoten. Ein Buch nach der Mode. 3 Bdchn. Leipzig 1787. Bey Joh. Glo. Beygang. 8°.

Launen an meinen Arzt, als er mir die Diät empfahl. O. O. 1772. V: *Reichard, Hnr. Aug. Ottocar.* (GGr) (ADB) (BGG)

Launen im Baade, oder einige Epigramme ... O. O. [1800]. V: *Lavater, Johann Casp.* (Cat. d. Stadtbibl. Zürich. Zürich 1864—97.)

Launen und Einfälle. O. O. 1773. V: *Reichard, Hnr. Aug. Ottocar.* (ADB) (GGr)

— und Einfälle. 8. Gotha, Ettinger. 773.

Launen und Einfälle, Schwänke ... eines Anti-Hypochondristen ... Leipzig 1806. V: *Felswangen, Carl Frdr. (= Carl Frdr. Hoffmann).* (BGE) (GGr)

Launen u. Einfälle rc. e. Anti-Hypochondristen. 2 Thle. 8. Leipzig, Bruder u. H. 806. (Büschler in Elberfeld.)

Launen u. Einfälle, Schwänke, Abentheuer, Schicksale u. Wanderungen e. Anti-Hypochondristen, v. Verf. „Heraldos des Unergründlichen". 2 Thle. 8. Leipz. 806. (Schönian in Elberf.) 2 ℛ 12 gl

Launen, Empfindsame. Frankfurt u. Leipzig 1777. V: *Fresenius, Joh. Chn Ludw.* (Heine, Roman in Dtschld. Halle 1892. S. 8.)

LAUNEN, Erzählungen und vermischte Aufsätze, von *C. F. K.* Bd. 1. (soviel erschienen?). Leipzig, Dyk, 1789. 8°. Zahm. (In Warmbrunn.)

Launen, Erzählungen und Gemälde. Frankfurt a. M. 1793. V: *Schreiber, Alois Wilhelm.* (NN) (EE) (Kn) »1794« (Ky)

— Erzählungen und Gemälde. 8. Frft. Eßlinger. 793.

— — ders. 1ste Forts. (a. unt. d. Tit. Blätter d. Genius gew.). 8. Bremen, (Willmanns in Frft.) 794.

— Erzählungen u. Gemälde, (v. Al. W. Schreiber). 8. Frankf. 794. (Schäfer). 12 gl 2r Thl. (A. u. d. T.: Blätter, dem Genius d. Zeitalters geweiht). 8. Frankf. 794. Fr. Wilmans. 16 gl

— Erzählungen u. Gemälde. 8. Frkft. Eßlinger. 797.

Launen, Fortuna's; eine Sammlung wirklicher Begebenheiten. Weissenfels u. Leipzig 1796. V: *Bernewitz, Friedrich Wilhelm von.* (MGT)

Launen, Vetter Jakobs. Aus dem Französ. von J. F. Jünger. Leipzig 1786 bis 1792. V: *Beffroy de Reigny, Louis Abel.* (ERSCH, Handb. II, 2, 1840, Nr. 1600) (Zeitschr. f. Büch. N. F. 15, 1923, S. 114) (BGE VIII, 124)

Launen, Die, der Liebe. Ein Roman vom Verfasser der »Edlen der Vorwelt«. Elberfeld 1802. V: *Kellner, Georg Christoph.* (Allg. Lit.-Ztg. 1803, Intell.-Bl. 931) (Zeitschr. f. Büch. N. F. 15, 1923, S. 114) (BGE IV, 49)

— die, d. Liebe; e. Roman v. Verf. d. Edlen d. Vorwelt. 2 Thle. (h. a. d. Tit.: Liebe auf d. verschied. Stufen ihrer Reinheit u. Würde, v. Verf. d. edlen Griechen. 2 Thle.) 8. Elberfeld, Büschler. 802.

— die, der Liebe, e. Roman vom Verf. d. „Edlen d. Vorwelt.“ (A. u. d. T.: Liebe auf den verschied. Stufen ihrer Würde ꝛc.) 2 Thle. 8. Elberf. 802. (Schönian). 1 ₰ 12 gr

— der Liebe, von K. G. Prätzel. 2 Thle. 8. Leipzig, Hinrichs. 821.

Launen, Meine. Ein Taschenbuch für Freunde des Komischen. Wesel 1799. V: *Heuberger, Joh. Wilh.* (MGT) (GGr)

Launen, Meine, ein Epodos zu den Almanachen. Kempten 1804. V: *Beck, Johann Renatus Wilhelm.* (MGT)

— meine, zu Baden. 8. Wien 781. (Heubner). 3 K

BADEN b/Wien. — Meine Launen zu Baden. Wien, 1781, bey Jos. Edlen v. Kurzböck. 8⁰.
Magaz. d. Buch- u. Kunst-Handels. Jahrg. 1781. Lpz. gr. 8⁰. S. 935. — Karajan's Bibl. II. no. 94.

Launen, Meine, zu Baden in Wien. 1781. V: *Schilling, Friedrich.* (Kalender der Heiligen 1782, S. 41) (KY 3/486) (GGR VI/557, Nr. 40/5) (Neujahrsgeschenk für die Herren Wiener Autoren, S. 38) (BiblPort)

Launen, Vetter Michels. Leipzig 1803. V: *Polt, Johann Joseph.* (GGr)

Launen der Muse. Bern 1769. V: *Meister, Leonhard.* (Ky)

— der Muse, (v. L. Meister). 8. Bern. 769. Haller. 3 gr

Launen der Musse. Bern 1770. V: *Meister, Leonhard.* (BGE IV, 47)

— d. Muse. 8. Bern, Haller. 773.

— Phantasien u. Schilderungen aus d. Tagebuche e. reisenden Engländers, herausgg. von J. F. Schink. 8. Rudolst. 801. (Hildebrandt in Arnst.) 1 ₰ 8 gr Hbg. Pr. 18 gr (Auch u. d. T.: kleine Streifereien in d. Literatur d. Ausländer f. Damenbibliotheken. 2 Bdchen.)

— Phantasien u. Schilderungen a. d. Tagebuche e. reisenden Engländers, v. Chr. Schink. (h. a. d. Tit.: Kleine Streifereyen in d. Literatur d. Ausländer f. Damen-Bibliotheken. 2s Bdch.) 8. Rudolstadt, Klüger. 801.

— Ränke u. Schwänke, od. so ists Mode. 8. Halle, Ruff. 796.

— an meinen Satyr, s. a. Fr. Just. Riedel.

Launen an meinen Satyr. Erfurt 1772. V: *Riedel, Friedrich Justus.* (Mn) (Cat. d. Stadtbibl. Zürich. Zürich 1864—97.)

— scherzhafte. 8. Dessau, Gel. Hdl. 784.

— des Schicksals, od. der bezauberte Knoten. 8. Berl. 790. Unger. 16 gr

— des Schicksals, od. d. bezauberten Knoten; e. Feengesch. 8. Rom. (Unger in Berlin.) 790.

Launen des Schicksals oder die bezauberten Knoten. Eine Feengeschichte aus der neueren Zeit. Rom [Berlin] [1799]. V: *Beauharnais, Fanny Comtesse.* (BGE IV³, 48/49)

— des Schicksals, ein Roman, von H. v. Hallen. 8. Leipzig, Hartmann. 819.

— die, der Schicksale oder Begebenheiten der Mylady Kilmar, aus dem Franz. 2 Theile, 8. Straßburg, 789/90. Akademie. 1 Rthl.

— die, d. Schicksale, od. Begebenh. d. Myladi Kilmár, a. d. Franz. 2 Thle. 8. Strasb. (Hinrichs in Lpz.) 789. 90.

Launen und Träume eines Mannes der weder Kosmopolit noch Spiessbürger ist. Frankfurt a. M. 1796. V: *Schreiber, Alois Wilhelm.* (MGT) (Kn) (NN) (Wr) »Altona 1799« (Ky)

— u. Träume eines Mannes, d. weder Kosmopolit noch Spießbürger ist, (v. A. W. Schreiber). Dann unt. d. T.: Paragraphen aus Weckhrlins Nachlaß; dann mit folg. Titel: Stunden meiner Einsamkeit, Aufklärern u. Obscuranten gewidmet vom Verf. d. Waldbruders im Eichthale. Altona 799. 8. Frankf. a. M. 796. (Behrens). 18 K

Launenbändiger, der neueste u. zuverläss., f. Jung u. Alt. Ein Büchlein voll der interess. Anecdoten ꝛc. 2., verb. u. verm. Aufl. 16. (7 B.) Ulm 843. [Adorf, Müller's Buchh.]

Launenbändiger, der neueste u. zuverläss., für Jung u. Alt. Ein Büchlein voll der interess. Anecdoten ꝛc. 2. verb. u. verm. Aufl. 16. Ulm 843, Seitz. 1/8 ₰

Launenbändiger, der neueste u. zuverlässigste, f. Jung u. Alt. Ein Büchlein voll interessanter Anekdoten, Witze rc. zum Zeitvertreib u. zur Unterhaltung auf Reisen, bei Tisch u. in geselligen Kreisen. 5. Aufl. Nebst einer Zugabe von 123 der auserlesensten Schnadahüpfeln u. 67 schwäb. Volksliedle. 8. (112 S.) Ulm 850, Müller. 6 ngr

Launer, Geo., erb. Passionsschule. m. K. 8. Leipz. Meyer. 717.

Launer, Stěpan, Povaha Slovanstva se zvláštním ohledem na spisovni řeč Čechů, Moravanů, Slezáků a Slováků. 8. (VI u. 214 S.) Leipzig 843, Slawische Buchhandlung. n. 2/3 ß

Der Nord-Ostsee-Kanal v. Launhardt. Sonderabdruck aus der Geographischen Zeitschrift. Jg. 1, Heft 2, S. 73—80. Leipzig. 1895.

Launhardt, Wilhelm

Launhardt, Wilh., d. Bauwürdigkeit von Nebenbahnen. [Aus: „Centralbl. d. Bauverwaltg."] Lex.-8. (18 S. m 4 Holzschn.) Berlin 898. W. Ernst & Sohn. n. 1. —

Launhardt, Wilh., mathematische Begründung der Volkswirthschaftslehre. gr. 8. (VIII, 216 S. mit 16 Holzschn.) Leipzig 885, Engelmann. *

Launhardt, Bestimmung der zweckmäßigsten Steigungsverhältnisse der Chausseen. [Aus der Zeitschr. des Architectenver. zu Hannover.] Hannover 868. Schmorl & v. Seefeld. Imp.-4. (47 S.) n. 10 ngr

Launhardt, W., die Betriebskosten der Eisenbahnen, s. a. Handbuch für specielle Eisenbahn-Technik.

Launhardt, W., die Betriebskosten der Eisenbahnen in ihrer Abhängigkeit von den Steigungs- u. Krümmungsverhältnissen der Bahn. Ergänzungsheft des 4. Bds. des Handbuchs für specielle Eisenbahn-Technik. Lex.-8. (IV, 68 S.) Leipzig 877. Engelmann. n. 2. —

Die Königliche Technische Hochschule zu Hannover von 1831 bis 1881. Zur Jubelfeier des fünfzigjährigen Bestehens der Hochschule bearb. von [**Wilhelm**] **Launhardt**, Prof., z. Z. Rektor d. Techn. Hochschule. Mit 4 lithogr. Taf. Hannover: Hahn 1881. IV, 184 S., 4 Taf. 8° *H*

Launhardt, Wilh., Mark, Rubel u. Rupie. Erläuterungen zur Währungsfrage u. Erörtergn. üb. das Wesen des Geldes. gr. 8. (V, 73 S.) Berlin 894. W. Ernst & Sohn. n. 1. 60

Launhardt, das Massen-Nivellement. [Aus: „Zeitschrift d. Architekten- u. Ingenieur-Vereins."] gr. 4. (23 S. m. 1 Tab. u. 1 Steintaf. in qu. Fol.) Hannover 874. Schmorl & v. Seefeld. n. 2. —

—— das Massen-Nivellement. Mit 1 Tab. (in qu. Fol.) und 1 (lithogr.) Bl. Zeichnungen (in qu. gr. Fol.). gr. 8. (40 S. mit 10 eingedr. Zeichnungen.) Hannover 877, Schmorl und v. Seefeld. *

— über Rentabilität u Richtungsfeststellung der Straßen. Ebend. 869. gr. 8. (54 S. mit 1 chromolith. Karte in qu. 4.) 15 ngr

Launhardt, Prof. der Ingenieur-Wissenschaften und Direktor der technischen Hochschule zu Hannover. Die Steigungsverhältnisse der Strassen. Separat-Abdruck aus der „Zeitschrift des Architekten- und Ingenieur-Vereines zu Hannover". Jahrg. 1880, Hft. 3. 8. Hannover 1880.

—— die Steigungsverhältnisse der Strassen. gr. 8. (49 S.) Hannover 880, Schmorl und v. Seefeld. * 1 —
Aus: Zeitschrift des Architekten- und Ingenieur-Vereins zu Hannover, besonders abgedruckt.

Launhardt, W., Theorie der Tarifbildung der Eisenbahnen. [Aus: „Archiv f. Eisenbahnwesen".] gr. 8. (VIII, 84 S. m. 12 eingedr. Fig.) Berlin 890. Springer. n. 2. —

— Theorie d. Trassirens. 1. Hft. Die kommerzielle Trassirg. 2. Aufl. Mit 19 Holzschn. gr. 8. (IV, 112 S.) Hannover 887. Schmorl & v. Seefeld. n. 3. —

— Theorie d. Trassirens. 2. Hft. Die techn. Trassirg. der Eisenbahnen. Mit 28 Holzschn. gr. 8. (VIII, 259 S.) Hannover 888. Schmorl & v. Seefeld. n. 6. — (1. u. 2.: n. 9. —)

— kommercielle Tracirung der Verkehrswege. Mit e. (lith.) Blatt Zeichngn. (in Fol. u. eingedr. Holzschn.) [Aus der Zeitschrift d. Architekten- u. Ingenieur-Vereins zu Hannover.] gr. 8. (32 S.) Hannover 872. Schmorl & v. Seefeld. n. 1. —

Launhardt, (Wilh.), am sausenden Webstuhl der Zeit. s. a. Aus Natur u. Geisteswelt. 23. Bd.

Launhardt, Am sausenden Webstuhl der Zeit. (122 S) (Aus Natur und Geisteswelt 23) Leipzig 1900

Am sausenden Webstuhl der Zeit. Übersicht über d. Wirkungen d. Entwicklung d. Naturwissenschaften u. d. Technik auf d. gesamte Kulturleben von Dr. ing. [Wilhelm] **Launhardt**, Prof. 2. Aufl. Mit 16 Abb. im Text u. auf 5 Taf. Leipzig: B. G. Teubner 1905. (124 S.) 8° [F.]
— Natur, Aus, u. Geisteswelt. Bdch. 23. [05. 10378

Am sausenden Webstuhl der Zeit. Übersicht über d. Wirkungen d. Entwicklung d. Naturwissenschaften u. d. Technik auf d. gesamte Kulturleben von Dr.Ing. [Wilhelm] **Launhardt**. 3. Aufl. Mit 16 Abb. im Text u. auf 5 Taf. Leipzig: Teubner 1910. 130 S. 8°
(Aus Natur u. Geisteswelt. Bdch. 23.) [11. 9953 8

—— das Wesen des Geldes und die Währungsfrage. gr. 8. (VII, 75 S.) Leipzig 885, Engelmann. *
Vgl.: Oldekop, H., für internationale Doppelwährung.

LAUNIS, Armas
Über Art, Entstehung und Verbreitung der estnisch-finnischen Runenmelodien. Eine Studie aus dem Gebiet der vergleichenden Volksmelodienforschung. Helsingfors 1910. XXX + 125 pg. 8:o. Diss. Hels.

Launis, Armas, lappische Juoigos-Melodien, s. a. Mémoires de la société finno-ougrienne. XXVI.

Lappische Juoigos-Melodien gesammelt u. hrsg. von Armas Launis. Helsingfors: Finn. Litteraturgesellsch. 1908. LXIV, 209 S. 8°
(F. F. Publications. North. Ser. No 3.)
(Suomalais-ugrilaisen Seuran toimituksia. 26.)

von der Launitz, Chr. Fr. Schmidt, (Sohn), Joh. Eph. Baumbach; ein biograph. Denkmal. 8. Mitau 801. (68 S.)

— Leitfaden für Katechumenen, oder Erklärung d. kleinen Lutherschen Katechismus. 8. Mitau 823. (111 u. 8 unpag. S.)

Launits, Ed. v. der, Wandtafeln zur Veranschaulichung antiken Lebens und antiker Kunst. Taf. 1—8, 9a—c, 10, 11, 12a. b, 13—17. Lithogr. in Fol. und Imp.-Fol., theils in Buntdr. und Tondr. mit kurzen Erläuterungen. Text in 8. Cassel 871, Fischer. Ausg. A ℳ 169,50.; Ausg. B 1

(Einzelne Tafeln werden zu den dabei bemerkten Preisen abgegeben.)

Inhalt:

Taf. 1. Grundriss des griechischen Theaters. Grösse 110/75 Ctmtr. Ausg. A. *ℳ 6.; Ausg. B. *ℳ 4.
» 2. Ansicht des Innern eines griechischen Theaters. 112/80 Ctmtr. A. *ℳ 18.
» 3. Komiker. 68/105 Ctmtr. A. *ℳ 2,50.; B. *ℳ 2.
» 4. Aelteste Paladium. 44/61 Ctmtr. A. ℳ 1,50.; B. ℳ 1.
» 5. Allmähliche Ausbildung des Grundrisses der griechischen Tempel. 10 Blatt. 74/41 Ctmtr. A. ℳ 6.; B. ℳ 4.
» 6. Sogen. Tempel der Themis zu Rhamnus. 112/80 Ctmtr. A. ℳ 18.; B. ℳ 12.
» 7. Tragische Maske. 110/74 Ctmtr. A. ℳ 3,75.; B. ℳ 2,50.
» 8. Hoplit. 42/151 Ctmtr. A. ℳ 11,50.; B. ℳ 7,50.
» 9a—c. Römische Soldaten: a) Centurio. b) Legat oder Tribun. c) Legionarius. 110/75 Ctmtr. A. à Bl. *ℳ 15.; B. à Bl. *ℳ 9.
» 10. Barbar. 110/74 Ctmtr. A. ℳ 9,75.; B. ℳ 6.
» 11. Togatus. 110/75 Ctmtr. A. ℳ 15.; B. ℳ 9.
» 12a. b. Symposion und Triclinum. a. 112/80 und b. 110/73 Ctmtr. A. ℳ 13,50.; B. ℳ 9.
» 13. Saiteninstrumente. 110/75 Ctmtr. A. ℳ 9.
» 14. Blasinstrumente etc. 110/75 Ctmtr. A. ℳ 9.
» 15. Palästra und Thermen. 70/76 Ctmtr. A. ℳ 6.
» 16. Grammatischer Unterricht. 110/75 Ctmtr. A. ℳ 9.
» 17. Akropolis von Athen. 112/80 Ctmtr. A. ℳ 24.

Launitz, Ed. v. der, Wandtafeln zur Veranschaulichung antiken Lebens und antiker Kunst. Taf. 18—21. Imp.-Fol. (Lithogr. und Chromolithogr.) Mit Text. gr. 8. (21; 10 S.) Kassel, Fischer. *

Inhalt:

Taf. 18. Die Akropolis von Athen. II. Südliche Ansicht. 876. *ℳ 24.
» 19. Die Akropolis von Athen, entworfen von Adf. Michaelis. 876. *ℳ 15.
» 20. Eirene und Plutos. 878. *ℳ 6.
» 21. Römerin. 878. *ℳ 6.
Taf. 1—21 nebst Text *ℳ 212,50.

Launitz, Ed. v. der, Wandtafeln zur Veranschaulichung antiken Lebens und antiker Kunst. Fortgesetzt von A. Trendelenburg. Taf. 22, 23, 25—27. Lithogr. Imp.-Fol. Mit Text. gr. 8. (23 S.) Kassel, Fischer. * 28 —

Inhalt:

Taf. 22. Doryphoros, Diadumenos und Amazone nach Polyklet. 882. *ℳ 6.
» 23. Olympia, nach den Resultaten der deutschen Ausgrabungen dargestellt von Rich. Bohn. 884. *ℳ 16.
» 25. Homer. 884. *ℳ 2.
» 26. Thukydides. 884. *ℳ 2.
» 27. Cicero. 884. *ℳ 2.
Taf. 1—21 mit Text. *ℳ 212,50. — Taf. 24 ist noch nicht erschienen.

Launits, Ed. v. der, Wandtafeln zur Veranschaulichung antiken Lebens und antiker Kunst. Taf. 24 und 28a—c. Chromolithogr. Imp.-Fol. Kassel, Fischer. *

Inhalt:

Taf. 24. Die Akropolis von Athen, westliche Ansicht. Reconstructionsversuch von Rich. Bohn, mit erläut. Text von A. Trendelenburg. gr. 8. (11 S.) 887. *ℳ 18.—.
» 28a—c. Römisches Haus, hrsg. von Lohr. 3 Bl. a) Grundriss. *ℳ 8—.; b) Aufriss. *ℳ 10.—.; c) Perspectiv. Ansicht. *ℳ 12.—. 888.
Taf. 1—28 und 25—27. Ebendas. *ℳ 240.50.

Launitz, Ed. v. der, Wandtafeln zur Veranschaulichung antiken Lebens u. antiker Kunst, fortgesetzt v. A. Trendelenburg. Nr. XXIX. Kassel 893. Th. Fischer. Subskr.-Pr. n. 18. —; Ladenpr. n. 24. —; Text allein n. 1. —

Forum romanum. Westseite. Rekonstruktion v. Chr. Hülsen. In vergrössertem Masstab (m. Genehmigg. des Autors) dargestellt. 61×98 cm. Farbendr. Mit erläut. Text v. O. Paulus. gr. 8. (22 S. m. 2 Tab. u. 4 Taf.)

Launitz, Ed. v. der, Wandtafeln zur Veranschaulichg. antiken Lebens u. antiker Kunst, fortges. v. A. Trendelenburg. Nr. 30 — 32. à 82 × 62,5 cm. Steindr. Kassel 894. (Leipzig, K. F. Koehler, Barsort.) à n. 2. —

30. Platon. — 31. Sophokles. — 32. Demosthenes.

Launitz, Johann (Hrsg.), s. Conzett, Jakob: Rundschau auf dem Gebiete der deutschen Evangelischen Kirche in Nord-Amerika.

Launitz, Jh. Magn., (Vater), († d. 10. Nov. 1809.) Diss. theolog. de fide infantum. 4. Danzig 766.

Launoi, I. de

— de vera causa successus S. Brunonis in eremum. 4. Frft. 720.

Launoi, I. de, de varia Aristotelis in acad. Paris. fortuna et I. Iensius de hist. peripat. per I. H. ab Elswich. 8. Vitb. 720.

— opera omnia. V Tmi. in X Vol. fol. Col. Allob. Pellisari. 731.

Launoius, Jo., De scholis celebribus a Carolo Magno et post Carolum Magnum in Occidente instauratis liber. Hamburgi 1717. 8.
Ist beigedruckt J. Mabillon, Iter Germanicum. . . . . (II.)

Launthal, s. Lauenthal.

Laup, Jedermann sein eigener Rechtsanwalt unter specieller Berücksicht. d. Verfahrens bei Einziehung v. Außenständen u. des Verhaltens gegen böswillige Schuldner. Erläutert m. zahlreichen Formularen. 12. (VII, 180 S.) Leipzig-R. 892. C. Schönert. Geb. in Leinw. n. 2. 60

Laup, jedermann sein eigener Rechtsanwalt unter spezieller Berücksicht. des Verfahrens bei Einziehung v. Außenständen u. des Verhaltens gegen böswillige Schuldner nach der neuesten Gesetzgebung. Ein aus der Praxis hervorgegangenes Hilfsbuch f. jedermann, sich selbst vor dem Amtsgericht zu vertreten, seine Außenstände leicht u. sicher einzuziehen sowie Schriftstücke aller Art selbständig abzufassen. Erläutert u. versehen m. zahlr. Formularen. 2. völlig neubearb. Aufl. (VIII, 199 S.) 8. Leipzig (907). C. Schönert. Kart. 1. 80

Laup, Fritz [aus Minden i. W.]: Beiträge zur Pathologie des Pankreas nach Beobachtgn im patholog. Institut zu Göttingen ... Göttingen, Druck v. L. Hofer, 1896; 51 S. 8.
Göttingen, Med. Fak., Inaug.-Diss. v. [6. Aug.] 1896

Laup, Fritz, Beiträge zur Pathologie des Pankreas nach Beobachtgn. im patholog. Institut zu Göttingen. Diss. gr. 8. (51 S.) Göttingen 896. (Vandenhoeck & Ruprecht.) n. 1. 60

Laup, Wilhelm: Ueber die Behandlung tuberkulöser Darmstenosen mit Enteroanastomose. Göttingen 1909: Dieterich. 57 S. 8°
Göttingen, Med. Diss. v. 25. Juni 1909, Ref. Braun
[Geb. 10. Juni 83 Minden; Wohnort: Minden; Staatsangeh.: Preußen; Vorbildung: Gymn. Minden Reife O. 03; Studium: Marburg 4, Leipzig 1, Berlin 1, Göttingen 4 S.; Coll. 19. Dez. 08; Approb. 25. Juni 09.] [U 09. 1316

Lauper, J(akob) [Assistenzarzt der Klinik]: Beiträge zur Frage der peritonitis tuberculosa. Leipzig 1901. 32 S. 8°.
Bern. Med. Diss. 1900/1901.

Lauper, J[acob]. Beiträge zur Frage der Peritonitis tuberculosa. Diss. Med. Bern. [Mit 23 Figuren im Text.] *Kopftitel:* Aus der chirurgischen Klinik und Privatklinik von Herrn Prof. [Theodor] Kocher in Bern. VI + 32 S. 8. Leipzig, J. B. Hirschfeld, 1901.

Lauper, Jacob. Reisen und Erlebnisse des Hrn. Jak' L' von Giffers ⟨Kanton Freiburg⟩, in Neu-Seeland ⟨Australien⟩. SA. 8. Freiburg 1871.

Lauper, Joh. [med. pract. in Winterthur]: Aus dem thurgauischen Kantonsspital zu Münsterlingen. Dirigierender Arzt: Dr. Conrad Brunner. Studie über Osteomalacie mit besonderer Berücksichtigung der Ätiologie, der Therapie und der diagnostischen Verwertung der Röntgenphotographie an der Hand eines Falles aus dem Kantonsspital zu Münsterlingen. Mit einer Tafel. (S.-A. aus Fortschritte auf d. Gebiet der Roentgenstr. V.) Hamburg 1902. 52 S. 4°.
Zürich. Med. Diss. 1901/1902.

Lauper, Joh[annes]. Studie über Osteomalacie, mit besonderer Berücksichtigung der Ätiologie, der Therapie und der diagnostischen Verwertung der Röntgenphotographie an der Hand eines Falles aus dem Kantonsspital zu Münsterlingen. Diss. Med. Univ. Zürich. Mit einer Tafel [und Text-Abbildungen]. *Kopftitel:* Aus dem thurgauischen Kantonsspital zu Münsterlingen. Dirigierender Arzt: Dr. Conrad Brunner. — ([Separatabdruck aus:] Fortschritte a. d. Gebiet der Röntgenstr[ahlen. Band] 5 [1901].) 52 S. 4. Hamburg, Lucas Gräfe & Sillem, 1902.

Laupheim [Schlagwort]

Laupheim, s.: **Deutschland.** Kürschner-Peip.

Laupheim, s.: Geognostische Karten (Württemberg).

Lauppert v. Peharnik, Erwin, s.: Jahrbuch des höh. Unterrichtswesens in Österreich.

Laupus, F., ein Fall von graviditas extrauterina mit Ausgang in Genesung, 27 Jahre nach ihrem Beginne, durch Elimination und Extraction der Foetalknochen per rectum. Inaugural-Dissertation. gr. 8. (28 S.) Göttingen 876, (Vandenhoeck und Ruprecht's Verlag.) *

Laupus, Fr., s.: Führer durch d. Umgegend v. Wiesbaden usw.

Laupus, Fr., der westliche Taunus, s. a. Lützenkirchen & Bröcking's Fremdenführer. 13.

Laupus, Fr., der westliche Taunus. Führer f. Wiesbaden u. Umgegend unter besond. Berücksicht. v. Schwalbach, Schlangenbad u. Rüdesheim. Mit e. Verzeichniss der m. Farbenzeichen verseh. Wege im ganzen Taunus, genauer Angabe der Entferngn., Eisenbahn-Fahrpreise etc. 16. (104 S.) Wiesbaden 893. J. G. Birlenbach. Kart. n. — 80

Laupus, Fr., d. westl. Taunus. Führer f. Ausflüge in d. engere u. weit. Umgebg. Wiesbadens, sow. durch d. Stadt Wiesbaden, Schwalbach, Schlangenbad u. Rüdesheim. 2., verm. u. verb. Aufl. M. Karte, e. Verzeichnis d. durch Farbenzeichen gekennzeichn. Wege im ganzen Taunus, genauer Angabe d. Entferngn., d. Eisenbahn-Fahrpreise u. s. w. 12. (76 S.) Wiesbaden 896. Lützenkirchen & Bröcking. Kart. n. 1. —

Laur, E., Bossuet u. die Unfehlbarkeit. 8. (91 S.) Strassburg 875. Schneider. n. 2. —

Laur, E., zur Geschichte der französischen Literatur. Drei academ. Vorlesungen. 8. (119 S.) Mannheim 874, Schneider's Verlag. *

— Louize Labé. Zur Geschichte der französischen Litteratur d. XVI. Jahrh. 8. (84 S.) Strassburg 873. Trübner. n. 1. 60

Laur, E., Malherbe. Litterarhistorische Skizze. Heidelberg 869. C. Winter. gr. 8. (62 S.) n. 12 ngr

Laur, Elfred [P. S. Theol. Lic. S. O. Cist.]: Die Prophetennamen des Alten Testamentes. Ein Beitrag zur Theologie des Alten Testamentes. Freiburg (Schweiz) 1903. 164 S. 8°.
Freiburg i. Schw. Theol. Diss. 1902/1903.

Laur, Elfred. Die Prophetennamen des Alten Testamentes. Ein Beitrag zur Theologie des Alten Testamentes von P. Elfred Laur, ... S. O. Cist. VI + 165 S. 8. Freiburg ⟨Schweiz⟩, ⟨B. Veith⟩, 1903.
Ausg. A: Diss. Dokt. Theol. Freiburg ⟨Schweiz⟩.
Ausg. B: [fr. 3.75]

Laur, Elfred, S. O. Cist., die Prophetennamen d. Alten Testamentes. Ein Beitrag zur Theologie des Alten Testamentes. (VI, 165 S.) gr. 8. Freiburg (Schweiz) 903. Universitäts-Buchh. n. 4. —

Laur, Elred, S. O. Cist., St. Anna-Büchlein. Andachtsbüchlein zur Verehrg. der hl. Mutter Anna. (191 S. m. farb. Titelbild.) 16. Einsiedeln (909). Eberle, Kälin & Co. Geb. in Leinw. — 50

— St. Franziskus-Büchlein. Andachtsbüchlein zur Verehrg. des hl. Franziskus. (176 S. m. farb. Titelbild.) 16. Ebd. (909). Geb. in Leinw. — 50

[Laur, Ernst.] L'Agriculture et le Nouveau Tarif Douanier de la Suisse. Dédié au peuple suisse par l'Union suisse des paysans. [Traduit de l'allemand par Henry Nater.] II + 47 p. 8. Brougg. «Effingerhof», [1902]. [fr. —. 30, en lots fr. —. 20 à fr. —. 05]

Die landwirtschaftliche Arbeiterfrage in der Schweiz. (Verf.: Ernst **Laur.**) T. 1. Bern: Wyß 1907. 8°
(Mitteilungen d. Schweizer. Bauernsekretariates. Nr 30 [vielm. 31].) [illegible] 10

[F.] Bau und Leben der landwirtschaftlichen Haussäugetiere. Leitfaden f. landwirtsch. Schulen. Von Dr. Ernst **Laur**, Lehrer ... in Brugg '(Schweiz).' M. 64 Textabb. u. 5 Taf. *Berlin: P. Parey 1897.* (VIII, 68 S., 3 Taf.) 1 Bd 8.
(Landwirtschaftliche Unterrichtsbücher. [No 31.]) [illegible]

Bau und Leben der landwirtschaftlichen Haussäugetiere. Leitf. f. landw. Schulen. Von Dr. Ernst **Laur.** 2., verm. u. verb. Aufl. Mit 91 Textabb. u. 5 Taf. *Berlin: P. Parey 1900.* (VIII, 83 S.) 8° [F.]
— **Unterrichtsbücher**, Landwirtschaftliche. [31.] [illegible]

Beiträge für die Verordnungen zu einem schweizerischen Lebensmittelgesetze. Bearb. durch d. Schweiz. Bauernsekretariat. (Verf.: Ernst **Laur.**) T. 1. 2. Bern: Wyß 1899–1906. 8°.
1. Wein, Honig, Milch, Fette u. Molkereiprodukte. 1899.
2. Fleisch u. Fleischwaren, Most, Obst, Gemüse u. Eier. 1906.
(Mitteilungen d. Schweizer. Bauernsekretariates. Nr 7. 27.) [illegible] 10

Laur, Ernst: Die Bekämpfung der Futternoth durch den Anbau von Ersatzfutterpflanzen ..., s. Stebler, F. G.

Laur, Ernst). Die Bekämpfung der Lebensmittelfälschung in der Schweiz durch ein eidgenössisches Lebensmittelgesetz. Leitfaden für die Referenten und Vertrauensmänner des schweizerischen Bauernverbandes, bearb. von Dr. E. L'... Hrg. vom Sch' Bauernverbande. 80 S. 8. Brugg, Buchdr. «Effingerhof A. G.», 1906.
(fr. —. 50; *Partiepreise für 3—5 etc., bis* über 500 Ex. *je* fr. —. 30 *etc., bis* —. 10)

Die für die Landwirtschaft wichtigen Bestimmungen der kantonalen Einführungsgesetze zum Schweizerischen Zivilgesetzbuche. Kreisschreiben d. Schweizer. Bauernsekretariates an d. Sektionen d. Schweiz. Bauernverbandes u. an d. landwirtschaftl. Kantonalvereine. (Verf.: Ernst **Laur.**) Bern: Wyß 1908. 25 S. 8°
(Mitteilungen d. Schweizer. Bauernsekretariates. Nr 33.) [illegible] 10

Laur, Ernst. Landwirtschaftliche Betriebslehre für bäuerliche Verhältnisse. Lehrbuch für den Unterricht an landwirtschaftlichen Schulen und für den praktischen Landwirt. Hrg. vom Verbande der Lehrer an den landwirtschaftlichen Schulen der Schweiz. Verfasst unter Mitwirkung des schweiz. Bauernsekretariates von Dr. E' L', schweizerischem Bauernsekretär.... VIII + 335 S. 8. Aarau, Emil Wirz, 1907. [geb. fr. 5. —]
(Landwirtschaftliche Lehrbücher.)

Laur, Ernst, landwirtschaftliche Betriebslehre f. bäuerliche Verhältnisse. Lehrbuch f. den Unterricht an landwirtschaftl. Schulen u. f. den prakt. Landwirt. 2. Aufl. Hrsg. vom Verbande der Lehrer an den landwirtschaftl. Schulen der Schweiz. (Landwirtschaftl. Lehrbücher.) (VII, 339 S.) 8. Aarau 909. E. Wirz. Geb. in Leinw. 4. 50

Laur, Ernst. Landwirtschaftliche Buchhaltung für bäuerliche Verhältnisse. 3. erweiterte (*Umschlag:* vollständig neu bearbeitete) Aufl. von: «Die Buchhaltung des Schweizerbauern». VI + 144 S. 8. Aarau, Emil Wirz, 1907. [cart. fr. 2. —]

— Landwirtschaftliche Buchhaltung f. bäuerliche Verhältnisse. 4. verm. Aufl. (V, 170 S.) gr. 8. Ebd. 910. Geb. in Leinw. 2. 40

— die Buchhaltung d. Schweizerbauern. Im Auftr. d. aargauischen landwirtschaftl. Gesellschaft verf. gr. 8. (VIII, 126 S.) Aarau 898. E. Wirz. Kart. n. 2.—

(Laur, Ernst.) Die Butterkünstler gegen den Bauern-Sekretär. Separat-Abdruck aus der «Basler Zeitung» vom 3. Februar 1904, Nr. 33. 1 S. fol. (Basel, Emil Birkhäuser.)

[F.] **Laur,** Ernst *Ferdinand* [aus Basel]: Der Einfluss des Verkehrswesens auf die europäische Tierhaltung ... (Aus: Landw. Jahrb. d. Schweiz, 1896.) Bern, Buchdr. K. J. Wyss, 1896; 120 S., 1 Bl. 8.
Leipzig, Phil. Fak., Inaug.-Diss. v. [16. Jan.] 1897

Der Einfluß des neuen Zolltarifes auf die Lebenshaltung der schweizerischen Bevölkerung unter besond. Berücks. d. Lage d. industriellen u. gewerbl. Lohnarbeiter. Vom Schweizer. Bauernsekretariate. (Verf. Ernst **Laur.**) Bern: Wyß 1908. 207 S. 8°
(Mitteilungen d. Schweizer. Bauernsekretariates. Nr 35.) [11. 9267 10

Die Einführung eines schweizerischen Getreide- und Mehlmonopols und die Landwirtschaft. Gutachten d. Schweizer. Bauernsekretariates. (Verf: Ernst **Laur.**) Bern: Wyß 1908. 39 S. 8°
(Mitteilungen d. Schweizer. Bauernsekretariates. Nr 34.) [11. 9268 10

Landwirtschaftliche Enqueten. Ein Beitrag z. schweiz. Gewerbe-Enquete. (Verf.: Ernst **Laur.**) Bern 1898: Steiger. 139 S. 8°
(Mitteilungen d. Schweizer. Bauernsekretariates. Nr 2.) [11. 9259 10

Der Entwurf für ein Schweizerisches Zivilgesetzbuch in seinen für die Landwirtschaft wichtigsten Bestimmungen besprochen vom Schweizer. Bauernsekretariate. (Verf.: Ernst **Laur.**) T. 1–4. Bern: Wyß 1901–05. 8°
T. 1. Personen-, Familien- u. Erbrecht. 1901. 2. Das Sachenrecht. 1902. 3. Das Sachenrecht ⟨Schluß⟩. 1903. 4. Das Obligationenrecht. 1905.
(Mitteilungen d. Schweizer. Bauernsekretariates. Nr 12. 14. 16. 22.) [11. 9061 10

Laur, E[rnst]. Die Gründung eines aargauischen Bauernverbandes. Vortrag gehalten am aargauischen Bauerntag in Brugg den 24. März 1901. 19 S. 8. Brugg, E. Epprecht.

Laur, E[rnst]. Die Gründung eines aargauischen Bauernverbandes. Vortrag gehalten am aargauischen Bauerntag in Brugg den 24. März 1901. Beilage zu Nr. 26 des «Schweizer Bauer» [Jahrg. 55, 1901]. 16 S. 8. (Brugg, E. Epprecht.)

— d. Hebg. d. schweizer. Getreidebaues durch e. Getreidemonopol. gr. 8. (II, 48 S.) Ebd. 895. n. — 90

[Laur, Ernst.] Die Landwirtschaft und der neue schweizerische Zolltarif. Dem Schweizervolke zur Aufklärung hrg. vom Schweizerischen Bauernverbande. 8. Brugg, «Effingerhof». [fr. —. 30, in Partien fr. —. 20 bis fr. —. 05]
Ausg. A: 48 S. (1902.) — *Ausg. B:* IV + 47 S. [1902.]

[Laur, Ernst.] Die Landwirtschaft und der neue schweizerische Zolltarif. Dem Schweizervolke zur Aufklärung hrg. vom Schweizerischen Bauernverbande. *Ausg. C.* 48 S. 8. Brugg, «Effingerhof». [1902]. [fr. —. 30]

Laur, Ernst. Landwirtschaftliche Lieder für fröhliche Stunden. Zum Gebrauch für Schüler landwirtsch. Lehranstalten. Kl. 8°. 30 S. Aarau, Emil Wirz. 1899. — 60

(Laur, Ernst.) Statistische Notizen über die Entwicklung der schweizer. Landwirtschaft in den letzten 25 Jahren, zum Vortrage von Dr. E. L', schweiz. Bauernsekretär, gehalten anlässlich der Feier des 25jährigen Bestehens der Gesellschaft Schweiz. Landwirte in der 200. Versammlung. ([Bearb. unter Mitwirkung von Henry] Nater, Adjunkt des schweiz. Bauernsekretariates; 1907 Februar 15.) 23 S. 4. Brugg, «Effingerhof A.-G.», 1907.

Laur, Ernst. Der Stallmist, die Jauche u. der Kompost. 8. (59 S.) Bern 890, Wyß. * — 80

Laur, E[rnst]. Die Stellung der Bauersame zur neuen Militärorganisation der schweizer. Eidgenossenschaft. Vortrag, gehalten an der Delegiertenversammlung des schweiz. Bauernverbandes am 2. September 1907. 14 S. 8. Brugg, «Effingerhof A.-G.», 1907. (fr. —. 20; 5—20 Ex. à —. 10; 50 und mehr Ex. à —. 05)
Ausg. A: Beilage zum «Schweizer Bauer» [1907, Nr. 75].
Ausg. B: Beilage zur Schweiz. Bienenzeitung [1907, Nr. 10].
Ausg. C: Beilage zur Sch' landw. Zeitschrift [1907, Heft 40].

Die Stellung der Landwirtschaft zum bundesrätlichen Entwurfe eines Bundesgesetzes betreffend die Kranken- und Unfallversicherung ⟨vom 10. Dez. 1906⟩. Gutachten u. Vorschläge des Schweiz. Bauernsekretariates. (Verf.: Ernst **Laur.**) Bern: Wyß 1907. 80 S. 8°
(Mitteilungen d. Schweizer. Bauernsekretariates. Nr 28.) [11. 9263 10

Laur, E[rnst]. Die Stellung der Landwirtschaft zur Revision des aargauischen Steuergesetzes. Bericht an den Vorstand des aargauischen Bauernverbandes von Dr. E. Laur, schweizerischer Bauernsekretär. 39 S. 8. Aarau, Emil Wirz, 1901. [fr. —. 50]

— Tabellen und Beispiele für Vorträge und Kurse über Fütterung. Nach Wolff, Krämer und A. zusammengestellt und berechnet. In-folio. 4 S. Aarau, Emil Wirz 1895. — 20

— Tabellen u. Beispiele f. Vorträge u. Kurse üb. Fütterg. Nach Wolff, Krämer u. a. zusammengest. u. berechnet. Fol. (4 S.) Brugg 895. Ebd. n. — 20

Der Verkehr mit Wein in den eidgenössischen Niederlagshäusern. (Verf.: Ernst **Laur.**) Bern: Wyß 1905. 30 S. 8°
(Mitteilungen d. Schweizer. Bauernsekretariates. Nr 24.) [11. 10987 10

– (Hrsg.), s. Wirz's Schreibkalender für schweizerische Landwirte ...

Laur, E[rnst]. Landwirtschaftliche Wünsche zur eidg. Kranken- und Unfallversicherung. Vortrag gehalten in der Gesellschaft schweizerischer Landwirte am 9. November 1906. Sonderabdruck aus «Mitteilungen der Gesellschaft schweizerischer Landwirte [Jahrg. 3, No 5. November 1906].» 16 S. 8. [Frauenfeld, Huber & Co.]

LAUR, Georg (Bayreuth): Vomitus ex chronicis ventriculi malis.- Monachii: Giesser 1836. 36 S.
6.8.1835 - Urk; F 62
Diss. Ingolst.-Landsh.-Mchn.

LAUR, Heinrich Guido (St.Ingbert): Intrauterine Uebertragung von Masern im Incubationsstadium.- München: Wolf 1909. 22 S.,1 Tab.
11.7.1910 - Chr 1910/11,22; U 11.3677
Diss. Ingolst.-Landsh.-Mchn.

Laur, Jean Ant., examen critique du grand-livre-terrier de la propriété foncière ou du terrier perpétuel automoteur proposé par Fel. de Robernier, Conseiller à la Cour impér. de Montpellier. Précédé et terminé de quelques considérations générales etc. Bruxelles 856. (Leipzig, Breitkopf u. Härtel.) Lex.-8. (96 S. u. 1 lith. Taf.) n. 1 ₰. 5 ngr.

Laur, Jean Ant., vereinfachte und vervollkommnete praktische Geodäsie zum Gebrauche der Civil- und Militär-Ingenieurs, des Brücken- und Wege-Baues, des Bergwerkswesens, der Geometer des Katasters ꝛc. und aller Personen, welche sich mit Plänen und geograph. Karten, mit der Drainage, dem Theilen und Begränzen der Aecker beschäftigen. Aus dem Französ. übers. von O. Strubberg. 2 Bde. Mit 17 (lith.) Taf. (in gr. 4. u. qu. Fol.) Autorisirte u. vom Verf. mit einem Anh. über Nivellements, Entwässerungen ꝛc. verm. Uebersetzung der 6. Orig.-Ausg. Leipzig 857. Breitkopf u. Härtel. gr. 8. (XVI, 291; XIV, 310 S.) 3 Rthlr. 15 ngr.

Laur, Wilh. Frdr., d. Bau- u. Kunstdenkmäler in d. Hohenzollerischen Landen, s.: Zingeler, Karl Thdr.

Laura oder Briefe einiger Frauenzimmer in der Französischen Schweitz . . . Leipzig 1788—89. V: *Schatz, Gg.* (ML) (Ky)

Laura oder Briefe einiger Frauenzimmer in der Frantzösischen Schweitz . . . Leipz. 1788—89. V: *Constant, Samuel.* Ü: *Schatz, Georg.* (Ersch, Handb. II, 2, 1840, Nr. 2672b) (Zeitschr. f. Büch. N. F. 15, 1923, S. 114)

Laura, od. Briefe e. Frauenzimmers in der französ. Schweiz. Vom Verf. d. Familie; übers. (von Geo. Schatz). 4 Bde. 8. Leipz. 788 u. 89. Dyck. 4 Rthlr. 12 gr.

Laura, oder der Kuss in seinen Wirkungen. Berlin 1792. V: *Gessner, A. H. (= Adolph Heinrich Meltzer).* (Adel) (Ky) (MGT) (BGE)

— od. der Kuß in seiner Wirkung, (v. Ad. H. Meltzer). 8. Berl. 792. Morino, 8 gr.

— od. d. Kuß in seinen Wirkungen, m. K. 8. Berl. Morino. 792.

Laura oder der Kuß, mit Vignetten u. Kpfrn. von Chodowieckie, Berger ꝛc. 1 Rthlr. hat Joachim.

Laura. [Leipzig 1817.] V: *Naubert, Christiane Benedicte Eugenie geb. Hebenstreit.* (MGT) (Schl)

Laura, oder die junge Ausgewanderte. Eine Erzählung für die reifere christliche Jugend. 8. Solothurn 841, Kaßmus. 1/4 Rthlr.

Laura. Ein erzählendes Gedicht. gr. 8. (169 S.) Berlin 858, (Jonas' Verlagsbuchh.) 1 Thlr.; geb. *

Laura im Bade, v. Gust. Schilling. 2 Bde. 8. Dresd. Arnold. 815.

— Clemente, die schöne Venezianerin. 2 Thle. 8. Leipz. 803. Hinrichs. 18 gr.

— Clementine, d. schöne Venezianerin; e. Gemälde menschl. Leidenschaften. 2 Thle. 8. Lpz. Hinrichs. 802.

Laura, la comtesse. Épisode du siège de Paris par X . . . . 8. (IV, 206 S.) Wien 881, (Schmid.) * 2 —

Laura, la comtesse. Episode du siège de Paris par X . . . . 8. (IV, 206 S.) Wien 881. (Steckler.) n. 2. —

— v. Estell, s. a. Estell.

Laura von Estell, ein Roman. Aus dem Französ. von Müller. Berlin (1811?). II. V (höchstwahrscheinlich): *Gay, Sophie.* Orig.: 1802. (DARP)

Laura von Estell. Ein Roman. Aus d. Franz. von K. L. M. Müller, 2 Bde. 8. Berlin, jetzt Schlesinger u. d. Pr.

— Genuino u. Karl v. Wählburg. 8. Leipz. 814. W. Rauck. 20 gr.

Laura Grimaldi. Trauerspiel in 5 Aufz., vom Verf. der Clytemnestra. gr. 8. Mannheim 835. Löffler. n. 1/2 Rthlr.

— v. Mandolini, od. d. Muster d. Treue in Freundschaft u. Liebe. 2 Thle. 8. Leipz. 805. Gr. Fleischer. 2 Rthlr. 12 gr.

— Montaldi. Ein Seitenstück zu Meißner's Bianka Capello. 8. Leipz. 800. Joachim. (Wien, Bauer u. D.) 16 gr.

— de Sabes; e. Gemälde v. Verf. d. weibl. Biographien. 8. Lpz. Gräff.

— die schöne, in d. Kerkern d. Inquisition. 8. Liegnitz 802. N. Aufl. 823. (Krappe in Leipz.) 16 gr.

— d. schöne, in d. Kerkern d. Inquisition. 8. Liegnitz, Siegert. 802.

LAURA, Die schöne, in den Kerkern der Inquisition und ihre endliche Befreiung. (Schauspiel.) Neue unveränd. Ausgabe. Leipzig 1823. 8°. 192 S. Zahm. (2 Mk., geles. Expl., Franz Teubner, Cöln, c. 1896.)
Zuerst gedr. Liegnitz 1802. 8°. Mit Titelkpfr. (2 Kr. fleckiges Expl., Jos. Grünfeld, Wien, 1907.)

LAURA, Die schöne, u. ihr Louis als (Moabiter) Klosterstürmer vor Gericht. Oder: Sie bauen ein Kloster u. wir müssen in die Zelle. Eine improvisirte Gerichtsscene, die mit singen (!) eines Kloster-Couplets endigt. Nicht schauerlich u. schutzmannscharfeinhauerlich, / Nicht piusunterthanerlich u. scheiterhaufenahnerlich. Mit illustr. Titel. Berlin, A. Streerath, Skalitzerstr. 127. (ca. 1870). 8°. (2 1/2 Sgr.)
Ang. d. Verlegers. — Bereits sehr selten!

Laura di Sola, eine Spanische Geschichte in Briefen; . . . Hamburg 1782—83. V: *Albrecht, Johann Friedrich Ernst.* (LS) (Ky) (MGT)

Laura di Sola, eine span. Geschichte in Briefen, (v. Jh. Fr. Er. Albrecht). 3 Thle. 8. Hamb. 782, 83. (Campe). 2 Rthlr.

— di Sola; e. spanische Gesch. in Briefen. 3 Thle. 8. Hamb. Hoffmann. 782. 783.

— v. Wien, od. d. Mädchen im Augarten; e. Originalroman v. G. Müller. 8. Wien, Rehm. 804.

Laura, Blätter a. ihrem Tagebuche, herausgeg. v. Fr. v. Meyer. 8. Frkft. (Mohr u. Z. in Heidelbg.) 801.

Laura's, (Wilhelm. Henr. Charl. Neuenhagen, geb. Wenzel,) Briefwechsel mit ihren Zöglingen; als Beitrag zur anständ. Unterhaltung f. gebildete Frauenzimmer. Leipz. 799. (Cnobloch). 1 ℞

Laura's Briefwechsel mit ihren Zöglingen. 8. Leipz. 799. Schlegg. 1 ℞

Laurance, John, Geologie im Jahr 1835. Eine leicht faßliche Skizze d. Fortschritte, Hauptzüge u. neuesten Entdeckungen in dieser, im Fortschreiten begriffenen Wissenschaft. A. d. Engl. gr. 12. (4 B. u. 19 eingedr. Holzschn.) Weimar 836, Landes-Indust.-Compt.

Laurant, Cl. Hil.

Laurant, C. H., Eloge funèbre du f. Aug. Baron de Weillen etc. gr. 8. Basel, Schweighaeuser. 776.

Laurbech, J., de annis ministerii Christi. Altorf. 1700. 4.

Laurbecchius, Isaac (Suecus)
Dissertatio philologico-theologica de regimine regis Christi in ecclesia, Ex Esa Cap. XI, vers. 4.
Gissae Catt. 3. Sept. 1700: Vulpius. (2), 33, (1) S. 4°
placidae eruditorum censurae

Laurea, L. B. de, Polyanthea sacrorum canonum coordinat. III T'mi. fol. Prag. 708.

— — idem l. in epitom. red. a I. P. Paravicini. fol. Col. 719.

Laureae novi Sacculi a Marte Austriacae relatae. Carmen. Viennae 1708.
V: *Perbegg, Joseph.* (Jes)

Laureck, Klemens

Laureck, Clemens, pr. Arzt: Appendicitis im Bruchsack. Leipzig 1910: Lehmann. 30 S. 8°
Leipzig, Med. Diss. v. 15. Juni 1910, Ref. Trendelenburg
[Geb. 7. Aug. 69 Ahrweiler; Wohnort: Willich; Staatsangeh.: Preußen; Vorbildung: Gymn. Höxter Reife Juli 88; Studium: Halle 1, Bonn 3, Göttingen 6 S.; Coll. 24. Juni 10; Approb. 21. Juli 95.] [U 10. 3017

Laureck, P., Krankheiten der Arbeiter in Blei-, Silber-, Zink- und Quecksilberhütten. Jena, 1903. 35 S.

Laureck, Peter [aus Ahrweiler]: Aus d. med. Klinik in Bonn. Zur Casuistik des Morbus Addisonii. . . . Bonn, Buchdr. Jos. Bach Wwe., 1889; 84 S. 8°
Bonn, Med. Fak., Inaug.-Diss. v. 14. Dez. 1889

Laurel bush, the, by the author of „John Halifax, gentleman", s.: Collection of british authors.

Lauremberg, Jakob Sebastian [Praes.], s. Mitzel, Johann: De actorum lectione et relatione, nec non sententiarum ex illis conceptione.

Lauremberg, Johann

JECKEL van Achtern (d. i. *Joh. Wilh. Lauremberg*). — Schäfftige Martha, Dat ys: Eentfoldige Beschriving wo ydt mit dem Honnig-söten Fryen, vör und by der Köst thogeydt. In de Fedder gefatet und upgedrücket dörch *Jeckel van Achtern, Herr up Lik.* O. O (Hamburg, Rebenlein) u. J. (17. Jh.). 4°. (In Darmstadt: E. 5932.)
4 Bll. Ungemein rares, derbkomisches plattdeutsches Gedicht.
Lappenberg, Scherzgedichte von Joh. Lauremberg. Stuttg. 1861. S. 207; W. v. Maltzahn p. 239, no. 151.
In Rachel's u. Lauremberg's Satiren Freyburg . . . . (Kassel) 1750 betit.: „Eenföldige Beschriving Wo ydt mit dem Honnichsöten fryen vör und by der Köst tho geydt", u. in Lappenb. Ausg. S. 114—18. Auch in Poetische Lustgedanken no. 8. Den Namen des Verf.: *Jeckel van Achtern Herr up Lik* hält Lappenberg S. 208 für ein Anagr. von: Hr. Jeck Peter Rachel, nu van Kyl und denkt sich darunter den Satiriker Joachim Rachel oder einen Verwandten desselben. Maltzahn 239 no. 151 hält ihn für pseud. für *Joh. Wilh. Lauremberg,* ebenso die Verf. des Brem.-niedersächs. Wörterb.

— — Dasselbe, abgedr. in: Memel, Joh. Pet. de (ps.), Gantz umbgekehrte u. neu-vermehrte anmüthige Lustige Geselschafft . . . . O. O. (Bremen?). 1700. 12°. S. 327—334.

— — Nach vorigem Druck erneuert: O. O. u. J. (Cöln, Franz Teubner, 1890.) (Druck von Elias Neuwald in Budapest.) Kl. 8°. (Mk. 0,75.) Vergriffen!

– De veer olde berömede Schertz-Gedichte.

De veer olde berömede Schertz-Gedichte; als erstlik: Van der Minschen itzigem verdorvenen Wandel unde Maneeren. 2. Van almodischer Kleder-Dracht. 3. Van vermengder Sprake unde Titeln. 4. Van Poesie unde Rym-Gedichten. In't Nedderdütsch gerymet dörch Hans Willhelm L. Rost [d. i. Johann **Lauremberg**]. Met eenem Anhange van etlicken in düssen Tyden nyingeschlekenen Missbrücken. Gedrücket in düssem itzigen Jahr. [Bremen. 1700.] 8°

§ — — Dasselbe (an Joach. Rachel's [s. d.] Satyr. Gedichten), tit.: De veer ölde berömede Schertz-Gedichte; Als erstlik: Van der Minschen . . . . In't Nedderdütsch gerymet dörch *Hans Willhelm L.* Rost. Met eenem Anhange van etlicken (nicht von L. verfaßten) in düssen Tyden ny-ingeschlekenen Mißbrücken. Gedrücket in düssem itzigen Jahr. (Bremen, Joh. Wessel, 1700.) 12°. (Auch in Marburg [an XVI, C. 542 b] u. Wolfenbüttel.) (12 Mk. L. Rosenthal, 1906; 10 Mk. Ferd. Schöningh, Osnabr., 1907.)
136 S. (incl. Titel u. 1 Bl. poet. „Inhold").

— — Dasselbe (Titelaufl. des vorigen). (Ebd. 1707.) 12°.
Von E. Müller beschrieben in s. Programm: Zu Johann Lauremberg. Cöthen 1870. 4°. — Die voranstehenden Rachelischen Gedichte sind ein neuer Druck.

— — Dasselbe. (Ebd. 1709.) 12°.

— — Dasselbe, tit.: De veer olde berömede Schertz-Gedichte. Met eenem Anhange van etlicken in düssen Tyden nyen ingeschlekenen Mißbrücken. (Hamburg, nach 1700.) 8°. (In Rostock, Landesbibl.)

— — Dasselbe (Einzeldruck), tit.: De veer olde beröhmede Schertz-Gedichte. Als erstlick: Van der Minschen . . . . Met eenem Anhang van etlicken in düssen Tyden nyen ingeschlekenen Mißbrücken. Gedrücket in düssen itzigen Jahr. O. O. 8°. 4 u. 133 S. (Titel roth u. schwarz.)
Goedeke, l. c., 10; E. Frensdorff, Berlin, März 1906.

— — Dasselbe (mit Rachel's satyr. Gedichten). Auf dem Haupttitel am Schluß: Zum vierten mahl auffgelegt, und vor die Liebhaber der edlen Poësie Gedruckt zu Freyburg im Hopfen-Sack (Berlin). O. J. (c. 1740). 8°. (In Wolfenbüttel.)
Braune, S. XIII: Die Laurembergschen Scherzgedichte sind aber in diesem Drucke auch separat verbreitet. (Expll. in Wolfenb. u. im Besitze des Herrn Prof. Hildebrandt in Leipzig.)

— — Dasselbe. Zum fünfften mahl aufgelegt, und vor die Liebhaber der edlen Poesie (von Jac. Friedr. Lamprecht, 1707 bis 1744). Gedruckt zu Freyburg im Hopfen-Sack (Berlin). O. J. (1742). Gr. 8°. (Auch in Marburg, Univ.-Bibl.)
144 S. (incl. Titel in Roth u. Schwarz und 2 Bll. Vorr.). Laut Braune (l. c.) giebt es auch hier Seperatexpll. von Lauremberg. (1 in der Kgl. Bibl. in Berlin.)

§ — — Dasselbe (Einzeldruck, hrsg. von Fr. Groschuf, geb. 5. Nov. 1693 zu Danzig, † 15. Dez. 1783 zu Schleiz; vgl. Meusel, Lex. 4, 387), tit.: De veer olde beröhmede Schertz-Gedichte, Alls: I: Van der Minschen itzigen verdorvenen Wandel unde Maneeren. II. Van Alamodischer Klederdracht. III. Van vermengeder Sprake unde Tituln. IV. Van Poesie unde Rymgedichten. In Nedder-Dütsch gerymet dörch *Hans Willmsen L.* Rost. Met eenem Anhang van etlicken in düssen Tyden nye in geschlekenen Mißbrücken. Gedrücket in düssen itzigen Jahr. (Cassel 1750.) 8°. 135 S. (In Göttingen: P 2866; auch in Leipzig, Univ.-Bibl.) (6 Mk. Ferd. Schöningh, Osnabr., 1907; 11 Mk. Max Perl's Berliner Oct.-Auct. 1907, no. 362.)
Goedeke, l. c., 11: Die 8 angehängten Gedichte, die Jacob Grimm für Laurembergs zu halten geneigt war, sind nicht von ihm.

— — Dasselbe (Einzeldruck), tit.: Veer berömede Spas-Gedichtge ut dem säbenteinden Jahrhundert mit eenem Bydrag van etliken in düssen Tyden nyen ingeschlekenen Mißbrücken, und Klage över die jtzige verkehrde Weld, und sunderlyk över das leven Fryens Möhseligkeit. Hamburg 1800. 8°. (Citirt E. Müller, l. c. 13 ff.)
Das letzte auf dem Titel erwähnte Gedicht nicht von Lauremberg.

Lauremberg, Johann, Scherzgedichte. Hrsg. von J. M. Lappenberg, s. a. Bibliothek des litterarischen Vereins in Stuttgart, Bd. 58.

§ * — — Dasselbe (kritische Ausgabe) tit.: Scherzgedichte Von *Johann Lauremberg* Herausgegeben Von J. M. Lappenberg. Stuttgart 1861. (LVIII. Publ. d. Litterar. Vereins.) 8°.
VII u. 322 S. — Lat. Lett. (Titel ganz mit Initialen gedr.)

Lauremberg, J., niederdeutsche Scherzgedichte, s. a. Neudrucke deutscher Litteraturwerke des 16. u. 17. Jahrhunderts.

§ * — — Dasselbe (kritische Ausgabe). Mit Einleitung, Anmerkungen und Glossar von Wilhelm Braune. Halle, Max Niemeyer, 1879. (Neudrucke .... No. 16—17.) Kl. 8°. XXII u. 120 S.

Lauremberg's Scherzgedichte in handschriftl. Fassung, s. a. Drucke des Vereins f. niederdeutsche Sprachforschg. V.

[Hans Willmsen] Laurembergs Scherzgedichte in handschriftlicher Fassung. (Hrsg.: Edward Schroeder, [Prof., Göttingen].) Norden & Leipzig: Soltau 1909. IX, 60 S. 8°
(Drucke d. Vereins f. niederdeutsche Sprachforschung. 5.)

Lauremberg, Peter

— Acerra Philologica nova, repurgata aucta. Das ist: D C C. merckwürdige Historien und Discursen. Theils aus den vorigen Editionen ... ausgelesen, verbessert ... bereichert, Theils aber Von neuem hinzugefüget [von] G. Heidegger. 2. Auflage. Zürich, D. Geßner Gebr. 1735. 8°. 14 Bl. (inkl. gestoch. *Frontispiz*) 1032 S. 17 Bl. *Mit 1 Wappenvignette auf dem 3. Blatt.* Etwas beschabtes Ld. d. Z. m. Rv.
Diese Ausgabe nicht bei Goedeke, Hayn-Gotendorf, Faber du Faur u. a.

[—] Neue und vermehrte Acerra philologica ... Frankfurt & Leipzig, J. A. Plener, 1740. 8°. *Titelkupfer*, 7 Bl. 988 S. 17 (statt 18) Bl. Etwas fleckiger und am Rücken beschäd. Ppbd. d. Z.

Lauremberg, Pet., compend. hist. geneal. geogr. politicum. 8. Hamb. 717.

Lauren, du, s. Duloren.

Laurenberg, Jacob Sebastian: „De nundinis solennioribus vulgo von Reichs-Messen ....." (Diss. von 1696), Gustraviae 1705. — Vorh.: Büch. der Industrie- und Handelskammer Leipzig.

* Versuch eines geometrischen Augenmaßes, oder Sammlung einiger geometrischen Aufgaben, die sowohl bey geographischen u. topographischen Vermessungen ganzer Länder u. Provinzen, als auch bey kleinen Situationen angewendet werden können. Von S. S. v. L. . . . *(Laurenberg.)* Riga, Hartknoch. 112 S. 8. 1785.

Laurence, Julie St., oder die schöne Unbekannte, aus dem Engl. der Mr. Robinson, mit Kupf. 8. Leipzig, 797. Sommer. 20 sgl.

Laurence, Eduard, das Amt u. die Pflicht e. Verwalters auf einem Landgut vorgestellt; aus d. Engl. 8. Leipz. 757. Compt. f. Lit. 10 gl.

Laurence, John Zachar., die optischen Fehler des Auges mit ihren Folgen Asthenopie u. Strabismus. Aus dem Engl. ins Deutsche übers. u. m. erweit. Zusätzen von Aug. Karst. Mit 35 in den Text gedr. Holzschn. Kreuznach 868. Voigtländer. gr. 8. (XI, 163 S.) n. 1 ⅓ ℞

Laurence, John Zachar., die optischen Fehler d. Auges m. ihren Folgen Asthenopie u. Strabismus, aus dem Engl. ins Deutsche übers. u. m. erweiternden Zusätzen versehen v. Aug. Karst. Mit 35 in den Text gedr. Holzschn. gr. 8. (XI, 163 S.) Kreuznach 871. Voigtländer. 2. —

Laurence, Ricardo, መጽሐፈ፡ሄኖክ፡ነቢይ። Libri Enoch Prophetae, versio Aethiopica, quae seculi sub fine novissimi ex Abissinia Britanniam advecta vix tandem litterato orbi innotuit. 8maj. Oxoniae 838. (Lipsiae, T. O. Weigel.) n. 3 ℞

Laurencic, Jul., illustr. Bäder-Album. Souvenir an berühmte Seebäder, Luft- u. Wasserkurorte, Winterstationen etc., etc. Sammlung der neuesten photograph. Aufnahmen m. deutschen, französ. u. engl. Texten. 11.—13. Lfg. (à 16 S.) qu. gr. 4. Zürich 903. C. Schmidt. n. — 80
Lfg. 1—10 erschienen u. d. T.

Laurencic, Jul., s.: Huldigungs-Banderium, das.

Laurenčić, Jul (Hrsg.), s. Italien. – Durch ganz Italien.

Laurenčić, Julius (Hrsg.), s.a. Jubiläums-Ausstellung.

— Jubiläums-Ausstellung 1848—1898. Wien 1898. Hrsg. unt. d. Ägide d. Ausstellungs-Direction. qu. 4. (22 Taf. Abb. m. 6 S. Text u. 1 Plan.) Wien 898. G. Szelinski. n. 2. —

Laurenčič, Jul., Mähren in Wort u. Bild. Ein Gedenk-Album f. Einheimische u. Fremde. Hrsg. unter Mitwirkg. v. O. Stoklaska. [Aus: „Unsere Monarchie".] qu. gr. 4. (50 S.) Brünn (899). Karafiat & Sohn. n. 1.50

— unsere Monarchie. Die österr. Kronländer zur Zeit d. 50jähr. Regierungs-Jubiläums Sr. k. u. k. apostol. Maj. Franz Joseph I. (In deutscher, böhm., poln. u. italien. Sprache.) 1.—24. Lfg. qu. gr. 4. 1. u. 2. Bd. 292 u. 288 S. m. Ansichten.) Berlin 897—898. Werner-Verlag. à Lfg. 1. — (à Bd. kplt. geb. in Leinw.: n. 15.—)

(§) Laurenčič, Jul., unsere Monarchie. — Oesterreich in Wort u. Bild. (KBL 30. 32.) Jetzt: Wien, G. Szelinski. Erm. Pr. geb. à 18. —

— Oberösterreich, Salzburg u. das Salzkammergut in Wort u. Bild. Ein Gedenk-Album f. Einheimische u. Fremde. [Aus: „Unsere Monarchie".] qu. gr. 4. (50 S.) Linz 899. F. Steurer. 3. —

— Oberösterreich sammt dem Salzkammergut in Wort u. Bild. Ein Gedenk-Album f. Einheimische u. Fremde. [Aus: „Unsere Monarchie".] qu. gr. 4. (26 S.) Ebd. (899). 1.50

— Österreich in Wort u. Bild. Vaterländisches Jubiläumsprachtwerk. E. Sammlg. v. prachtvollen photograph. Reproductionen d. hervorragendsten Städtebilder, Bauten u. maler. Landschaften Österreichs. Unter Mitwirkg. d. bedeutendsten vaterländ. Schriftsteller u. Künstler. (1. Bd.) qu. gr. 4. (290 S.) Ebd. 898. Geb. in Leinw. n. 15. —

Laurenčič, Jul., Österreich in Wort u. Bild. Vaterländ. Jubiläumsprachtwerk. Eine Sammlg. v. prachtvollen photograph. Reproductionen d. hervorragendsten Städtebilder, Bauten u. maler. Landschaften Österreichs. Unt. Mitwirkg. d. bedeutendsten vaterländ. Schriftsteller u. Künstler. 2. Thl. qu. gr. 4. (S. 290—578.) Berlin 899. Werner-Verlag. Geb. in Leinw. n. 15. —; (kplt. in 1 Leinw.-Bd. n. 27. —)

Laurencic, Julius. Österreich in Wort und Bild. Vaterländisches Jubiläums-Prachtwerk. Eine Sammlung von prachtvollen photographischen Reproductionen der hervorragendsten Städtebilder, Bauten und malerischen Landschaften Österreichs. Herausgegeben von ..... unter Mitwirkung der bedeutendsten vaterländischen Schriftsteller und Künstler. qu. Fol. Wien (1900).

!— Oesterreich in Wort und Bild. Jetzt: Wien: G. Szelinski.

— illustr. Prachtalbum d. Bäder u. Kurorte. Souvenir an berühmte Seebäder, Luft- u. Wasserkurorte, Winterstationen etc., etc. Sammlg. der neuesten photograph. Aufnahmen m. deutschen, franz. u. engl. Texten. (In 12 Lfgn.) 1.—5. Lfg. qu. gr. 4. (S. 1—74.) Paris (902). [Ch. Eitel.] Zürich, C. Schmidt. à n. — 80

— illustr. Prachtalbum der Bäder u. Kurorte. Souvenir an berühmte Seebäder, Luft- u. Wasserkurorte, Winterstationen etc., etc. Sammlung der neuesten photograph. Aufnahmen m. deutschen, französ. u. engl. Texten. 6—10 Lfg. (S. 75—106 u. 1—36.) qu. gr. 4. Ebd. (903). à n. — 80

— Riviera. Souvenir an Nizza, Cannes, Grasse, Antibes, Villefranche, Beaulieu, Monte Carlo, Monaco, Menton etc. Sammlung v. neuesten photograph. Aufnahmen. (In deutscher, engl. u. französ. Sprache.) qu. hoch 4. (104 S.) Zürich (901). C. Schmidt. (Auslieferung f. Deutschland u. Oesterreich-Ungarn: Dresden, A. Köhler.) Kart. n. 8. —; auch in 12 Lfgn. à — 60

— Salzburg sammt dem Salzkammergut in Wort u. Bild. Ein Gedenk-Album f. Einheimische u. Fremde. [Aus: „Unsere Monarchie".] qu. gr. 4. (26 S.) Linz (899). F. Steurer. 1.50

— Schlesien in Wort u. Bild. Ein Gedenk-Album f. Einheimische u. Fremde. Hrsg. unter Mitwirkg. v. J. Matzura. [Aus: „Unsere Monarchie".] qu. gr. 4. (50 S.) Brünn (899). Karafiat & Sohn. n. 1.50

— Tirol in Wort u. Bild. Ein Gedenk-Album f. Einheimische u. Fremde. Hrsg. unter Mitwirkg. v. Ernst Keiter. [Aus: „Unsere Monarchie".] Nebst: Hervorragende Gaststätten, industrielle Unternehmgn. u. Handelsetablissements in Tirol. Zusammengestellt v. Marcell M. Steinbach. qu. gr. 4. (50 u. 20 S.) Innsbruck (898). Wagner. 3. —; geb. in Leinw. 5. —

Tirol in Wort und Bild. Ein Gedenk-Album für Einheimische und Fremde. Herausgegeben von Julius Laurencic. Unter Mitwirkung von Ernst Keiter, Wien. (Separat-Abdruck aus dem Prachtwerke „Unsere Monarchie".) Innsbruck. [1900.] Wagner. Quer-Fol. 50 paginirte und 20 unpaginirte S. * K 3.60, geb. * K 6.—

— (Hrsg.), s. Ungarn, Das tausendjährige, . . .

— (Hrsg.), s. Weltbibliothek. — Illustr. Welt- und Reisebibliothek.

Laurencin

— Marc-Michel et Labiche, Bocquet père et fils, s. Répertoire du Théâtre franç. No. 241.

Laurencin, Desvergers et G. Vaez, les brodequins de Lise, v. Répertoire du Théâtre français. No. 221.

Laurencin, Casimir, ou le commis-voyageur, s. Duport.

— et Varin, la demoiselle majeure, siehe: Répertoire du théâtre Français, Nr. 375.

Laurencin, die Eselshaut, s.: Banderburck.

— et Marc.-Michel, le Vicomte Giroflée, siehe: Répertoire du théâtre Français, Nr. 332.

— u. Marc. Michel, die Heimkehr. Lustspiel, s. Bühnen-Repertoire, Bd. XII.

Laurencin, Mathilde ou la jalousie, s. Théâtre français.

—— et Marc-Michel, quand l'amour s'en va . . ., s. Bühnen-Repertoire. — Répertoire.

Laurencin und Varin, vor Thorschluß, s. Theater, das, des Auslandes.

Laurencin, Casimir, und Clairville, der galante Abbé, s. Bühnen-Repertoir. Nr. 127.

Laurencin, F. P., Zur Geschichte der Kirchenmusik bei den Italienern und Deutschen. Eine Abhandlung. gr. 8. (III und 108 S.) Leipzig 856, Matthes. *

Laurencin, F. P. Graf, die Harmonik der Neuzeit erläutert. Gekrönte Preisschrift. 8. (VII und 67 S.) Leipzig 861, Kahnt. Thlr.

Laurencin, F. P. Graf, Dr. Ed. Hanslick's Lehre vom Musikalisch-Schönen. Eine Abwehr. gr. 16. (XII und 227 S.) Leipzig 859, Matthes. *

—— das Paradies und die Peri. Dichtung aus „Lalla Rookh" von Th(om.) Moore. In Musik gesetzt von Rob. Schumann. Erläutert. 4. (III und 36 S.) Leipzig 859, Matthes. *

Laurendeau, J., die Salon-Sternwarte oder die Astronomie in Abbildungen. Aus dem Französ. übers. von W. Zenker. 8. (32 S.) Berlin 888, Talbot. *

Laurens, A. v. Mein Aufenthalt in Spanien während des Jahres 1836 und die Organisation der Fremden-Kompagnien im Heere des Don Carlos. Berlin 1837. 8°. (Aus: Zeitschrift für Kunst, Wissenschaft und Geschichte d. Krieges.)

Laurens, A. v., mein Aufenthalt in Spanien während d. J. 1836 u. d. Organisation d. Fremden-Kompagnien im Heere d. Don Carlos, nebst e. kurzen Schilderung d. Hin- u. Rückreise zwischen Berlin u. d. pyrenä. Halbinsel. (3 Lfgn.) gr. 8. (15 B.) Berlin 839, Heymann.

Laurens, Matth. Dan. (Treptow)

— — **De jure papali principum evangelicorum Von der Höchsten Gewalt Evangel. Fürsten in Geistlichen Sachen. Präs. Sam. Stryckius. Halle (Hendel) 1738. 54 S. (4.20) 20574**

Laurens, P. L. († d. 1. Febr. 1823.) chrestomathie française à l'usage des écoles de Hartung. 8. Berl. 809. (Lange). 8 gGr.

— lectures françaises récueilllies à l'usage des écoles du Hartung. 8. Berl. 802. 5e A. 827. Sander. 10 gGr. Schreibpapier 12 gGr.

Laurens, P. L., Lectures françoises. Nouv. édit. 8. Berlin, Sander. 815. •

Laurens, P. L., Lectures françaises. 6e Edit., soigneusement revue, corrigée et augmentée par Fréd. Herrmann. breit 8. Berlin 835. Sander. (Eichhoff.) 1/2 Thlr.

Laurens, P. L. Lectures françaises. A l'usage des écoles. 7. Édition, soigneusement revue et corrigée par Fréd. Herrmann. br. 8. (IV und 229 S.) Berlin 853, G. Reimer.

Laurent (II.) und Degousée, die Anwendung des Erd- und Bergbohrers, s. Degousée.

Laurent, Peintre, Conservateur du Musée et Prof. M. M. J. A., Peintre ancien de l'école polytechnique, Prof. P. Laurent et Sculpteur J. A. Laurent, Cours de Dessin linéaire à l'usage des écoles des beaux arts et de celles des arts mécaniques. Composé de modèles de tout genre et de leçons sur la perspetive et sur la théorie des ombres. Livr. I—X. Roy.-Fol. (lith. Text u. à 8 Steintafeln.) Mulhouse u. Paris 827—32. Engelmann u. C. (Leipz., R. Weigel). à Livr. 1 Thlr. 16 gGr.

Laurent, das Geheimniß der Schönheitspflege. Ein Wegweiser zur richt. und naturgemäßen Hautpflege und zur Erhaltung der Schönheit und Weiße des Teints bis in das höchste Alter. Praktisch erprobtes Verfahren zur Vermeidung und Beseitigung aller Falten, Runzeln und Hautflecke. 8. (25 S.) Leipzig 884, Verlags-Magazin. * — 60

Laurent, des Bischofs, Hirtenbrief. Mit Randglossen versehen. 4. Luxenburg 845, Michaelis. 1/8 Thlr.

Laurent, die seligste Jungfrau, s.: Hartmann, Th.

Laurent, Mémoire sur le tétanos chez les Blessés. 8. Strasb. Levrault (a. Tourneisen à Cassel.) 797. •

Laurent's praktisch erprobtes Verfahren zur Vermeidung u. Beseitigung der Falten u. Runzeln im Gesicht u. an den Händen. Ein Wegweiser zur richtigen u. naturgemäßen Hautpflege u. zur Erhaltung der Schönheit u. Weiße des Teints bis in das höchste Alter. Leipzig 865. Poenicke. 16. (22 S.) 5 ngr.

Laurent, A., die Photographie in einer Nuss, oder kurzgefasster Inbegriff aller zu dieser Kunst gehörigen Kenntnisse und der hierbei in Anwendung kommenden einfachsten u. neuesten Verfahrungsarten. Nebst einer Anweisung, die Photographien mit Aquarell- und Oelfarben zu retouchiren und zu coloriren. In's Deutsche übertr. von Chr. H. Schmidt. Weimar 857. Voigt. gr. 8. (IV, 100 S.) 10 ngr.

Laurent, A., die Photographie in einer Nuss, oder kurzgefasster Inbegriff aller zu dieser Kunst gehörigen Kenntnisse u. der hierbei in Anwendung kommenden einfachsten u. neuesten Verfahrungsarten. Nebst einer Anweisung, die Photographien mit Aquarell- u. Oelfarben zu retouchiren u. zu coloriren. In's Deutsche übertragen von Chr. Heinr. Schmidt. 2. verm. Aufl. Weimar 860. Voigt. gr. 8. (X, 157 S.) 15 ngr.

Laurent, Alex. (Rheinländer), De destructione ventriculi gelatinosa apud infantes. Diss. med. Berlin (Brandes) 8. XII. 1829. 36 S. mit Biogr. (M.: Theres. Banniz.) (3.—) 20575
Oppon.: C. Brüninghausen, M. Monzel, C. Gummich.

Laurent, Aug., et Charles Gerhardt, comptes-rendus mensuels des travaux chimiques. 1845. 4 cahiers. gr. in-8. Montpellier 845. Paris, Klincksieck. n. 4 Thlr.

Laurent, C. Uebersicht der Witterung in den Jahren 1859—1862. Bd. I—IV. Wien. 1861—1864.

Laurent, C., Uebersichten der Witterung in Oesterreich und einigen auswärtigen Stationen im J. 1859. gr. 4. (56 S.) Wien 861, (Gerold's Sohn.) *

Laurent, Ch. M., von Paris nach Danzig. Erzählung e. französ. Gefangenen. Autoris. deutsche Uebersetzg. 8. (IV, 133 S.) Danzig 872. Bertling. 1. 50

Laurent, Charles, der König v. Rom, s. a. Napoleon I.

Laurent, Charles, der König von Rom. Uebertr. von Osk. Marschall v. Bieberstein. gr. 8. (IV, 348 S. m. Illustr.) Leipzig 899. H. Schmidt & C. Günther. n. 4.60; geb. n. 5.60

Laurent, Edv., das Virulenzproblem der pathogenen Bakterien. Epidemiologische u. klin. Studien, v. der Diphtherie ausgehend. (V, 866 S. m. 7 eingedr. Kurven u. 7 Taf.) gr. 8. Jena 910. G. Fischer. 30. —

Laurent, Emil, d. krankhafte Liebe. E. psycho-patholog. Studie. Berecht. Übersetzg. nach d. 3. französ. Aufl. gr. 8. (240 S.) Leipzig 895. M. Spohr. n. 4. —

Laurent, Emil, u. Paul Nagour, Okkultismus u. Liebe, s. a. Studien z. Geschichte d. menschl. Geschlechtslebens.

Okkultismus und Liebe. Studien z. Gesch. d. sexuellen Verirrungen. Von Dr. Emil **Laurent** u. Paul Nagour. Autor. deutsche Ausg. von Dr. med. G. H. Berndt. *Berlin: H. Barsdorf 1903.* (360 S.) 8°
— **Studien**, Neue, z. Geschichte d. menschl. Geschlechtslebens. 5. [04. 8.6.]

LAURENT, Dr. E., Sexuelle Verirrungen. Sadismus und Masochismus. Autorisirte deutsche Ausgabe von Dolorosa (d. i. Frau Maria Eichhorn). (1903.) 8°. (5 Mk., br., O. Rauthe, 1909.)

Laurent, E., sexuelle Verirrungen. Sadismus u. Masochismus. Autoris. deutsche Ausg. v. Dolorosa. 1. bis 6. Aufl. (IV, 272 S.) 8. Berlin 904. 905. H. Barsdorf. n. 5.—; geb. in Leinw. n. 6.—

— die Zwitterbildungen Gynaekomastie, Feminismus, Hermaphrodismus, s. a. Bibliothek der Socialwissenschaft.

Die Zwitterbildungen. Gynaekomastie, Feminismus, Hermaphrodismus v. Dr. É(mile) **Laurent.** M. 17 Taf. Autoris. Ausg. m. e. Einl. v. Dr. Hans Kurella. *Leipzig: G. H. Wigand 1895.* (XXV S., 1 Bl., 253 S.) 1 Bd 8.
— Bibliothek f. Socialwissenschaft. Bd 6. [98. 6758

LAURENT, E. Die Zwitterbildungen. Gynaekomastie, Feminismus, Hermaphroditismus. Mit 17 Tafeln. Übersetzt von Hans Kurella. Leipzig 1896. 8°. XXV, 253 S.

Laurent, F., Freischulen und Ultramontanismus. Ein Beitrag zu den Besprechungen der Schulfrage in Baden. gr. 8. (42 S.) Konstanz 864, (Meck.) *

Laurent, François s. Bluntschli, Johann Caspar, und Laurent, François.

Laurent, François: Der Kampf der liberalen und der katholischen Partei in Belgien; eine Warnung für Deutschland. Briefe eines Belgiers an einen Süddeutschen.
Zürich 1857. 18°

Laurent, François: Voordracht over het sparen. Nieuwe uitgave voorafgegaan van het verslag der jury, welke, voor de eerste maal, den prijs Gainard heeft toegewezen aan de Voordracht over het sparen.
Brussel 1873. XVI, 43 S. 12°
Deutsche Übers. Wien 1875.

Ueber die Entstehung nicht-empirischer Erkenntnisse. Mitgeteilt v. Dr. Gust. Ad. **Laurent.** *Görlitz: E. Munde [1898].* (16 S.) 1 Bd 8. [98. 8068 H.

Laurent, Gust. Ad., üb. d. Entstehung nicht-empir. Erkenntnisse. gr. 8. (16 S.) Görlitz 898. (Vierling.) n.n. — 50

Laurent, Gust. Ad., Die Stickerei-Industrie der Ostschweiz und des Vorarlbergs, mit besond. Berücksichtigung der Hausindustrie. Eine sozialökonomische Studie. 8°. Basel 1891.

Laurent, Hans: Aus dem pathologischen Institut zu Bonn. Zur Histogenese der Pachymeningitis haemorrhagica interna. M. 5 Abbildungen. *Düsseldorf 1898: L. Schwann.* (30 S.) 8°
Bonn, Med. Diss. v. [25.] Mai 1898

Laurent, J., die blaue Dame, s. Dilettanten-Mappe.

Laurent, J., Aachener Stadtrechnungen aus dem XIV. Jahrhundert, nach den Stadtarchiv-Urkunden mit Einleitung, Registern u. Glossar. Aachen 866. Kaatzer's Buchh. gr. 8. (VI, 455 S.) 1 Thlr 15 ngr.

Laurent, J., Aachener Zustände im 14. Jahrh., auf Grund v. Stadtrechngn. nach den Stadtarchiv-Urkunden m. Einleitg., Registern v. Glossar hrsg. (Neue Aufl. von: „Aachener Stadtrechnungen aus dem 14. Jahrh.) gr. 8. (VI, 455 S.) Aachen 876. Kaatzer. 4. 50

Laurent, I. A., 60 (lith.) Vorlegeblätter zum Zeichnen. Eine Auswahl v. antiken Möbeln, Geräthschaften etc. zum Unterricht in Handwerker-, Real- u. Bürgerschulen. Fol. Esslingen 851, Weychardt. n. 2 Thlr

Laurent's, J. A., 60 (lithogr.) Vorlegeblätter zum Zeichnen. Eine Auswahl von antiken Möbeln, Geräthschaften etc. zum Unterricht in Handwerker-, Real- und Bürgerschulen. 2., wohlfeilere Ausg. qu. Fol. Esslingen 855, Weychardt. *

Wünsche und Hoffnungen. Ausgesprochen in d. g. u. v. ▭ Libanon zu den drei Cedern im Or. von Erlangen, am Johannisfeste 5818 vom Br. Ceremonier [d. i. J. A. **Laurent**]. [Erlangen 1818: Hilpert.] 8 S. 8° [Umschlagtit.
Gedicht: „Uns umschließt heut dieser heil'ge Ort, . . ."

Laurent, Jean Théodore: Allokution S. P. H. Gregor's XVI. vom 16. Dezember 1837, über den an Erzbischof Clemens-August (von Droste-Vischering) von Köln verübten Gewaltakt. Sittard 1838.

Laurent, Jean Théodore: Zum christlichen Andenken an Johannes Möller. Mainz 1863.

Laurent, Jean Théodore: Anhang zum Kirchenliederbuch. (Der "Himmelsharfe" von Orsbach.) Kern katholischer Gebete.
Luxemburg: J. Lamort 1846. 48 S. 12°

Laurent, Jean Théodore: Des heiligen Petrus von Alkantara Goldenes Büchlein von dem Gebete und der Betrachtung. Aus dem Spanischen übersetzt und mit einer kurzen Lebensgeschichte des heiligen Verfassers begleitet. Von J. T. L. katholischem Priester.
Aachen 1840. XLVI, 146 S. 12°

Laurent, Johs. Thdr., das heilige Evangelium unseres Herrn Jesu Christi nach Matthäus, Markus, Lukas und Johannes, übers. und erklärt. Ein Handbuch für kathol. Laien. gr. 8. (XXIX, 715 S.) Freiburg i. Br. 878, Herder'sche Verlagsh. *

Laurent, Johs. Thdr., das hl. Evangelium unseres Herrn Jesu Christi nach Matthäus, Markus, Lukas u. Johannes, übers. u. erklärt. Ein Handbuch f. kathol. Priester u. Laien. Neue (Titel-)Ausg. gr. 8. (XXIX, 715 S. m. 1 Stahlst.) Freiburg i/B. 894. Herder. Geb. in Leinw. 4. —

Laurent, Jean Théodore: Die heiligen Geheimnisse Mariä, der jungfräulichen Gottesmutter, in einer Reihe von Predigten dargestellt. Mainz 1856. 2 Bde. VIII, 375, 1; XVIII, 410. S. 8°

Laurent, Johs. Thdr., die heiligen Geheimnisse Mariä, der jungfräulichen Gottesmutter, in einer Reihe von Predigten dargestellt. 1. und 2. Bd. gr. 8. (XXVI und 785 S.) Mainz 856, Kirchheim. à Bd. 1 Thlr. 10 Ngr.

Laurent, Bischof Johs. Thdr., die heiligen Geheimnisse Mariä, der jungfräulichen Gottesmutter in einer Reihe von Predigten dargestellt. 3. Bd.: A. u. d. T.: Mariologische Predigten oder die Geheimnisse, Gnaden und Tugenden Mariä der jungfräul. Gottesmutter in einer Reihe von Kanzelreden dargestellt. gr. 8. (VIII, 382 S.) Mainz 870, Kirchheim.
1. und 2. Bd. Ebendas. 1856. M 8.

Laurent, Jean Théodore: Jesus Christus, die Wahrheit, der Weg und das Leben. Eine Reihe von Kanzelvorträgen, gehalten in der Pfarrkirche zum heiligen Paulus in Aachen, in der Fasten, zu Ostern und um Himmelfahrt des Jahres 1849. Gedruckt zum Besten des Aachener Vereins vom h. Vincenz von Paul. Köln und Neuss 1850. 193, 1 S. 8°

Laurent, Johs. Thdr., Jesus Christus, die Wahrheit, der Weg u. das Leben. Eine Reihe von Kanzelvorträgen, gehalten in Aachen, in den Fasten, zu Ostern u. um Himmelfahrt des J. 1849. gr. 8. (193 S.) Köln u. Neuß 850, Schwann. 1/2 Thlr

Laurent, Jean Théodore: Grösserer K a t e c h i s m u s der Römisch-Katholischen Religion, zunächst für das Apostolische Vikariat Luxemburg.
Luxemburg: Schmit-Brück 1847. 4, 335, 1 S. 8⁰ [Erste Ausgabe.]

– Dass. Neue, vermehrte Ausgabe.
Luxemburg: Pet. Brück 1860. 2, 372, 3 S. 8⁰ [Zweite Ausgabe.]

Laurent, Jean Théodore: Grösserer K a t e c h i s m u s ... für das Bisthum Luxemburg. Dritte vermehrte Ausgabe.
Luxemburg: J. Hary 1879. VIII. 404 S. 8⁰ [Dritte Ausgabe.]

Laurent, Jean Théodore: Kleiner Katechismus der Römisch-Katholischen Religion, zunächst für das Apostolische Vikariat Luxemburg.
Luxemburg: Schmit-Brück 1848. 4, 72 S. 12⁰ [Erste Ausgabe.]

– Dass. Ebd. 1855. 4, 74 S. 12⁰

– Dass. Luxemburg: Pet. Brück 1860.

– Dass. Neue Ausgabe.
Luxemburg: Pet. Brück 1862. 78, 2 S. 12⁰ [Zweite Ausgabe.]

– Dass. Neue Auflage. Ebd. 1867. 70, 2 S. 12⁰ [Dritte Ausgabe.]

– Dass. Ebd. 1870. 70, 2 S. 12⁰

Laurent, Jean Théodore: Kleiner K a t e c h i s m u s ... für das Bisthum Luxemburg. Neue Auflage. Ebd. 1874. 70, 2 S. 12⁰

– Dass. Ebd. 1877. 69,2 S. 8⁰

– Dass. Ebd. 1880. 69, 2 S. 8⁰

– Dass. Ebd. 1882. 69, 2 S. 12⁰

– Dass. Ebd. 1883. 69, 2 S. 8⁰

Laurent, Jean Théodore: (Mittlerer) K a t e c h i s m u s der Römisch-Katholischen Religion, zunächst für das Apostolische Vikariat Luxemburg.
Luxemburg: Schmit-Brück 1847. 4, 231 S. 8⁰ [Erste Ausgabe.]

– Dass. Ebd. 1851. 4, 189 S. 8⁰ [Zweite Ausgabe.]

– Dass. Luxemburg: F. Rehm 1852. 4,189 S. 8⁰

– Dass. Luxemburg: Schmit-Brück 1855. 4, 189 S. 8⁰

– Dass. Luxemburg: Pet. Brück 1858. 2, 188, 2 S. 8⁰

– Dass. Neue verkürzte und vereinfachte Ausgabe.
Luxemburg: Pet. Brück 1860. 2, 188, 3 S. 8⁰ [Dritte Ausgabe]

– Dass. Ebd. 1864. 2, 171, 2 S. 8⁰

– Dass. Ebd. 1867. 2, 171, 2 S. 8⁰

Laurent, Jean Théodore: (Mittlerer) K a t e c h i s m u s ... für das Bisthum Luxemburg. Ebd. 1878. 2, 185, 3 S. 8⁰

– Dass. Ebd. 1879. 2, 185, 3 S. 8⁰

– Dass. Ebd. 1881. 2, 185, 3 S. 8⁰

– Dass. Ebd. 1882. 2, 185, 3 S. 8⁰

– Dass. Ebd. 1883. 2, 185, 3 S. 8⁰

Laurent, Jean Théodore: L i t a n e i zum Kindlein Jesus.
Mönchen-Gladbach o. J. 3 S. 16⁰

Laurent, Jos., s. Nakatenus, W., himml. Palmgärtlein.

Laurent, Jean Théodore: Nakatenus Wilhelm. S. J. Himmlisches P a l m - G ä r t l e i n. Neu bearbeitet und vermehrt. Dritte Auflage.
Regensburg 1859. 8⁰

—— christologische Predigten. 2 Thle. gr. 8. Mainz 860, Kirchheim. à Thl. 2 Thlr.
Inhalt:
Thl. 1. Geheimnisse des Lebens Christi des Herrn. (XI und 708 S.)
" 2. Aus dem Priesterthum, Lehramt und Königthum des Herrn. (VIII und 727 S.)

Laurent, Johs. Thdr., hagiologische Predigten oder Lobreden auf die lieben Heiligen Gottes. (In 2 Thln.) 1. Thl.: Lobreden auf die Heiligen des christl. Alterthums. gr. 8. (XII und 756 S.) Mainz 866, Kirchheim.

Laurent, Bischof Johs. Thdr., hagiologische Predigten oder Lobreden auf die lieben Heiligen Gottes gehalten. 2. Thl.: Lobreden auf Heilige des christl. Mittelalters. gr. 8. (X, 472 S.) Mainz 871, Kirchheim.
1. Thl. Ebendas. 1866. *M 6.

Laurent, Jean Théodore: Marialogische P r e d i g t e n oder die Geheimnisse, Gnaden und Tugenden Mariä, der jungfräulichen Gottesmutter, in einer Reihe von Kanzelreden dargestellt. Mainz 1870. VIII, 382 S. 8⁰

Laurent, Jean Théodore: R e c h t f e r t i g u n g des Herrn Erzbischofes (Clemens-August von Droste-Vischering) von Köln gegen die politischen Beschuldigungen des Herrn Ministers von Altenstein. Augsburg 1838.

Laurent, Jean Théodore: R e d e , gehalten am Feste des heiligen Alphonsus von Liguori, 2. August 1871, bei Gelegenheit des fünfzigjährigen Profess-Jubiläums des Hochwürdigen P. Friedrich v. Held, in der Redemptoristen-Kirche zu Aachen. (Als Manuscript gedruckt.)
Aachen [1871]. 16 S. 8⁰

Laurent, Jean Théodore: R e d e zum fünfzigjährigen Priesterjubiläum des hochwürdigen Herrn Dr. Leonh. Alois Joseph Nellessen, Oberpfarrers zum h. Nikolaus in Aachen, Erzbischöflichen Geistlichen Raths, gehalten am 3. October 1858. Gedruckt zum Besten der neuen Marienkirche in Aachen.
Aachen 1858. 16 S. 8⁰

Laurent, Jean Théodore: Die zeitlichen S e g n u n g e n des Christenthums für die menschliche Gesellschaft, dargestellt in einer Reihe von Kanzelvorträgen, gehalten in der Paulspfarre zu Aachen in der Fasten 1850. Gedruckt zum Besten des Vincenz-Vereins der Pfarre St. Paul in Aachen.
Köln und Neuss 1851. 172, 1 S. 8⁰

—— die zeitlichen Segnungen des Christenthums für die menschl. Gesellschaft, dargestellt in einer Reihe von Kanzelvorträgen, gehalten zu Aachen in der Fasten 1850. gr. 8. (173 S.) Neuß 851, Schwannsche Vrlgsh.

Laurent, Jean Théodore: T o d e s a n d e n k e n an den hochw. Herrn Ludwig Constantin Fey, Professor am Priesterseminar zu Luxemburg.
Aachen [1858]. 2 S. 8⁰

Laurent, Jean Théodore: Sonntäglicher U n t e r r i c h t über den Katechismus, gehalten im Mutterhause der Schwestern vom armen Kinde Jesus. Neuer Cursus. 230, 240 S. 4°

Laurent, Jean Théodore: 2 février 1844 U n t e r r i c h t und Verordnung über die Verwaltung der Kirchenfabriken im Apostolischen Vikariat Luxemburg. Luxemburg: Schmit-Brück [1844]. 15 S. 8°

Laurent, Jean Théodore: Geistliche V o r t r ä g e , gehalten im Mutterhaus der Schwestern vom armen Kinde Jesu zu Aachen. 2 Bde. 4°
Band 1. (1871.) 186 S. 4°
Band 2. (1874.) 141, 16 S. 4°

Laurent, Johann Karl Mauritz

Laurent, J. C. M., grammatical Dictionary of the German Language containing the declension and gender of every noun the verbs of the first or irregular conjugation and the prepositions. 12. Hamburg 846, Herold'sche B. n. 12 ngl

Laurent, I. C. M., Fasti consulares Capitolini. Altona. 1833.

– s.a. F a s t i consulares capitolini.

Laurent, J. C. M., a practical german grammar with numerous exercises and a grammatical dictionary. 12. (XIV, 370 und 141 S.) Hamburg 847, Heroldsche Buchh. *

Das älteste Hamburgische Handlungsbuch aus dem 14. Jahrh. Eine Jubelschrift v. Johann Carl Mauritz **Laurent.** Hamburg. 1841. 8°.

— das älteste Hamburgische Handlungsbuch aus dem vierzehnten Jahrhundert. Eine Jubelschrift. gr. 8. Hamburg 841, Perthes-Besser u. Mauke. n. 1/2 ℛ

Laurent, J. C. M., Loci Vellejani. Inest censura ed. Orellianae. 8maj. Altonae 836. Hammerich. 1 ℛ

– s. M i q u e l , Fred. Ant. Guil.: Homerische Flora.

Laurent, J. C. M., Peregrinatores medii aevi quatuor, s. P e r e g r i n a t o r e s.

Laurent, J. C. M., neutestamentliche Studien. Gotha 866. F. A. Perthes. gr. 8. (XVI, 209 S.) n. 1 ℛ 10 ngr.

Laurent, Jos., s.a. L a u r e n t , Jean Théodore

Laurent, *Joseph* (Stadtbaumstr.) Beschreibung des neuen Schulgebäudes. 4 (S. 12—16, 3 Taf.). Städt. Rg. *Aachen* 1892 (467).
Progr.

Laurent [Stadtbaumstr]: Beschreibung des neuen Schulgebäudes. Aachen, Druck v. A. Jacobi & C., 1892; 12—16 S., 1 Pl., 2 Taf. 4.
Aachen, st. RG, OP 1892 (467)

Laurent, Joseph, Stadtbaurat: Kaiser-Karls-Gymnasium zu Aachen. Beschreibung des neuen Schulgebäudes. Aachen 1906: H. Kaatzer. (14 S., 10 Taf.) 4°
Aachen, Kaiser-Karls-G P 1906 (525)

Laurent, Joseph Nicolas, s. L a u r e n t i

Lavrent, Clemens (geb. 1839 in Düsseldorf): De cataracta acqvisita [!] nonnvlla histologica ... Bonnae, typ. F. Krvegeri (1863). 28 S., 2 Bl. 8.
Bonn, Med. Fak., Diss. v. 6 Aug. 1863

Laurent (de Toulon), P. F. A. Bazin (de Bassenexille), Annales françaises et étrangères d'Anatomie et de Physiologie, appliqués à la médicine, et à l'histoire naturelle. Avec des planches dessinées par M. Jaquemart. 1837. 12. Cahier. Lex.-8. Paris et Strasbourg 837. Levrault. $11\frac{1}{3}$ ℛ

Laurent, Paul Matthieu

Laurent, P. M., Geschichte des Kaisers Napoleon, s. a. N a p o l e o n. — Hausbibliothek, historische.

Laurent, P. M., Geschichte des Kaisers Napoleon. Illustrirt von Horaz Vernet. Lex.-8. Leipzig 839, 40. Weber. 40 Lfrgg. compl. in 1 Bde. n $6\frac{2}{3}$ ℛ Cart. n. 7 ℛ

Laurent, P. M. Geschichte des Kaisers Napoleon. A. d. Französ. von Joh. Sporschill. 8. Leipzig 1840. — (57 B.) 8. ib. 1841. 20,00. — (564) 8. ib. 1847. 3,00. — 8. ib. 1865. — 8. ib. 1868. — von K. Hermann. 3 Bde. 12. ib. 1840.

Laurent, P. M., Geschichte des Kaisers Napoleon. Illustrirt von Horaz Vernet. (Neue Ausg. 1.—20. Heft. gr. Lex.-8. Leipzig 841—42, Weber. à n. 1/3 ℛ

Laurent, P. M., Geschichte des Kaisers Napoleon. 2. verb. Aufl. gr. 8. (X u. 564 S. m. 1 Stahlst.) Leipzig 847, Lorck. n. 1 ℛ (siehe auch: H a u s b i b l i o t h e k, histor., 3. Bd.)

Laurent, P. M. Geschichte des Kaisers N a p o l e o n. Illustriert von Horaz Vernet. Neue Ausgabe. (Mit 1 Abbildung.) 8. Leipzig 1851.

Laurent, P. M., Geschichte des Kaisers Napoleon. Mit 458 Illustrat. (Holzschn. im Text) von Horaz Vernet. Neue wohlf. (Titel-)Ausg. Leipzig 854. Mendelssohn. 4. (904 S. u. 2 Holzschnitttaf.) n. 3 ℛ.

L a u r e n t , P. M., Geschichte des Kaisers Napoleon. Neue (Titel-) Ausg. 1865. * 1 Thlr. und 3. (Titel-)Ausg. gr. 8. (XI und 482 S. mit dem Portr. Napoleons nach Paul Delaroche in Stahlst.) Leipzig (868), Senf.

— — s. H a u s - B i b l i o t h e k, historische.

L a u r e n t , P[aul-]M[atthieu]. Vollständige Lebensgeschichte des Kaisers Napoleon I. Aus dem Französischen übersetzt von Joh[ann] Sporschil. [Umschlag illustriert.] 8. Basel 1896.

Laurent, P. M., vollst. Lebensgeschichte d. Kaisers N a p o l e o n I. Aus dem Franz. übers. v. J. Sporschil. 20 Lfgn. gr. 8. (640 S.) Basel 896. Kochler. à n. — 20

Ⓢ **Laurent, P. M.,** Lebensgeschichte d. Kaisers Napoleon I. 896. (KBL 30.) Jetzt: Neu-Weißensee, E. Bartels. Erh. Pr. 5. – ; geb. 6. —

—— Napoleon, seine Generale und Soldaten, s. N a p o l e o n.

Laurent-Montanus, P r o s t i t u t i o n u. Entartung. Ein Beitrag zur Lehre v. der geborenen Prostituierten. (60 S.) gr. 8. Freiburg i/B. 903. F. P. Lorenz. n. 1. 20

LAURENT-MONTANUS. Die Proftitution in Indien. Kulturhiftorifche Studie. Freiburg ca. 1895.

— die Prostitution in Indien. Eine kulturhistor. Studie. (19 S.) gr. 8. Ebd. (903). n. — 60

INDIEN. — Laurent-Montanus. Die Proftitution in Indien. Eine kulturhiftorifche Studie. Freiburg (ca. 1904). Gr. 8°. 19 S.

Laurent-Pichat, L., Gaston. gr. 12. (359 S.) Leipzig 860, A. Dürr. *

Laurenti, P., der Monat März, von der chriftl. Familie dem heil. Joseph geweiht. Autorif. Ueberfetzung aus dem Italien. 16. (160 S.) Mainz 883, Kirchheim. — 75

Laurenti, Joseph Nicolas

Laurenti J. N.: Specimen medicum exhibens synopsin reptilium emendatam cum experimentis circa venena et antidota reptilium austriacorum. Viennæ 1768. 214 S. 5 Tvl.

Laurent, Jos Nicol., (†...) specimen medicum exhibens synopsin reptilium emendatam cum experimentis circa venena et antidota reptilium Austriacorum; cum V tabb. aen. 8maj Wien 768. (Trattner). 16 gl

— Specim. med. exhib. synopsin reptilium emend. c. experim. circa venena et antidota reptil. Austriae. c. fig. 8. maj. Vien. Tendler. 768.

Laurentii, C., de vita Hieron. Tartarotti, libri III. Accedunt commentarii de Clement. Vanettio. 8maj. (Leipz.) 805. (Barth). 1 rℓ

Laurentius von Brindisi, der heil., vom Orden der Kapuziner. Heilig gesprochen den 8. Dezbr. 1881. 16. (23 S. mit Portr.) Augsburg 882, Literar. Institut von Dr. M. Huttler. * — 10

Laurentius v. Landshut, P., O. Cap., Der Regelpater od.: Fromme Lesungen f. Tertiaren. 1. u. 2., verb. Aufl. (à XVI, 496 S. m. farb. Titelbild.) kl. 8. Regensburg 905. 907. F. Pustet. n. 1. 50; geb. in Leinw. n. 2. —

Laurentius v. Landshut, O. Cap., der Regelpater II od. Fromme Lesgn. f. Tertiaren. (XI, 490 S. m. Titelbild.) kl. 8. Regensburg 910. F. Pustet. 1. 50

Liber Orationum Beati Laurentii Loricati, monachi Sublacensis nunc primum prelo subjectus a D. Willibaldo Gnandt. *Paderbornae: F. Schoeningh [1901].* (XXXI, 208 S.) 8° [02. 1400]

Laurentii Loricati, beati, monachi Sublacensis, liber orationum. Nunc primum prelo subiectus a Wilib. Gnandt, O. S. B. 12. (XXXI, 208 S.) Paderborn (902). F. Schöningh. Geb. in Leinw. n. 1. 60

Laurentius Lydus, s.a. Johannes Lydus

Laurentius, s. Lydi.

Laurentii, Lydi, *Opusculum de mensibus et fragm. de terrae motibus.* Graece cum varior. lectt. ed. N. Schow. Lips. 794. 8. 14 gr.

Laurentii, I, opusculum de mensibus graece, ed. N Schow. 8. maj. Lps. Weidmann. 794.

Der Traktat des Laurentius de Somercote, Kanonikus von Chichester über die Vornahme von Bischofswahlen (Tractatus (sive summa) de formis electionum episcoporum faciendarum) entstanden im Jahre 1254 hrsg. u. erl. von Dr. Alfred v. Wretschko, Prof., Innsbruck. Weimar: H. Böhlaus Nachf. 1907. (IV, 36 S.) 8° [07. 3014]

Laurentius, Krapotkins Morallehre u. deren Beziehgn. zu Nietzsche. gr. 8. (100 S.) Dresden 896. E. Pierson. n. 2. —

Ⓑ Laurentius, Krapotkins Morallehre. 896. (KBL 80.) Jetzt: Berlin, Verlag Berlin-Wien.

Laurentius, Nachtrag zu allen Auszügen u. Nachahmungen des persönlichen Schutz. Wesentlich nothwendig f. alle Diejenigen, welche die unter gleichem od. ähnlichem Titel erschienenen fehlerhaften Nachahmungen u. Auszüge dieses Buchs gekauft haben. 8. Leipzig 850, Schrey. Verklebt. 2 ngl

Laurentius, s.: Redaktions-Geheimnisse,

— siehe: Schutz, der persönliche.

Laurentius, A. R. P. Lob und Ehren-Red Eines Heiligen Ivonis. Klgft., Kleinmayr, 1739. Quart. 20 S.

Laurentius, Aug. Gottfr. (Leipzig), De legato nominis. Exerc. juris civilis. Präs. Chr. Gottl. Haubold. Lpz. (Saalbach) 21. II. 1793. (5.—) 20576
Gew.: Graf Friedr. Wilh. v. Hohenthal. — Widm. v.: Chr. G. Haubold.

— Friedr. Wilh. (Wermsdorf), De diffidationibus. Präs. Aug. Leyser. Wittenberg, 28. XI. 1733. 36 S. (4.—) 20577

Laurentius, G. Zur Kritik der chanson de Roland. Diss. Leipzig 1876. 37 S.

Laurentius, Geo., deliciae graeco. homilet. od. die bibl. Ergötzlichkeit d. griech. Spr. 2 Thle. 8. Dresden, Hilscher. 710.

— Georg (Celle), Diss. sacra de sanctione foederis sinaitici. Präs. Gottfr. Jungst. Bremen (Herm. Brauer) 15. III. 1708. 16 S. mit handschr. Widm. d. Verfassers. (5.—) 20578
Gew.: D. D. de Boucoeur de Rosemond.

Laurentius, Georg Michael: Erklärung des Briefes

— — — an die Epheser. 4. Halle, Waisenh. 721.

— — — an die Galater. 4. Ebend. 720.

— — — an die Ebräer. 4. Gotha. 719.

Laurentius, Geo. Mich., Erklärung des Br. Judas. 4. Halle, Waisenh. 723. Rthlr.

— — der Brief an die Colosser. 4. Ebend. 721.

— — d. Br. Pauli an die Ebräer. 4. Ebend. 741.

— — — Petrus. 4. Ebend. 723.

— — — an den Philemon. 4. Ebend. 730.

— — — an d. Philipper. 4. Ebend. 721.

— — — an d. Römer. 4. Ebend. 731.

— — d. Br. an d. Timotheus. 4. Ebend. 721.

— — — an den Titus. 4. Ebend. 726.

— — der 3 Br. Jacobi. 4. Ebend. 724.

— — — Johannis. 4. Ebend. 725.

Laurentius, Geo. Mich., Erklär. d. 2 Br. an die Corinther. 4. Halle, Waisenh. 717–19.

— — d. 2 Br. an die Thessalonicher. 4. Ebendas. 721.

— — des Evang. Johannis. 4. Ebend. 723.

— — d. Evang. Lucas. 4. Ebend. 726.

— — — Marcus. 4. Ebend. 724.

— — — Matthäus. 4. Ebend. 721.

— **Gottfr.** (Wieha/Thüringen), De fabricatione natura et usu destinarum. Disp. jur. Präs. Adr. Beier. Jena (Ad. Müller) Mai 1700. 66 Seiten. (5.—) 20579

Laurentius, Gotth. Aug., Anw. z. christl. Erzieh. d. Jugend. 8. Lpz. (Frommann, Jena.) 731.

Laurentius, Gthelf. Aug., Anweis. zur christl. Erziehung d. Jugend. 2e A. 8. Züllich. 752. (Jena, Frommann). 4 𝒦

LAURENTIUS, J. A., Die wahre Klugheit aus Erkäntnüß der Gemüther. (Zum Theil „lustige" Erzählungen.) O. O. 1710. 8⁰. (In Breslau, Stadtbibl.).
Brockhaus' Juni-Auct. 1891, no. 772. (Doubletten-Cat. d. Bresl. Stadtbibl.) Sehr selten!

Laurentius, J. Aug., wahre Klugheit und Kunst, d. Menschen Gemüther zu erkennen. 8. Bautzen, Drachstädt. 728.

— **Joh. Ad.** (Schilda), Equitum Saxonicorum jura singularia. Präs. Aug. Leyser. Wittenberg (Kreusig) März 1710. 34, 2 S. (4.—) 20580
Widm. v.: Aug. Leyser.

— — (Merseburg), Diss jur. de juribus praediorum nobilium imprimis Saxonicorum. Präs. Aug. Leyser. Helmst. (Hamm) 10. VIII. 1718. 44 S. (5.—) 20581
Gew.: Chr. Dietr. Bose, Ludw. Alex. v. Seebach, W. D. Bose, Wolff Dieter. Bose. — Widm. v.: Aug. Leyser.

— **Jo. Friedr.** (Saxo-Friedenstein), Diss. jur. de differentiis juris civilis et saxonici circa materiam ultimarum voluntatum. Präs. Ernst Tenzel. Erfurt (Joh. Christ. Hering) 3. XI. 1730. 19 S. (3.60) 20584

Laurentius, Johann Gottlieb

— Abhandl. von Kriegsgerichten der alten Deutschen, besonders in Ansehung d. peinl. Gerichtsbarkeit, von d. ältesten Zeiten an, bis zu d. 10. Jahrh. Mit Anmerkk., Beweisen u. Registern. 8. Gotha 753. (Dieterich in Götting.) 8 𝒦

Laurentius, Johann Gottlieb: Abhandlung von den Kriegsgerichten zu unsern Zeiten, besonders in Ansehung der peinlichen Gerichtsbarkeit; nebst einem zwiefachen Anhange, erstlich von der ersten deutschen Kriegsordnung, welche im Drucke heraus gekommen ist, zweytens von Reinhards, des ältern, Grafen zu Solms, Kriegsbüchern . . . Altenb. 1757.

— Abhandl. v. d. Kriegsgerichten zu unsern Zeiten, besonders in Ansehung d. peinl. Gerichtsbarkeit. 8. Altenb. 757. (Hennings in Reisse.) 10 𝒦

— v. Kriegsgericht. z. uns. Zeiten. 8. Altenb. (Academ. Buchh. in Jena.) 757.

Laurentius, J. G. Beyträge zur Historie des deutschen Kriegswesens und zur Schreibart in Kriegssachen. T. 1. Gotha 1758. 72 S.

Laurentius, Jh. Gtt., († d. 2. Jan. 1765.) Beiträge zur Historie d. deutschen Kriegswesens. 1r Thl. 8. Gotha 758. (Dieterich in Gött.) 2 𝒦

— von Jurisdiction über verbrech. Soldaten. 3 Thle. 8. Ebend. 742. 44.

Versuch

einer gründlichen Abhandlung von der Jurisdiction gegen die excedirende u. verbrechende Soldaten .... durch *J. G. L.* (d. i. *Johann Gottlieb Laurentii*). Mit einer Vorrede Dr. C. G. Knorrens. Gotha 1742. 8⁰.
Anon.-Lex. IV. p. 299 (nach Meusel). — Selten!

LAURENTIUS, Joh. Gottl., Versuch einer gründlichen Abhandlung von der Jurisdiction über die excedirende und verbrechende Soldaten, mit historischen und practischen Anmerkungen. 2 Thle. Gotha 1742–44. 8⁰. Selten!
Cat. univ. d. Buchh. d. Waisenh. in Züllichau (174*).

Laurentius, *Johannes* (Kgl. Regierungsbaumstr.) Beschreibung des neuen Gymnasialgebäudes. 4 (S. 1–4, 2 Taf.).
Progr.

Laurentius, Joh. [k. Reg.-Baumstr]: Beschreibung des neuen Gymnasialgebäudes. Bonn, Univ.-Buchdr. v. C. Georgi, 1892; 1–4 S., 2 Pl. 4.
Bonn, k. G, P 1892 (425)

Laurentius, Ios., S. J., Institutiones iuris ecclesiastici. Quas in usum scholarum scripsit L. (XVI, 680 S.) gr. 8. Freiburg i/B. 903. Herder. n. 10.—; geb. in Halbfrz. n. 12.—

Laurentius, Ios., S. J., Institutiones iuris ecclesiastici. Quas in usum scholarum scripsit L. Ed. altera emendata et aucta. (XVI, 712 S.) gr. 8. Freiburg i/B. 908. Herder. 10.40; geb. in Halbfrz. 12.60

Laurentius, Paul, Ausl. d. 1n u. 2n B. Samuelis. 2 Th. Fol. Lpz. 715.

Laurentowski, Adalbert *(geb. Winiary in Pos. 10. 4. 1854)*: Beiträge zur Radicaloperation der Hernien. Breslau 1879. (26 S.) 8⁰
Breslau, Med. Diss. v. 21. [vielmehr 20.] Juni 1879

Laurent's, Johs. Thdr., Leben und Briefe, s. Möller, K.

Laurenty, H. K., Denkblätter. 8. Riga 829.

Laurenty, Jul., dramatische Schriften. 1. u. 2. Bd. Riga 854, 58. v. Boetticher. 16. Jeder Bd. 15 ngr.
Inhalt: 1. Bd.: Der Tugendbund. Schauspiel in 4 Akten. (143 S.)
2. = Kein Geld. Lustspiel in 1 Akt. (52 S.)
1. Bd. erschien anonym.

Laurenty, K., üb. d. Verwendg. d. einfachen Convex-Linse zur subjectiven u. objectiven Bestimmg. d. Refraction, s. a. Klinik, Wiener.

Ueber die Verwendung der einfachen Convex-Linse zur subjectiven und objectiven Bestimmung der Refraction. Von Dr. K. Laurenty. M. 5 Fig. *Wien: Urban & Schwartzenberg 1896.* (330—354 S.) 8.
= Klinik, Wiener. 1896. H. 12. [97. 129]

Laurentz, Hugo, Beitrag zum forensisch-chemischen Nachweis des Hydrochinon und Arbutin im Thierkörper. Inaugural-Dissertation. gr. 8. (63 S.) Dorpat 886, (Karow.) *

Laurentz Theodor: Fossiles Harz von Brandeisl bei Schlan in Bohmen. S. 21. 271 . . vgr.
Separatabdruck

Laurenz, D., Der gesinnungsvolle Urwähler; oder wie wählen wir die rechten Wahlmänner? Ein Rathgeber für alle Urwähler. Berlin, S. Löwenherz, 1848. 15 S. 8°.

Laurenzenbad, das, bei Aarau und seine Heilwirkungen. Herausgegeben von Dr. *Scheuber*, Kurarzt, und *S. Rohr*, Besitzer. Mit Kärtchen. Gr. in-8°, 14 S. Aarau, H. R. Sauerländer. 1887.

Laurenzi, ..., s. Mnemosynens Nachtfeier.

Laurer, Adolf [cand med.]: Beitraege zur Kropfbehandlung . . . . Schwabach, Hensolt's Buchdr., 1887; 78 S. [falsch pag.] + 1 Bl. u. 1 Tab. 8°
Erlangen, Med. Fak., Inaug.-Diss. v. 1887

Herrn Oberstudienrat Dr. Heinrich Heerwagen zum 25. Jahrestage des Amtsantrittes als Rector des Gymnasiums zu Nürnberg in dankbarer Verehrung dargebracht von den Lehrern der Lateinschule Schwabach: Zur Kritik und Erklärung von Caesars Büchern über den Gallischen Krieg. Beiträge. — Von J. C. Laurer, Subr. — 1883, Schwabach, Gg. Seiderer. — S. 5—23[8].
2034. Dasselbe. Von demselben. II. — 1884, Schwabach, ibid. — S. 3 23[8].

Progr. Schwabach (Mittelfranken), Isol. lat. Schule

Laurer, J. C., Zur Kritik u. Erklär. v. Caesars Büchern üb. d. gall. Krieg. Pr. 1883. 28 S. 1.20
— — Pr. 1884. 28 S. 1.20
— — 3. Buch. Pr. 1886. 38 S. 1.50

Laurer, Dr. Jo. Fr., Disquisitiones anatomicae de Amphistomo conico. Dissertatio inaug. Acced. tabula aeri incisa. 4maj. Gryphiae 830. (Koch). 12 gr

Laurer, Johs. Mich. (Bayreuth), De conditione uteri durante graviditate et post partum exclusum. Erlangen (A. E. Junge) 6. VI. 1810. 24 S. (2.80) 20586

Laureti, Hier., Sylva allegoriar. s. Scripturae. fol. Colon. (Krüll, Ingolst.) 744.

Lauretta

— eine Scene aus der sterbenden Klosterwelt. 8. Danzig 784. (Sander in Berl.) 1 ₰ 1795 unt. d. Tit.: Laurette Denman. Ebd. 1 ₰

Lauretta; e. Roman v. Romano. 1r Bd. 8. Rudolst. Klüger. 806.

Lauretta, ländliches Divertissement in 2 Acten. 8. Wien, Wallishauser. 810.

Lauretta, oder die Zauberin aus Cypern. Eine Geschichte aus den Zeiten der Mediceer. 8. Wien, Ant. Pichler. (Leipz. Liebeskind.) 814.

— Gennino, u. Karl v. Wahlburg, ein tragikomischer Roman, m. K. 8. Leipz. Sommer. 814.

Lauretta Pisana. Leben einer italienischen Buhlerin. Aus Rousseaus Schriften und Papieren dramat. bearbeitet. Leipzig 1789. Zweyte vom Verf. verbesserte Aufl. Leipzig 1795. Halle u. Leipzig 1801. Nachdruck. Frankfurt u. Leipzig 1792. V: *Albrecht, Joh. Fch. Ernst.* (BGE VI[3], 205/206)

— Pisana, Leben einer italien. Buhlerin, (von Jh. Fr. Er. Albrecht). 2 Bde. 8. Halle 789. 2e A. 795. Fr. Ruff. 2 ₰ N. Aufl. 8. Hamb. 813, 14. (Herold jun.) 2 ₰

LAURETTE, eine Szene aus der sterbenden Klosterwelt. Drey Abschnitte (1 vol.). Mit Titel-Vignette. Danzig, verlegt bey Heinr. Carl Brückner, 1784. Kl. 8°.
XVI—472 S. Mit verfängl. Situationen. „Einem guten Mädgen gewidmet."

— — Dasselbe, titulo: Laurette Denmann. Ebd. 1795. 8°.

Laureys, F., Cursus der klassischen Baukunst. Eine vollständige Zerlegung der 5 Ordnungen auf Grundlage des Dezimal-Systems. Mit Beispielen für ihre Verwendung im Bauwerk und begleitet von einem Atlas von 70 (lithogr.) Taf. (in Fol.). Uebersetzt von Ludw. Klingenberg. gr. 8. (86 S.) Lüttich 871, Claesen. *

Laureys, F. Kursus der klassischen Baukunst. Die 5 Ordngn., e. vollständ. Zerlegg. derselben auf Grundlage d. Decimalsystems u. ihre praktische Verwerthg. 70 Taf. m. Text. 5 Lfgn. Fol. (12 S. Text.) Berl. 889, [Claesen u. Comp.] Hessling u. Spielmeyer.
à Lfg. * 6 —; compl. in Mappe * 30 —

Laureys, F., Kursus der klassischen Baukunst. Die 5 Ordngn. Eine vollständ. Zerlegg. derselben auf Grundlage d. Decimalsystems u. ihre prakt. Verwerthg. 2. (Titel-) Aufl. (In 5 Lfgn.) 1. u. 2. Lfg. gr. Fol. Berlin, Hessling & Spielmeyer. à n. 6. —
1. (14 Taf. m. 4 S. Text.) 892. — 2. (14 Taf.) 893.

Laurhassius, Joh. (Eisleben), Disp. de feudi amissione. o. O. u. J. (3.—) 20587

Lauri Triumphales, seu Principes Victoriae bello hoc gallico de hostibus feliciter relatae. Carmine heroico. Graecii 1708. V: *Rain, Ferdinand* oder: *Ferdinand Ernst* [?]. (JES)

Lauri, Prof. Abbé, Dictionnaire portatif français-italien et italien-français; abrégé de celui de Cormon et Manni, enrichi d'un grand nombre de synonymes et des différentes significations d'un mot de l'une et de l'autre langue; précédé d'un abrégé de grammaire italienne et des conjugations des verbes réguliers et irréguliers de la langue française, avec l'accent prosodique sur chaque mot italien. 5e édit. 16. Paris et Lyon 834. (Leipzig, Hinrichs.) 2 1/6 ß

Lauria, A., Sebetia, s.: Universal-Bibliothek.

Lauriani, A. Treb., coup d'oeil sur l'histoire des Roumains. gr. 8. (76 S.) Bucuresti 846. (Leipzig, Michelsen.) *

Lauriani Trebon: Die Einteilung des alten Daziens. S. 5. 549 . . . . — .12
Separatabdruck

— Tentamen crit. in originem, derivationem et formam linguae Romanae in utraque Dacia vigentis vulgo Valachicae. 8maj. Wien 840. (Leipzig, Michelsen.) n. 2 ß

— schneller Ueberblick der Geschichte der Romänen. gr. 8. (70 S.) Bukarest 846. (Leipzig, Michelsen.) *

Laurich

— Chr. Benj. (Dresden), Disp. jur. XIV selectiora juris principia. Präs. Tob. Richter. Lpz. (Langenheim) 17. IX. 1749. 16 S. (3.40) 20589

Laurich, Christ. Aug., Legislationis mosaicae de anno semiseculari. Viro Gotth. Friedem. Loeber. Altenburg (Richter) 6. X. 1793. 20 S. (3.50) 20588

Lauridsen, P., der Kartograph Johannes Mejer. Ein Beitrag zu der älteren dän. Kartengeschichte (in „Historisk Tidsskrift", 6. Folge, Bd. I Heft 2). Aus dem Dän. übers. v. Jürgensen. (S. 41—128 m. Abbildgn. u. 1 Stammtaf.) gr. 8. Husum 905. F. Petersen. n. 1. —
Sonderabdruck aus: „Mitteilgn. d. Jahrbb. d. nordfries. Vereins".

Laurie, Alexander, s. Laurie, Will. Alexander

Laurie, André [Pseud.], s.a. Grousset, Paschal

Laurie, A., mémoires d'un collégien, hrsg. v. Konr. Meier, s.a. Hartmann's, K. A. Mart., Schulausgaben.

— dasselbe, hrsg. v. A. Möhlau, s.a. Klassiker-Bibliothek, französisch-englische. Nr. 44.

— dasselbe, hrsg. v. Eug. Wolter, s.a. Prosateurs français. 148.

Laurie, André, Mémoires d'un collégien. Ed. autorisée suivie d'un commentaire et d'un répétiteur par R.-C. Kukula. Revue par J. Delâge. 8. (V, 213 u. 79 S.) Wien 902. K. Graeser & Co. — Leipzig, B. G. Teubner. Kart. u. geh. n. 2. 40

— dasselbe, hrsg. v. Eug. Wolter, s.a. Velhagen & Klasing's Sammlung franz. u. engl. Schulausgaben. Nr. 1.

Mémoires d'un collégien. Par André Laurie. Im Ausz. mit Anm. [= Anhang] z. Schulgebr. hrsg. von Prof. Dr. Eugen Wolter, Dir. in Berlin. [Nebst] Wörterbuch. *Bielefeld & Leipzig: Velhagen & Klasing 1903.* 3 Bde 8°
= Sammlung, Velhagen & Klasings, franz. u. engl. Schulausgaben. Prosateurs franç. Lfg 148 B. [04. 8200

Mémoires d'un collégien. Par André Laurie. Texte abrégé et ann. à l'usage des écoles par Eugen Wolter, Dir. à Berlin. [Nebst] Commentaire. *Bielefeld & Leipzig: Velhagen & Klasing 1904.* 2 Bde 8°
= Sammlung, Velhagen & Klasings, franz. u. engl. Schulausgaben. Reform-Ausgaben. No 1. [04. 8206

Laurie, André, le capitaine Trafalgar, bearb. v. Benno Diederich, s.: Schulbibliothek, französ. u. englische.

Laurie, Will. Alexander

Laurie, Alex. (**Brewster?**), Geschichte der Freimaurerei aus authentischen Quellen nebst einem Berichte über die Grosse Loge in Schottland von ihrer Stiftung bis auf die gegenwärtige Zeit und einem Anhange von Original-Papieren. Edinburg, gedruckt durch Alex. Lawrie & Co. In das Deutsche übersetzt von Dr. C. F. A. Burkhardt, mit erklärenden, berichtigenden und erweiternden Anmerkungen und einer Vorrede von Dr. C. Ch. Fr. Krause. Freiberg. Craz & Gerlach. 1810. 8. 4 Bl. XXVIII, 382 S.

Laurie, Will. Alex., Geschichte der Freimaurerbrüderschaft in Schottland, nach der History of Free Masonry and the Grand Lodge of Scotland frei bearb. von J. F. L. Th. Merzdorf. 2. (Titel-)Ausg. gr. 8. (VIII, 167 S.) Kassel (861)79, Grobel.

Laurie, Will. Alex., history of free masonry, s. Merzdorf, Geschichte der Freimaurerbrüderschaft in Schottland.

Laurier, Fr. W., die evangelisch-protestantische Kirche der Pfalz. Eine Denkschrift zur 50jähr. Jubelfeier der pfälz. Union am 2. Aug. 1868. gr. 8. (IV, 196 S.) Kaiserslautern 868, Tascher. *

Laurier, Fr. W., die geschichtliche Nothwendigkeit des Christenthums. Ein Vortrag in erweiterter Form für Gebildete. gr. 8. (V, 86 S.) Karlsruhe 881, Reuther. * 1 20

Laurières, D.-S. de, essais philosophico-théologiques suivis d'un résumé systématique des doctrines contenus dans l'ouvrage et d'un plan de réorganisation et l'église réformée. Avec une préface de Étienne Coquerel. 8. (XV, 357 S.) Paris 872. Sandoz & Fischbacher. n. 4. —

Laurila, K. S., Versuch e. Stellungnahme zu den Hauptfragen der Kunstphilosophie. I. (VII, 251 S.) gr. 8. Helsingfors 903. (Berlin, Mayer & Müller.) n. 5. —

Laurillard, Elisa, Disputatio de locis evangelii Johannis, in quibus ipse auctor verba Jesu interpretatus est. 8maj. (X und 87 S.) Lugduni-Batav. 853. (Lipsiae, T. O. Weigel.) *

Laurin; ein altdeutsches gedicht nach dem alten nürnberger drucke von Friderich Gutknecht hrsg. von Oskar Schade. gr. 8. (XV und 101 S.) Leipzig 854, Engelmann. *

Laurin. Ein tiroler Heldenmärchen aus dem Anfange des XIII. Jahrhunderts, hrsg. von Karl Müllenhoff. 8. (78 S.) Berlin 874, Weidmann'sche Buchh. *

Laurin, ein tirolisches Heldenmärchen aus dem Anfange des 13. Jahrh., hrsg. von Karl Müllenhoff. 2. Aufl. 8. (III, 76 S.) Berlin 886, Weidmann'sche Buchh. *

Laurin, Straßburg 1500, s.a. Drucke, seltene, in Nachbildungen. IV.

Laurin. Straßburg 1500. Mit bibliogr. Nachweisen. (Hrsg. von Karl Schorbach.) *Halle a. S.: R. Haupt 1904.* (37 S., 30 Bl.) 8° [5.]
= Drucke, Seltene, u. Nachbildungen. 4. [04. 4449

Laurin. Ein tirol. Heldenmärchen aus dem Anfange des XIII. Jahrh. Hrsg. v. Karl Müllenhoff. 3. Aufl. (80 S.) 8. Berlin 908. Weidmann. 1. —

Laurin, König, od. der Rosengarten in Tirol. Hrsg. v. Ign. V. Zingerle. 16. (XXIV u. 160 S.) Innsbruck 850, Wagner. 1/2 ß

Laurin u. der kleine Rosengarten. Hrsg. v. Geo. Holz. gr. 8. (V, XLVI, 213 S.) Halle 897. M. Niemeyer. n. 7. —

Laurin und Walberan, s. Heldenbuch, deutsches.

Laurin, Zwerg, und sein Rosengarten bei Meran. Nach einem alten deutschen Gedicht. gr. 16. (8 S.) Meran 867, Pötzelberger. *

Laurin, Zwergkönig, s. Universal-Bibliothek Nr. 1235.

Laurin, Anton von

— Über die unlängst in der Nekropolis von Memphis ausgegrabenen angeblichen Apis-Mumien. S. 4. 74 . . . . vgr.
Separatabdruck

Laurin Anton Ritter von: Bericht über seinen Ausflug von Kairo nach Memphis S. 2. 248 vgr.
Separatabdruck

Laurin, Frz. Introductio in corpus juris canonici. Cum appendice brevem introductionem in corpus juris civilis continente. gr. 8. (XX, 284 S.) Freib. i. Br. 889. Herder. * 4 50

Laurin, Frz., introductio in jus matrimoniale ecclesiasticum. Praesertim in usum auditorum suorum. gr. 8. (VII, 144 S.) Wien 895. Manz. n. 3. 20

Laurin, Frz., Schulte's Kirchenrechtswissenschaft einst u. jetzt. gr. 8. (64 S.) Wien 874. Sartori. n. — 75

— dasselbe 2. verm. Aufl. gr. 8. (VIII, 75 S.) Wien 875. Hölder. n. 1. 20

Laurin, Frz., Dr. Weeber u. canonisches Recht. Kritische Beleuchtg. der Ausführgn. d. Berichterstatters Dr. Weeber üb. das feierl. Gelübbe der Ehelosigkeit in der 180. Sitzg. d. Abgeordnetenhauses in Wien am 8. Febr. 1876. gr. 8. (IV. 23 S.) Wien 876. Hölder. n. — 72

Laurin, Frz., der Cölibat der Geistlichen nach canonischem Rechte, mit besond. Beziehung auf das Recht der österreichisch-ungar. Monarchie. gr. 8. (VIII, 242 S.) Wien 880, Manz'sche Hofverlagsh. * 8 20

***Laurin*, J. B., de Peste in genere. 8maj. Wien 819. (Wimmer). 12 gr.**

Laurin, Phil., das Liernursche System. Entfernung u. Verwerthg. von Abortsstoffen, ehe dieselben in Gährung übergegangen sind, zur Beförderg. der öffentl. Gesundheit, der Land- u. Volkswirthschaft. Prag 869, Calve. gr. 8. (V, 86 S. mit 2 Steintaff. in qu. Fol.) n. 20 ngr.

Laurin, Wilh., Spindel u. Schwert. Deutsches Liederjahr. 12. (V, 98 S.) Leipzig 895. F. A. Berger. n. 1. 50; geb. n.n. 2. 25

Lauriol, P., s.: Strassenhygiene in europäischen Städten.

Lauris, Phm. (Jos. Wrakitsch), 's Franzerl. Wiener Volksstück in 4 Aufzügen. (79 S. m. Titelbild.) 8. Klagenfurt 905. F. v. Kleinmayr. n. 1. 80; geb. n.n. 2. 60

Laurisch, G., Gewerberecht u. Arbeiterschutz. Führer f. Arbeitgeber u. Arbeiter durch die Gewerbe- u. Arbeiterschutzgesetze. 12. (210 S.) Berlin 901. J. Guttentag. Kart. n. 1. 80

Lauriscus, Sam. Friedr. (Guben), De pugnis jureconsultorum. Moder August v. Leyser. Wittenberg (Ephr. Gottl. Eichsfeld) Aug. 1749. 20 S. (4.—) 20590

Lauritzen J.: Untersuchungen üb. die pathologische Anatomie d. Hydronephrose d. Schweines. Zugleich ein Beitrag z. Frage d. Verwendung d. Korrosionsmethode in der pathologischen Anatomie. Diss. Dresd. 1910. 99 S. 5 Tvl. 4°.

Lauritzen, J. R., Liederbuch für die kirchlichen Haupt-Feste. Sammlung bekannter u. gebräuchl. Weihnachts-, Oster- u. Pfingst-Lieder, sowie auch solcher Lieder, die man bei Missionsfesten u. sonst in christl. Kreisen liebt u. gerne singt. Alte u. neue, — deutsche u. englische, — fremde u. eigene. 1. Hft. Advents- u. Weihnachtslieder. qu. gr. 8. (31 S.) Port Huron, Mich. 881. (Philadelphia, Schäfer & Koradi.) n. — 75

***Laurmann*, M. T., collectanea, sive notae crit. et comment. in epist. Judae; accedunt de fonte doct. et dict. Judae genere et colore disputat. II. 8maj. Gröning. (Hannov., Hahn). (Barth in Leipz.) 1 ß 6 gr.**

— — idem liber. 8maj. Lugd. Bat. (Lipsiae, Weigel in comm.) 818.

Laurmann, (M. T.,) Praelectio de imaginum Sive figurarum poeticarum in Apocalypsi Joannea indole atque pretio. gr. 8 Gröning. 821, (Leipz., Barth.) Rthlr.

Laurop, Christian Peter

— Abhandl. über forstwissenschaftl. Gegenstände. (Aus d. Journal besond. abgedr.) gr. 8. Leipz. 799. (W. Vogel). 6 gr.

LAUROP, C. P.: Abhandlungen über forstwissenschaftliche Gegenstände. - Leipzig 1799. 70 S. - (Journ. Forst- u. Jagdwes.)

Laurop, Chr. Pt., über den Anbau der Birke u. deren Vorzüge vor andern Holzarten etc. gr. 8. Leipz. 796. (W. Vogel). 4 gr.

LAUROP, Christian Peter: Über den Anbau der Birke und deren Vorzüge vor andern Holzarten, besonders in holzarmen Gegenden. Ein Beytrag zur Forstwirthschaft. - Leipzig 1796. XII, 43 S.

— s.a. Annalen d. Forst- u. Jagdwissenschaft.

Laurop, C. P., Annalen f. Forst- u. Jagdwissenschaft. Ir 1—4s, s. Hatterer, C. W. J.

— — dasselbe. IIr Bd. 1s—4s. 8. Darmst. Heyer und Leske. 812. (à 16 gr.) Rthlr.

— — dass. IIIr 1s—4s. u. 4r Bd. 1s, 2s u. 3s. Marburg, Krieger. 813 u. 15. (IIIr 2 Rthlr. 16 gr. IVr 1s, 2s u. 3s à 16 gr.)
Vom 3ten Band an auch unt. d. Titel:
Neue Annalen. 1r u. 2r Thl. auch:
Annalen d. Societät d. Forst- u. Jagdkunde. 1r u. 2r.

Laurop, C. P., Annalen der Forst- u. Jagdwissenschaft. IV. 4s bis VI. 1s Hft. 8. Marburg, Krieger. 816—820. à 16 Gr.
Auch unter dem Titel:
Annalen der Societät der Forst- u. Jagdkunde.

Laurop, (C. P.,) Annalen d. Forst- u. Jagdwissenschaft. VI. 2s—4s H. (A. u. d. T.: Annalen d. Forst- u. Jagdkunde. 2s—4s Hft.) 8. Marb. 821—26, Krieger. à 16 gr.

Laurop, Chr. Pet., Archiv d. Forst- u. Jagdgesetzgebung d. deutschen u. and. Staaten, s. Archiv etc.

LAUROP, Christian Peter: Archiv der Forst- und Jagdgesetzgebung der deutschen und anderer Staaten. - Freiburg i. Br. 1828. 1. Bd. 1. 2 H. 199 u. 167 S. (Mehr nicht ersch.)

— s. J. G. Beckmann: Versuche u. Erfahrr.

— — und G. W. Wedekind, Beyträge zur Kenntniß des Forſtweſens ꝛc. ſ. Beyträge.

— Briefe eines in Deutſchland reiſenden Forſtmanns. 1s Heft. gr. 8. Tübing. 802. v. Cotta. 16 Gr. 2s u. 3s Hft. gr. 8. Kopenh. 803. (Barth in Leipz.) (à 16 Gr.) 1 Thlr. 8 Gr.

Laurop C. P.: Briefe eines in Deutschland reisenden Forstmannes. Ein Beitrag z. Geschichte d. gegenwärtigen Forstverfassung u. Forstwirthschaft in Deutschland. 3 H. (1 Vol.). [1]Tübing., [2-3]Kopenh. 1802-03. (575) S.

Laurop, Christian Peter: Dienst - Instructionen für das königlich Baierische Forstpersonal ..., s. Behlen, Stephan

—— Dienſt-Inſtructionen ꝛc., ſ. Dienſt-Inſtructionen.

— Forſtdirektion, ſ.a. Bechſtein, Forſt- u. Jagdwiſſenſch. 9r Thl.

— die Forſtdirektion. gr. 8. Gotha 823. Hennings. 1 Thlr. 4 Gr.

LAUROP, Christian Peter: Die Forstdirektion für angehende und ausübende Forstmänner und Cameralisten. - Gotha 1823. 296 S. - (=IX. Tl. v.: Die Forst- und Jagdwissenschaft nach allen ihren Theilen für angehende Forstmänner und Jäger. Hrsg. v. J. M. Bechstein, fortges. v. C. P. Laurop)

Laurop, C. P., das Forſt- u. Jagdweſen u. die Forſt- u. Jagdliteratur Deutſchlands in geſchichtl., allgem. Umriſſen dargeſtellt. gr. 8. (9½ B.) Stuttgart 843, Schweizerbart'ſche Buchh. -

LAUROP, Christian Peter: Das Forst- und Jagdwesen und die Forst- und Jagdliteratur Deutschlands in geschichtlichen allgemeinen Umrissen. - Stuttgart 1843. VI, 145 S.

— über die Forſtwirthſchaft; beſonders über Erhaltung, Abtrieb u. Wiederanbau d. Wälder. gr. 8. Leipz. 796. (W. Vogel). 1 Thlr. 12 Gr.

LAUROP, Christian Peter: Über Forstwirthschaft, besonders über Erhaltung, Abtrieb und Wiederanbau der Wälder. - Leipzig 1796. 470 S., 1 Kt.

Laurop, Christian Peter (Hrsg.), s. Die Forst- und Jagdwissenschaft ...

— freimüthige Gedanken über den Holzmangel in Schleswig und Holſtein, nebſt d. Mittel, ihm abzuhelfen; mit 1 Kpf. u. e. Anh. gr. 8. Altona 798. Hammerich. 16 Gr.

LAUROP, Christian Peter: Freimüthige Gedanken über den Holzmangel, vorzüglich über den Brennholzmangel in den Herzogthümern Schleswig und Holstein und die Mittel, ihm abzuhelfen. - Altona 1798. 196 S., 1 Taf.

— Grundſätze d. Forſtbenutzung u. Forſttechnologie. gr. 8. Heidelb. 810. Mohr. 1 Thlr. 15 Gr.

LAUROP, Christian Peter: Grundsätze der Forstbenutzung und Forsttechnologie. - Heidelberg 1810. 288 S.

— Grundſätze d. Forſtſchutzes. (Der Forſtwirthſchaftslehre 3r Thl.) 8. Heidelb. 810. Mohr. 1 Thlr. 16 Gr.

LAUROP, Christian Peter: Die Grundsätze des Forstschutzes. - Heidelberg 1811. 312 S. - 2. Aufl. u. d. T.: Die Grundsätze des Forstschutzes in nöthiger Verbindung mit der Forstpolizeilehre. ebd. 1833. VIII, 215 S.

— Grundſ. d. natürl. und künſtl. Holzzucht. gr. 8. Hildbh. Hanisch. 803.

— Grundſätze d. natürlichen u. künſtlichen Holzzucht. gr. 8. (Hildburgh.) 804. (Leipz., Er. Fleiſcher). 1 Thlr. 16 Gr.

LAUROP, Christian Peter: Grundsätze der natürlichen und künstlichen Holzzucht. - Meiningen 1804. 104 S.

— Handbuch d. Forſt- u. Jagd-Geſetze d. deutſchen Bundesſtaaten, ſ. Samml. d. Forſt- u. Jagd-Geſetze.

— Handbuch der Forſt- u. Jagd-Geſetzgebung der Königr. Baden u. Baiern; ſ. Sammlung d. Forſt- u. Jagdgeſetze ꝛc.

Laurop, C. P.: Handbuch der Forst- und Jagdgesetzgebung des Königreichs Baiern, s. Behlen, Stephan

Laurop, C. P.: Handbuch der Forst- und Jagdgesetzgebung des Herzogthums Nassau. Hadamar 1828.

—— Handbuch d. Forſt- u. Jagdliteratur, ſ. Forſt- u. Jagdwiſſenſchaft, die, ꝛc., XV. Thl.

—— Handbuch der Forſt- u. Jagd-Literatur, ſ. Handbuch.

— ſyſtemat. Handbuch d. Literatur d. Forſt- u. Jagd-Wiſſenſchaft. Von den älteſten Zeiten bis Ende d. J. 1828. gr. 8. Gotha 829. Hennings. 1 Thlr. 20 Gr.

Laurop, C. P., ſyſtemat. Handbuch der Literatur der Forſt- u. Jagdwiſſenſchaften. gr. 8. 828. Jetzt Hennings u. Hopf in Erfurt. 1 5/6 Thlr.

—— forſtwiſſenſchaftl. Hefte, ſ.a. Hefte.

— forſtwiſſenſchaftliche Hefte. 1s u. 2s Hft. gr. 8. Nürnb. 827. 28. Riegel u. W. (à 20 Gr.) 1 Thlr. 16 Gr.

— die Hiebs- u. Kulturlehre der Waldungen. 2 Thle. Karlsr. 816. Marx. 1 Thlr. 18 Gr. (Auch unt. folg. Titel: 1r Thl. die natürliche Holzkultur. 21 Gr. 2r Thl. die künſtliche Holzkultur. 21 Gr.)

LAUROP, Christian Peter: Die Hiebs- und Kulturlehre der Waldungen. - Karlsruhe 1816 u. 1817. 2 Tl. - Tl. 1: Die natürliche Holzkultur. 206 S. - Tl. 2: Die künstliche Kultur der Waldungen. 188 S.

Laurop, Chr. Pt. (Hrsg.), s.a. Jahrbücher der gesammten Forst- und Jagdwissenschaft ...

— Jahrbücher d. geſammten Forſt- u. Jagdwiſſenſchaft u. ihrer Literatur. 1r—3r Jahrg. 8. Heidelb. 823—25. Groos. (1r u. 2r Jahrg. à 4 Hefte. 3r Jahrg. 2 Hefte.) 10 Thlr.

LAUROP, Christian Peter: Ideal einer vollkommenen Forstverfassung und Forstwirthschaft. - Stuttgart 1801. 254 S.

— Ideal e. vollkommenen Forſtverfaſſung u. Forſtwirthſchaft. 1r Thl. gr. 8. Tübing. 801. v. Cotta. 20 Gr.

LAUROP, Christian Peter: Das Leben und Wirken des Oberforstraths Christian Peter Laurop von ihm selbst beschrieben. - Stuttgart 1844. 32 S. Angeh.: Handschriftliche Aufzeichnung des Lebenslaufes

— u. Behlen, Samml. d. Forſt- u. Jagdgeſetze ꝛc. ſ. Sammlung.

— die Staats-Forſt-Wirthſchaftslehre ſyſtematiſch dargeſtellt. gr. 8. Gießen 818. Heyer. 2 Thlr. 12 Gr.

LAUROP, Christian Peter: Die Staats-Forstwirthschaftslehre, systematisch dargestellt. Giessen 1818. XII, 484 S., Beil.

Laurop, C. P., u. W. F. Fiſcher, Sylvan. Ein Taſchenb. f. Forſtmänner ꝛc., ſ. Sylvan.

Laurop, C. P., s. Taschenbuch z. Belehrung u. Unterhaltung f. Wald- u. Jagdfreunde.

– s. Taschenbuch zum Nutzen und Vergnügen für Wald- und Jagdfreunde auf das Jahr 1831.

— Taschenbuch f. Wald- u. Jagdfreunde, s. Sylvan.

— der Waldbau, s. a. Bechstein, d. Forst- u. Jagd-Wissenschaft. 3r Thl.

— der Waldbau. gr. 8. Gotha 822. Hennings. 1 ₰ 6 ℊ

LAUROP, Christian Peter: Der Waldbau für angehende und ausübende Forstmänner und Cameralisten. - Gotha 1822. 299 S. - (=III. Tl. v.: Die Forst- und Jagdwissenschaft nach allen ihren Theilen, für angehende und ausübende Forstmänner und Jäger. Hrsg. v. J. M. Bechstein, fortges. v. C. P. Laurop)

– s. v. Werneck: Gemeinnütz. Entdeckungen.

– s. F. L. v. Witzleben: Ursachen d. Holzmangels.

Laurop, C. P. (Hrsg.), s. a. Zeitschrift für die Forstwissenschaft.

Laurop, C. P. und Hartmann, August: „Zeitschrift für die Forstwissenschaft", 2 Bde. zu je 2 Heften, Kopenhagen 1802, 1803 · (Barth in Leipzig).

Laurson, Arth., über die Geschichte u. die Contagiosität der Staupe. Inaugural-Dissertation. gr. 8. (50 S.) Dorpat 882. (Schnakenburg.) n. 1. —

Lauryslewicz, Modestus (*geb. Kłątwy in Pol.* [*1. 4. 1830*]): De fistulis-vesico vaginalibus earumque sanandarum methodo, quae dicitur Americana. Vratislaviae (1862). (23 S.) 8°
Breslau, Med. Diss. v. 2. Sept. 1862

Laurus in vireto Themidos per hyemem laetius efflorescens ... Bambergae [1750]. V: *Hereth, Adam.* (JCS)

— **Joh. Chr.** (Berga/Vogtl.), **Disp. pol. de majestate.** Präs. Johs. Herrlin (Schleusingen). Lpz. (Henning Coler). (4.—) **20592**

Laurus, Zacharias [Pseud.], s. a. Heinse, Gottlieb Heinrich

Laurus, Zachar., (G. H. Heinse), Gideon Herrmanns Fährlichkeiten, auch angenehme Begegnisse 2c. 8. Glogau 801. N. Güntersche Buchh. 1 ₰

Laus, Die. Eine beissende Kleinigkeit für lausige Zeiten gesucht von J. P. Paris u. Lüttich 1792. V: *Perinet, Joachim.* (BGE [3]6/143) (Gustav Gugitz: J. Perinet, S. 158) (Haydinger I/2/272) (BiblPort)

Laus, Heinr., Beiträge zur Phytogeographie Mährens, s.: Podpěra, J.

Geognostische Bilder aus Mähren. Kurzgefasste Beschreibung d. geol. Beschaffenheit d. Landes mit Berücks. d. nutzbaren Mineralien von Heinrich **Laus**. *Brünn: Club f. Naturkunde 1898.* (28 S.) 8° [...]
Aus: Deutsch-mähr. Schulblatt.
in: Bericht d. Clubs f. Naturkunde. 1. 1899. [00. 7694 9

Laus, Heinr., die Halophytenvegetation d. südlichen Mährens, s. a. Mitteilungen der Kommission zur naturwissenschaftlichen Durchforschung Mährens. Botan. Abt. 3.

Die Halophytenvegetation des südlichen Mährens und ihre Beziehungen zur Flora der Nachbargebiete. Von Heinrich **Laus**, Prof. in Olmütz. Brünn: Komm. z. naturwiss. Durchforschung Mährens 1907. (67 S.) 8°
— Podpěra, Josef: Beiträge z. Phytogeographie Mährens. 1.
— **Mitteilungen** d. Kommission z. naturwiss. Durchforschung Mährens. Bot. Abt., No 3. [07. 13677

— Schulflora der Sudetenländer m. besond. Rücksicht auf Mähren. Mit pflanzengeograph. u. biolog. Hinweisen. Zum Schulgebrauche u. f. botan. Exkursionen. (XXIV, 560 S.) kl. 8. Brünn 908. F. Irrgang. Geb. 4. 50

LAUŠ, Ludovicus Stephanus: De origine et valore evangeliorum apocryphorum, quae de infantia Jesu Christi tractant. — (1894) 112 S. 4° (Handschr.) Diss. 471
Diss. Wien, Univ.

Lausanne [Sachl. OW]

Lausanne. [Place d'armes. Transport lithographique d'une partie des feuilles 303, 306, 307, 435, 438, 439, 437, 438 bis et 440 de l'Atlas topographique Siegfried.] Echelle 1 : 25000. [Publié par le] Service topographique fédéral, Berne. Report sur pierre 1903. 532/738 mm. 1 feuille fol.-obl. fr. 2. — [collé sur toile 3. —]

Lausanne et le Pneumatique. 48 pp. in-8. (Lausanne).
1874

Lausanne-Bière. [Transport lithographique d'une partie des feuilles XI, XII, XVI et XVII de la carte topographique Dufour.] Echelle de 1 : 100000. [Publié par le] Service topographique fédéral, Berne. Report sur pierre 1904. 522/757 mm. 1 feuille fol.-obl. [fr. 2. —, collé sur toile 3. —]

Lausanne [Schlagwort]

Lausanne, s. a. Geologische Karten. Carte. — Schweiz. Karte.

Lausanne. Plan de Lausanne. 2. éd. 1 : 9000. 52,5 × 86,5 cm. Farbdr. Avec nomenclature de rues. (8 S.) 21 × 10,5 cm. Zürich (908). Art. Institut Orell Füssli. — 50

Lausberg, C. Die verbalen Synonyma in den Chansons de Geste Amis et Amiles und Jourdains de Blaivies. Diss. Münster 1884. 74 S.

Lausberg, Karl

Lausberg, C., Bildung u. Bildungsverein. Gedanken u. Beobachtgn. (32 S.) gr. 8. Berlin (907). Gesellschaft f. Verbreitg. v. Volksbildg. — 60

— Allerlei Gedanken üb. das Volksbibliothekswesen. — Die Gliederg. der schöngeist. Literatur. (31 S.) gr. 8. Leipzig 908. O. Harrassowitz. 1. 20
Sonderabdruck aus: „Blätter f. Volksbibl. u. Lesehallen".

— Ueber 'Halbbildung'. (16 S.) 8. Berlin 907. Gesellschaft f. Verbreitg. v. Volksbildg. — 20
Sonderabdruck aus: „Volksbildung".

Lausberg, Carl, mit Stock u. Pickel. Bergfahrten in den Alpen u. Norwegen. (218 S.) gr. 8. Düsseldorf 910. Schmitz & Olbertz. 4. —; geb. n 5. —; Vorzugsausg. n 6. —

— Die Vereinigung v. Sparkasse u. Volksbibliothek. Ein Vorschlag. (12 S.) 8. Leipzig 907. O. Harrassowitz. — 50
Sonderabdruck aus: „Blätter f. Volksbibl. u. Lesehallen".

Lausch, Adolf

—— und Carl Graf Stubick, Eisenbahn-Schema für Oesterreich-Ungarn. 10.—12. Jahrg. gr. 8. (VIII, 437 S., Stationsverzeichniss 38 S.; X, 512; X, 510 S.) Wien 880—84, (C. Helf's Sortiment.) à Jahrg. **

Lausch, Adf., und Carl Graf Stubick, Eisenbahn-Schema für Oesterreich-Ungarn. 13. Jahrg. gr. 8. (X, 567 S.) Wien 886, (C. Helf's Sortiment.) *
14. Jahrg., s. Eisenbahn-Schematismus für Oesterreich-Ungarn.

Lausch, Adf., Ilmenau und seine Umgebung, s. Reisebücher, Thüringer.

Lausch, Adolf, und Carl Graf Stubick, Personal-Schematismus der österreichisch-ungarischen Eisenbahn- und Dampfschiffahrt-Unternehmungen. II. Jahrgang. (Richtig gestellt bis 31. März 1869.) (Selbstverlag.) gr. 8. (VIII u. 289 S.) Wien, Ueberreuter (M. Salzer.) in Comm. 1 fl. 20 kr. Steif gebunden 1 fl. 60 kr. 1869

Lausch, Ernst, erstes A-B-C., Lese- u. Denkbuch, s.a. Kinderbuch, das illustrirte goldene.

Lausch, Ernst. *Erstes A-B-C-*, Lese- und Denkbuch für brave Kinder . . . Leipzig, Spamer, 1863. M. 2 farb. Taf. u. über 300 Textabbildgn. 8°. Illustr. Orhlwd. m. Vermerk: 3. verbess. Aufl. = Die Kinderstube III. 8.—

Lausch, Ernst, buntes Allerlei. Ein Blüten- und Aehrenkranz kleiner Geschichten, Betrachtungen und Gedichtchen, für Kinder von 8—14 Jahren. 4. (24 S. mit 6 Bildern in Farbendr.) Leipzig 883, Opetz. cart.

—— Blumensträußchen. Geschichten für Kinder. Mit (4) Farbendruckbildern von J. B. Sonderland. gr. 8. (16 S.) Wesel 882, Düms. cart.

—— das Buch der schönsten Kinder- und Volksmärchen, Sagen und Schwänke. 7. verm. und verb. Aufl. gr. 8. (VI, 260 S. mit 60 eingedr. Holzschn., 6 Tonbildern und 2 Buntbildern.) Leipzig 875, Spamer. *ℳ 2.; geb. *
—— dass. — s.a. Kinderbuch, das illustrirte goldene.

Lausch, Ernst, das Buch der schönsten Kinder- und Volksmärchen, Sagen und Schwänke. 9. und 10. verm. und verb. Aufl. Mit 60 in den Text gedr. Abbild., 6 Tonbildern und 4 Buntbildern. Nach Zeichnungen von L. Bechstein, H. Effenberger, H. Frotscher u. A. gr. 8. (VI, 262 S.) Leipzig 877,79, Spamer. * cart. *

—— das Buch der schönsten Kinder- und Volksmärchen, Sagen und Schwänke. 14. verm. und verb. Aufl. Mit 60 in den Text gedr. Abbild., 6 Tonbildern und 4 Buntbildern nach Zeichnungen von L. Bechstein, H. Effenberger, H. Frotscher ꝛc. gr. 8. (VI, 262 S.) Leipzig 880—83, Spamer. * cart. *

Lausch, Ernst, das Buch der schönsten Kinder- und Volksmärchen, Sagen und Schwänke. 15. Aufl. gr. 8. (VIII, 262 S. mit 60 in den Text gedr. Abbild., 6 Tonbildern und 4 Buntbildern nach Zeichnungen von L. Bechstein, H. Effenberger, H. Frotscher ꝛc.) Leipzig 883, Spamer. * cart. *

—— dass. — 16. gänzlich umgearb. Aufl. gr. 8. (VI, 272 S. mit 75 in den Text gedr. Abbild. und 6 Buntdr.-Bildern nach Zeichnungen von L. Bechstein, H. Effenberger, W. Heine ꝛc.) Ebendas. 886. *ℳ 2.—; cart. *

—— dass. — 17. und 18. gänzlich umgearb. Aufl. gr. 8. (VI, 268 S. mit 75 in den Text gedr. Abbild. und 6 Buntbildern.) Ebendas. 888. *ℳ 2.—; cart. *

Lausch, Ernst. Das Buch der schönsten Kinder- u. Volksmärchen, Sagen u. Schwänke. 19. Aufl. Mit 75 eingedr. Abbildgn. u. 6 Buntbildern. gr. 8. (VIII, 268 S.) Lpz. 891, Spamer. * 2 —; cart. * 2 50

Lausch, Ernst, das Buch der schönsten Kinder- u. Volksmärchen, Sagen u. Schwänke. 20. Aufl. Mit 75 in den Text gedr. Abbildgn. u. 6 Buntbildern. Nach Zeichngn. v. L. Bechstein, H. Effenberger, W. Heine u. a. gr. 8. (VI, 268 S.) Leipzig 893. O. Spamer. n. 2.—; kart. n. 2. 50

Lausch, Ernst, d. Buch d. schönsten Kinder- u. Volksmärchen, Sagen u. Schwänke. 24. Aufl. M. 75 in d. Text gedr. Abb. u. 8 Farbenbild. Nach Zeichngn. v. L. Bechstein, H. Effenberger, W. Heine u. a. gr. 8. (VI, 268 S.) Leipzig 899. O. Spamer. n. 2.—; geb. in Leinw. n. 2. 50

Lausch, Ernst, das Buch der schönsten Kinder- u. Volksmärchen, Sagen u. Schwänke. 25.—28. Aufl. Mit 75 in den Text gedr. Abbildgn. u. 8 Farbenbildern. Nach Zeichngn. von L. Bechstein, H. Effenberger, W. Heine u. a. gr. 8. (à VI, 268 S.) Leipzig 900—902. O. Spamer. n. 2.—; geb. in Leinw. n. 2. 50

Lausch, Ernst, das Buch der schönsten Kinder- u. Volksmärchen, Sagen u. Schwänke. 29.—32. Aufl. Mit 75 in den Text gedr. Abbildgn. u. 8 Farbenbildern. Nach Zeichngn. v. L. Bechstein, H. Effenberger, W. Heine u. a. (à VI, 268 S.) 8. Leipzig (903—906). O. Spamer. n. 2.—; geb. in Leinw. n. 2. 50

Lausch, Ernst, das Buch der schönsten Kinder- u. Volksmärchen, Sagen u. Schwänke. 36. Aufl. Mit 66 in den Text gedr. Abbildgn. u. 8 Farbenbildern, nach Zeichngn. v. L. Bechstein, H. Effenberger, W. Heine u. a. (VI, 263 S.) 8. Leipzig (910). O. Spamer. Geb. in Leinw. 2. 50

— neues Fabelbuch. Ein goldenes ABC der guten Sitten in ausgewählten Fabeln, Sprüchen u. Sprüchwörtern f. die Kinderstube. 2. umgearb. u. verm. Aufl. Mit 70 Text-Abbildgn., nach Zeichngn. v. F. Flinzer, Rostošky u. Fr. Waibler, nebst 1 Titelbilde. gr. 8. (XII, 162 S.) Leipzig 876. Spamer. n. 2. —; cart. n. 2. 50

—— und Frz. Otto, neues Fabelbuch. Ein goldnes ABC der guten Sitten in ausgewählten Fabeln, Sprüchen und Sprichwörtern für die Kinderstube. In 3. gänzlich umgearb. und verm. Aufl. hrsg. Mit 82 Text-Abbild., nach Zeichnungen von F. Flinzer, Alb. Richter, O. Rostosky und Fr. Waibler, nebst 1 Titelbilde. gr. 8. (XII, 186 S.) Leipzig 884, Spamer. *ℳ 2.; cart. *

—— Feier zum Geburtstage Sr. Maj. des Kaisers von Deutschland und Königs von Preußen Wilhelm. Ausg. A. für die Hand des Lehrers. 1.—3. Aufl. gr. 16. (16 S.) Wittenberg 873—75, (Herrosé's Verlag.) *
—— dass. — Ausg. B. für die Hand des Schülers. 1.—4. Aufl. gr. 16. (8 S.) Ebendas. 873,74. *

—— die Feier des Tages von Sedan. [2. Septbr.] Zum Gebrauch in Volks- und Bürgerschulen. Ausg. A. für die Hand des Lehrers. 1.—8. Aufl. gr. 16. (32 S.) Ebendas. 872—75. *
—— dass. — Ausg. B. für die Hand der Kinder. 1.—12. Aufl. gr. 16. (8 S.) Ebendas. 872—75. *
—— dass. — Zum Gebrauch in Vereinen, namentl. in Turn-, Gesang-, Bürger-, Volks-, Gewerb- und Handwerker-Vereinen. Ausg. C. [Für die Hand des Festleiters.] 16. (28 S.) Ebendas. 873. *
Ausg. D. [Für die Hand der Vereinsmitglieder.] (14 S.) *

— heitere Ferientage, s.a. Kinderbuch, das illustrirte goldene.

—— heitere Ferientage. Spaziergänge in Flur und Wald, in Berg und Thal. Unterhaltendes und lehrreiches Lesebüchlein über die Natur für Knaben und Mädchen. 3. verm. und verb. Aufl. Mit 80 in den Text gedr. (Holzschn.-)Abbild., 1 Ton- und 1 Buntbilde. gr. 8. (VIII, 128 S.) Ebendas. 878. * cart. *

—— heitere Ferientage. Spaziergänge in Flur und Wald, durch Berg und Thal. Unterhaltendes und lehrreiches Lesebüchlein über die Natur für Knaben und Mädchen. 4. verm. und verb. Aufl. gr. 8. (VIII, 128 S. mit 75 in den Text gedr. Abbild., 1 Ton- und 1 Titelbild.) Ebendas. 887. * cart. *

—— Festbüchlein für deutsche Schulen. Eine reichhaltige Sammlung von Festreden, Declamationen, Gedichten und Liedertexten. Kaisers Geburtstag — Sedanfeier — Weihnachtsfest — Confirmanden-Entlassung. 8. (VIII, 191 S.) Leipzig 877, Oehmigke's Verlag. *

—— Festwünsche für alle Stufen des Kindes- und Jugendalters. Eine reichhaltige Sammlung von Geburtstags-, Neujahrs-, Verlobungs-, Hochzeits- und anderen Wünschen, Polterabend- und Hochzeitsscherzen, Albumblättern, Stammbuchversen, Sentenzen rc. 3. stark verm. und verb. Aufl. 8. (VIII, 180 S.) Halle 878, Schwetschke's Sep.-Cto. cart.
Die 1. und 2. Aufl. erschienen im Selbstverlag u. d. T.: Der Gratulant.

—— Festwünsche für alle Stufen des Kindes- und Jugendalters. Eine reichhalt. Sammlung von Geburtstags-, Weihnachts-, Neujahrs-, Verlobungs-, Hochzeits- und anderen Wünschen, Polterabend- und Hochzeitsscherzen, Albumblättern, Stammbuchversen, Sentenzen rc. 6. stark verm. und verb. Aufl. 8. (VIII, 180 S.) [Halle 887.] Leipzig, Schwetschke's Verlag. geb.

— Festwünsche f. alle Stufen d. Kindes- u. Jugendalters. E. reichhalt. Sammlg. v. Geburtstags-, Weihnachts-, Neujahrs-, Verlobungs-, Hochzeits- u. anderen Wünschen, Polterabend- u. Hochzeitsscherzen, Albumblättern, Stammbuchversen, Sentenzen rc. 7., unveränd. Aufl. 12. (VIII, 180 S.) Halle 896. G. Schwetschke. Geb. in Leinw. 1. 20

— Festwünsche f. alle Stufen des Kindes- u. Jugendalters. Eine reichhalt. Sammlg. v. Geburtstags-, Weihnachts-, Hochzeits- u. anderen Wünschen, Polterabend- u. Hochzeitsscherzen, Postkarten- u. Stammbuchversen etc. 8., gänzlich umgearb. Aufl. (VII, 163 S.) 8. Halle 903. Gebauer-Schwetschke. Kart. 1. 50

— Festwünsche, 9. Aufl., s.: Kinderlust.

—— kurze Geschichte des deutsch-französischen Krieges 1870 bis 1871. Eine Rede an die Schuljugend zum 2. Septbr. gr. 16. (16 S.) Ebendas. 875. *
Aus: Sedanfeier, besonders abgedruckt.

—— kurze Geschichten für kleine Leute. Ein Sträußlein anmuthiger Erzählungen und Gedichtchen zur Bildung des Verstandes und Gemüthes. Für brave Kinder im Alter von 4 bis 9 Jahren. 4. (64 S. mit 4 Chromolithog.) Leipzig 874, Oehmigke's Verlag. geb.

—— kurze Geschichten für kleine Leute. Ein Sträußlein anmuthiger Erzählungen und Gedichtchen zur Bildung des Verstandes und Gemüthes. Für brave Kinder im Alter von 4 bis 9 Jahren. 2.—4. verb. Aufl. gr. 4. (IV, 64 S. mit 4 Chromolithogr.) Leipzig 876—79, Oehmigke's Verlag. cart. *

—— kurze Geschichten für kleine Leute. Ein Sträußlein anmuth. Erzählungen und Gedichtchen zur Bildung des Verstandes und Gemüthes. Für brave Kinder im Alter von 4 bis 9 Jahren. 5. verb. Aufl. Ausgabe für Knaben. gr. 4. (IV, 64 S. mit 4 Chromolithogr.) Leipzig 880, Oehmigke's Verlag. geb. *
Ausg. für Mädchen geb. *

—— kurze Geschichten für kleine Leute. Ein Sträußlein anmut. Erzählungen und Gedichtchen zur Bildung des Verstandes und Gemütes. Für brave Kinder im Alter von 4 bis 9 Jahren. 6. und 7. verb. Aufl. Ausg. für Knaben. 4. (IV, 64 S. mit 4 Chromolithogr.) Leipzig 885, Oehmigke's Verlag. geb. *

— kurze Geschichten f. kleine Leute. Ein Sträußlein anmutiger Erzählgn. u. Gedichtchen zur Bildung des Verstandes u. Gemütes. Für brave Kinder im Alter von 4 bis 9 Jahren. 8., verb. Aufl. Ausg. f. Knaben. 4. (68 S. m. 4 farb. Bildern.) Leipzig 893. A. Oehmigke's Verl. Geb. n. 2. 50

—— dass. — Ausg. für Mädchen. 2. Aufl. 4. (IV, 67 S. mit 4 Chromolithogr.) Ebendas. 884. geb. *

Lausch, Ernst, kurze Geschichten für kleine Leute. Ein Sträußlein anmut. Erzählungen und Gedichchen zur Bildung des Verstandes und Gemüthes. Für brave Kinder im Alter von 4 bis 9 Jahren. 6. und 7. verb. Aufl. Ausg. für Mädchen. 3. und 4. Aufl. 4. (IV, 67 S. mit 4 Chromolithogr.) Leipzig 888, Oehmigke's Verlag. geb. *

— kurze Geschichten f. kleine Leute. Ein Sträußlein anmut. Erzählgn. u. Gedichtchen zur Bildg. d. Verstandes u. Gemütes. Für brave Kinder im Alter von 4 bis 9 Jahren. Ausg. f. Mädchen. Mit (4) Farbendr.-Bildern. 5. Aufl. 4. (72 S.) Leipzig (901). A. Oehmigke. Geb. n. 2. 50

— Geschichten u. Unterhaltungen f. Kinder, s.: Vom Familientisch.

— 52 biblische Geschichten [26 aus dem alten u. 26 aus dem neuen Testament] f. die Kleinen. Die beiden ersten Schuljahre umfassend. Unterstufe. gr. 8. (XII, 87 S.) Berlin 874. Oppenheim. n. — 80

— 52 biblische Geschichten (26 aus dem alten u. 26 aus dem neuen Testamente) f. die Kleinen. Die beiden ersten Schuljahre umfassend. Für Lehrer, Väter u. Mütter u. überhaupt alle Erzieher u. Erzieherinnen, zugleich f. die Hand der Kinder bestimmt, damit diese die Geschichten selbst nachlesen können. Unterstufe. gr. 8. (XIII, 87 S.) Berlin 879. L. Simion. n. — 50

— das neue Gewicht. [Gültig v. Neujahr 1872 ab.] Das vorzüglichste Weihnachts-Spiel f. grosse u. kleine Kinder zur Kurzweil u. Belehrg. gr. 32. (30 Papp-Karten in 64. u. 1 Bl. Text in 4.) Berlin 871. Kastner. In Carton. — 75

Lausch, Ernst, der kleine Gratulant. Eine gedrängte Sammlung von Geburtstags-, Neujahrs- und anderen Wünschen für Kinder. 1. Aufl. 1874, und 2. unveränd. Aufl. gr. 16. (32 S.) Wittenberg 875, Herrosé's Verlag. *

—— Handwerk hat goldenen Boden. 4. (6 S. mit 6 Chromolithogr.) Wesel 881, Düms. geb.

—— Aus Heimat und Fremde. Betrachtung und Belehrung in Wort und Bild für unsere Kinder. 1. Reihe. 1. und 2. Bdchn. gr. 4. Halle 878, Schwetschke's Sep.-Cto. cart. à Bdchn. ℳ 1,50.
Inhalt:
Bdchn. 1. Unsere Kleinen. (31 S. mit 6 Buntbildern in Holzschn.)
» 2. Glückliche Leutchen. (32 S. mit 6 Buntbildern in Holzschn.)

— Hochzeits-Album. (4. Aufl.) Neuhrsg. v. G. Gerok. 4. (136 S. m. 2 Farbendr.) Wittenberg 894. R. Herrosé. Geb. in Leinw. n. 8. —; in 15 farb. Ausführg. n. 12. —; in Ldr. m. vergoldeten Beschlägen n. 25. —
Die früheren Auflagen erschienen anonym.

—— die vier Jahreszeiten. In Schilderungen aus dem Natur- und Menschenleben, für Kinder von 8—14 Jahren. 4. (24 S. mit 6 Bildern in Farbendr.) Leipzig 883, Opetz. cart.

— Ilmenau u. seine Umgebung, s.: Reisebücher, Thüringer.

—— s. Kinder, der deutschen, Lieblingsbücher.

Lausch, Ernst, 600 Kinder-Räthsel, Scherzfragen, Rebusse, Spielliedchen, Verschen und Gebete. Für gute Kinder hrsg. 3.—5. durchgeseh., stark verm. und verb. Aufl. 8. (III, 112 S.) Wittenberg 877,79, Koelling. cart. *

—— 600 Kinder-Räthsel, Scherzfragen, Rebusse, Spielliedchen, Verschen und Gebete. Für gute Kinder hrsg. 6. durchges., stark verm. und verb. Aufl. gr. 16. (III, 112 S.) Wittenberg 880, Koelling. cart. *

—— dass. — 7. und 8. durchges. Aufl. (III, 112 S.) 8. Bremen 881,82, Heinsius. cart.

—— dass. — Neue Folge. Der kleine Nußknacker. 1. und 2. Aufl. 8. (III, 112 S.) Ebendas. 881,82.

— 450 Kinder-Räthsel, Scherzfragen, Rebusse, Spielliedchen, Verschen u. Gebete. Für gute Kinder. 2. durchges., stark verm. u. verb. Aufl. 8. (108 S.) Wittenberg 872. Koelling. n. 1. 20

Lausch, Ernst, 200 Kinder-Räthsel, Spielliedchen, Verschen u. Gebete. Für gute Kinder herzg. Wittenberg 868. Koelling. 16. (IV, 83 S.) 6 ngr.

—— Kinderspiegel in Wort und Bild. 50 Fabeln für Kinder. In Hey'scher Manier. Mit Bildern in Holzschn. nach Zeichnungen von Ludw. Richter, C. Kunad u. A. Nebst einem Anhang ernsthaften Inhalts. 1. und 2. Aufl. gr. 8. (XII, 84 S.) Leipzig 877, Oehmigke's Verlag. cart. *

—— 50 beliebte Kinderspiele im Freien [für Mädchen und Knaben]. Zu Schul- und Kinderfesten besonders geeignet namentl. auch für den Gebrauch am 2. Septbr. und zu anderen patriot. Festtagen [Kaisers Geburtstag] ꝛc. gr. 16. (8 S.) Leipzig 874, Siegismund und Volkening.

Lausch, E., die Kinderstube, s. Kinderbuch, das illustrirte.

—— die Kinderstube. 3 Tle. gr. 8. Leipzig, Spamer. à Tl. *ℳ 1.50.; cart. à Tl. *

Inhalt:
Tl. 1. Was man seinen Kindern erzählt, wenn sie zwei bis fünf Jahre alt sind. Kleine Geschichtchen, Gedichtchen und Rätsel. 3. und 4. verb. Aufl. (VIII, 88 S. mit 54 Text-Abbild. und 3 Buntbildern von F. Flinzer u. a.) 883.
„ 2. Kleine Erzählungen, Gedichte und Verschen für Kinder von vier bis sechs Jahren. 4. und 5. verb. Aufl. (VIII, 92 S. mit 60 Text- und 3 Buntbildern von F. Flinzer u. a.) 883.
„ 3. Erstes A-B-C-, Lese- und Denkbuch für brave Kinder, die leicht lesen lernen wollen. Ein Führer für Mütter und Erzieher beim ersten Unterricht. 3. und 4. verb. Aufl. (VIII, 100 S. mit über 300 Text-Abbild. und 2 Buntbildern.) 886.

— u. F. A. Glaß, die Kinderstube. Was man seinen Kindern erzählt, wenn sie 2 bis 6 Jahre alt sind. 5. u. 6., verb. Aufl. Mit 92 Text-Illustr. u. 8 Farbendr.-Bildern. gr. 8. (à VIII, 161 S.) Leipzig (899. 902). O. Spamer. n. 3.—; geb. in Leinw. n. 3. 50

— u. F. A. Glaß, die Kinderstube. Was man seinen Kindern erzählt, wenn sie 2 bis 6 Jahre alt sind. 7. [Titel-] Aufl. Mit 92 Text-Illustr. u. 8 Farbendr.-Bildern. (VIII, 161 S.) 8. Leipzig [902.] (905). O. Spamer. n. 3. —; geb. in Leinw. n. 3. 50

— u. F. A. Glaß, die Kinderstube: Was man seinen Kindern erzählt, wenn sie 2—6 Jahre alt sind. 8. [Titel-]Aufl. m. 92 Textillustr. u. 8 Farbendr.-Bildern. (VIII, 161 S.) 8. Leipzig [902] 910. O. Spamer. Geb. in Leinw. 3. 50

— der Kinder Lust u. Leben. Ein Blüthenstrauß v. Gedichten, Liedern u. Verschen f. brave Kinder. Mit 53 (eingedr.) Holzschn. u. 3 Buntdruckbildern. 8. (XI, 128 S.) Leipzig 871. Oehmigke. cart. 2. —

—— die Lutherfeier in der Volksschule. Zum 400jähr. Geburtstage des Reformators am 10. Novbr. 1883. Mit einer Ansprache von Rietschel. Ausg. A. Für Lehrer. 8. (24 S.) Wittenberg 883, Herrosé Verlag. *
Ausg. B. Für Schüler. (16 S.) *

— das neue Maass. [Gültig v. Neujahr 1872 ab.] Das vorzüglichste Weihnachts-Spiel f. grosse u. kleine Kinder zur Kurzweil u. Belehrg. gr. 32. (30 Pappkarten in 64. u. 1 Bl. Text in 4.) Berlin 871. Kastner. In Carton. — 75

—— der kleine Nußknacker. Ein illustr. Rätselbuch in 2 Sammlungen, enth. 1350 Kinder- nnd Volksrätsel, Scherzfragen, Rebusse, Spielliedchen, Verschen und Gebete. Für gute Kinder hrsg. Reich illustriert von C. Gehrts. 8. Bremen 886, Heinsius' Nachf. [1. Sammlung. 9. und 10. Aufl. (V, 156 S.); 2. Sammlung. 3. und 4. Aufl. (VI, 160 S.)] cart. à Sammlung cart. in 1 Bd.

— der kleine Nußknacker. Ein illustr. Rätselbuch in 2 Sammlgn., enth.: 1350 Kinder- u. Volksrätsel, Scherzfragen, Rebusse, Spielliedchen, Verschen u. Gebete. Für gute Kinder hrsg. Reich illustr. v. C. Gehrts. 2. Sammlg. 5. Aufl. 8. (VI, 160 S.) Bremen 889. Heinsius Nachf. cart. 2. —

—— 99 farbige Rechenscheiben zur spielenden und sicheren Erlernung der vier Grundrechnungsarten [Zusammenziehen, Abziehen, Malnehmen und Theilen] im Zahlenraume von 1—10 für die Kleinen in Schule und Haus, erfunden und hrsg. 12. (18 S.) Leipzig 881, Kuhl. In Mappe *

—— 99 farbige Rechenscheiben zur spielenden und sicheren Erlernung der vier Grundrechnungsarten im Zahlenraume von 1—10. 2. verb. Aufl. 8. (18 S. mit 99 farb. Rechenscheiben.) Leipzig 888, Oskar Kuhl.

— Sammlung beliebter Kinderspiele im Freien u. im Zimmer. Zu Schul- u. Kinderfesten besonders geeignet, namentlich auch f. den Gebrauch am 2. Septbr. u. zu anderen patriot. Festtagen (Kaisers Geburtstag) ꝛc., sowie zur häusl. Belustigg. 2. verm. u. verb. Aufl. 16. (64 S.) Wittenberg 874. (Leipzig, Siegismund & Volkening.) n. — 60

— Sammlung beliebter Kinderspiele im Freien u. im Zimmer. Zu Schul- u. Kinderfesten besonders geeignet, sowie zum Gebrauch im Kindergarten u. zur häuslichen Belustigung. 4., verm. u. verb. Aufl. 16. (VIII, 88 S.) Leipzig 880. Oehmigke. geb. n. — 75

—— dass. — 5. gänzlich umgearb. Aufl. Stark verm. unter Rücksichtnahme auf die Bestimmungen des kgl. preuß. Kultusministeriums. 8. (VIII, 95 S.) Ebendas. 884. *

— Sammlung beliebter Kinderspiele im Freien u. im Zimmer, zu Schul- u. Kinder-Festen besonders geeignet, sowie zum Gebrauch im Kindergarten u. zur häusl. Belustigg. 6. Aufl. Stark verm. unter Rücksichtnahme auf die Bestimmgn. des kgl. preuß. Kultusministeriums. 8. (VIII, 110 S.) Ebd. 899. Geb. 1. 20

—— die Schule der Artigkeit, s. Kinderbuch, das illustrirte goldene.

—— Schulfeier oder Jugendgottesdienst zum 400jährigen Geburtstage Johannes Bugenhagens [genannt Dr. Pommer] am Johannistage [24. Juni] 1885. 8. (16 S.) Wittenberg 885, Herrosé's Verlag. *

—— 134 Spiele im Freien [Bewegungsspiele] für die Jugend [Knaben und Mädchen]. Zum Gebrauch auf dem Turnplatze, bei Kinder- und Volksfesten, Spaziergängen 2c. Zur Unterstützung einer geordneten Körperpflege und harmon. Erziehung. Auf Grund der Bestimmung des königl. preuß. Kultus- und Unterrichts-Ministeriums vom 27. Octbr. 1882 zusammengestellt, bearb. und hrsg. 1. und 2. unveränd. Aufl. 8. (XVI, 91 S.) Wittenberg 883, Herrosé Verlag. cart. *

—— 137 Spiele im Freien [Bewegungsspiele] für die Jugend [Knaben und Mädchen]. Zum Gebrauch auf dem Turnplatze, bei Kinder- und Volksfesten. Zur Unterstützung einer geordneten Körperpflege und harmon. Erziehung. Auf Grund der Bestimmung des königl. preuß. Kultus- und Unterrichts-Ministeriums vom 27. Oktbr. 1882 zusammengestellt, bearb. und hrsg. 3. und 4. Aufl. 8. (VIII, 94 S.) Ebendas. 887. *

— Spiele im Freien f. die Jugend. Zum Gebrauch auf dem Turnplatze, bei Kinder- u. Volksfesten, Spaziergängen u. s. w. Auf Grund der Bestimmg. des königl. preuß. Kultus- u. Unterrichts-Ministeriums vom 27. Oktbr. 1882 zusammengestellt u. bearb. 5. Aufl., neu bearb. u. hrsg. v. M. Thurm. 8. (VIII, 103 S. m. Fig.) Ebd. 894. Kart. n. 1.—

—— Was die Mutter Erde beut für große und für „kleine Leut'". Ein unterhaltendes und lehrreiches Bilderbuch für Kinder von 6—12 Jahren. gr. 4. (15 S. mit 6 Chromolithogr.) Leipzig 876, Oehz. cart.

Lausch, Ernst, was man seinen Kindern erzählt, s.a. Kinderbuch, das illustrirte goldene.

LAUSCH. *Was man seinen Kindern erzählt*, wenn sie zwei bis fünf Jahre alt sind. Kleine Geschichtchen, Gedichtchen und Räthsel. 2. Aufl. Leipzig, Spamer, 1872. M. 54 Abb. u. 3 farb. Taf. v. F. FLINZER u. a. 8°. Einfacher Hlwd (= Das Illustr. Goldne Kinderbuch I). — Ganz vereinz. Fl. 9.—

Lausch, Ernst, Was man seinen Kindern erzählt, wenn sie 2 bis 5 Jahre alt sind. Kleine Geschichtchen, Gedichtchen und Rätsel. 3. und 4. verb. Aufl. Mit 54 Text-Abbild. und 3 Buntbildern von F. Flinzer u. A. 8. (VIII, 88 S.) Leipzig 877,83, Spamer. *ℳ 1,50.; cart. *

—— Zimmerturnen. Kurzgefaßte Anleitung für Laien zur Ausführung zweckentsprechender Körperbewegungen ohne Gerät behufs Wiedererlangung und Erhaltung der Gesundheit. Mit 10 (eingedr.) Holzschn. (36 S.) 1880; 2. verm. und verb. Aufl. 16. (40 S.) Berlin 881, Th. Hofmann. cart. *

[F.] Geflügelbuch v. G. Lausch. Hrsg. v. d. Verbandsleitg d. Ornitholog. u. Geflügelzucht-Vereine Pommern. *Stettin: Buchdr. d. 'Pomm. Reichspost' 1899.* (4 Bl., 64 S.) 1 Bd 8. 199 1036 9

Lausch, G., Nutzgeflügel. Seine Aufzucht u. Pflege unt. Berücksicht. d. künstl. Brut. M. vielen erläut. Abb. Preisgekrönt v. Verbande d. Geflügelzüchter-Vereine d. Prov. Sachsen u. d. angrenz. Länder. gr. 8. (VIII, 144 S.) Stettin 897. P. Niekammer. n. 4.—

Lausch, J. E., die kärnthenische Belehnungsfrage. gr. 8. (60 S.) Göttingen 877, Vandenhoeck und Ruprecht's Verlag. *

Lausch, Karl Leop., s. T. Lohner, Hand-Bibliothek.

Lausch, M.: Spiele im Freien für die Jugend. 5. Aufl., bearb. v. M. Thurm. Wittenberg 1894. 103 S.

Lauscha [Schlagwort]

Lauscha, s.: Thüringen. Gräf.

Lausche, des Hrn. Tobias, Montagslaunen, (v. J. G. Münch). 8. Leipz. 799. Weygand. 16 ℊ

— Sonntagslaunen, (v. J. G. Münch). 8. Leipz. 799. Weygand. 14 ℊ

Lausche, *Karl* Richard [aus Udestedt]: Über den epischen und dramatischen Blankvers bei William Wordsworth ... Halle a. S., Hofbuchdr. v. C. A. Kaemmerer & C., 1896; 47 S. 8.
Halle, Phil. Fak., Inaug.-Diss. v. [16. Apr.] 1896

Lauschen ist auch gut. Lstsp. von einem Frauenzimmer. 8. Reval, Albrecht. 780.

Der Lauscher. (Wochenschrift) Jahrg. I. Quartal 1. Stück 5: der Tod Friedrichs des Einzigen (Nebst Gedicht von Blumbach) Berlin 1786. 8.
Motto: Eilt, Ihn den Enkeln aufzustellen,
Eilt, einen Tempel Ihm zu weihn! (Ramler.)

Der Lauscher. Siebentes Stück. Anecdoten aus dem Leben Friedrichs des Einzigen. 8.

Lauscher, Albert, Kaplan an St. Gereon zu Köln: Erzbischof Bruno II. von Köln. (1132—1137.) *Köln (1902): J. P. Bachem.* (83 S.) 8°
Münster, Kath.-theol. Diss. v. (26. Febr.) 1902

Lauscher, Alb., Erzbischof Bruno II. v. Köln. Ein Beitrag zur Geschichte des Erzbist. Köln. (79 S.) gr. 8. Köln (903). J. P. Bachem. n. 2.40

Friedrich Nietzsche. Krit. Studien von Albert Lauscher. Essen (Ruhr): Fredebeul & Koenen (1908). 172 S. 8°

Lauscher, Alb., Friedrich Nietzsche. Kritische Studien. (172 S.) 8. Essen (909). Fredebeul & Koenen. 2.—; geb. in Leinw. 2.60

Lauscher, Hermann [Pseudon.] s. Hesse, Hermann.

Lauscher, Herm., hinterlassene Schriften u. Gedichte. Hrsg. v. H. Hesse. gr. 8. (IV, 83 S.) Basel 901. Helbing & Lichtenhahn. n. 1.20

Lauscher, R., Leichtes Zimmerturnen ohne Turngeräte für Erwachsene. Tägl. 10 bis 20 Min. Kampf geg. Nervenkrankheiten. Regensburg, 24 S., Kl.-8°.

Lauscher, Wilh., aus der Rentierseecke, s. a. Wolters, Wilh.

Lauscher, Wilh., aus der Rentierseecke. Humoresken im sächs. Dialecte. Nachstenographirt und hrsg. 12. (66 S.) Dresden 887, Knecht. *

—— dass. — 2. verm. Aufl. 12. (76 S. mit Illustr. von G. Sundblad.) Ebendas. 888. *

Lauschke, Johannes, aus Berlin: John Websters Tragödie Appius and Virginia, eine Quellenstudie. *Potsdam 1899: R. Müller.* (64 S.) 8°
Leipzig, Phil. Diss. v. [16. Nov.] 1899

Lauschke, Paul, Führer durch Sagan u. Umgegend. Im Auftrage des Verkehrs-Vereins bearb. Photographien v. Ulr. Hansen. (76 S. m. 1 farb. Plan u. 1 Karte.) 8. Sagan (910). (W. Daustein. — R. Schoenborn.) —60

Lauschner, A., Dr. Martin Luthers kleiner Katechismus, s.: Obst, J. G.

Lausen, J. C. [Pseud.], s. Lange, Joh. Christian [wirkl. Name].

Lauser, Emil, Glasurrisse auf Majolikaplatten. (8 S.) gr. 8. Leipzig (907). Baumaterialien-Markt. — 30
Sonderabdruck aus: „Baumaterialien-Markt".

Lauser, L., der Dreispitz, } s. Reiselectüre.
—— ein guter Fischzug, }

Lauser, Lili, s.: Crispi bei Bismarck.

Lauser, Maximilian [aus Regensburg]: Über tuberkulöse Peritonitis und ihre Behandlung durch Laparatomie ... Regensburg, Druck d. Verl.-Anst. vorm. G. J. Manz, *1893;* 70 S., 1 Bl. 8.
Erlangen, Med. Fak., Inaug.-Diss. v. [22.] Juni 1893

Lauser, Wilh., aus Spaniens Gegenwart. Culturskizzen. 8. (XIII, 356 S.) Leipzig 872. Brockhaus. n. 5. 40

—— Geschichte Spaniens von dem Sturz Isabella's bis zur Thronbesteigung Alfonso's. 2 Thle. gr. 8. (IX, 302; V, 341 S.) Leipzig 877, Brockhaus. * ℳ 10.; geb. *

Lauser, Wilh., ein Herbstausflug nach Siebenbürgen. Hrsg. von der Section „Wien" des Siebenbürg. Karpathenvereines. gr. 8. (IV, 68 S. mit 28 Abbild.) Wien 886, Graeser. [* ℳ 1.20.] *

Lauser, Wilh., ein Herbstausflug nach Siebenbürgen. Hrsg. v. der Section „Wien" des siebenbürg. Karpathen-Vereines. gr. 8. (IV. 68 S. m. 28 Abbildgn.) Wien 886. Hermannstadt, W. Krafft. n. — 34

Lauser, Wilh., Unter der Pariser Commune. Ein Tagebuch. Mit einem Namenregister. gr. 8. (VII, 388 S.) Leipzig 878, Dunker und Humblot. *

Lauser, Wilh. Kreuz u. Quer. Erzählungen aus meinem Wanderleben. gr. 8. (159 S.) Stuttg. 889, Bonz u. Comp. * 2 —
geb. * 3 —

Lauser, Wilhelm. Die Kunst in Oestreich-Ungarn. (Jahrbuch der „Allgemeinen Kunst-Chronik".) Jahrg. 1—2. Wien 1884, 1885. 4°.

Lauser, Wilh., die Matinées royales und Friedrich der Große. gr. 8. (III und 200 S.) Stuttgart 865, (Schaber.)

Lauser, Wilh., s.a. Schelmenroman, der, vom Lazarillo.

—— Der erste Schelmenroman. Lazarillo v. Tormes. Hrsg. v. W. L. 8. (III, 181 S.) Stuttg. 889, Cotta Nachf. * 3 —

— von der Maladetta bis Malaga, s.: Verein, allgemeiner, für deutsche Literatur.

Lausigk [Schlagwort]

Lausigk, s.: Geologische Karten. Spezialkarte (Sachsen).

Lausigk, s.: Sachsen. Karte. Messtischblätter.

Lausitz [Schlagwort]

Lausitz. Baron, Paul, Karte der Lausitz. 1 : 125,000. 54,5×56 cm. Farbdr. Löbau (901). J. G. Walde. n. 1. 20

Lausitz. Karte der Oberlausitz. 1 : 150,000. 35×35,5 cm. Farbdr. Bautzen (906). E. Rühl. n. — 80; auf Leinw. n. 1. 20

— — der sächsischen Oberlausitz u. der angrenzenden Teile Schlesiens u. Böhmens. 1 : 100,000. 50×66 cm. Farbdr. Zittau (905). A. Graun. n. 1. 20; in Leinw.-Umschlag n. 1. 45; auf Leinw. n.n. 1. 75

— Kramer, Rich., Schulhandkarte der Südlausitz u. des angrenzenden Böhmens. 1 : 100,000. 3. Aufl. 35,5×44,5 cm. Farbdr. Ebd. (905). n. — 20

Lausitz. Specialkarte, neue, der Süd-Lausitz. 1 : 100,000. Sect. 1 u. 2. Farbendr. qu. Fol. Neusalza 890. Oeser. Auf Leinw. in Carton. à n.n. — 75
1. Bautzen — Neusalza — Löbau. — 2. Böhm. Kamnitz — Rumburg — Grossschönau.

Lausitz. Spezialkarte, neue, der Süd-Lausitz. 1 : 100,000. III.—VI. Section. Farbendr. à 29×36 cm. Neusalza 891—893. H. Oeser. à — 30
III. Ostritz — Görlitz — Lauban. — IV. Friedland — Reichenberg. — V. Radeberg — Bischofswerda. — VI. Pirna — Schandau — Tetschen. (Sächs.-böhm. Schweiz.)

— Verkehrs- u. Radfahrkarte der Ober- u. Nieder-Lausitz sowie deren nächste Umgebung. 26×33 cm. Farbdr. Lauban (904). G. Reipprich. n. — 20

Lausitzer Gebirge [Sachl. OW]

Lausitzer Gebirge — Das — und die umliegenden Gegenden etc. entw. von C. F. Weiland. Weimar, Geogr. Inst. 1837. 228,000. 1 Bl.

Lausitzer Gebirge [Schlagwort]

Lausitzer Gebirge, s.a. Hand- u. Reisekarten. 22. 86.

Lausitzer Gebirge. Karte des Lausitzer Gebirges u. des Neissetales. Hrsg. v. der Abteilg. f. Landesaufnahme des königl. sächs. Generalstabes. 1 : 100,000. 52×70 cm. Farbdr. Dresden (910). (G. A. Kaufmann's Buchh.) nn 1.50; auf Leinw. nn 2. 50

— Köhler's Touristenkarte des Lausitzer Gebirges u. Jeschkengebirges. Hrsg. v. E. Gaebler. 1 : 100,000. 20,5×62,5 cm. Farbdr. Dresden (910). A. Köhler. — 50

Lauska et Beczwarzowsky, kleine prakt. Klavier-Schule, oder Auswahl von Uebungsstücken aus d. Clementi'schen Pianoforte-Schule u. der des Conservatoriums in Paris, nebst einigen neueren Stücken von den Herausgebern. Berlin, Schlesinger. 5/6 ℳ

LAUSMAN, BALTHASAR. Der Feürige Mann ist der Heilige Ignatius Stiffter der hochlöblichen Soc: Jesu Beý denen Wohl-Ehrwirdigen P. P. Soc. Jesu in Presburg beý S. Salvator genant. Den 31. Julij als an dessen glohrwirdigsten Festags in benanter Kirchen Uorgetragen Durch Reverendissimum Dominum BALTHASAREM LAUSMAN, Abbten zu S. Peter oder Petur undt der Zeit Pfarrern in Zurn- undt Niclsdorff in der Wiesel-burgerischen gespanschaft, der Kays. Administration in Ungerischen Altenburg gehörigen Orthen, Anno MDCC. VIII. Gedruckt zu Tÿrnau in der Academischen Druckerey. An. 1708. (9 f.) - 4°

Lauson, Jh. Fr., Gafforio; ein Trspl. 8. Leipz. 755.

— Gedächtnißrede auf d. großen Preuß. Dichter Simon Dach. 4. Königsb. 759.

— das durchs Feuer geprüfte Königsberg. 8. Königsb. 764.

— Plan, Friedrichs Palmen geheiligt. gr. 4. Königsb. 764. Kanter. (Hartknoch in Leipz.) 4 K

Lauson, Jh. Fr., (†...) Versuch in Gedichten, nebst e. Vorrede v. d. extemporell. Poesie u. e. Anhange. Erster u. zweiter Versuch. 8. Königsb. 753. 54. (Unzer). 1 ℛ

Lausonius lacus [Schlagwort]

Lavsonii — Novissima totius — sive Lemani Lacvs cum Regionibus circumjacentibus Chorographica Repraesentatio, inter quas integra Genevensis Respublica etc. revocata per J. A. B. Rizzi Zannoni etc. excudentibus Homannianis Heredibus 1766. 1 : 185,000. 1 Bl.

Lausperg, Jh. Justus, Handbüchlein zu einem frommen Leben u. sel. Tode. Unterweisungen, Betrachtungen u. Gebete. Aus d. Latein. Vom Herausgeber seiner Zusprüche. gr. 12. Innsbruck 840. (Regensburg, Manz.) n. 1/2 ℛ

LAUSSAUL v.: Vorschläge zur Beseitigung des Waldnothstandes in der Rheinprovinz. - Bonn 1891. 14 S.

Laussedat, L., la Suisse. Etudes médicales et sociales. 2. edit. 8. Bâle, B. Schwabe. 3. 50
1875

Lausus und Lydia, ein Drama in drei Aufzügen . . . Breslau 1776. V: *Titzenhofer, Sophie Eleonore von geb. von Wundsch.* (schl) (MGT) (Ky) (GGr) (ADB)

Lausus u. Lydia; e. Drama in 3 Aufz., nach Marmontel (von Fräul. v. Wundsch) 8. Bresl. 776.

Lausus und Lydie. Auch Wettstreit thätiger Freundschaft. Ein heroisches Ballet nach Marmontel in fünf Aufzügen Bei Gelegenheit des ... Namenstages ... Karl Anselmus ... von Thurn und Taxis Auf Höchst dero privilegirter Schaubühne am vierten November 1780 zum erstenmal aufgeführt. O. O. u. J. V: *Rolland, Albonico.* (Biblport)

Laut, U. H., Beyträge zur Würdigung der bisher. Grammatiker der latein. Sprache. 2 Thle. gr. 8. Lpz. Schwickert. 798.

Laut, U. H., neues Elementarwerk d. Lesenlernens d. deutsch. Spr. 8. Lpz. Schwickert. 799. Rthlr.

— moral. Lesebuch f. Kinder. 8. Ebend. 797.

Lautar, Lukas, specielle Methodik des Rechenunterrichtes in der Volksschule. Theoret. Theil. gr. 8. (VIII, 160 S.) Laibach 888, v. Kleinmayr und Bamberg. *

—— 1.—4. Rechenbuch, nebst Anhang zum 4. Rechenbuche, für Volksschulen. 8. Ebendas. 888. [1. Heft. (28 S.) * 16 Pf.; 2. Heft. (76 S.) * 30 Pf.; 3. Heft. (99 S.) * 40 Pf.; 4. Heft. (84 S) * 40 Pf.; Anhang zum 4. Heft. (50 S.) * 24 Pf.] *

—— der Rechen-Unterricht in der Volksschule. Eine method. Anleitung für Volksschullehrer. Prakt. Theil: Zahlenraum 1 bis 20 und 1 bis 100. gr. 8. (XII, 71 S.) Ebendas. 888. *

Laute, die. Sammlung russischer Freiheitslieder und Gedichte. (In russ. Sprache.) gr. 16. (XVI, 244 S.) Leipzig 869, Kasprowicz. *

Laute, die, des Englischen in ihrem Verhältnis zur Schreibung. (Als Mskr. gedr. f. die engl. Uebgn. an der Universität Graz.) (6 S. auf Karton.) 8. Graz 905. Leuschner & Lubensky. n. — 25

Laute aus dem Leben eines Edlen . . . München 1789. V: *Sailer, Joh. Mich.* (Th)

Laute, Deutschen Mundes, . . . Königsb. 1834. V: *Kohl, Joh. Gg.* (BrMm) (Ky)

Laute, Deutschen Mundes, v. J. G. K(ohl). gr. 8. (6 B.) Königsberg 834, (Unzer.) Thlr.

Laute, Jul(ius) Augustus Ludovicus: Ad strepituum cordis diagnosticen nonnulla. Halis Saxonum (1853): Ploetz. 30 S. 8°
Halle-Wittenberg, Med. Diss. v. 24. Jan. 1853
Geb. Thondorf (Gebirgskr. Mansfeld) 18. 6. 1826. V.

Lautemann, Joh. Jac. (Vicenh. Hessen), Diss. philos. qua academia praesens Marburgensis eadem cum anno 1527 instituta ostenditur. Präs. Joh. Ad. Hartmann. Marburg (Ph. Cas. Müller) 2. VIII. 1738. 20 S. (5.—) 20594
Gew.: Joh. Chr. Motz u. Joh. D. Motz.

Lauten, G. A., Griechische Schulvorschriften. schm. qu. gr. 8. (4 S. u. 12 lith. Bl.) Wiesbaden 848, Kreidel. n. 16 ℛ

Lauten, Gerh. Ad., Musterblätter zum Gebrauch für Handlungsbeflissene. Gravirt von Karl Knatz. qu. gr. 4. (Mit Titelvign. u. 1 gedr. Bl.: Vorwort.) Frankfurt a/M. 839. (Küchler.) n. 11/12 ℛ

Josef Peter Lauten

Jos(ephus) Petr(us) Lauten: De Respiratione foetus. Bonnae 1822 (:Thormann). IV,35 S. 8°
Bonn, Med.Diss.v.30.Juli 1822

Lauten, Therese, die geschickte Köchin, oder die Kunst in kurzer Zeit die Speisen der bürgerlichen Küche gesund, schmackhaft und auf billige Weise selbst zubereiten zu können. 16. (64 S.) Leipzig 870, Mayer.

Lautenbach [Schlagwort]

Lautenbach, s.: Preussen. **Messtischblätter.**

Lautenbach [Verf.]

Lautenbach, Chr. C. H., Ellen-Tabelle f. Schneider u. Nichtschneider. qu. 16. Leipzig 843, J. Fr. Glück. 1/6 ℛ

Lautenbach, Johannes [aus Kappeln (Schleswig)]: Ueber „Pseudarthrosen" . . . München, k. Hof- u. Univ.-Buchdr. v. Dr. C. Wolf & Sohn, 1895; 40 S. 8.
München, Med. Fak., Inaug.-Diss. v. 1895

Lautenbach, Max [Referendar aus Halberstadt]: Die Strafbarkeit der Beschädigung unterseeischer Telegraphen-Kabel auf hoher See. . . . Halberstadt, Druck v. Louis Koch, 1889; 104 S. 8°
Halle, Jur. Fak., Inaug.-Diss. v. 28. Nov. 1889

Lautenbach, R., s. Tribüne.

Lautenbach, Rudolf [aus Eckardts '(Sachsen-Mein.)']: Ueber das Verhalten des Centrosoma bei der Befruchtung ... Würzburg, Druck d. Köhl & Hecker'schen Buchdr., 1894; 27 S. 8.
Würzburg, Phil. Fak., Inaug.-Diss. v. 1894

Lautenbacher, G. K., Anleitung zur Fabrikation des Weissbieres u. zur Einrichtung e. prakt. Betriebes. Nebst e. Anh.: Limonade- u. Springerl-Fabrikation. (66 S. m. Abbildgn. u. 6 Taf.) gr. 8. München (906). Seitz & Schauer. n. 4. —; geb. n. 5. —

Ⓑ **Lautenbacher**, G. K., Anleitung z. Fabrikation d. Weissbieres. 906. (KBL 34.) Jetzt: Verlag d. ärztl. Rundschau.

Lautenbacher, J., († d. 13. Sept. 1833.), s. Ausland, das.

Lautenbacher, Jos., Adolf Kolping als Schriftsteller, s. a. Broschüren, Frankfurter zeitgemäße.

[F.] Adolf Kolping als Schriftsteller. Von Dr. J. **Lautenbacher**. *Frankfurt a. M.: A. Foesser Nachf. 1896.* (28 S.) 8.
= Broschüren, Frankfurter zeitgemässe. N. F. Bd 17. H. 1. 96. 3205

— s.: Kolping, Adf., goldene Worte.

Lautenbacher, Jos., Rede bei der Hinrichtung des Dominikus Hahn, vormal. Schullehrers v. Konzell, k. Landgerichts Mitterfels, gehalten am 13. Aug. 1847. 8. (16 S.) Straubing (847); Schorner. 1 ngr

LAUTENBACHER, Karl (Straubing): De sanguinis emissione ejusque modis, quando et quomodo universim et in variis hominum morbis instituitur.- Passavii: Winkler 1837. 28 S.
2.7.1836 - Urk (Titel: De sanguinis emissione.); F 63
Diss. Ingolst.-Landsh.-Mchn.

Lautenbacher, Karl, humoristische Gedichte in altbairischer Mundart, wie solche in verschiedenen Gegenden und Schichten der Bevölkerung Ober- und zunächst Nieder-Bayerns gang und gebe ist. 12. (VIII, 134 S.) Landshut 883, Attenkofer. cart. *

LAUTENBACHER, Ludwig (Straubing): Ueber den Rauch- und Schnupf-Tabak.- München: Franz 1849. 15 S.
22.8.1849 - Urk (Titel: De usu nicotianae.); F 67
Diss. Ingolst.-Landsh.-Mchn.

Das große Buch der Punta-Spiele. Enth. 53 Spiele f. Karten u. Würfel. Von F. **Lautenburg**. Mit Ill. Berlin: H. Steinitz (1904). (122 S.) 8°
[F.] 16. 496

Lautenburg-Käser, A., Die Entwicklung der Stadt Bern und die projektirten zwei Hochbrücken. 8. Bern, Fiala. 1876 1. —

Lautenhammer, Oliver Goldsmith. A biographical Sketch. gr. 8. (IV, 80 S.) München 874, Lindauer'sche Buchh. *

Lautenhammer, Joh.

Lautenhammer, s. a. Lehrbuch, kurzgefasstes, der Gabelsberger'schen Stenographie.

Kurzgefaßtes Lehrbuch der Gabelsbergerschen Stenographie ⟨Redezeichenkunst⟩. Preisschrift. Hrsg. von d. ersten allg. Versammlung Gabelsbergerscher Stenographen zu München. Nach d. Beschlüssen d. 7. deutschen Gabelsberger Stenographentages neu bearb. von Prof. Dr. J[oh.] **Lautenhammer**. 93. Aufl. *München & Leipzig: G. Franz 1903.* (VIII, 136 S.) 8° 03. 1336. 4

Lautenhammer, Joh., Lehrbuch der englischen Sprache. Theoretisch-praktischer Lehrgang. 3 Tle. gr. 8. München 881—83. F. de Crignis. n. 4. 80
1. Aussprache. (IV, 105 S.) n. 1. 20
2. Formenlehre. (IV, 160 S.) n. 1. 80
3. Syntax. (III, 160 S.) n. 1. 80

Lautenhammer, Joh., Lehrbuch der englischen Sprache. Theoretisch-prakt. Lehrgang. 1. Tl.: Aussprache. 2. verb. Aufl. gr. 8. (VII, 156 S.) München 886, Kellerer's Hofbuchh. *
2. und 3. Tl. Ebendas. 1881,83. * ℳ 3.60.

—— stenographisches Lese- und Uebungsbuch. 3 Tle. 8. Ebendas. 885—87. [1. Tl. 1.—3. Aufl. (III, 36 autogr. S.); 2. und 3. Tl. (S. 37—100.)] à Tl. * 40 Pf. *

— stenographisches Lese- u. Uebungsbuch. 3 Tle. Umgearb. nach d. Beschlüssen d. V. dtschn. Gab. Stenogr.-Tages. 8. München 896. M. Kellerer. à n. — 40
1. 18. Aufl. (III, 36 S.) — 2. 10. Aufl. (III u. S. 37—68.) 3. 10. Aufl. (III u. S. 69—100.)

Lautenhammer, stenographisches Lese- u. Uebungsbuch. 3 Tle. 16. Aufl. Umgearb. nach den Beschlüssen des V. deutschen Gab. Stenogr.-Tages. 12. (III, 100 S.) München 899. M. Kellerer. Kart. à n. — 50

— dasselbe. 1. Tl. 19. Aufl. Umgearb. nach den Beschlüssen des V. deutschen Gab. Stenogr.-Tages. 12. (III, 36 S.) Ebd. 901. Kart. n. — 50

— stenographisches Lese- u. Uebungsbuch. 3 Tle. Umgearb. nach den Beschlüssen d. VII. deutschen Gabelsberger-Stenographentages. 12. München, M. Kellerer. Kart. à n. — 50
I. 21. Aufl. (III, 36 S.) (905.) — II. 18. Aufl. (III u. S. 37—71.) (903.) — III. 15. Aufl. (III u. S. 73—97.) (903.)

— Stenographisches Lese- u. Ubungsbuch. I. Tl. 23. verb. Aufl. Umgearbeitet nach den Beschlüssen des 7. deutschen Gabelsberger-Stenographentages. (III, 36 autogr. S.) kl. 8. München (909). M. Kellerer. Kart. — 50

Lautensach [Sachl. OW]

Lautensach. Karte der Saarbrücker und der Rhein-Nahe-Eisenbahn. 1 : 180 000. Kreuznach. 1 Bl. c. L. Ff.

Lautensach [Verf.]

Lautensach, Hermann: Glazialmorphologische Studien im Tessingebiet. (Dresden 1910: Teubner.) 69 S. 8° ¶ (Ersch. vollst. u. d. T.: Die Übertiefung d. Tessingebiets, in: Geographische Abhandlungen.)
Berlin, Phil. Diss. v. 1. Aug. 1910, Ref. Penck
[Geb. 20. Sept. 86 Gotha; Wohnort: Gotha; Staatsangeh.: Sachsen-Koburg-Gotha u. Preußen; Vorbildung: Gymn. Gotha Reife O. 05; Studium: Göttingen 2, Freiburg i. B. 1, Berlin 7 S.; Rig. 25. Nov. 09.] [U 10. 203

Lautensach, O., Analecta Horatiana grammatica. Diss. 1878. 68 S. 1.50

*Lautensach, Otto: Asigmatische Aoriste mit α statt o und ε bei den Tragikern und Komikern. S. 70—89. 8.
In: Festschrift Albert von Bamberg zum 1. Oktober 1905 gewidmet vom Lehrerkollegium des Gymn. Ernestinum *Gotha* 1905.
Progr.

Lautensach, O., die Aoriste bei den attischen Tragikern u. Komikern, s. a. Forschungen zur griechischen u. latein. Grammatik. 1. Heft.

Die Aoriste bei den attischen Tragikern und Komikern von Dr. O[tto] **Lautensach**, Prof. Göttingen: Vandenhoeck & Ruprecht 1911. IV, 309 S. 8°
(Forschungen z. griech. u. lat. Grammatik. H. 1.) 10. 17313

Lautensack, *Otto Fr.* [Dr.]: Grammatische Studien zu den griechischen Tragikern und Komikern. 1. Personalendgn. Gotha, Druck d. Engelhard-Reyherschen Hofbuchdr., 1896; 1—32 S. 4.
Gotha, herz. G Ernestinum, OP 1896 (719)

Lautensach, grammatische Studien zu d. griechischen Tragikern u. Komikern. I. Personalendgn. Progr. gr. 4. (32 S.) Gotha 896. (Leipzig, Buchhdlg. G. Fock.) n. — 80

Lautensach, O., grammatische Studien zu den griechischen Tragikern u. Komikern. Augment u. Reduplikation. gr. 8. (VIII, 192 S.) Hannover 899. Hahn. n. 4.—

Lautensach, *Otto* Verbalflexion der attischen Inschriften. 4 (26 S.). Progr. G. Ernestinum *Gotha* 1887 (648).

Lautensack, F. G., de Simeone Stylita. Viteb. 1700. 4.

Lautensack, Friedrich Gregor

— — De singularibus juribus et praerogativis eminentiss. elector. Moguntini. Erfurt (Limprecht) 11. VIII. 1710. (5.—) 20596
Gew.: Ph. Wilh. v. Boineburg.

Lautensack, Friedr. Greg. (Hildburghausen), Disp. jur. specim. jurisprudentiae otiosae in capit. de jurisdictione et pactis. Erfurt (Heinr. Grosch) 7. VI. 1707. (4.—) 20595
Gew.: L. Joh. u. Alb. Phil. v. Limbach.

Lautensack, Friedrich Gregor [Praes.], s. Mithscky, Jo. Georg Joseph: De inepta ratione decidendi controversias juris publici ...

— — u. **Heinr. Timoth. Lasius** (Braunschweig), Quod Fridericus I Aug. ab Alexandro III PM calcibus non fuerit protritus. Helmst. (Georg Wolfg. Hamm) 7. V. 1701. 20 S. (5.—) 20597

Lautensack, Friedrich Gregor [Praes.], s. Zacke, Hieronymus: Disputatio iuridica de accurato discrimine inter consensus expressum tacitum et prae sumtum.

Lautensack, Heinr., Documente der Liebesraserei. Die gesammelten Gedichte v. L. (46 S.) Lex. 8. Berlin-Wilmersdorf 910. A. R. Meyer. Kart. 5.—; Luxus-Ausg. n 25.—

Heinrich **Lautensack**. Fünf Gedichte. Berlin-Wilmersdorf: A. R. Meyer 1907. (4 Bl.) 8° [F.] [ol. 6846]

Heinrich **Lautensack**. Hahnenkampf. Eine Komödie. Berlin-Wilmersdorf: A. R. Meyer 1908. (59 S.) 8° [ol. 6847]

Lautensack, Heinr., der Hofrath erzählt, s.: Rosenberg, G. J. v.

Jud und Christ, Christ und Jud. Ein poet. Flugblatt von Heinrich Lautensack. Berlin-Wilmersdorf: A. R. Meyer 1908. 3 Bl. 8°

Lautensack, Heinr., Cabaret. Schwank u. Satire. Eigenes (Originale) u. nach fremden Stoffen f. das Cabaret Verarbeitetes (Plagiate). (62 S.) 8. Berlin (906). Harmonie. n. 1.—; geb. n. 2.—

— Medusa. Aus den Papieren e. Mönches. (56 S.) 8. Stuttgart 904. A. Juncker. n. 1.—

Lautenschlager, Carl, s. Lautenschlager, Karl

Lautenschlager, Ernst, Erhebungen f. die Sonntagsruhe in Stuttgart. gr. 8. (34 S.) Stuttgart 892. R. Hahn. n. 1.—

Lautenschlager, Hermann [app. Arzt aus Stuttgart]: Über einen Fall von Beckenfraktur während der Schwangerschaft.... Tübingen, Druck d. L. F. Fues'schen Buchdr., 1890; 24 S. 8°
Tübingen, Med. Fak., Inaug.-Diss. v. 1890

Lautenschlager, Joh. Bapt., die hl. Familie, Jesus, Maria u. Joseph. Katholisches Gebet- u. Belehrungsbuch. Sammlung v. Ablaßgebeten u. gründl. Belehrgn. f. alle kathol. Christen, entnommen aus den Werken hl. Kirchenväter. 16. (391 S. m. farb. Titelbild.) Augsburg (899). B. Schmid's Verl. n. 1.—; geb. in Leinw. n. 1.60; m. Goldschn. n. 1.80; in Ldr. m. Goldschn. n. 2.—

— Jubiläums-Büchlein zum Gebrauche der Gläubigen bei dem v. unserm hl. Vater Papst Leo XIII. bewilligten Jubiläum im J. 1901. 1.—16. Aufl. 12. (à 40 S.) Ebd. 901. — 15

Lautenschlager, J. B., der katholische Meßner in seinen kirchlichen Verrichtungen, s.: Breitsameter, Geo.

Lautenschlager, Jos., das Turnen in der Volksschule. [Ohne Geräte.] Frei- u. Ordnungs-Übgn. in u. außer der Schule. Praktische Lektionen in method. Bearbeitg. 12. (69 S.) Regensburg 892. W. Wunderling. n. — 40

Lautenschlager, Karl

Lautenschlager, Carl, Gewerbe-Ordnung f. das deutsche Reich. Nebst den einschläg. k. württemb. Ministerial-Verfüggn. vom 14. Dezbr. 1871. Mit einzelnen Anmerkgn. versehen. 16. (141 S.) Stuttgart 872. Kitzinger. — 90

Lautenschlager C, das allgemeine deutsche Handelsgesetzbuch nebst dem württembergischen Einführungsgesetz vom 13. August 1865. Stuttgart 1865

Lautenschlager, C., Kennzeichen der Kraftfahrzeuge. Vollständige Übersicht üb. die Verteilg. der Kennzeichen u. Erkennungsnummern unter die zuständ. Polizei-, Zoll- u. Steuerbehörden der sämtl. deutschen Bundesstaaten. (VIII, 149 S.) 8. Stuttgart, J. B. Metzler. 1907 2. 40.

Lautenschlager, C., Kennzeichen der Kraftfahrzeuge. Vollständige Übersicht üb. die Verteilg. der Kennzeichen u. Erkennungsnummern unter die zuständ. Polizei-, Zoll- u. Steuerbehörden der sämtl. deutschen Bundesstaaten. 2., auf den neuesten Stand ergänzte Aufl. (VIII, 178 S.) 8. Stuttgart 908. J. B. Metzler. p 2.40

— das württemb. Polizeistrafgesetz vom 27. Dezbr. 1871. Nebst e. Auszuge aus dem deutschen Strafgesetzbuch [20. Abschnitt] u. der königl. Verordng. vom 27. Dezbr. 1871, betr. die bürgerl. Feier der Sonn-, Fest- u. Feiertage. 16. (68 S.) Ebend. 872. — 60

—— und Louis Schmidt, der württembergische Secretär. Ein prakt. Handbuch für den württemberg. Bürger als Leitfaden in den wichtigsten Rechts- und Geschäfts-Verhältnissen. Rechtlicher Thl. von Lautenschlager. Geschäftlicher Thl. von Louis Schmidt in Verbindung mit mehreren Geschäftsleuten. 7. vielfach verm. und verb. Aufl. Mit Berücksicht. der neuesten Landes- und Bundesgesetze. 12 Lfgn. gr. 8. (570 S.) Stuttgart 871, Kröner. [Bach und Kitzinger.] à Lfg. * 35 Pf. * geb. *

Lautenschlager, C., und Louis Schmidt, der württembergische Secretär. Ein prakt. Handbuch für den württemberg. Bürger als Leitfaden in den wichtigsten Rechts- und Geschäfts-Verhältnissen. Rechtlicher Theil von Lautenschlager. Geschäftlicher Theil von Louis Schmidt in Verbindung mit mehreren Geschäftsleuten. 8. Aufl. Mit Berücksicht. der neuesten Landes- und Bundesgesetze. 11 Lfgn. gr. 8. (480 S.) Stuttgart 873,74, Bach und Kitzinger. à Lfg. * 40 Pf.; compl. * geb. *

—— und Huber, der württembergische Secretär. 9. vielfach verm. und verb. Aufl. Mit Berücksicht. der neuesten Landes- und Reichsgesetze. gr. 8. (IX, 520 S.) Ebendas. 879. * geb. in Halbleinw. * ℳ 5.; geb. in Leinw. *

Lautenschlager, C., und Huber, der württembergische Secretär. 9. Aufl. 2. Ausg. Mit Berücksicht. der neuesten Landes- und Reichsgesetze. gr. 8. (IX, 520 S.; Nachtrag 78 S.) Stuttgart 879, [Koch und Comp.] Bonz und Comp. geb.

Lautenschlager, C., u. L. F. Huber, der württembergische Secretär. Ein prakt. Handbuch für den württemberg. Bürger als Leitfaden in den wichtigsten Rechts- u. Geschäfts-Verhältnissen. [Rechtlicher Thl. v. Lautenschlager. — Geschäftlicher Thl. v. L. F. Huber, in Verbindung mit mehreren Geschäftsleuten.] 9., vielfach verm. u. verb. Aufl. Mit Berücksichtigung der neuesten Landes- u. Reichsgesetze. gr. 8. (IX, 520 S.) Stuttgart 880. Bach & Kitzinger. n. 4. 40; geb. in Halbleinw. n. 5. —; in Leinw. n. 5. 30

Lautenschlager, C., Vorschriften üb. den Verkehr m. Kraftfahrzeugen. Für den Handgebrauch der Behörden u. Kraftfahrer zusammengestellt. (75 S.) 8. Stuttgart 906. J. B. Metzler. n. 1. —

Lautenschlager, Carl, das Wichtigste von den bürgerlichen Rechtsverhältnissen der Württemberger, namentlich von Verträgen, Wechseln, vom Executions- und Gantwesen 2c. in alphabet. Ordnung gemeinfaßlich dargestellt. gr. 8. (IV und 142 S.) Stuttgart 858, Metzler'sche Buchh. Verlags-Conto. *

Lautenschlager, Kurt, appr. Arzt a. Ergoldsbach: Ueber einen Fall von eingekeilter Fraktur am Humerus. München 1904: M. Ernst. (17 S.) 8°

München, Med. Fak., Ref. v. Angerer, Diss. v. 18. Aug. 1904

[Geb. 7. Mai 80 Wörth a. D.; Wohnort: Ergoldsbach, Niederbayern; Staatsangeh.: Bayern; Vorbildung: Gymn. Regensburg Reife Juli 99; Studium: München 6, Kiel 1, München 3 S.; Coll. 27. Juli 04; Approb. 16. Juni 04.]

Lautenschlager, Max Jos.: Agathe und Corona, s. Abendunterhaltungen.

Lautenschlager, Max Jos.: Lieb Caro oder die Liebe zu den Thieren, s.a. Abendunterhaltungen.

Lautenschlager, Max Jos., Lieb Caro oder die Liebe zu den Thieren. Kleine Geschichten für die Jugend zur Erweckung der Theilnahme und des Mitleids für die lieben Thiere. 2., verb. und verm. Aufl. 8. (XII und 60 S. mit 17 Holzschn. nach Orig.-Zeichnungen.) Augsburg 858, Lampart und Comp.

Lautenschlager, Max Jos., lieb Caro oder die Liebe zu den Thieren. Kleine Erzählungen für die Jugend zur Erweckung der Theilnahme und des Mitleids für die lieben Thiere. 3. verb. Aufl. 8. (74 S. mit 20 eingedr. Holzschn.) Regensburg 879, Volks- und Jugendschriften-Verlag. cart.

Lautenschlager, Ottmar, s. Abendunterhaltungen, lehrreiche, 1. u. 14. Bd. (Treue u. Barmherzigkeit. – Wolfram.)

(Lautenschlager, Ottmar,) Agnes u. Sophie, s. Agnes.

Lautenschlager, Ottmar, Agnes und Sophia, oder die Leiden und Gefahren der gemischten Ehen. Eine Erzählung für kathol. Familien. Besonders aber für erwachsene kathol. Jungfrauen. 3., durchges. Aufl. 8. (92 S. mit 1 Titkpfr.) Augsburg 853, Lampart und Comp. (Leipzig, Hübner.)

—— Bastian, oder Denen, die Gott lieben, muß Alles zum Besten gereichen. Eine Erzählung für christl. Jugend und christl. Volk. 8. (54 S. mit 1 Stahlst.) Augsburg 853, Lampart und Comp. (Leipzig, Hübner.)

Lautenschlager, Ottmar, Bastian, oder Denen, die Gott lieben, muß Alles zum Besten gereichen. 3. Aufl. 8. (XV, 64 S. mit 1 Stahlst.) Augsburg 879, Rieger'sche Buchh. cart. *

—— Christenliebe und Christenmuth, s. Jugendbibliothek. Von O. Lautenschlager.

Lautenschlager, Ottmar, Cyanen, s. Jugendbibliothek.

Lautenschlager, Ottmar, Erholungsstunden, s. Jugend-Bibliothek.

—— Erzählungen, s. Erzählungen.

—— gesammelte Erzählungen für christl. Jugend und christl. Volk. 1 — 9. Bdchn. 8. Augsburg, Rieger'sche Buchh. à Bdchn. 11¼ Ngr. 3

Auch unter den Titeln:

Bdchn. 1. Pfingstrosen. (200 S. und 1 Stahlst.) 847.
" 2. Maiblumen. (192 S. und 1 Stahlst.) 847.
" 3. Malven. (208 S. und 1 Stahlst.) 848.
" 4. Maria hilft. Johann, der Findling. 2 Erzählungen. (168 S. und 1 Stahlst.) 848.
" 5. Tulpen. (200 S. und 1 Stahlst.) 850.
" 6. Die Liebe und das Kreuz. (200 S. und 1 Stahlst.) 851.
" 7. Wolfram, oder die wunderbare Taufpathin. Cassilda, die Mohrenfürstin von Toledo. Mit einem empfehlenden Vorwort von Joh. Evang. Stadler. (V und 202 S. mit 1 Stahlst.) 851.
" 8. Treue und Barmherzigkeit. 2., durchgeseh. Aufl. (190 S. und 1 Stahlst.) 851.
" 9. Die Erzählungen des Priesters Ottmar. Mit einer Vorrede von Frz. Seraph Häglsperger. 3. Aufl. (VIII und 200 S. mit 1 Stahlst.) 852.

—— gesammelte Erzählungen für christliche Jugend und christliches Volk. 10—13. Bdchn. 8. Augsburg 853—56, Rieger'sche Buchh. à Bdchn. 11¼ Ngr.

Inhalt:

Bdchn. 10. Agnes und Sophia, oder die Leiden und Gefahren der gemischten Ehen. Bastian oder Denen, die Gott lieben, muß Alles zum Besten gereichen. (152 S. mit 1 Stahlst.)
" 11. Violen. (204 S. mit 1 Stahlst.)
" 12. Das Vater Unser. Dargestellt in den Schicksalen Meinrads und Bätelys. 2. Aufl. (204 S. mit 1 Stahlst.)
" 13. Hans von der Jachenau. Eine vaterländ. Erzählung. 2. Aufl. (208 S. mit 1 Stahlst.)

1—9. Bdchn. Ebendas. 1847—52. 3 Thlr. 11¼ Ngr.

—— dass. — 4. Bdchn. (3. Aufl.) 8. (158 S. mit 1 Stahlst.) Ebds. 854.

Lautenschlager, Ottm., gesammelte Erzählungen für christliche Jugend und christliches Volk. Augsburg 853—58 Rieger. 8.

1. Bdchn.: Pfingstrosen. Erzählungen für christliche Jugend u. christliches Volk. 2. Aufl. Mit 1 Stahlst. 855. (196 S.) 11¼ ngr

2. Bdchn.: Maiblumen. Erzählungen für christl. Jugend 2c. Mit 1 Stahlst. 2. Aufl. 858. (192 S.) 12 ngr

3. Bdchn.: Maria hilft. — Johann der Findling. Zwei Erzählungen. 3. Aufl. Mit 1 Stahlst. 854. (158 S.) 11¼ ngr

8. Bdchn.: Treue und Barmherzigkeit. Eine Erzählung 2c. Mit 1 Stahlst. 3. durchges. Aufl. 857. (2 Bl., 168 S.) 11¼ ngr

10. Bdchn.: Agnes und Sophia, oder die Leiden und Gefahren der gemischten Ehen. — Bastian, oder Denen, die Gott lieben, muß Alles zum Besten gereichen. Zwei Erzählungen 2c. Mit 1 Stahlst. 853. (2 Bl., 152 S.) 11¼ ngr

14. Bdchn.: Pelargonien. Erzählungen rc. Mit 1 Stahlst. 857. (2 Bl., 188 S.) 12 ngr.
15. 16. Bdchn.: Desideria, die Werke der Liebe und Treue. Bilder aus dem Bauernkriege des 16. Jahrhunderts und aus der bayer'schen Heimath. 2 Thle. Mit 1 Stahlst. 857. (4 Bl., 179 S.; 2 Bl., 161 S.) 24 ngr.
17. Bdchn.: Lorenz. Die Wege der göttlichen Liebe und Gerechtigkeit. Eine Erzählung. Mit 1 Stahlst. 857. (VIII, 196 S.) 12 ngr.
18. Bdchn.: Agathe und Corona, oder die Frauen vom guten Hirten. Eine Erzählung für christliche Familien, besonders für sorgsame Eltern, erwachsene Töchter, Lehrerinnen rc. Mit 1 Stahlst. 857. (2 Bl., 128 S.) 12 ngr.
19. Bdchn.: Ehre Vater und Mutter. Eine Erzählung über das vierte Gebot. Mit 1 Stahlst. 858. (2 Bl., 104 S.) 12 ngr.

Vgl.: Abendunterhaltungen, lehrreiche.

Lautenschlager, Ottm., gesammelte Erzählungen für christliche Jugend und christliches Volk. 2. 3. 8. 14—20. Bdchn. 8. Augsburg, Riegersche Buchh. [2, 3. 14—20. Bdchn. à 12 Ngr., 8. Bdchn. 11¼ Ngr.] E

Inhalt:
Bdchn. 2. Maiblumen. 2. Aufl. (192 S. mit 1 Stahlst.) 858.
" 3. Malven. Erzählungen. 2. Aufl. (208 S. mit 1 Stahlst.) 860.
" 8. Treue und Barmherzigkeit. Eine Erzählung. 3., durchgeseh. Aufl. (III und 168 S. mit 1 Stahlst.) 857.
" 14. Pelargonien. Erzählungen. (188 S. mit 1 Stahlst.) 857.
" 15., 16. Desideria. Die Werke der Liebe und Treue. Bilder aus dem Bauernkriege des 16. Jahrhunderts und aus der bayer'schen Heimath. 2 Thle. (IX und 340 S. mit 1 Stahlst.) 857.
" 17. Lorenz. Die Wege der göttlichen Liebe und Gerechtigkeit. Eine Erzählung. (VIII und 196 S. mit 1 Stahlst.) 858.
" 18. Agathe und Corona oder die Frauen vom guten Hirten. Eine Erzählung für christl. Familien, besonders für sorgsame Eltern, erwachsene Töchter, Lehrerinnen rc. (IV und 128 S. mit 1 Stahlst.) 858.
" 19. Ehre Vater und Mutter. Eine Erzählung über das vierte Gebot. (204 S. mit 1 Stahlst.) 859.
" 20. Mathilde. Aus dem Leben eines frommen Kindes. (178 S. mit 1 Stahlst.) 860.

—— gesammelte Erzählungen für christliche Jugend und christliches Volk. 4. 6. 7. 10. 21.—23. Bdchn. 8. Augsburg, Rieger'sche Buchh.

Inhalt:
Bdchn. 4. Maria hilft. Johann der Findling. Zwei Erzählungen. 4. Aufl. (158 S. mit 1 Stahlst.) 863. 12 Ngr.
" 6. Die Liebe und das Kreuz. 3. Aufl. (214 S. mit 1 Stahlst.) 865. 12 Ngr.
" 7. Wolfram, oder die wunderbare Taufpathin. Casilda, die Mohrenfürstin von Toledo. Zwei Erzählungen für christl. Jugend und christl. Volk. Mit einem empfehl. Vorwort von Joh. Evang. Stadler. 3. Aufl. (IV und 176 S. mit 1 Stahlst.) 866. 12 Ngr.
" 10. Bastian, oder Denen, die Gott lieben, muß Alles zum Besten gereichen. 2. Aufl. (54 S. mit 1 Stahlst.) — Agnes und Sophia, oder die Leiden und Gefahren der gemischten Ehen. 4., durchgeseh. Aufl. (100 S.) 865. 12 Ngr.
" 21. Amaranthen. Erzählungen. (159 S. mit 1 Stahlst.) 862. 12 Ngr.
" 22. Das Fest der heiligen drei Könige. 2. Aufl. (243 S. mit 1 Stahlst.) 863. 15 Ngr.
" 23. Hyazinthen. (188 S. mit 1 Stahlst.) 867. 12 Ngr.

Lautenschlager, Ottmar, gesammelte Erzählungen f. christl. Jugend u. christl. Volk. 24. Bdchn. 8. Augsburg 872. Rieger geb. 1. 20
Job, der Leidensmann. Eine Erzählg. aus dem Anfange d. 16. Jahrh. Mit e. Stahlst. 2. Aufl. (238 S.)

Lautenschlager, Ottmar, gesammelte Erzählungen für christliche Jugend und christliches Volk. 1., 2., 4.—6., 8., 9., 12., 13., 18.—20. Bdchn. Mit je 1 Stahlst. 8. Augsburg, Rieger'sche Buchh. à Bdchn. *

Inhalt:
Bdchn. 1. Pfingstrosen. 4. Aufl. (196 S.) 882.
" 2. Maiblumen. 3. Aufl. (192 S.) 882.
" 4. Maria hilf. — Johann der Findling. 5. Aufl. (147 S.) 881.
" 5. Tulpen. 2. Aufl. (200 S.) 871.
" 6. Die Liebe und das Kreuz. 4. Aufl. (214 S.) 876.
" 8. Treue und Barmherzigkeit. 4. Aufl. (210 S.) 870.
" 9. Die Erzählungen des Priesters Ottmar. Mit Vorrede von Franz Seraph Häglsperger. 4. Aufl. (200 S.) 871.
" 12. Das Vater-Unser. Dargestellt in den Schicksalen Meinrads und Bätely's. 3. Aufl. (204 S.) 877.
" 13. Hans vor der Jachenau. 3. Aufl. (196 S.) 882.
" 18. Agathe und Corona, die Frauen vom guten Hirten. (156 S.) 871.
" 19. Ehre Vater und Mutter. Eine Erzählung über das vierte Gebot für christliche Jugend und christliches Volk. 2. Aufl. (204 S.) 871.
" 20. Mathilde. Aus dem Leben eines frommen Kindes. (178 S.) 871.

Lautenschlager, Ottmar, gesammelte Erzählungen f. christliche Jugend u. christliches Volk. 4., 10. u. 17. Bdchn. 8. Augsburg 879—81. Rieger. cart. à n. 1. —
4. Maria hilft. Johann der Findling. 2 Erzählungen. 5. Aufl. Mit 1 Stahlst. (147 S.)
10. Bastian, oder Denen, die Gott lieben, muß Alles zum Besten gereichen. 3. Aufl. (XV, 64 S.)
17. Lorenz. Die Wege der göttlichen Liebe u. Gerechtigkeit. 2. Aufl. (VIII, 200 S.)

– s. Erzählungen d. Priesters Ottmar.

—— Geschichte der christl. Religion und Kirche für das Volk. 3 Bde. gr. 8. (1. Bd.: Von der Schöpfung bis zu Gregor VII. IV und 209 S.) München 850, Rieger'sche Buchh. *

– s. Jugendbibliothek, 26–29. Bd.

—— Maria Ward's, der Stifterin des Institutes der englischen Fräulein, Leben und Wirken. 2. verb. Aufl. 8. (168 S. mit 1 Stahlst.) [Regensburg 880.] Straubing, Volks- und Jugendschriften-Verlag. cart.

—— Lorenz. Die Wege der göttlichen Liebe und Gerechtigkeit. 2. Aufl. 8. (VIII, 200 S. mit 1 Stahlst.) Ebendas. 879. cart. *

—— Maria hilft. Johann der Findling, s. Abendunterhaltungen, lehrreiche.

— Maria hilft. Johann der Findling. Zwei Erzählungen für die reifere Jugend. 2. verb. Aufl. Mit 1 Stahlst. 8. (168 S.) Augsburg 848, Lampart & Co. 12 ngr.

Lautenschlager, Ottm., Treue und Barmherzigkeit, s. Abendunterhaltungen, lehrreiche.

— Tugendspiegel, s. Jugend-Bibliothek, fortges. von Lautenschlager.

—— Wolfram oder die wunderbare Taufpathin, s. Abendunterhaltungen.

Lautenschläger, D. physikalischen Kräfte im Landwirtschaftsbetrieb. Ergänzung physikal. Lehrbücher f. Landwirtschaftsschulen. 8. (VI, 49 S. m. 38 Abb.) Berlin 895. P. Parey. n. — 50

— Lehrbuch d. Physik in method. Bearbeitung f. Landwirtschaftsschulen. 8. (X, 330 S. m. 402 Abb. u. 1 farb. Spektraltaf.) Ebd. 897. Geb. in Leinw. n. 2. 80

Lautenschläger, Lehrbuch der Physik in method. Bearbeitung f. Landwirtschaftsschulen. (Landwirtsch. Unterrichtsbücher.) 2. Aufl. Mit 405 Textabbildgn. u. 1 Spektraltaf. (XI, 332 S.) 8. Berlin 904. P. Parey. Geb. in Leinw. n. 2. 80

Lautenschläger, Aloys Maria [Assistenzarzt an d. Kgl. med. Univ.-Poliklinik zu Greifswald]: Aus d. medizin. Klinik d. Univ. Greifswald. Ueber einen Fall von perforiertem Ileumcarcinom ... Greifswald, Druck v. J. Abel, 1896; 27 S. 8.
Greifswald, Med. Fak., Inaug.-Diss. v. 21. Okt. 1896

Lautenschläger, Carl, s. Lautenschläger, Karl

Lautenschläger, G. Die Einfälle der Normannen in Deutschland. 4. Darmstadt 1827.

Lautenschläger (G.), Figurentafeln zur Physik, nebst ausführlicher Erläuterung. Heft 1. Darmstadt 1833. 4.

Jo. Henr. Lautenschläger de medicis veterum Hebraeorum eorumque methodo sanandi morbos. Schleiz 1786. 8. (Theologi opusculum gratulatorium ad J. Chr. Gli. Ackermann.)

Lautenschlaeger, Joh. Heinr. (Schleiz), Oratio de variis veterum sapientum modis acquirendi sibi ab aliis eruditionem. Jena Sept. 1783. 20 S. (3.—) 20598

— illustre testimonium Ps. 11, 12. 8. Leipz. 786.

Lautenschläger, Josef, s. Lautenschlager

Lautenschläger, Karl

Lautenschläger, Carl, die Münchener Dreh-Bühne im kgl. Residenz-Theater. gr. 4. (5 S. m. 21 Abb. auf 11 Taf.) München 896. (A. Ackermann's Nachf.) n. 3. 50

— dasselbe, nebst Beschreibung e. vollst. neuen Bühnen-Einrichtg. m. elektr. Betrieb. gr. 4. (5 u. 13 S. m. 25 Abb. auf 15 Taf.) Ebd. 896. n. 4. 50

Lautenschläger M. Die Bewegung eines materiellen Punktes auf einem rotirenden Kegelschnitt unter Einwirkung einer Centralkraft. 1890. 8.
Diss. Halle

Lautenschläger, Ottmar, s. Lautenschlager

Lautenspielerin, die kleine, e. Schausp. f. Kinder u. Kinderfreunde v. d. Verf. d. „Ostereyer" (Chrstph. Schmid). 12. (6 B.) Augsburg 832, Wolff. (Kollmann.)
Gesänge daraus apart, 1 Gr.

Lautenspielerin, die kleine, ein Schauspiel für Kinder u. Kinderfreunde v. d. Verfasser d. Ostereier (Canonicus Cph. Schmid). 12. Augsb. 832. Wolff. (Landsh., Krüll). 4 gr

— die kleine, eine Erzählung für Kinder u. Kinderfreunde, bearbeitet nach dem Schauspiele gleichen Namens von dem Verfasser der Ostereier. (Cph. Schmid.) gr. 12. Landsh. 833. (832.) Krüll. 4 gr

Lautenspielerin, die kleine, e. Erzähl. f. Kinder u. Kinderfreunde, nach d. Schausp. gleichen Namens. 3., gänzl. umgearb. Aufl. gr. 12. (6 B.) Regensburg 837, Manz.

Lautenspielerin, die kleine. Eine Erzählg. f. Kinder u. Kinderfreunde nach dem Schauspiele gleichen Namens [von Chrph. v. Schmid.] Neue illustr. Original-Aufl. Mit Stahlst. u. feinen (eingedr.) Holzschnittbildern. gr. 8. (155 S.) Regensburg 871. Manz. 1. 20

Caplan **Lauter's** Worte der Ermuthigung bei Gelegenheit der Taufe des Hrn. Moriz Brühl. Ulm, bei Seiz 1844.

Lauter, rationales Zeugniß von Christo u. für Christum. Eine Predigt über d. Frage: Wie dünkt Euch um Christo? Weß Sohn ist er? gr. 8. (1¼ B.) Halle 846, Schwetschke u. Sohn.

Lauter, A., die Hand bei der Arbeit, das Herz bei Gott. Eine Sammlg. v. Liedern, Gedichten, Sprüchen u. Prosastücken. Zum Gebrauch in Sonntagsvereinen, Mädchenheimen, Näh- u. Flickschulen hrsg. 1. Tl. Festliche Zeiten u. Tage. (212 S.) 8. Karlsruhe 904. J. J. Reiff.
Geb. in Leinw. n. 2. —

Lauter, C., Prinz Hugo. Trauersp. in 5 Akten. gr. 8. (10¾ B.) Berlin 832. (Leipzig, Köhler.)

Lauter, C., Erinnerungsblätter des amerikanischen Krieges gegen die südliche Rebellion seit der Uebergabe v. Fort Sumter. Eine Sammlung patriot. Lieder und Gedichte, ernsten und komischen Inhalts. 32. (126 S.) New-York 861. (Philadelphia, Schäfer und Koradi.) Thlr. *

Lauter, Fr., was ist in Wahrheit d. polit. Gleichgewicht in Europa, u. welchen Antheil haben d. Türken daran? Mit widerlegender Bezugnahme hinsichtl. dieses Punktes auf d. Schrift: „der gegenwärt. Krieg Rußlands geg. d. Türkei; od. was will man u. was gilt es?" 8. (3 B.) Leipzig 829, Glück.

Lauter, Frz., das Mährlein von Fletsch u. Winzelchen. Eine hübsche u. belehrende Geschichte f. Kinder nach Eugene Sue bearb. Mit 8 col. Bildern v. J. B. Sonderland. 8. (5½ B. u. lith. Ttl.) Frankfurt a. M. 844, Ullmann'sche Buchh.

Lauter, Frz., Preußens Volksvertretung in der zweiten Kammer bezw. im Hause der Abgeordneten. Nachtrag: Alphabetisches Namenregister der Mitglieder vom Mai 1877 ab, sowie Verzeichniß der Landtags-Wahlbezirke nach Provinzen und Regierungsbezirken mit den Resultaten der darin vorgenommenen Wahlen in chronolog. Reihenfolge vom Febr. 1849 an. gr. 8. (XVI, 402 S.) Berlin 882, (Moeser.) cart. *

Lauter, Franz J.

— zweijährige Geschichte d. Laxenburg. Krankheit in d. J. 1759—61; a. d. Latein. von J. H. Schönheider. 8. Warschau. (Kopenh.) 765. Schubothe. 6 gr

Lauter, Frz. J., histor. med. biennalis morbor. ruralium, qui a verno tempore 1759 usque ad finem hyemis 1761 Laxenburgi dominati sunt. 8. Wien 764. Trattner. 6 gr

Lauter, Gottfried Christian

(März.) *Derselbe.* Animadversiones quaedam in C. Cornelii Taciti Agricolam. 18 S.
Heidelberg, P 1795

G. Chr. Lauter. De fine quem sibi proposuerit Terentius in fabula, quae inscribitur Adelphi. 11 S. *) Heidelberg, P 1794

G. Christian Lauter. Das hiesige vereinigte Grossherzoglich Badische Gymnasium nach seiner jetzigen Entwicklung. Einladung zu den Herbstprüfungen.
Heidelberg, P 1809

Lauter, G. C., Germaniae et Germanorum Laus. In usum juventutis Germanae literarum studiosae scripsit. 8. Heidelbergae. (Herrmann in Frankf. a. M. in comm.) 816.

Derselbe. Nachricht von der gegenwärtigen Einrichtung des hiesigen Grossherzoglich Badischen, evangelisch-reformierten Gymnasiums. Einladungsschrift zu den Osterprüfungen. Heidelberg, P 1808

(Sept.) *Derselbe.* De arcto qui intercedit inter disciplinam domesticam et scholasticam nexu. Heidelberg, P 1795

Derselbe. Qua ratione pueri ad patriae instituendi sint amorem: Oratio, quam sollennibus Gymnasii Heidelbergensis a. d. V. idus Octobres 1815 celebratis habuit.
Heidelberg, P 1815

Lauter, G. C., qua ratione pueri ad patriae instituendi sint amorem. 8. Heidelb. Oswald. 816.

Derselbe. Rede zum Andenken des verstorbenen dritten Lehrers am reformierten Gymnasium. Johann Christoph Pflaum, vorgetr. im Rede- und Promotions-Actus 21. Sept. 1797. Heidelberg, P 1797

Derselbe. Commentationis in epodorum Horatii decimum specimen.
Heidelberg, P 1797

Derselbe. Über das Studium der klassischen Sprachen des Altertums als ein vorzügliches Bildungsmittel des jugendlichen Geistes. Rede auf dem Schlussakte des ersten Schujahrs des vereinigten Gymnasiums. Heidelberg, P 1809

Derselbe. Über die Unterstützung öffentlicher Schulen. (Zum Herbstactus 1796.)
Heidelberg, P 1796

Derselbe. Neuer Versuch einer Geschichte des reformierten Gymnasiums zu Heidelberg. Erste Periode: Geschichte des Gymnasiums von seiner Stiftung durch den Kurfürsten Friedrich II. bis auf den Tod des Kurfürsten Otto Heinrich. 8°. 40 S.
Derselbe. Gesch. d. r. Gymn. etc. Zweite Periode: Geschichte des Gymnasiums unter dem Kurfürsten Friedrich III. Erste Hälfte von der Wiederherstellung des Gymnasiums bis zur Erweiterung und Vergrösserung desselben. 8°. 48 S.
Derselbe. Gesch. d. r. Gymn. etc. Zweite Hälfte, erste Abteilung: Erweiterung und Vergrösserung des Gymnasiums gegen Ende des Jahrs 1565. 8°. 54 S.
Heidelberg, P 1798–1800

(Ostern.) *Derselbe.* Verzeichnis der Gegenstände, worüber im verflossenen Winterhalbjahr von den Lehrern des hiesigen reformierten Gymnasiums Unterricht erteilt wurde, als ehrerbietige Einladung zu den Feyerlichkeiten des am 25. März 1801 Nachmittags um 2 Uhr zu haltenden Rede- und Promotions-Actus des Gymnasiums. Kl. Octav. 8 S.
(Herbst.) *Derselbe.* Verzeichnis der Gegenstände, worüber im verflossenen Sommerhalbjahr . . . . Unterricht erteilt wurde, als . . Einladung zu den Feyerlichkeiten des am 23. September 1801 . . zu haltenden Rede- und Promotions-Actus. 8 S.
(Ostern.) *Derselbe.* Verzeichnis der Gegenstände, worüber im verflossenen Winterhalbjahr . . . . Unterricht erteilt wurde, als Einladung zu den Feyerlichkeiten des am 7. April 1802 zu haltenden Rede- und Promotions-Actus. 8 S.
Heidelberg, P 1801–1802

(Herbst.) *Derselbe.* Verzeichnis der Gegenstände für das Sommerhalbjahr, als Einladung zu den Feyerlichkeiten des Rede- und Promotions-Actus am 22. September 1802. 8 S.
(Ostern.) *Derselbe.* Verzeichnis der Gegenstände für das Winterhalbjahr, als Einladung zu den Feyerlichkeiten des Rede- und Promotions-Actus am 30. März 1803. 8 S. Heidelberg, P 1802. 1803

Derselbe. De Virgilio imitatore Homeri. 14 S. Heidelberg, P 1796

Lauter, J. G., Discordia concors oder ob wir kämpfen, sind wir doch Eins! Ein Wort zur Verständigung in den kirchlichen Wirren der Zeit, mit Rücksicht auf d. Princip des Wislicenus. gr. 8. (64 S.) Jena 847, Frommann. n. 8 ngr

Lauter, J. G., die Völkerschlacht bei Leipzig auch eine Hochzeitfeier, die Gott der Herr seinem deutschen Volke zugerichtet! Festpredigt zur 50jähr Jubelfeier des 18. Octbr. über das Sonntags-Evangelium Dom. XX p. Tr., gehalten. gr. 8. (11 S.) Erfurt 863, Keyser'sche Buchh. **

Lauter, Joh. Christ.

— — De pacto remissorio disp. Präs. Georg Stephan Wiesand. Wittenberg (Carl Chr. Dürr) 26. X. 1773. 36 S. (4.—) 20600

Lauter, Joh. Christ. (Wittenberg), Quo processus genere ex libro censuali agendum sit? Präs. Ernst Gottfr. Chr. Klügel. Wittenberg (Gerdes) 5. I. 1768. 20 S. (4.—) 20599

LAUTER, Johannes (Friedberg): De pseudarthrosi. (Titel nach der Urkunde) 12.6.1661 - Urk; Chr 1660/61,15
Diss.Ingolst.-Landsh.-Mchn

Lauter, Ludwig: Ein verbesserter Stöpseltachytrop. S. 11—15. 8. **Progr** K. k. Staatsgymn. *Iglau* 1904.

Lauter, Ludwig: Die elektrische Stromanlage für das physikalische Kabinett des k. k. Staats-Gymnasiums in Iglau. S. 3—11, 4 Taf. 8. **Progr.** K. k. Staatsgymn. *Iglau* 1907.

Lauter, Lukas

— — Specielle Methodik des Rechenunterrichtes in der Volksschule. Theoretischer Theil. 8. (160 S.) Laibach: Kleinmayr & Bamberg 1889. —.80

— — Der Rechen-Unterricht in der Volksschule. Eine methodische Anleitung für Volksschullehrer. Praktischer Theil. Zahlenraum von 1 bis 20 und 1 bis 100. 8. (71 S.) —.50
Laibach: Kleinmayr & Bamberg 1889.

Lauter, Thdr., die Entstehung der kirchlichen Simultaneen. gr. 8. (III, 113 S.) Würzburg 894. A. Stuber's Verl. n. 2.40

— Vorgeschichte u. Einführung d. Kölnischen Vergleichs v. 1652. Ein Beitrag zur Geschichte d. Simultaneum im Herzogt. Sulzbach. [Aus: „Verhandlgn. d. histor. Vereins der Oberpfalz u. v. Regensburg, 46. Bd."] gr. 8. (161 S.) Regensburg 894. W. Wunderling. n. 3.—

Lauter, W., Anleitung zur Behandlung der Wässerwiesen nach Jahreszeiten, Monaten u. Witterungsverhältnissen, nebst einem Anhang, enth.: das Gesetz über Bewässerungs- u. Entwässerungs-Anlagen im Großherzogth. Baden, sowie die übrigen dahin bezüglichen Gesetze u. Verordnungen; ferner: Wiesenpolizei-Ordnungen 2c. gr. 8. (X u. 184 S.) Karlsruhe 851, Herder. n. 24 ngr

Lauter, W., Jubiläums-Büchlein, enthaltend Unterricht und Gebete zur würdigen Feier des außerordentl. heil. Jubiläums 1881. 12. (30 S.) Biberach 881, Dorn'sche Buchh.

Lauter, W., Jubiläums-Büchlein enth. Unterricht und Gebete zur würd. Feier des außerordentl. heil. Jubiläums 1886. 16. (82 S.) Biberach 886, Dorn'sche Buchh.

Lauter, W., Der Schienen- und Wasserweg. Der Rheinverkehr, seine Erweiterung bis Karlsruhe und durch einen Rheinthalkanal an den Bodensee. Karlsruhe 1856. (MöA.)

Lauter, W., Wohlgemuth, oder der sichere Weg zum Wohlstand. Eine wahre Erzählung für das Volk aus der Geschichte der landwirthschaftlichen Vereine. 8. (108 S.) Karlsruhe 853, [Gesner'sche Buchh.] *

Lauter, W. H., üb. die praktische Ausbildung der Studirenden d. Baufaches während der Studienzeit, s.: Barkhausen, G.

Lauter, W. H., und H. Ritter, Façoneisen und deren praktische Verwendung. Hrsg. von der Luxemburger Bergwerks- und Saarbrücker Eisenhütten-Actien-Gesellschaft Burbacher Hütte bei Saarbrücken. 8. (57 S. mit eingedr. Fig.) Frankfurt a. M. 884, Klimsch' Druckerei. geb. * 2 —

Lauter, Willibald, das Ahnenregister oder neue, ebenso einfache als sichere Methode, zur Berechnung der Verwandtschaftsgrade. Für Theologen und Juristen nach einem von Sebast. Mack in Depfingen hinterlassenen Handschrift bearb. gr. 8. (VIII und 42 S. mit 1 Tab. in 4.) Ravensberg und Biberach 855, Dorn'sche Buchh.

Lauter, Willib., s. Predigt-Bibliothek d. Auslandes.

Lauter-Richter, Emma, Erinnerung an Weißenfels u. seine Umgebung. Topographie (Reim-Chronik) v. L.-R. 8. (II, 71 S.) Weißenfels 892. (Prange & Co.) n. — 60

'Die Gnädigen'. Lustspiel in 4 Aufz. von Emma **Lauter**-Richter. Leipzig: O. Schmidt 1896. (87 S.) 8° [F.] Jo6. 11954

Der 'brave Johann' oder: 'Eine komische Verwechselung'. Lustspiel in 1 Aufz von Emma **Lauter**-Richter. Leipzig: O.Schmidt 1896. (23 S.) 8° [F.] Jo6. 11955

'Sigrid' oder: 'Durch Nacht zum Licht'. Schauspiel in 5 Aufz. von Emma **Lauter**-Richter. Weißenfels a. S.: O. Schmidt, Leipzig [1896]. (88 S.) 8° [F.] Jo6. 11956

Lauterbach [Sachl. OW]

LAUTERBACH, Carl. Eine Familien-Scene vom Jahre 1792, halb Roman und halb Wahrheit, von einem Freunde der Natur. Ruppin, bey Joh. Bernh. Kühn. 1793. 8°.
5 Bll. u. 206 S. Mit Versen. S. 118—128: Philemon u. Baucis. (Poet. Erzähl.) — Zahm.
— — Dasselbe. Leipzig, Sommer, 1793. 8°.
Heinsius, B.-Lex.; Kayser p. 74.

Lauterbach und Umgebung, Herbstein, Bad Salzschlirf, Schlitz. Lauterbach 1909: (May). 53 S. 8° (10. 3972 5

Lauterbach, der Vater, Urnen u. Launen. 8. Ruppin, Kühn. 794.

Lauterbach [Schlagwort]

Lauterbach. **Wandkarte des Kreises Lauterbach, Grossherzogt. Hessen. Bearb. nach den neuen Messtischblättern der königl. preuss. Landes-Aufnahme. 1 : 85,000. 2 Blatt. à 65×106 cm. Farbdr. Berlin (903). D. Reimer.** n. 10. —

Lauterbach [Verf.]

Lauterbach, Altarrede, s.: Festgabe zur 25jährigen Jubelfeier des Gustav-Adolf-Vereins zu Reichenbach i/Schl.

Lauterbach, französische Sprechübungen, s.: Storm, Joh.

Lauterbach, rechtl. Stellung d. Vorstandes e. Actien-Gesellschaft. Freiburg i./Schl. 890.

Lauterbach, Amandus: Untersuchungen zur Geschichte der Unterwerfung von Oberitalien durch die Römer. Breslau 1905: H. Fleischmann. (115 S.) 8° ¶ (Der 3. Teil dieser Arbeit: Die Unterwerfung von Süd-Gallien ⟨der allobrogische Krieg⟩ erscheint gelegentlich an anderer Stelle.)
Breslau, Phil. Fak., Ref. Cichorius, Diss. v. 22. Dez. 1905
[Geb. 19. Dez. 78 Breslau; Wohnort: Breslau; Staatsangeh.: Preußen; Vorbildung: Gymn. Ohlau Reife O. 00; Studium: Breslau 11 S.; Rig. 28. Juli 05.]

Lauterbach, Amandus: Untersuchungen zur Geschichte der Unterwerfung von Süd-Gallien durch die Römer. Berlin-Schöneberg 1910: Sommer. 27 S. 4°
Schöneberg, Hohenzollern-S, Oberrealabt. OP 1910 (184) [S 10. 254

Lauterbach's Ant., Tagebuch auf das J. 1538, die Hauptquelle der Tischreden Luther's. Aus den Handschriften hrsg. v. Joh. Karl Seidemann. Lex.-8. (XV, 224 S.) Dresden 872. H. J. Naumann. n. 3. 60

Divinis auspiciis clavem perspectivae verticalis geometricam rectore magnificentissimo Serenissimo principe ac domino domino *Guilielmo Henrico*, duce Sax. Jul. Cliv. Mont. Ang. Westph. et Superiorum approbatione manibus atque judicio mathematicorum submisse porrigo M. *Antonius Bernhardus Lauterbach* Guelpherbytanus, disputatione hac optica quam meo sub praesidio ex cathedra philosophorum Jenensi D. XVII. Apr. horis consuetis publice tuebatur *Matthaeus Honoldus*, Ulmensis, SS. Theol. et Mathem. C. Jenae Wertheri typis. 4. 88 Seit. mit 1 Kupft. 1717.

* I. N. D. Meditata Nova Geometrica de Quadratis et Cubis, quae Rectore Magnificentiss., Sereniss. Principe ac Domino Guilielm. Henrico, Duce Saxon. reliqua praeside *Ant. Bernh. Lauterbach*, M. Phil. Guelpherbyt. publice in celeberrima Salana ad D. XV. Aug. MDCCXVI. Defendebantur H. L. Cque Conf. a Respondente *Frid. Wilh. Leschen*, Northeim - Hannoverano. Jenae per Wertherum. 4. 1716.

Lauterbach, Anton Bernhard [Praes.], s. Schuman, Johann Friedrich: Horologium universale Munsterianum demonstrationibus astronomicis roboratum.

Anton Bernhard Lauteroach

Antonius Bernhardus Lauterbachius [Lauterbach]: De quinque ordinum notabili Symmetria. [Resp.:] Antonius Uldaricus Blum. Jenae (1716:) Werther. 32 S. 8°

Jena, Phil. Disp. v. 10. Okt. 1716

Lauterbach, C. H. v., der erfahrne Philosoph, w. e. sich. Weg z. Lehrsaal wahrer Weisheit zeigt. 8. Frankf. Fleischer. 746.

Lauterbach, Carl, s. Lauterbach, Karl

Lauterbach, Chr., Wider Chr. Gerber's unerkannte Sünden. Leipzig 1703. 8°.

Lauterbach, Eug., die Staats- u. Kommunal-Besteuerung in Deutschland, England, den Verein. Staaten v. Nordamerika u. den engl. Kolonien. (XI, 241 S.) gr. 8. Berlin 906. F. Vahlen. n. 6. —; geb. n. 7. —

Lauterbach, Eugen [Referendar]: Die rechtliche Stellung des Vorstands einer Actien-Gesellschaft. . . . Freiburg i. Schl., Druck d. G. Rieck'schen Buchdr., 1890; 1 Bl., 58 S., 1 Bl. 8°
Göttingen, Jur. Fak., Inaug.-Diss. v. [8. Aug.] 1890

Lauterbach, Eug., die rechtliche Stellung d. Vorstandes e. Actien-Gesellschaft. Diss. gr. 8. (58 S.) Freiburg i/Schl. 890. (Göttingen, Vandenhoeck & Ruprecht.) n. 1. 40

Lauterbach, Fritz, Geschichte der in Deutschland bei der Färberei angewandten Farbstoffe m. besond. Berücksicht. des mittelalterl. Waidbaues. (V, 113 S.) gr. 8. Leipzig 905. Veit & Co. n. 3. 20

Lauterbach, Fritz: Der Kampf des Waides mit dem Indigo. Leipzig: Veit & Comp. 1905. (118 S.) 8°
Leipzig, Phil. Fak., Ref. Stieda, Beckmann, Diss. v. 5. Okt. 1905
[Geb. 6. Dez. 77 Ammendorf, Prov. Sachsen; Wohnort: Halle a. S.; Staatsangeh.: Preußen; Vorbildung: Einj.-Freiw.-Zeugn.; Studium: Leipzig 11 S.; Rig. 9. Juni 04.]

Lauterbach, Hermann, a. Leipzig: Ueber die Luxation des Nervus ulnaris. Leipzig 1907: B. Georgi. (30 S.) 8°
Leipzig, Med. Fak., Ref. Trendelenburg, Diss. v. 13. Nov. 1907
[Geb. 12. Juli 82 Leipzig; Wohnort: Leipzig; Staatsangeh.: Sachsen; Vorbildung: Thomas-Gymn. Leipzig Reife O. 02; Studium: Leipzig 10 S.; Coll. 29. Nov. 07; Approb. 21. Mai 07.]

Lauterbach, Hieronymus Christoph [Praes.], s. Jensen, Johann Friedrich: De tripudio solis paschali.

Lauterbach, H. C., de indulgentiis paschalibus. Helmst. 1704. 4.

Lauterbach, Hieronymus Christoph: De tripudio solis Paschali. [Resp.:] Joannes Frider[icus] Jensen. – Helmstadii (1706): Hamm. Bogen A–E. 8°

Bericht über die in Gegenwart Sr. Königl. Hoheit des Prinzen Friedrich Leopold von Preussen abgehaltene Lehrlings-Aufnahme-Loge, vollzogen von der Ehrw. Johannis-Loge Urania zur Unsterblichkeit zu Berlin den 1. März 1894. [Unterz.:] H[ugo] **Lauterbach.** [Berlin 1894.] 10 S. 8° [Umschlagtit.]

Lauterbach, Jak., Leitfaden der Verkehrs- u. politisch. Geographie. Für Post- u. Telegraphen-Lehrkurse m. 1 Atlas. (VIII, 91 S.) gr. 8. Wien 910. C. Fromme. 2. 20

Lauterbach, Jacob Zallel

Lauterbach, J. Z., s. a. Saadja Al-fajjûmi's arabische Psalmenübersetzung.

Lauterbach, Jacob Zallel, aus Monasterzyska: Saadja Al-fajjûmi's arabische Psalmenübersetzung und Commentar ⟨Psalm 107—124⟩. (Hrsg. u. übers.) *Berlin 1903: H. Itzkowski.* (67, XXV S.) 8°
Göttingen, Phil. Diss. v. [18. Juli] 1903

Lauterbach, Karl

Es werde Licht! Lied von Heinr. Hoffmeister, comp. von Carl Lauterbach. Hildesheim: Lax [1861.] 2 Bl. 2° [Lithogr.] [Umschlagtit.]
Abgedr. in: Bh. 4 (1861) S. 256.
Tt. 2486. Mit Noten: „Es werde Licht! Ein neues Leben…"

Lauterbach, Karl, die Flora der deutschen Schutzgebiete in der Südsee, s.: Schumann, Karl.

Lauterbach, Carl [aus Breslau]: Untersuchungen über Bau und Entwicklung der Sekretbehälter bei den Cacteen, unter Berücksichtigung der allgemeinen anatomischen Verhältnisse der letzteren.... (Aus: Bot. Centralblatt Bd. XXXVII 1889) *Cassel, Druck v. Gebr. Gotthelft* (1889); 84 S. u. 2 Taf. 8°
Heidelberg, Phil. Fak., Inaug.-Diss. v. [19. Dez.] 1888

Lauterbach, Mart., das Verhältnis der 2. zur 1. Ausgabe v. Werthers Leiden, s. a. Quellen u. Forschungen zur Sprach- u. Culturgeschichte der german. Völker. 110. Heft.

Lauterbach, Martin, Oberlehrer: Das Verhältnis der zweiten zur ersten Ausgabe von Werthers Leiden. Strassburg: Trübner 1910. VIII, 40 S. 8° ¶ (Ersch. vollst. als: Quellen u. Forschungen z. Sprach- u. Culturgesch. d. german. Völker. Bd 110)
Jena, Phil. Diss. v. 17. März 1910, Ref. Michels
[Geb. 3. Juli 73 Reichenbach i. Schl.; Wohnort: Jena; Staatsangeh.: Sachsen-Weimar; Vorbildung: Gymn. Hirschberg Reife O. 93; Studium: Breslau 4, Berlin 2, Breslau 3, Jena 3 S.; Rig. 16. Juli 09.] [U 10. 2352

Lauterbach, Oscar, aus Weissenburg, Gerichtsass. zu Strassburg: Die Handlungsagenten in ihrer rechtlichen Stellung nach dem Handelsgesetzbuche vom 10. Mai 1897. *Strassburg 1899: J. H. E. Heitz.* (50 S.) 8°
Erlangen, Jur. Diss. v. 18. Okt. 1899

Lauterbach, Paul, Aegineten. Gedanke u. Spruch. 8. (64 S.) Leipzig 891. C. G. Naumann. n. 1. 25

– (Hrsg.), s. Stirner, Max: Der Einzige und sein Eigentum.

Lauterbach, Rhold., Buch- u. Rechnungsführung f. e. Privatforstrevier in Größe v. ca. 1000 Hektar. Lex.-8. (16 S.) Neudamm 887. J. Neumann. 1. —

Lauterbach, Sam. Abram.

– s. Beitrr. zur Dissident. Kirchengeschichte v. Groß-Polen.

— Berichtigungen an den Senior Gottl. Fuchs zu Hünern, d. 26. Aug. 1788. gr. 8. Bresl. 788.

— Geschichte der Minderherrschaft Neuschloß u. ihrer Regenten. gr. 8. Bresl. 781. J. F. Korn. 14 gl

— Gott im Feuer; e. Gedicht bei Einäscherung d. Stadt Sulau. 8. Bresl. 752.

— von d. Mitteln, zur Beruhigung unserer Seele zu gelangen. 4. Bresl. 757.

– s. Nachrr. zur gelehrten Geschichte der Stadt Militsch.

Lauterbach, Sam. Abrah., († d. 28. Aug. 1794.) histor. Nachrichten v. einigen Vornehmen u. Gelehrten, welche d. Geschlechts Namen Fuchs führen. 4. Bresl. 783. J. F. Korn. 8 gl

— Nachrichten von dem Leben u. Tode Joh. Lauterbachs. Fol. Bresl. 761. W. G. Korn. 8 gl

— der gute Vater; eine Ode an Hrn. Joh. Lauterbach. 4. Bresl. 756. W. G. Korn. 3 gl

Lauterbach, Samuel Friedrich

Lauterbach, Samuel Friedrich. Polnische Chronik, oder historische Nachricht von dem Leben und Thaten aller Herzoge und Könige in Polen von Lecho an bis auf jetzt glorwürdigst regierende Königl. Majestat Augustum II. Nebst ihren eigentlichen Bildnüssen etc.
8. Frankfurt und Leipzig 1727.

— Leben Val. Herbergers. 8. Lpz. 708.

— ehemal. Pohlnisch. Arian. Socinianismus. 8. Frankf. u. Lpz. Eßlinger. 725.

— Frauenstädt. Zion von 1500 bis 1700. 8. Leipzig. 711.

— **Ulr. Heinr. u. Adam Friedr. Lauterbach,** Tract. jur. de reciproci inter conjuges sed coacti, testamenti revocatione. Präs. Ferd. Chr. Harpprecht. Tübingen (Hiob Francke) 9. u. 15. IV. 1712. 138 Seiten. (5.50) 20604

Lauterbach, Wilhelm

†Lauterbach, W., (Heinr. Jul. v. Kloproth,) W. Schott's vorgebl. Uebersetzung d. Werke d. Confucius aus d. Ursprache, e. literar. Betrügerei. M. 5 lith. Taf. Chin. Texte. gr. 8. (4½ B. u. 1 Vign.) Leipzig 828, (Michelsen.)

— **Wolfg. Adam** (Schleiz)

Lauterbach, Wg. Abr., tract. de arrha. 4. Tub. Cotta. 722.

— — Tractatio jurid. de arrha eiusque jure. Ed. sec. Tübingen (Joach. Speymann) 1722. 106 S. (5.—) 20608

Lauterbach, Wolfgang Adam [Praes.], s. Braun, Johann: De domiciliis pauperum.

Lauterbach, W[olffg.] A[dam]: Collegii theoretico-practici Pandectarum P. 1—3., studio filii Ulr. Thomae Lauterbachs. Tubingae. 3 Bde
P. 1. Ed. nova. 1726.
„ 2. 3. Ed. 3. 1723. 25.

LAUTERBACH, Wolfg. Ad.: Colleg. theor.-pract. ad L. libb. Pand. stud. filii Ulr. Thom. LAUTERBACH. *Tub.* 690—711. III. P. 4. — Ed. VI. *Ibid.* Cotta. 784. 4. (8 Thl. 8 Gr.)

Ej. Compend. jur. Pandect. — ed. F. Jo. SCHUETZ. *Tubing.*, Cotta. 744. 8. (16 Gr.)

— dissertation. acad. IV Tmi c. summar. et indicib. 4. ibid. 728.

Lauterbach, Wolfgang Adam [Praes.], s. Neuhäuser, Johann Gottfried: De aere alieno in societate conjugali contracto, solvendo.

Lauterbach, Wolfgang Adam [Praes.], s. Peilicke, Johann: De nautis, cauponibus et stabulariis.

— Lauterbachiani compend. iuris repetitio. II Tmi. 8. Viteb. 730.

— — Commentatio de separatione. Ed. nov. Helmstädt (Schnorr) 1754. 52 S. (5.—) 20609

Lauterbach, Wolfgang Adam [Praes.], s. W i c k h , Christian David: Disputatio juridica exhibens positiones ex l.ult. c. si major factus alienationem factam sine decreto ratam habuerit, desumptas.

Lauterbach, Wolfgang Adam [Praes.], s. Z i l l e s i u s , Kaspar: De varietate temporum.

Lauterbachtal [Schlagwort]

Lauterbachtal, s.: **Württemberg. Höhenkurvenkarte.**

Lauterberg [sachl. OW]

Lauterberg und seine Kaltwasser-Heilanstalt. 8. (22 S.) Lauterberg 860. (Leipzig, Hinrichs'sche Sortimentsbuchh.) **

Lauterberg [Schlagwort]

Lauterberg, s.a. Harz. Bomsdorff, O. v.

Lauterberg am Harz, s.a. Preussen. **Messtischblätter.**

Lauterberg. Karte der Umgebung v. Bad Lauterberg im Harz. Neu hrsg. vom Harz-Klub „Zweigverein Lauterberg". 1:80,000. 47×61 cm. Farbdr. Lauterberg (899). C. Mittag's Nachf. n. —75; auf Leinw. n. 1.50

Lauterborn, J., das kirchliche Brautexamen. Eine Konferenz-Arbeit des Dekanates Erkelenz. 8. (63 S.) Paderborn 887, Bonifacius-Druckerei.

Lauterborn, J. F., der allezeit fertige, geschwinde u. richtige Rechner; brauchbar aller Orten, wo nach Thalern, Groschen, Pfennigen, — nach Gulden, Kreuzern u. Pfennigen — od. nach Mark, Schillingen u. Pfennigen gerechnet wird; bearbeitet von C. S. Unger. 8. Erf. 782. 2e Aufl. mit neuen Reduktione: u. Resolvirungstabellen. 8. Ebd. 817. Keyser. 1 ℛ 12 𝒦 Pbg. Pr. 1 ℛ

Ernst und Laune. „Hoch- und Plattdeutsch allerlei in harmloser Reimerei" v. Joh. **Lauterborn.** 4. Aufl. 4. Lfg. Kiel 1896. 8°

—— 7. Aufl. ebd. 1910. 8°

Lauterborn, Rob., s.: Baldner, Leonh., Vogel-, Fisch- u. Thierbuch.

Lauterborn, Rob., üb. Bau u. Kerntheilung der Diatomeen. (Vorläufige Mittheilg.) (Aus dem zoolog. Institut zu Heidelberg.) [Aus: „Verhandlgn. d. naturhist.-med. Vereins zu Heidelberg".] gr. 8. (26 S. m. 1 Taf.) Heidelberg 893. C. Winter. n. 1.20

Lauterborn, Rob., Beiträge zur Fauna u. Flora des Oberrheins u. seiner Umgebung. I—III. gr. 8. Ludwigshafen, (A. Lauterborn). n. 8.10
I. Einleitung. I. Ein Vegetationsbild des Pfälzerwaldes aus dem 18. Jahrh. (21 S.) 903. n. —80
II. Faunistische u. biolog. Notizen. (70 S.) 904. n. —80
III. Zur Erinnerg. an F. W. Schulz (1804—1876). Mit e. Verzeichnis seiner Arbeiten auf dem Gebiete der rheln. Flora u. e. Auswahl aus seinem Briefwechsel. (68 S. m. 1 Bildnis.) 906. n. 1.50
Sonderabdruck aus: „Mitteilgn. d. Pollichia".

Beiträge zur Süsswasserfauna der Insel Helgoland. Von Robert **Lauterborn.** (Kiel und Leipzig.) 1894. Siehe in: Wissenschaftl. Meeresuntersuchungen, N. F., Bd. 1, Heft 1. 4° g.

Lauterborn, Robert [aus Ludwigshafen a. Rh.]: Kern- und Zelltheilung von Ceratium hirundinella '(O. F. M.)' ... (Aus: Zeitschr. f. wiss. Zool., Bd. LIX.) Ludwigshafen a. Rh., Buchdr. v. A. Lauterborn, 1897; 30 S., 1 Bl., 2 Taf. 8.
Heidelberg, Naturw.-math. Fak., Inaug.-Diss. v. [21. Juni] 1897

— üb. Periodicität im Auftreten u. in der Fortpflanzung einiger pelagischer Organismen d. Rheines u. seiner Altwasser. [Aus: „Verhandlgn. d. naturhist.-med. Vereins zu Heidelberg".] gr. 8. (22 S. m. 1 Fig.) Ebd. 893. n. —60

Lauterborn, Robert: **Protozoën-Studien. IV. T. Flagellaten aus dem Gebiete des Oberrheins.** ⟨Aus dem Zoologischen Institut der Universität Heidelberg.⟩ (M. 2 Taf.) *(Ludwigshafen a. Rh. 1898: A. Lauterborn.)* (37 S. mit Taf.) 8°
Heidelberg, Naturw.-math. Hab.-Schr. v. [30. Juli] 1898

— Untersuchungen üb. Bau, Kernteilg. u. Bewegg. d. Diatomeen. Aus d. zoolog. Institut d. Universität Heidelberg. gr. 4. (V, 165 S. m. 1 Fig., 10 Taf. u. 10 Bl. Erklärgn.) Leipzig 896. W. Engelmann. n. 30.—

LAUTERBORN, Robert: **Ein Vegetationsbild des Pfälzerwaldes aus dem 18. Jahrhundert.** - Ludwigshafen 1903. 21 S.

Lauterborn, Rob., die Verunreinigung der Gewässer u. die biologische Methode ihrer Untersuchung. Im Auftrage des grossh. bad. Ministeriums des Innern allgemein verständlich dargestellt. (31 S.) gr. 8. Ludwigshafen 908. (A. Lauterborn.) 1.—

LAUTERBORN, Robert: **Das Vogel-, Fisch- und Thierbuch des Straßburger Fischers Leonhard Baldner aus dem Jahre 1666.** - Ludwigshafen 1903. 167 S.

Lauterbrunnen. Bern [1901]. V: *Stauffer, Carl.* (BBullschw 12, S. 143)

Lauterbrunnenthal [Schlagwort]

Lauterbrunnenthal, s.: Geologische Karten. Gerber.

Lauterburg, die Sonntags-Arbeit in den großen Industrieen und der beste Arbeiterzahltag. Verhandlung einer Sitzung des zweiten internationalen Congresses für Sonntagsfeier. gr. 8. (64 S.) Bern 880, Wyß. * — 50

Lauterburg, apologetische Vorträge, s. Vorträge, apologetische.

L[auterburg], A[nna]. Ein Jahr in Amerika. ⟨SA.⟩ 8. Bern 1882.

Lauterburg, Anna. Ein Jahr in Amerika. 2. Aufl. In-8°, 240 S. Bern, Haller-Goldschach. 2 50
1885

Lauterburg, Aug., Johann Ludwig Muret, e. schweizerischer Nationalökonom u. Statistiker d. 18. Jahrh., s. a. Beiträge, Berner, zur Geschichte der Nationalökonomie.

Lauterburg, Muret, ein Nationalökonom d. 18. Jahrh. Bern 892.

Lauterburg, Carl Franz, s. L a u t e r b u r g , Karl Franz

Lauterburg, Eduard

Lauterburg, Ed., Glaubens- u. Sittenlehre zum inwendig lernen. 8. (V, 56 S.) Zürich 895. Verlags-Magazin. n. —60

Lauterburg, Ed., Heliand u. Tatian. 8. (VIII, 34 S.) Zürich 896. Verlags-Magazin. — 60

Lauterburg, Eduard. Warum die Kirche vom Staate trennen? [Hrg. vom] Ausschuss für Trennung von Staat und Kirche und Aufhebung des Kultusbudgets in Neuenburg. 23 S. 8. (Neuenburg, Wolfrath & Sperlé, [1906].) fr. —. 10

— Warum ich aus Pfarramt u. Kirche austrete. 8. (40 S.) Ebd. 893. n. — 40

Lauterburg, Emil

Lauterburg, E. 200 Schweizerbilder, gezeichnet u. hrsg. von *E. L.* In-8°. 211 S. Bern, Selbstverlag des Verf. Leinw. 4 50
1890

Lauterburg, E. Illustr. schweizer. Abreisskalender. 365 Schweizerbilder mit geschichtlichen u. geograph. Notizen, gezeichnet u. hrsg. von *E. L.* 2. Jahrg. 1891. In-16°. Bern, E. Lauterburg. 2 50
1890

Lauterburg's illustrirter schweizer. Abreisskalender. 4. Jahrg. f. d. J. 1893. In-16°. Bern, R. Armbruster (E. Lauterburg). 2 —
1892

Lauterburg, E. Schweizerischer Abreisskalender. 365 Schweizerbilder mit geschichtlichen und geographischen Notizen. V. Jahrg. 1894. Bern, W. Goepper. 2 —
1893

Lauterburg's illustr. schweizer. Abreisskalender. 7. Jahrg. 1896. 366 Schweizerbilder mit geschichtl. u. geograph. Notizen. In-16°. Bern, Selbstverlag des Herausgebers. 2 —
1896

Lauterburg, E[mil]. [Abreisskalender. Bilder aus aller Welt.] Tourist. Calend. illustr. internat. 365 Illustrations geograph. 1902. I + 365 Bl. 8. Hannover, J. C. König & Ebhardt. [fr. 2. —]

Lauterburg, E[mil]. Lauterburg's illustrierte Abreisskalender. Ephémérides illustrées par E. Lauterburg. 365 Schweizerbilder — Vues Suisses. E: Lauterburg, Maler in Bern. Jahrg. 12 [*d. i.* 13]. 12 [*d. i.* 13]. Année. 1902. [368 Bl.] 8. (Bern, Neukomm & Zimmermann.) [fr. 2. —]

Lauterburg, E[mil]. Lauterburg's illustr. Abreisskalender für Deutschland (**1903:* Lauterburg's Schweiz. illust. Abreisskalender = Ephémérides illustrés suisse). 365 Bilder aus Deutschland's Gauen mit geschichtlichen u. geographischen Notizen. *je* I + 365 Bl. 8. [*je* fr. 2. —]

Jahrg. 8, 1902. Hannover, J. C. König & Ebhardt.
Jahrg. 9, 1903. Biel = Bienne, Schreibbücherfabrik A. G.; [Hannover,] J. C. König & Ebhardt.

Lauterburg, E[mil]. Lauterburg's Schweiz. illust. Abreisskalender = Ephémérides illustrés suisse. 365 Schweizerbilder = Vues Suisses. von E: Lauterburg Maler. Jahrg. 14 = 14e Année. 1903. [367 Bl.] 8. Biel-Bienne, Schreibbücherfabrik A.G. [fr. 2. —]

Lauterburg, E[mil]. [Lauterburg's Schweiz. illust. Abreisskalender.] *U. d. T.:* 365 *resp.* 366 Schweizerbilder = Vues Suisses. von E: Lauterburg, Maler. Jahrg. 14 [*d. i.* 15] = 14e [*d. i.* 15e] Année. [Ausg. A.] [368 Bl.] 8. Biel, Schreibbücherfabrik A. G. = Bienne.... [fr. 2. —]

Lauterburg, E[mil]. Lauterburg's Schweiz. illust. Abreisskalender = Ephémérides illustrés suisse. 366 Bilder aus Deutschland's Gauen mit geschichtlichen u. geographischen Notizen. Jahrg. 10, 1904. I + 366 Bl. 8. Biel = Bienne, Schreibbücherfabrik A. G.; [Hannover,] J. C. König & Ebhardt. [fr. 2. —]

Lauterburg, (E[mil]). Lauterburg's Schweiz. illust. Abreisskalender = Ephémérides illustrés suisse. [Schweizerbilder. Ausg. B.] *U. d. T.:* Lauterburg's illustr. schweiz. Abreisskalender = Ephéméride illustré Suisse. [Jahrg. 15,] 1904. [368 Bl.] 8. Biel = Bienne, Schreibbücherfabrik A. G. [fr. 2. —]

Lauterburg, (E[mil]). Lauterburg's illustr. schweiz. Abreisskalender = Ephéméride illustré Suisse. 366 Schweizerbilder = Vues suisses. 1905. [367 Bl.] 8. Biel, Schreibbücherfabrik A.-G. = Bienne.... [fr. 2. —]

Lauterburg, (E[mil]). Lauterburg's illustrierter schweizer. Abreisskalender = Ephéméride illustré Suisse. [365 Schweizerbilder.] 1906. [I + 366 Bl.] 8. [Bern, Emil Lauterburg.] [fr. 2. —]

Lauterburg, E[mil]. Lauterburg's illustr. Abreisskalender für Deutschland. 365 Bilder aus Deutschland's Gauen mit geschichtlichen u. geographischen Notizen. Jahrg. 12, 1906. [I + 365 Bl.] 8. Hannover, J. C. König & Ebhardt. [M. 1.50]

Lauterburg, E[mil]. Das grosse Buch der Punta-Spiele. Enthaltend 53 Spiele für Karten und Würfel. Von E. L' [Bern]. 122 S. 8. Berlin, Hugo Steinitz.

Ausg. A, br.: ... Enthaltend — — Würfel (**Umschlag:* 53 Unterhaltungs-, Gesellschafts- und Patience-Spiele mit Punta-Karten). Mit (*Umschlag:* zahlreichen) Illustrationen. (*Umschlag:* 1904.) [br. M. 1. 50] — *Ausg. B, geb.:* ... Enthaltend — — Würfel. Mit Illustrationen. [1903.] [geb. M. 2. 25]

Lauterburg, eigentl. Lauterburger, Gli. Sam., s. Briefe über Schwärmerei.

Lauterburg, Karl Franz

(**Lauterburg**, C[arl] Fr[anz, und] Lenz, G[ottfried].) Zwei Predigten, gehalten in Rapperswyl [Ct. Bern] den 2. Juli 1871 und den 19. November 1871. Ein Andenken an K. Fr. Lauterburg, Pfarrer.... Auf den Wunsch der Gemeinde R' als Manuscript gedruckt. 8. Bern 1871.

Lauterburg, Ludwig. Beiträge zur Geschichte des Unterganges der alten Republik Bern im Jahr 1798, hrg. von L' L'.... <SA.> 8. Bern 1859.

[**Lauterburg**, Ludwig.] Beleuchtung der Flugschrift „Die Zellersche Religionsgefahr im Kanton Bern". Dem Bernervolke gewidmet! 8. Bern 1847.

[**Lauterburg**, Ludwig.] Edouard Bloesch ([né] ... 1807), Président du Gouvernement de Berne. Un caractère de notre siècle. Traduit de l'Allemand. 8. Berne 1851.

[**Lauterburg**. Ludwig.] Eduard Blösch (geb. 1807), Regierungspräsident von Bern. Ein Lebensbild aus unserer Zeit. (SA.) 8. St. Gallen 1851.

Lauterburg, Ludwig *s.* **Effinger** von Wildegg, Rud(olf Emanuel) v(on). Die Einnahme Berns am 18. Sept. 1802. Bern 1857 — **Effinger** von Wildegg, Rudolf (Emanuel) von. Erinnerungen an die vier ersten Monate des Jahres 1798. Bern 1858

Lauterburg, Ludwig. Erinnerung an Abraham Rudolf Wyss, Geboren 11. Sept. 1792. Gestorben 14. Febr. 1854. 8. Bern 1854.

Lauterburg, Ludwig. Bernhard Rudolf Fetscherin (1796—[1855]), Dr. Phil., gew. Regierungsrath, geschildert (**Umschlag:* ein bernisches Lebens- und Charakterbild) von L' L'.... <SA.> 8. Bern 1856.

L[auterburg], L[udwig]. Bernhard Rudolf Fetscherin, von Bern. ⟨Geboren am 2. Januar 1796, gestorben am 6. Februar 1855.⟩ [Necrolog. SA.] 8. [Bern 1857.]

Lauterburg, Ludwig. Der Friedenskongress von Frankreich und dem deutschen Reich zu Baden im Aargau im Sommer 1714; nach K(aspar) J(oseph) Dorer's Tagebuch hrg. von L' L'.... ⟨SA.⟩ 8. Bern 1864.

Lauterburg, Ludwig. Leben und Wirken von Albrecht Friedrich May (1773–1853), Staatsschreiber von Bern. Dargestellt von L' L'.... [Mit Porträt-Tafel.] ⟨SA.⟩ 8. Bern 1860.

Lauterburg, L[udwig]. Biographische Literatur, enthaltend eine Sammlung gedruckter, biographischer Quellen aus dem Zeitraume von 1785 bis 1840 über das Leben und Wirken hervorragender, verstorbener Berner und Bernerinnen des alten deutschen Kantonstheils. 2 Abtheilungen. 8. Bern 1853–1855.
(Abtheilung 1. SA.)
Abtheilung 2 *u. d. T.*: Biographische Skizzen ... hervorragender Berner aus der neuern Zeit. ⟨2. Abtheilung der 1853 erschienenen „Biographischen Literatur ... verstorbener Berner" u. s. w.⟩ ⟨SA.⟩

Lauterburg, Ludw. Siehe: *Taschenbuch, Berner.*

— s. Werdt, Georg Friedrich v.: Erinnerungen.

[Lauterburg, Ludwig.] Die Wichtigkeit der Nationalrathswahlen für das Bernervolk, nachgewiesen in einer Vergleichung der jetzigen radikalen Wühlerei mit der vorjährigen Volkserhebung gegen das Nassauerthum. Weinmonat 1851. [SA.] 8. Bern.

Lauterburg, M[oritz]. **Die Bedeutung der Autorität im Glaubensleben. Vortrag gehalten im Grossratssaal zu Bern.** 24 S. 8. Bern, A. Francke, 1905. [fr. —. 70]

Lauterburg, Mor., d. Begriff d. Charisma u. s. Bedeutg. f. d. prakt. Theologie, s.a. Beiträge zur Förderg. christl. Theologie.

Lauterburg, Moritz [Pfarrer in Stettlen b./Bern]: **Der Begriff des Charisma und seine Bedeutung für die prakt. Theologie.** Gütersloh 1898. 141 S. 8°.
Bern. Ev.-theol. Lic.-Schr. 1897/98.

[J.] Der Begriff des Charisma und seine Bedeutung für die praktische Theologie. Von Lic. Theol. Moritz **Lauterburg**, Pfarrer in Stettlen bei Bern. *Gütersloh: C. Bertelsmann 1898.* (4 Bl., 141 S.) 8.
= Beiträge z. Förderung christl. Theologie. Jg. 2. H. 1. [98. 1611]

Lauterburg, M., Rückblick auf d. Geschichte der evangel. Mission im 19. Jahrh., s.a. Missions-Studien, Basler.

Lauterburg, M[oritz]. Rückblick auf die Geschichte der evangel. Mission im 19. Jahrhundert. [Mit illustriertem Umschlag.] 28 S. 8. Basel, Missionsbuchhandlung, 1901.
(Für die Mitglieder der Quartal-Kollekte Nr. 20.) — [Sep.-Ausg. aus: Basler Missions-Studien. Heft 2.]

Lauterburg, Otto

Lauterburg, Otto, E. W. Milliet u. Antony Rochat, Alkohol u. Alkoholismus, s.a. **Bibliographie der schweizer. Landeskunde.**

Lauterburg, Pfr. Otto, Milliet, E. W., Direktor der Schweiz. Alkoholverwaltung u. Rohat, Anthony, Pfarrer in Saligny. Alkohol und Alkoholismus. Bibliographie der schweizerischen Landeskunde, Fascikel V9j. Bern 1895. XI. 172 S. Fr. 2.—.

Lauterburg, Otto, Christentum, Arbeiterschaft u. soziale Frage. Referat, geh. am Delegiertentag des Verbandes evangel. Arbeitervereine der deutschen Schweiz in Bern am 17. XI. 1901. gr. 8. (32 S.) Basel 902. F. Reinhardt. n. — 50

(Lauterburg, Otto.) **Festschrift zur Erinnerung an die Feier des 25jährigen Bestehens 1885—1910 [der] Philadelphia Bern.** [Mit 1 Figur, 1 Wappen-Vignette und 10 Tafeln.] II + 120 S. 8. Bern, N. Dürrenmatt-Egger, (1910). [fr. 1. 50]

Lauterburg, Rob., die wesentlichsten Anforderungen an den Inhalt u. die Expedition öffentl. Bauentwürfe, sowie an die dahérige Bauführung selbst, bearb. für technische Behörden u. ihre Angestellten. gr. 8. (X u. 126 S. m. 1 lith. Taf. in gr. 4.) Bern 851, Blom. n. 16 ngr

Lauterburg, Rob., **über den Einfluss der Wälder auf die Quellen- und Stromverhältnisse der Schweiz. Kurzer Auszug aus einer ausführl. Behandlung dieses Gegenstandes.** Autoris. 2. Ausg. gr. 8. (51 S. mit 1 Tab.) Bern 877, Wyss. *
Aus: Verhandlungen der 59. Jahresversammlung der schweizerischen naturforschenden Gesellschaft in Basel 1876, besonders abgedruckt. Die 1. Aufl. war nicht im Handel.

Lauterburg, Robert, Ueber den Einfluss der Wälder auf die Quellen- und Stromverhältnisse der Schweiz. Kurzer Auszug aus einer ausführlichen Behandlung dieses Gegenstandes. (Separat-Abzug aus den Verhandl. der 59. Jahres-Versammlung der schweizer. naturf. Gesellsch. in Basel, 1876.) Autorisirte 3. Ausgabe. Bern 1878.

(Lauterburg, Robert.) Mechaniker Christian Schenk (1781–1834). Ein Lebensbild, erzählt mit besonderer Rücksicht auf jüngere Handwerker und Gewerbsbeflissene. [Mit Porträt-Tafel.] SA. 8. Bern 1867.

— die Sonntags-Arbeit in den großen Industrieen u. der beste Arbeiterzahltag. Verhandlung einer Sitzung des 2. internationalen Congresses für Sonntagsfeier. gr. 8. (64 S.) Ebend. 880. n. — 50

Lauterburg, R., Schweizerische Stromabflussmengen abgeleitet aus der Grösse, Beschaffenheit und Regenmenge der Flussgebiete. 2. Auflage. Bern, in Commission bei Huber & Co.
1876

—— Versuch zur Aufstellung einer allgemeinen Uebersicht der aus der Größe und Beschaffenheit der Flußgebiete abgeleiteten schweizerischen Stromabflußmengen, gestützt auf die meteorolog. und hydrometr. Beobachtungen der Schweiz, nebst Anleitung zur Behandlung dieser Aufgabe im Allgemeinen. 2. sehr verm. und mit Formeln verseh. Aufl. 4. (IV, 72 S.) Bern 876, (Huber und Comp.) *
Die 1. Aufl. war nicht im Handel.

Lauterburg, Rob., die schweizerischen Wasserkräfte, eingetheilt in grössere u. kleinere Stromsektionen u. berechnet nach der durchschnittl. Wassermenge der Klein- u. Mittel-Wasserstände. [Aus: „Zeitschr. f. schweizer. Statistik".] gr. 4. (31 S.) Bern 891. (K. J. Wyss.) n. 4. —

Lauterburg, W[alther]. Zur Beweistheorie der bernischen Strafprozessordnung. Separatabdruck aus der Zeitschrift des bern. Juristenvereins, Bd. 43..., 1907, Heft 9 und 10. 26 S. 8. [Bern, Büchler & Co.]

Lauterburg, Walter, die Eidesdelikte. Historisch-krit. Studie mit besond. Beziehung auf das Strafrecht der Schweiz. Berner Inauguraldissertation. gr. 8. (196 S.) Bern 886, (Schmid, Francke und Comp.) *

Lauterburg-Jäggi, O. Unser Mässigkeitsverein. Mit Notizen über Trunksucht und Wirtshausleben. Bern 1884. 16 S.

Lauterburg-Käser, Alb., die Entwicklung der Stadt Bern durch die projektirten 2 Hochbrücken unter spezieller Berücksicht. der Interessen der städt. Quartiere. Mit (lith.) Plan (in gr. Fol.) gr. 8. (30 S.) Bern 875. Fiala. n. — 80

Lauterecken [Schlagwort]

Lauterecken, s: Deutschland. Kürschner-Pelp.

Lauteren, s. Landrecht.

Lauterensis, (Chr. Gtthlf. Weißflog,) geistliche Liederpoesie. gr. 8. Halle 769. (Hahn in Hannov.) 5 K

Lauterer, Edmund, Referendar: Die Haftung des Erbschaftsbesitzers. Borna-Leipzig 1909: Noske. VIII, 30 S. 8°
Breslau, Jur. Diss. v. 4. Dez. 1909, Ref. Schott, Meyer
[Geb. 19. Okt. 82 Mixstadt; Wohnort: Limburg a. L.; Staatsangeh.: Preußen; Vorbildung: Gymn. Ostrowo Reife O. 01; Studium: Breslau 1, Berlin 1, Straßburg 1, Breslau 6 S.; Rig. 21. Dez. 07.] [U 10. 508

Lauterer, Ernst, Taunusstimmen. Ein Buch f. Deutsche. gr. 8. (XXI, 169 S.) Frankfurt a/M. 901. Mahlau & Waldschmidt. n. 3. 50; geb. in Leinw. n. 4. —

Lauterer, Jos., Australien u. Tasmanien. Nach eigener Anschaug. u. Forschg. wissenschaftlich u. praktisch geschildert. Mit Titelbild in Farbendr., 158 Abbildgn. u. 1 Karte. (Illustr. Bibliothek der Länder- u. Völkerkunde.) gr. 8. (VIII, 482 S.) Freiburg i/B. 900. Herder. n. 11. —; geb. in Leinw. n. 13. —

Lauterer, Jos., China, das Reich der Mitte, einst u. jetzt. Nach seinen Reisen u. Studien geschildert. Mit 154 Abbildgn. nach chines. Originalen sowie nach photograph. Naturaufnahmen. (VII, 412 S.) gr. 8. Leipzig 910. O. Spamer. 8.50; geb. in Leinw. 10. —

Lauterer, Jos., **Excursions-Flora für Freiburg und seine Umgebung [von Lahr bis Efringen, vom Rhein bis St. Blasien, Neustadt und Triberg]. Zum Bestimmen der Pflanzen angeordnet und mit einer Uebersicht der geolog. Verhältnisse versehen. 8. (LXVIII, 224 S. mit Illustr. in eingedr. Holzschn. und 1 Stnt. in qu. 4.) Freiburg i. Br. 874, Herder'sche Verlagsh.** *
cart. mit lithogr. Karte in gr. Fol. *

Lauterer, Joseph: Japan, das Land der aufgehenden Sonne, einst und jetzt. Leipzig (1902)

Lauterer, Jos., Japan. Das Land der aufgeh. Sonne einst u. jetzt. Nach seinen Reisen u. Studien geschildert. 3. bis zur Gegenwart fortgeführte Aufl. Mit 108 Abbildgn. nach japan. Originalen sowie nach photograph. Naturaufnahmen, nebst e. Karte des Kriegsschauplatzes in Ostasien. (VII, 407 S.) gr. 8. Leipzig 908. O. Spamer. n. 7. —; geb. in Leinw. n. 8. 50
1. Aufl. (V, 407 S.) 904. — 2. Aufl. (V, 407 S.) 904.

Lauterer, Jos., Lehrbuch der Pflege des menschlichen Körpers in gesunden und kranken Tagen. Ein Wegweiser zur Erreichung eines rüstigen Alters unter Vermeidung aller Krankheiten. Für Gebildete aller Stände. 8. (XI, 583 S.) Freiburg i. Br. 879, Herder'sche Verlagsh.

Lauterer, Jos., Lehrbuch der Pflege d. menschlichen Körpers in gesunden u. kranken Tagen. Ein Wegweiser zur Erreichg. e. rüst. Alters. Für Gebildete aller Stände. 2. (Titel-)Ausg. 8. (XI, 583 S.) Freiburg i/B. 889. Herder. Geb. in Halbfrz. 3. —

— Mexiko. Das Land der blühenden Agave einst u. jetzt. Nach eigener Anschaug. u. Quellenstudien geschildert. Mit 117 Abbildgn. nach altmexikan. Originalen sowie nach photograph. Naturaufnahmen. (VII, 360 S.) gr. 8. Ebd. 908. 7.—; geb. in Leinw. 8. 50

Lauterer, Karl, Gedanken u. Wahrheit. Gedichte. 8. (VIII, 63 S) Dresden 898. E. Pierson. n. 1. —; geb. n. 2. —

LÄUTERER, Johann Oswald (Kempten): Die Behandlung der Hernien sonst und jetzt.- München: Wolf 1862. 44 S.
27.6.1862 - Urk (Titel: De curationis herniarum methodo pristina ac recenti.); Chr 1862/63,16
Diss.Ingolst.-Landsh.-Mchn.

Lauterlein, Max, Chronik d. Parochie Königswalde m. Hartmannsdorf im Königr. Sachsen. Zumeist nach d. dort. Pfarrarchiv zusammengest. gr. 8. (61 S.) Werdau 895. (A. Thümmler.) n. 1. —

Lautere, Paul, s. **Aventures de Till Eulenspiegel.**

Läuterungen und Erfahrungen, s. Erfahrungen und Läuterungen.

Lauterwald, Franz [aus Elbing]: Das Diphenyltolylarsin und einige Derivate desselben ... Rostock, Buchdr. v. E. Russow, 1897; 41 S. 8.
Rostock, Phil. Fak., Inaug.-Diss. v. [26. Mai] 1897

Lauterwein, Karl

Lauterwein, *Rudolph Wilhelm* Carl [aus Ravensburg]: Beitrag zur Kenntnis der Hydroxylaminderivate des α-Naphtylphenylketons ... Erlangen, k. b. Hof- u. Univ.-Buchdr. v. F. Junge, 1895; 31 S. 8.
Erlangen, Phil. Fak., Inaug.-Diss. v. 1. Mai 1895

Lauteschläger, Christian [aus Darmstadt]: Beiträge zur Kenntniss der Halseingeweide des Menschen .... Würzburg, Druck d. Stahel'schen Buchdr., 1887; 90 S. u. 1 Taf. 8°
Würzburg, Med. Fak., Inaug.-Diss. v. 1887

Lauteschläger, Geo., Anleitung zur Berechnung d. wichtigsten Fälle im Geschäftsleben rc., s. dess. „Rechnungs-Aufgaben," 3. Bdchn.

Lauteschläger, Geo., trigonometrische Aufgaben mit vollständigen Auflösungen. Ein Hülfsb. f. Lehrer der Mathematik. Zugleich ein Uebungsmittel f. junge Cameralisten, Forstmänner, Architecten etc. gr. 8. (7¾ B. u. 133 eingedr. Figuren.) Darmstadt 845, Jonghaus.

—— Beispiele u. Aufgaben zur Algebra. Für Gymnasien, Realschulen u. z. Selbstunterr. gr. 8. (7 B.) Darmstadt 834, Diehl.

—— Auflösungen hierzu. gr. 8. (2 B.) Ebds. 834.

Lauteschläger, Geo., Beispiele u. Aufgaben zur Algebra. Für Gymnasien u. Realschulen u. zum Selbstunterricht. 3. Aufl. 8. (IV u. 96 S.) Darmstadt 848, Diehl. n. ¼ ℳ

Lauteschläger, Geo., Beispiele und Aufgaben zur Algebra. Für Gymnasien, Realschulen und zum Selbstunterricht. 4. Aufl. 8. (IV und 96 S.) Darmstadt 853, Diehl. *

Lauteschläger, Geo., Beispiele und Aufgaben zur Algebra. Für Gymnasien, Realschulen und zum Selbstunterricht. 5. Aufl. 1857. und 6. Aufl. gr. 8. (IV und 96 S.) Darmstadt 861, Diehl. *

—— Beispiele und Aufgaben zur Algebra. Für Gymnasien, Realschulen und zum Selbstunterricht. 7. Aufl. gr. 8. (IV und 96 S.) Darmstadt 864, Diehl. *

Lauteschläger, Geo., Beispiele und Aufgaben zur Algebra. Für Gymnasien, Realschulen und zum Selbstunterricht. 9. und 10. Aufl. 1870,73. 80 Pf., und 11. Aufl. 8. (IV, 94 S.) Darmstadt 875, Diehl's Verlag. *

Lauteschläger, Geo., Beispiele und Aufgaben zur Algebra. Für Gymnasien, Realschulen und zum Selbstunterricht. 12. Aufl. 8. (IV, 94 S.) Darmstadt 878, Diehl's Verlag. *

Lauteschläger, Geo., Beispiele und Aufgaben zur Algebra. Für Gymnasien, Realgymnasien, Realschulen und zum Selbstunterricht. 12. vielfach verm. Aufl., bearb. von Fr. Graefe. gr. 8. (VII, 132 S.) Darmstadt 887, Bergsträßer. *

Lauteschläger, Dr. Geo., Beispiele zur Buchstaben-Rechnung, für Gymnasien, Realschulen u. zum Selbstunterricht. gr. 8. Darmstadt 832. Heyer. 16 gGr Auflösungen hierzu. gr. 8. Ebd. 832. 12 gGr

—— Auflösungen hierzu. gr. 8. ($5\frac{1}{4}$ B.) Ebds. 832.

—— Beispiele zur Buchstaben-Rechnung für Gymnasien, Realschulen und zum Selbstunterricht. 2., verb. Aufl. gr. 8. (IV und 84 S.) Darmstadt 855, Diehl. *

—— Auflösungen dazu. 2. Aufl. gr. 8. (36 S.) Ebds. 855. *

Lauteschläger, Geo., Beispiele zur Buchstaben-Rechnung für Gymnasien, Realschulen und zum Selbstunterricht. 3., verb. Aufl. 8. (IV und 84 S.) Darmstadt 863, Diehl. *

—— die Einfälle d. Normänner in Deutschland. Eine histor. Abhandl. Progr. 4. ($8\frac{1}{2}$ B.) Darmstadt 827, [Heyer, Vrlsh.]

— die Einfälle der Normänner in Deutschland; eine histor. Abhandlung. 4. Darmst. 829. (Heyer). 9 gGr

—— Figurentafeln z. Physik, nebst ausführl. Erklär. Für Freunde dieser Wissenschaft, insbesond. f. Gymnasien u. Realschulen. gr. 4. (2 B. u. 6 Stnt.) Darmstadt 833, [Heyer, Vrlsh.]

Lauteschläger, Geo., Figurentafeln z. Physik, nebst ausführl. Erklär. Für Freunde dies. Wissenschaft, insbesond. f. Gymnasien u. Realschulen. 1—5. Hft. gr. 8. Darmstadt, Jonghaus. [1. 2. Aufl. (2 B. u. 6 Stnt.) 837., 2. ($2\frac{1}{4}$ B. u. 12 Stnt.) 837., 3. ($2\frac{1}{4}$ B. u. 12 Stnt.) 839., 4. ($2\frac{1}{2}$ B. u. 12 Stnt.) 840., 5. ($2\frac{3}{4}$ B. u. 12 Stnt.) 841. à * ½ Thlr.] *

—— Figurentafeln zur Physik, nebst ausführl. Erklärung. Für Freunde dieser Wissenschaft, insbesond. f. Gymnasien u. Realschulen. 6. Hft. Magnetismus u. Electricität. gr. 8. (3 B. u. 12 Taf.) Darmstadt 843, Jonghaus. à *
1—5. Hft. Ebendas. 1837—41. * 2 Thlr. 15 Ngr.

—— dass. 3. Aufl. 1. Hft. (Enthält 281 Figuren.) gr. 8. (2 B. u. 12 Stnt.) Darmstadt 843, Jonghaus. *

— die Lehre von den einfachen u. zusammengesetzten Zinsen u. deren Anwendung auf die Berechnung der Zeitrenten, Lotterie-Anlehen, Lebensrenten, Lebensversicherungen u. Wittwenpensionen. Nebst einer Sammlung von Uebungsaufgaben mit vollständiger Ausrechnung. Ein Hülfsbuch für Lehrer der Mathematik u. zur Selbstübung f. künftige Cameralisten, Forstbeamte, Juristen etc. gr. 8. (VIII u. 291 S.) Darmstadt 851, Jonghaus. $1\frac{2}{3}$ Thlr.

—— Mass-, Gewicht- u. Münz-Tabellen. Od. Vergleich. d. Fuss-, Ellen-, Feld-, Frucht- u. Getränke-Masse, d. Gewichte u. Münzen aller europ. u. aller deutschen Staaten; mit besond. Bezieh. auf Preussen, Hessen, Frankreich u. England. 8. ($7\frac{1}{2}$ B.) Darmstadt 830, [Heyer, Vrlsh.]
Aus dess. „Rechnungs-Aufgaben", 3. Bdchn. besond. abgedruckt.

— Rechnungsaufgaben, für Lehrer u. Schüler in Volksschulen. 1s Bdchen. Beispiele zur Uebung im Numeriren, Addiren, Subtrahiren rc. 827. 9 gGr Auflösung dazu 3 gGr 2s Bdchen. Beispiele z. Rechnung mit gemeinen Brüchen u. Decimalbrüchen rc. Mit Auflösung. 828. 14 gGr 3s Bdchen. Anleitung u. Beispiele zur Lehre von den Verhältnissen u. Proportionen rc. 830. 1 Thlr 8. Darmst. 827—30. Heyer. 2 Thlr 2 gGr Aus d. 3n Bdchen apart: Maaß-, Gewicht- u. Münztabellen rc. 8. Ebd. 830. 12 gGr

—— Rechnungs-Aufgaben. Zum Gebrauche f. Lehrer u. Schüler, vorzügl. in Volksschulen. 3 Bdchn. Nebst Auflösungen. 8. Darmstadt, Diehl.
Bdchn. 1. Beispiele zur Uebung im Nummeriren, Addiren, Subtrahiren, Multipliciren u. Dividiren mit unbenannten, gleichben. u. ungleichben. Zahlen; nebst Anleit. 2. Aufl. (gr. 8.) ($6\frac{1}{2}$ B.) 834. 8 Gr. — Auflösungen dazu. ($1\frac{1}{2}$ B.) 3 Gr.
" 2. Beispiele zur Rechnung mit gemeinen Brüchen u. Decimalbrüchen; ferner zur Ausziehung d. Quadrat- u. Cubik-Wurzel; nebst Anleit. u. Auflösn. (11 B.) 829. 14 Gr.
" 3. A. u. d. T.: Anleitung zur Berechnung d. wichtigst. Fälle im Geschäftsleben rc. ($25\frac{1}{2}$ B.) 830. 1 Thlr.

—— Rechnungsaufgaben zum Gebrauche für Lehrer und Schüler in Gymnasien, Real- und Volksschulen. 2. Bdchn.: Beispiele zur Rechnung mit gewöhnlichen Brüchen und Decimalbrüchen; ferner zur Ausziehung der Quadrat- und Kubik-Wurzel, nebst der nothwendigen Anleitung dieselben aufzulösen. Außerdem eine Tabelle zur Vergleichung deutscher Maße und Gewichte mit dem französischen (in qu. gr. Fol.) 3., verb. Aufl. gr. 8. (III und 164 S.) Darmstadt 859, Küchler. *

Lauteschläger, G(ustav): **Beiträge zur Xenophonlekture der Obertertia.** *Darmstadt 1901: G. Otto.* (S. 3—22.) 4°
Darmstadt, grossh. Ludwig-Georgs-G u. VS, OP 1901 (690)

Lauth

— Augustus-Harmaïs. S.-A. 1877. 52 S.

Lauth, Die Schalttage des Ptolemäus Euergetes I. u. d. Augustus. S.-A. 1874. 75 S.

Lauth, A., der Bauernfreund. E. Lern- u. Rechenbuch für Landwirte u. ländl. Fortbildungsschulen. 2. Aufl. gr. 8. (VI, 152 S.) Wittenberg 897. R. Herrosé. n. 1. 20; Lösgn. d. Aufgaben (16 S.) n. — 30

Lauth, A., s.: Lesebuch, Nicolai'sches, f. Berliner Gemeindeschulen.

Lauth, E(rnst) Alexander: Neues Handbuch der praktischen Anatomie. (Nouveau Manuel de l'anatomiste. 2.Ausg. Dt.) Übers.und umgearb.vom Verfasser. Bd 1 - 2, gbd., Abb.

Stuttgart u.Leipzig: Rieger / Wien: Gerold } 1835 - 1836

JB 733

Lauth, E. Alex., neues Handbuch d. prakt. Anatomie, od. Beschreib. aller Theile d. menschl. Körpers, mit besond. Rücksicht auf ihre gegenseit. Lage, nebst d. Angabe üb. d. Art, dieselben zu zergliedern u. anatom. Präparate zu verfertigen. Vom Verf. nach d. 2. franzöf. Ausg. umgearb. 2 Bde. (od. 12 Lfgn.) gr. 8. ($70\frac{3}{4}$ B. u. 11 Kpfrt.) Stuttgart 835, [Scheible, Rieger u. Sattler.]

Lauth, Franz Joseph

Lauth, Alexander in Aegypten. [Mit 1 (lith.) Taf.] [Aus: „Abhandlgn. d. k. b. Akad. d. Wiss."] gr. 4. (70 S.) München 876. Franz in Comm. n. 2. 40.

—— Busiris und Osimandyas. gr. 4. (74 S.) (Ebendas.) 878. *
Vorstehende Schrift aus: Abhandlungen der k. bayer. Akademie der Wissenschaften, besonders abgedruckt.

—— aegyptische Chronologie, basirt auf die vollständige Reihe der Epochen seit Bytes-Menes bis Hadrian-Antonin, durch drei volle Sothisperioden = 4380 Jahre. gr. 8. (VI, 240 autogr. S. mit 4 Zeittaf.) Strassburg 877, Trübner. *

— die ägyptische Chronologie gegenüber der historischen Kritik des Hrn. Alfred v. Gutschmid. gr. 8. (LXXXIV u. S. 269—326.) München 882. (Berlin, Th. Hofmann.) n. 6. —

—— Troja's Epoche. gr. 4. (64 S.) (Ebendas.) 877. *
Vorstehende Schrift aus: Abhandlungen der k. bayer. Akademie der Wissenschaften, besonders abgedruckt.

Lauth, Fr. Jos., die geschichtlichen Ergebnisse der Aegyptologie. Vortrag in der öffentl. Sitzg. der k. Akademie der Wissenschaften am 20. März 1869 zur Vorfeier ihres 110. Stiftungstages gehalten. München 869. (Franz.) gr. 4. (26 S.) n. 10 ngr.

— Führer durch das k. Antiquarium in München, s. Christ, W.

Lauth, F. J., Homer und Aegypten. Pr. 1867. 48 S.

— ein neuer Kambyses-Text. [Mit e. (lith.) Taf. (in qu. gr. Fol.)] [Aus: „Abhandlgn. d. k. b. Akad. d. Wiss."] gr. 4. (67 S.) Ebend. 875. n.n. 2. 30

Lauth, Frz. Jos., Manetho und der Turiner Königs-Papyrus. Unter sich, mit den Denkmälern und andern Urkunden verglichen und kritisch geprüft. Der 30 Dynastieen Manetho's 1. Hälfte: von Menes bis Amosis. Lex.-8. (IV und 257 S., wovon 217 lithogr., und 10 Stnt., in Fol. und 1 lithogr. Titelbilde.) München 865. (Leipzig, Brockhaus' Sortiment und Antiquarium.) *

—— Moses der Ebraeer. Nach zwei aegypt. Papyrus-Urkunden in hierat. Schriftart zum ersten Male dargestellt. Mit 5 autogr. Bog. und 3 (lithogr.) Taf. (in qu. 4.) Lex.-8. (VII, 105 S.) München 869. (Leipzig, Brockhaus' Sortiment und Antiq.) *

—— s. Moses-'Hosarsyphos-Sali'Hus.

Lauth. Ueber altägyptische Musik. (Sitzungsbericht der philos.-philol. Classe der Kgl. bayer. Akad. München). 1873.

— die Phoenixperiode. [Aus: „Abhandlungen d. k. bayer. Akad. d. Wiss."] Imp.-4. (88 S.) München 880. Franz in Comm. n.n. 2. 60

—— die Pianchi-Stele. gr. 4. (74 S. mit 1 Stnt. in Fol.) München 870, (Franz'sche Buchh.) *
Aus: Abhandlungen der k. bayer. Akademie der Wissenschaften, besonders abgedruckt.
Vgl.: Anti-Lauth.

Lauth, Frz. Jos., das germanische Runen-Fudark, aus den Quellen kritisch erschlossen und nebst einigen Denkmälern zum ersten Male erklärt. Ein sprachwissenschaftl. Beitrag zur ältesten Cultur-Geschichte des europäischen Central-Volkes. gr. 8. (VIII und 186 S. mit 1 Stnt. in Fol.) München 857, (Lindauer'sche Buchh.) *

— Siphthas u. Amenmeses. [Aus: „Abhandlungen d. k. bayer. Akad. d. Wiss."] gr. 4. (67 S.) Ebend. 879. n.n. 1. —

Lauth, Frz. Jos., das vollständige Universal-Alphabet. Auf der phisiologisch-histor. Grundlage des hebr. Systems zu erbauen versucht. gr. 8. (VIII und 171 S. mit 1 Holzschn. und 1 Stnt. in Fol.) München 855, (Lindauer'sche Buchh.) *

Lauth, F. J., aus Aegyptens Vorzeit. 1. Heft: Die prähistorische Zeit. gr. 8. (100 S.) Berlin 879, Th. Hofmann. *

Lauth, Fr. Jos., aus Aegyptens Vorzeit. Eine übersichtl. Darstellung der ägypt. Geschichte und Cultur von den ersten Anfängen bis auf Augustus. 2.—5. (Schluss-)Heft. gr. 8. (VII, S. 101—520.) [Berlin 880, Th. Hofmann.] Hamburg, Glogau Sohn. à Heft *ℳ 2.; compl. (ℳ 10.). 5 —
1. Heft. Ebendas. 1879. *ℳ 2.

— les Zodiaques de Denderah. Mémoire où l'on établit que ce sont des calendriers commémoratifs de l'époque gréco-romaine. Avec 7 planches (lithogr.), dont 2 coloriées (in gr. 4. u. Fol.). München 865. (Leipzig, Brockhaus' Sort.) gr. 4. (III, 100 S.) n. 4 ℔

Die Geburt der Minerva auf der Coeplanischen Schale. Etymologisch-mythologische Abhandlung von Joseph Lauth. Stdl. — 1862. Ebend. — S. 3—28.
Progr. München.

Lauth, Thomas

– s. Balfour: Abhandl.

– s.a. Collect. scriptorum latin.

— Collect. Scriptorum lat. de Anevrismatibus. c. tabul. aen. 4. maj. ibid. 785.

Thomas Lauth

Elémens [Eléments] de myologie et de syndesmologie. Par Thomas Lauth. Vol.1.2. Bale: Deker [usw.] 1798. 1 Bd 8°

— élémens de Myologie et de Syndesmologie. II Vols. gr. 8. Strassb. 798. König. 1 ℔ 18 gr

— de l'Esprit de l'instruction publique. Strassb. u. Paris 816. Treuttel u. W. 1 ℔

— Handb. der Myologie u. Syndesmologie, a. d. Franz. u. bearb. von J. Sam. Klupsch. gr. 8. Halle, Hemmerde. 805.

— Handbuch der Myologie u. Syndesmologie; aus d. Franz. neu bearb. v. Jh. Sam. Klupsch. gr. 8. Halle 805. (Hendel). 1 ℔ 4 gr

Lauth, Thom., Histoire de l'Anatomie. Tome I. 4. Strassb. 815. (Treuttel u. Würz). 6 ℔ 8 gr

— nosologia chirurgica. Accedit notitia auctorum recentiorum c. Platnero. In us. praelect. acad. 8maj. Strassb. 788. König. 10 gr

– s. Percy: Vom Ausziehen.

— vita Joh. Hermanni. 8maj. Strassb. 802.

— vom Witterungszustand, dem Scharlachfieber und dem bösen Hals, mit ill. Kpf. 8. Straßb. 800. Levrault. 22 gr

Lauthen, Ludg. Alb. (Werden), Diss. jur. de pactorum nuptialium revocatione licita et illicita eorumque annullatione. Helmst. (typ. acad. Schnorr) 20. X. 1768. 68 S. (4.20) 20613

Lautier, G., Bedeutung und philosophische Grundlage von Fröbel's Pädagogik. gr. 8. (VIII, 60 S.) Berlin 870, C. Heymann's Verlag. *

Lautier, Gustav Andreas

Lautier, G. A., der historische Christus. Mit Rücksicht namentlich auf den deutschen Protestantenverein u. Schenkels Charakterbild Jesu. Berlin 866. (Mennmann.) gr. 8. (62 S.) n. 10 ngr.

—— Deutschland und der Nationalverein. br. 8. (48 S.) Berlin 862, Vogel und Comp.

Lautier, Gust. Andr., die Philosophie d. absoluten Widerspruchs, im Umrisse d. Fundamentalphilosophie, Logik, Aesthetik, Politik, Ethik, Ekklesiastik u. Dialektik. gr. 8. (10½ B.) Berlin 837, Logier.

Lautier, Gust. Andr., Programm zur Philosophie d. heutigen Zeitgeistes. 1. Thl., als Ganzes für sich. Denken, Lieben, Glauben, Arbeiten! gr. 8. Berlin 843, Logier. 1 ß

Lautier, Gust. Andr., der Staat als die Organisation der Arbeit, und die gegenwärtig dazu vorhand. Mittel. gr. 8. (54 S.) Berlin 848, Logier. *

Lautier, Gust. Andr., prakt.-theoret. System d. Grundbasses d. Musik u. Philosophie als erste Abtheilung eines Grundrisses d. Systems d. Tonwissenschaft. gr. 8. Berl. 827. Dunker u. H. 20 gr.

— philosophische Umrisse. 1. Umriß. gr. 8. Berl. 828. Voß. 7 gr.

Lautier, G. A. Die Verfassung Deutschlands und Preußens nach dem Principe unserer Revolution. Berlin 1848. 16 S. 8.

—— die Verfassungslücke und Einiges damit im Zusammenhange stehende (die Heeres-Reorganisation, die Wahlen, die Zeitschriften, das Vertrauen). gr. 8. (27 S.) Berlin 865, Neumann.

— die Versöhnung von Intelligenz, Natur u. Offenbarung, oder von Idealismus, Materialismus u. Christenthum. Ebend. 865. gr. 8. (IV, 138 S.) n. 10 ngr.

Lautier, G(ust.) A(ndr.), philosophische Vorlesungen, gehalten im Cäcilien-Saale der berliner Singe-Akademie. 8. (XIV und 309 S. mit 1 Holzschnt.) Berlin 853, C. Schultze's Buchdr. *

Lautierer, der kleine. 8. (23 S.) Brünn 854, Winiker's Buchh. *

Lautiertafeln, siebzehn, als Hilfsmittel bei d. ersten Uebungen. gr. Fol. Oldenburg 814, Stalling. 1/2 ß

Lautir- und Lesebuch. Nr. 1 und 2. 8. Cincinnati 858. (Philadelphia, Schäfer und Korabi.) *
Inhalt:
Nr. 1. Das Lesenlernen nach dem Laute der Buchstaben. (78 S. mit eingedr. Holzschn.) * 8 Ngr.
" 2. Eine Sammlung kindlicher Lesestücke, nebst einer prakt. Sprachlehre. (133 S. mit eingedr. Holzschn.) * 10 Ngr.

Lautirbüchlein, od. neues Namenbüchlein, in welchem die Kinder sehr leicht nach d. Lautirmethode, oder durch das Buchstabiren lesen lernen können. 12. Bern 830. Jenni. 1 gr.

Lautirbüchlein | Für die deutschen Volksschulen; | Von einem Lehrer. | Prüfet alles, lasset jeder richtigen | Idee Gerechtigkeit widerfahren, und | behaltet das Beste. | (Der Eklektiker.) | Nanzig, | Bei Hinzelin, Buchhändler, auf dem Marktplatze, n° 67. | Paris und Straßburg, | Bei Treuttel und Würtz. | 1836.
Druck: Prosper Trenel, St.-Nicolas (Meurthe).
36 S., 170 × 105.
BNP X. 34. 499.

Lautir-Fibel f. Volksschulen. Eingeführt in Königsberg neu-erricht. Armenschule. 8. ... Königsberg 830, Hartung. (Leipzig, Fort.)

Lautir-, Buchstabir- u. Lese-Spiel, das, für Kinder. 2e Aufl. Frankf. a. M. 826. 3e A. 831. Sauerländer. 12 gr.

Lautir-, Buchstabir- u. Lese-Spiel, das, für Kinder. 3., verb. u. verm. Aufl. 16. Frankfurt a. M. 833, Sauerländer. Aufgezogene Buchstaben u. Zahlen in einer Schachtel.

LAUTITZ, Henricus Carolus: Furibus Ferarum von den Wild-Dieben. - Helmstedt 1715. 30 S. - Dissertatio Juridica Helmstedt 1696

Laut- u. Formenlehre d. altgermanischen Dialekte. Zum Gebrauch f. Studierende dargest. v. R. Bethge, O. Bremer, F. Dieter, F. Hartmann u. W. Schlüter, hrsg. v. Ferd. Dieter. 1. Halbbd.: Lautlehre des Urgermanischen, Gotischen, Altnordischen, Altenglischen, Altsächsischen u. Althochdeutschen. gr. 8. (XXXV, 343 S.) Leipzig 898. O. R. Reisland. n. 7. —

Laut- u. Formenlehre der altgerman. Dialekte. Zum Gebrauch f. Studierende dargestellt v. R. Bethge, O. Bremer, F. Dieter, F. Hartmann u. W. Schlüter, hrsg. v. Ferd. Dieter. 2. Halbbd.: Formenlehre des Urgermanischen, Gotischen, Altnordischen, Altenglischen, Altsächsischen u. Althochdeutschen. gr. 8. (VIII u. S. 345—790.) Leipzig 900. O. R. Reisland. n. 9. —; (kplt. n. 16. —)

Lautlos, Hans, das Volksbewußtsein u. die sogenannte Aristokratie. gr. 8. (31 S.) Berlin 893. Bibliograph. Bureau. n. — 60

Lautner, Ferdinand, Licht und Schatten. Ein Liedercyklus. 1. Heft. 8. (81. S.) Wien, Gerold. 1869 60 kr.

Lautner, Frz., Kundmachung d. k. k. Statthalters in Steiermark v. 4. Febr. 1890, L.-G.- u. V.-Bl. Nr. 16 betr. d. Handhabg. d. Bestimmgn. d. §§ 3 u. 4 d. Gesetzes v. 30. April 1870, R.-G.-Bl. Nr. 68 üb. d. im Wirkungskreise d. Gemeinden geleg. Sanitäts-Angelegenheiten außer d. Landeshauptstadt Graz u. d. Städten m. eig. Statute, nebst d. einschläg. sanitätspolizeil. Gesetzen u. Verordngn. f. Steiermark. gr. 8. (IV, 288 S.) Graz 890. („Leykam".) n. 2. —

— d. Landessanitätsgesetz f. Steiermark v. 23. Juni 1892, L.-G.- u. V.-Bl. Nr. 35, sammt d. hiezu v. d. k. k. Statthalterei in Graz im Einvernehmen m. d. steierm. Landes-Ausschusse, bezw. d. k. k. Finanz-Landes-Direction in Graz erlassenen Durchführungs-Verordngn. vom 26. Apr. 1893, L.-G.- u. V.-Bl. Nr. 11, 12 u. 13 u. e. Anh., enth. die Ergänzgn. zu den anläßlich der Kundmachg. d. k. k. Statthalters in Steiermark v. 4. Febr. 1890, L.-G.- u. V.-Bl. Nr. 16 erschien. Zusammenstellg. d. sanitätspolizeil. Gesetze u. Verordngn. als Suppl.-Bd. gr. 8. (IV, 116 S.) Ebd. 893. n.n. 1. —

Lautner, Franz Xaver: Kaiser Franzensbad und seine Heilquellen. Eine historisch-kritische Würdigung des Gebrauches und der Heilwirkungen des Egerbrunnens und der in neuern Zeiten zu Franzensbad entdeckten Mineralquellen. 244 S., gbd.

Eger: Kobrtsch & Gschihay 1841

JB 2.758

Lautner, Max, Rembrandt. Ein histor. Problem. (109 S. m. 6 Taf.) gr. 8. Berlin 910. Herm. Walther. 1. 50

Lautner, Max. Wer ist Rembrandt? Grundlagen zu e. Neubau der holländ. Kunstgeschichte. gr. 8. (VIII, 470 S. m. 7 Taf. in Photograv.) Bresl. 891, Kern. * 11 —
Vgl.: Moes, E. W. Ein moderner Herostrat.

†Läutner, E. A. [E. A. Lutze],
Othello's Erfolg, — f. Universal-Bibliothek Nr. 2329; 2456.
—— und Wittmann, die Geräuschlosen,

Läutner, Edm. Alex., kleine Blüthen. Erstlingsdichtungen. Mit Erlaubniß des Dichters hrsg. von Ernesta Rossi. 8. (243 S.) Köthen 879, (Schulze.) M 2.; cart. geb.

Chronik und Monographie der Stadt Hadersleben. v. Erasmus **Lautrup.** Hadersleben. 1811. 8°.

Lautrup, E[rasm.], Rede gehalten bei der Einweihung der neuen Knabenschule in Hadersleben d. 28. Sept. 1831. Hadersleben. 1832.

— s. Wohlthätigsanstalten in Hadersleben. 1831.

Lauts, Ulrich Hermann

— Beiträge zur Würdigung d. bisherigen Grammatiken d. Latein. Sprache. 2 Thle. 8. Leipz. 798.

— neues durch Theorie u. Erfahrung erprobtes Elementarbuch des Lesen-Lernens d. deutschen Sprache. Nebst Tabellen zu e. Buchstaben-, Setz-, Wörter- u. Lesekästchen. 8. Leipz. 799. Schwickert. 16 Kr

Lauts, Ulr. Herm., Ernst u. Scherz. Ein Amtsspiegel f. Prediger. 8. Bremen 821. Kaiser. 1 fl 12 Kr

— moral. Lesebuch für Kinder. 8. Leipz. 797. Schwickert. 6 Kr

— s. Pindars Sentenzen.

Lautsch, C. G., über die Sättigungscapacität der Ueberjodsäure. Königsberg. 35 p. 1867
Schul-/Univ.-Schrift

Lautsch, Friedr. Wilh. (Jessen), Obs. de poenis illarumque finibus ex placitis juris naturae recte aestimandis. spec. IV. Präs. Carl Friedr. Triller. Wittenberg (Tzschiedrich) 14. II. 1793. (3.60) 20617

Lautsch, Hermann, Arzt, z. Z. Assistenzarzt in d. chirurg. Privatklinik d. Hrn Prof. Dr. Samter: Aus d. Kgl. pathol.-anat. Institut zu Königsberg i. Pr. Ueber die Herkunft der Granulosazellen der Graaf'schen Follikel beim Hund und Menschen. *Königsberg i. Pr. 1902: O. Kümmel.* (18 S.) 8°
Königsberg, Med. Diss. v. 18. Okt. 1902

Lautsch, Hermann, a. Göttingen: Über Karvolin und Isomerieen in der Limonenreihe. Göttingen 1906: F. Haensch. (65 S.) 8°
Göttingen, Phil. Fak., Ref. Wallach, Diss. v. 31. Juli 1906
[Geb. 14. März 82 Seligenfeld; Wohnort: Göttingen; Staatsangeh.: Preußen; Vorbildung: Gymn. Göttingen Reife O. 01; Studium: Göttingen 10 S.; Rig. 2. Mai 06.]

— **Theod. Leop.** (Sorbig/Meissen), De crimine residui. Von anvertrautem Guth. Präs. Friedr. Bened. Carpzov. Wittenberg (Schlomach) April 1736. 44 S. (4.—) 20618
Widm. v.: Fr. B. Carpzov.

Lautschani, Der. Komische Duo-Szene mit Gesang [ca 1890]. V: *Bartl, Hans.* (EB)

Lautschrift, neue. (Stenographie.) Nach d. Engl. 8. (15 S.) Gießen 848, Ricker. n. 1/12 Thlr

Lauttafel, Französische. 2. Aufl. Marburg i. H. 1902. V: *Vietor, Wilhelm.* (Berl)

Lauttafel, französische. (System Viëtor.) 2. Aufl. 98×138 cm. Farbdr. Erklärungen u. Beispiele. (Deutscher, engl. u. französ. Text.) gr. 8. (4, 4 u. 4 S.) Marburg 902. N. G. Elwert's Verl. n. 2. —; auf Leinw. m. Stäben n.n. 4. —

Lautter, s. a. Lauter.

Lautter, Franz Joseph

Lautter, Frz. J., zweyjähr. Gesch. d. Krankh. in Laxenburg. 8. Warschau, Gröll. 765.

Lautter, Franz Joseph: Historia medica biennalis morborum ruralium, qui a verno tempore anni MDCCLIX. usque ad finem hyemis anni MDCCLXI. Laxenburgi et in vicinis undique oppidis, pagisque dominati sunt; complectens memorabilem, rarioremque febrium intermittentium et de earum genere remittentium epidemiam. 205 S., gbd.

Vindobonae: typ.Trattner 1761

JB 6.663

— hist. med. biennalis morbor. ruralium. 8. Vien. Trattner. 764.

Lautübungen, französische, f. die städtische höhere Mädchenschule zu Wiesbaden. (6 Bl.) kl. 8. Wiesbaden 908. H. Roemer. — 25

Lautwandel, Der regelmässige, zwischen den semitischen und indogermanischen Sprachen. [Erlangen 1863.] V: *Raumer, Rudolph Heinrich Georg von.* (EB)

Lautwein, Wie ist dem verfallenen Christenthume wieder aufzuhelfen? 8. Stuttg. Steinkopf. 813.

Lautz, A., Vorschule zur Zeichen-Schule, s.: Brenner G.
— Zeichen-Schule.

Lautz, August, appr. Arzt a. Freiendiez, Reg.-Bez. Wiesbaden: Beitrag zur Kasuistik der Tumoren des Kleinhirnbrückenwinkels. München 1907: C. Wolf & Sohn. (31 S.) 8°
München, Med. Fak., Ref. v. Bauer, Diss. v. 19. Juli 1907
[Geb. 7. April 77 Montabaur (Reg.-Bez. Wiesbaden); Wohnort: Diez a. Lahn; Staatsangeh.: Preußen; Vorbildung: Gymn. Weilburg a. Lahn Reife O. 98; Studium: Heidelberg 1, Marburg 3, Erlangen 1, München 4 S.; Coll. 19. Juli 07; Approb. 17. Juli 03.]

Lautz, Heinrich, Zahnarzt aus Altheim (Grossh. Hessen): Aus dem pathologischen Institut der Universität Zürich. Ueber das Wachstum der Sarkome. Zür. E. Meyer Dr. 1896. 32 S. 8°.
Zürich, Med. Diss. [v. 3. März 1896].

Lautz, Ludw., u. Karl Raupp, Maanhinkel. Dialekt-Dichtgn. 8. (82 S.) Offenbach 895. K. Raupp. — 50

— **Nic. Joh.** (Hamburg), Diss. philol. de sancta quorundam in abolendis, vel mutilandis auctoribus classicis elegantioribus latinis simplicitate. Präs. Joh. Chr. Mylius. Jena (Joh. Chr. Croeker) 22. IV. 1741. (4.—) 20620

Lautz, Th., Fortbildungs- u. Fachschulen f. Mädchen. Referat, auf Veranlassg. des Verbandes deutscher Gewerbeschulmänner erstattet. gr. 8. (VIII, 232 S.) Wiesbaden 902. J. F. Bergmann. n. 2. 80

Lautz, Th., die Fortbildungsschulen der Zukunft, im Anschluß an die Geschichte und Organisation der Fortbildungsschulen in Nassau skizzirt. gr. 8. (IV, 115 S.) Wiesbaden 878, Niedner. *

Geschichte des Gewerbevereins für Nassau. Festschrift z. 50j. Jubiläumsfeier 1895 bearb. im Auftr. d. Centralvorstandes von Th. Lautz, Oberl. Wiesbaden 1895: Bechtold. VII, 288 S. 8°

Lautz, Th., chemische Versuche f. die Volks- u. Fortbildungsschule. gr. 8. (40 S.) Wiesbaden 876. Limbarth. n. — 60

—— physikalische Versuche für die Volks- und Fortbildungsschule. Begleitschrift zu dem physikal. Apparate für Volks- und Fortbildungsschulen. gr. 8. (32 S.) Ebendas. 879. *

Lautz, Th., Zeichen-Schule, s. Brenner, G.

Lautz, Th., das konstruktive Zeichnen für Handwerkerfortbildungsschulen. Geometr. Zeichnen, Projektionslehre, Schattenkonstruktion und Perspektive. Im Auftrage des Centralvorstandes des Gewerbevereins für Nassau hrsg. gr. 8. (XII, 50 S. mit 12 lithogr. Fig.-Taf.) Wiesbaden 883, Limbarth. * ℳ 2,50.; cart. 3 20

Lautzsch, H., Königl. Sächs. Gesetz, betreffend die Unterhaltung und Körung der Zuchtbullen vom 30. April 1906 nebst Ausführungsverordn. vom 30. Nov. 1906. Hrsg. u. m. Erl. versehen. Leipzig 1907. 8°. (Jurist. Handbibliothek, hrsg. von Max Hallbauer u. W. Schickler. Bd 192.)

Lauvergne, H., die letzten Stunden u. der Tod in allen Classen der Gesellschaft aus den Gesichtspunkten der Humanität, der Physiologie u. d. Religion betrachtet. Frei nach d. Französ. bearb. 2 Bde. gr. 12. Leipzig 843, C. Fleischer. 3½ ℔

— der Todeskampf u. d. Tod in allen Klassen d. Gesellschaften aus dem Gesichtspunkte der Humanität, Physiologie u. Religion betrachtet. Zugleich ein Beitrag für die Pastoral. Bearb. von C. Willmann. 2 Bde. 8. Regensburg 845, Manz. 2¼ ℔ s. auch Mission, die heilige.

Lauverjat, (Théodore Étienne): Neue Methode den Kayserschnitt zu machen und Vergleichung dieser Operation mit der Schaambeintrennung. (Nouvelle Méthode de pratiquer l'opération césarienne, et parallèle de cette opération et de la section des os pubis. Dt.) Übers. und mit Anmerkungen versehen von August Gregorius Eysold. 428 S., gbd.

Leipzig: Köhler 1790

JB 3.819

Lauw, Louisa, vierzehn Jahre mit Adelina Patti. Erinnerungen. Mit den (Lichtdr.-)Portraits von Adelina Patti und Marquis de Caux. 8. (159 S.) Wien 884, Konegen. * 3 —

Lauw, *Friedrich Ernst* Otto [app. Arzt aus Paese (Hannover)]: Aus d. patholog. Institute zu Kiel. Ein Fall von langem Verweilen von Fremdkörpern in den Luftwegen ... Kiel, Druck v. Ch. Donath, 1893; 15 S. 8.
Kiel, Med. Fak., Inaug.-Diss. v. [21. Aug.] 1893

Lauwartz, Jakob, aus Siegburg: Über Messungen und Gesetzmäßigkeiten im Bandenspektrum der Tonerde. *Bonn 1903: C. Georgi.* (35 S.) 8°
Bonn, Phil. Diss. v. 7. März 1903

Briefe über Religionswesen und Freymaurerey an allerley Leser. [Von Lauwitz.] [Frankfurt: Esslinger] 1780. 120 S. 8°
Recens: Frmr-Bibliothek. 2 (1782) S. 139—141. Kl. 427, Tt. 1477.

Laux, *Carl Friedrich* Emil [aus Bielefeld, Assistenzarzt am P. F. L.-Hosp. zu Oldenburg]: Aus d. med. Poliklinik zu Marburg. Ein Beitrag zur Untersuchung der Gleichgewichtsstörungen ... Marburg, *Druck v. G. Stalling, Oldenburg*, 1893; 24 S., 1 Bl. 8.
Marburg, Med. Fak., Inaug.-Diss. v. 22. Febr. 1893

Laux, Eugen, appr. Arzt a. Annweiler: Ueber foetale Hydrocephalie in ihrer Beziehung zur Geburt. München 1905: C. Wolf. (43 S.) 8°
München, Med. Fak., Ref. v. Winckel, Diss. v. 15. Dez. 1905
[Geb. 7. April 80 Annweiler; Wohnort: Annweiler; Staatsangeh.: Bayern; Vorbildung: Gymn. Landau Reife Juli 00; Studium: München 9 S.; Coll. 15. Dez. 05; Approb. 22. Juli 05.]

Laux, F. W., Preise v. Arzneimitteln. s. a. Schacht, J. E.

— u. A. Koblígk, Preise von Arzneimitteln, welche in der 7. Ausg. der preussischen Landes-Pharmacopöe nicht enthalten sind, zusammengestellt m. den Arznei-Preisen der königl. preuss. Arznei-Taxe u. f. d. J. 1872 nach den Prinzipien derselben berechnet. Anh. zur amtl. Ausg. der königl. preuss. Arznei-Taxe. gr. 8. (64 S.) Berlin 872. Gaertner. n. 1. —

Laux, Joseph: Arithmetik zum Gebrauche der Primärschulen und zum Selbstunterrichte.
Luxemburg: J. Lamort 1841. 118, 2 S. 8°

Laux, Max, u. Johs. Boock, die Erziehung des Deutschen zum Staatsbürger. Denkschrift üb. die zeitgemäßeste Aufgabe des Staates auf dem Gebiete der Volkserziehg. gr. 8. (VIII, 54 S.) Berlin 902. Horn & Raasch. n. 1. 60

— — dasselbe. Beilage, s.: Boock, Johs., Lehrproben.

Laux, Max: Über die Schlacht bei Nancy. M. e. Plane d. Schlacht ... Berlin, A. Hertz & H. Süssenguth, 1895; 34 S., 1 Pl. 8.
Rostock, Phil. Fak., Inaug.-Diss. v. [27. Dez.] 1894

Laux, N., die Systeme der Medizin oder Versuch einer allgemeinen Darstellung der philosoph. sowie aller bekannten medizin. Systeme und nosolog. Classificationen. 2 Abthlgn. gr. 8. (IV und 362 S.) Basel 861. (Erlangen, Enke's Verlagsbuchh.)

Laux, Walth., preuss. Apothekerordnung, auf Grund der zur Zeit geltenden gesetzlichen Bestimmungen f. Apotheker u. Medicinal-Beamte zusammengestellt. 8. (64 S.) Berlin 903. M. Warneck. Geb. in Leinw. n. 1. 50

Preußische Apothekerordnung auf Grund der zur Zeit geltenden gesetzlichen Bestimmungen f. Apotheker u. Medicinal-Beamte zsgest. von Dr. Walther Laux. 2. Aufl. *Berlin: M. Warneck 1903.* (61 S.) 8°

Preußische Apothekerordnung auf Grund der zur Zeit geltenden gesetzlichen Bestimmungen für Apotheker u. Medicinal-Beamte zsgest. von Dr. Walther Laux. 3. Aufl. Berlin: M. Warneck 1903. (61 S.) 8° [Ant. u. F.]

Laux, Walth., preussische Apothekerordnung, auf Grund der zur Zeit geltenden gesetzlichen Bestimmungen f. Apotheker u. Medizinal-Beamte zusammengestellt. 4. völlig neu bearb. Aufl. (81 S.) 8. Berlin 909. M. Warneck. Geb. in Leinw. 1. 50

Laux, Walther [Apotheker aus Berlin]: Ein Beitrag zur Kenntniss der Leitbündel im Rhizom monocotyler Pflanzen .... Berlin, Druck v. Mesch & Lichtenfeld, 1887; 59 S. + 1 Bl. u. 2 Taf. 8°.
Berlin, Phil. Fak., Inaug.-Diss. v. 12. März 1887.

Lauxen, Nikolaus: Aus d. Med. Univ.-Klin. zu Bonn. Experimentelle Untersuchungen über die Einwirkung des Phosphors auf Knochen- und Blutbildung bei wachsenden Hunden. Bonn 1908/09: Foppen. 42 S. 8°
Bonn, Med. Diss. v. 26. Mai 1909, Ref. Schultze
[Geb. 20. Sept. 81 Ulmen; Wohnort: Neunkirchen (Bez. Trier); Staatsangeh.: Preußen; Vorbildung: Gymn. Emmerich Reife O. 03; Studium: Bonn 1, München 1, Bonn 4, Berlin 1, Bonn 3 S.; Coll. 4. Aug. 08.] [U 09. 348

Lauxmann, Luise

Lauxmann, L., in der Christnacht vor Paris. 1. u. 2. Aufl. (16 S.) kl. 8. Stuttgart (907. 09.) Holland & Josenhans. p — 25

Lauxmann, L., die Gründung Freudenstadts, s.: Vereins-Bühne, evangelische.

— Der Denkebacher Jünglingsverein. Ein schwäb. Volksstück in 4 Aufzügen. (44 S.) kl. 8. Ebd. (908). — 50

— In des Königs Rock. Dramatische Aufführg. (32 S.) kl. 8. Ebd. (909). p — 40

— Und es ist e. Gott. Eine Weihnachtsaufführg. (23 S.) kl. 8. Ebd. (909). p — 30

— Vorwärts! – Aufwärts! Dramatische Aufführg. (24 S.) 8. Stuttgart 909. J. F. Steinkopf. p — 40

— Weihnachten in der grauen Mühle. Dramatische Aufführg. Nach den Erinnergn. des Hrn. G. v. G. an d. J. 1870/71. (19 S.) kl. 8. Stuttgart (910). Holland & Josenhans. p — 30

— Im Weihnachtsschein. Ein schwäb. Volksstück in 4 Aufzügen. (39 S.) kl. 8. Ebd. (908). — 50

— Aus großer Zeit. Patriotisches Festspiel f. Vereins- u. Familienabende. 2. Aufl. (20 S.) kl. 8. Ebd. (907). p — 30

Lauxmann, R., o fröhliche, selige Weihnachtszeit. 4 Aufführgn. f. Haus u. Verein. 8. (25 S.) Stuttgart (901). Holland & Josenhans. n. — 40

— Weinsberg im Munde der Dichter u. Sänger. Ein Vortrag. Mit 3 Kunstbeilagen. 8. (45 S.) Weinsberg (902). Verlag der Weinsberger Zeitg. (Nur direkt.) n. — 35

Lauxmann, Rich., Antrittspredigt in Heilbronn. Am Sonntag Cantate den 15. Mai 1870 gehalten. gr. 8. (12 S.) Heilbronn 870, Scheurlen's Verlag. *

—— s. Blätter der Erinnerung an R. L.

Lauxmann, Rich., die Diakonisse. Ein Wort zur Ermunterung für unsere Töchter im Sinne des Rufs: „Freiwillige vor!" 1. und 2. Aufl. 8. (23 S.) Stuttgart 885,86, Buchh. der Evangel. Gesellschaft. *

Lauxmann, Rich. Das Familienleben, s. Zimmer's Handbibliothek der praktischen Theologie.

Lauxmann, R. Gedenkblätter aus dem Heldenkampfe Deutschlands mit Frankreich 1870—1871. 3 Bde. (XXXII. 538) 8. Heilbronn 1872. 3.50.

Lauxmann, Rich., Gedenkblätter aus dem Heldenkampfe Deutschlands m. Frankreich 1870 u. 1871. 2 Bdchn. 2. Aufl. 8. (XII, 148 u. VIII, 166 S.) Heilbronn 872. Scheurlen's Verl. à 1. — in e. Bd. geb. n. 2. 70

—— dass. — Zusammengestellt und bearb. Neue Folge. (3. Bdchn.) gr. 8. (XII, 224 S.) Ebendas. 873. ℳ 1,50.; geb. * 3 Bdchn. geb. in 1 Bd. *

Lauxmann, Rich., Gedenkblätter aus d. Heldenkampfe Deutschlands m. Frankreich 1870 u. 1871. Zusammengest. u. bearb. 4. Aufl. 8. (224 S.) Stuttgart 898. Buchh. d. Ev. Gesellschaft. Geb. in Leinw. n. 1. 50

— e. Graf in der Diaspora. Blätter aus dem Leben von Ernst Grafen Schlippenbach zu Heiligenkreuz in Croatien. 8. (31 S.) Stuttgart 888. Buchhandlg. der Evang. Gesellschaft. n. — 30

Lauxmann, Rich., e. Handwerksmann aus vergangenen Tagen. 8. (31 S.) Stuttgart 894. Buchh. der Evang. Gesellschaft. n. — 15

Lauxmann, Rich., s. Koch, Ed. Emil, Geschichte des Kirchenlieds.

Lauxmann, Rich., Doktor Martin Luther. Ein Lebensbild. 1.—3. Aufl. 8. (64 S. mit Holzschn.-Portr.) Stuttgart 883, Buchh. der Evangel. Gesellschaft. * — 20

—— Doktor Martin Luther. Ein Lebensbild. 4.—6. Aufl. 8. (64 S. mit Holzschn.-Portr.) Ebendas. 883. *

—— die Innere Mission der Gegenwart. Bericht für die XXII. Jahres-Versammlung der Südwestdeutschen Conferenz für innere Mission zu Worms am 14. Juli 1886. 8. (22 S.) Karlsruhe 886, Evangel. Schriftenverein für Baden. *

—— u. Kögel. 2 Predigten, bei der 43. Hauptversammlg. d. Evangel. Vereins der Gustav-Adolf-Stiftg. in Danzig am 3. u. 4. Septbr. 1889 geh. gr. 8. (18 S.) Lpz. 889, (Hinrichs' Sort.). * — 40

— Rückblick u. Ausblick im Gebet. Abschiedspredigt üb. Luc. 11, 9—13. am Sonntag Rogate, den 10. Mai 1874 in Heilbronn. gr. 8. (11 S.) Ebend. 874. n. — 20

— die acht Seligpreisungen Jesu Christi. Der Gemeinde in 10 Predigten ausgelegt u. dargeboten. gr. 8. (158 S.) Ebend. 872. 1. 20; geb. n. 1. 80; geb. m. Goldschn. n. 2. 20

Lauxmann, Rich., die acht Seligpreisungen Jesu Christi. Der Gemeinde in zehn Predigten ausgelegt u. dargeboten. 2. Aufl. (144 S.) 8. Stuttgart 905. Ch. Belser. Kart. n. 1. 50

—— zur Weihe unseres Chorfensters. Predigt, am 8. Trinitatis, 31. Juli 1887, in der Stiftskirche zu Stuttgart gehalten. 8. (15 S.) Stuttgart 887, (Buchh. der Evangel. Gesellschaft.) *

Lauzanne et Duvert, Ce que femme veut ..., s.: Répertoire du théâtre Français, Nr. 343.

— Xavier et Duvert, Mr. et Mde. Galochard, s.: Répertoire du théâtre Français, Nr. 340.

Lauzanne, ..., heure et malheur, s. Répertoire du Théâtre français. No. 104.

Lauzanne, un monsieur et une dame, s. Répertoire du Théâtre fr.

Lauzanne, Xavier et Duvert, un monsieur et une dame, s. Xavier.

Lauzanne, Renaudin de Caen, s. Repertoire du Théâtre franç.

Lauzanne, Xavier et Duvert

— — — Riche d'amour, s.: Répertoire du théâtre Français, Nr. 329.

— — Tantalus-Qualen, s.: Bühnen-Repertoir, Nr. 153.

Lauze, Wigand, Hessische Chronik, s. Zeitschrift d. Vereins f. hess. Geschichte, 2. Supplement.

Lauze, Wigand. Hessische Chronik. 2. Theil. Kassel 1842—46. V: *Bernhardi*, *Carl* & *Chn Frdr. Dan. Schubart.* (Ky)

— Leben u. Thaten des Fursten u. Herren Philippi Magnanimi, Landgraffen v. Hessen, s. Zeitschrift des Vereins für hessische Geschichte.

Lauze, Wig. Leben und Thaten des Durchlaucht. Fürsten und Herrn Philippi Magnanimi, Landgraffen zu Hessen. I. (13½ B.) 8. Cassel 1841. 3,00.

Lauzemis, B., d. Eheschließung bei d. heidn. Kols in Vorderindien. gr. 16. (12 S.) Friedenau-Berlin 896. Buchh. d. Goßner'schen Mission. n.n. — 05

Lauzemis, B., Leiden u. Freuden bei der Gründung der Jubiläumsstation der Goßnerschen Kolsmission. (32 S. m. Abbildgn.) 8. Friedenau-Berlin (905). Buchh. der Goßnerschen Mission. n. — 25

— von Ostindien nach dem hl. Lande. (VII, 120 S. m. 16 Abbildgn.) gr. 8. Ebd. 903. n. — 75

Lauzils, Cora: Wenn's schneit und friert und Winter wird, s. Holst, Adolf

Lauzun, duc de, Mémoires, (1747—1783) publiés entièrement conformes au manuscrit avec une étude sur la vie de l'auteur. 6. édition sans suppressions et augmentée d'une préface, de notes nouvelles et du plaidoyer de Me. Falateur par Louis Lacour. 8. (LXXXX und 412 S.) Naumburg 862, Pätz. *

Lavaca County Nachrichten: Jan. 31, 1896 -1927?
Independent weekly. Circulation: 1905, 1025; 1910, 2000; 1920, 2400; 1925, 2000. Edited & published by H. Sporrer & C. H. Waltersdorf, Jan. 31, 1896--July 1897; by C. H. Waltersdorf, Aug. 1897--June 1898; by C. H. Waltersdorf & Albert Zieralm, July 1, 1898--May 1900; by Charles Lange & Max Sporrer, May--July 1900; by Mrs. H. Sporrer, July—Oct. 1900; by Richard Waltersdorf & Mrs. Mollie Wangemann, Nov. 1, 1900--Aug. 1909; by Richard Waltersdorf, Sept. 1909--1927. Associated editors: F. Ulbig, in 1903; Gotthilf Kapp, Mar.—Nov. 1, 1913; Otto Fleischmann, Nov. 1913--1915?
Halletsville, TX

Lavagna, Giuseppe, klinischer Beitrag zur Lehre v. d. Trophoneurose des Auges in ihrer Beziehg. zur allgem. Pathologie m. 4 nach Influenza aufgetret. Fällen. (Uebers. v. Leop. Pulvermacher.) [Aus: „Allg. med. Centralzeitg."] gr. 8. (10 S.) Berlin 895. O. Coblentz. n. 1. —

Laval, Sendschreiben an seine vorigen Glaubensgenossen. Aus d. Französ. v. Dr. Räß u. Dr. Weis. gr. 8. Straßb. 824. (Mainz, Müller). 6 gr. Daff. (Jerstl. in Grätz). 2 gr.

Laval, Auguste: Denkschrift über die Frage ob unsere Verfassung und Gesetze vor dem Reglement der Betriebs-Commission weichen müssen. 1876.

Laval, Leo: Experimentelle Untersuchung des Thomasprozesses. Halle: Knapp 1908. 55 S. 4° ¶ Aus: Metallurgie. Jg. 5; auch in: Mitteilungen aus d. Eisenhüttenmänn. Institut d. Kgl. Techn. Hochschule Aachen. Bd 3. 1909 [Nr 99].
Aachen, Dr.-Ing.-Diss. v. 21. 9. 1908

Laval, Lottin v., Maria v. Medicis. Gesch. d. Regier. Ludwigs XIII. 1610—1642. Nach noch ungedr. Handschriften d. Cardin. v. Richelieu u. ein. Benedictinermönchs. A. d. Franz. v. Aug. Schäfer. 2 Bde. gr. 12. (25 B. u. 2 Titbild.) Heidelberg 835, Groos.

—— Robert d. Prächtige, Herzog v. d. Normandie. Ein histor. Roman aus d. Mittelalter. 2 Thle. 8. (29 B.) Leipzig 837, (Beyer.)

— Robert der Prächtige, Herzog von der Normandie. Ein histor. Roman aus dem Mittelalter, 2 Thle. 8. Leipzig 837. (Kaysersche Buchh.) $2^1/_3$ ℛ

LAVAL, Ludwig (München): Ueber den Krebs der Augenlider.- München 1843.
14.8.1841 - Ork (Titel: De ophthalmia aegyptiaca.); F 65
Diss.Ingolst.-Landsh.-Mchn.

Laval, Paul Otto, approb. Arzt aus Magdeburg: Aus d. Pathol. Institute zu Kiel. Über einen seltenen Fall von Missbildung der Arteria pulmonalis. *Magdeburg 1901: Schäfer & Budenberg.* (17 S.) 8°
Kiel, Med. Diss. v. [13. Dez.] 1901

Lavale, Geo., unsere natürlichen Wasserläufe, s.: Rapp, Jac.

La Valette, Großmeister d. Malteser, od. Muth u. Liebe. Histor. Roman v. Verf. d. „Albert v. Reinstein" u. a. m. 2 Bde. 8. ($26^1/_2$ B.) Quedlinburg 836, Basse.

Lavalette, Marie-Clamans de

Lavalette, Graf v., im Dienste Napoleons, s. a. Memoirenbibliothek. III. Serie, 4. u. 5. Bd.

Lavalette, Marie-Chamans Grf v., Im Dienste Napoleons. Erinnerungen. Neue deutsche Bearb. von Gust. *Kuntze.* Bd 1. 2. Stuttgart 1909. 8°.

Lavalette (Marie Chamans, Graf v.), Memoiren, s. a. Memoiren u. geschichtl. Erinnerungen 2c.

Lavalette, Graf. Memoiren und geschichtliche Erinnerungen des Gr. L, Adjutant Napoleons und General-Postmeister. A. d. Französ. 6 Bde. 8. Leipzig 1832. — 8. ib. 1846.

Lavalette, des Grafen, Memoiren u. geschichtl. Erinnerungen. Aus seinen eigenhänd. Papieren von seiner Familie herausgegeben. Deutsch v. L. v. Alvensleben. 2 Bde. 8. Leipzig 846, Schäfer. $1^1/_2$ ℛ

Lavallette, Comte de, mémoires et souvenirs, s.: Sammlung geschichtlicher Quellenschriften zur neusprachlichen Lectüre im höheren Unterricht.

(——) Rettung vom Henkertode, s. Schneidawind, Frz. Jos. Ad.

Lavalette, S., fables choisies, s. Lafontaine, J.

La Valette St. George, Adolph v.

La Valette St. George A. de: De *Gammaro puteano.* **Diss. inaug.** Berol. 1857. 16 S. 2 Tvl. Fol.

La Valette St. George, Adph. Frhr. v., de Isopodibus commentatio anatomica. gr. 4. (14 S. m. 2 Steintaf.) Bonn 883. Cohen & Sohn. n. 2. —

La Valette St. George, v., die Spermatogenese bei den Amphibien. Mit 2 Taf. (Kpfrst. in qu. Fol.) [Aus: „Archiv f. mikroskop. Anat."] gr. 8. (31 S.) Bonn 876. (Cohen & Sohn.) n. 2. —

La Valette St. George, v., die Spermatogenese bei den Säugethieren u. dem Menschen. Mit 5 (lith.) Taf. [Aus: „Archiv für mikroskop. Anat."] gr. 8. (54 S.) Bonn 878. Cohen & Sohn. n. 3. —

la Valette St. George, Adolphus liber baro de: Die Spermatogenese bei den Säugethieren und dem Menschen. *Bonnae (1898): C. Georgi.* (25 S. mit Taf.) 4°
Bonn, Progr. z. Gedächtnissfeier Friedrich Wilhelms III. am 3. Aug. 1898

La Valette St. George, Adph. Baron de, Studien über die Entwickelung der Amphipoden. gr. 4. (14 S. mit 2 chromolithogr. Taf.) Halle 860, Schmidt's Verlagsh. *
Aus: Abhandlungen der naturforschenden Gesellschaft zu Halle, besonders abgedruckt.

La Valette St. George A. de: Symbolae ad Trematodum evolutionis historiam. Diss. inaug. Berolini (1855). 38 S. 2 Tvl. Fol.

La Valette St.-George, Frhr. v., Zelltheilung und Samenbildung bei Forficula auricularia, s. a. Festschrift, A. v. Kölliker gewidmet.

La Valette St. George, Frhr. v., Zelltheilung u. Samenbildung bei Forficula auricularia. Mit 2 Taf. [Aus: „Festschrift f. A. v. Kölliker".] gr. 4. (12 S.) Leipzig 887. Engelmann. n. 4. —

Lavalle, Alfr., die Orpington, s. a. Aus Theorie u. Praxis der Geflügelzucht. II, 3. 4.

Die Orpington. Entstehung u. Entwicklung, heutiger Standpunkt, Beurteilung u. Zucht d. Rasse. Von Dr. Alfred **Lavalle.** Mit 30 Abb., 1 farb. u. 2 schwarzen Bildtaf. Berlin: Pfenningstorff [1909]. 64 S. 8°
(Aus Theorie u. Praxis d. Geflügelzucht. Jg. 2, H. 3. 4.) A 13.774

Lavalle, A., Stammbuchführung f. Nutz- u. Rasse-Geflügelzucht. gr. Fol. (III S. u. 1 Zuchtblatt.) Schiffmühle b/Freienwalde a/O., Selbstverlag. n.n. — 20; Notiz-Blockkalender dazu. gr. 8. n.n. — 75

Stammbuchführung für Nutz- und Rasse-Geflügelzucht. Hrsg. von Dr. A. Lavalle, Schiffmühle bei Freienwalde a. Oder. *(Freienwalde a. d. Oder): Selbstverl. 1900.* (3 Bl. u. Kalender.) 2° [02. 14685]

Lavalle, A., Stammbuchführung f. Nutz- u. Rasse-Geflügelzucht. 2. Aufl. (III S.) Fol. Mit Notiz-Blockkalender dazu. gr. 8. Schiffmühle b/Freienwalde a/O. 903. Selbstverlag. (Berlin F. Pfenningstorff.) n. — 75

— s.a. Taubenrassen, die.

Die Taubenrassen. Ein ausführl. Handbuch über Zucht, Haltung u. Pflege d. Tauben. Bearb. von Dr. A. Lavalle u. Max Lietze unter Mitw. von . . . Mit 281 Textabb., 16 farb. u. 66 schwarzen Bildertaf. . . . Berlin: Pfenningstorff (1905). XV, 727 S. 8°
(Unser Hausgeflügel. T. 2.)

Lavalle, Alfred: Die Margarine-Gesetzgebung und ihre Entwickelung in den einzelnen Culturstaaten. Unter bes. Berücks. d. dän. Verhältnisse u. der in Deutschland neuerdings gemachten Vorschläge z. Aenderg d. deutschen Gesetzes. Auf Grund einer im Auftrage u. m. Unterstützg d. Kgl. Preuss. Ministeriums f. Landwirthschaft, Domänen u. Forsten gemachten Studienreise bearb. M. 7 Taf. in Farbendr., 15 Textill. u. e. vergl. Uebersichtstab. Bremen, M. Heinsius Nachf., 1896; 1 Bl., VI S., 1 Bl., 264 S., 7 Taf., 1 Tab. 8.
Tübingen, Staatswiss. Fak., Inaug.-Diss. v. 1896
(Nicht für den Austausch)

Lavallée, Théophile, Histoire de la Turquie. 2. Édit., revue, corrigée et continuée jusqu'en 1856. 2 Tomes. gr. 12. (Tome 1. VIII and 864 S., Tome 2. 887 S.) Leipzig 859, A. Dürr. *

—— Jean Sans-Peur, duc de Bourgogne. Scènes historiques 1407—1419. 12. (480 S.) Leipzig 861, A. Dürr. *

Lavallee-Poussin, f. Samml. neuer, v. Arabesken rc.

Mémoires et souvenirs du Comte Antoine Marie Joseph Chamans de Lavallette (Vol. 1er, chap. 10—22). Hrsg. u. erkl. von Dr. Joseph Victor Sarrazin Prof. zu Freiburg i. B. *Halle a. S.: M. Niemeyer 1891.* (XIII, 114 S.) 8°
= Sammlung geschichtl. Quellenschriften z. neusprachl. Lektüre. Bd 7. [02. 16572]

Lavallide, Dan., Irnegard. Lied in 14 Gesängen. 8. (VII, 134 S.) Dresden 897. E. Pierson. n. 2. 50; geb. n. 3. 50

Lavalliere, f. Valliere, la.

Lavande, Jules, praktischer Rathgeber für jeden Hausstand zur Anfertigung von Pomaden und Schönheitsmitteln. Mit einem Anhang, enthaltend die vollkommenste Anweisung zur Anfertigung der verschiedensten Dinten, Polituren, Siegellacke rc., nebst anderen gemeinnützigen Gegenständen, welche täglich mehr oder weniger im geschäftl. Leben vorkommen. 8. (X und 70 S.) Berlin 858, (Dehmigke's Buchh.) *

Lavanttaler, Der. Wolfsberg, (typ. Muhr in Villach, St. Josefs-Druck. in Klgft.). 1904—. Folio.

Lavantthal, Das. Ein monographischer Beitrag zur Heimatskunde. Hg. v. F. C. Keller. Wolfsberg, Ploetz, 1902. 480 S.

Lavardini, M., Legatio Romam. 12. Basel, Thurneisen. 705.

de Lavarenne, Ch.. die provisorische Regierung u. das Pariser Stadthaus, f.: Bibliothek, Europäische, 300. Bd.

Lavarenz, Hans v., der Hauptmann v. Köpenick. Lustspiel in 4 Aufzügen (66 S.) 8. Berlin (S. W. 11, Luckenwalderstr. 15) (906). Ernst Hahn. 1. —

Lavargue, Alex. de, le cadet de famille. 3 Vols. 16. (490 S.) Leipzig 857, A. Dürr.

Lavasseur, A., f. Lafayette's Reise. K. H. Lang, Handbuch.

Lavater und Cagliostro. Breslau [1897]. V: *Funck, Hnr.* (Zuwachsverz. d. Bibliotheken in Zürich 1898 ff.)

(Lavater. Diethelm L' Med. Dr geb. ... 1743, gest. ... 1826.) Njbl. *s.a.*[Lavater, Carl].

Lavater, Dieth. [Zürich 1852.] V: *Lavater, Carl.* (Cat. d. Stadtbibl. Zürich. Zürich 1864—97.)

(Lavater. Hans Rudolf L' Bürgermeister. Geb: 1491. Gest: 1557.) Njbl. *s.a.*[Pestalozzi, Carl *I*].

Lavater, Hans Rudolph, Bürgermeister. [Zürich 1864.] V: *Pestalozzi, Carl.* (Cat. d. Stadtbibl. Zürich. Zürich 1864—97.)

Lavater, Johann Kaspar

— über ihn, u. s. Schriften, u. Erinner. a. meine Reise in d. Schweiz, im Sommer 1800. 8. Lpz. Gräff. 801. Schw. Pap.

— über ihn u. seine Schriften. Mit Erinnerungen aus meiner Reise in die Schweiz im Sommer 1800. (Von Jh. Aug. Rebe.) 8. Leipz. 801. Wienbrack. 16 gr Schweizerpap. 1 rℓ

Lavater. Johann Kaspar L'. Leipzig 1801 *s.* (N[ebe, Johann] A[ugust]).

Lavater. Johann Caspar Lavater 1741—1801. Denkschrift zur hundertsten Wiederkehr seines Todestages. Hrg. von der Stiftung von Schnyder von Wartensee. [Mit 33 Abbildungen und 2 Tafeln.] VIII + 504 S. kl.-4. Zürich, Comm. Alb. Müller, 1902. [br. fr. 12. —, geb. fr. 14. 50]
(Schriften Hrg. durch die Stiftung von Schnyder von Wartensee, verwaltet von der Stadtbibliothek Zürich. [Band] 12.)

— moralischer Charakter, entworfen von Freunden u. Feinden u. von ihm selbst. 8. Berl. 775. (Kummer in Leipz.) 5 gr

Lavater, Johann Caspar, der christliche Dichter. Ein Wochenblatt angefangen im Mai 1782—26/4 1783. Hauptmitarbeiter: *Armbruster, Joh. Michael.* (BiblPort)

— an Herrn, (v. Graf H. K. G. zu Lynar). 8. Jena 774.

Lavaters, Joh. Kasp., Leben u. Wirken, f.: Muncker, F.

— Lebensbeschreibung v. s. Tochtermann Georg Geßner. 2 Bde. gr. 8. Winterth. Steiner. 802. (1r 1 Rthlr. 10 gr. 2r 1 Rthlr. 12 gr. 3r 1 Rthlr. 20 gr.) Schreibpap. (I. 1 Rthlr. 16 gr. II. 1 Rthlr. 18 gr. III. 2 Rthlr. 4 gr.)

Lavater. Johann Kaspar L', sein Lebensende und Glaubensbekenntniss auf dem Sterbebette. Auszüge aus Lavater's Biographie. von Fried[rich] Wilh[elm] Bodemann. 8. Strassburg 1856.

(Lavater. Johann Caspar L', 1741–1801, und sein Sohn, Johann Heinrich L', 1768–1819.) Njbl. *s.* [Lavater, Diethelm].

— Verklärung, besungen v. Heinr. Stilling. gr. 8. Frankf. a. M. 801. Hermann. 3 gr Schreibp. 4 gr

— Zueignungsschrift d. Bonnetisch. philosophischen Untersuch. d. Beweise für das Christenthum rc. 8. Frankf. a. M. 770. Andreä. 3 gr.

Lavater als Kunstkenner. [Leipzig 1802.] V: *Wöllfeldt, Joh. Caspar.* (MGT)

Lavater, Ludwig. [Zürich 1832.] V: *Meyer, Joh. Ludw.* (Cat. d. Stadtbibl. Zürich. Zürich 1864—97.)

Lavater, Diss. de dyspnoea. Bas. 4°. **1715**

Lavater, Plimplamplasko, d. hohe Geist, s.: Sarasin, Jak.

Lavater, Carl, s. Lavater, Karl

Lavater, Diethelm

— Abhandl. über den Nutzen u. die Gefahren des Badens der Jugend an freien Orten; nebst Vorschlägen, wie diese letztere zu mindern seien rc. 8. Zürich 804. Ziegler u. S. 4 gr.

— Bemerkk. über das gelbe Fieber. 8. Zürich ... 2e Ausg. 805. Ziegler u. S. 4 gr.

— Elémens anatom. d'Ostéologie et de Myologie à l'usage des peintres etc. trad. de l'allem. av. fig. gr. 8. ibid. 798.

– Dass., s.a. Lavater, Joh. Heinrich

[Lavater, Diethelm 1781–1846.] (Johann Caspar Lavater, 1741–1801, und sein Sohn Johann Heinrich Lavater. 1768–1819. [Mit 1 Porträt-Tafel.]) Njbl. Chorh. Zürich 1820. 4. [Zürich.]

Lavater, Dieth., († d. 4. März 1826.) über d. Studium d. Arzneikunde als Wissenschaft u. Kunst. 8. Zürich 811. Ziegler u. S. 2 gr.

— ein paar Worte über die Kuhpocken, für alle, denen Menschenwohl am Herzen liegt. 8. Zürich 811. Ziegler u. S. 4 gr.

Lavater, Dieth. Heinr. (Zürich), **Diss. med. de nexu theoriae cum praxi. Göttingen (Heinr. Dieterich) 28. XI. 1800. (2.80)** **20621**

Lavater, H. (Red.), s. Alpenzeitung, Österreichische.

[Lavater, Hans Jacob.] Memorial der Gemeindsverwaltung von Zürich an die Helvetische Regierung; betreffend die Sönderung des Züricherischen Stadtguts vom Staatsgut der helvetischen Republik. 8. *o. O.* 1801.

Cantate von Heinr. Lavater, bei der Einweihung eines neuen Locals der F. M. L. zur Bescheidenheit in Zürich, den 19. April 1811. o. O. [1811]. 28 S. 8°
Kl. 1806.

Lavater, J., Europa's vorzüglichste Bäder u. Heilquellen. Ein Handbuch für Aerzte u. das badereisende Publikum. Mit 2 Tabellen. 16. Zürich 836. Siegfried, (Leipz., Volckmar.) 3/4 Thlr.

Lavater, J.H. Blass-, s. Blass-Lavater.

Lavater, J. J., de adoratione Dei in spiritu et veritate. Tigur. 1742. 4.

Lavater, J. J., de disciplinae eccl. fundamento. Tigur. 1737. 4.

Lavater, I. Iac., oratio inauguralis. c. vita Hottingeri. 4. Zürich. 736.

Lavater, Johann Heinrich

— Abhandl. über die Milchblattern, od. die sogen. Kuhpocken. 8. Zürich 800. 2e A. 801. Orell. 8 gr.

Lavater, Jh. Hnr., Anleit. z. anatom. Kenntniß d. menschl. Körpers, f. Zeichner, m. Kpf. gr. 8. Zür. 790. Ziegler u. S. 2 Thlr. 12 gr.

Lavater, Joh. Heinr., Zurich. Dissertatio inauguralis medico-chirurgica de calculo renum et vesicae ut et de rheumatismo a muco praeternaturaliter in istis partibus disposito ortum ducente.
Basel; med. Diss. 1718.

— élémens anatom. d'Ostéologie et de Myologie à l'usage des peintres etc. trad. de l'Allem. par Gauthier de la Peyronie. av. fig. gr. 8. Zürich 798. Ziegler u. S. 2 Thlr. 12 gr.

– Dass., s.a. Lavater, D.

***Lavater,* Jh. Hnr., († d. 20. Mai 1819.) Diss. inaug. med. sistens observat. de statu hodierno artis medicae. 4maj. Götting. 789. Dieterich. 2 gr.**

[Lavater, Johann Jacob.] Einige Erinnerungen aus dem Leben des Seligen Herrn Oberst Joh[ann] Jakob Meyer (1763–1819), von Zürich. Seinen Freunden gewiedmet. [Mit Porträt-Tafel.] 8. Zürich, Im May 1820.

Lavater, Jh. Kasp., († d. 2. Jan. 1801.) ABC: od. Lesebüchlein, zum Gebrauch d. Schulen. 8. Zürich 772.

Lavater, Jh. Ksp., Abraham u. Isaak. Religiöses Drama. gr. 8. Winterth. 776. Steiner. 8 gr.

— Abschieds- u. Antrittspredigt. 8. Winterth. 778. Steiner. 5 gr.

— Anacharsis, od. vermischte Gedanken u. freundschaftl. Räthe. 2 Bdchn. 18. Zürich 795. Ziegler u. S. (Steiner in Winterth.) 14 gr.

Lavater, J[ohann] C[aspar, und] Pfenninger, J[ohann] Conr[ad]. Das geseegnete Andenken des Gerechten .... Am Communionstage vor dem Bethtage und Begräbnißtage Herrn Statthalter Heinrich Eschers von Keflikon .... Gehalten ... den 7. Herbstmonats. 1777. Von J. C. L' .... Samt einer Zugabe von J. Conr. P' .... 8. Zürich.

— das gesegnete Andenken des Gerechten, eine Predigt. 8. Zürich 778. Ziegler u. S. 3 gr.

Lavater, Joh. Casp., Andenken an liebe Reisende. 16. (63 S.) Basel 859, Bahnmaier's Verlagsh. geb. *

Lavater, J. K., Andenken an liebe Reisende. 72 S. 16. Herisau, Meisel. geb. 1. 20
1877

—— Anleitung zum Briefschreiben. Im Scherz und im Ernst verfaßt im J. 1794. Neu hrsg. 1. Aufl. 8 Ngr. und 2., unveränd. Aufl. 32. (30 S.) Ludwigsburg 861, (Riehm.)

— Anmerkk. zu einer Abhandl. üb. Physiognomik, nebst denen, die man im deutschen Museum u. d. Merkur hierüber findet. 8. Leipz. 778. Weygand. 5 gr.

— Ansprüche an die Petrinische Gemeinde am Bettage, Sonntag d. 14. Herbstmonats 1800; nebst zwei kurzen Aufsätzen. 8. Zürich 800.

— Antwort an Moses Mendelssohn. 8. Frankf. a. M. 770. (Schäfer). (a. Nicolai in Berl.) 4 gr.

LAVATER, Joh. Kasp., Antworten auf wichtige und würdige Fragen und Briefe weiser und guter Menschen. 2 Bde. in 12 Heften. Berlin 1790. 8°. (12 Mk. E. Frensdorff, 1905.)

— Antworten auf wichtige u. würdige Fragen u. Briefe ꝛc. 2 Bde. od. 12 Stcke. mit Kpf. gr. 8. Berl. 790. 91. Rottmann. 4 Rthlr. Velinpap. 7 Rthlr. 12 gr.

— s. Asahel.

— die Auferstehung d. Gerechten. Eine Cantate. 8. Winterth. 778. Steiner. 2 gr.

Lavater's, Jh. Ksp., Ausplaudereien. Ein lit. Blatt. Kl. Royalform. Leipz. ... Baumgärtner. 8 gr.

— Aussichten in d. Ewigkeit, in Briefen an Zimmermann. 2 Thle. 8. Zürich 768. 69. N. A. u. 3r Thl. 773. 4r Thl. 778. 4e A. 2 Bde. 782. Orell. 1 Rthlr. 8 gr. Dass. im Auszuge. 8. Zürich 781. Orell. 12 gr.

— — dass. 3r Th. 8. Würzburg, Rienner.

Lavater, Jh. Kasp., Aussichten in die Ewigkeit. Gemeinnütziger Auszug aus dem größern Werke dieses Namens. Neue Ausg. gr. 12. Zürich 841, Orell, Füßli u. Co. 1/2 Rthlr.

⊙ Zur Beherzigung, in Anleitung der von dem Archidiaconus Claus Harms herausgegebenen 95 Sätze, eine Predigt v. Johann Caspar **Lavater** gehalten den 26. VII. 1795, über den Text 1. Thessalonicher V. 21. Bewahret Alles; Behaltet das Gute. Jetzt von neuem zum Druck besorgt durch den Grafen Christian Detlev Friedrich Reventlow. Hamburg. 1817. 8o.

— zur Beherzigung in Anleitung der 95 Sätze von Harms. Eine Predigt, gehalten d. 26. Juli 1795. 8. Hamb. 817. Perthes u. Besser. 3 gr.

— die Bekehrungsgeschichte d. Apostel, in einer Predigt. 8. Frankf. a. M. 778. Eichenberg. 2 gr.

— christliche Belehrung für Zürich, nach den Bedürfnissen der gegenwärt. Zeit. gr. 8. Zürich 798. (Steiner in Winterthur). 12 gr.

— christl. Belehrungen. gr. 8. Zürich, (Steiner, Winterthur.) 795.

Lavater, Johann Caspar. Christliche Belehrungen und Erweckungen, den gegenwärtigen Zeitumständen angemessen, Oder Predigt über die Frage: Was sollen wir thun? Lucä III. 10. Gehalten ... zu Zürich ... den 18. Augstmonat 1799. Von J' C' L' ... nach seiner Zurückkunft von Basel, wohin Er den sechszehnten May auf Befehl des helvetischen Vollziehungs-Direktoriums deportiert worden war. 8. Zürich 1799.

— allgemeine Betrachtungen über Religion u. religiöse Physiognomieen. 8. Jena 817. Cröker. 4 gr.

— — allgemeine Betrachtungen über Religion und religiöse Physiognomieen. 8. Jena, Cröker. 818.

— Betrachtt. üb. die wichtigsten Stellen d. Evangelien. Ein Erbauungsbuch für ungelehrte Christen. 2 Bde. gr. 8. Winterth. 783—90. Steiner. 2 Rthlr. 12 gr.

Der Bibel-Gott. Ein Lehrgedicht v. Johann Caspar Lavater. Schleswig. 1828. 8o.

— s. Bonnets Palingenesie.

— s. Bonnet, K.: Philos. Untersuchungen.

Lavater, J[ohann] C[aspar]. Lavaters Briefe an die Marquise Branconi. Mitgetheilt von Ludwig Hirzel. [A.] 8. [Leipzig 1877.]

— Briefe über d. Basedowische Elementarwerk, s. Isaak Iselin.

Lavater, Johann Caspar. Freymüthige Briefe von J' K' L' über das Deportationswesen und seine eigne Deportation nach Basel .... Zugeeignet (*Band 1:* allervörderst dem helvetischen Vollziehungsausschuss, sodann) allen Freünden und Feinden der Freyheit und Menschenrechte. 2 Bände. 8. Winterthur 1800–1801.
Band 1. ... . Nebst mancherley Beylagen, Urkunden und Anmerkungen. 2. und letzter Band. ... . Nebst der kurzgefassten Deportationsgeschichte seiner Mitbürger und einiger andrer Schweizer.

— freimüthige Briefe über d. Deportationswesen u. seine eigene Deportation nach Basel, nebst Beilagen ꝛc. 2 Thle. 8. Winterthur 800, 801. Steiner. 1 Rthlr. 20 gr.

— freundschaftl. Briefe im Jun. u. Jul. 1796. 8. Zürich. (Steiner, Winterthur.) 796.

— Briefe, von u. an ihn u. seine Freunde, nebst e. Briefe an Gaßner. 8. Bremen 787. (Kummer in Leipz. Haller in Bern). 10 gr.

Lavater, Johann Caspar. Briefe an die Kaiserin Maria Feodorowna, Gemahlin Kaiser Pauls I. von Russland über den Zustand der Seele nach dem Tode. Nach der Originalhandschrift herausgegeben von der Kaiserl. öffentl. Bibliothek zu St. Petersburg. St. Petersburg 1858. H: *Minzloff, Rudolph.* (zu) (Ky)

—— Briefe an die Kaiserin Maria Feodorowna, Gemahlin Kaiser Pauls I. von Russland, über den Zustand der Seele nach dem Tode. Nach der Originalhandschrift hrsg. von der kaiserl. öffentl. Bibliothek zu St. Petersburg. hoch 4. (70 S.) St. Petersburg 858. (Frankfurt a. M., J. Baer.) Thlr. * Vlnp. *

Lavater, Johann Caspar. J' K' Lavater's Briefe an die Kaiserin Maria Feodorowna ... über den Zustand der Seele nach dem Tode. Nach der Originalhandschrift hrg. von der Kaiserlichen öffentlichen Bibliothek zu St. Petersburg. — *A. u. d. T.:* Ein Beitrag zur Deutschen Literatur aus Russland, der Universität Jena bei Gelegenheit ihres dreihundertjährigen Stiftungsfestes übersandt von der St. Petersburger Kaiserlichen öffentlichen Bibliothek: Lavater's Briefe an die Kaiserin M' F'. 4. St. Petersburg 1858.

— Briefsteller. 8. Bregenz, Brentano.

Aus (Johann Kaspar) **Lavaters** Brieftasche. Neues v. Johann Kaspar Lavater. Ungedr. Hs. nebst and. Lavater-Erinnergn m. Facs. hrsg. v. Dr. Gustav Adolf Müller. *München: Seitz & Schauer 1897.* (81 S., 1 Bl., 1 Facs.) 1 Bd 8. [96. 798]

Lavater, Joh. Casp., Briefwechsel mit Hasenkamp, s. Briefwechsel.

Lavater, Johann Caspar s. Briefwechsel (Johann Caspar) Lavaters und [Jean-François] Reubells 1801

(Lavater, J. C.), Christus u. Maria, physiognomisch dargestellt. Zürich 1791. 8.

— Denkmal an Felix Heß. 8. Winterth. 774. Steiner. 8 gr.

Lavater, J. C., Denksprüche. 2. Aufl. 16. (10 Chromolith.) Bremen 874. Valett & Co. In Couvert. n. 2. 50

Lavater, Joh. Casp., 10 Denksprüche. 1. und 2. Aufl. 32. (10 Bl. in Farbendr.) Bremen 872, Valett und Comp. *

— christl. Dichter, ein Wochenblatt. gr. 8. Zürich 783, 84. Ziegler. 1 Rthlr.

Lavater, J[ohann] C[aspar]. J. C. L', pasteur à Zurich. au Directoire de la République Française. (Zurich, 10 Mai 1798.) 8. En Suisse 1798.

Lavater, Johann Caspar. J' C' L', Pfarrer zu Zürich, an das Directorium der französischen Republik. (Zürich, d. 10. Mai 1798.) 8. Schweiz 1798.

— apostol. Ermahnungen, oder Kern d. christl. Sittenlehre in 3 Predigten. 8. Basel 799. Haas. (Rottmann in Berl.) 8 Gr.

Lavater, Johann Caspar. Ermunterung zur Barmherzigkeit, am Sonntage vor der Steuer für die Brandbeschädigten zu Ottenbach und Niederwenigen … . Den 30. May 1790. 8. Zürich.

— Erweckungen zur Buße, nebst S. Werenfels Abhandl. wider d. fleischliche Sicherheit. 8. Frankf. a M. 772. Eichenberg. 3 Gr.

— bibl. Erzählungen. 8. Bresl. 772.

— Essais sur la Physiognomie etc. III Vol. av. fig. 4. la Haye. (Steiner, Winterthur.) 783—88.

* — Essais sur la Physiognomie etc. sind IV Vol.

— essais sur la Physiognomique. (Trad. de l'Allemand par J. D. et Mdme de Lafite et H. Renfer.) IV Vols. av. fig. gr. 4. la Haye 786—88. (Zürich, Ziegler u. S.) 72 Thlr.

— Etwas an (K. F.) Bahrdt. 8 Bresl. 771.

— Etwas über Pfenninger. 3 Hefte. 8. Zürich 792. 93. (Offenb., Brede). 1 Thlr.

— — dass. 6 Stck. 12. Zürich. (Steiner, Winterth.) (Bachmann, H.) 793. 94.

Lavater, [Johann Caspar]. Etwas über (Johann Conrad) Pfenningern (*Heft 2–4:* hrg.) von L' (°*Heft 5–6:* Etw' von L' über Pf'. Verschiedenes – °*Heft 6:* Vermischtes – von dem Herausgeber und von Andern). 6 Hefte. 8. Zürich 1792–1793.

— Festpredigten. gr. 8. Frankf. 774. N. Aufl., nebst e. Gelegenheitspredigten 784. Bronner. 1 Thlr. 4 Gr.

Lavater, Johann Kaspar (II.): Physiognomische Fragmente zur Beförderung der Menschenkenntniß und Menschenliebe. Versuch (= Band) 1 - 2, gbd., Abb.

Leipzig u. Winterthur: Weidmann & Reich u. Steiner 1775 - 1776

— physionomische Fragmente zur Beförder. der Menschenkenntn. und Liebe. 4 Vers. m. K. gr. 4. Winterthur, Steiner (a. Weidmann in Leipz.) 775—78.

— physiognom. Fragmente zur Beförder. d. Menschenkenntniß u. Liebe. 4 Bde, mit Kpf. gr. 4. Winterth. 774—78. Steiner. 100 Thlr. Dies., verkurzt herausg. von Jh. Mch. Armbruster. 3 Bde, mit Kpf. 8. Ebd. 783—86. Ebd. 3 Thlr. 4 Gr. s. auch unten Physiognomik.

Lavater, Johann Caspar. Physiognomische Fragmente, zur Beförderung der Menschenkenntniss und Menschenliebe, von J' C' L'. 4 Versuche. Mit vielen Kupfern. Leipzig und Winterthur, 1775—1778. Bey Weidmanns Erben und Reich, und Heinrich Steiner und Compagnie. (… Originalgetreuer Neudruck der Editio princeps von 1775—1778. Ueber 1500 Seiten mit ca 900 textlichen und ganzseitigen Kupfern [*d. i.* Reproduktionen der Kupfer]. 20 Lieferungen.) (*je* II S. + II + *zus.* 1497 S.) 4. (Berlin, Hermann Barsdorf, 1908.)

(… auf anastatischem Wege … hergestellte Subskriptionsausgabe, in 510 numerierten Exemplaren; Subskr. *cpl.* br. M. 75.— [geb. in 4 Bde. 99.—], *pro* Liefg. à M. 3.75. — Exemplar Nummer *106*).

Erster Versuch. Mit vielen Kupfern [wovon 63 ganzseitige Blätter und 5 Tafeln, nebst Anhang von 16 ganzseitigen Blättern]. 1775. XX + 280 S.
Zweyter Versuch. Mit vielen Kupfertafeln [*d. i.* v' Bildern im Text und auf 107 ganzs' Bl']. 1776. X + 300 S.
Dritter Versuch. Mit vielen Kupfern [wovon 104 ganzseitige Blätter]. 1777. XII + 363 S.
Vierter Versuch. Mit vielen Kupfern [wovon 61 ganzs' Bl', nebst Anhang von 64 ganzseitigen Blättern]. 1778. XII + 500 S.
Die ganzseitigen Blätter (hier auch nicht mitpaginiert) sind in der Original-Ausgabe Tafeln (mit leerer Rückseite).

Lavater, J. C. Fragmente von einer Predigt über die Kraft des Gebets . . . Kopenhagen 1793. H: *Maurenbrecher, Joh. Gabr.* (Ky)

— Freundschaft, e. Gedicht. Offenb. … Brede. 1 Gr.

Lavater, Johann Caspar. Friedens-Predigt oder vermischte, christliche Betrachtungen nach dem zwischen Frankreich und Oestreich geschloßnen Frieden. Vorgetragen Sonntags den 14. May 1797. 8. Zürich.

— Gastpredigten. 8. Frkf. Eichenberg. 774.

— allgem. Gebet; aus d. Engl. Neu herausg. von e. Jugendfreund. 8. Zürich 822. Schultheß. 1 Gr.

— vermischte Gedanken, Manuscript für Freunde, herausg. von e. unbekannten Freunde. 12. Frankf. 774. (W. Rauck in Leipz.) 3 Gr.

— verm. Gedanken, Manuscr. f. Freunde. 12. Frkf. Sommer. 776.

— vermischte Gedanken u. Räthe d. Freundschaft. 32. Ingolst. 812. (Landsh., Krüll). 4 Gr.

— kleine poet. Gedichte. 8. Winterth. 784.

Lavater, Jh. Kasp., vermischte gereimte Gedichte vom J. 1766 bis 1785. 8. Winterth. 786. Steiner. 1 Thlr. 4 Gr. Fein Pap. 1 Thlr. 8 Gr.

—— über Gefängniß-Seelsorge. Ein Vortrag gehalten bei Eröffnung der asket. Gesellschaft in Zürich. Hrsg. von Casp. Marthaler. 8. (24 S.) Gotha 861. F. A. Perthes.

— Geist aus sn. eigen. Schriften geschildert. gr. 8. Berl. 786. Nicolai. 14 Gr.

Lavater, J. C. Geist der sämmtlichen Schriften . . . St. Gallen 1786. H: *Armbruster, Johann Michael.* (JL)

— Geist seiner sämmtl. Schriften v. J. M. Armbruster. 16 Bdchn. 8. St. Gallen 786. Huber u. C. 20 Gr.

— d. Geißelung Jesu, e. poet. Gemälde aus d. evangel. Geschichte. 8. Frankf. u. Leipz. 775.

— d. Gerechtigkeit durch d. Glauben an Jesum in 6 Predigten. 8. Offenbach. Brede. 775.

— d. glückl. besiegte Landvogt Felix Grebel. 8. Arnh. 775.

— s. Hamann, Johann Georg, und Lavater, Johann Caspar

— Handbibel für Leidende. 1r Bd. gr. 8. Winterth. 784. Steiner. 8 Gr. R. A. 824. Ebd. 14 Gr. 2e Aufl. gr. 8. Basel 825. (Spittler). 16 Gr. 3e A. 8. Leipz. 830. Fröhlich u. Comp. 1 Thlr.

— Handbibel für Leidende. 4e Aufl. 8. Basel 833. Spittler. 3/4 Thlr.

— Handbibel für Leidende. 7. Aufl. gr. 8. Zürich 845, Hauke. 5/8 Thlr.

— Handbibliothek für Freunde. (1r Bd. d. menschl. Herz 790.) 4 Jahrgg. zu 6 Thlen. 12. Zürich 7?0–93. (Steiner in Winterth.) (à Jahrg. 3 Thlr. 8 Gr.) 13 Thlr. 8 Gr.

— evangel. Handbuch für Christen, oder Worte Jesu Christi. 8. Nürnb. 791. Raw. 16 Gr. Hbg. Pr. 8 Gr.

— christl. Handbüchlein, oder auserles. Stellen d. heil. Schrift, mit Versen. 12. Bern 767. 2e A. 779. (Hermann in Frankf.) 6 Gr.

— Handbüchlein für Kinder. 12. Zürich 771. 8. Frankf. 779. Hermann. 8 Gr.

— christliches Hausbuch, s. Hausbuch.

Lavater, Joh. Casp., christliches Hausbuch. Eine Sammlung von Gebeten u. Liedern f. alle Verhältnisse u. Anliegen des Lebens. A. u. d. T.: Morgen- u. Abendgebete auf alle Tage der Woche. Nebst Gebeten u. Liedern auf die wichtigsten Angelegenheiten des menschlichen Lebens. 5. Aufl. Mit 1 Kpfr. 8. (VIII u. 256 S.) Heilbronn 847, Drechsler. n. 2/3 Thlr.

— Haussteuer oder Hausrath für meine neu angehenden Eheleute. 12. o. O. (Leipz.) 789. Fr. Fleischer. 3 Gr.

Lavater, Joh[ann] Caspar. Haussteuer oder Hausrath. für meine l. neu angehenden Eheleute Johann Heinrich und Barbara. Lavater auf den Abend ihrer Zurükkunft von ihrer hochzeitlichen Reise 1789. [Gedicht.] 8. *o. O.* 1790.

— d. menschl. Herz in 6 Gesängen. 16. Zürich ... 2e Ausg. 798. Orell. 16 Gr. (Vergl. oben Handbibliothek.)

— Herzenserleichterungen, oder Verschiedenes an Verschiedene. 12. St. Gallen 784. Huber u. Comp. 14 Gr.

— christl. Jahrbüchlein, oder Stellen d. heil. Schrift für alle Tage d. Jahrs, mit Anmerk. u. Versen. 24. Zürich 772. 2e A. 774. (Frankf., Eichenberg). 5 Gr. (N. A.) 32. Tüb. 830. Laupp. 6 Gr.

— christl. Jahrbüchlein, od. auserles. Stellen d. Schrift f. alle Tage d. Jahrs, mit kurzen Anmerkn. u. Versen. 32. (232 Seit.) Tübingen 829, Laupp. Thlr.

— christliches Jahrbüchlein oder auserlesene Stellen der Schrift für alle Tage des Jahrs, mit kurzen Anmerkungen u. Versen begleitet. 2. neu durchgeseh. Aufl. 32. (XVI u. 261 S.) Tübingen 852, Laupp. 1/2 Thlr.

— über Jesuitismus u. Katholicismus, an Prof. Meiners in Göttingen. 8. Winterth. 786.

— Jesus auf Golgatha. Altona. U. A. P.

— Jesus auf Golgatha. 8. Ebend. 844. 1 1/2 Gr.

— Jesus Messias, od. die Zukunft des Herrn. gr. 8. Zürich, Ziegler. 780.

m. Vign. a. Schrbp.

— Jesus Messias, od. d. Evangelien u. Apostelgeschichte in Gesängen. 4 Bde. Mit Kpf. gr. 8. Zürich 783–86. Ziegler u. S. Schreibp. 13 Thlr. 18 Gr. (à Steiner in Winterth.) 20 Thlr. ohne Kpf. 4 Thlr. die Kpf. apart 6 Thlr. s. auch Jesus Messias.

— Joseph von Arimathia, s. Joseph.

— Joseph von Arimathia; in sieben Gesängen. gr. 8. Hamb. 794. Gundermann. (Aue in Altona). 10 Gr.

Lavater, J(ohann) C(aspar), und Erlacher, Joh[ann] Jacob. Ist Saul auch unter den Propheten? oder Briefwechsel zwischen Herrn J. C. L' ... und B[ürger] Joh. Jakob E' ..., 1797. 8. Basel.

Lavater, J. C., die Jugendzeit dem Herrn geweiht! Freundesstimmen f. Jünglinge u. Jungfrauen. Hrsg. v. J. Biegler. 12. (128 S. m. Bildn.) Reutlingen 898. Enßlin & Laiblin. Geb. in Leinw. — 75; m. Goldschn. 2. —

— ausgew. Kanzelreden, (herausgeg. v. G. Geßner), s. unten: nachgelassene Schriften.

Lavater, Johann Caspar.
Ausgewählte Kanzelreden. O. O. 1802. H: *Gessner, Georg.* (Ky)

— ausgew. Kanzelreden, herausgeg. von G. Geßner. gr. 8. Leipzig, Jacobäer, (a. Orell, Füßli und Comp. in Zürich.) 802.

— Casualpredigten, mit einig. einz. Gedichten. 8, Hamb. Wolf. 776.

— Kupfersammlung aus d. physiognomischen Fragmenten. 3 Hefte, jedes mit 40 Platten. 4. Winterth. 806, 7. Steiner. 5 Thlr.

— Lebensbeschreibung Antistes Wirz. 8. Zürich 769.

— die Lehre des Evangel., die Gerechtigkeit durch d. Glauben, in 6 Predigten. 8. Offenb. 775. Brede. 6 Gr.

— verm. Lehren an seine Tochter Anne Louise. 12. Zürich 790. Ziegler u. S. 8 Gr.

— die Liebe gezeichnet, in 4 Predigten u. einigen Liedern. gr. 8. Leipz. 780. Polle. 6 Gr.

— Lieder. Christen an Christus. gr. 8. o. O. (Winterth. 780. Steiner). 2 Gr.

— auserles. christl. Lieder. 8. Basel, Flick. 808.

— auserlesene christl. Lieder zur Erbauung. 8. Basel 791. Flick. (Neukirch). 12 Gr.

— christl. Lieder, der vaterländ. Jugend, besonders auf d. Landschaft gewidmet. 8. Zürich 775. (Steiner in Winterth.) 3 Gr.

— 50 christl. Lieder. 8. Zürich 771.

— Lieder für Leidende. 8. (Winterth.) 787. Steiner. 3 Gr.

— Lieder zum Gebrauch d. Waisenhauses in Zürich. 8. Zürich 772.

— sechzig Lieder nach d. Züricher Katechismus. 8. Zürich 780. Ziegler u. S. 4 Kr

— sechzig Lieder, n. d. Zürcher Katechism. 8. Zürich, Ziegler. 789.

— 200 christl. Lieder. 2 Thle. 8. Zürich 776. 80. 5e A. 817. Orell. 1 Thlr

— 200 christl. Lieder. 2 Thle. 8. Zürich, Orell, F. u. Comp. 779. 80.

Lavater, Joh. Casp., 200 christl. Lieder. Neue, durchgeseh. Aufl. 8. (32 B.) Zürich 833, Orell, Füßli u. Comp.

—— 200 christliche Lieder. Neue durchgeseh. Ausg. 16. (XV und 474 S. mit lithogr. Portr.) Zürich 856(57,) Orell, Füßli und Comp.

— drei Lobgedichte auf d. kathol. Gottesdienst, mit Anmerkk. zweier Protestanten. 8. Leipz. 787. Kummer. 3 Kr

— Lobrede auf Jak. Breitinger in Zürich. 8. Zürich 771.

— eigentl. Meinungen von d. Gaben des heil. Geistes, d. Kraft des Gebets rc. geprüft u. bearbeitet (v. K. H. Runge). 3 Thle. 8. Bremen 775—77. Cramer. 1 Thlr 16 Kr

— die neue Messiade, s. oben Jesus.

— neue Messiade, od. d. 4 Evang. u. Apostelgesch. in Hexametr. m. accentuirt. Schr. 4 Bde. gr. 8. Winterthur, Steiner. 783—86.

Schreibp. mit Kupf.
die Kupf. bes. a. aer. P.

— Monatsblatt f. Freunde 1794. 12 Hefte. Zürich, (Steiner in Winterth.) 20 Kr

—— Morgen- u. Abend-Gebete rc., s. Hausbuch, christl.

— Morgen- u. Abendgebete auf alle Tage d. Woche, nebst einer Samml. von Gebeten. 8. Leipz. 788. Heinsius. 8 Kr N. Aufl. qu. 8. Zürich 817. Bürkli. 6 Kr

— Morgen- u. Abendgebete auf alle Tage d. Woche. Nebst einer Samml. von Gebeten u. Liedern auf die wichtigsten Angelegenheiten des menschl. Lebens. N. Ausg. veranstaltet mit Vorwissen d. Familie des Verfass. 12. Blaubeuren 838. Mangold-sche Buchh. n. 1/3 Thlr — 4e Aufl. 12. Ebd. 840 1/3 Thlr (s. auch Hausbuch.)

— Morgen- und Abendgebete auf alle Tage der Woche. Nebst Gebeten u. Liedern auf die wichtigsten Angelegenheiten des menschl. Lebens. 5. Aufl. Mit Titelkpfr. 8. Heilbronn 815, Drechsler'sche B. 1/2 Thlr cart. 7/12 Thlr Mit Goldschn. 5/6 Thlr

— Morgen- u. Abendgebete auf alle Tage der Woche, nebst andern Gebeten u. Liedern. Mit einem Vorworte von G. Finsler. Bern 864. Heuberger. 16. (VIII, 152 S.) 9 ngr

LAVATER, J[OH.] C[ASP.], Nachdenken eines um das Heil seiner Seele bekümmerten Christen über sich selbst. Altona. U. A. P.

— Nachdenken über mich selbst. 8. Zürich. 2e A. 771. (Offenb. 775. Brede). 2 Kr

Lavater, Jh. Casp., Nachdenken über mich selbst, oder: der Weg zum Himmel. Mit e. Abhandlung über die Besserung des Menschen von Julius Frey. 8. Leipzig 834. Expedit. d. europ. Aufsehers. 1/4 Thlr — Neue Ausg. mit d. T.: Der Weg zum Himmel rc. 8. Quedlinburg 838. Ernst. 1/4 Thlr

— Nachdenken über mich selbst. Ein Anhang zu des Verf. Morgen- und Abendgebeten. 2. Aufl. gr. 12. Blaubeuren 841, Mangold'sche Buchh. 1/12 Thlr

— dass. 12. Aufl. 8. Zürich 845, 13. oder 1. Stereot.-Ausg. 846, Hanke. 2 ngr

— Nachdenken über mich selbst. 16. Aufl. oder 4. Abdr. der 1. Ster.-Ausg. 8. (32 S.) Zürich 851, Hanke. 2 ngr

— Nachdenken über mich selbst. Neu-Ruppin 860. Bergemann in Comm. 12. (44 S.) 2 ngr

— physiognom. Nachlaß, s. unten: nachgelassene Schriften.

— physiognom. Nachlaß m. K. gr. 8. Zürich, Orell, F. u. C. 802.

Schreibp.

— Nathanael, od. die Göttlichkeit des Christenthums. gr. 8. Winterth. 786. Steiner. 18 Kr Schreibp. 1 Thlr

— s.: National-Bibliothek.

— Ode an Bodmer. 8. Zürich 774.

— Ode an Gott, für geübtere Leser. 8. Zürich 771.

Lavater, Jo. Kasp., drei Pfingstpredigten über das 2te Kap. der Apostelgeschichte. gr. 8. Winterth. 787. Steiner. 5 Kr

—— Physiognomik. Zur Beförderung d. Menschenkenntniß u. Menschenliebe. Vervollständ., neue Aufl. d. verkürzt hrsgegeb. physiognom. Fragmente. (Im Einverständn. mit d. [Origin.-] Verleger.) 4 Bde. gr. 8. Wien, Sollinger. [1. (10½ B. u. 30 Kpfrt.), 2. (10 B. u. 30 Kpfrt.), 3. (12 B. u. 30 Kpfrt.), 4. (12½ B., 29 Kpfrt., L's. Bildn. u. 2 Stnt. mit Handschrn. 4.) à 2 Thlr. 16 Gr.]

Lavater, J. C. Von der Physiognomik. Leipzig 1772. H: *Zimmermann, Johann Georg.* (BrMm)

Lavater, J. C., Von der Physiognomik. 2 St. 80 u. 192 S. Lpz. 1772. 12°. 2. Aufl. v. G. *Zimmermann* herausgeg., 1. im Hannoverischen Mag. Febr. 1772.

— von der Physiognomik. 2 Thle. 8. Leipz. 772. 73. Weidmann. 3 Kr

Lavater, J. C. Physiognomik ... Wien 1829—30. H: *Gräffer, Franz.* (WBL)

— Physiognomik. Zur Beförderung der Menschenkenntniß und Menschenliebe. Vervollständigte neue Aufl. der verkürzt herausgeg. physiognom. Fragmente. 4 Bde. mit 120 Kpft. gr. 8. Wien 829. 30. Sollinger. 10 Thlr 10 Kr

Lavater, Joh. Casp., Physionomigk. Zur Beförderung d. Menschenkenntniß u. Menschenliebe. Vervollständ. neue Aufl. d. verkürzt hrsg. physiognom. Fragmente. 2. Abdruck. kl. 4. (23½ B. u. 120 Kpfrt.) Berlin 834, [Danz.] Thlr.

Ist ein neuer mit kleinerer Schrift aber beibehaltenen Kpfrn. veranstalteter Abdruck derselben Ausgabe, deren 1. Abdr. zu Wien (Sollinger) 1829 in 4 Bdn. erschien.

— Physiognomik im Auszuge. Herausgeg. v. Jh. Kasp. Orelli. In 2 Bdn. m. 24 Portraits. Der 2. Ausg. v. J. K. Lavater's ausgewählten Schriften 3. u. 4. Bd. 16. Zürich 840, Schultheß. 1½ Rthl.

—— Physiognomik im Auszuge. Hrsg. von Joh. Casp. Orelli. In 2 Bdn. mit 24 (lithogr.) Portr. 3., unveränd. Aufl. gr. 16. (675 S.) Zürich 860, Schultheß.

— Poesien. 2 Bde. gr. 8. Leipz. 781. Weidmann. 12 gr. Holl. Pap. mit Vign. 4 Rthl.

— Pontius Pilatus, oder d. Menschen in allen Gestalten, oder die Bibel im Kleinen u. der Mensch im Großen rc. 4 Thle. 12. Zürich 782—85. Ziegler u. S. 2 Rthl. Postp. 4 Rthl.

Lavater, Johann Caspar. Predigt über die Pflichten des christlichen Predigers zu der gegenwärtigen Zeit der Staatsumwälzung, gehalten ... den 13. May 1798. 8. Basel.

— Predigt über den Selbstmord. 8. Winterth. 782. Steiner. 2 gr.

Lavater, J[ohann] C[aspar]. J. K. Lavaters zweite Predigt, die Vergiftung des Heil. Nachtmahlweins betreffend, über Nahum Kap. III V. 1. gehalten den 24. Nov. 1776. 8. Chur 1776.

1. Predigt s. Lavater, Johann Caspar. Der Verbrecher ohne seines gleichen ... . Schaffhausen [1776].

— Predigten. 1r Thl. 8. Bresl. 772.

— Predigten üb. d. Exist. des Teufels rc. gr. 8. Frankf. Keßler. 778.

— zu Bremen gehaltene Predigten, mit e. Liebe für die Bremischen Fischer. 8. Bremen 787. (Rabenhorst in Leipz.) 8 gr. (Haller in Bern.) 6 gr.

— Predigten über d. Buch Jonas, die erste Hälfte. gr. 8. Winterth. 773. 2e A. 2 Thle. gr. 8. Ebd. 782. Steiner. 18 gr.

— Predigten über den Brief P. an den Philemon. 2 Bde. gr. 8. St. Gallen 785. 86. Huber u. C. 2 Rthl. 16 gr. Schreibp. 3 Rthl. 4 gr.

— Predigten auf alle Sonn- u. Festtage des ganzen Jahrs. Als allgemeines Sonntags-Hausbuch. — Säcular-Andenken an J. K. Lavaters 100jähr. Geburtstag, am 15. Nov. 1841. 1.—6. Hft. Lex.-8. Zürich 842, 44, Hanke. (à ⅙ Rthl.) 1 Rthl.

—— Predigten auf alle Sonn- u. Festtage des ganzen Jahrs. Als allgemeines Sonntags-Hausbuch. 2 Bde. gr. 8. (47 B.) Zürich 845, Hanke.

— verm. Predigten. gr. 8. Frankf. a. M. 778. Brönner. 1 Rthl. 4 gr.

— Predigten über die Versuchung Christi in der Wüste. 3 Thle. 8. Frankf. a. M. 2e A. 788. Hermann. 18 gr.

— zwei Predigten, gehalten zu Ems im Juli 1774. 8. Frankf. a. M. 774. Eichenberg. 2 gr.

— zwei Predigten, bei Anlaß d. Vergiftung d. Nachtmahlweins, nebst histor. u. poet. Beilagen. 8. Leipz. 777. Weidmann. 4 gr. NB. mehrere Abdrücke davon unt. d. T.: der Verbrecher ohne seines Gleichen.

— Privatbriefe von Saulus u. Paulus; herausgeg. von Nathalion a sacra Rupe. 8. Winterth. 801. Steiner. 10 gr.

— Protokoll üb. d. Spiritus famil. Gablidone, m. Beyl. u. Kupf. 8. Nrnb. Grattenauer. 787.

— Protokoll über den Spiritus Familiaris Gablidone. Mit 1 Kpf. 8. Frankf. u. Leipz. 787. (Nürnb., Eichhorn, a. Leipz., Lauffer). 10 gr.

Thun, Franz Jos. Graf v.: [Joh. Kaspar] **Lavaters** Protokoll über den Spiritus Familiaris Gablidone. Mit Beyl. und einem Kupfer. Frankfurth u. Leipzig [Wien: Wucherer] 1787. 84 S. 8°

cf. D. neuesten Religionsbegebenheiten. 13 (1790) S. 391—419; FZ. (Wien) 3 (1876) S. 154—155, 161—164, 167—169 (G. Brabbée), abgedr. in: Brabbée, G.: Sub rosa. 1879 S. 47—79.

Kl. 3352, Tt. 2717. Selten. Die Hauptperson ist der Frmr Franz Jos. Graf v. Thun.

— s. Psalmen.

— drei Psalmen auf den bevorstehenden Bettag, zum Besten der Hülfsbedürftigen. 8. Zürich 800.

— üb. Rechenschaft an s. Freunde. 2s Bl. üb. Jesuitism. und Katholicismus an Meiners. 8. Leipzig, Kummer. 787.

Lavater, Joh. Kaspar: Joh. Caspar **Lavaters Rechenschaft an seine Freunde.** Bl. 1. Winterthur: Steiner & Co. 1876. 24 S. 8°

Üb. Magnetismus, Cagliostro, geheime Gesellschaften u. Nichtchrist Atheist. — Üb. Lavater s. Allgem. Deutsche Biographie Bd 18 1883 S. 783—794 (Muncker).

— Rede bei der Taufe zweier Berliner Israeliten. 8. Frankf. a. M. 771. Hermann. 4 gr.

— Regeln für die Jugend über die wichtigsten Pflichten des geselligen Lebens. 5e verb. Aufl. 16. St. Gallen 839. Scheitlin u. Zollikofer. ⅙ Rthl.

— Regeln für Kinder. 1n. Hamb. 793. (Steiner in Winterth.) 4 gr. dieselbe durch Beispiele erläutert von J. M. Armbruster. 8. St. Gallen 794. Huber u. C. 16 gr. N. A. 801. (Eurich in Linz). 8 gr.

J. Kp. **Lavater's** Regeln f. Kinder, durch Beyspp. erläut. v. J. Mch. **Armbruster.** *St. Gall.*, Huber. 795. 8° 16 gr.

— Regeln für Kinder. 32. Berlin 836. Eichler. ⅛ Rthl.

– s. Regeln, Unphysiognomische.

— verm. physiognom. Regeln, ein Mnscrpt. für Freunde. 8. Lpz. 802. (Au e in Altona). 12 gr daſſ. 8. Wien 802. Gerold. 8 gr

— verm. physiognom. Regeln, e. Manuscr. f. Freunde. 8. Lpz. Jacobäer. 802.

(*Eb.*) verm. unphysiogn. Regeln für Selbst- u. Menschenkenntn. *Zür.* 787. 8°

— règles physiognomoniques ou observations sur quelques traits caractéristiques. gr. 4. Zürich 803. Ziegler et S. 2 Thlr

— Reime zu den bibl. Geſchichten des A. u. N. Teſt.; f. d. Jugend. 12. Zürich 782. Orell. 4 gr

— Reiſe nach Kopenhagen im Sommer 1793; Auszg. aus d. Tagebuche. 14 Hft. 12. Hamb. 794. Gundermann. 1 Thlr

Reise nach Kopenhagen im Sommer 1793. Auszug aus dem Tagebuch. (H. 1 u. einziges.) Durchaus bloss für Freunde v. Johann Caspar Lavater. [Hamburg. 1795]. 6°.
Der Name des Verfassers ist faksimiliert.

— chriſtl. Religionsunterricht für denkende Jünglinge. 14 Hft. gr. 8. (Winterth.) 787. Steiner. 8 gr

J. Kp. **Lavater's** Salomo, od. Lehren d. Weish. *Winterth.*, Steiner. 785. 8° 9 gr

— Sammł. e. Gebete auf d. wicht. Angelegenheiten d. menschl. Lebens. 8. Leipz. 778.

— Sammł. chriſtl. Gebete. 8. Bregenz 802. 2e A. gr. 8. Nürnb. 822. Raw. 16 gr

—— Sammlung chriſtl. Gebete. Neue Aufl. gr. 8. (15 B. u. Titvign.) Nürnberg 840, Raw'ſche Buchh.

— Samml. geiſtl. Gebeten. Neue A. gr. 8. Nürnb. 822, Raw.

— neue Samml. geiſtlicher Lieder u. Reime. 8. Zürich 782. Orell. 6 gr

Lavater, Jh. Kaſp., brüderliches Schreiben an verſchied. Jünglinge. 12. Winterth. 782. N. Aufl. unt. d. T.: Schreiben an reiſende Jünglinge. 8. Ebd. 787. Steiner. 8 gr

— brüderl. Schreiben an verſchied. Jünglinge. 3. Aufl. kl. 8. Winterthur 837. Zürich, Hanke. jetzt 1/4 Thlr

— brüderliche Schreiben an verſchiedene Jünglinge. Baſel 869. (Bahnmaier.) gr. 16. (XII, 148 S.) n. 8 ngr; in engl. Einb. m. Goldſchn. n. 16 ngr

— Schreiben an das Direktorium. 8. Leipz. (Schmidt). 3 gr

— Schreiben an ſeine Freunde im März 1786. 8. Winterth. 786. Steiner. 3 gr

— Schreiben an reiſende Jüngl. 8. Ebend. 787.

— zwei Schreiben; 1) an Gener. Schauenburg. 2) Beſchluß der Dankrede an den Bürgermeiſter Kilchsberger. 8. Brem. 798. (Fr. Wilmans). 3 gr

— ausgewählte Schriften, ſ. Volksbibliothek, ſchweizeriſche.

— ausgewählte Schriften. Herausgeg. v. Jh. Kaſp. Orelli. 8 Thle. (Mit 5 Portr.) 16. Zürich 841, 42, 44, Schultheß. 5 Thlr — Supplementband. A. u. d. T.: Zweihundert chriſtl. Lieder. Neue durchgeſehene Ausg. gr. 16. Ebend. 844. 2/3 Thlr

— dieſ. 2. unveränd. Ausg. in 8 Bdn. Mit Portr. gr. 16. Ebend. 844, 45. 1.—4.: 2 2/3 Thlr

— nachgelaſſene Schriften; herausgeg. von Geo. Geßner. 5 Bde. gr. 8. Zürich 801—2. Orell. 5 Thlr 20 gr Schreibp. 8 Thlr Velinp. 10 Thlr 20 gr (4r Bd. A. u. d. T.: ausgewählte Kanzelreden. 802. 1 Thlr 8 gr 5r Bd. A. u. d. T.: phyſiognomiſcher Nachlaß. 802. 2 Thlr Schreibp. 2 Thlr 14 gr)

— ſämmtl. kl. proſ. Schriften von 1763—83. 3 Bde. 8. Winterth. 784. 85. Steiner. 2 Thlr 14 gr

— vermiſchte Schriften. 2 Thle. 8. Winterth. 774—81. Steiner. 1 Thlr 16 gr

— Schweizerlieder. gr. 8. Bern 767. 4e A. 774. N. A. 789. Haller. 1 Thlr 4 gr

— Schweizerlieder, ohne Melod. m. K. gr. 8. Bern. Haller. 775.

— Schweizerlieder mit zwei- u. dreiſtimm. Melodien von J. H. Egli. 2 Thle. (1. Thl. 4. Aufl. 796. 2. Thl. 2. Aufl. 798.) qu. 4. Zürich, Hanke. 1/2 Thlr

Lavater, Johann Caspar. Von der Seeligkeit des Empfangens und Gebens. Steuereinladungs-Predigt für Brandbeschädigte von Mettmenhasli und Flaach, und für Verunglückte durch Viehseuche. Ueber Geschichtbuch XX. 35 .... Gehalten ... [zu Zürich] ... den 10. Jenner 1796. 8. Zürich 1796.

— hundert Sentenzen. 100 Blättchen. qu. 32. Baſel 827. Schneider. 10 gr

J. Kp. **Lavater's** Sittenbüchl. f. Gesinde. *Frkf. a. M.*, Kessler. (773.) 789. 8° 2 gr

— Sittenbüchlein f. d. Geſinde. 8. Frankf. a. M. 773. N. A. 789. Hermann. 2 gr Daſſ. 8. Breſl. 774. W. G. Korn. 4 gr Daſſ. 12. Leipz. 773. Gleditſch. (Brockhaus). 2 gr

— Sittenbüchlein f. d. Kinder des Landvolks. 8. Frankf. a. M. 789. Hermann. 3 gr

— Sprüche. In 107 Blättern. 16. Tüb. 818. 2e A. 821. 3e A. 829. Laupp. 8 gr (Gebunden zu 12, 14, 16, 18 gr) ſ. auch A. F. Pfaff.

— Sprüche. Nebſt deſſen (Stammbuch oder) Lehren der Weisheit für Jünglinge u. Mädchen, herausgeg. von einem Verehrer d. Verf. (Mit Genehmigung d. Familie d. Verf.) qu. 16. (Mit Bildn.) Blaubeuren 841, Mangold. 1/6 Thlr

— Sprüche. In 107 Blättern. Aufs Neue hrsg. 4. Aufl. qu. 32. Tübingen 852, Laupp. In Futteral 1/3 Thlr Mit Portr. in Stahlſt. cart. 12 ngr In Engl. Einb. m. Goldſchn. 18 ngr

— neue Sprüche über Christus, Gebet u. Gnade. (Mit dessen Bildniß.) qu. kl. 16. Tübingen 833. Osiander. n. 1/3 Thlr geb., mit Goldschn n. 1/2 Thlr In Maroquin n. 5/6 Thlr

— neue Sprüche üb. Christus, Gebet u. Gnade. 2. Aufl. qu. 16. (120 Bl.) Tübingen 852, Osiander. 1/4 Thlr

Lavater, Joh. Casp., des Freundes Stimme. Worte liebreicher Ermahnung an Jünglinge. 5. Aufl. 16. (214 S.) Winterthur 856(57,) Steiner'sche Buchh. *
mit rad. Portr. und 1 Stnt. –

Lavater, Joh. Casp., des Freundes Stimme. Worte liebreicher Ermahnung an Jünglinge. 6. Aufl. 16. (III und 200 S. mit Portr. in Stahlst. und 1 Stnt.) Winterthur 858, Steiner'sche Buchh. 15 Ngr.: geb. •

— Studien für Künstler, Kunstfreunde u. Physiognomiker. 90 Blatt (in Kpfrst.). (Auszug aus J. C. Lavater's grossem physiognomischen Werke.) Schwäb. Hall (853.) Haspel. (Stuttgart, Fischhaber.) gr. 4. 2 Thlr.

— — 40 Blatt. Ebend. (853.) gr. 4. 1 Thlr.
Abdrücke von den Original-Platten des Lavater'schen Werkes.

—— System der Physiognomik, s. System etc.

— geheim. Tagebuch, s. Tagebuch e. Beob.

– s.a. Tagebuch, Geheimes.

— — Geheimes, Von einem Beobachter Seiner Selbst (*Joh. Caspar Lavater*. Hrsg. von Georg Joach. Zollikofer). Mit 1 TVign., 1 Kpfr. u. 14 Vignetten im Text. Leipzig, bey Weidmanns Erben und Reich. 1771. 8°. (In Aarau, Cantonsbibl.) (7 Kr. Halm & Goldmann, 1907.)
Anon.-Lex. IV. p. 149 (nach Adelung, Meusel, Kayser, Jördens); Winer hat „1771—73". — Vgl. Grisebach, Weltliteraturkat. Berlin 1898—1900. II, 81; Allg. deutsche Biogr. 45, 416. — Nicht erotisch.

— — — — Unveränderte Fragmente aus dem Tagebuch eines Beobachters seiner Selbst; oder des Tagebuchs zweyter Theil, nebst einem Schreiben an den Herausgeber desselben. Mit 5 Vign. im Text. Ebd. 1773. 8°. (18 Mk., unbeschn., zus. mit dem vorigen, Adolf Weigel, 1910:)
Sehr gesucht wegen der hübschen Kupfer, Scenen aus dem häuslichen Leben. XLII, (2), 307 S.
— — Dasselbe. (Th. 1) Ebd. 1772. 8°. (10) + 205 S.
— — Dasselbe. (Nachdruck von Th. 1.) Frankfurt und Leipzig 1772. 8°. VIII u. 208 S. Mit Titelvign.
— — Dasselbe. 2 Thle. (Nachdruck.) Ebd. 1773—74. 8°. 1: VIII, 214 S. 2: XLII, (2), 307 S.

— Taschenbüchlein f. Dienstboten. 12. Zürich 772. Dass. in 18. Bern, Haller. 4 Gr.

— Taschenbüchlein für Reisende, od. Handbiblioth. 790. 24. Zürich. (Steiner, Winterth.) 790.

— Taschenbüchlein für Weise. 64. Basel 789. ... (61 Blätter in 2 Zoll Größe). Ebd. 830. Schneider. 8 Gr.

[Lavater, Johann Caspar.] Trauer-Lied der Zürcherschen Töchter-Schule nach der Beerdigung ihres Stifters, Herrn Chorherrn ... Leonhard Usteri. Im May 1789. [Mit Melodien.] 8. *o. O.*

— Trauungsrede an Heß. 8. Zürich 767. Orell. 3 Gr.

— väterliche Trauungsrede an F. H. Lavater u. Jungfr. A. B. Ott. 8. Leipz. 790. Schneider. 3 Gr.

— Unterhaltungen, philosoph., s. Unterhaltung.

— u. e. Ungenannt. Urtheile üb. Steinbarts System. 8. Halle, Hemmerde u. Schw. 780.

— u. e. Ungenannten Urtheile über C. R. Steinbarts System. Mit Anmerkk. v. J. S. Semler. 8. Halle 780. Schwetschke u. S. 8 Gr.

Lavater, Joh[ann] Caspar. Der Verbrecher ohne seines gleichen, und sein Schicksal. Ueber Psalm XXXVII, 10–15. gehalten, von Joh. K. L.... 2., richtigere Aufl. 8. Chur 1776.

Lavater, Johann Caspar. Der Verbrecher ohne seines gleichen, und sein Schicksal. über Psalm XXXVII. v. 10–15. den 29. Herbstmonat 1776. auf Hochobrigkeitlichen Befehl, bey Anlaß der in der Nacht am 12 Herbstmonat ... in der Großmünster-Kirche verübten Greuelthat. der Vergiftung des heiligen Nachtmahlweins; gehalten von J. C. L.... 8. Schaffhausen [1776].

Lavater, Johann Caspar. Der Verbrecher ohne seines gleichen, und sein Schicksal ... [2 Theile.] 8. Frankfurt am Mayn 1777.
[Theil 1.] Eine Predigt über Psalm 37, 10–15 ...
[Theil 2.] (Zweyte Predigt, die Vergiftung des Heil. Nachtmahlweins betreffend, über Nahum Kap. 3, 1 ...)

— Vermächtniß an s. Freunde, Ausz. a. seinem Tagebuche v. J. 1796. 2 Bdchn. gr. 12. Zürich 796. Orell. 1 Thlr 8 Gr.

— zwey Volkslehrer, ein Gespr. nachgeschr. v. Jonath. Asahel. 8. Winterth. Steiner.
Schreibp. •

— Vollkommenheit, des Menschen Bestimmung u. Gottes Werk. 8. Offenb. 784. Brede. 3 Gr.

— 24 Vorlesungen über d. Geschichte Josephs. 8. Zürich 791. (Steiner in Winterth.) 8 Gr.

Lavater, J. Kasp., Gottes Vorsehung. 12. (4 S.) Basel 892. Jaeger & Kober. 10 Stück n. — 16

—— der Weg zum Himmel, e. Nachdenken üb. mich selbst. Mit e. Abhandl. üb. Besserung d. Menschen v. Jul. Frey. Neue Ausg. 8. (3½ B.) Quedlinburg 838, Ernst'sche Buchh.

— der wahre Weg zum Himmel, ein Nachdenken über mich selbst. Neue, wohlfeile Ausg. 12. Blaubeuren 840. Mangold. 1/8 Thlr

—— Weisheit auf jeden Tag des Jahres. Ein christlicher Kalender. Mit Lavaters Bild. 32. (189 S. mit 1 Stahlst.) Reutlingen 859, Kurtz'sche Buchh. geb. *
geb. mit Goldschn. *
in Leder geb. mit Goldschn. *

Lavater's, Joh. Casp., Weisheit auf jeden Tag des Jahres. Ein christl. Vergißmeinnicht, ausgewählt aus seinen Schriften. Mit Lavater's Bild in Stahlst. Neue Aufl. 32. (192 S.) Reutlingen 884, Kurtz'sche Verlagsb. geb. mit Goldschn. 1 20

Lavater, Joh. Casp., sämmtliche Werke. 1—4. Bd., 5. Bd. 1. u. 2. Lfg. u. 6. Bd. 1. u. 2. Lfg. (od. 1—16. Lfg.) gr. 8. Augsburg, [Kreuzer u. Comp.]
A. u. d. Titln.:
Bd. 1—4. Jesus Messias. Od.: Evangelien u. Apostelgesch. in Gesängen. 4 Bde. (84¼ B.) 834—37. 3 Thlr.
" 5. (1. u. 2. Hft.) Jesus Messias, od. d. Zukunft d. Herrn. Nach d. Offenbarung Johannes. (10 B.) 838. 12 Gr.
" 6. (1. u. 2. Hft.) Biblische Dichtungen u. Gemälde. (11 B.) 838. 12 Gr.

– s.a. Wort e. freien Schweizers.

Lavater, J[ohann] C[aspar]. Ein Wort eines freyen Schweizers an die französische Nation, über das Betragen derselben gegen die Schweiz. 4. In der Schweiz. September 1798.

– Worte des Herzens

—— dass. — s.a. Universal-Bibliothek.

— Worte des Herzens für Freunde der Liebe und des Glaubens. Herausgeg. v. C. W. v. Hufeland. gr. 12. Berl. 825. Dümmler. 12 gr

— Worte des Herzens. Für Freunde der Liebe u. des Glaubens. Herausgeg. von C. W. Hufeland. 3e Aufl. 8. Berlin 836. Dümmler. 1/2 rf

— Worte des Herzens. Für Freunde der Liebe u. des Glaubens. Herausgeg. von C. W. Hufeland. 4. Aufl. gr. 12. Berlin 842, Dümmler. 1/2 rf

—— Worte des Herzens. Für Freunde der Liebe und des Glaubens. Hrsg. von C. W. Hufeland. 5. und 6. Aufl. 1848 –50. und 7. und 8. Aufl. 8. (VIII und 115 S. mit Portr. in Stahlst. und 1 Stnt.) Berlin 852, Dümmler's Vrlgsb. *

—— Worte des Herzens. Für Freunde der Liebe und des Glaubens. Hrsg. von C. W. Hufeland. 9. Aufl. 16. (VIII und 134 S.) Berlin 855, Dümmler's Verlag. *

Lavater, Joh. Casp., Worte des Herzens. Für Freunde der Liebe und des Glaubens. Hrsg. von C. W. Hufeland. 10. Aufl. Mit einer biograph. Einleitung von A. Krummacher. (Prachtausg.) gr. 8. (LVIII und 109 S. mit Portr. in Stahlst. und lithochrom. Titel.) Berlin 856, Dümmler's Verlag. Thlr. *

—— Worte des Herzens. Für Freunde der Liebe und des Glaubens. Hrsg. von C. W. Hufeland. 11. Aufl. 1857. und 14. Aufl. 16. (VI und 134 S.) Berlin 859, Dümmler's Verlagsb. * geb. *

—— dass. — 12. Aufl. Ausg. für die Schweiz. 16. (… S. mit Lavater's Portr. in Kpfrst.) Ebendas. 858. geb. *

—— dass. — 13. Aufl. gr. 16. (VIII und 114 mit Portr. in Stahlst. und 1 Stnt.) Ebendas. 858. geb. *

—— dass. — 15. Aufl. Prachtausg. gr. 8. (… S. mit einer biograph. Einleitung von A. Krummacher, Lavater's Portr. in Stahlst. und Farbendrucktitel.) Ebendas. 860. geb.

—— dass. — 16. Aufl. 16. (VIII und 134 S.) Ebendas. 861. * geb. *

—— Worte des Herzens. Für Freunde der Liebe und des Glaubens. Hrsg. von C. W. Hufeland. 17. Aufl. gr. 16. (VI und 114 S. mit Portr. in Stahlst., 1 Stnt. und 1 Facs. in Stahlst.) Berlin 862, Dümmler's Verlag. geb. mit Goldschn. *

— Worte des Herzens. Für Freunde der Liebe u. des Glaubens. Hersg. von C. W. Hufeland. 19. Aufl. Berlin 865. Dümmler's Verl. 16. (VI, 134 S.) n. 10 ngr; geb. mit Goldschn. n. 20 ngr

—— dass. — (Prachtausg.) 20. Aufl. gr. 8. (LVIII und 109 S. mit Portr. in Stahlst. und chromolithogr. Titel.) Ebendas. 866. geb. mit Goldschn. *

—— dass. — 16. (V und 118 S. mit Titelbild. in Holzschn.) Berlin 868, C. Müller. * 9 Ngr.; geb. * geb. mit Goldschn. *

— — 21. u. 22. Aufl. Ebend. 868, 69. 16. (VIII, 134 S.) n. 10 ngr; geb. mit Goldschn. u. Portr. in Stahlst. n. 20 ngr

—— Worte des Herzens. Für Freunde der Liebe und des Glaubens. Hrsg. von C. W. Hufeland. 22. Aufl. (VIII, 143 S.) 1870. geb. * M 1., und 23. Aufl. 16. (VIII, 134 S.) Berlin 874, Dümmler's Verlag. geb. * geb. mit Goldschn. *

—— Worte des Herzens. 2. Aufl. 16. (VII, 118 S.) Halle 872, Gesenius. geb. * geb. mit Goldschn. *

—— dass. — gr. 16. (IV, 134 S.) Bremen 875, [Kühtmann und Comp.] Fischer. * geb. mit Goldschn. *

Lavater, J. C., Worte des Herzens. Für Freunde der Liebe und des Glaubens. Hrsg. von C. W. Hufeland. 24. Aufl. gr. 16. (VI, 114 S. mit 1 Stahlst.) Berlin 876, Dümmler's Verlagsb. geb. mit Goldschn.

—— dass. — 3. Aufl. 16. (IV, 108 S.) Halle 876, Gesenius' Verlag. geb. * geb. in Reliefbd. mit Goldschn. *

—— dass. — 25. Aufl. 16. (VIII, 134 S. mit 1 Stahlst.) Ebendas. 878. geb. mit Goldschn. *

—— dass. — 12. (IV, 134 S.) [Bremen 881.] Norden, Fischer Nachf. geb. mit Goldschn. * 2 50

—— Worte des Herzens. Für Freunde der Liebe und des Glaubens. Hrsg. von C. W. Hufeland. 26. Aufl. Mit dem Bildnisse Lavaters in Stahlst. 16. (VI, 134 S.) Berlin 882, Dümmler's Verlagsb. geb. mit Goldschn. * 1 50

—— dass. — 12. (III, 90 S.) [Leipzig 882, Pfeil.] Regensburg, Coppenrath. * M 1.; geb. * 1 50

—— dass. — 4. und 5. Aufl. 12. (IV, 108 S.) Halle 884, Gesenius. geb. * M 1,50.; geb. mit Goldschn. * 2 —

— dasselbe. Hrsg. v. C. W. Hufeland. 27. Aufl. 12. (142 S. m. Bildnis.) Gütersloh 888. C. Bertelsmann. Geb. in Leinw. n. 1. 20; m. Goldschn. n. 1. 50

—— Worte d. Herzens. 6. Aufl. 12. (IV, 116 S.) Halle 889, Gesenius. geb. * 1 50; in Reliefbd. m. Goldschn. * 2 —

—— dass. — Für Freunde der Liebe u. d. Glaubens. Hrsg. v. C. W. Hufeland. 1. u. 2. Aufl. gr. 16. (100 S.) Lpz. 889,92, Verlags-Institut. geb. in Leinw. 1 25

—— dass. — Neu hrsg. u. m. e. Einleitg. versehen v. Adf. Kohut. 12. (XVI, 110 S.) Lpz. 890, Fock. geb. m. Goldschn. * 1 20

Lavater, J. C. Worte des Herzens. 5. A. In-8°. Halle, Gesenius. 1893 gbdn. 2 — mit Goldschn. 2 70

— Worte des Herzens. Für Freunde der Liebe u. des Glaubens. Hrsg. v. C. W. Hufeland. 16. (126 S.) Leipzig 894. W. Fiedler. Geb. m. Goldschn. n. 1. 20

— dasselbe. gr. 16. (176 S.) Stuttgart 896. Greiner & Pfeiffer. Geb. in Leinw. m. Goldschn. n. 2. —

— dasselbe für Freunde d. Liebe u. d. Glaubens. Hrsg. v. C. W. Hufeland. 16. (VI, 144 S. m. Bildn.) Reutlingen 897. Fleischhauer & Spohn. Geb. in Damast m. Goldschn. 1. 50

— Worte d. Herzens. 7. Aufl. 12. (IV, 116 S.) Halle 898. H. Gesenius. Geb. in Leinw. m. Goldschn. n. 2. —

— dasselbe, s.a. Bibliothek der Gesamtlitteratur.

Worte des Herzens von J(ohann) C(aspar) **Lavater**. Für Freunde d. Liebe u. d. Glaubens. Hrsg. von C(hristoph) W(ilh.) Hufeland. Mit e. biogr. Einl. von C[arl] Werckshagen. Mit e. Bilde d. Verf. *Halle a. d. S.: O. Hendel (1900).* (98 S.) 8° [F.]
= **Bibliothek** d. Gesamtlitteratur d. In- u. Auslandes. No 1356. 1357.
[oo. 9875

Lavater, J. C., Worte des Herzens. Für Freunde der Liebe u. des Glaubens. Hrsg. v. C. W. Hufeland. 3. u. 4. Aufl. 12. (à 100 S.) Leipzig (900). Verlags-Institut. Geb. in Leinw. n. 1. 25

Lavater, J(ohann) C(aspar). Worte des Herzens. Für Freunde der Liebe und des Glaubens. Hrg. von C[hristoph] W[ilhelm] Hufeland. 3.—4. Tausend. [Mit illustriertem Umschlag.] 176 S. 8. Stuttgart, Greiner & Pfeiffer, [1902]. [geb. M. 2. —]
1.–2. Tausend dieser Stuttgarter Ausg. ersch. 1895.

— **Worte Jesu, zusammen geschr. v. e. christlichen Dichter. 1s bis 10s Hundert. .. Zürich, (Steiner in Winterth.) 1 ℛ**

— **Worte väterlicher Liebe an Anna Louise Lavater, auf das heil. Osterfest 1796, als sie das erste Mal zum Tische des Herrn ging. Zusammengeschrieben in der Charwoche 1796. Gotha 858. F. A. Perthes. 16. (VII, 86 S.) n. 20 ngr.**

— **s. Züge aus d. Bilde des verewigten Lavater.**

— **Zürich am Ende des 18ten Jahrh. (Ein Gedicht.) Mit 1 Kpf. gr. 4. Zürich 800. Orell. 1 ℛ 4 gr**

Lavater, Joh. Rud., Zürich: Dissertatio inauguralis medica de natura crisium in febribus acutis.
Basel, Med. Diss. 1775

Lavater, Joh. Rud., Zürich: Nosographiae anhelantium pars posterior inauguralis.
Basel, Med. Diss. 1715

— **Johs.** (Zürich), De aequivalentibus quae surrogata vulgo dicuntur. Göttingen (J. C. Baier) 29. VII. 1811. (3.20) 20622

***Lavater*, J., analecta nonnulla de aequivalentibus, quae surrogata vulgo dicuntur. 4. Götting. 811. Brose. 5 gr**

Lavater, Josef Caspar, s. Lavater, Johann Kaspar

Lavater, Karl

[Lavater, Carl.] (Diethelm Lavater Med. Dr geb. 5. Octbr. 1743, gest. 4. März 1826. [Mit 1 Porträt-Tafel.]) Njbl. Waisenh. Zürich 1852. 4. [Zürich.]

[Lavater, Carl.] (Johann Heinrich Rahn, Med. Doct. Geb. 1749. Gest. 1812. [Mit 1 Porträt-Tafel.]) Njbl. Chorh. Zürich 1836. 4. [Zürich.]

Lavater, L. De Ritibus et Institutis Ecclesiae Tigurinae opusculum . . . Tiguri 1702. H: *Otte, Joh. Bapt.* (BrMm)

Lavater, Lukas, der metrische Scheibchenrechen-Apparat. Den Denkgesetzen entsprechend construirt. 8°. (33 S.) Laibach, Kleinmayr & Bamberg. fl. —.40.
1887

Lavater, P. C., vermischte Gedanken u. Räthe d. Freundschaft. Taschenform. 12. Landsh. Krüll. 813.

Lavater-Ausstellung 1901. [4 Ansichts-Postkarten, in 1 Couvert mit Lavater's Porträt.] 8. (Zürich, Polygraphisches Institut A.G.) [fr. —. 50]

Lavater-Ausstellung zum Gedächtnis von Johann Caspar Lavater ⟨1741—1801⟩ veranstaltet von der Stadtbibliothek Zürich im Commissionssaale des Stadthauses 5.— 19. Mai 1901. Katalog. 38 S. 8. Zürich, Berichthaus, 1901. [fr. —.60]
2. Aufl. 39 S. 8. 1901. [fr. —. 60]

Lavaters, s. Lavater.—

Lavaudère, J. de

VAUDÈRE, J. de la, Die Courtisanen Brahmas. (190*.) (Mk. 3 = Kr. 3,60, W. Schindler, Pressburg, 1910.)

— — Indische Liebesgeheimnisse. Aus d. Französ. von V. Ribberg. Budapest 1902. 8°. (Mk. 3—.) (1 Mk. 50 Pfg. M. Glogau jr., Hamburg, 1908.)

Vaudère, J. de la, Die Stadt des Lächelns. Ein japanischer Freudenmädchen-Roman. (190*.) (Mk. 3— = Kr. 3,60.)
Offerirte Schindler in Preßburg 1909.

Lavaux, Johs. Franc. de (Culliacensis), De salibus. Präs. J. P. de Crosa. Bern (typogr. acad.) 1722. 59 S. (5.—) 20624
Gew.: Eman. Willading.

Lavaux, M., über die Anästhesierung der Nieren u. oberen Harnwege. (8 S.) gr. 8. Leipzig 905. Verlag der Monatsschrift f. Harnkrankh. n. — 60
Sonderabdruck aus: „Monatsschr. f. Harnkrankh."

Lave, C. D., neue prakt. franz. Sprachlehre in Frag. u. Antw. gr. 8. Weimar, Hoffmann. 808. gebund.

Laveaux, voyez Veaux, de la.

La Veaux, Jean Charles Thiébault de

— **l'art de penser. gr. 8. Berl. 784. Wever. (Sander). 18 gr**

***de Laveaux*, J. C., cours théorique et pratique de Langue et de Littérature Française. Ouvrage entrepris p. ordre du roi. III Tomes. gr. 8. Berl. 797. Wever. (Sander). 2 ℛ 16 gr**

— **de la Critique de quelques Auteurs Français qui écrivent en Allemagne. gr. 8. Berl. 787. Wever. (Sander). 16 gr**

— **défense de l'Abbe Raynal et de Borelly etc. gr. 8. Berl. 783. (Küchly). 8 gr**

— **Dictionnaire français-allemand et allemand-français à l'usage des deux nations. 3e Aufl. revue pr. J. D. Grandmottet et Th. Berndt. IV Vols. gr. 8. Braunschw. 807. Vieweg. 5 ℛ Holl. P. 8 ℛ 12 gr**

— s. Essais philosophiques.

***de Laveaux*, J. C., Frédéric II., Voltaire, Jean Jaques Rousseau, d'Alembert et l'Académie de Berlin. 8. Paris 789. (Treuttel u. W. in Strassb.) 20 gr**

— **philosophisch-historisch-moralische Gemälde. . Thl. 8. Berl. 783. Maurers B. 10 gr Dass. französ. s. unten *Tableaux*.**

(v. Laveaux, J. Ch. Thiéb.) Geschichte Peters III., Kaisers von Russland. A. d. Französ. 3 Bde. 8. Leipzig 1798.

— s. Histoires de la bible.

— leçon de langue française. 8. Berl. 782. Rottmann. 6 gr

— leçon méthod. de langue franç., pour les Allemands. VIII. Parties. gr. 8. Tübing. 790. (Osiander). 3 rthl 12 gr

— lettres sur la vie de Frédéric II. III Vols. 8. Strassb. 789. Treuttel u. W. 2 rthl 8 gr gr. 8. 3 rthl 8 gr

— le maitre de langue ou remarques instructives sur quelques ouvrages français écrits en Allemagne. 8. Berl. 783. Wever. (Sander). 16 gr

La Veaux, Jean Charles Thiébault de.

Ländliche Nächte; a. d. Franz. Berlin 1784. Ü: *Mylius, Wilhelm Christhelf Siegmund.* (Ky) (MGT)

— die ländlichen Nächte; aus d. Französ. (v. W. C. S. Mylius). 8. Berl. 784. Wever. (Sander). 12 gr

— les nuits champetres, av. 4 fig. 8. Berl. 784. N. A. 794. Himburg. (Reimer; a. Dyck in Leipz.) 1 rthl

— s. Principes, les vrais, de la lang. franç.

— Französische Sprachlehre für die Deutschen nach Wailly, s. *Wailly.*

— tableaux philosophiques, historiques et moraux. Tom. I. P. 1. 8. Berl. 783. Maurers B. 10 gr

— methodischer Unterricht in der französ. Sprache, worin Alles enthalten, was erfordert wird, diese Sprache zu lehren u. zu lernen. 4 Thle. (1r u. 2r Thl. übersetzt v. Chr. Fr. Kausler) 8. Berl. 787—90. (Köchly). (I. 1s: Elementarbuch in 4 Thln. 1 rthl 8 gr II. 2s: Elementarbuch. 1r u. 2r Thl. 16 gr III. IV. 2s: Elementarbuch. 3r u. 4r Thl. 16 gr) 2 rthl 16 gr

— vie de Frédéric II. VII Vols. gr. 8. Paris 789. 790. (Treuttel u. W. in Strassb.) 8 rthl in 12. 5 rthl in 8. 8 rthl kl. 8. 2 rthl 8 gr

Lavedan, Henri, das Bett. (15 Dialoge.) Aus dem Franz. übers. v. Ludw. Wolff. Mit Illustr. v. Hugo Scheyrer. 1—5. Taus. (279 S.) kl. 8. Wien 905. Wiener Verlag. n. 2. —; geb. n.n. 3. —

LAVEDAN, Henry. Das Bett. 15 Dialoge. Aus dem Französischen überſetzt von Ludwig Wolff. Mit Illuſtrationen. Wien und Leipzig, Wiener Verlag, 1905. 8°. 279 S. und 5 S. Inſerate.
Verb. d. Ldg. Breslau 7. J. M. 444/10.

Lavedan, Henri, aber die Jugend . . ., (Le bon temps.) Roman. Einzig berecht. Überſetzg. (391 S.) 8. Berlin 907. Schuſter & Loeffler. 4.—; geb. 5. —

— Mamsell Tugendspiegel, s.: Bibliothek berühmter Autoren.

Tres comedias de Alonso de **la Vega**. Con un prólogo de D. Marcelino Menéndez y Pelayo. Dresden: Gesellsch. f. roman. Lit. 1905. (XXX, 110 S.) 8°
— **Gesellschaft** f. romanische Literatur. Bd 6. [6. 5893

La Vega, Ynka Garcilasso de.

Ferdinand von Soto oder der erste Kriegszug der Spanier durch Florida . . . ins Teutsche übersetzt. Nordhausen 1785 . . . Ü: *Böttger, Gottfried Conrad.* (ML)

Laveleye, Emil v., die Balkanländer. Ins Deutsche übertr. von E. Jacobi. 2 Bde. gr. 8. (XVI, 397; XXVIII, 380 S.) Leipzig 888, Reissner. à Bd. * M 7.50. *

Laveleye, Emile de, des causes actuelles de guerre en Europe et de l'arbitrage. gr. 8. (IV, 276 S.) Bruxelles 873. Muquardt. n. 7. 50

Laveleye, Emile de, Demokratie und Sozialpolitik. Rede, gehalten am 8. Mai 1878 in der öffentl. Sitzung der philosoph. Klasse der königl. belg. Akademie. Autoriſ. Ueberſ. von Karl Bücher. 8. (32 S.) Eiſenach 878, Bacmeiſter. *

— die Doppelwährung! Vom Verf. durchgeseh. Ausg. gr. 8. (39 S.) Nördlingen 876. Beck. n. — 80

Laveleye, Emil de, die Geld- u. Handels-Krisen. Aus dem Französ. Kassel 865. Freyschmidt. 8. (81 S.) n. 10 ngr.

Laveleye, Emile de, der wahre Grund der seit 1873 bis jetzt anhaltenden wirthschaftlichen Krisis und das einzige Mittel zu ihrer Heilung. Uebers. durch Otto v. Bar. gr. 8. (91 S.) Berlin 881, Puttkammer und Mühlbrecht. 1 20

—— der Grund der Werthschwankungen zwischen Gold und Silber, s. Schriften des deutschen Vereins für internationale Doppelwährung.

Der Grund der Werthschwankungen zwischen Gold und Silber. Von Émile de **Laveleye**, übers. von Otto v. Bar. (Vorr.: Otto Arendt.) Berlin: Walther & Apolant 1882. (26 S.) 8° [F.]
— **Schriften** d. Deutschen Vereins f. internat. Doppelwährung. H. 1. [6. 4916

Laveleye, Emile de, der Luxus. Aus dem Franz. übers. v. Eugenie Jacobi. 8. (55 S.) Neuwied 893. A. Schupp. n. — 50

— die clerikale Partei in Belgien. Autoriſ. Ueberſetzg. gr. 8. (42 S.) Bonn 875. Neuſſer. n. — 50

—— die socialen Parteien der Gegenwart. Nach der 2. Aufl. des Originals und mit Autoris. des Verf. unter Mitwirkung von K. Th. Eheberg ins Deutsche übertr. von Meinh. Eheberg. gr. 8. (IV, 397 S.) Tübingen 884, Laupp'sche Buchh. * 4 —

— Proteſtantismus u. Katholizismus in ihren Beziehungen zur Freiheit u. Wohlfahrt der Völker. Autoriſ. deutſche Ausg. m. Vorwort v. J. C. Bluntſchli. gr. 8. (IX, 55 S.) Nördlingen 875. Beck. n. 1. 20

— das Recht u. die Sittenlehre in der Volkswirtschaft. Aus dem Franz. übers. v. Eugenie Jacobi. 8. (31 S.) Ebd. 893. n. — 30

Laveleye, Emile de, der Socialismus der Gegenwart, s. Bibliothek d. Gesamtlitteratur d. In- u. Auslandes.

— Der Socialismus der Gegenwart. Mit einem Anhange: Der Socialismus in England von G. H. Orpen. Uebers. von Chr. Jasper. (Bibliothek der Gesamtlitteratur des In- und Auslandes, Heft 825—829.) 8°. Halle 1895.

—— das Ureigenthum. Autoris. deutsche Ausg., hrsg. und vervollständigt von Karl Bücher. gr. 8. (XXX, 535 S.) Leipzig 879, Brockhaus. *

—— das Wesen des Geldes, s. a. Schriften des deutschen Vereins für internationale Doppelwährung.

Das Wesen des Geldes von Emile de Laveleye. Uebers. von Otto v. Bar. Berlin: Walther & Apolant 1883. (37 S.) 8° [J.]
= Schriften d. Deutschen Vereins f. internat. Doppelwährung. H. 9.

—— dass. — Uebers. von Otto v. Bar. 2. bill. Aufl. gr. 8. (37 S.) Berlin 888, Walther und Apolant. — 50

—— die neuen Ziele der Nationalökonomie und der Socialismus. Autoris. Uebersetzung. gr. 8. (36 S.) Leipzig 875, Quandt und Händel. *

—— die religiöse Zukunft der civilisirten Völker. Deutsche autoris. Ausg. 8. (36 S.) Nördlingen 876, Beck'sche Buchh. *

Laveling, Heinrich von [Praes.], s. Reindl, Franziskus: De Psoitide seu Inflammatione Musculi Psoae.

Bemerkungen zur stadttrierer Mundart. Den Mitgl. d. Ver. f. Denkmalpflege u. Heimatkunde 1909 gewidm. von Pfarrer [Hermann] Laven u. Verleger Koch. Trier: Koch 1909. 15 S. 8°

Laven, H., der Trierer Dom u. seine Vergangenheit. Für die reifere Jugend zur Erweckg. d. Kunstverständnisses. gr. 8. (76 S. m. Abbildgn.) Münster 894. A. Russell. n. 1. 80; geb. n. 2. 30

Laven, Herm. Jörg v. Falkenstein. Ein histor. Gedicht. 12. (289 S.) Trier 889, Paulinus-Druckerei. geb. m. Goldschn. * 5 —

— Konstantin der Grosse u. das Zeichen am Himmel. gr. 8. (31 S.) Trier 902. F. Lintz. n. — 50

— das Kreuz an der Lahn. Schauspiel in 3 Aufzügen. Mit Musikbeilagen. gr. 8. (19 u. 4 S.) Frankfurt a/M. 891. Berlin, B. Weber. n. — 80

—— König Olaf, s. Theater, kleines.

—— Katechetische Skizzen, s. Hower, J.

Laven, Herm., Wiederholungs-Büchlein für Erstkommunikanten. 12. (IV, 144 S.) Trier 885, Paulinus-Druckerei. *

Am Zauberborn. Gedicht von Hermann Laven. Leipzig [1898]: C. G. Naumann. (97 S.) 8° [Umschlagt. J.]

Laven, Ludwig, Medizinalprakt.: Aus der Kgl. chir. Klinik. Zur Frage der Blutungen aus gesunden Nieren. Kiel 1907: Fiencke. 41 S. 8°
Kiel, Med. Diss. v. 26. Sept. 1908, Ref. Heller
[Geb. 31. Okt. 81 Trier; Wohnort: Trier; Staatsangeh.: Preußen; Vorbildung: Friedrich-Wilhelms-Gymn. Trier Reife O. 02; Studium: Bonn 1, München 2, Freiburg i. B. 3, Berlin 2, Kiel 2 S.; Coll. 1. Nov. 07; Approb. 1. Aug. 08.] [U 09. 2277

Laven, Ph., Gedichte in trierischer Mundart. Mit angehängtem Glossar. gr. 16. (XXXVII und 291 S.) Trier 858, Lintz' Verlag. *

Laven, Ph., Guide de l'étranger à Trèves, s. Guide.

— s. König Orendel von Trier.

Laven, Ph., kleine Lieder. Enthalt. Gebete u. Betrachtungen f. Kinder. (Mit Illustrationen.) kl. 8. (Mit Titel in Gold- u. Farbendr.) Trier 845, Lintz. geb. n. 24 ngr

Laven, Ph., Octona. Achtzeilige Lieder. Trier 858. (Lintz.) 16. (126 S.) n. 15 ngr

— die kirchliche Tradition vom h. Rocke, mit Rücksicht auf die histor. Untersuchung der HH. Dr. Gildemeister und Dr. v. Sybel, durch noch lebende Volkssagen u. durch das altdeutsche Gedicht vom Grauen Rock in Schutz genommen. gr. 16. Trier 845, Lintz. 1/3 ₰

Laven, Ph., Trier u. seine Umgebungen in Sagen u. Liedern. Mit Bemerkungen über die Quellen dieser Sagen. 16. (XXII u. 325 S.) Trier 851, Lintz. n. 5/6 ₰

Der rhetorische Cursus. Eine Anleit. z. Erlernung v. Vorträgen u. e. Hülfsbüchl. f. die Leiter von rhetor. Cursen von Richard Laven. *Essen-Ruhr: Organ f. d. Windhorstbund 1900.* (31 S.) 8° [J.]

Laven, Rich., der rhetorische Cursus. Eine prakt. Anleitg. zur Erlerng. v. Vorträgen u. e. Hülfsbüchlein f. die Leiter v. rhetor. Cursen. 8. (31 S.) Essen 900. (H. Bos.) n. — 40

Lavendel, C., mexikanische Nächte. Die Banditenbraut. Mexikanische Rache. Die Liebenden v. Hermosillo. gr. 8. (III, 104 S.) Hamburg 894. C. Heyle. n. 1. —

Laver, J.

— — Mauerwerks-Sprengungen mit Dynamit u. Pulver. Mit Taf. Wien 1873. 93 S.

— — Zerstörung von Felsen in Flüssen. Mit 1 Atl. Wien 1892. 137 S.

Um einen Augenblick der Lust. Ein Frauenbuch f. Männer. Hrsg. von Dr. Maria Lavera. Berlin & Leipzig: Schuster & Loeffler 1910. 244 S. 8°

de Lavergne, Alex., der Börsenspeculant. Nach dessen „Un gentilhomme d'aujourd'hui“ von G. F. W. Rödiger. 2 Thle. 8. (164 u. 165 S.) Leipzig 847, Hartleben. 24 ngr (siehe auch: Lese-Cabinet, 73—76. Lfa.)

— die Circassierin, s.: Novellen-Sammlung, 23—27. Bdchn.

v. Lavergne, Alex., das Geheimniß der Beichte und: Der Zerstreute. Uebersetzt von Fanny Tarnow. kl. 8. Leipzig 841, Kollmann. 1 3/8 ₰

— die Fürstin Orsini oder der erste Bourbon in Spanien. Histor. Roman aus den Zeiten Ludwigs XIV. Nach dem Französ. v. Heribert Rau. 2 Bde. 8. Frankfurt a/M. 845, Oehler. 2 1/2 ₰

Lavergne, Alexandre de
Die Fürstin Orsini ... [Bearb.]
s. a. Rau, Heribert: Die Fürstin Orsini ... 1849.

— die Fürstin Orsini od. der erste Bourbon in Spanien. Histor. Roman aus den Zeiten Ludwig's XIV. Nach dem Franz. von Heribert Rau. 2 Bde. (Neue Titel-Ausg.) 8. (470 S.) Frankfurt a. M. (845) 849, Oehler. n. 1/2 ₰

— Schwert u. Feder, u. der Graf von Mansfeld. Zwei Erzählungen. Uebersetzt von Fanny Tarnow. kl. 8. Leipzig 841, Kollmann. 1 3/8 ₰

— der Unbekannte. Uebers. von Fanny Tarnow. 2 Thle. 8. Ebend. 844. 2 1/4 ₰

Vergne, J. de la. Nouvelle fortification imprenable par force d'armes. (Mit 1 Taf.) Vienne 1700. 124 S.

Lavergne, Mme Julie, Fantaisie tourangelle. Pauvre Jacque, hrsg. v. Bertha Schmidt, s.: Prosateurs français.

Lavergne, Julie, 4 nouvelles m. Anmerkgn. v. F. Mersmann, s.a. Schülerbibliothek, französische.

Quatre nouvelles par Julie **Lavergne**. Mit Anm. z. Schulgebr. u. e. Wörterbuch versehen von F. Mersmann. Paderborn: F. Schöningh [1907]. 3 Bde 8°
— **Schülerbibliothek**, Französische. Bdch. 6. [illegible]

Lavergne, Louis Elisabeth de: Geschichte

— — des Sonnenritters, seines Bruders Rosiklair, und ihrer Nachkommenschaft. Aus d. Französ. (des *Louis Elisabeth de Lavergne*, Comte *de Tressan*, z. Theil übers. von Wilh. Christhelf Sigm. Mylius). 2 Bde. Leipzig 1781—83. 8°. 7 Bll., 1122 S. (Mindestgebot 3 Mk., R. Zinke's Dresdener Juni-Auct. 1908, no. 2131; 6 Mk. 50 Pfg., schönes Expl., Frdr. Klüber, 1908.)
Das Original ist spanisch. Am Schlusse jeden Bandes Tabelle der merkwürdigsten Personen. — Fehlt im Anon.-Lex.

Lavergne-Peguilhen, M. v., Grundzüge d. Gesellschaftswissenschaft. 1. u. 2. Thl. gr. 8. Königsberg, Bon. à *
N. u. d. Ttln.:
Thl. 1. Die Bewegungs- u. Productionsgesetze. Ein staatswirthschaftl. Versuch. (24 B.) 838.
- 2. Die Kulturgesetze. 1. Abthl. Die allgem. Kulturgesetze u. d. Gesetze d. sinnl. Kultur. (24 B.) 841.

Lavergne-Peguilhen, M. v. Die Landgemeinde in Preußen. Königsberg in Pr., Gebr. Bornträger 1841. X 131 S. 8.

Lavergue Pegulhen: „Die Landgemeinden in Preussen", Königsberg 1840 (Bornträger).

v. Lavergne-Peguilhen, M., der Liberalismus u. die Freiheit. gr. 8. Königsberg 846, Tag u. Koch. n. 2/3 ℛ

Lavergne-Peguilhen, M. v., Schleswig-Holstein. Social-politische Studien. Berlin 866. Schulze's Buchh. gr. 8. (XII, 171 S.) n. 1 ℛ

Lavergne-Peguilhen, M. v., die conservative Sociallehre. Mittelst Erörterung von Tagesfragen erläutert. 1. und 2. Heft. gr. 8. Berlin, F. Schulze's Buchh. *
Inhalt:
Heft 1. Die Concurrenz und die Gliederung der Staaten. (XI, 108 S.) 868. *ℳ 1,50.
- 2. Die organische Staatslehre. (XII, 141 S.) 870. *ℳ 2,25.

Lavergue-Peguilhen, M. v., sozialpolitische Studien. Berlin 863. F. Schneider. gr. 8. (XI, 174 S.) 1 ℛ

—— socialpolitische Studien. gr. 8. (XI und 174 S.) Berlin 863, [Weber.] 1 Thlr.; ermäß. Preis *

— Sozialpolitische Studien. **gr. 8°. Berlin, F. Schneider, 1863.**
1. Physiologie der Gesellschaft. 2. Frankreich. 3 Kurland. 4. Preussen. 5. Die Socialpolitik.

Socialpolitische Studien über Schleswig-Holstein. (Von v. **Lavergne-Peguilhen.**) 8°.
1. Allgemeiner Th. Separat-Abdruck aus dem November-Heft der Glaser'schen Jahrbücher für Gesellschafts- und Staats-Wissenschaften. Berlin. 1864.

Lavergne-Peguilhen, v., die Verwendbarkeit des Luftballons in der Kriegführung, s.a. Beiheft zum Militär-Wochenblatt.

Lavergne-Peguilhen. Die Verwendbarkeit des Luftballons in der Kriegführung. Vortrag, gehalten im März 1885. Beihft. z. „Milit.-Wochenblatt". — Berlin 1886.

Laverrenz, C., die Medaillen und Gedächtniszeichen der deutschen Hochschulen. Ein Beitrag zur Geschichte aller seit dem XIV. Jahrh. in Deutschland errichteten Universitäten. 1. Tl. gr. 8. (XII, 493 S. mit 8 Ansichten und 16 Taf. Medaillenabbild. in Lichtdr.) Berlin 885, Mittler und Sohn. *
—— dass. — Ein Beitrag zur Geschichte der Universitäten Deutschlands. 1. Tl. 2. (Titel-)Aufl. gr. 8. (XII, 493 S. mit 8 Ansichten und 16 Taf.) Berlin 887, Laverrenz. *
—— dass. — 2. Tl. gr. 8. (XIII, 165 S. mit 24 Ansichten und 42 Taf.) Ebendas. 887. *

Laverrenz, C, zwei Wanderungen durch das nördliche Afrika. Aegypten. Algerien. gr. 8. (IX, 172 S.) Berlin 891. E. S. Mittler & Sohn. n. 3.—; geb. in Leinw. n.n. 4.—

Laverrenz, Vict., der Afghanen-Spion. (Dschassus-i-Afghani.) Kulturhistorische Erzählg. aus Zentral-Asien. Illustriert v. Adf. Wald. (III, 592 S.) gr. 8. Erfurt (906). Berlin, F. Kirchner. Geb. in Leinw. 6. —

Prinz Heinrichs Amerika-Fahrt. Darstellung d. Reise d. Hohenzollern-Admirals. Schilderung von Land u. Leuten u. interessante Episoden aus d. Gesch. d. Verein. Staaten. Ein Gedenkbuch f. jung u. alt von Victor Laverrenz. Mit 4 Vollbild. u. 1 Deckelbild von Prof. Carl Saltzmann, sowie zahlr. anderen Ill. *Berlin: H. J. Meidinger [1902].* (257 S.) 8° [F.] [illegible]

Laverrenz, Vict., „auf der Back ist alles wohl!", s.a. Neufeld's Reisebibliothek.

[F.] 'Auf der Back ist alles wohl!' Marine-Humoresken v. Victor Laverrenz. *Berlin: Neufeld & Henius [1896].* (140 S.) 1 Bd 8.
= Reise-Bibliothek, Neufelds. Bd 26. [illegible]

Laverrenz, Vict., der Aufstand der Herero. Erzählung aus dem Ansiedlerleben in Deutsch-Südwest-Afrika. (64 S. m. Abbildgn.) schmal 8. Dresden-Niedersedlitz (904). H. W. Münchmeyer. — 20

— Balladen u. Lieder. (160 S. m. Abbildgn. u. Bildnis.) 8. Berlin (907). Verlagsanstalt „Kosmos". 2. —

Laverrenz, Vict., im Bann der Disziplin, s.a. Humor, deutscher.

[F.] Im Bann der Disziplin. Milit. Humoresken v. Victor Laverrenz... 5. Aufl. *Berlin: Neufeld & Henius [1895].* (124 S.) 1 Bd 8. [illegible]

Laverrenz, Vict., im Bann d. Disziplin. Militär. Humoresken. 6. Aufl. 8. (124 S.) Berlin 897. Neufeld & Henius. n. 1. —

Laverrenz, Vict., Burenstreiche, s.a. Fünfzig-Pfennig-Bibliothek, illustr. humoristische. 3.

Burenstreiche. Heitere Bilder aus Süd-Afrika. Von Viktor Laverrenz. Mehrfarbig ausgestattete, reich ill. Ausg. *Berlin-Schöneberg: W. Sommer [1901].* (122 S.) 8° [F.]
= 50-Pfennig-Bibliothek, Illustrierte Humoristische. Bd 3. [illegible]

— bei unseren China-Kriegern, s.a. Fünfzig-Pfennig-Bibliothek, illustr. humoristische. 4.

Bei unseren China-Kriegern. Lustige Feldzugs-Erlebnisse in Ost-Asien. Von Viktor Laverrenz. Mehrfarbig ausgestattete, reich ill. Ausg. *Berlin-Schöneberg: W. Sommer [1901].* (119 S.) 8° [F.]
= 50-Pfennig-Bibliothek, Illustrierte Humoristische. Bd 4. [02. 11735

— der kleine Cohn auf Reisen. Eine lust. Reise um die Erde. Mit zahlreichen Illustr. v. Ludw. Stutz. VI. Der kleine Cohn in Ost-Indien. (176 S.) 8. Ebd. (908). n. 1. —

Vergl.: Cohn, der kleine, auf Reisen.

Laverrenz, Vict. die Denkmäler Berlins u. der Volkswitz. Humoristisch-satir. Betrachtgn. m. Federzeichngn. v. Gust. Brandt. 8. (38 S.) Berlin 892. J. L. V. Laverrenz. n. 1. 50

— dasselbe. 2. Aufl. 8. (117 S.) Ebd. 893. n. 1. —

— die Denkmäler Berlins im Volksmunde. Humorist. Plaudereien. M. Illustr. v. Max Uecke. 1. Zehntaus. 8. (XI, 97 S.) Berlin 897. H. Steinitz. n. 1. —

[F.] Die Denkmäler Berlins im Volksmunde. Humor. Plaudereien v. Victor Laverrenz. M. Ill. v. M. Uecke. 1. Zehn-Tausend. *Berlin: H. Steinitz [1898].* (97 S.) 1 Bd 8. [98. 3169

— die Denkmäler Berlins im Volksmunde. Humoristische Plaudereien. 2., stark verm. Aufl. Mit Illustr. v. Max Uecke. (112 S.) 8. Berlin (904). H. Steinitz. n. 1. —

— dasselbe u. d. Volkswitz. Humoristisch-satir. Betrachtgn. m. 54 Illustr. v. Gust. Brandt. 3., verm. Aufl. 8. (134 S.) Berlin 896. A. Hofmann & Co. n. 1. —

Die Denkmäler Berlins und der Volkswitz. Humorist.-satir. Betrachtungen von Victor Laverrenz. Neue Folge. Mit Ill. von G. Brandt u. L. Stutz. *Berlin: A. Hofmann & Co. 1900.* (120 S.) 8° [F.] [01. 1794

— die Denkmäler Berlins u. der Volkswitz. Humoristisch-satir. Betrachtgn., m. 54 Illustr. v. Gust. Brandt. 5. Aufl. 8. (134 S.) Berlin (900). A. Hofmann & Co. n. 1. —; geb. 1. 50

— dasselbe. Neue Folge. Der Sammlg. 3. Bdchn. Mit zahlreichen Illustr. v. Gust. Brandt. (III, 141 S.) 8. Ebd. 904. n. 1. —; geb. n. 1. 50

— die Denkmäler Berlins u. der Volkswitz. Humoristisch-satir. Betrachtgn., m. 54 Illustr. v. Gust. Brandt. (1. Bd.) 6. Aufl. (134 S.) 8. Berlin (906). A. Hofmann & Co. n. 1. —; geb. n. 1. 50

— neue Denkmals-Witze. M. Illustr. v. Max Uecke. 1.—6. Aufl. 8. (99 S.) Berlin 898. H. Steinitz. n. 1. —

— neueste Berliner Denkmals-Witze. Humoristisch-satir. Betrachtgn. 1—5. Taus. (112 S.) 8. Berlin (905). H. Steinitz. n. 1. —

— Deutschland zur See. Bilder aus dem deutschen Kriegsschiffleben. Mit e. alphabet. Namens- u. Sachverzeichnis u. 88 Illustr. v. R. Blumenau, F. Lindner, G. Martin u. a., sowie Aufnahmen nach der Natur v. Arth. Renard. gr. 8. (XI, 404 S.) Berlin (900). H. J. Meidinger. n. 6. 50; geb. n. 8. —
Erschien auch in 13 Lfgn. à — 50.

(B) — Deutschland zur See. 900. (KBB 32.) Jetzt: Berlin, Meidinger's Jugendschr.-Verl. Erm. Pr. 4. —

— Einjährigen-Liebe, s.a. Humor, Deutscher.

— dasselbe, s.a. Neufeld's Reisebibliothek.

— Einjährigen-Liebe. Militärische Humoresken. 2. Aufl. Mit vielen Illustr. von H. Albrecht u. G. Brandt. 8. (163 S.) Berlin 889. Laverrenz. n. 2. —

—— Einjährigen-Liebe. Militärische Humoresken. 2. Aufl. Mit vielen Illustr. v. H. Albrecht u. G. Brandt. 8. (163 S.) Ebd. 892. [* 2 —] * 1 —

— Einjährigen-Liebe. Militär. Humoresken. 3. Aufl. Mit vielen Illustr. v. H. Albrecht u. G. Brandt. 8. (148 S.) Ebd. 895. n. 1. —

— Einjährig-Unfreiwillig. Schwank in 3 Akten. (71 S.) 8. Berlin (909). E. Bloch. 3. —

—— der Flankierbaum. — Die erste Instruktionsstunde. Zwei Humoresken aus dem Soldatenleben. Lex.-8. (38 S. mit Zeichnungen von G. Brandt.) Berlin 887, Laverrenz. *

— frei weg!, s.a. Neufeld's Reisebibliothek. 25. Bd.

[F.] Frei weg! Militär. Humoresken v. Victor Laverrenz. *Berlin: Neufeld & Henius [1896].* (154 S.) 1 Bd 8.
= Reise-Bibliothek, Neufelds. Bd 25. [96. 7985

— s.: Grüsse aus Berlin u. Umgebung.

— unter deutscher Handelsflagge. Geschichte der deutschen Handelsflotte, ihre Stellg. im Weltverkehr, Entwickelg. der großen Reedereien u. Werften, Bilder aus dem Leben an Bord u. aus deutschen Hafenstädten. Mit 180 Illustr., darunter 2 Farbendr., 27 Vollbildern u. Beilagen. gr. 8. (236 S.) Berlin (902). H. J. Meidinger. Geb. in Leinw. n. 5. —

(B) — Unter deutsch. Handelsflagge. 902. (KBB 32.) Jetzt: Berlin, Meidinger's Jugendschr.-Verl. Erm. Pr. 3. —

—— das deutsche Heer in Einzeldarstellungen. 5 Lfgn. Fol. Ebendas. à Lfg. * *M* 1.—. *

Inhalt:

Lfg. 1. Die Ulanen. Zeichnung von H. Goetze. Mit Text von V. L. (6 S.) 887.
" 2. Die Kürassiere. Zeichnung von H. Goetze. Text von Herm. Vogt. (5 S. mit 1 Taf.) 887.
Lfg. 3. Das Regiment der Gardes du Korps. Zeichnung von H. Goetze. Text von Herm. Vogt. (4 S. mit 1 Taf.) 887.
" 4. Die Chevaulegers. Zeichnung von H. Goetze. Text von Emil Buxbaum. (14 S. mit 1 Taf.) 887.
" 5. Vogt, Herm., Kaiser Wilhelm und seine Paladine. (4 S. mit Portr. Sr. Maj. des Kaisers mit Facs.) 888.

— heiß auf Flagge u. Wimpel! Marine-Humoresken. 8. (III, 122 S.) Kiel 896. M. Liebscher. n. 1. —; erm. Pr. — 50

— Heiteres v. der Reichspost. Humoresken aus dem Postleben. gr. 8. (III, 113 S.) Berlin (902). Verlagsanstalt „Kosmos". 1. —

— Deutsches Herz u. deutscher Sinn. Ein Buch f. die Jugend. Mit 4 farb. Kunstblättern u. farb. Titelumschlag. (304 S.) 8. Leipzig 908. Teutonia-Verlag. Geb. 4. —

— auf d. „Hohenzollern", s.a. Fünfzig-Pfennig-Bibliothek, illustr. humoristische. 2. Bd.

Auf der 'Hohenzollern'. Marine-Humoresken aus d. Leben Kaiser Wilhelms II. Nach wahren Begebenheiten erzählt von Victor Laverrenz. *Berlin-Schöneberg: W. Sommer [1901].* (116 S.) 8° [F.]
= 50-Pfennig-Bibliothek, Illustrierte Humoristische. Bd 2. [02. 11733

— Humoresken aus dem Leben. 2. Aufl. v. „Nach der Natur". 3. u. 4. Taus. (111 S.) 8. Ebd. (904). 1. —

Laverrenz, Vict., s.: Hurrah! Soldatenstreiche aus Krieg u. Frieden.

— Jaczo, d. Wende. Histor. Schausp. in 3 Aufzgn. 8. (104 S. m. Bildn.) Berlin 898. Struppe & Winckler. n. 2. —

(B) — Jaczo, d. Wende. 898. (KBL. 30.) Jetzt: Berlin, Verlags-Anstalt „Kosmos". Erm. Pr. 1. —

[F.] Jaczo, der Wendenfürst. Histor. Schausp. in 3 Aufz. v. Victor Laverrenz. *Berlin: H. Steinitz (1896).* (104 S.) 1 Bd 8. [97. 5565

Laverrenz, V., e. Jahr im bunten Rock, s.a. Eckstein's humoristische Bibliothek.

—— Ein Jahr im bunten Rock. Militärische Humoresken. 5. Aufl. 8. (147 S.) Berl. 892, Laverrenz. * 1 —

— e. Jahr im bunten Rock. Militär. Humoresken. 6. Aufl. 8. (157 S.) Berlin 895. Neufeld & Henius. n. 1. —

Ein Jahr im bunten Rock. Militär-Humoresken von Victor Laverrenz. 14. Aufl. Mit zahlr. Ill. Berlin-Schöneberg: P. J. Oestergaard [1905]. (XIII, 222 S.) 8° [F.]
= Laverrenz: Militär- & Marine-Humoresken. Bd 1. [02. 2819

— Ein Jahr im bunten Rock. Militär-Humoresken. 1.—10. Taus. Mit Illustr. v. J. Bahr, Fritz Bergen, Gust. Brandt u. a. (III, 192 S. m. farb. Titelbild.) 8. Berlin (910). Verlagsanstalt „Kosmos". 1. —

— Infanterie u. Kavallerie, s.a. Neufeld's Reisebibliothek.

[F.] Infanterie und Kavallerie. Militär-Humoresken v. Victor Laverrenz. *Berlin: Neufeld & Henius [1896].* (151 S.) 1 Bd 8.
= Reise-Bibliothek, Neufelds. Bd 30. [96. 7986

—— Unter Kameraden, s.a. Humor, deutscher.

— unter Kameraden. Militärische Humoresken. 8. (120 S.) Berlin 894. Neufeld & Henius. n. 1. —

— unter Kameraden. Militär. Humoresken. 3. Aufl. 8. (120 S.) Ebd. 897. n. 1. —

Laverrenz, Vict., unter deutscher Kriegsflagge. Bilder aus dem Mannschaftsleben an Bord. Mit 64 Illustr., darunter 10 Kunstbeilagen in Photographiedr. nach Orig.-Aufnahmen v. Arth. Renard. gr. 8. (X, 178 S.) Berlin-Schöneberg (900). W. Sommer. Geb. in Leinw. 3. 50

— Deutschlands Kriegsflotte. Eine Darstellg. der Entwickelg. u. des gegenwärt. Bestandes der gesamten Reichsmarine, ihrer Organisation u. ihres Materials. Mit 1 Flottentabelle Sr. Maj. des Kaisers, 1 Portr. Sr. Maj. des Kaisers in Lichtdr., 1 Titelbild v. Hans Bohrdt, 5 Schlachtenbildern v. C. Schön, zahlreichen Schiffsrissen, Flaggen- u. Uniformen-Tafeln u. s. w., sowie ca. 275 Illustr. nach photograph.-Orig.-Aufnahmen. (606 S.) Lex.-8. Leipzig 906. Erfurt, F. Kirchner.
Geb. in Leinw. n. 12. —
Erschien auch in 12 Lfgn. à n. 1. —.

— in das Land der Fjorde. Reisebriefe aus Norwegen. Mit ca. 50 Abbildgn. v. Leo Impekoven u. photograph. Aufnahmen. 8. (109 S.) Berlin (901). Verlagsanstalt „Kosmos". 1. —

In das Land der Fjorde. Reisebriefe aus Norwegen von Victor Laverrenz. Mit Abb. von Leo Impekoven u. photogr. Aufnahmen. *Berlin: Struppe & Winckler; [Kosmos 1902].* (109 S.) 8° [F.] [02. 1031

— Marine-Humoresken. IV. 8. Ebd. 1. —
Seemannslatein. Marine-Humoresken. 1.—10. Taus. Mit Illustr. v. Fritz Bergen, Gust. Brandt, C. Fröbel u. a. (III, 192 S. m. farb. Titelbild.) (910.)

— Marine-Struwwelpeter. Grausige Geschichten in lust. Versen. Nach berühmt. Mustern. Mit 30 Illustr. v. L. Stutz. gr. 4. (54 S.) Kiel 901. Lipsius & Tischer. Kart. n. 2. —

— Militär- & Marine-Humoresken. 1. Bd. Ein Jahr im bunten Rock. Militär-Humoresken. 14. Aufl. Mit zahlreichen Illustr. (XIII, 222 S. m. Bildnis.) schmal 8. Berlin (905). P. J. Oestergaard. n. — 50

— Militär- u. Marine-Humoresken. 1. Heft. (48 S. m. Abbildgn.) 8. Berlin (910). Verlagshaus f. Volksliteratur u. Kunst. — 20

— nach d. Natur. Humoresken aus d. Leben. 8. (123 S.) Berlin 897. H. Steinitz. n. 1. —

[F.] Nach der Natur. Humoresken aus d. Leben v. Victor Laverrenz. *Berlin: H. Steinitz 1898.* (123 S.) 1 Bd 8. [98. 4100

— deutsche Novellen. Erzählungen aus german. Vergangenheit u. Gegenwart. 8. (169 S.) Ebd. 895. n. 2. —; geb. in Leinw. n. 3. —

— eine lustige Orientfahrt. Heitere Bilder v. e. Frühjahrsreise nach dem Orient, der Krim u. dem Kaukasus. Mit Orig.-Zeichngn. v. Ludw. Stutz, sowie zahlreichen photograph. Aufnahmen v. Wilh. Dreesen, Rich. Beckh u. A. (272 S.) 8. Leipzig (906). Erfurt, F. Kirchner. n. 2. —

— Berliner Originale. Typen aus dem Berliner Volksleben. Mit Porträts v. Max Uecke. (1. Sammlg.) 8. (119 S.) Berlin 899. [H. Eichblatt.] H. Steinitz. n. 1. —

— dasselbe. Mit Porträts v. Max Uecke u. Bildnis nebst Fcsm. des Verf. (2. Sammlg.) 1.—3. Aufl. 8. (120 S.) Ebd. 900. n. 1. —

— Platzpatronen, s.a. Eckstein's humoristische Bibliothek.

– Dass., s.a. Humor, Deutscher.

— Platzpatronen. Humoristisches aus dem Soldatenleben. 3. (Titel-)Aufl. Mit Illustr. v. H. Goetze. 8. (152 S.) Ebd. 891. n. 1. —

[F.] Platzpatronen. Humoristisches aus d. Soldatenleben. Hrsg. v. Victor Laverrenz ... 3. Aufl. M. Ill. v. H. Goetze. *Berlin: Neufeld & Henius [1895].* (147 S.) 1 Bd 8. [96. 333

— Platzpatronen. Humorist. aus dem Soldatenleben. 4. Aufl. M. Illustr. v. H. Goetze. 8. (147 S.) Berlin 897. Neufeld & Henius. n. 1. —

— die Räuber vom Jordansee. Roman. Umschlagszeichng. v. A. Lüschwitz-Koreffski. (III, 100 S.) 8. Swinemünde (903.) W. Fritzsche. n. 1. —

— der deutsche Reichstag u. die Parteien, ihre Programme u. ihre Führer. Praktisches Handbüchlein zur Informierg. f. Jedermann. Unter Mitwirkg. namhafter Politiker hrsg. IX. Legislaturperiode. 8. (70 S. m. Titelbild.) Ebd. 893 n. — 50

—— Reserve hat Ruh!? Erinnerungen e. Eingezogenen. 8. (121 S.) Berl. 890, Laverrenz. * 1 —

— dasselbe, s.a. Neufeld's Reisebibliothek.

— Reserve hat Ruh!? Erinnerungen e. Eingezogenen. 2. Aufl. 8. (131 S.) Ebd. 895. n. 1. —

— Kaiser Rotbart. Ein deutsches Schauspiel in 5 Aufzügen. 8. (106 S.) Berlin (901). [Struppe & Winckler.] Verlags-Anstalt „Kosmos". n. 1. —

— Seemannshumor, s.a. Fünfzig-Pfennig-Bibliothek, illustr. humoristische. Bd. 1.

Seemannshumor. Humoresken f. Jung u. Alt von Victor Laverrenz. Mehrfarbig ausgestattete, reich ill. Ausg. *Berlin-Schöneberg: W. Sommer [1901].* (121 S.) 8° [F.]
= 50-Pfennig-Bibliothek, Illustrierte Humoristische. Bd 1. [01. 1031

— Seemannslatein. (1. Serie.) Humoresken f. Jung u. Alt. Reich illustr. v. C. Schön, Ludw. Stutz, Herm. Widmer u. a. gr. 8. (95 S.) Schöneberg-Berlin (901). W. Sommer. n. — 50

— „Segel los!" Marine-Humoresken. 2. Aufl. gr. 8. (III, 95 S.) Berlin (902). Verlagsanst. „Kosmos". 1.—

Laverrenz, Victor, nach Süden. Winter-Kreuzzüge an der Riviera und in der Schweiz. Landschafts- und Lebensbilder. 8. (III, 148 S.) Berlin 884, F. Luckhardt. * 2 —

—— nach Süden. Streifzüge an der Riviera, durch die Schweiz und Südfrankreich. Landschafts- und Lebensbilder. 2. Aufl. 8. (X, 153 S.) Berlin 886, Eckstein Nachf. *
—— dass. — s. a. Wanderungen, europäische.

Laverrenz, Victor. Nach Süden! Streifzüge an der Riviera, durch die Schweiz u. Süd-Frankreich. 2. Aufl. In-8°, X u. 153 S. Berlin, J. L. V. Laverrenz. 1887 1 35
*** „Europäische Wanderungen", N° 1.

— Talólo, s.: Kurth, Adf.

— der musikalische Thee u. and. Humoresken, s.: Reuter's Bibliothek f. Gabelsberger-Stenographen.

— Ulanen-Leben. Militär-Humoresken. (III, 80 S.) gr. 8. Berlin (903). Schöneberg, Verlagsanstalt „Kosmos". n. 1.—

– Ulanenstreiche, s.a. Neufeld's Reisebibliothek.

[F.] Ulanenstreiche. Kriegs- u. Friedensbilder aus d. Ulanenleben. Von Victor Laverrenz ... *Berlin & Leipzig: L. J. V. Laverrenz [1894].* (127 S., 1 Taf.) 1 Bd 8. [96. 333

[F.] Berliner Volkswitz Humorist. Studien üb. den echten Berliner u. s. Vaterstadt. Von Victor Laverrenz ... *Berlin: H. Steinitz [1895?].* (107 S.) 1 Bd 8. [96. 336

— Berliner Volkswitz. Humoristische Studien üb. d. echten Berliner u. s. Vaterstadt. 8. (107 S.) Berlin 896. H. Steinitz. n. 1.—

— Berliner Volkswitz. Humoristische Studien üb. den echten Berliner u. seine Vaterstadt. 3., 4. u. 5. Tausend. 8. (111 S.) Berlin (899). H. Steinitz. n. 1.—

— Berliner Volkswitz einst u. jetzt. Neue Folge. Mit e. [Umschlag-]Titelbild v. Max Uecke. 8. (119 S.) Ebd. (899). n. 1.—

— „Volldampf voraus", s. a. Neufeld's Reisebibliothek.

[F.] 'Volldampf voraus'. Marine-Humoresken v. Victor Laverrenz. *Berlin: Neufeld & Henius (1896).* (138 S.) 1 Bd 8.
= Reise-Bibliothek, Neufelds. Bd 27. [96. 7987

— Volldampf voraus! Marine-Humoresken. 1.—10. Taus. Mit Illustr. v. Gust. Brand, K. Fräbel, F. Gehrke u. a. (III, 192 S. m. Abbild. u. 4 farb. Taf.) 8. Berlin (910). Verlagsanstalt „Kosmos". 1.—

Volldampf voraus! Marine-Humoresken von Victor Laverrenz. Mit Ill. Berlin: Kosmos (1910). 191 S. 8°
(Laverrenz: Militär- u. Marine-Humoresken. 2.) [10. 17065

— vom Wege ab. Schauspiel in 4 Aufzügen. 8. (78 S.) Berlin (899). [Struppe & Winckler.] Verlagsanstalt „Kosmos". n. 1.—

Der letzte Wendenfürst. (Die Sage von Schildhorn.) Hist. Roman aus d. 12. Jh. von Victor Laverrenz. Mit Tuschzeichn. von G. A. Closs u. 1 Titelbild von A. v. Menzel. *Berlin: Berl. Damen-Zeitung [übergekl.: Berlin & Leipzig: Kosmos] 1901.* (128 S.) 8° [F.]

– Vor dem Wind, s.a. Neufeld's Reisebibliothek.

[F.] Vor dem Wind! Marine-Humoresken v. Victor Laverrenz. *Berlin: Neufeld & Henius [1896].* (144 S.) 1 Bd 8.
= Reise-Bibliothek, Neufelds. Bd 29. [96. 7988

— eine Winterfahrt nach Amerika. Ernste u. heitere Reiseerlebnisse auf dem Atlantik. Mit zahlreichen Abbildgn. von Emil Henschel u. photograph. Aufnahmen. gr. 8. (126 S.) Ebd. (902). 2.—

—— Wir v. der Kavallerie, s. a. Eckstein's humoristische Bibliothek.

— Wir v. der Kavallerie. Heitere u. ernste Bilder aus dem Ulanenleben. 2. (Titel-)Aufl. 8. (X, 126 S.) Berlin 893. J. L. V. Laverrenz. n. 1.—

[F.] Wir von der Kavallerie! Heitere u. ernste Bilder aus d. Ulanenleben. Von Victor Laverrenz ... 3. Aufl. *Berlin: Neufeld & Henius [1895].* (154 S.) 1 Bd 8. [96. 337

— Wir v. d. Kavallerie! Heit. u. ernste Bilder aus d. Ulanenleben. 4. Aufl. 8. (154 S.) Berlin 897. Neufeld & Henius. n. 1.—

— Wir v. der Kavallerie! Militär-Humoresken. 1.—10. Taus. Mit Illustr. v. Fritz Bergen, Gust. Brandt, C. Fräbel u. a. (III, 192 S.) 8. Ebd. (910). 1.—

Wir von der Kavallerie! Militär-Humoresken von Victor Laverrenz. Mit Ill. Berlin: Kosmos (1910). 191 S. 8°
(Laverrenz: Militär- u. Marine-Humoresken. [1.]) [10. 17064

— König Witichis. Ballade. M. e. Vorwort von Adb. v. Hanstein u. 1 (Umschlag-) Titelbild, nach Kostüm-Entwürfen v. C. E. Doepler d. Aelt. gezeichnet v. Wilh. Burza. gr. 8. (22 S.) Berlin 898. Struppe & Winckler. n. 1.—

Lavertine, R. A. Karte des Stella-Landes. Nach amtlichen Berichten und Vermessungen. 1:900000. Gotha 1885. 1 Bl. c. A. Ff.

Laves, August

Laves, A., kritische Beiträge zu Xenophons Hellenika. 4. (22 S.) Posen 882, Jolowicz. * 1 —

—— dass. — gr. 4. (21 S.) Berlin 884. (Posen, Jolowicz.) * 1 20

—— kritisch-exegetische Beiträge zu Vergils 6. und 10. Ecloge, sowie zum 1. Buche d. Georgica. 4. (15 S.) Lyck 881, (Wiebe.) * 1 –

Laves, Aug., Xenophons Hellenica, Buch I. II. gr. 4. (40 S.) Lyck 867, (Wiebe.) *

Laves, Ueber Hyperides pro Euxenippo. Pr. 1864. 11 S. 4°. 2.—

Laves, Aug., geographischer Leitfaden für die unteren Classen der Gymnasien und Realschulen. 1. Aufl. (43 S.) 1873. * 30 Pf., und 2. verb. Aufl. gr. 8. (46 S.) Posen 875, Heine. *

Laves, Aug., geographischer Leitfaden für die unteren Klassen der Gymnasien und Realschulen. 3. verb. Aufl. 8. (48 S.) Posen 878, Heine. *

—— geographischer Leitfaden für die unteren und mittleren Klassen der Gymnasien und Realschulen. 4. verb. Aufl. Nach der neuen Orthographie. (53 S.) 1881. * 50 Pf.; 5. verb. Aufl. 8. (62 S.) Posen 884, Heine. * — 60

Laves, A., geographischer Leitfaden für die unteren und mittleren Klassen der Gymnasien und Realschulen. 6. verb. Aufl. 8. (II, 62 S.) Berlin 888, J. J. Heine. * 60 Pf.; geb. *

Laves, A. Geographischer Leitfaden. 7. verb. Aufl. 12. (63 S.) Berl. 892, Heine. cart. * — 75

Laves, Ernst [aus Hildesheim]: Zur Kenntnis der Polysulfone. . . . Würzburg, Buchdr. J. Seelmeyr, 1891; 54 S., 1 Bl. 8°
Würzburg, Phil. Fak., Inaug.-Diss. v. 1891

Laves, *Hermann:* Vergils Eklogen in ihren Beziehungen zu Daphnis. Lyck, Druck v. A. Glanert, 1893; 8 S. 4.
Lyck, k. G, P 1893 (12)

Lavés, J. D., Parallèle des langues allemande et françoise à l'usage de deux nations, ouvrage qui contient les règles de deux langues, indique la diversité de leur mécanisme etc. gr. 8. Jena, Cröker, 818.

Laves, Kurt [aus Lyck]: Beiträge zur Bestimmung und Verwertung der Bewegung der Erde um den Schwerpunkt des Systems Erde-Mond ... Berlin, Druck: G. Chasté, 1891; 46 S., 1 Bl. 8.
Berlin, Phil. Fak., Inaug.-Diss. v. 17. Dez. 1891

Laves, Ludwig Dn.

— Parallèle des langues allemande et française, à l'usage de deux nations, ouvrage qui contient les règles de deux langues, indique la diversité de leur mécanisme etc. gr. 8. Jena 819. Cröker. 3 ℛ 8 gr

Laves, Ludw. Dn., († d. 18. April 1829.) neue französ. Sprachlehre zum prakt. Unterricht in Fragen u. Antworten. gr. 8. Weim. 803. 2e A. 808. 3e verb. A. 809. Hoffmann. 20 gr 4e A. gr. 8. Jena 822. Schmid. 1 ℛ

Laves, Louis. Ueber die Anwendung u. den Nutzen eines neuen Constructionssystems nebst erläuternder Beschreibung desselben. Hannover 1839. Fol. Lith.

Laves, Max [prakt. Arzt]: Ueber das Verhalten des Muskelglycogens nach der Leberexstirpation .... Königsberg in Pr., Buchdr. v. R. Leupold, 1886; 29 S. + 1 Bl. 8°.
Königsberg, Med. Fak., Inaug.-Diss. v. 29. Okt. 1886.

Laves, Theodor [in Berlin]: Die Entwicklung der Brennerei und der Branntweinbesteuerung in Deutschland, insbesondere das neue Branntweinsteuergesetz vom 24. Juni 1887 .... Leipzig, Duncker & Humblot, 1887; 118 S. + 1 Bl. 8°
Straßburg, Rechts- u. Staatsw. Fak., Inaug.-Diss. v. 1887

Laves, Thdr., die Entwicklung der Brennerei und der Branntweinbesteuerung in Deutschland, insbesondere das neue Branntweinsteuergesetz vom 24. Juni 1887. gr. 8. (118 S.) Leipzig 888, Duncker und Humblot. *
Aus: Schmoller's Jahrbuch für Gesetzgebung, besonders abgedruckt.

Laves, Thdr. Die Warenwährung als Ergänzung der Edelmetallwährung. gr. 8. (86 S.) Lpz. 890. Duncker u. Humblot. * 1 80
Aus: Jahrb. f. Gesetzgebg., besonders abgedruckt.

Lavesne s.: Duin de Lavesne.

Lavezzari, S. Giacinto da, vollständige Anleit. z. italien. u. deutschen Conversation ꝛc., s. Fries, M. G.

Lavezzari, Giacinto da, franz. u. italienische Sprachübungen, s. Fries, J. G.

LA VICOMTERIE (Louis de, 1732—1809), Sündenregister der Könige von Frankreich, von Klodwig an bis auf Ludwig XVI. Nach d. Französ. des Herrn —. Paris (Greiz, Henning), 1791. 8°. (2 Mk. Wilh. Koebner, Breslau, c. 1885; 6 Mk. Fr. Klüber's Nachf., 1908.)
XXXVI—378 S. Biogr. Skizzen von 62 französ. Herrschern, deren übersichtl. Reihenfolge am Schluss. m. Angabe d. Todesjahrs.
— — 2. Auflage. Ebd. 1795. 8°.
Auch mit d. Titel: Biographien der Könige von Frankreich etc. — Citirt Kayser.

Lavicrey, Rich., e. Weltschmerz. Drama in Versen, in 5 Aufzgn. 8. (130 S.) Leipzig 896. (O. Mutze.) n. 1. 60

La Vieil, Pierre. Die Kunst auf Glas zu mahlen ... A. d. Franz. ... Nürnberg 1779—80. Ü: *Harrepeter, Johann Conrad.* (will)

Lavigne, s. la Caspar.

Lavigne, s. la Kasper.

LAVIGNE, Caspar, oder die Abentheuer des Zufalls. Mehr Wahrheit als Dichtung. (Etwas freier Roman.) Aus d. Französ. 2 Thle. Leipzig, Reinicke, 1804. 8°. 454 S.

Lavigne, Caspar, od. d. Abenteuer d. Zufalls, mehr Wahrheit als Dichtung. 2 Thle. 8. Lpz. Baumgärtner. 809.

de Lavigne, die Schwester Maria von Agreda und Philipp IV, s. Sammlung der vorzüglichsten mystischen Schriften ꝛc.

LA VIGNE, D. CHERTABLON DE. Sterben und Erben, Das ist, die schönste Vorbereitung zum Tode ... Durch Betrachtung des bittern Leidens und Sterbens ... Jesu Christi. Mit sehr schönen Kupffern gezieret, und neulich in Frantzösischer Sprache vorgestellet. Vom Herrn De Chertablon ... übersetzet Durch I. A. F. Und nachmahls in etwas vermehret und heraus gegeben Von P. Abraham à S. Clara. Amsterdam, G. Gallet, 1702. 4°. *Mit 42 prachtvollen Kupfertafeln nach Romain de Hooghe.* Neueres HLd. 335.—
G. III, 240, 21. Bertsche 39a, 1.

Lavigne, G. F. de

— Flore germanique, ou histoire des plantes indig. de l'Allemagne avec les noms latin., franç., allem. et angl. Cah. 1—IV. chac. à 16 Pl. color. 8. Erlang. 801. 2. Palm. 2 ℛ 12 gr Velinp. 3 ℛ

de Lavigne, G. F., Commentatio de gratiola officinali Linn. 8. Erlang. 800. Palm. 3 gr

— s. Chr. Schkuhr, histoire.

Laville Comte de Lacepède, Bernard Germain Etienne de

s.: Lacepède, Bernard Germain Etienne de Laville Comte de

Lavinia, s. Collection of british authors.

Laviny, Giuseppe Conte. Die neueste Weltwissenschaft ... Nürnberg 1756. Ü: *Meintel, Johann Georg.* (ML) (Ky)

Lavini, Jos., neueste Weltwissenschaft, nach dem Sinne Newtons in italián. u. deutschen Versen, übersetzt (v. J. G. Meintel). Mit e. Vorrede von v. Windheim. 8. Nürnb. 755. Monath u. K. 8 gr

La Violette, Franz Maria (Übers.), s. Capus, Alfred: Brignol u. seine Tochter. — Die gute Gesellschaft.

Lavis, E.

— Holzproduktion, Holzverkehr und Holzhandelsgebräuche in Deutschland. (349 S) Eisenach 1907

— Rohholzgewinnung und Gewerbseigenschaften des Holzes. (184 S) (Chemisch-technische Bibliothek 317) Wien 1909

Lavisse u. Rambaud, L'Empire 1805—1809. L'Allemagne napoléonnienne, hrsg. v. Thdr. Haas, s.: Schulbiblioth. franz. u. engl. Prosaschriften. I. 48.

(Lavisse, Ernest.) Parole française. Reproduction de l'article du Figaro ([du 14 mars 1892] à propos de la question d'Alsace-Lorraine). 8. Bâle, Mars 1892.

Lavisse, Ernest, récits et entretiens familiers sur l'histoire de France jusqu'en 1328, hrsg. v. H. Bretschneider, s.: Prosateurs modernes.

Lavisse, Ernest. Eine Stimme aus Frankreich. Schreiben von Prof. Ernst L. an den „Figaro" betreffend die Aeusserungen deutscher Politiker und Gelehrten über die Elsass-Lothringische Frage. (Uebersetzt aus dem „Figaro" vom 14. März 1892.) 8. Basel. März 1892.

Lavogler Vinc.: Graphische Darstellung des freien Falles. 10. Steyr R. 92. Progr.

Lavogler, *Vincenz* Dr. Christian Lechleitner. Necrolog. 8 (S. 53—57).
Progr.

Lavogler Vinc.: Schnecken und Muscheln in der Umgebung von Steyr. 79. Steyr R. 90.
Progr.

Lavoiser, Dr., der Hausarzt. Nach d. Französ. 8. Quedlinb. 826. Basse. 12 K

— die besten Mittel wider die verschied. Arten d. Hautausschläge. Nebst Vorschriften, d. Schönheit rc. der menschl. Haut zu befördern. Nach d. Französ. 8. Quedlinb. 826. Basse. 12 K

Lavoisier, Antoine Laurent

Lavoisier, A. L., u. P. S. de **Laplace**, zwei Abhandlungen üb. die Wärme, s.a. **Ostwald's Klassiker** der exakten Wissenschaften.

Zwei Abhandlungen über die Wärme. Von A[ntoine] L[aurent] Lavoisier und P[ierre] S[imon] de Laplace. (Aus d. Jahren 1780 u. 1784.) Hrsg. v. [Isidor] Rosenthal. Mit 13 Fig. im Text. *Leipzig: W. Engelmann 1892.* (74 S.) 8°
= Klassiker, Ostwald's, d. exakten Wissenschaften. No 40. [illegible]

— Abhandlung über die Wirkung der durch Lebensluft verstärkten Feuerhitze; aus d. Französ. mit Zusätzen von F. L. Ehrmann, als e. Anh. zu dessen Schmelzkunst, mit Kpf. gr. 8. Straßb. 787. Treuttel u. W. 16 K

— s. Methode d. chemisch. Nomenclatur f. d. antiphlogist. System.

Lavoisier, (Antoine Laurent): Physikalisch-chemische Schriften. (Opuscules physiques et chymiques. Dt.) Bd 1 übers. von Christ(ian) Ehrenfr(ied) Weigel, Bd 5 übers. u. ergänzt von H(einrich) F(riedrich) Link. Bd 1, 5, gbd., Abb.

Greifswald: Röse 1783 - 1794

JB 288

— physik.-chemische Schriften. Aus d. Französ. v. Chr. E. Weigel u. F. H. Link. 5 Bde. Mit Kpf. 8. Greifsw. 783—94. (Gnobloch in Leipz.) 5 ₰

Lavoisier, (Antoine Laurent): System der antiphlogistischen Chemie. Aus dem Franz. übers. und mit Anmerkungen versehen von Sigismund Friedrich Hermbstädt. Bd 1 - 2, gbd., Abb.

Berlin u. Stettin: Nicolai 1792

JB 328

Lavoisier, Ant. Lor., System der antiphlogist. Chemie, übers. u. erläut. v. S. F. Hermbst. in 6. Bde. mit 10 Kpft. u. d. Portr. d. Verf. gr. 8. Berl. 792 u. a. 803. Nicolai. 2 ₰ 16 K

Lavoisier, A. L., Traité élémentaire de Chimie, présenté dans un ordre nouveau et après le découvertes modernes. III Vols. avec Fig. et Tableaux. 8. Leipsic, Sommer.

de Lavolpierre, ..., auserlesene lehr- u. geistvolle Predigten über die vornehmsten Geheimnisse unsres Heilandes Jesu Christi und andere Materien. 2 Thle. 4. Augsb. 768. Veith. 1 ₰ 4 K.

Lavoro: Il Lavoro
v. **Arbeit – Le Travail – Il Lavoro.**

Die Arbeitshäuser in ihrer Bedeutung für die Bekämpfung des Bettels und Müßigganges. Vortrag geh. 1908 von A. K. Lawrentjew [**Lavrent'ev**]. Riga 1908: Häcker. S. 117–104. 8°
(Hefte d. Gesellschaft f. kommunale Sozialpolitik in Riga. Nr 6.) [illegible] 10

Wie ließe sich in Riga die Ausbildung der Frauen für die soziale Fürsorge anbahnen? Vortrag geh. 1910 in Riga von A. K. Lawrentjew [**Lavrent'ev**]. Als Ms. gedr. Riga 1910: Häcker. S. 150–180. 8°
(Hefte d. Gesellschaft f. kommunale Sozialpolitik in Riga. No 21.) A 12.2023 10

Lavrič Anton: Ueber den Gebrauch der Verba perfektiva und imperfektiva innerhalb der Haupt- und Nebensätze im Serbokroatischen nebst einem Anhang über das Futurum.
H. 1900 **PN 1282** **Diss.** Wien, Univ. **2687**

LAVRIN, Franciscus Xaverius: De jurisdictione ad fideles in s. poenitentiae tribunali a peccatis absolvendos. — (1857) 136 S. 4° (Handschr.)
Diss. Wien, Univ. Diss. 122

[Ant. u. Russ.] J. Lawrinowitsch. Wer ist der Urheber der Pogrome in Russland? Ju. **Lavrinovič**. Kto ustroil pogromy v Rossii? Berlin: Ladyschnikow [1909]. VIII, 296 S. 8° [illegible] 7449

Lavroff, P. Le 18 mars 1871. 2e partie (en russe), p. 129 à 229 in-16°. Genève et Bâle, H. Georg. 1880 **1 50**

Historische Briefe. Von Peter Lawrow [**Lavrov**]. Aus d. Russ. übers. von S. Dawidow [Davidov]. Mit e. Einl. von Dr. Ch. Rappoport u. 2 Portr. von Lawrow. *Berlin, Bern: Dr. J. Edelheim 1901.* (XXXXII, 368 S.) 8° [illegible] 7662

Lavtar L.: Einführung in den arithmetischen Unterricht an Lehrerbildungsanstalten. 12. Marburg LBA. 92.
Progr.

Lavtar, L., Računska vadbenica za obrtno nadaljevalne šole (Z uvodom v obrtno knjigovodstvo). Wien 1902. K. k. Schulbücher-Verlag. Preis, gebunden 1 K 10 h.

Lavtar, Luk., der metrische Scheibchenrechenapparat. Den Denkgesetzen entsprechend construiert. gr. 8. (34 S. mit 1 Taf.) Marburg a. D. 887. (Laibach, v. Kleinmayr und Bamberg.) *

Lavtižar, Josip. Pri severnih Slovanih. Potopisne črtice s slikami. V Celovcu, St. Hermagoras-Druck., 1906. 192 S.

Law, German, for the **protection of trade marks, dated May 12th 1894. (Translated by Eustace W. Hopkins.)** gr. 8. (16 S.) **Berlin 894. C. Heymanns Verl. Kart.** n. — 40

Empire of Austria. **Patent Law** dated January 11th 1897 transl. by Paget, Moeller & Hardy, Patent Office, establ. 1851. Vienna ... *Vienna: Paget, Moeller & Hardy 1898.* (1 Bl., 43 S.) 1 Bd 8. [98. 6610 [illegible]

Law's Gedanken vom Waaren- und Geldhandel nebst dem erst in Schottland, hernach in Franckreich vorgestellten und angenommenen neuen Project und Systemate der Finanzen, wobei einige curieuse Fata des Autoris zu lesen. Nach dem franz. und engl. Exemplar. 8°. Leipzig, J. Schuster, 1720.

Law, Edmund. Betrachtungen über die Geschichte der Religion; ... a. d. Engl. ... Leipzig 1771. Ü: *Jünger, Christian Friedrich.* (ML)

Law, Edm., Betracht. über d. Geschichte d. Religion; aus dem Engl. gr. 8. Frankf. u. Leipz. 772. Schwickert. 1 ₰

Law, Ella, die Reformkleidung in wissenschaftl. u. gesundheitl. Beziehung, s.a. Volksschriften, Dresdner.

Law, Ella: Die Reformkleidung in wissenschaftlicher u. gesundheitlicher Beziehung. — Dresden: Böhmert [1901]. 8 S. 8° (Dresdner Volksschriften. 4.)

Masterpieces of the Royal Collection. (By Ernest Law.) [1.] (*Munich, London, New York: F. Hanfstaengl 1899*). gr. 2° [Ant. u. F.] [02. 125

Law, Ernest. (Hans) Holbein's [the Younger's] Pictures at Windsor Castle. Historically and Critically Described by E' L', B. A.... With (10) Plates in Photogravure. viii + 32 p. fol. Munich-London-New York, Franz Hanfstaengl; London, George Bell & Sons; Edinburgh, William Brown, 1901. [geb. M. 100. —]

(Masterpieces of the Royal Collection.) By Gracious Permission of His Majesty the King. — (No. *121* of the Dutch paper issue.)

[F. u. Ant.] . . . Vandyck's Pictures at Windsor Castle. Historically a. Crit. Described by Ernest Law, . . . barrister-at-law . . . W. Plates in Photograv. (In 3 Parts.) *Munich, London, New York: F. Hanfstaengl 18(98.)99.* (5 Bl., 106 S., 1 Bl., 30 Taf.) 1 Bd gr. 2. 99. 1106

Law, W., prakt. Abhandl. v. d. christlichen Vollkommenheit; aus d. Engl. gr. 8. Halle 770. Gebauer. 1 ₰

Law, W., weisl. Ermahnungen an alle Christen zu einem frommen u. heil. Leben; aus d. Engl. (v. G. E. Lessing u. Chr. Fel. Weiße). 8. Leipz. 756. Weidmann. 14 gr

Law, William. Eine ernsthafte Ermunterung an alle Christen zu einem frommen und heiligen Leben. A. d. Engl. ... Leipzig 1756. Ü (Bogen 1—5): *Lessing, Gotthold Ephr.* (Bogen 6 ff.): *Weisse, Chn Felix.* (Syst. Verz. d. Less.-Litt. Wolfenb. 1889.) (Ky) (MGT) (Mn)

Law, William, Geist des Gebets, oder die Natur des Sündenfalls u. die Erlösung aus demselben durch Christum. Nebst zwei Auszügen aus dessen übrigen Schriften. Aus d. Engl. gr. 12. Basel 839. Spittler u. Comp. n. 5/12 ₰

Lawaczeck, Fr., die Konstruktion der Wage, s.: Brauer, E.

Lawaczeck, Franz: Beitrag zur Theorie und Konstruktion der Wage, mit besonderer Berücksichtigung der n-fach übersetzten Hebelwage. Berlin: Dietze 1906. 80 S. 8° ¶ Aus: Dinglers Polytechn. Journal. Jg. 87. Bd 321.
Braunschweig, Dr.-Ing.-Diss. v. 14. 5. 1906

Lawaczeck, Paul Hermann, Apotheker u. staatl. gepr. Nahrungsmittelchemiker a. Camberg im Taunus: Über Thiopyrrolidon. Borna-Leipzig 1907: R. Noske. (27 S.) 8°
Tübingen, Naturw. Fak., Ref. Wislicenus, Diss. v. 1. Aug. 1907

[Geb. 22. Dez. 78 Ottweiler, Bez. Trier; Wohnort: Tübingen; Staatsangeh.: Preußen; Vorbildung: Gymn. Wiesbaden Obersekunda, Pharmaz. Staatsprüfung; Studium: Berlin 2, Techn. Hochsch. Braunschweig 2, Univ. Würzburg 5, Tübingen 1 S.; Coll. 1. Aug. 07.]

Lawaczeck, Wilh. (Rheinländer), Enteritidis acutae pathologiæ. Diss. med. Berlin (Nietack) 3. X. 1837. 30 S. u. Biogr. (M.: Maria Bremer.) (3.20)
20625
Oppon.: Just. Sels, Lud. Kuerfgen, Ph. Sauer.

Laward; s. Knud.

Lawätz, Fd. Otto Vollr., s. Gemälde d. Sklaverei.

Sklavenfeind, Theod. (d. i. *Ferd. Otto Vollrath Lawätz*), Gemälde der Sklaverey und Leibeigenschaft in den Herzogthümern Schleswig und Holstein, nebst einer vollständigen Darstellung der Schwierigkeiten, die sich ihrer Aufhebung entgegensetzen. Mit nützlichen Anmerkungen von Jakob Leibeigen (Demselben). Germania (Vollmer in Hamburg) 1797. (In Rostock, Landesbibl.)

Weller, fing. Dr. — Das Anon.-Lex. II. p. 172 hat „Germanien" u. die unrichtige Jahrz. „1798" (nach Meusel u. Bruun, Bibl. Danica III, 764 ff.). — Rar!

Lawaetz, H. C., Goldschatz f. Oeconomen u. Gewerbtreibende, od. Anleit. z. vortheilhaftesten Benutzung, wie auch z. Theil z. Cultur, d. vorzügl. in Deutschland wachs. Getreidearten u. sonstiger Gewächse. 2. Aufl. 8. (16½ B.) Oldenburg in Holst. 810, Fränckel.

Lawaetz, H. C., Handbuch f. Oeconomen u. Gewerbtreibende, od. Anleit. zur vortheilhaftesten Benutzung, wie auch zum Theil z. Cultur, d. vorzügl. im Königr. Dänemark, in d. Hrzgth. Schleswig, Holstein, Lauenburg u. angrenz. Ländern wildwachs. u. angebauet werdenden Bäume, Sträucher, Getreidearten u. sonstiger Gewächse. 8. (16½ B.) Oldenburg 833. (Leipzig, Kayser.)

Lawätz, H. Ch., s. M. Christian, über d. Art, Flachs etc.

Lawätz, H[einr.] C[hr.], Katechismus der deutschen Sprache nebst einem Anhange über den richtigen Gebrauch der Præpositionen, wie auch der Zeitwörter in Hinsicht ihrer Verbindung mit Substantiven etc. Oldenburg in Holstein. 1832. P.

Lawätz, Heinrich Wilhelm

– s. a. Ehrenfall, J. G.

– s. Aufmunterung, Über die. Hamb. 1776.

— Beantwort. üb. d. Bericht zur Unterstützung u. Revision des bei der dän.-asiat. Compagnie im J. 1783 entdeckten Cassamangels etc. 8. Altona 785.

Lawätz, Hnr. Wlh., († d. 27. Juni 1825.) Bibliographie, s. neuen Handb. f. Bücherfreunde 2r Thl.

— Bibliographie interessanter und gemeinnützigen Kentnisse. 1. Th. 1—2. Bd. Statistic, Politik und einige damit verwandte Gegenstände. Halle. 1793—95. (O. m. T. Handbuch für Bücherfreunde und Bibliothekare. 2. Theils. 1—2. Bd. Sm. St. o. A.). (M. Portr.).

Lawätz, Hnr. Wlh., die Diamanten; ein Schspl. in 1 Aufz., (eine wahre Geschichte enth.) 8. Hamb. 793. (Campe). 5 gr

— Epistel über d. Ehestand; abzugeben an meine Braut. 8. ... 776.

— Handbuch für Bücherfreunde u. Bibliothekare. 1r Thl. 1r—4r Bd. 1e u. 2e Abtheil. gr. 8. Halle 788—90. Gebauer. 8 ₰ 21 gr (4r Bd. 1e u. 2e Abtheil. auch u. d. T.: Verzeichn. einzelner Lebensbeschreibb. berühmter Gelehrten etc. 3 ₰ 21 gr) Dreifache Register zu demselben. gr. 8. Ebd. 791. 1 ₰ 9 gr Erster Nachtrag zu den 3 ersten Bden. d. 1n Thls. 1e u. 2e Abtheil. gr. 8. Ebd. 791. 3 ₰ 9 gr Zweiter Nachtrag 1e Abtheil. gr. 8. Ebd. 794. 1 ₰ 9 gr Erster Nachtrag z. 4n Bde. d. 1n Thls. A. u. d. T.: Verzeichniß einzelner Lebensbeschreibb. etc. 1r Nachtrag. gr. 8. Ebd. 792. 1 ₰ 15 gr Handbuch etc 2r Thl. 1e u. 2e Abtheil. A. u. d. T.: Bibliographie interess. gemeinnütziger Gegenstände. — Statistik, Politik u. e. verw. Gegenstände. gr. 8. Ebd. 793—95. 7 ₰ 6 gr

– s. Journal d. Journale.

[—] Neues Journal aller Journale oder sciagraphische Uebersicht der vorzüglichsten fremden und einheimischen Zeitschriften. 1. Bd. 1—3. St. Jan.—März. 1790. — 2. Bd. 1. St. April 1790. Hamburg. (De flg. 8 Hefter mglr. i K. B.).

– s. a. Oden u. Lieder, Geistl.

Lawätz, geistl. Oden u. Lieder. gr. 8. Quedl. Ernst. 775.

EHRENFALL, Joseph Gottfr. (d. i. *Heinr. Wilh. Lawaetz*), Reisen des Grafen von Silberbach durch einen ungenannten Theil Deutschlands. 3 Thle. Meldorf und Leipzig 1788—93. 8°. (10 Mk., defektes Expl., Südd. Antiqu., München, 1907:)
„Berühmter u. seltener culturgeschichtl., rechtswiss. u. socialer Roman."

— s. a. Temperamente, die.

Lawaetz, H. W., Ueb. d. Temperamente. 86 S. Hamb. 8°. 1777

— üb. d. Tugenden, üb. Neig. u. Leidensch. d. Menschen 2c. 3 Bde. gr. 8. Flensb. (Christiani, Schlesw.) 789–92.

— über die Tugenden u. Laster, so wie über d. Neigungen u. Leidenschaften d. Menschen, mit Anekdoten u. Beispielen erläutert u. belegt. 3 Bde. gr. 8. Flensb. 789—92. (Hammerich in Alt.) 3 ℛß

— Versuch über d. richterl. Billigkeit. 8. Hamb. 793. (Campe). 4 ℛ

— Versuch über d. Temperamente. 8. Hamb. 777. J. G. Herold. 4 ℛ

— Verzeichn. von Lebensbeschreibungen berühmter Schriftsteller, s. oben Handbuch.

– s. Wochenblatt, Moral.

Lawätz, Johann Daniel

v. Lawätz, Jh. Dn., († d. 7. Oct. 1826.) über Armenkolonien. gr. 8. Altona 821. Hammerich. 6 ℛ 2e wohlf. Ausg. Alt. 822. (Aue.) 4 ℛ

– s. Bemerkk. über Einrichtung d. Geldes.

Bericht (v. [Johann Daniel] **Lawätz**) und dadurch veranlasste Vorschläge und Gutachten (v. [Johann Georg] Rist und [Kaspar Freiherr von] Voght) über das Armenwesen in den Herzogthümern Schleswig und Holstein. Altona. 1818. = Schriften der Schleswig-Holsteinischen patriotischen Gesellschaft. Bd. 1. Heft 2—3. 8°.

– s. Briefe über d. neuen Finanzplan.

– s.a. Briefe e. Holsteiners über Münze u. Bank.

Briefe eines alten Holsteiners [d. i.: Johann Daniel **Lawaetz**] an seinen Sohn im Schleswigschen über die neue Münze und Bank. Altona. 1788. 8°.

Rede bei Gründung der Schleswig-Holsteinischen patriotischen Gesellschaft und Eröffnung ihrer ersten General-Versammlung in Altona den 29. Sept. 1812 v. Johann Daniel **Lawätz**. Kiel. o. J. 8°.

LAWÄTZ, J[OH.] D[AN.], Rede am 30. Sept. 1816. Kiel. P.

— Ueber die Sorge des Staates für seine Armen und Hülfsbedürftigen. 8°. Altona (Hammerich) 1815.

Vorschläge zur Errichtung einer patriotischen Gesellschaft für Schleswig und Holstein. 1811. Von Johann Daniel **Lawätz**. 2. Aufl. Kiel. 1812. 8°.

Läwen, Arthur, approb. Arzt aus Waldheim: (Aus d. hygien. Institut d. Universität Leipzig.) Ueber den Einfluss der Reaction des Nährbodens auf die Vermehrung des Choleravibrio. *Leipzig 1900: B. Georgi.* (76 S.) 8°
Leipzig, Med. Diss. v. (28. Juli) 1900

Läwen, A[rthur], Dr., Assistenzarzt der chirurgischen Klinik: Aus der chirurg. Universitätsklinik zu Leipzig. Direktor: Geh.-Rat Prof. Dr. Trendelenburg. Experimentelle Untersuchungen über das Verhalten röntgenisierter Tiere gegen bakterielle Infektionen unter besonderer Berücksichtigung der Bildung spezifischer Antikörper. Jena: G. Fischer 1908. (48 S.) 8° ¶ (Aus: Mitteilungen aus den Grenzgebieten der Medizin und Chirurgie Bd 19 H. 1.)
Leipzig, Med. Fak., Hab.-Schr. v. 1908
(Nicht für den Austausch, lag nicht vor.)

Lawes, H. [Pseud.], s.*a.* Kászony, Daniel von

LAWES, Dr. H. Frauenkniffe. Erfahrungen eines Roué. Zweite Auflage. Leipzig, Leipziger Literaturbureau (um 1880). 8°.
Verb. d. Ldg. Leipzig J. III. A. 35/82.

Lawes, H., Frauenkniffe. Erfahrgn. e. Roué. Nach d. Engl. 4. Aufl. gr. 8. (168 S.) Leipzig 895. W. Radestock. 2. —

Lawes, H., die weiblichen Reize. Physiologisch, psycholog. und ästhet. geschildert. gr. 8. (144 S. mit eingedr. Holzschn.) Leipzig 871, Verlagsanstalt.

Lawes, H., die weiblichen Reize, physiologisch, psychologisch u. ästhetisch geschildert. 7., verb. Aufl. gr. 8. (160 S. m. Holzschn.) Leipzig 890. W. Radestock. 3. —

Lawes, H., die weiblichen Reize, physiologisch, psychologisch u. ästhetisch geschildert. 8., verb. Aufl. gr. 8. (160 S. m. Holzschn.) Leipzig 894. W. Radestock. 3. —

Lawes, H., die weiblichen Reize, physiolog., psycholog. u. ästhetisch geschildert. 9. Aufl. (160 S. m. Abbildgn.) 8. Leipzig (906). W. Radestock. n. 3. —

Lawes, J. B., u. J. H. Gilbert, Bericht über die Versuche mit dem Anbau des Weizen 20 auf einander folgende Jahre hindurch auf demselben Lande. Aus dem Engl. übertragen von Jul. v. Holtzendorff. Leipzig 866. G. Wigand. gr. 8. (L, 116 S. mit 1 color. Tab. in qu. Fol.) n. 20 ngr.

Lawes, J. B., und J. H. Gilbert, Entgegnung auf Baron Liebig's Grundsätze der Agrikultur-Chemie, mit Rücksicht auf die in England angestellten Untersuchungen. gr. 8. (126 S. mit 1 chromolithogr. Taf. in qu. gr. 4.) Leipzig 856, O. Wigand. *

Lawes, J. W., und J. H. Gilbert, über die Zusammensetzung, den Werth und die Benutzung des städtischen Cloakendüngers. Aus dem Engl. übertragen und mit einem Vorwort und Anh. versehen von J. v. Holtzendorff. 8. (116 S.) Glogau 867, Flemming. [Berlin und Leipzig, H. Voigt.]

Lawicki, Iosephus (geb. am 13 Juli 1827 in Lubczyna Posen): De fraude Pauli Merulae Ennianorum Annalium editoris ... Bonnae, form. I. F. Carthausii 1852. 2 Bl., 42 S., 1 Bl. 8.
Bonn, Phil. Fak., Diss. v. 31 Juli 1852

Ławicki, Marcellus (geb. [Wreschen] 25. 1. 1835): De diabete mellito. Berolini (1860). (32 S.) 8°
Berlin, Med. Diss. v. 8. Nov. 1860

Lawin, C., Anleitung zur Unterweisung in der Bienenzucht, s.a. Unterricht, der landwirtschaftliche, im Lehrerseminar. 3. Tl.

Anleitung zur Unterweisung in der Bienenzucht bearb. von C. **Lawin**. Seminarlehrer. Mit e. Anh. über Seidenraupenzucht (Der Seiden- oder Maulbeerspinner (Bombyx mori)) von W. Laukamm. Sem.Oberl. in Plauen i. V. Mit 44 Abb. *Breslau: F. Hirt 1903.* (47 S.) 8° [S.]
= Unterricht, Der landwirtschaftliche, im Seminar. T. 3. [04. 0000]

Anleitung zur Unterweisung in der Bienenzucht bearb. von C. Lawin, Sem.Lehrer. Mit e. Anh. über Seidenraupenzucht (Der Seiden- oder Maulbeerspinner (Bombyx mori)) von W[ilhelm Wichard] Laukamm, Sem.Oberl. Mit 44 Abb. 2. durchges. Aufl. Breslau: F. Hirt 1908. (48 S.) 8° [J.]

— Unterricht, Der landwirtschaftl., im Lehrerseminar. T. 3.

Lawin, C., Rechenbuch f. die Oberstufe v. Mädchenschulen, f.: Braune, A.

Lawin, W., Methodik des evangelischen Religionsunterrichtes in der Volksschule. (VIII, 156 S.) gr. 8. Leipzig 910. [Dürr'sche Buchh.] Berlin, Union, Zweigniederlassg. 2.20; geb. n 2.75

— Das Missionswerk des Apostels Paulus. Ein Hilfsbuch f. den evangel. Religionsunterricht zunächst in Seminaren. (88 S.) gr. 8. Ebd. 909. 1.20; kart. 1.40

Lawine, die „altkatholische", in Baden. Eine vergleichende Statistik zwischen der römisch-katholischen Kirche u. der „altkathol." Bewegung in der Erzdiöcese Freiburg. gr. 8. (36 S.) Heidelberg 876. König in Comm. n. — 40

Lawinen an der Jungfrau. [Bern 1904.] V: *Sprecher, Frdr. Wilh.* (BBullschw 4, 1904.)

Lawinenunglück. Furchtbares L' bei Grengiols, Wallis, welches den Weiler Mühlebach verschlang, 13 Menschen den Tod brachte (18/19. April 1904). Vom Alten vom Berge. [Illustriert.] 16 S. 8. Wytikon-Zürich, E. Schilde, [1904]. fr. —.20

Lawitschka, Ant., s.: Einjährig-Freiwilligenaspirant, der

— Offiziers-Angelegenheiten. (124 S.) gr. 8. Przemyśl 904. (Prag, G. Neugebauer.) n. 1.60

Lawler, D., the school for daughters, s.: Theatre, modern english comic.

Lawless, Emily, with Essex in Ireland, s.: Library, the English.
— Grania, s.: Library, the English.

Lawless, E., Hurrish, s. Collection of British Authors.

Lawndes, Franz, Beob. üb. d. medic. Electricität. Brl. 8°. Salzb. med.-chir. Zt. 1792, III, 209. A. L. Z. 1793, n. 318. *Kuhn*, Med. pr. Bibl. I, n. 4.
1792

Lawn-Tennis. Sport-Zeitschrift d. Ostdeutschen Lawn-Tennis-Turnier-Verb. Jg. 1. *Danzig (1905): A. Müller.* 4° [J.]

Lawn-Tennis. Sportzeitschrift. Amtliches Organ des Ostdeutschen Lawn-Tennis-Turnier-Verbandes. Red.: Rob. Sander. 3. Jahrg. 1905 Jan.-April. 4 Nrn. (à ca. 14 S.) 4. Danzig. Königsberg i. P. (Hinterrossgarten 58). Ostdeutscher Lawn-Tennis-Turnier-Verband. à Nr. n.n. — 30
Erscheint nicht mehr.

Lawn Tennis u. Golf. Offizielle Zeitschrift f. die Bekanntmachgn. des deutschen Lawn-Tennis-Bundes, des österreich. Lawn-Tennis-Verbandes, des deutsch. Golf-Verbandes usw. Red.: Fred. Manning. 5.—7. Jahrg. 1908—1910. à 30 Nrn. (604, 516 u. 598 S. m. Abb.) Lex. 8. Berlin, F. Manning. à Jahrg. 6.—

Lawntennis und andere Spiele, m. Abb., hrsg. v. d. Red. d. „Guten Kameraden", 2. Aufl., Stuttgart, 118 S., 16°.

Lawn-Tennis-Handbuch. Amtliches Jahrbuch des deutschen Lawn-Tennis-Bundes. Ausg. 1909/10. (VI, 267 S. m. 1 Taf.) kl. 8. Ebd. (909). Geb. in Leinw. 2.—

Lawn-Tennis-Handbuch f. Oesterreich. 1904. Zusammengestellt u. hrsg. v. J. Ebermann u. Rosenbaum-Jenkins. I. Officieller Tl. Geprüft u. anerkannt vom österr. Lawn-Tennis-Verband. II. Allgemeiner Tl. (82 S.) 8. Prag 904. (Wien, F. Beck.) n. — 80

Lawn-Tennis-Jahrbuch, erstes deutsches, nebst d. offic. Spielregeln. Unt. Mitwirkg. d. Frhrn. Rob. v. Fichard hrsg. v. d. Red. v. „Spiel u. Sport". gr. 8. (153 S. m. 2 Abb.) Charlottenburg 894. (Baden-Baden, E. Sommermeyer.) n. 1.—

— deutsches, nebst d. offic. Turnierregeln. 2. Jahrg. 1895. Geleitet von Frhr. Rob. v. Fichard. 8. (148 S. m. Abb.) Berlin. Ebd. n. 1.50

— dasselbe. 3. u. 4. Jahrg. 1896 u. 1897. Geleitet von Frhr. Rob. v. Fichard. 8. (237 S. m. 1 Abb. u. 4 Bildn.) Ebd. 897. n. 2.—

Lawn-Tennis-Jahrbuch, deutsches, 1900. Der Jahrbücher 5. u. 6. Jahrg. Hrsg. von Frhr. Rob. v. Fichard. gr. 8. (IV, 63 S.) Baden-Baden, E. Sommermeyer. n. 1.—

— dasselbe 1901 u. 1902. Der Jahrbücher 7. u. 8. Jahrg. Hrsg. v. R. Frhr. v. Fichard. gr. 8. (IV, 95 S. m. Abb. u. III, 95 S.) Ebd. à n. 1.50

Lawn-Tennis-Jahrbuch, deutsches, 1909. XV. Jahrg. der deutschen Lawn-Tennis-Jahrbücher. Begründet von Frhrn. R. v. Fichard. Hrsg. v. Loth. Brieger-Wasservogel. (62 S. m. Abbildgn.) 8. Baden-Baden, E. Sommermeyer. 1.—

Lawn-Tennis-Jahrbuch, illustr., f. d. Deutsche Reich, Österreich-Ungarn u. die Schweiz f. d. J. 1903 u. 1904. Der deutschen Lawn-Tennis-Jahrbücher IX. u. X. Jahrg. Hrsg. von Frhr. R. v. Fichard. (XVI, 158 S. m. Abbildgn. u. XXIII, 164 S.) gr. 8. Baden-Baden, E. Sommermeyer. à n. 2.—

— dasselbe 1905 u. 1906. XI. u. XII. Jahrg. der deutschen Laws-Tennis-Jahrbücher. Hrsg. von Frhr. R. v. Fichard. 8. Ebd. n. 2.70
1905. (XVIII, 100 S.) 1.20. — 1906. (XVI, 62 S.) 1.50.

Lawn-Tennis-Spiel, das, s.a. Miniatur-Bibliothek.

Das Lawn-Tennisspiel. 1901. Leipzig. 8°. 33 S. M. —.10

Der Lawn-Tennis-Sport. Zeitschrift f. d. Gesamtinteressen d. Lawn-Tennis in Deutschland u. Österr.-Ungarn. (Hrsg.: Fred. Manning.) Jg. 1, No 1. *(Berlin: F. Manning 1904.)* 4°

Lawn-Tennis-Sport, der. Offizielle Zeitschrift f. die Bekanntmachgn. des deutschen Lawn-Tennis-Bundes, österreich. Lawn-Tennis-Verbandes, der Hamburger Lawn-Tennis-Gilde usw. Red.: Fred Manning. 2. u. 3. Jahrg. 1905 u. 1906 à 30 Nrn. (IV, 448 u. IV, 448 S. m. Abb.) Lex.-8. Berlin (W. 9, Potsdamer Str. 10/11), F. Manning. à Jahrg. n. 6.—

Lawn-Tennis-Sport, der. Offizielle Zeitschrift f. die Bekanntmachgn. des deutschen Lawn-Tennis-Bundes, des österreich. Lawn-Tennis-Verbandes, der Hamburger Lawn-Tennis-Gilde usw. Red.: Fred. Manning. 4. Jahrg. 1907. 30 Nrn. (644 S. m. Abbildgn.) Lex. 8. Berlin, F. Manning. 6.—
Fortsetzg., s.: Lawn-Tennis u. Golf.

Lawrance, Rich. Moore (geb. London 3. 10. 1822): De spina ventosa. Berolini (1844). (33 S.) 8°
Berlin. Med. Diss. v. 15. Juli 1844

Lawrence, Julia St..., a Novel, by Robinson. II Vol. mit K. 16. Leipz. Sommer. 812.

Lawrence, Works. (Kalender f. 1909.) (19 S. m. 8 Taf.) Lex. 8. Wien, M. Munk. Kart. 9. —

Lawrence, Charles, a merchant of New York. Englische Novelle f. den Sprachunterricht an Realanstalten, Handelsschulen u. Privatinstituten. Hrsg. u. m. Anmerkgn. versehen v. Geo. Kluge. Mit e. Beschreibg. der Stadt New York. (Violets Sprachlehrnovellen.) (VIII, 158 S. m. 1 Plan.) 8. Stuttgart 907. W. Violet. Geb. 1. 80.

Grundriss der Kayserl. Freien Reichs- und Handels-Stadt **Hamburg** nebst dem auf Königl. Dänischen Gebiet daran liegenden **Altona.** Von **F. A.** von **Lawrence.** (ca. 1 : 12000.) (Hamburg.) 1791. Kupferstich. 1 Bl. Imp.-Fol. ca. 67.5 101 cm.

Lawrence, F. R. "16 zu 1." Was es bedeutet u was daraus erfolgen wird. NY. 1896.

Lawrence, H. M. L., Abenteuer eines Offiziers im Pendschab, s.: Bibliothek, Europäische, 664—666. Bd.

Die Kirchengeschichte der Ver. Brüder in Christo. *Verfaßt von J. Lawrence. Frei aus dem Englischen übersetzt von* Wilhelm Mittendorf. *Dayton, O.: Druck-Anstalt der Vereinigten Brüder in Christo 1871. S. 288.*

Lawrence, Jak., s. Paradies d. Liebe.

PARADIES der Liebe, Das. (Erot. Roman.) In 12 Büchern u. 4 Bänden. (Aus d. Engl. des *James Lawrence.*) Berlin, Joh. Frdr. Unger 1801. (Auch titulo: Journal d. Romane. Bd. VI—IX.) 8°. (In Darmstadt.) (3 Rthl. Scheible, c. 1872; 10 Mk. A. Bielefeld, vor 1885; 20 Mk. E. Frensdorff, 1904.)

367, 324, 312 (incl. 1 Notenbl.) u. 376 Seiten. Zieml. selten. Ein Abschnitt stand bereits 1793 in Wieland's Deutschem Merkur.

Orig.: L'empire des Nairs ou le paradis de l'amour. Par le chevalier de L**. (Publié par l'auteur même.) 4 vols. Hambourg 1807. 8°. (25 Mk. Scheible 169. no. 414;) „L'auteur voulait l'héritage et le nom de famille par la femme disant que c'était en elle seulement que la filiation pourrait être prouvée et certaine. Dans sa fable, les Nairs sont une classe noble de la côté du Malabar, chez laquelle les femmes habitent chacune une maison isolée, et ont la liberté d'avoir plusieurs amants qu'elles admettent près d'elles à leur volonté. Sur cette donnée l'auteur brode des détails agréables". (Voir Gay, bibliogr. de l'amour. — Bibl. Arcana. London 1885, no. 485: A romance, written by *James Lawrence*, as an argument for the transmission of family names and inheritances by the female instead of the male line.) — Rep. Paris, Maradon, 1814. 8° IV. (In München: P. o. gall. 1206 m.) Wurde in Frankreich verboten und 1814 mit neuem Titelbl. versehen. Wahrscheinlich nach dem französ. Texte ist die folgende deutsche Version:

— — Das Reich der Nairen oder das Paradies der Liebe von *J. Lawrence.* 4 Thle. Berlin 1809. 8°.

Zuletzt englisch: The Empire of the Nairs, of the Panorama of live.... London 1824. IV. With 4 figg.

Lawrence, Joh., einfache Gedanken über geheime Gesellschaften. Aus der 5. engl. Aufl. übers. von J. Degmeier. 8. (170 S.) Dayton, Oh. 855(59). (Philadelphia, Schäfer und Koradi.) geb. *

Von der Schädlichkeit des Systems der Ehe (von *Joh. Lawrence*). O. O. 1792.
Anon.-Lex. IV. p. 347 (nach Meusel).

William Lawrence
1783 – 1867

[A Treatise on ruptures. Deutsch:] Abhandlung von den Brüchen, enth. die anatomische Beschreibung jeder Art derselben, nebst e. Darstellung ihrer Symptome,... Von William Lawrence. Nach der 3. ... Ausg. aus d. Engl. übers. von Gerhard von dem Busch [1791 - 1868]. Bremen: Heyse 1818. XVI, 679 S. 8°

Lawrence, Will., über die venerischen Krankheiten des Auges, s. Hand-Bibliothek, klinische, 5. Bd.

— — Trattato delle Ernie a Tomi con rami. in gr. 12. 4n Milano. (in Vienna, Volke.)

Lawrence, William T*revor* [aus London]: Über Verbindungen der Zuckerarten mit Mercaptanen ... Berlin, Buchdr. v. G. Schade, *1896;* 36 S., 1 Bl. 8.
Berlin, Phil. Fak., Inaug.-Diss. v. 18. Juli 1896

Lawrence, Wilh., Vorlesungen üb. Chirurgie etc., s. a. Bibliothek von Vorlesungen üb. Medizin, I. Bd.

—— Vorlesungen über Chirurgie etc., s. a. Vorlesungen etc.

— Vorlesungen über Chirurgie u. chirurgische Therapeutik, deutsch bearbeitet v. Dr. Fr. J. Behrend. 1e Liefer. gr. 8. Leipz. 832. Kollmann. Subscr.-Pr. 1 ₰ 8 gr

Lawrence's, Will., Vorlesungen über Chirurgie u. chirurgische Therapeutik. Deutsch bearb. vom Arzt Dr. Friedr. J. Behrend. 3 Bde. gr. 8. Leipzig 833. Kollmann. 4 ₰

Lawrence, William Beach, Commentaire sur les Éléments du droit international et sur l'Histoire des progrès du droit des gens de Henry Wheaton. Précédé d'une notice sur la carrière diplomatique de M. Wheaton. Tomes I—III. gr. 8. (XXVII, 404; IX, 506; XXII, 473 S.) Leipzig 868,69,73, Brockhaus. à Bd. *M 6. * geb. à Bd. *M 7,50. *

Lawrence, Will. Beach, Commentaire sur les Éléments du droit international et sur l'Histoire du progrès du droit des gens de Henry Wheaton. Précédé d'une notice sur la carrière diplomatique de M. Wheaton. Tome IV. A. s. l. t.: Études sur la jurisdiction consulaire en pays chrétiens et en pays non chrétiens et sur l'extradition. gr. 8. (XL, 569 S.) Leipzig 880, Brockhaus. *M 7,50.; geb. in Halbfrz. * 9 —
Tome 1—3. Ebendas. 1868—73. à *M 6.; geb. in Halbfrz. *M 7,50.

Lawrence, études s. la jurisdiction consul. en pays chrétiens et en pays non chrétiens et s. l'extradition. Leipz. 880.

Lawrence Freie Presse : Jan. 1—Sept. 1868.
Republican weekly. Continued as KANSAS FREIE PRESSE (Leavenworth). Edited & published by John M. Häberlein.
Lawrence, KS

Lawrence Germania : Jahrgang 1—43, no. 17, Sept. 1877—Aug. 23, 1918.
Independent weekly. Title varies: GERMANIA, Sept. 1877—July 1880?; DIE GERMANIA, July 12, 1880?—Sept. 1908? Circulation: 1880, 560; 1890, 500; 1900, 1200; 1915, 1500; 1910, 500. Edited by Gottlieb Gehrle, 1877—80; by Eduard Grün, 1880—1901?; by Henry Albach, 1901?—1918. Published by Germania Publishing Co., 1877—1918.
Lawrence, KS

Lawrentjew [Russe]
s. **Lavrent'ev.** (10. 1133) 10

Buchheide-Sagen und -Spukgeschichten. Gesammelt, erg. u. frei nacherzählt von Hans **Lawrenz.** H. 1. 2. Stettin: R. Grassmann 1905–06. 2 Bde 8° [F.] [07. 4350 9

Lieder aus der Heide von Hans **Lawrenz**. Stettin: R. Grassmann [1907]. (46 S.) 8° [F.] 07. 1014 Ω

Lawrie, A., Gesch. d. Freimaurerei, aus authent. Quellen, nebst Bericht über d. große Loge in Schottland; übers. von C. F. A. Burkhardt, mit Anmerkk. u. Einleit. v. K. Chr. F. Krause. gr. 8. Freyberg 810. Craz u. G. 1 ₰ 20 K

Lawrie, Andrew D. Ueber Bibrombenzoësäuren und verwandte Säuren. Göttingen, 1876.

Lawrie, Andrew D., über Bibrombenzoësäuren und verwandte Säuren. Inaugural-Dissertation. gr. 8. (32 S.) Göttingen 877, (Vandenhoeck und Ruprecht's Verlag.) *

Lawrinowitsch [Russe]
s. Lavrinovič. 09. 7430

Lawrinowitsch, J., wer ist der Urheber der Pogrome in Russland? (In russ. Sprache.) (VIII, 296 S.) gr. 8. Berlin (909). J. Ladyschnikow. 4. —

Lawroff, an die russische social-revolutionäre Jugend. Eine Antwort auf die Brochüre. „Die Aufgaben der revolutionären Propaganda in Russland." (London 1874.) 8. Winterthur, Bleuler-Hausheer & Co. 1875 1. —

Lawrow, D., s.: Untersuchungen, chem. u. medicin.

Lawrow, N. O., d. Anschauungs-Unterricht in d. russischen Sprache, s. a. Freifeld, D. L.

Lawrow, N. O., und D. L. Freifeldt, der Anschauungs-Unterricht in der russischen Sprache zum Gebrauche in den Vorbereitungsklassen und den unteren Klassen der mittleren Lehranstalten des Dorpatschen Lehrbezirks. 1. Thl.: Der Mensch und die Hausthiere. (Russisch und deutsch.) 8. (VIII, 108 S.) Reval 886, Kluge's Verlag. cart. *

Lawrow, Pet., historische Briefe. Aus dem Russ. übers. v. S. Dawidow. Mit e. Einleitg. v. Ch. Rappoport u. 2 Portr. v. Lawrow. gr. 8. (XLII, 368 S.) Berlin 901. [Dr. J. Edelheim.] Leipzig, R. Lipinski. n. 8. 50; geb. n. 5. —

Lawrynowicz, Franz v[on]. Ueber Melaena neonatorum und ihre Behandlung. Diss. Med. Basel. 61 S. 8. Basel, Brin & Cie., 1909.

Laws, the commercial, of the world, s.: Handelsgesetze, die, des Erdballs.

Laws, A. Beurtheilung der Lockeschen, Leibnitzischen und Kantischen Erkenntnißtheorie vom Standpunkte des absoluten Idealismus. 13 S. Deutsch-Crone, Progr. 1848

Laws, A.: Beurtheilung der Spinozischen Substanz. 19 S. – Progr. Rössel 1857.

Laws. A. De fetialibus Romanorum. 11 S. . . . . Deutsch-Crone, Progr. 1841

Laws: De dicendi genere Sallustii commentatio. 20 S. –Roessel, Progr. 1864

Laws, A.: Quaestionum Sophoclearum part. I. 14 S.– Rössel, Progr. 1853.

Lawsen, Thomas Atkinson, s. Lawson

Lawsher, F. C., die lithograph. Hochätzkunst, od. d. Kunst auf Kalkschiefer od. Marmorstein durch Säuren so erhaben zu ätzen, daß es wie Bleitypen abgedr. werden kann. Nebst e. gründl. Anleit., von dies. hochgeätzten Lithographieen Stereotypen abnehmen zu können. Histor. u. techn. dargest. gr. 8. Baltimore Md. 835. [Leipzig, Brandstetter.] Verklebt *

Lawsher, F. C., die lithographische Hochätzkunst, oder die Kunst auf Kalkschiefer oder Marmorstein durch Säuren so erhaben zu ätzen, daß es wie Bleitypen abgedruckt werden kann. Nebst e. gründl. Anleitung, von diesen hochgeätzten Lithographieen Stereotypen abnehmen zu können. Eine höchst wichtige Erfindung für den Buchdruck, als billigeres Surrogat für d. theuren Holzschnitt u. dessen Abklatschplatten. gr. 8. Baltimore 835. Md., Scheld u. C.; jetzt Einhorn in Leipzig, geb, u. verklebt n. 2/3 ₰

Lawson, Aufgaben über d. rechtwinkl. Dreieck, s. A. Richter, geometr. Aufgaben.

Lawson, A. W., wieder geboren. Roman. Einzig autoris. deutsche Ausg. Mit Zeichngn. v. Arth. Johnson. 1. u. 2. Aufl. (Je 268 S.) 8. Leipzig (905). Lotus-Verlag. n. 3. —; geb. n. 4. —

Lawson, D., s. Lawson, John

Lawson, Henry. Wie er der Frau Bäker erzählte. [Wien 1900.] Ü: *Fuchs, Adele geb. Schaffer.* (EB)

Lawson, Joh., es war einmal, s. Wolff, Emil, und Johanna Strohschein.

— – there was once, s. Wilde, O.

— **There was once.** Grandma's stories by Mrs. Oscar **Wilde.** With colour pictures by J. L. 4. (32 S.) München 888. Stroefer. geb. n. 3. —

[Lawson, John]: Allerneueste Beschreibung der Provintz Carolina in West Indien. *Samt einem Reise-Journal von mehr als Tausend Meilen unter allerhand Indianischen Reisen. Auch einer accuraten Land-Carte und andere Kupfer Stichen. Aus dem Englischen übersetzt durch* M. Visher. *Hamburg: Gedruckt und verlegt durch seel. Thomas von Wierings Erben . . . Anno 1712. (7), 365, (3), S., ill., Karte.*

Lawson, Beschr. d. Provinz Carolina in Westindien. 8. Hamb. 722.

Lawson, John. Vorlesungen über die Beredsamkeit; a. d. Engl. Zürich 1774. 2. Aufl. 1777. Ü: *Rahn, Rudolph.* (ML)

Lawson, D., Vorles. über d. Beredsamkeit; aus d. Engl. 8. Zürich 777. Orell. 1 ₰

Highways and homes of Japan. By Lady (Kate) **Lawson.** With 1 frontisp. and 59 ill. London, Leipsic: Unwin 1910. 352 S. 8° 10. 1900

Lawson, Lizzie, Schlauköpfchen. Alte und neue Sinnsprüche. Mit Illustr. von L. L. zum Coloriren und Reimen, frei übers. aus dem Engl. und ergänzt von Helene Binder. 4. (59 S. mit zum Theil color. Illustr.) München 882, Stroefer. geb. * 3 50

Lawson, Pet., die Culturgräser und Futterkräuter. Praktisches Handbuch für Landwirthe, Gutsbesitzer, Gärtner ꝛc. Mit tabellarischer Zusammenstellung verschiedener Grasmischungen. Nach der 4. Aufl. der Gräserbeschreibung aus dem Engl. übers. von A. Courtin. gr. 8. (74 S.) Stuttgart 857, Schweizerbart'sche Verlagsh.

Lawson, Thomas Atkinson [aus London]: Ueber die durch Einwirkung von Diazosalzen auf β-Naphtylamin entstehenden Verbindungen .... Marburg, Druck v. Joh. Aug. Koch, 1886; 87 S. 8°.
Marburg, Phil. Fak., Inaug.-Diss. v. 23. Jan. 1886.

Freitag der Dreizehnte [Friday the 13th]. Von Thomas W[illiam] Lawson. Autor. Uebers. von M. Enckhausen u. E. v. Kraatz. Hannover: A. Sponholtz 1907. (240 S.) 8° [J.] [08. 1110 7

Lawton, Charles, Armoirial des maisons souveraines. 1. Cahier. gr. Fol. (8 S. mit 3 Chromolithogr. und 3 Stnt. in Tondr.) Berlin 857, (Mittler und Sohn.) **

Lawyer, the german, in the United states of America, s. Advokat, der deutsche.

[Gedicht.] Dem Hochw. Jubilar, Jos. Maxim. Grebe am 50sten Jahrestage seiner Wallfahrt zwischen Zirkel und Winkelmaass, den 17. Nov. 1854, als Zeichen brüderlichster Liebe und Verehrung dargebracht vom Br. Aug. Lax. Hildesheim 1854. 2 Bl. 4⁰ [Umschlagtit.]

[Rede.] Am St. Johannis-Festtage 1860. Den Brüdern der Loge zum stillen Tempel [in Hildesheim] gewidmet vom Br Aug. Lax. [Hildesheim 1860.] 2 Bl. 8⁰ [Kopftit.]
Ermahnung zur Selbsterkenntnis.

Lax, Cæsar.
See Deutsche Destillateur-Zeitung.

Lax, Eduard, Gerichtsref. aus Minden (Westf.): **Die Vollmacht nach dem Bürgerlichen Gesetzbuch.** *Minden i. Westf. 1899: J. C. C. Bruns.* (VIII, 68 S.) 8°
Erlangen, Jur. Diss. v. 11. Jan. 1899

Lax, Erwin: Die Organisation des Finanz- und Kreditwesens bei den Kartellen. (Der Haushalt der Kartelle.) Berlin 1909: Harrwitz. 76 S. 8°
Erlangen, Phil. Diss. v. 1. Okt. 1909, Ref. v. Eheberg
[Geb. 16. Jan. 87 Bunzlau; Wohnort: Berlin; Staatsangeh.: Preußen; Vorbildung: Friedrich-Wilhelms-Gymn. Berlin Reife 06; Studium: Freiburg i. B. 1, Berlin 2, München 1, Erlangen 3 S.; Rig. 14. Juli 09.] [U 10. 875

Lax, Eugen [pr. Arzt in Zirndorf aus Reichenbach i./Schl.]: Ein Beitrag zur Lehre von der Haematomyelie unter spez. Berücks. eines v. mir im J. 1894/95 beobacht. Krankheitsfalles ... Zirndorf, Buchdr. v. J. Bollmann, 1895; 30 S., 1 Bl. 8.
Erlangen, Med. Fak., Inaug.-Diss. v. [23. Juli] 1895

Lax, Eugen [aus Neisse]: Beiträge zur Maassanalyse des Mangans .... Berlin, Druck v. Julius Feiertag (1887); 2 Bl. + 36 S. 8°.
Berlin, Phil. Fak., Inaug.-Diss. v. 19. Febr. 1887.

Lax, Eugen, Beiträge zur Maassanalyse des Mangans. Diss. Berlin 1887, Mayer & Müller. 8°. 36 S.

Lax, Frdr., neuere elektrische Glühlampen u. ihr ökonomischer Effekt. (15 S.) Lex. 8. Wien 909. (Lehmann & Wentzel.) 1. 20
Sonderabdruck aus: „Ztschr. d. Ver. d. Gas- u. Wasserfachmänner in Österreich-Ungarn".

Lax, Louis, der Abfall der Belgischen Provinzen von Oesterreich. 8. Aachen 836. Mayer. (Brüssel, Mayer u. Somerhausen.) $1^2/_3$ ℳ

Lax, Louis, die Bekehrer. Novelle. 8. (13 B.) Aachen 830, Mayer.

—— Bibiano od. d. Kapelle im Walde. Romant. Oper in 3 Aufz. nach Cuno. Musik v. J. P. Pixis. 8. ... Aachen 829, Mayer.

—— Bilder aus den Niederlanden. 2 Bde. gr. 12. ($18^1/_3$ B.) Aachen 838, Mayer.

—— westliche Blätter f. Unterhaltung ꝛc., s. Blätter.

– s. Bulwer: England.

– s. Bulwer: Frankreich.

Lax, Louis [Übers.]
s. Bulwer, E.G.: Sämtliche Werke. 1834 – 35.

– s. Godolphin.

Lax, Louis [Übers.]
s. Hall, Samuel Carter: Der Bucanier. 1833.

—— Memoiren eines Schornsteinfegers, s. Memoiren ꝛc.

Lax, Louis, Memoiren e. Schornsteinfegers. 3 Bdchn. gr. 12. Aachen u. Leipz. 830. Mayer. 3 ℳ

Lax, Louis, s. Molières sämmtl. Werke.

– s. Morgan: Dramat. Scenen.

Lax, L., s. Nodier, Ch.: Erinnerungen.

— die Reisekur. 3 Bde. 8. Aachen 835. (Brüssel, Mayer u. Somerhausen.) 4 ℳ

— Chevalier Reynaud. Roman. 2 Bde. 8. Aachen 835. Mayer. (Brüssel, Mayer u. Somerhausen.) 2 ℳ

Lax, L., s. Robespierre: Memoiren.

Lax, Ludw., Individualität u. Sozialität. (119 S.) gr. 8. Budapest 906. R. Lampel. n. 2. —

Lax, Ludw., Lehrbuch. Der Weg zum Lebensglück. (256 S.) gr. 8. Leipzig 909. Dieterich. 8.—; geb. 10. —

Lax, Salomon

— Biographie d. Ahasverus, oder Beleuchtung des Sonst u. Jetzt in Hinsicht d. Erziehung u. d. Vorurtheile. 8. Dessau 18..

— Elementarunterricht in d. Religion, aus d. Natur u. d. heiligen Geschichte, besonders für jüdische Schulen. 8. Magdeb. 809. (Leipz., Lauffer). 14 K

— neues engl. Elementarwerk für alle Stände, oder d. Kunst, d. engl. Sprache auf die geschwindeste Art richtig sprechen, lesen u. schreiben zu lernen. 8. Leipz. 806. 2e A. 815. W. Vogel. 1 ℔ 8 K

— Lesebuch beim ersten Unterricht d. Kinder; für Schulen u. zum Privatgebrauch. 8. Zerbst 182.. v. Schütz. 4 K

Lax, Salom., 3 Tabellen zu etymologischen Regeln d. franzöſ. Sprache. Fol. Magdeb. 809. v. Schütz. 8 K 2e Aufl. unt. d. T.: Uebersicht aller etymolog. Regeln d. franzöſ. Sprache. 8. Leipz. 819. Kollmann. 8 K

Lax, S., Uebersicht aller etymolog. Regeln d. franz. Sprache, 2te Aufl. 8. Leipzig, Kollmann. 819.

Lax, Wilhelm: Über Abkömmlinge der Phenylhydrazoncyanessigsäureäthylester Leipzig: J. A. Barth 1901. 31 S. 8⁰
¶ Aus: Journal f. prakt. Chemie. Bd 171. N. F. Bd 63.
Dresden, Dr.-Ing.-Diss. v. 17. 11. 1900

Laxdaela-Saga. Historia de rebus gestis Laxdölensium. Ex Mss. legati Magnaeani cum interpret. latina, tribus dissertat. ad calcem. adjectis et indicibus tam rerum quam nominum proprium. gr. 4. Copenhagen 826, Gyldendal.

Laxdœlasaga, hrsg. v. Kr. Kålund, s.a. Saga-Bibliothek, altnordische.

Laxdoela saga. Hrsg. v. Kr[istian] Kålund. *Halle a. S.: M. Niemeyer 1896.* (4 Bl., XIV, 276 S.) 1 Bd 8.
= Saga-Bibliothek, Altnordische. H. 4. [96. 9324

Laxenaire, Das zukünftige Leben. Autorisierte Übersetzung. Münster, Alphonius-Buchhandlung, 1900, 8°, 72 S., 40 Pf.
Populärwissenschaftl. Darstellung der Unsterblichkeitslehre.

Das kaiserl. Lustschloss Laxenburg. 20 Vollbilder, Origin.-Radirungen von Aug. Schäffer, L. H. Fischer und E. Koželuch. Radirungen und Heliogravuren nach Sal. Kleiner, Chr. Brand und L. Janscha nebst einem Plane und vielen Text-Illustrationen, mit histor. und topogr. Text von Q. Leitner. 38 Seiten. Imp.-Fol. 1878. Luxus-Ausgabe auf geschöpftem Papier fl. 30.—. Gewöhnliche Ausgabe auf glattem Papier 24.
Wien: Artaria & Co 1896.

Laxenburg mit dem k. k. Lustschloss und den Parkanlagen . . . Wien [1903.] V: *Steiner, Anton.* (EB)

Laxmann, Erich

Laxmann, Er., sibirische Briefe v. Schlözer. 8. Göttingen, Dieterich. 769.

Laxmann, Erich, († d. 16. Jan. 1796.) Sibirische Briefe, herausg. von Schlözer u. Jh. Beckmann. 8. Götting. 796. Dieterich. 6 K

Laxner, Bernh. Christ. (Weissenfels), Diss. jur. de actionibus adjectitiarum qualitatum earumque usu hodierno. Präs. Nic. Wilh. Dressel. Jena (Müller) 21. II. 1718. 48 S. (5.—) 20626
Widm. v.: Nic. W. Dressel.

Laxy, J., katolicka książka missyjna czyli przewodnik do życia chrześciańskiego. 2. Wydanie. 8. (X und 421 S. mit 1 Stahlst.) Ober-Glogau 856, Handel. *

Lary, Jh., s. Tánóka-Hoffmann, Element., Leben d. heil. Elisabeth.

Lay, van der [Pseud.], s. Nepper, Dominique Marie

Aphoristisches über Gesangskunst von Anny Lay. Hrsg. von Egon Stuart Willfort. Wien & Leipzig: A. Hartleben (1905). (40 S.) 8° [06. 2191

Lay, Anny, Aphoristisches üb. Gesangskunst. Hrsg. v. Egon Stuart Willfort. (40 S.) 8. Wien (906). A. Hartleben. n. 1.—

Lay, Emil: Über Silicium-Stickstoff-Wasserstoff-Verbindungen. 1910. 79 S. 8⁰
München, Dr.-Ing.-Diss. v. 15. 3. 1910

Lay, Felix. Културно историјско етнографски атлас Краљевине Србије скупио Феликс Лај . . . Culturhistorisch etnografischer Atlas des Königreiches Serbien von Felix Lay . . . Art. Lith. Etablissement Stockinger & Morsack. Vienne . . . [1886.]
2 Lieferungen. 4°.
I: Umschlagtit., 4 Bl.; 10 farb. Taf.
II: Umschlagtit., 2 Bl.; 10 farb. Taf.
Nachbildungen serbischer Webereien und Stickerei-Arbeiten.

Lay, Felix. Ornamenti jugoslavenske domaće i umjetne obrtnosti . . . Ornamente südslawischer nationaler Haus und Kunst-Industrie gesammelt und herausgegeben von Felix Lay in Agram . . . Selbstverlag des Herausgebers. Lith. & Druck der art. Anst. Jak. Stockinger & Ed. Winter. Wien . . . [1875—1885]. [Umschlagtit.]
38 Bl. Text (unvollständig); 200 Taf. 4°.

Lay, Felix, Ornamente südslavischer nationaler Haus- und Kunst-Industrie. 1.—8. Lfg. hoch 4. (à 10 Chromolithogr. und 15 S. deutschem und croat. Text.) Agram 877—79. (Wien, Halm und Goldmann.) à Lfg. M. 30. 2

Lay, Felix, Ornamente südslavischer nationaler Haus- und Kunst-Industrie. 9.—20. Lfg. gr. 4. (à Lfg. 10 Chromolithogr. mit 2—4 Bl. Text.) Agram 883. (Wien, Halm und Goldmann.) à Lfg. M. 30. 360 —
1.—8. Lfg. (Ebendas.) 1877—79. à M. 30.

Lay, Felix & Friedrich Fischbach. Südslavische Ornamente gesammelt . . . und nebst einer Abhandlung über die Verbreitung und Cultur der Südslaven herausgegeben von Felix Lay . . . Der ornamentale Theil . . . von Friedrich Fischbach . . . Verlag von Fr. Fischbach in Hanau a. M. . . [1872].
27 S. m. 1 blattgroßen Holzschn.; 20 farb. Taf. 4°.

—— und Friedr. Fischbach, südslavische Ornamente, gesammelt und nebst einer Abhandlung über die Verbreitung und Cultur der Südslaven, ihre Poesie, Hausindustrie, Ornamentik etc. hrsg. gr. 4. (20 Chromolithogr. mit 26 S. Text und 1 Holzschntaf.) Essegg und Hanau 880. (Hanau, Alberti.) In Mappe 36 —

Lay, Fel., die Verbreitung und Cultur der Südslaven. Ihre Poesie, Hausindustrie, Ornamentik etc. nebst einem Costümbilde (in Holzschn.). Literarische Beilage und erläut. Text zu dem Werke: Südslavische Ornamente. hoch 4. (26 S.) Hanau 872, Fischbach. [Alberti.] *

Lay, Matthias, s.: Matthias v. Bremscheid.

Lay, Max, Don Pedros Brautfahrt, s.a. Kürschner's Bücherschatz.

[F.] Don Pedros Brautfahrt. Erzählg aus d. mexikan. Kriege v. Max Lay. M. Ill. v. R. A. Jaumann. *Berlin, Eisenach, Leipzig: H. Hillger [1898].* (128 S.) 1 Bd 8.
= Bücherschatz, Kürschners. No 86.

— im Geiste Ludwigs XIV. Historischer Roman. 8. (309 S.) Berlin 893. O. Janke. n. 5. —

Lay, Max, ein Goldmädchen, s.a. Kürschner's, Jos., Bücherschatz.

Ein Goldmädchen. Originalroman aus Klondyke von Max Lay. Mit Ill. von Arthur Lewin. *Berlin, Eisenach, Leipzig: H. Hillger [1902].* (126 S.) 8° [F.]
= Bücherschatz, Kürschners. No 310.

Lay, Max, stiller Grenzkrieg. Roman. 2 Bde. 8. (245 u. 216 S.) Stuttgart 891. Deutsche Verlags-Anstalt. n. 5. —

Lay, Max, stiller Grenzkrieg. Roman. 2 Thle. in 1 Bd. (Neue [Titel-] Ausg.) 8. (245 u. 216 S.) Stuttgart (891) 897. Deutsche Verlags-Anstalt. n. 1.50; geb. n. 1. 75

Lay, Max (Red Cloud), s.: Grenzpanorama.

— der Herr Intendant, s.a. Weichert's Wochen-Bibliothek.

Der Herr Intendant. Roman von Max Lay. Mit 3 Vollbildern. *Berlin: A. Weichert [1901].* (95 S.) 8° [F.]
= Wochen-Bibliothek, Weicherts. Bd 115.

— Fräulein Kapitän, s.: Engelhorn's allgemeine Romanbibliothek.

— s.: Mouthon-Affare, die.

— Nomaden s.a. Kürschner's, Jos., Bücherschatz.

Nomaden. Roman von Max Lay (Captain Red Cloud). Mit Ill. von R. Mauff. Berlin, Eisenach, Leipzig: H. Hillger [1904]. (112 S.) 8° [F.]
= Bücherschatz, Kürschners. No 426.

Lay, Max, s.: Red Cloud, Captain.

— Seemannsliebe, s.a. Kürschner's, Jos., Bücherschatz.

Seemannsliebe. Novellen von Max Lay. Mit Ill. von W. Roegge. Berlin, Leipzig: H. Hillger [1906]. [104 S.] 8° [F.]
= Bücherschatz, Kürschners. No 506.

— zu Straßburg auf der Schanz, s.a. Kürschner's, Jos., Bücherschatz.

Zu Straßburg auf der Schanz. Roman von Max Lay. Mit Ill. von W. Roegge. *Berlin, Eisenach, Leipzig: H. Hillger [1903].* (107 S.) 8° [F.]
= Bücherschatz, Kürschner's. No 309.

— Auf dem Ulmerhof. In aller Eile, s.a. Kürschner's Bücherschatz.

[F.] Auf dem Ulmerhof. Roman. In aller Eile. E. Manövergesch. Von Max Lay. M. 25 Ill. v. O. Herrfurth. *Berlin, Eisenach, Leipzig: A. Hillger [1897].* (125 S.) 1 Bd 8.
= Bücherschatz, Kürschners. No 15.

Lay, Tradescant, China u. die Chinesen. Aus d. Engl. von Hnr. Schirges. 2 Thle. 8. Hamb. 843, Hoffmann u. C. 2 ₰

— die Chinesen wie sie sind, s. Reich, das himmlische.

Lay, W. August

Lay, W. A., Anschauungs- u. Gedächtnistypen in Volksschul- u. Seminarklassen. Experimentelle Untersuchgn. zur Vertiefg. des Prinzips der Anschaug. (48 S.) gr. 8. Wiesbaden 903. Leipzig [O. Nemnich.] E. Nägele. n. 1. —

H. C. Cordsens 'Besprechung' meiner Experimentellen Didaktik. Eine Erwiderung von Dr. W. A[ugust] Lay, Karlsruhe i. B. Göttingen 1906: Dieterich. (32 S.) 8°
= [Pädagogik, Experimentelle. Bd 4, H. 1/2, Beil.]

Experimentelle Didaktik. Ihre Grundlegung mit bes. Rücks. auf Muskelsinn, Wille u. Tat von Dr. W. A. Lay. 1. *Wiesbaden: O. Nemnich 1903.* 8°

— experimentelle Didaktik. Ihre Grundlegg. m. besond. Rücksicht auf Muskelsinn, Wille u. Tat. Allgemeiner Tl. 2. Aufl. (XXII, 596 S.) gr. 8. Leipzig 905. [O. Nemnich.] E. Nägele. n. 9. —; geb. n. 10. —
1. Aufl. (XII, 595 S.) Wiesbaden 903.

Lay, W. A., experimentelle Didaktik. Ihre Grundlegg. m. besond. Rücksicht auf Wille u. Tat. Allgemeiner Tl. 3., verm. Aufl. (XVI, 661 S. m. Abbildgn.) gr. 8. Leipzig 910. Quelle & Meyer. 9.—; geb. in Leinw. 10. —

Lay, W. A., Elemente der Naturgeschichte im erziehenden Unterricht. I—IV. gr. 8. Bühl 893. Konkordia. n. 3. 15
I. Tierkunde, nebst zeitlich geordnetem Stoff zu Beobachtungen, Versuchen u. Schülerausflügen. (V, VI, 92 S.) 893. n. — 80
II. Pflanzenkunde, nebst zeitlich geordnetem Stoff zu Beobachtungen, Versuchen u. Schülerausflügen (im I. Tl.). (IX, 64 S.) 892. n. — 65
III. Mineralienkunde u. Erdgeschichte, nebst zeitlich geordnetem Stoff zu Beobachtgn., Versuchen u. Schülerausflügen (im I. Tl.). (VI, 47 S. m. 1 Tab.) 893. n. — 40
IV. Schematische Zeichnungen zur Tier-, Pflanzen- u. Mineralienkunde. Auch unabhängig v. den Elementen zu gebrauchen. (15, 19 u. 4 S. m. 31 Taf.) 894. n. 1. 30

— Elemente d. Naturgeschichte. I. u. II. gr. 8. Bühl 896. Konkordia. n. 1. 70
I. Tierkunde, nebst zeitl. geordn. Stoff zu Beobachtgn., Versuchen u. Schülerausflügen. 2., verm. Aufl. (X, 152 S.) n. 1. —
II. Pflanzenkunde, nebst zeitl. geordn. Stoff zu Beobachtungen, Versuchen u. Schülerausflügen (im I. Tl.). 2., verb. Aufl. (XII, 106 S.) n. — 70

Lay, W. A., pädagogische Fachbildung u. Fachaufsicht. Vortrag auf der Generalversammlg. des Vereins bad. Reallehrer an Pfingsten 1901. gr. 8. (29 S.) Wiesbaden 901. O. Nemnich. n. — 60

Lay, W., A., Führer durch d. ersten Rechenunterricht, naturgem. Lehrverfahren, gegründ. auf psycholog. Versuche u. angeschloss. an d. Entwicklungsgeschichte d. Rechenunterrichts. gr. 8. (VIII, 155 S. m. 3 Fig.-Taf.) Karlsruhe 898. Wiesbaden, O. Nemnich. n. 2. 80; geb. n. 3. 20

— Führer durch den Rechenunterricht d. Unterstufe, gegründet auf didaktische Experimente. 2., verm. Aufl. (VII, 235 S. m. Abbildgn. u. 4 Taf.) gr. 8. Leipzig 907. [O. Nemnich.] E. Nägele. 3.60; geb. 4. 50

— Führer durch den Rechtschreib-Unterricht. Neues, naturgem. Lehrverfahren, gegründ. auf psycholog. Versuche u. angeschlossen an d. Entwickelungsgeschichte d. Rechtschreibunterrichts. gr. 8. (V, 201 S. m. Abb.) Karlsruhe 897. Wiesbaden, O. Nemnich. n. 3. 20

Lay, W. A., Führer durch den Rechtschreib-Unterricht, gegründet auf psycholog. Versuche u. angeschlossen an seine Entwicklungsgeschichte u. e. Kritik des ersten Sach- u. Sprachunterrichts. 2., verb. Aufl. gr. 8. (XII, 202 S.) Wiesbaden 899. O. Nemnich. n. 3. 20; geb. n. 4. —

— Führer durch den Rechtschreib-Unterricht, gegründet auf psycholog. Versuche u. verbunden m. e. Kritik des ersten Sach- u. Sprachunterrichts. 3., verm. Aufl. (VIII, 237 S.) gr. 8. Wiesbaden 905. Leipzig [O. Nemnich.] E. Nägele. n. 3. 60; geb. in Leinw. n. 4. 50

— Grundfehler im ersten Sprachunterricht, ihre Ursachen u. ihre Abhilfe. Begleitwort zu d. Schülerheften f. den Sach-, Sprach- u. Rechtschreibunterricht. gr. 8. (38 S.) Ebd. 897. n. — 50

Lay, W. A. Psychologische Grundlagen d. erziehenden Unterrichts u. ihre Anwendung auf die Umgestaltung d. Unterrichts in der Naturgeschichte. Eine Festgabe zur Comeniusfeier 1892. gr. 8. (XI, 118 S.) Bühl 892, Konkordia. * 1 20

— Menschenkunde. Leben, Bau u. Pflege des menschl. Körpers auf Grund e. vergleich. Tierkunde f. Lehrer- u. Lehrerinnenseminare u. andere höh. Schulen. 2. verm. u. verb. Aufl. m. 307 Fig. u. 1 Taf. in Farbendr. (VII, 99 S. u. 15 Taf. m. Text auf der Rückseite.) 8. Leipzig 905. [O. Nemnich.] E. Nägele. Geb. n. 2. 60

— Menschenkunde verbunden m. e. vergleich. Tierkunde. Bau, Verrichtg. u. Pflege d. menschl. Körpers, nach neuen Grundsätzen f. Schul- u. Selbstunterricht dargestellt. gr. 8. (VI, 82 S. m. 9 Taf. u. 9 Bl. Erklärgn.) Ebd. 897. n. 1. 80

— Methodik des naturgeschichtl. Unterrichts u. Kritik der Reformbestrebungen auf Grund der neueren Psychologie. gr. 8. (XVI, 124 S.) Karlsruhe 899. Ebd. n. 2. 50; geb. n. 3. 20

— Methodik des naturgeschichtlichen Unterrichts u. Kritik der Reformbestrebungen. 3., verm. Aufl. (VIII, 164 S.) gr. 8. Leipzig 907. E. Nägele. 2.40; geb. in Leinw. 3. —

— Mineralienkunde u. Erdgeschichte, nebst zeitl. geordn. Stoff zu Beobachtgn., Versuchen u. Schülerausflügen. E. method. Lehrbuch f. Schul- u. Selbstunterricht. 2., verb. Aufl. gr. 8. (VIII, 46 S. m. 1 Tab.) Ebd. 899. n. — 60; geb. n. 1. —

— Mineralienkunde u. Erdgeschichte, nebst schemat. Zeichngn. u. zeitlich geordnetem Stoff zu Beobachtgn., Versuchen u. Schülerausflügen. Ein method. Lehrbuch f. Schul- u. Selbstunterricht. 2. verb. Aufl. gr. 8. (VIII, 46 S. m. 4 Taf., 4 Bl. Erklärgn. u. 1 Tab.) Ebd. 899. n. 1. —; geb. n. 1. 50

— s.: Naturgeschichtsunterricht, der moderne.

— s.: Pädagogik, die experimentelle.

— Experimentelle Pädagogik m. besond. Rücksicht auf die Erziehung durch die Tat, s. a. Aus Natur u. Geisteswelt.

Experimentelle Pädagogik mit besond. Rücksicht auf d. Erziehung durch d. Tat. Von Dr. W. A[ugust] **Lay**. Mit 2 Textabb. Leipzig: B. G. Teubner 1908. (VI, 125 S.) 8° [F.]
— **Natur**, Aus, u. Geisteswelt. Bdch. 224. [08. 10860

— der Rechtschreibstoff in naturgemäßer Verteilung u. Einübung. Ein Schülerbuch. (VI, 23 S.) 8. Leipzig 905. [O. Nemnich.] E. Nägele. — 20; kart. — 30

— Schule u. Stenographie. E. Vortrag üb. d. Frage: Welche Stellg. hat d. Pädagogik d. Stenographie u. ihren Systemen gegenüber einzunehmen? gr. 8. (35 S.) Pforzheim 895. (Leipzig, J. H. Robolsky.) n. — 50

Lay, W. A., Schülerhefte f. d. Sach-, Sprach- u. Rechtschreibunterricht nach naturgem. Grundsätzen u. m. Anwendg. d. Schreibschrift als Anschauungsmittel f. d. Rechtschreibunterricht. 3 Hfte. gr. 8. Karlsruhe 897. Wiesbaden, O. Nemnich. n.n. 1. 40
1. (1. Schulj.) (40 S.) n.n. — 30
2. (2. Schulj.) (80 S.) n.n. — 50
3. (3. u. 4. Schulj.) (99 S.) n.n. — 60

— unser Schulunterricht im Lichte der Hygiene. Ein Mahnruf des 1. internation. Kongresses f. Schulhygiene zur Errichtg. pädagog. Lehrstühle u. pädagog. Laboratorien. (32 S.) gr. 8. Leipzig 904. [O. Nemnich.] E. Nägele. n. — 60
Auch die übrigen Lay'schen Schriften aus dem Nemnich'schen Verlage sind an E. Nägele übergegangen.

— Tierkunde, nebst zeitl. geordn. Stoff zu Beobachtgn., Versuchen u. Schülerausflügen. E. method. Lehrbuch f. Schul- u. Selbstunterricht. 3., verb. Aufl. gr. 8. (X, 139 S.) Ebd. 899. n. 1. —; geb. n. 1. 50

— schematische Zeichnungen zur Tier-, Menschen-, Pflanzen- u. Mineralienkunde. Eine method. Ergänzg. zu jedem naturgeschichtl. Lehrbuch. 40 Taf. m. Erklärgn. (auf der Rückseite). 2. verb. Aufl. gr. 8. (X S.) Ebd. 899. n. 2. 40

— Schematische Zeichnungen zur Tier-, Menschen-, Pflanzen- u. Mineralienkunde m. üb. 600 biologisch erklärten Fig. Eine method. Ergänzg. zu jedem naturgeschichtl. Lehrbuch. 3. Aufl. (95 S.) 8. Leipzig 909. Quelle & Meyer. Kart. 2. 80

Lay, Wilib., († ...) d. geheime Ohrenbeichte, oder d. kathol. Bußsacrament. 2 Thle. mit Anhang. 8. Augsb. 791. (Dannheimer in Kempt.) 20 K (Köhler in Leipz.) 1 ₰

Lay, W., P., Die geheime Ohrenbeicht oder das kath. Bußsakrament aus theolog. Gründen bewiesen. Kempten, Kösel, 1791, 8°, 354 S., 2 Teile, 3 Mk.

—— Anhang dazu: Überlegung und Beantwortung der mehr u. mehr düster werdenden Frage, ob in der kath. Bußart ungeachtet des tridentinischen Kirchenrats eine Abänderung u. hierdurch eine Vereinigung der getrennten Christen getroffen werden könnte. Das. 1791, 8°, 180 S., 2 Mk.

Laya, A., lois romaines sous la république (A. R. 1 à 723. — Av. J.-C. à 31.) Genève 854. (Leipzig, Gerhard.) 8. (VIII, 172 S.) n. 1 ₰. 10 ngr.

Laya, Hyma, 2Aphr. Paragraphon in 4 Aufzügen. (57 S.) 8. Dresden 903. E. Pierson. n. 1. 50

Laya, L., Verstrickt, s.: Theater, neues Wiener.

Laya, Leone, il duca Giobbe, s. Emporeo drammatico.

—— nur Spekulanten, s. Both's, L. W., Bühnen-Repertoir.

Layard, Austin Henry, populärer Bericht über die Ausgrabungen zu Niniveh. Nebst Beschreibung eines Besuches bei den chaldäischen Christen in Kurdistan u. den Jezidi oder Teufelsanbetern. Nach dem größeren Werke von ihm selbst abgekürzt. Deutsch von N. N. W. Meißner. Mit den (22) Kpfrn. des größeren Werkes. gr. 8. (XII u. 228 S.) Leipzig 852, Dyk. 1½ ₰

Layard, Austin Henry. Nineveh u. Babylon. Nebst Beschreibung seiner Reisen in Armenien, Kurdistan u. der Wüste. Uebersetzt von J. Th. Zenker. Leipzig. (1855.) 8.

—— **Niniveh** und Babylon. Nebst Beschreibung seiner Reisen in Armenien, Kurdistan und der Wüste. Uebersetzt von J. Th. Zenker. gr. 8. (VIII und 526 S. mit dem lithogr. Bildniss des Verf., 33 lithogr. Illust. und 2 lithogr. Karten in gr. 8., 4. und Fol.) Leipzig 856, Dyk'sche Buchh.

Layard, Augustin Henry, Niniveh und seine Ueberreste. Nebst einem Berichte über einen Besuch bei den chaldäischen Christen in Kurdistan und den Jezidi oder Teufelsanbetern; sowie eine Untersuchung über die Sitten und Künste der alten Assyrier. Deutsch von Nicol. Napoleon Wilh. Meißner. Mit 94 Illustr. gr. 8. (XVI und 463 S. mit 24 Stnt. in 8., 4. und qu. Fol., 6 lithogr. Plänen in 4. und Fol. und 1 lithogr. Karte in Fol.) Leipzig 850, Dyk'sche Buchh.

—— **Niniveh** und seine Ueberreste. Nebst einem Bericht über einen Besuch bei den chaldäischen Christen in Kurdistan und den Jezidi oder Teufelsanbetern; sowie einer Untersuchung über die Sitten und Künste der alten Assyrier. Deutsch von N. N. W. Meißner. Neue wohlf. Ausg. Nebst einem Anhang: die ägypt. Alterthümer in Nimrud und das Jahr der Zerstörung Niniveh's von G. Seyffarth. gr. 8. (XVI und 478 S. mit 94 lithogr. Illustr., 6 Plänen und 1 Karte in gr. 8., 4. und Fol.) Leipzig 854, Dyk'sche Buchh. *

Layard, Daniel Peter

Layard, D. P., über d. tollen Hundebiß; nach d. 2n Ausg. übers. 8. Leipz. 778. (Brockhaus). 6 ✗

Daniel Peter Layard

Daniel Peter Layard, [An Essay of the bite of a mad dog. Deutsch:] Versuch über den tollen Hundsbiß, nach d. 2. engl. Ausg. übers. u. mit Anm. u. Zusätzen begleitet. Leipzig: Heinsius 1778. 166 S. 8°

Laybach [Schlagwort]

Laybach — Plan der Hauptstadt — im Königreiche Illyrien. Lithographirt und zu haben bei J. Fr. Kaiser in Gräz. Lith. v. Franz Rysel, Exp. 1:3,500. 1 Bl.

Laycock, John

Laycock, J., new Dialogues Engl. and German. For the use of both Nations. Preceded by a variety of initiatory Lessons, and a large collection of idiomatical Phrases, well calculated to accelerate the progress of the respective learners. In 2 Pts. 8. (25 B.) Hamburgh 831, (Erie.)

Laycock, John, new Dialogues, english and german. For the use of both nations. Preceded by a variety of initiatory lessons, and a large collection of idiomatical phrases, well calculated to accelerate the progress of the respective learners. 2 Pts. 2. and 3. edit. newly revised and corrected. gr. 12. (à 17 B.) Hamburgh 837, 41, Nestler and Melle. à Thlr.

Laycock, John, new Dialogues, english and german. For the use of both nations. In two Parts. I. Preliminary lessons and idiomatical phrases. II. Dialogues in the modern style of conversation. 4. edit. newly revised and enlarged. 12. (18 B.) Hamburg 845, Nestler et Melle. -

Laycock, John, new dialogues, english and german. For the use of both nations. Preceded by a variety of initiatory lessons, and a large collection of idiomatical phrases, well calculated to accelerate the progress of the respective learners. In 2 parts. (1. Preliminary lessons and idiomatical phrases. 2. Dialogues in the modern style of conversation.) 5. Edition, newly revised and enlarged. gr. 12. (XL und 394 S.) Hamburgh 851, Nestler und Melle. —

Laycock, John, new dialogues, English and German. For the use of both nations. Preceded by a variety of initiatory lessons, and a large collection of idiomatical phrases, well calculated to accelerate the progress of the respective learners. In 2 parts. 6. edit. newly revised and enlarged. 12. (XXXIV und 394 S.) Hamburg 863, Nestler und Melle. *

Laycock's, John, New Dialogues, English and German. For the use of both Nations. In 2 parts. 7. Aufl. neu bearb., accentuirt und mit einer method. geordneten Sammlung grammat. Uebungen versehen von Fr. Wilh. Steup. 8. (VIII, 269 S.) Hamburg 873, Nestler und Melle. *

—— Fabulas aprasiveis e instructivas, para uso das pessoas que se consagrão, ao estudo da Lingoa portugueza. Trad. do Francez. Ás quaes se ajuntárão duas pequenas Histórias interess., trad. das Lingoas modernas. Tudo acomp. de hum copioso Vocabulario em Alemão, e outro em Inglez, para facilitar a Traducção nestes dous Idiomas. 8. (12¼ B.) Hamburgo 829, Erie.

—— a Grammar of the Portuguese Language, compiled from the best Sources, and chiefly designed for the use of Englishmen studying that tongue without the help of a master. In 3 Pts. To which is added, a copious mercantile Vocabulary, with sundry commercial letters. 8. (29½ B.) Leeds 825. (Hamburgo, Erie.)

— Touchstone to try french scholar on the chief difficulties of that prevailing Language. Hamb. 82.. Erie. 2 ßl

Laycock, W. F. [aus Dewsbury (England)]: I. Uber Metaceton und Isophoron. II. Über die Anwesenheit von Propylaldehyd und Furfuranderivaten im Holztheer. . . . Würzburg, Becker's Univ.-Buchdr., 1889; 18 S. 8°
Würzburg, Phil. Fak., Inaug.-Diss. v. 1889

v. d. **Layen**, (G. F.) üb. d. Ermordung des Wilh. Ednen, nebst einer Beleuchtung der gegen den Faßbinder Christian Hamacher aufgestellten Thatsachen u. Zeugenaussagen. 8. Düsseldorf 822. Schreiner.

Layer, C., üb. ihn weg. Hochverraths gehalt. Proceß, a. d. Engl. 4. Hamb. 723.

Layer, Gotthold [aus Aichschiess]: Die Lehre von den Fremdkörpern, eine litterarische Studie. . . . Tübingen, L. F. Fues'sche Buchdr., 1891; 68 S. 8°
Erlangen, Med. Fak., Inaug.-Diss. v. 10. März 1890

Layer, Ghold. Die Lehre v. den Fremdkörpern, e. litterar. Studie. Diss. gr. 8. (68 S.) Tüb. 891, (Moser). ** 1 —

Layer, Ghold., die Lehre v. den Fremdkörpern, eine litterar. Studie. Diss. gr. 8. (68 S.) Tübingen 891. F. Pietzcker. n.n. 1. —

Layer, *Imanuel* Fr. [app. Arzt aus Tübingen]: Vierzehn Fälle von Cysten des Ligamentum latum '(Parovarialcysten)' ... Tübingen, F. Pietzcker, 1893; 25 S. 8.
Tübingen, Med. Fak., Inaug.-Diss. v. 1893

Layer's, Joh., Lebensbild u. Zeugnisse der Wahrheit. Hrsg. v. Imman. Layer. 8. (142 S. m. Lichtdr.-Bild.) Basel 891. Missionsbuchhandlg. n. 1. 40; kart. n. 1. 60; geb. n.n. 2. —

Layer, Lydia, Anleitung zum Zuschneiden von Tisch-, Bett- und Leibwäsche. Fol. (IV, 85 lithogr. S. Modelle, Schnittmuster und erklär. Text.) Stuttgart 881, Nitzschke. geb. * 4 —

Layer, M., Geschichte der österreichischen Arbeiterversicherung seit dem Jahre 1889 mit besonderer Berücksichtigung des neuen Gesetzentwurfes. 8⁰. Wien 1905.

Layer, Max, Principien des Enteignungsrechtes, s.a. Abhandlungen, staats- u. völkerrechtl. III.

Principien des Enteignungsrechtes. Von Dr. Max Layer, Graz. *Leipzig: Duncker & Humblot 1902.* (XVIII, 660 S.) 8°
= Abhandlungen, Staats- u. völkerrechtliche. Bd 3. [02. 1023

Layer, S., der Aufsichtsrat der Dahrlehenskassen-Vereine. (112 S.) gr. 8. Stuttgart 902. W. Kohlhammer. Kart. n. 1. —

Layer, S. Handbuch f. Darlehnskassen-Vereine, m. besond. Berücksicht. d. Reichsgesetzes üb. die Erwerbs- u. Wirtschaftsgenossenschaften vom 1. Mai 1889. gr. 8. (VIII, 336 S.) Stuttg. 890, Kohlhammer. * 3 —; geb. * 3 60

Handbuch für Darlehenskassen-Vereine von S. Layer, Pfarrer. 2. Aufl. *Stuttgart: W. Kohlhammer 1902.* (X, 442 S.) 8° [F.] [02. 2348

Layer, Pfr. in Pflugfelden, Der Personalkredit des ländlichen Kleingrundbesitzes in Württemberg. Schriften d. Vereins f. Sozialpol., Bd. 73. gr. 8⁰. Leipzig 1896.

Layet, **Alex., allgemeine und specielle Gewerbe-Pathologie und Gewerbe-Hygiene. Deutsche vom Verf. autoris. Ausg. von Friedr. Meinel. gr. 8. (X, 374 S.) Erlangen 877, Besold.**

Laymann, De vetustissimo, quo Romani usi sunt, anno. Pr. 1856. 9 S.

Laymann: De vetustissimo quo Romani usi sunt, anno. 9 S. – Progr.Arnsberg 1857.

Laymann De ea, qua nos utimur, juventutis litterarum studiosae educandae instituendaeque ratione. 15 S.
Arnsberg, Progr. 1850

Laymann, Arzt Dr., physiolog. Untersuchungen. Anwendung d. Induction auf die Nervenphysik, gr. 8. Coblenz 839. (Bädeker.) n. 1/2 ₰

Laymann, F. W., allgemeine deutsche Wechselordnung nebst Kommentar in Anmerkungen. gr. 8. (XI und 131 S.) Arnsberg 864, Grote. *

Laymann, Heinrich

Laymann, die Ernährung der Millionenheere d. nächsten Krieges. Praktischer Ratgeber f. die Truppe im Kriege u. f. Verpflegungsübgn. im Frieden. (VIII, 78 S.) 8. Berlin 908. E. S. Mittler & Sohn. 1. 25

Laymann, Feld-Kochbuch. [Aus: „Rathschläge f. das Kochen im Felde".] 16. (18 S.) Berlin 891. E. S. Mittler & Sohn. n. — 20

Laymann, Feld-Kochbuch. Für den Gebrauch der Mannschaften bestimmter Sonder-Abdr. aus: Rathschläge f. das Kochen im Felde. 4. verm. Aufl. 12. (18 S.) Berlin 900. E. S. Mittler & Sohn. n.n. — 50

— Die Mitwirkung der Truppe bei der Ernährung der Millionenheere des nächsten Krieges. (73 S.) gr. 8. Berlin 907. Herm. Walther. 1. 50

Laymann, Principien der Infanterie-Taktik m. besond. Rücksicht der durch die Vervollkommng. der Feuerwaffen in den Vordergrund getretenen Fragen. gr. 8. (84 S.) Berlin 874. Mittler & Sohn. n. 1. 50

Laymann [Oberst z. D.]. Rathschläge f. das Kochen im Felde. 16. (32 S.) Berl. 891, Mittler u. Sohn. ** — 50

— Rathschläge f. das Kochen im Felde. 2., verm. Aufl. 12. (46 S.) Ebd. 894. n.n. — 50

Laymann, Jos. Balth. (geb. am 1 Apr. 1811 in Ehrenbreitstein): De ligandis arteriis thyreoideis, praesertim inferioribus, ad sanandam strumam ... Cum tabulis lith. Bonnae, typ. C. Georgii (1833). 2 Bl., 43 S., 2 Taf. 8.
Bonn, Med. Fak., Diss. v. 5 Sept. 1833

Laymann, Paul

Laymann, Paul

— comp. theologiae mor. II P. 8. Vien. Trattner. 756.

— — idem lib. II P. 8. Vien. (Wolf, Augsb.) 756.

§ — — Processus juridicus contra sagas ... Das ist: Ein rechtlicher Process gegen die Vnholden vnd Zauberische Personen, in welchem ordentlich docirt wird: Was gestalt geistliche und weltliche Inquisitores wegen des Zauberey-Lasters sich zu verhalten haben. Mit bewährten Historien ... vermehrt .... Cölln 1629. 4⁰. 91 S.

§ — — Dasselbe. Öttingen und Augspurg 1710. 12⁰. 187 S. (8 Mk. Max Weg, Lpz., 1897; 10 Mk. J. Rosenthal, c. 1903; 8 Mk. M. Edelmann, 1906.)
Früher Oettinger Druck.

Laymann, Paul, Proceß gegen die Unholde und zauberische Personen. Oettingen 700. 12.

Laymann, Paul., theologia moralis. II Tmi. fol. Mayns. 723.

Laymann, Th[eodor], Referendar: Vergleichende Darstellung des § 1345 B.G.B. mit der gemeinrechtlichen Putativehe. Bonn 1909: Foppen. V, 63 S. 8°
Rostock, Jur. Diss. v. 30. Nov. 1909, Ref. Matthiaß
[Geb. 29. Sept. 78 Wetter, Kr. Hagen; Wohnort: Attendorn; Staatsangeh.: Preußen; Vorbildung: Gymn. Attendorn Reife M. 98; Studium: Theol. Paderborn Theol. Lehranst., Freiburg i. B., München zus. 5, Jura Münster 6 S.; Rig. 7. April 09.] [U 10. 3860

Laymburg, Felix, Waizen u. Unkraut. Dichtungen. 16. (XII u. 198 S.) Leipzig 852, Weber. In Engl. Einb. m. Goldschn. n. 1 1/3 ₰

Layritz. De bellis inter Austriacos et Gallos ad annum 1686 deducta historia. 4. Baruthi 1687. ad annum 1738 continuata. ib 1740.

Layritz, Friedrich Wilhelm Anton

— Beitrag zur Geschichte d. Förtschen von Thurnau. gr. 8. Bayr. 796.

Layritz, Fr. Wlh. Ant., Beitr. zur Gesch. u. Landeskultur d. Preuß. Fürstenthums in Franken, s. G. L. Beer, Magazin.

Layritz, F. W. A., Beytr. z. Gesch. u. Landeskultur d. Preuß. Fürstenth. in Franken. 16 Stck. 8. Bayr. Lübeck. 798. (a. unt. d. Titel: Magazin f. d. A. B. Gesch. v. G. L. Beer u. L. 33.)

– s. D ü r r s c h m i d t , J. G.: Beschreibung.

— von d. Entstehung u. d. Fortgange d. Stadtphysikats u. d. Medicinalapotheken in d. Stadt Bayreuth. 8. Culmbach 802.

— Fragmente zur ält. Geschichte d. Amtleute im Fürstenth. Bayreuth. 8. Bayr. 797.

— Geschichte d. öffentl. u. Privatstipendien für Bayreuthische Landeskinder. 2 Bde. gr. 8. Hof 804. Grau.

— Pegnesiae urbis ejusq. tractus historia. 8maj. Bayr. 794. (Grau in Hof). 8 gl (Etiam s. tit.: de terrar. quarund. Nordgaviae etc.)

— **Pegnesiae urbis, ejusq. tractus historia. 8. maj. Bayr. Lubeck. 794. (a. unt. d. Titel: de terrar. quarund. Nordgaviae etc.)**

— de tenuibus studii historiae S. R. J. literae Reipublicae Noribergensis initiis et mirabili progressu, paucis disquirit etc. 8. Culmb. 803.

Layritz, Friedr. Wilh. Ant. (Bayreuth), **Observationes de auctoritate diplomatum ex archivo depromtorum eorumque in juris scientia usu. Altdorf (Hessel) o. J. (4.—)** 20627

— Diss. inaug. exhibens observat. de auctorit. diplomat. ex archivo deprompt. earumque in juris scientia usu. 8maj. Nürnb. 796. (v. Ebner). 2 gl

– s. P o l i z e i g e s e t z e v. Wunsiedel.

— über d. Ursprung u. Fortgang d. Stipendien für Studirende. gr. 8. Bayreuth 801. (Grau in Hof). 6 gl

— Versuch e. histor.-topogr. Beschreib. d. Preuß. Amts Schreez in Bayreuth. 4. Bayr. 795. (Grau in Hof). 12 gl

— chronolog.-diplomat. Verzeichniß d. Amtmänner, Haupt- u. Amtshauptleute, Stadtvögte rc. in Bayreuth. gr. 8. Bayr. 804. Lübecks E. 12 gl

Layritz, J.C.: De B a c c h a n a l i i s . – Viteb. 1721.

Layritz, Jh. Geo., Synopsis historiae sacrae novi foederis, ad nostram memoriam continuata, (Ed. III.) Edid. Jh. Chr. Messerschmid. 8. Leipz. 760.

— Joh. Jac. (Wunsiedel), **De articulis Suobacensibus Augustanae confessiones fundamento. Präs. Joh. Wilh. Jano. Wittenberg (Gerdes) 11. I. 1719. 32 S. (4.—)** 20628

Layritz, Paul Eugen

— erste Anfangsgründe der Vernunftlehre. 8. Züllichau 743. 2e A. 748. 3e A. 755. 4e A. 764. (Frommann in Jena). 8 gl

— s. Betracht. über eine verständ. u. christl. Erziehung.

— Elementa logicae 8. Stuttg. Erhard. 765.

— elementa logicae. 8. Stuttg. 766. Löflund. (a. Hoffmann das.) 9 gl

Layriz, Paul Eug., († d. 3. Aug. 1788.) Lexicon manuale, oder lateinisch-deutsches u. deutsch-latein. Wörter- u. Phrasenbuch. 8. Halle 760. Waisenhaus-B. 12 gl

Layriz, Friedr., offene Erwiderung auf Hrn. Dr. Sittig's offene Antwort in Betreff der Gesangbuchsreform. 12. (½ B.) Nürnberg 844, Raw'sche Buchh.

Layriz, Friedr., liturgische Gemeingesänge zum evangelisch-lutherischen Haupt- und Nebengottesdienst. (Textbüchlein zur 4. Abthl. des Kerns des deutschen Kirchengesangs.) gr. 8. (32 S.) Nördlingen 855, Beck'sche Buchh. *

Layriz, Friedr., Kern des deutschen Kirchengesangs. Eine Sammlung von CC Chorälen, meist aus d. XVI. u. XVII. Jahrh. in ihren ursprüngl. Tönen u. Rhythmen m. alterthüml. Harmonie 4stimm. z. Gebr. f. Kirche u. Haus hrsg. gr. Lex.-8. (6¾ B.) Nördlingen 844. (Beck'sche Buchh.) Thlr. *

Layriz, Fridrich, Kern des deutschen Kirchengesangs. 2., umgearb. und verm. Aufl. Als Versuch zur Herstellung eines nach Ton, Rhythmus und Harmonie rectificirten Choralbuchs zum Gebrauch evangelisch-luther. Gemeinden deutscher Zunge hrsg. I. Abthl. 130 der zumeist zum Kirchengebrauch geeigneten Choräle enthaltend. Lex.-8. (XII und 68 lithogr. S.) Nördlingen 849, Beck'sche Buchh. *

—— dass. — 2. Abthl. 200 zumeist zum Chor- und Familien-Gebrauch geeignete Choräle enth. Lex.-8. (S. 69—194.) Ebds. 849. *

—— Kern des deutschen Kirchengesangs zum Gebrauch evangelisch-luther. Gemeinden und Familien. 1—4. Abthl. hoch 4. Nördlingen, Beck'sche Buchh. *

Inhalt:

Abthl. 1. 130 Weisen enthaltend. 3., umgearb. und verm. Aufl. (VIII und 88 S.) 854. * 20 Ngr.

- 2. 220 Weisen enthaltend. 3., umgearb. und verm. Aufl. (VIII, 18 und 124 lithogr. S.) 855. * 1 Thlr.

- 3. 263 Weisen enthaltend. (XI und 148 S.) 853. * 1 Thlr. 8 Ngr.

- 4. 120 liturgische Weisen enthaltend. 3., umgearb. und verm. Aufl. (XII und 120 S.) 854(55.) * 27 Ngr.

Layriz, Fr., Kern des deutschen Kirchengesanges. 4. umgearb. und verm. Aufl., als Versuch zur Herstellung eines nach Ton, Rhythmus und Harmonie rectificirten Choralbuchs zum Gebrauche evangel.-luther. Gemeinden deutscher Zunge. 1.—3. Abthl. hoch 4. Nördlingen, Beck'sche Buchh. [1. Abthl. 4. Aufl. 869. *M 2.; 2. Abthl. 4. Aufl. 869. *M 3.; 3. Abthl. 2. Aufl. 873. *M 3,80.] *
4. Abthl. Ebendas. 1856. *M 2,80.

—— Kern des deutschen Kirchenlieds von Luther bis auf Gellert. 8. (38 B.) Nördlingen 844. (Beck'sche Buchh.) * –

Layriz, Friedr., Kern des deutschen Kirchenlieds von Luther bis auf die Gegenwart. (2. Titel-Aufl.) 8. (XXXII und 572 S.) Nördlingen (844)60, Beck'sche Buchh.

Layriz, Fridrich, die Liturgie eines vollständigen Hauptgottesdienstes nach lutherischem Typus nebst Rathschlägen zu deren Wiederherstellung. Mit 2 Musikbeilagen. gr. 8. (36 u. 24 S.) Ebd. 849. 8 ngl

— geistliche Melodien meist aus dem 16. u. 17. Jahrh. in ihren ursprüngl. Tönen und Rhythmen, zum Gebrauche für Schule und Haus zweistimmig gesetzt. 1. Hundert. 2. umgearb. Aufl. 8. Erlangen 844, Blaesing. 6¼ ngl

— **geistliche Melodien meist aus dem 16. u. 17. Jahrh. in ihren ursprünglichen Tönen u. Rhythmen zum Gebrauche f. Schule u. Haus zweistimmig gesetzt. 2. Hundert. 2. Aufl. 8. (IV u. 74 S.) Erlangen 850, Blaesing. 6¼ ngl (1 u. 2: 5/12 ng)**

—— **geistliche Melodien meist aus dem 16. und 17. Jahrhundert in ihren ursprünglichen Tönen und Rhythmen zum Gebrauche für Schule und Haus zweistimmig gesetzt. 1. Hundert. 3., durchaus umgearb. Aufl. 8. (VI und 60 S.) Erlangen 861, Bläsing.** Thlr

Layriz, Friedr., geistliche Melodien meist aus dem 16. und 17. Jahrh. in ihren ursprünglichen Tönen und Rhythmen zum Gebrauche für Schule und Haus zweistimmig gesetzt. 2. Hundert. 3., durchaus umgearb. Aufl. 8. (III und 76 S.) Erlangen 862, [Deichert.]
1. Hundert. [Ebendas.] 861. 6 Ngr.

Layriz, Friedr., CXVII geistl. Melodien, meist a. d. 16. u. 17. Jahrh. in ihren ursprüngl. Rhythmen zweistimmig gesetzt. Lith. 8. (4½ B.) Erlangen 839, (Blaesing.) *

— 12 Notentafeln zur Einübung sämmtlicher im kirchlichen Choralgesang vorkommenden Intervallen. Imp. Fol. Nördlingen 850, Beck. ½ ℛ

Layriz, Otfried, Altes u. Neues aus der Kriegstechnik. Betrachtungen üb. ihre Verwendg. im Feldkrieg, üb. ihren Einfluß auf Ausbildg., Kampfverfahren usw. (IX, 189 S. m. Abbildgn. u. 5 Taf.) 8. Berlin 908. R. Eisenschmidt. 3.—; geb. 4.—

— zur Ausbildung der Feld-Artillerie. Studie. gr. 8. (116 S.) Berlin 900. R. Eisenschmidt. n. 2.—

Layriz, Otfr., Betrachtungen üb. die Zukunft des mechanischen Zuges f. den Transport auf Landstraßen hauptsächlich üb. seine Verwendbarkeit im Kriege. Angestellt auf Grund der in der einschläg. Litteratur niedergelegten Erfahrgn. gr. 8. (VIII, 85 S. m. 20 Abb.) Ebd. 900. n. 1.75

Layriz, Otfr., Betrachtungen üb. die Zukunft des mechanischen Zuges f. den Transport auf Landstraßen, hauptsächlich üb. seine Verwendbarkeit im Kriege. Angestellt auf Grund der in der einschläg. Literatur niedergelegten Erfahrgn. 2. Aufl. (VIII, 85 S. m. 20 Abbildgn.) gr. 8. Berlin 905. E. S. Mittler & Sohn. n. 1.75

— moderne Feldartillerie m. Rohrrücklaufgeschützen u. Schutzschilden. Betrachtungen üb. Kampfverfahren u. Ausbildg. m. Berücksicht. der Erfahrgn. im russisch-japan. Kriege. (XI, 148 S. m. 2 Taf.) gr. 8. Berlin 905. R. Eisenschmidt. n. 2.40

Layriz, die Feldartillerie im Zukunftskampf u. ihre kriegsgem. Ausbildung. Studie m. kriegsgeschichtl. Beispielen. gr. 8. (150 S.) Berlin 897. R. Eisenschmidt. n. 2.40

Layriz, O. Die moderne Feldhaubitze. Berlin 1905. 11 S.

Layriz, O. Automobile Geschosse. Berlin 1907. 12 S.

Die Staubplage und ihre Bekämpfung. Von Oberstlt. z. D. Otfried Layriz. München: Deutsche Gesellsch. z. Bekämpfung d. Straßenstaubes 1908. (35 S.) 8° [F.]
— Straßenfrage, Die, in Bayern. Bd 5. 08. 4623 8

— Die Staubplage u. ihre Bekämpfung. (85 S.) gr. 8. München 908. (J. Lindauer.) —50

— Die Strassenfrage im Zeitalter des Automobils. Der Verhandlungsgegenstand des Pariser Strassenkongresses. Eine verkehrstechn. Studie. Hrsg. v. der Gesellschaft zur Bekämpfg. des Strassenstaubes München e. V. (54 S. m. Fig.) gr. 8. Ebd. 909. 1.—

— — Die Verwendung des mechanischen Zuges im Kriege., Berlin 1905. 9 S.

— der mechanische Zug mittels Dampf-Straßenlokomotiven. Seine Verwendbarkeit f. die Armee im Kriege u. im Frieden. (VII, 77 S. m. 29 Abbildgn. u. 6 Taf.) Lex.-8. Berlin 906. E. S. Mittler & Sohn. n. 2.—; geb. n. 3.25

Layrizius, Johs. Christ. (Kulmbach), De rebus tertiis ex indultu ac consensu. Altdorf (Dan. Meyer) 25. X. 1713. 40 S. (5.—) 20629

Lays and legends of the Rhine. To which are added: Translations of german poems and songs, and a selection from Grattan's Rhenish legends. (Jugel's pocket-novelists. Nr. 27.) 18. (VIII u. 285 S.) Frankfort o. M. 847, Jugel. n. 1 ℛ

Lays, I. Udalr., Stella veritatis et salutis, s. Dominicale cont. conciones moral. 4. Augsb. Wolf. 731.

Layser, S., Handbuch der Darlehnskassen-Vereine. 3. Aufl. 8°. Stuttgart, Kohlhammer, 1902.

Laz, J. H., Beleuchtung der Beschwerden der Weimarischen Geistlichkeit gegen die Landtagsbeschlüsse. gr. 8. Eisenach, Bärcke. 820.

Lazak Rudolf: Die als Mann verkleidete Frau im Lustspiel.
H. 1908 PN 2481 Diss. Wien, Univ. 259

Lažansky, Adf., Compendium der Pathologie und Therapie der constitutionellen Krankheiten. gr. 8. (IV und 220 S.) Wien 864, Braumüller. *

Lažansky, Adf., Compendium der Pathologie u. Therapie der localen inneren Krankheiten. Erlangen 868. Enke's Verlag. gr. 8. (XII, 647 S.) n. 3 ℛ 12 ngr.

Lazaonis, Jeanette, drei Erzählungen. Aus d. Franz. übersetzt von Friedr. Pitt. 8. Dresden u. Leipzig 836, Arnold. ¾ ℛ

Lazár, Béla, üb. d. Fortunatus-Märchen. 8. (141 S.) Leipzig 897. Buchhdlg. G. Fock. n. 2.—

Lazar, C., praktischer Lehrgang zur schnellen u. leichten Erlernung der romänischen Sprache, s. Stanescu, C.

Lazar, Georg *(geb. Oppeln 19. 1. 1850)*: Ueber doppelseitige Lähmung der Glottis-Erweiterer. Breslau 1879. (22 S.) 8°
[Im Buchhandel 1879 bei Koebner in Breslau.]
Breslau, Med. Diss. v. 6. Mai 1879

Lazár, Jul., das Judenthum in seiner Vergangenheit und Gegenwart. Mit besond. Hinblick auf Ungarn. 1. und 2. Aufl. gr. 8. (II, 127 S.) Berlin 880, Hentze's Verlag. * 2 —

Lázár, L. Paul, Anleitung zur Behandlung der Lokomobilen, s. a. Thaer-Bibliothek, Bd. 67.

Lázár, L. P., Anleitung zur Behandlung der Lokomobilen. Mit 188 Textabbildgn. 8. (VII, 210 S.) Berlin 888. Parey. geb. n. 2.50

—— Geräthe und Maschinen zur Boden- und Pflanzenkultur. Ihre Theorie, Construction, Gebrauch und Prüfung. gr. 8. (X, 246 S. mit 165 Textfig. und 16 Taf.) Leipzig 885, [Baumgärtner's Buchh.] G. Engel. *

Lazar, Theod., „der Trinummus des Plautus u. seine Nachbildung durch Lessing." Znaim. 4. 37 S.
1865
Schul-/Univ.-Schrift

Die Südrumänen der Türkei und der angrenzenden Länder. Beitr. z. Ethnographie d. Balkanhalbinsel von Victor **Lazăr**, Bibliotheksbeamter. Mit 11 Abb. u. 1 Kt. Bukarest: Ionescu 1910. XXIV, 344 S. 8° [11. 4063 2

Lazard, Louis, s.: Flugschriften, südwestdeutsche. 10. Heft. (Gründungsreden, die, d. Ortsgruppe Saarbrücken d. Hansabundes.)

Lazarek, Hugo: Die Hypothek der Hypothekenbank nach dem Reichsgesetz vom 13. Juli 1899. *Greifswald 1901: J. Abel.* (51 S.) 8° [F.]
Greifswald, Jur. Diss. v. [15. Sept.] 1901

Lazarelli, G. J, la Cicceide legitima. 12. Leipz. 780. (Brockhaus). 12 gr

Lazareth-Baracke, Die transportable. Von B. v. Langenbeck u. a. Berlin 1886

Lazareth-Baracke, Die transportable. 2. Aufl. Hrsg. von v. Coler und Werner. Berlin 1890

Lazareth-Büchlein. 16. (80 S.) Karlsruhe 871. Braun. n. — 20

Lazarethfieber, über d. jetzt herrschenden, ihre Ursachen, Kennzeichen u. Verwahrungsmittel. 8. Leipz. 813. Brockhaus. 1¼ gr

Zur Lazarethfrage. Erwiderung von Prof. Dr. Dumreicher an Prof. v. Langenbeck. gr. 8. (53 S. u. XXIII S. Beilagen.) Wien, Braumüller in Comm. 40 kr.
1867

Lazareth-Gespräche, deutsch-französiche. Den deutschen Feldspitälern gewidmet vom Hilfscomité d. deutschen Vereins in Wien. gr. 16. (127 S.) Wien 870. Manz. n. 2. —

Der Hamburger Lazarettzug nach d. Hennickeschen System. (O. J.)

Lazarević, Lazar K. (geb. Schabatz in Serbien 13. 5. 1851): Experimentelle Beiträge zur Wirkung des Quecksilbers. Nebst einem Anhange über den Nachweis des Quecksilbers mittelst Electrolyse. Berlin (1879). (47 S.) 8°
Berlin, Med. Diss. v. 8. März 1879

Lazarević's, Laza K., schönste Erzählungen. Der Schöpfer der serb. zeitgenöss. Erzählg. Übers. v. Božidar Schaió-Dibolinko. 8. (III, XIX, 276 S. m. Bildnis.) Dresden 902. E. Pierson. n. 3. —; geb. n. 4. —

Lazarevic, Lazar K., serb. Erzählungen, s.: Universal-Bibliothek.

Lazarevits, L. K., s. Amicis, Edmondo de. Starkmut.

Lazarevits, L. K., er weiß alles, s.: Bibliothek der fremden Zungen.

Lazarewicz, Flores homerici sive loci memoriales ex Homeri carminibus selecti, cum brevi commentario et appendice. In usum scholarum edidit. gr. 8. (IV, 104 S.) Leipzig 881, (Teubner.) * 1 20

Łazarewicz, Bonifacius (geb. Posen 4. 6. 1833): De versibus spuriis apud Sophoclem. Berolini (1856). (46 S.) 8°
Berlin, Phil. Diss. v. 1. Aug. 1856

Lazari, L. (Red.), s. Aesculap.

Lazari, L., die Pyrenäen-Bäder in Frankreich. Nach eigener Anschauung und Prüfung unter Benutzung der besten literar. Hilfsmittel bearb. und hrsg. gr. 8. (XVI und 344 S.) Dessau 855, Gebr. Katz. *

Lazari, (Carolus Gustavus) Ludovicus (*geb. Schönbrunn bei Sagan 1. 6. 1818*): De jodi saluberrima vi in morbis syphiliticis ejusque adhibendi modo. Vratislaviae (1843). (28 S.) 8°
Breslau, Med. Diss. v. 4. Nov. 1843

Lazari, Maria, Lieder des tiefsten Schmerzes in gläubiger Verklärg. f. trauernde Mütter. 8. (192 S. m. Titelbild.) Frankfurt a/M. 899. Bonn, J. Schergens. n. 1. 50; geb. m. Silberschn. n. 2. 50

Lazari, Vinc., della raccolta numismatica della imp. reg. libreria di S. Marco. Lex.-8. (34 S.) Wien 858, (Gerold's Sohn.) **
Aus: Sitzungsberichte der k. Akademie der Wissenschaften, Jahrg. 1858, besonders abgedruckt.

— zecche e monete degli Abruzzi nei bassi tempi illustr. e descr. Venezia 858. (München, Franz.) 4. (VII, 119 S. u. 6 Kpfrtaf.) nn. 3 ₰.

Lazariciu, Joan, Istoria Literaturei Române. In usul tinerimei studióse. Edit 2. — a 8. (145 S.) —.80
Hermannstadt: Krafft 1892.

Lazarillo von Tormes, s. a. Abenteuer, Ungemach, Launen und Buße Lazarillos von Tormes.

Lazarillo de Tormes. Vida y de sus fortunas y adversidades, s. a. Bibliothek spanischer Schriftsteller.

Lazarillo von Tormes, s. a. Leben. – Das Leben eines leonischen Bettlers.

Lazarillo von Tormes, s. a. Leben des Lazarillo von Tormes.

Lazarillo, des, v. Termes, Leben 2c., s. a. Sammlung span. Originalromane. 1r Bd.

— — dass. 8. Ulm, Bartholomäi. 769.

Lazarillo v. Tormes, Abentheuer, Ungemach, Launen u. Buße. 8. Leipz. 782. Weygand. 6 gr

Lazarillo v. Tormes, s. a. Lauser, Wilh.

Lazarillo von Tormes. Der erste Schelmenroman. Hrsg. v. W. Lauser. Stuttgart, Cotta, 1889. 8°. (Mk. 3—.) (1 Mk. 20 Pfg., wie neu, Carl Uebelen, München, 1892.)

— ein komischer Roman, a. d. Spanisch. d. Dom Hurtado de Mendoza. 2 Bde. m. K. 8. Wien, Kaiserer. 790.

— — dass.; e. a. Uebers. 2 Thle. 8. Zittau, Schöps. 794.

Lazarine, oder: Die erkannte Pflicht auf christliche Weise im Leben durchgeführt. Aus dem Franz. 1. Bdchn. 8. (210 S.) Wien 849, Mechitharisten-Congreg.-Buchhandlung. 8 ngr

Lazarini J. Phil. Bar. v.: Nordamerikanische Steinwerkzeuge v. Charles Rau, aus dem Annual-Report of the Smithsonian institution for the year 1872 ins Deutsche übertragen. 17. Graz L.-R. 75
Progr.

Lazarini, Ludw. Freihr. v., s.: Fischereibuch, das, Kaiser Maximilian I.

Lazarini, Osc. Baron, Baukosten der Eisenbahnen. Gemeinfasslich bearb. Lex.-8. (72 S.) Wien 877, Lehmann und Wentzel. *

Lazarini, Osc. Baron, Baukosten der Eisenbahnen. Gemeinfasslich bearb. Lex.-8. (72 S.) Wien 877. Spielhagen & Schurich. n. 3. —

— die Strassen-Vicinalbahnen mit Locomotiv-Betrieb. Ihre Bedeutung für die rationelle Vervollständigung unseres Schienennetzes u. ihre zweckentsprechende Gestaltung. Eine technisch-finanzielle Studie. Mit 4 (lith.) Taf. u. 36 Zeichnungen. gr. 8. (118 S.) Wien 879. v. Waldheim. n. 4. —

Lazarini-Jablanitz, Jos. Philib. *Freih. v., Prof. der Rechtsfächer, Geogr. & Gesch. u. d. deutschen Sprache a. d. naut. Handelssch. zu Fiume.* Ueber deutsche Sprache und Literatur etc. *Fiume* 1857. *Ercole Rezza.* 8 S. 4°.

Lazariterhäuser. Die L' im Gfenn bei Dübendorf und Schlatt. Kanton Zürich *s.* Nüscheler, Arnold. Die L' .... (Zürich 1855.)

(Lazariter-Ritterhäuser. Die Schweizerischen L' R'.) Njbl. *s.* [Pestalozzi, Johannes *I*].

Lazaro, A. J.

Lazaro's, Taschenspielerkünste, Rechenkunststücke, Kartenzaubereien ꝛc., s. Gaukeltasche.

Lazaro, A. J., ausgesuchte Taschenspielerkünste, zum Unterricht u. Vergnügen für Liebhaber der Gaukeltasche u. zur Unterhaltung in Gesellschaften. Eine Sammlung auserlesener Kunststücke. 8. Lpz. Joachim.

Lazaroni

Lazzaroni, Der, oder der Bettler von Neapel. Ein romantisches Schauspiel in fünf Akten. ... Hamb. [1805] 1814. V: *Klingemann, Ernst August Friedrich.* (GGr) (MGT) (BrMm)

Lazaroni, der, oder d. Bettler von Neapel. Schspl. 8. Hamb. 814. (Herold jun.) 21 K

Lazaroni, der, od. der Bettler von Neapel. Schausp. in 5 Aufz. v. Klingemann. 8. Hamb. Vollmer. 814.

Lazaroni, Die. Vom Verfasser des Romans »Albano der Lautenspieler«. Leipz. 1803. V: *Mahlmann, Siegfr. Aug.* (GGr V 550) (EE) (BGE)

Lazaroni, d., v. Verf. d. Romans: Albano, d. Lautenspieler. 2 Thle. m. K. u. Musik. 8. Lpz. Gräff. 803.

Lazaroni, die, v. Verf. d. „Albano, d. Lautenspieler." 2 Thle. Mit Musik. 8. Leipz. 803. Wienbrack. 2 ∦

Lazzaroni, Die. Ein romantisches Schauspiel mit Gesang in 4 Aufzügen für kk. priv. Schaubühne in der Leopoldstadt bearbeitet (aufgeführt 15/X. 1803). Wien 1803. Zweiter und letzter Theil. Wien 1803. V: *Hensler, Carl Fch.* (GGr V/330, Nr. 99/68) (Chronolog. Verzeichnis aller Schauspiele. Wien 1807. S. 136. 137) (BiblPort)

— die,. Schsp. in 4 Aufz. in 2 Thln. 8. Wien, Wallishäußer. 803.

Lazarovich Sigismund: Quatenus sententiae Varronis quae vocantur ad Varronem ipsum pertineant. H. 1907 PN 2368 Diss. Wien. Univ. 1627

Lazarque, E., Auricoste de. Cuisine Messine. 8. (XIII, 255 S.) Metz 890, (Deutsche Buchh.). 1 50

Lazarsfeld, Rob., das Problem der Jurisprudenz. (52 S.) gr. 8. Wien 908. Manz. — 85

LAZARU, Johannes: Quod docet ecclesia de libero hominis arbitrio tam in se, quam in relatione ad gratiam divinam spectato, exponatur et argumentis probabilibus demonstretur. — (1869) 365 S. 4° (Handschr.) Diss. 245 **Diss. Wien, Univ.**

Lazarus oder die Feier der Auferstehung, ein religiöses Drama ... Leipz. 1778. V: *Niemeyer, Aug. Herm.* (JL) (GGr)

Lazarus; od. d. Feyer d. Auferstehung. Drama v. Niemeyer. 8. Lpz. Weygand. 778.

Lazarus, der Arme. Greitz 1806. V: *Wettengel, Friedrich Traugott.* (MGT) (Ky)

Lazarus der Arme. 8. Greiz 806. Henning. 12 K

Lazarus von Bethanien. Eine dramatische Poesie ... Duisburg u. Essen 1807. V: *Köttgen, Adolph.* (EE) (GGr) (Rotermund, Gel. Hannover. Bremen 1823.) (MGT)

Lazarus der vom Tod erweckte, dramatisch bearbeitet in 3 Aufz.; mit Gesang von J. M. H. Mit Titelkpfr. 8. Augsburg 835. (Regensburg u. Landshut, Manz.) 5 K

Lazarus, Professor, als religiöser Reformator. gr. 8. (20 S.) Leipzig 887. Friese. — 80

Lazarus, Adf., die Anaemie, s. Ehrlich, P.

Lazarus, A.: Die Anaemie. Abt. 2. Klinik d. Anaemieen. Mit 2 Taf. in Farbendr. u. 3 Curven. Wien 1900. IX, 200 S.

(Specielle Pathologie u. Therapie. Hrsg. von H. Nothnagel. Bd VIII, 1, Abt. 2.)

— **Klinik der Anaemieen, s.:** Pathologie u. Therapie, **spezielle. VIII.**

Lazarus, A., s.: Ehrlich, P.
— Leukaemie etc.,

— Leukaemie, Pseudoleukaemie, Haemoglobinaemie, s.: Pathologie u. Therapie, spezielle. VIII. (Ehrlich, P.)

Lazarus, Adolf [aus Prenzlau]: Die Wirkungsweise der gebräuchlicheren Mittel zur Conservirung der Milch. . . . (Aus: Zeitschr. f. Hygiene. 1890.) Leipzig, Veit & Comp., 1890; 27 + 1 S. + 1 Bl. 8°
Breslau, Med. Fak., Inaug.-Diss. v. 2. Mai 1890

Lazarus, Arnold, aus Breslau: Zur syrischen Übersetzung des Buches der Richter. *Kirchhain N.-L. 1901: M. Schmersow.* (71 S.) 8°
Erlangen, Phil. Diss. v. 25. Juli 1900

Lazarus, Fel., die Häupter der Vertriebenen. Beiträge zu e. Geschichte der Exilfürsten in Babylonien unter den Arsakiden u. Sassaniden. Nach meist unbenutzten Quellen m. e. nach Handschriften u. ältesten Drucken bearb. krit. Ausg. der „kleinen Weltchronik" u. mehreren Beilagen. [Aus: „Jahrbb. f. jüd. Geschichte u. Litt."] gr. 8. (VIII, 183 S.) Frankfurt a/M. 890. (J. Kauffmann.) n. 3. —

Lazarus, Georg [aus Berlin]: Multiple Sarcome mit perniciöser Anämie und gleichzeitiger Leukämie. . . . Berlin, Buchdr. v. Gustav Schade (Otto Francke) (1890); 47 + 1 S. 8°
Berlin, Med. Fak., Inaug.-Diss. v. 27. Jun. 1890

Lazarus, Gust., Mandanika. Oper in 1 Akt v. Jul. Freund. Musik v. L. (Textbuch.) 8. (27 S.) Berlin 899. [A. Entsch.] München, J. Aibl. n. — 40

Mandanika. Romant. Oper in 1 Akt. (Nach e. indischen Sage) von Gustav Lazarus. Dichtung von Julius Freund. [Textbuch.] München: J. Aibl [1900]. (24 S.) 8° [Umschlagt.] [07. 7063

Mandanika. Romant. Oper in 1 Akt (nach e. indischen Sage) von Gustav Lazarus. Dichtung von Julius Freund. Klav.Ausz. m. Text (v. Comp.). *München: J. Aibl 1900.* (83 S.) 4° [01. 6710

Lazarus, Johann [Referendar aus Berlin]: Die rechtliche Natur des Pfandrechts an Forderungen. . . . Berlin, Druck v. H. S. Hermann, 1889; 4 Bl. + 66 S. + 1 Bl. 8°
Greifswald, Jur. Fak., Inaug.-Diss. v. 1889

[J.] Das Recht des Abzahlungsgeschäftes nach geltendem Recht u. nach d. Bürgerl. Gesetzb. Bearb. v. Dr. jur. Johann Lazarus, Gerichtsassessor. *Berlin: O. Liebmann 1898.* (XVI, 146 S.) 1 Bd 8. [98. 2144

Lazarus, Joh., das Unzüchtige u. die Kunst. Eine jurist. Studie f. Juristen u. Nichtjuristen. (168 S.) gr. 8. Berlin 909. J. Guttentag. 3.50

Lazarus. Josef

Lazarus, J., das Eisenbahn-Signalwesen auf der Pariser Weltausstellung 1890. [Aus: „Wochenschr. d. österr. Ing.- u. Arch.-Ver."] Fol. (17 S. m. 2 Taf.) Wien 891. C. Helf's Sort. n. 2. 40

— üb. Gestein-Bohr-Maschinen (System C. Bornet). [Aus: „Zeitschr. d. österr. Ing.- u. Arch.-Ver."] gr. 8. (12 S. m. 13 Fig.) Ebd. 892. n. 1. —

Lazarus, Josef, Ingenieur, Ueber Gestein-Bohr-Maschinen. [System C. Bornet.] (Sonderabdruck aus der Zeitschrift des österr. Ingenieur- u. Architekten-Vereines Nr. 46 vom 11. November 1892.) Gr.-8. (12 S.) In Comm. * —.50
Wien: Lehmann & Wentzel 1894.

— Rufapparat f. Eisenbahntelegraphie, System Claude. [Aus: „Elektrotechn. Zeitschr."] Lex.-8. (6 S. m. 11 Fig.) Berlin 890. Ebd. n. — 50

— Rufapparat für Eisenbahn-Telegraphie. System Claude. (Sonderabdruck aus der elektrischen Zeitschrift [Centralblatt für Electrotechnik], Heft 25, vom 20. Juni 1890.) Mit Abbildungen. Lex.-8. (6 S.) In Commission * —.25
Wien: Lehmann & Wentzel 1894.

Lazarus, Jos., der Sprosser od. die Aunachtigall [Sylvia philomela] m. besond. Berücksicht. seines Gefangenlebens. Ein Leitfaden f. die Liebhaber u. Pfleger. 8. (III, 78 S.) Berlin 876. Gerschel. n. 1. 50

Lazarus, Julius [prakt. Arzt aus Krotoschin (Prov. Posen)]: Typhus und Gehirnkrankheiten . . . . Berlin, Buchdr. v. Gustav Schade (Otto Francke) (1888); 30 S. + 1 Bl. 8°
Berlin, Med. Fak., Inaug.-Diss. v. 8. März 1888

Lazarus, Julius

Lazarus, die ersten 25 Jahre des pneumatischen Instituts am Krankenhause der jüdischen Gemeinde zu Berlin. gr. 8. (80 S.) Berlin 900. A. Hirschwald. n. — 80

Lazarus, J., allgemeine Inhalationstherapie. [Aus: „Lehrb. d. allgem. Therapie".] gr. 8. (III u. S. 189—240.) Wien 898. Urban & Schwarzenberg. n. 1. 60

— Krankenpflege. Handbuch f. Krankenpflegerinnen u. Familien. gr. 8. (VII, 298 S. m. Abb.) Berlin 897. J. Springer. Geb. in Leinw. n. 4. —

Lazarus, Julius (geb. Neusalz a. O. 6. 4. 1847): Miliar-Tuberkulose im Knochen. Berlin (1872). (36 S.) 8°
Berlin, Med. Diss. v. 6. März 1872

Lazarus, Julius (geb. Culm in Westpr. 29. 5. 1822): De plica Polonica. Berolini (1848). (27 S.) 8°
Berlin, Med. Diss. v. 7. Jan 1848

— Pneumatotherapie. [Aus: „Lehrb. d. allg. Therapie".] gr. 8. (III u. S. 689—806 m. Abb.) Wien 898. Urban & Schwarzenberg. n. 3. —

Lazarus, L., zur Charakteristik der talmudischen Ethik. gr. 8. (48 S.) Breslau 877. (Berlin, Mayer und Müller.) *

Lazarus, Leiserus: De doctrinae morum talmudicae principiis.
Halle-Wittenberg, Phil. Diss. v. 5. Juni 1848
Geb. [Filehne (Posen) 7. 4. 1822]
Ms. fehlt.

Lazarus, Leo [aus Zempelburg in Westpr.]: Die Beseitigung von Tumoren mit Eröffnung der Schädelhöhle. . . . Erlangen, Druck v. A. Vollrath's k. b. Hofbuchdr., *1891;* 82 S., 1 Bl. 8°
Erlangen, Med. Fak., Inaug.-Diss. v. 10. März 1890

Lazarus Ludwig: Ein Psalmkommentar aus der ersten Hälfte des VI. Jahrhunderts.
1894 PN 850 Diss.Wien, Univ. 2856

Lazarus, Ludw., patriotische Reden, geh. an vaterländ. Festtagen. (52 S.) gr. 8. Berlin 910. L. Lamm. 1. —

Lazarus, Max, freie Aufsätze. Für die Volksschule bearb. 2. Aufl. (VIII, 76 S.) 8. Langensalza 910. Schulbuchh. — 80

Lazarus, Moritz

Lazarus, M., die sittliche Berechtigung Preußens in Deutschland. gr. 12. (X u. 108 S.) Berlin 850, C. Schultze's Buchdruckerei. n. ⅔ ℛ

Lazarus, M., ein psychologischer Blick in unsere Zeit. Vortrag im wissenschaftl. Verein in der Singakademie am 20. Jan. 1872 gehalten. 1. und 2. unveränd. Abdr. gr. 8. (31 S.) Berlin 872, Dümmler's Verlag.

Lazarus, M., pädagogische Briefe. Mit e. Vorwort hrsg. v. Alfr. Leicht. (165 S.) 8. Breslau 903. Berlin, S. Schottlaender's schles. Verlagsanst. n. 1. 50; geb. n. 2. 50

Lazarus, Mauritius: • De educatione aesthetica. 89 S. 8° (4°)
Halle-Wittenberg, Phil. Diss. v. 30. Nov. 1849
Geb. Filehne (Posen) 1825 [vielmehr: 15. 9. 1824]. V.
Verf. erlebte die Diplomerneuerung 1899 als Geheimer Regierungsrat und em. ordentlicher Honorarprofessor an der Universität Berlin in Meran (Tirol), vgl. Anh. Nr. 621.

Die Erneuerung des Judentums. Ein Aufruf v. Moritz Lazarus, Prof. (Hrsg.: Nahida Lazarus.) Berlin: G. Reimer 1909. XVI, 120 S. 8° (09. 6658

Lazarus, M., Erziehung und Geschichte. Ein Vortrag. 8. (51 S.) Breslau 881, Schottländer. * — 75
Aus: Nord und Süd, besonders abgedruckt.

Lazarus, M., d. Ethik d. Judenthums. gr. 8. (XXV, 469 S.) Frankfurt a/M. 898. (J. Kauffmann.) 3. —; Luxusausg. 6. —

Die Ethik des Judenthums dargest. von Prof. Dr. M(oritz) **Lazarus**. 3. Taus. Frankfurt a.M.: J. Kauffmann in Comm. 1899. (XXV, 469 S.) 8°

— ideale Fragen in Reden u. Vorträgen, s. a. Verein, allgemeiner, s. deutsche Literatur.

Lazarus, M., ideale Fragen, in Reden und Vorträgen behandelt. 3. durchgeseh. Aufl. gr. 8. (VII, 414 S.) Leipzig 885, C. F. Winter'sche Verlagsh. *

Lazarus, M., Deutschlands Getreideverkehr mit dem Auslande. Greifswald 1867. 8.

Lazarus, M., über die Ideen in der Geschichte. Rectoratsrede am 14. Novbr. 1863 in der Aula der Hochschule zu Bern gehalten. [Aus der Zeitschrift für Völkerpsychologie u. Sprachwissenschaft.) Berlin 865. Dümmler's Verlag. gr. 8. (III, 102 S.) n. 20 ngr.

— über die Ideen in der Geschichte. Rectoratsrede in der Aula der Hochschule zu Bern am 14. Novbr. 1863 gehalten. 2. unveränd. Abdr. gr. 8. (III, 93 S.) Berlin 872, Dümmler's Verlag. *

Lazarus, M., der Prophet Jeremias. gr. 8. (103 S.) Breslau 894. Schles. Verlags-Anstalt. n. 1. 50

— an die deutschen Juden. 1.—4. Aufl. gr. 8. (30 S.) Berlin 887, Walther und Apolant. *

Lazarus, M., das Leben der Seele in Monographien über seine Erscheinungen und Gesetze. 2 Bde. Berlin 856, 57. Schindler. 8. Jeder Bd. n. 1 ℛ. 10 ngr.
Inhalt: 1. Bd.: 1. Bildung und Wissenschaft. 2. Ehre und Ruhm. 3. Der Humor als psychologisches Phänomen. (XIV, 253 S.)
2. Bd.: 1. Geist und Sprache. 2. Der Tact. 3. Die Vermischung und Zusammenwirkung der Künste. (XIII, 377 S.)

— das Leben der Seele in Monographieen über seine Erscheinungen und Gesetze. 2. erweit. und verm. Aufl. 1. und 2. Bd. gr. 8. Berlin, Dümmler's Verlagsh. à Bd. * ℳ 7,50. * geb. à Bd. * ℳ 10. *
Inhalt:
Bd. 1. Bildung und Wissenschaft. Ehre und Ruhm. Der Humor. (XVI, 411 S.) 876.
" 2. Geist und Sprache. Eine psychologische Monographie. (XII, 406 S.) 878.

— das Leben der Seele in Monographien über seine Erscheinungen und Gesetze. 1. und 3. (Schluß-)Bd. gr. 8. Berlin, Dümmler's Verlagsh. [1. Bd. 3. Aufl. (XV, 415 S.) 883; 3. Bd. 2. erweiterte und verm. Aufl. (XVI, 444 S.) 882.] à Bd. * ℳ 7,50. * 15 —
geb. à Bd. * ℳ 9. * 18 —
2. Bd. Ebendas. 1878. * ℳ 7,50.; geb. * ℳ 9.

— das Leben der Seele in Monographien über seine Erscheinungen und Gesetze. 3. Aufl. 2. Bd. A. u. d. T.: Geist und Sprache, eine psycholog. Monographie. gr. 8. (XVI, 411 S.) Berlin 885, Dümmler's Verlag. *
geb. *
1. und 3. Bd. Ebendas. 1882, 83. * ℳ 15.—.; geb. * ℳ 18.—.

— d. Leben d. Seele i. Monographien üb. s. Erscheingn. u. Gesetze. 3. Aufl. 3. Bd. gr. 8. (XVI, 441 S.) Berlin 897. F. Dümmler's Verl. n. 6. —; geb. n. 7. —

Lazarus', Moritz, Lebenserinnerungen. Bearb. v. Nahida Lazarus u. Alfr. Leicht. (XI, 631 S. m. Bildnis.) gr. 8. Berlin 906. G. Reimer. n. 12. —; geb. in Halbfrz. n. 14. —

— zur Lehre von den Sinnestäuschungen. Nach einem Vortrag gehalten in der medicinisch-psycholog. Gesellschaft zu Berlin. gr. 8. (40 S.) Berlin 867, Dümmler's Verlag. *
Vorstehende Schrift des Verf. wurde aus: Zeitschrift für Völkerpsychologie und Sprachwissenschaft, besonders abgedruckt.

Lazarus, Professor Dr. M., und die öffentliche Meinung, s. Berliner, E.

— Rede auf Miß Georgina Archer [† 21. Novbr. 1882], bei ihrer Gedenkfeier in der Singakademie am 17. Decbr. 1882 gehalten. gr. 8. (24 S.) Ebendas. 883. * — 60

— Rede auf Berthold Auerbach. An seinem Sarge zu Cannes am 9. Febr. 1882 gesprochen. gr. 8. (8 S.) Ebendas. 882. — 30
Aus: Gegenwart, besonders abgedruckt.

— Rede auf W. Griesinger, am 17. Novbr. 1868 in der medicinisch-psycholog. Gesellschaft zu Berlin gehalten. 8. (41 S.) Berlin 869, Hirschwald. *

— Rede auf Herbart, bei der Enthüllg. d. Denkmals in Oldenburg zum 100jähr. Geburtstage am 4. Mai 1876 geh. gr. 8. (16 S.) Ebend. 876. n. — 40

—— Rede beim Schluß der 1. israelitischen Synode zu Leipzig am 4. Juli 1869 gehalten. Nebst der Ansprache des Ob.-Rabb. Dr. Löw an den Präsidenten. gr. 8. (20 S.) Leipzig 869, List und Francke. *

—— über die Reize des Spiels. gr. 8. (XVI, 177 S.) Ebendas. 883. *ℳ 3.; geb. * 4 —

Lazarus, M., die Reize des Spiels. 2. Aufl. (XVI, 177 S.) 8. Berlin (907). F. Dümmler's Verl. 2.—; geb. in Leinw. 3.—

—— s. Sachs, Mich., Stimmen vom Jordan und Euphrat.

—— Schiller und die Schillerstiftung. Zwei Reden. gr. 8. (62 S.) Leipzig 885, Friedrich. *

— Sprüche. Hrsg. v. Nahida Ruth Lazarus. gr. 8. (VIII, 218 S.) Leipzig 899. (E. H. Mayer.) n. 3. —

—— unser Standpunkt. Zwei Reden an seine Religionsgenossen, am 1. und 16. Decbr. 1880 gehalten. gr. 8. (40 S.) Berlin 881, Stuhr'sche Buchh. * — 50

—— Treu und Frei. Gesammelte Reden und Vorträge über Juden und Judenthum. gr. 8. (VII, 355 S.) Leipzig 887, C. F. Winter'sche Verlagsh. *

—— über den Ursprung der Sitten. Antrittsvorlesung, gehalten am 23. März 1860 in der Aula der Hochschule zu Bern. gr. 8. (42 S.) Berlin 860, Dümmler's Verlagsh. *

Aus: Zeitschrift für Völkerpsychologie und Sprachwissenschaft, besonders abgedruckt.

—— über den Ursprung der Sitten. Antrittsvorlesung, gehalten am 23. März 1860 in der Aula der Hochschule zu Bern. 2. Aufl. gr. 8. (42 S.) Berlin 867, Dümmler's Verlag. *

—— Was heißt national? Ein Vortrag. 1. und 2. Aufl. gr. 8. (61 S.) Berlin 880, Dümmler's Verlagsh. * 1 —

Lazarus, M., was heisst u. zu welchem Ende studirt man jüd. Geschichte u. Litteratur?, s.: Vorträge, populär-wissensch., üb. Juden u. Judentum. I.

– (Begr.), s. Zeitschrift für Völkerkunde und Sprachwissenschaft.

Lazarus, Nahida Ruth (Nahida Remy), d. jüdische Haus. 1. Bd. (2. [Titel-]Aufl. d. Culturstudien üb. d. Judenthum.) gr. 8. (V, 322 S.) Berlin (893) 898. C. Duncker. n. 4. —

Lazarus, Nahida Ruth (Nahida Remy), ich suchte Dich! Biograph. Erzählg. 8. (III, 223 S.) Berlin 898. S. Cronbach. n. 3. —; geb. n. 4. —

Lazarus, Nahida, und Leicht, Alfred. Moritz Lazarus' Lebenserinnerungen. Bearb. von N' Lazarus und A' Leicht. Mit einem Titelbild [Porträt-Tafel]. XII + 631 S. 8. Berlin, Georg Reimer, 1906. [M. 12. —, geb. 14. —]

Darin S 29—41: Gottfried Keller; *s. auch S. 325/7. 345f. 405f. 509. 539/42. 547/9. 552/4 etc.* die Schweiz *und* Schweizer *betr. — S. 577—621:* Das «Rütli» (literarisches Wochenkränzchen in Berlin).

(M' Lazarus' überreiche Schweizer Erinnerungen [1860/65] *sind weggelassen.)*

Lazarus, Nahida, ein deutscher Professor in d. Schweiz. Nach Briefen u. Dokumenten im Nachlass ihres Gatten. (VII, 201 S. m. 1 Bildnis.) gr. 8. Berlin (910). F. Dümmler's Verl. 3.50; geb. in Leinw. 4. 70

-- d. jüdische Weib. M. e. Vorrede v. M. Lazarus. 3. (wohlf. [Titel-]) Aufl. mit d. Portr. d. Verf. gr. 8. (VIII, 328 S.) Ebd. (892) 896. n. 4. —; geb. n. 5. —

Lazarus, Paul, Beitrag zur Pathologie u. Therapie der Pankreaserkrankungen m. besond. Berücksicht. der Cysten u. Steine. (208 S. m. 17 Fig.) Lex.-8. Berlin 904. A. Hirschwald. n. 5.—

Erweit. Sonder-Abdr. aus „Zeitschr. f. klin. Medizin".

Lazarus, Salomon [approb. Arzt aus Rogasen]: Aus d. patholog. Institut zu Giessen. Ueber ein grosses Teratom des Ovarium mit peritonealer Dissemination .... Giessen, C. v. Münchow, Univ.-Buch- u. Steindr., 1888; 27 S. 8°

Giessen, Med. Fak., Inaug.-Diss. v. 1888

Rede auf W. Griesinger, am 17. November 1868 in der medicinisch-psychologischen Gesellschaft zu Berlin gehalten von TH. LAZARUS. Berlin 1869. August Hirschwald. 8°.

Lazarus, W.

*— Die Bestimmung und Ausgleichung der aus Beobachtungen abgeleiteten Wahrscheinlichkeiten. Hamburg 1878.

Lazarus, W. Warum soll ich mein Leben versichern? (Aus dem Englischen.) St. Petersburg 1865.

Lazarus, Wilhelm [aus Neuss '(Preussen)']: Das Glycosid der Cacaosamen. E. Beitr. z. Entstehg d. schon längst bekannten Cacaosamen-Bestandteile '(aus d. Laboratorium f. angewandte Chemie d. Univ. zu Erlangen)' ... Düsseldorf, Druck v. L. Schwann, *1892;* 12 S. 8.

Erlangen, Phil. Fak., Inaug.-Diss. v. 1892

Lazarus, Wilh., die Grundlagen f. die Bilanzen der Pensions-Casse f. die Wittwen u. Waisen der Angestellten d. Hamburg. Staats. Actenmässige Zusammenstellg. gr. 8. (V, 163 S.) Hamburg 874. O. Meissner. geb. n. 4. —

Lazarus, Wilh., über Mortalitätsverhältnisse und ihre Ursachen. 8. (40 S.) Hamburg 867, O. Meissner. *

Lazarus, Wilh., über das See-Versicherungsrecht auf Grundlage des allgemeinen deutschen Handelsgesetzbuches. Im Auftrage des Handels- und Gewerbe-Vereins für Rheinland und Westphalen. gr. 8. (44 S.) Düsseldorf 861, Schaub'sche Buchh. *

Unterm Lazaruskreuz. Mitteilungen der Berufsorganisation der Krankenpflegerinnen Deutschlands (22 ff.: ... ⟨sowie der Säuglings- u. Wohlfahrtspflegerinnen⟩). (Verantw. f. d. Red.: Agnes Karll; 22, 3 ff.: M[aida] Lübben.) Jg. 1 ff. — Berlin: Dt. Verl. (13 ff.: Büxenstein) 1906 ff. 4°

La Zarza, P. Fray Francisco de: Katechismus der katholischen Glaubenslehre in der Ilongoten-Sprache, in Druck gelegt u. m. Aequivalenten des Ilongot-Textes in spanischer, bezw. tagalischer u. maguindanauischer Sprache hrsg. von Ferdinand Blumentritt. *Wien 1893.* in: Xenia Austriaca. Bd 1. [97. 3963

LAZECZKO, Jakob von (Sokipenetz/Bukowina): Die Frühgeburt.- München: Franz 1847. 20 S.
27.2.1847 - Urk (Titel: De aborta.); F 66 (= Laceczko)
Diss. Ingolst.-Landsh.-Mchn.

Lasell, Ellis Warren [aus Spencer, Mass. Amerika]: Ein Beitrag zur Kenntnis der Derivate des Thujons ... Göttingen, Druck d. Univ.-Buchdr. v. E. A. Huth, 1896; 51 S. 8.
Göttingen, Phil. Fak., Inaug.-Diss. v. [19. Mai] 1896

Lazell, Ellis Warren, e. Beitrag z. Kenntnis d. Derivate d. Thujons. Diss. gr. 8. (51 S.) Göttingen 896. (Vandenhoeck & Ruprecht.) n. 1. 60

Lazer

— **Christ. Gottfr.** (Eilenburg), Diss. jur. de habilitate testium in caussa civili. Präs. Carl Ferd. Hommel. Lpz. (Loeper) 12. XII. 1765. 40 Seiten. (4.—) 20632
Gew.: H. Gotth. v. Globig. — Widm. v.: Carl F. Hommel.

— — (Weissenfels), Historia juris Saxonici. Spec. I. Präs. Aug. Corn. Stockmann. Lpz. (Breitkopf) 5. VII. 1786. 15 S. (4.—) 20633
Widm. v.: Aug. Corn. Stockmann.

Lazerme, D., de morbis capitis internis. 12. Francf. Esslinger. 748.

Lazeroni, Die. Romantische Schauspiele mit Gesang in 4 Aufzügen. Wien 1803. V: *Hensler (Henssler), Carl Friedrich.* (GGr V 330)

Lazeu, Henri de. La légitimité en Espagne. 8. Berne 1870.

Lazic, G., Ein Blick auf die Schule bei den Römern. Pr. 1865. 18 S.
In serbischer Sprache.

Wolfgang **Lazius**, Karten der österreichischen Lande und des Königreichs Ungarn aus d. Jahren 1545–1563. Im Auftr. d. k. k. geogr. Gesellsch. in Wien z. Feier ihres 50j. Bestandes hrsg. ... von Eugen Oberhummer u. Franz R[itter] v. Wieser. Innsbruck: Wagner 1906. (53 S., 20 Taf. mit Karten-Faks.) gr. 2°

v. Lasniewski, Witold [aus Piescidla, Kgr. Polen (Russl.)]: Beiträge zur Biologie der Alpenpflanzen ... (Aus: Flora od. allg. Bot. Zeitg, Bd. 82 Heft III.) München, Druck v. V. Höfling, 1896; 48 S. 8.
München, Phil. Fak., Inaug.-Diss. v. 1896

Lažnowsky, Frant., *farář w Břestě.* Rukowět k zaopatřowání nemocných a umirajících. Manuale am Kranken- und Sterbebette. *W Olomouci* 1858. *Antonina Haulousky.* 86 S., 1 Bl., 12°. (čech. u. deutsch). 12 kr.

Lažnowšky, Fr., Rukowět k zaopatřowání nemocných a umírajících. — Manuale am Kranken- und Sterbebette. Olmütz 858. (Neugebauer.) 12. (88 S.) 6 ngr

Lažnowšky, Frant., Rukowět k zaopatřowání nemocných a umirajících. Manuale am Kranken- u. Sterbebette. Olmütz 861. Halauska. 8. (88 S.) n. 6 ngr

Lazoski, Graf von G***, Sammlung chemischer Verfahren bei der Verfertigung von Liqueuren, Weinen u. a. sehr nützlicher Rezepte. Nach der 3n franz. Ausg. gr. 12. Köln 837. (Eisen.) verklebt. n. 5/6 ng

Lazzaris, Domenika, s.: Emmerich, A. K.

Lazzaroni, s. Lazaroni

L. C.-Taschenbuch. Taschenbuch f. den deutschen Landsmannschafter des Cob. L. C. Zusammengestellt v. R. Hennig. Mit e. Beitrag: Geschichte des Cob. L. C. v. Schmid. 12. (36 S. m. 12 farb. Taf.) Jena 894. P. Doebereiner. Geb. in Leinw. n. 4. —

L. C.-Zeitung. Hrsg. von Carl Nielsen Troglodytiae. Jg. 1–11. *Magdeburg: (C. Nielsen) 1887–97.* 11 Bde 4°

L. C.-Zeitung. Zeitschrift der deutschen Landsmannschaft (Cob. L. C.). Schriftleitung: G. Trittel, 24. Jahrg. 1910. 12 Nrn. (à ca. 16 S.) 31×28,5 cm. Neumünster, Nordische Verlagsanstalt. 4. 05

Lea, A. S., üb. die Absonderung d. Pankreas, s.: Kühne, W.

Lea, Arth., M., Curculionidae, s.: Fauna, die, Südwest-Australiens.

— Curculionidae from various parts of Australia. (S. 193 —208.) Lex. 8. Hamburg 909. L. Gräfe & Sillem. — 80
Sonderabdruck aus: „Mittlgn. a. d. naturhist. Mus."

Lea, Carey, kolloides Silber u. die Photohaloide. In deutscher Übersetzg. m. Anmerkgn. neu hrsg. v. Lüppo-Cramer. (147 S. m. Bildnis.) 8. Dresden 908. Th. Steinkopff. (Urspr. Pr. 4.—; geb. in Leinw. 4. 80)

Lea, Charlton, Claude Duval. Historischer Roman aus der Puritanerzeit. Aus dem Engl. übers. v. Carl Th. Eben. Nr. 1—46. (à 64 S.) Lex. 8. Dresden (907. 08). A. Eichler. à Nr. — 20

— Dick Turpin. Historische Romanserie aus d. 18. Jahrh. Einzige autoris. Übersetzg. aus dem Engl. 1.—24. Bd. (à 48 Sp.) Lex. 8. Berlin (908). Metropol-Verlag. à — 10
Fortsetzg., s.: Turpin's, Dick, des Fürsten der Landstraße, Abenteuer.

Lea, Henry Charles, Geschichte der Inquisition im Mittelalter. Autoris. Uebersetzg. bearb. v. Heinz Wieck u. Max Rachel, rev. u. hrsg. v. Jos. Hansen. 1. Bd. Ursprung u. Organisation der Inquisition. (XXXVIII, 647 S. m. Bildnis.) Lex.-8. Bonn 905. C. Georgi. n. 10. —

Lea, Henry Charles, Geschichte der Inquisition im Mittelalter. Autoris. Übersetzg., bearb. v. Heinz Wieck u. Max Rachel, rev. u. hrsg. v. Jos. Hansen. 2. Bd. Die Inquisition in den verschiedenen christl. Ländern. (X, 666 S.) gr. 8. Bonn 909. C. Georgi. 10. —
Bd. 1. Ebd. 905. 10. —

Leach, W. E., Mélanges zoologiques, s.: Chenu, J. C., bibliothèque conchyliologique, I. série, tome 3.

Leadbeater, C. W., d. Astral-Ebene. Aus d. Engl. übers. v. A. S. Pieter. gr. 8. (89 S.) Leipzig 896. W. Friedrich. n. 1. —

Leadbeater, C. W., die Astral-Ebene. Aus d. Engl. übers. v. A. S. Pieter. 2. Aufl. (105 S.) 8. Leipzig (909). M. Altmann. 1. —

Leadbeater, C. W., die Astral-Ebene, ihre Szenerie, ihre Bewohner u. ihre Phänomene. Autoris. vollständ. deutsche Uebersetzg. v. Günth. Wagner nach der 3. rev. engl. Ausg. m. Orig.-Zusatz des Verf. (Theosoph. Handbuch Nr. 5.) (IV, 128 S.) 8. Leipzig 903. Th. Grieben. n. 1.40; geb. n. 2.—

— Der Äther im Weltenraume, s.: Vorträge, geisteswissenschaftliche. (Besant, Annie.)

— d. Aura, s.: Studien, metaphysische.

— Okkulte Chemie, s.: Bibliothek, theosophische, I. (Besant, Annie.)

— d. Devachan-Ebene. Ihre Charakteristik u. ihre Bewohner. Aus d. Engl. übers. 12. (VII, 91 S.) Leipzig 898. Th. Grieben. n. 1.20; geb. n. 1.80

— Gedankenformen, s.: Besant, Annie.

— Grundlinien der Theosophie. (Autoris. Uebersetzg. aus dem Eng.) (VIII, 115 S.) 8. Berlin 903. [C. A. Schwetschke & Sohn.] Leipzig, M. Altmann. n. 1.—

— Grundlinien der Theosophie. Autoris. Übersetzg. aus dem Engl. 2. Aufl. (VII, 69 S.) 8. Leipzig 909. M. Altmann. 1.—

Leadbeater, C. W., unsere unsichtbaren Helfer, s.a. Bibliothek esoterischer Schriften. X.

— unsere unsichtbaren Helfer. Autor. Übersetzg. aus d. Engl. 8. (84 S.) Leipzig 897. W. Friedrich. n. 1.—

— unsere unsichtbaren Helfer. Autoris. Uebersetzg. aus dem Engl. (80 S.) 8. Leipzig (905). M. Altmann. n. 1.—

— Unsichtbare Helfer, s.: Vorträge, geisteswissenschaftl.

— Hellsehen (Clairvoyance), übers. v. der literar. Abteilg. des „Theosoph. Verlagshauses". Mit Titelzeichng. v. Fidus. (122 S.) Lex. 8. Leipzig (909). Theosoph. Verlagshaus. 2.—; geb. 3.—

— Der sichtbare u. der unsichtbare Mensch. Darstellung verschiedener Menschentypen, wie der geschulte Hellseher sie wahrnimmt. Autoris. Übersetzg. aus dem Engl. von A. v. Ulrich. (Mit 1 Titelbilde, 3 Diagr. u. 22 Farbenbildern. Umschlagzeichnung v. Fidus.) (VIII, 152 S.) gr. 8. Ebd. (908). 14.—; geb. n 16.—

— Naturgeister, s.; Vorträge, geisteswissenschaftliche.

— Träume, e. theosoph. Studie. Autoris. Übersetzg. v. Günther K. Wagner. 8. (68 S.) Ebd. 897. n. 1.—

Leade, Jane, ein geistlicher Alarm an des Lammes heilige Streiter. Die Glorie oder Herrlichkeit Sarons in der Erneuerung der Natur, welche das Reich Christi in seinen versiegelten Jungfrauen einführet, die mit Ihm stehen auf dem Berge Sion. Zwei erquickl. Tractate, vorbildend die Zeiten des Kriegs, des Friedens und der Ruhe der Heiligen Gottes. Getreu erneuert nach der Amsterdamer Ausg. von 1700. 8. (160 S.) Stuttgart 862, Scheible.

— der Aufgang zum Berge des Schauens, worinnen manche Dinge gezeigt werden: als von 1. Der ersten Auferstehung. 2. Vom Zustande der abgeschiedenen Seelen, sicherer Bericht. 3. Vom hohen Alter oder zu erreichenden langen Leben der Erzväter. 4. Vom Reiche Christi. Samt einem Berichte von der Herannahung des gesegneten Zustands christl. Nation rc. Gedr zu Amsterdam im J. 1699. Durch wortgetreuen Wiederabdr. erneuert. gr. 16. (88 S.) Stuttgart 862, Scheible.

— der himmlische Botschafter eines allgemeinen Friedens. Eine 3. Botschaft an die Philadelphische Gemeine von einem Pilgrim nach der himml. Stadt. Getreu nach der 1698r Amsterdamer Ausg. gr. 16. (70 S.) Stuttgart 862, Scheible.

Leade, Jane, Offenbarung der Offenbarungen. Übers. aus dem Engl. 8. (228 S.) Leipzig 893. Th. Grieben. n. 2.40

Leade, Jeane, Offenbarungen, s. Es wird Alles neu werden 6r Bd.

Leader, the, of European and American Fashions. A Periodical for tailors and drapers. Accompanied by plates of costumes and patterns. Redact.: H. Klemm. Jahrg. 1872. 12 Nrn. (Bog. mit 1 color. Kpfrt.) gr. Fol. Dresden, Expedition der europäischen Modenzeitung. Ausg. mit je 2 Kpfrt. *

Leaf, a, from my hortus siccus. A mother's record; a child's triennium. 8. (158 S. mit 1 Chromolithogr.) München 883, (Th. Ackermann.) *

Leake, John

Leake, J., Abhandl. über Krankheiten d. Eingeweide. Aus d. Engl. gr. 8. Leipz. 793. (Hahn). 1 ℛ 8 𝔤𝔤

Leake, John: Anleitung zu der Verhütung und Heilung der chronischen Krankheiten des weiblichen Geschlechts. (Medical Instructions towards the prevention and cure of chronic diseases peculiar to women. Dt.) 347 S., gbd.

Leipzig: Weidmann & Reich 1778

JB 3.887

John Leake

[Practical Observations on the child- bed fever. Deutsch:] Praktische Bemerkungen über verschiedene Krankheiten der Kindbetterinnen und Schwangern, nebst der Beschreibung e. neuen Zange zur Geburtshülfe. Durch John Leake. Aus d. Engl. übers. Leipzig: Weidmann 1775. 253 S. 8°

Leake, J., üb. Krankh. d. Eingeweide, a. d. Engl. gr. 8. Lpz. Fritsch. 793.

Leake, W. Martin

Leake, W. M., die Demen von Attika. Aus d. Engl. übers. vom Prof. Ant. Westermann. Mit Karten u. Plänen (auf 5 lithogr. Blätt.) gr. 8. Braunschweig 840, Westermann, n. 1 2/3 ℛ

Leake, W. Martin. Die Demen von Attika. Aus dem Englischen übersetzt von Anton Westermann, ord. Prof. der alten Literatur an der Universität zu Leipzig. Mit Karten und Plänen. 8. Zürich 1840.

Leake's ..., Topographie v. Athen, nebst einigen Bemerkk. üb. die Alterthümer desselben. Aus d. Engl. übersetzt u. mit Anmerkk. v. M. A. E. Meier u. K. O. Müller, herausg. v. A. Rienäcker. Nebst 9 Kpf. u. Karten. gr. 8. Halle 829. Kümmel. 3 ℛ 12 𝒦

Leake, W. Martin, Topographie Athens. 2. Ausg. Uebersetzt von J. G. Baiter u. H. Sauppe. Mit 8 Taf. gr. 8. Zürich 844, Meyer u. Zeller. n. 2⅚ ℛ

Lean, C. F. M., De jure emigrandi. Dissertatio inauguralis. 8°. Berolini 1869.

Lean, Mrs. Francis, s. Marryat, Florence.

Leander und **Seline oder der Paradeplatz. Mannheim 1765. V:** ***Jacobi, Johann Georg.*** (JL) (GGr)

Leander (aus Schlesien) [Pseud.], s.a. Stolle, Gottlieb

Leander, der Bauer bei d. Theaterwuth d. Städter. Mit Musik. 4. Rudolst. ... (Hildebrandt in Arnst). 4 𝒦

Leander, d. Bauer b. d. Theaterwuth d. Städter, m. K. u. Mus. 4. Rudolst. Kläger.

Leander, der Beichtstuhl, wie er vertheidigt wird u. wie er ist. Neubearbeitg. der Handschrift des Pfr. J. Ferk, s.a. Fragen, zeitgemäße religiöse. Nr. 1.

Leander. Der Beichtstuhl, wie er verteidigt wird und wie er ist, die Gründe «für und wider» zur Selbstbeurteilung erörtert. Neubearbeitung der gleichnamigen ungedruckten Handschrift des Pfarrers J[oseph] Ferk in Graz von Leander. Mit Zugrundelegung der jüngst erschienenen Vertheidigungsschrift des hw. Prinzen Max zu Sachsen. 55 S. 8. Zürich, Caesar Schmidt, 1902. [fr. —. 75]
Zeitgemässe religiöse Fragen. Nr. 1.

Leander, Gedichte, s. Pennafranca.

Leander, A., das Gesetz betr. die Patentanwälte v. 21. V. 1900, nebst der Prüfungsordng. f. Patentanwälte v. 25. VII. 1900. Für den prakt. Gebrauch erläutert. gr. 16. (78 S.) Berlin 900. F. Vahlen. Kart. n. 1. 20

Leander, A., das bürgerliche Recht, s.: Buch, das praktische.

Leander, A., s. Recht, d. gesamte deutsche.

— die Rechtsprechung d. deut. Bühnenschiedsgerichts, s.: Fellisch.

— u. Heinr. Neumann, das Reichsrecht, s.: Buch, d. praktische.

Leander, Charlotte, (Emma Hennings,) gründliche Anweisung, Blumen aus Wolle zu beliebigen Zwecken zu verfertigen. Nebst e. Anhange, Blumen aus Wolle bei gestrickten Moos-Teppichen, Kissen ꝛc. anzuwenden. Mit 12 illum. Taf. u. vielen Holzschn. qu. 12. Erfurt 845, Hennings u. H. ⅔ ℛ

—— Anweisung zur Kunst-Strickerei. 1—10. Hft. 16. (26 B. m. 169 Abbild.) Erfurt 845, Hennings u. Hopf.

—— dass. 11—16. Hft. 16. (14 B. u. 62 Abbild.) Ebds. 845—47. à Hft. 2½ Ngr.
Hft. 1—4. 10. Aufl., Hft. 5—10. 9. Aufl. ꝛc.

†Leander, Charlotte, (Emma Hennings,) Anweisung zur Kunst-Strickerei. Eine Sammlung der neuesten ꝛc. Strickarbeiten, als Strumpfränder, Spitzen, Manschetten ꝛc. 16 Hefte. 12., verm. und verb. Aufl. Mit Abbildungen. 16. (626 S.) Erfurt 847—48, Hennings und Hopf. à Heft 2½ Ngr.

Leander, Charlotte (Emma Hennings), Anweisung zur Kunst-Strickerei. Eine Sammlung von den leichtesten bis zu den schwierigsten Arbeiten ohne Anderer Beihülfe allein ausführen zu können. Nach eigener Erfahrung und Erfindung zusammengestellt. 1. Heft. 16. Aufl., 2. Heft. 17. Aufl., 3. Heft. 18. Aufl., 4—9. Heft. 16. Aufl. 16. (à Heft ca. 90 S. mit eingedr. Holzschn.) Leipzig 860. 61, (Hennings'sche Buchh.) à Heft 3 Ngr.

Leander, Charlotte, Anweisung zur Kunst-Stickerei. Eine Sammlung von den leichtesten bis zu den schwierigsten Arbeiten, ohne Anderer Beihülfe allein ausführen zu können. Nach eigener Erfahrung und Erfindung zusammengestellt. 17. Aufl. ganz neu bearb. und mit neuen Mustern und Arbeiten ausgestattet. 1.—10. Heft. gr. 16. (78; 86; 83; 95; 74; 74; 66; 71; 96; 86 S., mit eingedr. Holzschn.) Leipzig 874, Wölfert. à Heft * 50 Pf. *

Leander, Charlotte, Anweisung zur Kunst-Strickerei. Eine Sammlung von den leichtesten bis zu den schwierigsten Arbeiten, ohne Anderer Beihülfe allein ausführen zu können. Nach eigener Erfahrung und Erfindung zusammengestellt. 17. Aufl. ganz neu bearb. und mit neuen Mustern und Arbeiten ausgestattet. 11. und 12. (Schluß-)Heft. 16. (à 88 S.) Leipzig 878, Wölfert's Buchh. à Lfg. * 50 Pf. *
compl. geb. *
1.—10. Heft. Ebendas. 1874. à 50 Pf.

Leander, Charlotte (Emma Hennings), Anweisg. z. Kunst-Strickerei. E. Sammlg. von d. leichtesten bis zu den schwierigsten Arbeiten, ohne Anderer Beihülfe allein ausführen zu können. Nach eig. Erfahrg. u. Erfindg. zusammengest. 18. Aufl. in 4 Hftn. Kleine Ausg. 12. (74, 74, 88 u. 88 S. m. Abb.) Leipzig 895. Siegismund & Volkening. In 1 Bd. kart. 2. 40

Leander, Charlotte, (Emma Hennings,) Briefsteller für Damen. Eine Sammlung v. Gratulations- u. Condolenz-Schreiben, Verlobungs-, Heiraths- u. Geburts-Anzeigen, Bittgesuchen, Empfehlungsschreiben ꝛc. 16. (VI u. 98 S.) Erfurt 847, Hennings u. Hopf. $^{5}/_{12}$ ℛ

— die neuesten Decorationen mit Gardinen an Fenster, Tische u. Sopha's. Mit 35 lith. Zeichnungen (auf 31 Taf.) gr. 8. Ebend. 845. ½ ℛ

—— Filet-Schule, oder gründl. Anweisung alle vorkommenden Netz-Arbeiten anzufertigen. 2 Hfte. qu. 12. Erfurt, Hennings u. Hopf. [1. (4¼ B. u. 22 Abbild.) 843., 2. 1. u. 2. Aufl. (4 B. u. 18 Abbild.) 843, 45, à 10 Ngr.]

—— Häkel-, Strick- u. Stickmuster. 1—8. Bdchn. qu. 16. (à 16 Bl.) Erfurt 842, 43, Hennings u. Hopf. à Bdchn. 2½ Ngr.

— Häkelschule für Damen. Die Kunst sämmtliche Häkelarbeiten zu erlernen. Zum Schul- u. Hausgebrauch. Mit 25 Abbild. qu. gr. 12. Ebend. 843. ⅓ ℛ — 2. verb. Aufl. 2 Hfte., mit 48 Abbild. qu. 12. Ebend. 843. 6. Aufl. 845. Mit 22 Abbild. à ⅓ ℛ — 3. Hft., mit 17 Abbild. qu. 12. Ebend. 844. 6. Aufl. 845. ⅓ ℛ — 4.—8. Heft. (4., 5. 2. Aufl.) Mit 125 Abbild. 845, 46. à ⅓ ℛ

— Häkelschule für Damen. Die Kunst sämmtliche Häkelarbeiten zu erlernen. Zum Schul- u. Hausgebrauch. 1. Hft. mit 25 (eingedr.) Abbildungen (in Holzschn.) 10. Aufl. qu. 12. (VI u. 98 S.) Ebd. 849. — 11. Aufl. Mit 25 (lith.) Abbildgn. qu. 8. (98 S.) Ebd. 850. — 2. Hft. m. 22 (lith.) Abbildgn. 10. Aufl. qu. 12. (94 S.) Ebd. 850. — 5. Hft. m. 17 (lith.) Abbildgn. 10. Aufl. qu. 12. (114 S.) Ebd. 850. — 9. Hft. m. 19 Abbildgn. Enth.: Strümpfe u. Hüte ꝛc. qu. 12. (108 S.) Ebd. 847. — 10. Hft. m. 17 (lith.) Abbildgn. qu. 12. (98 S.) Ebd. 848. — 11. Hft. m. 17 (lith.) Abbildgn. qu. 12. (78 S.) Ebd. 850. — 12. Hft. m. 26 Abbildgn. (auf 1 lith. Taf. in Fol.) qu. 12. (96 S.) Ebd. 852. (à ⅓ ℛ) 4 ℛ

Leander, Charlotte (Emma Hennings), Häkelschule für Damen. Die Kunst sämmtliche Häkelarbeiten zu erlernen. Zum Schul- und Hausgebrauch. 13. Heft mit 20 Abbildgn. (Holzschn.) Erfurt (853.) Hennings u. Hopf. (Leipzig, Lehmann.) qu. 8. (140 S.) 10 ngr.

— kleine Häkel-Schule, oder die Kunst sämmtliche Häkelarbeiten zu erlernen. 16. (76 S. m. eingedr. Holzschn.) Ebd. 849. 1/6 ℛ

— die Knöpfel-Schule, oder ausführl. Beschreibung, von Seide, Band, Perlen u. feinen Bindfaden: Taschen, Börsen, Kragen, Jagdtaschen und Borden 2c. zu knöpfeln. Mit allen möglichen Mustern u. ausgeführten Arbeiten. 2 Hefte. 16. Ebend. 845. à 1/3 ℛ — Dass. 2. Aufl. 2 Hfte. 16. Ebend. 845. à 1/3 ℛ

— Modenheft No. 1.—4. für weibl. Handarbeiten, besonders geeignet zu Weihnachts- u. andern Geschenken. In Stricken, Sticken, Häkeln, Filetstricken 2c. qu. 12. Ebend. 843—45. à 1/3 ℛ

— Modenheft. Nr. 5 u. 6. Weibliche Handarbeiten. Mit 24 u. 20 Abbildgn. qu. 12. (104 u. 96 S.) Ebd. 847. à 1/3 ℛ (1—6: 2 ℛ)

—— neues unentbehrliches Musterbuch, ein Geschenk für die gebildete Damenwelt, enthaltend: alle mögl. Stiche zu französ. Stickereien, in Tüll und den jetzt so angenehmen Filet-, Gardinen-, Tisch- und Sophadecken 2c. 16. (105 S. mit 25 Abbild. in Holzschn.) Erfurt 853, Hennings und Hopf.

Leander, Charlotte [d. i. Emma Hennings]. Näh-Schule oder gründliche Anweisung in allen ... Säumen, Nähten der Wäsche, Tapisserie und Spitzenstiche, Damaststopfen, Zuschneiden der weißen Wäsche u. s. w. ... Erfurt 1847[—1848], Hennings und Hopf.
9 Hefte. 8°.
I 1847: 63 S. m. 14 Holzschn.
II 1847: 49 S. m. 11 Holzschn.
III 1848: 24 S.; 9 Taf. in Lithogr.
IV 1847: 56 S. m. 12 Holzschn.
V 1847: 41 S. m. 7 Holzschn.; 9 Taf., davon 2 in Lithogr., 7 in Holzschn.
VI u. VII 1847: 112 S. m. 25 Holzschn.
VIII u. IX 1847: 133 S. m. 33 Holzschn.

—— bunte Stickmuster in Weiß. 1—5. Hft. 4. (19 Bl. in Farbendr.) Erfurt 846, 47, Hennings u. Hopf. à Hft. 10 Ngr.

—— die neuesten u. elegantesten Stickmuster in Weiß. 1—13. Hft. 16. (141 Bl.) Erfurt 845, 46, Hennings u. Hopf. [Hft. 1—9. à 10 Ngr., 10—13. 1. Thlr.]

—— Taschenbuch der Kunst-Strickerei. Enthaltend: eine Sammlung der neuesten und schönsten Damen-Arbeiten mittelst der Stricknadeln. gr. 16. (IV und 171 S. mit 40 Abbild. in eingedr. Holzschn.) Erfurt 852, Hennings und Hopf.

—— Vorlegeblätter zu Model-Tüchern. Für Schul- u. Hausgebrauch. 1. u. 2. Hft qu. 4. (16 lith. Blätt.) Erfurt 846, Hennings u. Hopf. à

—— Weißhäkel-Muster. Als Anhang zur Häkelschule für Damen. 1. Heft. qu. 4. (12 Stnt.) Erfurt 850, Hennings und Hopf.

Leander, (Karl Ad. Mäke), Erzähll. f. Winterabende, hrsgg. v. Fr. Laun. 2 Bde. 8. Leipz. 818. Kollmann. 2 ℛ

Ueber die Sumerischen Lehnwörter im Assyrischen. Akad. Abhandlung von Pontus Leander. Uppsala 1903: E. Berling. (94 S.) 8°
= Årsskrift, Upsala Universitets. 1903. [3.]

Leander, Rich., s. a. Volkmann-Leander, Rich. v.

Leander, Rich., aus der Burschenzeit. Ein Idyll. 8. (30 S.) Halle 876, Niemeyer. * ℳ 1.; geb. *

Léander, Rich. Au coin du feu. Contes. Traduits sur la 17e édit. de l'original: Traeumereien an franzoes. Kaminen. 8. (III, 227 S.) Lpz. 889, Breitkopf u. Härtel. geb. * 3 —

—— Gedichte. 1. und 2. Aufl. gr. 16. (VIII, 224 S.) Leipzig 877, Breitkopf und Härtel. ℳ 3.; geb. *

†Leander, Rich., [R. von Volkmann], Gedichte. 3. verm. Aufl. 8. (VIII, 214 S.) Leipzig 885, Breitkopf und Härtel. * geb. *

Leander, Rich., kleine Geschichten. Lex.-8. (50 S.) Leipzig 884, Breitkopf und Härtel. geb. *

Leander, Rich., Träumereien an französischen Kaminen. Märchen. 1.—5. unveränd. Aufl. (IX, 165 S.) 1871—73, und 6. verm. Aufl. gr. 16. (X, 189 S.) Leipzig 874, Breitkopf und Härtel. geb.

—— Träumereien an französischen Kaminen. Märchen. 7.—9. und 11. Aufl. gr. 16. (X, 189 S.) Ebendas. 876—79. geb. *
—— dass. — 10. Aufl. [Pracht-Ausg.] Mit Bildern von Olga v. Fialka. In Holzschn. von R. Brend'amour. 6 Lfgn. Fol. (XII, 136 S. mit eingedr. Holzschn. und Holzschntaf.) Ebendas. 878. à Lfg. * ℳ 6. * geb. in Prachtbd. mit Goldschn. *

Leander, Richard. *Träumereien* an französischen Kaminen. Märchen. 11. Aufl. Leipzig, Breitkopf u. Härtel, 1879. X. 189 S. Kl.-8°. Gold- u. blindgepr. roter Orlwd. 7.—

—— Träumereien an französischen Kaminen. Märchen. 12.—14. Aufl. 12. (X, 189 S.) Ebendas. 880—83. geb. *

—— dass. — Neue Pracht-Ausg. Mit Bildern von Olga v. Fialka. In Holzschn. von R. Brend'amour. Fol. (XII, 136 S.) Ebendas. 881. geb. mit Goldschn. *

—— Träumereien an französischen Kaminen. Märchen. 15. und 16. Aufl. 12. (X, 189 S.) Ebendas. 885, 86. geb. *

— sämtliche Werke. 8. (VIII, 372 S. m. Bildnis u. 1 Holzschn.) Leipzig 899. Breitkopf & Härtel. n. 5.—; geb. n. 6.—; auch in 10 Lfgn. à n. — 50

Lear, the King,. A tragedy by Shakespeare, with explanatory annotations by Küchler. 8. Zeitz, Webel. 794.

— König,. Trsp. v. Shakespeare. 8. Mannh. Schwan.

— — dasselbe. 8. Insbruck, Wagner. 780.

— König,. Trauersp. nach Shakespeare. gr. 8. Hamb. (Hahn in Hannov.) 785.

— — dasselbe v. Bock. 8. Lpz. Compt. f. Lit. 794.

— — dasselbe, übers. v. J. H. Voß d. Sohne. 8. Jena, Frommann. 807.

Lear, König, Trauerspiel von Shakespeare, übersetzt von H. Voß, mit Erläuterungen. gr. 8. Leipzig, Brockhaus. 819.

Lear, H. L. Sidney, ein Dominikaner-Künstler. Leben des hochwürd. Pater Besson vom Orden des heil. Dominikus. Nach dem Englischen von Natalie v. Wolff. 8. (251 S.) Paderborn 888. F. Schöningh. *

Leardi, Paul, Denkwürdigkeiten der k. k. Hauptpfarrkirche Maria im Elend zu Straßgang u. ihre Filialkirchen St. Florian u. St. Rupert in d. Steiermark. Verb. Ausg. gr. 8. Grätz 825. Kienreich. 1/12 ℛ

Leardi, P., Oraison funèbre de Louis XVI. traduit du Latin par Mons. de la Maré. 8. Turin. (Pott à Lausanne. 794.

Leardi, Paul, oratio in funere Ludovici XVI., Galliae et Navarrae regis christianissimi habita in sacello quirinali ad St. Dom. nostr. Pium. VI. Pont. 4. Augsb. 794. Rieger. 4 𝒦

Leared, Arth., die Behandlg. der Lungenschwindsucht durch das Heißluftbad. Aus dem Engl. m. Vorwort v. Boden. 8. (16 S.) Leipzig (900). [M. Voigt.] Berlin, W. Möller. — 50

Learned, Marion Dexter

--Germanistik u litterarisches Schaffen in A. Ein Vortr geh 10. Dez 1900 im Dten Ver v Columb U; pub in Pedag Mag. v3 iii (Apr. 1901).

Learsi, E., Zur Arbeiterwohnungsfrage. 8⁰. Köln 1896.

Leather, John Walter [aus St. Helens]: Die Pipitzahoïnsäure .... Bonn, Univ.-Buchdr. v. Carl Georgi, 1886; 40 S. 8⁰.
Freiburg i. B., Phil. Fak., Inaug.-Diss. v. 1886.

Leather, Ralph., vom Karnickel, das immer anfing. Briefe Pierrots an seine Kolombine. (III, 70 S.) 8. Dresden 906. E. Pierson. n. 1. —; geb. n. 2. —

Leathes, Stanley, die Gründe der christlichen Hoffnung. Eine Skizze der Beweise für das Christenthum. Deutsche autoris. Uebersetzung von P. Friedlein. gr. 8. (X, 213 S.) Leipzig 879, Böhme. *

Leathes, Mrs. Stanley, Mariechens Seefahrt. Aus dem Englischen übersetzt von Th. Gehrich. 8. (224 S.) Gotha 888, F. A. Perthes. geb. *

Leau, L., Germana guidlibreto, s.: Couturat, L.

— Deutsches Hilfsbüchlein, s.: Couturat, L.

Leaumier, der Jesuiten-Zögling, s. Jesuiten-Zögling.

LEAUMIER. — Der Jesuiten-Zögling als Schuhflicker à la Rousseau, Seminarist, Libertiner, Hofmeister, Pfarrer, Hanswurst, Bär, Gassenkehrer, Polizeispion, König, Vatermörder, Revolutionär, Kassenbeamter, Galeerensklave, Baronet, Fuhrmann, Bourbonist der Restauration und — Bettler. Nach dem Französischen des *Leaumier* frei bearbeitet von Conradin, nebst einem (color.) Titelkupfer. Altenburg 1831. 8⁰. (1½ Rthl.) 256 S. (⅓ Rthl. Scheible, 1872.)

Leauson's, Manual: Curen d. Brüchen, Blasensteinbeschwerungen 2c. herausg. v. Schurig. 8. Dresd. Walther. 709.

Leavenworth Post : 1887?—1897?
Weekly edition of Leavenworth Post, later Leavenworth Tribüne, q. v.; issued semi-weekly in 1897. Circulation: 1895, 1488.
Leavenworth, KS

Leavenworth Post :
Daily 1887—1897. Max Gronefeld, ed.: Franz F. Metschan, bus. mgr. Then: Leavenworth Tribüne, Nachfolger der L. Post, Tägl. Ausgabe, Jg. 11, no. 3110, Sept. 1, 1897. Founded by Franz F. Metschan, who came from Belleville, Ill. to Leavenworth, where he directed the government press for a year and then started the Post.
Leavenworth, KS

Leavenworth Sonntags-Gast : Aug. 1892?—May 12, 1901? Leavenworth, KS
Weekly supplement to Leavenworth Tribüne.

Leavenworth Telegraph : 1872? Leavenworth, KS
Tri-weekly edition of Leavenworth Telegraph. Circulation: 1872, 250.

Wöchentlicher Leavenworth Telegraph : 1873?—1874?
Weekly edition of Leavenworth Telegraph. Circulation: 1873, 1500.
Leavenworth, KS

Leavenworth Tribüne : Dec. 2, 1887—May 25, 1917?
Daily, evening except Sunday, 1887—1901?; semi-weekly, 1901?; weekly, 1901—1917. Independent. Absorbed Leavenworth Post. Title varies: Leavenworth Post, 1887—96; Post und Tribüne, 1897? For weekly edition, see Wöchentliche Leavenworth Post. For Sunday edition, see Sonntags-Post. For semi-weekly edition, see Halbwöchentliche Tribüne. Then united with Leavenworth Chronicle to form Chronicle-Tribüne. Circulation: 1890, 650; 1895, 1032, 1900, 885; 1905, 1950; 1915, 2300. Edited & published by Max Gronefeld, 1887—94; edited by Charles F. C. Smith, 1895—96; by Louis Latte, 1897—1901; by S. Kuraner, May 1901—Dec. 10, 1915; by L. Steichmann, Dec. 17, 1915—Mar. 1916. Published by Franz F. Metschan, 1887; by the German-American Publishing Co., 1888?—1917.
Leavenworth, KS

Leaves, fern, from Fanny's Portfolio, s. Library, the english.

Leaves, green. First German edit. 16. (71 S.) Göttingen 864, Wigand.

Leaves from the Journal of our Life in the Highlands, s. Collection of British Authors.
—— more, from the Journal of a Life in the Highlands, s. Collection of British Authors.

Leavitt, Sheldon, Wege zur Höhe. Einzig berecht. Übersetzung aus dem Engl. v. Max Christlieb. (XVI, 296 S.) 8. Stuttgart 909. J. Engelhorn Nachf. Geb. in Leinw. 3. 50

Lebach [Schlagwort]

Lebach, s.: Preussen. Messtischblätter.

Lebach [Verf.]

Lebach, Hans, a. Elberfeld: Ueber einige Derivate von Säureamiden. Heidelberg 1904: J. Hörning. (51 S.) 8⁰
Heidelberg, Naturw.-math. Fak., Ref. Curtius, Diss. v. 31. Okt. 1904
[Geb. 1. Apr. 81 Elberfeld; Wohnort: Colmar i. E.; Staatsangeh.: Preußen; Vorbildung: Gymn. Elberfeld Reife O. 99; Studium: Berlin 3, Heidelberg 8 S.; Rig. 19. Juli 04.]

Le Bachelet, X. M., S. J., die Erbsünde in Adam u. seinen Nachkommen, s.: Wissenschaft u. Religion. Heft 25. 26.

Le Bachelle, Hugo [aus Kaiserslautern]: Ueber zwei Fälle von idiopathischer Peritonitis ... München, Buchdr. Kastner & Lossen, 1896; 23 S. 8.
München, Med. Fak., Inaug.-Diss. v. 1897

Lebahn, s.: Forschungsreise S. M. S. „Planet".

— Die Forschungsreise S. M. S. „Planet" im J. 1906, s.: Marine-Rundschau. Beiheft II.

Lebaigt, Laurent [Wirkl. Name]
s. Rameau, Jean [Pseud.]

Lebanon New Paper: 1871—1873? Lebanon, PA
English-German. Weekly. News and politics.

Lebas, M., Geschichte u. Beschreibung v. Schweden u. Norwegen, s. Weltgemälde-Gallerie, Europa, 4. Bd.

Lebas, M., Geschichte und Beschreibung von Schweden u. Norwegen. Aus d. Franz. Mit 60 Stahlst. u. 1 Karte. (Aus der Welt-Gemälde-Gallerie abgedruckt.) gr. 8. Stuttgart 839. Schweizerbart. 2¼ 𝓇𝓉𝒽

Lebas, M. Ph., Fragments inédits de deux romans grecs. S.-A. 1841. 20 S.

(**Le Bauld de Nans, v.**): Abbildung und Beschreibung der hängenden Schaafraufen. Schweidnitz (1825). 8 S.

Le Bauld de Nans, C. F. J., Fingerzeige über die Ewigkeit des menschl. Geistes, gegründet auf Erfahrungssätze der Himmels- u. Erdkunde. gr. 8. Breslau 843. (Graß, Barth u. Comp.) n. ⅓ 𝓇𝓉𝒽

Acte de bienfaisance de la Loge R. Y. de l'amitié à l'O. de Berlin, à l'occasion de la paix et du retour du roi [Friedrich II. von Preussen]. [Mitget. von Claude Etienne Le Bauld-de-Nans.] Berlin 1779: Decker. 32 S. 8⁰
(Sammlung neuer Frmr-Reden. 4, [7].)
Abdr. des Berichts u. der Rede des Br Le Bauld-de-Nans in: Le Bauld-de-Nans, Cl. E.: Recueil de discours. 1781 S. 196 bis 221.
Kl. 991. Die Loge speiste nach Beendigung des Bayerischen Erbfolge-Krieges 30 invalide Soldaten und 30 Witwen von im Kriege gefallenen Soldaten u. gab jeden einen Reichstaler. Bericht über diese Feier mit Abdruck der dabei gehaltenen Reden.

Discours pour la célébration du jour anniversaire de la naissance de Sa Majesté le roi de Prusse le 24. janv. 1777. Prononcé dans la loge: La Royale Yorck de l'amitié [in Berlin], par [Claude Etienne] Le B[auld de Nans]. Berlin [1777]: Decker. 14 S. 8⁰ [Umschlagtit.]
Abgedr. in: Le Bauld de Nans, Cl. E.: Recueil de discours. 1781 S. 107—121.
Kl. 958. Selten. Feiert Friedrich d. Gr. als König u. Mensch.

Discours pour la célébration du jour anniversaire de la naissance de Sa Majesté le Roi de Prusse. Prononcé le 24. janv. 1779. Dans la loge la Royale Yorck de l'amitié [in Berlin]. Par [Claude Etienne] Le-Bauld-de-Nans. Berlin [1779]: Decker. XVI S. 8⁰
(Sammlung neuer Frmr-Reden. 3, [6].)
Abgedr. in: Le Bauld-de-Nans, Cl. E.: Recueil de discours. 1781 S. 165—178.
Kl. 979. Feiert das erhabene Wesen Friedrich d. Gr.

Le Bauld-de-Nans: Les deux discours du f. [Claude Etienne] Le Bauld-de-Nans à la réception de son troisième fils. Le jeudi 3e avril 1788. Berlin 1788. 13 S. 8⁰ [Umschlagtit.]

Discours pour le jour anniversaire de la naissance de S[a] M[ajesté] Frédéric Guillaume II. le bien aimé roi de Prusse. Le 25. sept. 1787. Prononcé dans la loge Royale York de l'amitié [in Berlin] par [Claude Etienne] Le Bauld-de-Nans. Berlin: Bourdeaux 1787. 8 S. 8⁰ [Umschlagtit.]

Discours pour le jour anniversaire de la naissance de Sa Majesté le Roi de Prusse prononcé le 24. janv. 1778 par [Claude Etienne] Le B[auld] de N[ans] dans la loge Royale Yorck de l'amitié [in Berlin]. Berlin [1778]: Decker. 16 S. 8⁰
(Sammlung neuer Frmr-Reden. 2, [9].)
Abgedr. in: Le Bauld de Nans, Cl. E.: Recueil de discours. 1781 S. 136—148.
Kl. 970. Feiert Friedrich d. Gr. als Wohltäter der Menschheit.

Royal York zur Freundschaft: Discours prononcé à l'installation de la loge de députation de la Royale Yorck de l'amitié en la résidence royale de Potsdam. Le mercredi 29. oct. 1777. Par [Claude Etienne] Le B[auld]-d[e]-N[ans]. Berlin [1777: Decker]. 13 S. 8⁰
Auszug in: Almanach od. Taschen-Buch f. Frmr. 4 (1779) Bl. 93—94.
Kl. 992. Selten. Mahnung, die mrischen Gesetze u. Vorschriften zu beobachten.

Discours prononcé le 5 sept. 1777. A l'occasion de la visite et déclaration que firent à la Loge la Royale Yorck de l'Amitié [in Berlin] les illustres et respectables frères [Joh. Gabr.] C[omte] d'O[xenstierna] et [Karl Andr.] B[aron] d[e] Pl[ommenfeldt], députés du S[ouv.] Ch[apitre] des Hauts-G[rades] de la Grande Loge de Suède &c. [Am Ende:] Par [Claude Etienne] Le B[auld] d[e] N[ans]. [Berlin] 1777: [Decker]. 13 S. 8⁰
(Sammlung neuer Frmr-Reden. 2, [7].)
Abgedr. in: Le Bauld de Nans, Cl. E.: Recueil de discours. 1781 S. 125—135.
Auszug in: Almanach des francs-maçons. 1779 S. 37—40.
Kl. 967. Üb. die Erhabenheit des Bundes.

[Deutsche Übers. u. d. Tit.:]

Rede, gehalten am 5. Sept. 1777, in der Loge la Royale Yorck de l'Amitié beym Besuch der vortreflichen [!] und ehrwürdigen Brüder [Joh. Gabr. v.] O[xenstierna] und [Karl Andr.] P[lommenfeldt] Deputirte des H[och] Ch[Kapitels] der H[och] G[rade der Gr. L.] von Schweden. [Von Claude Etienne Le Bauld de Nans.] Aus d. Franz. [Berlin] 1778: [Decker]. XV S. 8⁰
(Sammlung neuer Frmr-Reden. 2, [6].)
Kl. 968.

Quelques Fleurs jettées [!] sur la tombe du f.·. Baudesson à la ▭ de deuil célébrée le jeudi 8 mai 1788, par [Claude Etienne] **Le Bauld de Nans.** Berlin 1788. 16 S. 8° [Umschlagtit.]
Kl. 1389.

Sur la Mort du S. Prince Léopold Duc de Brunswick. Ode prononcée par [Claude Etienne] **Le Bauld-de-Nans** dans la t. vénérable loge La Royale York de l'amité [in Berlin] le 24. juin 1785. Berlin [1785]: Decker. 15 S. 8°
Kl. 1362b. „Fuyez, hommes froids, insensibles, . . .“ Vorgedr. eine kurze Ansprache als Einl.

Ode prononcée le 24. juin, 1778. A la solemnité de la fête de S. Jean dans la loge Royale Yorck de l'amitié, par [Claude Etienne] **Le Bauld de Nans**, en prenant congé et faisant ses adieux à ses r. f. Berlin 1778: Decker. 13 S. 8° (Sammlung neuer Frmr-Reden. 3, [4].)
Abgedr. in: Le Bauld-de-Nans, C. E.: Recueil de discours. 1781 S. 151—164.
Kl. 977, 998b. Feiert die Grösse Friedrichs II. „C'est dans ce sanctuaire auguste, . . .“

La Paix de Reichenbach. Ode prononcée dans l'ancienne loge française Royale Yorck de l'Amitié [in Berlin] pour la célébration du 25 sept. 1790, jour anniversaire de la naissance de Frédéric-Guilleaume II par [Claude Etienne] Le Bauld de Nans. Berlin 1790: Bourdeaux. 16 S. 8°
Kl. 1770.

Prologue pour la réception de son Altesse Imperiale Monseigneur le Grand Duc de Russie à Friderichsfelde, le 1. aoûst 1776. Par [Claude Etienne] **Le Bauld [-de-Nans].** Berlin [1776]: Decker. 12 S. 8° [Umschlagtit.]
Kl. 935b. Schäferspiel in Versen.

Recueil de discours prononcés en différentes époques solemnelles, dans la v[énéra]ble & très ancienne loge franç. La Royale Yorck de l'Amitié séante à l'O. de Berlin, affiliée à la G[r.] L[oge] d'Angleterre, le 24e. Juin 1767, sous le No 330. Par [Claude Etienne] **Le Bauld-de-Nans.** [Berlin] 1781. 360 S. 8°
Kl. 1034. Selten. S. 3—86 enth. e. Bericht üb. u. d. Briefwechsel Le Bauld-de-Nans' mit d. Rektor d. Jesuitenhauses in Mannheim bezügl. d. Versuch d. Letztern, e. Verfolgung gegen d. Frmr in Mannheim zuwege zu bringen.

Supplement aux chansons de L. B. D. N. [d. i. Claude Etienne **Le Bauld de Nans**] pour la santé du roi. o. O. [um 1786]. 4 Bl. 8°. [Kopftit.]
Wahrscheinlich Supplement zu W. 39762. Angebunden an „Lyre maçonne“ von demselben Autor.

Yorck de l'Amitié in Berlin pour la clôture de l'année v.·. [d. 31. déc. 1787]. Par [Claude Etienne] **Lebauld-de-Nans.** Berlin 1787. 28 S. 8°

Lebbin, Geo., üb. Feldflaschen u. Kochgeschirre aus Aluminium, s.: Plagge.

Lebbin, Geo. Über Feldflaschen u. Kochgeschirre aus Aluminium, s. Veröffentlichungen a. d. Gebiete d. Militär-Sanitätswesens.

Lebbin, Geo., u. Geo. **Baum,** das Fleischbeschaugesetz, s.: Guttentag's Sammlung deutscher Reichsgesetze.

Lebbin, Geo., d. Giftigkeit d. Farbwaaren im Sinne d. Ministerial-Verordng. v. 24. VIII. 1895. Im amtl. Auftr. bearb. 8. (IV, 60 S.) Berlin 898. R. Schoetz. Kart. n. 1. 50

Handbuch des Nahrungsmittelrechts von Dr. Georg **Lebbin,** Chemiker, u. Dr. Georg Baum, Rechtsanw. Berlin: J. Guttentag 1907. (X, 555 S.) 8° [F.]
= **Lebbin:** Deutsches Nahrungsmittelrecht. T. 1. [07. 7067

Die Konservirung und Färbung von Fleischwaaren. Mit besond. Berücks. d. Denkschrift d. Kais. Gesundheitsamtes v. Okt. 1898 krit. beleuchtet von Dr. Georg **Lebbin,** Berlin. Mit e. Vorw. von Dr. med. Oscar Liebreich, Prof., Berlin. 2., verm. u. verb. Aufl. *Berlin: M. Zuelzer & Co. 1901.* (39 S.) 8° [F.] [01. 11089

Lebbin, Georg [app. Nahrungsmittel-Chemiker aus Berlinchen]: Aus d. hygien.-chem. Laboratorium in d. Kgl. Kaiser Wilhelms-Akad. f. d. militärärztl. Bildungswesen. Ueber eine neue Methode zur quantitativen Bestimmung der Rohfaser . . . (Aus: Arch. f. Hyg., Bd. XXVIII.) München, Druck v. R. Oldenbourg, 1896; 34 S. 8.
Rostock, Phil. Fak., Inaug.-Diss. v. [29. Juli] 1896

Lebbin, G., Nahrungsmittel, siehe Guttentag's Reichsgesetze

— u. Geo. **Baum,** deutsches Nahrungsmittelrecht f. Juristen, Mediziner, Chemiker u. Gewerbetreibende. 2 Tle. 8. Berlin 907. J. Guttentag. Geb. in Leinw. 11. —
1. Handbuch des Nahrungsmittelrechts, v. L. u. B. (XI, 555 S.) 8. —
2. Amtliche Untersuchungsmethoden f. Chemiker. Zusammengestellt v. L. (224 S.) 3. —

Lebbin, Geo., die Reichsgesetzgebung üb. den Verkehr m. Nahrungsmitteln, Genußmitteln und Gebrauchsgegenständen, s. a. Guttentag's Sammlg. deutsch. Reichsgesetze.

Die Reichsgesetzgebung über den Verkehr mit Nahrungsmitteln, Genussmitteln und Gebrauchsgegenständen. Mit Anm. u. Sachreg. von Dr. Georg **Lebbin** zu Berlin. *Berlin: J. Guttentag 1900.* (XXIII, 256 S.) 8° [F.]
— **Sammlung,** Guttentag'sche, Deutscher Reichsgesetze. No 54. [01. 679

Lebbin, Untersuchgn. üb. d. Soldatenbrot, s.: Plagge.

Amtliche Untersuchungsmethoden für Chemiker. Zsgest. von Dr. Georg **Lebbin**, Chemiker. Berlin: J. Guttentag 1907. (224 S.) 8° [F.]
= **Lebbin**: Deutsches Nahrungsmittelrecht. T. 2. [07. 7008

— Verkehr m. Heilmitteln u. Giften im Deutschen Reiche. Ein Commentar zu den kaiserl. Verordngn. üb. den Verkehr m. Arzneimitteln u. dem Bundesrathsbeschluss betr. den Verkehr m. Giften. 8. (VI, 334 S.) Berlin 900. A. Hirschwald. n. 7. —

— das Weingesetz v. 24. V. 1901, s.a. Guttentag's Sammlung deutscher Reichsgesetze.

Lebbin, Georg: Das Weingesetz vom 24. Mai 1901. Mit den ergangenen Ausführungsbestimmungen erl. Berlin: Guttentag 1902. 165 S. (Guttentag'sche Sammlung Deutscher Reichsgesetze. Text-Ausg. mit Anm. Nr 65.) -- 1*

Lebbin. Georg: Das Weingesetz vom 7. April 1909. Mit Ausführungsbestimmungen und Weinzollordnung vom 17. Juli 1909. 2. Aufl. (Guttentagsche Sammlung D. RG. 65.) Berlin: Guttentag 1909.

Lebe wohl, Dr Strauss! oder eine Volksstimme in Antwort an Herrn Professor [Johann Caspar] Orelli in Zürich, auf sein Sendschreiben an's Zürchervolk. 8. Kanton Zürich. 1839.

LEBE, Gedächtnissrede zu Ehren des am 11. April 1875 verstorbenen Herrn Hofrath Heinrich Samuel Schwabe gehalten im Naturhistorischen Verein zu Dessau. Dessau. 1875. Zu haben bei Hugo Jahn. 8°.

Lebe, M. (Hrsg.), s. Rosengarten, Illustrierter.

Lebeau, s.a. Beau

LE BEAU, Claude
Karl le Beau's Begebenheiten und merkwürdige Reise zu den Nordamerikanischen Wilden. Mit einer genauen Beschreibung von Kanada und den alten Gebräuchen, Sitten und der Lebensart der Kanadier.
In zweien Theilen.
Leipzig: Weygand 1794 438 S. 8°.
Stadtbibliothek Winterthur
Laut National Union Catalog pre-1956, Bd. 321, S. 503
Übers. v. Avantures .. ou Voyage Curieux et Nouveau parmi les sauvages de l'Amérique Septentrionale, Amsterdam 1738
Frühere dt. Ausg. 1732 [Library of Congress] u. 1752 [Landesbibliothek Gotha].
Ausg. Leipzig: Weygand, 1793 [Sabin 39585 u. Palmer] konnte nicht gefunden werden.
Palmer.

Lebeau, C. Ldw. F., das Apostolische und das Augsburgische Bekenntniß als Lehrnorm der deutsch-protestantischen Kirche. gr. 8. Heidelberg 842, K. Winter. 1/8 ₰

— Vom Einflusse des Sündenfalles auf die Schöpfung. Aus dem Evangel. Kirchenblatte zunächst für Baden besonders abgedruckt. 12. Freiburg 845, Wagner'sche Buchh. 1/6 ₰

—— bad. Kirchen- u. Schulblatt, s. Kirchen- u. Schulblatt.

Le Beau, Jean Louis Joseph. Geschichte des morgenländischen Kaiserthums . . . Frankf. u. Leipz. 1765—75. Ü: *Hiller, Joh. Adam.* (AarF) (OL) (MGT) (Th. 13-22) 1776—82. Ü: *Panzer, Georg Wolfgang.* (BB) (Ky) (MGT) (Will)

Le **Beau,** Prof. der Universität zu Paris. Geschichte des morgenländischen Kayserthums, von Konstantin dem Grossen an, als eine Fortsetzung der Werke der Herren Rollin (siehe R III d) und Crevier. Aus dem Französischen übersetzt. (22 Bde.) 8. Leipzig und Frankfurt 1765—1783.

Le Beau, J. L. J. Reisen zu denen Wilden des nördlichen Theils von Amerika; a. d. Franz. Erfurt 1751. Ü: *Nack, Johann Bernhard.* (Ky) (ML)

Le Beau, L., **Lysias Epitaphios als echt erwiesen. gr. 8. (IV und 93 S.) Stuttgart 863, Metzler's Verlag. ***

Lebeau, L., Observationum in Lysiae orationem funebrem specimen. Diss. 1830. 81 S.

Le Beau, L., über die heiligen Sacramente, insbesondere über das heilige Abendmahl. Mit Rücksicht auf Lehre und Gottesdienst der unirten Kirche in Baden. gr. 8. (118 S.) Pforzheim 855, Flammer.

Le Beau, Luise Adolpha, Lebenserinnerungen e. Komponistin. (289 S. m. 16 Taf.) 8. Baden-Baden 910. E. Sommermeyer. 5. —

Lebeaud, M.

— s. auch le Beau.

Lebeaud, M., d. Geburtshelfer auf d. Lande, oder Unterricht für Hebammen bei Ausübung ihrer Berufs- u. Amtspflichten, sowohl für Hebammen, als auch insbesondere f. gebildete Frauen, deutsch bearb. u. leichtfaßl. dargestellt v. G. A. Emsmann. 8. Ilmenau 826. Voigt. 16 gr.

— gemeinnütz. Handbuch d. Krankenpflege, oder d. theilnehmende freundliche u. sachverständige Krankenwärter. Uebersetzt u. bearbeitet von Dr. Fr. Reinhard. 8. Ilmenau 826. Voigt. 18 gr.

Lebeda, A. V., *k. k. landesbef. Gewehrfabrikant in Prag.* Beiträge zur Waffenkunde für Jagd- u. Waffenfreunde. *Prag* 1857. *Dr. Kath. Geržabek.* 1. Heft. 59 u. 3 S. Mit 2 Taf. 8°.

Lebeda, A. V., Gewehrfabrikant. Beiträge zur Waffenkunde für Jagd- und Waffenfreunde. (Mit 2 Taf.) 8. Prag 1858.

Lebeda A und E Schebek, Bericht über die Feuerwaffen und die übrigen auf das Kriegswesen bezügl. Gegenstände der Pariser Weltausstellung 1855. Wien 1858

Lebeda Theodor: De animalibus et herbis ad cenas Romanorum praecipue adhibitis. 25. Braunau. 91.
Progr.

PARISER Lebedamen. (= Geheimnisvolle Bibliothek, Bd. 45.) Dresden, Dresdener Romanverlag (um 1908). 8°.
Verb. d. Ldg. Dresden V. A. 217/08.

Lebede, Hans, a. Berlin: Tiecks Novelle „Der Aufruhr in den Cevennen". Beiträge zur Erforschung ihrer Quellen. Berlin 1906: Plahn. (47 S.) 8°
Würzburg, Phil. Fak., Ref. Brenner, Diss. v. 30. April 1906
[Geb. 2. März 83 Berlin; Wohnort: Berlin; Staatsangeh.: Preußen; Vorbildung: Falk-Realgymn. Berlin Reife M. 01; Studium: Berlin 8, Würzburg 1 S.; Rig. 22. Febr. 06.]

Lebede, Hans, Tiecks Novelle „der Aufruhr in den Cevennen". Eine literarhistor. Untersuchung. (XII, 223 S.) gr. 8. Halle 909. M. Niemeyer. 5. —

Lebedef, W., die Verteidigungsfähigkeit der russischen Westgrenze, s.: Enwald, M.

Lebedeff, N., obersilurische Fauna d. Timan. [Mémoires du comité géologique, vol. XII, Nr. 2.] Imp.-4. (V, 48 S. m. 3 Taf. u. 3 Bl. Erklärgn.) St. Petersburg 892. (Eggers & Co.) n. 3. 60

Lébédeff, S., Observations faites à la grande lunette méridienne, s.: Sokoloff, A.

Lebedeff, Wera, a. Nowgorod ⟨Rußland⟩: Die Theorie der Integralgleichungen in Anwendung auf einige Reihenentwickelungen. Göttingen 1906: Dieterich. (48 S.) 8°
Göttingen, Phil. Fak., Ref. Hilbert, Diss. v. 2. Jan. 1907
[Geb. 1. Dez. 80 St. Petersburg; Wohnort: Nowgorod; Staatsangeh.: Rußland; Vorbildung: Nicolai-Gymn. Nowgorod, Weibl. Hochsch. Petersburg; Studium: Petersburg 8, Göttingen 6 S.; Rig. 24. Okt. 06.]

Lebedew, N., die Bedeutung der Korallen in den devonischen Ablagerungen Russlands. (In deutscher u. russ. Sprache.) gr. 4. (X, 180 S. m. 5 Taf. u. 5 Bl. Erklärgn.) St. Petersburg 902. (Leipzig, M. Weg.) n. 7. 75
Sonderabdruck aus: „Mémoires du comité géologique".

— die geolog. Sammlungen des kaukas. Museums, s.: Sammlungen, die, des kaukas. Museums. III.

Lebedew, Peter [aus Moskau]: Ueber Messungen der Dielectricitätsconstanten des Dämpfe und über die Mossotti-Clausius'sche Theorie der Dielectrica . . . Leipzig, J. A. Barth, 1891; 25 S. 8.
Strassburg, Math.-naturw. Fak., Inaug.-Diss. v. 1891

Lebedew, W[**ladimir**]: ⟨Aus d. Zool. Inst. zu München.⟩ Über Trachelocerca phoenicopterus Cohn. Ein marines Infusor. München 1908: (Lippert, Naumburg a/S.). 44 S. 8° ¶(Aus: Archiv f. Protistenkunde. Bd 13, H. 1.)
München, Phil. Diss. v. 2. März 1908, Ref. Hertwig
[Geb. 9. Juni a. St. 82 Twer; Wohnort: Twer; Staatsangeh.: Rußland; Vorbildung: Gymn. Twer Reife Mai 01; Studium: Moskau 6, München 4 S.; Rig. 2. März 08.]
[U 09. 3478

Lebedinsky, Nicolai: Einfluss der Beschaffenheit der Milch, namentlich der Grösse der Fettkügelchen, auf die Entrahmung . . . Leipzig, Druck v. Breitkopf & Härtel, 1895; 53 S., 6 Taf. 8.
Leipzig, Phil. Fak., Inaug.-Diss. v. [15. Mai] 1895

Lebedinsky (N.), Schädel eines Rhinoceros antiquitatis Blum. aus dem Gouvernement Tschernigow. (M. 1 Taf.) [Deutsches Résumé]. Kiew. 1910. S. 270—84. Aus: Mittell. d. Gesellsch. d. Naturf. i. Kiew. Bd 21.

Lebegott's Hilfsbücher für die Einjährig-Freiw.-Prüfung. 1.—6. Bd. gr. 8. Magdeburg, G. Poetzsch. n. 9. 80
1. Examinatorium der Physik, das gesamte Pensum in Frage u. Antwort enth. (57 S.) (900.) n. 1. 20
2. Examinatorium der mathematischen Geographie, das gesamte Pensum in Frage u. Antwort enth. (21 S.) 900. n. —60
3. Examinatorium der Planimetrie u. Körperberechnung, das gesamte Pensum in Frage u. Antwort enth. (58 S.) (901.) n. 1. 60
4. Examinatorium der deutschen Litteratur, das gesamte Pensum in Frage u. Antwort enth. (44 S.) (901.) n. 1. 20
5. Examinatorium der physischen u. politischen Geographie, das gesamte Pensum in Frage u. Antwort enth. (80 S.) (901.) n. 2. —
6. Examinatorium der Geschichte, das gesamte Pensum in Frage u. Antwort enth. (118 S.) 901. n. 3. 20

Lebegott's Hilfsbücher f. die Einjähr.-Freiw.-Prüfung. 1., 5. u. 6. Bd. 8. Magdeburg, E. Lebegott. 6. 40
1. Examinatorium der Physik, das gesamte Pensum in Frage u. Antwort enth. 2. Aufl. (63 S.) (910.) 1. 20
5. Examinatorium der physischen u. politischen Geographie, das gesamte Pensum in Frage u. Antwort enth. 2. Aufl. (80 S.) (910.) 2. —
6. Examinatorium der Geschichte, das gesamte Pensum in Frage u. Antwort enth. 2. Aufl. (119 S.) (910.) 3. 20

Lebegott's Rechtsbücher f. Jedermann! Nr. 1—3. 8. Magdeburg (904). E. Lebegott. (Nur direkt.) n. 3. 80
1. Rechtsbuch f. zahlungsunfähige Schuldner. (51 S.) 1. 50
2. Rechtsbuch f. Eheleute. I. Tl.: Vermögensrecht. (54 S.) —80
3. Dasselbe. II. Tl.: Die unglückl. Ehe. (82 S.) 1. 50

— **Rechtsbücher f. Jedermann!** Nr. 1. 8. Ebd. 1. 50
1. Rechtsbuch f. zahlungsunfähige Schuldner. 2. Aufl. 3.—5 Taus. (49 S.) (908.)

Lebegott, William (geb. Tilsit 20. 9. 1858): Die Ausathmung in verdünnte Luft nach Beobachtungen an Waldenburg's transportabelem Apparat. Berlin (1882). (29 S.) 8°
Berlin, Med. Diss. v. 27. Juli 1882

LEBÈGUE. — Beiwerke zur Erotik in der Kunst. Heft I: Die 7 Hauptsünden (Les péchés capitaux). Privatdruck der Gesellschaft österreichischer Bibliophilen. Stück XIII. Nicht im Handel. Wien 1909 (Verlag C. W. Stern-Rosner). Einmalige Auflage 530 Expl. Folio. Orig.-Umschlag mit Titel, Titelbl., Titelbild, Bl. mit Inhalt, 7 Tafeln, koloriert.
Verb. d. Ldg. Heidelberg 1807 VIII. H. 11.

Lebègue, Alb. Galliae inscriptiones, s. Inscriptiones graecae Siciliae et Italiae etc.

Lebegue de Presle, ..., Abhandlung von Erhaltung d. Gesundheit. Aus d. Französ. v. Jh. Jak. Haas. 8. Nürnb. 766. Stein. 16 gr

— Zusätze zu D. Monro's Beschreib. d. Krankheiten, welche in d. britischen Feldlazarethen in Deutschland am häufigsten gewesen. 2 Thle. gr. 8. Altenb. 771. (Hennings in Neiße). 2 ₰

Lebehoch. Ein L' dem h. Gr. Rath des h. Standes Aargau wegen dem wohlthätigen ... Grossraths-Beschluss vom 29. Mai 1844 über die Austreibung der Jesuiten aus der Eidgenossenschaft. [Gedicht.] 8. [Zürich 1844.]

Lebel's Unterhaltungsbibliothek moderner Schriftsteller. 1.—4. Bd. 8. (à Bd. ca. 80 S.) Berl. 891,92, Verlag der „Splitter". à Bd. — 20

Lebel, Bernard, Hopp! Hopp! Hopp! Flüchtige Novellen. 8. (150 S.) Karlsruhe 887, Gebr. Pollmann.

—— ein Meteor, s. Eckstein's Reisebibliothek.

Lebel, Osc. (geb. Bukarest 29. 7. 1843): De successione hypothecaria quam vocant. Berolini (1867). (VIII. 37 S.) 8°
Berlin, Jur. Diss. v. 6. Aug. 1867

Lebeling, Johannes *Heinrich Wilhelm* [aus Stettin]: Zur Casuistik der directen Verletzungen des Auges durch spitze oder scharfe Körper ... Stettin, Druck v. Herrcke & Lebeling, 1892; 31 S. 8.
Greifswald, Med. Fak., Inaug.-Diss. v. 14. März 1892

Lebelii, Jh., de oppido Thalmus carmen historicum, ed. Jh. Seivert. 8. Cibinii 779.

Le Bell, G., und H. Bollmann, Die elektrische Kraft- und Licht-Anlage der Zeche Dahlbusch. — Untersuchung der elektrischen Kraft- und Licht-Anlage auf Zeche Dahlbusch, Schacht III. Bericht des Dampfkessel-Überwachungs-Vereins der Zechen im Oberbergamtsbezirk Dortmund zu Essen. Essen-Ruhr, 1905. 45 S. mit 31 Abb. u. 5 Taf.

Lebell, Jac., über die künstliche Aufblähung des Magens zu diagnostischen Zwecken. Inaugural-Dissertation. gr. 8. (45 S.) Jena 879, (Neuenhahn.) *

Lebemann, der. Humorist. Magazin für Freunde heiterer Laune, zunächst vor, bei u. nach Tische. Herausgeg. von L. Weyl. 2. Aufl. 1.—3. Hft. 8. Berl. 844, Schepeler. à 1/4 ₰

Lebemann, Adr. Edler v. Sorgenfrei, (psdn.,) s. Spaßvogel, der kleine.

Leben, s.a. Lebensbeschreibung, Lebensgeschichte, Lebens- und Regierungsgeschichte.

LEBEN, Das. Pikante Zeitschrift. I. Jahrg. Budapest. 1. Febr. 1884. Redigirt v. Robert. Druck v. Sam. Markus, Budapest. Verboten v. L.-G. Wien, 12. Februar 1884. § 516.

Leben. Organische Philosophie u. Poesie, Geistes-Ehe. gr. 8. (VIII, 696 S.) Meran 888. Ellmenreich. n. 6. 60; geb. n. 8. —

Fürs **Leben**. Almanach f. Freunde d. naturgemäßen Lebensweise. Hrsg. von Max Breitkreuz. Jg. 1. 2. Für d. J. 1892–1893. Berlin: M. Breitkreuz 1892–93. 2 Bde 8° [F.]
[07. 8007

Leben, das. Vierteljahresschrift f. Gesellschaftswissenschaften u. sociale Cultur. Hrsg.: F. v. Weichs. Red.: Adv. Carl Trupp. 1. u. 2. Jahrg. 1897—1898. à 4 Hfte. (à ca. 6 Boz.) gr. 8. Wien, W. Braumüller.
à Jahrg. n. 7. —; einz. Hfte. n. 2. —

Leben, das. Illustrierte Wochenschrift. Hrsg.: Arth. Kirchhoff. Red.: Emil Schultze-Malkowsky. Aug.—Dezbr. 1905. 1• Nrn. (à ca. 32 S.) Lex.-8. Berlin, Modern-populärer Verlag, H. Kirchhoff. Vierteljährlich 2. —

— dasselbe. Red.: Rob. Saudek, später Max. Schick. 2. Jahrg. 1906. 45 Nrn. (à ca. 24 S.) Lex.-8. Ebd.
n. 9. —
Erscheint nicht mehr.

Leben. Ein Blatt f. denk. Menschen v. Heinr. Lhotzky. 1. u. 2. Bd. (224 u. 240 S.) gr. 8. Pasing 905. 906. Dr. Lhotzky.
Geb. in Leinw. m. Goldschn. à n. 4. 50

Leben. Ein Blatt f. denk. Menschen v. Heinr, Lhotzky. 3.—6. Bd. à 4 Hefte. (240, 224, 216 u. 216 S.) gr. 8 Heilbronn, E. Salzer. à Bd. 3.50; geb. 4. 50
Bd. 3 u. 4 erschienen noch in Pasing.

Leben, das. Zeitschrift c. universal neuen Weltanschaug. Verantwortlich: Bet. Becker. 1. Jahrg. Dezbr. 1910—Novbr. 1911. 26 Nrn. (à ca. 14 S.) 8. Magdeburg, P. Becker.
2. 80

Leben

— u. Abbild. König Carls I. in sein. Drangsalen. 8. Dresd. 744.

— u. außerordentl. Abenteuer des Robinson Crusoe, s.a. Robinson.

Leben und ausserordentliche Abenteuer des Robinson Crusoe von York . . . A. d. Engl. . . . Wien 1811. V: *Defoe, Daniel.* (GGr)

Leben und Abenteuer von Guiseppe Balsamo genannt Graf Alexander Cagliostro, der grösste Betrüger und Abenteurer aller Zeiten. Zur Warnung und Belehrung nach der vom päpstlichen Stuhl veranlassten Bekanntmachung für das Volk erzählt. München: Wild o. J. 58 S. 8°.

Leben und Abenteuer P. T. Barnum's, s. Lese-Cabinet, amerikanisches.

— u. Abentheuer d. Robinson Crusoe, v. York; aus d. Engl. 2 Bde. 8. Wien 811. Ant. Doll. 1 ℛ 16 𝔤𝔯

Leben und Abenteuer der Gräfin Eugenie von Teba, einstigen Kaiserin der Franzosen. Mit Portrait. Berlin 1871. (3 Auflagen.) 12°. Zahm. (50 Pfg. G. Priewe, c. 1890.)

Leben, Abenteuer

—— —— und Fahrten des Sir Mackintosh, der sich von einem Schneidergesellen bis zur Würde eines Lords emporgeschwungen, der geliebt und gerungen und dann zuletzt schmählich eingefungen. 8., verm. Aufl. gr. 8. (8 S. mit 12 Bildern auf 1 Stnt. in Fol.) Leipzig 861, (Poenicke.) *

— und Abentheuer Gil Blas von Santillana. Im Auszuge für die erwachsene Jugend bearbeitet. Mit 4 Kpf. 8. Berlin, Maurer'sche Buchh. 816.

Leben und Abentheuer des Guzmann von Alfarache. Ein komischer Roman. Frey übersetzt. Wien 1805. V: *Aleman, Mateo.* B: *Lesage, Alain René.* (BGE IV, 21)

Leben und Abentheuer des Guzmann von Alfarache. Ein komischer Roman [nach Aleman]. Frey übers. Wien 1805. B: *Lesage, Alain René.* (GGr VII, 660.)

— u. Abenteuer Guzmann v. Alfarache, v. le Sage. 3 Thle. m. K. 8. Wien, Al. Doll. (Liebeskind in Lpz.) 805.

— u. Abentheuer d. Obrist. Georg Hanger, v. ihm selbst beschrieben, a. d. Engl. 8. Leipz. Hartknoch. 802.

— — dasselbe in einer andern Uebersetzung. 8. Berl. Nauck. 802.

Leben, Abentheuer und Heldentod Paul Roderichs des Demokraten; eine Geschichte aus dem gegenwärtigen Kriege. Frankfurt a. M. 1793. V: *Textor, Friedrich Ludwig.* (Ky) (MGT)

Leben, Abentheuer und Heldentod Paul Roderichs des Democraten. Eine Geschichte aus dem gegenwärtigen Kriege von seinem aristocratischen Vetter beschrieben. Frankfurt und Leipzig 1794. V: *Textor, Fch. Ludwig.* (BGE IV, 68/69)

— u. Abenth. d. Ritters Ignaz v. Lojola v. F. W. Frank. 2 Thle. m. K. Lepz. Kühn. 802. 3. (I. 1 Rthlr. 6 gr. II. 1 Rthlr. 4 gr.)

Leben und Abentheuer des Küsters zu Kummersdorf, Wilibald Schluterius . . . Halle 1779. V: *Kindleben, Christian Wilhelm.* (ML) (BGE) (GGr) (Ky)

— u. Abentheuer des Lazorillo de Tormes; aus d. Span. 8. Zittau 794. Schöps. 18 𝔤𝔯

——, Abenteuer, Liebschaften u. and. Curiosa d. fahrenden Candidaten d. Rechte G. F. Ehwald, von ihm selbst zu Nutz u. Frommen seiner Zeitgenossen ans Licht befördert. 16. (5¼ B.) Leipzig 832, (Franke.) 8 Gr., mit Bildn.

Das Leben und die Abentheuer des Armen Mannes im Tockenburg. Von ihm selbst erzählt. (Verf.: Ulrich Braeker; Vorr.: Adolf Wilbrandt.) Berlin: Meyer & Jessen 1910. XII, 224 S. 8° (10. 12095

—— und merkwürdige Abenteuer Joseph Garibaldi's, kühnen Aufwieglers und tapferen Bandenchef. 82. (16 S. mit lithogr. Portr.) Zürich 859, Ringk. *

—— das, und die merkwürdigsten Abentheuer Robinson Crusoe's, nach den zuverläss. Quellen treu u. wahr dargestellt. M. Abbildungen. 1—4. Hft. 8. (à 2 B. m. Einfassung.) Berlin 842, Lewent. à ·

— u. Abenteuer e. Missionärs, s.: Familien-Bibliothek.

— und Abentheuer des Herrn v. Münchhausen. Der Wahrheit gemäß erzählt von Wahrhold Wahrlieb, Neffe des großen Münchhausen und Mitglied aller nicht bestehenden gelehrten u. ungel. Gesellschaften. 12. Aschersleben 833. Lorleberg. 1/4 ℛ︀

Leben und Abenteuer des berüchtigten Rebellen Jemeljen Pugatschew, der sich für Peter III. ausgab. Leipzig 1776. 8° – (XVI, 392) London 1776. 12°

— u. Abenteuer des Königl. Alumnus Jeremias Rohrbein während seines Aufenthaltes zu St. Augustin. Ein komisches Heldengedicht nach Art der Cyropaedie in 9 Gesängen. Zu Nutz u. Frommen der ganzen sündigen Menschheit im Allgemeinen, u. zur harmlosen Erinnerung für Alle, so in Illustri Moldano waren, sind oder sein werden, im Besonderen nach Rohrbeins eignem Tagebuche bei Gelegenheit d. großen Schulfestes bearb. u. hrsg. v. Moldanus Moldanissimus. 1—3. Gesang. 16. (36 S.) Grimma 850, Verlags-Comptoir in Comm. n. 1/6 ℛ︀

— u. Abenteuer des königl. Alumnus Jeremias Rohrbein während seines Aufenthalts zu St. Augustin. Ein kom. Heldengedicht nach Art der Cyropaedie in 9 Gesängen. Zu Nutz u. Frommen der ganzen sünd. Menschheit im Allgemeinen, u. zur harmlosen Erinnerg. an Alle, so in Illustri Moldano waren, sind od. sein werden, im Besonderen nach Rohrbeins eigenem Tagebuche bei Gelegenheit des großen Schulfestes bearb u. hrsg. v. Moldanus Moldanissimus. Grimma 1850. I. II. III. Gesang. Neu aufgelegt durch d. Niederlage des Vereins ehemal. Fürstenschüler. gr. 16. (36 S.) Meißen 902. (Grimma, G. Gensel's Verl.) n. —50

— u. Abentheuer Willibald Schluterius, (v. Chr. Wlh. Kindleben). 8. Halle 779. Hendel. 12 gr.

— u. Abenteuer des schles. Ritters Hans von Schweinichen, s. Schweinichen

Leben und seltsame Abentheuer des Fräuleins Emilie ***. Hannover [Riga] 1804. V: *Schnorr, Heinrich Theodor Ludw.* (Wr) (Ky)

— u. seltsam. Abenteuer d. Fräuleins Emilie***, e. natürl. Tochter d. v. Münchhaus. etc. m. K. 8. Hannov. (Franzen u. Gr. in Stendal.) 804.

— und Abenteuer des Freiherrn v. der Trenck, s. Bergson's Eisenbahnbücher.

— und Abenteuer des Freiherrn von der Trenck, s. Lord's, C. B., Eisenbahnbücher.

— und Abentheuer des Baron Friedrich Trenk. Leipzig 855. O. Wigand. 32. (102 S.) 5 ngr.

Leben und Abentheuer Wilhelm Walters, eines Emigranten. Leipzig 1795. V: *Baczko, Ludwig Adolph Frans Joseph von.* (Ky) (MGT)

— u. Abentheuer Wilhelm Walters, e. Emigranten, (v. L. v. Baczko). 8. Leipz. 795. Kühn. 16 gr.

Leben, Das, des Johann Aberli von Winterthur, Medailleur ... [Zürich 1853.] V: *Ziegler, Jacob Melchior.* (Cat. d. Stadtbibl. Zürich. Zürich 1864—97.)

Leben. ... das L' des Johannes Aberli von Winterthur ... (1774–1851). Njbl. s.a. [Ziegler, Jacob Melchior].

Leben, Das, . . . Ludwig Aberli's von Winterthur. [Zürich 1817.] V: *Rieter, Heinrich.* (Cat. d. Stadtbibl. Zürich. Zürich 1864—97.)

Leben, das, Abrahams. 16. (160 S.) Cleveland. 871. (Philadelphia, Schäfer & Koradi.) geb. n. 1. 50

Leben Wilhelm Achtermanns. Münster 1859. V: *Zehe, Bernhard.* (Rass)

Leben Wilhelm Achtermanns. 8. (58 S.) Münster 859, (Aschendorff'sche Buchh.) *

Leben, das, d. Bischofs Adalbert v. Prag, s. a. Geschichtschreiber, die, der deutschen Vorzeit.

Leben. Das L' des Bischofs Adalbert von Prag. Nach der Ausgabe der Monumenta Germaniae übersetzt von Dr. Hermann Hüffer. 8. Berlin 1857.
Die Geschichtschreiber der deutschen Vorzeit .... X. Jahrhundert Band 7.

Leben Adams, nebst einem Gedicht von Weishaupt: der sterbende Adam an seine Kinder. [Regensburg] 1791. V: *Sutor, Georg Franz Xaver.* (Ky)

— Adams, (v. G. F. X. Sutor), nebst e. Gedicht von Weishaupt: d. sterbende Adam an seine Kinder. 8. o. O. (Regensb.) 791. Montag u. W. 10 gr.

— Adams u. Eva in d. Stande d. Unschuld u. nach d. Falle. 8. Augsb. 753. Lotter. 4 gr.

Leben der Kaiserin Adelheid. Reval u. Leipzig 1782. V: *Breitenbauch, Georg August von.* (MGT)

— die Kaiserin Adelheid, Gemahlin Otto d. Gr. 8. Reval 782. Albrecht. 14 gr.

— d. Admirale u. and. britann. Seeleute, a. d. Engl. v Campel. 2 Bde. 4. Lpz. Weidmann. 755. 56.

Leben des berühmten römischen Feldherrn Agricola. 8. Breslau 1750. 0,40.

— d. Röm. Feldherrn Jul. Agricola, s. Tacitus.

— d. röm. Feldherrn Jul. Agricola, a. d. Lat. d. Tacitus 8. Breslau, Dietsch. 755.

Das LEBEN der ehrwürdigen Mutter Margaretha Maria Alacoque, Nonne aus dem Orden der Heimsuchung des heiligen Franz von Sales. Mit obrigkeitlicher Bewilligung von einem Anonymus. Pesth 1834: Joseph Beimel's Schriften. XII, (3) 240 S. - 230 mm

Leben der gottsel. Mutter Marg. Maria Alacoque, s. Leitsterne auf d. Bahn d. Heils, 11. u. 12. Bd.

— der seligen Margaretha Maria d'Alacoque, nebst ausführl. Mittheilg. ihrer Offenbargn. üb. die Andacht zum heiligsten Herzen Jesu. Zur Erinnerg. an das 200jähr. Jubiläum d. Festes vom hh. Herzen Jesu veröffentlicht v. e. kathol. Priester. gr. 8. (IV, 80 S. m. eingedr. Holzschn. u. 1 Holzschntaf.) Aachen 875. Jacobi & Co. — 75

Leben der sel. Margaretha Maria Alacoque. Von ihr selbst im Auftrage der Obern niedergeschrieben. Aus dem neuesten französischen Original übersetzt, nebst Bildniß und Uebersicht des Lebens der Seligen Von einem Mitgliede der Gesellschaft Jesu. 8. (IV, 160 S.) —.40
Innsbruck: Rauch 1893.

— d. Cardinals Jul. Alberoni. 6 Thle. 8. Leipz. Boetius 720–22.

— Jak. Alberts, oder Ukasow Gronniosow, e. afrikan. Prinzen; aus d. Engl. von Schirm. 8. Leipz. 777. Hilscher. 4 gr

Leben, Das, des Prinzen Albrecht Heinrich von Braunschweig . . . Braunschweig 1762. V: *Jerusalem, Joh. Frdr. Wilh.* (Cat. d. Stadtbibl. Zürich. Zürich 1864—97.)

Alexius, Sanct, Leben, hrsg. v. H. F. Massmann, s. Bibliothek d. deutsch. National-Literatur

Leben Alfreds des Grossen, Königes in England. Münster 1815. 2. Aufl. Münster 1836. V: *Stolberg, Friedrich Leopold Graf zu.* (GGr)

— Rud. Sieg. Allemanns, Commendant d. Vest. &c. a. d. Vorgebirge d. gut. Hoffnung. gr. 8. Glogau, Günther. 784.

Leben des heiligen Aloysius. Münster 1798. V: *Brockmann, Joh. Heinrich.* (Ky)

— d. heil. Aloysius (v. J. H. Brockmann). 8. Münst. 798. Theissing. 16 gr

—— des heil. Aloysius v. Gonzaga. Für d. Jugend bearb. Mit Titlkpfr. gr. 12. (3⅙ B.) Coblenz 831, Hergt.

Leben, des hl. Aloysius, Vorbild u. Schutzpatron der christl. Jugend, s.: Propaganda-Schriften, katholische.

— d. Altväter u. d. Frauenspers., so s. d. Einsamk. beflis. hab. 4. Dresd. Gerlach. 725.

— d. heil. Altväter u. d. heil. Frauenz. 2 Thle. m. K. 4. Augsb. Rieger. 769.

—— das, der Altväter der lutherischen Kirche. Für christl. Leser insgemein aus den Quellen erzählt. Unter Mitwirkung Mehrerer hrsg. von Mor. Meurer. 1—4. Lfg. (1. Bd.): Luther's Leben von Mor. Meurer. Auszug aus dem größeren Werke desselben Verf. 2. Aufl. Mit Luther's Bildniß nach Lucas Cranach. gr. 8. (821 S. mit 1 Stahlst.) Leipzig und Dresden 861, Naumann. à Lfg. * 8 Ngr. *

—— das, der Altväter der lutherischen Kirche für christliche Leser insgemein aus den Quellen erzählt. In Verbindung mit mehreren hrsg. von Mor. Meurer. 2.—4. Bd. gr. 8. Leipzig und Dresden, Naumann. *

Inhalt:

Bd. 2. Abthl. 1. Philipp Melanchthon's Leben von Mor. Meurer. (XV und 183 S. mit Melanchthon's Bildniß in Stahlst.) 861. * 22½ Ngr.

Bd. 2. Abthl. 2. Johann Bugenhagen's Leben von Mor. Meurer. — Justus Jonas' Leben von Herm. Gust. Hasse. — Caspar Cruciger's Leben von Osw. Glieb. Schmidt. (XV und 293 S. mit den Bildnissen von J. Bugenhagen und J. Jonas in Stahlst.) 862. * 1 Thlr. 7½ Ngr.

" 3. Georg Spalatin's Leben von Ed. Engelhardt. — Nikolaus v. Amsdorf's Leben von E. Jul. Meier. — Nikolaus Hausmann's Leben von Mor. Meurer. — Wenzeslaus Link's Leben von Herm. Wilh Caselmann. (XVI und 428 S. mit den Bildnissen von Spalatin und v. Amsdorf in Stahlst.) 863. * 1 Thlr. 25 Ngr.

" 4. Ant. Corvinus Leben von Carl Lor. Collmann. — Georg v. Anhalt, des Gottseligen, Leben von Osw. Glob. Schmidt. — Johs. Brenz's Leben von Friedr. Karl Wild. — Friedr. Mykonius Leben von Mor. Meurer. (XVI und 401 S. mit Mykonius Bildniß in Stahlst.) 864. * 1 Thlr. 18 Ngr.

1. Bd. Ebendas. 1861. * 1 Thlr. 3 Ngr.

—— das, der Altväter der lutherischen Kirche für christliche Leser insgemein aus den Quellen erzählt. In Verbindung mit Mehreren hrsg. von Mor. Meurer. 2. Bd. 1. Abthl.: Philipp Melanchthon's Leben von Mor. Meurer. Mit Melanchthon's Bildniß (in Stahlst.) nach Lucas Cranach. 2. Aufl. gr. 8. (XVII, 191 S.) Leipzig 869, J. Naumann. (*ℳ 2,25.) *
1. Bd., 2. Bd. 2. Abthl., 3. und 4. Bd. Ebendas. 1861—64. *ℳ 15,50.

Leben des heiligen Andreas Avellin. A. d. Ital. . . . München 1784. V: *Cajetanus, Octavius.* (AarK)

— d. heil. Andreas Avellinus, e. Beichtigers; aus d. Ord. d. regul. Priester, sogen. Theatiner. 3 Thle. 4. Münch. 784. Lentner. 1 rf

— Anekdoten, u. witzige Einfälle, berühm. Narren, Spaßmacher &c. 2 Bde. 8. Lpz. Sommer. 799.

LEBEN, Anekdoten und wizzige Einfälle berühmter Narren, Spasmacher (sic!) und Possenreisser. 2 Thle. Naumburg (ohne Adresse) 1799. 8°.

— Anekdoten u. witzige Einfälle berühmter Narren, 2 Bde. 8. Leipz. 810. (Rauck). 18 gr

— Anecdoten u. witzige Einfälle berühmter Narren, Spaßmacher u. Possenreiser. 2 Bde. neue Ausg. Leipz. Sommer. 810.

— u. Anecdoten des J. F. W. Santerer, Hochzeitlader u. Leichenbitter zu Ansbach. 8. Ansb. Gassert. 815.

— der heil. Angela Merici, Stifterin d. Ordens der Ursulinerinnen &c., welche den 24. Mai 1807 heilig gesprochen wurde. Nach d. italien. Ausg. zu Rom 1807 neu herausgeg. v. Mich. Sintzel. 8. (M. 1 Kpfr.) Regensb. 843, Manz. ½ rf

— Pet. Anichs, des ber. Künstlers u. Mathemat., e. tyrol. Bauers. 4. Münch. Crätz. 770.

— d. ehrwürdigen Anna v. Jesu, unbeschuhten Karmeliterin, Gehilfin d. hl. Theresia in d. Reform d. Karmel u. Gründerin vieler Klöster. Nach d. Franz. bearb. v. P. Fr. Cyprian a Passione Domini, O. Carm. Neue (Titel-) Ausg. 8. (XXVIII, 642 S. m. farb. Titelbild.) Regensburg (887) 896. Nationale Verlagsanstalt. n. 1. 50

— d. König. Anna v. Großbritannien. 2 Thle. 8. Frankf. 709.

Leben, das — der heiligen Mutter Anna. Nebst beigefügten Gebeten und Betrachtungen zur Erbauung für fromme Christen. 8. (16 S.) Znaim. Druck und Verlag von Martin Hofmann. 1854.

Leben, das — der heiligen Mutter Anna. Zur Erbauung für fromme Christen. Druck und Verlag Ant. Augusta in Leitomischl. 1855. (16 S. 8.)

Leben des heiligen Anno, Erzbischofes von Köln. Deütsches Gedicht des 12. Jahrhunderts, nach der opitzischen Hs. genau hrsg., übers. u. erl. von Karl Roth. H. 1. München: Kaiser 1847. XXXIV,96 S.

1. Text, Übersetzung, Lesarten u. Sprachbemerkungen enthaltend.

1:Yg 675. 12:P. o. germ. 801h. 300:965–B. 2. 4. 5. 7. 10. 11.

5.888

Leben des heil. Anno, Erzbischofes v. Köln. Deütsches Gedicht des 12. Jahrhund. nach der opitzischen Handschrift genau hrsg., übers. u. erläut. v. Karl Roth. 1. Hft. Text, Uebersetzung, Lesarten u. Sprachbemerkungen enthaltend. 8. (XXXIV u. 97 S.) München 848, Kaiser. n. 1 ß

—— der Erzbischöfe Anskar und Rimbert, s. a. Geschichtschreiber, die, der deutschen Vorzeit.

(Die Geschichtsschreiber der deutschen Vorzeit. 9. Jahrh., Bd. 7.) Leben der Erzbischöfe **Anskar** und **Rimbert.** Nach der Ausgabe der Monumenta Germaniae übers. v. J. C. M. Laurent. Mit einem Vorwort v. J. M. Lappenberg. Berlin. 1856. 8°

Leben der Erzbischöfe Anskar und Rimbert. Nach der Ausgabe der Monumenta Germaniae übersetzt von Dr. J. C. M. Laurent. Mit einem Vorwort von Dr. J[ohann] M[artin] Lappenberg. 8. Berlin 1856.

Die Geschichtschreiber der deutschen Vorzeit .... IX. Jahrhundert. Band 8.

— **Antichrists, v. Dionys. v. Lützenburg. gr. 8. Wien, Krauß. 770.**

— **Antoinette, König. v. Frankr. 2 Thle. 8. Nrnbg. Grattenauer. 793.**

Das LEBEN des heiligen Antonius von Padua und seine Verehrung. Budapest 1906: Koloman Rózsa u. Frau. 32 S. - 8°

- Dass. Budapest (1918): Koloman Rózsa u. Frau. 32 S. - 8°

Leben und Thaten, Apolls des ersten Bänckelsängers, auf dieser Welt, nebst seiner letzten Willens-Ordnung . . . Strasburg [1772]. V: *Wagner, Heinrich Leopold.* (GGr) (Mn)

LEBEN der Aposteln und der vier Evangelisten. Nach der heiligen Schrift verfaßt. Für jeden Christen zur Erbauung und überhaupt zur Erweckung der häuslichen Andacht. Preßburg 1840: Aloys Bucsanszky. (2) 128 (12) S. - 190 mm

Leben. – Der Apostel und ihrer Gehilfen Leben und Schicksal, s. Apostel

— **d. 12 Apostel mit andächt. Gebeten für alle fromme Christen. Mit 12 Kpf. 8. Augsb. 831. Schlosser. 3 ℊ**

Leben des Prinzen Arbua. 3 Bde. 8. Erfurt u. Gotha 804. Hennings. 3 ß

[Faustbuch von Widmann und Pfizer]. — Das ärgerliche Leben und schreckliche Ende des viel-berüchtigten Ertz-Schwartzkünstlers D. Johannis Fausti, Erstlich, vor vielen Jahren, fleissig beschrieben, von GEORG RUDOLPH WIDMANN; Jetzo, aufs neue übersehen, und so wol mit neuen Erinnerungen, als nachdencklichen Fragen und Geschichten, der heutigen bösen Welt, zur Warnung, vermehret, Durch JOH. NICOLAUM PFITZERUM, Med. Doct. Nebst vorangefügtem Bericht CONRADI WOLFFG. PLATZII ... von der greulichen Zauberey-Sünde; und einem Anhang, von den Lapponischen Wahrsager-Paucken, wie auch sonst etlichen zaubrischen Geschichten. Nürnberg, W. M. Endter, 1711. 8°. 20 Bl. 40 u. 635 S. 13 Bl. 96 S. 4 Bl. Älterer HPgtbd. (v. Ende des 18. Jh., Deckel mit Inkunabelpapierbezug).

FdF. 1256. Engel 224. Widmanns sehr wichtige (erste) Bearbeitung des Faustbuchs (erstmals 1599 erschienen, vgl. darüber u. a. Kiesewetter p. 77 ff.) war für die Barockzeit maßgebend. Diese Ausgabe ist von dem Nürnberger Arzt J. N. Pfizer noch etwas mehr „barockisiert" worden (erstmals 1674) und ist um einige wichtige Stücke wie die Vermählung Fausts mit Helena, Fausts Liebe zu einer armen schönen Magd (Ursprung der Gretchentragödie?) — vermehrt, doch wurde dafür auch Einiges weggelassen. Goethe benutzte das Faustbuch in dieser Pfizerschen Redaktion.

— — [Dasselbe Werk]. Nürnberg, W. M. Endter, 1717. 8°. 20 Bl. 635 S. 13 Bl. 96 S. 4 Bl. 40 S. Leicht benutzter Pgtbd. d. Z. mit Rückentitel.

Inhaltlich mit der vorhergehenden Ausgabe von 1711 übereinstimmend.

—— das ärgerl., u. schreckl. Ende d. vielberücht. Erz-Schwarzkünstlers Johannis Fausti. Erstlich vor vielen Jahren fleißig beschr. v. Geo. Rud. Widmann; hernach übers. u. wieder hrsg. v. Ch. Nik. Pfitzer, Med. Dr. Nürnb. A. 1674. Jetzo aber auf's Neue aufgelegt u. mit 16 Holzschn. verziert. gr. 12. (10 B.) Reutlingen 834. (Leipzig, Herbig.)

Das arme Leben und bittere Leiden unsers Herrn Jesu Christi und seiner heiligsten Mutter Maria nebst den Geheimnissen des Alten Bundes nach den Gesichten der gottseligen A. K. Emmerich. Ebendas., 1884 (1881). 4°. 1210 S., reich illustr. Prachtausgabe, 14 Mk.

Leben d. Armela; aus Tersteegens Leben heil. Seelen ausgehoben. gr. 8. Münch. Lentner. (Leipz. Gleditsch.) 815.

AUS dem Leben eines Berliner Arztes. Breslau 1835. 8°. 2 Bl. u. 204 S. (4 Mk. Ernst Frensdorff, 1907.)

Selten! Aus d. Inhalte: „Das ärztliche Leben. — Der alte Arzt. — Das Rätsel der weiblichen Natur. — Das Gewissen. — Das Duell. — Die Krisis. — Der Spieler. Unter den alten Aerzten werden auch Heim und Hufeland rühmend erwähnt.

— aus dem, eines Berliner Arztes. gr. 12. Breslau 835. Schletter. 3/4 ß — 2e unveränd. Ausg. gr. 12. Berlin 840. Voßsche Buchh. 3/4 ß

Leben Attila, des Königs der Hunnen; a. d. Engl. Lüneburg 1797. V: *Gibbon, Edward.* (Ky)

—**Attila, d. Königs d. Hunnen; aus d. Engl. (des Ed. Gibbon). 8. Lüneb. 797. Herold u. W. 6 ℊ**

—**Th. A. d'Aubigné, s. d'Aubigne.**

— Th. A. d'Aubigné, Stallmeist. Heinrichs IV. v. ihm selbst, a. d. Franz. (N. Tit. d. B. Denkwürd. d'Aubigné.) 8. Tüb. Heerbrand. 798.

— letzte Augenblicke u. Todesfeier des General Foy. Aus d. Französ. Mit dessen Bildn. gr. 8. Stuttg. 826. (Brodhag). 21 ℊ

— letzte Augenblicke u. Todesfeier d. General Foy. Aus d. Franz. Mit dessen Bildn. gr. 8. Stuttg. 826, Frankh.

Leben August III., Königs von Polen u. Churfürsten v. Sachsen; histor. u. prakt. geschildert. 8. Leipz. 764. Jacobäer. 1½ ℊ

Leben des Prinzen August Wilhelm von Preussen. 8. Frankfurt 1761.

Leben August Wilhelm, Prinzen von Preussen . . . Frankfurt 1762. V: *Hörschelmann, Friedrich Ludwig Anton.* (Ky)

—**August Wilhelm, Prinzen v. Preußen; e. Ausz. aus Paulis Leben rc. (v. F. L. A. Hörschelmann). 8. Frankf. 762.**

Leben, Anton Augustins. [Gotha 1778.] V: *Wagenseil, Christian Jacob.* (MGT) »1779« (NN).

—— des h. Augustin. — A. u. d. T.: Der h. Augustin. Hrsg. v. mehr. kathol. Geistlichen. gr. 12. (1 B. u. Bildn.) Schweidnitz 840, Hegge.

LEBEN der Ostfriesländischen Augustina. O. O. 1755. 8°. (15 xr.) Aeusserst selten!
Cat. Monath. II. S. 553. — Nicht zu verwechseln mit der im selben Jahre erschienenen „Robinsonin, Die unglücklich-glückliche Ostfrießländische, od. merkw. Reisen eines adelichen Frauenzimmers Imela von F. genannt. Frf u. Lpz. 1755. 8°. (Vilmar's Bibl., 1869, no. 2933.)

—— das, des heil. Augustinus nach seinen Selbstbekenntnissen. 8. (XII, 68 S.) Gütersloh 877, Bertelsmann. *

— des Musicus Robert Auletes; Text zu einer noch unkomponirten Oper in den Pausen eines Conzerts zu lesen u. für zarte Seelen geschrieben v. Joh. Paulus. 8. Leipz. 823, Kollmann.

Leben, ausführl., u. Schicksale e. wilden Knaben v. 12 Jahren. 8. Ulm 760. Stettin. 3 gr

— d. unsterbl. Autors. 8. Frankf. u. Leipz. 773. Breitkopf u. H. 3 gr

— d. vornehmst. alt. Autoren. 8. Elbingen, Hartmann. 786.

Leben des seligen Martyrer Ignatius de Azevedo und seiner 39 Gefährten ... Pressburg 1855. V: *Hochmayr, Matthias.* (SO) (Jes)

LEBEN des Herrn B. S., oder die Folgen der Großmuth und Redlichkeit. Breslau, Seidel, 1762. 8°. (30 xr.)
Cat. Monath. II. S. 560.

Leben des Malers und Schriftstellers Auguste Bachelin (1830–1890). Njbl. *s.* (P[estalozzi]-W[iser, Rudolf]).

Leben der im J. 1786 zu London verstorb. engl. Schauspielerin Sophie Baddeley geschrieben von ihrer Freundin. Als ein Beitrag zur Geschichte der Galanterien von England. Aus dem Engl. im Auszuge. Prag 1793. V: *Steele, Elisabeth.* (BGE I[3], 161)

Leben, D. Karl Friedrich Bahrdts unruhiges, sein Tod und Begräbniss für Neu- und Wissbegierige beschrieben ... Hamb. [Braunschweig] 1792. 2. Aufl. Halle 1792. 3. Aufl. Halle 1792. V: *Bräss, Hermann Werner Dietrich.* (GGr) (MGT) (Wr) (WL) oder: *Dreysig, Christoph Friedrich* [?]. (Ky) (MGT) (ML) oder: *Hermstädt, Johann Adolph* [?]. (Ky)

Carl Friedr. Bahrdts unruhiges **Leben** und schmerzvoller Tod für Neu- und Wissbegierige beschrieben. Halle: Dost & Dreyssig [1792]. 16 S. 1 Kpfr. 8°
[2. Aufl. u. d. Tit.:]
Carl Friedr. Bahrdts unruhiges **Leben,** sein Tod und Begräbniss für Neu- und Wissbegierige beschrieben. Mit seinem Bildn. 2. Aufl. Halle: Dreyssig 1792. 16 S. 1 Kpfr. 8°
Tt. 918.

— Friederike Baldinger, von ihr s. verf. 8. Offenb. Brede. 791.

— des ehrwürdigen Pater Antons Baldinucci. 8. Augsb. Wolf. 726.

— der Heiligen: Barbara, Ida und Klara von Assisi. Mit dem Bildnisse der heil. Barbara. gr. 12. Schweidnitz 841, Heege. 2 ngl

—— des Cardinals u. Kirchengeschichtschreibers Cäsar Baronius. Nach d. Latein. bearb. v. ein. kathol. Priester der Diözese Würzburg. 12. (6 B.) Augsburg 845, Kollmann'sche Bh.

— d. Gräf. v. Barry. 8. Frankf. Varrentrapp. 775.

— Joh. Barts, e. ber. Seefahr. u. Befehlshab. e. Escadre. 8. Frankf. (Sommer, Lpz.) 782.

Leben des berühmten Seefahrers Jean Bart. 8. Leipzig 1807.

— d. berühmt. Seefahrers Jh. Barts, Befehlshabers e. Escadre. Mit 1 Kpf. 8. Leipz. 782. N. A. 807. (W. Rauck). 8 gr

— des berühmten Seefahrers Joh. Barts, Befehlshaber e. Escadre, mit 1 K. neue Aufl. 8. Leipz. Sommer. 807.

AUS dem Leben einer Bauchtänzerin. 2 Bde. (190*.) 200 S. (4 Kr. 80 H. J. Balogh, Budapest, 1910, ohne Orts-, Jahrs- u. Formatsangabe.)

— Bauers, des Schieferdeckers, nicht Fallstaff, nicht Eulenspiegel, sondern ganz Er! Mit 1 Silhouette. 8. Stuttg. 792. (Hofmann). 6 gr

LEBEN des glücklich gewordenen Bauernmädgens, oder der Gräfin von C. (Aus d. Französ.) Frankf. (Dresden, Gerlach) 1755. 8°. (15 xr.)
Bibl. J. J. Schwabii II; Cat. Monath II. S. 554.

Leben. Aus dem L. eines Basler Baumeisters. Basel 1883 *s.* [Schnell, Johannes].

— berühmter Bayern 12. Amberg, Uhlmann. 807.

Leben des Malers und Schriftstellers August Bechelin. Zürich [1892]. V: *Godet, Phil.* Ü: *Pestalozzi-Wiser, Rud.* (Cat. d. Stadtbibl. Zürich. Zürich 1864—97.)

— Begebenh. u. Abentheuer d. Gr. v. Mortizini. 2 Thle. 8. Königsb. Hartung. 783.

Leben und die ausserordentlichen Begebenheiten des Robinson Crusoe von York ... A. d. Engl. der 15. Ausgabe neu übersetzt. Nürnberg 1782—83. V: *Defoe, Daniel.* Ü: *Schmit, Frdr.* (Ullrich, Robinson u. Robinsonaden. Weimar 1898.)

Leben, Das, und die ausserordentlichen Begebenheiten des Robinson Crusoe von York ... A. d. Engl. ... Nürnberg 1782. V: *Defoe, Daniel.* Ü: *Schmit, Frdr. (Schmid).* (MGT)

Leben, Begebenheiten u. unglückliches Ende der beyden dän. Grafen Struensee u. Brand. 1772. 8°. (1 Mk. 50 Pfg. P. Neubner, c. 1890.)

Leben und Begebenheiten des Obersten Jacques, von dem Verfasser des englischen Robinson. Aus dem Englischen. Frankfurt 1740. V: *Defoe*, *Daniel*. (Ullrich, H., Ztschr. f. Bücherfreunde. Jg. IV.)

— u. Begebenheiten d. Oberst Jaques, a. d. Engl. 8. Lpz. Weidmann. 740.

— u. Begebenheiten e. in Nürnberg lebenden Kaufmanns. 8. Nürnb. 764. Pollmann. 3 gl

— u. lustige Begebenh. eines noch lebenden Kaufmanns. 8. Nürnb. Ammermüller. 769.

LEBEN, Das, und die lustigen Begebenheiten eines bis ietzo noch in Nürnberg lebenden Kaufmanns, von Ihm selbsten aufgsetzt. Frankfurt und Leipzig 1764. 8°. 92 S. (24 xr. Beck, Nördl., vor 1875; jetzt theurer!)
Haydinger's Bibl., I. 2. Wien 1876, no. 229. — Selten!

— u. merkwürd. Begebenh. e. adelichen Pachterstochter, s. a. Begebenheiten.

Leben und merkwürdige Begebenheiten einer adelichen Pachterstochter ... Regensburg 1776. V: *Hauffe*, *Christian Gottfried*. (will) (Ullrich, Robinson u. Robinsonaden. Weimar 1898. S. 172.)

LEBEN und merckwürdige Begebenheiten des Selinthes. (Vignette.) BREMEN, Zu finden, in der Saurmanschen Handlung. 1752. 8°. 110 S. (incl. Titel). (Besitzt Dr. Ullrich in Brandenb. a. H.)

LEBEN und Begebenheiten Otto Carl v. Moldau. 2 Thle. Dresden, Hekel, 1753. 8°. (45 xr.) Rar!
Cat. Monath. II. S. 570.

— u. Begebenheiten des Escudero Marcos Obregon, od. Autobiographie des span. Dichters Vicent. Espinel. Aus d. Spanischen mit Anmerkk. v. L. Tieck. 2 Bde. 8. Bresl. 827. Max u. C. 2 rß 6 gl

Leben und Begebenheiten des kleinen Pompée eines Schoosshundes. A. d. Franz. ... Hamburg 1755. V: *Coventry*, *Franc.* Ü: *Toussaint*, *François Vinc.* (BGE)

Leben und Begebenheiten Peter Roberts. Dresden 1771. V: *Verdion*, *Otto Bernhard*. (BGE IV, 64)

— u. Begebenheiten Peter Roberts. 2 Thle. 8. Dresd. 771. Walther. 16 gl

— u. Begebenheiten d. Selinthes. 8. Bremen 752. ... 3 gl

Leben und seltsame Begebenheiten der Dona Rufine, einer beruffenen Spanischen Courtisane. A. d. Span. ... Franckf. u. Leipzig 1731. V: *Castillo de Sollorçano*, *Alonso*. (BGE)

LEBEN und seltsame Begebenheiten des Grafen v. Vinevil und seiner Familie. Leipzig (Züllichau, Frommann) 1750. 8°. (12 xr.)
Cat. Monath. II. S. 581.

— u. Begebenheiten d. Grafen Struensee u. Brandt. 8. Berl. 772. Maurer's B. 3 gl

— u. Begebenheiten Josephs Thompsons. 2 Thle. 8. Brem. Cramer. 751.

Leben und Begebenheiten Joseph Thompsons. A. d. Engl. ... Magdeburg 1765. V: *Schröter*, *Johann Frdr.* (Ky) (ML)

— u. Begebenheiten Joseph Thompsons. Aus d. Engl. (von Jh. Fr. Schröter I.) 2 Thle. 8. Magdeb. 765. Hechtel. 1 rß

— — dass. 4 Thle. 8. Magdeb. Hechtel. 769.

Leben, Das, und die gantz ungemeine Begebenheiten des weltberühmten Robinson Crusoe. Hamb. 1721. 3. Aufl. 1731, V: *Defoe*, *Daniel*. Ü: *Vischer*, *Ludwig Friedrich*.

Leben, Das, und die gantz ungemeine Begebenheiten des weltberühmten Robinson Crusoe ... Hamburg 1731. V: *Defoe*, *Daniel*. Ü: *Vischer*, *Ludwig Frdr.* (Neuer deutscher Bücherschatz [von Karl Biltz]. Berlin 1898. S. 200f.) (BrMm)

— das, u. die gantz ungemeine Begebenheiten des Weltberühmten Engelländers, Robinson Crusoe, welcher durch Sturm u. Schiffbruch, worin alle seine Reise-Gefährten elendiglich ertruncken, auf der Americanischen Küste, bey dem Ausflusse des grossen Strohms Oroonoko, auf e. unbewohnte Insull gerathen, 28 Jahr lang darauf gelebet, u. zuletzt durch See-Räuber wunderbarer Weise davon befreyet worden. Von ihm selbst beschrieben, u., nach der 3. Engelländ. Edition, auf vornehmes Begehren, ins Teutsche übersetzt. Die 3. Hamburg. Aufl. Mit beygefügten accuraten Abriß obgedachter Insull. Hamburg 1731. Neudruck. (442 u. 443 S. m. je 1 Titelbild.) 8. Leipzig 909. Insel-Verlag. Geb. in Halbperg. 20.—; in Perg. 30.—

—— des Cardinals Rob. Bellarmin, s. a. Bibliothek für die heil. Mission.

Leben des Kardinals Rob. Bellarmin ... Augsburg 1846. V: *Frizon*, *Nicolas* [?]. (Th)

Leben der Madame de Belnau oder die glückliche Maitresse. A. d. Engl. Cöln [Leipz.] 1736. V: *Defoe*, *Daniel*. (wr)

Leben, Bemerkungen und Meynungen Johann Bunkel's ... a. d. Engl. mit hinzugefügten Bemerkungen ... [von Herm. Andr. Pistorius] ... Berlin 1778. V: *Amory, Thomas.* (BrMm) Ü: *Spieren, Reimarus von.* (Ky) (BGE) (ML)

— Bemerkk. u. Meinungen Johann Bunkels; nebst dem Leben verschied. Frauenzimmer; aus d. Engl. (v. R. v. Spieren). Mit Anmerkk. (v. H. A. Pistorius). 4 Thle. Mit 16 Kpf. 8. Berl. 778. Nicolai. 4 ℔ 16 ℊ

Leben Pabst Benedikt XIII.; a. d. Ital. ... 1724. Ü: *Meichelbeck, Carl & Cölestin Leuthner.* (BB)

— d. Pabstes Benedict XIII. m. K. 8. Nürnberg, Riegel 731.

— d. P. Benedict XIV. u. all. lebend. Cardinäle. 8. Lpz. (Walther, Dresd.) 743.

— des heil. Benedictus. Für die (ältere) Jugend. (Mit d. Heiligen Bildniß in Kupferstich.) gr. 12. Cobl. 832. Hergt. Velinp. 5 ℊ

— Jh. Albr. Bengels, nebst Nachrr. von dessen Tode u. Schriften. 8. Stuttg. 753. Löf und u. S. (a. Hofmann). 3 ℊ

Leben des Johann Albrecht Bengel. 2. Aufl. 8. (56 S.) Stuttgart 881, Buchh. der Evangel. Gesellschaft. *

Leben, Das, des Grafen Arnold von Bentheim [Vita Arnoldi] 1554—1606. Nach der Hs. hrsg. von Karl Georg Döhmann. Burgsteinfurt 1903. V: *Rump, Theodor.* (Berlzu 1915, I, 908)

— des gottseligen Jünglings Johannes Berchmans. Nach P. Virgil Cepari, d. G. J. neu bearb. u. mit den gewöhnlichen christkathol. Andachtsübungen verm. v. Mich. Sintzel. Mit 1 Stahlst. 8. Regensburg 844, Manz. 2/3 ℔

— Götz v. Berlichingen, zugen. m. d. eisern. Hand. 8. Nürnb. Felsecker. 775.

— — Anhang dazu, best. in Briefen u. Urkund. 8. Fürth. Geyer. 792.

— d. Götz v. Berlichingen m. d. eisern. Hand. 8. Leipz Bauer. 810.

Leben, Berliner. Novellistische Skizzen u. Mittheilgn. aus der deutschen Kaiserstadt. Red. u. Hrsg.: H. Robolsky. 1. Jahrg. 1876/77. 52 Nrn. (B.) gr. 4. Berlin 876. Lorentz in Comm. n. 8. —

LEBEN, Berliner. Enthüllte Geheimnisse der Weltstadt. Berlin, o. J. (c. 1890). 8°. (50 Pfg. C. Winter, Dresden.)

— Berliner. Red.: O. Schulz. 1. Jahrg. 1892/93. 104 Nrn. (Bog.) gr. 4. Berlin, E. Wald. n. 6. —; einzelne Nrn. — 5

— Berliner. Zeitschrift f. Schönheit u. Kunst. 1. Jahrg. 12 Hfte. (à ca. 16 S. m. Abb.) qu. gr. 4. Berlin 898. Freier Verlag. 5. —; einz. Hfte. — 50

Leben, Berliner. Zeitschrift für Schönheit u. Kunst. Hrsg.: Willy Kraus. Verantwortlich: Gust. Jäger. Artist. Red.: J. Graffmann. 2. u. 3. Jahrg. April 1899 —März 1901. à 12 Hfte. qu. gr. 4. (à ca. 18 S. m. Abb.) Berlin, Freier Verlag. à Jahrg. n. 6. —

— dasselbe. Hrsg. u. Red.: Willy Kraus. 4. u. 5. Jahrg. 1901 u. 1902. à 12 Hfte. qu. gr. 4. (à ca. 16 S. m. Abb.) Ebd. à Jahrg. n. 6. —

— Berliner. Zeitschrift f. Schönheit & Kunst. Verantwortlich: Rich. Wandelt. 6.—9. Jahrg. 1903—1906. à 12 Hefte. (219, 206, 195 u. 192 S. m. Abbildgn.) qu. gr. 4. Berlin, Berliner Verlagsgesellschaft Dr. Russak & Co. à Jhrg. n. 6. —

— Berliner. Zeitschrift f. Schönheit u. Kunst. Verantwortlich: Rich. Wandelt. 10.—13. Jahrg. 1907—1910. à 12 Hefte. (à ca. 16 S. m. Abbild.) 27,5×35 cm. Berlin, Verlag Berliner Leben. à Jahrg. 6. —

— Adam Bernds, u. 2 Forts. 8. Nürnb. (Gleditsch in Lpz.) 738. 44.

— das, des heiligen Bernhard von Menthon, Stifters d. zwei Hospitien auf dem großen und kleinen St. Bernhards-Berge. Nach d. Franz. 8. Luzern 835. (Augsb., Kollmann.) 1/4 ℔

Aus dem Leben Theod. v. Bernhardis. 9 Bde.; [nebst Schlusswort. 1834-1871]. Leipzig: Hirzel 1893-1906.

— d. Staatsminist. Gr. v. Bernsdorf. 8. Altona. Bechtold, 798.

— — u. Denkwürdigk. desselb. v. Eggers, s. Eggers, Christian Ulrich Detlev von

Leben des heiligen Berthold, Abtes des Benediktinerstifts Garsten im Lande ob der Ens ... Linz 1842. V: *Pritz, Franz Xav.* (Th)

Bertoletti. Leben des k. k. Feldzeugmeisters Anton Freiherrn v. ..... Aus der „Oesterreichischen militärischen Zeitschrift" 1847 4. Heft besonders abgedruckt. 8. Wien 1847.

— u. Beruf Hans Engelbrechts. 8. Hannov. 768. Helwing. 3 ℊ

LEBEN und wunderbahrer Beruf Hans Engelbrechts. O. O. 1767. 8°. (12 xr.) Cat. Monath. II. S. 558.

— u. Beschr. Joh. Brentii, v. J. F. B. 4. Nürnberg. (Montag, Regensb.) 745.

— besond., u. Charakt. Friedrichs II. 4 Thle. 8. Freyb. Reinhold. 787.

Leben, Das, eines Leonischen Bettlers. Von ihm selbst beschrieben. Aus dem spanischen Originale übersetzt und mit Anmerkungen versehen. Ronneburg und Leipzig 1802. V: *Mendoza, Diego Hurtado de.* Ü: *Soden, Carl Aug. Freih. von.* (BGE IV, 72—73)

Das Leben eines leonischen Bettlers, von ihm selbst beschrieben. Zum erstenmale (!) aus dem spanischen Originale übersetzt und mit Anmerkgn. begleitet von C. A. v. Soden. 2 Thle. Ronneburg und Leipzig, Schumann, 1802. 12°. 207 u. 248 S.
Allg. Lit. Ztg. 1803. Nr. 286. Sp. 88.

— e. Leonischen Bettlers; aus d. Span. (v. K. A. v. Soden). 12. Zwickau 802. Schumann. 1 ℛ 4 ℊ

— Beurnonville's, Obergenerals d. Nordarmee; aus d. Französ. 8. Thal-Ehrenbreitenst. 798. Gehra. 2 ℊ

— das bewunderungswürdige, d. hl. Ignatius v. Loyola, des Stifters der Gesellschaft Jesu. (Aus dem Franz.) (32 S. m. Abbildgn.) 16. Straßburg (904). F. X. Le Roux & Co. —10

— d. bewunderungswürd., d. hl. Vinzenz v. Paul, s.: Propaganda-Schriften, kathol.

Leben. ... das L' des Kunstmahlers Johann Jakob Biedermann von Winterthur (1763–1830). Njbl. s.a. [Hardmeyer, Carl Wilhelm].

Leben, Das, des Kunstmahlers Joh. Jak. Biedermann von Winterthur. [Zürich 1835.] V: *Hardmeyer, Carl.* (Cat. d. Stadtbibl. Zürich. Zürich 1864—97.)

Leben und Schicksale, Karl Biedermann's, . . . Leipzig 1802. V: *Kühne, Christian Friedrich Gottlob.* (MGT) »1803« (Ky)

— Fr. W. Bierlings, herausg. v. E. A. Dolle. 8. Hannov. Helwing. 749.

Leben im Bild
v. Schweizerische Allgemeine Volkszeitung.

Leben, Ein, in Bildern . . . Mähr.-Weisskirchen 189? V: *Kupsa, Victor.* (EB)

Leben und Bildnisse der grossen Deutschen . . . Mannheim 1786—92. H: *Klein, Ant. v.* (Ebert)

— u. Bildnisse großer Deutschen, von verschied. Verfass. u. Künstlern, mit e. Abhandl. über Lebensbeschreibb., herausg. von A. v. Klein. 4 Bde. gr. Fol. Manh. 765—92. Pränum.: Cpt. 40 ℛ Ausg. in gr. 8. 4 ℛ 16 ℊ in kl. 8. 3 ℛ 18 ℊ 5 Bde. 8. Manh. 775—802. (Löffler). 3 ℛ 18 ℊ

Leben, Bildung und merkwürdiges Schicksal eines studirenden . . . Mecklenburgers. Kiel 1807. V: *Klockmann, Hnr.* (Ky) (MGT)

Leben, Bildung und merkwürdiges Schicksal eines studierenden von Jena nach Kiel vom 13. Oct. bis Nov. 1806 fliehenden Mecklenburgers [d. i.: Herrmann Friedrich Gottfried Klockmann]. Kiel. 1807. 8°.

— Bildung u. merkwürd. Schicksal ein. studirend. Mecklenburgers. 8. Kiel, Academ. Buchhdl. 807.

— Bildung u. merkwürd. Schicksal eines studirenden Mecklenburgers, (v. Hnr. Klockmann). 8. Kiel 807. Hesse. 12 ℊ

— Bildung u. Sitten der Frauen rc., ist: Gynäologie 16 Bdchen.

Leben, Bildung und Sitten der Frauen in der alten und neuen Welt. Berlin 1824. V: *Rumpf, Joh. Daniel Frdr.* (Ky)

— Bildung u. Sitten d. Frauen in d. alten u. neuen Welt, (von J. D. F. Rumpf). Mit 1 Kpf. 8. Berl. 824. (Sander). 1 ℛ 8 ℊ

—— der heil. Birgitta von Schweden. Nach histor. Quellen bearb. und hrsg. von Schwester Maria Bernardina. 2. Aufl. gr. 8. (VIII, 448 S. mit 1 genealog. Tab.) Augsburg 888, Literar. Institut von Dr. M. Huttler. *

Leben und Wirken, Bismarks. Nach ihm selbst erzählt. Leipzig 1894. V: *Robolsky, Herm.* (Kat. d. ständ. Bibl. Stuttg. 1907. S. 570.)

Leben, J. J. C. Bodes literarisches. . . . Berlin 1796. V: *Boettiger, Carl August.* (cb)

— Jacob Böhmens. 8. Dresd. Arnold. 801.

— d. Generals Bonaparte; aus d. Französ. (ist nicht d. Fall,) (v. G. A. Bergk.) Mit 1 Kpf. u. 1 Karte. 8. Paris (Leipz.) 797. 2e A. 798. 3e A. 798. Baumgärtner. 1 ℛ

— d. Gen. Bonaparte. 8. Berlin, Nauck. 798.

— Bonapartes. 8. Winterth. Steiner. 800.

– s. a. Leben Napoleons.

— d. Madame Bonaparte, Gemahlin d. ersten Kaisers d. Franzosen. Mit 4 Kpf. 8. Pirna 804. 3e A. ... Friese. 1 ℛ 8 ℊ

Leben der Madame Bonaparte, Gemahlin des ersten Consuls, treu dargestellt von einem Augenzeugen, aus dem Französischen. Paris (Leipzig, Comptoir für Literatur), im 10ten Jahre der Republik (1802). 8°.
Joh. Friedr. Schmidt's in Dresden ehemal. Leihbibl. Nr. 2646.
Weller, fingirte Druckorte, hat 3 Auflagen vom Jahre „1803".

— d. Madame Bonaparte, Gemahlin d. erst. Consuls, von e. Augenzeugen, aus d. Französ. 8. Leipz. 803. Compt. f. Litt. 1 ℛ 12 ℊ

— d. Madame Bonaparte, Gemahlin d. I. Consuls d. Republik Frankr., ein Lesebuch f. d. weibl. Geschl. besond. im Bürger- u. Bauerstande, v. C. Bornschein. 8. Gera, Haller. 803.

Leben des Generals (Napoleon) Bonaparte. Berlin 1798. 8°

Aus Napoleon Bonapartes Leben. 2 Bde. Berlin 1817. 18. 8⁰

— Napoleon Bonapartes, ehemal. Kais. d. Franzosen, mit e. Ansicht u. Beschreibung v. St. Helena. 2te Aufl. 8. Pesth, Hartleben. 815.

Leben Napoleon Bonaparte's, ersten Consuls der franz. Republik. Wien 1803. V: *Beck, Joh. Renatus Wilh.* (Ky)

— Napoleon Bonaparte's, erst. Consuls d. französ. Republik. (v. J. R. W. Beck). 8. Wien 803. Ant. Doll. 16 gr. N. A. Mit 1 Karte u. Portr. 8. Leipz. 805. Hinrichs. 16 gr.

— Napoleon Bonapartes u. zwei anderer Corsen, Theodor u. Paoli ꝛc. Neue fortges. Ausg., d. korsischen Kleeblatts. 8. Zeitz 822. Webel. 16 gr.

Napoleon Bonaparte's Leben und Thaten in einer Reihe interessanter und noch wenig bekannter Anekdoten und Charakterzüge. Nebst einem Anhange: Die Tage von Moskau im Jahre 1812 ausführlich erzählt. 12. (IV. 208 S.) Wien, Leo. 1861. 40 kr.

— das, Nicolaus Bonapartes, vormal. Kaisers von Frankreich, unter d. Namen Napoleon I. bis zu seiner Ankunft auf Helena. Mit Kpf. 8. Nürnb. 816. (Schneider u. W.) 9 gr.

Bonapartes Leben und Thaten, Feldzüge in Italien und Ägypten. Bern, s. a. (1800.) 8⁰

— Bonaventura's v. Potenza. 8. Const. 776. (Doll in Augsb.) 6 gr.

— das, des heil. Bonifacius, des Apostels der Deutschen. Als Programm zur tausendjährigen Jubelfeier der Gründung der Pfarre u. Kirche zum heil. Bonifacius in Freckenhorst. In niederdeutscher Sprache nach einer Handschrift aus dem XIII. Jahrh. m. geschichtl. Anmerkungen u. Zusätzen hrsg. v. J. H. Schulte. Nebst 2 (lith.) Bildern, dem Ablaßbreve u. d. Festordnung. 12. (XII u. 96 S.) Warendorf 852. Münster, Deiters in Comm. n. ⅓ ₰

— des heil. Bonifacius, Apostels der Deutschen, Erzbischofs von Mainz. Nebst dem bei Gelegenheit der eilfhundertjähr. Feier des Martyrertodes des heil. Bonifacius erlassenen Hirtenbriefe des hochw. Herrn Wilhelm Emmanuel, Bischofs von Mainz. 12. (36 S.) Mainz 855, Kirchheim.

— d. Gr. v. Bonneval. 4 Thle. 8. Frankf. u. Leipz. Weidmann. 738–40.

— — dass. m. K. 8. Leipz. 738.

Leben des Cäsar Borgia, Herzogs von Valentinois. Berlin 1782. V: *Frentzel, Carl Heinrich.* (Ky) (MGT)

— d. Cäsar Borgia, herausg. v. Valentinois, (v. K. H. Frenzel). 8. Berl. 782. Maurers B. (a. Coppenrath in Münst.) 14 gr.

— des heil. Karl Borromäus. Mit dess. Bild. 8. Schweidnitz 840. Heege. 1½ ₰

Leben des bekannten Zwerges Joseph Borulawski ... A. d. Engl. Leipz. 1789. Ü: *Wichmann, Christian August.* (Ky) (MGT) (BrMm)

— d. bekannt. Zwergs J. Borulawski, e. poln. Edelmanns; aus d. Engl. (v. Chr. A. Wichmann). 8. Leipz. 789. Weygand. 16 gr.

LEBEN des bekannten Zwerges Joseph Boruwlaski, eines polnischen Edelmanns. Aus d. Engl. Leipzig 1790. 8⁰.

— Boysen's, s. Boysen.

— Tycho v. Brahe, aus sicheren Nachr. beschr. aus d. Dän. 2 Thle. Mit Kpf. 8. Kopenh. 756. Pelt. 20 gr. s. auch Helfrecht.

— Tycho von Brahe, von Helfrecht. 8. Hof, Grau. 798.

Aus dem Leben des Brahmanen. Von e. ehem. Goßnerschen Missionar. *Friedenau-Berlin: Goßnersche Mission [1901].* (8 S.) 8⁰ [Umschlagt. T.]

— das, von David Brainerd, Missionar unter den Indianern. Nach dem, von Jonathan Edwards hrsg. Tagebuche Brainerd's beschrieben. gr. 16. (310 S. mit 1 Holzschn.) New-York 854. (Philadelphia, Schäfer und Koradi.) *

— Brankenhof, s. Meißner.

Leben, Bremer. Satirische Gedichte. Bremen 1872. V: *Post, Albert Hermann.* (Graefe, Bremer Dichter 1875, 292) (Zeitschr. f. Büch. N. F. 15, 1923, S. 114)

Leben Franz Balthasar Schönbergs von Brenkenhof ... Leipzig 1782. V: *Meissner, August Gottlieb.* (Ky) (MGT) (JL) (Adel) (BrMm) (WBL)

Leben Franz Balthasar Schönberg von Brenkenhof Königl. Preuss. geheim. Ober-Finanz- Kriegs- und Domainenrath. Leipzig 1782. 8. (m 1 Taf.)

— Frz. Balth. Schoenbergs v. Brenkenhof, (v. A. G. Meißner). gr. 8. Leipz. 782. Breitkopf u. H. 12 gr.

AUS DEM LEBEN der Section Breslau des D. U. Ö. A. V. Von dem Vergnügungs-Comité den Sectionsgenossen überreicht zum X. Stiftungsfest am 28. Januar 1888. Breslau 1888. Druck von Brehmer & Minuth. 8⁰.

Aus dem Leben der Sektion Breslau des Deutschen u. Österreichischen Alpenvereins. Breslau 1905: A. Stenzel. (174 S.) 8⁰

Leben und Briefe von Johannes Theodor Laurent, Titularbischof von Chersones, Apostolischer Vikar von Hamburg und Luxemburg. Als Beitrag zur Kirchengeschichte des 19. Jahrhunderts zusammengestellt von seinen Freunden und mit einem Vorwort herausgegeben von Karl Möller. Trier 1887–1889. 3 Bde. 8⁰

— u. Briefe der Ninon de Lenclos an den Marq. v. Sevigne ꝛc. 8. Leipz. 755. Weidmann. 20 gr.

Leben und Briefe der seel. Maria de la St. Theresia ... [A. d. Franz.] Frankfurt 1734—38. Ü: *Oetinger, Friedrich Christoph.* (ML)

— u. Briefwechsel von Albrecht Rengger, Minister des Innern der helvet. Republik. Hrsg. v. Ferd. Wydler. 2 Bde. gr. 8. (VIII u. 667 S.) Zürich 847, Schultheß. n. 2½ ₰

— d. Reichsgrafen G. von Browne, s. a. *Histoire* de G. de Browne.

— d. Reichsgr. G. v. Browne, a. d. Franz. 8. Riga. (Hartknoch in Leipz.) 795.

Leben des kaiserl. Feldmarschalls von Browne. 8. Leipzig u. Prag 1757.

Leben des russischen Generals Reichs-Grafen Georg v. Browne. Aus d. Französ. 8. Riga 1795. 1,00.

— d. Gr. v. Brühl. 2 Thle. 8. Stuttgart, Erhard. 760.

— d. Grafen von Brühl. 2 Thle. 8. Stuttg. 760. Metzler. (a. Hofmann). 16 K

Leben des Grafen von Brühl. Augsburg 1764. V: *Seyfart*, *Johann Friedrich* (ML) (Ky)

Leben des Grafen Brühl. Augsburg 1764. V: *Seyfert*, *Joh. Frdr.* (Zeitschr. f. preuss. Gesch. 1877, 228.)

— das, des Buddha. Eine Zusammenstellung alter Berichte aus den kanon. Schriften der südl. Buddhisten. Aus dem Päli übers. u. erläutert von Jul. Dutoit. (XXIII, 368 S.) gr. 8. Leipzig 906. Lotus-Verlag. n. 6. —; geb. n. 7. 50

Leben des Grafen von Buffon. A. d. Franz. Frankf. a. M. 1789. Ü: *Wagner*, *Friedrich Ludwig*. (GGr) (Stri) (MGT) (Ky)

— d. Gr. v. Büffon, a. d. Franz. 8. Frankf. Fleischer. 789.

— d. Grafen von Büffon; aus d. Französ. (v. Fr. Ldw. Wagner). 8. Frankf. 789. Guilhaumann. 9 K

Leben des Grafen Ludwig Friedrich Victor Hanns von Bülow ... Leipz. 1821. V: *Cramer*, *Friedrich Matthias Gottfried*. (BrVV) (GGr) (Ky)

— d. Grafen Ldw. Fr. Vict. Hans von Bülow, königl. preuß. Staats- u. Handelsministers (v. Fr. Cramer). gr. 8. Leipz. 821. Brockhaus. 14 K (Aus d. neuen Reihe der Zeitgenossen besond. abgedruckt).

Leben, Buntes. Roman aus dem Engl. übersetzt von Th. Hell. Berlin 1826—27. V: *Sherer*, *Moyle*. (GGr IX, 297) (Zeitschr. f. Büch. N. F. 15, 1923, S. 114.)

— buntes, Roman; aus d. Engl. (the Story of a Life) v. Th. Hell. 2 Bde. 8. Berl. 826. Duncker u. H. 2 ℳ 12 K

Leben buntes

Buntes Leben. 1827

s. Hell, Theodor [Übers.]

Leben, das, Nicolaus Buonapartes, vormals Kaisers von Frankreich unter dem Namen Napoleon I. bis zu seiner Ankunft auf Helena. M. K. 8. (Nürnberg, Schneider und Weigel in Comm.) 816.

LEBEN. – des berühmten Bürgers von Genf Johann Jakob Rousseau. Weigand 1781/82.

— Edmund Burkes, s. Bissert.

— M. P. Dav. Burks. 8. Tübingen, Stettin. 771.

— Ph. Dav. Burks. 8. Tübing. 771. ... 4 K

Leben des Admirals Johann Byng ... [Nürnb.] 1756. V: *Seyfart*, *Johann Friedrich*. (Pr) (ML) »1757« (Ky)

— d. Admirals Jh. Byng; aus zuverläss. engl. Nachrichten gezogen (von Jh. Fr. Seyfart II.) 8. Nürnb. 757. Felsecker. 4 K

LEBEN des Herrn C*, oder Ordnung in vermischten Fällen des Lebens. Augsburg, Klett, 1754. 8°. (27 xr.) Cat. Monath. II. S. 571.

Leben des heiligen Cajetan von Thiena ... Dillingen 1839. V: *Waitzmann*, *Johann Georg*. (Th)

Leben des hochw. H. Augustin Calmet, weiland Abten zu Senon in Lothringen; aus d. Franz. übers. v. Columban Luz ... Augsburg 1768. V: *Fangé*, *Augustin*. (CLzür Forts. I)

— Aug. Calmets, Abts zu Senon in Lothringen; aus d. Französ. v. K. Luz. 8. Augsb. 768. Rieger. 4 K

— Calvin's, s. Calvin.

— Calvin's u. Beza's, s. Senebier.

— Calvins u. Beza, s. Senebier.

Leben, Meinungen und Thaten, Calvins; ein Lesebuch für seine Glaubensgenossen. Leipzig 1794. V: *Tischer*, *Joh. Frdr. Wilh.* (NN) (Ky) (AarK) (MGT) (Cat. d. Stadtbibl. Zürich. Zürich 1864—97.)

Leben. Calvins L', Meinungen und Thaten. Leipzig 1798 s (T[ischer], J[ohann] F[riedrich] W[ilhelm]).

Leben d. verewigt. Pet. Camper, a. d. Holl. v. J. B. Keup. 8. Stend. Franzen. 792. Rthlr.

—— des großen kölnischen Jesuiten u. deutschen Apostels Peter Canisius, welcher durch Wunder verherrlicht, in der hohen Versammlung der Congregation vom heil. Ritus zu Rom am 21. Nov. 1843 selig gesprochen ist. 12. (1 B. u. C's. Bildn.) Köln 844, Lengfeld.

— des sel. Peter Canisius, siehe: Leben ausgezeichneter Katholiken, 2. Bdchn.

— das, d. seligen P. Peter Canisius, Priester der Gesellschaft Jesu. s. Volksbücher.

Das Leben Thomas Carlyles. Aus dem Englischen v. J. A. Froude übersetzt, bearbeitet und mit Anmerkungen versehen v. Th. A. Fischer. Bd. 1—2. Gotha. 1887. 8°.

Leben, Das, Caroli III. Königs von Spanien. Leipz. 1708—10. V: *Zschakwitz, Joh. Ehrenfr.* (weber)

Leben, Das, S. Maj. Caroli III., Königs in Spanien und der Indien. Leipzig 1708—09. V: *Zschackwitz, Joh. Ehrenfried.* (HHBD IX, 267)

Leben Caroli II., Königs in Spanien. 4 Bde. 8. Leipzig 1788.

— d. Erzspitzbuben Cartouche, n. d. Leben f. Cameraden, a. d. Franz. 8. Kopenh. Proft. 767.

Leben des Sebastian Joseph Carvalho, Marchesen von Pombal, Grafen von Oeyras etc., Staatssecretair und Ersten Minister des Königs von Portugall Don Joseph I. 1781 Ü: *Moll, Chn. Hieron. von.* (Bernouillis Sammlung kurzer Reisebeschreibung. 4/430/2) (BIBLPORT)

Leben, Das, Sebastian Josephs von Carvalho und Melo Marquis von Pombal ... A. d. Ital. ... von Ch. J. Jagemann. Dessau 1782. V: *Gusta, Francesco.* (KY) (AARK)

— des Sebast. Joseph von Carvalho u. Melo, Marquis v. Pombal, aus d. Italien. (v. Chph. Jagemann). 5 Thle. 8. Dessau 782. Schwickert in Leipz. 1 ≠ 12 ℊ

— dasselbe aus dem Italien. 1r Thl. 8. Frankf. 782. Andreä. 12 ℊ

— das, Cäsar's oder: Veni! Vidi! Vici! Geschichtliche Burleske von J. H. M. 1.—3. Aufl. 8. (14 S.) Berlin 865, Lassar's Buchh. *

— das, Caesars von Napoleon III. u. die historische Wahrheit. Ein Beitrag zur Beurtheilung des Napoleon. Geschichtswerkes. 1. Heft. Charakteristik des 1. Bds. Leipzig 865. G. Poenicke. gr. 8. (78 S.) 15 ngr.

— Georg Castriottos, insgemein Skanderbeg. 8. Brandenb. 771. (Hessenland in Magdeb.) 8 ℊ

— des sel. Ceslaus mit Betrachtungen und Gebeten. Ein Erbauungsbüchlein für seine dankbaren Landleute und alle seine Verehrer von einem Breslauer Priester. gr. 16. (72 S.) Regensburg 862, Manz.

— des Dücan Champels, les taub- u. stummgebohrnen Edelmanns, od. übernatürl. Philosophen, d. Geheimnisse d. Magie erklär. m. K. 8. Berl. 742.

— der heiligen Johanna Franziska v. Chantal. Ein Musterbild f. Frauen. gr. 16. (127 S.) Regensburg 871. Pustet. — 75

Leben der verehr. Mutter Marie de Sales Chappuis ... a. d. Franz. Soloth. 1889. V: *Deshairs, J.* (Cat. d. Stadtbibl. Zürich. Zürich 1864—97.)

— der verehrten Mutter Marie de Sales Chappuis aus dem Orden der Heimsuchung Mariae. Autoris. Uebersetzg. aus dem Franz. Lex.-8. (VI, 546 S. m. 1 Bildnis.) Solothurn 889. (München, J. J. Lentner.) n. 3. —

— u. Charakter d. Bibliothekars J. C. Bartholomäi zu Weimar. 8. Weim. 778. Hoffmann. 2 ℊ

— u. Charakter J. Bernh. Basedows, s. Beitrr. z. Lebensgesch.

— u. Charakt. J. Bernh. Basedows, a. s. Schr. ıc. 8. Magdeburg, Scheidhauer. 792.

— u. Charakt. d. Gr. J. H. E. v. Bernstorf. 8. Hamburg. 777.

Leben und Character des Grafen von Bernstorff. O. O. 1777. V: *Ahlmann, J. L.* (Collin, Anonymer. Kiobenh. 1869.) S. a. Über das Leben des ...

Leben und Charakter des Grf. von Brühl in Briefen. O. O. 1700. [Berlin.] V: *Adelung, Joh. Chph.* (Zahn & Jaentsch-Dresden. Kat. 108, Saxonica 1907.) V: *Justi, Joh. Hch Gottlob.* (ADB) (ML)

— u. Charakter d. Grafen von Brühl, in Briefen. 8. Berl. 760. Rüdiger. 12 ℊ

— u. Charakter d. Grafen v. Brühl, in vertraul. Briefen entworfen; nebst einem Schreiben d. Verfass. an das Publikum. v. J. C. Adelung. 3 Thle. 8. Götting. 760—64. Dieterich. 16 ℊ

Leben und Charakter des Kgl. Pohlnischen u. Sächs. Premier-Ministre Grafen von Brühl in vertraulichen Briefen entworfen. 3 Teile u. Beiträge. [Göttingen] 1760—1761. V: *Justi* (?), *Johann Hch. Gottlob von.* (BGE I³, 480)

Leben und Character des ... Grafen von Brühl ... [Göttingen] 1760—61. V: *Justi, Joh. Hnr. Glob.* [?]. (ADB) [Ulm 1760.] (ML)

Leben und Character des Königl. Pohlnischen und Churfürstl. Sächß. Premier-Ministre Grafens von Brühl, in vertraulichen Briefen entworfen. O. O. [Ulm] 1760. V: *Justi, Joh. Heinrich Gottlob von* (?). (HHBD IX, 323)

Leben und Charakter der jüngst verstorbenen Frau Gräfinn von Brühl, geb. Gräfinn v. Kolowrat, in vertraulichen Briefen entworfen. o. O. 1763.

— u. Charakter Davids, nach Schrift u. Vernunft, (v. Fr. Eckardt). 8. Halle 779. Gebauer. 16 gr

Leben, Das, und der Charakter Davids nach Schrift und Vernunft. 1784. V: *Eckardt, Friedrich.* (MGT) »1779« (Ky)

Leben, Das, und der Charakter Davids nach Schrift und Vernunft. Prag 1784. V: *Eckardt, Fch. Samuel Lucas von.* (GGr VII/462, Nr. 7/10) (BiblPort)

Leben und Charakter der Elisabeth Charlotte, Herzogin von Orleans. Leipz. 1820. V: *Schütz, Frdr. Carl Jul.* (Hauptkat. d. Univ.-Bibl. Tübingen. F. S. 111.)

Leben, Charakter und Enthauptung Ludwigs des 16ten, Königs von Frankreich ... 2. Aufl. Halle 1793. V: *Dreysig, Christoph Friedrich.* (Ky) (MGT)

— Charakter u. Enthauptung Ludwigs XVI., Königs v. Frankreich, (von Chr. F. Dreyssig). Mit 2 Kpf. 8. Halle 2e A. (793.) Dreyssig. 8 gr

Leben und Character des bewunderten und verewigten Königs Friedrich des Grossen unpartheiisch beschrieben von A 1787. (Wien, Kubasta u. Voigt.)

— u. Charakter Friedrichs II., Königs v. Preußen. Nebst e. zweckmäß. Auszuge aus dessen sämmtl. Werken, mit Anmerk. u. Zusätzen herausg. von K. P. Funke. Mit d. Bildn. Friedrichs II. N. A. 8. Berl. 806. Voß. 1 rf 6 gr

Leben und Charakter Preussischer Helden. Frankfurt u. Leipzig 1762. V: *Hörschelmann, Friedrich Ludwig Anton.* (Ky) (MGT)

— u. Charakter preuß. Helden, (von F. L. A. Hörschelmann). 2 Stücke. 8. Frankf. u. Leipz. 762. Straube. 4 gr

— über das, u. den Charakter Hofackers. (Von Jak. Fr. Abel.) 8. Tübing. 793. v. Cotta. 12 gr

— u. Charakt., L. J. Höpfners, v. H. B. Wenck. m. K. gr. 8. Frankf. Varrentrapp. 798.

— üb. d., u. d. Charakter d. Kaiserin v. Rußland, Katharina II., (v. J. G. Seume). gr. 8. Leipz. 797. Göschen. 10 gr Schrbp. 14 gr

– u. Charakter Ludwigs XVI. Kön. v. Frankr. Halle: Dreyßig. 1793. 8°

— u. Charakter berühmter u. edler 1790 verstorb. Männer, (v. F. S. Mursinna). 8. Halle 792. (Herold jun. in Hamb.) 10 gr Fortsetz. von 1791. 8. Halle 793. (Hahn in Hannov.) 18 gr

— u. moral. Charakter d. jüng. Plinius, s. G. E. Gierig.

Leben und Charakter des Herzogs von Orleans. A. d. Franz. ... [Nürnberg] 1793. Ü: *Schubart, Ludwig Albrecht.* (Ky) (GGr) (MGT)

— u. Charakter des Herzogs L. P. J. v. Orleans, gen. Egalité; aus d. Französ. (v. L. A. Schubart.) 8. Nürnb. 793. Grattenauer. 6 gr

— u. Charakter Joh. Matthias Schröckh, siehe Tzschirner, H. G.

— u. Charakter J. G. Sommerfelds, Erl. Walther. 767.

Leben und Karakter Stanislaus I. König von Polen. Stockholm [Danzig]. N. A. 1742. V: *Ranft, Michael.* (wr)

— u. Charakter Chr. Gf. Struensee's. 8. Halle 784. ... s. auch Lebenslauf.

— Charakter u. Verdienst J. A. Nösselts, siehe A. H. Niemeyer.

— Charakter u. Verdienste J. G. Büsch's. 8. Hamb. 801. (Herold jun.) 8 gr

— Charakter und Verdienste Dr. G. Schlegels. (Aus dessen Handb. d. prakt. Pastoralwissenschaft besond. abgedruckt.) 8. Greifsw. Mauritius. 811.

— Charakter rc. F. M. A. v. Voltaire v. J. F. Knüppeln. 8. Dessau (Verl. Ges. A.) 794.

Leben, Charakter und Wirken Friedrichs von Wrangel, General der Kavallerie. Nach authentischen Quellen bearbeitet, als Beitrag zur preußischen Geschichte. Berlin, C. Striese u. Comp. 1849. 104 S. 8.

— u. Charaktere all. klass. Autoren, a. d. Engl. v. Mursinna. 2 Thle. gr. 8. Halle, Curt. 767. 68.

Leben und Charaktere berühmter ... im Jahr 1790 [und 1791] verstorbener Männer. Halle 1792—93. V: *Mursinna, Friedrich Samuel.* (Adel) (Ky) (MGT)

Leben. ... das L' und die Charakteristik (Johann) Ludwig Aberli's von Winterthur (1723–1786). Njbl. s. (Rieter, [Heinrich]).

Leben und Charakteristik des ... Bibliothekars J. Ch. Bartholomäi. Weimar 1778. V: *Schneider, Chn Wilh.* (ADB 2. 109)

Leben. ... das L' und die Charakteristik des Malers Felix Maria Diog aus Urseren (1764–1834). Njbl. s.a. [Hardmeyer, Carl Wilhelm].

Leben, Das, ... des Malers Felix Maria Diog aus Urseren. [Zürich 1836.] V: *Hardmeyer, Carl.* (Cat. d. Stadtbibl. Zürich. Zürich 1864—97.)

Leben. ... das L' und die Charakteristik Sigmund Freudenbergers von Bern (1745–1802). Njbl. s.a. [Wagner, Sigmund von].

Leben, Das, und die Charakteristik Sigmund Freudenbergers von Bern. [Zürich 1810.] V: *Wagner, Siegmund.* (Cat. d. Stadtbibl. Zürich. Zürich 1864—97.)

Leben. ... das L' und die Charakteristik Heinrich Freudweilers von Zürich (1755–1795). Njbl. *s.a.*[Horner, Johann Jacob *I*].

Leben, Das, ... Heinrich Freudweilers von Zürich. [Zürich 1814.] V: *Horner, Joh. Jac.* (Cat. d. Stadtbibl. Zürich. Zürich 1864—97.)

Leben. ... das L' und die Charakteristik (Johann) Rudolf Füesslins von Zürich (1737–1806). Njbl. s.a. [Horner, Johann Jacob *I*].

Leben, Das, ... Rudolph Füsslins von Zürich. [Zürich 1809.] V: *Horner, Joh. Jac.* (Cat. d. Stadtbibl. Zürich. Zürich 1864—97.)

Leben, Das, ... Rudolf Füesslins von Zürich. [Zürich] 1809. V: *Horner, Johann Jakob.* (zürKL)

Leben. ... das L' und die Charakteristik Salomon Gessners von Zurich (1733–[1788]). Njbl. s.a.[Horner, Johann Jacob *I*].

Leben, Das, ... Salomon Gessners von Zürich. [Zürich 1812.] V: *Horner, Joh. Jac.* (Cat. d. Stadtbibl. Zürich. Zürich 1864—97.)

Leben. ... das L' und die Charakteristik Anton Graff's von Winterthur (1736–1813). Njbl. *s.a*[Horner, Johann Jacob *I*].

Leben, Das, ... Anton Graff's von Winterthur. [Zürich 1815.] V: *Hegner, Hs. Ulr.* (Cat. d. Stadtbibl. Zürich. Zürich 1864—97.)

Leben und Charakteristik Anton Graffs von Winterthur. [Zürich] 1815. V: *Hegner, Hans Ulrich.* (zürKL)

Leben. ... das L' und die Charakteristik von Ludwig Hess von Zürich (1760–1800). Njbl. s.a.[Horner, Johann Jacob *I*].

Leben, Das, ... von Ludwig Hess von Zürich. [Zürich 1813.] V: *Hess, Joh. Jac.* (Cat. d. Stadtbibl. Zürich. Zürich 1864—97.)

Leben und Charakteristik des Bildhauers Heinrich Keller aus Zürich (1771–1832). Njbl. *s.a.*[Hardmeyer, Carl Wilhelm].

Leben ... des Bildhauers Heinrich Keller aus Zürich. [Zürich 1839.] V: *Hardmeyer, Carl.* (Cat. d. Stadtbibl. Zürich. Zürich 1864-97.)

Leben und Charakteristik des Bildhauers Heinrich Keller aus Zürich. [Zürich 1839.] V: *Hardmeyer, Karl.* (zuwzür 1911)

Leben. ... das L' und die Charakteristik Salomon Landolts von Zürich (1741–1818). Njbl. *s.a.*[Hess, David].

Leben, Das, und die Charakteristik Salomon Landolts von Zürich. [Zürich] 1820. V: *Hess, David.* (zürKL)

Leben, Das, ... Salomon Landolts von Zürich. [Zürich 1820.] V: *Hess, Dav.* (Cat. d. Stadtbibl. Zürich. Zürich 1864—97.)

Leben. ... das L' und die Charakteristik von Johann Heinrich Lips von Zürich (1758–1817). Njbl. *s.a.*[Meyer, Johann Heinrich *I*].

Leben, Das, und die Charakteristik von Johann Heinrich Lips von Zürich. [Zürich 1818.] V: *Meyer, Joh. Hnr.* (Cat. d. Stadtbibl. Zürich. Zürich 1864—97.)

Leben. ... das L' und die Charakteristik Jakob Merzens von Buch im Canton Zürich (1783–1807). Njbl. *s.a.*[Horner, Johann Jacob *I*].

Leben, Das, ... Jakob Merzens von Buch. [Zürich 1811.] V: *Horner, Joh. Jac.* (Cat. d. Stadtbibl. Zürich. Zürich 1864-97.)

Leben. ... das L' und die Charakteristik Felix Meyers von Winterthur (1653–1713). Njbl. *s.a.*[Horner, Johann Jacob *I*].

Leben, Das, ... Felix Meyers von Winterthur. [Zürich 1806.] V: *Horner, Joh. Jac.* (Cat. d. Stadtbibl. Zürich. Zürich 1864—97.)

Leben. ... das L' und die Charakteristik Gottfried Minds von Bern (1768–1814). Njbl. *s.a.*[Wagner, Sigmund von].

Leben, Das, und die Charakteristik Gottfried Mind's von Bern. [Zürich 1816.] V: *Wagner, Siegmund.* (Cat. d. Stadtbibl. Zürich. Zürich 1864—97.)

Leben und Charakteristik des Malers Jakob Christoph Miville aus Basel (1786–1836). Njbl. *s.a.*[Hardmeyer, Carl Wilhelm].

Leben ... des Malers Jakob Christoph Miville aus Basel. [Zürich 1840.] V: *Hardmeyer, Carl.* (Cat. d. Stadtbibl. Zürich. Zürich 1864—97.)

— u. Charakteristik Napoleons, v. s. Geburt bis z. Wiener Frieden. 8. Wien, Ant. Doll. 810.

Leben. ... das L' und die Charakteristik Johann Rudolf Schellenbergs von Winterthur (1740–1806). Njbl. s.a.[Hegner, Ulrich].

Leben und Charakteristik Johann Rudolf Schellenbergs von Winterthur. [Zürich] 1807. V: *Hegner, Hans Ulrich.* (ZÜRKL)

Leben, Das, ... Johann Rudolf Schellenbergs von Winterthur. [Zürich 1807.] V: *Hegner, Hs. Ulr.* (Cat. d. Stadtbibl. Zürich. Zürich 1864—97.)

Leben. ... das L' und die Charakteristik Alexander Trippels von Schaffhausen (1744–1793). Njbl. s.a.[Horner, Johann Jacob *I*].

Leben, Das, ... Alexander Trippels von Schaffhausen. [Zürich 1808.] V: *Horner, Joh. Jac.* (Cat. d. Stadtbibl. Zürich. Zürich 1864—97.)

Leben. ... das L' und die Charakteristik Johann Heinrich Troll's von Winterthur (1756–[1824]). Njbl. s.a.[Hegner, Ulrich].

Leben, Das, ... Johann Heinrich Troll's von Winterthur. [Zürich 1825.] V: *Hegner, Hs. Ulr.* (Cat. d. Stadtbibl. Zürich. Zürich 1864—97.)

Leben und Charakteristik Johann Heinrich Troll's von Winterthur. [Zürich] 1825. V: *Hegner, Hans Ulrich.* (ZÜRKL)

Leben. ... das L' und die Charakteristik Johann Martin Usteri's von Zürich (1763–1827). Njbl. s.a.[Hess, David].

Leben, Das, ... Johann Martin Usteri's von Zürich. [Zürich 1830.] V: *Hess, Dav.* (Cat. d. Stadtbibl. Zürich. Zürich 1864—97.)

Leben, Das, und die Charakteristik Johann Martin Usteris von Zürich. [Zürich] 1830. V: *Hess, David.* (ZÜRKL)

Leben und Charakteristik des Malers Joh[ann] Jakob Wetzel, aus Uhwiesen, Kantons Zürich (1781–1834). Njbl. s.a.[Hardmeyer, Carl Wilhelm].

Leben ... des Malers Johann Jakob Wetzel aus Uhwiesen. [Zürich 1838.] V: *Hardmeyer, Carl.* (Cat. d. Stadtbibl. Zürich. Zürich 1864—97.)

Leben und Charakterzüge Leonhard Usteri's .... (Geb. 1741. Gest. 1789.) (Njbl.) s.a.[Orelli, Johann Conrad von].

Leben und Charakterzüge Leonhard Usteris. [Zürich 1824.] V: *Orelli, Johann Conrad von.* (Cat. d. Stadtbibl. Zürich. Zürich 1864—97.)

— Charette's; aus d. Französ. 8. Frankf. 796. Varrentrapp 6 gl.

CHATEAUROUX, Duchesse de (1717—1744). — Leben der Herzogin Anna Maria von Châteauroux, Bremen, Saurmann, 1746. 8⁰. Selten!

— Geoffrey Chaucers, des Vaters der engl. Dichtkunst, s. K. W. F. Dreyer, histor. Magazin.

— Geoffrey Chaucers, des Vaters d. engl. Dichtkunst, nach d. Englischen W. Godwins, frei bearbeitet von C. W. F. Breyer, nebst Chaucers Bildniß. gr. 8. Jena, Cröcker. 811.

— chirurgisch., d. Culmbach. Leibchirurg. Hilschers. 8. Copenh. Schubothe, 804.

— Gott wohlgefälliger wahrer Christen. 8. Arnst. 752. ... 6 gl.

Leben der Schwedischen Königin Christina und Ihres Hofes ... Rom [Leipz.] 1705. Ü: *Frankenstein, Christian Gottfried.* (WR) (BGE)

Leben der Schwedischen Königin Christina und Ihres Hofes (seit Sie sich nach Rom begeben). Nebst Einigen Anmuhtigen (!) Staats- u. Liebes-Intriguen. Von einem Ihrer Domestiquen in Frantzös. Sprache zusammengetragen, Und anitzo .... Ins Hochteutsche übersetzt (von C. G. Frankenstein). Rom (Leipzig, Fritsch), Im Jahr 1705. 12⁰. Vorst. u. 428 SS.

Zuerst erwähnt im O. M. V. 1698. H 4b.

Orig. (in Berlin): Histoire des intrigues galantes de la reine Christine de Suède et de sa Cour, pendant son séjour à Rome, trad. de l'ital. Amsterd., J. Henri, 1696; rep. ib. 1697. 8⁰. av. portr. — Trad. en l'anglais. London 1698. 12⁰. (Gay IV. p. 55.)

Leben der weltberühmten Königin Christina von Schweden, nach denen geheimesten intrigven ... Leipz. 1705. V: *Stieff, Chn.* (Bygdén, Ssenskt anon. och pseud. lex. Upsala 1898 ff. I.)

Leben der Weltberühmten Königin Christina von Schweden, nach denen geheimesten intrigven (sic) u. merckwürdigsten umständen (!) mit möglichstem fleisse (!) entworffen. Mit 1 (statt 3) Bl. in Kpf. gest. Medaillen. Leipzig, bey Thomas Fritschen (m. Signet), 1705. 8⁰. Alter Hpgmtb.

Tit. (roth u. schwarz gedr.), 2 Bll. Vorr., 257 S., 6 S. Reg. — Enth. auch Beschreib. d. Ermordung d. Favoriten u. Oberstallmeisters d. Königin, Marquis Gior. Monaldeschi, 10. Octob. 1657 zu Fontainebleau, auf Befehl Christinens. — Cfr. Hayn, Bibl. erot., 2. Aufl. S. 48.

Leben, Das christliche, nach dem heiligen Justin dem Martyrer. Wien 1897. V: *Wolny, Joseph.* (EB)

Leben, Christliche, besonders österreichische. Wien 1829. V: *Janitsch, Aem.* (KY 3/505) (MUSSOTTER 103/1840) (BIBLPORT)

— christliches, in Gott. Auserwählte kathol. Andachten f. fromme Christen. gr. 16. (448 S. m. 2 Steintaf.) Einsiedeln 874. Eberle, Kälin & Co. — 75

— das, Christi. Erzählt u. beleuchtet von dem heil. Bonaventura. Aus dem Latein. 2. wohlf. Ausg. 12. (XVI u. 367 S.) Wien 847, Mechitaristen-Congr.-Buchhandlung. ½ ₰

— das, in Christo: der Keim alles irdischen Glücks. Neu entdecktes sicheres Mittel auf eine leichte und angenehme Weise den höchsten Grad geistiger und sittlicher Bildung zu erlangen und auch bei den geringsten Geistesanlagen eine Fülle geistreicher Bemerkungen im Umgange mit Menschen hervorzubringen. 3. (Titel-)Aufl. 12. (166 S.) Leipzig 854, Michelsen's Buchh. Thlr. *

— Christi. 20 Bilder (in Holzschn.) nach Gemälden berühmter Meister. Mit e. Präludium u. 20 Liedern v. Ludw. Ziemssen. Fol. (22 Bl. Text.) Stuttgart 892. Deutsche Verlags-Anstalt. In Leinw.-Mappe. n. 20. —

Leben des seligen P. Peter Claver aus der Gesellschaft Jesus, Apostels von Carthagena Selig gesprochen von Pius IX. 1851. Aus dem S. Louis Sonntagsblatte besonders abgedruckt. S. Louis 1852. V: *Seisl, Martin.* (SO) (JES)

— d. Sir Rob. Cochran, ersten Staatsministers König Jacobs III. v. Schottland; a. d. Engl. 8. Berl. u. Leipz. 757. Haude. 3 gr

— Collins, s. Thorschmidt.

— das, des Johann Amos Comenius, Bischofs der böhm. Brüderkirche (nach Palacky), u. dessen Testament der sterbenden Mutter der Brüder-Unität. Aus dem Böhm. übers. Leipzig 866. Reclam sen. 8. (80 S.) 9 ngr.

— d. Gr. v. Comminge. 8. Göttingen, Vandenhök. 746.

Leben Cooks, s. Biographien f. d. Jugend 2r Thl.

— Cooks, s. Wiedemann.

— das, des Kapitän Cook, siehe: Wochenbände.

— James Cook, s. Cook.

Leben der Brüder Corneille. [Gotha 1783.] V: *Schmid, Chn Hnr.* (MGT) (ML)

Leben Johann Corvin's. [Hermannstadt 1790.] V: *Lebrecht, Michael.* (WBL)

— Anton Corvinus, herausg. v. D. F. Baring. 8. Hannov. Helwing. 749.

— des Cardinals N. Coscia. 8. Leipzig, Heinsius. 733.

— Alb. Crantzens. 8. Hamb. Bohn. 725.

— — A. Crantzens. 2te Aufl. 8. Hamburg. 729. Jetzt Herold d. j.

Leben des berühmten D. Alberti Cranzii . . . Hamburg 1722. 2. Aufl. 1729. V: *Wilckens, Nicolaus.* (MYL) (ADB 17. 44)

Leben des Grafen Johann von Crawford und Lindsay . . . Nürnberg 1780. V: *Rolt, Rich.* (PR) Ü: *Möck, Glieb Wilh. von.* (KY) (ML)

— des Grafen Joh. von Crawford u. Lindesay; aus d. Engl. (v. G. W. v. Mök). 8. Nürnb. 780. Schneider. u. W. 12 gr

LEBEN der durchl. Crementine, Königin von Sanga. Breslau, Meyer, 1750. 8°. (30 xr.)
Cat. Monath. II. S. 557.

Leben Olivier Cromwells, Protektors von England. Leipz. 1804. 1815. V: *Silber, Benj.* (GGr)

— Oliver Cromwell's, Protect. v. England. 2 Bde. gr. 8. Leipz. Sommer. 804–5. (à 1 Rthlr. 12 gr.)

Leben und ganz ungemeine Begebenheiten, Des weltberühmten Engelländers Robinson Crusoe, insonderheit da er 28 Jahre lang auf einer unbewohnten Insul gelebet hat. A. d. Engl. Frankf. u. Leipzig 1765. V: *De Foe, Daniel.* (Haydinger)

Leben einiger wohlverdienten Dänen in einem Versuche. [Copenh.] 1741. V: *Hofmann, Tycho von.* (Adel) (Bruun, Bibl. Danica III, 937.) (Collin, Anonymer. Kiobenh. 1869.)

— Daniels. 16. (190 S.) Cleveland 871. (Philadelphia, Schaefer & Koradi.) geb. n. 2. —

— d. Dauphin, a. d. Franz. d. Proyart. 8. Augsb. Doll. 779.

— David's. Nach der Bibel u. in Worten der Bibel. Hrsg. vom Sonntagsschul-Verein u. zu haben durch denselben. 16. (110 S.) Berlin 871. Prochnow's Selbstverl. n. — 25

— Davids, ersten Maler Napoleons. Von M. A. Th***. Aus d. Französ. von C. S. Mit 1 Bildn. 8. Quedlinb. 827. Basse. 1 ₰

— Thom. Day, Esq. n. dessen Gedicht: d. sterbende Neger, v. J. J. K. Timäus. m. K. 8. Leipz. Hinrichs. 798.

— des Thom. Day, eines d. edelsten Männer unsers Jahrh., nebst dessen Gedicht: d. sterbende Neger u. Fragment über den Sklavenhandel; aus d. Engl. v. J. J. K. Timäus. Mit Kpf. gr. 8. Leipz. 798. Reinicke u. Comp. 1 ₰ 8 ₰ Velinp. 1 ₰ 12 gr
Das Gedicht apart 12 gr

— Caspar del Bufalo's, s. Rütjes, H. G.

Denkwürdiges Leben, und Thaten des berühmten Herrn Johann Daniels von Menzel . . worbey zugleich der Schles. Krieg bis 1742 beschrieben wird. Halle 1743. 8.

Belle-Isle. Denkwürdiges Leben und Thaten des weltberühmten Staats-Mannes, und Marschalls, Herrn Carls Ludwig August Fouquets v. ....., des Heiligen Römischen Reichs Fürsten, wie auch Erb-Herzogs von Vernon etc. Wobey zugleich die fürnehmsten Umstände von der jüngsten Kayser-Wahl, nebst dem bisherigen böhmischen Könige etc. zusammengetragen, und zum Drucke befördert worden. (Mit 1 Portrait.) 8. Bremen 1743.

— u. Denkwürdigkl. Sir Roger Clarendon's, natürl. Sohnes Eduards, Prinzen v. Wallis, mit d. Beinamen der schwarze Prinz. 2 Thle. 8. Leipz. 795. Weygand. 1 ℛ 4 gr

Leben und Denkwürdigkeiten der Frau Elisabeth Fry . . . Hamburg 1840. 2. . . . Aufl. Hamburg 1850. V: *Julius, Henriette Maria*. (Ky) (zu)

— u. Denkwürdigkeiten der Frau Elisabeth Fry, nach d. Werke der Töchter u. anderen Quellen bearb. v. einer ihrer jüngeren Freundinnen in Deutschland (Henriette Marie Julius). [Geschenk der Verfasserin.] gr. 8. (VIII u. 357 S. m. eingedr. Holzschn. u. dem lith. Portr. der Elis. Fry.) Hamburg 848, Agentur des Rauhen Hauses. 1 ℛ 6 ngr (siehe auch: Lebensbilder aus der Geschichte der innern Mission. II.)

Leben und Denkwürdigkeiten Joh. Matth. Reichsgrafen von der Schulenburg . . . Berlin 1834. B: *Schulenburg-Klosterroda, Frdr. Albr. Graf von der*. (Verlags-Kat. d. Weidmannschen Buchh. Berl. 1900.)

Leben und Denkwürdigkeiten Johann Mathias Reichsgrafen von der Schulenburg. Aus Original-Quellen bearbeitet . . . Leipzig 1834. V: *Schulenburg-Klosterroda, Friedrich Albrecht Graf von der*. (Helmolt, Ranke-Bibliographie. Leipzig 1910. S. 55)

Leben und Denkwürdigkeiten des Johann Matthias Reichsgrafen v. d. Schulenburg . . . Leipzig 1834. V: *Schulenburg u. Klosterroda, Friedr. Albrecht Graf von der*. (Pr) (ADB)

—— und Denkwürdigkeiten Joh. Mathias Reichsgrafen v. d. Schulenburg, Erbherrn auf Emden u. Delitz, Feldmarschalls in Diensten d. Republik Venedig. Aus Orig.-Quellen bearb. 2 Thle. gr. 8. Leipzig 834, Weidmann. [1. (35¼ B., 1 B. Tab. u. 4 lith. Schlachtpläne, gr. 4.) 3 Thlr., 2. (21½ B. u. 2 Tab. qu. ½ gr. Fol.) 1 Thlr 18 Gr.]

— d. J. J. Dessalines od. Jacob I. Kaiser auf Hayti, a. d. Franz. D. Dubron. übers. v. K. L. M. Müller. m. K. 8. Leipz. Hinrichs. 805.

—— deutsches. Novellen, Erzählungen und Skizzen. Hrsg. von Heinr. Pröhle. I. (Thl.): Der Oberamtmann und der Amtsrichter. Von Jeremias Gotthelf. Hauschronik eines deutschen Schulmeisters in Ungarn. Von Gfried. Schröer. 8. (IX und 174 S.) Leipzig 853, [Mendelssohn.]

— deutsches. Eine Sammlung abgeschlossener Schilderungen aus der deutschen Geschichte mit besonderer Berücksichtigung der Culturgeschichte u. der Beziehungen zur Gegenwart. Leipzig 858. G. Mayer. 8.
1. 2. Bd.: Die deutsche Trachten- und Modenwelt. Ein Beitrag zur deutschen Culturgeschichte. Von Jac. Falke. 1. Thl. Die alte Zeit und das Mittelalter. 2. Bd.: Die Neuzeit. (XI, 316; 3 Bl., 338 S.) n. 2 ℛ.
3. Bd.: Die Geschichte des deutschen Handels. Von Joh. Falke. 1. Thl. (VIII, 314 S.) n. 1 ℛ.

— deutsches. Eine Sammlung geschlossener Schilderungen aus der deutschen Geschichte mit besonderer Berücksichtigung der Culturgeschichte u. der Beziehungen zur Gegenwart. Leipzig 860. G. Mayer. gr. 8.
3. Bd. 2. Thl.: Die Geschichte des deutschen Handels. Von Johs. Falke. 2. Thl. (423 S.) n. 1 ℛ

— **deutsches.** Red.: J. Landau. 1. Jahrg. 1. Heft. Dresden. (22 S. m. Abbildgn.) gr. Fol. Berlin (903). Berliner Verlagsgesellschaft Dr. Russak & Co. — 75
Erscheint nicht mehr.

Deutsches **Leben**. Jg. 1, H. 1. Dresden. [Mehr nicht erschienen.] Berlin: Freier Verl. (1903). (11 Bl.) 2° [Umschlagt.] J. 6. 10368

—— deutsches, im Glauben. 4 Lfgn. gr. 4. (824 S. mit 22 Chromolithogr.) Bremen 866,67, Müller's Verlag. [1. Lfg. * 3 Thlr., 2.—4. Lfg. à * 4 Thlr.] *

—— dass. — 2. Ausg. 4 Lfgn. Imp.-4. Ebendas. 867. [1. Lfg. (65 S. mit 4 Chromolithogr.) * 3 Thlr., 2. Lfg. (82 S. mit 6 Chromolithogr.) * 4 Thlr., 3. Lfg. (84 S. mit 5 Chromolithogr.) * 4 Thlr., 4. Lfg. (93 S. mit 7 Chromolithogr.) * 4 Thlr.] Einzeln 1. Lfg. * 4 Thlr., 2.—4. Lfg. à Lfg. * 5 Thlr. *
geb. in Leinen *
geb. in Leder mit Goldschn. *

—— deutsches, in Haus und Familie. Imp.-4. (231 S. mit 13 Chromolithogr. und 1 Titelbl. in Tondr.) Bremen 874, Müller's Verlag. In Mappe *
geb. mit Lederrücken *
geb. in Leder *

—— dass. — in Kampf und Sieg. Imp.-4. (147 S. mit 6 Chromolithogr. und 1 Titelbl. in Tondr.) Ebendas. 870.
In Mappe (* ℳ 28,50.) *
geb. mit Lederrücken (* ℳ 37,50.) *
geb. in Leder (* ℳ 43,50.) *

—— dass. — in Lieb' und Treue. Fol. (182 S. mit 8 Chromolithogr.) Ebendas. 870. In Mappe *
geb. mit Lederrücken * ℳ 45.; geb. in Leder *

—— deutsches, in Liedern. gr. 4. (285 S. mit 30 Chromolithogr.) Bremen 865, Müller's Verlag.
geb. mit Goldschn. und in Carton. *

—— dass. — 2. Aufl. 3 Lfgn. Imp.-4. (291 S. mit 30 Chromolithogr.) Ebendas. 868. à Lfg. * 5 Thlr. Einzeln à Lfg. * 7 Thlr. 15 Ngr. *
geb. in Leinen *
geb. in Leder mit Goldschn. *

— deutsches, der Vergangenheit in Bildern. Ein Atlas m. 1760 Nachbildgn. alter Kupfer u. Holzschnitte aus dem 15.—18. Jahrh. Mit Einführg. v. H. Kienzle. Hrsg. v. Eug. Diederichs. 2 Bde. (XI, 268 S. u. III u. S. 269—541.) 41×30 cm. Jena 907. 08. E. Diederichs.
33.50; geb. 40.—; erh. Pr. 40.—; geb. 47.—
Register dazu, s.: General-Register.

— engl. Dichter. 2 Thle. 8. Neust. 783. Riedel. 12 gr

Leben und Dichtung in Erzählungen, von Friederike Lohmann — s. Erzählungen von Fr. Lohmann 2r Theil.

— u. romant. Dichtungen d. Tochter d. Karschin, als Denkmal kindlicher Liebe herausgeg v. Helmina. 8. Frankf. Willmanns. 805.

Leben und Dichtungen der Tochter der Karschin . . . hsg. von Helmina [von Chezy]. Frankfurt 1805. V: *Klencke, Caroline Luise v. geb. Karsch.* (EE) (GGr)

— und Dichtungen der Tochter v. Karschin als Denkmal kindl. Liebe, herausg. v. Helmina. 8. Frankfurt, Willmanns. 805.

— des ehrwürdigen Dieners Gottes Johannes Berchmans aus der Gesellschaft Jesu. Aus d. Ital. 12. (Mit 1 Lith.) Augsburg 843, Kollmann. 1/8 ₰

— des ehrwürdigen Dieners Gottes Caspar del Bufalo, Chorherrn an der St. Marcuskirche zu Rom, und Gründers der Congregation der Missionäre vom kostbaren Blute unseres Herrn Jesu Christi. Nach dem Italien. bearb. und mit Anmerkungen und Zusätzen bereichert von H. G. Rütjes. 8. (VIII und 287 S. mit lithogr. Portr.) Emmerich 861, Romen. *

— des ehrwürdigen Dieners Gottes Benedict Joseph Labre. (Selig gesprochen zu Rom, 20. Mai 1860.) Aus dem Engl. übers. von Friedr. Pösl. 2. (Titel-)Ausg. 8. (VIII und 416 S.) Regensburg (853)61, Manz.

— des ehrwürdigen Dieners Gottes Benedict Joseph Labre. Aus dem Engl. übers. von Friedr. Poesl. 3. Ausg. 8. (416 S.) Regensburg 882, Manz.

Leben, Das, des ehrwürdigen Dieners Gottes, S. Paul vom Kreuze, Stifters der Congregation der unbeschuhten Cleriker des heiligen Kreuzes und des Leidens Jesu Christi oder der Passionisten. Aus dem Italien. von einem katholischen Priester. Regensburg 1846. Ü: *Oischinger, Johann Nepomuk Paul.* (Russell IX, 593)

— das, des ehrwürd. Dieners Gottes P. Paul vom Kreuze, Stifters der Congregation d. unbeschuhten Cleriker d. heiligsten Kreuzes u. des Leidens Jesu Christi od. der Passionisten. Aus d. Ital. v. e. kathol. Priester. 8. (23 B.) Regensburg 846, Manz.

Leben der ehrwürdigen Dienerin Gottes Anna vom hl. Augustinus, einer Gefährtin der hl. Theresia, der großen Erneuerin des Karmelitenordens. 8°. (VIII, 216 S.) K 1.50
Innsbruck: Rauch 1905.

— der ehrwürdigen Dienerin Gottes Maria Clotilde von Frankreich, Königin v. Sardinien. Nach d. Französ. bearb. v. Mich. Sintzel. Mit 1 Stahlst. gr. 8. Regensburg 846, Manz. 3/8 ₰

— der ehrwürdigen Dienerin Gottes Anna Maria Taigi, einer heil. Frau aus dem Volke des 19. Jahrh. Bearb. nach mehreren französ. Schriften und den Akten des Seligsprechungsprozesses. Nebst (lithogr.) Portr. bevorwortet von M. J. Scheeben. 8. (X und 236 S.) Aachen 867, [Jacobi und Comp.] *

— der ehrwürdigen Dienerin Gottes Anna Maria Taigi, einer heiligen Frau aus dem Volke des 19. Jahrh. Bearbeitet nach mehreren französ. Schriften und den Akten des Seligsprechungsprozesses. Mit einem Vorwort von M. J. Scheeben. 2. verb. und verm. Aufl. 8. (XII, 246 S. nebst Portr. in Holzschn.) Aachen 869, Jacobi und Comp. *

— der ehrwürdigen Dienerin Gottes Anna Maria Taigi, einer heil. Frau aus dem Volke des 19. Jahrh. Bearb. nach mehreren französ. Schriften und den Akten des Seligsprechungsprozesses. Nebst Portr. (in Holzschn.). Mit einem Vorwort von M. J. Scheeben. 3. gänzlich umgearb. Aufl. 8. (XII, 240 S.) Aachen 880, Jacobi und Comp. *

— der Dienerin Gottes Schwester Maria Diomira v. der Menschwerdung, Kapuzinerin im Kloster v. Fanano, v. ihr selbst beschrieben. Mit Suppl. Aus der ital. Herausgabe: Tipografia Pontificia Mareggiani, Bologna 1877, übertr. v. Franziskus Haas. gr. 8. (XIV, 184 S. m. Portr.) Regensb. 891, Pustet. 1 20

— Carl v. Dittersdorf, s. Sohne in d. Feder dictirt. gr. 8. Leipz. Breitkopf. 801.

Leben des Dr. Wilhelm Dodd's, ehemaligen königl. Hofpredigers zu London. Berlin 1779. V: *Forster, Joh. Georg Adam.* (stri) (ML) (Ky)

— Will. Dodds, aus authent. Nachrichten rc., (v. Jh. Geo. Adm. Forster). 8. Berl. 779. Haude u. Sp. 8 gl.

— Phil. Doddrige, a. d. Engl. 8. Leipzig, Gleditsch. 769.

— des Dr. Philipp Doddridge. Mit e. Auszuge seiner Schrift: „Ueber den Anfang u. Fortgang d. Gottesfurcht in d. Seele." Frei nach d. Engl. bearb. von K. Chr. G. Schmidt. 8. Greiz 830. Henning. 16 gl.

Leben des gottseligen . . . Dominici von Jesu Maria. Regensburg 1729. V: *Raphael a Sancto Josepho.* (EB)

Aus dem Leben eines Dorfschullehrers im 18. Jahrhundert. Ellwangen: Bucher 1910. 16 S. 8° [Umschlagt.]
(Beiträge z. Lauchheim-Kapfenburger Geschichte. Nr 3.)

— des Wilhelm Dörrfuß, Kunstmüllers in Ettlingen. Von ihm selbst erzählt. 8. (55 S. mit autotyp. Portr.) Karlsruhe 886, (Reiff.) *

Leben des Kaiserlichen Generals und berühmten Ingenieurs Herren Baron Doxat von Morez, Welcher Anno 1738. den 20sten Martii zu Belgrad enthauptet worden, nebst besonderen Umständen des damaligen Türken-Krieges. O. O. 1757. 39 S. 8°. Kart. 15.—
Der General Nicolas Doxat, Seigneur de Morat, geb. 1662 zu Yverdun in der Schweiz, war beschuldigt, die Festung Nissa an die Türken verraten zu haben und wurde deshalb 1738 in Belgrad hingerichtet.

Leben des englischen Ritters Franz von Drake, und seine Thaten. 8. Leipzig 1726.

Leben, Das dreieine, in Gott und jedem Geschöpfe, durch katholische Speculation als Interpretation nachgewiesen... Regensburg 1851. V: *Rechberger, Augustin & Joseph Reiter.* (ADB 27, 496)

LEBEN der Gräfin von Duaimaina, de la Capelle (sol), oder der Wechsel dieser Zeit. Frkft. (Zelle, Gsellius) 1756. 8°. (20 xr.)
Cat. Monath. II. S. 558.

Aus dem Leben der Gräfin Du Barry, letzten Maitresse Louis XV., in ihren Briefen und denen der Prinzen usw. Deutsch v. F. A. Menadier. Braunschweig 1830. V, 193 S.

— aus dem, d. Gräfin du Barry, letzten Maitresse Ludwigs XV. von Frankreich in ihren Originalbriefen, nebst denen d. Prinzen, Minister u. anderer vornehmer u. berühmter Leute, die an sie geschrieben haben. Mit vielen u. belustigenden Anmerkungen. Aus d. französ. Originalien übersetzt von F. A. Menadier. 8. Braunschw. 830. Meyer. 1 ₰ s. auch Lebensgeschichte.

Leben des Herrn Friedrich Du Bois von Montpereux (1798–1850). Njbl. 54 [Horner, Johann Jacob II].

Leben des Hrn Friedrich Dubois de Montpéreux. Zürich [1852]. V: *Horner, Joh. Jac.* (Cat. d. Stadtbibl. Zürich. Zürich 1864—97.)

— des ehrwürdigen Gottesdieners Peter Rosa Ursula Dumoulin Borie, Weihbischof von Acantha, apostol. Vicar, Martirer während d. Verfolgung am 3. Jänner 1838. Mit e. Anhange über die Missionen bei den Ungläubigen. Aus d. Französ. 2 Bde. 8. Wien 846, Mechitaristen-Congreg.-Buchh. 7/12 ℛ︀ß

Leben, Das, des General Dumouriez. A. d. Franz. Hamb. 1795. V: *Hübbe, Carl Johann Heinrich.* (Schr)

Leben des Malers Johannes Dünz aus Bern (1645–1736) .... Njbl. s.a.[Hardmeyer, Carl Wilhelm].

Leben des Malers Johann Dünz von Bern . . . [Zürich 1845.] V: *Hardmeyer, Carl.* (Cat. d. Stadtbibl. Zürich. Zürich 1864—97.)

— V. J. Dúvals, s.a. A. C. Kayser.

Leben Val. Jam. Duval; a. d. Franz. von A. Christoph Kaiser. Regensburg 1784. V: *Koch, Friedrich Albrecht von.* (Ky)

— Val. Jam. Duvals; aus d. Französ. (des Ritters v. Koch), von A. Cph. Kayser. 8. Regensb. 784. 2e verm. Aufl. 788. Montag u. W. 12 gr. s. auch Leben berühmt. Gelehrten. 11r Bd.

LEBEN des Barons von E**. Frkft., Schwan, 1759. 8°. (24 xr.)
Cat. Monath. II. S. 558.

Leben. Aus Gerold Eberhard's L' (1824–1880). Njbl. Zürich 1884 s. [Hirzel, Paul].

Leben eines Niedersächsischen Edelmanns; ein Gegenstück zu Trenks Leben. Berlin 1789—95. V: *Brockdorff, Cai Frdr. von.* (MGT) (Kordes, Schlesw.-holst. u. eutin. Schriftst. Schleswig 1797.)

— e. niedersächs. Edelmanns, e. Gegenstand zu Trenks Leben 1r u. 2r Thl. 8. Berlin. (Vieweg in Braunschweig.) 789.

— — desselben 3r. 8. Leipz. Gräff. (Hammerich, Altona.) 796. (auch unt. d. Tit.: Briefe eines Niedersächs. Edelmanns.)

— ein edles. Von der Verf. des „John Halifax." Aus dem Engl. von Sophie Verena. Autoris. Ausg. 2 Bde. Leipzig 866. E. J. Günther. 8. (312 S.) n. 1 ℛ︀ß 10 ngr.

Leben, Ein edles. Von der Verfasserin von "John Halifax". Aus dem Englischen von Sophie Verena. Autorisirte Ausgabe. 2 Bde. Wien: Last's Verlags-Exped. 1866. 165, 147 S. 8°

Leben edles
Ein edles Leben. Von der Verf. von "John Halifax". 1875
s.a. Mulock, Dinah Maria [Verf.]

Leben, Ein edles. A. d. Engl. von Sophie Verena. Aut. Ausg. 2. Aufl. Leipz. 1875. V: *Craik, Dinah Mary geb. Mulock.* (Russell II/1, S. 134)

— ein edles. Von der Verf. von „John Halifax". 8. (312 S.) [Leipzig 875, E. J. Günther.] Berlin, Nicolai'sche Buchh. *

Leben u. Ehrengedächtniß Thom. Abbts. 8. Berl. 767. Nicolai. 4 gr.

Leben und Ehrengedächtniss Friedrichs I. Königs von Schweden. Cassel 1752. V: *Arckenholtz, Joh.* (Pr)

— u. Ehrengedächtniß Ew. v. Kleist. 8. Berl. 760. Nicolai. 4 gr.

Leben der heiligen Ehrentrud . . . Salzburg 1803. V: *Rumpler, Matthias.* (Hr)

— des Abtes Eigil von Fulda u. der Aebtissin Hathumoda von Gandersheim ꝛc., s.a. Geschichtschreiber, die, der deutschen Vorzeit.

Leben des Abtes Eigil von Fulda und der Aebtissin Hathumoda von Gandersheim, nebst der Uebertragung des hl. Liborius und des hl. Vitus. Uebersetzt von Georg Grandaur. 8. Leipzig 1888.
Die Geschichtschreiber der deutschen Vorzeit .... IX. Jahrhundert. Band 12.

— das, ein Traum. 8. Leipz. 778. Büschel. 5 gr.

Leben, Das, ein Traum. Ein dramatisches Gedicht in 5 Akten. Nach dem Spanischen des Calderon de la Barca für die deutsche Bühne bearbeitet. Wien 1816. B: *Schreyvogel, Joseph.* (BiblPort)

— Ebendasselbe, nach Gries Uebersetzung für die deutsche Bühne frey bearbeitet von J. B. v. Zahlhas. 8. Leipzig, Voß. 818.

— das, ein Traum, dramat. Gedicht in 5 Aufzügen. Nach d. Span. des Calderon de la Barca bearbeitet von C. A. West. 3 Aufl. gr. 8. Wien, Wallishauser. 820.

— d. Einsamen; aus d. Französ. 8. Augsb. 796. Wolff. 7 gr.

— Elchanans, e. von d. Juden erdicht. Papstes. 8. Frankf. a. M. 754. Andreä. 2 gr.

— das, des Elephanten, siehe: Wochenbände.

Leben Eleonorä Christinä, Gräfin von Ulfeld. Copenh. u. Leipz. 1754. V: *Bang, Oluf.* (Bruun, Bibl. Danica III, 1539.)

Leben, Das, der Königin Elisabeth. A. d. Ital. . . . Hamburg 1707. V: *Leti, Gregorio.* (EB)

Leben Elisabeth I., russischen Kaiserin. Erfurt 1749. 8⁰.
Cat. Cammerer II. 1796. 8⁰. p. 331.

Leben, das, der heil. Elisabeth, s.: Bibliothek d. litterar. Vereins in Stuttgart. 90.

— der heiligen Elisabeth, s. Volksbücher, illustr.

– der heil. Elisabeth und der seligen Gertrud. A. u. d. T.: Die heil. Elisabeth u. die selige Gertrud. Mit d. Bildn. der h. Elisabeth. gr. 12. Schweidnitz 840. Hege. 1½ ℛ

—— das, der hl. Elisabeth Bona v. Reute. Nach einer deutschen wieder aufgefundenen Handschrift vom J. 1624. Hrsg. von einem Priester der Diöcese Rottenburg. 2. Aufl. 8. (III, 44 S.) Waldsee 879, Liebel. *
—— dass. — 3. Aufl. gr. 16. (IV, 80 S. mit Portr. in Holzschn.) Ebendas. 879. *

Leben, Elliots, nebst praktischen Bemerkungen aus dessen Leben gezogen ... Hamburg 1783. V: *Buchenröder, Joh. Nic. Carl.* (EB)

— des General Elliot, nebst Bemerkk. zur Geschichte von Gibraltar. Mit 1 Kpf. 8. Hamb. 783. Müller. 1 ℛ 2 ℛ ill. 1 ℛ 8 ℛ

Leben, Adam Elzheimer's, nebst einem Verzeichniss seiner Gemählde ... [Mannheim ca. 1790.] V: *Wöllfeldt, Joh. Caspar.* (MGT)

LEBEN des Heiligen Beichtigers Emerici, königlichen Prinzen von Ungarn. Dessen Fest fällt den 5-ten Wintermonaths. Skalitz 1825: F. X. Skarnitzl. 8 S. - gr. 8⁰

— Emmerans Bisch. in Regensb. 8. Regensburg. 726.

—— das, der gottsel. Anna Katharina Emmerich, Augustinerin im ehemal. Kloster Agnetenberg zu Dülmen in Westfalen. 2. Aufl. 8. (IV 124 S. mit 1 Holzschn.-Bildnisse der sel. Begnadigten.) Dülmen 885, Laumann'sche Verlagsh. *

HIESEL. — Leben und Ende des berüchtigten Anführers einer Wildschützenbande, Mathias Klostermayrs, oder des sogenannten Bayerischen Hiesels, aus gerichtlichen Urkunden gezogen, mit genau nach den Umständen jeder Begebenheit gezeichneten Kupfern gezieret. Augspurg 1772. 8⁰.

Leben u. Ende d. berücht. Anführers e. Wildschützenbande, Matth. Klostermayers, od. d. sogen. baier. Hiesels, mit Kpf. 8. Augsb. 772. Rieger. 6 ℛ

— u. Ende Joh. Bücklers, gen. Schinderhannes, u. seiner Familie rc. 8. Manh. 804. Kaufmann. 4 ℛ

Leben und Ende der Susanna Gehring von Ruedlingen. Zürich 1820. V: *Fäsi, Joh. Casp.* (Cat. d. Stadtbibl. Zürich. Zürich 1864—97.)

—— und Ende des berüchtigten Hundsfattlers, s. Erzählungen merkwürd. Begebenheiten rc.

— u. Ende Don Karlos. 8. Wien 794. Doll. 10 ℛ

—— und Ende, das, des unglücklichen Königs Ludwig II. von Bayern. Nach authent. Quellen bearb. 1.—7. Aufl. gr. 8. (16 S. mit 2 Vollbildern: Portr. Ludwig II. und Dr. Gudden.) Leipzig 886, Milde.

— u. Ende des Herzogs von Orleans. Nach den zuverläss. Quellen u. neuesten Berichten von Augenzeugen seiner letzten Stunden. Mit 3 Abbild. u. 1 Stammtaf. der Häuser Bourbon u. Orleans. gr. 8. Burg u. Berlin 842, Otto. n. ⅓ ℛ

— u. Ende merkwürd. Selbstmörder; nebst den Selbstmord betreff. Abhandll., herausg. von H. G. Tzschirner. gr. 8. Weissenf. 805. (Baumgärtner in Leipz.) 18 ℛ Hbg. Pr. 12 ℛ

— u. Ende Sophie Charlotte, Gräfin zu Wernigerode. 8. Halle 764. Waisenh.-B. 4 ℛ

—— und trauriges Ende d. am 15. Oct. 1836 zu Darmstadt hingericht. Waldfrevlers u. Mörders Jac. Trumpfheller, aus Weitengesäß im Landrathsbezirk Erlach. Mit e. Anh., die beiden Briefe d. großh. Stadtpfarrers Stücker an d. Wittwe d. unglückl. Waldförsters u. d. Mutter d. Mörders enth. gr. 16. (1 B.) Darmstadt 836, Lange.

Leben des guten Jünglings Engelhof. München 1781—82. V: *Westenrieder, Lorenz.* (MGT) (HTbPP) (Ky)

— d. guten Jünglings Engelhof, (v. Lor. Westenrieder). 2 Thle. 8. Landsh. 781, 82. (Fleischmann in Münch.) 2 ℛ 16 ℛ

— d. schönen Engländerinn. 8. Frkft. u. Lpz. 747.

LEBEN, Das, der schönen Engelländerin. (Zahmer Roman.) Mit 1 Kpf. Franckfurt u. Leipzig 1748. 8⁰. 7 Bogen.

— englisches, der heil. Jungfr. Adelgundis. R. A. 8. Frankf. a. M. ... Wesché. 6 ℛ

— u. Enthauptung d. Graf. J. Ulrich v. Schafgotsch u. des kaiserl. Generals Bar. Dopat. v. Morey. 8. Bresl. 757. Scheidbauer. 3 ℛ

— und ausgewählte Enthüllungen gotterleuchteter Seher u. Seherinnen. Von e. Curatpriester. 1—5. Lfg. gr. 8. Würzburg 873. Woerl. 2. 40
1. (48 S.) — 60. — 2. u. 3. (S. 49—116.) n. — 80. — 4. (S. 117—157.) n. — 50. — 5. (S. 158—198.) n. — 50.

— D'Eon de Beaumont, ehemal. Ritters, a. d. Franz. 8. Lpz. F. C. W. Vogel. 779.

Leben, Das, des heiligen Ephraem, des Syrers, ... aus dem Syrischen übersetzt ... von J. Alsleben. Berlin 1853.

Leben des Erasmus. Zürich 1789. V: *Gaudin, Jean.* (GGr) (Ky) (MGT)

— Erasmus f. d. Bürger. 8. Berl. Voß.

Leben des Desiderius Erasmus ... Leipzig 1802. V: *Wagner, Gottlob Hnr. Adolph.* (BrMm) (MGT) (GGr) H: *Tischer, Johann Friedrich Wilhelm.* (Ky) (NN)

— des Desiderius Erasmus, (von Glo. Hnr. Ad. Wagner; herausg. von Jh. Fr. W. Tischer). Mit 1 Kpf. 8. Leipz. 802. Voß. 12 ℛ

— Erasmus v. Rotterdam, s. Burigny.

— des Erasmus v. Rotterdam, (v. Jh. Gaudin). gr. 8. Zürich 789. Ziegler u. S. 14 gr.

Leben, Das erbauliche, der Frau Regina Soph. Hasselquist ... A. d. Schwed. Altona 1782. V: *Hasselquist, Carl.* (Bruun, Bibl. Danica III, 1154.)

Leben des geh. Raths Johann Stephan von Erckert. Bayreuth 1767. V: *Lang, Lorenz Johann Jacob.* (Fiker)

— vom, d. Erde. (Von A. Löwis.) 8. Tübing. 807. v. Cotta. 12 gr.

Leben und Ereignisse des Peter Prosch, ... , od. das wunderbare Schicksal. Geschrieb. in den Zeiten der Aufklärung. Mit Portr., gest. von *Joh. Geo. Klinger* in Nürnberg. München 1789. Bey Ant. Franz, kurfürstl. Hof-, Akad.- u. Landschafts-buchdr. 8°. Hsrab., hübsches Expl.

13 Bll. (incl. gefalt. Portr.) u. 340 S. Mit 12 Kpfrn. (meist nach Amb. Gabler von J. G. Klinger schön gestoch.; interess. Costumbilder). Am Schluss: „Ende des ersten (eins.) Theiles."

—— das, des Erlösers, d. christl. Jugend z. Erweckung früher Gottesfurcht durch Abbildn. u. geschichtl. Darstell. d. wichtigsten Auftritte dess. an's Herz gelegt. Hrsg. v. Gerhard u. Menzel. 1—8. Hft. 8. (16 B.) Breslau 831. (Leipzig, Central-Compt.)

— u. Ermordung Conrads I., Bischofs zu Würzburg. Eine Scene aus d. 13n Jahrh. (v. J. K. Volkhardt). 8. Frankf. a. M. 791. Behrens. 12 gr. (Jäger das.) 18 gr.

Leben und Ermordung Conrad's I. Bischofs zu Würzburg ... Frankfurt a. M. 1802. V: *Volkhardt, J. K.* (HThPP) (Ky) (MGT)

— u. Ermord. Conrads I. Bisch. zu Würzburg. Eine Scene a. d. 13ten Jahrh. 8. Frankf. Behrens. 802.

— Ernst Ernesti's, Bürgermeisters in Nordhausen. 8. Eisenach 751. Groß. 1 gr.

Leben Ernesti, Herzogs zu Braunschweig und Lüneburg ... Braunschweig 1719. V: *Bertram, Joh. Georg.* (Pr) (Myl)

Leben, Das, im Ernst. Sechs Vorlesungen über christliche Thätigkeit und christlichen Eifer. Nach d. Engl. Berlin 1854. V: *Hamilton, James.* (Ky) (Zu)

—— das, im Ernst. Sechs Vorlesungen über christl. Thätigkeit und christl. Eifer (von James Hamilton). Nach dem Engl. 16. (XVI und 138 S.) Berlin 854, Schlawitz.

— das, im Ernst. 6 Vorlesgn. üb. christl. Thätigkeit u. christl. Eifer. Nach dem Engl. 2. Ausg. gr. 16. (138 S.) Leipzig 875. Hinrichs' Verl. 1. —; geb. n. 1. 50

Leben (Geschichte) Ernst Augusts, Herzogs zu Sachsen-Weimar und Eisenach. 8. Erfurt 1749.

Leben Ernst Johann Birons, Herzogs von Curland. O. O. 177?. V: *Rühl, Philipp Jacob.* (MGT)

— z. Erweckung u. Erhalt. bürgerl. Tugenden. 8. Augsb. Stage. 777.

— u. Erzählungen v. d. Thaten Kaiser Maximilians od. d. weise Kunig. Fol. Wien, Camesina. 775.

— d. Erzherzoge in Oesterr. d. a. Joseph I. 2 Thle. m. K. 8. Nürnb. 695. 713.

— d. Erzherzoge zu Oesterreich, als d. Kaiser Leopold I. Joseph I., u. Carl IV. 4. Nürnb. Endter.

Leben des Erzschelms, genannt Don Paul v. Guevedo Villegas, s. Sammlung spanischer Originalromane, 2s Bdchen.

— J. K. Eschers, Bürgermeisters d. Republik Zürich, (von Dav. Wyß). gr. 8. Zürich 790. Orell. 1 rthl.

Leben des Prinzen Eugenii. 8. Mit 2 Plän. Leipzig 1738.

Leben des Prinzen Eugenii, Herzogs von Savoyen. 6 Thle. 8. M. K. Nürnberg 1736 – 39.

Leben des Prinzen Eugen von Savoyen. Prag 1779. V: *Eckardt, Fch. Samuel Lucas.* (GGr VII/462, Nr. 7/4) (BiblPort)

Leben und Thaten, Eugens. Wien 1791. V: *Pezzl, Johann.* (EB)

Leben und Leiden, Eulerkappers, eine trag-comische Geschichte. Halle 1801. V: *Laukhard, Fch. Chn.* (BGE IV, 42)

Leben d. 4 Evangelisten u. Kirchenlehrer, nebst andächt. Gebeten. Mit 8 Kpf. 8. Augsb. 831. Schlosser. 3 gr.

— das ewige, in zehn Lehrstunden unsern Kindern erklärt. Nach dem Engl. 2. neu bearb. Aufl. gr. 16. (81 S.) Stuttgart 875. Neukirchliche Buchh. geb. n. — 50

— das ewige, das Fundament der Lehre Jesu. Die neuverkündigte christl. Lehre auf Grund der göttl. Worte der Bibel. Von F. W. (116 S.) 8. Schmiedeberg (907). F. E. Baumann. 1. 50

—— Fahrt u. Martyrtod d. h. Ursula u. ihrer Gesellschaft. Eine lehrr. u. unterhalt. Erzähl. z. Erbau. f. kathol. Christen jed. Alters u. jed. Standes. Von e. kathol. Pfarrer (Engelb. Mich. Jos. Heinen). 8., verm. u. verb. Aufl. gr. 12. (2¼ B. u. 1 Bildn.) Köln 838. (Leipzig, Polet.) *

— Fahrten u. Geniestreiche d. Hrn. Schönklugs. 3 Bde. 8. Leipz. 802. (Rauck). 3 rthl.

LEBEN, Fahrten und Geniestreiche Herrn Schönklugs, leiblichen Sohnes eines lustigen Franziskaners. 3 Bde. Mit 3 TKpfrn. Leipzig, Sommer, 1802. 12°.

Tit., 326, 278 u. 511 SS. Bearb. eines französ. Originals? (2 Mk. Scheible; 3 Mk. Kühl; jetzt theurer!)

—— das, des Johannes Falk, s. Lebensbilder aus der Geschichte der inneren Mission.

Leben, Das, des Johannes Falk. Hamburg 1854. V: *Oldenburg, Frdr.* (Zu)

Leben und Schriften, Johann Heinrich von Falkenstein. [Nürnberg 1790.] V: *Münch, Maximilian.* (BB) (ML)

Leben, Das, eines Farospielers. Leipzig 1794. V: *Hesler, Ernst Fch.* (BGE IV, 68)

Leben eines Pharospielers. Leipzig 1794. V: *Hesler, Ernst Frdr.* (Ky) (MGT) »Farospielers« (BGE)

— eines Farospielers, (v. E. F. Hesler). 8. Leipz. 794. Kummer. 20 gr.

Leben des Elias Matthäus Faulhaber, Predigers aus Münster in Ulm. [Gotha 1794]. V: *Schmid, Joh. Christoph.* (MGT)

— d. Erzzauberers Dr. J. Fausts. 8. Nürnberg, Stein. 726.

Leben, Thaten und Höllenfahrt, Fausts. ... Petersburg u. Leipzig [Carlsruhe] 1791. N. A. 1794—99. V: *Klinger, Frdr. Maxim. von.* (GGr) (Ky) (Wr) (MGT) (EE) (BrMm)

Leben, Thaten und Höllenfahrt, Doctor Fausts. Trauerspiel in drei Aufzügen. Für Kindertheater bearbeitet. Wien [1878]. V: *Neidl, Julius.* (GGr ³IV/3, 785 sub 47d)

Leben, Natur und Grundsätze, Johann Georg Heinrich Feder's, ... Leipzig 1825. H: *Feder, Carl August Ludwig.* (BrMm)

Leben, Das, im Fegefeuer ... Pirna 1801. V: *Schilling, Frdr. Gust.* (MGT) (NN)

—— das, im Felde. Ein Lehr- und Lesebuch für junge Officiere und die Unterofficiere der Infanterie. Bearb. von E. v. St. 1. Bd.: Der Soldat auf dem Marsche. 2 Abthlgn. br. 8. (XXIII und 463 S.) Leipzig 859. 60, [Matthes.] [1. Abthl. * 12 Ngr., 2. Abthl. * 18 Ngr.] *

Leben, Das, im Felde. Ein Lehr- und Lesebuch für junge Officiere und die Unterofficiere der Infanterie ... Leipzig 1860. V: *Sodenstern, E. von.* (KA)

Das Leben im Felde. Der Soldat auf dem Marsche. Ein Lehr- und Lesebuch für junge Offiziere u. die Unteroffiziere der Infanterie bearb. v. E. v. St. Berlin. 1861. 8°

—— das, im Felde. Ein Lehr- und Lesebuch für jüngere Kameraden. Bearb. von E. v. St. 2. Bd.: Der Soldat im Quartier. 12. (XVI und 374 S.) Berlin 862, Schlesier. *
1. Bd. [Ebendas.] 1859,60. * 24 Ngr.

— d. berühmtesten Feldherren, aus d. Cornel. Nepos. 4. Frankf. 766. Kochendörfer. 8 gr.

— u. Feldz. d. Gener. Moreau, m. Anecd. a. d. Französ. m. Anmerk. Zus. Portr. u. Charten. 8. Leipz. Hinrichs. 802.

Leben u. Feldzüge Moreau's, mit sich darauf beziehenden merkw. Anekdoten. Leipz. 802. 2e umgearb. Aufl. bis zum Tode des Helden fortges. Mit Portr., Plänen u. Karten. 8. Ebd. 814. Hinrichs. 1 Rthl. 4 gr.

Leben und Feldzüge Jean Victor Moreaus. Cöln 1805. 8°

— u. Feldzüge Victor Moreau's. 1r Thl. 8. Köln 805. Rommerskirchen. 1 Rthl. 12 gr. 2r Thl. od. General Moreau des Hochverraths beschuldigt, dess. Criminalproceß, Vertheidigung und Urtheil. 8. Ebd. 805. 1 Rthl. 14 gr.

— u. Feldzüge d. General-Feld-Marschalls Alex. Suwarow Rimninsky in Italien. Mit Plän. gr. 4. Leipz. 799. Hinrichs. 1 Rthl. 8 gr.

— u. Feldzüge d. Feldmarschalls Lord Wellington. 8. Prag 815. Calve. 1 Rthl. (s. auch Wellington.)

—— und Feldzüge d. Herzogs v. Wellington. Nach W. H. Maxwell, G. N. Wright u. Alexander, sowie mit Benutz. d. übrigen neuesten engl. Quellen deutsch bearb. v. F. Bauer. 1—5. Bd. gr. 8. Quedlinburg, Basse. [1. (25 B. u. 4 Stnt.) 840., 2. (30 B. u. 1 Stnt.), 3. (29½ B. u. 2 Abbild.) 841., 4. (35⅓ B. u. 4 Abbild.), 5. (38½ B. u. 4 Schlachtpläne.) 842. à 1⅔ Thlr.]

—— u. Feldzüge des Herzogs von Wellington. Nach W. H. Maxwell, G. N. Wright u. Alexander, so wie mit Benutzung der übrigen neuesten engl. Quellen, deutsch bearb. v. F. Bauer. 6. (u. letzter) Bd. gr. 8. (24 B.) Quedlinburg 844, Basse.
1—5. Bd. Ebendas. 1840—42. 8 Thlr. 10 Ngr.

— d. Herz. Ferdinand von Braunschweig, siehe Entwurf.

— des Ritters Ferdinand v. St. Urbain, nebst e. Verzeichniß seiner Medaillen. 4. Nürnb. 770. Zeh. 6 gr.

—— Ferdinand's II., Kaisers von Deutschland und der deutschen Kaiserin Anna Eleonora, s. Leben ausgezeichneter Katholiken.

— d. Pr. Cammermusic. Fesch v. K. F. Zelter. gr. 4. Berl. Unger. 801.

— das, in der Schlüsselburger Festung. (In russ. Sprache.) (187 S.) 8. Berlin 904. H. Steinitz. n. 3. —

Leben des heiligen Fiaker. Wien 1848. H: *Gräffer, Franz.* (WBL)

— Fibels, s. Richter, Jean Paul Friedr.

— das, des Philosophen u. Prof. Joh. Gottlieb Fichte, geboren zu Rammenau in der Lausitz. [Abdr. aus dem „sächsischen Erzähler."] 16. (60 S.) Bischofswerda 851. (Radeberg, am Ende.) n. 3½ ngr

— d. berufenen Signor Fioraventi, unt. d. Namen d. Marquis Damis bek. 4 Thle. 8. Frankf. u. Leipz. 740.

Leben des Quintus Firlein, aus 15 Zettelkästen gezogen, nebst einem Mustheil und einigen Jus de tablette, von Jean Paul, (Richter) 8. Bayreuth, 796. Lübecks. 1 Rthl. 10sgl.
Hierzu als Anhang:
Geschichte meiner Vorrede zur zweyten Aufl. des Quintus Firlein von Jean Paul, 8. Daselbst, 797. 10 sgl.

— vlämisches. Geschichten u. Bilder. Deutsch von Ferd. v. Hellwald. Wien 867. Hilberg. 8. (III, 235 S.) 1 ℛ

Leben Moll Flanders Das ist: einer, also genannten Engländerinn, Erstaunens-wehrte Glücks- und Unglücks-Fälle, die sie, in 60 Jahren und darüber mit unaussprechlichen Veränderungen erlebet, und endlich selber beschrieben hat. Nach der vierten Auflage aus dem Englischen verteutschet durch Mattheson. Hamburg 1723. V: *Defoe, Daniel.* (BGE IV, 59)

Leben Moll Flanders, einer also genannten Engelländerin, welche 60 Jahre erlebet. Hamb. 1745. V: *Defoe, Daniel.* (BGE IV, 59)

Leben, Moll Flanders, einer also genannten Engelländerin, welche 60 Jahre erlebet. [A. d. Engl.] Hamb. 1746. V: *Defoe, Daniel.* (BGE)

— d. Sächs. Feldmarsch. Gr. v. Flemming. 4. Naumburg. 731.

Leben der Grafen von Flemming, Vitzthum und Watzdorf. Naumburg 1722.

—— das, des ehrwürdigen Joh. Wilh. Fletscher, Pfarrers von Madeley in England. Aus dem Engl. übers. 16. (120 S.) Cincinnati 854(57). (Bremen, Heyse's Verlag.) **

— Joh. Wilhelm Fletscher's Pfarrers zu Madeley, nach der Bearbeitung v. J. Benson. Aus d. Engl. (Nach der 6n Aufl.) Mit e. Vorrede des Consistor.-Raths Dr. Tholuck. Mit dem Bildn. u. Facsimile Fletscher's. 8. Berlin 833, Eichler; jetzt Thome n. 1 ℛ

— d. Cardin. Fleury, u. merkw. Umst. v. d. Fall Chauvelins. 8. Hamb. 744.

Leben, Friedrich von Flotow's. Von seiner Wittwe. Leipzig 1892. V: *Svoboda, Rosa.* (Berl)

— des sel. Petrus Forerius (Fourier). Nach einer latein. Ausg. bearb. von Ant. Etzinger. 2. unveränd. Ausg. 8. (VIII u. 213 S.) Sulzbach 847, v. Seidel. ¾ ℛ

Leben, Das, von Ernst Günther Förstemann. Wernigerode 1859. V: *Förstemann, Ernst Wilhelm.* (Haan)

— aus dem, Joseph Fouché's, Herzog v. Otranto. Nach authent. Quellen u. mit wicht. Actenstücken für d. neueste Zeitgeschichte. Anhang: Schreiben Fouché's an Wellington. 8. Leipz. 816. Brockhaus. 18 ℊ

— d. sel. Peter Fourier, Pfarrer von Mattaincourt, Stifter d. Congregation Uns. L. Frau, Reformator der Augustiner-Chorherren. Von e. kathol. Priester. 12. (325 S.) Steyl 895. Missionsdruckerei. n. 1. 20; geb. in Leinw. n. 1. 70

FRANCESCO'S, eines Mitgliedes von Fra Diavolo's berüchtigter Bande, Leben, Schicksale u. trauriges Ende. Wien 1845. 8°. (2 Mk. Frz. Teubner, c. 1897.)

—— in Frankfurt am Main. Auszüge der Frag- und Anzeigungs-Nachrichten (des Intelligenz-Blattes) von ihrer Entstehung an im J. 1722—1821. Gesammelt von Maria Belli, geb. Gontard. 1—9. Bd. gr. 8. Frankfurt a. M. 850, (Carl Jügel.) à Bd. * 12 Ngr. *

Inhalt:
Bd. 1. Vom J. 1722—1731. (120 S.)
" 2. Vom J. 1732—1741. (132 S.)
" 3. Vom J. 1742—1751. (140 S.)
" 4. Vom J. 1752—1761. (205 S.)
" 5. Vom J. 1762—1771. (199 S.)
" 6. Vom J. 1772—1781. (201 S.)
" 7. Vom J. 1782—1791. (181 S.)
" 8. Vom J. 1792—1801. (145 S.)
" 9. Vom J. 1802—1811. (153 S.)

– Benj. Franklin's, s. Biographien f.d. Jugend. 1. Bd.

Leben des Benjamin Franklin, s. Geschichts-Bibliothek, 3. Bdchn.

— das, d. Franz v. Assis. 8. (39 S.) Dinglingen (897). (Frankfurt a/M., J. Schergens.) n. — 20

— das, des frommen Bruders Franz, eines Spaniers. Gesammelt u. mit e. Anhang: „Ueber die Einfalt" vermehrt herausg. von e. kathol. Geistlichen. 12. Landshut 833. Krüll. 5 ℊ

—— das, d. frommen Bruders Franz, e. Spaniers. Gesammelt u. mit e. Anh.: „Ueber d. Einfalt" verm. hrsg. v. e. kathol. Geistlichen. 12. (6 B.) Landshut 833. [Regensburg, Manz.]

— des heiligen Franz von Sales, s. Leben ausgezeichneter Katholiken.

— des heiligen Franz v. Sales mit einem Anhang. Wien 866. Mayer & Comp. 8. (VI, 132 S. mit 1 Stahlst.) 13½ ngr.

— des hl. Franz v. Sales, 2. Aufl., s. a. Lager.

Leben des heiligen Franz von Sales nach dem Franz. bearbeit von [Johann Christoph] Lager. 2. Aufl. Paderborn 1903. V: *Hamon, André Jean Marie.* (EB)

— des heiligen Franz v. Sales, Fürstbischofs v. Genf. Nach der 5. Aufl. aus dem Französ. übers. v. J. C. Lager. 2 Bde. gr. 8. (XVI, 446 u. 357 S.) Regensburg 871. Manz. 8. 40

— des heil. Franz Xaver u. des heil. Franz v. Sales. A. u. d. T.: Der heil. Franz Xaver u. der heil. Franz v. Sales. Herausg. von mehr. kathol. Geistlichen. Mit d. Bildn. des heil. Franz Xaver. gr. 12. Schweidnitz 840. Heege. 1½ ℊ

— Franciska de Regis. 8. Augsb. Wolf. 720.

—— des heil. Franciscus v. Hieronymo (Girolamo), Priesters der Gesellschaft Jesu, welcher von dem Papste Gregor XVI. am 26. Mai 1839 heilig gesprochen wurde. Nach d. Italien. v. Mich. Sintzel. 8. (25 B. u. F's Bildn.) Augsburg 843, Rieger'sche Buchh.

Leben des heil. Johannes Franziskus Regis, Priesters der Gesellschaft Jesu. Ein wichtiger Beitrag zur Geschichte der Volks-Missionen in christlichen Ländern. Umgearb. v. einem Priester in München. (Besonders abgedr. aus dem „Bonifacius-Denkmal." Jahrg. 1847.) 16. (194 S.) Bonn 847, Wittmann in Comm. n. 1/4 ₰

— des heiligen Franziskus m. der Natur. Singgedicht. Von e. Schwester der Heimsuchg. Mariä zu Zangberg. Mit 13 Orig.-Zeichngn. v. Karl Herrmann, in feinem eingedr. Holzschn. gr. 8. (47 S.) Regensburg 872. Manz. 1. 50

— d. heil. Pat. Franziscus, Ordensstift. d. Mindenbrüder, m. K. 8. Augsb. Raspe. 766.

— d. Franziscus v. Hieronymo ꝛc. 8. Augsburg, Doll. 808.

— des heiligen Vaters Franziskus von Assisi, s. Geist des dritten Ordens ꝛc.

— des heiligen seraphischen Vaters Franziskus v. Assisi. Bearb. von M. v. G. Mainz 868. Kirchheim. 16. (VIII, 198 S.) 7½ ngr.

— das, des hl. Franziskus-Xaverius aus der Gesellschaft Jesu, s.: Propaganda-Schriften. 28.

Aus dem Leben Unserer Lieben Frau (Deckelt.: Marienleben). Siebzehn Kunstbl. nach d. Originalcartons d. Malerschule v. Beuron zu d. Wandgemälden d. Klosterkirche zu Emaus-Prag. M. siebzehn Sonetten v. P. Fritz Esser, S. J. '(Vf. d. Marienminne)' u. e. Vorw. (Vorr.: W. K.) . . . 2. Aufl. *M. Gladbach: B. Kühlen 1896.* (4 Bl., 17 Taf. m. je 1 Erl.-Bl.) 1 Bd quer-4. [98. 804

— aus dem, edler Frauen. Histor.-moral. Schilderungen als Muster zur Nachahmung. Vom Herausg. d. „Beispiele d. Guten," (J. C. F. Steudel). 8. Stuttg. 828. Steinkopf. 1 ₰

— etlicher gelehrten Frauenzimmer. 8. Wien 795. (W. G. Korn in Bresl.) 8 gr.

—— das, des Obersten Fremont. gr. 8. (32 S. mit eingedr. Holzschn.) New-York 856 (57). (Philadelphia, Schäfer und Koradi.) *

Leben. ... das L' des Malers Daniel Albert Freudweilers von Zürich (1793–1827). Njbl. s. a. [Füssli, Wilhelm].

Leben, Das, des Malers Daniel Alb. Freudweilers von Zürich. [Zürich 1832.] V: *Füssli, Wilh.* (Cat. d. Stadtbibl. Zürich. Zürich 1864—97.)

FRIEDEMANNS, Karl, Leben. Frankf. (Herrmann) 1783. 8°. (1/2 Rthl.) Rar!

— Friedrich Augusts d. Groß., Kön. in Pol. u. Churf. zu Sachs. m. K. 8. Walther, Dresd. 734.

Leben und Heldenthaten, Des glorwürdigsten Fürsten . . . Friedrichs Augusti . . ., . . . in historischer Ordnung beschrieben . . . Frankfurt u. Leipzig 1734. V: *Fassmann, David.* H: *Horn, Johann Georg.* (BrMm) (Dn)

— Friedrichs d. Großmüthigen, Kurfürsten zu Sachsen. 8. Dresd. 776. Hilscher. 8 gr.

— Friedrichs, Kön. v. Schweden u. Landgraf v. Hessencass. 8. Leipz. Deer. 746.

— — dass. m. Anmerk. erläut. 8. Stockholm, Weber. 744.

—— das, Kaiser Friedrichs d. Rothbarts, dargest. f. d. Jugend. 16. (9⅛ B. u. 6 Kpfr.) Bern 837, Jenni Sohn. Thlr.

Leben Königs Friedrich VI. von Dänemark. [Ilmenau 1828.] V: *Rüder, Friedrich August.* (LS)

Leben Friedrichs des Weisen, Kurfürsten von Sachsen. Dresden 1776. V: *Behrisch, Henrich Wolfgang.* (Behrisch, die Wiener Autoren 1784.)

— Friedrichs d. Weisen, Kurfürsten v. Sachsen. 8. Dresd. 776. Hilscher. 6 gr.

Leben Friedrich Wilhelms III., Königs von Preussen. (21 B.) 8. Mohrungen 1841. 2,50.

Leben und Thaten, Friedrich Wilhelms des Grossen, Chur-Fürstens zu Brandenburg. Mit Register. Berlin und Franckfurt 1710. V: *Gundling, Jacob Paul von.* (HHBD IX, 323)

Leben Friedrich Wilhelms, Kön. v. Pr. v. d. Verf. d. Brandenb. Merkwürdigk. 8. Frankf. u. Leipz. (Lange in Berlin.) 758. Rthlr.

— Friedrich Wilhelms II. K. v. Pr. v. Kosmann. 8. Berl. Belitz. 798.

— — — Versuch e. Darstell. seines Lebens u. Wünschen an sein. Thronfolger. 8. Leipz. Sommer. 798.

— — — s. auch Abriß.

— Friedrichs II. s. Charakteristik. — s. auch J. C. Freier.

— Friedrichs II., skizzirt v. e. freymüth. Manne. 4 Thle. 8. Amsterd. (Sommer, Leipz.) 806.

— — dasselbe im Auszuge. 4 Thle. 8. Augsb. Wolff. 789.

Leben Friedrichs des Zweiten, Königs von Preussen . . . Amsterdam [Wien] 1789. V: *Richter, Jos.* (BGE) (Ky) (Baumg) (BrMm) (Cat. d. Stadtbibl. Zürich. Zürich 1864—97.)

Leben Friedrich des Zweiten Königs von Preussen skizziert von einem freymüthigen Manne. Erstes bis viertes Bändchen. Amsterdam 1789. Zweyte Auflage Amsterdam 1789. V: *Richter, Joseph.* (Hans Viktor Pisk: Josef Richter. Diss. Wien 1927. 117/119) (Bespr. Allg. Lit.-Ztg. 1789, II, 393) (Oberdeutsche Lit.-Ztg. 1789, I, 433) (Novellen aus dem Archiv der Wahrheit und Aufklärung für Menschen in allen Ständen u. Verhältnissen von einem Kosmopoliten. Germanien 1789)

— Friedrichs II., Königs v. Preußen, skizzirt von e. freimüthigen Manne (Jos. Richter). 4 Bde. 8. Amsterd. u. Wien 789. N. A. Leipz. 816. (W. Rauck). 2 ℛ Dass., im Ausz. 2 Thle. 8. Augsb. 789. Wolff. 16 g (Coppenrath in Münster). 1 ℛ

Leben Frinks des Sohns. Kopenhagen 1787. V: *Krögen. Carl Hnr.* (ML)

—— frommes, s. Hoch, Benno.

—— u. Führung Johann Jürgen Koch's, eines armen Einliegers (Käthners) der Bauerschaft Löhne im Fürstenthume Minden. — Dem noch einige von ihm selbst gedichtete Lieder hinzugefügt sind. 3. Aufl. 12. (9 B.) Hamburg 841, Niedersächs. Gesellschaft zur Verbreit. christl. Erbauungsschriften. *

—— und Führung von Johann Jürgen Koch, einem armen Landmann in Westphalen. Nebst einem Sendschreiben und einigen Liedern Kochs. gr. 16. (112 S.) Neu-York 854. (Philadelphia, Schäfer und Koradi.) *

Leben. ... das L' Heinrich Füessli's von Zürich (1755–1829). Njbl. s.a. [Horner, Johann Jacob /].

Leben, Das, Heinrich Füessli's von Zürich. [Zürich 1831.] V: *Horner, Joh. Jac.* (Cat. d. Stadtbibl. Zürich. Zürich 1864—97.)

Leben. ... das L' des Malers Johann Heinrich Füessli von Zürich (1741–1825). Njbl. s.a. [Horner, Johann Jacob /].

Leben, Das, des Malers Johann Heinrich Füessli von Zürich. [Zürich 1826.] V: *Horner, Joh. Jac.* (Cat. d. Stadtbibl. Zürich. Zürich 1864—97.)

— des Freiherrn v. G** in Schlesien. 8. Chemnitz 761 Stössel. 6 g

Leben der Schwedischen Gräfin von G** Leipzig 1746. V: *Gellert, Chn Fürchtegott.* (ML)

Leben der schwedischen Gräfin von G***. 2 Theile. Leipz. 1747—1748. 1750. 1770. 1783. Nachdruck Frankf. 1769. V: *Gellert, Chn. Fürchtegott.* (BGE[3] IV, 61) (Kretschmer, Elisabeth, Gellert als Romanschriftsteller. Diss. Breslau 1902/3)

Aus dem Leben des k. k. Generals Ludwig Freiherrn v. Gablenz. 8. Wien 1874.

— C. B. v. Galen. 8. Elbing. Hartmann. 786.

Leben Christ. Bernhard von Galen, Fürst und Bischof zu Münster. Münster 1790. V: *Alpen, Joh. v.* Ü: *Kurz, Sebastian.* (Ky)

— Christ. Bernh. v. Galen, Fürst u. Bischof zu Münster, (aus d. Latein. des Jh. v. Alpen, von Seb. Kurz). Mit Kpf. gr. 8. Münst. 790. Theissing. 1 ℛ s. auch J. L. Orlich.

—— der Fürstin Gallitzin, s. Volksbücher.

Leben des heiligen Gallus und des Abtes Otmar von Sanktgallen. Leipz. 1888. V: *Wettinus & Walafridus Strabo.* (EB)

Leben des heiligen Gallus und des Abtes Otmar von St. Gallen. Uebersetzt von *A. Potthast.* 2. Aufl., neu bearbeitet von *W. Wattenbach.* In-8°, X u. 86 S. Leipzig, Dyk'sche Buchhdlg. 1888.
*** „Die Geschichtschreiber der deutschen Vorzeit" 2. Gesammtausgabe. 12. Bd

— der Aebte Gallus und Otmar von Sanktgallen, übersetzt von Potthast, s. Geschichtschreiber der deutschen Vorzeit.

Leben der Aebte Gallus und Otmar von Sanktgallen. Nach der Ausgabe der Monumenta Germaniae übersetzt von Dr. A(ugust) Potthast. 8. Berlin 1857.
Die Geschichtschreiber der deutschen Vorzeit .... VIII. Jahrhundert. Band 1.

— das, des Obristen Gardiner. Aus d. Engl. übers. gr. 16. (52 S. m. 1 Holzschn.) New-York 851. (Philadelphia, Schäfer & Koradi.) n. 8 ngr

— das, der Obristin Gardiner. gr. 16. (32 S.) Barmen 870. (Klein.) n. — 20

Das Leben | des | Obristen Gardiner. | Niedersächsische Gesellschaft z. Verbreitung christl. Erbauungsschriften. | Hamburg. | Druck von Pontt & v. Döhren, b. d. alten Börse 6. | 1872. (= *No.* 155).
Kol.: Zu haben in Hamburg: Brennerstraße 51; und in Berlin: Auguststraße 81.
32 S., 164 × 100.
Priv.-Bes.

Garibaldi, des berühmten Generals Leben, Kämpfe und Abenteuer. gr. 8. (17 S.) Pest, Heckenast. 1861. 15 kr.

— Dav. Garriks, aus d. Engl. 2 Thle. 8. Leipz. Schwickert. 782.

— u. Gaunerstreiche Nickel Lists u. seiner Bande. 8. Penig 802. Oekon. Handl. 1 ℛ 8 g

Gayling v. Altheim. — L. v. G. Aus dem Leben des Freiherrn Ludwig Christian Heinrich ....., grossherz. badischen wirklichen Geheimen-Raths u. Obersthofmarschalls. Grosskreuzes, Commandeurs u. Ritters hoher Orden etc. etc. Nach dessen hinterlassenen Papieren bearbeitet. (Mit 1 Uebersichtskarte, 3 autograph. u. 7 weitern Beilagen.) 8. Freiburg im Breisgau 1864.

Leben des heiligen Gebhard, Grafen von Bregenz und Bischofes zu Konstanz. 6. Aufl. In-8°, 32 S. Bregenz, J. N. Teutschs Buchhandlung. — 30 1888.

— aus dem, des Abyssiniers Gebra Mariam Habara, gestorben zu Beuggen d. 23. Decbr. 1838, Besond. Abdr. aus d. Monats-Blatt v. Beuggen. 8. Basel 839. Spittler u. C. 1/12 ß

— u. Gedichte engl. u. ital. Dichter. 18 Bdchen. 8. Dessau, Gel. Handl. 784.

— Gefangennehmung u. gerichtl. Verhör d. Grafen Cagliostro; aus d. Französ. 8. Wien 786. Hartl. 4 K

— geheime, berühmter Favoriten u. Staatsmänner. 8. Wien 794. v. Mösle. 12 K

— geh., eines Günstlings ist d. W. Pansalvin.

Leben, Das geistliche, der Schwestern des deutschen Hauses und Hospitals Unserer Lieben Frau in Jerusalem ... Bozen 1868. V: *Rigler, Peter.* (Margr)

— aller Geistlichen in Nürnb. s. d. Reform. 4. Nürnberg. 757.

Leben berühmter Gelehrten, die sich aus dem Staube — emporgeschwungen haben St Gallen 811. 2Th 8. 1rthl. 16gr.

Leben berühmter Gelehrten, die sich ... in ehrenvolle Ämter emporgeschwungen haben. St. Gallen 1812. V: *Franz, Johann Friedrich.* (Ky)

— berühmter Gelehrten, die sich aus d. Staube durch unsägl. Hindernisse in ehrenvolle Aemter emporgeschwungen haben, (von J. F. Franz). 1r Bd., enth. Leben Thomas Plater. 1 ß 8 K 2r Bd., Leben Valentin Jumerai Düvals. 21 K 8. St. Gallen 812. Huber u. Comp. 2 ß 5 K

Leben der Gelehrten, so in Teutschland vom Anfange des 1719. Jahres dieses Zeitliche gesegnet. Quedlinburg 1719. V: *Leporin, Christian Polycarp.* (Myl)

Leben des Königs Georg von Böhmen, aus dem Hause Podiebrad. Prag 1785. V: *Wolf, Johann Heinrich.* (EB)

— George II., Königs in Großbritannien. 8. Erfurt u. Gotha 756. Gsellius. 6 K

LEBEN des Schlesischen Freiherrn v. G*** (Gersdorf). 2 Thle. Chemnitz, Stößel, 1761. 8°. (24 xr.) Rar!
Thomas, J. G., Handbuch d. Literaturgesch. v. Schlesien. Hirschb. 1824. S. 114; Cat. Monath II. S. 561.

— d. heil. Gertrud. gr. 8. Münch. 814. Lentner. 3 K

— u. die Geschichte des Kaisers M. Aurel. Antonius; aus d. Xiphilin u. Herodian übers. v. J. A. W. Bergsträßer. 4. Hanau 770.

Leben und Geschichte — Marggraf Georgens zugenannt des Frommen ... Frankf. u. Leipzig 1729. V: *Schülin, Joh. Hnr.* (BrMm) (ML) (Feuerlin, Bibl. symbol. Gött. 1752.)

— u. Geschichte Papst Innocenz XI., mit Anmerkk. zur Aufklär. d. Jesuitengeschichten. 8. Ulm 792. Stettin. 9 K

Leben und Geschichte Kaiser Joseph II., vom Jahre seiner Geburt 1741 an bis zu seinem Tode 1790. Mit Kupfern. (5 Bde. in 2 Bdn. geb.) 8. Amsterdam 1790.

— u. Gesch. Kais. Josephs d. Zweyt. 5 Thle. m. K. 8. Wien. Mösle. 801.

Leben und Geschichte Nicolaus von Flüe. Basel 1787. V: *Weissenbach, Jos. Anton.* (Ky)

— u. Geschichte Nicolaus v. Flüe, (von J. A. Weissenbach). 8. Basel 787. Thurneisen. 10 K

— und Geschichte Nicolaus v. Flüe. 8. Basel, Tuerneisen. 793.

— u. Gesch. d. heil. Stephans. 8. Wien, Schmidt. 756.

— d. geschlechtliche, d. Menschen. Ein Mahnruf an Jedermann, insbes. an d. Jugend; v. d. Verein in Heidelberg z. Förderg. d. privaten u. öffentl. Sittlichkeit. gr. 4. (4 S.) Heidelberg 895. (J. Hörning.) — 10

AUS DEM LEBEN DER POMOLOGISCHEN GESELLSCHAFT zu Altenburg im J. 1803 bis mit 1861. (Ohne bes. Titelblatt. — Druck von Hermann Schnorr in Eisenberg.) 8°.

Leben, Gesellschaftliches, in Ofen und Pesth; in Briefen an Euphrosine J. [Pesth 1805.] V: *Rösler, Christoph.* (MGT)

— u. Gesinnungen Ludwigs XVI. Kön. v. Frankr. 8. Ulm, Becker. 793.

— u. Gesinnungen Ludwigs XVI., Königs v. Frankreich. 8. Ulm 793. Jak. Ebner. 8 K

Leben. ... das L. des Malers Conrad Gessners von Zürich (1764–1826). Njbl. s.a. [Horner, Johann Jacob I].

Leben, Das, des Malers Conrad Gessner's von Zürich. [Zürich 1828.] V: *Horner, Joh. Jac.* (Cat. d. Stadtbibl. Zürich. Zürich 1864—97.)

— gesundes. Familienblatt f. Gesundheitspflege u. allseitige Lebensreform. Hrsg.: W. Hotz. Organ des „Naturärztl. Diakonie-Vereins". 1. u. 2. Jahrg. April 1904—März 1906. à 12 Nrn. (à ca. 24 S.) gr. 8. Langensalza, Mellenbach i/Th., Geschäftsstelle. à Jhrg. 3.—; geb. 4. 50

— dasselbe. Mit der Beilage: Der Kinderarzt. Hrsg.: W. Hotz. Organ des „Naturärztl. Diakonie-Vereins". 3. Jahrg. April 1906—März 1907. 12 Nrn. (à ca. 24 u. 8 S.) gr. 8. Mellenbach i. Th., Verlag Gesundes Leben. n. 3. 60

— gesundes. Monatsschrift f. harmon. Kultur des Körpers u. Geistes. Mit der Beilage: Der Kinderarzt. Hrsg.: Reinhold u. W. Hotz. Red.: Reinhold. 7. Jahrg. 1910. 12 Nrn. (VIII, 480 u. IV, 88 S. m. Abbildgn. u. Taf.) Lex. 8. Leipzig, Verlag gesundes Leben. 6.—

Leben, gesundes. Jetzt: Erdsegen (Post Brannenburg). Buchh. Erdsegen.

Leben, Das, der seligen Gisela ... Wien 1779. V: *Koka, Johann.* (Jes)

— das, d. Glaubens, dargest. in Beispielen a. d. Leben u. d. Zeiten Davids, d. Königs v. Israel. Nach d. Engl. v. C. H. M. 8. (XXXII, 176 S.) Elberfeld 896. R. Brockhaus (durch J. Faßbender). n. — 70

[F.] Das Leben des Glaubens. 2. Aufl. ... *Saarlouis: Hausen & C. 1896.* (26 S.) 1 Bd 8. [98. 4490

— das, des Glaubens. Betrachtungen u. kurze Uebgn. 3. u. 4. Aufl. (28 S.) 16. Saarlouis 903. 906. F. Stein Nachf. — 10

— u. Glauben des, von d. röm.-kathol. zur evangel.-protestant. Kirche übergetret. Schullehrers Franz Xav. Trautz. 8. Wöhrd. 829. (Nürnb., Raw). 4 gr.

— Wilh. Fr. v. Gleichen, gen. Rußworm, s. M. A. Weickard.

— J. W. L. Gleims, s. Körte, W.

Aus dem Leben eines Gletscherführers. Blätter der Erinnerung an Cyprian Granbichler, genannt „Cyper". Berg- und Gletscherführer zu Vent im Oetzthal. Herausgegeben von Münchener Mitgliedern des österreichischen Alpen-Vereins. Mit dem Bildniss des Verewigten. München 1869. 32 S. 8°.

Leben. ... das L' des Kunstmalers Karl Gleyre (1806–1874). Njbl. *s.a.*[Hofmeister, Rudolf Heinrich].

Leben, Das, des Kunstmalers Karl Gleyre. [Zürich 1879.] V: *Hofmeister, Rud. Hnr.* (Cat. d. Stadtbibl. Zürich. Zürich 1864—97.)

LEBEN, Glorreiches, und Taten der edelen Sennora Dolores. Aus dem Spanischen verteutscht durch L. Beyer (ps.). Leipzig, E. O. Weller, 1847. — *A. E.:* Druck von F. A. Brockhaus in Lpz. Kl. 8°.
Deutsches Original. 24 S. — Selten!

Leben, Das glorwürdigste, und Thaten Friedrich Augusti ... Königs in Pohlen ... Hamburg u. Franckfurth 1733. V: *Fassmann, David.* (BrMm)

— d. glückl. und gesellschaftl., der alt. Zeiten, in 2 Ges. 8. Frkf. 752.

— das, eines Glücklichen, 2 Theile mit 1 Kupf. 8. Leipzig, 795. Jacobäer. 1 Rthl. 23 sgl.

— eines Glücklichen. 2 Thle. N. Aufl. 8. Leipz. 818. (Aue in Altona). 1 ℛ 8 gr.

— das, eines Glücklichen. 2 Thle. Neue unveränd. Ausg. Leipzig. Jacobäer. 819.

— glückliches, eines Christen. 8. Münch. 764. J. Lindauer. 4 gr.

— der Schwester Maria Gonzaga [Baronin Victorine Franziska Antonia Maria von Loë], † 6. März 1884 zu Cincinnati. Mit Erlaubniß der ehrwürd. Verf. frei aus dem Französischen übersetzt von Heinr. Ruhe. 8. (223 S.) Paderborn 888, F. Schöningh. *

Gossnerio Amziaus Biegis bey Pasiuntinyste [Gossners Leben u. Mission]. Su Abrozais. Pagal Wokiszką surasze su Pridētkoms Pasiuntinys Lauzemis. *Friedenau-Berlin: Kuyg. Gossneriszkoses Pasiuntinystes 1902.* (38 S.) 8° [Umschlagt. F.] [03. 7370

— Heinrich Goswins, eines noch lebenden Mannes. 8. Stuttg. 792. (Hofmann). 12 gr.

Leben, Johann Wolfgang von Göthes. Eine Festgabe zum 100-jährigen Jubelfest der Geburt des Dichters. Stuttgart [1849]. V: *Ortlepp, Ernst.* (Hauptkat. d. Univ.-Bibl. Tübingen. K. S. 98.)

— in Gott. Betrachtungen für kathol. Christen. Mit Meßgebeten zu Ehren des heiligsten Altarsakramentes. gr. 16. (180 S.) München 888, Pfeiffer. * 50 Pf.; geb. *

— aus Gott. Eine Laienantwort auf die Broschüre des Prof. H. Cremer-Greifswald „Taufe, Wiedergeburt u. Kindertaufe" u. auf die kirchl. Vierteljahrsrundschau der Kreuzzeitung, von L. v. F. 8. (XII, 92 S.) Berlin 900. Thormann & Goetsch. n. 1.—

Leben, Das, Gottes in der Seele des Menschen. Germantown 1755. Philad. 1756. V: *Skougal, H.* (Seidensticker, German Printing in America. Philad. 1893.)

— der. schweiz. Gottesgelehrt. 1r Thl. (Leben Zwinglius.) 8. Winterth. Steiner. 776.

— lebender u. verstorben. Gottesgelehrten u. Prediger in d. preuß. Landen. 2 Thle. gr. 8. Halle 768. (Hahn in Hannov.) 16 gr.
aus dem, Sr. Heiligkeit d. neuerwählten Papstes Gregor XVI. Nach verläss. Berichten aus Rom, übersetzt, zusammengestellt u. mit Anmerkk. versehen von A. P. Mit d. Portr. Sr. Heiligkeit. gr. 4. Wien 831. Mechit.-Congr.-B. 10 gr.

Leben, Das, jenseits des Grabes ... Leipzig 1880. V: *Binney, Thomas.* (EB)

— das, jenseit des Grabes. Von e. Geist geschildert. Aus dem Engl. übers. u. m. Bemerkgn. versehen von Rob. Friese. 3. Aufl. gr. 8. (XII, 281 S.) Leipzig 899. O. Mutze. n. 3.—; geb. n. 4.—

— des Marschalls von Grammont. 8. Halle, Kümmel. 746.

— des Ehrw. Johann Grande mit dem Beinamen „der Sünder", aus dem Orden des heil. Johann v. Gott [Barmherzige Brüder], in Kürze zusammengefaßt von einem Religiosen desselben Ordens Rom 852. Aus dem Ital. übers. 8. (44 S.) Breslau 852. Leuckart.) n. 3 ngr

Leben des Rektors Konrad Andr. Greiff zu Prenzlau. [Gotha 1795.] V: *Dapp, Raimund.* (MGT)

(Leben der Johanna Grey ....) Njbl. s.a.[Keller, Ferdinand].

Leben der Johanna Grey. [Zürich 1831.] V: *Keller, Ferd.* (Cat. d. Stadtbibl. Zürich. Zürich 1864—97.)

— das, der Griechen, größtentheils nach antiken Denkmalen, zunächst für Studirende. 30 Kpft. in gr. 4., sammt kurzer Beschreibung. Prag, Bohmanns Erb. 1 rℓ 20 gr in kl. Fol. Velinp. 3 rℓ 8 gr

Leben von Johann Diedrich Gries. O. O. 1842. V: *Campe, Elisabeth geb. Hoffmann.* (ADB)

— das, des Grönländers, s.: Von der Wiege bis zum Grab.

— — des berühmten J. F. Gronovii. 8. Hamburg. 723. Jetzt Herold d. j.

Leben Des Berühmten Joh. Friderici Gronovii, Nebst einigen seinen Briefen, die guten Theils bisher ungedruckt, Wie auch einer Kurtzen Nachricht Von ... Bernh. Damcken Und Joh. Christenio. Ebda. 1723. *Mit (beschäd.) Porträt d. Gronovius.*

Leben J. F. Gronovii nebst einigen seinen Briefen ... Hamb. 1723. V: *Wilckens, Nicolaus.* (BrMm)

— das größere, Kaiser Ludwig des Frommen, s.a.Geschichtschreiber, die, der deutschen Vorzeit, 11. Lfg.

Leben. Das grössere L' Kaiser Ludwigs des Frommen. Nach der Ausgabe der Monumenta Germaniae übersetzt von Dr. Julius von Jasmund. 8. Berlin 1850.
Die Geschichtschreiber der deutschen Vorzeit .... IX. Jahrhundert. Band 5.

— des Hugo Grotius von Luden. Berl. 805. 8.

— u. Grundsätze Benjamin Franklin's, siehe: Wochenbände.

Leben d. preuß. General-Majors v. Gschray, u. Nachrr. v. Hrn. v. Thürriegel. 8. Berl. u. Frankf. 765. Vandüren. 21 gr

— — dass. 8. Frankf. Montag. 766.

— das, Guidos, des Sängers, von Friedr. Gleich. 2 Bde. 8. Frankf. a. M., Herrmann. 819.

Leben des berühmten Tonkünstlers H. W. Gulden, nachher genannt G. E. Fiorino. Berlin 1779. V: *Reichardt, Johann Frdr.* (BrMm) (MGT) (Ky)

— H. W. Guldens, des berühmt. Tonkünstlers, nachher gen. Fiorino, (von J. F. Reichard). 1r Thl. 8. Berl. 779. Mylius. 16 gr

Leben und Meinungen, Sempronius Gundiberts eines deutschen Philosophen, nebst 2 Urkunden der neuesten Philosophie. Berlin 1798. V: *Nicolai, Christoph Friedrich.* (Heinsius)

— Jak. Gundlak, d. schwed. Erzbetrügers u. Spitzbuben. 8. Kopenh. 771. Rothe. 4 gr

— J. P. Freih. v. Gundling. m. K. 8. Berlin, Franke. 795.
Schreibp.
Schreibp. m. illum. K.

Leben und Schriften, Nicolai Hieronymi Gundlings Umständliches, Collegia, Studia, Inventa und eigene Meinungen ... [Frankfurt u. Leipzig 1736.] V: *Hempel, Christian Frdr.* (ML) »1734« (BrMm)

Leben und Schriften, Johann Christian Günthers, Des berühmten Schlesischen Dichters. ... Schlesien [Breslau] 1738. V: *Steinbach, Christoph Ernst.* (Waniek, Gottsched. Leipz. 1894. S. 346.) (Mn) (Nent) (Eitner, Günthers Biograph Dr. Steinbach. Breslau 1872.) (ADB 10. 173)

— Gustav Adolphs d. Groß., v. Walter Harte, a. d. Engl. v. Martini, mit Anmerk. v. Böhme. 2 Thle. gr. 4. Leipzig, Dyk. 760.

— Gustav Adolphs, Königs von Schweden, abgedr. aus dem Jahrbuch für christl. Unterhaltung für 1856. Hrsg. von der Diakonissen-Anstalt zu Kaiserswerth. 8. (83 S. mit eingedr. Holzschn.) Düsseldorf 855. (Berlin, J. A. Wohlgemuth.)

— Gustav Adolfs, Königs von Schweden. Für Freunde der Gustav-Adolf-Stiftung. Mit dem Portrait Gustav Adolfs nach van Dyk (in Stahlst.). Naumburg 858. (Garcke.) 8. (2 Bl., 164 S.) n. 10 ngr

— Gustav Adolfs, Königs von Schweden. Für Freunde der Gustav-Adolf-Stiftung. Mit dem Portr. Gustav Adolfs nach van Dyk. 8. (III und 164 S. mit 1 Stahlst.) Naumburg 858, [Tauerschmidt.] Thlr. **

— das, des christlichen Helden Gustav Adolf, Königs von Schweden. New-York 864. (Philadelphia, Schäfer & Korabi.) gr. 16. (104 S.) geb. n. 12 ngr

Leben des Nordischen Helden Gustavi Adolphi des Grossen und Caroli Gustavi [Carl X] Könige in Schweden. A. d. Franz. Hamb. 1707. V: *Prade, Jean Le Royer de.* (Pr)

— — das gute, eines rechtschaffenen Diener Gottes, nach einem alten Gedichte v. J. B. Andreä neu bearb. v. E. Weihe. Minden, Körber d. Jüng. 821.

— d. gute, e. rechtschaffenen Diener Gottes, nach e. alten Gedichte von J. B. Andreä, neu bearb. von E. Weihe. 8. Minden 831. Körber d. J. 4 gr

— das gute, und die rechten guten Tage in der wahren Gottseligkeit mit Vergnügsamkeit. In einem schönen Exempel des kleinen Görgels, vermittelst eines gar angenehmen u. erbaul. Gespräches vorgestellt. 12. Zürich 845, Hanke. 1/24 ß

— d. Chursächs. geh. Cabinets Minist. Freih. v. Gutschmid. 8. Gotha, Perthes. 803.

— Gutthaten u. Verehrungen d. heil. Märtyrers Donatus. 12. Augsb. 795. Bolling. 3 gr

— Haberlands, s. J. A. F. Haberland.

— Siegfr. Habermanns, e. gut. Landm. in Mahrendorf. 8. Magdeb. Heinrichshofen. 804.

— das, der Hadumod, Tochter des Herzogs Liudolfs von Sachsen, beschrieben von ihrem Bruder Aglus, in 2 Theilen, Prosa u. Versen, aus dem Latein. übertragen v. Fr. Rückert. 8. Stuttgart 845, S. G. Liesching. 1/12 ß

— der Mutter Margaretha Hallahan, Gründerin der Engl. Congregation vom 3. Orden d. heil. Dominikus, † am 11. Mai 1868. Mit e. Vorworte d. hochw. Bischofs v. Birmingham Ullathorne. Nach den beiden engl. Ausg. bearb. 8. (XV, 344 S.) Mainz 874. Kirchheim. 3. —

— G. E. Hambergers. 8. Jena 758. Güth. 12 gr

(Leben. Aus Felix Hämmerleins L'.) Njbl. s. [Hottinger, Johann Jacob II].

— G. F. Händels, n. e. Verz. s. Werke. 8. Hamb. Brand. 761.

Leben, Das, des Handwerkers. Ein Liederkranz . . . Salzburg 1853. V: *Scheuchenstuel, Anton.* (Hr)

Leben, Das — des Handwerkers. Ein Liederkranz den katholischen Gesellenvereinen gewidmet von A. S. 8. (16 S.) Salzburg Oberer'sche, (Endl und Penker) Buchdruckerei. 1853.

Leben des Handwerkers, Das — Ein Liederkranz, den katholischen Gesellenvereinen gewidmet von A. S. Innsbruck, 1856. Druck der Felician Rauch'schen Buchdruckerei. (16 S. 8.)

Leben des Hannibal, s.a. Birnewitz, F. W. von

— d. Hannibal, v. F. W. v. Birnewiz. 2 Thle. 8. Dresd. Arnold. 802.

Schreibv.

— d. Hannibal, v. F. W. v. Bernewitz. 2 Thle. 8. Dresd. Arnold. 808.

— das häusliche, in Frankreich. Aus dem Engl. v. H. Scheube. 8. (VII, 285 S.) Berlin 876. Berggold. n. 4. 50

Leben, Das Häusliche, mit seinen verborgenen Tiefen. A. d. Franz. Eutin 1855. V: *Arps, Adolph Hermann.* (A)

—— das häusliche, mit seinen verborgenen Tiefen. (Nach dem Französ.) gr. 12. (328 S.) Eutin 855, Völckers.

Leben des Johannes Hausschein, genannt Oekolompadius. Leipz. 1803. V: *Wagner, Glob Hnr. Adolph.* (MGT) (GGr) H: *Tischer, Joh. Frdr. Wilh.* (Ky) »1804« (NN)

— Joh. Hausscheins, gen. Oekolampadius, (von Glo. Hnr. Ad. Wagner; herausg. von Jh. Fr. W. Tischer). 8. Leipz. 804. Voß. 16 gr

Aus dem Leben der Hausthiere. (12 kolor. Steintaf., Stuttgart 1874. qu.-4.
—— (12 S. Text u. 12 Chromolith.) Ebenda 1874. qu.-f.

—— des General Havelock. 4. Aufl. 8. (32 S.) Stuttgart 881, Buchh. der Evangel. Gesellschaft. *

Leben des General (Heinrich) Havelock (1795–1857). 8. Basel [1857].

— des Hemme Hayn, ein. niederländischen Bauers. 8. Nrnb. Stein. 810.

Leben des Propsts Hecker. Stettin 1771. V: *Hecker, Andreas Jacob.* (MGT)

— der heiligen Hedwig und der heiligen Ottilia. Mit dem Bildn. d. heil. Hedwig. gr. 12. Schweidnitz 840, Heege. 2 ngr

Leben. Das L' des Zeichners und Kupferstechers Franz Hegi von Zürich (1774–1850). Njbl. s.a. [Hess, Jacob, und Nüscheler, David].

Leben, Das, des Zeichners . . . Franz Hegi von Zürich. [Zürich 1851.] V: *Hess, Jac.* (Cat. d. Stadtbibl. Zürich. Zürich 1864—97.)

Leben evangel. Heidenboten. Herausg. von G. P. Heller. 1r Bd. A. u. d. T.: Plinius Fisk von Alvan Bond. Aus dem Engl. übersetzt. 8. Erlangen 835. Heyder. 1 1/4 ß

Leben und Heil dem Gesalbten des Herrn . . . Breslau 1741. V: *Burg, Johann Friedrich.* (Kat. d. Druckschr. über Breslau. Breslau 1903. S. 13.)

Biblische Geschichten. Neues Testament. Das Leben des Heilandes für die Kinderwelt in 58 Bildern. *Berlin: Schriftenvertriebsanst. [1898].* (118 S.) 8° [F.] [01. 9136

— das, uns. Heilandes in bibl. Geschichten nach Worten d. hl. Schrift m. Sprüchen, Liederversen u. Bildern. 1.–6. Hft. 12. (à 20 S. m. 4 Farbendr.) Konstanz 895. C. Hirsch. à — 35

— — d. Heiligen. s. Jahn, Leben d. H.

Leben der Heiligen. Die ältesten Originallegenden . . . Regensb. 1842. H (9. u. 10. Bd.): *Kehrein, Joseph.* (KN) (HS)

Leben der Heiligen. Die ältesten Originallegenden . . . Regensburg 1842—43. H (Bd. 9—11): *Kehrein, Joseph.* (Zeitschr. f. Büch. N. F. 15, 1923, S. 114)

Leben der Heiligen. Die ältesten Originallegenden, gesammelt u. m. besond. Beziehung auf die Cultur-Geschichte bearb. von zwei Katholiken. 9—11. Bd. (12. u. 13. Jahrhundert.) gr. 8. (112½ B.) Regensburg 842, Manz. à
Bd. 1—8. ist noch nicht erschienen.

—— der Heiligen. No. IX—XVIII. u. XXIII. Petrus. — Katharina u. Lucia. — Antonius von Padua. — Andreas, Wilhelm von Vercelli u. Otto. — Heinrich. — Dorothea u. Julia. — Aloysius von Gonzaga. — Nikolaus v. d. Flüe u. Nikolaus u. Amand. — Johannes von Gott. — Jungfrau Maria. — Johannes von Nepomuck. 12. (22 B. u. 11 Stnt.) Schweidnitz 845, Heege. Thlr. à
Nr. 1—8. Ebendas. 1840, 41. à 2 Ngr.

— das, der Heiligen. Ein christkathol. Hausbuch für den Bürger u. Landmann. (In 12 Hftn.) gr. 8. Neuß 845, 46, Schwann. (à n. 3 ngl) n. 1 ß 6 ngl

—— das, der Heiligen. 1—27. Lfg. (à 1 Bog. Text mit 1 Kpfrst. und eingedr. Holzschn.) gr. 4. Leipzig, Meline. à Lfg. 5 Ngr.

Inhalt:

Lfg. 1. Der heil. Kirchenlehrer Hieronymus, von A. Buse. 847.
- 2. Die heil. Elisabeth von Ungarn, von Ch. H. Bosen. 847.
- 3. Der heil. Thomas von Canterbury, nach M. v. Noirlieu von Fr. Vill. 847.
- 4. Der sel. Nicolaus von der Flüe, von Jos. v. Orsbach. 848.
- 5. Der heil. Gregor von Nazianz, von A. Buse. 848.
- 6. Der heil. Antonius von Padua, von J. J. H. Schumacher. 848.
- 7. Der heil. Ludwig. Nach v. Villeneuve-Bargemont. Vom Vers. der „Hosianna." 848.
- 8. Der heil. Benedictus, von J. P. Kreuser. 848.
- 9. Die heil. Adelheid. Nach G. Darboy. 848.
- 10. Der heil. Franz von Sales, von Toklot. 848.
- 11. Der heil. Ferdinand von Spanien. Nach Dufriche-Desgenette. 848.
- 12. Der heil. Johannes von Gott, von J. A. F. Baudri. 848.
- 13. Der heil. Aloysius von Gonzaga, von G. P. Frings. 848.
- 14. Die heil. Clara und Coletta. Nach M. W. v. Cellmar, von Vers. der „Hosianna." 848.
- 15. Der heil. Hilarius, von A. J. Binterim. 848.
- 16. Die heil. Juliane und das Frohnleichnamsfest, von A. Buse. 848.
- 17. Der heil. Anselmus. von J. P. Kreuser. 848.
- 18. Der heil. Martinus von Tours. Von J. J. H. Schumacher. 848.
- 19. Der heil. Antonius. Von Toklot. 848.
- 20. Der heil. Vincenz v. Paul. Von F. M. Vill. 848.
- 21. Der heil. Benifacius. Nach Audin vom Vers. der „Hosianna." 852.

Leben, das, der Heiligen. 1—27. Lfg. ꝛc.

Lfg. 22. Der heil. Stephan von Ungarn. Nach L. Thomassin von Isidor . . . . . d. 852.
- 23. Die gottsel. Maria von der Menschwerdung. Nach E. Veuillot vom Vers. der „Hosianna." 852.
- 24. Der heil. Franz von Paula. Nach R. von Belleval. 852.
- 25. Die heil. Helena — Kreuz-Erhöhung. Nach C. Chavin de Malan vom Vers. der „Hosianna." 852.
- 26. Der heil. Augustinus. Nach Darboy vom Vers. der „Palme der Andacht." 852.
- 27. Die heil. Clotildis, Königin von Frankreich. Nach G. v. Cadoudal. 852.

—— das, der Heiligen. 28—31. Lfg. (à 1 Bog. Text mit 1 Kpfrt. und eingedr. Holzschn.) gr. 4. Leipzig 852. [Brüssel, Meline, Cans und Comp.] à Lfg. 5 Ngr.

Inhalt:

Lfg. 28. Die heil. Genofeva, Patronin von Paris, von F. H. Reusch.
- 29. Der heil. Athanasius. Nach dem Französ. des A. Denys.
- 30. Der heil. Dunstan. Von J. P. Kreuser.
- 31. Der heil. Ambrosius. Nach Ch. v. Riancey vom Vers. des „Te Deum."

1—27. Lfg. Ebendas. 1847—52. 4 Thlr. 15 Ngr.

— das, der Heiligen, neu bearb. v. e. Anzahl kathol. Schriftsteller, Geistlichen u. Laien. Mit Approbation u. unter dem Schutze des Hochwürdigsten Erzbischofs v. Köln, Herrn Johs. v. Geissel. Kleinere Ausg. (Neue [Titel-]Ausg.) gr. 4. (IV, 160 S. m. Abbildgn.) Würzburg 893. F. X. Bucher. n. 3. 60

Leben der Heiligen . . . des alten Bundes. Aus d. Ital. übers. von Jo. Herm. Jos. Schmittmann. Schafthausen 1858—60. V: *Micheli, Andrea.* (Hauptkat. d. Univ.-Bibl. Tübingen. F. S. 380.)

— der Heiligen Gottes. Nach den Tagen des Jahres zur Belehrung u. Erbauung. Neu bearb., übers. u. gesammelt für Katholiken v. d. Herausg. des Lorenzo. 2. mit 4 Stahlst. verm. Ausg. 4 Bde. gr. 8. Aachen 843, Hensen u. Co. à ½ ß

—— der Heiligen Gottes, beschrieben von zwei Seelsorgspriestern des Bisth. Brixen mit Benützung vieler und bewährter Quellen. Mit einer Vorrede von Vinz. Gasser. 1. Bd. 1. Thl. 2., unveränd. Aufl., 2. Thl. und 2.—5. Bd. à 2 Thle. (Jänner bis Septbr.) gr. 8. (LVII und 3429 S.) Innsbruck 862—67, Vereins-Buchh. à Thl. 15 Ngr.

—— der Heiligen Gottes, beschrieben von zwei Seelsorgspriestern des Bisth. Brixen mit Benützung vieler und bewährter Quellen. 5. Bd. 2. Thl. [Octbr.] gr. 8. (VI, 358 S.) Innsbruck 869, Vereinsbuchh.

— das, der Heiligen Gottes auf alle Tage des Jahres. Januar—Juni. (S. 1—192 m. Abbildgn.) kl. 8. Straßburg (906). F. X. Le Roux & Co. à Monat — 10

— das, der Heiligen Gottes auf alle Tage des Jahres. Juli—Dezbr. (S. 193—383 m. Abb.) kl. 8. Straßburg (907—09). F. X. Le Roux & Co. à Monat — 10

— dasselbe. (III, 394 S. m. Abb. u. farb. Titelbild.) kl. 8. Ebd. (909). Geb. in Leinw. 1. 80

—— der Heiligen und der sonst einflußreichen Personen des alten Bundes, oder Geschichte des alten Bundes in Lebensbeschreibungen der Heiligen, wie der sonst einflußreichen Personen, die während desselben lebten und wirkten, mit steter Rücksicht auf Jesus Christus und seine heil. Kirche. Aus dem Italien. übers. und bearb. von Johs. Herm. Jos. Schmittmann. 1—3. Bd. gr. 8. Schaffhausen, Hurter'sche Buchh.

Inhalt:

Bd. 1. Die Patriarchen. (VII und 424 S.) 858. 27 Ngr.
- 2. Moses, Josua, die Richter und deren Zeitgenossen. (512 S.) 859. 27 Ngr.
- 3. Samuel, David, Salomon, Roboam, Abiam und Asa. (511 S.) 860. 1 Thlr. 3 Ngr.

— d. Heilig. auf alle Tage d. Jahres. 2 Thle. gr. 8. Bresl. Korn d. ält. 784.

— d. Heiligen auf alle Tage im Jahre. 2 Thle. 8. Troppau. 791. 92.

Leben der Heiligen für das katholische Volk. Aachen 1891. V: *Höhne, Adolph, Pfarrer.* (RUSSELL XVI, I, 1, S. 5)

— der Heiligen f. das katholische Volk. 12. (VIII, 504 S.) Aachen 891. R. Barth Verl. n. 1. 20; geb. in Leinw. n. 1. 50

„— heiliges", od. Die Lehre des Herzens in allen Religionen. Ein Beitrag zum vergleich. Religionsstudium. (80 S.) 8. Berlin (904). P. Raatz. n. — 40

Leben u. wunderthätige Heiligkeit d. irländ. heil. Brigitta. Aus d. Italien. übers. 4. Augsb. 767. M. Rieger. 20 kr

— und Heimath in Gott, s. Hammer, Jul.

Leben und Heimath in Gott. Eine Sammlung Lieder zu frommer Erbauung und sittlicher Veredlung ... Leipzig 1861. H: *Uhse, Heinrich.* (zu)

—— und Heimath in Gott. Eine Sammlung Lieder zu frommer Erbauung und sittl. Veredlung. Hrsg. von Jul. Hammer. 8. (XXI und 780 S. mit 1 Stahlst.) Leipzig 861, Amelang's Verlag. geb.

— das, eines Heimathlosen, siehe: Abendunterhaltungen, lehrreiche, 8. Bdchn.

— u. Heimgang unserer theuren Mutter Frau Regine Julie Jolberg, geb. Zimmern, der Gründerin und Vorsteherin des Mutterhauses für Kinderpflege zu Nonnenweier. (Barmen 870. Klein.) 8. (13 S.) n. 3 ngr.

— u. seliger Heimgang eines Jünglings. Einem Freunde von der Mutter erzählt. Wiesbaden 867. (Feller & Gecks.) 8. (43 S.) n. 2½ ngr.

Leben. Aus dem L' und Heimgang der Jungfrau Dorothea Trudel .... Basel s.a.[Zeller, Samuel].

Aus dem Leben und Heimgang der Jungfrau Dorothea Trudel. 3. Aufl. 96 Stn. 8. Basel, C. F. Spittler. **1871** —. 35

Aus dem Leben und Heimgang der Jungfrau Dorothea Trudel von Männedorf. 9. Aufl. In-8°. 93 S. Basel, C. F. Spittler. **1892** — 40

Aus dem Leben und Heimgang der Jungfrau Dorothea Trudel von Männedorf. 10. Aufl. In-8°. 93 S. Basel, Jäger & Kober. **1895** — 40

Aus dem Leben u. Heimgang der Jungfrau Dorothea Trubel v. Männedorf. 10. Aufl. 8°. 93 S. Basel, Kober, C. F. Spittlers Nachf. **1899** - 40

— J. Jak. Heinolds. 8. Frankf. 759. Garbe. (Hermann). 2 gr.

— Heinrichs d. Gr., s. Perefire.

Leben. Das L' Kaiser Heinrich des Siebenten – Berichte der Zeitgenossen über ihn, übersetzt von Dr. W[alter] Friedensburg. 2 Hälften. 8. Leipzig 1882–1883.
Die Geschichtschreiber der deutschen Vorzeit .... XIV. Jahrhundert. Band 1 u. 2.

[K.] Das Leben Kaiser Heinrichs des Siebenten. Berichte d. Zeitgenossen üb. ihn übs. v. W[alter] Friedensburg. [2. Aufl.] Hälfte 1. 2. *Leipzig: Dyk (1898).* 2 Bde 8.
1. (3 Bl., 583 S.) 2. (XX, 206 S., 1 Bl.)
= Geschichtschreiber, Die, d. deutschen Vorzeit. 2. Gesamtausg. XIV. Jh. Bd 1. 2. (= Bd 79. 80.) [98. 11581]

— d. Prinzen Heinrich, ältesten Sohnes d. Prinzen Ferdinand v. Preußen, (von ... Bärbaum). Mit 1 Bildn. d. Prinzen. gr. 8. Berl. 791. Voß. 6 gr.

— das, Kaiser Heinrich IV., übers. v. Philipp Jaffé u. K. Wattenbach, 4. Aufl. v. W. Eberhard, s. a. Geschichtschreiber, die, der deutschen Vorzeit. 50. Bd.

Leben. Das L' Kaiser Heinrich des Vierten. Nach der Ausgabe der Monumenta Germaniae übersetzt von Dr. Philipp Jaffé. 8. Berlin 1858.
Die Geschichtschreiber der deutschen Vorzeit .... XII. Jahrhundert. Band 2.

— Heinrich II., des Heiligen, s. Lebensgeschichte.

— berühmter Helden neuerer Zeit. 2 Bde. Leipz. Sommer. 804.

— u. Heldengeschichte Friedrichs II., Königs in Preußen, mit pragmat. Feder beschrieben. 8 Thle, mit Kpf. 8. Frankf. 746—65. (Hartung). 8 ₰

— u. Heldenthat d. engl. Admirals Mathews. 8. Frankft. 748.

Leben und Heldenthaten von Bonaparte ... Bern [Mannheim] 1800. V: *Heinzmann, Johann Georg.* (Ky) (Wr) (MGT)

Leben und Heldenthaten Bonapartes. Bern [München] 1800. V: *Heinzmann, Joh. Gg.* (BGE V³, 302)

— u. Heldenthaten Bonapartes (v. J. G. Heinzmann). 8. Bern 800. (Münch., Fleischmann). 6 gr.

Leben und Heldenthaten des Antonio Gargiulo, Fra Diavolo genannt, Exkapuziner, Räuberhauptmann und General der Armee des Cardinal Ruffo in Calabrien. 8. Mannheim 1800.

— u. Heldenthaten d. Antonio Gargiulo, Fra Diavolo genannt, Ex-Capuziner-Räuberhauptmann u. General d. Armeen d. Cardinals Ruffo in Calabrien. 8. Manh. 802. Schwan u. G. 12 gr. Schrbp. 16 gr.

Leben u. Heldenthaten des Antonio Gargiulo, genannt Fra Diavolo, Excapuciner, Räuberhauptmann und General bei der Armee des Cardinal Ruffo in Calabrien. Mannheim, Schwan u. Götz, 1813. 8°. 174 SS. Mit Bildniss. (Die erot. Stellen fehlen hier.)

Leben und Heldenthaten Königs Carl des XII. von Schweden. Halle 1720. V: *Schmauss, Joh. Jac.* (Myl)

— u. Heldenthat. Laudons. 8. Salzb. Mayr. 789.

— u. Heldenthaten Laudons. 2 Thle. 8. Würzb. 789. Rienner. 6 gr.

— u. Heldenthaten, von dem, Napoleons des Großen, (v. Rob. Piersch). 3 Bde. 8. 810. Verfasser.
— s. auch Leben Bonaparte's.

Leben, Das, der entführten Holländischen Helena nebst der Nachricht von der Lustigen Vermählung Einer schönen Hermaphroditin. O. O. 1740. 1749. V: *Chavigny-Beaunoix, Jean Aimé de.* (BGE I³, 153)

—— der heil. Kaiserin Helena. Ermunterung z. Verehr. d. heil. Kreuzes u. d. heil. evangel. Reliquien. Mit besond. Rücksicht auf d. in dies. Jahre zu erwart. Heiligthums-Fahrt in Aachen. Für d. Jugend bearb. 8. (3¼ B.) Köln 832, DuMont-Schauberg.

— üb. d., des Helvetius, a. d. Franz. 8. Gotha, Ettinger. 773.

— Henochs, s. Otterbein.

Leben und Schriften, Johann Samuel Hering's. [Halle 1754.] V: *Weidlich, Christoph.* (ML)

— das, des Herostrat, s. Verri.

LEBEN des Herrn ****, eines gebornen Leipzigers (und berüchtigten Avanturiers). Mit Titelkpf. Franckfurth und Leipzig 1757. 8⁰. 188 S. (3 Mk. 50 Pfg., 2 Seiten fehlten, Jacques Rosenthal, c. 1903.)

— das, unseres Herrn nach den vier Evangelien. Vorbereitung f. Sonntagsschul-Lehrer u. -Lehrerinnen. Eine prakt. Anleitg. zum Unterricht der Kinder in Frage u. Antwort. 2., durchges. u. verm. Aufl. gr. 8. (X, 576 S. m. mehreren Karten u. Grundrissen.) Berlin 888. Friese & Pritschow. n. 5. —

— Grafen Herzberg. s. Posselt.

— d. Herzogs von ***, od. Betrachtung üb. d. Charaktere d. Liebe. 8. Danz. 757.

LEBEN des Herzogs von ***, oder Betrachtungen über verschiedene Charaktere der Liebe, und einige merkwürdige Nachrichten von dem letzten Kriege der Franzosen in Italien. Aus d. Französ. in's Deutsche übers. Dantzig, Rüdiger, 1757. 8⁰. (In Breslau, Kgl. u. Univ.-Bibl.: Lit. Gall. III 8⁰ 129.) Rar!
1 Alph. 6 Bog. Selten! — Cat. Meissner II; Bibl. J. J. Schwabii II.

— aller in dies. Jahrhund. verstorbn. Herzoge zu Sachsen. 8. Leipz. 728.

— Ludw. Heß, Landschaftsmaler, v. J. H. Meyer. gr. 8. Zürich, Orell. 800.

— C. A. Heumanns, aus dessen Manuscripten v. Cassius. 8. Cassel. (Krieger in Marb.) 768.

Leben des Hieronymus von Prag. Leipzig 1803. V: *Wagner, Glob Hnr. Adolph.* (GGr) (MGT) H: *Tischer, Joh. Frdr. Wilh.* (Ky) (NN)

— Hieronymus v. Prag, (von Glo. Hnr. Ad. Wagner; herausg. v. Jh. Fr. W. Tischer). 8. Leipz. (803.) Voß. 12 gr.

—— das, des alten Köhlermeisters Hillebille, s. Schillings Bücher.

— u. Hinrichtung Schinderhannes. 2 Thle. 8. Halle 804. Dietlein. 20 gr.

— u. Hinrichtung d. Räuberanführers Mathias Weber. gr. 8. Cöln, Keil. (Du Mont-Schauberg). 6 gr.

— u. Hinrichtung des Räuberanführers Mathias Weber, genannt Fetzer. 2e Aufl. 3. Köln 18.. Keil. 6 gr.

— u. Historie Philipps V., Kön. in Span. m. K. 8. Frkf. 719.

Leben und wunderseltsame, avantürliche Historien des Herrn Roselli. A. d. Franz. von Kampanella. Pampeluna [Wesel] 1712. N. A. 1715. V: *Olivier.* (WR)

Leben, Das, Oder Wunderseltsame ... Historien des Herrn Roselli. Aus d. Frantzös. übersetzet Von Kampanella. Pampalune [Wesel?] 1713. 1715. V: *Olivier, Abbé.* (BGE³, V, 346)

— Hoche's, Obergenerals d. Nordarmee, (von J. G. Heinzmann). 8. (Bern), Typogr. Soc.

Leben Hoche's, Obergenerals der Nordarmee. Bern [1798]. V: *Heinzmann, Johann Georg.* (PF) (MGT) (Ky)

Leben Chr. Alb. Grafen von Hodiz. Halle [1804]. V: *Semler, Chn Aug.* (NN)

— des Sandwirths Andr. Hofer, s. Gallerie der Helden, 3r Bd. 2e Abthl.

Leben des Sandwirths ....., Oberanführers der Tiroler in ihren glorreichen Kämpfen von 1809. („Gallerie der Helden". III. Bd. 2. Abth.) 8. Leipzig 1839.

Leben des Sandwirths Andr. Hofer, Oberanführers der Tyroler in ihren glorreichen Kämpfen von 1809. Vom Vollender des »Marschall Vorwärts«. Leipzig 1839. V: *Langewiesche, Wilhelm.* (Margr)

— G. Hoffmanns, Rector in Zittau. Budiss. 721. 8. 10 gr.

Leben des Tycho v. Hoffmann. [Kopenh. 1754.] V: *Scherewien, Carl Leop. v.* (Bruun, Bibl. Danica III, 1174.) (Collin, Anonymer. Kiobenh. 1869.)

— Gottfr. Hofmanns, Rect. in Zittau. Bauden. 721.

Leben Sr. Kön. Hoheit des Hochsel. Prinzen Heinrich ... von Preussen. Berlin 1791. V: *Bärbaum.* (Ky) (MGT)

Karl Ludwig. Leben Sr. Königlichen Hoheit ..... Königlichen Prinzen von Ungarn und Böhmen etc. etc. Erzherzogen zu Oesterreich etc. 1. Band. Mit 1 Portrait. 8. Nürnberg 1801.

— des Erzherzog Karl Ludwig v. Oesterreich, mit dess. Bildn. 1r Bd. 8. Nürnb. 801. Bauer u. R. 20 gr.

— das höhere, od.: Die Regeln des Râdscha-Yôga nach den Vorschriften des Gautama Buddha. (Aus dem Engl. übers.) (29 S.) gr. 8. Leipzig 908. Buddhist. Verlag. n. — 50

Leben des gelehrten Lucae Holstenii. Hamburg 1723. V: *Wilckens, Nicolaus.* (BrMm)

— d. gelehrt. Lucas Holsten. 8. Hamb. Bohn. 723.

Leben, Das, des berühmten Layenbruders Quadratus Holzschlägel, zur Auferbauung aller Layenbrüder. Hrsg. von Pater Benedict Vogel, Kapitularen in dem Kloster ***. Büffelhausen 1777. V: *Hahn, Modest.* (BGE IV, 65)

Leben des berühmten Layenbruders Quadratus Holzschlägels ... Konstanz 1777. V: *Hahn, Modest.* (ML)

— Homers, von e. Ungenannten; aus d. Griech. v. J. G. Schultheß. gr. 8. Zürich 779. Orell. 5 gr.

— d. berühmt. Henr. Horchs, s. K. F. L. Haas, u. setze hinzu: (Krieger in Cassel). 12 gr.

— d. berühmt. Henr. Horchs v. Häß. 8. Cassel. (Krieger in Marb.) 768.

— Howards, s. Aikin.

Leben und literarisches Wirken, Doctor Fridolin Hubers. Eine demselben ... gewidmete Denkschrift. Konstanz 1839. V: *Pflanz, B. A.* (Heyd)

Leben. ... das L' des Malers Joh(ann) Caspar Hubers von Zürich (1752–1827). Njbl. *s.a.*[Horner, Johann Jacob *I*].

Leben, Das, des Malers Johann Caspar Hubers von Zürich. [Zürich 1829.] V: *Horner, Joh. Jac.* (Cat. d. Stadtbibl. Zürich. Zürich 1864—97.)

— J. Hussens; e. Lesebuch für d. Bürger, (von J. F. W. Tischer). 8. Leipz. 798. N. A. 801., mit dess. Bildn. Voß. 10 gr.

Leben, Johann Hussens; ein Lehrbuch für Bürger ... Leipzig 1798. V: *Tischer, Johann Friedrich Wilhelm.* (MGT) (Ky) (NN)

— des Johann Huß. Ein Büchlein für das deutsche Volk. 2. Aufl. Naumburg 858. (Garcke.) 8. (2 Bl., 96 S. u. Portr. in Stahlst.) n. 7 ngr.

—— des Johann Huß. Ein Büchlein für das deutsche Volk. 2. Aufl. 8. (III und 96 S. mit Portr. in Stahlst.) Naumburg 858, [Tauerschmidt.] **

Leben Ulrichs von Hutten. Leipz. 1803. V: *Wagner, Glob Hnr. Adolph.* (GGr) (MGT) H: *Tischer, Joh. Frdr. Wilh.* (Ky) (NN)

— Ulrichs v. Hutten. Forts. d. Reformatoren. 8. Leipz. Voß. 803. (auch unt. d. Tit.: Lebensbeschreib. berühmt. Reformatoren 8r.)

Leben Hyder Allys Nabobs von Mysore. Halle 1784—86. V: *Maistre de la Tour.* (EB)

— Dass., aus d. Französ., mit Anmerkk. von M. Chr. Sprengel. 2 Thle. gr. 8. Halle 784, 86. Gebauer. 1 rß 18 gr.

— Hyder Alys, Nabobs v. Mysore. 8. Quedlinb. 788. Ernst. 6 gr.

Leben Johann Georg Jacobi's ... Zürich 1822. V: *Ittner, Joseph Albert von.* (Ky) (MGT) (AarK)

Leben Joh. Georg Jacobi's. Von einem seiner Freunde. Zürich 1822. V: *Ittner, J. A. v.* (Auct. Schüddekopf 1342) (GGr IV³/668, Nr. 1/c) (BiblPort)

—— das, eines Jägers, s. Tanner, J.

— Jacob Eduard Franzisci, a. d. Hause Stuart, prätendirten Kön. v. Grosbritt. 8. Nürnb. Raspe. 766.

— Ickstadt, s. Schubart.

—— das, der heiligen Idda, Gräfin v. Toggenburg. Mit auserles. Gebeten zu Ehren dieser Heiligen und allgemeinen Andachtsübungen. Ein Lehr- und Gebetbuch für fromme Verehrer der heil. Mutter Idda, besonders für die Mitglieder ihrer ehrw. Bruderschaft. 16., ganz neu bearb. Aufl. 12. (262 S. mit 1 Stnt.) Einsiedeln 864, Gebr. Benziger.

—— das, der heil. Idda, Gräfin v. Toggenburg. Mit auserlesenen Gebeten zu Ehren dieser Heiligen und allgemeinen Andachtübungen. Ein Lehr- und Gebetbuch für fromme Verehrer der heil. Mutter Idda, besonders für die Mitglieder ihrer ehrwürd. Bruderschaft. 17. verb. Aufl. 16. (284 S. mit 3 Stnt.) Einsiedeln 877, Gebr. Benziger.

Leben. – Jeanettens Leben und Ende, s.a. Speculationen. – Jeanettens Speculationen.

Jeanettens Leben und Ende, oder die Folgen falscher Speculationen. In: Kauft! — kauft Arzneien gegen die Langweile. O—A! O--A! probatum est. Danzig, im Verlag bei F. N. Günther, o. J. (18**). 8°. (3 Mk. W. H. Kühl, Berlin, c. 1883.)
200 SS. Der Band enth. nur diesen Roman, vielleicht in erstem Druck.

— des Abts Jerusalem. 8. Altona 790. Kaven. 2 gr.

Leben Jesu. A. d. Welschen übersetzt. Brixen 1804. V: *Buol, Conrad Georg von.* (Ky) (MGT)

—— Jesu im Zusammenhange aus den 4 Evangelisten u. mit deren eigenen Worten, nebst ein. Wort- u. Sachregister. Ein Schul- u. Hausbuch z. Erbauung f. Jedermann. 2. Aufl. gr. 8. (8½ B.) Schwerin 846, Kürschner'sche Buchh.

— das, Jesu in 12 Bildern. Mit Dichtungen von Albert Knapp. gr. 8. (12 lith. u. color. Taf. u. Titel in Farbendr.) Stuttgart 847, Schreiber u. Schill. 1/3 rß

Leben Jesu, das, für Kinder erzählt und anwendbar gemacht. Von einem Katecheten. 8. (190 S. 1 Bl.) Wien. Gedruckt bei Leopold Grund. 1851. Gebunden in Leinwandrücken 17 kr. C. M.
Verlag der Schulbücher–Verschleiß–Administration.

—— das, Jesu, in Bildern. Gezeichnet nach Meisterwerken der älteren und neueren Zeit von L. Bürger, in Holz geschn. von F. Unzelmann. Nebst Text, hrsg. von Erdm. Beyer. gr. 4. (VI und 30 S. mit 15 Holzschnt.) Berlin 854, Wiegandt und Grieben. *

— das, Jesu, in Bild. mit Sprüchen u. Liederversen. 1.—6. Hft. 16. (à 20 S. m. 4 Farbendr.) Konstanz 895. C. Hirsch. à — 15

[if.] Das Leben Jesu in 22 Bildern. *Berlin: Schriftenvertriebsanst. [1898].* (46 S., 1 Bl.) 1 Bd 8.
— Geschichten, Biblische. [No] 1. [98. 903]

Leben, Das, Jesu. Harmonie der Evangelien nach eigener Uebersetzung. Jena 1906. B: *Hegel, Gg Wilh. Frdr.* (EB)

Das Leben Jesu für den Anschauungsunterricht. Eine Wandtafel 83 Cent. hoch u. 60 Cent. breit, mit 18 Oeldruckbildern. Basel, Spittler. 1873.
auf Leinwand gezogen 5. 50

— Jesu u. seiner Apostel, s. J. C. Bauriegel.

— das, Jesu und seiner Apostel, s. Bildungs-Bibliothek. 58—88 Bdchen.

* — das, Jesu u. sein. Apostel. gr. 8. Neust. Wagner. (in Comm.) 810.

— Jesu u. seiner Apostel (v. J. C. Bauriegel) 2e Aufl. 8. Neustadt 821, Wagner.

— Jesu C., nach d. Erzähl. d. Matthäus auf neu befundne Art übers. 8. Lübeck, Niemann u. R. 781.

— — a. d. Griech. L. Berl. Lange. 784.

– Jesu Christi

— — a. d. vier Evangelist. in eins gesammelt. gr. 8. Münch. Strobl. 784.

— Jesu Christi. 8. Brixen, Weger. 802.

— Jesu Christi. Aus d. Welschen übers. (v. K. G. v. Buol). 8. Brixen 804. Weger. 6 K

— Jesu Christi aus d. 4 Evangelisten. 8. Insbruck, Fischer. 804.

— das, Jesu Christi und der heiligen Apostel. Ein Erbauungsbuch für alle Stände von d. Verf. der „Stunde der Andacht." (Neue Ausg.) gr. 8. Augsburg 841, von Jenisch u. Stage'sche Buchh. 1/4 ₰

— das, Jesu Christi zur Betrachtung und Nachahmung in Denkversen mit steter Hinweisung auf die heil. Schrift. 12. Fulda 845, Müller'sche Buchh. n. 1/8 ₰

— das, Jesu Christi, in Betrachtungen f. alle Tage d. Jahres. Nach dem Franz. e. unbekannten Verf. von e. Priester der Diözese Culm. 6 Tle. gr. 16. Mainz (900. 901.) F. Kirchheim. Geb. in Leinw. à n. 1. 50
1. Dezember u. Januar. (277 S.) — 2. Februar u. März. (199 S.) — 3. April u. Mai. (251 S.) — 4. Juni u. Juli. (240 S.) — 5. August u. Septbr. (255 S.) — 6. Oktbr. u. Novbr. (238 S.)

— das, Jesu Christi in Betrachtungen f. alle Tage des Jahres. Aus dem Franz. e. ungenannten Verf. übers. v. Ernst Klebba. 6 Tle. 2. Aufl. 16. Mainz 909. Kirchheim & Co. Geb. in Leinw. m. Schutzkarton 9.—; einz. Bdchn. 1. 50
1. Dezember u. Januar. (275 S.) — 2. Februar u. März. (197 S.) — 3. April u. Mai. (249 S.) — 4. Juni u. Juli. (239 S.) — 5. August u. September. (253 S.) — 6. Oktober u. November. (237 S.)

— das, Jesu Christi des Sohnes Gottes, für fromme Kinder in 60 Holzschn. dargestellt. Dresden 870. Naumann. qu. 16. cart. n. 6 ngr.

— das, Jesu Christi, d. Sohnes Gottes f. fromme Kinder in 62 Holzschn. dargestellt. 2. Aufl. qu. 32. Dresden 870 H. J. Naumann. geb. n. — 60

Leben, Das, Jesu Christi in einer tabellarischen Übersicht nach den vier Evangelien. Meurs 1839. V: *Lange, Joh. Peter.* (Ky)

—— das, Jesu Christi in e. tabellar. Uebersicht nach d. vier Evangelien. (Von J. P. Lange.) Roy.-Fol. Meurs [u. Elberfeld,] 839, Rhein. Schul-Buchhandlung.

Leben, Das, Jesu auf Erde; ein Pilgrimsgesang samt einem Auferstehungs-Liede. Zürich 1783. V: *Hess, Johann Jacob.* (CLZür Forts. II)

Leben, Das, Jesu auf Erden. Ein Pilgrimsgesang ... Zürich 1783. V: *Hottinger, Johann Jacob.* (Mn)

—— Jesu, ein Fragment, und Kindheit Jesu. Zwei altengl. Gedichte aus Ms. Laud 108 zum erstenmal hrsg. von C. Horstmann. 1. Thl.: Leben Jesu. gr. 8. (69 S.) Münster 873, Regensberg. *

— Jesu, von seiner Geburt an bis zu seiner Himmelfahrt; Auszug aus den vier Evangelisten ꝛc. 8. Passau 799. Ambrosi. (Salzb., Mayr). 8 K

— Jesu, das, auf Grundlage d. vornehmsten Gebots. 1. Thl. gr. 8. (XV, 241 S.) Leipzig 872. Lorentz. n. 1. 60

— das, unseres Herrn u. Heilandes Jesu Christi, v. St. Matthäus geschrieben, s. 2. Evangelium, das hl., Jesu Christi nach Matthäus.

— das, unsers Heilandes Jesu Christi. Treu nach d. heil. Büchern u. Ueberlieferungen. Mit 6 Holzschnitten. 8. Berl. 824. Vereins-Buchh. 1 ₰ 4 K

—— das, unseres Heilandes Jesu Christi. 16. (16 chromolithogr. Bl. mit Text.) Bremen 860, Verlag des Traktat-Hauses. * –

Leben, Das, Jesu unsers verewigten Heilandes ... Annaberg 1790. V: *Hasper, Christoph Gottlob.* (Ky) (MGT)

Leben Jesu, d., unsers verewigten Heilandes, entworfen u. durchgängig aus d. heil. Schrift erwiesen von e. Verehrer Jesu, (Eph. Glor Hasper). 8. Annab. 790.

Leben Jesu u. der Heiligen. 2 Bde. Mit 1 TKpf. Wien 1822. Gedr. bey Ant. Strauss. Lex.-8⁰. Hfrzbde., etw. gebr.
I: 2 Bll., VI S., 3 Bll. Reg., 944 S. II: 1 Bl., 977 S., 6 S. Reg., 1 S. Err.

Leben Jesu und der Heiligen. Wien 1825. V: *Schmidt*, *Franz Seraph.* (Th) (schmal) (Ky)

— Jesu u. d. Heiligen. 2 Thle. 2e Aufl. (von P. Schmidt). gr. 8. Wien 825. (Wimmer). 4 ℔ 12 K

— das, Jesu u. seiner Jünger in Bildern u. Geschichten. (Bilder von Schnorr v. Carolsfeld.) 1.—4. Hft. (Je 20 S.) gr. 8. Konstanz (904). C. Hirsch. à n. — 15
1. Ehre sei Gott in der Höhe! — 2. Fürchte dich nicht, glaube nur! — 3. Siehe, ich bin bei euch alle Tage! — 4. Dein Wort ist meines Fußes Leuchte!

Leben Jesu

— — f. Kinder. 8. Halle, Dreyßig. 795.

— — in e. freyen Uebersetz. 2 Thle. gr. 8. Cilli. (Korn der ält. in Bresl.) 796.

—— Jesu für Kinder. Frei nach dem Engl. Mit einem Vorwort von L. C. Businger. 16. (VI, 156 S. mit 73 eingedr. Holzschn. und 4 Farbendr.-Bildern.) Ebendas. 877. cart. geb. mit Goldschn. *

—— Jesu für Kinder. Frei nach dem Engl. Mit einem Vorwort von L. C. Businger. 2. sehr verb. Aufl. 16. (158 S. mit 76 eingedr. Holzschn. und 4 Farbendr.-Bildern.) Einsiedeln 881, Gebr. Benziger. geb.

Leben Jesu für Kinder. Frei nach dem Englischen. Mit e. Vorw. von L. C. Businger, Regens. 8. Aufl. Mit 76 Holzschn. u. 4 Farbendruckb. *Einsiedeln, Köln: Benziger & Co. 1900.* (158 S.) 8° [F.]

— Jesu u. Mariä, für d. kathol. Jugend, mit Anmerkk. 8. Ulm 802. Stettin. 6 K

— das, Jesu und Mariä Seiner heiligsten Mutter; nebst kurzer Lebensbeschreibung des heil. Josephs und des heil. Johannes des Täufers, als Personen, deren Leben mit der Lebensgeschichte Jesu und Mariä enge verbunden ist. Ein sehr wichtiges Belehrungs- u. Erbauungsbuch auf dem Wege zur Seligkeit für jeden Stand. Herausg. von dem Verf. des frommen Christ; Jesus meine Liebe; ꝛc. Münster 853. Coppenrath. gr. 8. (XIV, 185 S.) n. 6¼ ngr.

— das, Jesu v. Nazareth nach St. Matthäus. (64 S.) 16. Elberfeld 902. Bergische Bibelgesellschaft. nn — 05

—— das, uns. Herrn Jesus Christus, nach d. vier Evangelisten. A. d. Franz. Ein Volksbuch. 8. (21 B.) Sulzbach 837, v. Seidel'sche Buchh.

—— Jesu, das, in Wort und Bild. 1. Aufl. 1873, und 2. Aufl. Lex.-8. (39 S. mit 18 Chromolithogr.) Basel 874, Spittler. geb. *

Leben, das, Jesu, in Wort u. Bild. 3. Aufl. gr. 8. (40 S. m. 18 Farbendr.) Basel (895). Kober. Geb. n. 2. 80

— dasselbe, s. a. Schrift, die hl., in Bildern.

— d. heil. Ignatius v. Loyola ꝛc., Stifter d. heil. Jesuiterorden. 8. Ulm 788. Stettin. 10 K

Leben, das, des heiligen Ignatius, Stifters der Gesellschaft Jesu. Aus dem Französischen des P. Dominicus Bouhours, Priesters aus derselben Gesellschaft. Uebersetzt von Albert von Haza-Radlitz. 2. verb. Aufl. gr. 8. (387 S.) Wien, Mechith. Congr. Buchh. 1861. 1 fl.

— d. Ignatius v. Lojola, Stift. d. Jesuiterorden. 8. Rost. 721.

— des heiligen Ignaz von Loyola. Mit Bildn. gr. 12. Schweidnitz 840, Heege. 2 ngl

—— des heil. Ignaz v. Loyola. gr. 12. (1 B. u. Bildn.) Schweidnitz 841, Heege.

— ein, in Gott — macht das Unglück zum Spott, s.: Schriften, kleine.

— das innere, einer leidenden Christin. 8. Frankfurt a/M. 844, Zimmer. n. 5/12 ℔

— das innere, des im Geruche der Heiligkeit verstorbenen Pfarrers von Ars J. M. Vianney, s. Leitsterne, neue, auf der Bahn des Heils.

— das innere, des im Rufe der Heiligkeit verstorbenen J. M. Vianney, Pfarrers v. Ars. Aus dem Französischen 2., verb. Aufl. d. autoris. Übersetzg. 16. (VIII, 255 S m. e. Portr.) Regensburg 890. Verlags-Anstalt. 2. 50

— inneres. 16. (VII, 144 S.) Heidelberg 871. E. Mohr. n. 1. 80

—— inneres. 2. Aufl. 16. (VI, 144 S.) Heidelberg 882, E. Mohr's Verlag. geb. *

—— inneres. 2. Aufl. 2. (Titel-)Ausg. 16. (VIII, 144 S.) Freib. i. Br. 890, J. C. B. Mohr. cart. * 2 —

Leben, Inneres. Vom Verfasser des Buches: »Im Kampf um die Weltanschauung«. 3. Aufl. Freiburg i. B. 1891. V: *Wimmer*, *Richard.* (Ky)

—— dass. — Vom Verf. d. Buches: „Im Kampf um die Weltanschaug." (Rich. Wimmer.) 3. Aufl. 8. (VIII, 115 S.) Ebd. 891. geb. * 2 50

— inneres, 4. Aufl., s.: Wimmer, R.

— inner- u. äußerl., d. Jungfr. Antoinette Bourignon. 8. Altona. 738.

— des Erzherzogs Johann, s.: Vaterlands-Bibliothek.

— Johann Adolphs, Herz. zu Sachs. Weißenfels. 8. Frkf. 744.

— Churf. Johann d. Beständigen v. Sachsen ꝛc. 8. Leipz. Weigel. 804.

Leben des Kurfürsten Johann des Beständigen von Sachsen, des grossen Beförderers der Freiheit in Angelegenheiten der Religion unabhängig von menschlichen Machtsprüchen zu denken und zu urtheilen. Leipzig 1805. V: *Paselius, Johann Adolph Leopold.* (Bem I, 1, S. 142)

— Kurf. Johann d. Beständigen v. Sachsen etc. 8. Leipz. 805. (Arnold in Dresd.) 12 gl.

— d. heil. Johann v. Nepomuk etc. 12. Augsburg, Doll. 790.

Leben des Erzherzogs Johann, erster deutscher Reichsverweser. Stuttgart 1848. (Deutsche Vaterlandsbibliothek II.) 54 S. 12.

—— der gottseligen Johanna von Jesu, Reformatorin des 3. Ordens und Stifterin der Franziskanerinnen von Limburg. 8. (100 S. mit Portr. in Lithogr.) Regensburg 868, Pustet.

— das, d. heiligen Johannes Chrysostomus, Erzbischofs v. Constantinopel u. Kirchenlehrers. Nach kritisch bewährten alten u. neuen Quellen u. Arbeiten bündig zusammengestellt. gr. 8. (IX, 155 S. m. 1 Bildnis in Stahlst. Brixen 891. A. Weger. n. 1. 60

— des heil. Johannes von Gott. Mit dess. Bildniß. 8. Ebend. 841. 2 ngl

Leben, Das, des heiligen Johannes Chrysostomus ... Brixen 1891. V: *Poeche, Isidor.* (Margr)

— des heil. Johannes von Nepomuck. Mit dess. Bildn. 8. Ebend. 841. 2 ngl

Leben, wunderbare Reisen und Irrfahrten, Johannes von Ostsee. Tübingen 1805. V: *Falk, Johannes Daniel.* (EE)

— Joseph Emmanuels, Königs von Portugal. 8. Nürnb. 777. Bauer u. Raspe. 5 gl

Leben Joseph Emanuels, Königs von Portugal. 8. Nürnberg 1778.

— d. heil. Josephs, Nährvater Christi. Mit Kpf. gr. 12. Wien 765. Trattner. 12 gl

— des heil. Josephs, Nährvaters Jesu Christi. Mit 8 Kpf. 8. Augsb. 831. Schlosser. 3 gl

—— das, d. heil. Joseph's, Nährvaters Jesu Christi. Nebst Morgen-, Abend-, Meß-, Beicht- u. Kommunion-Gebethe, e. Litaney u. verschied. and. Andachtsübn. zu dies. großen Heiligen. Als e. Mitgabe f. dess. fromme Verehrer etc. v. J. R. Pr. 12. (5 B.) Augsburg 831, Wolff. (Kollmann.)

Leben und Thaten, Josephs des Sieghafften Röm. Kaysers. Cölln [Leipzig] 1712. N. Aufl. Freyburg 1727. V: *Rinck, Euchar. Gottlieb.* (Pr) (Weber) (BrMm) (Bibliotheca Rinckiana. Leipz. 1747.)

— Josephs d. Sieghaften, Röm. Kaisers, m. K. 8. Leipz. 712.

— Josephs II., des unermüdeten Kaisers d. Deutschen, mit Beil. 8. Klagenf. 790. Walliser. (W. Vogel in Leipz.) 6 gl

Leben Josephs II. bis an seinen Tod. Ulm 1790. V: *Gaum, Joh. Ferdinand.* (Ky) (Pr)

— Josephs II., bis an seinen Tod, aus authent. Quelle (von J. F. Gaum). 8. Ulm 790. Stettin. 12 gl

Leben der Kaiserin Josephine von Frankreich ...., von einem Augenzeugen. Pirna 1807. 8°. 272 S. (3 Mk. Aug. Westphalen, Flensburg, c. 1902.)

— d. berühmtest. Italiener u. Italienerinnen. 2 Thle. 8. Leipz. Schwickert. 772.

Leben des dänischen Vice-Admirals Just von Juel. A. d. Dän. von Chr. Go. Mengel. Kopenh. 1756. V: *Jonge, Niels.* (Pr) (Bruun, Bibl. Danica. III, 1207f.)

— des dänischen Admirals Just v. Juels. 8. Kopenh. 756. Pelt. 6 gl

— d. Kaiser Julians, aus dem Franz. 8. Frankf. Mevius. 752.

— Kaiser Julians d. Abtrünnigen, mit Landch. 8. Berlin, Rüdiger. 756.

— d. deutschen Kaiser etc. 8. Leipz. Hilscher. 772.

LEBEN von 42 Kayserinnen und anderen Damen von hohem Stande, so in der Historie merckwürdig, in 22 Entrevüen. Leipzig, b. Wolffg. Deer. 4°.
O. M. V. 1746. Gib. — Noch kein Expl. nachzuweisen.

— J. Kants, e. Skizze; aus d. Engl. 8. Altenb. 799. Rink. 3 gl Dass. englisch (a sketch). Ebd. 3 gl

Leben des grossen Kapitäns, Robinsonaden und Abentheuer Hans Jürgen Mast ... Hamb. 1803. V: *Albrecht, Joh. Friedrich Ernst.* (GGr) (Ky)

RICHELIEU et **MAZARIN**, Cardinäle. — Königiicher (so!) Palais in seinem neu eröffneten Louvre, praesentiret zweyer weltberühmten Cardinäle, Leben, als des Hertzogs von Richelieu und Julii Mazarini, welche als grosse Regenten des Königlichen Raths unter den glorwürdigsten Regierungen der beyden Könige in Frankreich Ludovici XIII. und XIV. gelebet; und ihre besondere Fata, Intriguen und kluge Machiavellische Staats-Maximen, in sinnreichen Lebens-Reguln dem jetztlebenden Welt-Theatro in drey Apartements vorstellen, da im letztern hoher Puissancen und Staats-Ministres .... Reden und Discourse beygefüget sind. Mit Titelkpfr. Franckfurt und Leipzig 1730. 8°. (10 Mk. E. Frensdorff, 1910.)

— **Erzherzog Carls. 1r Bd. Nürnb. Raspe.**
Schreibv.

— **Carls III., König in Span. u. Philipps Herz. v. Anjou. m. K. 8. Frankf. 710.**

— **Carl Emanuels, Königs von Sardinien. 8. Frankf. 747.**

Leben Karls, Erzherzogs von Österreich. I. 8. Nürnberg 1801.

— **d. gr. Feldh., Pr. Carl v. Lothringen. 2 Thle. m. K. 8. Frankf. u. Leipz. (Riegel u. Wießner, Nürnb.) 746.**

— **Carls, d. Groß., erst. deutsch. Kaisers. 4. Hamb. Hertel. 723.**

Leben Karls von Navarra, Prinzen von Viana; a. d. Franz. Leipzig 1790. V: *Pont-Wullyamoz, baronne de.* (Ky) Ü: *Graubner, Johann Peter.* (MGT) Dagegen: *Schmitz, Rich. Bernhard* (Rass)

— Karls v. Navarra, Prinz v. Viana; aus d. Französ. (v. J. P. Graubner). 8. Leipz. 790. Hilscher. 12 gr

Aus dem **Leben** König Karls von Rumänien. Aufzeichnungen e. Augenzeugen. Bd 1–4. *Stuttgart: J. G. Cotta 1894–1900.* 4 Bde 8° [F.]
1. Mit d. Portr. d. Königs. 1894.
2. 1894. 3. 1897. 4. 1900. [**, 5**4

— **Kais. Carls VI., wor. d. span. Successionskr. enth. 4 Thle. m. K. 8. Leipz. Hilscher. 708.**

Leben Kaiser Carls VI., worin sonderlich der spanische Successionskrieg enthalten. Leipzig 1718.

— **Kais. Carls VII. 2 Thle. Frankf. u. Leipz. 745. 46.**

Leben des unglücklichen Karl Stuart, Königs von Grossbritannien ... Chemnitz 1794. V: *Mursinna, Frdr. Sam.* (Ky) (Pr) (MGT)

— des unglückl. Karl Stuart, Königs v. Großbritannien, Frankreich u. Irland; nach d. glaubwürd. Nachrr. (von F. S. Mursinna). 2 Thle. 8. Chemn. 794. (Starke).

Leben Karls II. und Jacobi II., Könige von Grossbritannien. Londondry (!). O. J. (XVIII. Jahrh.)
Weller, fing. Dr. I. p. 185.

Leben Carls XII., Königs in Schweden. [Hamb.] 1745—51. V: *Nordberg, Georg Andreas.* Ü: *Heubel, Johann Heinrich.* (schr) (CBH)

— **d. Fürstin Casimire v. Anhalt-Dessau. 8. Lemgo 780. Meyer. 8 gr**

Leben, Das, des heiligen Kastor. A. d. Latein. ... Koblenz 1835. V: *Dronke, Ernst.* (Ky)

— das, des heil. Kastor. Aus d. Latein. im Auszuge übersetzt u. herausg. zur Erinnerung an die 1000jähr. Jubelfeier der Einweihung der ersten St. Kastorkirche zu Koblenz. (Von Er. Dronke.) 16. Koblenz 835. Hölscher. 1/6 ℛ

— **das, d. Katharina v. Siena. 8. (16 S.) Dinglingen 897. (Frankfurt a/M., J. Schergens.) —20**

Ueber das Leben der Kaiserinn Katharina II., s. Seume, J. G. 1797.

— **Catharina II., Kaiserin v. Rußland, s. Abriß.**

— — — **8. Frankf. 728.**

— Katharina II., Kaiserin v. Rußland. gr. 8. Augsb. 797. Styr. 12 gr s. auch Katharina II.

— — — **8. Wien. 797.**

— — — **8. J. A. Rieger. 797.**

Leben Katharinens II., Kaiserin von Russland. A. d. Franz. Paris [Altenb.] 1798. V: *Castera, Jean Henri de.* (BrMm) (BGE)

— ausgezeichneter Katholiken der drei letzten Jahrhunderte. Hrsg. unter Mitwirkung Anderer von Albert Werfer. 1—14. Bdchn. 8. Schaffhausen 852—56, Hurter'sche Buchh. à Bdchn. * 10 Ngr. *

Inhalt:

Bdchn. 1. Leben des heil. Karl Borromäus, Kardinal und Erzbischof von Mailand. Von Albert Werfer. (VIII und 144 S. mit 1 Stahlst.)
" 2. Leben des heil. Ignatius. Von J. G. Schick. Leben des sel. Peter Canisius. (158 S.)
" 3. Leben des heil. Vincenz v. Paul. Von Albert Werfer. Leben des heil. Franz von Sales, Fürstbischofs von Genf. (162 S.)
" 4. Leben des Franz Fenelon, Erzbischofs vom Cambrai. Von Albert Werfer. Leben des heil. Fidelis v. Sigmaringen. Von J. G. Schick. (184 S.)
" 5. Leben Ferdinand's II., Kaisers von Deutschland. Leben der deutschen Kaiserin Anna Eleonora. (162 S. mit 1 Stahlst.)
" 6. Lebensgeschichte des Bartholomäus Holzhauser, Weltpriester. Von Albert Werfer. (XII und 194 S.)
" 7. Leben des heil. Alphons Maria v. Liguori, Stifter des Redemptoristenordens. Von J. G. Schick. — Leben des Pater Friedrich Spee, Priesters der Gesellschaft Jesu von Albert Werfer. (163 S.)
" 8. Leben der Kaiserin Maria Theresia. Von J. G. Schick. — Leben des Papstes Pius VI. (186 S.)
" 9. Leben des Papstes Pius VII. Von J. G. Schick. — Leben der ehrw. Maria Crescentia, Oberin des Klosters zu Kaufbeuren, von Albert Werfer. (182 S.)
" 10. Leben des Paters Matthäus Ricci, Missionärs in China, aus der Gesellschaft Jesu. (XII und 134 S. mit 1 Stahlst.)
" 11. Leben des Paters Johann Adam Schall und sein Wirken in China. — Pater Ferdinand Verbiest und sein Werk, die Blüthe des Christenthums in China unter seinem großen Schüler dem Kaiser Khanghi. (XVIII und 164 S. mit 1 Stahlst.)
" 12. Leben des Bernhard Overberg, Vorstehers der Normalschule in Münster rc., der Fürstin Amalie v. Gallizin und des Grafen Friedrich Leopold v. Stolberg. Von J. G. Schick. (171 S. mit 1 Stahlst.)
" 13. Leben des Georg Michael Wittmann, Bischofs von Regensburg. Von Albert Werfer; und Leben des Alexander v. Hohenlohe, Bischof von Sardika. (170 S. mit 1 Portr. in Stahlst.)
" 14. Leben und Wirken des Daniel O'Connell. (V und 201 S. mit 1 Portr. in Stahlst.)

—— dass. — 15. und 16. Bdchn. 8. Ebendas. à Bdchn. * 10 Ngr. *

Inhalt:

Bdchn. 15. Leben und Wirken des Jos. v. Görres, und der Quendaline, Fürstin von Borghese, geb. Shrewsbury-Talbot. (141 S. mit Portr. v. Görres in Stahlst.) 859.

" 16. Werfer, Alb., Leben des Dr. Johann Adam Möhler. — Schick, J. G., Leben des Clemens Brentano. (143 S. mit 1 Stahlst.) 861.

—— ausgezeichneter Katholiken der drei letzten Jahrhunderte. Hrsg. unter Mitwirkung Anderer von Alb. Werfer. 1—4. Bdchn. 2. Aufl. 8. Schaffhausen, Hurter'sche Buchh. à. Bdchn. * 10 Ngr. *

Inhalt:

Bdchn. 1. Werfer, Alb., Leben des heil. Carl Borromäus, Kardinals und Erzbischofs von Mailand. (VIII und 144 S. mit 1 Stahlst.) 861.

" 2. Schick, J. G., Leben des heil. Ignatius und des sel. Peter Canisius. (156 S. mit 1 Stahlst.) 861.

" 3. Werfer, Alb., Leben des heil. Vincenz v. Paul. — Leben des heil. Franz v. Sales, Fürstbischofs von Genf. (162 S. mit 1 Stahlst.) 859.

" 4. —— Leben des Franz Fenelon, Erzbischof von Cambrai. — Leben des heil. Fidelis von Sigmaringen. (V und 179 S. mit Portr. Fenelon's in Stahlst.) 860.

— ausgezeichneter Katholiken der drei letzten Jahrhunderte. Herbg. unter Mitwirkung Anderer von Alb. Werfer. 5., 9. u. 17. Bd. Schaffhausen, Hurter'sche Buchh. 8. Jeder Bd. n. 10 ngr.

5. Bd. Leben Ferdinand's II., Kaisers von Deutschland. 2. Aufl. (162 S. mit 1 Stahlst.) 867.

9. Bd. Leben des Papstes Pius VII. Von J. G. Schick. 2. Aufl. (180 S.) 867.

17. Bd. Leben des Bischof's Wilh. Arnoldi von Trier. Großentheils nach seinen Predigten entworfen. Von Jak. Kraft. (164 S.) 866.

Leben ausgezeichneter Katholiken der drei letzten Jahrhunderte. Hrsg. unter Mitwirkung Anderer von Alb. Werfer. 11. Bdchn.: Leben des Paters Joh. Adam Schall und sein Wirken in China und Pater Ferd. Verbiest und sein Werk, die Blüthe des Christenthums in China unter seinem großen Schüler dem Kaiser Khangi. 2. Aufl. 8. (164 S. mit 1 Stahlst.) Schaffhausen 871, Hurter'sche Buchh. [Regensburg, Manz.] *

—— ausgezeichneter Katholiken der drei letzten Jahrhunderte. Hrsg. unter Mitwirkung Anderer von Alb. Werfer. 7. und 8. Bdchn. 2. Aufl. 8. Regensburg 877, Manz. à Bdchn. ℳ 1.

Inhalt:

Bdchn. 7. Schick, J. G., Leben des heil. Alphons Maria von Liguori, Stifter des Redemptoristenordens, und des Paters Friedrich Spee, Priesters der Gesellschaft Jesu. (164 S. mit 1 Stahlst.)

" 8. —— Leben der Kaiserin Maria Theresia und des Papstes Pius VI. (184 S. mit 1 Stahlst.)

1.—6. und 9.—17. Bdchn. Ebendas. à *ℳ 1.

—— ausgezeichneter Katholiken der drei letzten Jahrhunderte. Hrsg. unter Mitwirkung anderer von Alb. Werfer. 6. Bdchn.: Lebensgeschichte des Bartholomäus Holzhauser, Weltpriester. Von Alb. Werfer. 2. Aufl. 8. (208 S.) Regensburg 886, Verlags-Anstalt.

Hiervon sind 17 Bdchn. à ℳ 1.—. erschienen.

Das kathol. Leben u. Wissen in seiner Stellung zur nächsten Zeitentwicklung. Neue Sion (Augsburg) 1845. Nr. 1 u. 2.

— katholisches, in d. sächs. Diaspora, s. a. Flugschriften, katholische.

Katholisches Leben in der sächsischen Diaspora. *Berlin: Germania 1897.* (62 S.) 8° [F.]

— Flugschriften, Kathol., z. Wehr u. Lehr. No 115. (00. 13199

Leben merkwürdiger Kaufleute. Nürnberg 1796. V: *Veillodter, Ludw. Chph Carl.* (Ky)

— merkwürd. Kaufleute, (v. L. C. K. Veillodter). 8. Nürnb. 796. Exped. d. Handl.-Zeit. 20 gr

Leben des berühmten britischen Mimen Eduard Kean mit Zügen und Anekdoten aus seiner theatralischen Laufbahn. Dem Engl. nacherzählt von Georg Lotz. Hamb. 1836. V: *Procter, Bryan Waller.* (GGr IX, 387)

—— des berühmten britt. Mimem Edm. Kean, mit Zügen u. Anecdoten aus seiner theatral. Laufbahn. Dem Engl. nacherzählt v. Geo. Lotz. 8. (14½ B.) Hamburg 836, [Perthes-Besser u. Mauke.]

Leben, Das keimende. Aus dem Nachlass eines jungen jüdischen Rechtsanwalts. Hg. von einem Freunde. München 1910. (2. Aufl. Leipzig 1911 mit dem Namen des Verf.) V: *Eulenberg, Herbert.* Vgl. Hinrichs, Halbj.-Kat. 1 (1911), S. 131. (DARP)

— das keimende. Aus dem Nachlaß e. jungen jüd. Rechtsanwalts. [Herb. Eulenberg.] Hrsg. v. e. Freunde. (79 S.) 8. München 910. [G. Müller.] Leipzig, E. Rowohlt. 1.50

—— das, — kein — Traum; oder: Die dunkeln Wege der Vorsehung. Ein belehrendes und unterhaltendes Werk für Familienkreise aller Volksklassen. 1. Bd. in 12 Lfgn. (à 2 Bog. und 1 Lithochrom. und lithochrom. Titel.) gr. 4. Löbau 854, Walde. à Lfg. 3 Ngr.

— Veit v. Kellberg, od. Beitrr. z. Chronik v. Schnackenthal. 2 Thle. 8. Leipz. 798. Leo. 2 ♂

Leben. Das L' des Heinrich Keller von Zürich, Landkarten- und Panorama-Zeichners (1778–1862). Njbl. s.a. [Hess, Jacob].

Leben, Das, des Heinrich Keller von Zürich, Landkarten- und Panorama-Zeichners. [Zürich 1865.] V: *Hess, Jac.* (Cat. d. Stadtbibl. Zürich. Zürich 1864—97.)

Kernings [d. i. Joh. Bapt. Krebs'] Leben und Schriften. Bd 1. H. 1—4. Lorch (Württemberg): Rohm 1902. 8°

1—3.: Buchner, G.: J. B. Kerning. 72 S.

4. [Krebs, J. B.]: Geschichtl. Ueberblick üb. d. Frmrei u. anderes. S. 73—96.

—— des königl. preuß. wirklichen geheimen Rathes Georg Wilhelm Keßler, Biographen Ernst Ludw. Heim's. Aus seinen hinterlassenen Papieren. gr. 8. (VI und 400 S. mit Keßler's lithogr. Bildniß.) Leipzig 853, Brockhaus.

— Joseph Williams v. Kildeminster. Aus d. Engl. übers. kl. 8. 834. Zürich, Hanke. ⅛ ♂

– Joseph Williams von Kilderminster in England. Aus seinem eigenen Tagebuche. (4 1/2 B.) Stuttgart: Belser 1834. 16°

— aus dem, frommer Kinder. 2 Hefte. 18. Münch. 817. 2e A. 819. Giel. 6 gr

—— das, der **Kirche**. Eine Fortsetzung des Lebens Jesu von Renan. 8. (VII und 112 S.) Leipzig 864, Colditz. *

—— das, der katholischen **Kirche** während ihres heiligen Jahres, oder: Der kleine Goffiné. Eine kurze Erklärung der heil. Zeiten und Festgeheimnisse, der sonn- und feiertägl. Evangelien, wie auch der Heilsmittel, und vornehmsten Ceremonien des Kirchenjahres. Für die Jugend sowohl als für Erwachsene eingerichtet und hrsg. von Fr. X. P. 2., neu bearb. und verm. Ausg. 18. (LIX und 612 S. mit 1 Stnt.) Innsbruck 854, Wagner'sche Buchh. *

— das **kirchliche**, in Wien in der letzten Periode. 1. u. 2. Aufl. Wien 865. Sartori. gr. 8. (IV, 60 S.) 6 *ngr.*

[F.] Aus dem kirchlichen **Leben** Braunschweigs. Festgabe f. d. Theilnehmer d. IX. allg. luther. Konferenz in Braunschweig ... Dargereicht v. Hellmuth Wollermann. M. 1 Stahlst. u. zahlr. Abb. ... *Braunschweig & Leipzig: H. Wollermann 1898.* (175 S., 1 Portr.) 1 Bd 8. [98. 9038

Beste, Johannes: Die Entwickelung d. braunschweig. Landeskirche seit d. Reformation. *Braunschweig & Leipzig 1898.*
in: **Leben**, Aus d. kirchlichen, Braunschweigs. [98. 9088

Knoll, Fr.: Die Kirchen d. Stadt Braunschweig. *Braunschweig & Leipzig 1898.*
in: **Leben**, Aus d. kirchlichen, Braunschweigs. [98. 9088

Schattenberg, C.: Zur Geschichte d. Kirche in Kübingen. *Braunschweig & Leipzig 1898.*
in: **Leben**, Aus d. kirchlichen, Braunschweigs. [98. 9088

Schattenberg, H.: Alte Volksbräuche bei Taufe, Trauung u. Begräbnis im Dorfe Eitzum. *Braunschweig & Leipzig 1898.*
in: **Leben**, Aus d. kirchlichen. Braunschweigs. [98. 9088

Leben des sel. Professors J. Hyac. Kistemaker. Münster 1834. V: *Neuhaus*, Franz. (Th) »Leben und Wirken J. H. Kistemaker« (Schmal)

— d. heil. Klara. 12. Münch. 818. Giel. (Barth in Leipz.) 1 ℛ

— d. heil. Clara nach J. Croiset. 12. Münch. 819. Giel. 1 ℛ

— d. heil. Jungfrau Klara. 8. Insbr. 777. Wagner. 16 ℛ

—— der heil. Jungfrau **Klara** vom Kreuze, Abtissin der Augustinerinnen zu Montefalco, heiliggesprochen am 8. Dezbr. 1881. Nach den besten Quellen dargestellt von einem Weltpriester. 8. (278 S.) Regensburg 882, Manz.

—— das, des sel. Bruder **Klaus** in 12 (Lichtdr.-)Bildern (mit untergedr. Text). Ein Andenken an die Jubelfeier von 1887. 16. Einsiedeln 888, Benziger und Comp. In Leinw.-Carton *

Leben, Das, des geheimen Kabinets- und Staatsrathes ... Joh. Franz Thadd. von Kleimayrn. Wien 1848. V: *Felner*, *Jos.* (Karajan) (GGr) (ADB) *Fellner*, *Joseph.* (Hr)

— d. Pabstes **Clemens** XI. 5 Thle. u. Anh. m. K. 8. Frkft. 720.

Leben Clemens des XIV., jetzt regierenden Römischen Papstes. [A. d. Franz.] Berlin u. Leipzig [Nürnb.] 1774—75. V: *Caraccioli*, *Louis Ant. Marquis de.* Ü (Theil 1, 2): *Korn*, *Chn Hnr.* (Theil 3): *Schubart*, *Chn Frdr. Daniel.* (AarK) (Wr)

— d. Papstes Clemens XIV. (v. Chr. Fr. Dn. Schubart). 8. (Nürnb.) 774. Raspe. 20 ℛ

Leben Klemens XIV. Aus zuverlässigen Nachrichten beschrieben. Neue Aufl. [Nürnberg] 1780. V: *Caraccioli*, *Louis Ant. Marquis de.* Ü (Th. 1, 2): *Korn*, *Chn Hnr.* (Th. 3): *Schubart*, *Chn Frdr. Dan.* (EB)

Leben des Papstes

— — **Clemens** XIV. 8. Nurnb. Raspe. 780.

— — **Clemens** XII. 8. Frankf. u. Leipz. 740.

Leben, Klopstocks. Quedlinburg 1817. V: *Nicolai*, *Carl Ludw.* (GGr)

— das **klösterlich-geistliche**, in der Welt oder der 3. Orden der Buße des heiligen Franziskus v. Assisi. Freiburg i. Br. 868. Herder. gr. 16. (VI, 590 S. mit 1 Stahlst.) n. 16 *ngr.*

Leben, das **klösterlich-geistliche**, in der Welt, od. der dritte Orden der Buße d. heil. seraph. Vaters Franziskus v. Assisi. 2. Aufl. 16. (VIII, 576 S.) Freiburg i/Br. 874. Herder. n. 1. 80

—— das **klösterlich-geistliche**, in der Welt oder der dritte Orden der Buße des heil. seraph. Vaters Franziskus von Assisi. 3. Aufl. 16. (VIII, 627 S. mit 1 Titelbild in Stahlst.) Freiburg i. Br. 880, Herder'sche Verlagsh.

—— das **klösterlich-geistliche**, in der Welt oder der Dritte Orden der Buße des heil. seraph. Vaters Franziskus von Assisi. 4. Aufl. nach der Constitution Papst Leo's XIII. Mit Approbation des hochwürd. Hrn. Erzbischofs von Freiburg. 12. (IV, 431 S. mit 1 Titelbild in Stahlst.) Freiburg 885, Herder'sche Verlagsh.

— Matth. Klostermayers, Anführers e. Wildschützenbande, oder d. sogenannten baier. Hiesels. Mit Kpf. 8. Altona 782. Kaven. 8 ℛ

— f. **Knaben**, a. d. Engl. v. A. Waldmann. 12. Leipzig, Baumgärtner. 800. (a. d. Bibliothek f. Kinder &c. 18 Bändchen.)

— L. **Knauts**, d. Welsen, sonst d. Stammler genannt. 4 Bde. 8. Leipz. F. C. W. Vogel. 776–77. (à 16 gr.)

Leben des schottischen Reformators J. Knox, s. M'Crie

Leben Anton Koburger's, eines der ersten und berühmtesten Buchdrucker in Nürnberg, nebst einem Verzeichnisse aller von ihm gedruckten Schriften. Dresden und Leipzig 1786. 8°.

Leben Anton Koburger's, eines der ersten und berühmtesten Buchdruckers in Nürnberg ... Dresden u. Leipzig 1786. V: *Waldau*, *Georg Ernst.* (BrMm) (ML)

— d. churpfalzbayerisch. Hofkammerraths v. **Kohlenbrenners**, s. Anmerk. über diese Lebensbeschr. 8. München, Strobl. 783.

— J. D. Köhlers. 4. Nürnb. ... Schneider u. W. 6 ℛ

Leben und Thaten, Des Glorwürdigsten Königs von Polen Friedrich August des Großen, so letzthin in historischer Ordnung beschrieben von D. F. nunmehr aus mehreren Documenten und Actis publicirt merklich erläutert durch J. G. G. . . . Frankfurt u. Leipzig 1734. V: *Fassmann, David.* (Droysen, Gesch. der Preuss. Politik. IV. Theil, VI. Abtheilung. Leipzig 1870. S. 20.)

—— das, des Königs v. Preußen Friedrich Wilhelm III. Ein Volks- u. Familienb. als Denkmal f. Alle in Trauer u. Freude. 1—5. Lfg. 8. (21 B. u. 5 Stahlst.) Braunsberg u. Mohrungen 840, 41, Rautenberg. (?) à

—— das, des Königs von Preußen Friedrich Wilhelm III. Ein Volks- u. Familienbuch als Denkmal f. Alle in Trauer u. Freude. 6. u. 7. Lfg. (Schluß.) 8. (10⅝ B. u. 1 Stahlst.) Mohrungen 843, Bücher-Magazin. à
1—5. Lfg. Ebendas. 1840, 45. 25 Ngr.

— d. sogenannten Kön. d. Corsen Theodor I., d. s. Baron Neuhoff statt Syburg nennt. 8. Frkf. 741.

— — dass. 8. Gotha. 744.

— d. Könige v. Frankr. v. Pharamund b. a. Ludwig XIV. 8. Leipz. 716.

— d. Könige v. Preußen. 8. Halle ... Dreyssig. 8 gr

— d. Königin v. Frankreich Maria Antoinette v. Oesterr.; aus d. Französ. 8. Hannov. 789. Helwing. 6 gr

Leben, das, d. Königin v. Preußen Luise Auguste Wilhelmine Amalie. Mit dem in Stahl gestochenen Bildnisse der Monarchin. 8. Mohrungen u. Braunsberg 837. Bücher-Magazin für Preußen. (Rautenberg.) 1 Thlr — Velinp. mit Goldschn. geb. in Futteral 1½ Thlr

— berühmter Königinnen. 2 Thle. 8. Nürnb. 804, 5. Monath u. K. 2 Thlr 16 gr

Leben Conrads des Grossen, Marggrafen zu Meissen und Ludwig des Eisernen Landgrafen in Thüringen. Dresden 1776. V: *Behrisch, Henrich Wolfgang.* (Behrisch, Die Wiener Autoren. 1784.)

Leben Conrads d. Groß., Markgr. zu Meißen, u. Ludwigs d. Eisern. Landgr. in Thüringen. 8. Dresden, Hilscher 776. Rthlr.

Leben des Vicekanzlers Dr. u. Prof. Jur. Franz Just Kortholt in Giessen von G. G. S. Frankf. u. Leipz. 1771. V: *Schwarz, Johann Georg Gottlob.* (stri) (ML)

— Just. Franz Kortholds, Vicekanzlers zu Gießen. 4. Marb. 771. Krieger. 1 gr

— Ludw. G. Kosegarten, (v. J. G. L. Kosegarten.) Ist d. 12e Bd. v. L. G. Kosegarten's Dichtungen. 8. Greifswalde 826, Koch.

Leben Ludwig Theobald Kosegartens. Greifswald 1824. V: *Kosegarten, Johann Gottfried Ludwig.* (MGT)

Leben August von Kotzebue's. Nach seinen Schriften . . . Leipz. 1820. V: *Cramer, Frdr.* (Ky) (BrVV) (EE) (BrMm) (GGr)

Leben August von Kotzebue's. Nach seinen Schriften u. nach authentischen Mittheilungen dargest. Leipzig 1820. 532 S.

— — August von Kotzebues, nach seinen Schriften und nach authentischen Mittheilungen dargestellt. 8. Leipzig, Brockhaus. 820.

Leben, Das, die Krankheit und Tod der französischen Reputation. [Berlin] 1744. Ü: *Vetter, Joh. Frdr.* (ML)

— Kriegs- u. Heldengesch. Bar. v. Bärenklau. 8. Frankf. 747.

— u. Kriegsgeschichte des Graf. v. Suwarow Riminsky, mit Anekdot. 8. Lpz. Gräff. 799.

Leben und Kriegsgeschichte des Grafen von Suwarow Rimninsky . . . Leipzig 1800. V: *Vulpius, Chn August.* (Ky)

— u. Kriegsgeschichte d. Graf. v. Suwarow Rimninsky, mit Anekdoten, (von C. A. Vulpius). 8. Leipz. 800. (Wienbrack). 8 gr

Leben und Kunst in Paris unter Napoleon I. Weimar 1805—7. V: *Chésy, Wilhelmine Christine von.* (Kn)

Leben einer Künstlerin. Berlin u. Leipzig (ebend.) 1811. Kl. 8°. (⅔ Rthl. Scheible; 8 Mk. Taussig, c. 1905.)
Tit., 1 Bl. Vorw. der Verlagshandlg. u. 268 S. (incl. 3 S. Vorr. des Herausgebers, unterz.: Am Lippestrom).

— einer Künstlerin. 8. Erfurt, Hennings. 811.

Leben und Künstler-Laufbahn des Negers Ira Aldridge. 8. (46 S.) Berlin 853, Allgemeine deutsche Verlagsanstalt.

Leben: Kunterbuntes Leben
v. Genossenschaftliches Volksblatt (I).

— kurzes, berühmter Männer Böhmens. 1r Bd., 6 Hefte. 8. Prag 783—86. Gerle. 1 Thlr 8 gr

— kurzgefaßtes, d. Cardinals Christoph Anton. 8. Wien 804. (Pichler). 4 gr

— Jesu, kurzgefaßtes. 8. Brünn ... Gastl. 1 gr

— kurzgef., Bened. Jos. Labre, beschr. v. Don Jos. Macroni. 8. Augsb. Rieger. 787.

— kurzgefaßtes, des glorreichen Heiligen Alphonsus Maria von Liguori, Bischofs von St. Agatha der Gothen, und Stifters der Versammlung des allerheiligsten Erlösers, nebst neuntäg. Andacht. Bei Gelegenheit seiner feierlichen Heiligsprechung durch Papst Gregor XVI. Herausg. von der Versammlung des heiligsten Erlösers. Mit Bildniß. gr. 18. Innsbruck 839. (Regensburg, Manz.) n. 7 gl

Leben. ... das L' des Malers Johann Kaspar Kuster von Winterthur (1747–1818). Njbl. s.a. [Hegner. Ulrich].

Leben, Das, des Malers Johann Kaspar Kusters von Winterthur. [Zürich 1822.] V: *Hegner, Hs. Ulr.* (Cat. d. Stadtbibl. Zürich. Zürich 1864—97.)

Leben des Malers Johann Kaspar Kusters von Winterthur. [Zürich] 1822. V: *Hegner, Hans Ulrich.* (zürKL)

— des Grafen v. L** eine wahre Geschichte. 8. Leipz. 769. (Joachim). 6 gl

LEBEN des Grafen von L. Eine wahre Geschichte. Leipzig, Müller, 1769. 8°. (24 xr.)
Cat. Monath. II. S. 566; Goedeke IV, 214, 34b.

—— des armen Benedict Joseph Labre, selig gesprochen von Pius IX. am 20. Mai 1860. Ein Büchlein für das kathol. Volk. 12. (104 S.) Dülmen 881, Laumann'sche Verlagsh. *

— des ehrwürdigen Pater Claudius de la Colombière aus der Gesellschaft Jesu, s.: Propaganda-Schriften, katholische.

Leben der Mad. de la Guion v. ihr selbst beschr. 5 Thle. 8. Lpz. Fuchs. 727. 3 Rthlr.

— — dass. Frkf. Raspe. 756.

Leben Des Gelehrten Petri Lambecii S. C. M. consiliarii, historiographi Und bibliothecarii. Ebda. 1724. *Mit Porträt L's.* (Ohne das letzte Blatt = Schluß d. Literaturverzeichnisses). HPgtbd. d. Z.

Leben des Gelehrten Petri Lambecii. Hamburg 1724. V: *Wilckens, Nic.* (ADB) (BrMm)

— — des gelehrten P. Lambecius. 8. Hamburg. 724. Jetzt Herold d. j.

— d. gelehrt. Pet. Lambecius. 8. Hamburg, Bohn. 730.

* **LANDKRON**, Gustav, eines Schwedischen Edelmannes, merckwürdiges Leben und gefährliche Reisen. Auf welchen er, als ein warhafter, Robinson, sich mit einer getauften Türckin, bey 12. Jahren, in einer unbewohnten Insel wunderbahr erhalten; auch sonsten, die erschrecklichsten Fatalitäten, mit erstaunender Standhaftigkeit, erduldet und überwunden hat; Biß er endlich gantz unvermuhtet zu einer rechten Glückseeligkeit gelangen, können. Nach seinem eigenen etwas undeutlichen Concept, mit verbesserter Schreib-Art und darzu gehörigen Kupfern, zum öfentlichen, Druck befördert, durch, C. J. v. M. Zu finden auf der Franckfurther und Leipziger Meße. A. 1724. 8°. (Auch in Warmbrunn.)
Kippenberg, Robinson etc.: 720 bez. Seiten. Vorrede 8 S. ohne Bez. — Neue Ausg. Nürnberg 1726, 27, 31, 36, 39: Breslau 43, 44 (in Dresden), 53, 54; Frankfurt u. Leipzig 1770 (in Dresden). — Holländ. Uebers. 1733. (In Berlin.)

— — Dasselbe, tit.: GUSTAV LANDCRON, eines Schwedischen Edelmannes merckwürdiges Leben und gefährliche Reisen. Auf welchen er als ein warhaffter ROBINSON sich mit einer getaufften Türckin bey 12. Jahren, in einer unbewohnten Insel wunderbar erhalten; auch sonsten die erschrecklichsten Fatalitäten, mit erstaunender Standhafftigkeit erduldet und überwunden hat; Biß er endlich ganz unvermuthet zu einer rechten Glückseeligkeit gelangen können. Nach seinem eigenen etwas undeutlichen Concept, mit verbesserter Schreib-Art und darzu gehörigen Kupffern, zum öffentlichen Druck befördert durch G. F. v. M. Verlegts Johann Albrecht, Buchhändler in Nürnberg, Anno 1730. 8°. (Besitzt Dr. Ullrich in Brandenb. a. H.)
Doppelseitiger roth u. schwarz gedr. Titel, desgl. Titelkupfer; Vorbericht 8 SS., unbeziffert; Text S. 1—536; 5 Kupfer im Text. — Vgl. Ullrich. Robinsonaden.

— e. armen Landpredigers. 2 Bde., s. Familiengeschichten v. A. Lafontaine 7r 8r.

— d. Marquis v. Langallerie, von ihm selbst in sein. Gefängnisse zu Wien aufgezeichnet. 8. Gotha, Mevius. 747.

— Nicodem. Lappens, Superint. zu Arnstadt v. Robsten. 8. Jena, Gollner. 753.

— des hl. Joh. Bapt. de la Salle, Doktor der Theologie, Kanonikus an der Metropolitankirche zu Reims, Stifter der Kongregation der Brüder der christl. Schulen. 8. (14 S.) Aachen 901. (A. Creutzer.) n. — 40

— u. Laster des Tyrannen Robespierre, von seiner Geburt bis zu seinem Tode. Aus d. Französ. von K. Egger. 8. Augsb. 795.

—— das, der Prinzessin Charlotte Amélie de la Trémoïlle, Gräfin v. Aldenburg. (1652—1732.) Erzählt v. ihr selbst; eingel., übers. u. erläut. v. Reinh. Mosen. gr. 8. (XIV, 400 S. m. Bildnis.) Oldenb. 892, Schulze. * 6 —; geb. * 7 50

Leben und Heldenthaten, Laudons. Wien 1788. Ofen 1789. N. Ausg. verm. v. Frz. X. Huber. Salzburg 1790. Kempten 1790. V: *Krsowitz, Ferdinand Taubmann von.* (PF) (KY) (WF) (MGT)

Leben und Heldenthaten, Laudons. Wien 1788. V: *Huber, Franz Xaver.* (KY 3/455) Kempten 1790. V: *Taubmann von Krsowitz, Ferd.* (KY 3/485) Vierte Aufl. Salzb. 1790. V: *Huber, Frz. Xaver.* (KY 3/485) (WBL IX/369) Neue Ausg. Vermehrt von Fz. Xav. Huber. Salzb. 1790. V: *Taubmann von Krsowitz, Ferd.* Neue gänzlich umgearbeitete Auflage. Wien 1789 bis 1790. V: *Huber, Fz. Xaver.* (BiblPort)

Laudons Leben, Heldenthaten und Tod. 8. Cöln 1792.

Leben und Thaten, Laudons. ... Wien 1791. V: *Tschink, Cajetan.* (EB)

Leben und Thaten, Loudons. Herausgegeben von einer patriotischen Gesellschaft. Wien [London] 1791. V: *Tschink, Cajetan.* (BiblPort)

—— das, des seligen Laurentius v. Brundusium, Generals des Kapuziner-Ordens. Aus dem Französ. von Ludov. v. der Schulenburg. 8. (VII und 215 S. mit 1 Stahlst.) Mainz 863, Kirchheim.

Leben des Lazarili von Tormes. Freyburg 1701. 8°.
Citirt Jul. Krone (ohne Namen d. Vf.).

Leben des Lazarillo von Tormes. (In: Kleine Natur- und Sitten-Gemälde (hrsg. von Schorcht u. Kretschmann). Zittau, Schöps, 1790 ff. Th. 1 u. 2. 8°.)

— — Dasselbe. 2 Thle. Zittau 1794. 8°.

Leben des Lazarillo von Tormes von Dom *Diego Hurtade de Mendoza*, nebst *de Luca's* Fortsetzung, im Auszuge. Uebersetzt von J. G. Keil. Gotha, bey Carl Steudel. 1810. (Sammlg. span. Orig.-Romane, hrsg. von J. G. Keil. 1. Theil.) 8°. XII—243 S. (1⅓ Rthl.) (In Hannover, Stadtbibl.)

Leben um Leben. Von der Verf. von „John Halifax". Aus dem Engl. von Sophie Verena. Autorisirte Ausg. 3 Bde. Leipzig 861. Günther. 8. (832 S.) n. 2 ℛ 15 ngr.

— — s. a. Bibliothek, europäische.

Leben um Leben. A. d. Engl. von Sophie Verena. 2. Aufl. Leipz. 1877. V: *Craik, Dinah Mary geb. Mulock.* (Russell II/1, S. 135)

—— um Leben. Von der Verf. von „John Halifax". Aus dem Engl. von Sophie Verena. Autoris. Ausg. 2. Aufl. 3 Bde. 8. (254; 274; 304 S.) [Leipzig 877, E. J. Günther.] Berlin, Nicolai'sche Buchh. *

—— des berühmten amerikan. Reisenden John Ledyard, d. Begleiters von Cook, s. Sparks, J.

— d. ber. Christoph Lehmann ꝛc. 8. Frkf. a. M. 756. Fleischer. 6 ℊ

— Lehr, Wandel u. Tod Hussens. 8. Rom. (Schönfeld, Prag.) 784.

Leben, Das, und die Lehre Jesu Christi. Wien 1897. V: *Parisch, Franz Xaver.* (EB)

— — und Lehre unsers Herrn Jesu Christi. Aus den 4 heiligen Evangelisten gesammelt und in tägliche Betrachtungen eingetheilt. Aus dem Latein. des P. Nicol. Avanzin, übers. von Jos. Ant. Feichtenbeiner. gr. 8. Augsburg, Bolling. Leipzig, Herbig (in Comm.) 820.

— u. Lehren Jesu, in e. Ausz. d. Evangelien. Mit Erklärr. u. Anmerkk. 8. Münch. 784. Leipz. 800. (Wienbrack). 10 ℊ

— u. Lehren Jesu, in e. Auszuge d. Evangelien. Mit Erklärr. u. Anmerkk. 8. Straub. 800. (Schorner). 12 ℊ Mit Kpf. (Eurich in Linz). 1 ℛ 4 ℊ

— u. Lehren Jesu, im Auszuge d. Evangelien ꝛc. 8. Straub. Heigl u. Comp. 803.

— Lehren, Wandel u. Tod Hussens. 8. Rom 784. (Schönfeld in Prag). 6 ℊ

— — und Lehrmeinungen berühmter Physiker am Ende des 16ten und am Anfange des 17ten Jahrhunderts, als Beyträge zur Geschichte der Physiologie, herausgegeben von T. A. Tixner und T. Siber. 1stes Heft Theophrastus Paracelsus mit dessen Portrait. gr. 8. Sulzbach, Seidel. 819.

— — dessen 2s Heft, Hieronymus Cardanus, mit dessen Portrait. gr. 8. Ebend. 820.

— — 3s Heft, Bernardinus Telesius, mit dessen Portrait. gr. 8. Ebend. 821.

— u. Lehrmeinungen berühmter Physiker am Ende d. XVI. u. am Anfange d. XVII. Jahrhunderts, als Beiträge z. Geschichte d. Physiologie in engerer u. weiterer Bedeutung; herausg. v. Th. A. Rixner u. Th. Siber. IV. Hft. Franc. Patricius 824, 16 gr. V. Hft. Jordanus Bruno 18 gr. VI. Th. Campanella 18 gr. VII.: J. B. v. Helmont. 18 gr. Mit Portr. u. Steint. gr. 8. Sulzb. 824—26,) von Seidel. 2 Rthl. 22 gr. 1—7s H. 819—26.

—— und Lehrmeinungen berühmter Physiker am Ende d. XVI. u. am Anfange d. XVII. Jahrh., als Beyträge z. Gesch. d. Physiologie in engerer u. weit. Bedeut.; hrsg. v. Th. A. Rixner u. Th. Siber. 1. Hft. Theophrastus Paracelsus, mit dess. Portr. 2., verm. u. verb. Aufl. gr. 8. (16 B.) Sulzbach 829, v. Seidel.

Leben des Freyherrn von Leibnitz. [Mannheim 1765.] V: *Eberhard, Johann August.* (MGT) »Berlin 1741« V: *Lamprecht, Jac. Frdr.* (JL)

Leben, Das, im Leichentuch. Enthüllung eines argen Geheimnisses ... Berlin 1834. V: *Marheineke, Philipp.* (Koner)

— das, im Leichentuch. Enthüllung eines argen Geheimnisses. In Briefen. 8. Berlin 834. Mylius. ¾ ℛ

Leben und Leiden meines Vaters Jonathan Eiche, von Benjamin Eiche ... Königsberg 1790. V: *Baczko, Ludwig Adolph Franz Joseph von.* (MGT)

—— und Leiden e. italien. Grafen währ. sein. 10jähr. Gefangenschaft in d. Kerkern zu Mailand, unt. d. Bleidächern zu Venedig u. in d. Gewölben auf d. Festung Spielberg. Eine wahre Gesch., v. ihm selbst beschrieben. — Volksschriften, hrsg. v. d. Schulsynode. Nr. 1. 8. (10¾ B.) Zürich 836, Orell, Füßli u. Comp.

— Leiden u. seliger Heimgang eines jungen Medizinera 2. Aufl. 8. (48 S.) Frankfurt a/M. 890. Alt. cart. n. — 80

— Leiden u. seliger Heimgang e. jungen Mediciners. (Neue Aufl.) 12. (48 S.) Neukirchen (901). Buchh. des Erziehungsvereins. Kart. n. — 50

Leben und Leiden Jesu Christi ... übersetzt. Innsbruck 1778. Ü: *Bonin, Matth.* (Ky)

— u. Leiden Jesu Christi, nach d. röm. Ausg. ins Deutsche übers. (v. M. Bonin). 8. Insbr. 778. N. A. 804. Fischer. 12 ℊ

— u. Leiden Jesu Christi, für Kinder. 8. Halle 795. Dreyssig. 6 ℊ

— und Leiden, das, unseres Herrn und Heilandes Jesu Christi für die Jugend erzählt. Nürnberg (855.) Geißler. 8. (36 S. u. 8 color. Stahlst.) 12 ngr

Leben und Leiden eines Kindes. Andenken an Adolph Maurer .... (1844) s.a.[Maurer-Constant, Johann Heinrich].

Leben und Leiden eines Kindes. Andenken an Adolph Maurer Geb. zu Schaffhausen 19. XI 1834 gest. zu München 24 II 1844. Als Ms. für Freunde u. Seelenverwandte gedr. 1844. V: *Maurer, Georg Ludw. von.* (Bibl. Görres III. Cat. XXXIV. Südd. Antiquariat. München 1903. S. 59.)

— u. Leiden Ludwigs XVI., Königs v. Frankreich. 8. Frankf. 793. Fleischer. 8 gr

— u. Leiden des frommen Jünglings Joseph Rinaldi. Ein Tugendspiegel für jeden Jüngling. Aus dem Italien. 8. Innsbruck, Rauch. (Regensburg, Manz.) 3/8 ℛ

— und Leiden des sel. Johann Sarkander. Aus dem Italien. von Gustav Grafen v. Belrupt-Tissac. 8. (194 S.) Olmütz 860, Slavik.

— dass. — im Auszuge. 8. (104 S.) Ebendas. 860.

— Leiden u. Schicksale des unbekannten Philosophen Saint Martin, Stifter d. Ordens der wohlthät. Ritter vom neuen Jerusalem; aus d. Französ. 3 Thle. Gotha, Hennings. 2 ℛ 12 gr

— Leiden u. Schicksale W. G. Wiskott's. 2 Thle. 8. Köln 806. (André in Leipz.) 1 ℛ 16 gr

— und Leiden eines russischen Seebefehlshabers u. seiner sechs Gefährten in Japan, s. Volksschriften II.

— u. Leiden d. Pastor Seider. 8. Erfurt. Hennings. 805.

— das, Leiden u. Sterben unsers Herrn Jesu Christi, ausführlich u. jenes aller heil. Apostel kurz gefaßt, nebst e. Beschreib. vom heil. Lande. 2 Thle, mit Kpf. 8. Regensb. 815. Daisenberger. 1 ℛ (Centr.-Compt. in Leipz.) 20 gr

Leben, Leiden u. Tod Marien Antonien, Königin von Frankreich. Prag 1794. 8°. 132 S. (5 Mk. E. Frensdorff, 1908.)

— Leiden u. Tod Papst Pius VII. 8. Münch. 823. (Fleischmann). 3 gr

— Leiden u. Tod des heiligen Vaters Papst Pius VII. 8. München 824, (Bamb., Lachmüller.)

— und Leiden d. Frhr. Friedrich v. der Trenck während seiner schrecklichen Gefangenschaft. gr. 16. (63 S.) Reutlingen 874. Enßlin & Laiblin. — 20

— u. Leiden d. Joseph Victor, eines gebornen Leipzigers. Er war Zeitgenosse d. französ. Revolution; Soldat unter Napoleon in Aegypten, türkischer Sklav etc. Mit 2 Abbildd. 8. Naumb. 828. Wild. 5 gr

Leben, Leiden und Widerwärtigkeiten eines Niedersachsen, von ihm selbst beschrieben. Berl. 1841. V: *Ruthe, Johann Friedrich.* (Loewe, Bibliogr. der Hann. u. Braunschw. Gesch. Hann. 1908. S. 417.)

Leben. – Leben der Mad. Ninon von Lenclos, s.a. Bret, A.

Leben der Madem. Ninon von Lenclos. Aus dem Französ. des Hn. B*** übers. O. O. 1754. V: *Bret, Antoine.* (BGE[3] IV, 139)

— der Madame Ninon de Lenclos. 8. Leipz. 754. Weidmann. 4 gr

Leben und Briefe, Der Ninon von Lenclos, nebst den Briefen der Babet. Aus d. Französischen übersetzt. Leipzig 1755. V: *Damours, Louis.* (BGE IV, 139—140)

— d. Generals v. Lentulus. 8. Bern 786. Haller. 6 gr

Leben des Generals von Lentulus. Bern 1787. V: *Haller von Königsfelden, Franz Ludwig von.* (Pr)

— des heil. Leodegar. gr. 12. (Augsb. 833. Kollmann.) 5/8 ℛ

Leben des heiligen Leonard von Porto Maurizio, apostolischen Missionärs aus dem Franciskaner-Orden. Nach authentischen Quellen bearbeitet von P. Leonardus Wernhardt, O. S. Fr. Mit 2 Beilagen und 1 Titelbild. Innsbruck: Fel. Rauch. 1869. VI, 308 S. 8°

— des seligen Leonardus v. Porto-Maurizio, apostol. Missionars aus dem Franziscanerorden. Nebst zwei Zugaben, enthaltend: 54 Briefe des Seligen und dessen Grundsätze für Missionäre. Cum vera effigie (lithogr.) Aus dem Italien. übers. und bearb. von Apollin Hexthausen und Leonard. Gehlen. gr. 8. (VIII und 428 S.) Paderborn 861, Schöningh. *

Leben des heiligen Leonhard von Porto Maurizio . . . Innsbruck 1869. V: *Wernhardt, Leonh.* (Ky)

— des heiligen Leonhard von Porto Maurizio, apostol. Missionärs aus dem Franziskaner-Orden, nach authent. Quellen bearb. von Leonardus W(ernhardt). Mit 2 Beilagen. gr. 8. (VI, 310 S.) Innsbruck 869, F. Rauch.

Das Leben Leopolds I. Nach dem Engl. deutsch bearb. Leipzig 1710. 8°

— Leopolds I. Herz. v. Lothringen etc. a. d. Frz. 8. Wien. Hörling. 783.

— Leopolds I., d. groß. röm. Kais. 2 Thle. m. K. 8. Lpz. 713.

Leben und Thaten, Leopoldi des Grossen und Josephi des Glücklichen beyder Roemischen Kaysern . . . Frankf. u. Leipzig 1711. V: *Fux von Herrnau, Joh. Michael.* (EB)

Leben und Thaten, Leopold des grossen Röm. Kaysers wunderwürdiges, aus geheimen Nachrichten eröffnet . . . Der andere Druck . . . Leipzig 1709. V: *Rinck, Eucharius Gottlieb.* (will) (BrMm) (Pr) (Karajan) (Dn) Wr)

Leben und Thaten, Leopold des Grossen röm. Kaisers wunderwürdiges. Cölln 1713. V: *Rinck, Eucharius Gottlieb.* (ADB 37. 418)

Des Weltberühmten Fürstens Leopoldi von Anhalt-Dessau LEBEN UND THATEN, Welchem ein Anhang einer kurtzen Beschreibung des gantzen Hoch-Fürstlichen Hauses . . . Anhalt beygefüget ist. Franckfurt & Leipzig 1742. Kl. 8°. 168 S. *Mit Titelkupfer (Porträt).* Br. d. Z.
Pohler zitiert IV. 575 eine ähnlich betitelte Biographie mit dem Verfassernamen ARENKOW.

Leben und Thaten, Des Weltberühmten Fürstens Leopoldi von Anhalt-Dessau, welchem Ein Anhang einer kurtzen Beschreibung des gantzen Hoch Fürstlichen Hauses und des Gesammten Fürstenthums Anhalt beygefüget ist. 2. Aufl. Leipzig 1742. V: *Ranfft, Michael.* (HIIBD Anhaltina I, 61)

• — Leopold II. 8. Leipz. Sommer. 807.

Leben Leopolds II. bis auf seine Krönung zum Könige von Boehmen. Prag 1791. 8°

— Leopold II., bis auf seine Krönung zum König v. Böhmen. 8. Dresd. 792. (W. Nauck in Leipz.) 6 Gr

— Leopolds II. bis a. s. Krön. z. Kön. v. Böhmen. 8. Dresd. (Sommer, Lpz.) 792.

— J. J. Lerche, s. Ant. F. Büsching.

— Lessing, s. Lessing.

Leben Dom Petri Le Stain alten subprioris des Closters La Trappe . . . Stadt am Hof (1740). V: *Arnaudin, d'.* [EB]

Leben des wohlthätigen Philosophen, Königs Stanislai Lescyinski . . . Leipzig 1767. V: *Ranft, Michael.* (ML) (Ky)

— d. Philosophen, Königs Stanislai Lesczinsky, (v. Mich. Ranft). 8. Leipz. 767. Heinsius. 16 Gr

— Dass., aus d. Französ. 8. Leipz. 770. Dyck. 18 Gr

Leben des Stanislaus Leszczinsky, mit dem Zunahmen des Wohlthätigen Königes von Polen . . . durch Herrn*** (A. Aubert) . . . A. d. Franz. . . . Leipzig 1770. Ü: *Jünger, Christian Friedrich.* (ML)

Leben des zürcherischen Bürgermeisters Johann Jakob Leu, geb. 1689, gest. 1768. Njbl. s.a. [Ott, Friedrich Salomon].

Leben des zürcherischen Bürgermeisters Johann Jakob Leu. [Zürich 1862.] V: *Ott, Friedrich Salomon.* (Cat. d. Stadtbibl. Zürich. Zürich 1864—97.)

Aus einem **Leben** 'voller Leuchten und Wunder'. Zum Andenken an Martin Brennecke, cand. med. Leipzig: J. C. Hinrichs 1908. (100 S.) 8° [F.] 08. 13401

—— des ehrwürdigen P. Libermann, Stifter der Gesellschaft der Missionäre vom heil. Herzen Mariä, erster General-Superior der Congregation vom Heil. Geist und Heil. Herzen Mariä. Von einem Priester derselben Congregation. Vom Verf. genehmigte deutsche Ausg. von J. Müller. gr. 8. (XVI, 224 S. mit 6 Abbild. [Holzschntaf.].) Ebendas. 881.

— im Licht, s. a. Volks-Bibliothek, christliche.

— im Licht. Wochenblatt f. Christen. Hrsg.: Heydorn. 1. u. 2. Jahrg. 1909 u. 1910. à 52 Nrn. (IV, 212 u. IV, 221 S.) gr. 8. Burg a/Fehmarn, Past. Heydorn. à Jahrg. 3. —

—— Licht, Liebe oder Betrachtungen über das kathol. Gebet bei der heil. Wandlung: Jesus Dir lebe ich, Jesus Dir sterbe ich, Jesus Dein bin ich im Leben und im Tode. gr. 16. (180 S.) München 886, Pfeiffer. * 50 Pf.; geb. **

— das, im Lichte und im Schatten in einer Reihe von Erzählungen, von Fr. Laun. 3 Bände. 8. Erfurt, Keyser. 818—20. (1r 2r Bd. 2 Thlr. 3r Bd. 1 Thlr. 4 Gr.)

Leben und Liebe. Leipzig 1800. V: *Werlich, August Carl Frdr.* (Ky) (EE)

— u. Liebe (v. Karl Fr. Werlich). 8. Leipz. 800, Hartknoch. 9 Gr

— und Liebe, Novelle, von Fr. Horn. 8. Berlin, Schüppel. 817.

Leben und Liebe Ryno's und seiner Schwester Minona . . . Züllichau 1804—5. V: *Kind, Johann Friedrich.* (GGr)

— u. Liebe Ryno's u. seiner Schwester Minona, v. Oskar (Fr. Kind). 2 Thle. 8. Züllichau 804 u. 5. (Fr. Fleischer in Leipz.) 1 Thlr 16 Gr

LEBEN und Lieben in Frankfurt a. M. Aus dem Skizzenbuch eines Flaneurs. Zweite Aufl. Altona. Verlags-Bureau (August Prinz), o. J. (c. 1873). Breit-12°. 64 S. Mit illustr. Umschl. Ziemlich zahm.
Ed. I. ibid. 1870. (1/4 Rthl. Scheible; jetzt theurer!)

—— und Lieben im Kloster. Eine höchst wahrhaft. Schüler-Geschichte ohne Namen aus der neuesten Neuzeit. gr. 16. (IV und 164 S.) Berlin 864, (Gsellius'sche Buchh.) geb.

LEBEN und Lieben einer Unglücklichen, rücksichtslose Aufzeichnungen von *X. A.* Zürich. Adolf Wiechmann's Verlag. (1 Mk. 20 Pfg. Carl Baader, Hamburg, 1888.)
Verboten v. L.-G. Lemberg, 18. Juli 1890. § 516.

LEBEN und Liebeshändel eines Comödianten Timantes und einer sehr verliebten Dame Virania. Franckfurt u. Leipzig 1725. 4⁰.
Ungemein rar! War in einem alten Scheible'schen Cataloge als Beiband zu einem ähnlichen Opus.

Leben, Liebschaften und Abentheuer vornehmer Einsiedler. Aus dem Französischen von K. L. M. Müller. Theil 1 [einz.]. Leipz. 1802. V: *Pagès.* (BGE IV, 73)

— Liebschaften u. Abentheuer vornehmer Einsiedler; aus dem Französ. v. K. L. M. Müller. 1r Thl. 8. Leipz. 802. Tauchnitz. 1 ₰ 8 ℊ

Leben, Lied und Liebe. Nur für Verwandte und Freunde. Berlin 1855. V: *Wohlgemuth, Justus Albert.* (Ky)

—— Lied und Liebe. (Gedichte von Just. Albert Wohlgemuth.) 8. (X und 117 S.) Berlin 855, J. A. Wohlgemuth. *

Leben u. Lieder Leop. Frz. Friedr. Lehr's. 8. Görlitz. 747. Rthlr.

— eines Liederlichen, s. Bretzner.

Leben, Das, eines Lüderlichen; ein moralisch-satyrisches Gemählde . . . Leipzig 1787—88. V: *Bretzner, Christoph Friedrich.* (MGT)

Leben e. Liederlichen; e. satyrisch. moralisch. Gemälde n. Hogarth u. Chodowieckі. m. K. 8. Lpz. Jacobäer. 790–91. Rthlr. Schreibp.

— das, eines Lüderlichen, ein moralisch-satyrisches Gemählde nach Chodowiecki und Hogarth, von C. F. Bretzner, 3 Theile, mit Kupf. zweyte Aufl. 8 Daselbst, 790/92. Jacobäer. Schreibpapier 3 Rthl. 10 sgl.
Dasselbe Buch Druckpapier 2 Rthl. 15 sgl.

— e. Liederlichen, v. Karl Koch. 8. Altona, Bechtold. 798.

— das, eines Lüderlichen, von C. F. Bretzner. 3 Theile. Mit Kupf. Neue wohlf. Ausg. 8. Leipzig. Jacobäer. 820.

—— des heil. Alphons Maria von Liguori, Bischof von St. Agatha der Gothen, Stifter der Congregation des allerheiligsten Erlösers und Lehrer der Kirche. Von einem Priester der genannten Congregation. Aus dem Holländischen übertragen von einem Priester derselben Congregation. 8. (160 S.) Paderborn 886, Bonifacius-Druckerei.

Leben der Theodore von der Linden. Mannh. 1783. V: *Jung, Joh. Hnr.* (MGT)

— der Lindenbrogiorum. 8. Hamb. Bohn. 723.

— der berühmten Lindenbrogiorum, Gev. Elmenhorstii, Joach Moersii, Hel. Putschii und Corn. Dalii. Hamb 723. 8. 3 gr.

Leben der berühmten Lindenbrogiorum . . . Hamb. 1723. V: *Wilckens, Nicolaus.* (ADB) (BrMm) *Wiler* (Myl)

— — der berühm. Lindenbrogiorum. 8. Hamb. 723. Hat Herold.

— Linné, s. Stöver.

Leben, Das list- und lastervolle, des Diebes und Mörders Louis Dominique Cartouche und seiner Cameraden, samt deren gantzen Prozess, End-Urtheil und Execution. Aus d. Frantzös. Mit Bildniss in Kupfer. Hamburg, Thomas v. Wiering, 1722. 8⁰. 92 S. (6 Mk., mit 1 Beibd., A. Bielefeld, 1905.)

— literarisches, des K. B. Geh. R. u. Ritters Anton v. Klein, mit Rückblicken auf d. schönste u. wicht. Epoche d. deutschen, besond. d. pfälzischen Literatur. gr. 8. Wiesbaden 817. Schellenberg. 1 ₰

Aus (David) Livingstones Leben. *Barmen: H. Klein [1903].* (35 S.) 8° [F.]
— Dämmerstunde. Für die. Reihe 3. [3.] [04. 11510]

Leben, Wilhelm Löhe's. Aus seinem schriftlichen Nachlass zusammengestellt. Nürnberg 1874—92. V: *Deinzer, Joh.* (Berl)

Leben, das, d. Bruder Lorenz. 8. (82 S.) Gernsbach 889, Christl. Kolportage-Verein. * — 12

— das, d. Bruder Lorenz od. d. Wandel vor Gott. 8. (63 S.) Dinglingen 897. (Frankfurt a/M., J. Schergens.) — 25

— das, des Bruder Lorenz. Psalm 16, 8: Ich habe den HErrn allezeit vor Augen. 2. Aufl. 12. (81 S.) Gernsbach 898. Lichtenthal b. Baden-Baden, Christl. Kolportage-Verein. n. — 12

[Abrégé de la vie de Frère Laurent de la Résurrection, deutsch] Leben des Bruders Lorenz von der Auferstehung. Ein Beispiel des vertraulichen freundschaftlichen Umgangs mit Gott. Aus d. Franz. übers. [von Klemens August Droste zu Vischering]. — Münster: Regensberg 1829. XXIV,176 S. 1:Cf 8880.
1.4635

— der Mary Lothrop, gest. in Boston, den 18. März 1831, in einem Alter v. 6 Jahren u. 3 Monaten. Aus dem Engl. übers. 12. (104 S.) New-York 851. (Philadelphia, Schäfer & Koradi.) n. ⅓ ₰

Leben und Ehestand, Lottens. Gera 1789. V: *Heinse, Glieb Hnr.* (Ky) (MGT)

— Toussaint Louverture's, aus authent. Quellen. 8. Nürnb. 805. Campe. 10 ℊ

— d. F. M. le Tellier Marq. v. Louvois, Staatsminist. Ludw. XIV. 8. Berl. Voss. 742.

— Simon Lord Lovat, a. d. Engl. m. K. 8. Hamb. Holle. 747.

Aus dem **Leben** eines **Löwenbändigers**. Nach eigenen Erlebnissen von ihm selbst erzählt. *Berlin: A. Weichert [1901]*. (32 S.) 8° [F.]
= **Indianer- u. Volksbibliothek**. 327. [03. 14174

Leben des Grafen von Loewenhaupt, Kgl. Schwedischen Feldmarschalls. Altona 1744. 8°

— das, des heiligen Lubentius, des ersten Apostels an der unteren Mosel und der Lahn. Zur 1500jährigen Gedächtnißfeier der Diöcesen Trier u. Limburg gewidmet. 1869. Limburg 869. Gläffer in Comm. 8. (52 S.) n. 3 ngr.

— des wohlgeplagten rc. Ludimoderatoris. 8. Frankft. 745.

Leben Ludwig des Eisernen. Dresden 1776. 8°

— des Herzogs Ludwig Ernst v. Braunschweig-Wolfenbüttel. 2 Stücke. 8. Berl. 787. Weber. (Sander). 6 gl.

— das, des heil. Ludwig, Landgrafen in Thüringen, Gemahls der heil. Elisabeth. Nach der latein. Urschrift übers. v. Frdr. Ködiz v. Salfeld, zum ersten Mal herausg. m. sprachlichen u. historischen Erläuterungen von Heinr. Rückert. gr. 8. (XX u. 164 S.) Leipzig 851, T. O. Weigel. n. 1 ℛ

Leben Ludwigs XVI., Königs von Frankreich; a. d. Franz. Paris [Zittau] 1790. V: *Michaelis, Chn Aug.* (Ky) (Wr) (Pr) (GGr)

— Ludwigs XVI., Königs v. Frankreich; aus d. Französ. (v. Chr. Aug. Michaelis). 8. Paris (Zittau) 790. (Schöps). 8 gl.

— — — 8. Augsb. Wolf. 793.

— — — 8. Salzb. Duyle. 793.

— Dass., 8. Wien 793. Pazowsky. 5 gl.

Das Leben Ludwigs des XVI., von seiner Thronbesteigung an bis auf den 24. Aug. 1774, eines für Frankreich auf ewig merkwürdigen Tag mit verschiedenen geheimen Nachrichten. London 1775. 8°. 136 S. Selten! (6 Kr. Victor Eytelhuber, Wien, 1905.)

Leben, Ludwigs IV. Koenigs in Frankreich merkwürdiges, oder Steigen und Fall. Frankf. u. Leipz. 1708. V: *Rinck, Eucharius Glieb.* (Pr) (BGE)

— Ludwigs XIV., K. in Frankr., 2 Thle. m. K. 8. Frft. (Riegel u. W. in Nrnb.) 709.

— d. Ritters v. Luneville, e. französ. Emigranten. 8. Hamb. 793. Gundermann. (Aue in Altona). 14 gl.

— — aus Luthers, mit dessen Bildniß, d. Nachahmung seiner Handschrift und dessen Testament. 8. Liegnitz, Kuhlmey. 818.

BORA. — Leben der Katharina Luther, geb. von Bora. (S.-A. aus „der Pilger aus Sachsen".) Dresden, o. J. Kl. 8°. (1 Mk. 50 Pfg. Schaper, Hannover, 1904.)

Leben, Das, Dr. Martin Luther's. Leipzig 1841. V: *Genthe, Friedrich Wilhelm.* (BrMm)

— das, Dr. Mart. Luther's. Mit Vorwort von G. H. v. Schubert, s. a. Mathesius, Jh.

— — das, Dr. Mart. Luther's nach Joh. Mathesius. 3. u. 4., unveränd. Aufl., mit e. Vorw. v. G. H. v. Schubert. 8. (à 6½ B. u. 3 bildl. Darstell.) Stuttgart 841, 42, S. G. Liesching. à

— das, Dr. Martin Luthers nach Joh. Mathesius. Mit 3 bildl. Darstellgn. (in Stahlst.) u. e. Vorwort v. G. H. v. Schubert. 7., unveränd. Aufl. Neue Ausg. gr. 16. (VI, 94 S.) Gotha 871. Schloeßmann. n. — 50

— dasselbe ohne Bilder. 16. (VI, 102 S.) Ebend. 871. — 30

Leben Martin Luthers f. Kinder u. junge Leute. 8. Gött. Dieterich. 783. Rtbl.

Leben, Meinungen und Thaten, Martin Luthers, ein Lesebuch ... Leipzig 1802. V: *Bornschein, Joh. Ernst Daniel.* (Ky)

Leben und Wirken, Martin Luthers und Ph. Melanchthons. Zur Feier und zum Andenken des dritten Jubiläums der Reformation ... Merseburg u. Leipzig 1817. V: *Buhle, Christian Adam Adolph.* (Ky)

Leben, Sterben, Luthers, und vollständige Geschichte der Reformation. Nebst noch gar Vielem, was zu wissen jetzt Jedem noth, von welcher Confession er sey ... 5. Aufl. Berlin 1857. H: *Gentzel. Gfr.* (zu)

— des Mäcenas, Freundes Kais. Augusts. 8. Lpz. (Ernst, Quedlinb.) 744.

— f. Mädchen (od. Bibliothek f. Kinder 2s Bdch.) 12. 800.

— e. in d. Wildniß aufgewachs. Mädchens von 10 Jahren. 8. Ulm, Stettin. 756.

— d. guten Mädchens, nach Lichtenberg u. Chodowiecki. Ein Taschenbuch für erwachsene Mädchen u. junge Weiber. Mit Kpf. 8. Bayr. 803. Lübecks Erb. 1 ℛ

Leben, Das, der Durchlauchtigsten Königin Magdalenae Ertzhertzogin zu Österreich ... [Ynssprugg] o. J. V: *Altheer, Egolph.* (Jes)

— Mahomeds, siehe Leben Mohameds.

Leben des ehrwürdigen Bruders Gerard Majella, Laienbruders der Congregation des allerheiligsten Erlösers. Regensburg 1841. V: *Haringer, Michael.* (Russell IX, 592)

— des ehrwürdigen Bruder Gerard Majella, Laienbruders der Congregation d. allerheiligsten Erlösers. Mit 1 Stahlst. gr. 12. Regensburg 841, Manz. 1/4 Rthlr.

Leben d. Frau v. Maintenon; aus d. Französ. 8. Hannov. 753. Schmidt. 4 gr.

— das, des heiligen Malachias, Bischofs in Irland. Mit e. Anhang von Gebeten. Beschrieben vom heil. Kirchenvater Bernhardus, erstem Abte zu Claraval. (Aus d. Latein.) 8. Zug 843. (Einsiedeln, Gebr. Benziger.) 6¼ ngr.

— d. Donna Olimpia Maldachini, Verwandt. u. Vertraut. Pabst Innocenz X. a. d. Ital. v. Richerz. 8. Leipz. Weygand. 783.

—— der ehrwürdigen Frau Luise Mallac, aus dem Orden des heil. Herzens Jesu, gestorben zu Conflans den 23. Janr. 1862. Autoris. Uebersetzung aus dem Französ. 16. (286 S.) Regensburg 867, Pustet.

— Ludw. Mandrins, Oberhaupt d. Contrebandiers in Frankreich. 8. Bresl. 755. Fischer. 3 gr.

— d. arm. Mannes in Toggenburg. s. Schriften.

Leben eines guten Mannes, von seinem Sohne. O. O. 1798. V: *Hilmy, Friedrich.* (Ky) (MGT)

— eines guten Mannes, von seinem Sohne (Fr. Himly). 8. (Lpz.) 798. Rein. 8 gr.

Das Leben des sel. Manns Gottes Martin Luthers, welches, damit es von allen Cantzeln des Hzgls. Wurttemberg auf das den 31. Octobr. 1717 angeordnete Jubelfest abgelesen werde, zusammengetragen worden. Stuttgart: Rösslin [1717].
2 an: Instruktion f. d. sämtl. Ministros Ecclesiae. 1717.

— der. 1791. gestorbn. Männer. 8. Halle. (Hahn in Hannov. 793.

Leben grosser und merkwürdiger Männer. Ein ... Lesebuch ... Quedlinburg 1810. V: *Basse, Gfr.* (Ky)

— großer u. merkwürd. Männer. Ein unterhaltendes u. lehrr. Lesebuch f. die Jugend, nach Campe's Lehrart bearbeitet (v. Gf. Basse). 8. Quedlinb. 810. 2e verm. Aufl. mit 1 Karte 812. Basse. 20 gr.

— großer religiöser Männer, mit ihren Ansichten üb. die merkwürdigsten Gegenstände d. Religion. Herausgeg. v. Biana. 1r u. 2r Bd. 8. Dinkelsbühl 826. Walthr. (Nürnb., Monath u. K.; Leipz., Central-Compt.) 1 Rthlr. 16 gr.

— merkw. Männer f. Jünglinge von Ludw. Pflaum. Ir Bd. enth. Peter d. Große. IIr Karl d. Große. IIIr Friedrich d. Große. Jed. Band mit 1 Titelvign. 8. Stuttg. Steinkopf. 1814 u. 15. (à 12 gr.)

Aus dem Leben des General-Feldmarschalls Edwin v. Manteuffel. (V. 53) 8. Berlin 1874. 1,50.

— der gottseligen Schwester Margaretha vom heiligen Sakramente, aus dem Orden der Carmeliterinnen im Kloster zu Beaune. Verfaßt von einem Priester aus der Congregation des Oratoriums unseres Herrn Jesu Christi, Doctor der Theologie [P. Amelotte]. Uebersetzt u. hrsg. von Frdr. Pocöl. Mit Andachtsübungen u. Liedern zum heiligen Kinde Jesu. 2. Aufl. gr. 8. (XXIV, 464 S.) Regensburg 881. Manz. 5. —

Leben der gottseligen Schwester Margarethe vom hl. Sakramente aus dem Orden der Carmeliterinnen im Kloster zu Beaune ... Regensburg 1881. V: *Amelotte.* (Mitth. d. Verlagsbuchh.)

— der Kurfürstin Margarethe, Stammmutter d. Hauses Sachsen. gr. 8. Altenb. 801. Liter.-Compt. 8 gr.

—— der heil. Margarita v. Kortona. 1247 — 1297. Aus dem Italien. gr. 12. (154 S. mit 1 Stahlst.) Innsbruck 853, C. Rauch's Buchh.

—— der heil. Margarita v. Kortona. 1247—1297. Aus dem Italien. 2. Aufl. 12. (154 S. mit 1 Stahlst.) Innsbruck 860, C. Rauch's Buchh.

— Maria Amalia, Röm. Kaiserin. 8. Münch. 757. Lentner. 3 gr.

— das, Mariä, in Betrachtgn. auf alle Tage e. Monats. Nach der Bearbeitg. d. Pater Blot, Priesters der Gesellschaft Jesu, ins Deutsche übertragen. 16. (190 S.) Paderborn 871. Kleine. — 75

Leben der ehrwürdigen Maria von der Menschwerdung Christi [Vie de la vénérable Marie de l'Incarnation], Ursuline, geborene Maria Guyart, Gründerin d. ersten Ursulinenklosters in Québec. Verf. u. aus d. Franz. übers. von e. Schwester dess. Ordens. (Vorr.: Schwester Maria Magdalena de Pazzi, Ursuline.) *Köln: J. P. Bachem [1901].* (280 S.) 8° [illegible]

— der heiligen Maria Franzisca von den 5 Wunden Jesu Christi. [Stigmatisirt.] Ein Auszug aus der Richard'schen Lebensbeschreibg. der Heiligen. Von e. Curatpriester. Mit dem Bildniß der Heiligen (in Stahlst.) 8. (VIII, 71 S.) Mainz 875. Kirchheim. — 60

— d. Jungf. Maria etc. 8. Straub. Heigl u. C. 800.

—— der am 14. Mai 1865 selig gesprochenen Jungfrau Maria von den Engeln. Nach dem Französ. des Carmeliters P. Sernin-Maria vom heiligen Andreas. 12. (VIII und 155 S.) Aachen 866, [Jacobi und Comp.]

—— der am 14. Mai 1865 selig gesprochenen Maria von den Engeln vom Orden der unbeschuhten Carmeliterinnen, nebst einigen Betrachtungen der Seligen. Festgabe zur Feier der Seligsprechung im Carmelitessen-Kloster zu Aachen am 15., 16. und 17. Juni. Bearb. von einem Priester. 8. (40 S.) Aachen 866, [Jacobi und Comp.] *

Leben Maria von Medicis. Berlin 1780—81. V: *Tiroux d'Arconville, Marie Geneviève Charlotte.* Ü: *Engelbrecht, Joh. Andreas.* (EB)

— Maria v. Medicis, Königin v. Navarra u. Frankreich. Aus d. Französ. (v. J. A. Engelbrecht). 3 Thle. 8. Berl. 780—82. Pauli. 4 Rthlr.

Leben der Maria von Medicis, Princessinn von Toscana ... Berlin 1780—81. V: *Tiroux d'Arconville, Marie Geneviève Charlotte.* Ü: *Engelbrecht, Joh. Andreas.* (Roterm) schr) »1780—82« (Ky) S. a. Nr. 570.

— der ehrwürdigen Mutter Maria Anna [Maria de la Fruglaye], Klosterfrau der Congregation de Notre-Dame. Autorisirte Uebersetzung. Mainz 868. Kirchheim. gr. 8. (VIII, 441 S. mit lith. Portr.) 1 Rthlr. 10 ngr.

Leben der ehrwürdigen Mutter Maria vom heil. Petrus (Gräfin Coudenhove), General-Oberin der Congregation „Unserer Frau von der Liebe des guten H rten" in Angers. Gr.-8. (VIII, 48 S.)
Wien: Mayer & Cie 1892. —.36
Dasselbe mit Bild —.48

— d. Kön. Maria in Schottl. 8. Hamb. Hoffmann. 726.

— d. sel. Schwester Maria. 8. Augsb. Wolf. 792.

— d. sel. Maria de la St. Therese, s.a. Theresia.

— d. sel. Maria de la St. Theresia. 2 Thle. 8. Frkf. (Erhard a. Löflund in Stuttg.) 734. 38.

Leben, Das, Marien Theresiens in einem Auszuge . . . Prag 1781. V: *Uhlich, Gottfried.* (weber)

Leben Maria Theresia Auszug

Das Leben Marien Theresiens in einem Auszuge. Nebst einer Genealogischen Tabelle aller ihrer durchlauchtigsten Abkömmlinge. 74 S., gbd.

Wien: typ.Schulze-Gastheim 1781

JB 6.673

Leben der unglücklichen Maria Stuart . . . Meissen 1791. V: *Mursinna, Friedrich Samuel.* (Adel) (Ky) (MGT)

— der unglückl. Maria Stuart, Königin v. Frankreich u. Schottland, (v. F. S. Mursinna). 3 Thle. mit 1 Kpf. 8. Meißen 791. (Goedsche). 1 ₰ 4 ℊ

— der ehrwürdigen Jungfrau Marianna von Jesu de Paredes und Flores, von Quitto in Amerika. 8. Augsb. 792. Doll. (Landsh., Krüll). 9 ℊ

Leben der Königin Marie Antoinette von Frankreich. Cöln [Nürnb.] 1789. 2. Ausg. 1791. V: *Schubart, Ludwig Albrecht.* (MGT) (wr) (GGr)

— d. Königin Marie Antoinette, v. Frankreich, (v. L. A. Schubart). 2 Thle. 8. Cöln 789, 90. 2e A. 8. Nürnb. 793. Grattenauer. 20 ℊ

— Marien Antoniens, Königin v. Frankreich. 8. Wien 793. Pazowsky. 5 ℊ

— d. Markgraf v. Brandb. Ansp. u. Bayr. m. Kupf. Fol. Schwabach. Enderes 777.

— d. Herz. v. Marlborough a. s. hinterl. Sch. übers. 8. Frft. 725.

Marmontels Leben u. Denkwürdigkeiten 1723—99, von ihm selbst geschrieben und nach s. Tode herausgegeben. 4 Thle Leipzig 1805. 8°. (2 Mk. 50 Pfg., Lübcke & Hartmann, Lübeck, 1896:)
Enthält hochinteressante Angaben über d. Pompadour, Voltaire etc.

Leben und Martertod der 26 hl. Blutzeugen aus Japan, sowie kurze Lebensgeschichte des hl. Michael de Sanctis .... Nebst Beschreibung der Ceremonien bei der Feier einer Heiligsprechung .... Aus dem Italienischen übersetzt von J[oseph] M[aria] Kammenzind .... Mit Zugaben, enthaltend die vom hl. Vater... gehaltene Anrede ... etc. 8. Luzern 1862.

— und Martertod der 26 heiligen Blutzeugen aus Japan, sowie kurze Lebensgeschichte des heiligen Michael de Sanctis, aus dem Orden der heiligen Dreifaltigkeit zur Loskaufung der Christensklaven. Nebst Beschreibung der Ceremonien bei der Feier einer Heiligsprechung u. ihrer Bedeutung. Aus dem Italien. übers. von J. M. Kammenzind. Mit Zugaben. Luzern 862. Gebr. Räber. 8. (VIII, 131 S.) n. 10 ngr

—— und Martertod des sel. Johann Gabriel Perboyre, Priesters der Kongregation der Mission. Nach den Quellen bearb. von einem Priester derselben Kongregation. 12. (IV, 196 S. mit 1 Stahlst.) Regensburg 889, Pustet. *ℳ 1.—.; geb. *

— — dasselbe. 2., verm. u. verb. Aufl. 12. (208 S. m. 1 Stahlst.) Ebd. 890. n. 1.—

— von Christian Martig, weil. Missionar in China im Dienste der evangel. Missionsgesellschaft zu Basel. Basel 864. (Berlin, E. Beck.) 8. (100 S.) n. 3 ngr

Leben. Aus dem L' von Christian Martig († 1862). weiland Missionar in China im Dienste der evangelischen Missionsgesellschaft zu Basel. 2. Aufl. [Illustriert.] 8. Basel 1872.

Leben von p. Claudii Martin Benedictinern der Berühmten Congregation S. Mauri . . .; Auß dem Franz. . . . übersetzt von Columbano Luz. Linz 1746. V: *Martène, Edmund.* (Cl.zür Forts. II)

— des heil. Martin, Bischofs zu Tours. gr. 8. Freib. 814. Herder. 3 ℊ

— des Missionärs H. Martyn in Persien. Aus d. Engl. gr. 8. Basel 825, Neukirch.

—— und Märtyrerthum, das, des Johannes Huß. gr. 16. (64 S. mit 1 Holzschnt.) Cincinnati 858(60). (Philadelphia, Schäfer und Koradi.) geb. *

— u. Märtyrthum Ludwigs XVI. ꝛc.; aus d. Französ. 8. Hof... Grau. 8 ℊ

Leben und Märtyrerthum Ludwigs XVI. 8. Hof, s. a. (1793)

— das, der Königin Mathilde, übers. von Jaffé, s. a. Geschichtschreiber, die, der deutschen Vorzeit.

Leben. Das L' der Königin Mathilde. Nach der Ausgabe der Monumenta Germaniae übersetzt von Dr. Philipp Jaffé. 8. Berlin 1858.
Die Geschichtschreiber der deutschen Vorzeit .... X. Jahrhundert. Band 4.

Leben der Kaiserin Mathildis. Reval 1780. V: *Breitenbauch, Georg August von.* (Ky) (MGT)

Leben des Admirals Matthews. 8. Frankfurt 1748.

Leben des Englischen Admirals, Thomas Matthews. [Nürnb.] 1745. V: *Kiener, Johann.* (ML) (will) (Pr)

Leben. ... das L' des Malers Heinrich Maurer von Zürich (1774–1822). Njbl. *s.a.*[Meyer, Johann Heinrich *J*].

Leben, Das, des Malers Heinrich Maurer von Zürich. [Zürich 1824.] V: *Meyer, Joh. Hnr.* (Cat. d. Stadtbibl. Zürich. Zürich 1864—97.)

Leben und Maximen Richard Filzhausens. Eine Geschichte ... Beschrieben von Birkner, Kantor und Schullehrer zu Grosstheurungen. Magdeburg 1785. V: *Quirl, Justus Samuel.* (Geschichtsbl. f. Magdeburg 35, 1900, 136) (Zeitschr. f. Büch. N. F. 15, 1923, S. 114)

— u. Maximen Richard Filzhausens; eine Geschichte, die sich in Niedersachsen wirklich zugetragen hat. 8. Magdeb. 785. Creuz. 7 gr. (A. u. d. T.: Anti-Romane. 16 Bdchen.)

Leben des Kardinals Mazarini ... O. O. 1785. Ü: *Trost, Carl Frdr.* (MGT)

Leben des Grafen Johann Fr. von Medem nebst seinem Briefwechsel mit der Frau von der Recke. Strassburg 1792. H: *Blessig, Johann Lorenz.* (Ky)

— d. Grafen Jh. Fr. v. Medem, nebst seinem Briefwechsel mit der Frau v. d. Recke. (Herausgg. v. J. L. Bleßig.) 2 Thle. gr. 8. Straßb. 792. (Hinrichs in Leipz.) 1 Rthl. 16 gr.

Leben. ...das L' des Architekturmalers Wilhelm Meier (*d. i.* Meyer, 1806–1848). Njbl. *s.a.*[Fehr, Daniel].

Leben, Das, des Architekturmalers Wilhelm Meier. [Zürich 1855.] V: *Fehr, Dan.* (Cat. d. Stadtbibl. Zürich. 1864—97.)

Leben. Das L' des Landschaftmalers Johann Jakob Meier (*d. i.* Meyer), von Meilen (1787–1858). Njbl. *s.a.*[Hess, Jacob].

Leben, Das, des Landschaftmalers Johann Jakob Meier von Meilen. [Zürich 1861.] V: *Hess, Jac.* (Cat. d. Stadtbibl. Zürich. Zürich 1864—97.)

Leben der Rosine Meierin oder die glücklichen Folgen eines guten Verhaltens. Nürnberg 1793. V: *Balbach, Johann.* (Ky)

— d. Rosine Meierin, od. die glückl. Folgen eines guten Verhaltens, (v. Jh. Balbach). 8. Nürnb. 793. Schneider u. W. 12 gr.

— mein, im Himmel. Aus d. Papieren e. Dahingeschiedenen. gr. 8. (15 S.) Leipzig 896. G. Wimmer. n. — 50

— mein, im Himmel Aus den Papieren eines Dahingeschiedenen. 2. Aufl. (15 S.) gr. 8. Leipzig (905). K. F. Pfau. n. — 50

Ⓑ — mein, im Himmel. 905. (KBL 34.) Jetzt: Magdeburg, Magdeburger Verlagsanstalt.

Leben, Mein, auf Schulen und Universitäten bis Johannis 1801. Penig 1802. V: *Küchelbecker, Friedrich.* (MGT)

Aus meinem Leben. Erinnerungen eines alten Schulmannes und Tonkünstlers. Nach Franz Mair's Mittheilungen und Aufzeichnungen herausgegeben vom Schubertbund. Mit Porträt. Gr.-8. (67 S.) In Comm. * --.30

Wien: Sallmayer'sche Buchhandlung 1898.

Leben, Meinungen und Abentheuer des Baron von Hirkus ... N. A. Leipzig 1823. V: *Cramer, Carl Gottlob.* (GGr)

Leben und Meinungen, auch seltsamliche Abentheuer Erasmus Schleichers, eines reisenden Mechanikus. Leipzig 1789. V: *Cramer, Carl Gottlob.* (Ky) (GGr) »1789—91« (MGT)

Leben und Meynungen, auch seltsamliche Abentheuer Gotthold Tamerlans, eines reisenden Herrnhuthers. Offenbach 1794. V: *Cramer, Carl Gottlob.* (Ky) (MGT)

Leben und Meinungen, auch seltsamliche Abentheuer Paul Ysops, eines reducirten Hofnarren ... Leipzig 1792—93 V: *Cramer, Carl Gottlob.* (MGT)

— u. Meinungen K. F. Bahrdts, v. ihm selbst beschr., siehe K. F. Bahrdt.

— — dass. v. Pott, s. Pott.

Leben und Meinungen J. C. Dippels ... Darmstadt 1782. V: *Hoffmann, Hans Wilhelm.* (BrMm)

Leben und Meinungen des Till Eulenspiegels; Volksroman ... [Breslau] 1779—80. V: *Herzberg, Friedrich.* (ML) »1779« (Ky) (Ebert) (Schr) (Kat. d. Bibl. Frz. Schnitzer. München 1902. S. 31.)

— u. Meinungen d. Till Eulenspiegels; e. Volksroman (v. Fr. Herzberg). 2 Thle. 8. Bresl. 779. N. Aufl. 784. W. G. Korn. 2 Rthl.

Leben und Meinungen Sempronius Gundibert's eines deutschen Philosophen . . . Berlin u. Stettin 1798. Neue Aufl. Berlin 1814. V: *Nicolai, Chph Friedrich.* (Ky) (Mn) (EE) (MGT) »des Sempronius« (JL)

— u. Meinungen Sempronius Gundiberts, (v. Fr. Nicolai). N. Aufl. 8. Berl. 814. Nicolai. 20 ggr

— u. Meinungen Sempronius Gundiberts, eines deutschen Philosophen, nebst 2 Urkunden d. deutschen Philosophie. 8. Manh. 814. Löffler. 9 ggr

Leben und Meinungen Moses Mendelssohns nebst d. Geiste seiner Schriften . . . Hamburg 1787. V: *Schütz, Frdr. Wilh. von.* (Ky) (EE) (ErGr) (GGr) (Kordes, Schlesw.-holst. u. eutin. Schriftst. Schlesw. 1797.)

— u. Meinungen Moses Mendelssohns, nebst d. Geiste sr. Schriften, (v. Fr. W. v. Schütz). 8. Hamb. 787. Möller. 16 ggr Schreibp. 20 ggr

— u. Meinungen Sebaldus Nothankers (v. Fr. Nicolai) 3 Bde. Mit 20 Kpf. 8. Berl. 773—76. N. A. 814. Nicolai. 2 Thlr 8 ggr

Leben, Das, und die Meynungen des Hrn. M. Sebald Nothanker. Berlin 1774—76. V: *Nicolai, Chph Frdr.* (Ky) (MGT) 3. Aufl. Berlin u. Stettin 1775—76. (BrMm)

— üb. d., u. d. Meinungen d. Sebast. Nothankers. 8. Halle, Hemmerde. 776.

— über das, u. die Meinungen d. Sebast. Nothankers. 8. Halle 774. Schwetschke u. S. 2 ggr

Leben und Meinungen des Hrn. Mag. Sebaldus Nothanker. N. Ausg. Berlin 1814. V: *Nicolai, Christoph Friedrich.* (EE)

— u. Meinungen d. erst. griech. Philosophen, s. Diogenes Laërtius.

— u. Meinungen eines Proletariers. Ein Buch für arme Leute u. armer Leute Freunde. 8. (IV u. 224 S.) Zwickau 850, Verein zur Verbreitung von Volksschriften. 12 ngr

LEBEN, Meinungen, Reisen, Grillen und Bockstreiche des Herrn Jochen Jeremis. (Ornam.) Th. 1. (einz.). Berlin u. Leipzig, bey George Jacob Decker, 1781. 8⁰.

ROLLINGS, Erhard, Leben u. Meynungen. (Abentheuerl., in der 2ten Hälfte stellenw. pikanter Roman.) 2 Bde. Leipzig, bey Adam Frdr. Böhmen, 1787. 8⁰ (3 Mk. Scheible, vor 1885.)
1: XVI—296 S. 2 (laut Vorrede von einem andern Vf.): VI—234 S.

— u. Meinungen Erhard Rollings. 2 Thle. 8. Leipz. 787. (Gnobloch). 1 Thlr 8 ggr

— u. Meinungen Hrn. Dav. Schenks. 8. Bresl. 778. (Gosohorsky). 12 ggr

— u. Meinungen David Schenks. 8. Bresl. Meyer. 778.

— Mein. u. Schicksale Balthas. Beckers, od. wicht. Beytr z. Gesch. d. Intoleranz, v. Schwager. 8. Leipz. Weygand 780.

— Meinungen u. Schicksale e. Flohes, v. Hoffmann. (h. a. d. Tit.: der versteckte Plagegeist etc.) 8. Mannheim, Löffler. 803.

Leben, Meinungen und Schicksale des Sebaldus Götz, eines Kosmopoliten. Leipzig 1795. V: *Kerndörffer, Heinrich August.* (GGr) (Ky) (NN) (MGT)

Leben, Meinungen und Schriften Rurechts von Moshaim, Domdechants zu Passau. [Nürnberg 1781.] V: *Schwarz, Georg Christoph.* (ML)

Leben, Das, und die Meynungen des Hrn. Tristran Shandy; a. d. Engl. Königsberg 1774. V: *Sterne, Lawrence.* Ü: *Zückert, Johann Friedrich.* (ML)

LEBEN und Meinungen des Johannes Steifruk und seines Vaters Martin. Karikaturroman aus den Papieren des lachenden Philosophen. 2 Bde. Leipzig, Heinr. Gräff, 1800. Kl. 8⁰. Selten!

Leben u. Meinungen Johannes Steifrucks u. seines Vaters Martin. 2 Bde. 8. Leipz. 800. (Wienbrack). 3 Thlr 8 ggr

— Meinungen Gotthold Tamerlans, (von K. Glo. Cramer). 2 Thle 8. Frankf. 794. (Brede in Offenb.) 1 Thlr

— Meinungen u. Thaten Calvins. 8. Leipzig, Voß. 794.

— Meinungen u. Thaten von den Berliner Demokraten, die die Welt mit Ruhm erfüllt, u. was sie vollbrachten u. wie sie gebrüllt. Hinten u. vorne u. in der Mitten geziert mit schönen Holzschnitten, eine Historie lustig u. fein in neumodischen Knüttelverselein. Heruntergesungen vom Pegasus von Hermann Friedrich Timotheus. 8. (112 S. m. 1 Holzschntaf. u. eingedr. Holzschn.) Berlin 852, Hempel. n. 1/2 Thlr

Leben, Meynungen und Thaten von Hieronimus Jobs dem Kandidaten . . . Münster u. Hamm 1784. 4. Aufl. 1824. V: *Kortum, Carl Arnold.* (Ky) (BrMm) (MGT) (GGr) (AarK) (Neuer deutscher Bücherschatz [v. C. Biltz]. Berlin 1898. S. 223.) (Grisebach, Weltliteraturkat. Berlin 1898—1901. I, 251.)

— Meinungen u. Thaten Hieronymus Jobs, d. Candidaten, (von K. A. Kortum). 8. Münster 784. Vergl. Jobsiade.

— Meinungen u. Thaten D. Mart. Luthers f. d. Bürg. u. Landm. 8. Lpz. Voß. 795.

LEBEN, Meinungen, Tod und Begräbniss der Jungfer Susanna Dummpfaffin. Eine Geschichte aus den neuen Zeiten der Aufklärung. Mit Titelvignette. Leipzig (Wien), Mössle, 1785. 8°. 12 u. 91 S.

— **Meinungen** u. **Wirken** der Witwe Wetti Himmlisch, die ihre Laufbahn als Malermodell angefangen, geheiratet hat, langjährige Toilettefrau gewesen, u. jetzt v. ihren Zinsen zehrt. Von ihr selber eigenhändig niedergeschrieben. (217 S.) 8. Leipzig 906. Deutsche Verlagsactiengesellschaft. 2.—

Leben des Philippus Melanchthon. 8. Basel *o. J.* [1850 70].

Leben, Philipp Melanchthons, ein Seitenstück zu Luthers Leben . . . Leipzig 1795. 2. Aufl. 1801. V: *Tischer, Johann Friedrich Wilhelm.* (Ky) (MGT) (NN)

— Phil. Melanchthons, Seitenstück zu Luthers Leben, (v. J. F. W. Tischer). 8. Leipz. 795. Voß. 12 gr

— (aus dem) u. den Memoiren einer weiblichen Casanova, wie sie es selbst in Paris im J. 1827 niedergeschrieben, oder Bekenntnisse von schönen Frauen. 8 Bde. 8. Stuttg. 827 u. ff. (Brodhag). 14 rß

— (aus dem) u. dem Memoiren, einer weiblichen Casanova, wie sie es selbst in Paris im J. 1827 niedergeschrieben, oder Bekenntnisse von schönen Frauen. 2 Bde. 8. Stuttg. 827, Frankh.

VIDOCQ, E. F. — Aus dem Leben und den Memoiren eines ehemaligen Galeerensklaven, welcher, nachdem er Comödiant, Soldat, Seeoffizier, Räuber, Spieler, Schleichhändler und Galeerensklave war, endlich Chef der geheimen Polizei . . . (Aus d. Französ.) 8 Thle. Stuttgart 1829. 12°.

— aus dem, u. d. Memoiren e. ehemal. Galeerensklaven (Vidocq), welcher endl. Chef d. Pariser geheimen Polizei wurde. Aus d. Französ. 8 Thle. gr. 8. Stuttg. 829. (Brodhag). 6 rß 12 gr

— aus dem, und den Memoiren des ehemaligen Galeerensclaven Vidocq. 8 Thle. gr. 8. Stuttgart 829. (Leipzig, Einhorn.) Ist der Pr. jetzt 3 rß

— dass. 8 Thle. Bei Heubel in Hamburg. 3 rß

Leben, Das, des Menschen in auf- und absteigender Linie. Wien 1821. V: *Öhlinger, Joseph.* (Call)

— des berühmten Fürsten Menschikow, (v. Mch. Ranft). 8. Lpz. 774. (Brockhaus). 10 gr

— das menschliche. Ein neues Spiel. Mit 1 ill. Kpf. Leipz. ... (W. Rauck). 16 gr

— das menschliche, in Bildern. Ein ABC Buch f. fleiß. Kinder. 8. (2 B. u. 16 ill. Bild.) Chur 837, [Grubenmannsche Bh.]

— das menschliche, in Bildern. Ein ABC-Buch für fleißige Kinder. Mit 16 (illum.) Bildern. 8. Chur 837. Kellenberger. 1/3 rß

Leben, d. menschliche, ist ein Traum. Trsp. 8. Wien, Kraus. 761.

Leben, Das merkwürdige, die sonderbare Krankheit, darauf erfolgter Tod und Begräbnuss der Französischen Reputation, welche zu dem allergrössten Leidwesen der Franzosen mit einem noch einmal also gehaltenen Leichen-Conduct, unter einer schönen kurzen Parentation in dem Tempel der Vergessenheit beygesetzet worden. Neue mit einem curieusen Schreiben aus denen Elisäischen Feldern des abentheuerlichen Ritters Don Quixotte an eine vornehme Dame Donna Grandezza u. einem neuen Kupfer vermehrte Auflage. O. O. 1744. V: *Vetter, Joh. Friedr.* (BGE II³, 392)

Das merkwürdige Leben, Krankheit, Tod und Begräbniß der französischen Freyheit und Gleichheit; samt der Lezten Rede beym Begräbniß derselben, etc. Herausgegeben Von einem ehrlichen Deutschen.
Lancaster, Pa.: Albrecht. 1798. 63 S. 8°.
Library Company of Philadelphia
Vgl. Verstoßung der französischen Freiheit ..., 1798,
Evans 34098.

das merkwürdige Leben des berühmten Fürsten Menczikow. 8. Leipzig 1724.

Leben, Das merkwürdige, des berühmten Fürsten Menschikow . . . Leipzig 1774. V: *Ranft, Michael.* (ML) (Ky)

— merkwürdige, Sr. päpstl. Heiligk. Papst Pius d. Siebenten. 8. Münch. Lindauer. 815.

— merkwürdiges, d. Pfarrers F. A. Augusti. 8. Frankf. 750. Weber. 3 gr

Merkwürdiges Leben des Grafen C. A. v. Bonneval. 8. Hamburg 1737.

Merkwürdiges Leben des Grafen v. Bonneval, ehedessen kays. General der Infanterie, anitzo aber commandirender Bassa über eine Türckische Armee. A. d. Französ. übersetzt. 4 Thle. 8. Frankfurt 1738. 1,50. — 4 Thle. 8. Hamburg 1740.

— merkw., Deinleins in Altdorf. Fol. Nürnb. Felsecker. 757.

Leben, Merkwürdiges, des ehemaligen Ritters d'Eon. Neue Auflage. Frankfurt u. Leipzig 1780. V: *Hoff, Hch. Gg.* (BGE ²II/155) (Ky 3/493) (BiblPort)

Leben, Merkwürdiges, des unter dem Namen eines Grafen von Biron weltbekannten Ernsts Johann, gewesenen Regentens des Russischen Reichs ... Bremen 1741. V: *Hempel, Christian Frdr.* (R-N)

Merkwürdiges Leben und trauriger Fall des russischen Staatsministers Andreas Grafen v. Ostermann. 8. Frankfurt u. Leipzig 1742.

Leben, Merkwürdiges, und trauriger Fall des weltberufenen . . . Andreä Grafen von Ostermann. Bremen 1742. V: *Hempel, Christian Friedrich.* (R-N)

Leben, Merkwürdiges, und trauriger Fall des vormaligen weitberühmten Dänischen und Reichs-Grafens Corfitz von Uhlfelds . . . Copenh. u. Leipz. 1755. V: *Paus, Hans.* (BrMm) (Bruun, Bibl. Danica III, 1538.)

Merkwürdiges Leben König Friedrich Augusts II. 2 Bde. 8. Frankfurt 1733.

— merkw., d. Kaufm. Hasenclever. 8. Hamb. (Herold, Lüneb.) 796.

— merkw. u. interess., d. Fr. v. Wallwille rc. 8. Meißen, Gödsche. 809.

— merkw., aller Cardinäle d. röm. kathol. Kirche. 4 Thle. 8. Regensb. Montag u. W. 768–81. (1r 20 gr. 2r 1 Rthlr. 3r 20 gl. 4r 1 Rthlr. 8 gr.)

Leben, Merkwürdiges, einiger hier und dar gewesenen Kauf-Leuthe . . . Frankf. u. Leipz. 1739. V: *Riederer, Johann Friedrich.* (will)

Leben, Merckwürdiges, des Fürsten Moritz Wilhelms, Hertzogs zu Sachsen. Frankfurt 1719. V: *Buder, Christian Gottlieb.* (CLzür S. 506)

Merkwürdiges Leben des Fürsten Moritz Wilhelms, Hertzogs zu Sachsen. Aus besonderen Nachrichten beschrieben. 8. M. K. Frankfurth 1719. — 2. Aufl. 8. ib. 1720.

—merkwürd., d. berühmten Predigers Placotomus. 8. Marb. 786. Krieger. 5 K

Leben, Sehr merkwürdiges, des ehemaligen Ritters d'Eon; neue . . . Aufl. Frankfurt u. Leipzig 1780. V: *Hoff, Heinrich Georg.* (MGT) (Ky) (Pr)

Merckwürdiges Leben u. Thaten eines besond. Favoriten des Glücks Alexander Danielewitz Fürsten v. Mentzikoff. 4. s. l. 1730.

Merckwürdiges Leben und Thaten Des Welt-berühmten Königl. Pohln. und Chur-Fürstl. Sächsischen General-Lieutenants bey der Infanterie und Commendanten der Vestung Königstein Friedrich Wilh. Frey-Herrns von Kyau. Auf Verlangen der curieusen Welt Aus zuverläszigen Nachrichten und Uhrkunden sorgfältig gesammlet Und mit Kupfern gezieret, von Cregandern. [Erster -Anderer Theil] Cölln, 1735.

Hayn-Gotendorf *3*, 647. 17 and 16 cm. 3 leaves, 232 pages; 2 leaves, 232 pages. With portrait and four copperplates

[H. E. S.]. Merckwürdiges Leben und Thaten Des Prätendenten Von Ungarn und Siebenbürgen, JOSEPH RAGOCZY und seiner Vorfahren. Aus Zuverläßigen Nachrichten und Uhrkunden . . . gesammlet von H. E. S. Frankfurt und Leipzig, 1739. 8°. *Frontispizporträt*, 7 Bl. 1 S.

merkwürdiges Leben und Thaten des weltberühmten Herrn Francisci von Trenck. 8. Frankfurt a. M. 1747.

* **LEBEN**, Merckwürdiges, Einer sehr schönen und weit und breit gereiseten Tyrolerin', Nebst vielen andern anmuthigen Lebens- und Liebes-Geschichten, Vormahls von Ihr Selber in Frantzösischer Sprache beschrieben, Jetzo aber . . . . in das Teutsche übersetzt, und der Hochlöblichen Freymaurer-Gesellschafft dedicirt von Jaques Le Pensif (d. i. M. Deer in Leipzig). Mit Titelkpfr. Franckfurt und Leipzig (Langensalza, b. Joh. Chr. Martini) 1744. 8°. 272 S. (In Berlin: an Yv 1106.) Rar!

Schwerlich eine Uebersetzung. Name des Verf. in d. Bibl. J. J. Schwabii. II. Lips. 1785. p. 298. Wirkl. Druckort im O. M. V. 1744. F 2 a.

Von Weller, S. 318, ist der Pseud. nicht enthüllt.

— — Dasselbe. Breßlau, b. Dan. Pietsch. 8°. (M. M. V. 1746. D 3 a.)

Leben, Merkwürdiges, einer sehr schönen und weit und breit gereiseten Tyrolerinn. Frankfurt u. Leipzig 1748. V: *Deer.* (GGr) (BGE)

Leben und Schicksal, Merckwürdigstes, des weltbekannten Königs Stanislai . . . Franckf. u. Leipzig 1736. V: *Ranft, Michael.* (BrMm) (ML) (Pr)

— Mettewills u. s. Gemahlin. 8. Hamb. Kratsch.

Leben. ... das L' des Hofraths Heinrich Meyer von Zürich (1760–1832). Njbl. *s.a.*[Meyer, Heinrich *I*].

Leben, Das, des Hofraths Heinrich Meyer von Zürich. [Zürich 1852.] V: *Meyer, Hnr.* (Cat. d. Stadtbibl. Zürich. Zürich 1864—97.)

Leben. ... das L' des Kupferstechers Johann Heinrich Meyer von Zürich (1755–1829). (Njbl.) *s.a.*[Hess, David].

Leben, Das, des Kupferstechers Johann Heinrich Meyer von Zürich. [Zürich 1833.] V: *Hess, Dav.* (Cat. d. Stadtbibl. Zürich. Zürich 1864—97.)

Leben Doctor Sebastian Meyers ... dess Ersten Ordentlichen Evangelischen Predigers in Bern. Bern 1740. V: *Scheurer, Samuel.* (zuwzür 12, 1908, IV, S. 107)

— J. D. Michaelis, s. Michaelis.

— d. militärische, polit. u. Privat-, des Fräuleins d'Eon de Beaumont, ehemal. Ritters d'Eon; aus d. Französ. des de Lafortelle ins Deutsche übers., mit Zusätzen. 8. Leipz. 779. (W. Vogel). 12 gr

— Miltons, s. Hopley.

MINA, General Don Francisco Espoz y (1781—1836). — Des Generals Mina Leben und Feldzüge im Gebiete der Waffen und der Liebe (Abenteuer à la Casanova). Nebst höchst interessanten Anekdoten und Aufschlüssen über Spaniens innere Lage und neueste Geschichte. Aus dem Tagebuche eines übergegangenen Miquelet entlehnt und aus d. Französ. übers. von Moritz Thieme (geb. 1799 in Löbau, † 1849 als Buchhändler zu Iserlohn). Ilmenau 1824. Gedruckt und verlegt bei Bernh. Friedr. Voigt. 8°. 1 Bl., 260 S. (incl. V S. Vorr.). (1 Mk. 50 Pfg. Scheible, vor 1885; 8 Mk. F. Waldau, Fürstenwalde, 1907.)

— d. Fürst. Miriways, od. d. persian. Cromwell. 8. Lpz. Deer. 723.

— das, Carl August Mitreuters, Schullehrers zu Postelwitz bei Schandau. Für das Volk beschrieben vom Verfasser. gr. 8. (40 S.) Hohnstein 850, Centralschulbuchhandlung. 1/4 ß

— das moderne, s.: Theater, kleines.

— modernes. Sociale Capucinerpredigten über Ehe, Familie, Hagestolzenthum, Geselligkeit, Luxus, Mode, von Domenico de St. Invention. Leipzig 859. Fries. 8. (187 S.) 22½ ngr

— modernes. Eine Sammlg. der Münchner Modernen. Mit Beiträgen von Otto Jul. Bierbaum, Jul. Brand, M. G. Conrad u. A. 1. Reihe. gr. 8. (176 S.) München 891. Münchner Handelsdruckerei u. Verlagsanstalt M. Poeßl. n. 2. —

— Mohameds, s. Gagnier. — s. a. Boulainvillers — s. a. Turpin.

— Mohameds. 8. Wien 808. v. Mößle. 12 gr

Leben des Moliere. [Gotha 1786.] V: *Schmid, Christian Heinrich.* (ML)

Leben Montecuculis. 8. Leipzig 1792. 8° ib. 1808.

— Montekukulis. 8. Lpz. Sommer. 792.

Leben des Spanischen Hertzogs von Montemar. Bremen b. Nath. Saurmann. 8°.
M. M. V. 1742. F 3a. s. l. f. n. p. — Wirklich erschienen?

— moral., e. Wollüstigen rc. 2 Thle. 8. Frft. (Sommer in Lpz.) 752.

— Mordthat u. Ende des berüchtigtsten Mägdemörders Dumollard, welcher 8 Dienstmädchen auf eine verschmitzte Weise in den Wald geführt, dort beraubt u. gemordet hat. 2. Aufl. Reutlingen 865. (Stuttgart, Fischhaber.) 8. (32 S.) 2 ngr

Leben des Grafen Moritz von Sachsen, genannt Marschall von Frankreich. 8. Leipzig 1751.

— Moriz Wilh. Herz. v. Sachsen-Zeitz. m. Kupf. 8. Frft. Gabler. 720. -

— — dasselbe. m. K. 8. Jena, Melchior. 720.

Leben. Das L' der Frau von Mornay, geb. Charlotte von Arbaleste. Basel 1855 s. [Stähelin, Ernst].

— Philipps v. Mornay. 8. Halle 757. Waisenhausbuchh. 3 gr

Leben, das, von Robert Morrison, dem ersten protestantischen Missionär in China. gr. 16. (171 S. mit eingedr. Holzschn.) Cincinnati 861. (Bremen, Verlag des Traktat-Hauses.) geb. Thlr. * -

— d. Ritters Sir Thom Morus, Canzl. v. Engl. m. Kupf. 8. Lpz. Löwe. 741. -

— Mosche, s. Mosche.

Aus Moscheles' Leben. Nach Briefen und Tagebüchern herausgegeben von seiner Frau. 1. 2. Band. Leipzig 1872. 1873.

Leben, das, Moses. gr. 16. (304 S.) Philadelphia 879, (Schäfer und Koradi.) geb.

— J. Jac. Mosers, v. ihm selbst beschr. 4 Thle. 8. Lemgo, Meyer. 777-83. (1 r — 3 r 16 gr. 4 r 12 gr.)

— d. Kapellm. W. G. Mozarts, v. Fr. Niemtschack. 4. Prag, Herrl. 798. -

Leben und Wirken, Mozarts ... Salzburg 1842. V: *Pichler, Gg Abdon.* (Hr)

Leben und Charakter, D. Müller's. [Stettin u. Halle 1790.] V: *Höck, Joh. Carl.* (MGT)

Leben und Schriften, Polycarp Müllers. Frankfurt 1750. V: *Knoblauch, Joh. Gg.* (Adel) (OL) (ADB 22. 673)

— Münzers, s. Strobel.

— Joachim Mürat's, ehemal. Königs von Neapel, von sein. Geburt bis zum Frühjahr 1815, m. Port. 8. Pesth, Hartleben. 815.

Leben Joachim Mürats, ehemaligen Königs von Neapel. Aus d. Französ. Köln 1816. V: *Beauchamp, A. de.* (BGE V³, 320)

— Joachim Mürats, ehemaligen Königs von Neapel, hingerichtet zu Pizzo in Calabrien den 13. Okt. 1815. Köln 816. Rommerskirchen. 10 gr Schreibp. 11 gr

Mürat's Leben und Nachrichten von den Ereignissen, die ihn vom Throne Neapels und auf den Richtplatz führten. 8. Köln 1816.

— e. Musikers. 2 Thle. 8. Leipz. 810. Fr. Bruder. 1 ₰ 8 ₰

Musterhaftes und wohlthätiges Leben Kaiser Leopolds II. 8. Dresden 1792.

— musterhaftes u. wohlthätiges, Leopold II. 8. Dresd. 792. Hilscher. 16 ₰

— Oswald Myconius, s. Kirchhofer, M.

— mystisches, Christi in seiner Kirche. Verfasser: Aus dem Land der rothen Erde. 8. (27 S.) Bergzabern 873. (Speyer, Kleeberger.) n. — 25

—— D. Chr. Sam. Gottl. Ludw. Nagel's, s. Nagel.

— des Kaisers Napoleons. .. Halle ... Dreyssig. 6 ₰

— — Napoleons. 1r Bd. 1s — 5s Buch. Mit 7 Kupf. 8. (Breslau, Hollaufer in Comm.) 818.

— — 2r Bd. 6s — 10s Buch. Mit 10 Kupfert. 8. Ebend. 819.

— das, Napoleons, kritisch geprüft, Aus d. Engl. Nebst einigen Nutzanwendungen auf „das Leben Jesu, von Strauß." gr. 8. Leipzig 836. Brockhaus. 1/2 ₰

— Napoleon's III. Eine vollständ. Geschichte dieses merkwürd. Usurpators u. seiner Zeit. Mit 100 Illustr. (in eingedr. Holzschn.) hoch 4. (180 S.) Wien 872. Wenedikt. 4. 20

Napoleons Leben und Ende; mit einer Zugabe von Charakterzügen. 8. Wiesbaden 1822.

Napoleons des Ersten Leben, Salbung und Krönung, beschrieben von einem Irländer. Mit 1 Kupfer. Neuburg (Halle, Dietlein) 1805. (Titel correct?)

— — Dasselbe. Neue Aufl. Ebd. 1806.
Weller, fingirte Druckorte.

— Napoleons, erst. Kais. d. Franz. f. alle Stände bearb. 8. Lpz. Hinrichs. 805.

Leben, Napoleons politisches und militairisches, von ihm selbst erzählt, vor dem Richterstuhle Cäsars, Alexanders und Friedrichs II. A. d. Franz. Tübingen 1825—29. V: *Jomini, Antoine Henri Baron de.* (Ky)

Napoleons Leben und Thaten. 8. München 1840.

Leben, Das, und die Narrheiten des Don Pantalone Rodriguez Papefiguira ... A. d. Span. Riga 1778. V: *Wekhrlin, Ludw.* (Böhm, Wekhrlin. München 1893. S. 163.)

Leben, Das, und die Narrheiten des Don Pantaleone Rodigruez Papefiguria. A. d. Spanischen (Original nicht Übersetzung). Riga 1778. V: *Wekhrlin, Wilhelm Ludwig.* (BGE 34/66) (GGr IV3/836, Nr. 11/5) Dagegen: Gottfried Böhm: Ludwig Wekhrlin. München 1893. S. 63. (Bespr. [Wekhrlin, W. L.] Chronologen. Frankfurt u. Leipzig 1779—1781. Bd. 11, S. 84—89.) (Bibl Port)

— aus dem, des Felix Neff, gewesenen Predigers der Waldenser-Gemeinden in den Oberalpen. Nach d. Französ. mit dess. Bildn. 8. Basel 833. (eigentl. 832.) Spittler. 5 ₰

— d. illustr. Negotianten, od. hier u. da gewes. Kaufleute. 2 Thle. 8. Frft. 734.

Leben, Nelson's, nach dem Englischen des John Charnock. Bremen 1807. V: *Baumann, Imman. Glieb. H.* (AarF)

— d. Admirals Nelson. m. Kupf. gr. 8. Bremen, Müller. 807.

— d. Admiral Nelson. 8. Stuttg. Steinkopf. 807.

—— das, des heil. Philipp Neri, Apostels von Rom und Stifters der Congregation des Oratoriums. Nebst einer Lobrede auf den Heiligen vom Cardinal Wiseman, und einem Anhange von Sprüchen d. Heiligen auf jeden Tag des Jahres von Frederik William Faber. Deutsch bearb. von Carl B. Reiching. gr. 8. (898 S. mit 1 Stahlst.) Regensburg 859, Manz.

— das neue. Zuverlässiger Rathgeber u. sichere Hülfe f. Geschwächte u. Impotente, selbst solche, die bisher f. unrettbar gehalten worden sind. br. 8. (59 S.) Berlin 871. E. Schlesinger. 1. —

Leben: Neues Leben
s.a. Basler Volksblatt.

— neues! Hrsg.: Karl Grunsky. 1. Jahrg. 1895. 24 Hfte. (à ca. 3 Bog. m. Abb.) gr. 8. Stuttgart, Buchh. des „Gesundheitsrat". 10. —; einz. Hfte. n. — 50

— neues. Zeitschrift f. sociale Reformbestrebgn. auf der Grundlage vernunftgemäßer Lebens- u. Heilkunst. Hrsg. u. Red.: J. H. Franke (H. Wortmann). Nebst: Am deutsch. Heerd. Illustrirte Ergänzungsblätter f. „Neues Leben". 1. Jahrg. Septbr. 1899—Aug. 1900. 52 Nrn. gr. 4. (à ca. 16 u. 16 S.) Säckingen. Zürich, Magazin f. Kunst u. Wissenschaft. n. 4. —

Leben, neues. Zeitschrift f. sociale Reform. Mit der Gratis-Beilage Freilicht. Zeitschrift f. Kunst, Wissen u. gesellschaftl. Leben. Hrsg. u. Red.: J. H. Franke (H. Wortmann). 2. u. 3. Jahrg. 1901 u. 1902. à 12 Nrn. gr. 4. (à ca. 16 S.) Zürich, H. Wortmann. à Jahrg. 4. 80

Neues Leben: Jahrgang 1–8, no. 391. Nov. 29, 1902—July 2, 1910.
Socialistic weekly. Sub-title: Organ der Sozialisten von Illinois. Circulation: 1906, 2728. "Unser Abschiedsgruß" in no. 391. Edited by Ernst Ebel, Nov. 29, 1902–Sept. 9, 1905; by Robert Saltiel, Sept. 16, 1905–June 22, 1907; by Ad. Dreifuß, July 6, 1907–July 2, 1910. Published by Illinoiser Volksblatt Publishing Association, 1902–10.
Chicago, IL

— neues. Monatsschrift f. naturgemäße Heilweise. Red.: C. Wortmann. Jahrg. 1906. 12 Nrn. (96 S.) 4. Leopoldshöhe u. Glarus. Konstanz, Hygien. Verlag C. Wortmann. n. 5. 20

— neues. Monatsschrift f. deutsche Tüchtigkeit, hrsg. v. Gust. Rösler. Juni 1906 – Mai 1907. 12 Nrn. (à ca. 8 S.) 4. Reichenberg i/B. (Schloßgasse 8), Verwaltung des „Alkoholgegner". n. 1. 45

— neues. Monatsschrift f. deutsche Tüchtigkeit. Organ des „Neudeutschen Kulturbundes in Oesterreich". Hrsg.: Gust. Rösler. 2.—5. Jahrg. Juli 1907—Juni 1911. à 12 Nrn. (2.—4. Jahrg. IV, 96; IV, 190 u. IV, 193 S.) 31×21,5 cm. Reichenberg, P. Sollors' Nachf. 2. Jahrg. 2.—; 3.—5. Jahrg. à 4. —

— neues. Das neue biolog. Verfahren. Red.: A. Kühner. 9.—11. Jahrg. 1907—1909. à 12 Nrn. (à ca. 8 S.) 32×24,5 cm. Konstanz, Hygien. Verlag (C. Wortmann). à Jahrg. 4. —

— dasselbe. Mehr Licht. Aerztl. Ratgeber u. Familienfreund „Neues Leben". 12. Jahrg. Illustr. Monatsschrift f. moderne Heilmethoden, Erziehungs- u. Lebens- inkl. Ernährungsreform. Red.: O. Schär. Jahrg. 1910. 12 Hefte. (à ca. 32 S.) Lex. 8. Ebd. 4. —

Leben des Herrn Rector Joh. Friedr. Neumann zu Görlitz . . . Leipz. [1806]. V: *Schindel, Carl Wilh. Otto Aug. v.* (Ky) (MGT)

— des Herrn Rector Joh. Fr. Neumann zu Görlitz; e. biograph. Versuch (v. K. W. O. A. v. Schindel). 8. Leipz. (806.)

— d. Kirchenräubers Jac. Neumanns. 4.

— Newtons, s. Erzähl. v. Newt. Leb.

—— das, John Newton's, der zuerst Schiffskadett, dann Matrose, Sklave in Afrika, Sklavenhändler, Schiffskapitän, Zollaufseher und zuletzt Prediger des Evangeliums in London war. 16. (150 S. mit Portr. in Holzschn.) Cincinnati 860. (Philadelphia, Schäfer und Koradi.) geb. *

Friedr. Nicolai's **Leben** und literarischer Nachlass. Hrsg. von L[eop.] F[riedr.] G[ünther] v. Göckingk. Berlin: Nicolai 1820. VI, 201 S. 1 Bl. Noten. 8⁰
Kl. 4076. S. 122—125 enth. Nicolais Ideen üb. die Illuminaten.

— Nicole, s. Nicole.

— das, d. Nikolaus v. der Flüe. 8. (14 S.) Dinglingen 897. (Frankfurt a/M., J. Schergens.) — 15

— des heil. Nicolaus von der Flüe u. des heil. Nicolaus u. Amand. Mit 1 Bildn. 8. Schweidnitz 841, Heege. 2 n𝓍

— des russ. Kaisers Nikolaus I., s. Volksbücher aus alter und neuer Zeit.

Leben des Herrn Nikole, sammt der Geschichte aller seiner Schriften . . . Bamberg u. Würzburg 1785. V: *Goujet, Claude Pierre.* (AarK)

— d. hl. Norbert, Erzbischofs v. Magdeburg. Nebst d. Lebensbeschreibg. d. Grafen Gottfried v. Kappenberg, s. a. Geschichtschreiber, die, d. deutschen Vorzeit.

Leben des heiligen Norbert, Erzbischofs von Magdeburg. Nebst der Lebensbeschreibung des Grafen Gottfried von Kappenberg und Auszügen aus verwandten Quellen. Nach der Ausgabe der Monumenta Germaniae übersetzt von Dr. G Hertel. 8. Leipzig 1881.
Die Geschichtschreiber der deutschen Vorzeit.... XII. Jahrhundert. Band 13.

Leben J. Norcross, e. englisch. Capercapit. 8. Copb. Velt. 737. Rthlr.

—— der heil. Dienstmagd Nothburga von Rottenburg. Aus Anlaß ihrer Heiligsprechung beschrieben von einem Seelsorger der Diözese Brixen. 8. (VIII und 216 S.) Brixen 862, Weger's Buchh.

Leben der heiligen Dienstmagd Nothburga von Rottenburg. 2. Aufl. Brixen 1881. V: *Schöpf, Johann.* (Mitth. d. Verlagsbuchh.)

—— der heil. Dienstmagd Nothburga von Rottenburg. Aus Anlaß ihrer Heiligsprechung beschrieben von einem Seelsorger der Diözese Brixen. 2. Aufl. 8. (238 S. mit 1 Stahlst.) Brixen 881, Weger's Buchh. *

— der heil. Nothburga Mit 13 Kpf. 8. Augsb. 831. Schlosser. 3𝓍

—— der heil. Nothburga, Dienstmagd auf Rottenburg in Tirol. gr. 12. (4 2/3 B. u. Titlbild.) Innsbruck 839. (Augsburg, Kollmann'sche Buchh.; Regensburg, Manz.)

Leben der heiligen Nothburg, Dienstmagd auf Rottenburg in Tirol. Zweite Auflage. *Innsbruck* 1857, bei *Felician Rauch.* 130 S. 8⁰.

Leben. Das L. des Porträtmalers Johannes Notz von Zürich (1802–1862). Njbl. s.a.[Hess, Jacob].

Leben, Das, des Porträtmalers Johann Notz in Zürich. Zürich 1864.] V: *Hess, Jac.* (Cat. d. Stadtbibl. Zürich. Zürich 1864—97.)

— das, u. die Offenbarungen der seligen Magaretha Maria Alacoque, v. ihr selbst geschrieben. gr. 16. (181 S.) Dülmen i/W. 891. A. Laumann. n. — 50

—— und Offenbarungen der heiligen Brigitta, s. Sammlung der vorzüglichsten mystischen Schriften aller kathol. Völker.

—— und Offenbarungen der heil. Mechtildis und der Schwester Mechtildis [von Magdeburg], Jungfrauen aus dem Orden des heil. Benediktus. Hrsg. nach den neuesten latein. Ausgaben von J. Müller. Mit 2 Stahlst. 2 Bde. gr. 8. (428; 304 S.) Regensburg 881, Manz.

— Offenbarungen u. Weissagungen gotterleuchteter Seher und Seherinnnen: Der heil. Hildegard, heil. Brigitta, heil. Katharina v. Siena 2c. Von e. Curatpriester. 2. Aufl. gr. 8. (290 S.) Regensburg 875. Manz. 3. 50

— Dr. J. Oekolompads, s. Biographien Schweizer. Reformat.

Leben, Gottfr. Opitz'ens, eines unter die Calmucken vertreuten ... Pfarrsohnes. Breslau 1748—52. V: *Klose, Wilhelm.* (ML)

— d. Prinz. v. Oranien. 12. Hannov. Helwing.

— der geistlichen Ordensstifterinnen u. mehrerer Frauenspersonen, welche die Welt u. das Kloster durch ihre Frömmigkeit u. Tugenden erbaut haben. Vom 3. Jahrh. bis auf unsere Tage. Nach d. Franz. dem M. N. Jubin, bearb. v. Barth. Eckl. Mit Vorw. v. F. S. Häglsperger. 2 Bdchn. 8. (31⅞ B. u. 1 Stahlst.) Regensburg 844, Manz.

Leben Johann Caspar (v[on]) Orelli's (1787–1849). Njbl. Zürich s.a.[Orelli, Conrad *II* von].

Leben Johann Caspar Orellis. [Zürich 1851.] V: *Orelli, Conrad von.* (Cat. d. Stadtbibl. Zürich. Zürich 1864—97.)

* **LEBEN** Charl von Orleans und Anibelle. — Vignette — Dreßden und Leipzig, Bey Johann Nicolaus Gerlachen, 1749. 8°. (In Berlin: Yo 4306.)
7 Bll., 320 S. Ist nach der Vorrede Uebersetzung aus einem Französischen Manuscript. — Zahm.

— d. Herz. L. P. J. v. Orleans, gen. Egalité. 8. Nrnb. Grattenauer. 793.

— — dasselbe. 8. Bamberg, Lachmüller. 794.

Leben, Das, Philippi von Orléans, Enkels von Frankreich ... A. d. Franz. Frankfurth u. Leiptzig [Nürnberg] 1739. V: *La Mothe dit de Lahode.* Ü: *Scharfenstein, Julius Friedrich.* (BGE)

Leben Philippi von Orleans, Enkels von Frankreich, Regenten des Reichs ... Frankf. u. Leipzig 1739. V: *Lamothe, dit de Lahode.* (EB)

— Philipps v. Orleans, Regent. wdhr. d. Minderjährigkeit Ludw. XV. 2 Thle. m. K. 8. Frkf. u. Lpz. 739.

— Joh. Osianders. 8. Tüb. Heerbrand. 795.

OSMOND, Herzog v. — Leben d. Herzogs v. Osmond. Frkft. 1743. 8°.
Cat. Monath II. Nürnb. 1783. 8°. p. 572. — Selten!

Leben des Cardinals von Ossat; a. d. Franz. ... Leipzig 1776. V: *Teroux d'Arconville, Marie Geneviève Charlotte.* Ü: *Heyde, Johann Daniel.* (ML)

— des Kardinals v. Ossat; aus d. Franz. 2 Thle. 8. Wien 776. (W. Rauck in Leipz.) 2 ℳ 8 𝒦

— d. Cardinals v. Ossat, a. d. Frz. 2 Thle. 8. Wien (Sommer, Lpz.) 776.

— d. Grafen Ostermann. 8. Brem. Sauermann. 743.

Der Münchener Oswald [Sant Oswalds **Leben**]. Text u. Abhandlung. Von Georg Baeseke. Breslau: M. & H. Marcus 1907. (XVIII, 445 S.) 8°
— **Abhandlungen**, Germanistische. H. 28. 07. 1793

Leben von Hans Caspar Ott, Oberst. 22. Neujahrsblatt der Zürcherischen Hülfsgesellschaft. Zürich 1822. 4°

— das, Oudalrichs, s.a. Geschichtschreiber, die, der deutschen Vorzeit.

Leben. Das L' Oudalrichs, Bischofs von Augsburg. Nach der Ausgabe der Monumenta Germaniae übersetzt von Georg Grandaur. 8. Leipzig 1891.
Die Geschichtschreiber der deutschen Vorzeit .... X. Jahrhundert. [Band 12 =] Supplementband.

Leben der Frau von Oeynhausen (✝ 1811). 8. Basel *o. J.* [1811/50].

PADILLA, Maria de († 1361). — Leben der Maria von Padilla, Favoritin des Königs in Castilien Don Petro (!). Frankf. (Jena, Gollner) 1752. 8°. (In Carlsruhe: Ko 475.)
Haude u. Spener, Berlin, cat. univ. p. 333.

— Joh. v. Palafox. 8. Freib. 781. Wagner. (a. Jenisch u. Stage in Augsb.) 4 𝒦

Leben des Pater von Abano. [Leipz. 1784.] V: *Günther, Carl Gottlob.* (MGT)

Leben. Das patriarchalische —. Kraus, Wien 1781/82.

— d. ersten Patriarchen ꝛc. in Gespr. u. Sinnbild. m. K. 8. Nrnb. Stein. 718.

Leben Pauls I., nebst einer authentischen Geschichte der Feldzüge der Russen in Italien ... Frankf. 1804. V: *Tannenberg, Gregoriew von.* (Pr) (Ky) (MGT)

Leben Pauls I., Kaisers und Selbstherrschers aller Reussen. Nebst einer authentischen Geschichte der Feldzüge der Russen in Italien, in Helvetischen und Baravischen Republik gegen die Franzosen etc. Von einem russischen Officier. 8. Frankfurt am Main 1804.

— Pauls I., Kaisers u. Selbstherrschers aller Reussen, (v. Gr. v. Tannenberg). gr. 8. Frankf. a. M. 804. Simon. 1 ℳ 20 𝒦 Schreibp. 2 ℳ 16 𝒦

Leben, Das, des seligen Paul vom Kreuze ... Aus dem Italienischen übersetzt und herausgegeben von Johann Chrysost. Mitterrutzner. Innsbruck 1860. V: *Cayro, Paul.* (Margr)

— das, des sel. Paul vom Kreuze, Stifters der Congregation der Passionisten. Aus dem Italien. übers. und hrsg. von Jos. Chrysost. Mitterrutzner. 8. (VIII und 359 S. mit Portr. in Stahlst.) Innsbruck 860, F. Rauch.

— Franz Paula. 8. Nrnb. 721.

— Penns, s. Marsillac.

Aus dem Leben einer leichten Person. Nach der neuesten Auflage des französischen Originals übersetzt. Mit 1 Photographie. 1865. 8. (320 S.) Wien, Spitzer. 1 fl. 60 kr.

Leben denkwürdiger Personen. 2 Bde. 8. Wien 1801. 5,00.

— großer u. merkw. Personen ꝛc. 8. Quedlinb. Basse. 810.

— der merkwürd. Personen, welche in Paris, Lyon ꝛc. guillotinirt worden, nebst Angabe der ihnen zur Last gelegten Verbrechen; aus d. Französ. übers. 3 Abtheill. 8. Augsb. 801. Braun. (Joachim in Leipz.) 1 ℛ

— merkw. Personen a. niedr. Herkunft. ꝛc. s. Anecdoten Lackington.

— merkw. Personen dies. u. des vorig. Jahrh. gr. 8. Bresl. Meyer. 774.

— Peter III., Kaiser u. Selbsthalter d. Reußen. 4. Frankf. Fleischer. 762.

— Peter III., unglückl. Kaisers v. Rußland ꝛc. 8. Lpz. Holle. 773.

— — dass. m. Anekdot. verm. 8. Dessau, (Widtmann, Prag.) 785.

Leben Peters III. unglücklichen Kaisers von Russland. Dessau [Prag] 1786. V: *Ranft, Michael.* (Wr)

— Peter I. Czaars v. Rußland. 8. Lpz. 725.

— J. Wilh. Petersens u. seiner Frauen. 8. Halle, Renger, 717.

Leben ---, Leben Petri des Ersten und Grossen, Czaars von Rußland, Leipzig, 1725.
s.a. Justus Gottfried Rabener (der Jüngere).

Leben Petri des Ersten und Grossen, Czaars von Russland. Leipzig 1725. V: *Rabener, Justus Gottfried.* (Pr)

Leben Petri II., Kaysers von Russland. 4. Frankfurt 1730.

Leben. ... das L. des Malers Johannes Pfenninger von Stäfa (1765–1825). Njbl. s.a. [Horner, Johann Jacob I].

Leben, Das, des Malers Johann Pfenninger von Stäfa. [Zürich 1827.] V: *Horner, Joh. Jac.* (Cat. d. Stadtbibl. Zürich. Zürich 1864—97.)

— das, des Pferdes. In 12 Bildern mit Text. ... Halle 841, Schimmelpfennig. 1/8 ℛ color. 1/6 ℛ

Leben der 12 ersten Piaristen; aus d. Italien. übers. v. D. Hofmann. 8. Kempt 767.

Leben des gottsel. Jünglings Paulus Piazzesi. Salzb. 1877. V: *Hager, Edmund.* (Hr)

— Jak. Pierlots, mit seinen Lastern u. Strafen; aus d. Französ. 8. Köln 786. Imhof. 3 ℊ

William Pitts Leben, Grundsätze und Staatsverwaltung, oder Pitt vor dem Richterstuhle der Nachwelt. 8. Paris (Hamburg) 1806.

— des Papstes Pius VI., s. Leben ausgezeichneter Katholiken.

— Pius VI., Pabstes, 6 Thle. 8. Cesena. (Wohler in Ulm) 781—96.

Leben. Das L. Thomas Plater's (1499–1582). (Njbl.) s. [Burckhardt, Abel].

— Thomas Platers, s. Leben berühmter Gelehrten. 1r Bd.

— Platon's, nebst Bemerkungen über dessen schriftstell. u. philosoph. Charakter ꝛc. a. d. Engl. m. Anmerk. u. Zusätzen, v. K. Morgenstern, gr. 8. Leipz. Dyk. 797.

— D. Meinhard Pleskens. Cilli 758. Jenko. 4 ℊ

Leben, Das, Poinsenels. Brünn 1785. V: *Hirsch, Michael Chn.* (Hch. Wolfg. Behrisch, Die Wiener Autoren 1784) (Biblport)

— Polignac, s. Polignac.

— polit., u. trauriges Ende d. französ. Tyrannen Robespierre. 8. Frankf. 798. Eßlinger. (Schäfer). 20 ℊ

— d. portug. Staatsministers Pombal, s. Leben Carvalhos.

Leben des portugiesischen Staatsministers Pombal. Leipz. 1782. A. d. Ital. von Chr. v. Jagemann. Dessau 1794. V: *Gusta, Francesco.* (Pr)

— d. portug. Staatsministers Pombal. 5 Theile. 8. Leipzig, Schwickert. 782.

— — dass. a. d. Ital. v. Jagemann. 2 Bde. Dessau (Gräff, Lpz.) 794.

Leben Potemkins, s. Privatleben.

— prakt., verstorbn. u. noch lebend. Geistlichen. gr. 8. Stendal, Franzen u. Gr. 787.

— d. Prätendenten v. England. 2 Thle. m. K. 8. Hamb. 714. Rthlr

— eines Priesters, aus dem. Vom Verf. der Schrift: Die Kirche und ihre Gegner. gr. 8. Augsburg 842, Kollmann. 1/2 ℛ

Leben des standhaften Prinzen ... Berlin u. Stettin 1827. V: *Olfers, Ignaz Fr. M. von.* (Koner)

— des standhaften Prinzen, nach d. Chronica seines Geheimschreibers F. J. Alvares u. anderen Nachr. gr. 8. Berl. 827. Nicolai. 20 ℊ

— d. Prinzen v. Wallis. 8. Cob. 725.

— d. böhm. Edelmanns Prokop d. Großen u. Prokop d. Kleinen. 8. Prag 792. Buchler. 6 ℊ

Leben der beiden Prokope . . . Prag 1784. V: *Wolf, Johann Heinrich.* (EB)

— Georg Psalmanazars, eines geborenen Formosaners. 8. Tübing. 771. v. Cotta. 3 ₰

Leben des Freyherrn Sam. von Pufendorf. [Nürnberg 1788.] V: *Siebenkees, Johann Christian.* (Will).

— d. berüchtigten Rebellen Jemeljan Pugatschew; aus d. Russ. ins Französ. u. aus diesem ins Deutsche übersetzt. 8. Leipz. 776. (W. Vogel). 16 ₰

— Dass., aus d. Französ., mit Kpf. 8. Leipz. 800. (W. Rauck). 12 ₰

— — dasselbe m. K. 8. Lpz. Sommer. 800.

— Pütters, s. Pütter.

— d. Weltweisen Pythagoras; aus d. Dän. 8. Kopenh. 756. Pelt. 6 ₰

— J. G. Quandts 8. Leipz. 784. Jacobäer. 4 ₰

— das, d. heiligen Priesters u. Märtyrers Quirinus. 8. (16 S. m. 1 Steintaf.) Aachen 876. Schweitzer. n. — 20

— des edlen u. tapfern Ritters Don Quixote v. La Mancha nach Miguel Cervantes de Saavedra aus dem Spanischen. Für die Jugend bearb. von Frz. Hoffmann. Mit 49 Bild. 8. Stuttgart 844, Stoppani. geb. 1¼ ₰

Leben der Spanischen Gräfin von R*** nebst zärtlichen Erzählungen . . . Londen [Leipz.] 1761. V: *Kritzinger, Frdr. Adolph.* (BGE) (WI)

LEBEN der Spanischen Gräfinn von R*** nebst zärtlichen Erzählungen. Geschildert von einem Liebhaber Gellertischer Schriften *(Friedr. Adolph Kritzinger).* Londen (sic!) (Leipzig, Kritzinger) 1761. 8°.
— — Dasselbe. Amsterdam (ebd.) 1762. 8°.

— Rabv, s. Justizmord.

Leben von Racine. [Gotha 1785.] V: *Schmid, Christian Heinrich.* (MGT)

— — der heiligen Jungfrau Radegundis, Dienstmagd zu Wellenburg, nebst einer Handleitung zu den täglichen Uebungen eines heiligen Lebens. Mit Kupf. 8. Landshut, Krüll. 821.

— der heil. Jungfrau Radegundis, mit einer Handleitung zu den täglichen Uebungen eines heil. Lebens, mit 3 Kupf. 2e Aufl. 8. Augsburg, Doll, (Landshut 824, Krüll.)

—— der heil. Jungfrau Radegundis, Dienstmagd zu Wellenburg rc. Nebst e. Handleitung zu d. tägl. Uebungen e. heil. Lebens. 3—5. Aufl. (à 10 B. u. Titvign.) 8. Augsburg 827—35, Doll. (Regensburg, Manz.)

Leben des Landschaftmalers Caspar Rahn von Zürich (1769–1840)... Njbl. *s.* [Corrodi, Wilhelm].

Leben des Landschaftsmalers Caspar Rahn von Zürich . . . [Zürich 1846]. V: *Korrodi, Carl.* (Cat. d. Stadtbibl. Zürich. Zürich 1864-97.)

— das, Raphaels, von einem unbekannten Gleichzeitigen. 8. München 817. (Fleischmann). 4 ₰ (Finsterlin). 3 ₰

Leben des Raphael Sanzio von Urbino. [Berlin 1788.] V: *Brunn, Frdr. Leopold.* (Hitzig)

—— Casimir's von Rathsamhausen, Fürst-Abtes der vereinten Ritter-Stifte Murbach u. Lüders, im Rufe d. Heiligkeit gestorben d. 1. Jän. 1786. A. d. Lat. übers. u. mit Anmerkn. beleuchtet v. Jos. Axinger. Ein Beitr. z. Kirchen-Gesch. d. Elsasses. gr. 8. (5½ B.) Straßburg 836, Levrault'sche Bh.

Das LEBEN des hochwürdigsten Herrn P. Theodor Maria Ratisbonne, Stifters der Priestergemeinde und der Kongregation der Klosterfrauen von Notre Dame de Sion. Budapest: M. Bagó u. Sohn. 110 (2) S. - 160 mm
- Dass. Budapest 1926: Literar. u. Druckerei A. G. »Élet«. 102 (2) S. - 160 mm

— d. Seligen Bernardin Realino S. J., v. e. Priester d. Gesellschaft Jesu. Aus d. Franz. übers. 16. (87 S. m. Abb. u. farb. Bildn.) M. Gladbach 896. B. Kühlen. — 30; geb. — 50

— das rechte, oder der beste Gesellschafter. Vollständigste u. neueste Anweisung, wie sich Jedermann fein benehmen, für sich den Ruf eines Gebildeten und das Wohlwollen beider Geschlechter erlangen könne. Nebst einer reichen Sammlung von Scherzen, Gesellschaftsspielen, Querlesungen rc. Von einem alten Practicus. Meißen (856.) Goedsche. 8. (86 S.) 7½ ngr

(Leben des Reformator[s] der italiänischen Schweiz, Johann Beccaria, † 1580). Njbl. *s.* [Meyer, Ferdinand].

— berühmter Reformatoren, ein Lesebuch f. d. Bürger. 10 Bände. 8. (enthalt.: Leben Calvins, Erasmus, Huß, Ulrichs v. Hutten, Hauschen, Luthers, Melanchthons, Wiklefs, Zwinglis, so auch einzeln zu haben und unter Leben eines jeden zu finden sind) Lpz. Voß.

—— und Regel des heil. Vaters Benedikt, Patriarchen der Mönche des Abendlandes. 1—3. Bdchn. 24. Einsiedeln, Gebr. Benziger.

Inhalt:

Bdchn. 1. Brandes, Carl, Leben des heil. Vaters Benedikt. (XXXIV und 443 S. mit 1 Stahlst.) 858. 18 Ngr.
" 2. —— Regel des heil. Vaters Benedikt. Deutsch nach der Originalausg. von Monte Cassino. (183 S.) 857. 7 Ngr.
" 3. —— Erklärung der Regel des heil. Vaters Benedikt. (689 S.) 857. 24 Ngr.

— u. Regel des hl. Vaters Benedictus. Mit 70 Illustr. nach Compositionen der Beuroner Kunstschule. Hrsg. v. der Abtei Emaus in Prag. gr. 8. (208 S.) Prag (II, 320) 901. Administration der „St. Benedictsstimmen".
Geb. in Leinw. n. 4. —

—— und Regel d. heil. Franziskus v. Assis. 1. Bdchn. u. 2. Bdchn.: Die kleinen Werke d. heil. Franziskus v. Assis. A. d. Latein. treu übers. v. H. Hald. gr. 8. (31½ B.) München 828, 29, Giel.

— u. Regeln d. heil. Franz von Assis. 1 u. 2 Bdchn.: die kleinen Werke d. heil. Franziskus v. Assis. Aus d. Latein. treu übers. v. H. Hald. gr. 8. Münch. 828 u. 29. Giel. (Barth in Leipz.) 1 ₰ 6 ₰

— u. Regierungsantritt Friedrichs II. Kön. in Pr. 2 Thle. 8. Frankf. Schneider. 742.

— u. Regierungsgesch. Friedrichs II. 5 Thle. 8. Leipzig, Böhme. 784–88. (1r 2 Rthlr. 8 gr. 2r 5 Rthlr. 12 gr. 3r 2 Rthlr. 12 gr.)

— — Namen=Verzeichniß d. darin vorkommend. Personen. 8. Ebend. 790.

— u. Regierungsgeschichte Josephs des Zweiten u. Gemälde seiner Zeit. 1.—4. Bd. 2. wohlf. Ausg. Mit d. Bildn. des Kaisers. gr. 8. Stuttgart 842, Brodhag'sche B.; Scheible, Rieger u. Sattler. 3 ₰ — 4. Bd. A. u. d. T.: Archiv der Urkunden u. Beweisstücke zur Geschichte Kaiser Joseph II., von A. J. Groß=Hoffinger.

— u. Regierungsgesch. Kais. Conrads d. Saliers. gr. 8. Lpz. Schwickert. 794.

— u. Regierungsgesch. Ludwigs XVI. s. a. Geschichte d. franz. Staatsrevolution.

— u. Regierungsgeschichte Ludwigs XVI., Königs v. Frankreich. 2 Bde. 8. Prag 792. (Kaven in Altona). 1 ₰ 8 Ꝁ

— u. Regierungsgesch. Ludwigs XVI. K. v. Frankr. m. K. 8. Mannh. Löffler. 793.

— u. Regierungsgesch. Ludwigs XVI. K. v. Frankr. 2 Bde. 8. Prag. (Kaven A. in C.) 793.

— u. Regierungsgesch. Ludwigs XVI. in Portr. u. Kupf. 8. Stuttg. Steinkopf. 795.

— u. Regierungsgesch. Pius VI. 8. Lpz. Liebeskind. 800.

— u. Regierungsgeschichte Wolf Dietrich v. Raittenau, s. Zauner, J. Th.

Leben der schwedischen Generale Rehnschild, Steenbock, Meyerfeld, Ducker und Patkul. 8. Leipzig 1753. 1,25.

— d. schwed. Gener. Rehnschild, Steinbock zc. 8. Leipzig, Heinsius. 753.

— Reichels, s. Reichel.

— aus Frz. Volkm. Reinhards; in einigen Briefen v. denselben a. d. Herausgeber M. Fr. Scheibler. 8. Leipzig 823, Steinacker.

— Reinhardts, s. Hatzel.

— Reisen, Abentheuer u. Schicksale zc. des jungen Herrn v. Münchhausen. 8. Bartenst. 812. Firdorf u. Kl. 22 Ꝁ

—— und Reisen d. ersten engl. Seefahrer Drake, Cavendish u. Dampier, s. Cabinets=Bibliothek, 1. u. 2. Thl.

— u. gefährl. Reisen Gustav Landeron, od. d. schwed. Robinson. Mit Kpf. 8. Nürnb. 770. Monath u. K. 12 Ꝁ

LEBEN und merkwürdige Reisen Antons von **. Mit Kpf. Dresden, Gerlach, 1776. 8°. (45 xr.)
Cat. Monath. II. p. 553. — Sehr rare Robinsonade.

Leben und Reisen eines durchlauchtigen und tapfern Prinzen. 2 Thle. Halberstadt 1765. V: *Schnabel, Joh. Gottfr.* (?). (BGE IV, 64)

— Reisen u. Schicksale Georg Schweighards, eines Schlossers; e. Büchlein für Meister, Gesellen u. Lehrjungen, (v. J. Adm. Wening). 3 Bdchen, mit 1 Kpf. 8. Salzb. 791, 92. Duyle. 1 ₰

Leben, Reisen und Schicksale Georg Schweighart's, eines Schlossers ... Salzb. 1791-92. V: *Wening, Joh. Adam.* (ML) (BB) (Ky)

—— relig.=kirchl., in Frankreich während d. 17. u. 18. Jahrh. s. Räß, Andr., u. N. Weis.

— religiös=sittl., in Frankreich, s. A. Räß.

LEBEN der Myladi Rendan, vermählten Baronessin v. Mezin. 2 Thle. Frkft. (Nürnb., Raspe) 1743. 8°. (54 xr.) Rar!
Cat. Monath II. Nürnb. 1783. 8°. p. 574.

Leben, Das, des Abbt Lor. Ricci, gewesenen Generals der aufgehobenen Gesellschaft Jesu; aus d. Ital. Frankfurt u. Leipzig 1776. V: *Caraccioli, Louis Ant. de.* Ü: *Engelhard, Joh. Conrad.* (CLzür Fortsetz. I)

Leben des Abbts Lorenz Ricci, letzten Generals der Jesuiten; a. d. Ital. [Bayreuth] 1776. H: *Engelhard, Johann Conrad.* (ML) (Fiker) (Aark)

— des Abts Lor. Ricci, letzten Generals d. Jesuiten; aus d. Italien. von J. Konr. Engelhard. 8. Bayr. 776. Lübeck. 3 Ꝁ

— Dass. 8. Ulm 776. Stettin. 4 Ꝁ

—— des Paters Matthäus Ricci, } s. Leben ausgezeichneter Katholiken.

— des Marschalls von Richelieu; aus d. Französ. 3 Bde. gr. 8. Straßb. 791—93. Acad. B. 3 ₰ s. auch Lebensgeschichte.

— — dasselbe. 3 Bde. gr. 8. Bayr. (Grau in H.) 796.

— d. Cardin. v. Richelieu und Jul. Mazarini. 8. Frankf. u. Lpz. 730.

Riego's Leben und Hinrichtung. 8. Augsburg 1824.

Leben. ... das L' Heinrich Rieters von Winterthur (1751–1818). Njbl. s.a. [König, Franz Niclaus].

Leben, Das, Heinrich Rieters von Winterthur. [Zürich 1819.] V: *König, Nic.* (Cat. d. Stadtbibl. Zürich. Zürich 1864-97.)

— d. Anhalt=Cöth. Hofmalers Ringe. 8. Cöth. Aue. 799.

— Ritters v. St. George. 2 Thle. 8. Hannov. Helwing. 713.

STUART, Jacob (engl. Kronprätendent, gen. *Ritter von St. George*). — Leben des Ritters von St. George, oder Jacobi des Praetendenten auf England, Schottland u. Irland, bis auf diese Zeit fortgeführet, nebst Verzeichniss derer Schrifften, die von ihm handeln .... Prenzlau und Leipzig 1746. 8°. 23 Bll. u. 304 S. (12 Mk. Max Harrwitz, 1906.) Rar!

Leben, Das, des Malers Raphael Ritz von Niederwald. [Zürich] 1896. V: *Roten, Leo Lucian v.* (Cat. d. Stadtbibl. Zürich. Zürich 1864—97.) (Berl)

Leben, Das, des Malers Aurel Robert von La Chaux-de-Fonds. [Zürich 1874.] V: *Rahn, Johann Rudolph.* (Cat. d. Stadtbibl. Zürich. Zürich 1864—97.)

Neujahrsblatt der Künstlergesellschaft in Zürich für 1874. Der neuen Reihenfolge XXXIV. Mit 1 Portrait u. 1 Abbildung. 28 Stn. 4. Zürich, Druck von J. J. Ulrich. 2. 50
, Inhalt: Leben des Malers Aurel Robert von La-Chaux-de-Fonds.

Leben, Peter Roberts. Dresden 1743. 1771. V: *Verdion, Otto Bernhard.*

Leben, Peter Roberts. Dresden 1771. V: *Verdion, Otto Bernhard.* (ML)

Leben und Begebenheiten, Peter Roberts. Dresden 1771. V: *Verdion, Otto Bernhard.* (Ky)

Leben und Abenteuer, Robinson's. Nach d. Engl. (des De Foe) bearbeitet. Berlin 1841. B: *Rauch, Frdr.* (Ky)

* **ROBINSON**, Der Maldivische. — Des maldivischen Philosophen Robinson Leben, Reisen, und Thaten, und Beherrschung der Philosophen-Insul. 2 Thle. in 1 Bde. Mit 4+1 Kupfern. ERFURT, druckts u. verlegts Johann David Jungnicol. 1753—54. 8°. (In Berlin: Yv 4781, 1 vol.) (11 Mk. Alfr. Lorentz, Lpz., 1905.)
I: 384 S. (incl. 6 Bll. Vorst.). Mit 4 Kpfrn. II: 224 S. (incl. Titel u. Titelkupfer). Voll erotischer Geschichten, Tollheiten u. abentheuerlichsten Händeln. Einer der pikantesten Romane dieser Gattung.

— Robinsonaden u Abenteuer Hans Jürg. Mast's, s. Mast.

Leben, Robinsonaden und Abentheuer des grossen Kapitains Hans Jürgen Mast ... Hamb. [1810] [1803?]. V: *Albrecht, Joh. Frdr. Ernst* (Ullrich, Robinson und Robinsonaden. Weimar 1898. S. 181). (LS) (GGr) »Mainz 1808« (MGT)

— d. Graf. v. Rochester. 12. Lpz. 735.

Leben von Röders verfasst von seiner Gemahlin. Stuttgart 1891. V: *Röder, Lucie Freifrau von.* (Heyd)

— des gottseligen Bruders Alphons Rodriguez, aus der Gesellschaft Jesu. Nach d. Span. des P. Euseb. Nieremberg deutsch bearb. von Mich. Sintzel. Mit 1 Titelb. 8. Augsburg 845, Wolff'sche Buchh. (München, Finsterlin.) 1/3 ℞

ROSENSTOCKS, Eduard, Leben, Meinungen und Reisen im Reiche des Lichts und der Finsterniß. Theil 1. (einz.) Rostock, Stiller, 1800. 8°. Rar!

—— Rudolphs v. Habsburg, s. Volksbücher.

Leben Georg Philipp Rugendas und Johannes Kupetzki. Zürich 1758. V: *Füssli, Johann Caspar.* (Ky) (ML)

— ruheloses u. ruhiges, od.: Jeder an seiner Stelle. Eine Erzählg. aus dem Engl. gr. 16. (20 S.) Barmen 871. (Klein.) n. — 20

Leben des heiligen Rupert ... Salzb. 1803. V: *Rumpler, Matthias.* (Hr)

Leben und Hinrichtung, Rüsaus, in pragmatischer, moralischer ... Hinsicht. Hamburg 1804. V: *Curio, Joh. Carl Daniel.* (GGr) (Schr)

Leben des weiland hochgelehrten ... Bettelrichters Rusch. [München] 1788. V: *Cramer, Franz Xaver.* (Ky)

— des weiland hochgelehrten &c. Bettelrichters Rusch, (von Frz. Xav. Cramer). 8. (Münch.) 788. Fleischmann. 16 gr

Leben und Dichten, Russisches. Leipz. 1851. V: *Sollohub. Wladimir Alexandrović Graf & Nicol. Gogol.* (Ky)

— u. Dichten, Russisches. (Erzählungen v. Graf Sollohub u. Nikol. Gogol.) 8. (IV u. 356 S.) Leipzig 851, Biedermann. 1 1/2 ℞

Leben, Russlands inneres. Drei und dreissigjährige Erfahrung eines Deutschen in Russland ... Braunschweig 1846. 2. Ausg. 1855. V: *Kolbe, Eduard.* (EngG)

Aus dem Leben des grossen Seehelden Michiel de Ruiter. 8. Philadelphia 1872.

Leben des ruhmwürdigen Seehelden Michiel de Ruyter. 8. Breslau 1749.

— d. ruhmwürd. Seehelden Mich. de Ruyters. 8. Breslau, Pietsch. 749.

LEBEN des Herrn S****, eines gebornen Leipzigers (Avanturiers). Mit Titelkpf. Franckfurth und Leipzig, 1757. 8°. 188 S. Zahm. (3 Mk. 50 Pfg., um 2 Seiten defektes Expl., Jacques Rosenthal, c. 1903.)

— d. blinden Adolf Sachse, von ihm selbst dictirt, bearbeitet v. Wichmann. 8. Lpz. Rein. 805.

— Georg Sarganeks. 8. Lindau 765. Otto. 2 gr

– des Paters Johann Adam Schall, s. Leben ausgezeichneter Katholiken.

— u. Ende, schändliches, Ludw. Philipp Josephs Herzogs v. Orleans. Mit dess. Portr. 8. Bamb. 794. Lachmüller. 6 gr.

Schändliches Leben und Ende Ludwig Philipp Josephs, Herzogs von Orleans, genannt Gleichheit. Eine freie Uebersetzung aus dem Französ. Mit dessen Originalportrait. Strassburg 1794. 8°. (1 Mk. 60 Pfg., geles. Expl., A. Buchholz, München, 1906.

— des berühmt. königl. preuß. General-Lieutenants, Gebh. v. Scharnhorst. 8. Hannov. Helwing. 811.

— d. Graf. Boris Petrowitsch Scheremetew, s. Müller.

— S. Schertin, Ritters v. Burtenbach. a. dessen eigenhändigen Aufsätzen. 2 Thle. 8. Nrnb. Weigel. 777—82.

— und, Schicksal der Apostel u. ihrer Gehilfen, nebst einem gedrängten Abriß der christlichen Kirchengeschichte u. einer kurzen Uebersicht der Gleichnisse Jesu für den evangelischen Volksschüler bearb. von J. P. Mit 1 (lith.) Karte zu den Reisen des Apostels Paulus. Fraustadt 861. Neustadt in Comm. 8. (28 S.) n. 2 ngr.; mit color. Karte n. 2¼ ngr.

— Schicksal u. Ende D. N. Krells. gr. 8. Leipz. 798. Junius. 16 gr.

— u. Schicksale des A. K. Zur Unterhaltung u. Belehrung, besond. für Jünglinge. Erzählt von ihm selbst. Herausg. von J. C. H. 8. Dünkelsbühl 826. Walthr. (Leipz., Centr.-Compt.) 6 gr.

Leben und Schicksale, auch seltsame Abentheuer Eduard Isenflamms eines relegirten Studenten. Vom Verf. der Leben und Schwänke relegirter Studenten. 2 Bdchen. Berlin 1799—1803. Zweite wohlfeile Ausg. 2 Bdchen. Berlin Berlin 1816. V: V: *Tzschucke, Carl Friedr.* (BGE IV, 71)

Leben und Schicksale, auch seltsame Abentheuer Eduard Isenflamms, eines relegirten Studenten. 2. Aufl. Berlin 1816. V: *Tzschucke*, *Carl Friedrich.* (Erman & Horn, Bibliogr. d. dtsch. Universitäten. I. Leipzig und Berlin 1904.)

— und Schicksale, auch seltsame Abentheuer Eduard Isenflamms, eines releg. Studenten. 2te Aufl. 1r u. 2r Bd. 8. Berlin, Schöne. 816.

— u. Schicksale G. Andreä, herausg. v. J. G. Andreä, siehe Andreä, J. G.

— u. Schicksale d. Feodor Baranow, eines Russen, während seiner Gefangenschaft in Frankreich ꝛc. 8. Bresl. 801. Barth. 16 gr.

—, Schicksale und Bekehrung Friedr. Albr. Augusti's, vormaligen jüdischen Rabbi's und nachherigen Verkündiger des göttlichen Wortes zu Eschenberge im Herzogth. Sachsen-Gotha. 7. Aufl. 8. (36 S.) Berlin 859(61), (Beck.)

— u. besond. Schicksale e. wilden Knaben von 12 Jahren, der zu Berra, einer schottischen Insel, gefangen worden. 8. Ulm 760. Stettin 3 gr.

Leben und Schicksale Karl Biedermanns von X Y Z. 2 Thle. Leipz. 1803. V: *Kühne, Chrn. Frdr. Gottlob.* (BGE IV, 73)

— u. Schicksale d. Königin Caroline von England, nebst authentischen Nachrichten über d. im Jahre 1806 wegen ihres Betragens angestellte gerichtliche Untersuchung u. ihre förmliche Freisprechung von d. aufgestellten Beschuldigungen. In 2 Abtheil. Mit 4 Kpf. gr. 8. Bremen 820. Heyse. 1 rß 12 gr.

Leben und Schicksale des Martin Dickius. Bremen 1775—76. V: *Schwager, Johann Moritz.* (Ky) (MGT)

— u. Schicksale Martin Dickius, (von Jh. Mor. Schwager). 3 Thle. 8. Bremen 775. Cramer. 1 rß 4 gr.

– — und Schicksale Em. Aug. D. Grafen von Las Casas. s. a. Las Casas.

Leben und Schicksale Emanuel August Dieudonnés Grafen von Las Cases . . . Leipzig 1818. V: *Murhard, Carl.* (BRVV)

— und Schicksale des jungen Grafen Heinr. v. Eichenfels. 8. Regensburg, Daisenberger. 819.

— Schicksale u. trauriges Ende Francesco's, eines Mitgliedes von Fra Diavolo's berüchtigter Bande. Vom Verf. des Romans, Leben ꝛc. der Brüder Pellegrini. gr. 8. (11 B. u. 1 Kpfr.) Wien 845, Haas'sche Buchh. *

— und Schicksale eines Flackerpferdes. s. Lebensgeschichte.

— Schicksale, Geist, Charakter u. Meinungen d. Lucilio Vanini, eines angebl. Atheisten u. s. w. 8. Leipz. 800. Graffé. 1 rß 16 gr.

Leben und Schicksale, Geist, Charakter und Meinungen des Lucilio Vanini . . . Leipzig 1807. V: *Fuhrmann*, *Wilh. Dav.* (Th)

— u. Schicksale einer Künstlerin. 8. Erfurt u. Gotha 811. Hennings. 1 rß

— u. Schicksale J. Pt. Lange's, oder d. unglückl. Wanderer in gesunden u. blinden Tagen. 8. Hildburgh. 811.

— u. Schicksale d. Gener. Miranda, Befreiers d. mittäg. Amerika vom Spanischen Joche. 8. Erf. u. (Gotha) .... Hennings. 20 gr.

Leben und Schicksale d. ehemal. Musikmeist. im Kgl. Preuß. 24. Infant.-Regim. August Böck. Von ihm selbst beschrieben. 8. (7½ B.) Erfurt 822. (Neu-Ruppin, Oehmigke u. Riemschneider.) Thlr.

— u. Schicksale des ehemaligen Musikmeisters im k. preuß. 24. Infanterie-Regimente August Böck, früher Trompeter im Schill'schen Corps. Von ihm selbst beschrieben. 5., verb. Aufl. 8. (5 B. u. 1 Stnt.) Leipzig 844, Friese. *

LEBEN und Schicksale Caspar Neutons, eines Tabulet-Crämers, welcher viele Jahre auf einer unbewohnten Insel zugebracht. Dresden, Gerlach, 1773. 8⁰. (30 xr.)
Cat. Monath. II. Nürnb. 1783. S. 571.

Leben und Schicksale der Pockahuntas, einer edelmüthigen amerikanischen Prinzessin; . . . Berlin 1781. V: *Scheibler, Carl Friedrich.* (Ky) (MGT)

— u. Schicksale d. Pockahuntas, einer edelmüth. amerikan. Prinzessin; e. wahre u. lehrreiche Geschichte (v. Karl Fr. Scheibler). 8. Berl. 781. Müller. (Stuhr). 12 Gr.

Leben und Schicksale des unbekannten Philosophen [Louis-Claude de] Saint Martin. Bd 1—3. Erfurt: Henning 1805. 8⁰
1. 248 S.; 2. 238 S.; 3. 264 S.
Kl. 3904.

— u. Schicksale Simon Schachtelmanns d. Wanderers. 2 Thle. 8. Stuttg. 789. (Sonnewald). 20 Gr.

Leben und Schicksale des Baron Carl v. Scheler. 8. Leipzig 1789.

— aus dem, u. den Schicksalen des ehemals römisch-kathol. Geistlichen K. J. Schloßmann. Aus seinen Tagebüchern. Mit Beilagen u. Anmerkk. 3 Thle. 8. Tübingen 833. (Stuttgart, Löflund.) 1 Rthlr.

Leben und Schicksale, Eulogius Schneiders, im Vaterlande. Frankfurt a. M. 1792. V: *Stumpf, Andreas Sebastian.* (Ky) (MGT)

Leben und Schicksale des P. Guido Schulz, Franziskaners in Westfalen, nebst dessen Wanderungen nach Rom . . . [Halle?] 1802. V (nicht): *Schulz, Guido.* (Rass I, 221—222)

§ **SCHULZ,** Pater Guido, o. Franc. — Leben und Schicksale Paters Guido Schulz, Franziskaners in Westphalen, nebst dessen Wanderung nach Rom. Mit komischem Titelkpfr. O. O. Auf Kosten des Herausgebers. 1802. 8⁰. VI—454 S. (Auch in Münster in Westf.: Bibl. d. Vereins f. Geschichte.) (3 Mk. Völker, Frf. a. M., vor 1885; 4 Mk., fleckiges Expl., Frz. Teubner, Bonn, c. 1895.)
Merkwürdiges Buch: eine Art Sentimental Journey mit sehr interess. Räsonnements zur Priestergeschichte des XVIII. Jahrh. (Mart. Breslauer.)

— u. Schicksale Pater Guido Geo. Schulz, Franziskaners in Westphalen, nebst dessen Wanderung nach Rom. 8. o. O. (Leipz.) 802. Cr. Fleischer. 1 Rthlr. 20 Gr.

Leben und Schicksale des ehrwürdigen Vaters Sincerus . . . Coburg 1798. V: *Schad, Johann Bapt.* (ADB) (Ky)

— u. Schicksale des ehrwürd. Vater Sincerus, herausg. von e. seiner Freunde (J. B. Schad). Mit Kpf. 8. (Coburg) 798. Sinner. 1 Rthlr. 16 Gr.

— u. sonderbare Schicksale zweyer Goldtöchter n. d. Mode. 2 Thle. (h. a. d. Tit.: Märchens u. Laurens Liebesgeständnisse, od. Leben u. Abenteuer zweyer Buhlerinnen n. d. Mode.) 8. Cairo. (Köhler in Lpz.) 804.

Leben und Schicksale des ehrlichen Septimus Storax . . . Leipzig 1806. V: *Cramer, Carl Gottlob.* (GGr)

Leben und Schicksale des Reichsgrafen Korfitz Ulfeld und der Gräfin von Schleswig-Holstein Eleonore Christine v. Jens Kragh Höst. Nach dem dänischen Original frei ins Deutsche übertragen v. [Georg Friedrich] von Jensen [so statt Jenssen]. Schleswig. 1829. 8⁰.

— und Schicksale eines Unglücklichen, eine wahre Geschichte dieses Jahrhunderts, 8. Kopenhagen, 793. Schubothe. 10 sgl.

—— und Schicksale d. Joh. Otto. Vogt, ehemal. K.-Russ. Rittmeisters, nachher Kgl. Niederländ. Hauptmanns. Von ihm selbst beschr. u. als Andenken f. seine Freunde d. Druck übergeben. 3 Thle. (Mit d. Verf. Bildn.) gr. 8. (57 B.) Naumburg 829—31. (Gotha, Flinzer.) Thlr.

Leben u. Schicksale v. M. Chr. Vos, evangel. Prediger an verschied. Stellen in Holland, Afrika u. Asien; durch ihn selbst in Briefen an e. Freund beschr. A. d. Holländ. gr. 8. (13 B. u. V's. Bildn.) Basel, Schneider.

Leben u. Schicksale Walthers, s. Walther.

Leben, Schillers, verfasst aus Erinnerungen der Familie . . . Stuttg. u. Tüb. 1830. V: *Wolzogen, Friederike Caroline Aug. von geb. v. Lengefeld.* (Ky) (Mn) (GGr)

Leben. Friederich von Schillers Leben und Beurtheilung seiner vorzüglichsten Schriften. Den Verehrern seiner Muse geweiht. 8. Basel und Leipzig 1811.

Leben und Wirken, Schillers, in zwanglos gebundener Rede dargestellt von einem Ungenannten, aber doch Bekannten. Stuttgart 1888. V: *Griesinger, Gustav.* (GGr V/115, 82) (Rud. Krauss, Schwäbische Literaturgeschich. II, 164) (Hdschr. Mitth. von Friedrich Müller, München.) (DARP)

Leben. ... das L' des Kunstmahlers Johann Kaspar Schinz von Zürich (1798–1832). Njbl. s.a. [Schinz, Mathias].

Leben, Das, des Kunstmahlers Johann Caspar Schinz von Zürich. [Zürich 1834.] V: *Schinz, Matthias.* (Cat. d. Stadtbibl. Zürich. Zürich 1864—97.)

— des Hofjunkers Freiherr Hans Fr. v. Schmerlbach. 3 Thle. 8. Coburg 795. Riemann. 1 Rthlr. 6 Gr.

Leben des Königl. Preussischen Feldmarschalls Grafen v. Schmettau. Frankfurt 1748.

— d. Generallieut. Gr. v. Schmettau. 2 Thle. gr. 8. Berl. Himburg. 806.

* — des Generallieut. Grafen v. Schmettau. 2 Thle. gr. 8. Leipz. Dyk. 806.

—Chr. E. Schmidts, Superint. zu Merseburg. gr. 8. Leipz. 788. Kummer. 3 K

Leben, Das, A. Schoders zur Erinnerung für seine Freunde ... Stuttgart 1852. V: *Hölder, Jul.* (Heyd)

— das, Adolf Schober's. Zur Erinnerung für seine Freunde dargestellt von der Hand eines Freundes. Mit den von den Abgeordneten Probst und A. Seeger am Grabe gesprochenen Worten und einigen Sonetten auf den Tod Schober's als Anhang. Stuttgart 852. Göpel. gr. 8. (64 S.) 5 ngr.

* — Friedrichs v. Schömberg, s. Kazner.

— ein, in Schönheit. Oskar Wilde-Kalender f. d. J. 1908. (64 S. m. Abbildgn.) gr. 8. Berlin, H. Seemann Nachf. (Urspr. Pr. 1. 50)

Leben und Theosophie, Schönherr's, und die durch die letztere veranlassten sectirerischen Umtriebe. Leipzig 1872. V: *Wegnern, Johann Heinrich von.* (PrivBHann 459)

— u. letzte Schrift des sel. Caspar Frings, Lic. der Theologie u. Prof. der Kirchengeschichte an dem Seminarium Theodorianum in Paderborn. Bearb. u. hrsg. v. einem seiner Freunde. gr. 8. (76 S.) Münster 851, Theissing. 1/6 ℛ

Leben u. Schriften des Kirchenvaters Aurelius Augustinus, siehe: Auszug.

Leben und ausgewählte Schriften der Väter und Begründer der reformirten Kirche. Hrg. von Dr. J(ohann) W(ilhelm) Baum ..., R(aget) Christoffel ..., Dr. K[arl] R[udolf] Hagenbach ..., K(arl) Pestalozzi ..., Dr. C[arl] Schmidt ..., Lic. E[rnst] Stähelin ..., Lic. K(arl) Sudhoff .... Eingeleitet von Dr. K. R. Hagenbach. 10 Theile. 8. Elberfeld 1857–1863.

Theil 1 s. Christoffel, R(aget). Huldreich Zwingli .... 1857.

Theil 2 s. Hagenbach, C[arl] R[udolf]. Johann Oekolampad und Oswald Myconius .... 1859.

— und ausgewählte Schriften der Väter und Begründer der reformirten Kirche. Herausg. von J. W. Baum, R. Christoffel, K. R. Hagenbach, K. Pestalozzi, C. Schmidt, E. Stähelin, K. Sudhoff. Eingeleitet von K. R. Hagenbach. (In 9 Thln.) Elberfeld 857, 58. Friderichs. gr. 8.

1. Thl.: Huldreich Zwingli. Leben u. ausgewählte Schriften. Von R. Christoffel. Mit Zwingli's Portr. (in Stahlst.). (XV, 414; 1 Bl., 351 S.) 2 ℛ.

5. Thl.: Heinrich Bullinger. Leben und ausgewählte Schriften. Nach handschriftlichen u. gleichzeitigen Quellen von Carl Pestalozzi. (XII, 646 S.) 2 ℛ. 15 ngr.

7. Thl.: Peter Martyr Vermigli. Leben u. ausgewählte Schriften. Nach handschriftlichen u. gleichzeitigen Quellen von C. Schmidt. (VIII, 296 S.) 1 ℛ. 15 ngr.

8. Thl.: C. Olevianus und Z. Ursinus. Leben und ausgewählte Schriften. Nach handschriftlichen u. gleichzeitigen Quellen von Karl Sudhoff. (XI, 644 S.) 2 ℛ.

— und ausgewählte Schriften der Väter und Begründer der reformirten Kirche herausg. von J. W. Baum, R. Christoffel, K. R. Hagenbach, C. Pestalozzi, C. Schmidt, E. Stähelin, K. Sudhoff. Eingeleitet von K. R. Hagenbach. Ebend. gr. 8.

2. Theil: Johann Oekolampad u. Oswald Myconius die Reformatoren Basels. Leben u. ausgewählte Schriften. Von K. R. Hagenbach. 859. (XII, 471 S.) 2 ℛ

3. Theil: Capito u. Butzer, Straßburgs Reformatoren. Nach ihrem handschriftlichen Briefschatze, ihren gedr. Schriften u. anderen gleichzeitigen Quellen dargestellt von Joh. Wilh. Baum. 860. (XIX, 611 S.) 2 ℛ

4. Theil: Johannes Calvin. Leben u. ausgewählte Schriften. Von E. Stähelin. 1. u. 2. Hälfte. 860, 63. (XIII, 644 S.; 479 S. u. Portr. in Stahlst.) 4 ℛ 15 ngr.

5. Theil: Heinrich Bullinger. Leben u. ausgewählte Schriften. Nach handschriftlichen u. gleichzeitigen Quellen von Carl Pestalozzi. 859. (XII, 646 S.) 2 ℛ 15 ngr.

6. Theil: Theodor Beza. Leben u. ausgewählte Schriften. Von Heinr. Heppe. 861. (VIII, 384 S.) 2 ℛ

9. [1. Supplem.-] Theil 1. Hälfte: Johannes a Lasco. Von Petr. Bartels. (VI, 72 S.) einzeln 10 ngr. — Leo Judä. Nach handschriftlichen u. gleichzeitigen Quellen von Carl Pestalozzi. (III, 106 S.) einzeln 15 ngr. — Franciscus Lambert von Avignon. Von W. Hassencamp. (63 S.) einzeln 10 ngr. — Wilhelm Farel u. Peter Viret. Nach handschriftlichen u. gleichzeitigen Quellen von C. Schmidt. 860. (71 S.) einzeln 10 ngr. 1 ℛ

* 2. Hälfte: Joachim Badian. Nach handschriftlichen u. gleichzeitigen Quellen von Thdr. Pressel. (VI, 104 S.) einzeln 15 ngr. — Bertold Haller. Nach handschriftlichen u. gleichzeitigen Quellen von Carl Pestalozzi. (67 S.) einzeln 10 ngr. — Ambrosius Blaurer. Nach handschriftlichen u. gleichzeitigen Quellen von Thdr. Pressel. 861. (155 S.) einzeln 20 ngr. 1 ℛ

10. [2. Supplem.-] Theil: John Knox, der Reformator Schottlands. Von Frdr. Brandes. 863. (VII, 504 S.) 2 ℛ

— und ausgewählte Schriften der Väter u. Begründer der lutherischen Kirche. Herausg. von J. Hartmann, Lehnerdt, C. Schmidt, K. F. Th. Schneider, Vogt, G. Uhlhorn. Eingeleitet von K. J. Nitzsch. Elberfeld, Friderichs. gr. 8.

3. Theil: Philipp Melanchthon. Leben u. ausgewählte Schriften. Von Carl Schmidt. 861. (XXVIII, 723 S. u. Portr. in Stahlst.) 2 ℛ 7½ ngr.

6. Theil: Johannes Brenz. Leben u. ausgewählte Schriften. Von Jul. Hartmann. 862. (X, 338 S.) 1 ℛ 22½ ngr.

7. (Supplem.-) Theil: Urbanus Rhegius. Leben u. ausgewählte Schriften. Von Gerh. Uhlhorn. 861. (X, 370 S.) 1 ℛ 15 ngr.

8. (Supplem.-) Theil: Justus Jonas. Caspar Cruciger. Paulus Speratus. Lazarus Spengler. Nicolaus von Amsdorf. Paul Eber. Martin Chemnitz. David Chyträus. Nach gleichzeitigen Quellen von Thdr. Pressel. (144; 86; 84; 100; 164; 108; 76; 48 S.) 862. 3 ℛ; (einzeln à 12 ngr.)

— u. ausgewählte Schriften der Väter u. Begründer der lutherischen Kirche. Hersg. von J. Hartmann, Lehnerdt, C. Schmidt, K. F. Th. Schneider, Voigt, Uhlhorn. Eingeleitet von K. J. Nitzsch. 4. u. 5. Thl. Elberfeld, Friderichs. gr. 8. Subscr.-Pr. n. 3 ℛ; Ladenpr. 4 ℛ 15 ngr.

4. Thl. Vogt, Karl Aug. Traugott, Johannes Bugenhagen Pomeranus. Leben u. ausgewählte Schriften. (VI u. 442 S.) 867. Subscr.-Preis n. 1 ℛ 10 ngr.; Ladenpreis 2 ℛ

5. Thl. Andreas Osiander. Leben u. ausgewählte Schriften. Von W. Möller. (VIII, 568 S.) 870. Subscr.-Preis 1 ℛ 20 ngr.; Ladenpreis 2 ℛ 15 ngr.

— u. ausgewählte Schriften der Väter und Begründer der lutherischen Kirche. Hrsg. v. J. Hartmann, W. Möller, C. Schmidt ꝛc. Eingeleitet v. K. J. Nitzsch. 1. u. 2. Thl. gr. 8. Elberfeld 875. Friederichs. n. 15. — (1—8 cplt.: n. 41. —)

Martin Luther. Sein Leben u. seine Schriften. Von Jul. Köstlin, 2 Bde. (VIII, 811 u. II, 679 S.)

— Schriften J. Pet. v. Bannizа's, öffentl. Lehrers zu Wien. 8. Crl. 756. ... 2 gr.

Leben, Das, und die Schriften der Gottseligen Euphemia von Baden ... Lucern 1880. V: *Rölli, Franz Xaver.* (Jes)

— das, u. die Schriften der gottsel. Euphemia v. Baden; zugleich ein Beitrag zur Geschichte der Klöster u. der Andacht zum göttl. Herzen Jesu. Hrsg. von den Ursulinerinnen in Brig. 8. (IV, 168 S. m. Portr. in Lichtdr.) Luzern 880. (Freiburg i/Br., Herder.) n. 1. 60

Leben, das, und die Schriften der gottsel. Euphemia (Dorer) von Baden; zugleich ein Beitrag zur Geschichte der Klöster und der Andacht z. göttl. Herzen Jesu. Herausgeg. von den Ursulinerinnen in Brig. Mit Genehmigung d. hochw. Bischofs von Sitten. In-8°, 168 S. mit Portr. in Lichtdruck. Luzern, Gebr. Ræber. 1880. 2 —

—— das, und die Schriften der gottsel. Euphemia von Baden, Ursulinerin zu Luzern und zu Freiburg i. Br. Hrsg. von den Ursulinerinnen in Brig. 1. Thl. 2. und 3. Abthl. und 2. Thl. 8. Luzern, (Gebr. Räber.)

Inhalt:

Thl. 1. 2. Abthl.: 82 Unterweisungen aus der zweiten Hälfte ihres ersten Aufenthaltes in Luzern. 1695—1699. (164 S.) 885. ℳ 1.50. — 3. Abthl.: 50 Unterweisungen aus der Zeit ihres ersten Aufenthaltes in Freiburg. 1699—1706. (107 S.) 886. 90 Pf.
" 2. Vorbild, Mittel und Uebung der Vollkommenheit. (137 S.) 886. ℳ 1.35.
[1. Thl. 1. Abthl.] Ebendas. 1880. *ℳ 1.60.

Leben und Schriften verstorbener ... Gelehrten, welche in dem allgemeinen Gelehrten-Lexikon noch nicht stehen. Berlin 1756. V: *Meyling, Joh. Mart.* (Ky)

— u. Schriften verstorb., besond. auswärt. Gelehrten, welche in d. allgem. Gelehrten-Lexikon (v. Jöcher) noch nicht stehen, (von J. M. Meyling). 8. Berl. 756. Lange. 4 gr.

— u. Schriften d. ber. schles. Dichters J. C. Günthers. 8. Bresl. Meyer. 738.

— über das, u. d. Schriften des Helvetius; aus d. Französ. (von H. A. O. Reichard). 8. Gotha 773. Ettinger. 10 gr.

Leben und Schriften der heiligen Katharina von Genua, s. Sammlung der vorzüglichsten mystischen Schriften.

Leben und Schriften weil. Martin Möllers ... Görlitz 1768. V: *Giese, Gottlob Christian.* (OL)

— üb. d., u. d. Schr. d. Hauptm. Tielke. 4. Freyb. 797.

— d. griech. u. röm. Schriftsteller. 1r Bd. gr. 8. Berl. Nicolai. 763.

— d. röm. u. griech. Schriftsteller, nach alphabet. Ordnung etc. 2 Thle. 8. Elbing. 785. Hartmann. 16 gr. s. auch Lebensbeschreibung.

Leben, C. F. D. Schubart's. 2. Theil. Stuttgart 1792. V: *Schubart, Ludwig Albrecht.* (will)

— Schwachheiten u. Reue e. Frauenzimmers v. Stande etc. 3 Thle. m. K. 8. Lpz. (Wohler in Ulm.) 787.

LEBEN, Schwachheiten und Reue eines Frauenzimmers vom Stande. Aus d. Französ. Mit 1 Kpfr. u. 1 Titelvignette. Wien 1787. 8°. Sehr selten! (3 fl. Gilhofer & Ranschburg, Wien, c. 1888.)

— u. Schwänke, auch seltsame Abentheuer Eduard Isenflamm. Vom Verf. der „Leben u. Schwänke relegirter Studenten." 2 Bde. 2e Aufl. 8. Berl. 816. Schöne. 1 Rthlr. 12 gr.

— u. Schwänke berühmter Hof- u. Volksnarren, s. A. Wilhelmi.

* — u. Schwänke berühmter Hof- u. Volksnarren, v. A. Wilhelmi. 8. Leipz. Sommer. 800.

Leben und Schwänke relegirter Studenten ... Berlin 1798—1803. V: *Tzschucke, Carl Frdr. & Andere.* (BGE)

* — u. Schwänke religirter Studenten. Ein Spiegel menschl. Leidenschaften. 2 Bde. 8. Berl. Neue Societätsbuchh. 798. kostet jetzt; (Ir 1 Rthlr. 6 gr. IIr 20 gr.)

— u. Schwänke relegirter Studenten. 1r—3r Bd. 8. Berl. ... K. A. 799. (Sander). 3 Rthlr. 8 gr. — 4r—6r Bd. 8. Berl. 790—801. Schöne. 2 Rthlr. 4 gr.

— — derselben 4r bis 6r Thl. 8. Berlin, Schöne. 799—801. (IV. V. à 1 Rthlr. VI. 1 Rthlr. 4 gr.)

— u. Schwänke relegirter Studenten. 1r bis 3r Bd. m. K. 8. Berlin, Oehmigke d. jüng. 802. (I. II. à Rthlr. 8 gr. III. 1 Rthlr.)

— d. Königl. Preuß. Generalfeldmarschalls Gr. v. Schwerin. gr. 8. Berlin (Akad. Buchhdl. in Frkf.) 790.

Leben Sir Walter Scott's, treu nach dem Englischen von Chambers. Erfurt 1834. Ü: *Beck, F.* (Ky)

Leben des Feldmarschalls Graf von Seckendorf. 8. Frankfurt 1738.

— d. Graf. Seckendorf. 8. Wittenb. Zimmermann. 758.

— d. kais. Gen. Feldmarschalls Fr. Heinr. Graf. v. Seckendorf. 8. Nrnb. Monath. 739.

Leben heiliger Seelen ... 2. Aufl. Münch. 1815. V: *Gossner, Joh.* (MGT) (Ky) (Th)

— heil. Seelen, ein Auszug aus Gerh. Tersteegens auserles. Lebensbeschreibungen heil. Seelen, (v. J. Goßner). 2 Thle. gr. 8. Münch. ... 2e A. 815. Lentner. 2 Rthlr. 9 gr.

— heil. Seelen, in welchem u. d. Lebenshistorie d. Führung Gottes angenommen wird. 3 Thle. 8. Frkf. 733—41.

Leben D. Georg Gottfried [Friedrich] Seilers . . . [Erlangen 1789.] V: *Lippert, Johann Bernhard.* (Fiker)

— Seligs u. seiner drey Schwestern, u. Bekehrung, aus dem Judenthum. 3 Thle. 8. Lpz. Sommer. 776.

Aus dem **Leben** der nordischen Semiramis u. a. hist. Skizzen von Karl Zastrow [u.a.]. Mülheim a. d. Ruhr: J. Bagel [1904]. (111 S.) 8° [F.] [04.2901

— J. S. Semler Halle 781 82 2 Th. 8. 2 rthl. 4 gr

Leben des Seneca nach Diderot. Dessau 1782. Leipzig 1794. H: *Hanker, Garlieb.* (Schr)

— d. Seneka n. Diderot, v. F. L. Ephen. 8. Dessau (Gräff in Lpz.) 794.

— d. Sethos, Kön. in Egypten. 5 Thle. 8. Hamb. 732.

Leben des heiligen Severin. Salzburg 1803. V: *Rumpler, Matthias.* (Hr)

Leben, Das, des heiligen Severin; ein Beitrag zur Geschichte von Norikum und Vindelizien . . . Passau 1817. V: *Eugippius.* (AarK) (EB) Ü: *Durach, Joh. Bapt.* (Th)

— das, des heil. Severin. Ein Beitrag zur Geschichte von Norikum und Vindelizien in den letzten Zeiten des röm. Kaiserthums. Aus d. Latein. übersetzt u. mit einer Vorrede u. Anmerkk. begleitet. gr. 8. Regensburg 817. (Augsburg, Köllmann.) 1/6 ℛ

— — des heil. Severin. Ein Beytrag zur Geschichte von Norikum rc. Aus dem Latein. gr. 8. Straubing, Schmidt. 817.

— des heil. Severin. Ein Beitrag zur Geschichte von Norikum rc. Aus d. Latein. gr. 8. Straub. 817. (Schorner). 9 𝒦 (Passau, Pustet). 4 𝒦

— d. Verführer u. falschen Messiä, Sabathai Sevi. 8. Frkf. 752.

— das sexuelle. Ein Fluch der Menschheit. Von R. St. gr. 8. (55 S.) Leipzig (901). O. Weber. n. 1. 50

Leben des Generals Freiherrn von Seydlitz. Berlin 1835. V: *Varnhagen von Ense, Carl August Ludw. Philipp.* (Koner)

— das, des 7. Grafen v. Shaftesbury, s.: Familienbibliothek, Calwer.

— Tristram Shandy, s. Lor. Sterne.

Leben und Meinungen, Tristram Shandys. A. d. Engl. . . . Hamburg 1774. 2. Aufl. Hamb. 1776. Hanau u. Höchst 1776. 1777. V: *Sterne, Lawrence.* Ü: *Bode, Johann Joach. Christoph.* (Schr) (BrMm) (EE) (JL)

Leben und Meinungen, Tristram Shandys, von neuem verdeutscht. Leipzig 1801. V: *Sterne, Lawrence.* Ü: *Benzler, Joh. Lor.* (GGr)

SHEPPART, Des berüchtigten Spitzbuben — Leben und schändliches Ende. O. O. 1725. 4°. Rar! Ed. Fischhaber, Reutl., in 1 Sammelbande.

Leben Siebold Karl Kaspar

Carl Caspar von Siebold's Leben und Verdienste. Würzburg: 1807

s.: Siebold, Johann Bartholomäus von

JB 5.829

Leben meiner Tochter, Therese von Silberbach. Berlin 1783. V: *Neumann, Johann Jacob Nathanael.* (MGT) (Ky) (Adel)

— meiner Tochter, Therese v. Silberbach, (v. Jh. Jak. Nath. Neumann). 8. Berl. 783. 2e A. 788. Maurers B. 1 ℛ 8 𝒢

Künstler-Gesellschaft. Inhalt: 1. Das Leben des Malers Simon aus Bern. 2. Uebersicht der Sammlungen der Künstler-Gesellschaft. B. Gemälde. 16 Stn. 4. Mit Portrait Simon's, einem Genrebild und einer Federzeichnung. 2. 50

Neujahrsblatt 1871.

Leben. Das L' des Malers Friedrich Simon (1828–1862) .... Njbl. s.a. [Hofmeister, Rudolf Heinrich].

Leben, Das, des Malers Friedrich Simon . . . [Zürich 1871.] V: *Hofmeister, Rud. Hnr.* (Cat. d. Stadtbibl. Zürich. Zürich 1864—97.)

SIMPELS, Hanns Peter, Leben und Thaten von der Wiege bis ins Grab. O. O. 1810. 8°. Zahm. (3 Mk. 50 Pfg. Edm. Meyer, Berlin, 1909.)
Eine Art komischen Volksromans in 35 kurzen Capiteln. 72 S. (incl. Tit. u. 1 Bl. Vorr.).

— Simsons. 16. (79 S.) Cleveland 871. (Philadelphia, Schäfer & Koradi.) geb. n. 1. —

Leben, Thaten, und Meinungen, Simsons des Starken weyl. Richters in Israel; ein Roman . . . Leipzig 1807. V: *Bornschein, Joh. Ernst Dan.* (Ky) (MGT) (NN)

Leben und Sitte in England. 1826
s.a. Stern, Hubert [Übers.]

— u. Sitte in England. Aus d. Engl. v. H. Stern. 2 Bdchen. 8. Frankf. a. M. 826. H. Wilmans. (Gebhard in Grimma). 2 rß 12 gr

LEBEN und Sitte in England. Aus d. Engl. übers. von H. Stern. 2 Bde. Mit 2 Titelkpfrn. von Geiger. Wien 1826. 8°. (2 Kr. A. H. Huber, Salzburg, c. 1905.)

Leben und Sitte in Persien. Aus dem Englischen übers. von W. A. Lindau. Dresden u. Leipzig 1828. V: *Malcolm, John.* (Zeitschr. f. Büch. N. F. 15, 1923, S. 114)

— u. Sitte in Persien. Aus d. Engl. v. W. A. Lindau. 2 Thle. 8. Dresd. u. Leipz. 828. Arnold. 2 rß 4 gr

— u. Sitten d. heil. Jungfrau Maria. Mit e. Anh. zur Erbauung ihrer ächten Verehrer u. zum nützl. Gebrauch d. Seelsorger. Mit 1 Kpf. 8. Salzb. 791. Duyle. 8 gr

Leben und Sitten deutscher Studenten früherer Jahrhunderte. Meist aus literarischen Seltenheiten und Curiosen (sol) geschöpft. Als *Anhang:* Die Studenten. Ein Lustspiel von *Christoph Stymmel* (1545). In den Versmaßen des Originals zum ersten Male verdeutscht von F. Herm. Meyer. Leipzig 1857. 8°. IV-100 S. (Auch in Dresden u. in Hannover, Stadtbibl.)
16 Drucke des latein. Originals (1549 etc.) s. bei Goedeke II, 138, 27. — *Christophorus Stymmelius*, geb. 22. Oct. 1525 zu Frankfurt a. O., † als Superintendent zu Stettin 1588. (Vgl. Ed. Rasmus, Beiträge zur Märkischen Gelehrten-Geschichte (Mittheilungen des Histor.-Statistischen Vereins). Frankf. a. O. 1867.)

Leben des Papstes Sixtus des Fünften . . . [Hannover 1787.] V: *Schulze, Johann Heinrich August.* (MGT)

Leben des Skaramutz; ein Beytrag zur Geschichte des Groteskekomischen. Halle 1789. V: *Mursinna, Friedrich Samuel.* (Ky) (MGT) (Adel)

— des Skaramutz, vormal. Lustigmachers auf d. italien. Theater zu Paris. 8. Halle 792. (Herold jun. in Hamb.) 9 gr

— d. Skaramuz, vorm. Lustigmacher a. d. ital. Theater zu Paris. 8. Halle, (Vollmer, Hamb.) 792.

Leben. Dr. Ludwig Snells L' und Wirken. Zürich 1858 s.a. [Stiefel, Heinrich].

Leben und Wirken, Dr. Ludwig Snells; ein Beitrag zur Geschichte der regenerierten Schweiz . . . Zürich 1858. V: *Stiefel, Heinrich.* (CLZür Forts. III)

Leben und Wirken, Wilhelm Snell's; von einigen Freunden des Verstorbenen gewidmet. Bern 1851. V: *Snell, Ludwig.* (CLZür Forts. III)

Leben. Wilhelm Snell's (1789–1851) Leben und Wirken. Von einigen Freunden dem Andenken des Verstorbenen gewidmet. 8. Bern 1851.

—— des wahren Sohnes Ludwigs XVI., Herzog d. Normandie, dargest. v. ihm selbst. (Juli 1836.) A. d. Franz. gr. 12. (1¾ B.) Cottbus 837, Meyer.

— d. Gr. F. L. v. Solms. 8. Lpz. Baumgärtner. 794.
m. K.

LEBEN, Sonderbares, und Zufälle der Gräfin v. Marienberg. Frkft., Fleischer, 1754. 8°. (15 xr.)
Cat. Monath. II. S. 569.

Leben, Das, des Johann Sorgenlos von ihm selbst beschrieben. Wien 1808. V: *Richter, Joseph.* (EB)

— des berühmten Heiducken Sotschlwitschka. 8. Leipzig, Linke.

— Sotschwiwizka, e. berühmten Hayducken von d. Nation d. Morlacken; aus d. Italien. 8. Leipz. 778. Schneider. 5 gr

— Spato, s. Beyträge z. Kriegsgeschichte.

— Jacob Speners, s. C. H. Canstein.

— Lazari Spenglers, als ein christl. Politici, Rathschreiber z. Nürnb. gr. 8. Nrnb. Schmidt. 741.

— Joseph Spenn, ehemals Augustinermönch, jetzt Protestant u. Arzt, v. ihm selbst geschrieben. 2 Thle. 8. Magdeb. Keil (Heinrichshofen) 805.

— d. Reg. Raths Spieß. 4. Bayr. Lübeck. 794.

— F. A. Graf. v. Spork, in franz. u. deutsch. Vers. 4. Bresl. 710.

Leben, Staats- und Heldengeschichte Friedrichs, Königs in Preussen. 8 Thle. 8. M. Plän. s. l. 1766.

— Staats- u. Heldengeschichte Friedrichs II. 5 Thle, mit Kpf. 8. Schafhaus. 760, 61. (Chr. Fr. Günther in Glogau). 5 rß

— u. Staatsgeschichte Maria Theresia, Kaiserin &c. 5 Thle. 8. Nrnb. Felsecker. 746.

— — dass. pragmat. beschr. 4 Thle. 8. Jena. Cuno. 743. 45.

Leben und Staatsregierung William Pitts. Hamburg 1806. V: *Evers, Joachim Lorenz.* (MGT) (Pr)

Leben. Das L' des Architekten Ferdinand Stadler von Zürich (1813–1870). Njbl. s.a. [Hofmeister, Rudolf Heinrich].

Leben, Das, des Architekten Ferdinand Stadler in Zürich. [Zürich 1872.] V: *Hofmeister, Rud. Hnr.* (Cat. d. Stadtbibl. Zürich. Zürich 1864—97.)

Neujahrsblatt der Künstlergesellschaft in Zürich. 1872. Der neuen Reihenfolge XXXII. Zürich, Druck v. J. J. Ulrich. 16 Stn. 4. Mit Portrait u. 1 Ansicht. 2. 50

Inhalt: Das Leben des Architekten Ferdinand Stadler von Zürich.

—— des Baron August v. Stael-Holstein. A. d. Franz. Hrsg. v. G. Meyer v. Knonau. 8. (7½ B.) Basel 829, Neukirch.

LEBEN einer vornehmen Standesperson, oder Begebenheiten des Marquis von **, welcher der Welt entsaget hat. Aus d. Französ. übers. Rostock, Koppe, 1762. Gr. 8°. (5 fl. 15 xr.)
Cat. Monath. II. S. 579.

— einer vornehmen Standesperson. gr. 8. Rostock 762. Stiller. 1 ₰ 4 ℛ

Leben Stanislai I., Königs von Pohlen mit nöthigen Anmerkungen, Urkunden und Müntzen erläutert ... Stockholm 1737, 1741. Magdeburg 1742. V: *Seyler, Georg Daniel.* (Pr) (BrMm)

— Stanislaus I. Kön. v. Pohlen. m. Urkund. u. Münzen erläutert. 8. Stockh. Knoch. 742.

— — dass. 8. Frkf. Felsecker, 741.

— Stanislaus I., Königs v. Polen rc. 8. Nürnb. 758. Felssecker. 8 gl

— d. heil. Stanislaus Kostka. 12. Augsburg, J. Wolf. 716.

Leben des heiligen Stanislaus Kostka. Aus dem Franz. ... Münster 1863. V: *Gaveau, Paul Abel.* Ü: *Vos, Eduard von.* (Jes)

— das, des hl. Stanislaus Kostka aus der Gesellschaft Jesu, s.a. Propaganda-Schriften. 24.

—— des heiligen Stanislaus Kostka aus der Gesellschaft Jesu. Aus dem Französ. Von einem. Priester der Diöcese Münster. 8. (X und 248 S.) Münster 863, Regensberg. *

— des heil. Stanislaus, Theodor u. Wenzeslaus. Mit 1 Bildn. 8. Schweidnitz 841, Heege. 2 ngl

— d. weltbek. Kön. Stanislaus, v. M. R. entw. 8. Frkf. u. Lpz. (Walther, Dresd.) 736.

Leben Herrn Georg Wilhelm Stellers, gewesenen Adjuncti der Kaiserl. Akademie der Wissenschaften zu St. Petersburg ... Frankfurt 1748. V: *Gmelin, Johann Georg.* (ML)

Leben, Stenders, nebst Anmerkungen und Beylagen ... Mitau 1805. V: *Czarnewski (Zernewski), Johann Georg Martin Friedrich August.* (MGT) (GGr)

Leben und Sterben. Mittheilungen aus dem Tagebuche eines Geistlichen ... Leipzig 1839. H: *Wildenhahn, Carl Aug.* (Winer)

— und Sterben. Mittheilungen aus dem Tagebuche eines Geistlichen. Herausg. von Ambrosius. 16 Bdchen. 8. Leipzig 839 Gebhardt u. Reisland. ½ ₰

— u. Sterben. Mittheilungen aus d. Tagebuche eines Geistlichen. Herausgeg. v. C. A. Wildenhahn. 2. Bd. 8. Leipzig 843, Gebhardt u. Reisland. ¾ ₰

— u. Sterben d. sel. Pastors Cadiot. 12. (14 S.) Dinglingen 898. (Frankfurt a/M., J. Schergens.) n. — 10

Leben und Sterben vier seliger Kinder. 4. Aufl. Gütersloh 1892. V: *Bodelschwingh, Franz von, Pfarrer.* (Russell XVI, I, 3, 5739)

Von dem **Leben** und Sterben vier seliger Kinder. 5. Aufl. *Bethel bei Bielefeld: Anst. Bethel 1901.* (30 S.) 8° [F.] [01. 1446

—— und Sterben einer Missionarstochter aus Borneo [nebst deren Bildnis]. 8. (81 S. mit 8 Holzschn.) Barmen 885, (D. B. Wiemann.)

LEBEN UND STERBEN IN WEIMAR UND EINIGEN NACHBARORTEN. Publication des medicinisch-naturwissenschaftlichen Vereins in Weimar. (Mit Tafeln.) Weimar 1876. Druck von G. Uschmann & Co. 8°.

Leben Jaroslaws von Sternberg und Zdenkos von Sternberg. Prag 1784. V: *Eckardt, Friedrich Samuel Lucas von.* (GGr) (Ky)

Leben des Jaroslaw von Sternberg und des Zdenko von Sternberg. Prag 1786. V: *Eckardt, Frdr. Samuel Lucas von.* (GGr)

— des Jaroslaw v. Sternberg u. des Zlenko v. Sternberg, (von Fr. v. Eckardt). 8. Prag 786. Gerle.

Leben und Charakter, P. v. Stettens. Augsburg 1809. V: *Krauss, Ludwig Friedrich.* (MGT) (Ky)

— d. Merseb. Stiftssuperintendenten v. d. Reform. bis 1732. 8. Lpz. 733.

Leben, Stillbachs; ein Zauberroman. Leipzig 1781. V: *Schwager, Johann Moritz.* (Ky) (MGT)

— stilles. Gezeichnet von Frauenhand. HerSg. von Jul. Sturm. Leipzig 865. Amelang's Verlag. 16. (68 S.) geb. mit Goldschn. 22½ ngr.

— Billets. Gezeichnet von Frauenhand. Hrsg. von Jul. Sturm. 2. Aufl. 16. (64 S.) Leipzig 878, Amelang's Verlag. geb. mit Goldschn.

Leben, Billet. — Nora. Zwei Novellen von Frauenhand. Hrsg. von Jul. Sturm. 3. Aufl. 16. (107 S.) Leipzig 885, Amelang's Verlag. geb. mit Goldschn.

Leben, Heinrich Stillings häusliches; eine wahrhafte Geschichte. Berlin u. Leipzig 1789. V: *Jung, Johann Heinrich.* (MGT)

— Stockhausens, s. G. F. Götz.

Leben, Das, des seel. D. Aegidii Strauchs. [Leipzig 1714.] V: *Crusius, Theodor.* (Petz)

Für Leben u. Streben. Halbmonatsblatt für erwerbende Frauen u. Töchter u. deren Berufsinteressen. 2. Jahrg. 1897. 24 Nos. In-4°. Zürich, Th. Schröter. Halbjährlich 2 —

— u. Streben bei Dichtern u. Denkern. Aussprüche hervorrag. Männer üb. den Wert der Arbeit, zusammengestellt durch „Labor omnia vincit". (47 S.) kl. 8. Leipzig 908. Verlag f. Literatur, Kunst u. Musik. 1.—; geb. n 2.—

— u. Streben der beiden Germaniker Paul Kolaric u. Jos. Hoffmann. Eine Erbauungsschrift, aus dem Italienischen übersetzt von Mortimer Joh. v. Montbach. Mit Nachwort von Hoffmann. Neisse 865. Hinze. 12. (228 S.) 15 ngr.

Leben d. Gener. Superint. D. A. Struensees, n. d. über ihn herausgek. Schr. gr. 8. Flensb. Korte. 781. Rthlr.

— — des Superint. D. A. Struensee. gr. 8. 781. Hat jetzt Hammerich in Altona und der Preis

Leben und letzte Stunden Christinä von Munk weyland Gemahlinn des Königs Christian IV., und Mutter der Gräfinn von Ulfeld. Nebst einigen Nachrichten von Don Jürgen Ulrich... und verschiedener Ergänzungen der Geschichte, des weyl. Grafen Corfitz von Ulfelds. Aus dem Dänischen übers. v. Christian Gottlob Mengel. Kopenhagen u. Leipzig 1757. 8°

— d. kön. dän. Kammerherrn Pet. F. v. Suhm. Aus d. Dän. 8. Kopenh. 799. Proft. (Brummer). 1 rthl 12 gl

— des heil. Bischofes Suitbertus, des Apostels in Friesland, Holland u. in d. hiesigen Gegend. 12. Düsseldorf 842, Roschütz u. Comp. 1/8 rthl

— Sülly's u. Colberts; aus d. Französ. gr. 8. Bayr. 793. (Grau in Hof). 1 rthl (Erschien 1797 mit folg. Titel: Biographie d. Staatsmänner &c. aus d. französ. Geschichte unter d. Regierung Heinrichs IV. u. Ludwigs XIV.)

— das, d. Heinrich Suso. 8. (40 S.) Dinglingen 897. (Frankfurt a/M., J. Schergens.) — 20

— d. Russ. G. F. Marschall Gr. v. Suwarow gr. 8. Wien, Binz. 795.

Leben des Grafen Suwarow Riminsky. 8. Nürnberg 1799.

Leben des Grafen Alexander Wasilowitsch Suworow-Rimnitzkoi, russ.-kaiserl. Feldmarschalls. 8. Frankfurt u. Leipzig 1799.

— d. Grafen Alexander Wasilowitsch Suwarow Rimnikkoi. gr. 8. Nürnb. 799. Eichhorn. (Lauffer in Leipz.) 1 rthl

— d. Gr. v. Suwarow Riminsky. gr. 8. Nrnb. Grattenauer. 799.

— — dasselbe. 8. Wien, v. Mösle.

Leben Peter Alex. Wasil. Suwarow-Rimninskois. 8. Wien (1801).

— Swifts, s. Sheridan.

— Dr. Joh. Swifts, in Briefen. 8. Hamb. 752. ... 8 gl

Leben des heiligen Tabea von Stuttgart oder würtembergische Heiligenlegende. Halle 1789. V: *Duttenhofer, Christian Friedrich.* (Ky)

— d. heil. Tabea v. Stuttgart, oder würtemberg. Heiligenlegende, (von Chr. Fr. Duttenhofer). 8. Halle 789. Gebauer. 18 gl

— d. Wirtemberg. Tabea, oder gottsel. Jungf. Sturmin. 8. Stuttg. Erhard. 737.

Leben und Tagebuch eines Mägdleins Anna Regina Metznerin. Königsberg 1759. V: *Grossmann, Daniel Hnr.* (ML)

— das tägliche christliche. Ein Handbüchlein zunächst für Feiertagsschüler — aber auch für jeden seines Heiles beflissenen Christen. Nebst einem kleinen Anh. der vorzüglichsten tägl. Gebete. Von einem Landpfr. der Diözese Brixen. gr. 16. (VIII, 176 S.) Innsbruck 868, Vereinsbuchh.

Leben, Meinungen und Abenteuer, Gotthold Tamerlans eines reisenden Herrnhuters. Offenbach 1802. V: *Cramer, Carl Gottlob.* (EE)

Leben, Thaten, Abentheuer, Liebschaften u. Ende des berüchtigten Straßenräubers L. Dom. Cartouche. Nach den gerichtlichen Akten u. seinen eigenen Memoiren. Frei nach d. Französ. bearb. v. Carl Friedlich (wohl ps.). Mit 1 Titelkpf. (C's Execution in Paris, Lehnhardt del. & sc.). Kaschau, 1830. Bei Georg Wigand, Buchhändler. Kl. 8°. (2 Mk. 50 Pfg. A. Bielefeld, 1905.)

124 S. (incl. Tit. u. 1 Bl. Einleitg.). — Französisch erschien kurz vorher: Vie et amours du fameux Louis-Dominique Cartouche. Avec portr. Paris, Caillot fils, 1825. 12°. 33 pp. — Histoire de la vie et du procès du fameux Louis-Dominique Cartouche, et de plusieurs de ses complices. Avec (le même) portr. (n. s.). Ibid. eod. a. 12°. 72 pp. — Zehn Jahre später: Mémoires du fameux Cartouche, chef de brigands, écrits par lui-même etc. Ornés d'une vignette. Paris, Langlois, 1835. 12°. 147 pp. (Max Harrwitz, Berlin, 1904: mit 1 erot. Beibd. 10 Mk.)

—, Thaten, Abentheuer, Liebschaften u. Ende d. berücht. Straßenräubers L. Dom. Cartouche. Nach d. gerichtl. Akten u. seinen eig. Memoiren. Frei n. d. Franz. bearb. v. Carl Friedlich. Mit Titlkpfr. 12. (5 B.) Kaschau 830, [Leipzig,] G. Wigand.

Leben, Thaten und Abenteuer | des modernen | Rinaldo Rinaldini | Wilhelm Brinkhoff | aus Alpen, | welcher jetzt | in Cleve angeschmiedet ist. | Druck von Büttner & Winter in Oldenburg.

o. J., 4 Bl. n. n., 168 × 112.

LBO Bänkelsängerlit. I, 19 und Jahrmarktslit. R. c. 3, 98.

§ **LEBEN** und Thaten wie auch seltsame Abentheuer, Ränke und Schwänke der weiland weltbekannten Frauen Lieschen Eulenspiegel. Zum Nutz und Frommen aller Weiber und Mädchen ans Licht gestellt. (Kl. Holzschn.-Vign.) O. O. Im neuen Jahrhunderte. (1800). 8°. (In München: P. o. germ. 334 s.) (3 Mk. Paul Neubner, Cöln, 1889; 4 Mk. H. Kerler, Ulm, 1892; 5 Mk. Max Harrwitz, Berlin, 1903.)

Leben und Thaten der Admirale und anderer berühmter britannischer Seeleute. A. d. Engl. Göttingen u. Leipzig 1755—56. V: *Campbell, John.* (Pr) Ü: *Toze, Eobald.* (ML) (Ky)

— u. Thaten d. Admirale u. and. britann. Seeleute ꝛc. Aus d. Engl. des Jh. Campbell (v. E. Toze). 2 Bde. 4. Leipz. 755, 56. Weidmann. 5 ℛ

Leben und Thaten des durchlauchtigsten Fürsten . . . Albrecht des ältern, Marggrafen zu Brandenburg . . . Königsberg 1750. V: *Bock, Friedrich Sam.* (Pr) (ADB I, 310) (BrMm)

— u. Thaten d. Fürsten Albrecht d. Aelt., Marggrafen z. Brandenburg, ersten Herzogs in Preußen. 8. Königsb. 750. Hartung. 9 ℊ

Leben und Thaten Peters Alexiewitsch, Russlands Selbsthalter. Nürnberg 1710. 8°

Leben und Thaten der heiligen Altväter in der ägiptischen Wüste. Aus d. Latein. nach der Sammlung des gelehrten und berühmten P. Heribert Rosweid, Priester d. Gesellschaft Jesu, von dem Uebersetzer der Werke des heil. Kirchenvaters „Johannes Klimakus." Eine Beigabe zu allen Heiligen-Legenden. 1e Lfrg. A. u. d. T.: Leben u. Thaten der heiligen Einsiedler und Mönche in der Thebaide. Nach Ruffin. 1s Bdchen. Mit 1 Stahlst. Lex.-8. Regensburg 840. Manz. 1/4 ℛ — 2e Lfrg. A. u. d. T.: Leben u. Thaten der heil. Einsiedler u. Mönche in der Thebaide. Nach Ruffin. 2s Bdchn. Mit 1 Stahlst. Lex.-8. Ebd. 840. 1/3 ℛ

Leben und Thaten der heiligen Altväter in der ägyptischen Wüste. Aus d. Latein. nach der Sammlung des gelehrten u. berühmten P. Heribert Rosweid, von dem Uebersetzer der Werke des heil. Kirchenvaters „Johannes Klimakus." Eine Beigabe zu allen Heiligen-Legenden. 3. Liefg. — A. u. d. T.: Leben und Thaten der heiligen Einsiedler und Mönche. Nach Severus Sulpitius, Johannes Cassian u. Andern. 1. Bdchn. Mit 1 Stahlstich. Lex.-8. Regensburg 841, Manz. 1/3 ℛ (1—3: 11/12 ℛ)

— dass. 4., 5. Liefg. — A. u. d. T.: Leben und Thaten der heil. Einsiedler u. Mönche. Von e. unbekannten Verfasser in griech. Sprache beschrieben und vom Diakon Pelagius ins Latein. übertragen. 2., 3. Bdchn. Lex.-8. Ebend. 842, 43. à 1/3 ℛ (1—5: 1 7/12 ℛ)

Leben und Thaten des Helden Äneas. [Leipzig 1779.] V: *Berkhan, Frdr.* (MGT)

Leben und Thaten des theuren Helden Aeneas. Erstes Mährlein. Halberstadt 1771. V: *Michaelis, Joh. Benj.* (GGr)

Leben und Thaten des Capitain Johann Georg Avery, berühmten Englischen See-Räuber . . . aus dem Englischen übersetzt. Franckfurth und Leipzig 1745. V: *Broeck, Adrian van.* (Romances and Narratives by Daniel Defoe, edited by Aitken 1895. Vol. XVI, Introduction.) (Mitth. Prof. Dr. H. Ullrich-Brandenburg a. H.)

LEBEN und Thaten des Capitain Johann Avery, berühmten englischen See-Räuber, von einem Cajüten-Jungen zur königlichen Würde gestiegen. Besitzern der Insul Madagascar. Aus d. Englischen. Frankf. 1745. 8°. (3 Mk. 50 Pfg. Heinr. Hugendubel, München, 1905.) Selten!

Leben und Thaten Joseph Balsamos nebst einigen Nachrichten über Freymaurersecten. Mannheim. V: *Marcello, Stefano Antonio.* (Ky 3/492) (Hugo Hayn, Vier neue Curios. Bibliogr., S. 34, Nr. 63) (BiblPort)

Leben und Thaten des Joseph Balsamo sogenannten Grafen Cagliostro. Frankenthal 1791. V: *Marcello, Stefano Antonio.* (Ackermann 584/126) (L. Rosenthal 146/289) (Otto 6/40) (A. Weigel 69/177) (Hugo Hayn, Vier neue Cur. Bibliogr., S. 35, Nr. 64) (BiblPort)

Leben und Thaten Josephs Balsamo, des sogenannten Grafen Cagliostro, gezogen aus dem wider ihn zu Rom im J. 1790 angestellten Prozeß . . . Aus dem Italienischen von C. J. J. Weimar 1791. V: *Marcello (Morcelli), Stefano Antonio.* Ü: *Jagemann, Christian Joseph.* (Hayn, 4 neue Curiositäten-Bibliographien. Jena 1905.)

— dasselbe aus d. Italien. v. C. J. Jagemann. 2 Thle. 8. Weim. 791. Hoffmann. 9 ℊ

Leben und Taten des Joseph Balsamo, sogen. Grafen Cagliostro. Nebst einigen Nachrichten über die Beschaffenscheit . . . der Freymaurersekten. Aus den Acten des 1790 . . . wider ihn gef. Prozesses gehoben, u. aus dem in d. päpstl. Kammerdruckerey erschienenen italienischen Originale übersetzt. Zürich 1791. V: *Marcello (Morcelli?), Stefano Antonio.* Ü: *Recke, Charlotte Elise Constantia von der.* (Hayn, Vier neue Kuriositätenbibliographien. S. 38, Nr. 88.)

— u. Thaten d. Joseph Balsamo, sogen. Grafen Cagliostro. 8. Zürich 791. Orell. 8 gr

— u. Thaten d. Joseph Balsamo, sogenannten Grafen Cagliostro, nebst einigen Nachrichten üb. Freymaurersecten. Aus dem Italien. 8. Mannh. Löffler. 814.

Leben und Thaten Papst Benedict XIV. und aller zur Zeit seiner Wahl gelebten Cardinäle . . . Hamburg u. Rudolstadt 1743. V: *Ranft, Michael.* (ML)

— u. Thaten d. berücht. krieger. Bischofs v. Münster, Christoph Bernh. v. Galen. 8. Ulm 804. Stettin. 8 gr

— u. Thaten des Generals Bonaparte, s. Cr. Bornschein.

Leben und Thaten des General Bonaparte . . . Zweite . . . Aufl. Gera u. Leipzig 1802. V: *Bornschein, Joh. Ernst Daniel.* (BrMm)

— u. Thaten d. Gen. Bonaparte (bis z. 15ten Aug. 1802.) ein Lesebuch für den Bürger u. Landmann, v. E. Bornschein. 8. Gera, Haller (Joachim in Lpz.) 802.

Leben und Thaten des berüchtigten Räubers Johannes Bückler, genannt Schinderhannes. n.p., 1818. MWA, P, PAtM, PHi

—— —— des furchtbaren Räuberhauptmanns Johannes Bückler, genannt Schinderhannes. Eine Erzählung für Jung und Alt. 2.—5. Aufl. gr. 16. (64 S. mit eingedr. Holzschn.) Ebendas. 869—78.

—— —— des furchtbaren Räuberhauptmanns Johannes Bückler, genannt Schinderhannes. Eine Erzählung für Jung und Alt. 6.—9. Aufl. gr. 16. (64 S. mit 2 eingedr. Holzschn.) Ebendas. 872—76.

—— und Thaten des furchtbaren Räuberhauptmanns Johannes Bückler, genannt Schinderhannes. Eine Erzählung für Jung und Alt. 10.—15. Aufl. gr. 16. (64 S. mit 2 eingedr. Holzschn.) Reutlingen 877—84, Enßlin und Laiblin's Verlagsh.

—— und Thaten des furchtbaren Räuberhauptmanns Johannes Bückler, genannt Schinderhannes. Eine Erzählung für Jung und Alt. 16. und 17. Aufl. gr. 16. (64 S. mit 2 eingedr. Holzschn.) Reutlingen 885—89, Enßlin und Laiblin's Verlagsh.

Leben und Thaten der 3 Bürger Badens, Jak. Kast, J. N. v. Nidda und Anton Rindenschwender. Karlsruhe 1811. V: *Leichtlen, Ernst Jul. & Andere.* (MGT)

— u. Thaten d. drei Bürger Badens: Jacob Kast, Jh. Niklaus v. Nidda u. Anton Rindenschwender. Mit 3 Kpf. 8. Karlsr. 811. Braun. 12 gr

Leben u. Thaten Carol III, Königs in Spanien, oder Beschreibung des spanischen Successionskrieges. 4 Thle. Mit K. Leipzig 1708.

Leben und Thaten Caroli des Sechsten, von dessen Geburt biss auf die glückliche Zurückkunft als römischer Kaiser nach Wien zusammengetragen. 12. Wien 1712.

Leben und Thaten des welt-berüchtigten Spitzbuben Louis Dominique Cartouche u. seiner Cameraden, sammt deren gantzen Process, End-Urtheil u. Execution. IV. Ed., aufs neue übersehen, u. . . . . vermehret. Nach dem wahren Pariser Expl. übersetzt. O. O. 1723. 4°. (Besass Regierungsrath Phil. Pfister, † 1889 in München.)

Tit. m. Vign. (Hüftbild C's), 69 S., 1 ungez. S. „Cartouche en miniature" (in deutschen Reimen).

Leben und Thaten des Grafen von Daun, oder der deutsche Fabius Cunctator. 4. Frankfurt 1759. — 3 Bde. 8. Breslau 1759—60.

— u. Thaten des Grafen v. Daun. 4. Frankf. u. Leipz. 759. Scheidhauer. 8 gr

— — dasselbe. 8. Augsb. J. Wolf. 760.

Leben und Thaten des Tyrannen Davoust, Herzog von Auerstädt und Fürsten von Eckmühl. 8. Deutschland (Leipzig) 1814.

LEBEN und Thaten der Grosen (!) Diana (Name einer Katze), aus glaubwürdigen Urkunden beschrieben. (Curioses Ornament.) Dresden u. Warschau, bey Michael Gröll. 1761. 8°.

Leben und Thaten des Generals Jaroslas Dombrowski nach den Aufzeichnungen seines Adjutanten (von Rosalowski). 8°. Leipzig, Gen.-Buchdr., 1876.

Leben und Thaten der heiligen Einsiedler und Mönche . . . Regensburg 1842. Ü: *Handwercher, Franz.* (Th) (Jes)

— — u. Ende des berüchtigten Räuberhauptmanns Joh. Bückler, genannt Schinderhannes. Einzig zuverläss., auf die Criminalakten sich stützende Erzählung. Einbeck 866. Ehler's Verlag. 12. (24 S.) 2 ngr

Leben, | Thaten und Ende | des | Kaisers Napoleon. | Ein | Auszug | aus den besten, bisher über denselben erschienenen | Schriften. | Reutlingen, | bei Justus Fleischhauer.
o. J. (nach 1821), 54 S., 164 × 100.
StB Ulm BB 913.

—— Thaten u. Ende d. Kaisers Napoleon. Ein Auszug aus d. besten, bisher üb. dens. erschien. Schriften. 16. (4 B.) München [Augsburg,] 838, (Jaquet.)

— Thaten u. Ende des Juden Joseph Süß Oppenheimer, welcher in Stuttgart in einem eisernen Käfig an e. eisernen Galgen aufgehangen worden. Mit 1 ill. Kpf. .. Bresl. ... Buchheister. 4 gr

— Thaten u. Ende d. Räuberanführers Schinderhannes, a. d. Originalacten des Tribunals zu Maynz, v. Tissot. 8. Basel, Flick. 804.

m. K.

— Thaten u. Ende d. Räuberanführers Schinderhannes, aus den Originalacten des Tribunals zu Mainz bearbeitet. 8. Basel 804. (Neukirch). 16 gr Mit Kpf. 1 fl 8 gr

—— Thaten u. schreckl. Ende d. Brüder Sylvio u. Matheo Pellegrini, berüchtigter Banditen Calabriens, die während e. Nacht im tiefen Kerker die Beute hungeriger Schlangen wurden. Eine wahre Begebenheit. 8. (11½ B. u. Ttlbild.) Wien 835, Haas'sche Buchh.

— Thaten u. schreckliches Ende der Brüder Sylvio u. Matheo Pellegrini, berüchtigt. Banditen Calabriens. Eine wahre Begebenheit. 2. Aufl. Mit Tilkpf. 8. Wien 843, Haas. 3/4 ₰

Leben, Thaten und Ende Hans Waldmanns.... Zürich 1844 s.a. [Schneeberger, J].

Leben, Thaten und Ende Hans Waldmanns, welcher ... Bürgermeister in Zürich wurde ... Zürich 1844. V: *Schneeberger, Joh.* (Cat. d. Stadtbibl. Zürich. Zürich 1864—97.)

— u. That. d. Herz. v. Savoyen u. gr. Feldh. Eugen. 6 Thl. m. K. 8. Nürnb. Riegel. 736-39.

— — dass. d. Münz. erl. m. K. 8. Nürnb. Monath. 738.

— — dass. u. s. Bildn. u. 2 Riss. v. d. Belag. Kehl u. Philippsburg. 8. Ebend. 738.

— u. Thaten Till Eulenspiegels, mit Holzschn. 8. Prag 794. Schönfeld. 4 gr

Leben, Thaten, und Fahrten eines jungen Buchhändlers oder Erziehung und Leben. Schwelm 1830. V: *Rauschenbusch, August Ernst.* (cb)

—Thaten u. Fahrten e. jungen Buchhändlers, od. Erziehung u. Leben. 8. Schwelm 830. Scherz. 1 ₰

Leben, Thaten und Fahrten des Sir Mackintosh, der sich von einem Schneidergesellen bis zur Würde eines Lords emporgeschwungen, der geliebt u. gerungen u. dann zuletzt schmählich eingefungen. Mit 12 Bildern (auf 1 lith. Taf. in Fol.) 3. verm. Aufl. Leipzig 861. (Poenicke.) 8. (8 S.) n. 5 ngr.

Leben, Thaten und betrübter Fall des Grafen Burchard Christ. v. Münnich ... Brehmen 1742. 2. Aufl. 1743. V: *Hempel, Christian Friedrich.* (Pr) (R-N)

Leben und Thaten Jacob Heinrichs Reichsschoeffens v. Fleming. Zeitz 1832. V: *Ranfft, Michael.* (Mitth. Geh. O.-R.-R. Dr. Adam-Stuttgart.)

Leben und Thaten des General-Feldmarschalls, Grafen von Flemming ... Naumburg u. Zeitz 1732. V: *Ranft, Michael.* (ML)

Leben und Thaten des chursächsischen Staatsministers und Generalfeldmarschalls Jacob Heinrich Grafen von Flemming. Naumb. u. Zeitz 1732. V: *Ranft, Michael* [?]. (Pr)

— u. That. d. ber. Staatsm. u. Marschalls, K. Ludw. Aug Fouquet, v. Bellisle. 8. Brem. Junius. 743.

— und Thaten Kais. Franz I. mit Anmerk. v. Selfarth. 8. Nürnb. Raspe. 766.

Leben und Thaten Friderici Königs von Schweden und Landgrafen zu Hessen-Cassel. Frankfurt 1746. V: *Fassmann, David.* (Pr)

Leben und Thaten Friedrich Wilhelms des Grossen, Churfürsten zu Brandenburg. Berlin 1710. V: *Gundling, Jac. Paul von.* (Pr)

Leben und Thaten Friedrich Wilhelms, Koenigs in Preussen. 2 Bde. 8. Frankfurt 1741.

Leben und Thaten des weltberuhmten General-Lieutenants und Commendanten der Vestung Königstein Friedrich Wilhelms Freyherrns von Kyau. 3 Bde. 8. Leipzig 1751. — 3 Bde. 8. ib. 1772. - Freystadt 1796.

Leben und geringe Thaten von Werther dem Secretär, Einem gutmüthig grausigen Liebhaber, Der sich ohne Ursache viel Ruhm erwarb, Doch endlich durch einen Pistolenschuß starb. (Eine Historie, traurig und weinerlich in modischen Verselein.) Geschrieben und leider auch gedruckt in Leipzig da man zählte 1779. 12°. 18 S.

Leben und Thaten Jakob Paul, Freyherrn von Gundling. Berlin 1795. V: *König, Anton Balthasar.* (Ky) (MGT)

Leben und Thaten Jakob Paul Freiherrn von Gundling ... eines höchst seltsamen und abenteuerlichen Mannes ... Berlin 1795. V: *Fassmann, David.* (stadt biblBerlin XII, S. 164)

— u. Thaten Jak. Paul, Frhrn. v. Gundling, (von A. B. König). Mit Kpf. 8. Berl. 795. Franke. (Barth in Lpz.) 16 gr Schrbp. 20 gr Schrbp. mit ill. Kpf. 1 ₰

— u. Thaten d. Heiligen; e. Legenden-Sammlung für d. christkathol. Volk. Herausg. von e. kathol. Geistlichen in d. Schweiz. 2 Thle, mit 1 Titelkpf. gr. 8. Luzern 825. Anich. 3 ₰ 16 gr (Haas in Wien). 3 ₰

—— und Thaten d. Heiligen. Eine Legenden-Samml. f. d. christkathol. Volk. Zuerst v. einigen kathol. Geistlichen in d. Schweiz, jetzt neu bearb. u. verm. hrsg. v. Mich. Sintzel. 4 Bde. (od. 13 Lfgn.) u. 2 Anhänge. M. 4 Stahlst. Lex.-8. Augsburg 839, 40, Kollmann'sche Buchh.

A. u. d. Titln.:

Anh. 1. Höchst lehrr. u. erbaul. Lebensbeschreibungen v. Heiligen u. Seligen, besond. aus d. neuesten Zeit u. aus d. Bayerlande. 840. * 6 Gr.

„ 2. Vollständige Anleitung z. Nachfolge d. Heiligen, od. ausführl. Unterr. üb. d. vorzüglichsten Mittel zu e. wahrhaft christl. Leben, nebst e. alphab. Register üb. d. ganze Werk. 840. * 9 Gr.

— u. Thaten der Heiligen. Eine Legenden-Sammlung für das christkathol. Volk. Herausgeg. von Mich. Sintzel. Supplementband. Anhänge u. alphabet. Register. 1. u. 2. Liefg. Lex.-8. Augsburg 840, 41, Kollmann'sche Buchh. n. 19 ngl

— und Thaten der Heiligen. Eine Legenden-Sammlung für das christkatholische Volk. Zuerst von einigen katholischen Geistlichen in der Schweiz, jetzt neu bearb. u. verm. herausg. von Jos. Geo. Dreer. (In 13 Liefgn.) 1. u. 2. Liefg. Augsburg 858. Kollmann. Lex.-8. (1. Bd.: S. 1—400. m. Holzschn. im Text u. 1 Stahlst.) 1.: n. 7½ ngr; 2.: 9½ ngr

— und Thaten der Heiligen. Eine Legenden-Sammlung für das christkatholische Volk. Zuerst von einigen katholischen Geistlichen in der Schweiz, dann von Hrn. Mich. Sintzel u. jetzt neu bearb. u. herausg. von Joh. Geo. Dreer. 3—13. (letzte) Liefg. Augsburg 859—61. Kollmann. Lex.-8 (1. Bd.: S. 401—904; 2. Bd.: 751 S.; 3. Bd.: 740 S.; 4. Bd.: 482 S. mit 3 Stahlst. u. 10 Holzschntaf.) complet n. 4 ℛ

— und Thaten der Heiligen, deren Andenken besonders im Bisthum Trier gefeiert wird, nebst einer Reihenfolge der trierischen Bischöfe. Nach den bewährten Acten der Heiligen bearb. u. herausg. von e. Priester der Diözese Trier. 4 Lfrgg. gr. 8. Trier 837. Lintz. Subscr.-Pr. n. 1¾ ℛ

—— —— der Heiligen, deren Andenken im Bisth. Trier gefeiert wird. Nach den bewährten Acten der Heiligen, bearb. und hrsg. von einem Priester der Diöcese Trier. Fortsetzung. 1. und 2. Abthl. gr. 8. Trier 861, Gall's Verlagsbuchh. [1. Abthl. (XII und 181 S. mit 1 Holzschnt.) 2. Abthl. (V und S. 182—876 mit 1 Stnt.) à Abthl. * 15 Ngr.] *

—— und Thaten der Heiligen, deren Andenken im Bisth. Trier gefeiert wird. Nach den bewährten Acten der Heiligen bearb. und hrsg. von einem Priester der Diöcese Trier. Fortsetzung. 3. Abthl. gr. 8. (IV und S. 377—598 mit 1 Stnt.) Trier 862, Braun's Verlag. *

3 Abthlgn. cplt. *

1. und 2. Abthl. Ebendas. 1861.

— und Thaten der Heiligen Gottes. Nach den Tagen des Jahres zur Belehrung und Erbauung des kathol. Volkes. Neu bearb., übersetzt u. gesamm. von dem Herausgeber des Lorenzo. 4 Bde. gr. 8. Aachen 837—40. Hensen u. Comp. 3 ℛ

Leben u. Thaten der Heiligen Gottes. Eine Legenden-Sammlung f. das kath. Volk. Neu hrsg. u. verm. m. ausführlichen Belehrungen f. die Feste des Herrn u. der allerseligsten Jungfrau Maria, v. einem Priester aus der Versammlung des allerheil. Erlösers. 4 Bde. 2. (Titel-) Aufl. gr. 12. (X u. 2530 S.) Münster (840) 852, Cazin. n. 3 ℛ

—— und Thaten d. Heiligen Gottes u. and. gottsel. Personen, nach Butler, Stolberg, Buchfelner u. and. bearb. v. e. Gesellschaft kathol. Geistlichen. Mustersamml. d. schönsten u. brauchbarsten Predigten u. Homilien, f. Sonn-, Feier- u. Festtage, Gelegenheitsreden rc. 12 Bde. 3. Ausg. gr. 8. (329¼ B.) Düsseldorf 839. (Leipzig, Polet.) *

—— und Thaten d. Heiligen Gottes, f. d. christkathol. Volk. 4 Thle. od. 24 Bdchn. 1. Aufl. M. 144 Kpfr. 829—32. 3 Thlr., mit ill. Kpfrt. 4 Thlr., 2. A. (N. Tit.) (à 58½ B.) 12. Augsburg 834. Schlosser. 2 Thlr., mit ill. Kpfr.
Ohne Kpfr., 1 Thlr. 12 Gr.

Leben und Thaten der Heiligen für das christkatholische Volk ... Luzern 1825—26. H: *Sigrist, Georg.* (Kn)

—— das, u. die Thaten christl. Helden u. Krieger. Nach d. besten Quellen dargest. 1. Bdchn. Enth.: Das Leben d. Cid. — Gottfried's v. Bouillon. — Bayards. gr. 8. (12½ B.) Augsburg 840, Kollmann'sche Buchh.

Leben und Thaten des berüchtigten und landverderblichen Dr. Herkommens, auch Observantius genannt. München 1799. V: *Socher, Joseph.* (Ky)

— u. Thaten d. berüchtigten u. landverderbl. Dr. Herkommens, auch Observantius genannt, (von J. Socher). 8. Münch. 799. Fleischmann. 9 gr

— — des Herkules. In Reime gebracht v. Miris. Mit Illustr. v. Fritz Steub. gr. 8. (60 S. m. eingedr. u. color. Holzschn.) München 874. Braun & Schneider. n. 3. —

— u. Thaten d. ehemal. Tyroler Insurgenten-Chefs Andreas Hofer. gr. 8. Berl. W. Oehmigke. 810.

— u. Thaten des ehemal. Tyroler Insurgenten-Chefs Andreas Hofer. gr. 8. Berl. 810. (Sander). 6 gr

Leben, Thaten und Höllenfahrt

—— —— —— des berühmten Dr. Faust, welcher durch geheime Zauberkräfte ein Bündniß mit dem Teufel schloß und von ihm sodann auf eine gräßl. Weise geholt wurde. 8. (64 S.) Altötting 878, Lutzenberger.

Leben | Thaten und Höllenfahrt | des | Erzschwarzkünstlers | Dr. Johannes Faust. | (Fig.: *Faust im Keller des Bischofs von Salzburg*, 60 × 77) | Für's Volk erzählt. | Reutlingen. | Verlag von Enßlin und Laiblin. | (Gebr. Hebsaker.) (= *Reutlinger Volksbücher*, 14). – (*Auf dem U.:*) Dritte Auflage.
Kol.: Druck von G. L. Bohm in Reutlingen.
o. J., 64 S., 165 × 105, U.-Fig.: *Faust mit drei Edelleuten durch die Luft fliegend*, 62 × 77; auch auf S. 14, die Titel-Fig. auch S. 43.
LBS d. D. oct K 3284.
Die »Siebente Auflage« (ebenda 3285) dieser Fassung erschien o. J. mit der Reihennummer 64.

—— —— und Höllenfahrt des Erzschwarzkünstlers Dr. Johannes Faust. Für's Volk erzählt. 2. Aufl. 1869, und Neue Aufl. gr. 16. (64 S.) Ebendas. 874.

—— Thaten und Höllenfahrt des Erzschwarzkünstlers Dr. Johannes Faust. Für's Volk erzählt. 4.—7. Aufl. gr. 16. (64 S. mit 2 eingedr. Holzschn.) Ebendas. 872—76.

—— Thaten und Höllenfahrt des Erzschwarzkünstlers Dr. Johannes Faust. Für's Volk erzählt. 8. und 9. Aufl. gr. 16. (64 S. mit 2 eingedr. Holzschn.) Ebendas. 879,82.

—— Thaten und Höllenfahrt des Erzschwarzkünstlers Dr. Johannes Faust. Für's Volk erzählt. 10. und 11. Aufl. gr. 16. (64 S. mit 2 eingedr. Holzschn.) Ebendas. 883—89.

— Thaten u. Höllenfahrt des Erzschwarzkünstlers Dr. Joh. Faust. Fürs Volk erzählt. (48 S.) kl. 8. Neuweißensee (905). E. Bartels. — 50

— — u. Höllenfahrt des Dr. Johannes Faust. Für's Volk erzählt. 2. Aufl. Reutlingen 869. Enßlin & Laiblin. 8. (64 S. mit eingedr. Holzschn.) 2 ngr

Leben und Thaten des heiligen Ignatius von Loiola . . . [Stettin] 1788. V: *Wolfter*, *Peter*. (BrMm)

— u. Thaten d. heil. Ignas v. Loyola, von N. N. Aufs Neue herauszeg. u. mit Anmerkk. ꝛc. verm. v. N. J. N. Elleborizon. 8. Speyer 827, Kolb (Fr. Fleischer in Lpz)

— und Thaten des heiligen Ignatius von Loyola, Stifters und ersten Generals des Jesuiten-Ordens. Von N. N: Aufs Neue herausg. mit Anmerkk. ꝛc. von Nik. Jerem. Nep. Elleborizon. 2e Ausg. 8. Speyer 834, Kolb. 1/3 ₰

—— und Thaten d. heil. Ignatius v. Loyola ꝛc. Hrsg. v. Nikol. Jerem. Nep. Elleborizon. 2. Ausg. 8. (5 B.) Speyer 834, [Neidhard.]

— dass. Mit dess. Bildn. 8. Schweidnitz 840. Heege. 1½ ℛ

Das Leben und Thaten des Durchl. Printzen Johann Wilhelm Friso von Oranien und Nassau, Erb-Statthalters von West-Friessland, Generalissimi der Holländischen Infanterie. 8. Hamburg und Leipzig 1716.

Leben und Thaten Josephi I. . . . Leipzig 1712. V: *Zschackwitz*, *Joh. Ehrenfried*. (Weber) (Pr) (Bibliotheca Rinckiana. Lipsiae 1747.) V: *Lange*, *Gottfried*. (EB)

Leben und Thaten eines Kammerjunkers. Schneeberg 1797. V: *Laun*, *Frdr.* (= *Schulze*, *Frdr. Aug.*) (MGT)

— u. Thaten des geistreichen, belesenen edlen Fräuleins Karfunkelstein v. Ofenloch. 8. Erlang. 801. (Heyder). 1 ₰

LEBEN und Thaten des geistreichen belesenen edlen Fräuleins Karfunkelstein vom (!) Ofenloch (drollig-netter Kupferstich: eine Gruppe von 8 Mädchen auf Gänsen reitend mit Lanzen in der Rechten, Rosmäsler inv., Grünler sc., darunter 4 Reimzeilen). Erlangen, bei Joh: Christ: Schubart 1801. 8°.

414 u. 391 SS. Mit 6 schönen (darunter 1 pikanten) Kpfrn. v. Jury. Zum Theil derb und frei. Selten, besonders mit den Kpfrn. (6 Mk. Kühl, Berlin, c. 1883; jetzt theurer!)

— u. That. d. Rheingr. Carl Magnus, siehe Laukhard.

Leben und Thaten Carls VI. römischen Kaisers. Frankfurt 1728. 1741. V: *Zschackwitz*, *Joh. Ehrenfried von*. (Pr)

Leben und Thaten des nunmehro Höchstseelig-Allerdurchlauchtigst und Grossmächtigsten etc. Römischen Kaisers und catholischen Königs Carls VI. Aus den bewährtesten Nachrichten etc. Von einem deutschen Patrioten. (Mit 1 Portrait.) Frankfurt und Leipzig 1741.

Leben und Thaten Carls des Zwölften, Königes von Schweden . . . Hamburg 1742—46. V: *Nordberg*, *Georg Andreas*. Ü: *Heubel*, *Joh. Hnr.* (BrMm)

— u. That. Carls XII. a. Originalnachr. beschr. 2 Thle. mit Münz. u. K. gr. Fol. Hamb. 745–46.

— — desselben 10 Thle. mit K. 12. Nürnberg, Riegel. 789.

Cramer, Karl Gottlob

— — Leben u. Thaten des edlen Herrn Kix v. Kaxburg. Aus unverfälschten Urkunden und nach den glaubhaftesten Zeugnissen ehrbarer Zeitgenossen aufrichtiglich beschrieben. 2 Bde. Mit 2 Titelkpfrn., gestoch. von F. Weber. Leipzig, Fr. Fleischer, 1801—2. 8°. (2⅚ Rthl.) (1 Mk. 50 Pfg., unsaub. Expl., mit nur 1 TKpf., R. Bertling 1888; 3 frcs. Schweizerisches Ant., Zürich, c. 1890.)

XVI, 352 + XII, 337 S. — Goedeke V, 510, 42, wo die folg. Ausgabe fehlt. — Nicht von Cramer; er gab nur seinen Namen für dieses Opus her.

— — Dasselbe. 2 Bde. Mit 2 Titelkpfrn. (wie vorhin). Ebd. 1802. 8°. (6 Mk. Dieterich, Göttingen, 1907.)

Kuranda's Wiener März-Auction 1878, no. 795.

— u. Thaten d. groß. Kriegsheld. Ludw. Andreas Graf von Khevenhüller. 8. Bresl. Weber. 744.

Leben und Thaten des klugen und berühmten Pabsts Clementis des Eilfften. Frankfurt 1720. V: *Buder*, *Christian Gottlieb*. (Winer) »Jena« (Myl)

Leben und Thaten des Allerdurchlauchtigsten und Großmächtigsten Königs von Preußen Friderici Wilhelmi bis auf gegenwärtige Zeit beschrieben. Hamburg und Breslau 1735. V: *Fassmann*, *David*. (Droysen, Gesch. der Preußischen Politik. IV. Theil, IV. Abth. Leipzig 1870. S. 20.)

Leben und Thaten des . . . Königs von Preussen Friderici Wilhelmi. Hamburg 1735. 2. A. Leipzig 1735. Theil 2. Frankfurt u. Hamb. 1741. V: *Fassmann*, *Daniel*. (ADB 7. 656) (Dn) (Pr)

Leben und Thaten des Generals von Königsmarck. Berlin 1718. 8°

§ **LEBEN** und Thaten Derer berühmtesten Englischen Coquetten und Maitressen, Oder, Curieuse Nachricht Von denen Geheimen Liebes-Händeln und Intriguen Derer Brittischen Könige und anderer Standes- oder vornehmen Personen, So solche Mit denen ausbündigen Schönheiten und berühmtesten Maitressen gehabt; Aus dem Englischen übersetzt (von Joh. Leonh. Rost). 2 Thle. in 1 Bde. LONDON, Bey James Franck (Nürnberg, Raspe). 1721. 8°. (In München: Biogr. C. 191.) Höchst selten! (15 Mk. J. Halle, München, c. 1905; 25 Kr., defektes Expl., Halm & Goldmann, Wien, 1907; 25 Mk. F. Waldau, Fürstenwalde, 1909.)

TKpf., Tit. (roth u. schwarz), 6 Bll. Vorr. u. 556 S. Vieles in Versen.

— u. Thaten d. Generals v. Kyau. 3 Thle. 8. Leipz. 772. (Wittekind in Eisenach). 1 ₰

— u. Thaten Laudons. 2 Thle. gr. 8. Wien, Kaulfuß. 791.

Schreibp.

— u. Thaten Laudons. 2 Thle. gr. 8. Wien 791. (Schaumburg u. Comp.) 1 ₰ 16 g Hbg. Pr. 1 ₰ 8 g Schrbp. 2 ₰ (Vergl. Laudon, auch Lebensgeschichte.)

Leben und Thaten Anton Legers, des Schlaukopfs; a. d. Engl. Leipzig 1790. Ü: *Forkel, Joh. Nic.* (Ky)

— u. Thaten Anton Legers, des Schlaukopfs; aus d. Engl. (v. Mad. Forkel). 3 Bdchen. 8. Leipz. 790. Weidmann. 1 ℔ 16 gr

Leben und Thaten des Fürsten Leopold von Anhalt-Dessau. Leipz. 1741. 2. Aufl. 1743. 3. Ausg. 1750. V: *Ranft, Michael.* (ML) (Ky) (Pr)

— u. Thaten d. Fürsten Leopold v. Anhalt Dessau, (von Mich. Ranft). 8. Leipz. 741. 2e A. 743. 3e A. 750.

Leben und Thaten Leopold des Grossen. Cölln [Leipz.] 1708. V: *Rinck, Euchar. Gottlieb.* (weber)

— u. That. d. regierend. Fürst. Leopold v. Anhalt Dessau. 8. Frft. 747.

Leben und Thaten des regierenden Fürsten Leopold II. von Anhalt-Dessau. Frankfurt 1747. 8°

— — d. verstorb. Fürst Leopolds v. Anhalt Dessau. 8. Braunschw. Schröder. 746.

Leben, Thaten, Liebschaften, Verbrechen und Ende Louis Mandrins, Oberhaupt der französ. Falschmünzer und Contrebandiers, genannt das Ungeheuer von Frankreich. Frei nach d. Französ. Ilmenau, Voigt, 1828. 8°. VIII—256 S. (6 Mk. H. Streisand, Berlin, 1908; 15 Mk. Mart. Breslauer's Berliner Oct.-Auct. 1910, no. 1234:)

Leben und Thaten sowohl des Grafen von Löwendahl, als der beyden Herzoge von Noailles und Richelieu . . . Leipzig 1749. V: *Ranft, Michael.* (ML) (Pr) (Bruun, Bibl. Danica III, 1282.)

Leben und Thaten sowohl des Grafens v. Löwendahl als der beiden Herzoge von Noailles und Richelieu, allesammt Marschalle von Frankreich. Nebst einer Fortsetzung der merkwürdigen Lebens-Geschichte des berühmten Grafens (Moritz) v. Sachsen. 8. Leipzig 1749.

— u. That. d. Gr. v. Löwenthal, d. Herz. v. Noailles u. Richelieu. 8. Lpz. Gleditsch. 760.

— u. Thaten des Graf. Woldemar v. Löwenthal, d. Herz. v. Noailles u. Richelieu. 8. Leipz. 760. (Brockhaus). 10 gr

— u. That. d. Gr. v. Löwenhaupt. 8. Halle, Renger. 744.

Leben und Thaten des Generals Loewenhaupt. 8. Halle 1747.

— u. Thaten Ludwigs XIV., Königs v. Frankreich. Mit Kpf. 8. Nürnb. 790. Riegel u. W. 1 ℔ 8 gr

Leben und Thaten des französischen Marschalls von Maillebois. Bremen 1743. 12°

— u. That. d. franz. Marsch. Desmarets Marq. de Maillebois. 8. Brem. Junius. 743.

Leben und Thaten des Herzogs von Marlborough. 8. Frankfurt 1723.

Leben u. Thaten des weltberühmten englischen Generals Duc de Marlborough. 8. Leipzig 1705.

— u. Thaten d. heil. Martinus, a. d. Lat. d. Sulpitius Severus 1r Thl. 8. 792.

Leben und Thaten des Admirals Matthews. s. l. 1745.

Leben und Thaten des Grafens Mauritii von Sachsen, des Grafen von Löwendahl, der Herzöge von Noailles und Richelieu, von Belleisle, von Grammont, Marschälle von Frankreich. 4 Thle. 8. Leipzig 1744—49.

Leben und Thaten des Grafen Mauritii von Sachsen, Marschalls von Frankreich. 8. Leipzig 1746.

Leben und Thaten des weltberühmten Grafen Mauritii von Sachsen . . . Leipz. 1746. V: *Ranft, Michael.* (ML) »1751« (Ky)

Leben, Thaten und Meinungen wie auch seltsamliche Abentheuer Simsons des Starken, weiland Richters in Israel. Ein kritischer Roman als wichtiger Beitrag zu den Sünden wider die Kronologie. Zarea [Leipzig] 1797. Neue Ausg. Zarea [Leipzig] 1807. V: *Bornstein, Joh. Ernst Daniel.* (BGE IV, 69)

LEBEN, Thaten und Meinungen des Vetter Hans Dampfs. Eine komische Geschichte wider das Todtschiessen und Todtärgern, auch zugleich Hochzeit-, Braut- und Neujahrs-Geschenk für lustige Leute, Spassvögel, Buch- u. Tauschhändler, Gewürz- u. Makulatur-Krämer; mit (komischen) Holzschnitten, Zeichnungen und Musik. Gedruckt in der Sonnenfinsterniss des Jahres 1804. 8° (10 Kr., schönes, breitrand. Expl., A. H. Huber, Salzburg, c. 1905; 8 Mk. A. Buchholz, München, 1908.) Selten!

— Thaten u. Meinungen d. Vetter Hans Dampf. 8. Stuttg. Magaz. 805.

— Thaten u. Meinungen des Vetters Hans Dampf. 8. Stuttg. 805. (Sonnewald). 9 gr

Leben, Thaten und Meinungen eines Kammerjunkers . . . Dresden 1798. V: *Laun, Frdr.* (= *Schulze, Frdr. Aug.*). (EE)

— Thaten u. Meinungen e. Kammerjunkers, v. ihm selbst beschrieben. (v. Fr. Laun, Fr. A. Schulz.) 8. (Arnold in Dresd.) 798.

Leben, Thaten und Meynungen Dr. Martin Luthers. Ein Lesebuch. Leipz. 1793. V: *Tischer, Joh. Friedrich Wilhelm.* (Ky) (GGr) (NN) (MGT)

— Thaten u. Meinungen Dr. Mart. Luthers, für d. Bürger u. Landmann, (von J. F. W. Tischer). 8. Leipz. 793. 2e A. 794. 3e A. 795. N. A., mit Luthers Bildn. 819. Voß. 12 gr

Leben, Thaten und Meynungen des D. Joh. Peter Menadie. Halle 1777-81. V: *Weber, Friedrich August.* (Ky) (MGT)

— Thaten u. Meinungen des Dr. Ph. Pt. Menadie, (v. Fr. A. Weber). 4 Thle. 8. Halle 777—81.

Leben, Thaten und Meinungen aller Personen, die in der französischen Revolution eine Rolle gespielt haben. A. d. Franz. Paris [Aarau] 1816. Ü: *Heldmann, Frdr.* (Wr)

Leben, Thaten, Meinungen, Schicksale und letztes Ende der Xenien. 1797 s. Mücken-Almanach.

Leben und Thaten, oder sogenannte Mémoires des königlich französischen General-Feld-Marschalls . . . von Villars . . . A. d. Franz. . . . Frankf. u. Leipzig 1735. V: *Gayot de Pitaval, Franç.* (EB)

— u. Thaten, oder sogen. Memoires d. franz. G. F. Marsch. Herz. Villars. 8. Frkf. (Wolf in Augsb.) 735.

Leben und Thaten oder sogenannte Mémoires des französischen General-Feldmarschalls Herzog von Villeroi. 8. Frankfurt 1735.

— u. That. d. ber. ungar. u. böhm. Gener. Dan. v. Menzel. 8. Halle. 743.

Leben u. Thaten des berühmten Joh. Daniels v. Menzel. Nunmehro Kgl.-Ungar.- u. Böhm. Genaral-Feld-Wacht-Meister u. Commandeur der in Bayorn gestand. Husaren-Corps, wobey der zeitherige Schlesische u. Bayrischs Krieg bis 1742 beschrieben. 8. Halle u. Bielefeld 1743

Leben und Thaten des jüngst verstorbenen Königl. Preussischen Generalmajors Herrn von Meyer, aus wahrhafften Nachrichten von dieses Partheygängers Unternehmungen in Oesterreichischen, Bayerischen, Sächsischen und endlich Preussischen Diensten. (54) 4. s. l. 1759.

— u. Thaten des berühmten Grafen Moriz v. Sachsen, General-Marschalls von Frankreich rc. (v. Mich. Ranft). 8. Leipz. 751. (Brockhaus). 10 gr

Leben und Thaten des jüngern Herrn von Münchhausen, wohlweisen Bürgermeisters zu Schilda. Thorn 1795. 2. . . . Aufl. Hamburg 1817. V: *Rebmann, Andreas Georg Friedrich.* (Ky) (MGT)

— u. Thaten des jungen Herrn v. Münchhausen, (v. A. G. F. Rebmann). N. Aufl. 8. Hamb. 817. (Herold jun.) 8 gr

— u. That. d. Pers. Monarch. Schach Nadir, vorm. Kuli-Chan gen. 8. Lpz. Deer. 759.

— — dass. 8. Hamb. 745.

— u. Thaten Napoleons. 2 Thle. 8. Augsb. 810. (Daisenberger). 1 Thlr. 12 gr

— — Louis Napoleons III. Ein histor. Zeitbild bearb. für's Volk. gr. 16. (39 S.) Chur 871. (Gsell.) n. — 40

— u, Taten Nikolaus II. Von Fürst U . . . Aus d. Russ. übertr. v. P . . . . Th . . . B . . . (128 S.) 8. Berlin 910. Herm. Walther. 1. 50

— u. Thaten, Noch Jemands, sonderbare Abentheuer u. Höllenfahrt. Zur Erläuter. der durch d. Zeitereignisse veranlaßten Karrikaturen, für d. Besitzer derselben. 8. Leipz. 814. Joachim. 4 gr

Leben und Thaten des berüchtigten Juden Süss Oppenheimer. Tübingen 1853. V: *Wüst, Wilh. Frdr.* (Tübz I, 40)

— und Thaten des berüchtigten Juden Süß Oppenheimer, ehemaligen Württembergischen Staats- u. Kabinets-Ministers. Erzählt von dem Verf. des „Musterschultheißen". Tübingen 853. Riecker. 8. (2 Bl., 44 S. u. 1 Holzschn.) 4 ngr.

—— und Thaten des berüchtigten Juden Süß Oppenheimer, ehemal. württemberg. Staats- und Kabinets-Ministers. Erzählt von dem Verf. des „Musterschultheißen". 8. (IV und 44 S. mit 1 Holzschnt.) Tübingen 853. (Ulm, Gebr. Nübling.) Thlr.

Leben und Thaten des Doctor Pillpull Klystrophius, der Glückliche genannt. Ein nutzbares Produkt für unser Jahrhundert. 2 Theile. Leipzig 1783. V: *Albrecht, Joh. Frdr. Ernst.* (Mitth. Prof. Dr. Ullrich-Brandenburg a. H.)

Leben und Thaten des Doktors Pillpul Klystropsius, der Glückliche genannt. Leipzig 1783. V: *Albrecht, Johann Friedrich Ernst.* (LS) (Ky) (MGT)

— u. Thaten d. Doctors Pillpullklystropsis (v. Jh. Fr. Er. Albrecht). 2 Thle. 8. Leipz. 783. Gleditsch. (Brockhaus). 1,12 gr

Leben und Thaten des Prätendenten von Ungarn und Siebenbürgen Frantz Rakotzy. Frankfurt 1739. 8°

— u. Thaten d. Prätendenten v. Ungarn u. Siebenbürgen Jos. Ragoczy. 8. Frkf. u. Lpz. 739.

Leben und Thaten eines Preussischen Regiments-Tambours . . . Breslau 1810. V: *Dreyer, Jos. Ferdinand.* (Pr) (Ky) (MGT)

— u. Thaten eines preuß. Regimentstambours, von ihm selbst geschrieben. Eine Unterhaltung für Partisane, (v. J. F. Dreyer). Mit 1 Kpf. 8. Bresl. 810. W. G. Korn. 8 gr

— Thaten, Krisen u. Tod Chr. H. Heinekens, eines sehr klugen vierjähr. Kindes. Beschrieben von seinem Lehrer Chr. v. Schöneich (A. L. Schlözer). 2e Aufl. 8. Götting. 779. Vandenhöck u. R. 10 ℊ

—— —— des berühmten Räuberhauptmann's Rinaldo Rinaldini. Eine romant. Erzählung aus dem vor. Jahrh. 2. Aufl. 1868, und 3. Aufl. 8. (96 S. mit 1 eingedr. Holzschn.) Reutlingen 872, Enßlin und Laiblin.

—— —— dass. — 4.—6. Aufl. gr. 16. (64 S.) Ebendas. 873.74.

—— —— des berühmten Räuberhauptmannes Rinaldo Rinaldini. Eine romant. Erzählung aus dem vor. Jahrh. 7. Aufl. gr. 16. (64 S. mit 2 eingedr. Holzschn.) Ebendas. 876.

—— —— des berühmten Räuberhauptmanns Rinaldo Rinaldini. Eine romant. Erzählung aus dem vor. Jahrh. 8.—11. Aufl. gr. 16. (64 S. mit 2 eingedr. Holzschn.) Ebendas. 878—84.

—— —— des berühmten Räuberhauptmanns Rinaldo Rinaldini. Eine romant. Erzählung aus dem vor. Jahrh. 12. und 13. Aufl. gr. 16. (64 S. mit 2 eingedr. Holzschn.) Ebendas. 885—89.

Leben und Thaten des weiland hochwürdigen Hrn Pastors Rindvigius; . . . Ochsenhausen [Libau] 1791. V: *Bahrdt, Carl Friedrich.* (GGr) (ML)

Leben und Thaten des Freyherrn von Schaafkopf. Leipzig 1800. V: *Bornschein, Joh. Ernst Dan.* (Ky) (MGT) (NN)

— u. Thaten d. Freiherrn v. Schaafkopf, (v. Er. Bornschein). 1r Bd. 8 Leipz. 800.

Leben, Thaten und Schicksale des grossen Schwedenkönigs Gustav Wasa. [Die Vorzeit] 8. Ulm 1833.

Leben, Thaten und Schicksale eines liederlichen Landpredigers, vom Verf. des Friedr. Bickerkuhl. Frankfurt u. Leipzig 1805. V: *Schwager, Joh. Moritz.* (Erman & Horn, Bibliogr. d. dtsch. Universitäten. Leipz. u. Berl. 1904—05. III, 308.)

Leben, Thaten und Schicksale eines lüderlichen Landpredigers vom Verf. des Friedrich Bickerkuhl. Leipzig 1805. V: *Schwager, Joh. Martin.* (BGE IV, 74)

— Thaten u. Schicksale e. lüderlichen Landpredigers. 8. Frankf. 805. Gebhardt u. K. 1 ß 16 ℊ

Leben, Thaten und Schicksale des in Paris hingerichteten Marschalls Ney. 8. Saarlouis 1816.

— Thaten u. Schicksale des hingerichteten Marschalls Ney. Aus d. Französ. 8. Saarlouis. 818. (Wien, Gerold). 4 ℊ

LEBEN, Thaten und Schicksale Simon Schachtelmanns des Wanderers. 2 Thle. Mit 1 Titelvignette. Frankfurt und Ulm, in der Stettinischen Buchh. 1798/99. 8°. VI, 202 u. 224 S. Sehr selten! (15 Mk., unbeschn. in Ppb., ohne Einbandrücken, E. Frensdorff, 1906.)

— Thaten u. Schicksale des Grafen Albrecht v. Waldstein, Herzogs v. Friedland, (von W. F. Heller). 8. Frankenthal 793. Mit neuem Tit. Manh. 814. Löffler. 4 ℊ

Leben, Thaten und Schicksale des Grafen Alb. von Wallenstein, Herzogs von Friedland. Frankenthal 1793, 1807. Mannheim 1814, 1816. V: *Heller, Wilh. Frdr.* (Mitth. des Vereines für Geschichte der Deutschen in Böhmen. XVII. Jgg. S. 75.)

— u. Thaten des berüchtigten Räuberhauptmanns Schinderhannes. 8. Erfurt (u. Gotha) 802. Hennings. 1 ß

LEBEN und Thaten des Hofjunkers Freyherrn Hans Franz von Schmerlbach. 3 Thle. Coburg 1794. 8°. Selten! (3 Mk. Franz Teubner, Düsseldorf, c. 1898.)

— u. Thaten d. Gr. v. Schwerin. 8. Berl. 759.

Leben und Thaten des Königl. Preuss General-Feldmarschalls Grafen von Schwerin. Worinnen auch zuverlässige Nachrichten von der Königl. Preuss. Armee, und die Geschichte des jetzigen Krieges enthalten. Frankfurt u. Leipzig 1759. 8.

— u. Thaten d. berühmt. Seehelden, Admirale ꝛc., von Christoph Columbus bis de Ruyter. Mit Kpf. 4. Nürnb., Endter. 8 ℊ

Leben und Thaten des ehrwürdigen Paters Simpertus, oder Geschichte der Verfinsterung des Fürstenthums Strahlenberg. Madrid [Heilbronn] 1799. V: *Pahl, Johann Georg.* (Ky) (Wr)

— u. Thaten des ehrwürd. Paters Simpertus, oder Geschichte d. Verfinsterung d. Fürstenth. Strahlenberg, (von J. G. Pahl). 8. Madrid (Heilbr.) 799.

Leben, Thaten und Sittensprüche des lahmen Wachtelpeters. Weissenfels u. Leipzig 1794—96. V: *Cramer, Carl Gottlob.* (MGT)

Leben und Thaten des in der Revolutions-Geschichte Helvetiens so berühmten Kapuziners Pater Paul Stiger aus dem ehemaligen Kanton Schweiz. 8. *o. O.* 1799.
Ausg. A. Mit Motto auf der Rückseite des Titels.
Ausg. B. Mit Motto auf dem Titel.

— u. Thaten d. berühmt. Straßenräuber, Mörder ꝛc. in England. 8. Frkf. 720.

— — und Thaten der berühmtesten Straßen- und Seeräuber. s. Johnson, C.

— — Tod u. Begräbniß weil. Sr. päpstl. Heil. Pius IX., nebst einer Beschreibung des Conklave's u. einer Biographie des jetzigen Papst Leo XIII. Den besten Quellen entnommen u. zusammengestellt von B. Ovm. 8. (48 S.) Urfahr-Linz 878. Kraußlich. — 20

— Thaten u. Tod Friedrichs II. 8. Berl. 787. (Schöps in Zittau). 16 ℊ

MANDRIN, Louis, Räuberhauptmann (1724—55). — Leben, Thaten u. Tod des berühmten Mandrin, Oberhaupt der Contrebandiers in Frankreich. Worinnen zugleich auch die Geschichte der Contrebandiers überhaupt beschrieben wird. Aus dem Französischen übersetzt. Frankfurt (Ulm, Wagner) 1755. 8°. (6 Mk. 50 Pfg. A. Buchholz, München, 1906.)

Leben und Thaten Emerich Tökölys und seiner Zeitgenossen. Ein historisches Drama . . . Leipzig 1839. V: *Schröer, Tobias Gottfried.* (ADB) (ABJP) (GGr) (WBL)

—— und Thaten Emerich Tököly's u. seiner Streitgenossen. Ein histor. Drama v. A. Z. gr. 8. (14 B.) Leipzig 839, [Brandstetter.]

Leben u. Thaten Emerich Tököly's u. seiner Streitgenossen. Ein histor. Drama v. A. Z. gr. 8. Leipzig 839. Einhorn. 3/4 ß

Leben und Thaten des berühmten Kön. Dänischen Vice-Admirals Peter Tordenschilds. A. d. Dän. Kopenh. 1753. V: *Rothe, Casp. Pet.* Ü: *Scheibe, Joh. Ad.* (Bruun, Bibl. Danica III, 1525.)

— u. Thaten d. Viceadmirals Tordenskiold; aus d. Dän. 8. Frankf. 752.... 20 gl.

Leben und Thaten | des | italienischen Räuberhauptmanns | Banco Trassali, | eines geborenen | Fürsten von Borgesi. | Ein Sittengemälde aus Italiens Vergangenheit. | Vierte Auflage. | Reutlingen. | Druck und Verlag von Enßlin und Laiblin.
o. J., 63 S. + 1 S. Anzeigen, 160 × 100, kol. U.-Fig.: *Kurz nachher kam die Tragbahre mit der Geretteten* ..., 107 × 90. Priv.-Bes.

—— und Thaten des italienischen Räuberhauptmanns Banco Trassali, eines geborenen Fürsten v. Borgesi. Ein Sittengemälde aus Italiens Vergangenheit. 2.—4. Aufl. 8. (63 S.) Reutlingen 869—75, Enßlin und Laiblin.

—— und Thaten des italienischen Räuberhauptmanns Banco Trassali, eines geborenen Fürsten v. Borgesi. Ein Sittengemälde aus Italiens Vergangenheit. 5. Aufl. 8. (63 S.) Reutlingen 879, Enßlin und Laiblin's Verlagsh.

— u. Thaten d. franz. Gener. Türenne. 8. Halle. 724.

Leben und Thaten des weltberühmten französischen Generals Turenne. 8. Halle 1723. — 8. ib. 1724.

Leben und Thaten des Marschalls von Villars. 8. Frankfurt 1735.

— u. Thaten des berühmt. Zaubers Christoph Wagner. 8. Ruppin ... (Leipz., Liebeskind). 14 K

Leben und Thaten des Generals Wallenstein, aus den besten Quellen zusammengetragen. Bunzlau 1782. V: *Bucquoi, Erdmann Frdr.* (Mitth. des Vereines für Gesch. der Deutschen in Böhmen XVII. S. 75.) Breslau 1783. (Nent)

— u. That. d. Gen. Wallenstein. gr. 8. Breslau, Meyer, 783.

Leben und Thaten des . . . Anton Wallner . . . im Jahre 1809 . . . Wien 1843. V: *Grill, Ant.* (EB)

Leben und Thaten des in das Grab der Vergessenheit gesunkenen Anton Wallner (vulgo Aichberger), Wirth in Windisch Matrey ... Wien 1843. V: *Grill, Anton.* (Margr)

Leben und Thaten des salzburgischen Landesverteidigers Anton Wallner. Wien 1843. V: *Grill, Anton.* H (oder V): *Riedl, Elise.* (H. F. Wagner, Anonymes und Pseudonymes in der Salzburger Literatur 1910, S. 23)

— u. Thäten G. Washingtons, mit e. Abriß d. nordamerikan. Freistaats. Mit Kpf. 8. Hamb. 783. Möller. 2 gl.

— u. Thaten eines Weltbürgers, mit Seitenhieben auf manche Modethorheit uns. Jahrhund. 2 Thle. 8. Berl. Wilh. Vieweg. 798—800. (à 16 gr.)

— u. That. William III. v. England. 8. Hannov. Helwing. 703.

Leben und Thaten des Herrn Paulus v. Wirtzen, eines geborenen Husumers, bürgerlichen Standes, nachdem aber Freyherrns von Ornholm, Generallieutenants Sr. königl. Maj. in Schweden u. s. w. und zuletzt Feldmarschalls in Diensten der vereinigten Niederlande. Aus der holländischen Sprache in die deutsche übersetzt und zum Druck befördert von Philander von der Weistritz. Copenhagen und Leipzig, Fr. Chr. Pelt 1756. 135 S.

Leben und Thaten des alten Kriegsobersten von Wriesberg. Göttingen 1742.

Leben, Taubmanns. Anekdoten, witzige Einfälle und Sittensprüche ... Paris [Leipzig] 1797. H: *Meyer, Aug. Wilh.* (wr)

— Joh. Taulers. Strasb. Silbermann. 807.

— d. Abbé Terrai, s. Denkwürdigkeiten.

— d. Abbé Terrai, General-Finanzcontrolleurs, Denkwürdigkeiten, d. s. Leben, s. Intrig. u. Fall enth. 2 Thle. 8. Berl. Pauli. 781.

— das, d. Gerhard Tersteegen. 8. (32 S.) Ebd. 897. — 20

* — Theodorini, Erzbischofs zu Magdeburg u. Primatis in Deutschland, verfaßt v. Gehricke. 2 Thle. 8. Hann. Helwing. 743.

— theosophisches. Monatsschrift f. allgemeine Bruderschaft, Theosophie, Okkultismus u. Mystik. Hrsg.: Paul Raatz. 1.—5. Jahrg. April 1898—März 1903. à 12 Nrn. 8. (à ca. 32 S.) Berlin, P. Raatz. à Jahrg. n. 3.—

— theosophisches. Monatsschrift f. allgem. Bruderschaft, Theosophie, Okkultismus u. Mystik. Organ der theosoph. Gesellschaft. Hrsg.: Paul Raatz. 6. Jahrg. April 1903—März 1904. 12 Nrn. (à ca. 32 S.) 8. Berlin, P. Raatz. n. 3.—

— dasselbe. Monatsschrift. Gewidmet der theosoph. Bewegung u. dem Studium v. Philosophie, Wissenschaft u. Religion. Organ der „Theosoph. Gesellschaft in Deutschland“. Hrsg.: Paul Raatz. 7.—9. Jahrg. April 1904—März 1907. à 12 Nrn. (à ca. 40 S.) gr. 8. Ebd. à Jhrg. n. 5. —

— theosophisches. Gewidmet der theosoph. Bewegung u. dem Studium v. Philosophie, Religion u. Wissenschaft. Organ der „Theosoph. Gesellschaft in Deutschland“. Hrsg.: Paul Raatz. 10.—13. Jahrg. April 1907—März 1911. à 12 Nrn. (à 32 S.) gr. 8. Berlin, P. Raatz. à Jahrg. 5. —

Leben der heiligen Theresia. Mainz 1825. V: *Buttler*, *Alban*. (schmal)

Leben, das, der heiligen Theresia. gr. 12. Köln 841, J. G. Schmitz. 1/3 ℔

— der heil. Theresia, von ihr selbst beschrieben. Auszug aus den Lebensbeschreibungen heil. Seelen. Hrsg. v. Joh. Goßner. gr. 16. (88 S.) Berlin 847, J. A. Wohlgemuth. 1/6 ℔

—— das, der heiligen Theresia. Von ihr selbst beschrieben. Mit Gebetsübungen zum Gebrauche für neuntägige Andachten. 2., verb. und verm. Aufl. gr. 12. (128 S. mit 1 Stahlst.) München 856(57,) Lentner'sche Buchh.

—— der heil. Theresia, von ihr selbst geschrieben. Mit den Anmerkungen und Zugaben der Ausg. des P. Marcel Bouix, übers. von A. K. Mit einem Vorwort von J. Th. Laurent. 8. (VII und 703 S.) Aachen 868, Jacobi und Comp.

Leben der hl. Theresia. Aus dem Franz. (32 S. m. Abb.) 16. Straßburg (905). F. X. Le Roux & Co. — 10

Leben der heil. Theresia u. d. heil. Rosa v. Lima. — A. u. d. T.: Die heil. Theresia u. d. heil. Rosa v. Lima. Hrsg. v. mehr. kathol. Geistlichen. gr. 12. (1 B. u. Bildn. d. h. Th.) Schweidnitz 840, Heege. Thlr.

— d. Theresia, Stifterin d. unbeschuhten Carmeliterinnen. (Aus d. 18. Bde d. Leben d. Väter ꝛc. abgedr.) gr. 8. Mainz 825. Müller. 12 gr.

Leben der hl. Thiemo und Eberhard ... Salzburg 1803. V: *Rumpler*, *Matthias*. (Hr)

Friedrich Thierschs Leben, hrsg. v. Heinrich W. J. Thiersch, Leipzig u. Heidelberg 1866.
Bd. 1: 1784—1830, VIII u. 382 S.
Bd. 2: 1830—1860, VII u. 633 S. 2 Bde.

—— des h. Thomas von Canterbury, s. Bekker, J.

Leben des geh. Raths Wilhelm Friedrich von Thomas. Baireuth 1776. V: *Lang*, *Lorenz Johann Jacob*. (Fiker) »Erlangen« (Adel)

Leben Dr. Adami Thracigeri. Hamburg 1722. V: *Wilckens*, *Nic*. (ADB 38.504.)

Leben Leonhard Thurneissers zum Thurn, Churfürstl. Brandenburgischen Leibarztes. Ein Beitrag zur Geschichte der Alchymie wie auch der Wissenschaften und Künste in der Mark Brandenburg gegen Ende des 16. Jahrh. Berlin 1783. V: *Moehsen*, *Johann Carl Wilhelm*. (StadtBibl Berlin VIII, S. 71)

— des Schiffscapitains Thurot; aus d. Französ. 8. Jena 792. Mauke. 12 gr.

— Tillotson, Bischoff zu Canterbury. 8. Lpz. Weidmann. 754.

— des Generals Tilly, s. Volksbücher.

— u. Tod, über, oder Beruhigungs- u. Trostgründe für den Tod. 8. Frankf. a. M. 809. Döring. (Guilhaumann). 12 gr.

— u. Tod, über, oder Beruhigungsgründe f. dies. ꝛc. 2 Thlr. 8. Frankf. Gebhardt u. K. 809.

Leben, Das, und der Tod. Todesahnungen, Todesanzeichen, Todesfurcht ... Leipzig 1850. V: *Becker*, *Gfr. Wilh*. (Ky)

— das, u. der Tod. Todesahnungen, Todesanzeichen, Todesfurcht; die Ohnmacht, der Schein- u. der wahre Tod. Zur Belehrung u. Beherzigung f. Jedermann. Von *r. 8. (IV u. 92 S.) Leipzig 850, Fest. 9 ngr.

— das, im Tode. Vom Sterbebette e. Stillen im Lande. Basel 870. (Barmen, Klein.) 8. (95 S.) 7½ ngr.

— Tod u. Begräbniß (d. Admirals) Nelson. 8. Halle ... Dietlein. 4 gr. s. auch Charnock u. Lebensbeschreibung.

—— Tod und Begräbniß weil. Sr. päpstl. Heil. Pius IX., nebst einer Beschreibung des Conklave's und einer Biographie des jetzigen Papst Leo XIII. Den besten Quellen entnommen und zusammengestellt von B. Dom. 8. (48 S.) Urfahr-Linz 878, Kraußlich.

Leben, Tod und Begräbniss der französischen Reputation ... Cockogallinien. [Berlin] 1742. N. A. 1745. V: *Vetter*, *Joh. Friedrich*. (Wr)

— u. Tod d. unschuldig hingerichteten Johann Calas. 4. Leipz. 767. Jacobäer. 2 gr.

Leben und Tod Christi und seiner Apostel. Jerusalem 1709. V: *Glüsing*, *Joh. Otto*. (schr) (Adel)

Leben und Todt des Dichters Firlifimini. O fames quid non mortalia pectora cogis. Leipzig [Dessau] 1784. V: *Schulz Joach. Chn. Fch.* (GGr IV³/931, Nr. 24/16) V nicht: *Blumauer*, *Joh. Alois*. (L. Geiger, Firlifimini und andere Curiosa. Berlin 1885, S. 1) (BiblPort)

Leben und Todt des Dichters Firlifimini . . . Leipzig 1784. V: *Schulz, Joach. Christoph Frdr.* (Ky) (Zeitschr. f. Bücherf. IV Heft 1 S. 2.) »Berlin 1785« (GGr)

Leben und Tod der heiligen Genoveva, ein Trauerspiel von L. Tiek. Neue verb. Aufl. gr. 8. Berlin, Reimer. 821.

Leben und Tod des Gesalbten des Herrn . . . Breslau 1705. V: *Neumann, Caspar.* (Kat. d. Druckschr. über Breslau. Breslau 1903. S. 10.)

— u. Tod Kaiser Heinrichs IV. 8. Dessau 784. Gelehrt. B. 10 Gr.

Leben, Tod und Höllenfahrt des weltberühmten Doktor Daus . . . Leipzig 1841. V: *Korn (Nork), Felix (= Selig Kohn).* (GGr X, 630) (Zeitschr. f. Büch. N. F. 15, 1923, S. 114.) (BGE II[3], 641)

— Tod und Höllenfahrt des weltberühmten Doctor Daus. Einaktige Parodie des Göthe'schen Faust. 8. Leipzig 841, Brauns. 1/8 Thlr.

— u. Tod des standhaften Märtyrers Johs. Huß, welcher im Jahre 1415 um der Wahrheit willen auf dem Concilio zu Costnitz zum Feuertode verurtheilt u. lebendig verbrannt worden ist. Baltimore 864. (Philadelphia, Schäfer & Koradi.) 16. (116 S.) geb. n. 12 ngr.

— u. Tod Joh. Paul Marats; nebst e. kurzen Geschichte sr. Mörderin Charl. Cordey; M. 1 Kpf. 8. Mannh. 794. Löffler. 10 Gr.

Leben und Tod, des Berüchtigten Juden, Joseph Süß Oppenheimers, aus Heidelberg, oder Kurze und zuverlässige Nachrichten von Dessen Herkunft, geschwinden Erhebung, lasterhaftem Leben und plötzlichem Falle. Nebst einem Vorbericht, wie die bisher heraus gekommenen Nachrichten, von diesen (!) Juden, mit Unterschied zu lesen sind. Mit zwey Kupfern (Portrait; Galgen und Käfig). Franckfurt und Leipzig Anno MDCCXXXVIII. (1738.) 4°. (War in Beck's in Nördlingen Cat. 116. [ca. 1872] als Beibd. zu den nachher citierten „Nachrichten".)
Höchst selten! Tit. u. 72 S. (incl. 4 S.

Leben und Tod des berüchtigten Juden Süss Oppenheimers aus Heidelberg . . . Frankf. u. Leipz. 1748. V: *Casparson, Wilh. Johann Christian Gustav.* (HS) »1738« (Stri)

— und Tod des Herzogs von Orleans. Aus d. Französ. von W. Mit Portr. gr. 12. Carlsruhe 842, Bielefeld. 1/6 Thlr.

Leben und Tod des gottseligen Paters Klemens Raiffer aus dem reformirten Orden des h. Franciskus, kurz beschrieben. Brixen 1832. V: *Forer, Valentin.* (Margr)

— oder Tod den Runkelrübenzucker-Fabriken? Ein Wort zu seiner Zeit u. den zu den Landtags-Verhandlungen versammelten hohen Ständen des Königsreichs Preußen gewidmet. gr. 8. Breslau 841, Friedländer. 1/6 Thlr.

Leben und Tod Sebastian Silligs. Ein Roman . . . Frankf. u. Leipzig 1776. V: *Wagner, Hnr. Leopold.* (ML) (Ky) (GGr)

— u. Tod Sebastian Silligs (v. Hnr. Leop. Wagner). 8. Frankf. 776. Gebhardt u. K. 12 Gr.

— u. Tod Voltaire's. 8. Augsb. Rieger. 785.

Leben, Tod und Wiederauferstehung des Johann Ulrich Schwarz von Hettlingen; Parodie. [Zürich] 1880. V: *Lang, Julius.* (Cat. d. Stadtbibl. Zürich. Zürich 1864—97.)

Leben, Tod u. Wiederauferstehung des Joh(ann) Ulrich Schwarz von Hettlingen <gewester Sanitätssekretär in Zürich>. Parodie in 5 Gesängen nach der Melodie: „In der grossen Seestadt Leipzig". Zum ewigen Gedächtniss für Alt und Jung zu singen. [SA.] 8. [Zürich] 1880.

— Tod u. Wunderthaten Foulon's. 8. Mard. 798. Krieger. 2 Gr.

Leben und Todesfeier des Generals Foy. A. d. Franz. Stuttg. 1826. V: *Vidal, Felix.* (Pr)

Leben des Grafen Gottl. K. Hoh. v. Totleben. A. d. Französ. 8. Leipzig 1763.

— des Grafen v. Tottleben. 8. Leipz. 763. Jacobäer. (Aue in Altona). 9 Gr.

— Toussaint, a. authent. Quellen. 8. Nrnb. Campe. 805.

Leben Toussaint-Louvertures. 8. Fürth 1802. — 8. Nürnberg 1805.

Leben und Treiben, Das, des berüchtigten Theobald Daniel Carl Göbel, auch Baron v. Göbler und Dr. med. Werner genannt . . . Mainz 1840. V: *Wittmann, Philipp.* (HS)

— und Treiben, das, d. berücht. Theob. Dan. Carl Göbel, auch Baron v. Göbler u. Dr. med. Werner genannt, u. d. Ergebnisse d. im J. 1839 zu Mainz geg. ihn u. seine Mitbeschuldigten geführten peinl. Untersuch., dargest. v. ein. Juristen. 8. (7 1/4 B. u. G's. Bildn.) Mainz 840, Faber. *

Leben und Treiben der Jugendwelt. Unzerreißbares Leinwandbilderbuch. 8. (16 ill. Stnt. auf Leinw.) Nürnberg 865, Zeh'sche Buchh. *

— und Treiben der Kinderwelt. Ein Bilderbuch für die deutsche Jugend. Illustrirt von H. Borrmann. Mit Verslein versehen von H. Böhnke-Reich. gr. 4. (10 Holzschntaf. mit eingedr. Texte.) Leipzig 877, Scholtze. cart. M 1,60.; color.

— u. Treiben der Tiere. 2 Sorten. 8. (à 6 farb. Taf. m. eingedr. u. 4 S. Text.) Leipzig 889. Fr. Pfau. cart. à — 15

Leben und Treiben des verewigten Wildschützen und Räuberhauptmanns genannt der baierische Hiesel. Wien [1900]. V: *Molitor, R.* (EB)

Leben und Treiben des verewigten Wildschützen und Räuberhauptmanns, genannt der bairische Hiesel. Wien [1904]. V: *Moliter, Caroline von.* (EB)

— u. Treiben, das, der Wingolfiten. Beiträge zur Charakteristik der christl. Verbindgn. auf deutschen Universitäten. 8. (56 S.) Hagen i. W. 889, Risel u. Comp. * — 50

— Franz Freyh. v. Trenk. 2 Thle. 8. Lpz. Gleditsch. 748.

— Franz Frhrn. v. Trenk. 8. Wien 788. Wallishausser. 10 K

— Friedrichs Freyh. v. d. Trenk. 2 Thle. 8. Lpz. Craffs. 787.

— — dass. 8. Frankf. u. Lpz. v. Mösle in Wien.

— — dass. 3 Thle. m. K. 8. Berl. (Vieweg in Brschw.) 787.

— — dess. 4r Thl. 8. Altenb. (Jacobäer in Lpz.) 792.

— — dess. 4r Thl. 8. Berl. Belitz. 792.

— — dess. 5r Thl. (v. e. and. Verf.) 8. Baux. Arnold. 796.

Leben, Kerker und Tod, Friedrich Freiherrn von der Trenck. Nach Originalquellen ... Leipzig 1837. V: *Dietrich, Ewald Christian Victorin.* (ABJP)

Leben des Johann von Trocznow, genannt Ziżka ... Prag 1784. V: *Eckardt, Frdr. Samuel Lucas von.* (GGr) (Ky) (Cat. d. Stadtbibl. Zürich. Zürich 1864—97.) »Leben und Thaten Johann von Trocznow« ... (Pr)

— Joh. Trocznow's, genannt Zizka, von F. E. (Fr. v. Eckardt). 8. Prag 784. Gerle. 6 K

— u. Tugenden des Dieners Gottes Petrus Julianus Eymard, Stifters der Kongregation vom Allerheiligsten Sakramente. Veröffentlicht zu Rom vom Postulator des Seligsprechungs-Prozesses. Deutsche Uebersetzg. u. Bearbeitg. v. den Vätern vom Allerheiligsten Sakrament in Bozen. (400 S. m. Bildnis.) gr. 8. Bozen (903). (Buchh. Verlag des Emmanuel) n. 2. —

Leben, Das, die Tugenden und Ehrenvorzüge Mariä ... Regensb. 1849. V: *Schmid, Franz Anton.* (JES) (SO)

Leben und Tugenden Eleonorae Magdalenae ... Wien 1721. V: *Wagner, Franz.* Ü: *Lanz, Bernhard.* (CLZür Forts. III)

Leben und Tugenden Eleonorae Magdalenae Theresiae römischen Kaiserin ... Wien 1721. V: *Wagner, Franz.* (JES)

Leben Und Tugenden Eleonorae Magdalenae Theresiae, Römischer Kayserin ... Wienn 1721. V: *Wagner, Franz.* Ü: *Lanz, Bernhard.* (ZÜRKL)

Leben, Das, und die Tugenden des hl. Franz von Sales, nach den Processacten. A. d. Franz. Amberg 1875. Ü: *Holzapfel, Wilhelm.* (JES) (SO)

— das, u. die Tugenden d. hl. Franz v. Sales nach den gerichtlichen Zeugenaussagen, welche die heil. Franziska v. Chantal bei dem Beatificationsprocesse dieses Heiligen gemacht hat. Nach dem authent. Texte der Proceßakten übers. v. e. Priester der Gesellschaft Jesu. gr. 16. (XVI, 228 S.) Amberg 876. Habbel. 1. 20

— u. Tugend. Maria Josepha, Kön. v. Pol. u. Churfürst. z. Sachs. gr. 4. Lpz. Breitkopf. 766.

— u. Tugenden der ehrwürdigen Mutter Maria Mechtilde v. Rozières, weil. General-Oberin der barmherz. Schwestern vom hl. Karl Borromäus. Aus dem Französ. 12. (IV, 119 S. m. Bildnis.) Ebd. 894. Geb. in Leinw. n. — 75

— das tugend- u. wundervolle, des heil. Joseph von Copertino, gestorben 1663 u. heilig gesprochen 1767. Von e. kathol. Priester. gr. 12. Aachen 843, Cremer'sche Buchh. 1/2 ₰

Leben, Turgots; a. d. Franz. Gera 1787—88. Ü: *Behr, Christian Andreas.* (MGT) (Ky)

Leben Turgots; aus d. Französ., mit Anmerkk. (von Chr. Andr. Behr). 2 Thle. 8. Gera 787, 88. (Kummer in Leipz.) 20 K

— des Herrn Türgots. 2 Thle. 8. Hirschberg 787. (Kummer in Leipz.) 20 K

Aus dem türkischen Leben. Bd. 1. Berlin: Stilke 1908. 8°

— u. Uebelthaten Lips Tullian ꝛc. 4. Dresd. Gerlach. 726.

Leben, Uebelthaten und gerechtes Urtheil des berichtigten (!) Erz-Schelmen und Diebs Juden Süß Oppenheimers, darinnen sein böser Lebenswandel, Schelmen- und Diebs-Stücke, und wie er endlich seinen wohl verdienten Lohn durch des Henckers Hand empfangen, ausführlich erzehlet werden von einem aufrichtigem (!) Spiele-Wercks-Mann, aus dessen Munde aber zu Papier gebracht und in eine bessere Ordnung gesetzet, von einem Hoch-Teutschen. Nebst des Juden Schelmischen Bildnuß und wie er in einem Käffig den Galgen zieret; In Zwey Bögen Kupffern vorgestellet. (Zierleiste.) MDCCXXXVIII. (1738.) 4°. (5 Mk., Friedr. Klüber, München, c. 1900.)

— u. Uebelthaten J. Dav. Wagners, sonst Mause David genannt. m. K. 4. Lpz. 722.

Leben, Ludwig Uhlands. Stuttgart 1874. V: *Uhland, Emilie.* (Cat. d. Stadtbibl. Zürich. Zürich 1864—97.)

Leben d. Gräfin v. Ulfeld, nach 23jähr. Gefängn. 8. Copph. Pelt. 754. Rthlr.

— d. Graf. v. Ulfeld, a. d. Dän. v. Philander. 2 Thle. 8. Copenh. Pelt. 755.

Leben des Grafen Corfiz Ulfeld, vormaligen Reichshofraths in Dänemark . . . Breslau u. Leipzig 1790. V: *Rousseau de la Valette, Mich. Achard.* H: *Mursinna, Friedrich Samuel.* (MGT) (KY) (Adel) (Bruun, Bibl. Danica III, 1538.)

— des Grafen Corfiz v. Ulfeld, Reichshofr. in Dänemark, (von F. S. Mursinna). 8. Bresl. 790. (Gosohorsky). 12 gr

— d. Graf. Corfiz v. Ulfeld, Reichshofr. in Dänemark. 8. Bresl. Meyer. 790.

— d. Gräfin E. C. v. Ulfeld, eine Tochter Christian IV. a. d. Dän. 8. Ebend. 757.

Leben. ... das L' des Kunstmalers J(ohann) J(akob) Ulrich, Professor (1798–1877). Njbl. s.a. [Erlach, Rudolf von].

Leben, Das, des Kunstmalers J. J. Ulrich. [Zürich 1878.] V: *Erlach, Rud. v.* (Cat. d. Stadtbibl. Zürich. Zürich 1864—97.)

Aus dem Leben eines Unbekannten. (Geschichte eines Hallenser Studenten.) Stuttgart 1867. 8°.
War in einem alten Leihbibl.-Cat.

— eines Unglücklichen, e. wahre Gesch. 8. Copenh. Schubothe. 793.

— eines Unglücklichen. 1ster Thl. 8. Königsb. Nicolovius. 797.

LEBEN auf Universitäten, Das, oder Darstellung aller Sitten und Gebräuche der Studenten, ihrer Verbindungen und Comments bei Duellen u. s. w.; nebst einem Verzeichniss aller burschikosen Ausdrücke und einer Auswahl der beliebtesten Burschenlieder. Sondershausen 1822. 16°.
P. E. Richter, Bibl. geogr. Germaniae. Lpz. 1896. S. 789. — Rar!

— das, auf Universitäten, oder Darstellung aller Sitten u. Gebräuche d. Studenten, ihrer Verbindungen u. Comments bei Duellen ꝛc., nebst e. Verzeichniß aller burschikosen Ausdrücke ꝛc. 12. Sonderh. 822. Voigt. 16 gr

Leben u. Unternehmungen einiger berüchtigten Seeräuber in Europa u. Indien. 8. Leipz. 791. Weygand. 18 gr

EMBRACH, Kloster. (Canton Zürich). — Das üppige Leben der Mönchen. Wie solches im Kloster zu Embrach um 1517 durch satir. Figuren vorgestellt und all fresco gemahlt, mit Versen. Nach einer MSS. Copie im Archiv v. Hottingen 1772 gestochen. Illustr. Titel und 14 Vorstell. auf 4 Bll. 4°. (3 Mk. Heberle, Cöln, c. 1875; jetzt theurer!)

Leben Uraniens, Königin von Sardanapalien, im Planeten Sirius . . . [Hamb.] 1790. V: *Albrecht, Johann Friedrich Ernst.* (BGE) (GGr)

— Uranie, Königs v. Sardanapalien im Planeten Syrius, ein Werk Wessemi Saffras, des genannten Weisen ꝛc. 2 Thle. 8. Hamb. 790. (Campe). 1 ℞ 8 gr

— der Gräfin Valeria. 2 Thle. 8. Erfurt u. Gotha, Hennings 2 ℞ 20 gr

LEBEN der Gräfin Valeria von ***. Eine merkwürdige Avanturiere aus Ungern. Aus ihrem Nachlasse bei ihrer Entweichung aus dem Ursulinerkloster zu E—t (Erfurt). 2 Thle. Erfurt, Hennings, 1806. Kl. 8°. Selten!
VI, 350 u. 399 SS.

— des in d. Gefangenschaft d. hohen verbünd. Mächte gerathenen französ. Generals Vandamme. Mit 1 Kpf. 8. Leipz., Seeger. 6 gr

Leben des in die Gefangenschaft der hohen verbündeten Mächte gerathenen französischen Generals Vandamme. 8. Leipzig s. a. (1815.)

– des hochwürdigen P. Josef Varin S. J., früheren Oberen der Väter vom heiligsten Herzen Jesu in Deutschland, und der Väter des Glaubens in Frankreich. Verfaßt vom hochwürdigen P. Achilles Guiden S. J. (342 S.) Ebds. 1869. 8°

Leben meines Vaters . . . A. d. Franz. Lübeck 1780. V: *Restif de la Bretonne, Nic. Edme.* Ü: *Cramer, Carl Frdr.* (BGE) (JL) (KY) (Kordes, Schlesw.-holst. u. eutin. Schriftst. Schleswig 1797.) »Berlin 1780« Ü: *Mylius, Wilhelm Chph Siegm.* (GGr) (BGE) (MGT)

— meines Vaters; aus d. Französ. übers. (v. K. Fr. Cramer). 2 Thle. 8. Lübeck 780. (Gleditsch in Leipz.) 1 ℞

— meines Vaters, v. Verf. d. neuen Abeillard. 2 Thle. 8. Lübeck, Iversen. (Linke in Lpz.) 780.

— — dasselbe. 8. Berlin, Voß. 780.

– dass., s.a. Bretonne

—— der Väter u. Märtyrer ꝛc., s.a. Butler, A.

— d. Väter u. Märtyrer, nebst and. vorzügl. Heiligen, ursprüngl. in engl. Sprache verfaßt von J. Buttler. — Nach d. französ. Uebersetzung v. Godescard, für Deutschland bearb. u. sehr verm. von Dr. Räß u. Dr. Weis. 23 Bde, mit Registerband. gr. 8. Mainz 821—27. Müller. (à 1 ℞ 12 gr) 34 ℞ 12 gr (22r u. 23r Bd. A. u. d. T.: d. bewegl. Feste d. kathol. Kirche ꝛc. 2 Bde. 2 ℞ 21 gr)

— Dass., im Auszuge von Räß u. Weis. 4 Bde unt. d. Tit.: Leben d. Heiligen ꝛc. 8. Ebd. 6 ℞ 16 gr

Leben Franz Johann Vavaks. Prag 1796. V: *Nemecek, Fr.* (Kalender für Aufseher 1798, S. 175) (WBL 50/9) (BiblPort)

— d. verborgene, mit Christo in Gott. 12. 738.

— das verborgene, mit Christo in Gott. Aus den Schriften des gottsel. Joh. v. Bernieres Louvigni gesammelt für innige u. stille Seelen. Neueste verb. Orig.-Ausg. m. 1 Stahlst. 16. (284 S.) Münster 851, Coppenrath. 1/8 ℞

— das verborgene, mit Christo in Gott. Aus den Schriften des gottsel. Joh. v. Bernieres Louvigni gesammelt für innige und stille Seelen. Neueste verm. Orig.-Ausg. 854. (315 S.) 3¾ ngr. — Neueste mit einem vollständ. Gebetbuche verm. Orig.-Ausg. Mit 1 Stahlst. Münster 855. Coppenrath. 32. (406 S.) 6 ngr.

— das, das Verbrechen u. die Bekehrung des Mörders Carsten Hinz, von ihm selbst aufrichtig erzählt u. mit einigen Zusätzen herausgeg. von Gust. Schumacher. 2. Aufl. gr. 8. Hamburg 844, Agentur des rauhen Hauses. n. 6¼ ngr

— das, das Verbrechen u. die Bekehrung des Mörders Carsten Hinz, von ihm selber erzählt, mit Zusätzen v. Gust. Schumacher. 3. Aufl. gr. 8. (XII u. 68 S.) Hamburg 845, Agentur des Rauhen Hauses. n. 6 ngr

—— das, das Verbrechen und die Bekehrung des Mörders Carsten Hinz, von ihm selber aufrichtig erzählt und mit einigen Zusätzen hrsg. von Gust. Schumacher. 4. Aufl. 12. (XII und 92 S.) Hamburg 859, Agentur des Rauhen Hauses. *

— u. Verbrechen des in Parkersburg [Nordamerika] hingerichteten Raubmörders Joseph Eisele, alias John Schäfer v. Bronnen, Oberamts Reutlingen [Württemberg]. Nebst einer treuen Darstellung der Mordthaten, der Verhaftung, des Verhörs des Verbrechers rc. Reutlingen 868. Baur. gr. 8. (IV, 48 S.) 6 ngr.

— und Verbrechen des am 21. Jan. 1837 zu Darmstadt hingerichteten Raub-Mörders Anton Fischer aus Münster, im Kreise Offenbach. Actenmäßig dargestellt. Mit d. Bildn. d. Mörders zur Zeit der Stabbrechung. 3e verb. u. verm. Aufl. 12. Darmstadt 837. Lange 1/12 ℛℓ — Ohne Bildniß 1½ gr

Leben, Verbrechen und Hinrichtung | der | Beate Christine Niclaaßen de Groot | aus | Iheringsfehn, unweit Aurich in Ostfriesland. | (Fig.: *Gesetzestafeln*, 32 × 53) | welche vom Schwurgerichtshofe zu Osnabrück | wegen | Raubmordes und Brandstiftung | zum Tode verurtheilt | und | am 17. Februar 1857 durch das Schwert | enthauptet wurde. | Osnabrück, | Verlag der Lüdecke'schen Buchdruckerei.
o. J., 8 S., 180 × 105.
LBO Jahrmarktslit R. c. 3, 100.

— Verbrechen und Tod des zu Hanau am 11. Januar 861 hingerichteten Raubmörders Joh. Heinr. Nolte. Actenmäßig dargestellt. Mit Nolte's Portr. in Stahlst. 1—5., verm. Aufl. Darmstadt 861. Lange. 16. (32 S.) 4 ngr.

Leben, Verbrechen und Urtheil des ... Räubers und Totschlägers Christian Binggeli, nach den schriftlichen Akten und dem mündlichen Hauptverfahren vor den Geschwornen. [Mit 1 Tafel.] 8. Bern 1853.

Leben und Verdienste G. A. Wills, s. Kiefhaber, Joh. Karl Siegm.

Leben und Verehrung der heil. Agnes, Jungfrau und Martyrin. Nebst einläßlicher Erzählung des denkwürdigen Ereignisses bei der Kirche der heil. Agnes außer den Stadtmauern Roms am 12. April 1855. Deutsch hrsg. von J. C. Mitterrutzner. 8. (VI und 120 S.) Innsbruck 859, F. Rauch. Thlr.

—— und Verehrung der heil. Agnes, Jungfrau und Martyrin. Nebst einläßl. Erzählung des denkwürd. Ereignisses bei der Kirche der heil. Agnes außer den Stadtmauern Rom's am 12. April 1855. Deutsch hrsg. von J. C. Mitterrutzner. 2. verb. Aufl. 8. (V, 119 S.) Innsbruck 877, F. Rauch's Buchh.

— u. Verehrung d. heil. Stanislaus Kostka, aus d. Gesellschaft Jesu. N. Aufl. 12. Wien 827. Wimmer. 8 gr

— das, der Verfasserin der „Perle der Tage", einer schottischen Gärtnerstochter. Von ihr selbst erzählt. Aus dem Engl. übers. von Frdr. Kayser. 8. (32 S. m. Holzschn.) Basel 850. Leipzig, Gebhardt & Reisland in Comm. n. 3 ngr

—— verfehlte. Die Geschichten dreier Sonderlinge. Mitgetheilt von Max Viktor. 8. (99 S.) Graz 887, [Goll.] *

LEBEN und Verrichtungen einer redlich und großmüthigen Holländerin, im grünen Busch. Führet zum Sinnbild: Eine freye Republic liebet auch einen solchen Muth und Sinn. In einem Roman vorgestellet. Franckfurth u. Leipzig. 1748. 8°. (In Dresden: C. 1004. Lit. Germ. rec.)

— u. Verrichtungen d. Holländerinn im grünen Busch. 8. 8. Frkft. u. Lpz. Gsellius. 748.

Leben und wichtige Verrichtungen Niclaus Manuels, gewesenen ... Fänners der Statt Bern. Bern 1742. V: *Scheurer, Samuel.* (zuwzür 12, 1908, IV, S. 108)

— d. Ritters Pet. v. Verschaffelt. gr. 8. Manh. 797. Schwan u. G. 8 gr

— Vespucii Americi, u. nachgel. e. Briefe. 8. Hamb. Holle. 747.

— d. beruf. Partheigängers Ritter v. Vial. 8. Leipz. 756. Weidmann. 4 gr

Leben des Hauptmanns Hedley Vicars (1826–1855). 8. Basel *o. J.* [ca. 1857].

LEBEN der Frau Marquisin v. Villenemours. Frf., Brönner, 1748. 8°. (24 xr.)
Cat. Monath II. Nürnb. 1783. S. 581.

Leben des heiligen Vincentius von Paulus ... Münster 1818. 3. Aufl. Münster 1839. V: *Stolberg, Friedrich Leopold Graf zu.* (GGr)

Leben des heiligen Virgil ... Salzburg 1803. V: *Rumpler, Matthias.* (Hr)

Leben, Joh. M. Vogels, s. Ostindien, das alte und neue.

Leben. Das L. Ludwig Vogels, Kunstmalers von Zürich (1788–1879). Njbl. *s.a.* (Vögelin, [Friedrich] Salomon).

Leben, Das, Ludwig Vogels von Zürich. [Zürich 1881—82.] V: *Vögelin, Friedrich Salomon.* (Cat. d. Stadtbibl. Zürich. Zürich 1864—97.)

Zürcher
— *Künstlergesellschaft.* N. F. Nr. 41. Das Leben Ludwig Vogel's, Kunstmalers in Zürich. I. Thl.: Jugend- und Wanderjahre. Gr.-in-4°. 46 S. mit 1 Tafel in Lichtdruck. Zürich, Druck von J. Ulrich. 1881. 2 50

Aus dem **Leben** der ev. Volksschule in Hermannstadt. Festgabe d. Mitgliedern d. 12. Lehrertages abgehalten 1910 in Hermannstadt. Hermannstadt 1910: Krafft. 74 S. 8° [11. 4406]

—— ein, voll Arbeit! *** 32. (11 S.) Troppau 887, Johs. Winkler's Selbstverlag. *

Ein Leben voll Arbeit! 2. vermehrte Auflage. 8. (15 S.) Wien: Winkler 1890. * —.30

— Vollmers. 8. Berl. Nauck. 798.

Leben, Voltaires, von M .... A. d. Franz. Nürnberg 1787 [1786]. V: *Truckenbrot, Michael.* (ML) (Ky)

— Voltaire's, a. d. Frz. 8. Nrnb. Stiebner. 787.

Leben des Herrn von Voltaire, Marquis zu Fernei etc. Nebst Anzeige seiner vornehmsten Schriften. O. O. 1778. V: *Vernet, T. H. de.* (BGE VIII³, 253)

— d. Hrn. v. Voltaire u. Anzeig. s. vorn. Schr. 8. Halle, Hendel. 778.

—— des Staatsministers Freiherrn vom u. zum Stein, s.a. Gallerie deutsch. Zeitgenossen. I.

— des Staatsministers Freiherrn vom u. zum Stein. 2 Bde. 8. Leipzig 841, Fr. Fleischer. 3 ℔

— d. Fürsten W. C. Heinr. Friso, Prinz v. Oran. m. K. 8. Halle, Hemmerde u. Schw. 752.

— d. Kön. Poln. u. Churfürstl. Sächs. G. F. Marschall Graf. v. Wackerbarth. 2 Thle. m. K. 8. Elf. Wittekind. 738.

LEBEN Sebastian Wackerman's, Prediger zu Groß- u. Klein-Blumenthal. (Zahmer Roman vom Verf. des Arist und Philemon.) 2 Thle. Mit 1 gestoch. Tit. u. 2 Titelkpfrn. (gestoch. von J. Boettger). Cöthen, bei J. A. Aue, 1803. 8°.

— e. Landpredigers, Sebastian Wackermanns. 2 Thle. 8. Cöthen 803. Aue. 1 ℔ 16 gr

— Christ. Wagners, Fausts Famulus. 8. Bresl. 714.

Leben und Thaten, Des durch seine Zauber-Kunst Bekannten Christoph Wagners (Weyland-gewesenen Famuli Des weltberuffenen Ertz-Zauberers D. Joh. Faustens). Zum Spiegel und Warnung allen denen die mit dergleichen verbotenen Künsten umbgehen ... Berlin 1712. 1714. H: *Marperger, Paul Jacob.* (Engel, Bibliotheca Faustiana.) (ADB) (Heuer, Faust-Ausstellung in Frankf. a. M. Fr. a. M. 1893.)

Richard Wagners Leben und Werke im Bilde, dargestellt in 866 Illustrationen nebst erläuterndem Text, in Blockkalenderform pro 1909 Wien: Engel 1908. K 5.—

— das wahre. Nach der Darstellg. im Worte Gottes. 8. (32 S.) Bremen (902). Verlag des Tractathauses. —25

— wahres. Organ des deutschen Spiritualistenbundes. Red.: E. Schaarschmidt. 1.—4. Jahrg. Oktbr. 1899—Septbr. 1903. à 12 Nrn. hoch 4. (à ca. 8 S.) Leipzig-(Reudnitz, Gabelsbergerstr. 1), Dr. E. Schaarschmidt. à Jahrg. n. 3.—

— wahres. Organ deutscher Spiritualistenvereine. Schriftleitung: E. Schaarschmidt. 5.—8. Jahrg. Oktbr. 1903—Septbr. 1907. 12, bezw. 24 Nrn. (96, 104, 110 u. 194 S.) 4. Leipzig, E. Fiedler. à Jhrg. n. 3.—; geb. n. 4.50

Leben, wahres. Organ deutscher Spiritualisten-Vereine. Schriftleitung: E. Schaarschmidt. 9.—12. Jahrg. Oktbr. 1907—Septbr. 1911. à 24 Nrn. (9.—11. Jahrg. IV, 194; IV, 198 u. IV, 212 S. m. Abb.) 32,5×24,5 cm. Leipzig, H. Zieger. à Jahrg. 3.—

— wahres, A. v. Wallensteins, Herzogs v. Friedland, (von F. A. v. Grevenitz). 8. Berl. 797. Maurers B. 10 gr

LEBEN, Wahrhaftes, eines Menschen, welcher vom niedrigsten Stande zum höchsten Gipfel der Ehren gestiegen. Frkft. (Berlin, Haude) 1760. 8°. (24 xr.)
Cat. Monath. II. S. 570.

— d. heil. Walburgä. 4. Münch. 750. Lentner. 1 ℔

— d. Dokt. u. Kirchenr. J. E. J. Walchs. gr. 4. Jena 777. Gollner. 12 gr

— J. E. J. Walchs. gr. 8. Jena, Mauke (Böhme in Leipz.) 780.

— Albrecht v. Waldstein, Herz. z. Friedland, a. d. Ital. 8. Nrnb. Monath u. K. 769.

— Wallenrodt, s. Wallenrodt.

Leben und Thaten, Wallensteins. Frankenthal 1793. V: *Heller, Wilhelm Friedrich.* (ML) »Leben, Thaten und Schicksale, Wallensteins« (Ky)

Leben und Sitten, Georg Wallers, wahrhaft — oder doch wahrscheinlich — beschrieben von ihm selbst. Kölln [Darmstadt] 1793. V: *Bretschneider, Heinrich Gfr. von.* (Ky) (BGE) (Kl) (WBL)

Leben und Sitten, Georg Wallers, wahrhaft — oder doch wahrscheinlich — beschrieben von ihm selbst. Kölln (= Berlin) 1793. 1797. Neue Ausg. Kölln (= Leipzig) 1808. V: *Bretschneider, Heinrich Gottfried von.* (BGE VIII³, 301)

— u. Walten, das, des Waldmanns, oder angenehme Unterhaltungs-Lektüre für Jäger u. Jagdfreunde. 2 Bdchen. 8. Ulm 841, Ebner. 11/12 ℔

Leben, Meinungen und Schicksale, Walter's, eines in der Schlacht bei Jena gefallenen Officiers. Hamb. 1812. V: *Cramer*, *Carl Gottlob.* (EE) (Ky)

— u. Wandel Nicolai v. d. Flüe. 8. Lucern. 755.

— u. Wandel einen Physiognomisten. Ein Pendant zu Musäus physiognomischen Reisen. 8. Görlitz, Anton. 795.

— u. Wanderungen ein. Physiognomisten. Ein Pendant zu Musäus physiognomischen Reisen. 8. Görl. 795. (Anton in Halle). 1 xf 4 K

WARBURGS, Heinrich, Leben. Nicht mehr und nicht weniger als Roman. 2 Thle. Mit 1 Titelkpfr. Frankfurt, Behrens, 1796. 8°.
Fehlt Kayser p. 131. — Selten!

Leben und Wirken, Maria Wards, der Stifterin des Instituts der englischen Fräulein . . . Augsburg 1840. V: *Lautenschlager*, *Othmar.* (Th)

Leben des Grossherzl. Oldenburgischen Generalmajors W. G. F. Wardenburg . . . Oldenburg 1842. V: *Wardenburg*, *Adam Levin.* (Pr) (ADB 41.169)

— des Großherzoglich Oldenburgischen Generalmajors W. G. F. Wardenburg, Commandeurs des Großherzoglich Oldenburgischen Truppencorps u. der dritten Brigade der zweiten Division d. zehnten Bundes-Armeecorps, Commandeur, Ritter etc. Herausgeg. von einem Bruder des Verstorbenen. (Mit Bildn.) gr. 8. Oldenburg 842, Schulze'sche Buchh. (W. Berndt.) n. 1 1/3 xf

—— das, Washingtons, s. Wochenbände.

Leben des amerikanischen Generals Washington. 8. Berlin 1782.

* — Georg Washingtons, s. a. Washington.

— Georg Washingtons, nach d. Originalpap. zusammengetragen etc. v. J. Marschall. 1r u. 2r Thl. a. d. Engl. gr. 8. Hamb. Campe. 804.

—— James Watt's, s. Biographien berühmter Erfinder.

— des Freyherrn J. v. Wattewille, Bischof der evangel. Brüderkirche, u. dessen Gemahlin etc. herausg. v. Ritter. 8. Hamb. Kratsch. 800.

— d. vortr. Menschen u. Landw. F. Wawad. gr. 8. Prag, Herrl. 796.

— u. Weben in Indien, dargestellt in Abbildd. nach Balth. Solvyns, u. nützl. Erläuterr. von J. A. Bergk. 1s—6s Heft. gr. 8. Leipz. 819—20. Baumgärtner. (à 12 gr) 3 xf

LEBEN und Weben Jacob Staarmatz, Burgermeisters (!) zu Kopfleerhausen. Straßburg (Leipzig, Sommer) 1802. 8°. Tit. u. 325 S. Zahm. (16 Sgr. Scheible; jetzt theurer!)
— — Dasselbe. Leipzig, Sommer, 1808. 8°. (1 Rthl.)
Citirt Kayser (wie die folg. Ausgabe).

Leben. ... das L' des Malers Johann Weber von Bern ([1750–]1793). Njbl. s. a. [Horner, Johann Jacob I].

Leben, Das, des Malers Johann Weber von Bern. [Zürich 1821.] V: *Horner*, *Joh. Jac.* (Cat. d. Stadtbibl. Zürich. Zürich 1864—97.)

Leben, das weibliche, im Gefängniß. Von einer Gefängnißaufseherin. Nach der 4. engl. Aufl. übers. von Caroline Marezoll. 2 Thle. 8. (389 S.) Leipzig 864, Gerhard.

— M. A. Weikards, v. ihm s. herausg. 8. Berlin, Nicolai. 787.

— d. Maria Weinerin, od. jenseits muß Vergeltung seyn. 8. Lpz. Junius. 800.

das Leben des Sir Arthur Wellesley v. Wellington. 8. Wien 1813.

Leben, Meinungen und Thaten, Wellners und einiger seiner Getreuen. Schandau [Pirna] 1800. N. A. 1802. V: *Oertel*, *Friedrich von.* (Wr)

— d. Weltheilands, a. d. Schr. d. vier Evangel. 8. Flensburg, Christiani. 763.

— d. Weltheilands, aus d. Schriften d. 4 Evangelisten. 8. Flensb. 763. Röhß. (Hammerich in Altona). 10 K

— des heiligen Hirten Wendelin. .. Augsburg ... (Kollmann.) 1/2 K

— Wendelinus, s. Lebensgeschichte.

— d. Bauersm. Wendelinus. Ein Lesebuch f. Landvolk. 8. Augsb. Rieger. 790.

Leben. Das L' und die Werke von Salomon Amsler, Kupferstecher (1791–1849). Njbl. s. a. [Ziegler, Jacob Melchior].

Leben, Das, und die Werke von Samuel Amsler, Kupferstecher. [Zürich 1850.] V: *Ziegler*, *Jacob Melchior.* (AarF) (AarK) (Cat. d. Stadtbibl. Zürich. Zürich 1864-97.)

— u. Werke der griechischen u. römischen Schulschriftsteller. Zusammengestellt f. Gymnasialschüler. gr. 8. (II, 34 S.) Wismar 889. Hinstorff's Verl. n. — 50

— u. Werke der griechischen u. römischen Schulschriftsteller. Zusammengest. v. Lehrern d. gross. Stadtschule in Wismar. 2. Aufl. gr. 8. (31 S.) Wismar 896. Hinstorff's Verl. n. — 50

— u. Werke der griechischen u. römischen Schulschriftsteller. (Zusammengestellt v. Lehrern der gr. Stadtschule in Wismar.) 3. Aufl. (31 S.) 8. Wismar 902. Hinstorff's Verl. — 50

—— und Werke Walter Scott's. Nach Allan Cunningham, A. J. B. Defauconpret u. a. authent. Quellen. A. d. Engl. v. G. v. Krämer. gr. 12. (3 2/3 B.) Stuttgart 833, Brodhag.

Leben. Von dem L' und den vorzüglichsten Werken des berühmten Meisters Albrecht Durer aus Nürnberg. Basel 1855 *s.* [Sarasin, Adolf].

Leben Joseph Werner's von Bern (1637–1710. Njbl.) *s.a.*[Horner, Johann Jacob *I*].

Leben Joseph Werners von Bern. [Zürich 1805.] V: *Horner*, *Joh. Jac.* (Cat. d. Stadtbibl. Zürich. Zürich 1864—97.)

— Wesley's, s. Hampson.

Leben. – Das Leben I. H. von Wessenberg's, s.a. Beck, Josef

Leben J. H. v. Wessenberg's. Freiburg i. Br. 1860. V: *Haiz*, *Fidelis.* (ADB)

— das, J. H. v. Wessenberg's, ehemaligen Bisthumsverwesers in Constanz. Nach schriftl. und mündl. Mittheilungen hrsg. von einem Freunde und Verehrer des Verstorbenen. gr. 8. (160 S. mit Portr. in Holzschn.) Freiburg im Br. 860, Wagner'sche Buchh. *

Leben, Das, in West-Afrika, Kamerun. Carl Hagenbeck's West-Afrikanische Kamerun-Expedition 1886. Berlin o. J. V: *Schirp*, *Fritz Freih. von.* (KatDMG)

— J. Camp. Weyermann, der im Gefängnisse zu Haag gestorben ist. 8. Frankf. u. Leipz. 764. Jacobäer. 6 gr

— das, des Ehrw. Georg Whitefield. Aus d. Engl. übers. gr. 16. (68 S. m. 1 Holzschntaf.) Cincinnati 849. (Bremen, Heyse.) n. 6 ngr

— des ehrw. Geo. Whitefield. 16. (94 S.) Cleveland 871. (Philadelphia, Schäfer und Koradi.) *

— Geo. Whitfields. N. d. Engl. hrsg. v. A. Tholuck. 8. (13¼ B. u. W's. Bildn.) Leipzig 834, Berger.

— Georg Whitfield's. N. d. Engl. hrsg. v. A. Tholuck. 2. Ausg. 8. (13¾ B. u. Bildn.) Leipzig 840, Berger's Buchh.

Leben Conrad Widerholds, Commandantens auf der Festung Hohentwiel im 30jährigen Kriege. Tübingen 1782. V: *Kessler*, *Christian Dav.* (Pr) »1783« (Ky)

— Cunrad Wiederholds, Commandanten auf d. Festung Hohentwiel in d. 30jähr. Kriege rc., (von Chr. D. Kesler). 8. Tübing. 783. v. Cotta. 8 gr

— Wiener. Chronik der Tagesereignisse, Volkswirthschaft, Kunst, Theater, Literatur rc. Hrsgbr.: S. A. Weiß. 1.—4. Jahrg. 1870—1873. à Jahrg. 52 Nrn. (à 1½ Bog. mit eingedr. Holzschn.) 4. Wien, Administration. à Jahrg. **

— J. Wiklefs, d. englischen Reformators, als Einleit. zur Lebensbeschreibung Hussens von Zitte. 8. Prag, Gerle. 786.

Leben Johann Wiklefs. Leipzig 1800. V: *Wagner*, *Glob Hnr. Adf.* (Ky) H: *Tischer*, *Joh. Frdr. Wilh.* (NN)

— Joh. Wiklefs; e. Lesebuch für d. Bürger, (von Glo. Hnr. Ad. Wagner; herausg. von Jh. Fr. W. Tischer). 8. Leipz. 800. Voß. 12 gr

Leben, Johann Wiklefs. Leipzig 1801. V: *Wagner*, *Gottlob Hnr. Adolph.* (GGr) (MGT) H: *Tischer*, *Johann Friedrich Wilhelm.* (NN) (Ky)

Aus dem **Leben** Dr. Johann Friedrich Wilbergs. Von e. waldeckischen Schulmanne. *Bielefeld: A. Helmich [1901].* (25 S.) 8° [F.]
= Abhandlungen, Pädagogische. H. 57. [illegible]

— Jonathan Wilds, eines engl. Spitzbuben u. seiner Kameraden; aus d. Engl. 8. Kopenh. 773. Rothe. 5 gr

— Wilhelm Aug., Herzogs von Cumberland. 8. Leipzig 747.

Leben des brittischen Helden Wilhelm Augusts, Herzogs von Cumberland. 8. Frankfurt 1747.

Leben des Grafen Wilhelm zu Schaumburg-Lippe und Sternberg. Wien 1789. V: *Germanus (= Carl Christian Graf zur Lippe).* (JStBbH)

— d. regier. Grafen Wilhelm v. Schaumburg-Lippe. gr. 8. Wien 789. Schaumburg u. Comp. 1 rß

Leben des Johann Wilkes. Frankf. u. Leipz. 1765. V: *Seyfart*, *Joh. Friedrich.* (Ky) (ML)

— des Johann. Wilkes, (von Jh. Fr. Seyfart II.). 8. Frankf. u. Leipz. 765.

— Wilkinson, s. Wilkinson.

Leben Tate Wilkinsons, eines berühmten englischen Schauspielers. Berlin 1795. V: *Heinze*, *Valentin August.* (Russell XVI, I, 2. 1860)

— Tate Wilkinson's, eines engl. Schauspielers, enthalt. Anekdoten von d. engl. Bühne. 8. Berl. 795. Nicolai. 1 rß 4 gr

— d. St. Willehad's u. St. Ansgar's. Ersteres beschrieben von St. Ansgar, letzteres von dessen Nachfolger, d. brem. u. hamb. Erzbischof Rembert. Nebst e. Briefe Ansgar's. Aus d. Latein., mit erläut. Anmerkk. von C. Miesegaes. gr. 8. Bremen 826. Heyse. 1 rß 4 gr

Leben des heiligen Clemens Willibrord, Apostels der Niederlande ... Luxemburg 1868. V: *Müllendorf*, *Jul.* (Ky)

— des heil. Clemens Willibrord, Apostels der Niederlande u. Gründers der Abtei Echternach. Im Hinblick auf die bevorstehende Einweihung der Willibrordus-Basilika zu Echternach herzg. vom Verfasser des „Luxemburger Hauskalenders" (J. Müllendorff). Mit 7 Holzschn. Luxemburg 868. (Regensburg, Pustet.) 12. (VIII, 96 S. mit eingedr. Holzschn. u. 1 Holzschntaf.) n. 8 ngr.

Leben und Reisen, Willmars, . . . Prag 1783. H: *Hoffmann, Leopold Alois.* (Ky) (MGT)

Leben und Reisen, Willmars. Theil I [einz.]. Prag 1783. V: *Hoffmann, Leop. Alois.* (BGE VIII[3], 541)

Leben des Preussischen General-Lieutenants H. R. von Winterfeld. Leipzig u. Altenburg 1809. Berlin 1809. V: *Winterfeld, Moritz Ad. von.* (Pr)

— des preuß. General-Lieutenants H. H. v. Winterfeld. 8. Berl., Krause. 1 ℛ

— u. Wirken. Monatsschrift zur Förderg. der Frauenbildg. u. der Frauenarbeit. Hrsg. v. Elsb. Schütze. 4. Jahrg. Oktbr. 1909—Septbr. 1910. 12 Hefte. (à ca. 58 S.) gr. 8. Riga (Genzenstr. 9), Frl. E. Schütze.
Vergl.: Frauenzeitschrift, baltische. Postfrei nn 11.—

—— und Wirken des hochwürdigen Herrn Felix v. Andreis, erster Superior der Kongregation der Mission (Lazaristen) in den vereinigten Staaten und General-Vikar der Diözese Neu-Orleans. (Aus dem Engl. in's Deutsche übers. von A. B. und A. C.) gr. 8. (VI und 209 S.) Wien 866, Mechitharisten-Congregations-Buchh.

Leben und Wirken des hl. Bernhards von Menthon .... Lucern 1856 s.a. [Burgener, P. Laurenz].

Leben und Wirken des heil. Bernhard von Menthon . . . Luzern 1856. V: *Burgener, Laur.* (Cat. d. Stadtbibl. Zürich. Zürich 1864—97.)

— und Wirken des hl. Bernhards v. Menthon, sammt geschichtlichen, geographischen und statistischen Notizen über die zwei von demselben gestifteten Hospize auf dem großen u. kleinen St. Bernhardsberge und dasjenige auf dem Simplon. Gesammelt u. dargestellt von einem Ordensgeistlichen des Kts. Wallis. Mit 2 Lithogr. u. 2 Holzschn. Luzern 856. Räber. 8. (VI, 19 S.) 18 ngr.

—— —— des hochsel. Hrn. Bischofs von Metz Paul Georg Maria Du Pont des Loges. Gewidmet dem hochwürdigsten Hrn. Bischof Fleck und seinem hochwürd. Domkapitel von der Redaction und den Mitarbeitern des Kathol. Volksblattes. 8. (30 S.) Metz 886, Gebr. Even. *

—— und Wirken, das, d. hochwürd. Bischofes v. Miletopolis u. ernannt. Bischofes v. Regensburg Hrn. D. G. Mich. Wittmann. Mit dess (lith.) wohlgetroff. Bildn. u. Fac-simile. gr. 8. (7 B.) Regensburg 833, Reitmayr.

Leben und Wirken des heil. Bonifacius Apostel der Deutschen . . . 3. Aufl. Fulda 1855. V: *Muttelsen, L.* (Ky)

—— und Wirken des heil. Bonifacius Apostels der Deutschen. Nebst Anhang: Bonifacius, Gründer des Klosters und der Stadt Fulda, dessen Bekehrungseifer und Segen, sowie Todtenfeier. Fest- und Erinnerungsgabe für Einheimische und Fremde. 3. (Titel-)Aufl. 8. (31 S.) Fulda 855, Müller'sche Buchh.

—— und Wirken des Malers Joh. Rudolph Byß von Solothurn. Geb. 1660, gest. in Würzburg 1738. (Neujahrs-Blatt des Kunstvereins von Solothurn. 2. Jahrg. 1854.) gr. 4. (8 S. mit lithogr. Portr.) Solothurn 854, Scherer'sche Buchh. *

Leben und Wirken des ehrwürdigen Vaters und Lehrers Pet. Canisius. Landsh. 1826. V: *Haid, Herenaeus.* (schmal) (Th)

— u. Wirken d. ehrwürd. Vaters u. Lehrers Petr. Canisius d. Gesellschaft Jesu Theologen. Ein Beitr. zur Kirchengeschichte d. XVI. Jahrhunderts für Deutschland u. Baiern; nebst einer Zugabe von 38 Reflexionen über d. Uebel u. d. Heiligung unserer Zeit. Mit Bildn. gr. 8. Landsh. 826. Thomann. 8 ℊ Schrbp. 10 ℊ

—— und Wirken, das, von William Carvosso. Ein auffallendes Beispiel der Macht des Glaubens an das Blut Christi. Von ihm selbst beschrieben und hrsg. von seinem Sohne. Aus dem Engl. übers. 16. (852 S. mit Portr. in Stahlst.) Cincinnati 855. (Bremen 857, Heyse's Verlag.) **-

—— und Wirken der Diener Gottes, s. Volksbücher, illustrirte.

Leben, Wirken und Ende weiland Seiner Excellenz des . . . Freih. Leberecht vom Knopf . . . Darmstadt 1869. V: *Plönnies, Wilh. v.* (Zuwachsverz. d. Bibliotheken in Zürich 1898 ff.)

—— —— und Ende des Kaiser Maximilian I. von Mexiko, Erzherzog von Oesterreich. Nach den besten Quellen bearb. 8. (31 S.) Stuttgart 867, C. Müller.

Leben und Wirken der gottseligen Euphemia von Baden. Zugleich ein Beitrag zur Geschichte der Klöster und der Andacht zum göttlichen Herzen Jesu. Luzern 1880—86. H: *Rölli, P.* (BSchwLk V 5, 1/2)

—— und Wirken des Rev. Charles G. Finney, evangel. Prediger und Professor zu Oberlin [Ohio] und die neuesten Erweckungen in den Vereinigten Staaten. Nach seiner Selbstbiographie frei bearb. von A. H. F. 8. (VIII, 330 S.) Köln 879, Scheve und Comp. *

—— —— des heil. Franz v. Sales, Fürstbischofs von Genf. Gesammelt und dargestellt nach urkundl. Quellen vom Verf. des heil. Bernhards v. Menthon. gr. 8. (VI und 847 S. mit 1 Stahlst.) Luzern 858, Gebr. Räber.

Leben: Vom Leben und Wirken der Frau v. Basler Volksblatt.

Leben und Wirken Sr. Majestät Friedrich Wilhelm des Vierten, Königs von Preussen. Leipzig 1855. V: *Simon, Ludwig.* (BMarsch 84)

—— und Wirken S. Maj. Friedrich Wilhelm des Vierten, Königes von Preußen. I. Thl.: Reden und Trinksprüche Sr. Maj. Friedrich Wilhelm des Vierten, Königes von Preußen. Lex.-8. (XXXII und 321 S. mit dem Bildnisse Sr. Maj. in Stahlst.) Leipzig 855, Herbig.

—— —— des Jos. v. Görres, und der Quendaline, Fürstin v. Borghese, s. Leben ausgezeichneter Katholiken.

— u. Wirken d. Heiligen, s. Fr. Cph. Höflinger.

Leben und Wirken Andreas Hofers. 8. Wien 1867.

Leben und Wirken des Anton Huber, Missionspriester und Feldkaplan ... Innsbruck 1850. V: *Sailer, Franz Xaver.* (Ky)

— u. Wirken des Anton Huber, Missionspriester u. Feldkaplan, beschrieben u. zum Andenken seinen Freunden u. Verehrern gewidmet (v. F. Xav. Sailer). 12. (VIII u. 58 S. m. 1 Lith.) Innsbruck 850. (Wagner.) n. 4 ngl — 2. verb. u. verm. Aufl. 12. (VI u. 94 S. m. 1 Lith.) Ebd. 850. 4 ngl

H., A. R.: Das Leben und Wirken von Vater Josua Jäger [Yeager], Evangelisch Lutherischem Prediger; wie auch ein Verzeichnis seiner Amtsgeschäfte. *Allentown, Pa.: Published at the Office of the National Educator. 1889. 229 S., ill. Deutsch und Englisch.*
[Sohn des Rev. Johann Conrad Yeager von York Co., Pa.; geb. 23. Sept. 1802.]

— u. Wirken des W. X. A. Freihrn. v. Kreittmayr, s.a. Rechtsregeln u. Sprüche.

Leben und Wirken des Wiguläus, X. Alex. Frhr. v. Kreitmayr. München 1845. V: *Welsch.* (ADB 17.115)

— und Wirken des Wiguläus, Xaverius, Aloysius Freiherrn von Kreittmayr, Churbayer. geh. Staats-Kanzlers und Obersten-Lehenprobstes. Mit d. lith. Standbilde desselben. gr. 8. München 845, Franz. n. 1/4 ₰

Leben und Wirken des schweizerischen Ingenieurs Richard La Nicca. Davos 1896 s.a.[Bänziger-La Nicca, Anna].

Leben und Wirken des schweizerischen Ingenieurs Rich. La Nicca. Davos 1896. V: *Bänziger-La Nicca, Anna.* (Zuwachsverz. d. Bibl. in Zürich 1898 ff.) (Berl)

— u. Wirken d. schweizer. Ingenieurs Richard La Nicca. Aus seinen nachgelass. Papieren v. s. Tochter zusammengest. u. bearb. gr. 8. (IV, 306 S. m. Bildn.) Davos 896. (Chur, Hitz.) n. 3. 60; geb. in Leinw. n.n. 4. 60

—— und Wirken des heil. Laurentius von Brundusium, General des Kapuziner-Ordens. Verfaßt zur Feier seiner Heiligsprechung [am 8. Dezbr. 1881] von einem Priester des nämlichen Ordens. 16. (80 S.) Dülmen 881, Laumann'sche Verlagsh. *

—— —— des heil. Kapuziners P. Laurentius von Brundusium. Zur Erinnerung an die Heiligsprechungsfeier [am 8. Decbr. 1881] von einem Kapuziner der steir. Ordensprovinz. Mit 1 Stahlst., nach dem im Kloster zu Leibnitz befindl. Gemälde. 16. (55 S.) Graz 882, Moser's Buchh. *

—— Wirken und Leiden der Heiligen, s.a. Höflinger, F. Chr.

Leben, Wirken und Leiden der Heiligen. Regensb. 1838-40. V: *Höflinger, Christoph.* (Th)

—— —— von Samuel Leigh, Missionar in Australien und Neu-Seeland. 16. (93 S. mit 4 Holzschnt.) Cincinnati 859. (Philadelphia, Schäfer und Koradi.) geb. *

—— —— von Sam. Leigh, Missionar in Australien und Neu-Seeland. 16. (93 S. mit eingedr. Holzschn.) Bremen 864, Verlag des Tractathauses. cart. *

Leben und Wirken des heil. Ludgerus, ersten Bischofs von Münster. Als Andenken an das 1050jährige Jubiläum des Heiligen in Billerbeck. Münster 1870. V: *Krimphove, Caspar.* (Rass)

—— —— des höchstseligen Königs Ludwig I. von Bayern, des deutschen Fürsten populär dargestellt für das Volk. Nebst dem Programm seines Leichenbegängnisses. gr. 8. (19 S.) München 868, Franz'sche Buchh. *

—— —— das, Dr. Martin Luther's in kurzer Erzählung und wiederholenden Fragen der evangel. Jugend vorgelegt von einem evangel.-luther. Geistlichen. 8. (88 S. mit 6 ill. Stahlst.) Nürnberg 858, Geißler.

Leben und Wirken, aus dem – des Königs Max Joseph I. von Bayern. München 1870. 8°

Leben und Wirken des heiligen Meinrad. Einsiedeln ... 1861 s.a. [Brandes, P. Carl, und Schmid, P. Heinrich].

Leben und Wirken des heil. Meinrad für seine Zeit. Einsiedeln 1861. V: *Brandes, Dom. Carl.* (Mitth. M. Grolig.)

Leben und Wirken des hl. Meinrad, für seine Zeit und für die Nachwelt; eine Festschrift ... Einsiedeln 1861. V: *Brandes, Carl & Heinrich Schmid.* (LCZür Forts. III) (BSchwLk V, 3)

—— —— des heil. Meinrad für seine Zeit und für die Nachwelt. Eine Festschrift zur tausendjähr. Jubelfeier des Benediktiner-Klosters Maria-Einsiedeln. Lex.-8. (XXVI und 246 S. mit eingedr. Holzschn., 10 Stahlst. und chromolithogr. Titel.) Einsiedeln 861, Gebr. Benziger. * 2 Thlr. 8 Ngr.; geb. *

—— und Wirken, das, der Mönche u. Einsiedler im Geiste u. in d. Wahrheit dargestellt. Ein Lehr- u. Erbauungs-Buch f. d. Freunde d. einsamen Lebens u. alle diejen., welche sich üb. d. Kloster- u. Einsiedlerleben vollkomm. unterrichten wollen. Von e. kathol. Geistlichen. 8. (21 B.) Augsburg 834. (Regensburg, Manz.)

—— und Wirken, das, d. Mönche u. Einsiedler im Geiste u. in d. Wahrheit dargest. Ein Lehr- u. Erbauungsb. rc. v. e. kathol. Geistlichen. 2., unveränd. Ausg. 8. (21 1/8 B.) Augsburg 838, [Rieger'sche Buchh.]

—— und Wirken des sel. Hrn. Samuel Morley, gewesenen Mitglieds des Parlaments, Kaufmanns und Fabrikanten in London. Frei aus dem Englischen von L. Rehfueß. 8. (16 S.) London 887. (Bonn, Schergens.) *

—— —— des Georg Müller in Bristol. 8. (IV, 559 S.) Basel 869. (Spittler.) cart. *

—— —— dass — Seinen eigenen Berichten entnommen. 2. vervollständ. und illustr. Aufl. 8. (VII, 446 S.) Ebendas. 875. *

— u. Wirken von Johann Newton, evangel. Predigers in London. Aus d. Engl. übersetzt vom Vikarius J. G. Bayhinger, V. D. M. Mit Newton's Bildniß. gr. 8. Basel 831. Schneider. 16 gr

— — das, von Johann Friedrich Oberlin, Pfarrer im Steinthal, Elsaß. Cincinnati 860. (Philadelphia, Schäfer & Koradi.) 16. (182 S. mit 1 Holzschntaf.) geb. n. 15 ngr

Leben und Wirken des Daniel O'Connell, s. Leben ausgezeichneter Katholiken.

—— —— des Apostels Petrus. 16. (175 S.) Cleveland 871. (Philadelphia, Schäfer und Koradi.) geb. *

— und Wirken der Quendaline, Fürstin von Borghese, } s. Leben ausgezeichneter Katholiken.

Leben und Wirken Friedrich von Sallet's . . . Breslau 1844. H: *Duller, Eduard, Chn Gfr. Nees von Esenbeck, Rud. v. Gottschall, Theod. Jacobi, Jul. Moecke & Theod. Paur.* (Ky)

— und Wirken Friedrich von Sallet's, nebst Mittheilungen aus dem literar. Nachlasse desselben. Herausgeg. von einigen Freunden des Dichters (Ed. Duller, Nees v. Esenbeck, R. Gottschall, Th. Jacobi, Jul. Moecke und Th. Paur). Mit Sallet's Bildn. gr. 8. Breslau 844, Aug. Schulz. n. 1 1/3 ℔

—— —— des heiligen Severinus ꝛc., s. Volksbücher, illustrirte.

—— und Wirken, das, des Sir John Sinclair, dargestellt von seinem Sohne. A. d. Engl. bearb. v. Boumann. 2 Thle. 8. (37 B.) Braunschweig 838, Westermann.

— — Tod u. Begräbnis d. 1. Generalsuperintendenten der lutherischen Kirche in Hessen-Cassel u. vorhinnigen Pfarrers in Marburg Wilhelm Kolbe. Seinen vielen Freunden u. früheren Pfarrkindern zum gesegneten Andenken dargeboten. gr. 8. (36 S.) Marburg 888. Elwert's Verl. n. — 50

—— Wirken und Tod Sr. Maj. des höchstsel. Königs Friedrich August II. 8. (46 S.) Leipzig 854, Literatur-Bureau. *

§ LEBEN, Wirken u. Treiben der Kellnerinnen, Köchinnen und Kindsmägde der neuesten Mode, und der Dienstmägde am Schlenkeltage in der Methschenke beim Dumberger in München. Charakteristische Bilder. Nebst einer Riegelhauben-Classification (wobei Hlzsch.-Vign.). München, 1833. Bei George Jaquet. Gr. 12°. (Expll. im illustr. rosa Orig.-Umschlag besonders selten.)
— — Dasselbe. Zweite Aufl. Ebd. 1834. Gr. 12°.
— — Dasselbe. Dritte Aufl. Ebd. 1835. Gr. 12°. VI—72 S.

—— Wirken u. Treiben d. Kellnerinnen, Köchinnen u. Kindsmägde d. neuesten Mode u. d. Dienstmägde am Schlenkeltage in d. Methschenke beim Dumberger in München. Charakterist. Bilder. Nebst e. Ringelhauben-Classification. 1—3. Aufl. (à 3 B.) gr. 12 München 833—35, Jaquet. à

Leben, Wirken u. Treiben der Kellnerinnen, Köchinnen u. Kindsmägde d. neuesten Mode. Die Dienstmägde am Schlenkeltage in der Methschenke beim Dumberger in München. Nebst einer Riegelhauben-Classifikation. Charakteristische Bilder. 2. Aufl. 8. München 844, Jaquet. 1/6 ℔

—— —— des Regierungs- und Schulraths Wilhelm v. Türk, von ihm selbst niedergeschrieben als ein Vermächtniß an die von ihm gegründeten Waisenhäuser, und nach seinem Tode hrsg. von Angehörigen des Verf. gr. 16. (IV und 188 S.) Potsdam 859, Riegel'sche Buchh. *

—— u. Wirken d. P. Damian de Veuster, d. Apostels der Aussätzigen. Frei übers. aus dem Engl. Life and Letters of father Damien m. Benutzg. d. französ. Vie du père Damien par le R. P. Philibert Tauvel von C. v. Falser. 8. (162 S.) Paderb. 892, F. Schöningh. * 1 40

—— —— das, Johann Wesley's. Nach engl. Quellen für die Jugend bearb. Mit seinem Bildniß in Stahlst. und mehreren (eingedr.) Holzschn. verziert. gr. 16. (VII und 88 S.) Bremen 857, (Heyse's Verlag.) *

Leben und Wirken des verstorbenen Bischofs G. Mich. Wittmann. Regensburg 1833. V: *Deindl, Franz.* (Th)

—— —— das, des Grafen v. Zinzendorf. gr. 16. (285 S.) Cincinnati 860. (Philadelphia, Schäfer und Koradi.) geb. *

—— —— des Grafen Nicolaus Ludwig v. Zinzendorf, s. Pilgram, Friedr., Leben und Wirken der hervorragendsten Protestanten. 1. Heft.

Leben, Wirkliches, in romantischen Darstellungen. Frankfurt 1817. V: *Beulwitz, Carl Aug. von.* (EE)

— — wirkliches, in romant. Darstellungen, von C. von Beulwitz. 2 Bände. Mit Kupf. 8. Frankf. a. M., Heinr. Wilmans. 817.

— u. Wissen. 1.—5. Bd. gr. 8. Jena, E. Diederichs. n. 21. —; geb. n. 26. —
1. Lebensgeschichte der Erde. Ein Ueberblick über die Metamorphosen des Erdensternes. Von Willy Pastor. (Buchschmuck v. Heinr. Vogeler-Worpswede.) 1.—3. Taus. (261 S.) 903. n. 4. —; geb. n. 5. —
2. Denkwürdigkeiten u. Erinnergn. e. Arbeiters (Karl Fischer.) Hrsg. u. m. e. Geleitwort versehen v. Paul Göhre. (Buchschmuck v. Heinr. Vogeler-Worpswede.) 1. u. 2. Aufl. (à XII, 391 S.) 903. n. 4. 50; geb. n. 5. 50
3. Lebensbejahung. Eine Darstellg. des Ursprungs u. der Mission des amerikan. Geistes. Von Charles Ferguson. Uebers. v. Cecilie Mettenius. Umschlag u. Leisten v. H. Kirchmayer. (IV, 141 S.) 903. n. 2. 50; geb. n. 3. 50
4. Denkwürdigkeiten u. Erinnergn. e. Arbeiters (Karl Fischer). Neue Folge. Hrsg. v. Paul Göhre. Mit einem Bildnis des Verf. (Buchschmuck v. Heinr. Vogeler-Worpswede.) 3. u. 4. Taus. (XVI, 322 S.) Leipzig 904. n. 4. 50; geb. n. 5. 50
5. Die Erde in der Zeit des Menschen. Versuch einer naturwissenschaftl. Kulturgeschichte. Von Willy Pastor. (IV, 286 S.) 904. n. 5. 50; geb. n. 6. 50

Leben Wittekind des Grossen. Dresden 1775. V: *Behrisch, Hnr. Wolfgang.* (Behrisch, Wiener Autoren 1784.)

— Wittekind d. Großen. 8. Dresd. 775. Hilscher. 12 gr

Leben Wodans, der Sachsen Held u. Gott. 8. Dresd. 775. Hilscher. 8 gr

Leben Johann Kaspar Wolf's von Zürich (1805–1852)…. Njbl. s.a. [Grob, Heinrich].

Leben Johann Caspar Wolfs von Zürich. [Zürich 1856.] V: *Grob, Hnr.* (Cat. d. Stadtbibl. Zürich. Zürich 1864—97.)

Leben, Das, des Malers J. J. Wolfensberger. [Zürich] 1854. V: *Wolfensberger-Burdon, Hannah.* (ZÜRKL)

— J. Jak. Wolffs, v. u. zu Todtenwart. 8. Regensb. 789. Montag u. W. 1 ₰

— eines Wollüstigen. 2 Thle. 8. Frankf. Brönner. 752. –

—— und Wunder d. h. Filomena. A. d. Italien. nach d. 15. Aufl. ins Franz. übers. v. M. J. F. B. A. d. Franz. n. d. 3. Aufl. Mit d. Abbild. d. Medaille, welche z. Ehre d. h. Filomena geprägt ist. 12. (6 B.) Münster 837, (Coppenrath=sche Buchh.)

Ács Benjamin. Das Leben, Wunder, Leiden, Tod, Auferstehung und Himmelfahrt unsers Herrn Jesu Christi. Zum geistlichen Bau der christkatholischen Seelen, und zur Erlangung vieler Gnaden. Aus dem Ungarischen von — —. Pest, 1857. Druck und Verlag von Alois Bucsáanszky. (164 S. 8. Mit Holzschnitten.)

— wunderbar., Armelle, od. Schule d. rein. Liebe Gottes. 8. Lpz. 756.

Das wunderbare Leben der ehrwürdigen Dienerin Gottes Rosa Maria Serio vom hl. Antonius, Karmelitin der alten Observanz. 8°. (VIII, 411 S.) Innsbruck: Rauch 1903. K 3.—

— das wunderbare, des hl. Benedikt Josef Labre. (Aus dem Franz.) gr. 16. (32 S. m. Abbildgn.) Straßburg (902). F. X. Le Roux & Co. n. —10

Leben, Das wunderbare, des ... Norcross. Kopenhagen 1757. V: *Rothe, C. P.* (Collin, Anonymer. Kiobenh. 1869.)

— wunderbare u. höchst seltene Till Eulenspiegels. 8. Berl. Littfas. (Fr. Bruder in Leipzig in Commission.)

— das wunderbare, des seligen J.-B.-M. Vianney, Pfarrer v. Ars. Aus dem Franz. (32 S. m. Abbildgn.) 16. Ebd. (905). —10

— u. Wundergeschichten d. sel. Bruders Bernhard von Offida, d. heil. Franzisci Kapuziner-Ordens. 8. Augsb. 796. Kranzfelder. 2 K

Leben. Wundersames L' und heiliger Wandel des seligen Nikolaus, von Flüe .... [Mit Porträt-Tafel.] 8. Sachseln ... 1829.

—— u. Wunderthaten des heil. Bischofs u. Beichtigers Benno, Schutzheiligen der k. Haupt- u. Residenz-Stadt München u. Bayerns allgem. Landes-Patrons. 12. (6⅙ B.) Landshut 844, Thomann'sche Buchh. *

LEBEN, Wunderthaten, herzerschütternde Leiden und glorreicher Tod der heil. Elisabeth von Ungarn, Tochter des ungarischen Königs Andreas II., Markgräfin von Thüringen. Sehr schöne und ergreifende Geschichte der Christen. In 12 Kapiteln. Pest o. J.: A. Bucsánszky. 80 S. 17 t. - kl. 8°

– u. Wunderthaten d. frommen Maria Crescentia v. Kaufbeuren. Kempten: Dannheimer 1787. 8°

— d. wunderthätige, d. hl. Antonius v. Padua, s.: Propaganda-Schriften, katholische.

— das wundervolle, d. gottsel. Dieners Gottes Hieronymus von Corlione, Capucinerbruders. Aus d. Ital. übers. v. Emmerich. 3. verb. Aufl. 12. (174 S.) Passau 847, Pustet. ⅓ ₰

Leben, Wundervolles, des grossen hl. Abbts und Beichtigers Columbani ... Bregenz 1736. V: *Hueber, Apronian* (MARGR)

Leben, Wundervolles, und erstaunliche Thaten des weltbekannten und vielgenannten Joachim Murats dermahligen Ex Königs von Neapel. Travestiert in Blumauers Manier in Knittelreimen Regibus manus longa. Germanien [Wien] 1816. V: *Perinet, Joachim.* (Hdschr. Mitth. von Gustav Gugitz: Polizei-Archiv 1816 sub Perinet) (BIBLPORT)

— u. Wunderwerke d. heil. Antonius v. Padua. gr. 8. Cöln 779. (Wolf in Augsb.) 1 ₰ 2 K

Wunderwürdiges Leben und Grossthaten Caroli des Sechsten. 8. M. 1 Karte u. 4 Plän. Nürnberg 1721.

Leben, Wunderwürdiges, Ludwigs XIV. König in Frankreich oder Steigen und Fall. Cöllen o. J. [Nürnberg 1708]. Franckfurt u. Leipzig 1708. V: *Rinck, Eucharius Gottlieb.* (BGE IV, 272)

— Traugott Würdigs, Landpredigers in Rosenfeld. 2 Thle. 8. Zerbst, (Kummer). 1 ₰ 20 K

Leben. Das L' des Bildniss- und Historienmalers Johann Melchior Joseph Würsch von Buochs (1732–1798). Njbl. s.a. [Hess, Jacob].

Leben, Das, des Bildniss- und Historien-Malers Johann Melchior Joseph Würsch von Buochs. [Zürich 1863.] V: *Hess, Jac.* (Cat. d. Stadtbibl. Zürich. Zürich 1864—97.)

— Paul v. Würzen, e. geborn. Husummers. 8. Kopenh. 750. Pelt. 3 K

Leben. ... das L' des Malers Heinrich Wüest von Zürich (1741–1821). Njbl. s.a. [Horner, Johann Jacob I].

Leben, Das, des Malers Heinrich Wüest von Zürich. [Zürich 1823.] V: *Horner, Johann Jacob.* (Cat. d. Stadtbibl. Zürich. Zürich 1864—97.)

— d. Xenien, s. Mückenalmanach.

LEBEN des Grafen v. Yara und der Fräulein v. Tendre, oder die entlarvten Tugenden und Laster. Frkft. u. Lpz. (Breslau, Seidel) 1757. 8⁰. Selten!

— des seligen Antonius Maria Zaccaria, Stifters der Congregation der regulirten Priester d. hl. Paulus, gen. Barnabiten, u. der engl. Jungfrauen d. hl. Paulus. gr. 16. (52 S. m. 1 Bildnis.) Wien 891. (Drescher & Comp., Verl. „Austria".) Geb. n. — 80

J. H. v. L. ... Des grossen Herrn Czars und Großfürsten von Moskau Petri Alexiewicz Leben und Thaten. Frankfurt u. Leipzig 1710. 8⁰

Leben. ... das L' des Malers Johann Konrad Zeller (1807–1856). Njbl. *s.a.*[Meyer, Heinrich I].

Leben, Das, des Malers Johann Konrad Zeller. [Zürich 1857.] V: *Meyer, Hnr.* (Cat. d. Stadtbibl. Zürich. Zürich 1864—97.)

— Dr. Zieglers ꝛc, s. Link, H. F., kurze Notizen.

— d. Pr. Gen. H. J. v. Ziethen, m. Pl. gr. 8. Berl. Himburg. 806.

— — im Ausz. 8. Sorau, Deinzer. 786.

— — des General v. Ziethen. 2 Theile. 3te Aufl. m. K. gr. 8. Berlin. 806. Jetzt Reimer.

— d. Ritters v. Zimmermann. s. Tissot.

— Zinzendorfs, s. Spangenberg — s. a. Duvernoy; s. a. Reichel.

— Don Carl. Zombodari, Gr. v. Ciatten, Generall. der konföder. Corsen. 8. Frft. u. Lpz. Mevius. 742.

Leben der Gräfin H. L. zur Lippe, gebornen Gräfin von Calenberg ... Grimma 1800. V: *Lippe, Carl Chn Graf zur.* (BrMm)

ZWECKLOSES LEBEN UND TREIBEN, Wer's nicht lesen will, lässt es bleiben, Das ist: Vernünftige Gedanken in Geburtstags-Glückwünschen der Zwecklosen Gesellschaft zu Breslau. Der zweckvollen Welt zum ersten Mal an's Licht gestellt. Jahr (1)—2. (Mit Tafeln.) Breslau, 1828 — 1829. J. D. Grüson und Comp. 8⁰.***)

—— und Treiben, zweckloses, Wer's nicht lesen will, läßt es bleiben; Das ist: Vernünft. Gedanken in Geburtstags-Glückwünschen d. zwecklosen Gesellschaft zu Breslau. Der zweckl. Welt z. ersten Mal an's Licht gestellt. 1. u. 2. Jahrg. — A. mit d. Umschlags-T.: Societäts-Schriften, I u. II. gr. 8. Breslau, [Hentze.] [1. (5 B. mit Holzschn., Musik u. Stnt.) 828. 8 Gr., 2. (5½ B., 1 Stndr., 1 Holzschn. u. eingedr. Noten) 829. 12 Gr.]

— zweierlei, od.: Aus d. Enge in d. Weite, s. a. Burmeister's Unterhaltungs-Bücherei.

—— zweierlei. Eine wahre Geschichte für Alt und Jung von der Verf. von „Mathilden's Genesung". gr. 16. (132 S.) Basel 878, Spittler. **

Leben, zweierlei. Eine wahre Geschichte für Jung und Alt von der Verf. von „Mathildens Genesung". 12. (128 S.) Basel 880, Spittler. *

Leben. Ulrichs Zwingli's L'. Leipzig 1800 *s.a.*[Wagner, Adolf.]

— Ulr. Zwingli's, e. Lesebuch für den Bürger, (v. Glo. Hnr. Ad. Wagner, herausgg. v. J. F. W. Tischer). 8. Leipz. 800. Voß. 12 gr. (s. auch F. Nüscheler).

Leben, Ulrich Zwinglis. Ein Seitenstück zu dem Leben Luthers, Huss und Melanchthon. Leipzig 1801 [1800]. V: *Wagner, Gottlob Heinrich Adolph.* (GGr) (MGT) H: *Tischer, Joh. Frdr. Wilh.* (NN) (Ky)

— M. U. Zwingli's, v. J. C. Heß. Aus d. Franz. nebst einem literar. hist. Anhang von L. Usteri, u. Zwingli's Portrait. gr. 8. Zürich, Geßner. 811.

Leben. (Huldreich) Zwingli's L'. [Mit Vignetten, Porträt-Tafel und illustriertem Umschlag.] 8. Barmen.
Hrg. von der Wupperthaler Traktat-Gesellschaft. Nr. 446.
[1. Aufl.] 1860. – 2. Aufl. 1865 (* *Umschlag*: 1864).

Leben. (Huldreich) Zwingli's L'. (5. *Aufl.*: Festbüchlein zur Feier seines vierhundertjährigen Geburtstages.) 4. *u.* 5. Aufl. [Mit Vignetten und Porträt-Tafel.] 8. Barmen 1883.
Hrg. von der Wupperthaler Tractat-Gesellschaft. Nr. 446.
4. Aufl. – 5. Aufl.

Zwingli's Leben. 7. Auflage. In-8⁰. Barmen, D. B. Wiemann. 1893. — 35

LEBEN, M.: De tentatione Christi. — (1840) 78 S. 8⁰ (Handschr.) Diss. 143
Diss. Wien, Univ.

Lebende, der, im Sarge, s. Guckkastenmann, der.

Lebendig begraben! 87 Opfer religiösen Wahnsinns als Märtyrer des erwarteten Weltuntergangs im J. 1897. gr. 8. (15 S. m. 2 Bild.) Wytikon-Zürich 897. G. Schilde. — 15

Lebendig begraben! *(Cassel: J. G. Oncken Nachf. [1902].)* (4 S.) 8⁰
[Kopft. F.]
= [Traktate d. Christl. Traktat-Gesellschaft.] Neue Serie. No 107.
[01. 11536 4

Lebendigbegraben, das, oder Beweis, daß auch wohl jetzt noch Menschen lebendig begraben werden ꝛc. 8. Pirna 808. Friese. 8 gr.

Lebendigbegrabene, der, s.: Bibliothek, blaue.

Lebenheim, E. H. L., Versuch einer Physiologie des Schlafes. Leipz. 823—27. II. 8.

Lebenhart, Rud., Lohn. Studie. 8. (47 S.) Dresden 900. E. Pierson. n. 1. —

Lebenheim, Ernst Ludwig Heinrich

Lebenheim, E. L. H., Versuch e. Physiologie d. Schlafes. 2. Thl. gr. 8. (13 B.) Leipzig 829, Industrie-Comptoir.
1. Thl. Ebendas. 1824 1 Thlr. 8 Gr.

Lebenheim, Ernst Ludw. Heinr., üb. Volkskrankheiten u. deren Bekämpfung. gr. 8. (10 B.) Hamburg 836, Hoffmann u. Campe.

Lebens, d., Lenz. Lieder u. Bilder aus sonnigen Tagen. 16. (6 Farbendr. u. 6 S. Text.) Lpz. 890, Baldamus Sep.-Conto.
cart. m. Goldschn. — 60

Lebens- und Reiseabentheuer eines Jünglings, der die Welt nicht kannte. Hildesh. 1804. V: *Bode*, *C. W.* (Ky)

Lebensabriß der seligen Margaretha Maria Alacoque aus dem Orden der Heimsuchung Mariä. Hrsg. vom Kloster zu Paray-le-Monial bei Gelegenheit d. 200jähr. Todestages der Seligen, 17. Oktbr. 1890. Autoris. Übersetzg. 1. u. 2. Aufl. 12. (48 S. m. 32 Abbildgn.) Mainz 890, Kirchheim. — 30

Lebens-Abriß, ausführl., d. berühmten Findlings Casp. Hauser, währ. seiner Gefangenschaft u. seines Aufenthaltes in Nürnberg, nebst e. Abhandl. üb. seinen Tod. Abgedr. a. d. Akten d. Kgl. Bay. Magistrats in Nürnberg. 8. (1 B.) Ellwangen 834, Schönbrod.

Lebensabriss und freies offenes Bekenntniss des am 15. Oktober (1851) in Liestal hingerichteten Hyazinth Bayer aus Friedrichshafen … . Getreu nach seinen eigenen Worten dargestellt. Nebst der von Pfarrer (J[ohannes] Chrysostomus) Sacher … gehaltenen Standrede. 8. Liestal 1851.

Lebensabriss der am 6. Oktober verewigten Königin-Wittwe Charlotte Auguste Mathilde von Würtemberg … Stuttgart [1828]. V: *Schwab*, *Gustav.* (Heyd)

Lebensabriss und Charakteristik der Landschaftmaler G. Lory, Vater, und G. Lory, Sohn, von Bern. Die Gemäldeausstellung zur Eröffnung des neuen Kunstgebäudes. [Zürich 1848.] V (Lebensabr.): *Brunner*, *Carl.* V (Gemäldeausst.): *Hess*, *Jac.* (Cat. d. Stadtbibl. Zürich. Zürich 1864—97.)

Lebensabriss des Regierungsrathes … J(ohann) C(onrad) Freienmuth (1775–1843). Njbl. 1845 s.a.[Pupikofer, Johann Adam].

Lebensabriss des Regierungsrathes J. C. Freienmuth. Frauenfeld 1845. V: *Pupikofer*, *Johann Adam.* (ZürKL)

Lebensabriss des Admiralen Grafen von Heiden … [München 1850.] V: *Paucker*, *Carl Julius Albert.* (R-N)

Lebensabriss des verewigten Königs Karl von Würtemberg … Stuttgart 1891. V: *Schmid*, *Rudolph.* (Heyd)

Lebensabriss des am 2. Octob. 1851 verstorbenen Opernregisseurs Joh. Baptist Krebs, Mstr. v. St. der Freimr-Loge Wilhelm z. aufgehenden Sonne in Stuttgart. (Stuttgart) Kienzler. (1851.) 8. 20 S.
Abgedruckt Frmrztg. 1852. S. 191.

Lebens-Abriss, kurzer, des weil. königl. preussischen General's Ernst Ludwig v. Aster. Nach Aufsätzen, Briefen, Aufzeichnungen etc. des General's zusammengestellt und hrsg. von einem Sohne desselben. Nebst einem Anhang, bestehend aus drei in neuerer Zeit von E. L. v. Aster verfassten Aufsätzen polit. Inhalts. gr. 8. (VII, 139 S.) Berlin 878, Vossische Buchh. *

Lebensabriss, Kurzer, und Begräbniss-Feier des Hochwürdigen Herrn Johann Steller, Dr. der Theologie, k. k. Consistorialraths A. C., emeritirten Superintendenten der evangel. Gemeinde A. C. von Oberösterreich … Linz 1857. V: *Geyer*, *Johann.* (EB)

Lebensabriss. Kurzer L' des Mörders Moriz Grischot von Bärenburg in Schams, nebst der Sentenz und der bei seiner Hinrichtung am 14 April d. J. (1831) gehaltenen Reden. 8. Chur 1831.

Mit Anhang: Plaid d'ilg S[ign]. Landrichter J P de Marchion … . Salvau a Ziraun … ilg 14 Avril 1831 — Plaid, salvaus ils 14 d'Avril a Z' 1831 d'ilg Ser Reverend Julius Latta.

Lebensabriss, Kurzer, des Erzbischofs Clemens August von Köln. Münster 1896. V: *Michelis*, *Eduard.* (ADB) (Rass)

Lebensabriß, kurzer, des Erzbischofs Clemens August v. Cöln. Nebst der am 23. Oct. 1845 in der Domkirche z. Münster bei der feierl. Beisetzung des Erzbischofs v. G. Kellermann geh. Trauerrede. gr. 8. Münster 846, Aschendorff'sche B. 1/6 ₰

Lebensabriß, kurzer, von Imman. Glieb. Kolb, Schulmeister in Dagersheim, nebst einer Sammlung von Betrachtungen, Briefen ꝛc. Von seinen Freunden hrsg. 2. Aufl. 8. (960 S. mit Portr. in Stahlst.) Dagersheim 861. (Stuttgart, J. F. Steinkopf.) **

Lebensabriß, kurzer, von Imman. Glieb. Kolb, Schulmeister in Dagersheim, nebst einer Sammlung von Betrachtungen, Briefen ꝛc. Von seinen Freunden hrsg. 5. Aufl. 8. (960 S. mit Portr. in Stahlst.) Dagersheim 868. (Barmen, Buchh. der evangel. Gesellschaft.) geb. *

Lebensabriss, Kurzer, des Heil. Johann Baptist de la Salle für die christliche Jugend. Bearbeitet von einem Jugendfreunde. Wien 1901. V: *Hartmann*, *Emanuel Maria.* (EB)

Lebensabriss, Kurzer, des kk. oest. Feldm. Joseph Grafen von Radetzky. Nach authent. Quellen. Wien 1858. V: *Heller von Hellwald*, *Friedrich.* (EB)

—— kurzer, des kaiserl. königl. österreichischen Feldmarschalls Jos. Grafen v. Radetzky. Nach authentischen Quellen. Lex.-8. (XI und 75 S.) Wien 858, Sommer. (F. Klemm.) *

Lebensabriß, kurzer, der Schwester Anna Magdalena Remusat aus dem Orden der Heimsuchung Mariä. Frei nach dem Franz. bearb. 12. (75 S.) Mainz 887. Kirchheim. — 50

—— kurzer, des um evangel. Christenthum hochverdient. M. Christn. Scriver, ehemal. Sächs. Oberhofpred. ꝛc. in Quedlinburg. Bearb. v. Joh. Christmann. 12. … Nürnberg 829, Raw.

LEBENSABRISS der armen Schulschwester Maria Abundantia Litschgi, Oberin des Temesvár-Josefstädter Mutterhauses der armen Schulschwestern de Notre Dame. In: Seelentrost. Jg. 1. 1894, S. 76-80.

Lebensabriß der Sara Martin, v. der Verfasserin des: „Leben u. Denkwürdigkeiten der Frau Elisabeth Fry" (Henriette Maria Julius) u. als Anhang dazu. 12. (VI u. 65 S.) Hamburg 849, Agentur des Rauhen Hauses. 6 ngl

Lebensabriss des Herrn Landammanns ... (Johannes) Morell (1759–1835). Njbl. 1836 s.a. [Mörikofer, J Peter].

Lebensabriss des Landammanns und Regierungsrathspräsidenten [Johann] Morell (1759—1835). Frauenfeld 1836. V: *Mörikofer, Johann Caspar.* (ZÜRKL)

Lebensabriss des Joseph Anton Müller von Mels, nebst den bei Anlass seiner Hinrichtung am 18. Jenner 1830 gehaltenen Reden. 8. Chur 1830.

— von Johann Caspar Orelli. [Aus den Neujahrsblättern der Stadtbibliothek in Zürich abgedr.] Imp. 4. (20 S. m. 1 Stahlst.) Zürich 851, Orell, Füßli & Co. in Comm. n. ½ ℛ

—— vom Herrenhuter-Bruder Johann Andreas Schönbein, Bortenmacher in Metzingen unter Urach. gr. 8. (66 S.) [Basel und] Ludwigsburg 858, [Balmer und Riehm.]

—— von Bruder Johann Adam Straub in Kornthal. gr. 8. (64 S.) [Basel und] Ludwigsburg 858, [Balmer und Riehm.]

Lebensabriss von A(nton) Salomon Vögelin, ... Professor (1804–1880). Njbl. Zürich s.a. [Vögelin, Friedrich Salomon].

Lebensabriss von Salomon Vögelin, Pfarrer und Kirchenrat. Zürich [1884—85]. V: *Vögelin, Friedrich Salomon.* (Cat. d. Stadtbibl. Zürich. Zürich 1864—97.)

Lebensabriss des Bürgermeisters Johann Heinrich Waser (1600–1669). Njbl. Zürich s.a. [Hottinger, Johann Jacob *III*].

Lebensabriss des Bürgermeisters Johann Heinrich Waser. Zürich [1855]. V: *Hottinger, Joh. Jac.* (Cat. d. Stadtbibl. Zürich. Zürich 1864—97.)

Lebensabriß, F. L. Z., Werner's, s.a. Werner.

Lebensabriss Friedrich Ludwig Zacharias Werners ... Mit Werners Bildniss. Berlin 1823. V: *Hitzig, Jul. Eduard.* (NN) (SJL) (Hitzig) (Koner) (MGT)

Lebens-Abriß des verewigten Königs Wilhelm v. Württemberg. gr. 8. (11 S.) Stuttgart 864, Metzler's Verlag.

Lebensabriss der am 9. Januar 1819 verewigten ... Catharina von Würtemberg ... Stuttg. 1819. V: *Schwab, Gustav.* (Heyd)

Lebensabrisse biblischer Frauen, s. Eith, G.

Lebens-Abspruch, Oder Letzte Rede an ... Hieronymus Kohler, Welcher nach ... gefälltem Todes-Urtheil wegen seinem manigfalten Verbrechen den 16ten Jenner 1753. zu gerechter Straffe soll gezogen werden. 8. Bern 1753.

Lebensalter, die, des Menschen. 10 Holzschnitte des Monogrammisten NB nach Zeichngn. v. Tob. Stimmer, s.: Hausschatz deutscher Kunst der Vergangenheit.

Lebensansichten. Ein Brief für Jünglinge. Frankfurt a. M. 1821. V: *Willemer, Johann Jakob.* (Zeitschr. f. Büch. N. F. 15, 1923, S. 114)

Lebensansichten. Ein Buch für Jünglinge. 8. Frankf. a. M. 821. Andreä. 1 ℛ 8 gr (Die Forts. s. Erfahrungen, Meinungen u. Berathungen etc.)

Lebensansichten von F. L. B. Stuttgart [Nürnb.] 1814. V: *Bührlen, Frdr. Ludwig.* (Ky) (Wr)

— v. F. L. B. (F. L. Bührlen). 8. Stuttg. 814. (Nürnb., Riegel u. W.) 16 gr

Lebensansichten, humoristische, eines Zeitgenossen des 18. u. 19. Jahrh. 16. Lissa u. Gnesen 841, Günther. ⅙ ℛ

— (über Leben im Allgemeinen, Erziehung, Geschichte, öffentl. Leben, Kunst, Wissenschaft, Studium, Religion), v. F. C. B. 8. Stuttg. 814. (Riegel u. W. in Nürnb.) 16 gr

Lebensansichten des Katers Murr nebst fragmentar. Biographie des Capellmeisters Joh. Kreislers in zufälligen Makulaturblättern, von E. T. A. Hoffmann. 1r u. 2r Bd. 8. Berlin, Dümmler. 820. 21. à 2 Thlr.

Lebensansichten, aus höherem Standpunkte nach Rochefaucault v. F. v. Hacke. 8. Carlsruhe, Marx. 817. Rthl.

Lebensart und schlechte Sitten der Ritter auf Maltha, in Erzählungen ... [A. d. Franz.] Leipz. 1793. V: *Carasi.* (BGE)

Lebensart u. schlechte Sitten d. Ritter auf Malta. In Erzähll. von Thatsachen, charakterist. Schilderungen d. Großmeisters u. fr. Sitten, v. e. Augenzeugen. 8. Leipz. 793. Weygand. 16 gr

Lebensaufgabe, Die, der Hausfrau. Stuttg. 1851. V: *Stein, Lorenz von.* (ADB)

Lebensbalsam, Geistlicher, für Kinder Gottes. 72 geistreiche Lieder von e. Freunde d. Versöhnung und Wahrheit. 16. Reutlingen...Fischer jun.

Lebens-Balsam, geistlicher, für Kinder Gottes, m. 366 Bibeltexten u. geistreichen Liedern auf alle Tage im Jahre, nebst einem Anhang von Lob- u. Dank-Opfern auf alle Tage der Wochen, u. Beicht- u. Communion-Gebete. Hrsg. v. einem Freunde d. Versöhnung u. der Wahrheit. Mit 1 Stahlst. 2. Aufl. 12. (VI u. 463 S.) Reutlingen 851, Rupp & Baur. n. 12 ngr

Lebens-Balsam, geistlicher, für Kinder Gottes, mit 366 Bibeltexten und geistreichen Liedern auf alle Tage im Jahr, nebst einem Anhang von Lob- und Dank-Opfern auf alle Tage der Woche, und Beicht- und Communion-Gebeten. Hrsg. von einem Freunde der Versöhnung und Wahrheit. 3. Aufl. (IV und 452 S. mit 1 Stahlst.) 853. * 15 Ngr. und 4., verb. und mit einem Spruch-Register verm. Aufl. 12. (IV und 456 S.) Reutlingen 855, Rupp und Baur.

Lebens-Balsam, geistlicher, für Kinder Gottes, mit 366 Bibeltexten und geistreichen Liedern auf alle Tage im Jahr, nebst einem Anhang von Lob- und Dank-Opfern auf alle Tage der Woche, und Beicht- und Communion-Gebeten. Hrsg. von einem Freunde der Versöhnung und der Wahrheit. 5., unveränd. und mit einem Text-Register verm. Aufl. 24. (V und 462 S. mit 1 Stahlst.) Reutlingen 857, Rupp und Baur.

Lebens-Balsam, geistlicher, für Kinder Gottes, mit 366 Bibeltexten und geistlichen Liedern auf alle Tage im Jahr, nebst einem Anhang von Lob- u. Dank-Opfern auf alle Tage der Woche u. Beicht- u. Communion-Gebeten. Herausg. von einem Freunde der Versöhnung u. der Wahrheit. Mit 1 Stahlst. 6—8., unveränd. u. mit einem Text-Register verm. Aufl. Reutlingen 859—63. Rupp & Baur. 12. (VI, 462 S.) 12 ngr.

Lebens-Balsam, geistlicher, für Kinder Gottes, mit 366 Bibeltexten u. geistreichen Liedern auf alle Tage im Jahr, nebst einem Anhang von Lob- u. Dank-Opfern auf alle Tage der Woche, u. Beicht- u. Communion-Gebeten. Herg. von einem Freunde der Versöhnung u. Wahrheit. 9. u. 10., unveränderte u. mit einem Text-Register verm. Aufl. Reutlingen 867, 69. Baur. 12. (V, 455 S. mit 1 Stahlst.) 12 ngr.

Lebens-Balsam, geistlicher, f. Kinder Gottes, m. 366 Bibeltexten und geistreichen Liedern auf alle Tage im Jahr, nebst e. Anh. v. Lob- u. Dank-Opfern auf alle Tage der Woche, u. einigen Beicht- u. Communion-Gebeten. Hrsg. v. e. Freunde der Versöhng. u. der Wahrheit. Mit e. Stahlst. 11., unveränd. u. m. e. Text-Register verm. Aufl. gr. 16. (VI, 460 S.) Reutlingen 875. Baur. n. 1. 20

Lebens-Balsam, geistlicher, für Kinder Gottes, mit 366 Bibeltexten und geistreichen Liedern auf alle Tage im Jahr, nebst einem Anhang von Lob- und Dankopfern, und Beicht- und Communion-Gebeten. Hrsg. von einem Freunde der Versöhnung und der Wahrheit. 11. unveränd. und mit einem Text-Register verm. Aufl. 12. (VI, 460 S.) Ducherow 884. (Leipzig, Buchh. des Vereinshauses.) geb. *

Lebensband (zum Einschreiben u. Aufkleben v. Bildern). (40 S. in Leporelloform.) Allgemeine Ausg. u. Ausg. f. Katholiken. 21×11 cm. Stuttgart (909). W. J. Teufel. In Decke je 2.50; erh. Pr. je 3.—; Luxusausg. je 5.—; erh. Preis je 6.—; Feudalausg. in Ldr. je 10.— Ladenpreise für alle Ausgaben aufgehoben.

Lebensbaum. Losungsbüchlein f. evangel. Christen. 1911. 73. Jahr. (109 S.) 16. Berlin, Hauptverein f. christl. Erbauungsschriften. —25; geb. in Leinw. —40; u. durchsch. —60; m. Goldschn. —80; m. Bleistift 1.—

Lebensbaum zur Erquickung u. Stärkung gen Zion pilgernder Seelen. 18. (90 Seit.) Berlin 840, (Wolff; J. A. Wohlgemuth.)

Lebensbaum zur Erquickung und Stärkung gen Zion pilgernder Seelen. 1853. 8. (64 S.) Berlin 852, (J. A. Wohlgemuth.) **

Lebensbaum zur Erquickung und Stärkung gen Zion pilgernder Seelen. 1854. Berlin. (Wohlgemuth.) 8. (64 S.) nn. 3 ngr.

Lebensbaum zur Erquickung und Stärkung gen Zion pilgernder Seelen. 1857—62. 8. (à ca. 64 S.) Berlin, (Beck.) à Jahrg. *

Lebensbaum zur Erquickung und Stärkung gen Zion pilgernder Seelen. 12. (88 S.) Berlin 864, (Beck.) *

—— dass. — 1865—68. 12. (88, 88, 88 und 92 S.) Ebendas. 865—67. à * 8 Ngr. *

Lebensbaum zur Erquickung und Stärkung gen Zion pilgernder Seelen. 1869. 1871. 1873. 8. (84; 88; 88 S.) Berlin, (Beck.) à Jahrg.

Lebensbaum zur Erquickung und Stärkung gen Zion pilgernder Seelen. 1880—1884. 42.—46. Jahrg. 12. (à Jahrg. 80 S.) Berlin, Hauptverein für christl. Erbauungsschriften. à Jahrg.

Lebensbaum zur Erquickung und Stärkung gen Zion pilgernder Seelen. 1887 und 1888. 49. und 50. Jahrg. 12. (à Jahrg. ca. 70 S.) Berlin, Hauptverein für christl. Erbauungsschriften. à Jahrg.

—— dass. — 1889. 51. Jahrg. 12. (78 S.) Ebendas. *

Lebensbaum zur Erquickung u. Stärkung gen Zion pilgernder Seelen. 1890. 52. Jahr. 16. (76 S.) Berlin 889. Hauptverein f. christl. Erbauungsschriften. n. — 25

Lebensbaum zur Erquickung u. Stärkung gen Zion pilgernder Seelen. 1893. 55. Jahr. 16. (77 S.) Berl., Hauptverein für christl. Erbauungsschriften. * — 25; geb. * — 40

Lebensbaum zur Erquickung u. Stärkung gen Zion pilgernder Seelen. 1894. 56. Jahr. 12. (78 S.) Berlin 893. Hauptverein f. christl. Erbauungsschriften. n. — 25

Lebensbaum z. Erquickg. u. Stärkg. gen Zion pilgernder Seelen. 1899. 61. Jahr. 12. (75 S.) Berlin, Hauptverein f. christl. Erbauungsschriften. n. — 25; geb. n. — 40

Lebensbaum zur Erquickung u. Stärkung gen Zion pilgernder Seelen. 1903. 65. Jahr. 12. (77 S.) Berlin, Hauptverein f. christl. Erbauungsschriften. n. — 25; geb. in Leinw. n. — 40

Lebensbaum zur Erquickg. u. Stärkg. gen Zion pilgernder Seelen. 1906. 68. Jahr. (78 S.) kl. 8. Berlin Hauptverein f. christl. Erbauungsschriften. n. — 25; geb. in Leinw. n. — 40; u. durchsch. n. — 60

Lebensbaum Max: Über die Menge des bei der Spaltung des Hämoglobins in Eiweiß und Hämatin aufgenommenen Sauerstoffes (mit 1 Holzschnitt). S. 95. II. 492 . . . . Ngr.
Separatabdruck

Lebensbedürfnisse, die, des Menschen, ihre Erzeugung und ihre Bereitung. Belehrungen eines Großvaters für die wißbegierige Jugend. br. 8. (IV und 208 S. mit 63 eingedr. Holzschn. und 6 lithogr. und ill. Bildern.) Leipzig 859, Teubner. Thlr.

Lebensbedürfnisse, die, des Menschen, ihre Erzeugung und ihre Bereitung. Belehrungen eines Großvaters für die wißbegier. Jugend. 2. Aufl. br. 8. (IV und 203 S. mit 63 eingedr. Holzschn. und 6 lithogr. und ill. Bildern.) Leipzig 862, Teubner. cart.

Lebensbegebenheiten, s.a. unter **Leben.**

Lebensbegebenheiten d. vortreffl. Menschen u. Landwirths Frz. Warwok. gr. 8. Prag 796. Herrl. 10 gr.

* **LEBENS-** und Liebes-Begebenheiten, Die wunderbare (!), des Türcken Omers mit seiner geliebten Hosmane, welche aus Liebe und Trieb zu der Christlichen Religion ihr Vaterland verlassen, und sich durch die Flucht nach Frankreich gewendet, dieselbige auch alldorten angenommen und sich öffentlich dazu bekennet, Benebst der merckwürdigen Historie von der In einen würcklichen Printzen verwandelten Printzessin Theodorica aus Armenien. Coppenhagen, bey Friedrich Christian Pelt, 1754. 8°. (In Berlin: Yv 4931.) Selten!

Lebens-Begrif, Kurtzer, Deren Zwey Heiligen Jacobi von der Marck u. Francisci Solani. Das anderte mahl in Druck verfertiget. Klgft., Kleinmayrin, 1727. 110 S.

KURZER LEBENSBEGRIFF der heiligen und großen Büßerin Margarita von Cortona Des dritten Ordens des heil. Vaters Francisci, welche den 22. Febr. 1297 ihren seligen Geist zu Cortona aufgegeben, und im Jahre 1728 den 16. May von Benedicto dem XIII. römischen Pabsten der Zahl der Heiligen mit gewöhnlicher Kirchen-Ceremonie zu Trost aller büßenden Sünder ist zugestellet worden. Pest 1778. Gedr. bey Franz Royer. 40 S. - 160 mm

Lebensbeschluss, Karl Dalberg's, im westerholtischen Hause am 2. Hornung 1817. O. O. [1817]. V: *Westerholt, Graf.* (Cat. d. Stadtbibl. Zürich. Zürich 1864—97.)

Lebensbeschreibung, s.a. unter Leben.

Lebensbeschreibung, s.a. Lebensbeschreibungen

Lebensbeschreibung, s.a. Lebensgeschichte

Lebens-Beschreibung der heiligen Altväter und derjenigen Frauenpersonen, welche sich in den ersten und nachfolgenden Jahrhunderten der Einsamkeit beflissen haben. Ein aus dem Französischen übersetztes, und mit vielen künstlichen Kupferstichen geziertes Werk, welchem ... zween Anhänge, beygefüget sind ... 2. Auflage. Crems, F. X. Dasenberger, 1761. 4°. *Titelkupfer (von J. E. Belling v. Augsburg).* 2 Bl. 352 S. 2 Bl. 224. 41 S. 1 Bl. 116 S. und *204 Kupfertafeln von Rentz und Montalegre.* Beschäd.

Lebensbeschreibung des Herrn D. am Ende ... Dresden 1777. V: *Olpe, Chn Frdr.* (Kläbe, Neuestes Gel. Dresden. Leipzig 1795.) »des Dr.« (Adel) »des seel. D.« (MGT)

Lebensbeschreibung d. Mecklenburg. Stute Amante, s.a. Tennecker, Chr. Ehrfr. Seyfr. v.

Lebensbeschreibung der Mecklenburgischen Stute Amant, von ihr selbst erzählt ... 1804. 2. Aufl. Leipzig 1831. V: *Tennecker, Christian Ehrenfr.* (EngOec)

— anziehendende, für die Jugend. I. Leben Benj. Franklin's, (v. C. Schmaltz). .. Leipzig ... (Schmidt; Verl.-Verein.) 1/6 ℔

— aller heil. Apostel. .. Augsb. ... Bolling. 8 ℛ

Lebensbeschreibung des T. A. d'Aubigne, Stallmeister von Heinrich dem Vierten, von ihm selbst an seine Kinder geschrieben, aus dem Franz. 8. Tübingen, 795. Heerbrandt. 25 sgl.

Lebensbeschreibung des Kirchenvaters Aurelius Augustinus, Bischofs v. Hippo. Ein Beitrag zur allgem. Belehrung u. Erbauung. [Abdr. aus dem größern Werke: „Auszug aus den Schriften der bedeutendsten Kirchenlehrer, mit Lebensbeschreibungen."] gr. 8. (122 S.) Zürich 850, Meyer & Zeller. n. 12 ℛ

Lebensbeschreibung, Ausführliche, Carls des XII., Königs in Schweden ... Nürnb., Frankf. u. Leipzig 1703. V: *Faber, Samuel.* (BrMm) »1702—9« (Pr)

Lebensbeschreibung der vornehmsten alten Autoren oder klassischen Schriftsteller der Griechen und Römer. Elbing. 785. 86. 2 Th. 8. 16gr.

Lebensbeschreibung Herrn Goetzens v. Berlichingen, zugenannt mit der eisern Hand ... Zweyte Aufl. Nürnb. 1775. V: *Pistorius, Wilhelm Friedrich von.* (BrMm) (Ky) »1758« (Pr)

Lebensbeschreibung, die, der Bischöfe Bernward u. Godehard von Hildesheim, übers. von Hüffer, s.a. Geschichtschreiber, die, der deutschen Vorzeit.

Lebensbeschreibung. Die L' der Bischöfe Bernward und Godehard von Hildesheim. Nach der Ausgabe der Monumenta Germaniae übersetzt von Dr. Hermann Hüffer. 8. Berlin 1858.
Die Geschichtschreiber der deutschen Vorzeit ... . XI. Jahrhundert. Band 2 u. 3.

Lebensbeschreibung, Die, der Bischöfe Bernward und Godehard von Hildesheim ... 2. Aufl. Leipz. [1892]. V (Bernward): *Thangmarus.* (Godehard): *Wolfherius.* (Berl)

— u. Bilder aus d. Leben berühmter Kaufleute u. Banquiers, s. Vorbilder für alle Stände ꝛc.

Lebensbeschreibung des sel. geheimen Raths Bilfinger. O. O. [ca. 1790]. V: *Abel, Jacob Friedrich.* (MGT)

Lebensbeschreibung des Johann Bockelssohns aus Leiden, nachm. Königs der Wiedertäufer zu Münster i. W. O. O. 1805. 8°. 16 S. Jahrmarktsschrift. (2 Mk. Adolf Weigel, 1908.)

Lebensbeschreibung d. Dr. B. Bolzano, mit einigen seiner ungedr. Aufsätze, eingeleitet u. erläutert von dem Herausgeber. 8. (20 1/2 B. u. B's. Bildn.) Sulzbach 836, v. Seidel'sche Bh.

Lebensbeschreibung des Generals Bonaparte. A. d. Franz. Paris [Leipzig] 1797. 2. Aufl. 1797. 3. Aufl. 1798. V: *Bergk, Johann Adam.* (Wr) (MGT) (NN)

— Bonaparte's. 8. Winterth. 800. Steiner. 7 ℛ

Lebensbeschreibung des Generals Bonneval (Ahmed Pascha). 8. Hamburg 1737.

Lebensbeschreibung Tycho von Brahe's. A. d. Dän. Sprache ... übersetzt v. Philander von der Weistritz [= Christian Gottlob Mengel]. Kopenh. u. Leipz. 1756. V: *Bang, Oluf.* (schles)

Lebensbeschreibung. Herrn Heinrich Bullingers ... Lebens-Beschreibung. Heraußgegeben A. 1719 s. [Ziegler, Johann Rudolf].

Lebensbeschreibung, Des Lord Byrons, nebst Analyse und Beurtheilung seiner Schriften. A. d. Engl. . . . Leipzig 1825. V: *Watkins, John.* (Ky) (BrMm) Ü: *Gebhardt, Adam Gottlieb.* (MGT)

Lebensbeschreibung, Heinr. Callisens, abgedruckt aus dessen Chirurgie . . . Copenh. 1824. H: *Callisen, Adolph.* (Bruun, Bibl. Danica III, 1054.)

— des Generals Cavaignac. 12. (36 S.) Straßburg 848, Wwe. Berger-Levrault. 1 ngr.

Lebensbeschreibung. ... die L' und Charakteristik des Malers [Franz] Niklaus König aus Bern (1765–1833 [*d. i.* 1832]). Njbl. *s.* [Hardmeyer, Carl Wilhelm].

Lebensbeschreibung der ehrwürdigen Schwestern Cinzia, Olympia und Gridonia von Gonzaga . . . A. d. Ital. . . . Wien 1841. V: *Savio, Giuseppe.* (EB)

Lebensbeschreibung des Engl. General-Lieutenants Grafen von Crawfurt, worinnen besondere Nachrichten von den Feldzügen des . . . Grafen von Münich . . . enthalten sind. O. O. 17?? V: *Rolt, Rich.* Ü: *Möck, Gottlieb Wilhelm von.* (will)

Lebensbeschreibung, Denkwürdige, Sr. jetzt regierenden Königl. Majestät von Gross-Britannien, Georg II. . . . Frankfurt u. Leipzig 1749. V: *Hempel, Christian Friedrich.* (ML) (Pr)

Lebensbeschreibung, Karl von Dittersdorfs. Seinem Sohne in die Feder diktirt. Leipzig 1801. H: *Spazier, Carl.* (BrMm)

Drollige Lebensbeschreibung des weiland hochedlen und hochweisen Herrn Bürgermeisters Jacob Staarmatz. Ein kurzweiliger Roman. Neue Aufl. Ebd. 1817. 8°.

—— und Ende protestantischer Märtyrer. 16. (96 S.) Cincinnati 860. (Philadelphia, Schäfer und Koradi.) geb. *

Lebensbeschreibung der Witwe des Obristen Florian Engel von Langwies in Bündten . . . Zürich 1822. V: *Engel von Langwies.* (Pr)

—— Friedrich August's, Königs v. Sachsen. Mit Portr. gr. 4. (4¼ B.) Gotha 828, Hennings.

Lebensbeschreibung Friedrich Augusts II., Königs in Polen und Churfürsten zu Sachsen. 8. Berlin 1734.

Lebensbeschreibung des Pfarrers Frotscher in Drognitz. [Gotha 1797.] V: *Brömel, Johann Friedrich.* (MGT)

Lebensbeschreibung, gedrängte, Friedrich Wilhelm III. Mit dess. Portr. 8. Glogau 841, Flemming. ⅓ ₰

Lebensbeschreibung und Glaubensbekenntnis, Christinen der Königin in Schweden. O. O. 17?? Ü: *Franckenstein, Chn Gfr.* (Myl)

Lebens-Beschreibung des seligen Joannes Grande aus dem Orden des heil. Johann von Gott. Von einem Ordens-Mitgliede. 8. (16 S.) Linz. Aus der E[i]ch'ichen Buchdruckerei. 1863.

Lebensbeschreibung, Gräuel- und Schandthaten Philipps, Herzogs von Orleans, des größten Lasterhelden aller Jahrhunderte, nach d. Französ. frey bearbeitet (von Ludw. Albr. Schubart). O. O. 1793. Gr. 8°. 6 u. 90 S. (2 Mk. W. H. Kühl, Berlin, c. 1882; jetzt theurer!)
— — Dasselbe. Köln (Nürnberg, Grattenauer) 1793. Anon.-Lex. III. p. 27 (nach Weller u. Hayn).

— des Kursächs. geh. Kabinets-Minist. Freih. von Gutschmidt, (v. Graf Pet. C. W. v. Hohenthal). 8. Gotha 803. Perthes. 6 gl

Lebensbeschreibung Berchtold Hallers dess Reformators von Bern. Bern 1741. V: *Scheurer, Samuel.* (zuwzür 12, 1908, IV, S. 107)

Lebensbeschreibung, Georg Friedrich Händel's . . ., Übersetzet . . . v. Mattheson. Hamb. 1761. V: *Mainwaring, John.* (BrMm)

Lebensbeschreibung Peter Hasenclevers. Landshut 1794. V: *Glauber, Chn Glieb.* (MGT) »Hamburg 1796« (Ky)

— des Domherrn Dr. Haubold in Leipzig, aus Mittheill. sr. vertrauten Freunde entworfen v. Dr. E. F. sen. (Chr. Glo. Ed. Friederici). 8. Ilmenau 826. Voigt. (Aus d. Nekrolog besond. abgedruckt.)

Lebensbeschreibung des [Br.] Haubold. Aus Mittheilungen seiner vertrauten Freunde entworfen von E. F. sen. Leipzig [1826]. V: *Friederici sen., Eduard.* (wolfstieg I, 813)

—— der fünf Heiligen: I. Alphons Maria v. Liguori; II. Franz Girolamo; III. Johann Joseph vom Kreuze; IV. Pacifikus von Sanseverino; V. Jungfrau Veronika Giuliani; deren öffentl. Heiligsprechung v. Sr. Heiligkeit d. Papste Gregor XVI. am 26. Mai 1839 gefeiert wurde. Mit e. kurzen Beschreib. d. Verhandln. z. Selig- u. Heiligsprechung u. d. dabei übl. feierl. Ceremonien. A. d. Italien. übers. v. Joh. Scherupp. 2., verb. Aufl. 8. (8½ B. u. Portr. d. 5 Heiligen.) München 839, Franz.

— d. Heiligen f. Kinder. 8. Paderb. 815. Wesener. 8 gr.

Lebensbeschreibung von Heiligen Gottes ... Salzburg 1818. V: *Pillwein, Benedict.* (MGT) (Ky) (Schmal)

— von Heiligen Gottes in dem oft verkannten gemeinen, u. dem stets zu ehrenden Bauernstande, (v.... Pillwein). Mit 1 Kpf. 8. Salzb.... 2e A. 819. Mayr. 1 rß

— berühmter Helden neuerer Zeit. 2 Bde. .. Leipz. 804. (W. Rauck). 3 rß 8 gr.

Lebensbeschreibung Hermanns. [Mannh. 1765.] V: *Günther, Joh. Gg.* (MGT)

Lebensbeschreibung der Herzogin von Hannover, worinnen dieser Prinzessin wunderbares Schicksal mit beigefügten Fatalitäten des verunglückten Grafen Königsmarck enthalten. Franckf. 1742. 8º. (5 Mk. Scheible, vor 1885.)

Lebensbeschreibung von David Hess (1770–1843) .... Njbl. s.a. [Meyer, Heinrich *I*].

Lebensbeschreibung von David Hess. Dietrich Meier, seine Söhne und Enkel aus Zürich. [Zürich 1844.] V (Hess): *Meyer, Heinrich.* (Meyer): *Hardmeyer, Carl.* (Cat. d. Stadtbibl. Zürich. Zürich 1864—97.)

Lebensbeschreibung des schwedischen Bauern und Malers Pehr Hörberges. s. Hörberg.

— berühmter Männer, interessante, für Jünglinge: Kaiser Heinrich IV. — James Cook. — Val. Jam. Duval. Mit Titelkupf. (Neue wohlfeile Ausg. der „Erzählungen aus d. Leben berühmter Männer rc.") 8. Kitzingen 832. Gundelach. 7 gr.

Lebensbeschreibung Kaiser Josephs II. bis an seinen Tod ... Frankfurt u. Leipzig 1790. V: *Gaum, Johann Ferdinand.* (MGT)

(Lebensbeschreibung Isaac Iselins.) Njbl. Basel *s.* [Bernoulli, Daniel *II*]

Lebensbeschreibung des ersten teutschen Keysers Caroli des Grossen. 4. Hamburg, s. a. (1723.)

— merkwürd. u. berühmter Kaufleute. Mit 1 Kpf. 8. Nürnb. 819. 2e A. 832. Leuchs u. C. 16 gr.

Lebensbeschreibung des Pastors Joh. Gtlieb. Kephalides. Von ihm selbst verfaßt. 12. (1 B.) Berlin 844, J. A. Wohlgemuth, Berl.

— classische, des Don Carlos od. du bist der beste Bruder auch nicht. Nagelneuer, drastisch-bombastisch-humoristisch-ungezwungener Vortrag, aus 50 zusammengewürfelten Lust-, Trauerspiel-, Opern- u. Romantiteln, sowie 80 exemplar. Kraft-Citaten todter u. leb. Dichter herausempfunden u. der griesgräm. Menschheit appliciert v. Potrida Bundihch. gr. 8. (3 S.) Graz 894. Verlags-Comptoir „Minerva". n. — 50

Lebensbeschreibung Pabst Clemens XI. Jena u. Frankf. 1720. V: *Buder, Christian Gottlieb.* (OL) (ML) (Adel)

Lebensbeschreibung, Die, ... des Malers Nik. König aus Bern. [Zürich 1837.] V: *Hardmeyer, Carl.* (Cat. d. Stadtbibl. Zürich. Zürich 1864—97.)

— d. kaiserl. russ. Staatsraths A. Fr. v. Kotzebue. 8. Köln 819. Rommerskirchen, s. Kotzebue, u. andere d. Preis in 7 gr.

Lebensbeschreibung M. Johann Gottlob Kramsche's ... Leipz. u. Budissin 1776. V: *Giese, Gottlieb Chn.* (ML) (OL)

Lebensbeschreibung, kurze, d. heil. Märtyrin Afra. Sammt Morgen-, Abend-, Meß-, Beicht-, Communion u. Ablaßgebeten. 12. Augsb. 810. M. Rieger sel. W. (Al. Eurisch). 1½ gr.

Lebensbeschreibung, Kurze, des Bischofs zu S. Pölten ... Heinrich Johann von Kerens. O. O. 1793. V: *Denis, Joh. Nep. Cosmas Michael.* (Jes) (Carayon, Bibliogr. de la Comp. de Jés. S. 276.)

Lebensbeschreibung, Johann Bonav. Blanks kurze, ... Würzburg 1819. V: *Benkert, F. G.* (MGT)

Lebensbeschreibung, kurze, des sel. Johannes v. Britto, Märtyrers der Gesellschaft Jesu. 16. (80 S.) Münster 854, Aschendorff'sche Buchh.

Lebensbeschreibung, kurze, hervorragender Christen. II.—X. Hft. 8. Bremen, Verlag des Tractathauses. à — 25

II. Melanchthon, Philipp, der Lehrer Deutschlands. (48 S.) 896.
III. Zwingli, Ulrich, Reformator der deutschen Schweiz. (48 S. m. Bildnis.) 896.
IV. Calvin, Joh., Reformator v. Genf. (48 S. m. Bildnis.) 896.
V. Farel, Wilhelm, der Evangelist der französischen Schweiz. (48 S. m. Bildnis.) 896.
VI. Lasko, Johannes a., der polnische Reformator. (52 S. m. Bildnis.) 896.
VII. Knox, John, Reformator v. Schottland. (52 S. m. Bildn.) 896.
VIII. Goßner, Johannes. (52 S. m. Bildnis.) 896.
IX. Johannes Brenz, der Reformator Württembergs. Ein Erinnerungsblatt zu seinem 400jähr. Geburtstag. Der lieben Jugend gewidmet. Von A. Rücker. (83 S.) (902.)
X. Robert Raikes, der Gründer der Sonntagsschule. Von J. F. Keßler. (52 S. m. 1 Bildnis.) (902.)

Lebensbeschreibung, kurze, hervorragender Christen. XI u. XII. Heft. 8. Bremen, Buchh. u. Verlag des Traktathauses. à — 25

XI. Bischof W. Taylor, e. Pionier der Mission. Von W. Kleinknecht. (46 S. m. 1 Bildnis.) (903.)
XII. Johann Kaspar Lavater. Ein Lebensbild. Von Johs. Friedrich. (48 S. m. 1 Bildnis.) (904.)

— kurze, Albrecht Dürers. Aus mehrern guten Quellen geschöpft u. zusammengetragen. 16. Nürnberg 840. Lind. 1½ gr.

— kurze, des h. Franziskus v. Sales, Bischofs von Genf. Mit e. Vorworte von Jos. Moormann. 8. Münster 833. Deiters. 1/6 rß — 2e verm. Ausg. 837. 1/6 rß

—— kurze, Friedrichs d. Gr., od. d. wichtigsten Begebenheiten aus d. Leben dies. großen Mannes, als Erklär. d. Stahlstichs: „Friedrich II. u. d. denkwürdigsten Augenblicke seines Lebens," Beilage z. Burg'schen Volkskal. 1837. 2. Aufl. 8. (2½ B.) Burg, Otto.

Kurtze *Lebens-Beschreibung des heil. Henrici, Hertzogens aus Bayern* (als solcher *Heinrich IV.*), nachmals *Römischen Kaysers.* Gezogen aus Adelbodo, Dietmaro, Glabro, Sigeberto, Baronio, Gretsero, Joanne Sallero, Brunnero, Adelsreitter (sic), und Radero. . . . . Mit Genehmhaltung einer hohen geistl. Obrigkeit. Wienn, gedr. bey Joh. Ignatz Heyinger, Univ.-Buchdr., 1739. 8⁰. Roth. (etw. fleckiger) Ppb.
TKpf. (m. Portr.), 3 Bll., 32 S. — Selten!

— kurze, Jesu Christi u. seiner Apostel. Zur Belehr. f. d. gemeinen Mann. Mit 14 Kpf. Fol. Nürnb. 821. (v. Ebner). 9 gr.

Lebensbeschreibung, Kurze, des hl. Leopold ... Brixen 1829. V: *Sinnacher, Franz Anton.* (Margr)

Lebensbeschreibung, Kurze, Leopolds II. Römischen Kaisers. Wien 1792. V: *Oehler, Joseph.* (BiblPort)

Lebens-Beschreibung, Kurtze, Ludwigs des XIV., Königs in Franckreich. O. O. 1715. 8⁰.

— kurze, Dr. Martin Luthers. Zum Andenken an das 3te Reformationsjubiläum. 8. Leipz. 818. Central-Compt. 2 gr.

— kurze, der ehrwürdigen Mutter Mechtilde vom hhl. Sakrament Katharina v. Bar, Stifterin der Benediktinerinnen der ewigen Anbetung, 1614—1698. Mit 2 Bildern u. e. lith. Tab. 8. (VII, 176 S.) Paderborn 899. F. Schöningh. n. 1. 20

Kurze Lebensbeschreibung Joachim Murat's dermaligen Königs von Neapel. Von seiner Geburt bis zum Frühjahr 1815. (61) 8. Frankfurt 1815.

Lebensbeschreibung, Kurze, des Schultheiss Ed. Pfyffer. Sursee 1836. V: *Steiger, Joh. Rob.* (AarK)

— kurze, des verewigten Hrn. Doct. Joh. Heinr. Schenck, weil. k. preuß. Kreisphysikus zu Siegen. (Von Dr. Winckel in Berleburg.) 8. (1 B.) Siegen 836. [Friedrich'sche Vrlsb.]
Aus: Nekrolog d. Deutschen 12. Jahrg., besond. abgedruckt.

Lebensbeschreibung, Kurze, des hochwürdigen Nikolaus Tolentin Schuler ... Dekant und Pfarrers zu Zams. Innsbruck [1834]. V: *Guggenberg, Ignaz von.* (Margr)

— kurze, des General-Majors Winfield Scott. gr. 8. (16 S. mit eingedr. Holzschn.) Philadelphia 854, (Schäfer und Koradi.) *

Lebensbeschreibung, Kurze, des hl. Severin ... Brixen 1828. V: *Sinnacher, Franz Anton.* (Margr)

— kurze, des M. Carl Gottfr. Siebelis, Rectors am Gymnasium zu Budissin, von ihm selbst abgefaßt. gr. 8. (4 B.) Bautzen 843, Weller.

Kurze Lebensbeschreibung des ehemaligen Bürgermeisters Tschech, seines versuchten Mordanfalles auf Se. Majestät den König von Preußen. Mit Abbildung des Angriffs und Portrait des Tschech. Leipzig, Selbstverlag des Verf. (1844). 2 Bl. 8.

— kurze, des ehemal. Bürgermeisters Tschech, seines versuchten Mordanfalles auf Se. Maj. des Königs von Preußen. Mit Abbild. des Angriffs und Portrait des Tschech. gr. 8. Leipzig 845. (Pönicke u. Sohn.) n. 1/6 Rthlr.

Lebensbeschreibung, Kurze, des ... Herrn Johann Conrad Wirz, Pfarrer und Antistes. Zürich 1769. V: *Lavater, Joh. Casp.* (Zuwachsverz. d. Bibl. Zürich. 1898 ff. 6.)

Lebensbeschreibung, kurze, u. Wunder des sel. Pater Leonhard de Porto Mauritio, apostol. Missionairs ꝛc. in Rom. 8. Inspr. 798. Wagner. 4 gr.

Lebensbeschreibung, Kurze, des K. K. Generals, Grafen von Wurmser. O. O. 1778. V: *Donauer, Georg Friedrich.* (Ky) (Fiker) (Pr)

Lebens-Beschreibung, Kurzgefaßte — des greisen Feldherrn Grafen Radetzky. 8. (16 S.) Znaim. Druck und Verlag von M. Hofman. 1854.

Lebensbeschreibung des Marki (sic!) von Langallerie, General-Lieutenant der Frantzös. Armee und Gen.-Feldmarschall-Lieutenants in Diensten Keyser Carl VI., worinnen sehr viel geheime Nachrichten enthalten, welche die Madame von Maintenon, die Herren von Catinat etc. betreffen. Von ihm selbst in seinem Gefängnis zu Wien aufgezeichnet. Gotha 1747. 8⁰.

— des J. U. Lays, Pfarrers zu Dunstelkingen, Dechants zu Neresheim. 8. Nördl. 826. Beck. 8 gr.

— des heil. Vaters Leo XII., nebst einigen Gebeten. Von einem Weltpriester. Mit dem getreuen Bildniß des Verstorbenen. 12. Wien 829. Wimmer. 2 gr.

ESTRÉES (Etrées), Gabrielle d', Duchesse de Beaufort (c. 1570—99). — Lebens- und Liebs-Beschreibung der weiland wunderschönen Gabriele d'Etrées, Hertzogin v. Beaufort, König Henrici IV. in Franckreich sehr lieb gewesenen Maitresse. Strasburg (!) 1709. 12⁰. 84 Bll. (6 Mk. L. Rosenthal, 1906.) Rar!
Bibl. Ebner. III. p. 548; Cat. Meissner II.

— der ehrwürd. Schwestern Cinzia, Olympia und Gridonia von Gonzaga, Stifterinnen des Collegiums der Jungfrauen Jesu in Castiglione delle Stiviere. Aus d. Ital. 8. Wien 841, Mechitaristen-Buchh. 9 ngr.

Lebensbeschreibung Ludwigs XVI. des unglücklichen Königs von Frankreich. Wien 1793. 390 S. 8⁰. V: *Öhler, Joseph.* (Hans Viktor Pisk: Josef Richter. Diss. Wien 1927. S. 130)

Lebensbeschreibung Ludwigs XVI. des unglücklichen Königs von Frankreich. Wien 1793. Zweyte. Dritte Auflage. Wien 1793. V: *Richter, Joseph.* (BiblPort) (Andres Sendschreiben, S. 157)

— d. hochsel. Königin Luise v. Preußen, s. a. Ehrentempel.

— d. hochsel. Königin Luise v. Preußen. Mit Portr. gr. 4. Gotha 826, Hennings.

Lebensbeschreibung der Donna Olimpia Maldachini . . . a. d. Ital. . . . von Georg Herm. Richerz. Leipzig 1783. V: *Leti, Gregorio.* (Cat. d. Stadtbibl. Zürich. Zürich 1864—97.)

— berühmten Männer alter u. neuer Zeiten, für die Jugend. Mit Kpf. 12. Nürnb. 820. Campe. 6 ggr

— berühmter Männer. .. Kitzingen ... Köpplinger. 1/3 rf

— d. seel. Schwester Maria ; von der Menschwerdung, Stifterin d. Barfüßer-Carmeliterinnen in Frankreich. 8. Augsb. 792. Wolf. 3 ggr

— des berüchtigten Gauners Bernhard Matter, von Muhen, Kantons Aargau. Mit seinem (lith.) Bildniß.. 1—5. Aufl. Aarau 854. Martin. gr. 8. (16 S.) 3 ngr

— Maximilian des Ersten, Königs von Baiern. Mit Portr. gr. 4. Gotha 827. Hennings. 20 ggr

— des vortreffl. Menschen u. Landwirthes Franz Waback, Richter zu Mütschitz auf d. Kameralherrschaft Podiebrad. Leipz. ... Centr.-Compt. 16 ggr

— merkwürdige, des Kaufmanns Pt. Hasenclever's, (v. Chr. Gli. Glauber). 8. Hamb. 798. (Herold u. W. in Lüneburg). 6 ggr

Lebens-Beschreibung, Peter Martons Eines gebohrnen Frantzosen merckwürdige, Worinnen viele wunderliche Begebenheiten enthalten, die ihn in seinem Leben und auf Reisen zugestossen, alles von ihm selbst wohl aufgezeichnet, und seines Werths halben In rein Deutsch aus dem Frantzösischen übersetzet von A. B. C. Leipzig und Görlitz 1737. V: *Tyssot de Patot, Simon.* (Catalogus bibliothecae selectae J. J. Schwabe. Lipsiae 1786.) Ü: *Bachstrom, Joh. Friedrich.* (Euph XVI, 321. 349) S. a. II, 13486.

Merkwürdige Lebens- und Reisebeschreibung Antons v. ***. Neue Auflage mit (8 curiosen unsign.) Kupfern. Dreßden u. Leipzig, bey Joh. Nic. Gerlach Wittbe u. Sohn 1776. 8°. (In Dresden.) (8 Mk., sehr schönes Expl., Franz Teubner, Düsseldorf, c. 1898.)
Seltener Avanturier. Tit., 7 Bll. Vorr., 446 S.

Merkwürdige Lebensbeschreibung des Freiherrn Friedrich v. d. Trenk. 3 Bde. 8. Berlin 1787.

Lebensbeschreibung, Merkwürdige, Eleonorä Christinä Gräfin von Ulfeld . . . Kopenh. u. Leipzig 1757. V: *Schönau, Frederik Christian.* (Bruun, Bibl. Danica III, 1539.)

Lebensbeschreibung des Hofraths K. G. Moritz. [Gotha 1795]. V: *Lenz, Carl Gotthold.* (MGT)

—— von Carl Müller v. Friedberg, gewes. Landammann d. Kantons St. Gallen. gr. 8. (1½ B.) Zürich 836, Orell, Füßli u. Comp.
Aus den: Schweizer Annalen, besond. abgedruckt.

— Joachim Murat's, ehemaligen Königs von Neapel, von s. Geburt bis zum Frühjahr 1815. Mit Portr. 8. Pesth 815. Hartleben. 8 ggr

— Napoleon Bonaparte's, ehemal. Kaisers d. Franzosen, mit e. Ansicht u. Beschreibung von St. Helena. 2e A. 8. Pesth. 816. Hartleben. 12 ggr

D . . . D . . . Napoleons kurze Lebensbeschreibung. 8. Mainz 1821.

Lebensbeschreibung Herzogs Moriz Wilhelm zu Naumburg. Frankf. 1719 . . . 1720. V: *Buder, Chn Glieb.* (ML) (OL)

— des Admirals, Lord Viscount Horatio Nelson. Mit dess. Bildn. 8. Stuttg. 807. Steinkopf. 8 ggr

Lebensbeschreibung Johann Osianders, Konsistorial- und Kirchenraths der Könige von Schweden und Polen . . . Tübingen 1795. V: *Abel, Jacob Friedrich.* (Ky) (MGT) (Klüpfel)

— Joh. Osianders, (von Jak. Fr. Abel). 8. Tübing. 795. (Osiander). 8 ggr

— des ber. Wilh. Penn ; an Hrn. H*** in M*** (v. W. A. Teller). 8. Berl. 779, s. auch Marsillac.

Lebensbeschreibung des berühmten Wilhelm Penn . . . Brandenburg 1779. V: *Teller, Wilhelm Abraham.* (MGT) (Ky) (Winer) (JL)

— großer u. merkwürd. Personen. Ein unterhalt. u. lehrreiches Lesebuch f. d. Jugend, nach Campe's Lehrart bearb. 8. Quedlinb. ... 2e verm. Aufl. mit ill. Kpf. 810. Basse. 20 ggr

— berühmter u. merkw. Personen unserer Zeit; herausg. v. C. Nicolai, Ch. Niemeier, J. F. Krüger, u. a. m. 3 Bde mit Kupf. N. A. gr. 8. Quedlinb. 823, Basse.
(Erschienen früher in 15 Heften unter d. Titel: „Magazin d. Biographien“ und „Denkmäler.“)

— merkwürd. Personen dieses u. d. vorigen Jahrhunderts, (v. J. G. Meusel). gr. 8. Bresl. 774. (Gosohorsky). 16 ggr

Lebensbeschreibung Johann Wilhelmi Petersen. 2. Ed. O. O. 1719. V: *Petersen, Johann Wilh.* (Cat. d. Stadtbibl. Zürich. Zürich 1864—97.)

— praktische, verstorb. u. noch lebender Geistlichen, (v. J. A. C. v. Einem). gr. 8. Stendal 787. Franzen u. Gr. 1 ℛ 8 ℊ

Lebens-Beschreibung des Ritters von Ravanne (d. i. Jacques de Varenne), eines bey Ihro Hoheit dem Hertzoge von Orléans gewesenen Pagens und Musketairs, worinne zugleich die merckwürdigsten Liebes-Geschichten Seiner Hoheit vorkommen. Aus d. Frantzös. übers., Nürnberg u. Leipzig, b. Fr. Wilh. Geyer, 1745. 8°. 1 Alphab. 13 Bog. Selten! (8 Mk. E. Frensdorff, 1909.)

— berühmter Reformatoren. 3r Bd. Calvins Leben, Meinungen und Thaten, vom Verf. von Luthers Leben. 2te verb. Aufl. 8. Leipzig, Voß. 819.

— 4r Bd. Luthers Leben und Thaten beschrieben von J. F. W. Tischer. Mit Luthers Bildniß. 8. N. A. Ebendas. 819.

— berühmt. Reformatoren. Neue Folge. 1r Bd. — Auch u. d. Titel: Ch. Niemeyer's Leben Joh. Knox's u. der beiden Marien, Mutter u. Tochter. Mit Knox's Bildniß. 8. Leipz. 824, Voß.

Lebensbeschreibung Johann Jakob Reiskes ... Dessau 1783. H: *Reiske, Ernestine Christine.* (Ky)

Lebensbeschreibung Heinrich des 26ten, Grafen Reuss. [Gotha 1799.] V: *Brömel, Johann Friedrich.* (MGT)

— des Anhalt-Cöth. Hofmalers Ringe. 8. Cöthen 799. Aue. 4 ℊ

LEBENSBESCHREIBUNG der Europäischen Robinsonetta in einem moralischen (sehr pikanten) Roman, zum Nutzen und vergönneten Zeitvertreib, nach allen ihren wahrhafften Umständen entworfen, von *V****. Frankfurt und Leipzig (Zittau, Joh. Jac. Schöps), 1752. 8°. (Besitzt Dr. Ullrich.) Tit., 6 S. Vorr. d. Verlegers, 230 S. Aeusserst selten!

Lebensbeschreibung des weiland hochgelehrten, ehrengeachteten und kunstreichen Herrn Jodokus Rusch Philosophia Kandidatus und gewesener Bettelrichter. Wien u. Leipzig 1783. V: *Huber, Franz Xaver.* (BGE IV/78) (Stadtbibliothek Wien.) (BiblPort)

Lebensbeschreibung des weiland hochgelehrten, ehrengeachteten und kunstreichen Joh. Rusch ... Wien u. Leipzig [München] 1788. V: *Cramer, Franz Xaver.* (Wr) (MGT)

— des weil. Hochgelehrten ꝛc. Hrn. Jodocus Rusch, Philos. Kandid. u. gewes. Bettelrichters. 8. Münch. 788. Fleischmann. 16 ℊ

—— des Joh. Mich. v. Sailer, Bischofs v. Regensburg. Mit dess. Bildniß, Wappen u. Fac-simile. gr. 8. (8 B.) Regensburg 834, Reitmayr.

Lebensbeschreibung Johann Ulrichs v. Schaffgotsch des Enthaupteten. 8. Liegnitz 1751.

Lebensbeschreibung Johann Ulrichs Grafen v. Schafgotsch, kayserl. Obristen, Herrns auf Kynast, welcher ao. 1635 d. 23. Julii in Regenspurg unschuldiger Weise enthauptet worden. 8. Hamburg 1757.

Lebensbeschreibung Sr. Exc. Herrn Johann Ulrichs, des H. R. R. Grafen v. Schafgotsch, kayserl. Obristen, Herres auf Kynast ꝛc., welcher a. 1635, den 23. Julii zu Regenspurg unschuld. Weise enthauptet worden. 8. (16 S.) Warmbrunn (890). E. Gruhn. n. — 10

— des Ritters Sebast. Schertlein von Burtenbach; aus dessen eigenhändigen Aufsätzen. 2 Thle. 1r Thl. (von C. S. v. Holzschuher, mit Anmerkk. v. W. F. Hummel. 2r Thl. v. Hummel allein). 8. Frankf. a. M. u. Leipz. (Nürnb.) 777—82. Schneider u. W.) 1 ℛ 12 ℊ

— u. wahrheitsgemäße Schilderung des Berliner Wunderkindes Louise Braune. Nach eigener Anschauung u. Forschung u. den Aussagen der von ihr Geheilten. gr. 8. (8 S.) Berlin 849, Litfaß. 1/12 ℛ

— der griech. u. röm. Schriftsteller. 1r Bd. gr. 8. Berl. 763. Nicolai. 14 ℊ

Lebensbeschreibung des venetianischen Feldmarschalls Matthias Johann Graf von der Schulenburg. 1834. V: *Schulenburg-Klosterroda, Friedrich Albrecht Graf von der.* (ADB)

Lebensbeschreibung des königl. Preussischen Generalfeldmarschalls, Kurt Christoph Grafen von Schwerin ... Berlin u. Frankf. a. d. O. 1790. V: *König, Anton Balthasar.* (MGT) (Ky)

— des königl. preuß. Generalfeldmarschalls Grafen von Schwerin, (v. A. B. König). gr. 8. Berl. 790. (Akadem. Buchh. in Frankf. a. d. O.) 4 ℊ

—— eines alten Seemannes, von ihm selbst u. zunächst f. seine Familie geschrieben. gr. 8. (26 B.) Altona 835, (Hammerich.) *

— Meno Simonis, s. Glaubensbekenntniß d. Mennoniten.

— des Grafen Ludw. v. Solms. (Herausgg. v. J. G. Reusmann.) 8. Leipz. 794. Baumgärtner. 6 ℊ

Lebensbeschreibung des Heil. Römisch. Reichsgrafen Friedrich Ludwig von Solms zu Tecklenburg. Leipzig 1795. H: *Reussmann, Johann Gottfried.* (ADB) (Ky) (MGT) (Pr)

Lebensbeschreibung der neuen Prophetin Southcode, s. a. Southcode.

Lebensbeschreibung der neuen Prophetin Johanna Southcote von London. Nach der 2ten engl. Aufl. frei übers. 2 Thle. Edimburg (sic!). (Hennings in Erfurt), 1815. 12°.

— der neuen Prophetin Johanna Southcode v. London. 8. Erf. (u. Gotha) 815.

—— d. Kgl. Bay. Kirchenraths D. Heinr. Stephani. Vorzügl. in pädagog. Rücksicht. Mit dess. (gest.) Bildn. gr. 8. (2 B.) Aachen 829, [Roschütz u. Comp.]

— des Königl. Baierschen Kirchenraths Dr. Heinr. Stephani. Vorzüglich in pädagogischer Rücksicht. Mit dessen Bildniß. gr. 8. Aachen 829. Rossel. 8 K

Lebensbeschreibung | des | Raubmörders | Wilhelm Stock, aus | Friedrichshöhe, Amts Rinteln. | Am 9. Juni 1854 in der Riensförder Heide bei | Stade hingerichtet. | (Fig.: *Segelschiff*, 31 × 38) | Druck von H. Klesser in Oldenburg. o. J., 4 Bl. n. n., 194 × 106.

LBO Jahrmarktslit. R. c. 2, 62.

Der gleiche Text mit identischem Titel erschien auch als »Druck von J. F. Rohr in Vegesack.« (LBO Jahrmarktslit. R. c. 2, 57).

Lebens-Beschreibung des Juden Jos. Süß-Oppenheimers u. dessen schändlicher Tod, nebst einer kurtzen Erzehlung seiner Betrügerey u. Filou-Streiche. o. O. [um 1738].

— des kaiserl. russ. Feldmarschalls Grafen Suwarow Rimninskoi. Aus Schillers Annalen gezogen. gr. 8. Würzb. ... Rienner. 2 K

Lebensbeschreibung. Lebens- und Thaten-Beschreibung, Hans Geörg Wipf geweßnen Major, von Marthalen. [Gedicht.] In der Melodie: Unsere muntern Augenlieder: Die Marthalemer-Zeitung genannt. 8. *o. O. u. J.* [1790/1810].

TELLEZ de Meneses, Eleon. (geb. 1330, seit 1372 Gemahlin Ferdinand's I v. Portugal, † nach 1382). — Lebensbeschreibung der Leonore Tellez de Menese, Favoritin Ferdinands, Königs von Portugal. Aus d. Französ. Frankfurt u. Leipzig 1752. 8°. (54 xr. Scheible, vor 1870.)
Bibl. J. J. Schwabii II. — Selten!

Lebensbeschreibung der vornehmsten Theologorum ... Gotha 1730. V: *Liebe*, *Chr. Siegm.* (WINER) »Lebensbeschreibungen« (MYL)

Höchst traurige und interessante | Lebens-Beschreibung eines unglücklichen Franzosen, | welcher 10 Jahre in Mexiko in Gefangenschaft schmachtete und im Jahre 1863 durch die siegreiche französische Armee befreit wurde.

Kol.: Mülhausen, gedruckt bei J. P. Risler. (1863).

1 Bl. zweiseitig bedruckt, 175 × 225.

Arch. Bas-Rhin, Strasbourg, T. 211.

Lebensbeschreibung des Panduren-Oberst Frhrn. Franz v. d. Trenck. Thaten u. Abenteuer des kühnen Parteigängers unter Maria Theresia u. sein. trag. Ende auf dem Spielberge. 3 Thle. Neue (Titel-) Ausg. Celle (861) 66. Schulze'sche Buchh. 8. (723 S.) 1 ℳ

— Eleonoren Christinen, Gräfin von Ulfeld; aus d. Dän. v. Philander (Chr. G. Menzel). 2 Thle. 8. Kopenh. 757. Pelt. 12 K

Lebensbeschreibung, Verhaftung und Hinrichtung des unglücklichen Grafen J. Fr. Struensee und E. Brands, nebst Testament Struensees. Mit Kpfrn. Copenhagen 1772. 23 S. (R. Zinke's Dresdner Juni-Auct. 1908.)

Lebensbeschreibung des Grafen von Wackerbarth. Hamb. 1820. V: *Ahlwardt*, *Ernst Friedrich.* (MGT) (KY) (ADB)

Wahrhafte Lebensbeschreibung des französischen Erzspitzbubens Cartouche u. seiner Kameraden, herausgenommen aus den Prozessakten u. anderen besonderen Nachrichten. Kopenhagen 1757. 8°. 96 S. (2 Mk. F. Waldau, 1908.)
— — Dasselbe. Mit 1 Kpf. Ebd. 1760. 8°. (Max Perl's Berliner Febr.-Auct. 1908, no. 232.)
— — Dasselbe. Ebd. 1767. 8°.

LEBENS-BESCHREIBUNG, Wahrhaffte und merckwürdige, JORIS PINES von Dublin aus Irrland bürtig, Worinnen Dessen Ankunft und 70. jähriger Auffenthalt auf einer wüsten Insul Süd-Landes, mit seinen vier Weibern, als einer schwartzen und drey weissen; Auch seine daselbst gehabten Erstaunens-würdigen Avanturen, Vermehrung seines Geschlechts, angefangene, und von seinen Nachkommen den Pinesern fortgesetzte Viel-Weiberey, dessen Testament und Gesetze, Zwiespalt seiner Kinder, derselben nothwendige Blut-Schande, Ingleichen deren Bekanntschafft und Handel mit den Süd-Ländern, beyder Sitten und wunderliche Lebens-Art ausführlich beschrieben wird. Aus dem Englischen übersetzet. Mit Titelkpfr. Anno MDCCXXVI. (1726.) 8°. (In Weimar, in Warmbrunn und im Besitze von Dr. Ullrich in Brandenb. a. H.)
— — Dasselbe, tit.: Wahrhaffte u. merckwürdige Lebens-Beschreibung JORIS PINES von Dublin aus Irrland bürtig, worinnen dessen Ankunft u. 70 jähriger Auffenthalt auf einer wüsten Insul Süd-Landes, mit seinen vier Weibern, als einer schwartzen u. drey weißen; Auch seine daselbst gehabten Erstaunenswürdigen Avanturen, Vermehrung seines Geschlechts, angefangene, u. von seinen Nachkommen den Pinesern fortgesetzte Viel-Weiberey, dessen Testament u. Gesetze, Zwiespalt seiner Kinder, derselben nothwendige Blut-Schande. Ingleichen deren Bekanntschafft u. Handel mit den Süd-Ländern, beyder Sitten u. wunderliche Lebens-Art ausführlich beschrieben wird. Aus d. Englischen übersetzt. Zweyte Auflage. Mit Titelkpf. (unsign.). O. O. Anno MDCCXXIX. (Schneeberg, C. W. Fuld, 1729.) 8°. (In Dresden: Lit. Angl. B. 562.)
— — Dasselbe. 3. Aufl. Schneeberg, b. C. W. Fulden. 8°. O. M. V. 1734. G4b.
— — Dasselbe. Vierdte Auflage. Anno MDCCXLIV. (1744.) 8°. (In Dresden: 8° Litt. Angl. B. 563; auch in Stuttgart.)
384 S. (incl. Titel u. 5 S. Vorr.).
— — Alle 4 Ausgaben sind so selten, dass keine Antiquar-Preise zu notiren waren.
— — Dasselbe (kurze Neubearbeitung), in: Reisen und Abentheuer der Brüder Robinsons. Zur Unterhaltung für allerley Leser. Auf Kosten des Herausgebers (Aug. Friedr. Mayer in Lausanne), und Bern in Commißion bey der typographischen Gesellschaft. 1791. 8°. 14 S. Tit. u. Vorr., 570 S., 3 Bll. Inh. (Besitzt Dr. Ullrich.)
* — — Dasselbe (Auszug der Erlebnisse des Pines), in: Ziegler u. Kliphausen, H. A. v., Historisches Labyrinth der Zeit, S. 663 ff.

— d. heil. Aebtissin Walburga, sammt e. Anh. von neuen Wohlthaten, (v. J. E. Reichmayer). Mit 1 Kpf. 8. Eichstädt 792. Beyer. 3 K

— von Karl Maria v. Weber. Mit Portr. gr. 4. Gotha 830. Hennings. 20 K

Lebensbeschreibung, Johann Christoph Weingärtner's. Erfurt 1834. V: *Mensing, W.* (Ky)

—— J. C. G. Werbermann's, Prof. d. Philos. zu Liegnitz, u. Ritter. — Als Anh.: sein erstes Gedicht, die v. ihm am Tage seines Jubiläums gehalt. Rede, u. e. Verzeichn. seiner Akademisten u. Gymnasial-Primaner. 8. (2½ B.) Liegnitz 835, (Kronecker.) 4 Gr., mit Portr.

Lebensbeschreibung d. frommen Bischofes Michael Wittmann v. Regensburg, ehemal. Präfekten der großen Marianischen Kongregation. Xenium der Marian. Kongregation Regensburg f. d. J. 1894. 12. (88 S. m. Bildern.) München-Regensburg 894. Nationale Verlagsanstalt. n.n. — 25

— der Wittwe des Obrist. Flor. Engel von Langwies in Bündten, geb. Egli v. Fluntern b. Zürich, von ihr selbst beschrieben. 8. Zürich 822. Orell. 1 ℛ 16 gℓ 2e Aufl. unt. d. T.: die schweizer. Amazone, Abentheuer, Reisen u. Kreuzzüge e. Schweizerin, durch Frankreich, die Niederlande, Aegypten, Spanien u. s. w. mit der französ. Armee unter Napoleon. Von ihr selbst beschrieben 2c. 8. St. Gallen 825. Huber u. C. 1 ℛ 16 gℓ

— dass. 2e Aufl., s. Amazone, die schweizerische.

Lebensbeschreibung des Malers J. J. Wolfensberger. [Zürich 1854.] V: *Wolfensberger-Burdon, Hannah.* (Cat. d. Stadtbibl. Zürich. Zürich 1864—97.)

Lebensbeschreibung, wundervolle, des Mylord ***. 12. Nürnb. 739.

Lebensbeschreibung Hans Joachims von Ziethen . . . Berlin 1797. 2. Aufl. 1800. 3. Aufl. 1806. V: *Blumenthal, Luise Johanna Leopoldine von, geb. von Platen.* (Pr) (Ky) (MGT) (Dn) (Schl)

— Hans Joachim v. Ziethen, K. Preuß. Generals d. Cavallerie. (Von Frau ... v. Blumenthal.) Mit Kpf. u. Pl. gr. 8. Berl. 797. 2e A. 800. 3e A. Mit 2 Kpf. u. 2 Plän. 806. (Reimer). 2 ℛ 8 gℓ (Mittler). 2 ℛ Dass. ins Engl. übers. von Benj. Beresford: the Life of Gen. de Ziethen etc. 2 Voll. 8. Lond. 2e A. Mit Kart. u. Plän. 2. Voll. gr. 8. Berl. 810. (Wolke). 2 ℛ 16 gℓ

Browne. Ulysses Maximilian. Zuverlässige Lebensbeschreibung des heil. Röm. Reichs Grafen v. . . . . ., gewesenen k. k. General-Feldmarschalls. 8. Frankfurt 1757.

Lebensbeschreibung, Zuverlässige, des Ministers Heinrich Grafen von Brühl . . . Frankfurt u. Leipzig 1766. V: *Mayer, Gottfried.* (Kat. d. stat. Bureaus. Dresden 1890.)

Lebens-Beschreibung M. Ulrichs Zwingli. Zürich 1719 s.a. [Ziegler, Johann Rudolf].

Lebensbeschreibung d. Schweizer-Reformators Ulrich Zwingli. Mit 8 Kpf. 4. Zürich 819. Ziegler u. S. 3 ℛ

Lebensbeschreibung des Reformators Magister Ulrich Zwingli. (Njbl.) s.a. [Horner, Johann Jacob I].

Lebensbeschreibung des schweizerischen Reformators Ulrich Zwingli. Zürich 1819. V: *Horner, Joh. Jac.* (Ky) (Cat. d. Stadtbibl. Zürich. Zürich 1864—97.)

Lebensbeschreibungen

- s.a. Calvin's Leben.

- s.a. Erasmus

- s.a. Hausschein.

- s.a. Hieronymus v. Prag

- s.a. Hutten

- s.a. Leben Wicklef

- s.a. Lebensbeschreibung

- s.a. Luther

- s.a. Melanchthon

- s.a. Zwingli

Lebensbeschreibungen, Anecdoten, Characterzüge, merkwürdige Gewohnheiten u. seltsame Todesarten berüchtigter Geizhälse. Nebst Bemerkungen über Enthaltsamkeit u. Sparsamkeit. Aus d. Engl. frei übers. u. durch viele Zusätze verm. von Paul Werner. Mit 2 (lith.) Portr. 12. (XVIII u. 249 S.) Weimar 852, Voigt. 7/12 ℛ

Lebensbeschreibungen, Anziehende, für die Jugend. I. Leipzig 18??. V: *Schmaltz, Carl.* (Ky)

Lebensbeschreibungen, Auserlesene, heiliger Seelen. Frankfurt u. Leipzig 1733—43. V: *Tersteegen, Gerhard.* (Winer) (BrMm)

Lebensbeschreibungen der alten Autoren oder klassischen Schriftsteller unter Griechen und Römern . . . Elbing 1786. V: *Brumbey, Carl Wilh.* (Ky) (MGT)

Lebensbeschreibungen d. vornehmsten alten Autoren, (v. K. W. Brumbey). 8. Elbing. 786. Hartmann. 16 gℓ

Lebensbeschreibungen der edelsten Bürger Deutschlands, s. Walhalla.

Lebensbeschreibungen zur Erwekkung bürgerlicher Tugend. Augsburg 1778. V: *Stephanie, Gottlieb d. Jüngere* (??). (Hdschr. Mitth. von Gustav Gugitz, Wien.) (BiblPort) Vgl. III, 914.

Lebensbeschreibungen zur Erweckung und Unterhaltung bürgerlicher Tugend. Augsburg 1778—82. V: *Stetten, Paul von.* (BrMm) (MGT) (Gradmann, Gel. Schwaben. 1802.)

§ LEBENSBESCHREIBUNGEN einiger gelehrten Frauenzimmer. — Kl. Vign. — Breslau u. Leipzig, bey Wilhelm Gottlieb Korn. 1795. 8°. Titel u. 188 S. (In München: Biogr. C. 194 i. Ex donat. Molliana.) Nichts Erotisches.

Lebensbeschreibungen und Gedichte Englischer und Italienischer Dichter . . . Dessau 1784. H & Ü: *Enslin, Friedrich Albert Ludwig.* (Ky) (ML)

— u. Gedichte engl. u. italiän. Dichter, (v. F. A. L. Enslin). 16 Bdchn. 8. Dessau 784. Gelehrten-Buchh. 8 ℛ

—— für Gewerbtreibende, s. Vorbilder.

—— der Heiligen Gottes auf alle Tage des Jahres. Eine Legenden-Sammlung für das christkathol. Volk. Gesammelt und hrsg. von einem Vereine kathol. Geistlichen. 2 Bde. Lex.-8. Landshut, Thomann'sche Buchh. [1. (XXIII und 716 S. mit 1 lithogr. Ttlbld.) 847., 2. (VII und 796 S.) 848.]

—— interess., berühmter Männer, f. Jünglinge: Kaiser Heinrich IV. — James Cook. — Val. Jam. Dùval. Mit Ttlkpfr. 8. (7½ B.) Kitzingen 832, Gundelach.
Ist eine neue, wohlf. Ausg. der „Erzählungen aus d. Leben berühmt. Männer etc."

Lebensbeschreibungen merkwürdiger und berühmter Kaufleute. Nürnberg 1796. V: *Veillodter, Ludwig Christoph Carl.* (MGT)

Lebensbeschreibungen merkwürd. u. berühmter Kaufleute. 2., sehr verm. Aufl. Mit Ttlkpfr. 8. (16 B.) Nürnberg 832, Leuchs u. Comp.

Lebensbeschreibungen verschiedener Kaufleute und Handlungsdiener. Hamburg 1771 ff. H: *Stölzer, Johann August.* (ML)

Lebensbeschreibungen merkwürdiger Kinder. Leipzig 1798. V: *Müller, Carl Ludwig Methusalem.* (NN) (Ky) (MGT)

§ LEBENSBESCHREIBUNGEN berühmter Königinnen. 2 Thle. Nürnberg u. Altdorf, bei J. K. Monath u. J. F. Kußler. 1804—5. 8°. (In München: Biogr. coll. 194. 2 voll.)

LEBENSBESCHREIBUNGEN und Criminalprozesse berüchtigter Räuber und großer Verbrecher älterer Zeit. Nebst Bemerkungen über das Diebesgesindel im Mittelalter. Nach Acten und Archiven. Aus d. Französ. von Ludw. Hain. 3 Bde. Leipzig, Kollmann, 1846. 8°. (5 Mk., geles. Expl., Max Jaeckel, Potsdam, 1909.)

Lebensbeschreibungen, kurzgefaßte, der Heiligen u. Seligen des Dominicanerordens, v. e. Schwester der Genossenschaft v. d. hl. Katharina v. Siena, aus dem Mutterhause zu Stone, England. Hrsg. u. m. e. Einleitung versehen v. Johs. Procter, S. T. L. Aus dem Engl., nach erfolgter Ermächtigg., übers. v. B. J. O. W. (XXIV, 406 S.) 8. Dülmen 903. A. Laumann. n. 2.—; geb. n. 3.—

—— durch Gottesfurcht u. nützliche Thätigkeit ausgezeichn. Männer. Hrsg. v. Karl Chr. Glieb. Schmidt. (2. Bdchn.) Philipp Doddridge. Sein Leben u. Wirken, nebst einigen ausgewählten Stellen seiner Schriften. 8. (9½ B.) Leipzig 844, Hinrichs'sche Buchh.
Vgl.: Baxter, R.

Lebensbeschreibungen durch Gottesfurcht und nützliche Thätigkeit ausgezeichneter Männer. Bearb. und hrsg. von Carl Chrn. Glieb. Schmidt. 3. Bdchn.: William Penn. Sein Leben und Wirken, nebst einer kurzen Geschichte Pennsylvaniens, seiner Bewohner und über die Gesellschaft der Freunde oder Quäker. 8. (IV und 96 S.) Leipzig 848, Hinrichssche Buchh.
1. und 2. Bdchn. Ebendas. 1843—44. à Bdchn. 7½ Ngr.

Lebensbeschreibungen berühmter Männer Böhmens. Prag 1785. 1788. V: *Zitte, Augustin.* (Ky 3/496) (GGr VI/730 Nr. 16/7) (Bibl. Carroviana Nr. 670)

Lebensbeschreibungen grosser und merkwürdiger Männer. Ein . . . Lesebuch . . . Quedlinburg 1810. 2. . . . Ausg. 1812. V: *Basse, Gfr.* (MGT)

Lebensbeschreibungen, merkwürdige, v. Kaufleuten nach ihr. Begebenheiten. 2 Thle. 8. Hamb. u. Lpz. Hauffe. 77¹. 77².

—— der merkwürdigsten ev. Missionare, s. Schmidt, C. C. G.

Lebensbeschreibungen des Fürsten Raimund Montekukuli, des Fürsten Wenzel Liechtenstein, des Hofrathes Ignatz von Born samt 1 Portr. Wien-Degen 1792. 261 S. Kl. 8°. 1 Kupfer. V: *Richter, Joseph.* H: *Pezzl, Johann.* (Hans Viktor Pisk, Josef Richter. Diss. Wien 1927. S. 129) (Andres Sendschreiben, S. 157) (BiblPort)

Lebensbeschreibungen des Herrn Paris; e. wichtiges Fragment z. Geschichte d. Finanzen in Frankreich; aus d. Französ. 8. Leipz. 778. Böhme. (Knobloch). 12 ℛ

Lebensbeschreibungen berühmter und merkwürdiger Personen unserer Zeit. Hrsg. von C. Nicolai, Ch. Niemeyer, J. F. Krüger u. and. N. A. 3 Bde. 8. Quedlinburg 1823. 22,50.

Lebensbeschreibungen merkwürdiger Personen dieses und des vorigen Jahrhunderts. Erster Theil. Breslau 1774. V: *Meusel, Johann Georg.*

Lebensbeschreibungen merkwürdiger Personen dieses und des vorigen Jahrhunderts. Breslau 1775. V: *Meusel, Johann Georg.* (MGT) (BB) (Pr) (Ky)

Lebensbeschreibungen, Praktische, verstorbener und noch lebenden Geistlichen. Stendal 1787. V: *Einem, Joh. Aug. Chph von.* (Ky) (MGT)

— berühmter Reformatoren, (v. Glo. Hnr. Ad. Wagner; herausgg. v. J. F. W. Tischer). Ein Lesebuch f. d. Bürger. Mit Kpf. 10 Bdchn. 8. Leipz. ... Voß. 5 ₰ 8 gl

Lebensbeschreibungen berühmter Reformatoren . . . Leipzig 1801 bis 19. V: *Wagner, Gottlob Heinrich Adolph.* H: *Tischer, Joh. Frdr. Wilh.* (schmal) (Ky)

— sämmtlicher Unterzeichner der Unabhängigkeits-Erklärung der Vereinigten Staaten von Nord-Amerika. Nebst einer faßlichen Darstellung der merkwürdigsten Begebenheiten, welche die Trennung der Colonien v. dem Mutterlande zur Folge hatten. Nach den besten engl. Hülfsquellen, mit besond. Berücksichtigung des Werkes v. C. A. Goodrich, bearb. gr. 12. (528 S. m. 30 Stahlst. u. 4 Stahltaf. m. Facs.) Summytaun 849. (Philadelphia, Schäfer & Koradi.) n. 2²/₃ ₰

Lebensbild s. a. Lebensbilder.

Lebensbild der ehrwürdigen Mutter Magdalena Sophia Barat, Stifterin der Gesellschaft d. heiligsten Herzens Jesu. Hrsg. v. G. B. Mit e. (Lichtdr.-)Portr. 8. (XV, 228 S.) Münster 887. F. Schöningh. n. 1. 80

Lebensbild der ehrwürdigen Mutter Magdalena Sophia Barat, Stifterin der Gesellschaft des heiligsten Herzens Jesu. Hrsg. v. G. B. 2. Aufl. (XV, 228 S. m. 1 Bildnis.) 12. Paderborn (908). F. Schöningh. n. 1. 80

Lebensbild von Johann Caspar Escher im Felsenhof, 1775–1859. (Njbl.) s. a. [Mousson, Albert].

Lebensbild von Johann Caspar Escher im Felsenhof. [Zürich 1868.] V: *Mousson, Alb.* (Cat. d. Stadtbibl. Zürich. Zürich 1864—97.) (ADB 6, 362)

Lebensbild, geschichtliches, des franz. u. deutschen Volkes durch Dichtung. 8. Marb. Krieger. 814.

Lebensbild, ein, aus einer Heilanstalt. Zur Erinnerung an Hofr. Dr. Herm. Dick. 8. (34 S.) Neustadt a. d. H. 879. Gottschick-Witter's Buchh. *

Lebensbild, das, v. Gotthelf Hermann, weiland Superintendent in Ronneburg. Ein Denkmal schwesterl. Liebe. (Von Clementine Hermann.) (16 S.) 8. Altenburg 907. (Th. Körner.) — 20

Lebensbild, kleines, des Prof. Dr. Baumgarten, sogenannten mecklenburg. Irrlehrers, geschrieben für das mecklenburg. Volk, besonders für die Leser des mecklenburg. Volksblattes. Von einem mecklenburg. Volksmanne. 8. (81 S.) Leipzig 860, [Hennings'sche Buchh.]

Lebensbild, kleines, des Prof. Dr. Baumgarten, sogenannten mecklenburgischen Irrlehrers, geschrieben für das mecklenburgische Volk, besonders für die Leser des mecklenburgischen Volksblattes. Von einem mecklenb. Volksmanne. Leipzig 860. Lehmann. (Wolf.) 8. (31 S.) 5 ngr

Lebensbild Gebhard Antons v. Krosigk, weyland herzogl. anhaltischen Gesammtraths, Ritters des königl. preuß. Rothen Adler-Ordens 2. Klasse u. des herzogl. anhalt. Haus-Ordens Albrecht des Bären, Erbherren u. Kirchenpatrons zu Hohen-Erxleben u. Rathmannsdorf, geb. zu Hohen-Erxleben den 26. II. 1754, gest. daselbst den 16. IV. 1840, u. seiner Gemahlin Auguste Ernestine Elisabeth v. Krosigk, geborenen v. der Schulenburg aus dem Hause Emden, geb. zu Emden den 18. XI. 1761, gest. zu Hohen-Erxleben den 22. IV. 1840. 2 Bde. (Von Auguste v. Krosigk, geb. v. d. Schulenburg.) gr. 8. (III, 326 u. 275 S. m. 2 Abbildgn.) Gr. Lichterfelde-Berlin 902. E. Runge. n. 8. 50

Lebensbild, Kurzes, des ehrwürdigen Dieners Gottes Nunzio Sulprizio, eines jungen Handwerkers zu Pesco Sansonesco, einem Dörfchen im Neapolitanischen. 12. (32 S.) —.15
Brixen: Buchhandlung des kath.-polit. Press-Vereines 1896.

Lebensbild, ein, aus dem Leben für das Leben. Nach den Bekenntnissen des hl. Augustinus. Düsseldorf (855.) Kampmann. 32. (VIII, 62 S.) nn. 2¼ ngr

Lebensbild unseres hl. Vaters Leo XIII. Zur Erinnerg. an sein 50jähr. Bischofs-Jubiläum, der kathol. Jugend gewidmet von e. Mitarbeiter der katech. Monatsschrift. 1.—15. Taus. gr. 16. (24 S. m. Bildnis.) Münster 893. H. Schöningh. n. — 10

Lebensbild des heiligen Leopold, Schutzpatrons von Österreich. 8°. (15 S.) K —.12
Linz-Urfahr: Verlag des katholischen Pressvereines 1904.

Lebensbild, e., d. verewigten Präsident Dr. Lette. Zu seinem 100jähr. Geburtstage. (Von Marie Fischer, geb. Lette.) 2. Aufl. gr. 8. (108 S.) Carlshorst-Berlin 899. H. Friedrich. n. 1. —

Lebensbild der ekstatischen Jungfrau Maria von Mörl. Bozen 1868. V: *Prantauer, Simon.* (margr)

Lebensbild von Caspar Escher v. Muralt. [Zürich] 1890. V: *Gessner, Conr.* (Cat. d. Stadtbibl. Zürich. Zürich 1864—97.)

Lebensbild der heimgegangenen **Marie Nathusius,** geb. Scheele. Für ihre Freunde nah und fern. Samt Mittheilungen aus ihren noch übrigen Schriften. Bd. 1—3. Halle. 1867—1869. 8°.
(A. u. d. T.: Gesammelte Schriften von Marie Nathusius. Bd. 13—15. Nachträge. Bd. 4—6.)

Lebensbild e. katholischen Priesters. Von ihm selbst geschrieben. 8. (V, 338 S.) Heidelberg 876. (König.) n. 3. —

Lebensbild und Regierung Sr. k. k. apostol. Majestät Franz Josef I., Kaisers von Oesterreich. (Mit einem Vorwort der 13jährigen Regierung Ferdinands I.) Mechitharisten-Buchdr. in Wien. (15 S. 8.) *1857.*

— e., v. Philipp Reis, Erfinder des Telephons. Nach Familienpapieren gezeichnet. gr. 8. (24 S. m. 1 Bildnis.) Homburg v. d. H. 899. Buchdr. Steinhäusser. n. — 80

Lebensbild des Lehrers Rohlmann in Püsselbüren. Geb. 4. März 1799, gest. 15. Juli 1803. *Ibbenbüren: Vereinsdr. 1900.* (16 S.) 8° [Umschlagt. F.]
[oo. 10841 6

Lebensbild eines Stillen (Rudolf Stahel, 1822–[1861]). Gezeichnet zu seinem Gedächtnisse. 8. Zürich 1861.

Lebensbild des Professor Melchior Ulrich, 1802–1893. Njbl. *s.* [Finsler, Georg *II*].

Lebensbild d. Professor Melchior Ulrich, 1802—1893, s.: Neujahrsblatt, hrsg. v. d. Hülfsgesellschaft in Zürich.

Lebensbild des Joseph Utzinger, Kirchenpfleger von Bülach. Geboren ... 1821, gestorben ... 1879. [SA.] *s.* [Meyer, Conrad *II*].

Lebensbild eines treuen Vasallen des Hauses Brandenburg. Berlin 1872. V: *Aufsess, Hans von.* (BMarsch 388)

— das, Wilhelms des Großen in 10 lebenden Bildern, s.: Fest-Aufführungen für Kriegervereine 2c.

(Lebensbild des Professors) Georg von Wyss (gest. 1893). Njbl. Zürich 1895–1896 *s.* [Meyer von Knonau, Gerold *II*].

— d. Professors Georg v. Wyß (gest. 1893), s.: Neujahrsblatt. Zum Besten d. Waisenhauses zu Zürich.

– Vom Pfarrer Johan Rudolf Zimmermann, s. Neujahrsblatt. Zum Besten d. Waisenhauses zu Zürich.

(Lebensbild von Pfarrer) Johann Rudolf Zimmermann. ⟨1792–1867⟩. Njbl. Zürich 1897 *s.* (Zimmermann, G[eorg] R[udolf]).

Lebensbilder, s.a. Beispiele des Guten in Erzählungen 2c.

Lebensbilder, s.a. Bibliothek katholischer Volksschriften.

Lebensbilder s. a. Lebensbild

Lebensbilder, s.a. Zeit- und Lebensbilder.

Lebensbilder, von W. A. Lindau. 2 Theile. 8. Dresden, Arnold. 817.

— von der Verfasserin der gesammelten Briefe von Julie. 8. Leipzig, Wienbrack. 818.

Lebensbilder von d. Verf. d. gesammelten Briefe v. Julie. N. Aufl 8. Leipz. 823. Wienbrack. 1 ₰ 4 gr 2e A. 824. 1 ₰

Lebensbilder, eine literarische Abendunterhaltung; aus den Papieren bernischer Dichter gezogen. Bern 1832. V: *Schädelin, Paul.* (Cat. d. Stadtbibl. Zürich. Zürich 1862—97.)

Lebensbilder. Ein Kranz v. Erzähln. f. d. reif. Jugend sowohl, als schon f. Erwachsene. gr. 8. (13½ B.) Ingolstadt 837. (Regensburg, Manz.) Thlr. *

— Eine Auswahl interessanter Erzählungen u. Novellen aus Heimath u. Fremde. 2 Bde. 8. (VI u. 732 S.) Bern 847. 48. (Nürnberg, Zeh.) 24 ngr.

Lebensbilder. I.: Lese- und Schreibefibel für Elementarklassen. Nach der analytisch-synthet. Lesemethode. Von (Aug.) Berthelt, (Jul.) Jäkel, (J.) Kell, (Carl) Petermann, (Louis) Thomas. 1. und 2. Aufl. 1848—49. und 3. Aufl. 8. (80 S. mit eingedr. Holzschn.) Leipzig 850, Klinkhardt.

Lebensbilder I. Lese- und Schreibefibel für Elementarklassen. Nach der analytisch-synthet. Lesemethode. Von Berthelt, Jäkel, Petermann, Thomas. 10. Aufl. 8. (80 S. mit eingedr. Holzschn.) Leipzig 854, Klinkhardt. Thlr.

Lebensbilder. II. Lesebuch für Mittelklassen deutscher Volksschulen. Nach dem Anschauungsunterrichte von Denzel geordnet. Von (Aug.) Berthelt, (Jul.) Jäkel, (Carl G.) Petermann, (Louis) Thomas. 1—5. Aufl. 1848—50. und 6. Aufl. 8. (XIV und 250 S.) Leipzig 850, Klinkhardt. Thlr.

Lebensbilder II. Lesebuch für Mittelklassen deutscher Volksschulen. Nach dem Anschauungsunterrichte von Denzel geordnet. Von Dens. 10. Aufl. (X und 238 S. und Hauptstücke 8 S.) 854. und 12. Aufl. 8. (XVIII und 238 S.) Ebds. 855. *

—— dass. — 15. Aufl. 8. (XVIII und 246 S.) Ebds. 856. *

—— **dass. — III. Lesebuch für Oberklassen deutscher Volksschulen, hrsg. von Denselben. 1—3. Aufl. 1848—50. und 4. und 5. verm. und verb. Aufl. gr. 8. (XIV und 450 S.) Ebds. 851.** *

—— dass. — III. Lesebuch für Oberklassen deutscher Volksschulen, hrsg. von Dens. 7. Aufl. 1853., 8. Aufl. 1854. und 9. Aufl. gr. 8. (X und 422 S.) Ebds. 855. *

Lebensbilder III. Lesebuch für Oberklassen deutscher Volksschulen, hrsg. von Aug. Berthelt, Jul. Jäkel, Carl Petermann, Louis Thomas. 11. Aufl. gr. 8. (X und 422 S.) Leipzig 857, Klinkhardt. *

—— **dass. — IV. Lesebuch für höh. Bildungsanstalten von den Herausgebern der Lebensbilder I. II. III. A. u. d. T.: Deutsches Familienbuch. Eine Sammlung von Musterstücken deutscher Poesie und Prosa. Hrsg. von Aug. Berthelt, Jul. Jäkel, Carl Petermann und Louis Thomas. gr. 8. (XXV und 638 S.) Ebds. 850.** *

—— dass. — IV. Lesebuch für höhere Bildungsanstalten von den Herausgebern der Lebensbilder I. II. III. 2., verm. und verb. Aufl. A. u. d. T.: Deutsches Familienbuch. Eine Sammlung von Musterstücken deutscher Poesie und Prosa. Hrsg. von Dens. 2., verm. und verb. Aufl. gr. 8. (XXV und 644 S.) Ebds. 853. *
Wlnp. *

Vgl.: Lebensbilder, neue.

Lebensbilder. Scenen u. Erzählgn. f. Volk u. Jugend. Nach d. Franz. Mit 4 Stahlst. 8. (191 S.) Regensburg 874. Manz. 1. —

Lebensbilder. Drei Novellen von H. v. P. 8. (615 S.) Berlin 887, [Parrisius.] *ℳ 2.—; geb. *

Lebensbilder. Von J. Aus dem Dän. übers. von F. v. L. 2. (Titel-) Aufl. 8. (III, 135 S.) Norden 889, Fischer Nachf. * 2 —

—— aus dem Befreiungskriege. I. Ernst Friedrich Herbert, Graf v. Münster. (Von Jos. Frhr. v. Hormayr. ?) 2 Abthln. gr. 8. (52½ B. u. Facsim., ½ Fol.) Jena 841, Frommann. *

Lebensbilder aus dem Befreiungskriege. Ernst Friedrich Herbert Graf von Münster. 1. u. 2. Abthl. 2. Aufl. gr. 8. Jena 844, 45, Frommann. [1. (30½ B.) * 2 Thlr., 2. (33¾ B.) * 2 Thlr. 10 Ngr.]

—— dass. 3. Abthl. (Zusätze u. Berichtigungen.) gr. 8. Ebds. 844. *

—— berliner. 1. und 2. Heft: Zwickauer im zoologischen Garten. 2 Hefte. gr. 16. (32 S. und 2 ill. Holzschn.) Berlin 850, Hofmann und Comp. à Heft 2½ Ngr.

— berliner. 3—5. Heft. à Heft mit 1 ill. Holzschn. gr. 16. Berlin 851—52, Hofmann und Comp. à Heft 2½ Ngr.

Inhalt:

Heft 3. Ein Sonntag in Moabit. (16 S.)
" 4. Herr Pulicke besucht die berliner Sommer-Theater. (15 S.)
" 5. Eine berliner Pfandleihe. (16 S.)
" 6. Ein Vormittag auf dem Stadtgericht. (16 S.)
" 7. Berliner Droschken-Kutscher. (16 S.)
1. und 2. Heft. Ebendas. 1850. 5 Ngr.

— aus der Brüdergemeine und ihre Diaspora. I.—III. 8. Niesky. (Neusalz a. O., Lange.) à * 30 Pf. *

Inhalt:

I. Johann Nikolaus Lederer, genannt Lenz, oder: Auf Umwegen zum rechten Ziel. (77 S.) 870.
II. Zwei Christinnen aus vornehmen Stande. (68 S.) 871.
III. Johann Samuel Reinhold, ein Sohn Abraham's nach dem Fleische, der in den Fußtapfen des Glaubens Abrahams wandelte. (47 S.) 871.

— aus der Camera obscura des Auslandes. 8. Leipzig 844, Schreck. 1 Thlr — s.a. Bibliothek der Unterhaltung, 6. Bd.

— u. Charakterzüge aus d. Kirchengeschichte. Im Anschluß an d. v. d. kgl. Regierg. zu Breslau entworfenen „Lehrplan f. den Religionsunterricht an d. kathol. Schulen", verf. v. e. Priester d. Diözese Breslau. gr. 8. (48 S.) Glatz 890. J. Hirschberg. n. — 30

Lebensbilder, Chinesische, von beschnittenen und unbeschnittenen Juden, Geizhälsen, Negozianten, Glücksrittern, Wucherern, Dieben . . ., u. a. merkwürd. Menschen-Kindern, von Sing Xang, Kaiserl. Chines. Hofpoeten und interimistisch-provisorisch-funktionirenden Hofgrimassenschneider in Peking. In zwanglosen Reimen des Originals frei übersetzt von Sebaldus Nothanker, kosmopolit. Magister und Armenschulmeister. Mit 1 ill. Steindr. 16. München: Fleischmann 1833.

Lebensbilder, christliche, zum Gebrauch in Schule, Kirche u. Haus, s.a. Leitfaden f. den Religionsunterricht.

Lebensbilder, Christliche, . . . letzter Theil des Leitfadens für den Religionsunterricht. 2. Aufl. Winterthur 1891. V: *Lienhard, Hnr.* (Cat. d. Stadtbibl. Zürich. Zürich 1864—97.)

Lebensbilder deutscher Dichter f. Rektoratschulen, Mittelschulen u. die Oberstufe mehrklassiger Volksschulen. Nebst e. Übersicht üb. die Geschichte der deutschen Dichtg. u. dem Wichtigsten aus der Poetik. gr. 8. (46 S. m. Bildnissen.) Arnsberg 902. J. Stahl. n. — 40

— schwäbischer Dichter. 4 Hfte. in 1 Bd. 8. Stuttgart 879—81. Bonz & Co. n. 2. —; geb. n. 3. – ; einzeln à n. — 60

1. Albert Knapp als schwäbischer Dichter. Vortrag, gehalten am 12. Novbr. 1879 im Museum zu Stuttgart von Karl Gerok. (37 S.)
2. Wilhelm Hauff. Ein Lebensbild des Dichters von Jul. Klaiber. (40 S.)
3. Eduard Mörike. Ein Lebensbild des Dichters von Herm. Fischer. (46 S.)
4. Gustav Schwab als Dichter u. Schriftsteller. Von Karl Klüpfel. (50 S.)

Lebensbilder, Drei. Mainz 1871. V: *Söngen, Bonifacius.* (Rass)

Lebensbilder, Elsässische. Strassburg 1872—75. V: *Spörlin, Margareta.* (ADB)

— elsäßische, aus dem 16. und 17. Jahrh. Bevorwortet von Ernst Stähelin. Autorisirte Ausg. 1.—3. Aufl. 8. (IX, 324 S.) Basel 871, Schneider. *

— dass. — 2. Bdchn. 1. und 2. Aufl. 8. (III, 183 S.) Ebendas. 871,72. *

— dass. — 3. Bdchn.: Drei goldene Hochzeiten. Ein Sittengemälde aus der Familienchronik. 8. (298 S.) Ebendas. 874. *

— allerlei, aus den Erinnerungen eines alten Mannes. Von H. O. B. 8. (92 S.) Basel 877, Spittler. *

– ernste, zu Nutz u. Frommen des Volkes aus deutschen Dichtern ausgewählt. 2. Folge. 8. (144 S.) Zwickau 850, Verein zur Verbreitung von Volksschriften. n. 1/6 Thlr

— in Erzählungen, meistens frei bearbeit., nach d. Franz. Enth.: Merkwürd. Schicksale e. jungen Frau. — Emilie oder die Eifersucht. — Der Rock eines Mannes von Genie. — Luzia. — Die beste Aussteuer. — Der Onkel aus Amerika. — Das Opfer d. Liebe. .. Aachen 837. Cremersche Buchh. (Cazin.) ½ Thlr

Lebensbilder katholischer Erzieher. Hrsg. von W. E. Hubert. V.—VII. 8. Mainz, F. Kirchheim. n. 5. 60; (I.—V.: n. 10. 60)

V. Bernhard Heinrich Overberg, der Lehrer des Münsterlandes. Bearb. v. Al. Knöppel. (VII, 168 S.) 896. n. 1. 60
VI. Le Clerc, Mutter Alexia. Leben, v. ihr selbst u. einer ihrer ersten Gefährtinnen beschrieben. (XV, 221 S.) 897. n. 2. —
VII. Der sel. Petrus Canisius, zweiter Apostel Deutschlands. Von Alois Knöppel. (X, 236 S.) 897. n. 2. —

— dasselbe, s. a.: Hubert, W. E.

— evangelische, aus dem Elsaß. 6 Hfte. 8. Straßburg, Buchh. d. ev. Gesellschaft. à n. — 30; in 1 Bd. geb. n. 2. —

1. Geiler v. Kaysersberg (1445—1510). Von Paul Freund. (48 S. m. 1 Bildnis.) (902.)
2. Katharina Zell. Von G. Em. Schweitzer. (38 S. m. Titelbild.) (902.)
3. Jost Holler, der Pfarrer zu Bockenheim (Saar-Union). Von G. Matthis. (28 S. m. 1 Bildnis.) (902.)
4. Dominik Dietrich, Ammeister der Stadt Straßburg. Von Heinr. Ploen. (40 S. m. 1 Bildnis.) (902.)
5. Johann Lorenz Blessig, Professor u. Pfarrer in Straßburg. Von E. Herzog. (32 S. m. 1 Bildnis.) (902.)
6. Fritz Oberlin, der Vater des Steinthals. Von K. Hackenschmidt. (24 S. m. 1 Bildnis.) (902.)

Lebensbilder, evangelische, aus dem Elsaß. 2. Reihe. Nr. 7—12. 8. Straßburg 905. Buchh. der ev. Gesellschaft. à n. — 30; in 1 Leinw.-Bd. (219 S. m. Abbildgn. u. Bildnissen) n. 2. 50

7. Johannes Tauler. Von Paul Freund. (44 S. m. 1 Bildnis.)
8. Jakob Sturm. Von Will. (38 S. m. 1 Bildnis.)
9. Martin Butzer. Von Alb. Bach. (36 S. m. 1 Abbildg. u. 1 Bildnis.)
10. Kaspar Klee. (1565—1652). Lebensbild e. alten elsäss. Pfarrers. Von Frdr. Federlin. (40 S. m. 1 Taf.)
11. Hans Michel Moscherosch (1601—1669). Von Gust. Lasch. (24 S. m. - Abbildgn. u. 1 Bildnis.)
12. Luise Schepler (1763—1837). Von Aug. Winnecke. (33 S. m. 1 Abbildg. u. 1 Taf.)

— aus der Friedensära zwischen dem Deutschen Staat und Rom. Dritte Denkschrift über die evangel. Gemeinde Braunsberg in Ostpreußen. 3. berichtete, verm. und verschärfte Aufl. [Von Lößlad.] gr. 8. (VI, S. 1—22 mit 2 Beilagen.) Leipzig 887, (Rother.) [* 50 Pf.] *

Die beiden ersten Denkschriften, 1883 und 1884, sowie die zwei ersten Aufl. der vorstehenden Schrift erschienen im Selbstverlage des Verfassers, von dem sie gratis versandt wurden.

— aus einem sibirischen Gefängnisse. Nach den hinterlassenen Aufzeichnungen eines zu zehnjähr. Zwangsarbeit verurtheilten russ. Edelmanns. gr. 8. (94 S.) Köln 882, Lengfeld'sche Buchh. *

— aus den Gefängnissen. Erzählungen f. das Volk. (Unveränd. Abdruck der Erzählungen aus dem ersten Jahrg. der Monatsschrift: „Der verlorene Sohn.") Herausgeg. von mehreren Strafanstaltspredigern. 1. Bdchn. 8. Görlitz 845, Heinze u. Co. n. ⅓ Thlr — 2. unveränd. Abdr. 846. n. ⅓ Thlr

— aus den Gefängnissen. Erzählungen für das Volk. 2. und 3. Bdchn. 8. Görlitz, Heinze und Comp. [2. (130 S.) 846., 3. (III und 123 S.) 850. à Bdchn. * 10 Ngr.] *

1. Bdchn. Ebendas. 1845. * 10 Ngr.

— aus der christlichen Gemeinde. 1—7. Heft. Barmen 865. (Berlin, C. Beck.) Jedes Heft (32 S.) n. 1 ngr.

—— aus der christlichen Gemeinde. 1., 3., 4. und 7. Heft. Hrsg. von der Wupperthaler Traktat-Gesellschaft. gr. 16. Barmen 875, Wiemann. [1. Heft. 4. Aufl. (48 S.) 24 Pf.; 3. Heft. 3. Aufl. (46 S.) 30 Pf.; 4. Heft. (22 S.) * 20 Pf.; 7. Heft. (32 S.) 15 Pf.] *

—— dass. — 3. Folge. 1.—7. Heft. Hrsg. von der Wupperthaler Traktat-Gesellschaft. 8. (32; 24; 24; 31; 24; 32; 24; 23 S.) Ebendas. 870—73. à Heft * 15 Pf. *

— aus der christlichen Gemeinde. 1., 3., 4., 6., 7. u. 3. Folge 5—7. Heft. Hrsg. v. der Wupperthaler Traktat-Gesellschaft. gr. 16. Barmen 872. 75. Wiemann. n. 1. 43

1. 4. Aufl. (48 S.) — 24. — 3. 3. Aufl. (46 S.) — 30. — 4. (22 S.) n. — 20. — 6. 2. Aufl. (32 S.) n. — 14. — 7. (32 S.) — 15. — III. 5. (24 S.) n. — 10. — 6. (24 S.) — 15. — 7. (23 S.) — 15.

—— aus der christlichen Gemeinde. Neue Folge. 2. Heft. gr. 16. (36 S.) Barmen 879, (Wiemann.) *

Lebensbilder aus der christlichen Gemeinde. 5. Hft. 8. (32 S.) Barmen 882. (Wiemann.) — 15

—— aus der christlichen Gemeinde diesseits und jenseits des Oceans. Neue Folge. 3.—6. Heft. 16. (à Heft 32 S.) Ebendas. 868,69. à Heft * 20 Pf. *

— aus der christlichen Gemeinde diesseits u. jenseits des Oceans. 12. (32 S.) Ebend. 881. — 15

—— aus der christlichen Gemeinde diesseits und jenseits des Oceans. 6. Heft. 3. Aufl. 12. (32 S.) Barmen 882, Wiemann.

— aus d. Geschichte. I. u. II. Hft. gr. 8. Berlin 897. E. Ebering. n. 4. —; geb. n. 6. 50

I. Konradin v. Hohenstaufen. M. 6 Illustr. u. e. Titelblatte v. Karl Behr, sow. 1 Plane d. Schlachtfeldes v. Tagliacozzo. Von Edm. Müller. (108 S. m. 2 Stammtaf.) n. 3. —; n. 4. 50

II. Albrecht der Bär. E. Biographie. Nach d. Quellen f. Geschichts- u. Vaterlandsfreunde bearb. Von Alb. Geyer. (44 S. m. 1 Illustr.) n. 1. —; geb. n. 2. —

— aus der Geschichte Bayerns u. seiner Fürsten. Der vaterländischen Jugend und dem Volke vorgeführt von Frz. Maria Brug und Ludw. Lang. Augsburg 854—57. Schmid'sche Verlhdlg. gr. 12. Jedes Bdchn. 15 ngr.

1. Bdchn.: Das christliche Bayern. Geschichtliche Uebersicht der Einführung des Christenthums in Bayern. Von Frz. Maria Brug. Mit Illustr. (Holzschn.). (VIII, 173 S.)
2. Bdchn.: Bayerns Heldenzeit. Geschichtliche Darstellung von Ludw. Lang. Mit 4 Illustr. (Holzschn.). (VIII, 184 S.)
3. Bdchn.: Heinrich der Löwe, Herzog von Bayern und Sachsen. Histor. Darstellung von Frz. Maria Brug. Mit 4 Illustr. (Holzschn.). (IV, 228 S.)
4. Bdchn.: Konrad von der Eiche, oder: Der treue Ritter. Eine historische Erzählung aus der Zeit der Besteigung des bayerischen Thrones durch die Wittelsbacher. Von Frz. Maria Brug. Mit 4 Illustr. (Holzschn.). (VII, 180 S.)
5. Bdchn.: Burg Falkenstein. Eine Geschichte aus der Zeit der Theilung Bayerns unter die Herzoge Ludwig den Strengen und Heinrich XIII. Von Frz. Maria Brug. Mit 4 Illustr. (Holzschn.). (VIII, 248 S.)
6. Bdchn.: Ludwig der Bayer. Historische Darstellung von Ludw. Lang. Mit 4 Illustr. (Holzschn.). (VIII, 272 S.)
7. Bdchn.: Die Familienkriege der Wittelsbacher. Geschichtliche Darstellung von Frz. Maria Brug. Mit 4 Illustr. (Holzschn.). (3 Bl. 234 S.)
8. Bdchn.: Pater Timotheus. Eine histor. Erzählung aus der Zeit der Reformation (1508—1579). Von Ludw. Lang. Mit 4 Illustr. (Holzschn.). (VIII, 272 S.)
9. Bdchn.: Jockel vom Thal. Eine Geschichte aus der Zeit des Churfürsten Maximilian I. von Bayern. Von Ludw. Lang. Mit 4 Illustr. (Holzschn.). (VIII, 228 S.)
10. Bdchn.: Konrad Trubler, der Büchsenmacher von Friedberg. Eine Erzählung aus der Zeit der Regierung des Kurfürsten Maximilian Emanuel von Bayern. Von Frz. Maria Brug. Mit 4 Illustr. (Holzschn.). (208 S.)
11. Bdchn.: Die Brüder Hämmerlein. Erzählung aus der Zeit der Churfürsten Karl Albert VII., Maximilian III. und Karl Theodor von Ludw. Lang. Mit 4 Illustr. (Holzschn.). (VII, 248 S.)
12. Bdchn.: Die Zeit König Max Joseph's I. Geschichtliche Darstellung von Ludw. Lang. Mit 4 Illustr. (Holzschn.). (VI, 242 S.)

— aus der Geschichte der Brüdermission. Ein Beitrag zur allgemeinen Kenntniß u. Förderung der evangel. Missionssache u. der Missionen der Brüdergemeine insbesond. Neue Sammlung. [3. Hft. der Sammlung v. Wullschlägel.] gr. 12. (VI u. 189 S.) Stuttgart 848, J. F. Steinkopf. n. 1/3 ℔

— aus d. Geschichte der Brudermissionen. Ein Beitrag zur allgem. Kenntniß d. evangel. Missionssache ꝛc. Neue Sammlung. (2. Heft der Sammlung von H. R. Wullschlägel.) gr. 12. Stuttgart 846, J. F. Steinkopf. 1/3 ℔

—— aus der Geschichte der innern Mission. 1—5. (Heft.) 12. Hamburg, Agentur des Rauhen Hauses. 1

Auch unter den Titeln:

(Heft) 1. Gerhard Groot und Florentius, die Stifter der Brüderschaft vom gemeinsamen Leben. Von B. Bähring. (XII und 212 S.) 849. 15 Ngr.
" 2. Leben und Denkwürdigkeiten der Frau Elisabeth Fry, nach dem Werke der Töchter und andern Quellen bearb. von der Verf. der „Hanna More" und der „Sara Martin". 2 Bde. 2., durchgeseh. und verm. Aufl. (XXVII und 562 S. mit dem lithogr. Bildn. der Frau Elis. Fry und 1 lithogr. Ansicht von Plashet-house.) 850. 1 Thlr. 6 Ngr.
" 3. Sara Martin, die Schneiderin. Eine Lebensgeschichte, erzählt von Friedr. Eckart. (XI und 131 S. mit 1 Holzschnt. und eingedr. Holzschn.) 852. 7 1/2 Ngr.
" 4. Roger Miller, oder: Leben und Wirken eines Stadtmissionars in London. Aus dem Engl. des G. Orme (von F. A. Löwe.) (XII und 152 S.) 852. 12 Ngr.
" 5. David Nasmith, der Arbeiter für Stadtmission, Jünglingsvereine und jegliche Thätigkeit zum inneren Aufbau der Kirche Christi. Von Friedr. Kayser. (IV und 192 S.) 852(53.) 12 Ngr.

—— aus der Geschichte der inneren Mission. (Heft) 6—9. 12. Hamburg, Agentur des Rauhen Hauses. 1

Auch unter den Titeln:

(Heft) 6. Johannes Tauler und die Gottesfreunde. Von Bernh. Baehring. (VIII und 159 S.) 853. 12 Ngr.
" 7. Das Leben des Johannes Falk. (Von F. Oldenberg.) (VII und 68 S.) 854. 7 1/2 Ngr.
" 8. Das Leben des Sir Thomas Fowell Buxton nach dem Engl. des Charles Buxton deutsch bearb. von Bernh. Brandis. (VIII und 361 S.) 855. 18 Ngr.
" 9. Das Leben des englischen Staatsmannes und Sklavenfreundes William Wilberforce. Dargestellt von Friedr. Kayser. (IX und 178 S.) 856. 12 Ngr.

(Heft) 1—5. Ebendas. 1849—53. 2 Thlr. 22 1/2 Ngr.

—— aus der Geschichte der inneren Mission. 10—13. (Heft.) 12. Hamburg, Agentur des Rauhen Hauses. *

Inhalt:

(Heft) 10. Capitain Hedley Vicars' Leben und Heldentod. Aus dem Engl. von Helene Gräfin Stolberg. (179 S.) 859. * 12 Ngr.
11. Das Pfarrhaus zu Beckenham unter den Arbeitern mit Schaufeln und Hacke, nebst Erinnerungen an Capitain Hedley Vicars. Aus dem Engl. übers. von einer Freundin des Rauhen Hauses, mit Vorwort von Wichern. (Autorisirte Ausg.) (XX und 244 S.) 859. * 20 Ngr.
" 12. Denkwürdigkeiten aus dem Leben der Amalie Sieveking in deren Auftrage von einer Freundin derselben verfaßt. Mit einem Vorwort von Wichern. 2., revid. Ausg. (XVIII und 512 S. mit lithogr. Portr.) 860. * 1 Thlr.; geb. * 1 Thlr. 12 Ngr.
" 13. Das Leben des würtemberg. Pfarrers Johannes Denner, ehemal. Schülers des Falk'schen Instituts zu Weimar, von ihm selbst beschrieben. Hrsg. von Heinr. Merz. (VIII und 351 S.) 860. * 15 Ngr.

1—9. (Heft.) Ebendas. 1849—56. 2 Thlr. 22 1/2 Ngr.

—— aus der Geschichte der inneren Mission. III., X., XIV. und XV. (Heft.) 12. Hamburg, Agentur des Rauhen Hauses. cart. * 1

Inhalt:

(Heft) 3. Sara Martin, die Schneiderin. Eine Lebensgeschichte, erzählt von Friedr. Eckart. 2. Aufl. (X und 131 S. mit 1 Holzschntaf.) * 7 1/2 Ngr.
" 10. Capitain Hedley Vicar's Leben und Heldentod. Aus dem Engl. von Helene Gräfin Stolberg. 2. Aufl. (176 S.) * 12 Ngr.
" 14. Ernst Moritz Arndt's Leben, Thaten und Meinungen, nebst einigen seiner geistl. und vaterländ. Lieder. Ein Buch für das deutsche Volk von Wilh. Baur. 2. Aufl. (VIII und 302 S.) * 12 Ngr.; feine Ausg. * 15 Ngr.
" 15. Denkwürdigkeiten aus dem Leben und Wirken des Joh. Wilh. Rautenberg, Pastoren zu St. Georg in Hamburg. Zusammengestellt aus seinen hinterlass. Papieren und anderen Nachrichten von F. A. Löwe. (XII und 283 S.) * 24 Ngr.

Vgl. XIII. Bd. 2. Abthl. S. 17.

—— aus der Geschichte der inneren Mission. 10. 8. Hamburg 870, Agentur des Rauhen Hauses. cart. *
Inhalt:
Capitain Hedley Vicar's Leben und Heldentod. Aus dem Engl. von Helene Gräfin Stolberg. 3. Aufl. (III, 172 S.)
1.—15. zusammengenommen (*ℳ 23,70.) *ℳ 18.

—— aus der Geschichte der innern Mission. XVI.: Burchard Friedrich Lemm, weil. russ. Generalmajor a. D. Ein Bild aus der Verborgenheit des Christenthums, dargestellt von Dan. Lemm. 8. (IX, 156 S.) Hamburg 876, Agentur des Rauhen Hauses. * geb. *
1.—16. Bd. (*ℳ 21,70.) *ℳ 16.

—— aus der Geschichte der inneren Mission. 12. Bd.: Dorothea Sibylla, Herzogin von Liegnitz und Brieg, genannt die „liebe Dorel". Ein Spiegelbild für fürstl. Mitarbeit an dem Werke der inneren Mission von Th. Rhiem. 8. (XI, 119 S.) Hamburg 881, Agentur des Rauhen Hauses. * geb. mit Photogr. *
1.—16. Bd. [*ℳ 22,70.] *ℳ 16.

— aus der Geschichte der inneren Mission. VII. 12. Hamburg 892. Agentur d. Rauhen Hauses. n. — 80
Das Leben des Johannes Falk. Von F. Oldenberg u. J. H. Wichern. 2. Aufl. (108 S.)

Lebensbilder, Geschichtliche und Kulturgeschichtliche. 2 Teile. Hannover 1868—69. V: *Petri, Eduard.* (ADB 23, 185)

—— geschichtliche und kulturgeschichtliche. Aus den Erinnerungen und der Mappe eines Greises. gr. 8. (IV und 320 S.) Hannover 868, Meyer. *

—— geschichtliche und kulturgeschichtliche. Aus den Erinnerungen und der Mappe eines Greises. 2. Thl. gr. 8. (IV, 359 S.) Hannover 869, Meyer. *
1. Thl. Ebendas. 1868. *ℳ 4.

—— aus Europa's Hauptstädten. Für Leser aus allen Ständen. Vom Verf. der „Wunder d. Unterwelt." gr. 16. (10 B.) Nordhausen 838, Fürst.

—— aus der Heiden-Mission. Hrsg. von G. Warneck. 1.—4. Bd. gr. 8. Gütersloh, Bertelsmann's Verlag. *
Inhalt:
Bd. 1. Jane Edkins, ein Missionsleben. In einer Reihe von Briefen, hrsg. von ihrem Vater. Nebst Joseph Edkins' Bericht über einen Besuch in Nanking. Aus dem Engl. (VI, 343 S.) 871. *ℳ 3.
„ 2. Johann Friedrich Riedel, ein Lebensbild aus der Minahassa auf Celebes, gezeichnet von R. Grundemann. (285 S. mit 1 lithogr. Karten-Skizze der Minahassa.) 873. *ℳ 3.
„ 3. Thränensaat und Freudenernte auf Madagaskar oder eine Märtyrerkirche des 19. Jahrh. Dargestellt von Chrph. Friedr. Eppler. (XI, 412 S.) 874. *ℳ 4.
„ 4. Frauen-Mission in Indien. Von Frau Weitbrecht. Nach dem engl. Mscr. bearb. von einer deutschen Missionsfreundin. (VI, 122 S.) 875. *ℳ 1,20.

—— aus der Heiden-Mission. Hrsg. von G. Warneck. 5. Bd.: John Coleridge Patteson, der Missionsbischof von Melanesien. Ein Lebens- und Märtyrerbild aus der Mission der Gegenwart. Von Wilh. Baur. 8. (XIV, 230 S. mit Portr. Patteson's in Holzschn. und 1 lithogr. Karte.) Gütersloh 877, Bertelsmann. *
1.—4. Bd. Ebendas. 1871—75. *ℳ 11,20.

Lebensbilder der Heiligen Gottes auf alle Tage des Jahres nebst heilsamen Nutzanwendungen zu denselben. Regensb. 1877—78. V: *Albers, Reinhold.* (RASS)

—— der Heiligen Gottes auf alle Tage des Jahres, nebst heilsamen Nutzanwendungen zu denselben, außerdem besondere Abhandlungen und Erwägungen über die wichtigsten Feste und Zeiten des Kirchenjahres, sowie über die acht Gedächtnißtage vom bittern Leiden unsers Herrn Jesu Christi, dargestellt zum Troste und zur Erbauung für alle kranke und leidende Christen. Hrsg. von einem römisch-kathol. Curatpriester der Diöcese Münster. 4 Bde. 8. (VIII, 406; 380; 387; 462 S.) Regensburg 877,78, Manz. à Bd. ℳ 3.

— aus der Heimath u. Fremde. Zur Unterhaltung u. Belehrung für Jung u. Alt. Von W. O. v. Horn, Gg. A. Winter u. A. Mit 1 Stahlst. 8. (IV u. 184 S.) Leipzig 852, Wöller. n. 1/2 ₰

—— heitere, zu Nutz u. Frommen des Volkes aus deutschen Dichtern ausgewählt. 8. (6 B.) Zwickau 846, Verein z. Verbreitung guter u. wohlf. Volksschriften.

Lebensbilder aus der westlichen Hemisphäre . . . Zürich 1835. 2. Aufl. Stuttg. 1843. V: *Sealsfield, Charles (= Carl Postl).* (EE)

—— aus der westlichen Hemisphäre. Vom Verf. des Legitimen ꝛc. 5 Thle. 2., durchges. Aufl. 8. (111 1/4 B.) Stuttgart 843, Metzler'sche Buchh.
A. u. d. Ttln.:
Thl. 1. George Howard's Brautfahrt.
„ 2. Ralph Doughby's Brautfahrt.
„ 3., 4. Pflanzerleben. Die Farbigen. 2 Thle.
„ 5. Nathan, der Squatter-Regulator, od. der erste Amerikaner in Texas.

Lebensbilder aus den beiden Hemisphären . . . Zürich 1835—37. V: *Sealsfield, Charles (= Carl Postl).* (Cat. d. Stadtbibl. Zürich. Zürich 1864—97.) (EE)

—— aus beiden Hemisphären. Vom Verf. d. Legitimen, d. transatlant. Reiseskizzen, d. Virey ꝛc. 1—3. Thl. 8. Zürich 835, Orell, Füßli u. Comp. [1. u. 2. (27 B.) 2 2/3 Thlr., 3. (20 1/2 B.) 2 Thlr.]
3. Thl. a. u. d. T.:
Ralph Doughby's Esq. Brautfahrt, od. d. transatlant. Reiseskizzen 3. Bdchn.

—— dass. — 4—6. Thl. 8. Zürich, Schultheß.
A. u. d. Ttln.:
Thl. 4., 5. Pflanzenleben. 2 Thle., od. d. transatlant. Reiseskizzen 4. u. 5. Thl. (42 1/4 B.) 836. 3 Thlr. 12 Gr.
„ 6. Nathan, der Squatter-Regulator, od.: Der erste Amerikaner in Texas. Der transatlant. Reiseskizzen 6. Thl. (26 1/2 B.) 837. 2 Thlr. 12 Gr.
Transatlant. Reiseskizzen ꝛc. 2 Bdchn. 8. Zürich 834, Orell, Füßli u. Comp. 2 Thlr.

- berühmter Humanisten . le Reihe: Friedrich Jacobs, August Böckh, Karl Zell, Angelo Poliziano. Herausg. von S. F. W. Hoffmann. gr. 8. Leipzig: Böhme 1837.

—— berühmter Humanisten. 1. Reihe: Friedr. Jacobs, Aug. Böckh, Karl Zell, Angelo Poliziano. Hrsg. v. S. F. W. Hoffmann. gr. 8. (13 B.) Leipzig 837, [Geuther.]

—— aus den vier Jahreszeiten. Ein Bilderbuch mit 12 feinen Farbendr.-Bildern für die Jugend. Fol. Eßlingen 879, Schreiber. geb. *

— aus den letzten Jahrzehnten des deutschen Kaiserreiches. 1. Bdchn. A. u. d. T.: Franz Ludwig v. Erthal, Fürstbischof v. Bamberg u. Würzburg, Herzog zu Franken, v. 1779—1795. Ein Lebensbild ꝛc. v. Bernhard. 8. (X u. 236 S.) Tübingen 852, Laupp. 5/6 ₰

– für die reifere Jugend. Herausg. von d. Verf. des christl. Familientempels u. Schutzgeistes. Mit Beiträgen von Bened. Richter, Fr. Neumann, Jh. Gries u. Mt. Zboneck. 2 Bde. in 12 Lfrgg. Mit 12 Kpfr. 8. Mergentheim 1840, (Augsburg, Schlosser.)

— für die reifere Jugend. Herausgeg. von dem Verf. des christl. Familien-Tempels, 2c. Mit Beiträgen von Benedikt Richter, Fr. Neumann, Jak. Gries, Mart. Zbonek u. E. M. Münch 2c. 2 Bde. in 12 Liefg. Mit 12 Kpfrn. 8. Augsburg 841, Schlosser'sche Buch- u. Kunsth. ist der Pr. 3/4 ₰

— s. Jung u. Alt. od. edle, sittl. Grundsätze f. den häusl. Kreis. 2 Bde. 8. Hamburg, Internationale Traktatgesellschaft. Geb. in Leinw. à 1. 80
1. 4. Aufl. (256 S. m. Abb.) 899. — 2. 2. Aufl. (286 S. m. Abb.) 900.

—— aus der christlichen Kirchengeschichte. 1. und 2. Bd. gr. 8. (IV, 538; IV, 540 S.) Berlin 869,70, (Wiegandt und Grieben.) à Bd. *ℳ 2. *

— aus der Kirchengeschichte f. katholische Volksschulen. 12. (72 S.) Paderborn 899. Junfermann. n. — 30

Lebensbilder aus der Kirchengeschichte f. katholische Volksschulen. 2. Aufl. (70 S.) kl. 8. Paderborn 910. Junfermann. — 35

Lebens- u. Kriegsbilder aus Asien. 8 Bde. gr. 8. Aachen 845, Mayer. Thlr.
Einzeln u. u. d. Ttln.:
Bd. 1., 2. Jan-Kuei od. der Fremdling in China. Von Charles T. Downing. Nach d. 2. Aufl. d. Orig. bearb. v. C. Richard. 2. Ausg. 2 Bde. (45 1/4 B.) 3 Thlr. 15 Ngr.
" 3. Der Kriegsschauplatz in Indien u. Lebensbilder aus dem Ost. Von Henry Edw. Fane. Aus d. Engl. v. C. Richard. 2. Ausg. (21 1/4 B.) 1 Thlr. 22 1/2 Ngr.
" 4., 5. Drei Jahre in Persien u. Reiseabentheuer in Kurdistan von Geo. Fowler. Uebers. v. C. Richard. 2. Ausg. 2 Thle. (37 B.) 4 Thlr.
" 6. Ostindiens Gegenwart u. Zukunft. Von Geo. M. Johnson. Aus d. Engl. v. C. Richard. 2. Ausg. (23 3/4 B.) 2 Thlr.
" 7. Der Krieg in China, nach geschichtl. Mittheilungen der brittischen Offiziere M'Pherson, Elliot-Bingham u. A. v. C. Richard. 2. Ausg. (24 3/4 B.) 2 Thlr.
" 8. Letzte Ereignisse des Feldzuges in China v. Granville, G. Loch. R. N. Nachtrag zu dem „Krieg in China" v. C. Richard. 2. Ausg. (11 5/4 B.) 1 Thlr.

—— ausgezeichneter und merkwürdiger Männer und Frauen. Zur Belehrung, Unterhaltung und Nacheiferung für's Volk. 1—4. Heft. gr. 8. Leipzig 848, [Costenoble.] à Heft 2 1/2 Ngr.
Heft 1. Nathusius. Von K. Nauwerck. (Neue Titelausg. von: Der Hausfreund von K. Nauwerck. 1. Lfg.) (23 S.)
" 2. Barbara Uttmann. Von W. Hoffmann. (30 S.)
" 3. Samuel Heinicke, der Begründer der deutschen Taubstummenschule. Von W. Hoffmann. (40 S.)
" 4. Pius IX. Johann Maria Mastai. Von A. Diezmann. (32 S.)

—— vom Missions-Felde. Ein Christagsbuch für die Jugend. 4. (28 S. mit eingedr. Holzschn. und 1 Holzschnt.) Philadelphia 858, (Schäfer und Korabi.) *

—— aus d. Mit- u. Vorzeit. Zur Weckung d. Bußsinnes gesammelt u. hrsg. von e. Priester. 8. (13 B. u. 1 Stnt.) Landshut 836, Thomann'sche Buchh.

—— morgenländische, s. Nacht, Tausend u. Eine.

Lebensbilder (neue). I. Lese- und Schreibfibel für Elementarklassen. Nach der analytisch-synthetischen Lesemethode. Von Berthelt, Jäkel, Petermann, Thomas. 10—18. Aufl. Leipzig 854—57. Klinkhardt. 8. (1 Bl., 85 S. mit Holzschn. im Text.) 3/4 ngr.

— — II. Lesebuch für Mittelklassen deutscher Volksschulen. Nach dem Anschauungsunterrichte von Denzel geordnet. Von Berthelt, Jäkel, Petermann, Thomas. 10—15. Aufl. Ebend. 854—56. 8. (XVIII, 238 S. und: Die fünf Hauptstücke d. christl. Glaubens. 8 S.) n. 6 ngr.

— — III. Lesebuch für Oberklassen deutscher Volksschulen, herausg. von Aug. Berthelt, Jul. Jäkel, Karl Petermann, Louis Thomas. 7—11. Aufl. Ebend. 853—57. gr. 8. (X, 422 S.) n. 12 ngr.

— — IV. Lesebuch für höhere Bildungsanstalten von den Herausgebern der Lebensbilder I. II. III. A. u. d. T.: Deutsches Familienbuch. Eine Sammlung von Musterstücken deutscher Poesie und Prosa. 2. verm. u. verb. Aufl. Ebend. 853. gr. 8. (XXV, 644 S.) n. 25 ngr.

Lebensbilder aus Nordamerika. Aus dem Engl. übers. 2. Aufl. Einsiedeln 860. Gebr. Benziger. 12. (331 S. u. 2 Lithogr.) 9 ngr.

— aus Oesterreich. Ein Denkbuch vaterländ. Erinnerungen unter Mitwirkung sinnverwandter Schriftsteller u. Künstler zum Besten der bei dem Brande verunglückten Familien von Steyr. Herausgeg. von Andr. Schumacher. Lex.-8. (Mit Musikbeilagen.) Wien 843, Tauer u. Sohn. 2 ₰

—— aus Rußland und was ich sonst erlebte und beobachtete. Von einem alten Veteranen. gr. 8. (XIX und 211 S. mit 3 lithogr. Ansichten aus Orenburg in Buntdr.) Riga 863, Kymmel. (Leipzig, C. F. Fleischer.) *

—— aus der Seelsorge. In Verbindung mit anderen Geistlichen hrsg. von Ferd. Herbst. 1. und 2. Buch. gr. 8. Augsburg 848, Rieger'sche Buchh. à Buch 7 1/2 Ngr.
Buch 1. Der Jungfrauenbund. (IV und 94 S.)
" 2. Der Vincentiusverein. (96 S.)

Lebensbilder aus der Seelsorge. In Verbindung mit anderen Geistlichen hrsg. von Ferd. Herbst. 3. Buch: Leben und Sterben. gr. 8. (104 S.) Augsburg 854, Rieger'sche Buchh.
1. und 2. Buch. Ebendas. 1848. 15 Ngr.

—— und Novellen, sieben, von Bulgarien, Rareschni, Merimée, Gozlan u. Chapus. Deutsch hrsg. v. Karl Andrée. 8. (21 1/2 B.) Leipzig 838, L. Schumann.

Lebensbilder für Soldaten. 8. (32 S.) Barmen 870, (Klein.) *

—— aus Süd u. Nord, aus alt. u. neuer Zeit. Hrsg. v. F. Röse. 1. Bdchn. 8. (17 B.) Stuttgart 844, Hallberger'sche Vrlgsh.
Inhalt: Lübeckische Sagen u. Geschichten v. Herausgeber. Die Wilddiebe. Ein Bild aus dem Volksleben des württemberg. Hochschwarzwalds, v. A. Widmann.

Lebensbilder aus Tirol; von einem Nordländer. Mainz 1858. V: *Dreyer, Hermann.* (Cl.zür Fort. III) (Russell VIII, 151)

—— aus Tirol. Von einem Nordländer. 8. (III und 390 S.) Mainz 858, Kirchheim.

Lebensbilder aus der Vergangenheit. Als Beitrag zu einem Ehrenspiegel der Steiermark . . . Graz 1863. V: *Hofrichter, Jos. Carl.* (JoanStyrA) (GGr VI, 624) (ADB 41, 206)

Wiener Lebensbilder. 1. Heft, mit 10 Holzschnitten nach Zeichnungen von A. Zampis. 1855.

Lebensbilder unbekannter Zeitgenossen. Der Frauenwelt gewidmet von der Verf. der „Mädchenträume" 2c. 8. (V und 130 S.) St. Gallen 863, Scheitlin und Zollikofer.

Lebensbilder, v. Zeugen Gottes. Wilhelm Farel, e. Reformator d. französ. Schweiz. M. 4 Bildern. (Nach d. Engl. v. Mrs. Fr. Bevan.) 12. (188 u. III S.) Dillenburg (897). (Frankfurt a/M., J. Schergens.) Geb. in Leinw. n. 1. 20

Lebensblätter, s.: Sammlung neutheosophischer Schriften.

Lebensblüthen aus Süden u. Norden, in Wahrheit u. Traum, v. Schlippenbach. 1r Thl. 8. Hamb. Perthes u. Besser. 816. Rthlr.

Lebensblüthen aus Süden und Norden in Wahrheit und Traum, von U. v. Schlippenbach. 2 Theile. 8. Hamburg, Perthes u. Besser. 816. 817. (à 1 Thlr. 12.)

Lebensbrod für Gottes Volk aus Gottes Wort alten Testaments. 32. (XV, 368 S.) Cannstatt 871, Bosheuyer's Buchh. *

Lebens-Brosamen auf alle Tage des Jahres für Kinder Gottes auf der Pilgerreise zur himmlischen Heimath. Mit Lob- und Dankopfern auf alle Tage der Woche und Beicht- und Kommuniongebeten. Von einem evangelischen Geistlichen. Stuttgart 1860. V: *Bauerheim.* (zu)

Lebens-Brosamen auf alle Tage des Jahres für Kinder Gottes auf der Pilgerreise zur himmlischen Heimath. Mit Lob- und Dankopfern auf alle Tage der Woche und Beicht- und Kommuniongebeten. Von einem evangel. Geistlichen. 8. (IV und 377 S.) Stuttgart 860, Belser'sche Verlagsh.

Lebensbuch. 8. (115 Bl.) [Kassel 881, Fischer.] Leipzig, G. Thieme. geb. *

Lebensbuch. 8. (32 S.) Prag 892. G. Neugebauer. Kart. n. — 80

Lebens- u. Denkbuch aus Shakspears sämmtl. Werken, zusammengest. v. Frz. Grüner. Breit 12. (6½ B. u. 1 Stndr.) Heidelberg 831, (Winter.)

Lebensbücher der Jugend. Hrsg. v. Frdr. Düsel. 1.—11. Bd. 8. Braunschweig, G. Westermann. Geb. in Leinw. 28. 50

Alexis, Willib., die Hosen des Herrn v. Bredow. Vaterländischer Roman. Bearb. v. Frdr. Düsel. Mit 12 schwarzen Textbildern u. 4 farb. Einschaltbildern von Siegm. v. Suchodolski. (IV, 224 S.) (910.) (Bd. 11.) Geb. 2. 50

Biedenkapp, Geo., Graf Zeppelin. Werden u. Schaffen e. Erfinders. Mit 23 Textbildern u. 5 Einschaltbildern. (IV, 135 S.) (910.) (Bd. 7.) Geb. 2. 50

Braeß, Mart., Tierbuch. Märchen, Sagen, Fabeln, Geschichten, Schilderan. aus dem Reich der Tiere. Mit 4 farb. u. 12

Kayser's Bücherlexikon Bd. XXXVI.

schwarzen Vollbildern u. e. Kopfleiste v. W. Schröder. (IV, 193 S.) (910.) (Bd. 4.) Geb. 2. 50

Defoe, Dan., Robinson Crusoe. Aus dem Engl. übers. u. bearb. v. Eugenie Stein. Mit 12 Textabbildgn. u. 4 farb. Vollbildern v. Hans Röhm. (IV, 147 S.) (910.) (Bd. 8.) Geb. 2. 50

Düsel, Frdr., u. Alb. Sergel, Tausendschön. Ein Märchen-, Vers- u. Fabelbuch. Aus Volksmund, Sage u. Dichtg. gesammelt. Mit 4 mehr- u. 20 einfarb. Bildern v. Arnold Haag. (VIII, 248 S.) (910.) (Bd. 9.) Geb. 3. —

Erckmann-Chatrian, Geschichte e. Soldaten im J. 1813. Aus dem Franz. übers. v. Leop. Rosenzweig. Mit 18 Text-, 8 schwarzen u. 4 farb. Vollbildern v. Alex. Wilke. (IV, 196 S.) (910.) (Bd. 2.) Geb. 3. —

Geiger, Alb., Roman Werners Jugend u. andre Erzählungen. Mit Buchschmuck u. Vignetten v. Hellmut Eichrodt. (IV, 117 S.) (910.) (Bd. 6.) Geb. 2. 50

Irving, Washington, Astoria. Frei aus dem Engl. übertr. von E. v. Kraatz. Mit 11 Abbildgn., 10 Einschaltbildern u. 1 (farb.) Karte. (IV, 200 S.) (910.) (Bd. 10.) Geb. 2. 50

Kingsley, Charles, die Wasserkinder. Aus dem Engl. übers. v. Eugenie Hoffmann u. Rose Wenner. Mit 28 schwarzen Textbildern u. 4 mehrfarb. Vollbildern v. Hugo Kraycn. (IV, 143 S.) (910.) (Bd. 5.) Geb. 2. 50

Rehtwisch, Thdr., die Königin. Ein Buch aus Preußens schwerer Zeit. Mit 2 farb. Kunstbeilagen. u. 13 Einschaltbildern. (175 S. m. Abbildgn.) (910.) (Bd. 1.) Geb. 2. 50

Thackeray, W. M., Rose u. Ring od. Die Geschichte v. den beiden Prinzen Giglio u. Bulbo. Ein Märchenspiel f. große u. kleine Kinder. Illustriert vom Verf. Ins Deutsche übertr. v. M. J. Schen. (VIII, 148 S.) (910.) (Bd. 3.) Geb. 2. 50

Lebensdissonanzen, nebst deren Auflösung im Allegro u. Larghetto. 8. Gotha 822, Hennings.

Lebenseinsamkeit, heilige, auf drei Tage. 12. Augsb. 754. Wolff. 1 gr

Das Lebens-Elixir. (Wissenschaftl. Methode z. Lebens-Verlängerung von G. M.) Aus d. Engl. übers. von E. S., Mitgl. d. Theosoph. Gesellsch., Zweig 'Berlin'. *Berlin: P. Raatz [1900].* (112 S.) 8° [vo. 4:73

Lebensende, Vater Stillings, beschrieben von seinem Enkel . . . 2. Aufl. Stuttgart 1835. H: *Schwarz, Joh. Carl Eduard.* (KY)

Lebensepoche, Merkwürdigste, des Schauspielers H. M., jetzt H . . . od oder dessen Liebes- Leidens- und Ehestandsgeschichte . . . Altona 1805—6. V: *Herbst.* (MGT) (Reden-Esbeck, Dtsch. Bühnen-Lex. Eichstädt u. Stuttg. 1879.)

Lebensepoche, merkw., d. Schauspielers H. M. jetzt H. (Herbst), od. dessen Liebes-, Leidens- u. Ehestandsgeschichten mit d. Gräfin P — a, v. ihm selbst beschrieben. 2 Bde. 8. Bresl. 806. (Barth in Leipz.) 3 ₰ 8 gr

Lebenserfahrungen und Lebensbeobachtungen von C. Nicolai. s.a. Nicolai, C., im Alphabet.

Lebenserfahrungen und Lebensbeobachtungen vom Vf. des Buchs über Selbstkunde, Menschen Kenntniss . . . [Quedlinb. u. Leipzig 1816.] Magdeburg 1819. V: *Nicolai, Carl Ludwig.* (GGr)

Aus den Lebenserfahrungen eines Siebzigers. 3. Aufl. (Vorr.: Pastor F[riedrich] v. Bodelschwingh.) *Gotha: F. A. Perthes 1896.* (VIII, 198 S.) 8° [F.] [vo. 1. 96

— Unglücksfälle u. Feldzüge eines Weltbürgers, von Perrin. s. im Alphabet: Perrin.

Lebenserinnerungen von Xaver Schnyder von Wartensee. Zürich 1887.

Lebenserinnerungen von Agnes Wallner. Bearb. von Hans Blum. *Berlin: O. Elsner 1900.* (XIV, 185 S.) 8° [F.]

Lebenserscheinugen, und bei Festsetzung solcher Erschein.: erläutert durch d. Betrachtung d. Hahnemannisch-Homöopath. Heillehre. Neue Aufl. gr. 4. Lpz. 826, Breitkopf u. H.

Lebenserziehung. Hrsg.: Frdr. Zimmer. gr. 8. Berlin-Zehlendorf, Mathilde Zimmer-Haus.

Langermann, Johs., Steins politisch-pädagogisches Testament — Volksgesundung durch Erziehung. (III, III, 533 S.) 910. 6. —

Seyfert, Rich., Volkserziehung. Kritiken u. Vorschläge. Gekrönte Preisschrift. (VII, 142 S.) 910. 2. 40

Zimmer, Frdr., ein Frauendienstjahr in der Krankenpflege. (44 S.) 909. 1. —

— Die Töchterheime der Mathilde Zimmer-Stiftung. 1. Bericht, erstattet vom Kurator der Stiftg., 8. (50 S.) 909. 1. —

Lebens-Essenz, die, erfunden von Dr. J. G. Kiesow in Augsburg. Einige Bemerkungen über den Gebrauch und die Wirkungen dieses unvergleichlichen Medikaments, unterstützt durch Zeugnisse der neuesten Zeit. Mitgetheilt von e. unpartheiischen Beobachter. (855.) (16 S.) — (Neue Ausg.) Augsburg (858.) (Gera, Illgen.) 8. (24 S.) 2½ ngr.

WIENERS, Des, Lebensessenz. (Gedichte). Wien 1797. 8°. (6 Kr. Gilhofer & Ranschburg, Wien, 1912.)

Lebensessenz, Des Wieners. Wien bey Christoph Peter Rehm 1797. 62 S. 8°. V: *Richter, Josef* (?). (Sammlung Dr. Richard Abeles, Wien.) (Hans Viktor Pisk: Josef Richter. Diss. Wien 1927. S. 145)

Lebensfluten. Ein Sammelbuch zum Besten des Vereins f. Mutterschutz zu Leipzig. Mit Beiträgen v. P. Heyse, C. Viebig, R. Huch u. a. und e. Zeichng. v. Käthe Kollwitz. Hrsg. v. Frz. Adam Beyerlein u. Josephine Siebe. (107 S.) 8. Leipzig 909. G. Wigand. Geb. in Leinw. 3. —

Lebensfrage, Eine. . . . Leipzig 1845. V: *Lewald-Stahr, Fanny.* (BrVV)

Lebensfrage, eine. Roman von der Verfasserin der Clementine u. Jenny. 2 Thle. gr. 12. Leipz. 845, Brockhaus. 3½ ₰

Die Lebensfrage der Armee. Berlin 1860. 15 S.

Lebensfrage, Eine, an die evangelischen Christenvölker . . . Zürich 1835. V: *Schulthess, Joh.* (Cat. d. Stadtbibl. Zürich. Zürich 1864—97.)

Lebensfrage, Die deutsche. Von Freunden deutscher Freiheit und Einheit in der Schweiz. Zürich 1866. V: *Olshausen, Theodor.* (ADB)

Lebensfrage, Die hochwichtige: Sind die Äusserungen der höhern geistigen Thätigkeit beim Menschen blos Wirkungen seiner vollkommnern Organisation . . . Zeitz 1837. V: *Messerschmidt, Heinrich.* (NN)

Lebensfrage, die, der Landwirthschaft auf dem Königsboden. Behufs ihrer Lösung beleuchtet von einem sächs. Dorfbewohner. gr. 8. (VIII, 62 S.) Wien 878, Graeser. *

Lebensfrage, Österreichs. Als Entgegnung auf Schuselka's »Deutsch oder Russisch?« Wien 1849. V: *Winiwarter, Joseph Maximilian.* (wen S. 249) Vgl. III, 930.

Lebensfrage. Die, Oesterreichs. Ist noch eine Vermittlung zwischen Oesterreich und Ungarn möglich? 8. Braunschweig 1860.

Lebensfrage, die wichtigste. 16. (12 S.) Hamburg 895. (Cassel, Verlagshaus d. deutsch. Baptisten J. G. Oncken Nachf.) — 05

Lebensfrage, die wirtschaftl. u. soziale, unsrer Handarbeiter, s.: Weissen bedarf gegenwärtig das deutsche Volk, insbesondere der Arbeiterstand usw.

Lebensfragen. Schriften u. Reden, hrsg. v. Heinr. Weinel. 1—16. 8. Tübingen, J. C. B. Mohr. n. 33. 90

Baumgarten, Otto, Carlyle u. Goethe. (XII, 177 S.) 906. (Nr. 13.) n. 2. 40; geb. n.n. 3. 40
Drews, Paul, die Reform des Strafrechts u. die Ethik des Christentums. (44 S.) 905. n.n. — 50
Fiebig, Paul, Jesu Blut, e. Geheimnis? (80 S.) 906. (Nr. 14.) n. 1. 20
Fuchs, Emil, Gut u. Böse. Wesen u. Werden der Sittlichkeit. (VI, 308 S.) 906. (Nr. 12.) n. 3. —; geb. n.n. 4. —
Herrmann, W., Erlösung. (44 S.) 905. n. — 50
Jaeger, Paul, zur Ueberwindg. des Zweifels. (VIII, 73 S.) 906. n. — 90
Krüger, Gust., das Dogma v. der Dreieinigkeit u. Gottmenschheit in seiner geschichtl. Entwicklg. dargestellt. (VIII, 312 S.) 905. n. 3. —; geb. n.n. 4. —
Krukenberg, Elsbeth, die Frauenbewegg., ihre Ziele u. ihre Bedeutg. (VIII, 295 S.) 905. n. 3. —; geb. n.n. 4. —
Linde, Ernst, Religion u. Kunst. Ein Vortrag. (IV, 36 S.) 905. n.n. — 50
Martin, Marie, wahre Frauenbildg. Ein Mahnwort an die Gebildeten. (IV, 44 S.) 905. n. — 50
Meyer, Arnold, die Auferstehung Christi. Die Berichte über Auferstehung, Himmelfahrt u. Pfingsten, ihre Entstehg., ihr geschichtl. Hintergrund u. ihre religiöse Bedeutg. (VII, 368 S.) 905. n. 3. —; geb. n.n. 4. —
Otto, Rud., naturalistische u. religiöse Weltanschauung. (VIII, 296 S.) 904. n. 3. —; geb. n.n. 4. —
Sell, Karl, die Religion unserer Klassiker Lessing, Herder, Schiller, Goethe. (VII, 274 S.) 904. n. 2. 80; geb. n. 3. 80
Weinel, Heinr., Jesus im 19. Jahrh. 8.–10. Taus. Neue Bearbeitg. (V, 326 S.) 907. n. 3. —; geb. n.n. 4. —
— Paulus. Der Mensch u. sein Werk: Die Anfänge des Christentums, der Kirche u. des Dogmas. (VIII, 316 S.) 904. n. 3. —; geb. n.n. 4. —
Zurhellen-Pfleiderer, Else, u. Otto Zurhellen, wie erzählen wir den Kindern die biblischen Geschichten? Eltern u. Lehrern zur Hilfe. (VII, 359 S.) 906. (Nr. 15.) n. 3. 60; geb. n.n. 4. 60

Nr. 1—11 erschienen ohne Bandbezeichnung.

Lebensfragen. Schriften u. Reden, hrsg. v. Heinr. Weinel. 1. 2. 15. u. 17.—23. 8. Tübingen, J. C. B. Mohr. Geh. u. geb. 25. 90

Classen, Walt. F., suchen wir e. neuen Gott? (V, 51 S.) 907. (Nr. 22.) — 80
Lietzmann, Hans, wie wurden die Bücher des Neuen Testaments heilige Schrift? 5 Vorträge. (VIII, 119 S.) 907. (Nr. 21.) 1.80; geb. 2. 60
Meyer, Arnold, wer hat das Christentum begründet, Jesus od. Paulus? (VI, 104 S.) 907. (Nr. 19.) 1.20; geb. 2. —
Niebergall, F., was ist uns heute die Bibel? (IV, 85 S.) 907. (Nr. 17.) 1. 20
Otto, Rud., naturalistische u. religiöse Weltansicht. 2., verb. Aufl. (X, 296 S.) 909. (Nr. 2.) 3.—; geb. in Leinw. 4. —
Sell, Karl, die Religion unserer Klassiker. Lessing, Herder, Schiller, Goethe. 2., durchgängig verb. Aufl. (VIII, 323 S.) 910. (Nr. 1.) Geb. 4. —
Simons, Eduard, die Konfirmation. (VII, 63 S.) 909. (Nr. 23.) 1. —
Weinel, Heinr., Ibsen. Björnson. Nietzsche. Individualismus u. Christentum. (XII, 244 S.) 908. (Nr. 20.) 3.—; geb. 4. —
Wrede, William, die Entstehung der Schriften des Neuen Testaments. Vorträge. (VIII, 112 S.) 907. (Nr. 18.) 1.50; geb. 2. 30
Zurhellen-Pfleiderer, Else, u. Otto Zurhellen, wie erzählen wir den Kindern die biblischen Geschichten? Eltern u. Lehrern zur Hilfe. 2., neubearb. Aufl. (4.—6. Taus.) (VIII, 317 S.) 910. (Nr. 15.) Geb. 4. —

Lebensfragen, die, der Armee. gr. 8. (15 S.) Berlin 860, Decker'sche geheime Ober-Hofbuchdruckerei.

Lebens- u. Gesellschaftsfragen. I—III. 8. Wien, P. Knepler. à 1. —

Rabert, Paula, die Lehren der Liebe. (83 S.) (908.) (I.)
Striver, Earnest, der Weg zum Erfolg. Aus dem Amerikan. (III, 62 S.) (908.) (II.)
Volkmann, R., die wirtschaftliche Gesundung der Bevölkerung. (IV, 92 S.) (908.) (III.)

— der Großstadt. 2. Heft. Lex.-8. Leipzig (906). Deutscher Kulturverlag. n. — 50

Die Deportation unserer Gymnasiasten. Ein Beitrag zur Großstadtpädagogik. Von E. Daule. (19 S.)

— Kampf- u. Friedensblätter aus der Zeit — für die Zeit. Unter Mitwirkg. hervorrag. Sozialethiker hrsg. von Rich. E. Funcke. 1903. 3 Hefte. gr. 8. Freiburg i/B. P. Waetzel. à n. 1. —

1. Psychekult u. Religion. Ernste Worte an denk. Leute. Von Rich. E. Funcke. (89 S.)
2. Moloch Ehre. Ein freies Wort gegen das Duellunwesen. Von Curt Müller. (III, 64 S.)
3. Mädchenrecht u. Ehereform. Deutsches u. Deutliches. Von Bodo Uthard. (76 S.)

Lebensfragen der Landwehr. (Im Oktbr. 1851.) gr. 8. (18 S.) Berlin 851, Deckersche geheime Ober-Hofbuchdr. *

Lebensfragen, Livländische. Welche Bedeutung hat die gegenwärt. Verfassung Livlands für die Ritterschaft und welche Bedeutung die Ritterschaft für die Verfassung? Von einem Landtagsverpflichteten. gr. 8. (16 S.) Riga 864, Kymmel. *

—— die, Oesterreichs. Ist noch eine Vermittelung zwischen Oesterreich und Ungarn möglich? gr. 8. (88 S.) Braunschweig 860, Westermann.

—— die politischen, unserer Zeit. Beantwortet im Lichte der gottgesetzten Ordnung. gr. 8. (96 S.) Freiburg im Br. 850, Wagner'sche Buchh.

—— vier, für das Volk. I. Nur einen Heller! gr. 8. (50 S.) Cassel 864, J. G. Luckhardt.

Lebensfragen für den Deutschen Welthandel. Von einem Hanseaten. gr. 8. Bremen 843, Heyse. n. 1/6 ß

Lebensfreuden für frohe Menschen, in Gedichten u. gesungen f. Freunde Angenehmer Heiterkeit, (v. F. X. Hornn). 8. Penig 802. Dek. Handl. 4 gr

Lebensfrüchte vom Sinai und Golgatha, oder die Gebote des Herrn ... erläutert. Augsburg 1840. V: *Leinfelder, Anton.* (Th)

Lebensfrüchte von Sinai u. Golgatha, od.: Die Gebote d. Herrn. Durch Schriftstellen u. Erzähln. erläut. Hrsg. von e. kathol. Geistlichen. gr. 8. (23 1/2 B. u. 1 Stahlst.) Augsburg 840, Kollmann'sche Buchh.

Lebensfrühling, der, ein Lesebuch f. d. deutsche Jugend, (v. H. Dittmar). 2 Bde. Mit Kpf. u. Vign. gr. 12. Berl. 823. 24. Reimer. 3 ß 4 gr

Lebens-Frühling. Acht Kinderlieder von Pauline Schanz. Musik von Edm. Kretschmer. Lex.-8. (15 S.) Dresden 870, Meinhold und Söhne. cart.

Lebensführung, wunderbare, e. katholischen Dienstmädchens. 12. (20 S.) Berlin 894. Deutsche evangel. Buch- u. Tractat-Gesellschaft. — 6

Lebensführungen in Gericht und Gnade. Den Basler Sammlungen entnommen. 8. (VII und 311 S.) Basel 865, Spittler. cart. *

Lebensführungen in Gericht und Gnade. Den Basler Sammlungen entnommen. 2. Aufl. In-8°. IV, 270 S. Basel, Jaeger & Kober. brosch. 1 75
1896. Leinw. 2 75

Lebensführungen eines Graubündner Schullehrers; mit Vorwort von G. Leonardi. Bern 1868. V: *Walther, Jacob.* (Cat. d. Stadtbibl. Zürich. Zürich 1864—97.)

Lebens- und Bildungsgang des Rectors a. D. J. G. Herrmann in Mühlhausen i. Th. Ein Beitrag zur Geschichte des Mädchen-Schulwesens. 8. (66 S.) Gütersloh 878, Bertelsmann. *

Fritz Reuters **Lebens**- und Leidens**gang**. (Berlin: Vorwärts [1910].) 15 S. 4° [Kopft.] [11. 94

Lebensgefährtin, die. Zeitschrift f. Belehrg. u. Unterhaltg. am häusl. Herd. Hrsg. v. E. D. Jahn u. Marg. Nowák. 1. Jahrg. 1890. 24 Hefte. (Bog.) gr. 4. Lpz., Verlag d. Maschinenbauer. * 3 —
Erscheint nicht mehr.

Lebensgeist für die Glaubensohnmacht gewisser vermeintlicher starker Geister im Königreich Würtemberg. 8. Ulm, Ebner. 821.

Lebensgeist f. Kranke u. Sterbende, gez. aus dem Worte Gottes. 8. Würzb. Rienner. 775.

— d. Metaphysik, s.a. Oberreit.

Lebensgeist, Der wiederkommende, der verzweifelten Metaphysik; ein kritisches Drama zu neuer Grund-Critik vom Geist des Cebes. Berlin 1787. V: *Obereit, Jac. Herm.* (Zuwachsverz. d. Bibl. Zürich. 1898 ff. 8.) (CLZür S. 532)

Lebensgeister aus dem Klarfeld. Archive, s.a. v. Benzel-Sternau.

Lebensgeister aus dem Klarfeldischen Archive. Gotha 1802—3. V: *Benzel-Sternau, Carl Christian Ernst Graf von.* (MGT) (BrMm) (EE) »1804—5« (EB)

Lebensgeister, aus d. Klarfeldischen Archive. (v. Ch. E. Grafen v. Benzel-Sternau.) 4 Bde. 8. Gotha, Becker. 804. (à 1 Rthlr.)

Lebensgemälde, v. H. Zschokke. 2 Bde. s. Alamontade d. Galeerensclave 2 Bde.

LEBENSGEMÄLDE üppiger gekrönten (so!) Frauen der alten und neuen Zeit. Nebst moralischen Betrachtungen über den Rechtshandel der Königin (Caroline) von England. Hrsg. v. J. v. Voss u. A. v. Schaden. Berlin, 1821, bei H. Ph. Petri. 8°. (2 Mk., geles. Expl., W. H. Kühl, Berlin, c. 1882; jetzt theurer!)

Lebensgemälde, Interessante, oder Lebensabrisse merkwürdiger und berühmter Personen des jetzigen Zeitalters ... Grätz 1794. V: *Hoff, Hnr. Georg.* (Ky) (MGT)

Lebensgemälde, interessante, oder Lebensabrisse merkwürd. u. berühmter Personen des jetzigen Zeitalters, (v. H. G. Hoff). 8. Grätz 794. (Salzb., Mayr). 6 gr

—interessante, u. Charakterzüge der denkwürdigsten Personen aller Zeiten. 6 Bde. 8. Wien 808. Sammer. 3 ß 8 gr

Lebensgemälde, kleine, in Erzählungen, von Jul. v. Voß. 8. Berlin, Sander. 819. Rthlr.

Lebensgemälde, Romantische. Hildesheim 1804. V: *Bode, C. W.* (Ky)

— romantische, ohne Dichtung. 2 Bde. (a. unt. d. Titel: Lebens- u. Reiseabentener ein. Jünglings, der die Welt nicht kannte. 2 Bde.) 8. Hildesheim, Gerstenberg. 804.

Lebensgenuss des heiligen Camillus von Lellis. Wien 1841. V: *Passy, Anton.* (Th)

Lebensgenuß, der, des Weisen. 8. Landsh. 796. Krüll. 4 gr.

— üb. einen weisen u. frohen, Worte e. edlen Greises an seine Zeitgenossen. 8 Leipz. 810. Hinrichs. 18 gr.

Lebensgeschichte, s.a. Leben.

Lebensgeschichte, s.a. Lebensbeschreibung.

Lebensgeschichte, Eine. Breslau 1867. V: *Freund, Leopold.* (cb)

Lebensgeschichte und Natürliche Ebentheuer des Armen Mannes in Tockenburg . . . Zürich 1789. V: *Braecker, Ulrich.* (Mn)

Lebensgeschichte und natürliche Ebentheuer des armen Mannes im Tockenburg, herausgegeben von H. H. Füßli 8. Zürich, 789. Orells. Schreibpapier mit 2. Kupf. 25 sgl.
Dasselbe Buch Druckpapier ohne Kupf. 13 sgl.
Auch unter dem Titel:
Sämmtliche Schriften des armen Mannes im Tockenburg, 1 Theil.

— u. natürl. Ebenteuer des armen Mannes in Tockenburg, m. K. 2 Thle. 8. Zürich, Orell, F. u. Comp. 791—93. (I. 20 gr. II. 14 gr.)

— — dess. 2r Thl. hat a. d. Titel: Tagebuch d. armen Mannes in Tockenburg, herausgeg. v. H. H. Füßli. Schreibp.

Lebensgeschichte der Kayserin Adelheid Gemahlin Ottons des Grossen . . . [Reval u. Leipz.] 1782. V: *Breitenbauch, Georg Aug. v.* (EB)

Lebensgeschichte des wegen polit. Vergehen zu fünfjähr. Festungsstrafe verurtheilten Chrstn. Albrecht. Von ihm selbst auf d. Veste Lichtenburg geschrieben in sieben Gesängen. gr. 8. (7 B.) Leipzig 840, Schreck. *

Lebensgeschichte Rudolf Siegfried Allemanns, gewesenen Kapitains der Miliz . . . Glogau 1784. V: *Mentzel, Otto Frdr.* (EngG) (Ky)

— Rud. Sieg. Allemanns, Commandanten d. Festung auf d. Vorgebirge d. guten Hoffnung nebst e. Beschreib. dies. Vorgebirges (v. O. F. Mentzel). gr. 8. Glogau 784. C. F. Günther. 16 gr.

Lebensgeschichte des heil. Aloysius . . . Münster 1798. V: *Brockmann, Johann Heinrich.* (MGT)

Lebensgeschichte des dänischen Staatsministers, Andreas Petrus, Grafen von Bernstorff . . . Altona u. Leipzig 1798. V: *Schütz, Friedrich Wilhelm von.* (A) (BrMm) (MGT) (Ky) (Bruun, Bibl. Danica III, 994.)

Lebensgeschichte der hl. Angela Merici, Stifterin d. Ordens der Ursulinen. Nach dem Franz. bearb. von e. Tochter der hl. Angela. 12. (199 S. m. Titelbild.) Paderborn 892. F. Schöningh. n. 1. —

Lebensgeschichte des berühmten Mathematikers u. Künstlers Peter Anichs, eines Tyrolers. München 1767. V: *Sterzinger von Siegmundsried zum Thurn in der Breite, Joseph.* (MGT)

— Pet. Anichs, des berühmten Künstlers u. Mathematikers, eines Tyroler Bauers, (v. Dan. Sternberg). Mit dessen Portr. 4. Münch. 767. J. Lindauer. 9 gr.

— d. heil. Mutter Anna, mit nützl. u. erbaul. Erinnerungen für alle fromme Verehrer d. heil. Mutter d. Gottgebärerin Mariä. Mit 12 Kpf. 8. Augsb. 831. Schlosser. 3 gr.

Lebensgeschichte des heil. Antonius von Padua. Aus dem Fläm. übers. von Gottfr. Simar. 8. (VIII und 208 S.) Köln und Neuß 856(57,) Schwannsche Vrlgsh.

Lebensgeschichte des heiligen Antonius von Padua. Aus dem Fläm. übers. von Gfried. Simar. 2. verb. Aufl. gr. 8. (XII, 212 S. mit 1 Stahlst.) Regensburg 876, Manz.

Lebensgeschichte d. hl. Antonius v. Padua, genannt der Wunderthäter. In Bild. hrsg. v. der Societät d. hl. Antonius zu Padua. qu. 8. (24 Bl. m. Text.) Padua 895. Tipografia Antoniana. n. — 60

Lebensgeschichte, die, des heiligen Franz v. Assisi. (Insbesondere für die Brüder und die Schwestern des III. Ordens hrsg.) 8. (VIII und 174 S. mit lithogr. Portr.) Troppau 857, Schüler's Buchh. *

Lebensgeschichte der deutsch. Banise. 8. Lpz. 752.

Lebensgeschichte des 29jährigen Raubmörders Hyazinth Bayer, von Friedrichshafen ..., ... hingerichtet den 15. Oktober 1851, nebst seinem ... Geständniss über die That. Beides von ihm selbst ... niedergeschrieben. Mit einer getreuen Schilderung aller ... Verumständungen, und Einiges über die Familie des ermordeten Bandwebers Heinrich Wiesner von Bubendorf. Mit Bayers Bildniss [Tafel]. 8. Liestal [1851].

Lebensgeschichte des 105jähr. in Wolfenbüttel lebenden Invaliden-Unterofficiers Behrens, s.a. J. H. Behrens.

—— des 105jähr. in Wolfenbüttel lebenden Invaliden-Unterofficiers Joh. Heinr. Behrens, e. Zeitgenossen u. Kriegers Friedrich's d. Großen ꝛc. Nach Mittheiln. desselb. geschildert. 8. (3 B. u. 2 Abbild.) Wolfenbüttel 840, Holle'sche Buchh.

Lebens- und Bekehrungsgeschichte des Doktors der Rechte F. D . . ., eines am 30. September 1817 zu Aarwangen im Canton Bern hingerichteten Diebes und Mörders. Von ihm selbst im Gefängnisse geschrieben. Aus dem Französischen übersetzt von Fr. Ad. T***. Mit einer Vorrede von Julius Eduard Hitzig. Berlin 1827. V: *Desgouttes, Fr.* (Barbier II, 714d) (Hdschr. Mitth. von Friedrich Müller, München)

Lebens- u. Belehrungsgeschichte des Doctors der Rechte F. D...., s.a. wissenschaftl. Werke.

Lebens- u. Bekehrungsgeschichte d. D. d. Rechte F. D.... eines am 30. Sept. 1817 zu Aarwangen, hingerichteten Diebes u. Mörders. Von ihm selbst geschrieben. Aus d. Franz. v. Fr. A. T***. 8. Berlin 827, Oehmigke.

LEBENSGESCHICHTE des Schwagers Benjamin. Mit schönen Figuren und Knittel gezieret v. M. u. P., zum Druck beförd. v. B. M. u. P. 1816. 10 Bll. 8⁰. Sehr selten! (2 Mk. E. Carlebach, Heidelberg, 1894; jetzt theurer!)

Lebensgeschichte des heil. Benno, Bischofs von Meissen, Stadt- und Landespatrons in Baiern, nebst den Tagzeiten, u. der Litaney. Hrsg. bey Gelegenheit d. 200jähr. Jubelfestes von *H. B.* Mit TKpf. (der Heilige, nach *A. Wolff* von *C. G. ab Amling* 1696 gest.). Zu finden bey Joh. Geo. Ruprecht, bürgerl. Buchbinder auf dem Platze nächst St. Peters-Pfarrkirche, auch bey Frz. Boos, bürgerl. Buchbinder nächst dem schönen Thurm. 1780. 8⁰. Etw. wasserfl. Ppb.
TK. u. 64 S. — Selten!

Lebensgeschichte d. Götz von Berlichingen mit d. eisernen Hand. „ Leipz. 810. Andreä. 6 Gr.

— des Staatsministers A. P. Grafen von Bernstorf, (v. F. A. v. Schütz). 8. Altona 798. Bechtold. 14 Gr. Postp. 16 Gr.

* **LEBENS-GESCHICHTE**, Besondere, des Ferdinand de Luna und der Donna Angelica, ein lustiger Roman nach einem gantz sonderbaren Geschmack aus dem Frantzösischen übersetzt, von Lunamando (Joh. Zach. Gleichmann). Mit Titelkpfr. Cölln, bey Pierre Marteau. 1749. 8⁰. (In Berlin Xy 3520.) 200 S. (incl. TKpf., roth u. schwarz gedr. Titel u. 1 Bl.). Rar!

LEBENSGESCHICHTE, Besonders merkwürdige, des Ihbraim (sic!) Husin, eines beruffenen Algierischen Seeräubers, welcher unter dem hernachmals bekandt gewordenen Namen Benediktus Jakobi seine verschiedenen Avanturen sowohl zu Wasser, als zu Lande mit aller Aufrichtigkeit erzählet u. nach vielen Widerwärtigkeiten seine erwünschte Zufriedenheit erlanget. Mit Titelkupfer (unsign.). Dreßden u. Leipzig, bey Joh. Nicolaus Gerlachs Wittwe u. Sohn, 1768. 8⁰.

LEBENSGESCHICHTE, Besonders merkwürdige, des Herrn Paul Leydoffels, welcher in allen drey Hauptständen einen Versuch getan u. sowohl in seiner Jugend, als auch auf der Universität u. auf Reisen viele Glücks- u. Unglücksfälle erlebet. Auf Ansuchen einiger Historienfreunde der Presse überlassen. Mit Titelkpf. (F. G. Schlitterlau sc. Dresd.). Dreßden u. Leipzig, bey Johann Nic. Gerlach u. Sohn, 1765. 8⁰.

Lebensgeschichte der Blütenpflanzen Mitteleuropas. (Spezielle Ökologie der B' Deutschlands, Österreichs und der Schweiz.) Band 1. Abteilung 1: Allgemeine Einführung und Gymnospermen. Hrg. von Dr. O[scar] Kirchner..., Dr. E[rnst] Loew ... [und] Dr. C[arl] Schröter, Professor... [in] Zürich. Mit 186 Abbildungen. (Liefg. 1—4.) IV + 343 S. 8. Stuttgart, Eugen Ulmer, (1904—) 1906.
(*Mit illustriertem* Prospekt. 4 S.)

Lebensgeschichte der Blütenpflanzen Mitteleuropas. Spezielle Ökologie der Blütenpflanzen Deutschlands, Österreichs und der Schweiz. Von Dr. O[skar] Kirchner ... Hohenheim, Dr. E[rnst] Loew ... Berlin [und] Dr. C[arl] Schröter ... Zürich. Band 1. Liefg. 1. Bogen 1—6.... Mit 71 Einzelabbildungen in 31 Figuren. II + 4 + 96 S. 8. Stuttgart, Eugen Ulmer, 1904. (Subskr. pro Liefg. M. 3. 60)

Lebensgeschichte der Blütenpflanzen Mitteleuropas. Spezielle Ökologie der Blütenpflanzen Deutschlands, Österreichs und der Schweiz. Von Dr. O[skar] Kirchner ... Hohenheim, Dr. E[rnst] Loew ... Berlin [und] Dr. C[arl] Schröter ... Zürich. Band 1. Liefg. 2. Bogen 7—12.... Mit 140 Einzelabbildungen in 69 Figuren. II S. + S. 97—192. 8. Stuttgart, Eugen Ulmer, 1904. Subskr. M. 3. 60, Einzelpreis 5. —

Lebensgeschichte der Blütenpflanzen Mitteleuropas. Spezielle Ökologie der B' Deutschlands, Österreichs und der Schweiz. Von Dr. O[scar] Kirchner ..., Dr. E[rnst] Loew ... [und] Dr. C[arl] Schröter ... Zürich. Band 1. Liefg. 2.... Pinaceae ⟨Forts.⟩. Mit 97 Einzelabbildungen in 46 Figuren. II S. + S. 193—288. 8. Stuttgart, Eugen Ulmer, 1905. Subskr. M. 3. 60, Einzelpreis 5. —

Lebensgeschichte der Blütenpflanzen Mitteleuropas.... Band 1. Liefg. 4.... Pinaceae, ⟨Schluss⟩, Gnetaceae, Typhaceae, Sparganiaceae. Mit 132 Einzelabbildungen in 69 Figuren. II S. + (Band 1, Abteilung 1:) IV S. + S. 289—343 + [Abt' 2:] S. 345—384. 8. Stuttgart, Eugen Ulmer, 1906. *pro Liefg.* Subskr. M. 3.60, Einzelpreis 5. —

Lebensgeschichte der Blütenpflanzen Mitteleuropas. Spezielle Ökologie der B' Deutschlands, Österreichs und der Schweiz. Von Dr. O[scar] Kirchner..., Dr. E[rnst] Loew ... [und] Dr. C[arl] Schröter ... Zürich. Band 1. Liefg. 5.... Sparganiaceae ⟨Schluss⟩, Potamogetonaceae. Mit 177 Einzelabbildungen in 50 Figuren. II S. + [Abt. 2,] S. 385—480. 8. Stuttgart, Eugen Ulmer, 1906. Subskr. M. 3. 60, Einzelpreis 5. —

Lebensgeschichte der Blütenpflanzen Mitteleuropas. Spezielle Ökologie der B' Deutschlands, Österreichs und der Schweiz. Von Dr. O[skar] Kirchner..., Dr. E[rnst] Loew ... [und] Dr. C[arl] Schröter ... Zürich. Band 1. Liefg. 7.... Juncaginaceae, Alismaceae, Butomaceae. Mit 187 Einzelabbildungen in 88 Figuren. II S. + [Abt. 2.] S. 577—664. 8. Stuttgart, Eugen Ulmer, 1907. Subskr. M. 3. 60, Einzelpreis 5. —

Lebensgeschichte der Blütenpflanzen Mitteleuropas. Spezielle Ökologie der B' Deutschlands, Österreichs und der Schweiz. Von Dr. O[scar] von Kirchner..., Dr. E[rnst] Loew ... [und] Dr. C[arl] Schröter ... Zürich. Liefg. 8 *u.* 9. 8. Stuttgart, Eugen Ulmer, 1908. *je* Subskr. M. 3. 60, Einzelpreis 5. —
Liefg. 8. Band 1, Abteilung 2. ... Gramineae 1. Mit 130 Einzelabbildungen in 46 Figuren. II S. + S. 1—96.
Liefg. 9. Band 1, Abteilung 1 ... ⟨Schluss⟩: Hydrocharitaceae, Sachregister, Titel und Inhaltsverzeichnis; Band 1, Abt' 3...: Araceae. (Mit ... Figuren.) II S. + *Abt. 1,* VIII S. + S. 665—736 *u. Abt. 3,* S. 1—32.

Lebensgeschichte der Blütenpflanzen Mitteleuropas. Spezielle Ökologie der B' Deutschlands Österreichs und der Schweiz. Von Dr. O[scar] von Kirchner..., Dr. E[rnst] Loew ... [und] Dr. C[arl] Schröter..., Zürich. Liefg. 11—13.... 8. Stuttgart, Eugen Ulmer, 1909—1911. Subskr. *je* M. 3. 60, Einzelpreis *je* 5. —
Liefg. 11. Band 1, Abteilung 2...: Gramineae: Panicoideae. Mit 169 Einzelabbildungen in 104 Figuren. II S. + S. 97—192. 1909.
Liefg. 12. Band 2, Abteilung 1...: Cupuliferae. Mit 75 Einzelabb' in 62 Fig'. II S. + S. 1—96. 1911.
Liefg. 13. Band 1, Abteilung 3...: Juncaceae ⟨Schluss⟩. Liliaceae. Mit 202 Einzelabb' in 43 Fig'. II S. + S. 129—224. 1911.

— von Martin Boos, Prediger der Gerechtigkeit, die vor Gott gilt, Auszug aus seiner Selbstbiographie. 8. (Mit 1 Portrait.) Basel 846, Bahnmaier's Buchh. geb. n. ½ ℛ

Lebensgeschichte von Martin Boos. 4. Aufl. 8. (IV, 296 S. mit Boos' Portr.) Stuttgart 888, Buchh. der Evangel. Gesellschaft. *ℳ 1.—.; geb. *

Lebensgeschichte d. Freiherrn v. Brohmen, von ihm selbst herausgegeben. 1s Bdchn. 8. Lpz. 801. (Gieditsch.)

— bunte, eines Dragonerofficiers, von Jul. v. Voß. 8. Berlin, Schmidt. 810.

Lebensgeschichte des Fränkischen Generals Buonaparte für Leser aus der mittlern Klasse . . . Nürnberg 1802. V: *Bischof, Carl August Lebrecht.* (Will)

Lebensgeschichte M. H. Bullingers. Zürich 1828-29. V: *Hess, Salomon.* (Ky)

CAROLINEN's Lebensgeschichte. O. O. u. J. (Altona, c. 1876?). 12° 88 S. (3 Mk. Fischhaber.)
Bildet auch Theil 2 von „Leontine (s. d.), ein sinnenlustiges Weib". Cincinnati (Altona), o. J.

Lebensgeschichte und Charakter J. B. Basedow's ... Magdeburg 1792. V: *Rathmann, Heinrich.* (MGT) (Schr)

Lebensgeschichte und Charakteristik Napoleons, Kaisers der Franzosen und Königs von Italien. etc. Straßburg (Wien) 1810.
— — Dasselbe. 2. Ausgabe. Pesth 1816.
Weller, fingirte Druckorte.

— d. verewigten Pet. Camper; aus d. Holländ. v. J. B. Keup. 8. Stendal 792. Franzen u. Gr. 4 gr

Lebensgeschichte einer frommen Dienstmagd ... [Augsburg 1809.] V: *Wittmann, Michael.* (MGT)

— drollige, des hochedl. Bürgermeisters v. Staarmatz. 8. Leipz. 808. N. A. 817. (Nauck). 1 rf

— e. niedersächs. Edelmannes, ein Gegenstück zu Trenks Leben, (v. Jh. Dav. Hartmann; die Materialien dazu lieferte Caj. Fr. v. Brockdorf). 1r u. 2r Thl. mit 1 Kpf. 8. Berl. 789. Vieweg in Braunschw. 1 rf 12 gr 3r Thl. Auch u. d. T.: Briefe eines niedersächs. Edelmannes. 8. Altona 796. (Leipz., Wienbrack; a. W. Nauck). 1 rf

Lebensgeschichte eines Emigranten. O. O. [ca. 1790]. V: *Evers.* (MGT)

—— Erfahrung und geistliche Briefe von Frau Hester Anna Rogers. Nebst ihrer Leichenpredigt, gehalten von Coke. Aus dem Engl. übers. 16. (331 S.) Cincinnati 848. (Philadelphia, Schäfer und Coradi.)

Lebensgeschichte, Erste, Jesu. Zürich 1774. V: *Hess, Johann Jacob.* (CLZür Forts. II)

Lebensgeschichte Johann Kaspar Eschers, Bürgermeisters der Republik Zürich. Zürich 1790. V: *Wyss, David.* (MGT) (AarK) (ADB 6. 359) (Ky)

Lebensgeschichte des Prinzen Eugen, Herzogs von Leuchtenberg. 8. Sulzbach, Leipzig 1824. 1.00.

Lebensgeschichte e. modernen Fabrikarbeiters (Moritz William Theodor Brommes). Hrsg. u. eingeleitet v. Paul Göhre. (Mit Umschlagzeichnung von Emil Rud. Weiß.) (XII, 369 S.) gr. 8. Jena 905. E. Diederichs. n. 4. 50; geb. n. 5. 50

Lebensgeschichte oder Festtage, Die, der Gottesmutter Mariä ... 2. Aufl. Salzburg 1820. V: *Pillwein, Benedict.* (Th)

— eines ausgedienten Fiackerpferdes, von ihm selbst dem Verfasser der komischen Schicksale eines Fünf-Gulden-Schelms mitgetheilt, v. Fr. Rittler. 8. Brünn, Gastl. 818.

Lebensgeschichte eines Flohweibchens. O. O. 1804. 6 S. 8°. »Vom Verfasser der Eipeldauerbriefe«. Zweyte Auflage. Wien bey Peter Rehms sel. Witwe. 8 S. 8°. V: *Richter, Josef.* (Hans Viktor Pisk: Josef Richter. Diss. Wien 1927. S. 160) (GGr V/319, Nr. 47/34)

Lebensgeschichte eines Flohweibchens ... Wien 1808. V: *Richter, Jos.* (BGE) (Haydinger)

- der gottsel. Amerikanerin Marianna von Flores u. Paredes, zugenannt von Jesu. Für die Jugend und für Erwachsene im Auszuge bearbeitet von e. kathol. Geistlichen. 12. Augsburg 833. Kollmann. 1/8 rf

Lebensgeschichte, die — des heiligen Franz von Assisi. (Insbesondere für die Brüder und die Schwestern des III. Ordens herausgegeben.) Troppau und Jägerndorf 1857. Druck von Adolf Traßler in Troppau. Verlag von Otto Schüler. (VIII. 173 S. 8.)

— des heil. Franz Xaver, Apostels von Indien und Japan. (Herausg. vom Central-Ausschuß des kathol. Bücher-Vereins in München, Vorstand: G. v. Oettl.) 2 Thle. Mit d. Bildn. des Heiligen. 8. München 838. (Regensburg, Manz.) n. 1 1/2 rf

— des Franziscus von Hieronymo rc. (Ins Deutsche übers. v. J. N. Rigel.) 8. Augsb. 808. Doll. 16 gr

— des heiligen Johannes Franciscus Regis aus der Gesellschaft Jesu. Ins Deutsche übersetzt von Dominik Schelkle, ehemal. Prof. in Augsburg. Mit e. Vorrede v. Karl Egger. (Mit 1 Stahlst.) Lex.-8. Augsburg 843, Schmid'sche Buchh. 7/8 rf — 2. Aufl. 846. 1 rf

— üppiger gekrönter Frauen rc. s. im Alphabet: Voß, J. v.,

Lebensgeschichte der Weyland Durchleuchtigsten Churfürsten in der Pfaltz Friedrich des V. Carl Ludwigs, und Carls worinnen die Böhmische Unruhe des 30jähr. Krieg ... beschrieben werden. Cölln 1700. V: *Weber, Immanuel.* (EB) Cölln [Frankf.] 1693. N. A. 1695. 1700. 1703. 1705. 1732. 1735. V: *Rieger, J. F.* (Wr)

Lebensgeschichte Friedrich Wilhelms von Preussen. Amsterdam [Berlin] 1757. V: *Fassmann, David.* (Wr)

— Friedrich Wilhelms, Königs von Preußen; von d. Verfass. der Brandenb. Denkwürdigkeiten. 8. Frankf. a. M. u. Leipz. 758. (Metzler in Stuttg.) 3 K

Lebensgeschichte Christophs Bernhards von Galen, Bischofs von Münster. 8. Hildesheim 1787.

Lebensgeschichte des heil. Gebhard . . . Bregenz 1853. 8. Aufl. 1904. V: *Teutsch, Johann Nepomuk.* (MARGR)

Lebensgeschichte des heiligen Gebhard, Bischofs zu Konstanz. Nebst geschichtlichen Notizen über den Ursprung und Fortbestand der Wallfahrt St. Gebhardsberg bei Bregenz. 2. Auflage. Bregenz, 1855. Druck und Verlag von J. N. Teutsch. (32 S. 8.) (Geb. in Bregenz 949, gest. am 27. August 996 in Konstanz.)

Lebensgeschichte des heil. Gebhard, Grafen von Bregenz und Bischofs zu Konstanz. Nebst geschichtl. Notizen über den Ursprung und Fortbestand der Wallfahrt St. Gebhardsberg. V. Aufl. *Bregenz* 1858. *J. N. Teutsch.* 32 S., 16°. 6 kr.

—— des heil. Gebhard, Grafen von Bregenz und Bischofes zu Konstanz. Nebst geschichtl. Notizen über den Ursprung und Fortbestand der Wallfahrt St. Gebhardsberg. 6. Aufl. 12. (32 S. mit Bildern.) Bregenz 888, Teutsch. *

Lebensgeschichte, Geheime, eines Günstlings. Frankf. u. Leipzig 1795. V: *Albrecht, Johann Friedrich Ernst.* (GGr)

Geheime Lebensgeschichte eines Günstlings. Mit 1 Kpf. Frankfurt u. Leipzig (Gera, Heinsius) 1795. 8°. (2 Mk. 50 Pfg. Maske, vor 1885.)
Korn's in Breslau Romanen-Cat. 1798. — Selten!

Lebens- u. Regierungsgeschichte, geheime, Katharine II., Kaiserin v. Rußland, s. a. Katharine.

— — dass. e. a. Uebers. 4 Hefte. 8. Altenb. (Akadem. Buchh. in Jena.) 798. (1 $ 12 gr. 2 $ – 4 $ 21 gr.)

— Dass. aus d. Französ. 4 Hfte. 8. Altenb. 798. (Hennings in Neiße). 1 $ 9 gr

— u. Regierungsgesch. geh., Catharina II. Kais. v. Rußl. a. d. Franz. 2 Thle. gr. 8. Leipz. Sommer. 798.

Lebens- und Regierungsgeschichte, Geheime, Katharinens der Zweyten, Kaiserin von Russland. A. d. Franz. 2. . . . Ausg. Paris [Altenburg] 1798. V: *Castera, Jean Henri de.* (BrMm) (BGE) (Wr)

Lebensgeschichte, Geheime, des Marschalls von Richelieu, oder Erzählung seiner Abenteuer, Liebschaften . . . Strassburg u. Baireuth 1791—92. V: *Faure.* Ü (1—2): *Menzel, Joh. Frdr. Leonh.* (3): *Valett, Joh. Jac. Meno.* (Kordes, Schlesw.-holst. u. eutin. Schriftst. Schleswig 1797.) (BGE) (MGT) »1796« (Ky)

Lebensgeschichte, geheime, des Marschalls Richelieu. Aus d. Französ. (v. J. F. L. Menzel u. J. J. M. Valett). 3 Bde. gr. 8. Baireuth 796. (Grau in Hof). 2 $ 12 gr

— der vier schwedischen Generale: Rehnschild, Stenbock, Meyerfeld u. Dücker, nebst angehängten Leben d. Generals Jh. Reinh. Patkul, (v. Mch. Ranft). 8. Leipz. 753. Heinsius. 10 gr

— getreue, der zweiköpfigen Nachtigall, genannt das achte Wunder der Welt. 2. verb. Aufl. gr. 8. (7 S.) Berlin 873. Prager. — 25

Lebensgeschichte und Glaubensbekenntnis, Gütgen Steinhardin . . ., zu christlicher Erbauung vorgelegt . . . O. O. 1775. V: *Herold, Wolfgang Jacob.* (will)

Lebensgeschichte berühmter Schweizerischer Gottesgelehrten.... 1. [einziges] Bändchen s. a. (Nüscheler, Felix.) Magister Ulrich Zwingli. Zürch ... 1776.

— berühmter Schweizerischer Gottesgelehrten. 1r Thl. (Leben Zwingli's.) 8. Winterth. 776. Steiner. 12 gr

Gottfried, Gesche Margar. (geb. Timm, verw. Miltenberg, Giftmörderin [durch Arsenik in „Mäusebutter"] in Bremen, geb. 6. März 1785 das., enthauptet ebend. 21. April 1831). — Lebensgeschichte der Giftmörderin Gesche (= Gesina) Marg. Gottfried, geb. Timm. Nach erfolgtem Straferkenntnisse höchster Instanz hrsg. von dem Defensor derselben, Dr. F. L. Voget. 2 Thle. (in 3 voll.). (Th. 2 in 2 Abth. hat d. Titel-Aenderung: . . . . „Nach Vollzug des Todesurtheils" hrsg.) Bremen, W. Kaiser, 1831. (Th. 2 hat: Bremen 1831. Im Museum der neuesten Literatur von C. Schünemann.) Gr. 8°. (6 Mk. Max Harrwitz, 1894.)
1: XII—302 S., 2 Bll. Inh. u. Vortit., 1 Bl. Err. 2: VI (incl. Doppeltit.) u. 464 S. (Abth. 2 beginnt mit S. 209.) So cplt. selten! Th. 1 enth. die Lebensgesch., Th. 2 das gerichtl. Verfahren u. Leben während der Gefangenschaft.

— d. Magnetiseur Grabe, wahr u. unparteiisch dargestellt, u. für seine Freunde u. Gegner gleich interessant. 8. Leipz. 824. Lauffer. 8 gr

GRADESINN'S, Wilhelm, Lebens- und Bildungsgeschichte. 2 Theile. Wien, Doll, 1804. 8°. (1⅔ Rthl.)
Kayser's Roman-Verz. p. 51.

Lebensgeschichte des verwegenen Räuberhauptmannes Johannn Georg Grasel. Wien [ca. 1900]. V: *Neidl, Julius.* (EB)

Lebensgeschichte des Raubmörders Franz Greter von Greppen .... Hingerichtet zu Muri den 8. August 1851. Mit ausführlicher Schilderung seiner Thaten. Nach den prozedürlichen Akten getreulich dargestellt. ⟨Mit Portrait[-Tafel].⟩ 8. Baden 1851.

— Siegfr. Habermanns, eines guten Landmannes in Wahrendorf. 8. Magdeb. 804. Heinrichshofen. 12 gr

— des Hemme Hayn, e. Niederländischen Bauers. 8. Nürnb. 810. Stein. 6 gr

Lebensgeschichte Herrn H. G. Hedlufs. Görlitz 1785. V: *Giese, Gottlieb Christian.* (OL) (ML)

—— der heil. Hedwig. Nach urkundl. Nachrichten. 8. (1 B. u. Titvign.) Breslau 834, Richter.

Lebensgeschichte der Heiligen auf alle Tage im Jahre. Troppau 1783. V: *Karl.* (Ky) S. a. »Mesengui, Franç. Phil.«

— der Heiligen, auf alle Tage im Jahre, (von ... Karl). 2 Thle. 8. Troppau 783. (J. F. Korn in Bresl.) 2 ₰

—— Kaiser Heinrichs II. d. Heiligen. Für d. Jugend bearb. 12. (3 B.) Aachen 837, Cremer'sche Buchh.
Aus: Kleine, wohlf. kathol. Bibliothek, besond. abgedruckt.

Leben- und Heldengeschichte Friedrichs II., Königs in Preussen, mit pragmat. Feder beschrieben. 8 Thle., mit Kpf. Frankfurt 1746—65. 8.

Lebensgeschichte und Heldenthaten des kk. FML. Freyherrn von Laudon. [Wien] 1788. V: *Schweighofer, Johann Michael.* (EB)

Karl Herzog von Lothringen und Bar. Lebens-Geschichte und Helden-Thaten des durchlauchtigsten Prinzen und grossen Feld-Herrns . . . . ., Generallieut. der königlich ungarischen und böhmischen Armeen. Aus sichern Nachrichten mit unpartheyischer Feder beschrieben und mit nöthigen Kupfern erläutert. (I. Th.) (Mit 1 Portrait, 15 Taf., 1 Tabelle.) Anderer Th. (Mit 3 Taf.) (2 Bde.) kl. 8. Frankfurth und Leipzig 1743—1747.

HERZERHEBENDE Lebensgeschichte der heiligen Margarethe, Tochter des ungarischen Königs Béla IV. Pest o. J.: A. Bucsánszky. 52 S. kl. 8°

Lebensgeschichte, Hieron. Joseph Franciscus de Paulo, Erzbischofs zu Salzburg. Aus d. 4ten Hefte d. salzburgischen gelehrten Unterhaltungen besond. abgedruckt. gr. 8. Ebend. 813

Lebensgeschichte Joh(ann) Conrad Hippenmeyers von Gottlieben (1752-1832) .... Njbl. 1834 s.a.[Pupikofer, Johann Adam].

Lebensgeschichte Johann Conrad Hippenmeyers von Gottlieben, Kaufmann in Wien. Frauenfeld 1834. V: *Pupikofer, Johann Adam.* (ZÜRKL)

— ein. deutsch. Holländers, s.a. Begebenheiten.

LEBENSGESCHICHTE eines deutschen Holländers, nach ausgestandenen Glücks- und Unglücksfällen zu Wasser und zu Lande von ihm selbst beschrieben. Mit interessant. Titelkpfr. Regensburg 1775. 8°. (7 Kr. 20 H., ganz unbeschn. Expl., A. H. Huber, Salzburg, 1909.) Selten!

— Jesu, aus d. Griech., (v. D. Ph. Troschel). 8. Berl. 784. (Reimer). 14 gr

Lebensgeschichte Jesu der Zeitordnung nach in einer freien Übersetzung aus den 4 Evangelien wörtlich dargestellt. Cilli, 1796, 2 Bde.

— Jesu, mit einer Würdigung der verschiedenen Ansichten darüber u. einer daraus gefolgerten Beurtheilung der römischen u. evangel. Kirche, der deutsch-kathol. u. freien Gemeinden, des Sozialismus u. der Religion der Zukunft. 12. (IV u. 188 S.) Nürnberg 848, Korn. n. n. 1/3 ₰

— Jesu Christi, nach der Erzähl. des Matthäus, auf neu befund. Art übers. 8. Lübeck 781. Riemann et R. 4 gr

Lebensgeschichte, Die, Jesu Christi; aus den vier Evangelien . . . Nürnberg 1790. V: *Gradmann, Joh. Jac.* (MGT)

— Jesu nach den 4 Evangelisten. 3 Bde. (1r u. 2r Bd. 2e A. 819. 25. 14 gr 3 Bd. 820. 8 gr) 8. Halle, Waisenhaus-B. 22 gr

— Jesu nach den 4 Evangelisten. Zur Beförderung einer rechten Erkenntniß der Personen u. der Lehren unsers Herrn. 2r Bd. (Neue Aufl.) 8. Halle 825, Waisenhaus-Buchhdl. 6 gr. Alle 3 Bde.

Lebensgeschichte Jesu, nach den vier Evangelisten. Halle 1832. V: *Uhle, J. G.* (winer)

Lebensgeschichte des 105jährigen in Wolfenbüttel lebenden Invaliden, Unteroffiziers Johann Heinrich Behrens, eines Zeitgenossen und Kriegers Friedrichs des Grossen, welcher im siebenjährigen Kriege von dessen Anfang bis zur Schlacht bei Torgau bei den Ziethenschen Husaren gedient hat. (3 B.) 8. Wolfenbüttel 1840. 0,50.

— des heil. Jodokus. Eine Legende aus d. 17ten Jahrh., (v. Danner). Mit 1 Steindr. 8. Landsh. 829. Thomann. 2 gr

— des heiligen Johannes vom Kreuz. Abdruck aus der 2. Aufl. der sämmtlichen Schriften des heiligen Johannes vom Kreuz, aus dem spanischen Original übers. von Magnus Jocham. Regensburg 859. Pustet. 8. (IV, 171 S.) 9 ngr

—— des heil. Johannes des Täufers, nebst ein. Anh. von Morgen-, Abend-, Meß-, Beicht- u. Kommunion-Andachten, sowie den großen Tagzeiten der Vesper u. Litanei zu diesem Heiligen. Schließlich: Eine achttägige Betrachtung. Alles nach authent. Quellen u. Urkunden neu bearb. u. hrsg. v. J. B. 12. (5 B. m. 1 lith. Abbild.) Landshut 844, Thomann'sche Buchh.

— die, der heiligen Jungfrau, in Vorträgen an die Sodalinnen d. marianischen Kongregation z. Niedernburg. gr. 12. Passau 842, Pleuger. (Pustet.) 1/3 ₰

— Karls X., Königs v. Frankreich. Aus d. Französ. 8. Nordhaus. 825. Landgraf. 16 gr

— des Johann Tobias Kießling aus Nürnberg. 12. (80 S.) Dinglingen 898. (Frankfurt a/M., J. Schergens.) n. — 20

—— des polnischen Trompeters Chr. Friedr. Klemcke, nachmal. Stabstrompeters im k. preuß. 2. (Leib-) Husaren-Regiment. Von ihm selbst erzählt. 8. (13 B.) Herrnstadt 844. (Berlin, Enslin'sche Buchh.)

—— Marie Klotildens von Frankreich, Königin von Sardinien. Aus dem Franz. 8. Augsburg, Doll. Landshut, Krüll. 819.

Lebensgeschichte Chr. Knauths Pf. in Friedersdorf. Görlitz 1784. V: *Giese, Gottlieb Christian.* (OL)

Lebensgeschichte Tobias Knauts des Weisen, sonst der Stammler genannt. Leipzig 1773—76. V: *Wetzel (Wezel), Johann Carl.* (GGr) (Ky) (BGE) (WBL) (Cat. d. Stadtbibl. Zürich. Zürich 1864—97.) »1774—75« (JL)

— Tob. Knauts, des Weisen, sonst der Stammler genannt, (v. J. K. Wezel). 4 Bde. 8. Leipz. 774—77. (W. Vogel). 2 ₰ 16 gr

Lebensgeschichte des Herrn D. Thomas Knigge, ausübenden Arztes in Regensburg . . . Nürnberg 1787. V: *Kohlhaas, Johann Jacob.* (MGT)

LEBENSGESCHICHTE eines Cosmopoliten aus dessen eigenen Papieren. Ronneburg 1816. 8°. (4 Mk. E. Frensdorff, 1904.)

— e. Künstlers. Von ihm selbst erzählt. (Einbd.: Ein Künstler u. Christ. Selbstbiographie v. Hugo Veit.) (Hrsg. v. Sophie Veit.) (248 S. m. Bildnis.) 8. Barmen 906. (Westdeutscher Jünglingsbund.) n. 2. 40; geb. in Leinw. n. 3. —

Lebensgeschichte, curiose u. merkwürdige, eines zu einem Christen gewordenen Afrikaners. 8. Wien 771. Beck. 6 gr

LEBENS-GESCHICHTE, Curiose u. seltzame, des berufenen Signor Fioraventi, welcher bißhero unter den (!) Nahmen als Marquis Damis bekannt ist. Aus d. Italien. 3 Teile. Mit Titelkupfer. Franckfurt 1740. 8°. (6 Mk. K. W. Hiersemann, Lpz., 1905.)

Lebensgeschichte und Charakterschilderung, Kurze, Johann August Friedrich Haberlands, gewesenen Pfarrers zu Lobsdorf und Niederlungwitz . . . Jena 1796. V: *Haberland, Frdr. Ernst.* (MGT)

Lebens-Geschichte, kurze, des in der Stadt-Pfarrkirche zu Glatz ruhenden ehrw. Arnestus, des treuen Dieners Gottes u. innigen Verehrers Maria's, ersten Erzbischofs von Prag. Eine kleine Denkschrift zur 500jähr. Gedächtnißfeier seines Todes am 30. Juni 1864. Zusammengestellt nach bewährten Quellen. Glatz 867. (Hirschberg.) 8. (31 S. mit 2 Steintaff.) 3 ngr

—— kurze, des in der Stadt-Pfarrkirche zu Glatz ruhenden Arnestus, des treuen Dieners Gottes und innigen Verehrers Maria's, ersten Erzbischofs von Prag. Eine kleine Denkschrift zur 500jährigen Gedächtniß-Feier seines Todes am 30. Juni 1864. Zusammengestellt nach bewährten Quellen. Neue Ausg. auf Velinpapier. 8. (31 S. mit 2 Bildern in Holzschn.) Glatz 871, (Hirschberg.) **

— kurze, der Gräfin von Barry. 8. Paris 774. (Frankf. a. M. 775. Varrentrapp). 5 gr

Lebensgeschichte, kurze, d. heiligen Berthold, ersten Abtes des einstigen Benediktiner-Klosters Garsten, im Lande ob der Enns, sammt frommen Betrachtungen, Gebeten und einer Litanei zur Jubelfeier am 27. Juli 1812. Von F. X. P. gr. 12. Linz 842, Haslinger. 1/8 ₰

—— kurze, des sel. Andreas Bobola aus der Gesellschaft Jesu. Selig gesprochen von Sr. Heil. dem Papst Pius IX. 16. (68 S.) Münster 854, Aschendorff'sche Buchh.

—— kurze, der im Jahre 1853 seliggesprochenen Märtyrer Johannes v. Brito und Andreas Bobola, Priester der Gesellschaft Jesu. Nebst verschiedenen Andachts-Uebungen zu Ehren der beiden Seligen. 12. (93 S. mit 2 lithogr. Bildern.) Innsbruck 854, (Wagner'sche Buchh.) *

. Lebensgeschichte — kurze — der im Jahre 1853 seliggesprochenen Märtyrer Johannes v. Britto und Andreas Bobola, Priester aus der Gesellschaft Jesu. Nebst verschiedenen Andachts-Uebungen zu Ehren der beiden Seligen. 12. (62 S.) Linz. Druck und Verlag von Joh. Huemers Witwe. 1854.

Lebensgeschichte, Kurze, des hl. Franz von Paula, Stifters der mindesten Brüder (Minimi). Bearbeitet nach dem Italienischen [des Aniceto Ferrante] von einem Mitgliede der Marianischen Congregation. Innsbruck [1900]. V: *Hager, Edmund.* (MARGR)

—— kurze, Jesu in 14 Bildern für Kinder erzählt. 24. (55 S.) Berlin 864, (Beck.) *
Mit 15 ill. Stnt. cart. *

— kurze, des heil. Johann v. Nepomuk ꝛc. mit Gebeten. 12. Augsb. 790. Doll. 2 gr

Lebens- und Kriegsgeschichte, Kurze, des Grafen Peter Alex. Wasil. Suwarow-Rimninskoi. Leipzig 1800. V: *Vulpius, Christian Aug.* (Pr)

Kurze Lebensgeschichte des Kronprinzen von Schweden. 8. Wien 1813.

Lebensgeschichte. Kurze L' des Hochwürdigsten Herrn Eugen Lachat, Bischof von Basel (geb. 1819). Baden 1863 s. [Hornstein, Edouard].

Lebensgeschichte. Kurze L' der den 26. Mai 1839 Kanonisirten Heiligen Alphons Maria von Liguori, Franz von Hieronymo, Johann Joseph vom Kreuze, Pazifikus von St. Severino und Veronika von Juliani. Ausgezogen aus den Akten ihrer Heiligsprechung. Aus dem Italienischen ins Deutsche übersetzt. und mit einem Vorworte begleitet von P. Laurenz Hecht . . . . Mit lithographirten Abbildungen dieser Heiligen und des Papstes Gregor XVI [6 Tafeln]. 8. Einsiedeln 1839.

Lebensgeschichte. Kurze L' des am 26. Mai 1839 kanonisirten Heiligen Alphons-Maria von Liguori . . . . Ausgezogen aus den Akten seiner Heiligsprechung. Aus dem Italienischen in's Deutsche übersetzt, von P. Laurenz Hecht . . . . Mit beigefügter Darstellung der Feierlichkeit der Heiligsprechung ... [und 1 Porträt-Tafel]. 8. Einsiedeln 1840.

Lebensgeschichte, Kurze, des Jakob Lorber. [Bietigheim 188?] V: *Leitner, Carl Gfr. Ritt. v.* (JOANSTYRA)

— kurze, Ludwig XVI., Königs v. Frankreich; mit umständlichen Nachrr. fr. Gefangenschaft u. Hinrichtung, (v. C. K. L. v. Scheler,) mit Ludwigs Portr. 8. Stuttg. 793. Steinkopf. 18 gr

Lebensgeschichte, Kurze, des Dieners Gottes P. Joseph Passerat ... Nach d. Franz. Hsg. v. P. Jos. Alois Krebs ... Dülmen 1894. V: *Girouille, H.* (Berl)

Lebensgeschichte, Kurze, Papst Pius IX ... Salzb. 1877. 2. A. 1877. V: *Hager, Edmund.* (Hr)

Kurze Lebens- und Regierungsgeschichte Ludwig des Sechszehnten Königs von Frankreich mit umständlichen Nachrichten von seiner lezten Gefangenschaft, Verurtheilung und Hinrichtung. Aus ächten Quellen.
Mit Kupfern.
Stuttgart: Steinkopf. 1793. 4, 360 S. 8°.
Library of Congress Washington

Lebensgeschichte, Kurze, Chr. Gottl. Richter's, der Rechte gewesenen Licentiaten. [Nürnb. 1786.] V: *Will, Georg Andreas.* (ML)

— kurze, Chr. G. Salzmanns, Stifters d. Erziehungs-Anstalt zu Schnepfenthal. 8. Leipz. 827. (Serig). 4 gr

Kurze Lebensgeschichte des lange gefürchteten Räuberhauptmanns Rosze Sandor, der 1854 zu Pesth in Ungarn mit seiner 100 Mann starken Bande durch Henkershand unschädlich gemacht wurde. Druck von J. F. Rohr in Vegesack.
o. J. (1855). 7 S., 182 × 110.
LBO Jahrmarktslit. R. c. 2, 59 und Bänkelsängerlit. I, 15.

— kurze, der heil. Theresia, Jungfrau u. Ordensstifterin. Aus d. heil. Jahr. abgedr. 8. Münch. 829. Daisenberger. 1 Thlr 6 gr

— kurze, des heil. Vincenz v. Paula, s. Volksbücher, illustrirte.

Lebensgeschichte, Kurzgefasste, und Charakter des Herrn Präsidenten und Abt Winkelmanns in Rom. O. O. 1764 V: *Paalzow.* (GGr)

— kurzgefaßte, des heil. Franziskus von Hieronimo, Priesters aus der Gesellschaft Jesu, welcher von Gregor XVI. heilig gespr. wurde. Mit d. Bildn. 12. Grätz 840. Kienreich. 1/4 Thlr

Lebensgeschichte, kurzgefaßte, des heil. Fridolinus zu Säckingen. Ein Apostel der Deutschen gegen das Ende des 5. u. Anfangs des 6. Jahrhunderts. Nebst einer Gedächtnißrede u. Gebeten. 8. (67 S. m. 1 Holzschn.) Freiburg im Br. 849, Herder. n. 1/8 Thlr

Lebensgeschichte, Kurzgefasste, Christoph Gottlieb Hofmanns, Dieners des Worts Gottes ... O. O. 1772. V: *Mayr (Kaplan).* (Bibliotheca Norica Williana. Altdorf 1772—78. II, 1, 28.)

— kurzgefaßte, d. hl. Johannes vom Kreuz. Jubiläumsgabe zum 300jähr. Gedächtnistage seines sel. Hinscheidens. Nach dem Ital. Von e. unbeschuhten Karmeliten der österr.-ungar. Provinz. 12. (84 S. m. farb. Titelbild.) Wien 891. Mayer & Co. n. — 60

— kurzgefaßte, von Joseph II., mit Beilagen. 8. Leipz. 790. W. Vogel. 6 gr

— kurzgefaßte, des sel. Julian vom H. Augustin, Laienbruder der minder strengern Brüder des heil. Franziskus in d. span. Prov. Kastilien. 8. Landsh. 826. Thomann. 2 gr

Lebensgeschichte, Kurzgefasste, Katharinä II. Petersburg (Augsburg, Styx) 1797.
Weller, fing. Druckorte.

— kurzgefaßte, Ludwigs XVI. Ein Versuch. 8. Salzb. 793. Duyle. 3 gr

KURZGEFASSTE Lebensgeschichte Seiner hochfürstl. Eminenz Anton Migazzi etc. Erzbischof in Wien. Wien 1803. Gedr. bey Ant. Pichler. 32 S. - 8°

Lebens- und Regierungsgeschichte, kurzgefaßte, Friedrich Augusts I., Königs von Sachsen, zur Erinnerung an dessen 50jähriges Regierungsjubiläum. 8. Oschatz. (Leipzig, Hartmann.) 818.

Lebens- und Regierungsgeschichte, Kurzgefasste, König Friedrich Wilhelms. Berlin 1743. V: *Hering, Georg Carl.* (Pr) (ML)

Lebens- und Regierungsgeschichte, Kurzgefasste, der verstorbenen Kaiserin Marie Theresie, Königin von Hungarn und Böhmen. Weissenfels 1781. V: *Seyfart, Johann Friedrich.* (Ky) (ML) (Pr) »der Kaiserin« (weber)

—— kurzgefaßte, der sieben heiligen Väter, Stifter des Ordens der Diener Mariä. Ein Beitrag zur Heiligsprechungsfeier, verfaßt von einem Mitgliede der tirol. Servitenordens-Provinz. 16. (116 S. mit 1 Chromolithogr.) Innsbruck 888, Vereinsbuchhandlung und Buchdr. *

Lebensgeschichte des ehrwürd. Bened. Jos. Labré. Augsburg 1787. V: *Marconi, Jos.* (schmal)

— Laudon's. 8. Leipz. ... Sommer. (W. Nauck). 20 gr

—— eines Leichtsinnigen u. dess. Abenteuer in Deutschland, Polen, Frankreich u. Algier. Von ihm selbst geschrieben. 8. (11½ B.) Zerbst 836, [Kummer'sche Buchh.]

— u. Leidens-Abriß Sr. Heiligkeit Papst Pius VII. mit d. Bilde. Freiburg 823. Herder. 4 gr

— u. Leidensgeschichte des Jh. Bapt. Steph. Amat Bailly, (Subdiacon d. Diöcese von Toul). (Aus dem tugendhaften Schüler gezogen.) gr. 8. Mainz 819. Müller. 4 gr

Lebens- und Leidensgeschichte, Die, des Heilandes nebst Beschreibung der Orte, wo sich die heiligen Begebenheiten ereignet ... Salzburg 1814. V: *Pillwein, Benedict.* (Hr) (MGT) (Ky) (Th) (schmal)

— u. Leidensgeschichte, die, des Heilandes, nebst Beschreibung der Orte, wo sich die heil. Begebenheiten ereignet rc. (v. ... Pillwein). Mit 2 Kpf. gr. 8. Salzb. 814. 3e A. 816. Duyle. 18 gr

Lebens= u. Leidensgeschichte eines ehemal. Preuß. Husaren-Offiziers (Th. v. Leithold). 8. Berlin, Krause. (Leipzig, Lauffer.) 821.

Lebens- u. Leidensgeschichte eines ehemaligen preußischen Husaren-Officiers. 8. 821. Halle, Colditz'sche Buchh. 3/4 ℛ

Lebensgeschichte und Leidensgeschichte eines ehemal. Preuß. Husaren-Offiziers. Berlin, jetzt Stackbrand. 3/4 ℛ

Lebens- und Leidensgeschichte der unglücklichen Maria Antonia, Erzherzoginn von Oesterreich, Königinn v. Frankreich, von der Geburt bis zu der Hinrichtung derselben. Mit 3 Kupfern. Köln 1794. 8⁰. Selten! (3 Mk. Ferd. Schöningh, Osnabr. 1907.)

Leben(s)- und Leidensgeschichte einer sterbenden National-Bühne nebst dem Fragmente einer Stand- und Leichenrede und der ausführlichen Beschreibung des theatralischen Trauerceremoniels wie solches nächstens gehalten werden soll im Jahre 1802. Bremen 1802. V: *Schröder, Fch. Ludwig.* (Dörling 94/794) (BiblPort)

Lebensgeschichte und unglückliche Liebe der Caroline S*. 8. Berlin, Schöne. 817.

— der Löwen R. R. R. R., in die deutsche Menschensprache überbracht v. ein. afrikanischen Affen. 8. Berl. Himburg. (a. Sommer in Lpz.) 791.

— des Löwen R. R. R. R. In die deutsche Menschensprache übers. v. e. afrikan. Affen. 8. Leipz. 791. (Nauck). 6 gr.

—— Ludwigs IX. von Frankreich, des Heiligen. Für d. Jugend bearb. Mit Ttlkpfr. gr. 12. (2½ B.) Coblenz 831, Hergt.

Lebensgeschichte Ludwig XVI. Königs von Frankreich.
Wien. 1793. 88 S. 8⁰.
Bayerische Staatsbibliothek München

Lebensgeschichte Ludwigs XVI. Königs von Frankreich. Wien 1793. Zweite verbesserte Auflage. Wien 1793. V: *Sonnenfels, Josef von.* (Vita di Luigi XVI. Napoli 1793 [Vorrede]) (BiblPort)

Lebensgeschichte Ludwigs XVI. König von Frankreich. Wien. Zu finden bey Franz Christian Zierichs seel. Buchhandlung 1793. 118 S. 8⁰. Zweite verbesserte Auflage 1793. Dritte Auflage 1793: V: *Richter, Joseph.* (Hans Viktor Pisk) Josef Richter. Diss. Wien 1927, S. 130- (Jos. Richter, Die Eipeldauerbriefe. München 1917. Bd. I, S. XLIX) (BiblPort)

Lebensgeschichte des seel. D. Martin Luthers. Leipzig u. Baudissin 1782 bis 89. V (1—8 Stück): *Giese, Gottlieb Chn.* (ML) (OL) V (9—14 Stück): *Hortschansky, Johann.* (OL)

LEBENS- und Liebes-Geschichte, Lustige, der Tyrolerin Trutschele; nebst den curiösen Liebes- und Reise-Begebenheiten derer Tyroler-Mägdchen Sophel, Josepha, Clara und Laura. Aus d. Französ. übers. (c. 1740?). 8⁰.

— des heil. Magnus, ersten Abts d. Benedikt. Stifts zu Fuessen; aufs Neue verfaßt u. mit Anmerkk. begl. (v. Plac. Keller). 8. Ottobeuren 789.

Lebensgeschichte der Donna Olympia Maldachini, der Vertrauten des Papstes Innocenz V. Aus d. Italien. mit einigen Anmerkungen von Geo. Herm. Richerz. Leipzig 1783. V: *Leti, Gregorio.* (BGE IV³, 380)

— der Donna Olimpia Maldachini. Verwandte u. Vertraute Papst Innocenz X. Aus d. Italien. (v. G. H. Richerz). 8. Leipz. 783. Weygand. 12 gr.

— d. Jungfr. Maria ꝛc. 8. Straub. 800. Heigl u. C. 3 gr.

— d. seligsten Jungfr. Maria. ... Augsb. ... Bolling. 8 gr.

—— der gottsel. Amerikanerin Marianna v. Flores u. Paredes, zugen. v. Jesu. Für d. Jugend u. f. Erwachsene im Auszuge bearb. von e. kathol. Geistlichen. 12. (5¼ B.) Augsburg 833, Kollmann.

— Mariens Antoniens, Königin von Frankreich. 8. Augsb. ... M. Rieger sel. W. (Al. Curisch). 3 gr.

Lebensgeschichte Mariens Antoniens Königin von Frankreich. Ein Seitenstück zur Biographie Ludwigs XVI. Von demselben Verfasser. München 1793. V: *Scheler (?), Eug. Carl Ludwig.* (BGE IV³, 413)

Lebensgeschichte Marien Antoniens, Königinn von Frankreich. Ein Seitenstück zur Biographie Ludwigs XVI. von demselben Verfasser. Wien. Zu finden bey Herrn Meyer, Director der Zierchischen Buchhandlung in der Singerstrasse. 1793. 135 S. 8⁰. Zweyte u. dritte Auflage. Wien bey Christoph Mayer und Albert Patzowsky. 1783. 137 S. + 6 S. (Nachtrag). V: *Richter, Joseph.* (Hans Viktor Pisk: Josef Richter. Diss. Wien 1927. S. 130/131) (Oesterr. Merkur. Wien 1793. S. 317 ff.) (BiblPort)

— Marie Klotildens von Frankreich, Königin v. Sardinien. Aus d. Französ. 8. Augsb. 819. Doll. (Landsh., Krüll). 6 gr.

—— des heil. Martin Bischofs von Tours. gr. 8. (IV und 20 S.) Freiburg im Br. 850, Herder'sche Vrlgsh.

– Heilige Märtyrer und Märtyrinnen. Zur Belehrung und Erbauung für die christl. Jugend. Mit. e. Vorrede von d. Verf. der Ostereier. Mit Titelkpfr. 8⁰. Landshut: Krüll 1833.

Lebensgeschichte, meine, vorzügl. meine Schicksale im Augenblick der Befreiung Deutschlands, v. Hattensauer. 8. Hamb. Vollmer. 815.

Lebensgeschichte der Rosine Meyerin, oder die glücklichen Folgen eines guten Verhaltens. Nürnberg u. Jena 1793. V: *Balbach*, *Johann*. (MGT)

— der Rosine Mayerin, od. die glückl. Folgen eines guten Verhaltens. Ein Lehrbuch f. Mädchen u. Jünglinge, zur Beförderung einer würdigen Ausbildung ihres Geistes u. Herzens. Mit Kpf. 8. Nürnb. 793. Schneider u. W. 12 gl.

— meine; od. d. nachtheiligen Folg. ein. früh. Liebe, mehr wahre Gesch. als Roman. 4 Thle. 8. Lpz. Crusius. (W. Vogel.) 782, 83. (I. II. 20 gr. III. IV. à 10 gr.)

— meine, lauter reine Wahrheit, oder Beweis ohne Syllogismen, daß es in Europa auch Cannibalen giebt, 8. Zürich, 790. Ziegler. 8 sgl.

—— merkwürdige, von Martin Boos, kathol. Pfarrer in Oberschwaben ꝛc. Ein Auszug aus dem größeren Werke von Johs. Goßner. gr. 16. (320 S.) Neu-York 854. (Philadelphia, Schäfer und Koradi.) *

Lebensgeschichte, Merkwürdige, Georg Fr. Deinleins in Altdorf. Nürnberg 1757. V: *Will*, *Georg Andreas*. (Ky)

— merkwürdige, Geo. Fr. Deinleins in Altdorf, (v. G. A. Will). Fol. Nürnb. 757. Felßecker. 8 gl.

Lebensgeschichte, Merkwürdige, eines niedersächsischen Edelmanns von ihm selbst verfasst in Briefen an seine Söhne, ein Gegenstück zu Trencks Leben. Altona 1789. Alt. u. Leipz. 17.. 1796. V: *Brockdorff*, *Carl Fch. von*. (Allg. Litt.-Ztg. Jena 1790. IV, Sp. 333 ff.) (Gustav Gugitz u. Max von Portheim: Friedr. Freih. v. d. Trenck. Wien 1912. Nr. 185) S. a. III, 994 und III, 539.

Lebensgeschichte, Merkwürdige, eines niedersächsischen Edelmanns, von ihm selbst verfasst. In Briefen an seine Söhne ... Berlin 1789. V: *Hartmann*, *Joh. Dav*. (BrMm)

Lebensgeschichte, merkwürdige, eines niedersächsischen Edelmanns, von ihm selbst verfaßt, in Briefen an seine Söhne, ein Gegenstück zu Trencks Leben, 2 Theile, mit 1 Kupf. 8. Berlin, 789. Fr. Vieweg. 1 Rthl. 15 sgl.
Desselben Buches 3r Theil, 8. Altona, 796. Kaven. 1 Rthl.

— merkwürd., d. Prinzen Eugen, Herzogs v. Leuchtenberg, Fürsten von Eichstädt. 8. Leipz. 824. Sühring. 8 gl.

Lebensgeschichte, Die merkwürdige, der vier Schwedischen Feldmarschälle, Rehnschild, Stenbock, Meyerfeld und Dücker ... Leipzig 1753. V: *Ranft*, *Michael*. (ML) (BrMm) (Ky) (Pr)

Lebensgeschichte, Die merkwürdige. derer berühmten schwedischen Feldmarschalle, Grafen Rehnschild, Steenbock, Mayerfeld und Düker, nebst dem angefügten merkwürdigen Leben und jämmerlichen Ende des bekannten Generals Johann Reinhold Patkuls. Zur Erläuterung vieler wichtigen Umstände der Geschichte Königs Caroli XII. von Schweden. 8. Leipzig 1753.

— merkwürdige, Sr. päpstl. Heiligk. Papst Pius d. Siebenten. 8. Münch. 815. Lindauer. 3 gl.

Lebensgeschichte, Merkwürdige, des M. Johann David Husuadels, weiland Pfarrers zu Mauren in Würtemberg. Stuttgart 1795. V: *Ehrmann*, *Theophilus Friedrich*. (MGT) (Ky) (Heyd)

— merkwürd., Jh. Husuadels, weil. Pfarrers zu Mauren in Würtemberg, (v. Th. Fr. Ehrmann). 8. Stuttg. 795.

— merkwürd. u. interess., d. Gräfin v. Wallwille, welche 4 Jahre an einen Irokesen verheirathet war. 8. Meißen 809. Goedsche. 16 gl.

— merkwürdige, aller Cardinäle der röm.-kathol. Kirche, die in dies. laufenden Säculo das Zeitliche verlassen haben, (v. Mich. Ranft u. 4n Thls. 2e Abth. v. Jh. Herk. Haid). 4 Thle. 8. Regensb. 768—73. Montag u. W. 4 rf

Lebensgeschichte, Merkwürdige, aller Cardinäle der Römisch-Catholischen Kirche, die in diesem ... Seculo das Zeitliche verlassen haben ... Regensburg 1768—81. V (1—4/1): *Ranft*, *Michael*. (ML) V (4/2): *Haid*, *Johann Hercules*. (Ky) (ML) (BrMm)

MAILLY, Anna Maria v., Herzogin von Châteauroux (1717—44). — Merckwürdige Lebens-Geschichte der letztverstorbenen —, Favoritin Ludewigs des XV., Königs in Franckreich. Mit Portrait. O. O. 1746. 8°. 5 Bogen. (3 Mk. Max Weg, Lpz., 1897.)
O. M. V. 1746. G 1 a (ohne Adresse); Cat. Meissner.

Lebensgeschichte, Merkwürdige, des F. X. Messerschmidt, k. k. öffentlichen Lehrers der Bildhauerkunst, herausgegeben von dem Verfasser der freimüthigen Briefe über Böhmens und Österreichs Schafzucht. Wien 1794. V: *Pendel*, Dr. (?). (wrztg, Literaturblatt, 1853, S. 219, Anm.) (Hdschr. Mitth. von Otto Kurz, Wien)

Lebensgeschichte, Die merkwürdige, des Herrn Philipp von Mornay nebst seinen und seiner Gemahlin letzten Stunden ...; a. d. Franz. ... Halle 1756. Ü: *Berner*, *Johann Benjamin*. (ML)

Lebensgeschichte, Merkwürdige, Peters III., Kaisers aller Reussen. Nebst Erklrg. zweier Münzen die er hat prägen lassen. Mit 2 Münzabbildungen. Frankfurt 1762. 4°. (5 Mk. Max Weg, Lpz., 1897.)
Sehr selten, da streng unterdrückt.

Lebensgeschichte, Merkwürdige, Peters des 3ten, Kaisers und Selbsterhalters aller Reussen; nebst einer Erläuterung zweyer bereits seltener Münzen, welche dieser Herr hat prägen lassen. Frankfurt u. Leipzig 1762. V: *Will, Georg Andreas.* (ML) (BB) (Ky) (BrMm)

— merkwürd., Peters III., Kaisers u. Selbstherrschers aller Reussen, (v. G. A. Will). 4. Frankf. a. M. 762. Fleischer. 4 K

Lebensgeschichte, Die merkwürdige, des unglücklichen Russischen Kaisers Peters des Dritten ... Leipzig 1773. V: *Ranft, Michael.* (ML) (BrMm) (Ky)

Lebensgeschichte, Thomas Platters merkwürdige. Eine Erzählung für Christenkinder ... Stuttgart 1838. V: *Barth, Christian Gottlob.* (Ky)

— merkwürdige, eines Räubers u. einer Räuberin, mit besond. Rücksicht auf Menschenkenntniß; nebst einigen and. psycholog.-moral. Geschichten u. Betrachtungen. 2 Thle. 8. Stuttg. 812. (Hofmann). 16 K

Lebens- und Regierungsgeschichte, Merkwürdige, Ludovici I. Königs von Spanien. Leipzig 1728. V: *Ranft, Mich.* (Pr)

— merkwürdige, eines Schusters (Joh. Herold), von ihm selbst beschrieben. 8. Berl. 828. Ratorff u. C. 10 K

Lebensgeschichte eines Miethpferdes, nacherzählt. Bremen 1798. V: *Speckmann, Ambr.* (Ky)

— eines Miethpferdes, nacherzählt (v. Ambr. Speckmann). 8. Bremen 798. (Krappe in Leipz.) 12 K

— e. Miethpferdes, nacherzählt v. Pferdeverleiher Ambr. Speckmann in Göttingen. 8. Bremen, Willmanns. (Müller.) 798.

Lebensgeschichte. – Der Gräfin von Mortane Lebensgeschichte ..., s.a. Bédacier, Catherine

Lebensgeschichte der Gräfin Mortane in einem angenehmen Liebes-Roman. Aus d. Französ. übers. von Damiro. O. O. 1719. Frankfurt u. Leipzig 1763—1764. V: *Durand, Madame.* (Georgis B. Lex.) (Bibl. J. J. Schwabii II) (Cat. Meissner II) (BGE IV, 80)

Lebensgeschichte des Schultheissen der Stadt und Republik Bern, Niklaus Friedrich von Mülinen (1760–1833). Bern 1837 s. [Wurstemberger, Johann Ludwig].

Lebensgeschichte des geheimen Raths Phil. Adolph von Münchhausen. [Wolfenbüttel 1781.] V: *Pratje, Johann Heinrich.* (ML)

— der heil. Mutter Gottes. Für d. Jugend. Mit 1 Kpf. gr. Med. 12. Zweibrücken 829. Ritter. 4 K

Lebensgeschichte Napoleon Bonapartes, ersten Consuls der Französischen Republik ... Wien 1803. V: *Beck, Joh. Wilhelm Renatus.* (NN) (MGT)

— des engl. Admirals Lord Viscount H. Nelson. Nach d. Engl. mit dessen Bildniß. 8. Altona 806. Bechtold. 10 K

— des Menschenfreundes Franz Oberthür, königl. bayer. geh. geistl. Rathes rc., Professors rc. zu Würzburg rc. Nach des Verlebten hinterlass. Autobiographie als Festgabe zum 50jähr. Jubiläum des von ihm gegründeten polytechn. Vereines in Würzburg. (Von S. Gätschenberger.) Würzburg 856. Stahel. gr. 8. (2 Bl., 63 S.) n. 8 ngr.

Lebensgeschichte D. Joh. Ökolampads, Reformators der Kirche in Basel ... Zürich 1793. V: *Hess, Salomon.* (MGT) (Ky)

Lebensgeschichte, Olaudah Equiano's oder Gustav Wasa's des Afrikaners merkwürdige, von ihm selbst beschrieben; a. d. Engl. ... Göttingen 1792. Ü: *Benecke, Georg Frdr.* (Ky) (MGT)

—— der heiligen Jungfrau Ottilia. Ihren frommen Verehrern gewidmet (von Cajetan Jäger.) 8. (IV und 61 S. mit 2 Lithogr.) Freiburg im Br. 852, Wangler.

—— der heil. Ottilie. Eine Legende a. d. 7. u. 8. christl. Jahrh. Neu erzählt u. mit kurzen Betrachtn. begl. z. Erbauung f. Jedermann. 8. (6½ B. u. Bildn.) Augsburg 834. (Regensburg, Manz.)

Lebensgeschichte des Paulus To Sari auf Java. 8. (24 S.) Barmen 884, (Wiemann.)

— Peters III., des unglückl. Kaisers von Rußland, sammt vielen Anekdoten d. Russ. Hofes rc. (v. Mich. Ranft). 8. Leipz. 773. Holle. 10 K Dass. mit Anekdoten verm. 8. Dessau 786. (Widtmann in Prag). 16 K

— die, der Apostel Petrus und Paulus, s. J. Hessel.

Lebensgeschichte, Prozess und Urtheil des Jakob Müller von Stechenrain, Mörder des sel. Herrn Grossrath (Joseph) Leu von Unter-Ebersol, Kantons Luzern. Auszug aus der Kriminal-Prozedur des Hrn. Verhörrichter [Wilhelm] Ammann, nebst dem Wesentlichsten der von Hrn. Pfarrer (Melchior) Rickenbach bei der Hinrichtung gehaltenen Anrede. Mit Portrait des Gemordeten und des Mörders [2 Tafeln, sowie illustriertem Umschlag]. 8. Baden 1846.

Lebensgeschichte, Prozess und Urtheil in Sachen des Jakob Müller aus dem Stechenrain, Mörder des Grossraths Jos(ef) Leu sel. von Ebersoll. Den Akten getreu dargestellt. 8. Luzern 1846.

Lebensgeschichte eines Pudels ... Wien 1808. V: *Richter, Jos.* (EB)

* — eines Pudels, v. J. Richter. 8. Wien, Rehm. 808.

Lebensgeschichte eines Pudels vom Verfasser der Eipeldauerbriefe. Wien bey Peter Rehms seel. Wittwe 1808. 16 S. 8°. V: *Richter, Joseph.* (Hans Viktor Pisk: Josef Richter. Diss. Wien 1927. S. 162 bis 163)

Lebensgeschichte des verdienstvollen Herrn Gabriel Nikolaus Raspe. O. O. 1787. V: *Chemnitz, Joh. Hieron.* (Ky) (ML)

Lebensgeschichte und Regentengeschichte

— dass. d. Herzogs Ernst v. Sachsen-Coburg-Gotha. — Ludwig I. v. Hessen. — Wilhelm I. d. Niederlande. — Karl August v. Sachsen-Weimar-Eisenach. — Jede dieser 4 Piècen mit dem Portr. e. Regenten. Ilmen. 827. Voigt. à 8 gr. 1 ℛ 8 gr.

Lebens- und Regentengeschichte des Kaisers Franz I. 8. Ilmenau 1827. 1,50.

— dass. des Kaiser Franz I. — Friedrich Wilhelm III. — Mit Portr. 12. Ilmen. 827. Voigt. à 12 gr. 1 ℛ

Lebens- und Regentengeschichte Friedrich August's I. von Sachsen. 8 Ilmenau 1827.

Lebens- und Regentengeschichte Friedrich Franz von Mecklenburg-Schwerin. 8. Ilmenau 1827.

— und Regentengeschichte des Herzogs Friedrich von Sachsen-Altenburg. — Des Großh. Ludwig v. Baden. — Des Königs Maximilian Joseph I. v. Baiern. — Georg IV. v. England. — Wilhelm II. v. Hessen. — Bernhards v. Sachsen-Meiningen-Hildburghausen-Saalfeld. — Fr. Franz v. Mecklenburg-Schwerin. — Georg v. Mecklenburg-Strelitz. — Friedrich August v. Sachsen. — Wilhelm II. v. Würtemberg. — Jede dieser 10 Piècen mit d. Brustbilde e. Regenten. Ilmen. 827. Voigt. à 6 gr. 2 ℛ 12 gr.

Lebens- und Regentengeschichte Friedrichs VI. Königs von Dänemark etc. etc. Mit dessen Brustbild. ⟨Auf Vieler Verlangen aus dem deutschen Regenten-Almanach (Jg. 3, 1828) besonders abgedruckt.⟩ Ilmenau. 1830. 12°.

Lebens- und Regenten-Geschichte Carl Augusts von Sachsen-Weimar-Eisenach. 8. Ilmenau 1827. 1,00.

Lebens- und Regentengeschichte Ludwigs I, von Hessen-Darmstadt. 8. Ilmenau 1827. 0,75.

Lebens- und Regentengeschichte des Königs Maximilian Joseph I. von Bayern. 8. Ilmenau 1827. 1,00.

Lebens- und Regentengeschichte Wilhelms I., Königs der Niederlande. 8. Ilmenau 1827.

Lebens- und Regentengeschichte Wilhelms von Württemberg. 8. Ilmenau 1827. 1,00.

Lebens- und Regierungsgeschichte des Herzogs Ernst von Sachsen-Coburg-Gotha. 8 Ilmenau 1827. 1,00.

Lebens- und Regierungsgeschichte Kaiser Franz I. ... Nürnberg 1766. V: *Seyfart (Seyffarth), Johann Frdr.* (Pr) (Ky)

— u. Regierungsgeschichte Kaiser Franz I. Aus zuverlässl. Nachr. u. Urkunden zusammengetr. (v. Jh. Fr. Seyfart II.) 8. Nürnb. 766. Bauer u. Raspe. 16 gr.

Lebens- und Regierungsgeschichte Friedrichs des Andern, Königs in Preussen. Frankfurt u. Leipzig 1759—70. N. A. Leipzig 1784—88. V: *Seyfarth, Joh. Frdr.* (ML) (Pr)

Lebens- und Regierungsgeschichte Friedrich Wilhelms III. 8. Ilmenau 1827. 1,00.

Lebens- und Regierungsgeschichte Friedrichs II. des Grossen. 3 Bde. 8. Leipzig 1784—88.

— u. Regierungsgeschichte Friedrichs II., Königs von Preußen, (v. Jh. Fr. Seyfart II.). 3 Thle. 8. Leipz. 784—88. (Knobloch). 7 ℛ 8 gr. Namenverzeichniß der darin vorkomm. Personen. 8. Ebd. 790. 4 gr.

Lebens- und Regierungsgeschichte Georgs von Mecklenburg-Strelitz. 8. Ilmenau 1827. 0,75.

Lebens- und Regierungsgeschichte Josephs II. und Gemälde seiner Zeit. 2. Ausg. Stuttgart 1842. V: *Gross-Hoffinger, Ant. Joh.* (Cat. d. Stadtbibl. Zürich. Zürich 1864—97.)

Lebens- und Regierungsgeschichte Josephs II. u. Gemälde seiner Zeit. 1—4. Bd. 2., wohlf. Ausg. gr. 8. (119 B. u. 3's Bildn.) Stuttgart 842, Scheible, Rieger u. Sattler.

Bd. 4. a. u. d. Ttl.: Archiv der Urkunden u. Beweisstücke zur Geschichte Kaiser Josephs II., von A. J. Groß-Hoffinger.

— u. Regierungsgeschichte Kaiser Konrad des Saliers. gr. 8. Lpz. 794. Schwickert. 1 ℛ

Lebens- und Regierungsgeschichte Ludovici I., Königs von Spanien. Leipzig 1728. V: *Ranfft, Michael.* (Mitth. Geh. Oberreg.-Rat Dr. Adam-Stuttgart.)

Lebens- und Regierungsgeschichte Ludwig's, Königs von Spanien. Leipzig 1728. V: *Ranft, Michael.* (ML)

Lebens- und Regierungsgeschichte Ludwigs XVI 3 Bde. 8. Hamburg 1793.

— u. Regierungsgeschichte Ludwigs XVI., Königs v. Frankreich. 2 Bde. Prag 793.... 1 ℛ 8 gr.

— Regierungsgeschichte Maria Theresia. 8. Leipz. 781. Kummer. 16 gr.

— u. Regierungsgeschichte der verstorb. Kaiserin Marie Therese, Königin von Hungarn u. Böhmen, (v. Jh. Fr. Seyfart II.). 8. Weißenfels 781.

Lebens- und Regierungsgeschichte des jetzo glorreich regierenden Papst Pius VI. Cesena [Ulm] 1781—96. V: *Ade, Christian David.* (Wr) (ML) (Th) »1781—86« (Ky) (winer) »des Papsts Pius VI. [Ulm] 1781—87.« (Cat. d. Stadtbibl. Zürich. Zürich 1864—97.) (AarF)

— u. Regierungsgeschichte d. jezt glorreich regier. Papst Pius VI. (von Chr. Dav. Ade). 6 Thle. 8. Cesena 781—96. (Wohler in Ulm). 4 ℛ

— u. Regierungsgeschichte Pius VI. 8. Leipz. 800. Liebeskind. 6 ℊ

— dass. mit Portr. 8. Pesth 807. Hartleben. 6 ℊ (a. Kobrtsch in Eger). 8 ℊ

—— des heiligen Rupert, Bekenners, ein Vorbild des christl. Lebens und der Fürsorge für die Armen wie auch der heil. Hildegard, Abtissin am Rupertsberg, und des heil. Bischofs Disibodus. Allen christkathol. Gläubigen gewidmet ꝛc. von A. J. J. L. 12. (36 S.) Trier 854, Gall's Vrlgsh.

—— des seligen Johann Sarkander, gew. Pfarrers in Holleschau, nach H. Lysek. 8. (56 S.) Olmütz 860, Halauska.

Lebensgeschichte des Johann Jakob Scherrer (1721–1772), Pfarrers in Hundwyl. 8. Basel *o. J.* [1854/60].

— — des Grafen von Schmettau, königl. preuß. Generallieut. ꝛc. 2 Thle. gr. 8. Berlin. 806. Jezt Reimer, auch Dyk in Leipzig.

LEBENSGESCHICHTE des Hrn. David Schneck's. Th. 1. (einz.). Breslau, Meyer, 1778. 8°. (1/2 Rthl.)
Ohne Jahrsangabe im Cat. Cammerer II. Erlang. 1796. 8°. p. 371; Kayser hat „1778", aber „Leben und Meinungen .... Schneck's, ohne Theilesangabe. — Selten!

— schöne, des guten u. vernünftigen Bauersmann Wendelinus. Ein Lesebuch f. d. Landvolk, von e. Landpfarrer (... Geiger). 8. Augsb. 790. 2e A. 792. 3e A. 794. M. Rieger. 10 ℊ Neue Aufl. 8. Ebd. 824. Bolling. 1½ ℊ

— des vollendeten Christian Fr. Schwartz, Missionärs im südl. Indien; aus d. Engl. übersezt von M. Blumhardt. .. Basel ... Schneider. 1/3 ℛ

* **HAZARDS**, Des lustigen, seltsahme Lebens-Geschichte. Aus d. Engl. (Sehr curioser ethnogr.-erotischer Roman.) .... Cosmopoli, 1706. 12°. (Auch in Carlsruhe: Qb 854, wo aber der Titel fehlt.) Höchst selten!

LEBENSGESCHICHTE, Seltsame, ZWEYER SCHWABEN Worinnen DERERSELBEN Merkwürdigsten Schicksale sowohl zu Wasser, als zu Lande aufrichtig erzählet werden (,) den Liebhabern der Historie zum ergötzenden Zeitvertreibe ans Licht gestellet von / Einem der mit dabey gewesen. Dreßden bey Johann Nicolaus Gerlach 1753. 8°. (Besitzt Dr. Ullrich.)

Lebensgeschichte des Görlitzischen Stadtrichters J. G. Sibeth's. Laub. u. Leipz. 1756. V: *Meisner, Christian Gottfried.* (OL) (ML)

—— eines badischen Soldaten aus der Zeit des Aufstandes 1849, von ihm selbst geschrieben im Zellengefängniß zu Bruchsal. Ein Bild aus dem Volksleben. Hrsg. von C. Röder. gr. 8. (IV und 85 S.) Heidelberg (861)62, K. Groos. Thlr. *

Lebensgeschichte, Der teutschen Banise sonderbare. Leipzig 1752. V: *Eberhard, Johann Carl.* (Ky) (MGT)

— u. Staatsgeschichte, diplomatische, des Fürsten W. C. Hnr. Friso, Prinzen von Oranien. Mit Stammtafel u. Kpf. 8. Halle 752. Schwetschke u. S. 16 ℊ

Leben-, Staats- und Heldengeschichte Friedrichs II. 5 Bde. 8. Schaffhausen 1760—61.

Lebens- und Staats-Geschichte des Kaysers Carls VI ... Regenspurg 1742. V: *Massuet, Pierre.* (EB)

Lebens- und Staats-Geschichte der Allerdurchlauchtigsten Fürstin Maria Theresia in Ungarn und Böheim. O. O. 1743. V: *Hörschelmann, Friedrich Ludw. August.* (EB)

Lebensgeschichte Staatsgeschichte Maria Theresia

Lebens- und Staats-Geschichte der...Fürstin und Frauen, Maria Theresia, Königin in Ungarn und Böheim, Erzherzogin zu Oesterreich etc. etc. und derer mit Ihren Staaten verknüpften Haubt-Veränderungen, welche von Kayser Carls VI.Absterben an...sich in dem Römischen Reich zugetragen. 2.und verbess.Aufl. 368 S., gbd. Abb.

(Frankfurt am Main ?): 1743

JB 6.672

Lebens- und Staats-Geschichte Maria Theresia, Königin von Ungarn und Böhmen. Nürnberg 1745—47. V: *Richter, Christoph Gottlieb.* (weber) (ML)

Lebensgeschichte Stanislai I., Königs in Pohlen. (156) 8. Frankfurth u. Leipzig 1741.

Lebensgeschichte Stanislaus I, Königs in Polen. A. d. Franz. ... Nürnberg 1757. V: *Chevrières, J. G. de.* (Quérard)

Lebens- und Sterbensgeschichte eines frühvollendeten Kindes Gottes. 2. Aufl. Mit einem Vorwort von A. v. Harleß. gr. 8. (76 S.) Nürnberg 857, Raw'sche Buchh. *

Lebensgeschichte des russischen Generalfeldmarschalls Graf von Suwarow. 8. Wien 1796. — & ib. 1799

Lebensgeschichte des Grafen Suwarow-Rymniskoy Kaiserl. Russisch. auch Kaiserl. Königl. General-Feldmarschalls ... Wien 1799. V: *Tannenberg, Gregorien von.* (BMarsch 429)

Lebensgeschichte, Christian Taegels, ehemaligen Russischen Feldpredigers . . . Nach dessen eigenen Aufsätzen . . . Königsberg 1804. H: *Gerber, Aug. Sam.* (MGT)

— u. verhängnißvolle Todesart Emanuel Sündberts, eines deutschen Jünglings. Zur Beherzigung f. Eltern, Erzieher u. f. d. Jugend. 2e verb. Aufl. .. Ebenat- ... Keller. 8 ℳ

Lebensgeschichte dess Herrn Marschalls von Turenne, sampt einer Betrachtung über etliche Begebenheiten dieser Zeit. Aus dem Frantz. in das Teutsche gebracht durch V. L.

— der schönen Tyrolerin. 8. Frankf. 746.

— eines Unglücklichen. Nebst Bemerkk. üb. d. Neumark, Preussen, Pommern und Kurland. 1r Thl. 8. Königsb. 797. Nicolovius. 1 ℳ

— des heiligen Bischofs und Märtyrers Valentinus, vorgetragen zu Helenenberg bei Welschbillig. Allen kathol. Christen, besonders aber den andächtigen Verehrern des heil. Valentinus gewidmet nebst einem Gebete zu demselben. Von A. J. J. L. 12. (35 S.) Trier 854, Gall's Vrlgsh.

Lebensgeschichte, Vollkommene, und Todesurtheil nebst einer Moralrede, des den 27ten Junii 1777. hingerichteten Doctors William Dodds in Engeland A. d. Engl. Augsburg, Joh. Gg. Bullmann. Mit Doppelkupfer auf dem Titel. 8 S. 4°. Kart. 18.—

Dodd, Dr. der Rechte und Hofprediger, wurde der Ausstellung eines falschen Wechsels halber gehängt. Er war in Not geraten durch die Ausgaben für eine Prachtausgabe Shakespeares mit Kupfern. Am Schluß ein Gedicht: Empfindungen über die Furcht des Todes. — Die linke Hälfte des Titelkupfers zeigt Dodd im Gefängnis schreibend, hinter ihm steht der Tod und löscht das Licht aus, rechts: Dodds Frau empfängt den Brief mit dem Todesurteil ihres Mannes.

Lebensgeschichte Pankratius Vorster's, Fürstabts zu St. Gallen. St. Gallen 1830. V: *Wegelin, Carl.* (ADB 40. 318)

— Pankratius Vorster's, Fürstabts zu St. Gallen. Darstellung d. ersten Versuches e. bürgerl. Gesetzgebung f. d. Kanton St. Gallen zu entwerfen. gr. 8. (2¼ B.) St. Gallen 830, (Huber u. Comp.)
Als Extrabeil. zu den Jahrbüchern d. Stadt St. Gallen.
Val. Ehrenzeller, Vet.

— wahre, bisher immer verfälschte, Albrechts v. Wallenstein, Herzog v. Friedland. 8. 787. jetzt Heymann in Berlin. 5/12 ℳ

Lebensgeschichte, Wahre, bisher immer verfälschte, Alb. v. Wallensteins, Herzog von Friedland. Von einem k. preuss. General. Berlin 1797. V: *Grevenitz, Frdr. Aug. von.* (Mitth. des Vereines f. Gesch. d. Deutschen in Böhmen. XVII. Jgg. Prag 1879. S. 75.)

Lebensgeschichte, Albrechts von Wallenstein, Herzogs von Friedland, wahre, bisher immer verfälschte; von einem Königl. Preussischen General. Berlin 1797. V: *Grevenitz, Frdr. Aug. v.* (Ey) (Pr) (MGT)

Lebensgeschichte, Die wahrhaftige, des Josua Davidsohn. A. d. Engl. von Liebknecht. O. O. 1880. V: *Linton, Elizabeth geb. Lynn.* (EB)

Lebensgeschichte (Die wahrhaftige) des Josua Davidsohn. Aus dem Englischen übersetzt von Natalie Liebknecht. Mit einem Vorwort versehen von Wilhelm Liebknecht. Neue Ausg. 8°. Nürnberg, Wörlein u. Co., 1891.

Lebensgeschichte, Wahrhafftige und merkwürdige, L. Mandrins, Oberhaupts der Contrebandiers in Frankreich. Basel (Breslau, Fischer) 1755.
Weller, fing. Druckorte.

Lebensgeschichte Des wohlseligen Herrn Hofraths Joh. Ernst Imm. Walch . . . Jena 1780. V: *Schröter, Joh. Samuel.* (EBHN) V: *Hennings, Justus Christian.* (EB)

— J. E. J. Walchs. gr. 8. Jena 780. (Cnobloch in Leipz.) 8 ℳ

Lebensgeschichte der Gräfin Wallwille, s. Wallwille

Lebensgeschichte des Johann Cord Wätjen und Carl Ludwig Postera, welche am 8. Januar 1850 bei Verden wegen des an Marie Ernst, am 9. Mai 1847 bei Achim verübten Mordes enthauptet worden sind. (Fig.: *Symbole des Todes*, 25 × 55) Bremen, 1850. Zu haben bei Buschmann & Wiehe, Ansgariikirchhof Nr. 9.
8 S., 181 × 112.
LBO Jahrmarktslit. R. c. 2, 41.
Ein anderer Druck dieses Titels erschien nur mit dem Vermork »Bremen, 1850«. LBO Jahrmarktslit. R. c. 1, 31 und Bänkelsängerlit. II, 54.

— des Weisen von Nazareth, s. Geschichte des Rabbi Jeschua ben Josef hanoozri.

— des Weltheilandes, aus den 4 Evangelisten. 8. Flensburg. 763. Jetzt Hammerich in Altona.

— des heil. Clemens Willibrord, Apostels der Niederlande und Stifters der ehemal. Benedictiner-Abtei Echternach, nach Beda, Alkuin, Thiofried und anderen Urkunden bearb. Ein Andachtsbüchlein für die Wallfahrer zum Grabe des h. Willibrord in Echternach am Pfingstdienstage. 12. (42 S.) Trier 854, Gall's Vrlgsh.

Lebensgeschichte des Marx Anton Wittola, der Weltweisheit und Theologie Doktors, insulirten Probsten zu Bienco in Croatien und Pfarrers zu Probstsdorf im Lande ob d. Enns. Wien 1789. V: *Luca, Ignaz de.* (BiblPort)

— wunderschöne und höchst lehrreiche, der heil. Nothburga, Dienstmagd auf dem Schlosse Rottenburg in Tirol. Wie solche ungeachtet ihrer Tugend und Frömmigkeit mit schweren Lebensprüfungen zu kämpfen hatte, und durch ihren gottsel. Lebenswandel des Himmels Segen und Wohlfart auf ihre Dienstherrschaft herabrief. Ein sehr belehr. Volksbüchlein, insbesondere aber ein wahrer Sittenspiegel für christl. Dienstboten. 8 (56 S.) Altötting 878, Lutzenberger.

—— merkwürd. Zeitgenossen, s.a. Kolb, Geo. Friedr.

— der merkwürdigsten Zeitgenossen. 7 Bdchn., s. G. F. Kolb, Lebensgeschichte u. setze hinzu: 827. (829)—30.

— aus dem Zuchthause, 8. Wien, 789. Wucherer. 8 sgl.

Lebensgeschichte und Bildnis, Magister Ulrich Zwingli. Zürich 1776. V: *Nüscheler, Fel.* (winer) (AarK)

Lebensgeschichten in Briefen für Personen von verschiedenem Alter ... Halle 1783. V: *Giesecke(n), Joh. Christian.* (MGT) (GGr) (Ky)

Lebensgeschichten, Diverse, der Heiligen. München [17??]. V: *Peuger (Poiger), Benedict.* (Th)

Lebens-, Helden- und Staatsgeschichten Friedrich II. in Preussen, worinnen die Schlesisch- und Böhmischen Kriege umständlich und unparteyisch von 1740—1746 beschrieben sind. 2 Bde. 8. M. 5 Plän. Jena 1746.

Lebensgeschichten, Kurze, der Römischen Kaiser, wie auch der Ostgothisch und Longobardischen Könige ... München 1787. V: *Herzer, F. J.* (EB)

Lebensgeschichten, lehrreiche der heil. Apostel unseres göttlichen Erlösers u. Seligmachers Jesu Christi. Med. 8. Münch. ... (Landsh., Krüll). 6 gr

Lebensgeschichten heil. Märtyrer u. Märtyrinnen. Zur Belehr. u. Erbau. f. d. christl. Jugend. Mit e. Vorr. v. d. Verf. d. „Ostereyer" (Chrstph. Schmid). Mit Ttlkpfr. 8. (12 B.) Landshut 835. [Regensburg, Manz.]

Lebensgeschichten aus dem Zuchthaus. [Wien ca. 1800.] V: *Richter, Jos.* (WBL)

Lebensgeschichten aus dem Zuchthaus. Im 89ten Jahr des philosophischen Jahrhunderts. Wien u. Leipzig bey Georg Wucherer. 89 + VIII S. 8°. V: *Richter, Joseph.* (Hans Viktor Pisk: Josef Richter. Diss. Wien 1927. S. 119) (GGr V/318, Nr. 47/45) (BiblPort)

Lebensgesetz, Das, der Formen ... Berlin 1842. V: *Woltmann, Caroline von.* (ErGr)

Lebensgesetz, das, die Formen, u. der gesetzliche Zusammenhang des Lebens. gr. 8. Berlin 842, Veit u. Comp. n. 1 2/3 ß

Lebensgesetz, das. Biblische Forschungen eines Hungrigen. gr. 8. (212 S.) Bayreuth 867, Giessel. *

Lebensgrundsätze König Wilhelm's von Marianne v. R. 8. (48 S.) Berlin 873. Janke. — 75

Die Lebenshaltung und Organisations-Verhältnisse der Flösser des Netze-Distrikts. Hamburg: Döring 1903. 48 S. 8° [11. 403]

Lebensjahr, Friedrich Engelhard's unglücklichstes, oder wenn man will, das glücklichste. Berlin 1782. V: *Stutz, Johann Peter.* (ML) (Ky) (BrMm) »1783« (GGr)

Lebensjahr, das letzte meines Freundes. 8. Berl. Lange. 787.

Lebensjahr, das letzte, meines Freundes. 8. Berl. 787. (Reimer). 3 gr

Lebensjahr, das letzte, des jungen Theologen Gotthold Heym. Wahrheit u. Dichtung. 8. Zürich 842, Schultheß. 2/3 ß

Lebensjahr, letztes, des Kirchenrath D. W. F. Besser. 12. (89 S.) Halle 885, Fricke's Verlag. *

Lebensjahr (Letztes) eines Eisenbahn-Arbeiters. 8°. Basel s. a.

Lebensjahr, Letztes, und Tag meines seeligen Vaters Herrn Joh. Jak. Moser. O. O. [1787]. V: *Moser, Friedrich Carl von.* (Heyd)

Bonaparte's zwei merkwürdigste Lebensjahre. Aus d. Englischen. London (Gerold in Wien). 1815.
— — Dasselbe. Ebd. 1816.
Weller, fingirte Drucke. — Rar!

Lebensjahre, letzte, u. Ende Alexanders III. (In russ. Sprache.) 8. (19 S.) Stuttgart 898. C. Malcomes. n. — 60

Lebensjahre, Letzte, Friedrich von Steiger. O. O. [180?]. V: *Dunker, Balth. Ant.* (Zuwachsverz. d. Bibliotheken in Zürich 1898 ff.)

Napoleon Bonapartes zwei merkwürdigste Lebensjahre, und besonders sein Benehmen als Gefangener. Nebst Beschreibung von St. Helena. Aus d. Englischen. Mit 2 Kpfrn. London 1815. Gr. 8°. Selten!
Dr. Franz Schnitzer's Bibl. München 1902, no. 1136.

Lebensjahre, 7 wunderbare, eines Kosmopoliten. 2 Bde. (2r Bd. v. Karl Hnr. v. Schrader). 8. Hamb. 797. (Herold jun.) 2 ß 16 gr

Lebensjahre, 7 wunderbare, e. Cosmopoliten. 2 Bde. in 4 Abth. m. K. 8. Hamb. Mutzenbecher. (Vollmer.) 797.

— — dasselbe. 2 Thle. in 4 Abthl. m. K. 8. Hamb. Villaume. 797. 98.

Lebenskämpfe. Aus e. schwed. Familienleben. Von Elisabeth. gr. 8. (III, 282 S.) Lpz. 890, [Böhme Nachf.]. Ungleich. * 3 —; geb. ** 4 —

Lebenskizze, s. Lebensskizze.

Lebenskraft, Die, oder der Rhodische Genius. [Tübingen 1795.] V: *Humboldt, Frdr. Hnr. Alexander v.* (MGT)

Lebenskunst, die. Zeitschrift f. persönl. Kultur. (Lebensweisheit u. Charakterbildg., Körperstählg. u. Schönheitspflege, naturgemässe Lebens- u. Heilweise, Alkohol- u. Tabak-Abstinenz, Frauen-Interessen, Erziehungsreform, Jugendschutz usw.) Rundschau auf d. Gebiete moderner Reformarbeit. Jahrg. 1906. 24 Nrn. (612 S.) gr. 8. Leipzig, K. Lentze. n. 4.—; geb. n. 5.—

— die. Zeitschrift f. persönl. Kultur. (Lebensweisheit u. Charakterbildg., Körperstählg. u. Schönheitspflege, naturgemässe Lebens- u. Heilweise, Alkohol- u. Tabak-Abstinenz, Frauen-Interessen, Erziehungsreform, Jugendschutz usw.) Rundschau auf dem Gebiete moderner Reformarbeit. 2.—5. Jahrg. 1907—1910. à 24 Nrn. (632, 612, 616 u. 636 S.) gr. 8. Leipzig, K. Lentze. à Jahrg. 4.—

Lebenskunst. Fürst Pückler-Muskau, Alexandre Dumas, Lady Montagu u. a. Übers. u. hrsg. v. Heinr. Conrad. 1. u. 2. Bd. 8. München, G. Müller. Subskr.-Pr., à Bd. 4.50; geb. 6.—; Luxusausg. 15.—

Ironie des Lebens. Aus Schriften u. Briefen des Fürsten Herm. v. Pückler-Muskau. Ausgewählt u. hrsg. v. Heinr. Conrad. 2 Bde. (XLI, 336 u. 367 S. m. Bildnis u. 1 Taf.) 910. Einzelpr. 11.—; geb. 14.—

Lebenskunst, zur Beförderung des Lebensgenusses, der Welt- u. Menschenkunde. Nach den vorzüglichsten Schriftstellern, (von Mich. Schmidt). 4 Bde. mit Vign. gr. 8. Wien 817. Mayer u. C. (a. Gräffer u. C.) 2 ℛ

Lebenskunst, Die rechte; wirthschaftliche und sittliche Grundsätze ... Dresden 1900. V: *Flattich, Joh. Frdr.* (Zuwachsverz. d. Bibl. in Zürich 1898 ff.)

Lebenskunst-Bibliothek. Nr. 1—3. gr. 8. Leipzig, K. Lentze. — 70

Bernhaupt, Jos., das Weltsprache-Problem. [Aus: „Lebenskunst".] (15 S.) 908. (Nr. 3.) — 25

Büring, Wilh., Henry D. Thoreau. [Aus: „Lebenskunst".] (7 S.) 908. (Nr. 2.) — 20

Gruner, Osk., Frau Minna Gruner u. Wilh. Hammer, der Weg zum Familienglück. [Aus: „Lebenskunst".] (16 S. m. 6 Abbildgn.) 908. (Nr. 1.) — 25

Lebenslauf von Johanna Isabella Alexander, oder die Blume welket. Eine wahre Geschichte nach d. Engl. 12. Straßburg 842, Wittwe Levrault. 3 ngl

Lebenslauf, Des kurtzweiligen Avanturiers oder Mirandors seltsamer. Anderer Theil. O. O. 1714. V: *Heinsius, Nicolaus.* (Ullrich, Robinson u. Robinsonaden. Weimar 1898.)

Lebenslauf des Gymnasial-Professors a. D. Dr. Karl Bächle. S. 3—5. 4.
Direktor Otto Martin [† 19. Dezember 1909]. S. 5—6. 4.
Progr. Realgymn. *Ettenheim* 1910 (852).

Lebenslauf der led. Schwester Minna Baumeister ..., s. Baumeister. — Minna Baumeister.

1856—1906. Lebenslauf des Herrn Stanislaw Biernatzki von der Wiege bis z. 75. Jahre, s. geschäftl. Irr- u. Wanderfahrten auf d. Meere d. Lebens u. d. Entstehung d. Firma Biernatzki & Co., Hamburg. Zum 50jähr. Geschäfts-Jubiläum am 1. Jan. 1906. — Hamburg (1905): Rademacher. 55 S. 4° 1.

Lebenslauf der ledigen Schwester Henriette Katharina v. Burgsdorf, heimgegangen zu Sohland an der Spree am 27. Juli 1844. C. F. J. 2. Aufl. 8. (16 S.) Reval 894. (F. Wassermann.) n. — 40

Lebenslauf --- , Des // Politischen // Bürstenbinders= //Gesellen // Lebens=Lauff // Oder // Reisebeschreibung /// Von // Ihm selbst ans Tages= //Licht gegeben /// Wird allen lustigen Gemü= //thern zu Verkürtzung der Zeit /// durchzulesen bestens re- //commendiret. // Anno 1705. - 190 S.
B. S. T. 12°.15.

Lebenslauf, chirurgischer, des verstorb. markgräfl. Culmbachschen Leibchirurgen Hilscher, s. Hilscher. ...

Eulenspiegels Lebens-Lauff, | Ist an manchem Ohrt zu kauff. (Darunter 42 viereckige color. Hlzschn., unter jedem 2 Verse.) (Am Ende:) Gedruckt im Jahr 1729. Offenes Foliobl.

— des Seemanns Peter J. Ewes, heimgegangen in Zeist am 11. Septbr. 1840. C. F. J. 2. Abdr. 8. (32 S.) Ebd. 894. n. — 25

Lebenslauf e. Flohes, v. ihm selbst beschrieben. Voll v. großen u. merkwürdigen Begebenheiten. Freie Erzählg. Getreuer Abdr. d. Originals v. 1782. 12. (15 S.) Köln 890, Teubner. 1 —

[Umschlagt.:] [F.] **Lebenslauf** des am 20. März 1894 in Niesky selig entschlafenen Bruders Dr. med. Christian Rudolf Hausmann. *Niesky: C. G. Hoberg (1894).* (12 S.) 1 Bd 8. [94. 6195

Lebenslauf und siegreicher Heimgang eines zwölfjährigen Knaben, von seinem Vater mitgetheilt. 14. Aufl. 32. (16 S.) Stuttgart 881, Buchh. der Evangel. Gesellschaft. *

Lebenslauf, Jaggls. Zur Erinnerung an den 3. November 1906. Innsbruck [1910]. V: *Schumacher von Marienfrid, Eckart.* (margr)

Lebenslauf einer im Ofen des Elends auserwählt gewordenen Jüngerin des Herrn, Namens Maria Schmid von Eriswyl, heimgegangen daselbst den 26. Heumonat 1846. 8. Bern 1847.

Lebenslauf einer Kellnerin. Sonderabdruck aus „Frauenblätter", Zeitschrift für die Interessen der Frau auf sozialem und sittlichem Gebiet. Herausgegeben von P. Lic. BOHN, Generalsekretär des Deutschen Sittlichkeitsvereins, Plötzensee. Verlag: Geschäftsstelle des Deutschen Sittlichkeitsvereins, Plötzensee. Für den Buchhandel durch H. G. Wallmann-Leipzig. kl. 8°.

— unseres Kindes. Tagebuch von der Geburt bis zum ...... Jahre. Lex.-8. (36 S.) Berlin 891. L. Wolff. Geb. in Leinw. m. Goldschn. n. 2.—

Lebenslauf, kurzer, des weil. ehrw. Pastor Joh. Friedr. Bünger, treuverdienten Pastors der evangelisch-luther. Immanuels-Gemeinde zu St. Louis, Mo., nebst bei seinem feierl. Begräbniß gehaltenen Reden. 8. (109 S.) St. Louis, Mo., 882. (Dresden, H. J. Naumann.) *

Lebenslauf, Kurzer, des Doktors Adam Struensee ... Flensburg 1781. V: *Matthiae, Wolf Christian.* (Ky) (ML) (Bruun, Bibl. Danica III, 1486.) (Kordes, Schlesw.-holst. u. eutin. Schriftst. Schleswig 1797.)

Lebenslauf, Kurzgefasster, Friedr. Hassels Hess. Obristen über die Artillerie. Cassel 1743. V: *Schmincke, Johann Hermann.* (stri)

Lebenslauf u. **Lebensbild** e. Frühvollendeten. Aus e. Familienschrift abgedr. z. Trost f. trauernde Elternherzen. 12. (16 S.) Barmen 898. Wupperthaler Traktat-Gesellschaft. n. — 10

Lebenslauf, Rochus Friedrich Grafen zu Lynar. Leipzig 1782. V: *Lynar, Heinrich Casimir Gottlob Graf zu.* (Ky)

LEBENSLAUF der Caroline M**, allen Schauspielerinnen Teutschlands gewidmet von *F. K.* Leipzig, Hilscher, 1781. 8°. Rar!
Geschichts- u. Romanen-Litt. (Cat.) Breslau, Korn, 1798.

— mein. Personal-Buch (f. Offiziere). gr. 4. (132 S. m. Holzschn.) Berlin 893. R. Eisenschmidt. Geb. in Leinw. n. 10. —

Lebenslauf, mein. Aufgezeichnet von meinen lieben Angehörigen, von andern u. Mitmenschen u. von mir selbst. (Einschreibebuch.) gr. 8. (96 S.) Liestal 899. Gebr. Lüdin. Geb. n. 2. 60

Lebenslauf, Mein. Zürich 1900. V: *Nüscheler, Conrad.* (EB)

— mein. Personal-Buch. 2. Aufl. (II, 182 S.) Fol. Berlin 904. R. Eisenschmidt. Geb. in Leinw. n. 6. —

Lebenslauf, mein. Gedenkbuch u. Familien-Chronik m. Dichtungen v. Anna Schultz-Klie, illustr. v. H. Kernst. Hrsg. v. R. Stolle m. e. Einführung v. Ad. M. Hildebrandt. Mit 12 Albumseiten f. Photographien. Ausg. f. Knaben. (68 S.) Lex.-8. Berlin (906). W. Bobach & Co. Geb. in Leinw. n. 7. 50

Lebens-Lauf, Moralischer, eines nicht unbekannten Wollüstigen, nebst vernünftigen Betrachtungen über denselben . . . Frankf. u. Leipz. 1752. V: *Würffel* (?). (Erman & Horn, Bibliogr. d. dtsch. Universitäten. 1. Leipz. u. Berl. 1904.)

§ * **LEBENS-LAUF,** Moralischer, eines nicht unbekannten Wollüstigen, nebst vernünftigen Betrachtungen über denselben beschrieben und angestellet von Jhm selbst. 2 Thle. Leipzig, bey Johann Friedrich Fleischer. 1752. 8°. (In Berlin: Yv 4666; auch in Stuttgart.) (3 Mk. 50 Pfg. L. Meder Nachf., Heidelb., c. 1905.)

— v. Pfarrer Emil Ried, 1830—1890 (v. ihm selbst verfaßt). 8. (48 S. m. Lichtdr.-Bildnis.) Straßburg 890. Bomhoff. n. 1. —

Lebenslauf des Pferdes. Zwölf Bilder zum Ausmalen. qu. 4. Wesel 837. Bagel. 5 gr

———— **Der Lebenslauf der Marie Pigeonnier. Aus d. Französ. Ebd. 1884. 8°. (Mk. 1,50 = 75 xr.) (2 Mk. M. Edelmann, 1905.)**
Orig.: La Vie de Marie Pigeonnier, par un de ses *, préface de J. Michepin. Paris (vers 188*). (6 frcs.) Ce livre est la réponse à l'ouvrage nommé ci-haut. Poursuivi et condamné en Belgique et en France.**

PIGEONNIER, Marie. — Der Lebenslauf der Marie Pigeonnier. Von einem ihrer ***. Aus dem Französ. Budapest 1884. 8°. „Pikant." (1 Mk. 50 Pfg., Fr. Klüber, 1896.)

Lebenslauf des Johann Jacob Rambach. Frankfurt u. Leipz. 1735. 2. Aufl. Leipz. 1736. V: *Büttner, Daniel:* (ADB 27. 200)

Lebenslauf, Des Pastors in Kemnitz, J. F. Schaefers, . . . Görlitz 1782. V: *Giese, Gottlieb Christian.* (OL)

Lebens-Lauff, Sonderbarer, Herrn Peter Heylings, aus Lübec, und dessen Reise nach Ethiopien; nebst zulänglichem Berichte von der in selbigem Reiche zu Anfange des nächst-verwichenen Saeculi entstandenen Religions-Unruhe: aus des Sel. Hn Geh. Rath Ludolfs edirten Schriften und andern noch nicht gedruckten Documenten . . . herausgegeben von Io. Henr. Michaelis. Halle 1724.

— des General-Superint. Dr. Adm. Struensee's, mit den üb. ihn herausgg. Schriften, (v. W. C. Matthiä). gr. 8. Flensb. 781. (Hammerich in Altona). 14 gr

Lebenslauf, Tod und Beisetzung des Grafen A. von Alvensleben. Mit 1 herald.-geneal. Kpfrtfl., Portraits u. Abbildg. des Grabmals. Berlin 1861. fol.
Nur in 100 Exemplaren gedruckt und nicht im Handel.

Lebenslauf, Tod und Beisetzung F. W. C. v. Kröchers, k. preuss. Landesdirectors etc. (1782—1861). Mit 2 Portraits und Stammtfl. Berlin 1862. fol.

Lebenslauf meiner Tochter Therese v. Silberbach, s. Leben.

Lebenslauf meiner Tochter Therese von Silberbach, Teutschlands edelsten Töchtern gewidmet. Berlin 1782—1783. Neue Aufl. 1788. V: *Neumann, Joh. Jac. Nathanael.* (BGE IV, 83)

Lebenslauf eines Verschollenen. Hildburghausen u. Meiningen 1840. V: *Forberg, Friedrich Carl.* (Griesebach, Weltlitteraturkat. Berlin 1898—1901. I, 42.)

Lebensläufe. Hrsg. vom evangel. Trostbund. Nr. 1—5. (Für Kinder, f. männl. u. weibl. Unverheirathete, für männl. u. weibl. Eheleute.) qu. gr. 4. (à 1 Bl.) Berlin 896. Verl. d. christl. Zeitschriftenvereins. à — 10

Die **Lebensläufe** der seit der letzten Trauerfeier der Loge zu den drei Schwertern und Astraea zur grünenden Raute, am 29. Dec. 1887—1890 i. d. e. O. eingegangenen BBr. [Dresden: Pässler 1889; 1890: Liepsch & Reichardt.] 4° [Kopftit.]
(Beil. zu DrL. Nr 164, 182.)
1887—1889. 15 S. 1889; 1890. 16 S. 193.
[Fortges. u. d. Tit.:]

Lebensläufe, drei, in absteigender Linie von Hippel dem Jüngeren. Hamburg 860. O. Meissner. 8. (64 S.) 7½ ngr.

— einig. leidend. Edeln; eine Uebersetzung. 8. Petersb. Logan. (Böhme in Lpz.) 781.

Lebensläufe, Geschichte u. Erzähll., meist moral. Inhalts &c., (v. H. G. Hoff). 3 Bde. 8. Brünn u. Leipz. 780.

— kurze, Geschichten und Erzählungen, meistens moralischen Inhalts, alle aber zum Beyspiel oder zur Warnung, 4 Theile, 8. Leipzig und Brünn, 780/81. 25 fgl.

Lebensläufe nach aufsteigender Linie nebst Beilagen A. B. C. ... Berlin 1778—81. V: *Hippel, Theodor Gottfried von.* (Ky) (EE) (BrMm) (Griesebach, Weltlitteraturkat. Berlin 1898—1901. I, 236.)

Lebensläufe nach aufsteigender Linie, (v. T. G. v. Hippel.) m. K. 5 Thle. 8. Berlin, Voß. 778—81. (I. II. à 1 Rthlr. 16 gr. III. 1. 1 Rthlr. 8 gr. III. 2. 1 Rthlr. 16 gr.)

— merkwürd. Personen von niederer Herkunft. 1r Thl. 8. Lüneb. ... Herold u. W. 12 K

Lebenslaunen zur Erquickung u. Stärkung gen Zion pilgernder Seelen. 16. Berlin ... Elsner (u. Wohlgemuth.) n. 1/6 ℛ

Lebenslehren, 117 christl., e. Vaters an seinen Sohn. 8. Nrub. 727.

Lebenslust und Lebenslehre in Wort und Bild für die liebe Jugend. Mit Bildern. 4. (19 S. mit 5 ill. Stnt.) Eßlingen 853, Weychardt.

Lebens-Magnetismus, der, dessen Erscheinungen und Anwendung. Prakt. Anleitung zur Ausübung desselben. Von T. S. gr. 8. (IV, 95 S.) Wien 880, Bensinger. *

Lebensmittelbuch. Populärer Tl. Hrsg. vom Verein schweizer. analyt. Chemiker. 8. (VII, 151 S.) Bern 897. F. Semminger. Kart. n. 1.—

Lebensmittelbuch, schweizerisches. Methoden f. die Untersuchg. u. Normen f. die Beurteilg. v. Lebensmitteln u. Gebrauchsgegenständen. Im Auftrag des schweiz. Departements des Innern bearb. vom Verein schweiz. analyt. Chemiker. gr. 8. (VIII, 222 S.) Bern 899. (Neukomm & Zimmermann.) n. 6.50; geb. n. 7.50

Lebensmittelbuch, schweizerisches. Methoden f. die Untersuchg. u. Normen f. die Beurteilg. v. Lebensmitteln u. Gebrauchsgegenständen. Im Auftrage des schweiz. Departements des Innern bearb. vom Verein schweiz. analyt. Chemiker. 2., rev. Aufl. 1.—3. Abschn. gr. 8. Bern, Neukomm & Zimmermann. n. 6.50
1. Die alkohol. Getränke Wein, Bier, Spirituosen u. als Anh. Essig. (XI, 76 S.) 904. n. 2.—
2. Milch u. Milchprodukte, Speisefette u. Speiseöle. (VIII, 50 S.) 905. n. 2.—
3. Fleisch u. Fleischwaren, Getreide u. Hülsenfrüchte, deren Mahlprodukte u. Stärkemehle, Brot, Teigwaren, Kindermehle, Gewürze, Kaffee u. Kaffeesurrogate, Tee, Kakao u. Schokolade. (IX, 95 S.) 906. n. 2.50

— dasselbe. 2., rev. Aufl. 4. u. 5. Abschn. gr. 8. Ebd. 3.50
4. Eier u. Eierkonserven, Fruchtsäfte, Fruchtsirupe, Konfitüren u. Gelées, künstliche kohlensaure Wasser u. Limonaden, Honig, Presshefe, Gebrauchsgegenstände u. Petroleum. (VIII, 43 S.) 907. 1.50
5. Zucker, Konditoreiwaren, Konserven, Kochsalz, Triebsalze, Luft, Trinkwasser, Eis u. flüssige Kohlensäure. (IX, 67 S.) 908. 2.—

Lebensmittelbuch, schweizerisches. Methoden f. die Untersuchg. u. Normen f. die Beurteilg. v. Lebensmitteln u. Gebrauchsgegenständen. Im Auftrage des schweiz. Departements des Innern bearb. vom schweiz. Verein analyt. Chemiker. 2., rev. Aufl. Mit der eidg. Verordng. betr. den Verkehr m. Lebensmitteln u. Gebrauchsgegenständen vom 29. I. 1909 in Uebereinstimmg. gebrachte Ausg. (XVI, 336 S.) gr. 8. Bern 909. Neukomm & Zimmermann. 7.—; geb. 8.60

Lebensmittelgesetz. Das eidg. L' vor der Delegiertenversammlung des Verbandes schweizer. Konsumvereine in Bern, den 13. Mai 1906. ⟨Protokoll der Verhandlungen.⟩ IV + 60 S. 8. Basel, Verband sch' Kons', 1906.

Schweizerisches Gesundheitsamt: Die schweizerische Lebensmittelgesetzgebung. Die eidgenössischen, kantonalen und wichtigsten städtischen Vorschriften, systematisch zusammengestellt. Anhang: Die wichtigsten ausländischen Lebensmittelgesetze. Bern. 1899.

Lebensmittelpreise, die, in England u. Deutschland. (Verhandlungen der XXXV. Plenarversammlg. des deutschen Landwirtschaftsrats. 1907.) (S. 543—573.) Lex. 8. Berlin (907). P. Parey. nn — 50
Sonderabdruck aus: „Archiv d. deut. Landwirtschaftsrats".

Lebensmittelwucher u. Warensteuer, s.a. Flugschriften, sozialdemokratische. VI.

Lebensmittelwucher und Warenteuerung. Berlin: Vorwärts 1910. 16 S. 8° [Umschlagt.]
(Sozialdemokratische Flugschriften. 6.) [11. 876

Deutsche **Lebensmittel-Zeitung**. Hrsg. von Dr. Georg Lebbin. Jg. 1, Nr 1. Berlin: Deutsche Lebensmittel-Zeitung 1910. 4° [11. 3742

Die **Lebensmittelzölle** und die indirekten Steuern. Wer sie zahlt u. wem sie nützen. *Berlin: Vorwärts 1903.* (16 S.) 8° [F.] [03. 19009

Lebensmomente, wichtigste, aller königl. baierischen Civil- u. Militair-Bedienstigten dieses Jahrhunderts, (v. H. J. Jäck). 1s—6s Hft. Abel bis Fischer. gr. 8. Augsb. 819. Wolffsche B. 2 ℛ

Lebens-Momente, die wichtigsten, des höchstsel. Königs Maximilian Joseph v. Bayern, in gedrängter Darstellung. Nebst e. *Anhang*: Höchstdessen Todes-Umstände, Leichen-Ceremonien. u. das ärztliche Sections-Protokoll enthaltend. Mit Portr. (Lithogr., *Stieler* pinx., *Hanfstaengl* del.). München 1825. Gedr. bey Jos. Zängl., bürgerl. Stadtbuchdr. Kl. 8°. Hsrsb.
Portr. v. 62 S. (incl. VIII S. Vorr. d. Vf.). — Daran 6 Bll. Subscrib.-Verz.

Die wichtigsten Lebensmomente Karl Ludwig Sands aus Wunsiedel, n. s. Bildn.
Nachtr. z. d. —, m. d. vollständigsten Erzählung s. Hinrichtung 20. 5. 1820, m. 1 Kupfer, Nürnberg 1819 u. 1820, 8°. 2 Bde.

— die wichtigsten, K. L. Sand's. 2e verb. Aufl. gr. 8. Nürnb. 819. Bauer u. Raspe. 12 K

Lebensnachrichten über G. B. Niebuhr, aus Briefen desselben ... Hamb. 1838—39. V: *Hensler, Dora.* (Dn) (BrMm)

Lebensnachrichten üb. Barthold Geo. Niebuhr, aus Briefen desselb. u. aus Erinnern. einiger sein. nächsten Freunde. 3 Bde. gr. 8. Hamburg, [Fr. u. Andr. Perthes.] [1. (38 B.) * 2 5/6 Thlr., 2. (32 1/2 B.) 838. * 2 2/3 Thlr., 3. (29 1/8 B. u. N's. lith. Bildn.) 839. * 2 1/2 Thlr.] *

Lebensnachrichten des Caspar Salomo von Saldern. [Kiel 1795.] V: *Brincken, Adolph Rudolph.* (MGT)

Lebensohn, A. B., Poemata. Lingua sacra hebraica pepigit. 8. (10 1/4 B.) Lipsiae 842, C. L. Fritzsche. *

Lebensohn, M. J. C., die Zerstörung Troja's, s. Zerstörung.

Lebensohn, Michael: Israelitische Gesänge. Wilno 1851.

Lebensohn, S.: Radikaloperation der Hernien. Leipzig 1898. 54 S. 8°.
Bern. Med. Diss. 1898/99.

Lebensohn, Wilnensis, A. B., Poemata. Linguâ sacra hebraica pepigit. 8. Lipsiae 842, C. L. Fritzsche. n. 1⅓ ℳ

Lebens-Ordnung, christl., in leichtfaßl. Regeln; verfasset v. e. kathol. Priester, f. einen seines Heils u. d. Vollkommenheit beflissf. Christen. 12. (3 B.) Augsburg 831, M. Rieger'sche Buchh. (Himmer.)

Lebensordnung, christliche, in leichtfaßlichen Regeln; verfasset v. ein. kathol. Priester, für einen seines Heils u. der Vollkommenheit beflissenen Christen. 5. Aufl. 12. (3 B.) Augsburg 842, Rieger'sche Buchh.

Lebensordnung, Christliche, für Dienstboten. 2. Aufl. [Salzb. 1877.] 3. Aufl. [1879]. 4. Aufl. [1880]. V: *Hager, Eduard.* (Hr)

Lebens- und Tagesordnung, Christliche, für Schulkinder. Salzburg 1886. V: *Hager, Edmund.* (Hr)

Lebensordnung und geistliche Grundsätze für christliche Töchter. (Separat-Ausgabe aus dem Sanct Angela-Blatte.) 32. (40 S.) In Comm. —.10
Wien: „St. Norbertus" 1892.

Lebensordnung und geistliche Grundsätze für christliche Töchter. 3. Aufl. Wien 1893. V: *Schöpfleuthner, Anton.* (EB)

Lebensordnung u. geistliche Grundsätze f. christl. Töchter. 3. Aufl. 16. (56 S.) Wien (894). (H. Kirsch.) n. — 20

Lebensperiode, letzte, Joachims I., Königs v. Neapel, gewesenen Großherzogs von Berg. Aus authent. Quellen von Göz vom Rheine. 8. Hamm 826, Schulz.

Lebensperlen, Erzählungen für die reifere Jugend. kl. 8. (83 S.) Wien, Gorischek. 1861. 24 kr.

Lebensperlen. Lehrreiche Erzählungen für die Jugend. Dülmen i. W. 1898. V: *Hohoff, Maria.* (Berl)

Lebensperlen. Lehrreiche Erzählgn. f. die Jugend. 12. (113 S. m. 8 Farbdr.) Dülmen 898. A. Laumann. Geb. n. 1.—

Lebenspflichten in Briefen f. Personen v. verschiedenem Alter u. Stand. 8. Halle 783. (Laue in Berl.) 9 gl

— d. Christen. 8. Marb. 784. Krieger. 3 gl

Lebensphilosophie nach der indischen Handschrift eines alten Braminen. A. d. Engl. ... Münster 1811. Ü: *Wintgen, Bernhardine von.* (Ky) (MGT) (Schl)

Lebensphilosophieen in gemeinverständlicher Darstellung. (1. Bd.) gr. 8. Berlin 898. E. Hofmann & Co. n. 1. 80; geb. n. 2. 80
Matthias Claudius. Seine Weltanschaug. u. Lebensweisheit. Von Max Schneiderreit. (VIII, 119 S.)

LEBENS- und Vergnügungs-Plan, Berliner. Reizendes colorirtes Blättchen. 15⅛ : 13¼ cm. Mit Andeutung der dargestellten Gegenden der Residenzstadt, belebt durch höchst spassige Figuren (Männlein, Weiblein u. Tierlein; Vergnügungslokale, Theatergebäude u. dgl. mehr).

Lebensregel, christliche. 3 Blätter in feinem Farbendr. nach Zeichnungen von C. Sch. Fol. Barmen 886, Hoß und Klein. à Bl. * ℳ 1.—. *

Lebensregel für Damen. 24. (16 S.) Dülmen 880, Laumann'sche Verlagsh. *

Lebensregel der Eremiten ... Augsburg 1777. V: *Hahn, Joseph Ant.* (ML)

Lebensregel eines Kindes nach der ersten heil. Communion. A. d. Franz. übers. v. P. Blum. 12. Trier 841, Lintz. 1/12 ℳ

— für katholische Lehrerinnen. 24. (16 S.) Ebend. 881. n. — 6

Lebensregel, leichte fromme, od. Unterricht, ein Gott gefälliges Leben zu führen. 12. Augsb. 783. Wolff. 2 gl

Lebensregeln, s. a. Reden, (Pb.)

Lebensregeln. (Ziehkästchen.) 128. (63 Bl.) Schweidnitz 887. Weigmann. *

Lebensregeln. (Allgemeine Sentenzen.) 128. (63 Bl.) Schweidnitz 893. G. Brieger. In Ziehkästchen. n. — 60

Lebensregeln. (Von e. französ. Edelmanne.) (4 S.) gr. 8. Basel (902). (Missionsbuchh.) n. — 15

Lebensregeln. (10 Bl. m. farb. Initialen.) gr. 8. Frankfurt a/M. (906). Schirmer & Mahlau. Geb. in Leinw. m. Goldschn. 3.—

Lebensregeln, Christliche. Neue Aufl. Augsburg 1789. V: *Sales, Frans von.* (Th)

— christliche, aus d. Schriften des heil. Franziskus v. Sales. 8. Frankf. a. M. 827. Wesché. 3 gl

Lebensregeln für ächte Freymaurer. Im Or. [Frankfurt a. M.] 1789. 16 S. 8°
[Dasselbe.] Ebendas. 1819. 16 S. 8° [Umschlagtit.]
Kl. 439, Tt. 1656. 1789 in 140; 1819 in 21.

Lebensregeln für ächte Freimaurer. Abdr. zum Gebrauch der g. und v. eclectischen St. Johannis-Loge zur Einigkeit im Or. von Frankfurt am Main. 5829. [Frankfurt a. M. 1829.] 21 S. 8° [Umschlagtit.]
[Dasselbe.] Adoptirt von der ger.·. u.·. vollk.·. St.·. Joh.·. Loge Carl z.·. Lindenberg [in Frankfurt a. M.] 1829. 21 S. 8°
Abgedr. in: [Lebensregeln.] Für d. Mitgl. d. L. Carl z. Lindenberg, Frankfurt a. M. o. J. S. 8—16.
[Dasselbe.] Abgedr. zum Gebrauch der g. und v. eclectischen St. Johannis-Loge Sokrates zur Standhaftigkeit im Or. von Frankfurt am Main. 1829. 21 S. 8°
[Dasselbe.] Eingeführt in der g. und v. Schwester-Loge Carl zum aufgehenden Lichte [in Frankfurt a. M.] im Jahre 1844. 21 S. 8°
1829 für d. L. Einigkeit in 193; Carl z. Lindenberg in KB.; Sokrates in 139; 1844 in 140.

Lebensregeln, Freimaurerische. St. Gallen [1871]. V: *Rietmann, J. U.* (Tt)

—— die, um ein frohes und glückliches Leben zu führen. 16. (16 S.) Leipzig 887, Otto Vieweg.

— zur Führung eines auferbaulich-christlichen Wandels, hauptsächlich für Mädchen. 8. Inspr. 817. Wagner. 2 gr.

– geistliche, für die Brüder und Schwestern des dritten Ordens der Buße nach der Vorschrift ihres Ordensstifters des heil. seraphischen Vaters Franziskus von Assis. Kurzer Auszug aus den Regeln dieses Ordens. Aus d. Italien. übersetzt. 8. Maria-Einsiedeln 1836. (Grätz, Ferstl.)

– goldene, für deutsche Knaben u. Mädchen. 8. Regensburg 1819. (Augsburg, Kollmann.)

— goldne, für deutsche Knaben u. Mädchen. 12. Passau 820. Pustet. 1½ gr (Leipz., Rein). 3 gr

Lebensregeln, Heilsame. Oldenburg 1734. V: *Wida, J. F. von.* (Collin, Anonymer. Kiobenh. 1869.)

— u. Höflichkeitsregeln f. d. Schuljugend, nebst gemüthlichen Geburtstags- etc. Würschen an Eltern etc. 8. Regensb. 823. Daisenberger. 4 gr

Lebensregeln für die Jugend. Augsburg 1792—94. V: *Bayrer, Leonhard.* (BB) (Jes) »1798« (Ky)

Lebensregeln f. d. Jugend. 4 Bdchn. (v. L. Bayrer). 8. Augsb. 798. J. A. Veith. 1 rthl 20 gr (a. Kranzfelder das.) 1 rthl 4 gr

Lebensregeln für d. christl. Jugend, nebst e. Unterr. üb. d. wahre Nächstenliebe. Guten Kindern gewidmet. 12. (2 B.) Ingolstadt 837. (Regensburg, Manz.)

Lebensregeln für Jünglinge, besonders für diejenigen welche die hohe Schule beziehen wollen. Basel 1783. V: *Lavater, Johann Kaspar.* (schstr S. 120)

Lebensregeln, einige, für Kinder. Ein Christenlehrgeschenk für gute Schüler, als Mitgabe auf den gefährl. Lebensweg. Von e. Priester der Diöcese Brixen. 12. Innsbruck 845. (Wagner'sche Buchh.) 1/6 rthl

Lebensregeln und Klugheitslehren fürs ganze menschliche Leben. Hamburg 1830. V: *Olivarius, Holger de Fine.* (NN)

— und Klugheitslehren für's ganze menschl. Leben. 8. Kiel 841, Bünsow. n. 1/3 rthl

—— für katholische Lehrerinnen. 24. (16 S.) Ebendas. 881. * — 6

[Lebensregeln.] Für die Mitglieder der ger.·. und vollk.·. St.·. Joh.·. Loge Carl zum Lindenberg zu Frankfurt am Main. Frankfurt a. M. o. J.: Köbig. 42 S. 8°
Enth. auch eine Abhandlung üb. Humanität, Religion u. Christentum.

Lebensregeln, Einige, als heilsame Mittel, denen vorgeschlagen, welche sich das wahre Christenthum einen rechten Ernst wollen seyn lassen . . . Nürnberg 1738. V: *Schwindel, Georg Jacob.* (will) (ML)

Lebens- u. Erziehungsregeln, prakt., f. Eltern, die es mit sich, u. ihren Kindern gut meinen. Von W........ 8. (3¾ B.) Heidelberg 832, Mohr.

Lebensregeln aus den besten ältern und neueren Schriftstellern gesammlet von Philippine Eregine Knigge. Kenne dich selbst.
Leipzig: F. G. Baumgärtner 1799—1800. 12°
[Umschlagt.:] Anleitung, klug und weise zu leben.
1: 1799. 8 Bl., 203 S., 4 Bl., 1 kol. Kupfertaf.
2: 1800. 1 Bl., 190 S., 2 kol. Kupfertaf.

Lebensregeln für christliche Schulkinder. 12. (VI und 28 S.) Innsbruck 845, (Wagner'sche Buchh.)

Lebensregeln für eine fromme Seele. 5. Aufl. Regensburg o. J. V: *Löcherer, Joseph.* (Russel IX, 621)

— f. Studirende. 8. Frkft. (W. Fleischer in Leipzig.) 749.

Lebensregeln des heil. Vincenz v. Paul in Sprüchen für jeden Tag des Jahres nebst einem kleinen Gebetbuche. Aus dem Französ. 32. (IV und 412 S.) Paderborn 865, Schöningh.

— d. hl. Vincenz v. Paul in Sprüchen f. jeden Tag d. Jahres, nebst e. kleinen Gebetbuche. Aus dem Franz. 3. Aufl. 16. (IV, 333 S.) Paderborn 891. F. Schöningh. n. — 75

— zu einem christl. Wandel in der Welt nebst einer Anweisung der dazu erforderl. Hilfsmittel. Aus den Werken des heil. Alphons v. Liguori zusammengetragen von e. Priester aus der Versammlung des allerheil. Erlösers. Mit e. Anhang von Gebeten. Aus d. Französ. 12. (Mit 1 Lithogr.) Einsiedeln 844, Gebr. Benziger. 1/6 ß

Lebensreise, Meine, in 6 Stationen zur Belehrung der Jugend . . . Germanien 1825. V: *Krug, Wilhelm Traugott.* (MGT) (ErGr)

Lebensreise, meine, in 6 Stazionen, zur Belehrung der Jugend und zur Unterhaltung des Alters, beschrieben von Ureeus. Nebst Frz. V. Reinhard's Briefen an d. Verf. gr. 8. Leipz. 825, Baumgärtner.

Lebensreise, Fritz Wanderers. Berlin 1795. V: *Klischnig, Carl Friedr.* (BGE VIII[3], 308)

Lebensretter, der, oder: Anleitung für Nichtärzte zur Wiederbelebung der Scheintodten u. zur ersten Hilfeleistung bei plötzlichen Lebensgefahren. *Neutitschein* 1858. *J. N. Enders.* 16 S., 12°.

Lebensrevision vom Mann am Berge, s.a. Berghofer, Amand

Lebensrevision vom Mann am Berge. Prag 1795. V: *Berghofer, Amand.* (Mitth. Dr. Ign. Schwarz-Wien.)

Lebensrevision vom Mann am Berge. 8. Prag 797. Neureutter. (Joachim in Leipz.) 12 gr

LEBENSSCENEN des Ritters Alkala de los Ganzules, sonst auch Kasper Sprengel genannt. Altona u. Leipzig 1794. 8°. (2 Mk. Franz Teubner, Düsseldorf, c. 1898.) Selten!

— d. Ritters Alkala de los Ganzulos, sonst auch Kasper Sprengel genannt. 8. Altona, Kaven. (Gräff, a. Sommer in Lpz.) 808.

— des Ritters Alkala de los Ganzulos. 8. Leipz. 802. Wienbrack. 12 gr u. Ebd. 808. (Nauck). 7 gr

— einfache, aus d. wirkl. Welt. 2 Thle. 8. Glogau, Günther d. jüng. 799. 800. (I. 1 Rthlr. 4 gr. II. 1 Rthlr.)

Lebensscenen, Einfache, aus der wirklichen Welt. Ein Beitrag zur Charakteristik des menschlichen Herzens. Von J. G. u. W. W. Glogau 1800/4. V: *Visselinck (Wisselinck), Frdr. Wilh. Carl.* (BGE IV, 84/85) Vgl. III, 1037.

Lebensscenen im bunten Gewande, gesammelt auf einer Reise in der Postchaise im Sommer 1801. 8. Weißenfels, Böse. 802.

Lebensscenen im bunten Gewande, gesammelt auf e. Reise in d. Postchaise im Sommer 1801. 8. Weißenf. 802. (Weygand in Leipz.) 12 gr

LEBENSSCENEN nach der Natur gezeichnet. Neue Ausgabe. Leipzig, bei Joh. Gli. Beygang. 1802. 8°. Zahm. Tit., 3 Bl. Vorr. u. 370 S. (incl. 1 Bl. Inh.), nebst 1 Bl. Err.

Lebensscenen des 18. Jahrhunderts vom Verfasser des Eduald Isenflamm. Berlin 1799—1800. V: *Tzschucke, Carl Friedrich.* (GGr X, 496, 251) (Zeitschr. f. Büch. N. F. 15, 1923, S. 114) (BGE IV[3], 84)

Lebenscenen des 18n Jahrhund. v. Verf. d. „Eduard Isenflamm." 8. Berl. 799, 800. Schöne. 2 ß 10 gr (A. u. d. T.: Gemälde merkwürd. Personen, nach d. Leben gezeichnet. 806.)

Lebensscenen aus der wirklichen Welt. Leipzig 1784—90. V: *Thilo, Friedrich Theophilus.* (MGT) (GGr) (BGE) (NN)

— aus d. wirkl. Welt, v. Verf. d. Emilie Sommer. 12 Bde. 8. Lpz. Kummer. 784—90.

— aus der wirklichen Welt, vom Verf. der Emilie Sommer, 12 Theile, 8. Leipzig, 786, 94. Kummer. 9 Rthl.

— vielleicht aus der wirkl. Welt. 2 Abthll. 8. Hamb. 788. (Wienbrack in Leipz.) 6 gr

LEBENSSCENEN, vielleicht aus der wirklichen Welt, nebst einigen andern Aufsätzen. 2 Abschnitte (Thle.) in 1 Bde. Mit 2 Ornam.-Vignetten. Hamburg 1788—90. In Commißion bey H. J. Matthießen. 8°. Selten!

— vielleicht aus d. wirkl. Welt. 2 Abtheil. 8. Hamb. Matthiesen. 789.

Lebensschattirungen. Teutschlands reiferer Jugend zur Veredlung des Herzens u. Bildung des Geistes, gewidmet v. (Ed. v. Ambach). 4 Bde. 12. Augsburg, Schlosser's Buchh. à Bd. 15 Ngr.

A. u. d. Tln.:

Bd. 1. Tirol u. seiner Braven Liebe zum Kaiserhaus in den Tagen der Gefahr, oder der schwarze Schütze vom Passeyrthal. (9 B. u. 1 Stahlst.) 844.

" 2. Kara Mustafa vor Wien, oder die verhängnißvolle Verlobung am Tage der Enthauptung Johannes des Täufers in der Pulvermine unter der Minoritenkirche. (10½ B. u. 1 Stahlst.) 845.

" 3. Deutschlands Erlösung oder der Fürstenbund, geschlossen über dem Grabe der Königin Louise von Preußen. (8½ B. u. 1 Stahlst.) 845.

" 4. Missolunghi's letzte Stunde, oder der Sieg im Tode. Ein Heldengemälde aus Griechenlands Befreiungskampf. (9½ B. u. 1 Stahlst.) 846.

Lebensschattirungen. Teutschlands reiferer Jugend zur Veredlung des Herzens und Bildung des Geistes gewidmet von J. N. Mundbrod. 5—12. Bd. oder Neue Folge 1—8. Bd. 8. Augsburg, Schlosser's Buchh. à Bd. 11¼ Ngr.

Inhalt:

Bd. 5. Hildegarde, oder: Der Abschied vom Vaterhause, und die Waise in der Fremde. Eine Geschichte von Joh. Nep. Mundbrod. (160 S. und 1 Stnt.) 848.

„ 6. Julius Graf von Montefalkone, oder: Vaterlandsliebe und Heldenmuth. Ein histor. Charaktergemälde von J. N. Mundbrod. (IV und 212 S. und 1 Stnt.) 848.

„ 7. Adelheid von Landstrost: oder: Der Kampf der Tugend mit dem Laster. Eine Erzählung von J. N. Mundbrod. (IV und 143 S. mit 1 Stahlst.) 848.

„ 8. Der Großvater im Kreise seiner Enkel, oder: Italisches Stillleben. Nach dem Italien. des R. Lambruschini von Carl Riedl. (V und 148 S. mit 1 Stahlst.) 850.

„ 9. Milla, oder: Der Vorsehung Walten. Erzählungen für die Jugend und das christl. Volk von Carl Riedl. (152 S. und 1 Stahlst.) 850.

„ 10. Maria und Rosa: oder: Der Tugend ihre Krone und dem Laster seine Strafe. Eine Erzählung zur Belehrung, Warnung und Beherzigung für die reifere Jugend, sowie für alle weibl. Dienstboten 2c. von A. Dörle. 2. Aufl. (167 S. und 1 Stahlst.) 850.

„ 11. Die Macht des Kreuzes. Eine histor. Erzählung. Aus dem Französ. von J. M. Axinger. (140 S. und 1 Stahlst.) 851.

„ 12. Marie, oder: Gottvertrauen trägt Glück ein. Aus dem Französ. von Carl Riedl. (128 S. und 1 Stahlst.) 851.

1—4. Bd. Ebendas. 1844—46. à Bd. 15 Ngr.

Lebensschattirungen. Teutschlands reiferer Jugend zur Veredlung des Herzens und Bildung des Geistes gewidmet von dem Verf. der „Kinder der Wittwe" (Ed. v. Ambach.) 4. 13. und 14. Bd. gr. 12. Augsburg 860. 61, Schlosser's Buchh. à Bd. 11¼ Ngr.

Inhalt:

Bd. 4. Missolunghi's letzte Stunde, oder der Sieg im Tode. Ein histor. Charakter- und Heldengemälde aus Griechenlands Befreiungskampfe. Von dem Verf. der „Kinder der Wittwe" (Ed. v. Ambach.) 2. Aufl. (226 S. mit 1 Stahlst.)

„ 13., 14. Gott und die Welt, oder: „Wie gelangt man zur Freiheit und zu dauerndem Glücke?" Zeitgemäße Erzählungen von Ed. v. Ambach. 2 Bde. 2. Ausg. (373 S. mit 2 Stahlst.)

Vgl. 11. Bd. 1. Abthl. S. 562.

Lebensschattirungen. Teutschlands reifere Jugend zur Veredlung des Herzens und Bildung des Geistes gewidmet von dem Verf. der „Kinder der Wittwe" (Ed. v. Ambach). 1.—3. und 10. Bd. 8. Augsburg, Schlosser's Buchh. à Bd 11¼ Ngr.

Inhalt:

Bd. 1. Tirol und seiner Braven Liebe zum Kaiserhaus in den Tagen der Gefahr, oder der schwarze Schütze vom Passeyrthal. Ein Charaktergemälde aus dem Anfang des 19. Jahrh. für die reifere Jugend. Von dem Verf. der „Kinder der Wittwe" (Ed. v. Ambach). 3. Aufl. (VIII und 207 S. mit 1 Stahlst.) 864.

„ 2. Kara Mustafa vor Wien oder die verhängnißvolle Verlobung am Tage der Enthauptung Johannes des Täufers in der Pulvermine unter der Minoritenkirche. Ein Charaktergemälde aus dem 17. Jahrh. 2. Aufl. (VIII und 238 S. mit 1 Stahlst.) 865.

„ 3. Deutschlands Erlösung oder der Fürstenbund, geschlossen über dem Grabe der Königin Luise von Preußen. Ein Charakter- und Zeitgemälde aus dem 19. Jahrh. Von dem Verf. der „Kinder der Wittwe" (Ed. v. Ambach). 2. Aufl. (VI und 196 S. mit 1 Stahlst.) 861.

„ 10. Maria und Rosa, oder der Tugend ihre Krone und dem Laster seine Strafe. Eine Erzählung zur Belehrung, Warnung und Beherzigung für die reifere Jugend 2c. von A. Dörle. 3. Aufl. (167 S. mit 1 Stahlst.) 867.

Vgl. XIII. Bd. 2. Abthl. S. 17.

„Lebensschicksale". 1.—4. Bd. 8. München, E. Reinhardt. à 1.—; geb. in Leinw. à 1.80

Erinnerungen e. Waisenknaben. Von ihm selbst erzählt. Mit Vorwort v. Aug. Forel. (1.—5. Taus.) (V, 117 S.) 910. (Bd. 2.)

Popp, Adelh., die Jugendgeschichte e. Arbeiterin. Mit einführ. Worten v. Aug. Bebel. 3. verm. Aufl. (11.—15. Taus.) (VII, 87 S.) 910. (Bd. 1.)

1.—5. Taus. (u. d. T.: Jugendgeschichte, die, e. Arbeiterin, von ihr selbst erzählt.) (V, 93 S.) 909.

Viersbeck, Doris, Erlebnisse e. Hamburger Dienstmädchens. (103 S.) 910. (Bd. 4.)

Winter, Max, ich suche meine Mutter. Die Jugendgeschichte e. „eingezahlten Kindes" (Umschlag: Findelkindes.) Diesem nacherzählt. (1.—5. Taus.) (111 S.) 910. (Bd. 3.)

Lebensschicksale des ehemaligen hannoverschen Husaren C. D......... Von ihm selbst in der Strafanstalt zu Vechta niedergeschrieben. Ein Buch f. das Volk. Herausgeg. v. N. Hoyer. 12. Oldenburg 846, Schulze'sche Buchh. ¼ ℛ

LEBENS-SCHICKSALE, Höchst seltsame, eines Münchener Dienstmädchens, nach ihren eigenen Aufzeichnungen von *G. Lückis*. . . . . (München) Commiss.-Verlag v. Th. Thaller, Thal 1, Laden 4. („Preis 10 Pfg." — „Nachdruck verboten.")

Lebensschilderung des in d. Schlacht bei Leipzig ertrunkenen Generals en Chef d. poln. Armee, Joseph Fürsten von Poniatowsky. Mit 1 ill. Kpf. 8. Prag 813. Enders. 8 K

Lebensschilderung des in der Schlacht bei Leipzig in der Elster ertrunkenen Generals en chef der polnischen Armee, Josef Fürsten von Poniatowsky. 8. Prag 1814.

Lebensschilderung. ... eine kurzgefasste Lebens- und Charakterschilderung des Malers Leopold Robert aus La Chaux de Fonds (1794–1835). Njbl. *s.* [Hardmeyer, Carl Wilhelm].

Lebens- und Charakterschilderungen z. Beförderung d. Christenthums. (Hrsg. v. H. Ware.) Nr. 1. u. 2. 8. Leipzig 837, Köhler.

Nr. 1. Strahlen d. Wahrheit. Von Jos. Tuckermann. — Der Zweifler. Von Mrs. Fallen. Ins Deutsche übertr. v. E. Freiesleben. (20 B.) 20 Gr.

„ 2. Die Heimat. (Von Miß Sedgwick.) A. d. Engl. v. A. v. Treskow. (13¼ B.) 16 Gr.

Lebens- u. Charakterschilderungen zur Beförderung des Christenthums. 3 Bdchn. Strahlen d. Wahrheit. Von Jos. Tuckermann. — Der Zweifler. Von Mrs. Fallen, Verfasserin der „gut verwendeten Stunden" 2c. Ins Deutsche übertragen von E. Freiesleben. — Die Heimat. Von der Verfasserin des Redwood, der Hope Leslie 2c. Aus d. Engl. von A. v. Treskow. 2. Ausg. 8. Leipz. 842, Köhler's Verl. 1 ℛ

Lebensskizze Sr. Exz. d. Geh.-R. Dr. Hans Conon v. der Gabelentz auf Poschwitz. 8. (14 S.) Altenburg 874. Bonde. — 50

LEBENS-Skizze des gottseligen Fidelis Höpperger, General-Superiors der barmherzigen Schwestern der kroat.-slav.-dalm. Ordensprovinz. Agram 1896: Anton Scholz. 24 S. - 185 mm

Lebensskizze des Oberbibliothekars Dr. (Johann) Jak(ob) Horner ⟨gest. 1886⟩ .... Njbl. Zürich 1888 s.a.[Meyer von Knonau, Gerold *II*].

Lebensskizze des Oberbibliothekars Dr. Jakob Horner († 1886) . . . Zürich 1888. V: *Meyer v. Knonau, Gerold.* (Cat. d. Stadtbibl. Zürich. Zürich 1864—97.)

Lebensskizze des Professors Dr. Theodor Hug ⟨1830–1889⟩ .... Njbl. Zürich 1890 s.a.[Wirz, Hans].

Lebensskizze des Prof. Dr. Theodor Hug (1830—1889) . . . Zürich [1890]. V: *Wirz, Hans.* (Cat. d. Stadtbibl. Zürich. Zürich 1864—97.)

Lebensskizze des heimgegangenen Missionars Otto Kaufmann aus Lahr (1828–[1869]). Als Manuscript gedruckt. 8. Lahr 1869.

Lebensskizze, kurze, des Dr. th. J. Ch. F. Finelius, weil. Professor 2c. 8. (8 S.) Anclam 847, Dietze. n. 2 ℊℊ

Lebensskizze. Kurze L' der Schwestern (Therese [und] Marie) Milanollo (geb. 1829 [*i. e.* 1827] *u.* [1832]). Als Andenken an ihren Aufenthalt in Bern. (SA.) 8. [Bern] 1846.

Lebensskizze des P. Guido Schulz. O. O. 1798. V: (nicht) *Schulz, Guido.* (Rass I, 221 f.)

Lebensskizze des ... Herrn Ambrosius Seyfried, Pfarrers der Katholischen Gemeinde zu Coburg. Bamberg 1823. V: *Schatt, Georg Ildephons.* (BMarsch 1189)

Lebensskizze des Franz Joseph Trausch aus Kronstadt in Siebenbürgen ... Kronstadt 1873. V: *Trausch, Carl Joseph.* (Trausch IV, 480)

Lebensskizze v. August Heinr. Wirz, s.a. Neujahrsblatt, 54., zum Besten d. Waisenhauses in Zürich.

Lebensskizze von August Heinrich Wirz. (1737—1834.) Zürich [1891]. V: *Wirz, Hans.* (Cat. d. Stadtbibl. Zürich. Zürich 1864—97.)

Lebens-Skizzen, genealogische, der Vorfahren des bayerischen Königs-Hauses bis auf Otto den Großen von Wittelsbach (von Vater auf Sohn). Mit 21 lith. Portraits u. e. Anhange über die herzogl. Linie in Bayern. 12. München 842. (Franz.) n. 1 ℛ

Lebensspiegel, christlicher, f. die Jugend. Von einem Jugendfreunde. [Mit d. Umschlagstitel: Dieses Buch gehört der kathol. Jugend.] 8. (82 S. m. 1 Lith.) Crefeld 848, Klein. 1/6 ℛ

Lebensspiegel in Erzählungen v. H. v. Kleist, G. H. v. Schubert, Zerrenner, Steffens, H. Dittmar, K. Stöber, Varnhagen v. Ense u. A. Aus deren Werken f. die reifere Jugend auserwählt. Mit 4 Bildern. 16. Coesfeld 846, Riese's Verl. geb. 1 1/4 ℛ

Lebensspiegel f. d. deutsche Jugend. 2r Thl. ꝛc., s.a. deutsches Lesebuch 6r u. 7r Thl.

Lebensspiegel für die deutsche Jugend. Berlin 1823. H: *Dittmar, Heinrich.* (Russell II, 2, 471)

Lebens-Spuren. Zeitschrift f. harmon. geist. u. materielle Lebens-Entfaltg. Hrsg. unter Mitwirkg. zahlreicher Gesinnungs-Genossen e. höheren Weltanschaug. von Karl Rohm. 1.—3. Bd. (à 12 Nrn.) gr. 4. (à ca. 20 S.) Lorch 900—902. K. Rohm. à Bd. n. 4.—

Lebens-Spuren. Zeitschrift f. harmon., geist. u. materielle Lebens-Entfaltg. Hrsg. unter Mitwirkg. zahlreicher Gesinnungs-Genossen e. höheren Weltanschauung von Karl Rohm. 4. u. 5. Bd. (4. Bd. [Nr. 31—37] S. 601—800). Lex.-8. Lorch 905. K. Rohm. à Bd. n. 4.—; einzelne Nrn. n. —75

Lebens-Spuren. Zeitschrift f. harmon., geist. u. materielle Lebens-Entfaltg. Hrsg. unter Mitwirkg. zahlreicher Gesinnungs-Genossen e. höh. Weltanschaug. v. Karl Rohm. 6. u. 7. Bd. (6. Bd. S. 1001—1200.) Lex. 8. Lorch 906—08. K. Rohm. à Bd. 4.—

Die letzten Lebensstunden Friedrichs des Grossen Königs von Preussen und die ersten Stunden, womit Friedrich Wilhelm der Zweyte, nunmehriger König von Preussen Seine Regierung angetreten, aus wahrer Devotion gegen seinen König und Landesherrn aufgesetzt von W. Potsdam 1786. kl. 4. (8 S.)

Lebensstunden, die letzten, des Kaisers Nicolaus des Ersten. Nebst seinem Testament. Aus dem Ruff. übertr. von M. Joel. 1. und 2. Aufl. gr. 8. (29 S.) Berlin 853. [Schneider.] *

Lebensstunden, die letzten, des Kaisers Nicolaus des Ersten. Nebst seinem Testament. Aus dem Ruff. übertr. von M. Joel. 1. u. 2. Aufl. Berlin 855. F. Schneider. 8. (29 S.) n. 5 ngr.

Lebensstunden, wichtige u. letzte, verschied. Christen von allerlei Stand, Alter u. Lebensart ꝛc. aus d. Schriften berühmter Männer gesammelt v. Jh. Cph. Rößner. 1r Bd. 8. Machnovka 796.

Lebenstag, letzter, Ludwigs d. XVI. mit Kpf. 8. Bamb. 798. Lachmüller. 5 gr

Lebenstage, Goethes drei letzte, die Handschrift eines Augenzeugen ... Heidelberg 1889. V: *Coudray, Clemens Wenceslaus.* (EB)

— letzte, Lebrechts. 8. Berl. 780. Wever. (Sander). 6 gr

Lebenstage, letzte, u. Tod des gottseligen großen Reformators Dr. Mart. Luthers, geb. zu Eisleben am 10. Nov. 1483, gest. d. 18. Febr. 1546. 8. Eisleben 846, Reichardt. 1 1/2 ngr

Lebenstage, die letzten, Friedrichs II., Königs v. Preußen, nebst e. Skizze v. s. Thaten u. Charakter, (v.... Bocke). 8. Berl. 787.

Die letzten Lebenstage u. das Hinscheiden des höchstsel. Königs Maximilian II. von Bayern u. der Nachruf seines treuen, schmerzbewegten Volkes. E. Gedenkbüchlein f. Jedermann. Passau, Geo. Kanzler, 1864. Kl. 8°. VIII—120 S. Cart.

Lebensumriss, Kurzer, des ... Pfarrers in Ainring Matthäus Reiter. [Salzb.] o. J. V: *Storch, Franz.* (Hr)

— kurzer, des Grafen Leopold zu Stolberg. (Aus d. XXII. Heft d. Zeitgenossen besonders abgedruckt.) gr. 8. Leipz. 821, Brockhaus. 8 gr

Lebensumriß, Napoleon Bonaparte's. 8. Bresl. ... Buchhelster. 6 gr

Lebensumstände der Frau Sophia Henr. Ettmüller geb. Bürger. Zittau 1799. V: *Ettmüller, Sam. Aug.* (OL)

Lebensumstände des Ritters Ferdinand von St. Urbain. Nürnberg 1770. V: *Exter, Friedrich.* (ML)

* **LEBENSUMSTÄNDE**, Merkwürdige, Elias Bendels, eines Fischers Sohns aus Stockholm Welche darinn bestehen Aus was Ursachen er sein Vaterland verlassen, und sich mit einer holländischen Flotte nach Amerika gewendet wie er auf seiner Reise nach den molokkischen (so!) Küsten überfallen, und gefangen worden auch dessen Flucht und Anlandung an einer unbewohnten Insel geschehen sein zwanzigjähriger Aufenthalt daselbst gewesen und endlich sein Tod, mit Hinterlassung eines einzigen Sohnes auf derselben erfolget von ihm selbst aufgezeichnet, und dem Drucke überlassen. Mit Titelkpf. (Schlüter [?] fec.) u. doppelseitigem Kpfr. (bei S. 96). Dreßden und Leipzig bey Johann Nicolaus Gerlachs Wittwe und Sohn 1770. 8°. (In Berlin: Yv 7081.) (Mangelhafte Interpunktion auf dem Titel.)
XIV (incl. Titel) u. 432 S.
— — Dasselbe. 3. Auflage. Ebd. 1786. 8°. (Citirt Kayser.)

— merkwürdige, Elias Wendels, eines Fischers Sohn aus Stockholm. 8. Dresd. 786. (Weygand in Leipz.) 16 K

Lebensumstände, die merkwürdigsten, des D. M. Luther. Mit 1 Kpf. gr. 8. Karlsr. 817. Müller. 8 K

Lebensumstände des Pf. in Schönau, Joh. Cph. Frenzels . . . Bauzen 1796. V: *Frenzel, Joh. Abrah. Glieb.* (OL)

Lebensverfassung d. heiligen Erentrud. 8. Salzburg, Mayr. 749.

Lebensversicherung, die, s.a. Engelhorn's, J., illustrirte Volksbücher.

Lebensversicherung, die. Populäre Mitteilgn. f. Agenten u. Versicherte. Red.: Otto Kuphal. 28.—30. Heft. à 24 Nrn. (à ca. 4 S.) gr. 8. Gr.-Lichterfelde 907—10. Wallmann. à Heft nn 6. —

Die deutsche Lebensversicherung im Jahre 1904. Sonderabdruck aus »Masius' Rundschau« 1905, Heft VIII. Leipzig 1905.

Die Lebensvers. unter der Kontrolle der Regierung. Berlin 1877.

Lebensversicherung, die, als ein zweckmässiges Mittel, um der Jugend eine Subsistenz zu gründen. Schulen zu organisiren und Gewerbe zu fördern, den Gemeinden zur Einführung empfohlen; mit mehreren derartig entworfenen Plänen. gr. 8. (48 S.) Karlstadt, Ascherfeld in Comm. 1867. 30 kr. (baar 60 kr.)

Lebensversicherung, die rechte. Von dem „deutschen Volksboten" [D. Funcke]. 8. (20 S.) Barmen 870, (Buchh. der evangel. Gesellschaft.)

Die Lebensversicherung für andere als Staatsbeamte, namentlich Eisenbahn- und Postbeamte. Heidelberg 1865.

Die Lebensversicherung für die begüterten Stände der Gutsbesitzer und Pächter, der Großhändler und Fabrikbesitzer, der Inhaber von Majoraten und Fideikommissen. Gotha 1869.

[Lebensversicherung.] Lebens- und Unfallversicherung. Tl 1. Berlin 1909. 4°.
(Preuss. Statistik. 161.)

[Lebensversicherung] Lebens- und Unfallversicherung. Tl 1. 2. Berlin 1909—1915. 4°

Der Lebensversicherungs-Agent als Diagnostiker und als sein eigener Vertrauensarzt beim Abschluß von Versicherungs-Anträgen. Von einem alten Vertrauensarzt. 1868.

Lebensversicherungsanstalten, Die, Deutschlands, ihre Einrichtungen, ihr Zustand und ihre Hoffnungen. [Stuttg. 1852.] V: *Hopf, Gust.* (WFM)

Lebensversicherungsbank, die, für Deutschland in Gotha u. d. Lebensversicherungsgesellschaft zu Leipzig, neben einandergestellt u. nach Grundsätzen u. ihren eigenen Satzungen verglichen u. beurtheilt v. F. H—ff. gr. 8. Braunschw. 830. Vieweg. 9 K

Nürnberger Lebensversicherungs-Bank (Nürnberg). 1884 bis 1909. — (Nürnberg 1909: Schwemmer.) 9 S. 4° [Umschlagt.]

Lebensversicherungsgesellschaft, die, Union in Paris. (Statuten u. Plan mit 6 Tabellen.) Nach d. Original übersetzt. 2e A. gr. 8. Augsb. 830. Wolff. 4 K

Lebensversicherungs - Gesellschaften, Die amerikanischen, und ihre Gegner. Eine Erwiderung. Wien 1885. V: *Stahl, Oscar Ritter v.* (WFM II, S. 306)

Lebens-Versicherungs-Gesellschaften, die deutschen, in den J. 1884 und 1885. gr. 8. (40 S. mit 6 Tab.; 515 S. mit 3 Tab.) Berlin, (Kühl.) à Jahrg. *
—— dass. — in den J. 1886 und 1887. gr. 8. (51; 52 S. mit Tab.) (Ebendas.) 887,88. à Jahrg. *
Vorstehende vier Jahrgänge sind aus: Berliner Börsen-Zeitung, besonders abgedruckt.

Lebens-Versicherungs-Gesellschaften, die deutschen, in den J. 1888—1890. gr. 8. (à Jahrg. 56 S. m. Tab.) Berl. 889—91, Kühl. à Jahrg. * 1 50
Aus: Berliner Börsen-Zeitg., besonders abgedruckt.

Lebens-Versicherungs-Gesellschaften, die deutschen, in d. J. 1889—1893. [Aus: „Berliner Börsen-Zeitg."] gr. 8. (56 S. m. 5 Tab.; 56 S. m. 5 Tab.; 58 S. m. 6 Tab.; 60 S. m. 5 Tab.; 62 S. m. 5 Tab.) Berlin 890—894. (W. H. Kühl.) à Jahr n. 1. 50

Lebens-Versicherungs-Gesellschaften, die deutschen, in d. J. 1894—1897. [Aus: „Berliner Börsen-Zeitg."] gr. 8. (65 S. m. 6 Tab.; 61 S. m. 6 Tab.; 59 S. m. 5 Tab. u. 60 S. m. 5 Tab.) Berlin 895—898. (W. H. Kühl.) à Jahrg. n. 1. 50

Lebens-Versicherungs-Gesellschaften, die deutschen, i. d. J. 1898—1901. gr. 8. (62 S. m. 5 Tab.; 67 S. m. 3 Tab.; 56 S. m. 3 Tab. u. 60 S. m. 3 Tab.) Berlin 899—902. (W. H. Kühl.) à n. 1. 50
Sonderabdrucke aus: „Berliner Börsen-Zeitg."

Lebens-Versicherungs-Gesellschaften, die deutschen in d. J. 1902. 1904 u. 1905. (52, 36 u. 40 S. m. je 3 Tab.) gr. 8. Berlin 903. 905. 906. (W. H. Kühl.) à n. 1. 50
Sonderabdrucke aus: „Berl. Börsen-Zeitg."

Lebensversicherungs-Gesellschaften, die deutschen, in d. J. 1906—1908. (38, 35 u. 35 S. m. 3, 3 u. 4 Tab.) 8. Berlin 907—09. (W. H. Kühl.) à 1. 50
Sonderabdrucke aus: „Berl. Börsen-Ztg."

— die deutschen, im J. 1904. (III, 76 S.) 8. Gr. Lichterfelde 905. Wallmann. n.n. 2. —
Sonderabdruck aus: „Wallmann's Versichergs.-Ztschr."

— die deutschen, in d. J. 1905—1909. (III, 79; III, 80; 88, 92 u. 96 S.) gr. 8. Gr.-Lichterfelde 906—10. Wallmann. à nn 2. —
Sonderabdruck aus: „Wallmann's Versichergs.-Ztschr."

Die österr.-ungar. Lebensversicherungsgesellschaften im Jahre 1903. 8°. (49 S. mit 1 Tafel) † K 1.—
Wien: Gerold 1904.

Lebensversicherungskasse, Die erste Darmstädter. [Aus Darmst. Tagblatt Nr. 111 vom 18. Mai 1912, S. 38] V: *Raab, Philipp.* (Hessische Biographien. Hgbn. von Herman Haupt, Darmstadt, II/2 [1921], S. 105)

Lebens-Vorschrift. 1 Bl. 4°. [Kopftit.] [Steindruck.]
„Auf Gott setz' dein Vertrauen; nicht auf dich" . . . 358 a

Lebens-Wahrheiten auf dem Gebiete der Prosa und Poesie gesammelt. 16. (159 S.) Jena 863, Mauke's Verlag. *

HIMMLISCHER LEBENS-WANDEL oder: Tägliche Uebungen einer einig und allein Gott gewiedmeten, und geopfferten christlichen Seelen, und wahrhaften Tugendspiegel, bestehend in auserlesenen Morgens- und Abends- Meß-, Beicht- und Communion-Gebetlen, auch zu denen heiligen auserwählten Patronen zusammengebracht. Caschau 1759. 238 S. 2 f.

LEBENSWANDEL, Schwachheiten und Reue eines Frauenzimmers. (Aus d. Französ. von Frdr. Bernh. Herloss). 3 Thle. O. O. (Gotha, Ettinger) 1787. 8°. 294 fortlauf. pagin. S. (4 Mk. 50 Pfg. W. H. Kühl, Berlin, c. 1883; 3 Mk. Julius Neumann, Magdeb., 1906.)
Orig. (in München): Vie, faiblesses et repentir d'une femme. 3 part. 1786. 8°.

Lebenswasser. Evangelisches Wochenblatt. Hrsg. v. Holtey-Weber. 1. u. 2. Jahrg. Oktbr. 1900—Septbr. 1902. à 52 Nrn. hoch 4. (à 8 S.) Hagen, O. Rippel.
à Jahrg. n.n. 2.—
Erscheint nicht mehr.

Lebenswecker, der neue, (Regenerator) und seine wunderbaren Wirkungen zur Erhaltung der Gesundheit, körperlichen Schönheit und Wiederherstellung verlorener Kräfte. gr. 8. (30 S.) Dresden 864, (Wolf's Buchh.)

Lebensweg

— s. auch Leben.

Lebensweg für Glück und Tugend 2c. 8. Hof, Grau. 806.

Lebensweg des guten Mädchens ... Baireuth 1804. V: *Seidel, Carl Aug. Gottlieb.* (StAt)

— eines guten Mädchens, nach Lichtenberg u. Chodowiecki; vom Verf. d. Stunden für Wahrheit u. Tugend 2c. Mit 6 Kpf. 12. Bayr. 804. (Grau in Hof). 1 ₰ (Magaz. f. Industr. in Leipz.) 16 ℊℊ

Lebensweg, Mein, über Tübingen nach Algier und von der Kanzel zur Fahne. Stuttgart 1839. V: *Kuhn, A.* (Heyd)

Lebensweg, mein, üb. Tübingen nach Algier u. von d. Kanzel zur Fahne. 16. (10 B.) Stuttgart 839, [Liesching u. Comp.]

Lebenswege. Ein Familienbild, gezeichnet nach Erfahrung und Phantasie von B(ertha) W(eickhmann). gr. 8. (413 S.) Berlin 855, (Nicolaische Buchh.) *

Lebenswege, die beiden. Von Andreas dem Erzähler. 2., durchgesch. Aufl. 8. (154 S.) Aachen 867, Cremer'sche Buchh.

Lebenswege, drei. Eine Erzählung für alle Stände. Frei aus dem Engl. übersetzt. gr. 16. (88 S.) Winterthur 848, [Hegner's Buchh.]

Lebenswege, drei. Ein Charakterbild in 5 Aufzügen. 12. (58 S.) Regensburg 887. (J. Habbel.) n. — 80

—— vier. Bilder aus dem Skizzenbuche eines Dilettanten. 2 Bde. 8. (504 S.) Leipzig 855, Kollmann.

Lebensweisheit, die, d. Hindus. Aus d. Handschrift eines alten Braminen in engl. Sprache herausg. von dem Grafen von Chesterfield. In treuer Uebersetzung seinen deutschen Landsleuten gewidmet, v. J. Schmitz. gr. 12. Düsseld. 825. Schreiner. 12 ℊℊ

Lebensweisheit, die, der Hindus. Aus den Papieren e. alten Brahminen hrsg. vom Grafen v. Chesterfield. Autoris. deutsche Ausg. v. Jac. Schmitz. (VI, 187 S.) 8. Leipzig 904. [Jaeger.] Theosoph. Centralbuchhdlg.
n. 3.—

Lebensweisheit des heiligen Ignatius v. Loyola. Beherzigungen für alle Tage des Jahres. (Aus dem Latein. neu übers.) Mit einer Vorrede von Joh. Nep. Stöger. 1. Aufl. 1864. * 25 Ngr. und 2., wohlf. Ausg. 12. (XX und 402 S.) Wien 865, Sartori. **

Lebensweisheit des heil. Ignatius v. Loyola. Beherzigungen für alle Tage des Jahres. [Aus dem Latein. neu übers.] Mit einer Vorrede von Joh. Nep. Stöger. 3. verb. Aufl. 8. (422 S.) Regensburg 881, Manz.

Lebensweisheit des Seelsorgers für Pfarrhaus und Gemeinde vom Standpunkte der priesterlichen Vollkommenheit. Mit 1 Titelbilde nach Deger. 2. unver. Aufl. Dülmen: A. Laumann 1906. (VI, 200 S.) 8° [F.] [07. 9466 6

Lebensweisheit f. alle Stände; a. d. Engl. v. D. W. Soltau. *Braunschw.*, Vieweg u. Sohn. (821.) 8° 20 ℊℊ

Lebensweisheit für alle Stände. Nach d. Engl. Braunschweig 1822. V: *Soltau, Dietr. Wilh.* (Ky)

— für alle Stände. Nach d. Engl. (v. D. W. Soltau.) 12. Braunschw. 822. Vieweg. 20 ℊℊ

Lebensweisheit, weibl., e. Lehrspiegel f. strebsame Jungfrauen. Aus dem Engl. 8. Stuttgart 843, Steinkopf'sche B. 3/4 ₰

D. Joh. Hinr. Wicherns **Lebenswerk** in seiner Bedeutung für das deutsche Volk. In Verbindung mit mehreren Fachgenossen hrsg. von M[artin] Hennig, Dir. d. Rauhen Hauses. Hamburg: Rauhes Haus 1908. (IV, 103 S.) 8° [F.] [08. 12870

Lebenswerth. [Leipzig 1794.] V: *Schreiber, Alois Wilhelm.* (MGT)

Lebenswerte. Sammlg. illustr. eth. Essays. Hrsg. von Elisar v. Kupffer u. Eduard v. Mayer. 1.—5. Heft. 8. Jena, H. Costenoble. à — 80;
zusammen in 1 Leinw.-Bd. 5.—
Kupffer, Elisar v., Heiland Kunst. Ein Gespräch in Florenz. Mit 4 Bildern. (39 S.) 907. (Heft 3.)
— Olympia u. Golgatha. Mit 5 Bildern. (44 S.) 907. (Heft 1.)
— u. Eduard v. Mayer, Priesterin Mutter. Mit 4 Bildern. (36 S.) 907. (Heft 5.)
Mayer, Eduard v., der Dienst des Goldes. Wie werde ich reich? Mit 2 Bildern. (38 S.) 907. (Heft 4.)
— Die Märchen der Naturwissenschaft. Mit 2 Bildern. (40 S.) 907. (Heft 2.)

Lebenswindungen. Wahrhafte Schicksalsscenen nichtberühmter Personen. 8. (14 B.) Weimar 830. [Leipzig, Böhme.]

LEBENSWINDUNGEN. Wahrhafte Schicksalsscenen nichtberühmter Personen. Weimar, Hoffmann, 1830. 8°.

Lebenswirren aus Gegenwart und Vergangenheit. Erzählungen vom Verf. des Romans »Heliodora«. Leipzig 1844. II. V: *Lindau, Wilh. Adf.* (DARP)

— aus Gegenwart u. Vergangenheit. Erzählungen v. Verf. des Romans: „Heliodora." 2 Thle. 8. Leipzig 844, Kollmann. 2 3/3 ß

Lebenswirren in aristokratischen Kreisen. (Das Duell. — Der junge Graf. — Die Pseudonymen.) 8. Hamburg 841, Meißner. 1 1/2 ß

Lebenswirren in aristokratischen Kreisen. Drei Novellen. Das Duell. — Der junge Graf. — Die Pseudonymen. Neue wohlf. (Titel-) Ausg. 8. (275 S.) Hamburg (841) 850, Meißner. 2/3 ß

Lebenswoche, Die letzte, Jesu. [Braunschweig 1777.] V: *Heise, Johann Christoph Friedrich.* (MGT)

Lebenswogen. 1 u. 2. Heft. 8. Lengerich (910). Bischof & Klein. à — 20
Blomberg, A. v., wer ist mein Nächster. Eine Erzählg. aus dem Ungarlande. (64 S.) (Heft 2.)
Meister, Fr dr., im schwarzen Fleet. Erzählg. (64 S.) (Heft 1.)

Lebensworte f. alle Tage im Jahr. Eine Auswahl aus sämmtl. Losungsbüchlein des Grafen v. Zinzendorf, herausg. v. Alb. Knapp. 16. (XIV u. 366 S.) Calw 847. Stuttgart, J. F. Steinkopf in Comm. n. 8 ngr

Lebenszeugen. Gedichte v. Homo Theos. (80 S.) 8. Dresden 910. R. Kraut. 1. 50

Neue **Lebensziele.** Ansprachen an junge Mädchen. Hrsg. v. Gertrud Bäumer. H. 1–5. — Leipzig: Voigtländer 1907–1909. 8°

1. Freudenberg, Ika: Weshalb wendet sich die Frauenbewegung an die Jugend? 1907. 15 S.
2. Lange, Helene: Soziale Arbeit – eine Lebensaufgabe unserer Zeit. — Gertrud Bäumer: Was sind wir unserem geistigen Ich schuldig? 1907. 15 S.
3. Salomon, Alice: Was unser Leben an Pflichten fordert und an Glück verheißt. — Die Entfaltung der Persönlichkeit und der sozialen Pflichten. 1907. 16 S.
4. Bennigsen, Adelheid v.: Der Weg der Pflicht. 1907. 12 S.
5. Salomon, Alice: Mütter u. Töchter. 1909. 16 S.

Λεβεντόπουλος, Ἀθανάσιος, ἐκ Καλαβρύτων: Ἡ α' καὶ ἡ β' ἀπολογία ὑπὲρ Χριστιανῶν Ἰουστίνου Φιλοσόφου καὶ Μάρτυρος καὶ ὁ κατὰ Ἑλλήνων λόγος Ἀθανασίου τοῦ Μεγάλου. *Ἐν Ἀθήναις 1900: Τυπογρ. Κτένα.* (11, 46 S.) 8°
Erlangen, Phil. Diss. v. (9. Jan.) 1896

Lebentopoulos, A., *ἡ Α καὶ Β ἀπολογία ὑπὲρ χριστιανων Ἰουστίνου καὶ Μαρτυρος καὶ ὁ Ἑλλήνων λόγος Ἀθανασίου του Μεγαλου.* Diss. 1901. 1.50

Leber, Fr. O. Edler von. [Necrolog.] Wien 1847. V: *Feil, Jos.* (EB)

Leber. Quels services l'Allemagne a-t-elle rendus à l'étude de la langue française? Bonn, G., 1870. 16 S. 4. Progr.

Leber, A., s.: Beiträge zur Trachom-Forschung.

A. Leber. Der General Coletta und seine Geschichte des Königreichs Neapel. Lebensnachrichten über den Verfasser nebst Proben aus seinem Werke. 39 S. Heidelberg, P 1845

Leber, A., s. Colletta, P., Geschichte des Königreichs Neapel.

— Elementarbuch der latein. Sprache, enthaltend die Elementargrammatik, nebst zahlreichen latein. u. deutschen Uebungsstücken, nach einer naturgemäßen Stufenfolge eingerichtet u. mit einem Wörterverzeichnisse versehen. gr. 8. Ebend. 842. 11/12 ß — 2. verb. Aufl. Ebend. 846. 27 ngl

Leber, A., Elementarbuch der lateinischen Sprache, enthaltend die Elementargrammatik, nebst zahlreichen latein. und deutschen Uebungsstücken, nach einer naturgemäßen Stufenfolge eingerichtet und mit einem Wörter-Verzeichnisse versehen. 3. Aufl. gr. 8. (XVI und 360 S.) Stuttgart 854, Schweizerbart'sche Vrlgsh. Thlr.

Leber, A., Elementarbuch der lateinischen Sprache, enthaltend die Elementargrammatik, nebst zahlreichen latein. und deutschen Uebungsstücken, nach einer naturgemäßen Stufenfolge eingerichtet und mit einem Wörter-Verzeichniß versehen. 4., verb. Aufl. gr. 8. (XVI und 377 S.) Stuttgart 861, Schweizerbart'sche Verlagsh.

—— Handbuch d. französ. Sprache u. Literatur, enthalt. eine Uebersicht d. franz. Literaturgeschichte, nebst zahlreichen klass. Musterstücken in Poesie u. Prosa, nach Fächern geordnet. 2 Bde. gr. 8. Stuttgart 842, Schweizerbart'sche Buchh. à
Bd. 1. Literaturgeschichte u. Musterstücke der Poesie. (33 B.)
" 2. Musterstücke der Prosa. (32 1/4 B.)

— Handbuch zum Uebersetzen aus d. Deutschen ins Französ. 1. Abthl. gr. 8. Carlsruhe 843, Nöldeke. 7/8 ß

— Sammlung d. vorzüglichsten Reden aus d. Zeit der französ. Revolution, zugleich eine Ergänzung zu jeder Geschichte der französ. Revolution. 1. Bd., die Reden der Nationalversammlung enthaltend. 1. u. 2. Thl. A. u. d. T.: Choix des plus beaux discours du temps de la revolution française, 1er Vol., Discours tenus à l'assemblée nationale. 1., 2. partie. 16. Stuttgart 844, 45, Schweizerbart. à 7/8 ß

Leber, Alfred Th(eodor): Zum Stoffwechsel der Krystalllinse. Leipzig: W. Engelmann 1905. (45 S.) 8° ¶(Aus: v. Graefes Archiv f. Ophthalmologie Bd 62, H. 1.)
Heidelberg, Med. Fak., Ref. Koßel, Diss. v. 23. Febr. 1905
[Geb. 7. März 81 Antwerpen; Wohnort: Heidelberg; Staatsangeh.: Baden; Vorbildung: Athenäum Antwerpen Reife Sommer 99; Studium: Heidelberg 6, München 1, Berlin 1, Heidelberg 2 S.; Coll. 23. Febr. 05; Approb. 1. April 06.]

Leber, C., s. a. L e b e r, Karl

L e b e r, C., Grammaire générale synthétique etc. 8. Paris, Schöll. 808.

Leber, Charles T(heodor), a. Hoboken, U.S.A.: Beiträge zur Pyrimiden-Synthese. Heidelberg 1906: J. Hörning. (63 S.) 8°
Heidelberg, Naturw.-math. Fak., Ref. Curtius, Diss. v. 15. März 1906
[Geb. 14. Sept. 78 Hoboken; Wohnort: Hoboken N. Y.; Staatsangeh.: Vereinigte Staaten; Vorbildung: Gymn. Heidelberg Reife M. 99; Studium: Heidelberg 6, Leipzig 1, Heidelberg 6 S.; Rig. 2. März 06.]

Leber, Constantine, s. L e b e r, Konstantin

Leber, Engelbert: Die Frage der Selbstkostenberechnung von Gußstücken in Theorie und Praxis. Aufstellung einer gerechten Stück-Kalkulationsmethode auf vollständig neuer Grundlage, sowie kritische Behandlung der gebräuchlichsten Verfahren. Düsseldorf: Stahleisen 1910. VIII, 126 S. 4°
¶ Auch als Buch; kurzer Ausz. in: Stahl u. Eisen. Jg. 30, Halbj. 1.
Dresden, Dr.-Ing.-Diss. v. 23. 11. 1910

Leber, Ewald: Die Behandlung der Ischias mit besonderer Berücksichtigung der durch die 'Injektionstherapie' erzielten Heilerfolge. Bonn (1910): Trapp. 35 S. 8°
Bonn, Med. Diss. v. 25. Juni 1910, Ref. Schultze
[Geb. 10. Dez. 82 Anrath; Wohnort: M.-Gladbach; Staatsangeh.: Preußen; Vorbildung: Gymn. Viersen Reife O. 04; Studium: Würzburg 3, Marburg 2, Bonn 1, Freiburg i. B. 1, Bonn 3 S.; Coll. 21. Juli 09; Approb. 1. Juni 10.] [U 10. 319

Leber, Ferdinand (Joseph) von: Abhandlung von der Nutzbarkeit des Schierlings in der Wundarzneykunst. 79 S., gbd., Abb.

Wien: Trattner 1762

JB 3.224

Leber, Ferdinand (Joseph von): Praelectiones anatomicae. (Vorlesungen über die Zergliederungskunst. Lat.) Editio nova...correcta et aucta. 415 S., gbd.

Vindobonae: Graeffer 1778

JB 680

— Umriß der Zergliederungskunst rc. umgearb. u. verm. herausg. von v. J. Chr. Rosenmüller. gr. 8. Leipz. 808. Köhler. 1 ℛ 12 ℊ Schrbp. 2 ℛ 4 ℊ (A. u. d. T.: Handbuch d. Anatomie, nach Lebers Umrisse rc. 2e Aufl., s. Rosenmüller, Handbuch.)

— Vorlesungen über Zergliederungskunst. gr. 8. Wien 775. 2e, A. 778. (Blumauer). 1 ℛ 4 ℊ

Leber F.: Vorlesungen üb. die Zergliederungskunst. Wien 1776. 528 S.

Leber, Ferdinand (Joseph von): Vorlesungen über die Zergliederungskunst. 2. verbess., und verm. Aufl. 522 S., gbd.

Wien: Gräffer 1778

JB 679

Leber, Ferdinand (Joseph von): Vorlesungen über die Zergliederungskunst. 576 S., gbd., 1 Tab.

Wien: Gräffer 1782

JB 6.516

v. Leber, Fr., Wiens kaiserliches Zeughaus zum ersten Male aus histor.-krit. Gesichtspunkte betrachtet, für Alterthumsfreunde u. Waffenkenner beschrieben. 2 Thle. Mit 2 Titelbildern. gr. 8. Leipzig 846, Köhler. n. 3 1/3 ℛ

Leber, Frz., Lehrgang im Notensingen f. Volksschulen u. höhere Lehranstalten sowie zum Selbstunterricht. 4 Schülerhefte. 8. Leipzig (904). R. Voigtländer. n. — 85
1. (15 S. m. 2 Taf.) — 15. — 2. (15 S. m. 2 Taf.) — 20. 3. (20 S. m. 2 Taf.) — 20. — 4. (36 S. m. 2 Taf.) — 30.

— dasselbe. Lehrerheft. (VIII, 182 S. m. Fig. u. 2 Taf.) 8. Ebd. 904. Kart. n. 2. —

Leber, Frdr., Angélique. Drama in 1 Aufzug. Nach dem Franz. des François Coppée. gr. 8. (27 S. m. 1 Bildn.) Nürnberg 895. C. Koch. n. 1. —

Leber, Frdr., Bayerns Dichter in Wort u. Bild. (239 S.) 8. Nürnberg 906. (C. Koch.) Geb. in Leinw. n.n. 4. —

Leber, Frdr., neues Dichteralbum, s.: Dittmar, Frz.

— bayer. Dichterbuch, s. Dittmar, Frz.

Leber, Frdr., Glücksahnung. Dramatisches Gedicht. 8. (36 S.) Nürnberg 894. C. Koch. — 50

— lustiger Kneipen-Führer f. alle Schützenbrüder zum XII. deutschen Bundesschießen durch die feucht-fröhliche Fest-Stadt Nürnberg. gr. 16. (24 S.) Nürnberg 897. C. Koch. n.n. — 30

— Nürnberg-Fürther Spazier-Gänge m. d. fränk. Schweiz. Prakt. Führer durch Nürnberg-Fürth, ihre näh. u. weit. Umgebg. gr. 16. (100 S. m. 1 Karte.) Fürth 897. A. Schmittner. — 45

— d. Deutschen Reiches Schatzkästlein! Ein humorist. Führer durch Nürnberg (in Reimen.) 8. (42 S.) Nürnberg 892. S. Soldan. n.n. — 50

— Nürnberger Spazier-Gänge m. d. fränk. Schweiz. Prakt. Führer durch Nürnberg, s. nähere u. weitere Umgebg. 3. Aufl. 4.—6000. gr. 16. (100 S. m. 1 Karte.) Ebd. 897. n. — 40

— Nürnberger Spazier-Gänge m. der fränk. Schweiz. Praktischer Führer durch Nürnberg, seine nähere u. weitere Umgebg. 4. Aufl. 6.—10. Tausend. 12. (118 u. V S. m. 2 farb. Karten.) Nürnberg 900. C. Koch. n. — 60

Leber, G. Mart., s. Synopsis Evangeliorum Matthaei etc.

Leber, Gust., die Bedeutung der Heimatskunde in unterrichtlicher u. erziehlicher Beziehg. u. ihre method. Behandlung, s. a. Greßler's, F. G. L., pädagogische Blätter.

Die Bedeutung der Heimatskunde in unterrichtlicher und erziehlicher Beziehung u. ihre method. Behandlung. Von Gustav **Leber**, Lehrer. Langensalza: F. G. L. Gressler 1906. (57 S.) 8° [J.]
= Blätter, Gresslers pädagogische. H. 3. [06. 13457 S

Leber, Guſt., die Perſönlichkeit des Lehrers u. ihr Einfluß auf Erziehung u. Unterricht, ſ.a. Greßler's, F. G. L., pädagog. Blätter. 7. Heft.

Die Persönlichkeit des Lehrers und ihr Einfluß auf Erziehung und Unterricht von Gustav Leber. Langensalza: Greßler 1908. 53 S. 8°
(Greßlers Pädagogische Blätter. H. 7.) [09. 1382 3]

Leber, Hans, die Fettsucht. Gemeinverständlich dargestellt. gr. 8. (79 S.) München 908. Verlag der ärztl. Rundschau. n. 2. —

Leber, Hans [aus Fürth]: Toxikologische Untersuchungen über die Wirkung des Hydroxylamins.... Nürnberg, Druck v. J. Grohrock, 1888; 26 S. 8°
Erlangen, Med. Fak., Inaug.-Diss. v. 18. Jul. 1888

Leber, Karl

Leber, C.: ſ. a. Staats- u. Kommunal-Adreß-Handbuch f. den Reg.-Bez. Wiesbaden.

Leber, Karl, Staats- und Communal-Adress-Handbuch für den Regierungsbezirk Wiesbaden für 1903/04 ff. Bearb. auf Grund d. ges. amtl. Materials u. hrsg. Wiesbaden 1903 ff. 8°.
1903/04, 1903. 1907,08, 1906. 1909/10, 1909.

Leber, Konstantin

Leber, Rev. P. Constantine. D St Marien-Gemeinde in der Stadt Allegheny, Pa. Pittsburgh, 1898.

Leber, Max Edler v., die neue Brückenverordnung des österreichischen k. k. Handels-Ministeriums vom 15. Septbr. 1887, R.-G.-B. 109, und ihre techn. Begründung. Mit Erläuterungen und Hilfstabellen zur prakt. Anwendung versehen. 2 Bde. Lex.-8. (1. Bd. X, 225 S. mit Anleitungen für Constructeure, Berechnungsbeispielen, sowie vielen Holzschn. und Taf.; 2. Bd. XVI, 84 S.) Wien 888, (Braumüller.) *
Subscr.-Pr. *

Leber, Max Edler v., das Eisenbahnwesen in Frankreich zur Zeit der Pariser Weltausstellung im J. 1878. Ein Bericht an das hohe k. k. Handelsministerium über eine in Folge hohen Auftrages unternommene Studienreise. Fol. (V, 226 S. mit 21 photolithogr. Taf.) Wien 880, Gerold's Sohn. geb. *

— — Grundzüge des Ingenieurwesens, deutsch bearb. v. Dr. Fr. Schubert. 2. Aufl. Mit 197 Holzschn. Stuttgart 1853. 8°.

— — Lehrbuch der Wissenschaft u. Kunst des Civil-Ingenieurs, besonders des Strassen- u. Brückenbaues. Frei bearb. v. Dr. Fr. Schubert. Mit 146 Holzschn. im Text. Stuttgart 1850. 8°.

Leber, Max. Edler v., die oesterreichischen Maasse und Gewichte am 1. Januar 1873 und das metrische System. Mit einer Sammlung von Umwandlungs-Tabellen und einer Anleitung zu deren Benützung. Im Auftrag der k. k. Central-Inspection der oesterreich. Eisenbahnen berechnet. Lex.-8. (73 S.) Wien 871, k. k. Hof- und Staatsdruckerei. *

Tabularum ad faciliorem et breviorem, in Georgii Vegae 'Thesauri logarithmorum' magnis canonibus, interpolationis computationem utilium, trias. Construxit atque digessit Maximilianus de Leber, in Caes. R. Austriae ferroviarum minist. consiliarius sectionis ... *Vindobonae: Excud. propriis impensis ipse auctor 1897.* (51 S.) 1 Bd 4.(8.) [98. 2954]

Leber, Thdr., der Augenspiegel. Vortrag, geh. im Saale d. literar. Museums zu Göttingen den 16. Febr. 1872. gr. 8. (30 S. m. 2 eingedr. Holzschn.) Berlin 872. Peters. n. 1. —

Leber, Th., s.: Bericht üb. d. 25. etc. Versammlung d. ophthalmologischen Gesellschaft.

Leber, Th., s.: Bericht üb. die 27.—29. Versammlg. der ophthalmolog. Gesellschaft.

Leber, Th., s.: Bericht üb. die 30. Versammlung der ophthalmologischen Gesellschaft.

Leber, Thdr., die Entstehung der Entzündung u. die Wirkung der entzündungerregenden Schädlichkeiten. Nach vorzugsweise am Auge angestellten Untersuchgn. gr. 4. (XIV, 535 S. m. 8 lith. Taf., 2 Holzschn. u. 8 Bl. Erklärgn.) Leipzig 891. W. Engelmann. n. 30. —

— s.: Graefe's, Albr. v., Archiv f. Ophthalmologie.

— die Gründung der (Heidelberger) Universitäts-Augenklinik u. ihre ersten Direktoren, — Willy Kühne, s.: Professoren, Heidelberger, aus dem 19. Jahrh.

Leber, Th., anatomische Untersuchungen über die Blutgefässe des menschlichen Auges. [Aus d. Denkschriften der k. Akad. d. Wiss.] Wien 865. (Gerold's Sohn.) gr. 4. (34 S. mit 4 Steintaff. in Farbendr. u. 1 Chromo-Zinkographie.) n. 2 *ꝛß* 20 *ngr.*

— u. J. B. Rottenstein, Untersuchungen über die Caries der Zähne. Berlin 867. A. Hirschwald. gr. 8. (V, 94 S. mit 2 Steintaff.) n. 24 *ngr.*

— die Circulations- u. Ernährungsverhältnisse des Auges, s. a Graefe, Alfr., u. Thdr. Saemisch, Handbuch der gesamten Augenheilkunde. II. 2.

Die Cirkulations- und Ernährungsverhältnisse des Auges. Von Dr. Th[eodor] Leber, Prof., Heidelberg. Mit 47 Abb. im Text u. auf 5 Taf. *Leipzig: W. Engelmann 1903.* (X, 534 S.) 8°
= Handbuch d. gesamten Augenheilkunde. 2. Aufl. Bd 2, Abt. 2. [C4. 1809]

Leberberger: Der Leberberger
v. Leberberger-Anzeiger (I).

Leberberger: Der jungfreisinnige Leberberger
① Organ der freisinnigen Jungmannschaft des Leberbergs. Vorwärts! Unverzagt! Ortsvereinigungen: Grenchen, Bettlach, Selzach, Bellach, Langendorf, Lommiswil, Oberdorf, Rüttenen, Günsberg-Niederwil-Balm, Riedholz-Feldbrunnen-St. Niklaus, Flumenthal-Hubersdorf-Kammersrohr ⑤ 5. 5. 1904 —Oktober 1904 ⑥ 2° ⑦ Monatsblatt ⑧ Solothurn: Zepfelsche Buchdrukkerei ⑩ Ausschuß der jungfreisinnigen Vereinigung des Leberberges ⑪ Redaktionskommission ⑫ jungfreisinnig ⑭ Be: L ⑮ Die Nummer vom September 1904 fiel aus.

Leberberger-Anzeiger (I)
② Der Leberberger (ab 6. 1. 1861) ⑤ 6. 1. 1861 (mit Probenummern 1—9, vom 4. 11.—30. 12. 1860)—30. 6. 1861 ⑥ 8° ⑦ Wochenblatt ⑧ Solothurn: Friedrich Adolf Weinau ⑩ Cercle littéraire et industriel. Grenchen ⑪ Franz Josef Schild (1821—1889), Arzt und Schriftsteller ⑫ fortschrittlich ⑬ Strub W.: Heimatbuch Grenchen (Solothurn 1949), S. 541 ⑭ Be: L ⑮ Erste Zeitung Grenchens, eine Verbindung von Nachrichten- und Anzeigeblatt. Das Blatt enthält viele Mitteilungen kultureller Art über den obern Leberberg.

Leberecht, Peter. Eine Geschichte ohne Abentheuerlichkeiten. Berlin 1795—96. V: *Tieck, Joh. Ludw.* (MGT) (EE)

Leberecht Flott, Sanct Veloципed. Eine moderne Reiſelegende. gr. 16. (27 S.) Hamburg 869, Richter. *

LEBERECHT der Freymüthige (ps.). — Die verkehrte Heirath, ein unterhaltendes ernsthaftes Histörchen, auf Wahrheit gegründet. (Hof- u. Liebesintriguen.) Zum Nutzen u. Frommen für jeden Leser ans Licht der Welt gebracht von *Leberecht dem Freymüthigen.* 2 Thle. Leipzig (Schäfer) 1803. Gr. 8°. Selten! (3 Mk. Heinr. Lesser, Breslau, 1875.)

Leberecht, Emil, Wie dienst Du? Ein Wort zu Nutz und Frommen unserer Dienstboten. 8. (112 S.) Stuttgart 884, (Buchh. der Evangel. Gesellschaft.) * 35 Pf.; cart. *

Leberecht, Emil, wie dienst Du? Ein Wort zu Nutz und Frommen unserer Dienstboten. 2. verm. Aufl. (156 S.); 3. Aufl. 8. (152 S.) Stuttgart 885,88, (Buchh. der Evangel. Gesellschaft.) * 40 Pf.; cart. *

Leberecht, Emil, wie dienst du? Ein Wort zu Nutz u. Frommen unserer Dienstboten. 5. Aufl. 8. (159 S.) Stuttgart 897. Buchh. d. Evang. Gesellschaft. n. — 40; kart. n. — 60

Leberecht, Emil (E. Riecke), wie dienst du? 6. neubearb. Aufl. (159 S.) kl. 8. Stuttgart 909. Buchh. der ev. Gesellschaft. — 50; kart. — 75; geb. 1. —

Leberecht, Franz (geb. Luckau in d. Lausitz 30. 9. 1844): Ueber 40 Fälle von Gebärmutterpolypen. Berlin (1868). (37 S.) 8°
Berlin, Med. Diss. v. 31. Juli 1868

Leberecht, Freimuth, vertrauliches Gespräch über Schulangelegenheiten zwischen einem Schulmanne u. einem Particulier. Oder: So dumm ist ein Schulinspector d. 19. Jahrhunderts. gr. 8. Oldenburg 844, Schulze'sche Buchh. n. 1/3 ₰

— ein Wort zur Prüfung an alle Freunde der Gerechtigkeit u. Wahrheit, insbesond. an alle Kenner u. Freunde des Volksschulwesens. (Zweiter Beitrag zur Emancipation der Volksschulen.) gr. 8. Ebend. 844. 1/8 ₰

Leberecht, G. M., Gott unser Alles. Ein Gebet- u. Erbauungsbuch für kathol. Christen. Mit 5 Stahlst. 8. (587 S.) Wien 851, Grottendiek. 1 ₰

Leberecht, G. M., Gott unser Alles. Ein Gebet- und Erbauungsbuch für kathol. Christen. 8. (592 S. mit 5 Stahlst.) Wien 860, Grottendiek. -

Leberecht, G. M., Leben in Gott. Ein Erbauungsbuch für Christen. (Titel-Ausg. von „Gott unser Alles".) 8. (587 S. mit 4 Stahlst.) Wien (851)77, Grottendiek's Verlag. * geb. *

Leberecht, Kurt, der größte Vagabund. Roman. (230 S.) 8. Cythra (907). F. W. Trotzki. 3.—; geb. in Leinw. 4. —

Leberecht, L. M., die Spielbank u. ihre Folgen. Eine Erzählung aus dem Leben. Zur Warnung mitgetheilt. 16. Friedberg 844, Bindernagel. 1/6 ₰

Leberecht, Plazid, Was ist liberal und Wer ist liberal? Ein Wort zur Beleuchtung und Aufklärung der Gegenwart. 15 Stn. gr. 8. Luzern, Gebr. Räber. 1872. —. 20

Leberecht, Tob., Aus einer Fabrikstadt, s. Aus einer Fabrikstadt.

Leberecht, Tob., Gott lebet noch! Zwei wahre Geschichten zur Warnung und zum Troste. 8. (124 S.) Zwickau 858, Verlagsbuchhandlung des Volksschriften-Vereins.

Leberecht, Tobias. Handwerk hat goldnen Boden, s. Köhler's ill. Jugend- u. Volksbibliothek.

—— eine Heirath nach der Mode. Eine Geschichte für Heirathslustige und für Verheirathete. 8. (VI und 212 S.) Zwickau 856, Verlagsbuchhandlung des Volksschriften-Vereins. *

Leberecht, Traugott, eine Predigt üb. Matth. 5, 8. gr. 8. Sondershausen 833. Eupel. 1/12 ₰

Leberechts Abentheuer. Ein Roman, von Fr. Gleich. 8. Leipzig, Weygand. 821.

Leberke, Hans Erich Curt: Der Einfluss bestimmter niedriger Temperaturen auf die in der Kuhmilch vor sich gehenden Veränderungen. Leipzig 1910: Hoffmann. 65 S. 8°
Leipzig, Phil. Diss. v. 19. April 1910, Ref. Kirchner, Pfeffer
[Geb. 21. April 82 Barendt; Wohnort: Leipzig; Staatsangeh.: Preußen; Vorbildung: Realprogymn. Jenkau bis O. 99, pharmaz. Staatsprüf. Leipzig 07/08; Studium: Halle 1, Leipzig 5 S.; Rig. 17. Febr. 10.] [U 10. 3182

Leberkrankheiten, die häufigsten, s.: Miniatur-Bibliothek.

Leberl, A., Kinderpflege u. Kinderzucht. Vortrag. 1. u. 2. Aufl. gr. 8. (15 S.) Gotha 895. G. Schloeßmann. n. — 10

Leberl, A., die Synodal-Ordnung des Großherzogth. S.-Weimar-Eisenach für die Gemeinde erläut. und erklärt. gr. 8. (31 S.) Eisenach 873, Bacmeister. *

Leberl, A. Das Verhältnis d. Konfirmandenunterrichts zum Religionsunterricht der Volksschule. Vortrag. gr. 8. (26 S.) Gotha 889, Schloeßmann. * — 50

Leberl, A., die praktische Vorbereitung der evangelischen Theologen f. das geistliche Amt. Vortrag. gr. 8. (40 S.) Gotha 893. G. Schloeßmann. n. — 80

Leberl, Hans, der Offizier als Erzieher u. Volksbildner. Eine psychologisch-pädagog. Studie. 1.—3. Aufl. (192 S.) gr. 8. Reichenberg (910). P. Sollors' Nachf. 3. —

Leberle, Hans: Beiträge zur Kenntnis der Gattung Mycoderma. Diss. München 1909

Leberle, Hans, Führer durch das Wettersteingebirge, s.: Schwaiger.

Lebermann, Bruno, a. Würzburg: Die pädagogischen Anschauungen Conrad Heresbachs. Hamburg 1906: Berngruber & Henning. (143 S.) 8°
Würzburg, Phil. Fak., Ref. Boll, Diss. v. 2. April 1906
[Geb. 12. April 79 Würzburg; Wohnort: Hamburg; Staatsangeh.: Bayern; Vorbildung: Realgymn. Würzburg Reife Juli 99; Studium: Würzburg 6, München 4 S.; Rig. 9. Juni 05.]

Lebermann, J., aus dem Kunstleben der hess. Residenz am Anfang des vor. Jahrh., s.: Lehmann's jüdische Volksbücherei. 36. Bd.

Lebermann, Naphtali, aus Würzburg: **Belisar in der Litteratur der romanischen und germanischen Nationen.** *Nürnberg 1899: A. Gutmann & Co.* (118 S.) 8° [F.]
Heidelberg, Phil. Diss. v. 1899

Lebermann, Norbert Dr. „Belisar in der Literatur der romanischen und germanischen Nationen". III. Teil. pg. 3—47. 8°. U. E. Sebald. (Teil I und II erschienen als wissenschaftliche Beilagen zu den Jahresberichten des Kgl. Realgymnasiums Nürnberg von 1897/98 und 1898/99.)
Nürnberg, Progr. 1906/07

Lebert, Ant., Gedankenbeherrschung. (29 S.) 8. Schweidnitz 903. P. Frömsdorf. n. — 80

Lebert, Ant., Gedankenbeherrschung. 2., durch e. Anh. verm. Aufl. (41 S.) 8. Lorch 907. K. Rohm. — 80

Lebert, Herm., Abhandlungen aus dem Gebiete der prakt. Chirurgie und der patholog. Physiologie nach eigenen Untersuchungen und Erfahrungen und mit besond. Rücksicht auf die Dieffenbach'sche Klinik in Berlin. gr. 8. (XXVI und 597 S.) Berlin 848, Veit und Comp.

Lebert, Herm., über das Aneurysma der Bauch-Aorta u. ihrer Zweige. Eine Gratulationsschrift für das 500jähr. Jubiläum der Universität Wien. Mit einer histor. Einleitung über den Einfluss der Wiener Schule des vor. Jahrhunderts auf den positiven Fortschritt in der Medicin. Berlin 865. A. Hirschwald. gr. 8. (XCIII, 152 S.) n. 1 ℛ 15 ngr.

Lebert, Herm., Aetiologie und Statistik des Rückfalltyphus und des Flecktyphus in Breslau in den J. 1868 und 1869. Mit einer Einleitung über den Einfluss des Bodens und des Trinkwassers in Breslau auf endem. und epidem. Krankheiten. gr. 8. (XII, 136 S.) Leipzig 870, F. C. W. Vogel. *
Aus: Deutsches Archiv für klin. Medicin, besonders abgedruckt.

Lebert, Herm., Bau und Leben der Spinnen. Nebst Uebersicht und specieller Beschreibung der Schweizer Spinnen. Eine von der Schweizer. Naturforschenden Gesellschaft gekrönte Preisschrift. gr. 4. (VI, 321 S. mit 6 lithogr. Taf.) Berlin 878, Friedländer und Sohn. *

Lebert, [Hermann]. Bex in der Schweiz, als Sommer- und Winter-Kurort. (SA.) 8. Berlin 1874.

Lebert, Herm., die Cholera in der Schweiz und das über dieselbe im züricher Kantons-Spital Beobachtete. Ein Bericht an die Medicinal-Direktion. Lex.-8. (VIII und 93 S.) Frankfurt a. M. 856, Meidinger Sohn und Comp.

(Lebert, Hermann:) Ueber den Einfluss der Wiener medizinischen Schule des achtzehnten Jahrhunderts auf den positiven Fortschritt in der Medizin. (Berlin: A. Hirschwald 1865.) (LXXXIII S.) 4° *(Auch mit Buchtitel: „Über den Einfluss . . . in der Medizin von Dr. Hermann Lebert . . .") [Ist d. Einleit. aus d. Verf. 1865 ebenda erschien. Schrift: „Über das Aneurysma der Bauch-Aorta und ihrer Zweige".]*
Breslau, Glückwunsch d. Univ. z. 500-jähr. Jub. d. Univ. Wien 1865

Lebert, Herm., das Engadin, seine Heilquellen, seine Natur und seine Bewohner. Ein öffentl. Vortrag gehalten in Breslau, den 6. Jan. 1861. Nebst einem medicin. Nachtrage über Tarasp und St. Moritz. gr. 8. (V und 52 S.) Breslau 861, Korn. *

Lebert, Hermann L'Engadine. Ses sources d'eaux minérales, sa nature et ses habitants. Discours public prononcé à Breslau, le 6. Janvier 1861 Suivi d'un appendice médical sur les eaux de Tarasp et de St. Moritz. [Traduit de l'allemand.] 8. Breslau 1861.

Lebert, Hermann. Berolinensis: De gentianis in Helvetia sponte nascentibus. Tur. typ. Schulthess. (1834). 2 Bl., II, 49 S. 8°.
Zürich, Med. Diss. v. 22. März 1834.

—— Conrad Gesner als Arzt, s. Vorträge, akademische.

Lebert, [Hermann]. Conrad Gesner (1516–1565) als Arzt. (Akademischer Vortrag, gehalten am 19. Januar 1854.) 8. Zürich 1854.
Akademische Vorträge von Zürcherischen Dozenten. [Serie 2.] Wintersemester 1853–1854 [N°] 3.

—— Grundzüge der ärztlichen Praxis. 3 Lfgn. gr. 8. (XXII und 942 S.) Tübingen 867,68, Laupp'sche Buchh. à Lfg. * 1 Thlr. 24 Ngr. *

—— Handbuch der acuten Infectionskrankheiten, s. Handbuch der speciellen Pathologie und Therapie.

—— Handbuch der Krankheiten des Harnapparates, s. Handbuch der speciellen Pathologie u. Therapie.

Lebert, Herm., Handbuch der Krankheiten des Circulations-Apparates, s. Handbuch der speciellen Pathologie u. Therapie.

— Handbuch der praktischen Medicin. 2 Bde. Tübingen 858, 59. Laupp. gr. 8. (XVI, 1049; IX, 987 S.) n. 10 ℛ.

— — Nachtrag zu der ersten Auflage. Ebend. 860. Lex.-8. (VIII, 72 S.) n. 12 ngr.

— Handbuch der praktischen Medicin. 2 Bde. 2. Aufl. 860. (XXXI, 2065 S.) — 3. verb. Aufl. Tübingen 863. Laupp. Lex.-8. (XXV, 2165 S.) n. 10 ℛ

—— Handbuch der praktischen Medicin. 4. verb. Aufl. 2 Bde. gr. 8. (XXIV, 1083; XI, 1119 S.) Tübingen 871, Laupp'sche Buchh. à Bd. *ℳ 15. *
—— dass. — Allgemeiner Thl. A. u. d. T.: Handbuch der allgemeinen Pathologie und Therapie als Einleitung in das klin. Studium und die ärztl. Praxis. 2. vollständig umgearb. Aufl. Lex.-8. (XVI, 728 S.) Ebendas. 876. *

—— Handbuch der allgemeinen Pathologie und Therapie mit besond. Rücksicht auf die ärztl. Praxis. (Handbuch der praktischen Medicin. Allgemeiner Theil.) 2 Hälften. Lex.-8. Tübingen 864,65, Laupp'sche Buchh. [1. Hälfte. (S. 1—400.) * 2 Thlr. 12 Ngr., 2. Hälfte. (XXX und S. 401—870.) * 2 Thlr. 28 Ngr.] *

—— über Keratose oder die durch Bildung von Hornsubstanz erzeugten Krankheiten und ihre Behandlung. gr. 8. (VIII und 151 S.) Breslau 864, Morgenstern. *

—— Klinik der Brustkrankheiten. 2 Bde. Lex.-8. Tübingen, Laupp'sche Buchh. [1. Bd. (881 S.) 1873. *ℳ 14.; 2. Bd. 2 Abthlgn. (XII, 970 S.) 1873,74. *ℳ 16.] *

HERMANN LEBERT, Klinik des acuten Gelenkrheumatismus. (Herrn Geh. Sanitätsrath Doctor Antonius Kroker ... als Gratulationsschrift im Namen ... der Schlesischen Gesellschaft für vaterländische Kultur.) Erlangen 1860. Ferd. Enke. 8°. (VIII, 149 S.)

— Krankheiten der Blut- u. Lymphgefässe, s. Handbuch der speciellen Pathologie u. Therapie.

—— die Krankheiten des Magens klinisch und mit besond. Rücksicht auf Hygiene und Therapie bearb. gr. 8. (VIII, 567 S.) Tübingen 878, Laupp'sche Buchh. *

—— die Krankheiten der Schilddrüse und ihre Behandlung. gr. 8. (XI und 315 S.) Breslau 862, Maruschke und Berendt. *

Lebert, H., die Krankheiten der Verdauungsorgane, s. Handbuch der Kinderkrankheiten.

— Lehrbuch der Scrophel- u. Tuberkelkrankheiten, siehe: Hand-Bibliothek, medicinische, 4. Bd.

— über Milch- u. Molkenkuren u. über ländl. Kurorte für unbemittelte Brustkranke. Berlin 869. A. Hirschwald. 8. (XIII, 120 S.) n. 16 ngr.

— biographische **Notizen** u. Uebersicht der von mir bekannt gemachten wissenschaftlichen Werke u. kleineren Arbeiten. Breslau 869. Korn. 8. (62 S.) n. 10 *ngr.*

— **pharmacopoea** policlinici Vratislaviensis. Breslau 869. Gosohorsky. 16. (18 S.) 3 *ngr.*

Lebert, [Hermann]. Silvaplana im Ober-Engadin als Milch- und klimatischer Curort. SA. 8. Basel 1878.

—— **Skizzen** aus dem Leben der Seidenraupe, s. Vorträge, akademische.

Lebert, Hermann. Die Spinnen der Schweiz, ihr Bau, ihr Leben, ihre systematische Uebersicht. Eine in Basel 1876 von der Schweizerischen naturforschenden Gesellschaft gekrönte Preisschrift. [Mit 6 Tafeln.] (N. Denkschr. Schweizer. Ges. für Naturwiss. Band 27. Abtheilung 2.) 4. (Zürich 1877.)

—— **Verzeichniss** schlesischer Spinnen mit Aufzählung der schlesischen Myriapoden. 8. (63 S.) Tübingen 875, Laupp'sche Buchh. *

—— **Vorträge** über die Cholera gehalten in Zürich am Ende des Sommer-Semesters 1854. Lex.-8. (60 S.) Erlangen 854, Enke's Vrlgsh. *

— **Vorträge** über Lazareth-Krankenpflege u. Krankenpflege im Allgemeinen. Berlin 866. (A. Hirschwald.) gr. 8. (36 S.) n.n. 7½ *ngr.*

— über den **Werth** u. die Bereitung d. Chitinskeletes der Arachniden f. mikroskopische Studien. [Mit 3 (lith.) Taf. (in qu. 4.)] [Aus: „Sitzungsber. d. k. Akad. d. Wiss."] Lex.-8. (53 S.) Wien 874. (Gerold's Sohn.) n. 2. 40.

Lebert, Sigmund

—— systematische, theoretisch-praktische Elementar-Singschule, s. Stark, Ludw.

Lebert, Sigm., und Ludw. Stark, grosse theoretisch-praktische Klavierschule. Für den systemat. Unterricht nach allen Richtungen des Klavierspiels vom ersten Anfang bis zur höchsten Ausbildung. Mit Beiträgen von Benedikt, Faisst, Herzog etc. 3 Thle. und Suppl. zum 1. Thl. Fol. (XVI und 400 S. mit eingedr. Holzschn.) Stuttgart 858, Cotta'sche Buchh. [1—3. Thl. à * 2 Thlr. 20 Ngr.; Suppl. * 2 Thlr.] *

Lebert, Sigm., und Ludw. Stark, grosse theoretisch-praktische Klavierschule für den systemat. Unterricht nach allen Richtungen des Klavierspiels vom ersten Anfang bis zur höchsten Ausbildung. In 3 Thln. und einem zum 1. Thle. gehörenden Suppl. für den Elementar-Klavierunterricht. 1. und 2. Thl. und 3. Thl. 1. Abthl. Fol. Stuttgart, Cotta'sche Buchh. [1. und 2. Thl. 2., durchaus verb. und verm. Aufl. (XXXV und 216 S. mit eingedr. Holzschn.) 862. à Thl. * 2 Thlr. 20 Ngr., 3. Thl. 1. Abthl. 2., verb. und verm. Aufl. (III und 158 S.) 863. * 3 Thlr. 10 Ngr.] *

—— dass. — 3. Thl. 2. Abthl. Geschichte des Clavierspiels und der Clavierliteratur von C. F. Weitzmann. Mit einer Musikbeilage, enth. Compositionen von Cl. Merulo, G. Frescobaldi, B. Pasquini etc. Lex.-8. (XVI und 245 S.) Ebendas. 863. *
Supplement zum 1. Thle. Ebendas. 1858. * 2 Thlr.

Lebert, Sigm., u. Ludw. **Stark**, grosse theoretisch-praktische Klavierschule für den systemat. Unterricht nach allen Richtungen des Klavierspiels vom ersten Anfang bis zur höchsten Ausbildung. 4. Thl. Mit e. Anh., bestehend aus 4 grossen Orig.-Beiträgen von Franz v. Liszt etc. 3., durchaus verb. u. verm. Aufl. Stuttgart 869. Cotta'sche Buchh. Imp.-Fol. (195 S.) 3 *ℛ* 15 *ngr.*

Lebert, Sigm., und Ludw. Stark, grosse theoretisch-praktische Klavierschule für den systemat. Unterricht nach allen Richtungen des Klavierspiels vom ersten Anfang bis zur höchsten Ausbildung. 1. Thl. 6. Aufl.; 2. und 3. Thl. 5. Aufl., und 4. Thl. Mit einem Anhang, bestehend aus vier grossen Orig.-Beiträgen von Frz. v. Liszt, sowie weiteren einzelnen Studien von Bendel, Benedikt, Brahms, Faisst etc. 5. Aufl. Imp.-4. Stuttgart 872—74, Cotta'sche Buchh. 1.—3. Thl. à 4. Thl.

Lebert, S. und L. Stark. Grosse theoretisch-praktische Klavierschule. Theil I (17. Auflage), II (18. Auflage), III (11. Auflage), IV (8. Auflage). Stuttgart 1893. 1892. 1887. 1889.

Leberwurst. Die geistliche L' am Bodensee. Nach der Natur gezeichnet. Mit einer Abbildung [Tafel]. 8. Bern 1843.

Le Besgue, M., Cartes fleurs. 12. (12 Farbdr.) Berlin 899. W. Schultz-Engelhard. n. 4. 50

— **6 planches.** (Blumen.) 2 Sorten. schmal gr. Fol. Farbdr. Ebd. 899. à n. 12. —

Lebet, Auguste [médecin de Buttes, Neuchâtel. Ancien assistant à l'hôpital Salem, assistant à la clinique dermatologique]: Sur les effets physiologiques du chlorure d'éthyle. Berne 1901. (Extrait du Bulletin de l'Académie royale de médecine de Belgique, séance du 25 mai 1901.) (Avec 14 figures dans le texte.) Bruxelles 1901. 43 p. 8°.
Bern. Med. Diss. 1901/1902.

Lebeuf, F. V., **Calendario** dei vini o istruzioni sulle cure da eseguirsi mensilmente per conservare, migliorare i vini vechi o nuovi e risanare quegli che sono ammalati ad uso dei proprietari di vigne, dei negozianti e degli assaggiatori di vini etc. Triest 864. Coen. gr. 16. (120 S.) n. 8 *ngr.*

—— nuovo manuale completo del perfezionamento dei liquidi come vini, vini moscadelli, alcooli ecc. gr. 16. (338 S.) Triest 864. Coen. *

Lebeweltnächte der Friedrichstadt, v. Satyr, s.: Großstadt-Dokumente.

Lebewohl. R. d. Franz. v. L. Kruse, 3 Thle., s. Bibliothek, wohlf., d. Unterhaltungsschriften, 6—8. Bdchn.

Das letzte Lebewohl dem heiligen Schatten Friedrichs des Grossen, Königs der Preussen, welcher den 17. August 1786 das Zeitliche verliess, bey der feyerlichen Leichenbestattung in der Garnisonkirche zu Potsdam mit Stimmen, Flöten, Saiten dargebracht den 9. September 1786. Berlin, Gedruckt bey George Jacob Decker, Königl. Hofbuchdrucker. 8.

Lebh, s. *Jehuda*.

Lebîd, der Diwan des, s. Diwan.

Lebîd, d., Gedichte. Aus dem Nachlasse v. A. **Huber** hrsg. von Carl **Brockelmann**. 2 Thle. in 1 Bd. gr. 8. Leiden 891. E. J. Brill. n.n. 4. 50
I. Gedichte. Nach der Wiener Ausg. übers. u. m. Anmerkgn. versehen. II. Diwan. Nach den Handschriften zu Strassburg u. Leiden m. den Fragmenten, Übersetzg. u. Biographie d. Dichters. (XLIX; VI, 63 u. 59 S.)

Lebtd, s. Huber, Anton.

Le Bidart, Gabr. de, System der Währung oder des Geldes. gr. 8. (VII und 111 S.) Wien 864, (Prandel.) *

Lebidi Amiritae Kazidam Moallakam sive carmen coronatum cum scholiis Abi Abdallae Husseinii Susenii arabice edidit versioneque latina et imitatione germanica instruxit C. R. S. Peiper. 4 maj. (7½ B.) Vratislaviae 828, Grass, Barth et Soc.

Le Bienvenu, C. X., das einseit. Kopfweh, gewöhnl. Migraine gen., u. die dagegen anzuwend. Mittel. Nebst Betrachtn. üb. d. nervösen Krankheiten im Allgemeinen. A. d. Franz. 8. (2 B.) Quedlinburg 840, Basse.

Lebienvenu, C. X., das einseitige Kopfweh, gewöhnlich Migraine genannt, u. die dagegen anzuwendenden Mittel. Nebst Betrachtungen über die nervösen Krankheiten im Allgemeinen. Aus d. Franz. 2. Aufl. 8. (2 B.) Quedlinburg 845, Basse.

Le Bienvenu, C. X., das einseitige Kopfweh, gewöhnlich Migraine genannt, u. die dagegen anzuwendenden Mittel. Nebst Betrachtungen über die nervösen Krankheiten im Allgemeinen. Aus d. Franz. 3. Aufl. 8. (29 S.) Quedlinburg 847, Basse. 1/3 ngr

Lebierre, J. La langue française. Première partie. Poésie. 43 S. Progr. G. Mülhausen Els. 1879.

Lebierre, Joseph: L'art de traduire. *Strasbourg, Impr. Als., 1896;* 49 S. 4.
Mülhausen i. E., G, MP 1896 (523)

Lebierre, Joseph: Le mouvement réformiste des 35 dernières années et l'état actuel de la langue française. (Umschlagt.: Mouvement réformiste, syntaxe et orthographe, des ...) *Mülhausen i. E. 1902: Wenz & Peters.)* (54 S.) 4°
Mülhausen i. E., G, MP 1902 (573)

Lebierre, Jos., le mouvement réformiste des 35 dernières années et l'état actuel de la langue française. 4. (54 S.) Leipzig 902. B. G. Teubner. n. 1. —

Le Bihan, J., premier livre du cours pratique de Français. Grammaire, conversation, correspondance. Praktischer französ. Kursus. Grammatik, Konversation, Korrespondenz. (XI, 89 S.) kl. 8. Berlin (910). O. Dreyer. Geb. 1. 50

Lebinger, Norbert, zur Geschichte d. Gymnasiums in Klagenfurt. (1. Thl.) Progr. Lex.-8. (26 S.) Klagenfurt 892. (F. v. Kleinmayr.) n. 1. —

Lebinger: Die Reformation und die Gegenreformation in Klagenfurt. Zs. 105 S. 8° – Klagenfurt, Progr. 1867, 1868.

Lebiński, Kasimir von

Łebiński, Casimir von *(geb. Stonsk in Westpr. 15. 3. 1854)*: Die Declination der Substantiva in der oïl-Sprache. 1. Bis auf Crestiens de Troies. Posen 1878. (52 S.) 8° *[Im Buchhandel 1878 bei Koebner in Breslau.]*
Breslau, Phil. Diss. v. 27. März 1878

Łebiński, Vladislaus *(geb. Stonsk in Westpr. 29. 9. 1840)*: De nuntiorum terrestrium in Polonorum re p. origine, conditione, rebus gestis p. 1 (1468–1668). Vratislaviae [1863]. (99 S., 1 Tab.) 8°
Breslau, Phil. Diss. v. 2. Jan. [1863]

Lebius, (Joan. Car.) Leop. (geb. Rawitsch 13. 12. 1828): De digestione et resorptione quaedam. Berolini (1853). (36 S.) 8°
Berlin, Med. Diss. v. 26. Juli 1853

Lebius, Otto, Regierungsassessor in Osterode, Ostpr.: Unter welchen Voraussetzungen haftet der Auftraggeber für den Schaden, der dem Beauftragten bei der Ausführung des Auftrags erwachsen ist? Nach gemeinem Rechte und dem Rechte des Bürgerlichen Gesetzbuchs für das Deutsche Reich. Königsberg i. Pr. 1906: L. Schröder. (VI, 64 S.) 8°
Greifswald, Jur. Fak., Ref. Pescatore, Diss. v. 25. Okt. 1906
[Geb. 19. Mai 77 Wartenburg, Kr. Allenstein; Wohnort: Osterode i. Ostpr.; Staatsangeh.: Preußen; Vorbildung: Collegium Fridericianum Königsberg i. Pr. Reife O. 95; Studium: Jena 2, Königsberg 4 S.; Rig. 9. Juni 05.]

Die gelbe Arbeiterbewegung. Eine Materialsammlung von Rudolf Lebius. Charlottenburg-Berlin: Der Bund 1908. 97 S. 8°
(Bund-Bücherei.) [illegible]

Lebius, Rud., s. a. Fragen, indiskrete, u. Antworten an die Sozialdemokratie.

Rudolf Lebius. Indiskrete Fragen an die Sozialdemokratie. Berlin: Reichsverband [1906]. (39 S.) 8° [Umschlagt. J.] [07. 1314] 11

R[udolf] Lebius. Indiskrete Fragen an die Sozialdemokratie. Nicolassee-Berlin: Der Bund 1907. 39 S. 8°
(Bund-Bücherei.) [09. 16421]

— Gärung. Roman aus dem sozialdemokrat. Parteileben der Gegenwart. (222 S.) gr. 8. Berlin 907. Herm. Walther. 2. —

— Gelbe Gedanken. (45 S.) gr. 8. Charlottenburg-Berlin 908. Reformverlag „Der Bund". — 50

Lebius, Rud., Das falsche Ideal des Sozialismus. E. Aufklärungsschrift f. d. Jugend. Berlin [1906]. 8°.
(Flugschriften d. Reichsverband. gegen d. Sozialdemokratie. Nr 51.)

— Die Zeugen Karl May u. Klara May. Ein Beitrag z. Kriminalgeschichte unserer Zeit. (385 S.) gr. 8. Berlin-Charlottenburg 910. Spreeverlag. 3. —

Lebius, Rud., die Religion der Zukunft u. Der Kern aller Religionen. 8. (62 S.) Bamberg 899. Handels-Druckerei u. Verlagsh. n. — 50

— Unter Spiritisten. Schwank. (79 S.) kl. 8. Charlottenburg 908. Reformverlag „Der Bund". — 60

— s.: Was lehrt die I. deutsche Städte-Ausstellung?

Lebkuchen-Bilderbuch, neues, für artige Kinder. Mit 16 Farbendr.-Bildern. 12. Stuttgart 888, F. Loewe. geb. in Lebkuchen-Attrape *

LEBKÜCHNER, Der wizige. Das verliebte Kammer Mädgen. Lustspiele von *J. B. S.* Frankfurt und Leipzig (Schwabach) 1754. 8°. (3 Mk. 40 Pfg., das zweite Stück defekt, Ludw. Rosenthal, 1907.)

Lebküchner, Friedrich, appr. Arzt aus Hall: Zwei Fälle von weitfortgeschrittener Tuberkulose im frühesten Kindesalter, nebst literarischen Nachweisen über congenitale Tuberkulose. *Braunschweig [1899]: A. Limbach.* (54 S.) 8°
Tübingen, Med. Diss. v. 1899

Lebl, M., die Ananaszucht. Praktische Anleitung f. Gärtner u. Liebhaber. Mit 20 Textabbildgn. 8. (VIII, 107 S.) Berlin 893. P. Parey. Kart. n. 2. —

Lebl, M. Beerenobst u. Beerenwein. Anzucht u. Kultur der Johannisbeere, Stachelbeere, Himbeere, Brombeere, Preißelbeere, Erdbeere u. d. Rhabarbers u. die Bereitg. der Beerenweine. 8. (IV, 71 S. m. Textabbildgn.) Berl. 891, Parey. cart. * 1 50

Lebl, M., Beerenobst u. Beerenwein. Anzucht u. Kultur der Johannisbeere, Stachelbeere, Himbeere, Brombeere, Preißelbeere, Erdbeere u. des Rhabarbers u. die Bereitg. der Beerenweine. 2., sehr verm. u. verb. Aufl. (VI, 84 S. m. Abbildgn.) 8. Berlin 908. P. Parey. Kart. n. 1. 50

Lebl, M., die Champignonszucht. 8. (VIII, 70 S. mit 26 in den Text gedr. Holzschn.-Abbild.) Berlin 879, [Wiegandt, Hempel und Parey.] Parey. *

Lebl, M., die Champignonszucht. 2. verm. Aufl. 8. (VIII, 76 S. mit 27 in den Text gedr. Abbild.) Berlin 884, Parey. *

—— Die Champignonzucht. 3. verm. Aufl. 8. (V, 74 S. m. 28 in den Text gedr. Holzschn.) Ebd. 889. cart. * 1 50

[F.] Die Champignonzucht von M. Lebl, Fürstl. Hofgärtner in Langenburg in Württemberg. 4., verm. Aufl. M. 29 Textabb. *Berlin: P. Parey 1897.* (IV S., 1 Bl., 82 S.) 1 Bd 8. [97. 2231

Die Champignonzucht von M. Lebl, Hofgärtner. 5., verm. u. verb. Aufl. Mit 29 Textabb. *Berlin: P. Parey 1903.* (IV, 85 S.) 8° [F.] [03. 14033

Lebl, M., die Champignonzucht. 6., durchgeseh. Aufl. (VI, 85 S. m. 29 Abb.) 8. Berlin 909. P. Parey. Kart. 1. 50

— das Chrysanthemum. Seine Geschichte, Kultur u. Verwendung. 8. (III, 72 S. m. 24 Abbildgn.) Ebd. 892. Kart. n. 1. 50

— Gemüse- u. Obstgärtnerei zum Erwerb u. Hausbedarf. Praktisches Handbuch. 2 Tle. gr. 8. Ebd. 892. Kart. à n. 4. —
1. Gemüsegärtnerei. (XIII, 242 S. m. 123 Abbildgn.)
2. Obstgärtnerei. (XII, 230 S. m. 170 Abbildgn.)

— der Gemüsezüchter im bürgerl. Hausgarten. Ein sicherer Führer f. Gartenbesitzer in der Stadt u. auf d. Lande, namentl. für Hausfrauen, Wirtschafterinnen 2c., die sich persönlich m. d. Gemüsezucht f. d. Haushalt befassen oder befassen wollen. Mit 87 in den Text gedr. Abb. gr. 8. (XII, 140 S.) Stuttgart 898. Greiner & Pfeiffer. n. 1. 50; geb. in Leinw. n. 2. —

Lebl, M., Katechismus der Zimmergärtnerei, s. a. Weber's illustr. Katechismen.

Lebl M.: Katechismus d. Zimmergärtnerei. Nebst e. Anh. üb. die Anlegung u. Ausschmückung kleiner Gärtchen an den Wohngebäuden. Leipz. 1890. 192 S. Fig.
(Webers illustrierte Katechismen. No. 128).

Lebl, M. (Hrsg.), s. Monatshefte, Illustrierte, f. d. Gesamtinteressen d. Gartenbaues.

Lebl M.: Obstgärtnerei z. Erwerb u. Hausbedarf. Prakt. Handbuch. Berl. 1892. 239 S. Fig.
(=: Gemüse- u. Obstgärtnerei ... T. 2). 548.

[F.] Der Obstzüchter. Eine prakt. Anleitg zur Zucht u. Pflege der Obstbäume u. -Sträucher in kleinen Gärten. Von M. Lebl, fürstl. Hofgärtner in Langenburg. M. 148 in d. Text gedr. Abb. u. 3 Taf. *Wien: H. H. Hitschmann 1897.* (XII, 160 S.) 1 Bd 8.
= Archiv f. Landwirthschaft. Beil. z. 'Wiener Landw. Zeitg.' [No] 20. [97. 3719

— Rosenbuch. Anleitg. zur erfolgr. Anzucht u. Pflege d. Rosen im freien Lande u. unter Glas f. Gärtner u. Rosenfreunde, m. 106 in d. Text gedr. Abb. gr. 8. (X, 348 S.) Berlin 895. P. Parey. Geb. in Leinw. n. 5. —

—— der Weinstock, s. Müller, J. B.

Lebl M, Zimmergärtnerei. (Weber's illustrierte Katechismen 128) Leipzig 1890

—— die Zimmer-, Fenster- und Balkongärtnerei. Praktische Anleitung zur Vermehrung, Zucht und Aufstellung der für das Zimmer, das Fenster und den Balkon geeigneten Pflanzen. Nach F. W. Burbidge, Domestic Floriculture, 2d edit., frei bearb. gr. 8. (VIII, 374 S. mit 270 eingedr. Holzschn.-Abbild.) Stuttgart 878, Schweizerbart'sche Verlagsh. *
geb. **

Leblanc, Die Familie, oder die Waldhöhle bey Bougenois . . . Jena 1803—5. V: *Haberland, Frdr. Wilh.* (MGT)

Leblanc, Die Familie, oder die Waldhöhle bey Bougenois ... Jena 1803—5. V: *Müller, Ernst.* (MGT 18, 766) (GGr V, 517) (Zeitschr. f. Büch. N. F. 15, 1923, S. 114) Vgl. III, 1113.

Leblanc, d. Familie, od. d. Waldhöhle bey Bougenais, v. E. Müller 3 Thle. 8. Jena, Cröcker. (Joachim in Lpz.) 803—5.

Le Blanc

— s. auch Blanc.

Leblanc, Eisenhüttenkunde, s. Eisenhüttenkunde.

—— und Walter de Saint-Ange, prakt. Eisenhüttenkunde, od. Atlas d. Maschinen, Apparate u. Gezähe, welche jetzt bei d. Roheisenerzeugung u. Stabeisenfabrikation angewendet werden. Nebst e. erläut. Text, der sich auf d. Leitung u. d. Resultate d. Eisenhüttenbetriebs bezieht u. der alle z. Ausführung v. Anlagen erforderl. Details enthält. Deutsch bearb. v. Carl Hartmann. 6 Lfgn. u. 3 Supplement-Lfgn. (od. zus. 2 Thle.) gr. 4. Weimar 837—41, Voigt. [1—6. (46 B. u. 57 Stnt., gr. Fol.) à 2 Thlr., 1. Suppl.-L. (13¾ B. u. 7 Stnt., gr. Fol.) 2⅔ Thlr., 2. (10 B. u. 10 Stnt., gr. Fol.) 2 Thlr., 3. (3½ B. u. 10 Stnt., gr. Fol.) 1½ Thlr.]
3. Suppl.-Lfg. a. u. d. T.:
Repertorium d. Eisengewerbskunde.

—— dass. — 2 Thle. 2., verm. u. verb. Aufl. gr. 4. (...) Ebds. 842.
Thl. 1. Die Roheisenerzeugung. M. 44 Stnt.
" 2. Die Stabeisenbereitung. M. 34 Stnt.

Le Blanc, die Lehre vom Maschinenzeichnen, dargest. in e. Reihe v. Vorlegeblättern mit erläut. Texte. Zum Gebr. f. Schulen u. z. Selbstunterr. Deutsch bearb. in Ludw. Förster's artist. Anstalt. 2 Lfgn. gr. 8. (17½ B. u. 60 Stnt., Fol.) Wien 839, 40, Förster artist. Anstalt. à * 3 Thlr. *

— der Maschinenbauer, s. Schauplatz, neuer, der Künste u. H., 143. Bd.

— der Maschinenbauer, s. Leblanc, W.

Le Blanc, der Maschinenbauer, s. Schauplatz, neuer, der Künste 2c., 144. und 145. Bd.

Le Blanc, der Maschinenbauer, s.: Schauplatz, neuer, der Künste u. Handwerke, 196. Bd.

Le Blanc, Charles. Catalogue de l'oeuvre de Robert Strange graveur, avec une notice biographique. Leipsic 1848. 8°.

Le Blanc, Charles. Catalogue de l'oeuvre de Jean Georges Wille, graveur, avec une notice biographique. Leipzig 1847. 8°.

Le Blanc, Charles, le graveur en taille-douce, ou catalogues raisonnés des estampes dues aux graveurs les plus célèbres. I. A. s. l. t.: Catalogue de l'oeuvre de Jean-Georges Wille, graveur, avec une notice biograph. gr. 8. (XVI und 148 S.) Leipsic 847, R. Weigel. *

—— le même. — (II.) A. s. l. t.: Catalogue de l'oeuvre de Robert Strange, avec une notice biographique. gr. 8. (XVII und 72 S.) Le même 848. *

— Manuel de l'amateur d'estampes, contenant 1. un Dictionnaire iconographique; 2. un Répertoire des estampes dont les auteurs ne sont connus que par des marques figurées; 3. un Dictionnaire des monogrammes des graveurs; 4. une Table des peintres, sculpteurs, architectes et dessinateurs etc.; 5. une Table méthodique des estampes décrites. Ouvrage destiné à faire suite au Manuel du libraire et de l'amateur de livres par Brunet. 1. livraison. 8. Paris 850. (Leipzig, Brockhaus.) n. n. 1 ℛ 8 ngr

Le Blanc, Christian (geb. 1843 in Eil bei Deutz): Beitrag zur pathologischen Anatomie der Gehirntumoren ... Bonn, Druck v. F. Krüger **1868.** 2 Bl., 24 S., 2 Bl., 1 Taf. 8.
Bonn, Med. Fak., Diss. v. 31 Juli 1868

Le Blanc, Gustav, Unterarzt aus Opladen (Rheinl.): **Ein Fall von secundärer Osteomyelitis der Orbitalwände.** *Berlin (1902): G. Schade.* (29 S.) 8°
Berlin, Med. Diss. v. 2. Mai 1902

Leblanc's, Henry, Lust-Feuerwerker. Leichtfaßliche Anleitung in kurzer Zeit ohne großen Kostenaufwand die schönsten und überraschendsten Theater-, Land- und Wasser-Feuerwerkskörper anzufertigen. 3. bedeutend verm. und verb. Aufl. von Alex. Bau. 8. (XVI, 176 S. mit 74 Abbild. auf 9 lithogr. Taf.) Hamburg 876, Berendsohn. cart. *

Leblanc, Henri, der vollkommene Lust-Feuerwerker, oder gründl. und leichtfaßl. Anleitung, in kurzer Zeit ohne großen Kosten-Aufwand die schönsten und überraschendsten Feuerwerkstücke, als: Sonnen, Glorien, Schwärmer rc. anzufertigen. Nach eigenen prakt. Erfahrungen und den erprobten Vortheilen der berühmtesten Feuerwerker und Dilettanten bearb. 1.—3., verb. Aufl. 16. (IX und 171 S. mit 62 Abbild., auf 8 Stnt.) Hamburg 863—67, B. S. Berendsohn. cart.

Le Blanc, Max [aus Barten O./Pr.]; Ueber die Bedingungen der directen Ersetzbarkeit des an Kohlenstoff gebundenen Wasserstoffs durch Metalle oder Alkyle nebst einem Beitrag zur Kenntniss der Homo-o-phtalsäure .... Berlin, Druck v. Julius Feiertag, 1888, 31 + 1 S. + 1 Bl. 8°
Berlin, Phil. Fak., Inaug.-Diss. v. 3. Jul. 1888

Le Blanc, Max, die Darstellung des Chroms u. seiner Verbindungen m. Hilfe des elektr. Stromes, s.a. Monographien üb. angew. Elektrochemie. 3.

Die Darstellung des Chroms und seiner Verbindungen mit Hilfe des elektrischen Stromes von Max Le Blanc. *Halle a. S.: W. Knapp 1902.* (108 S.) 8°
= **Monographien** über angewandte Elektrochemie. Bd 3. [02. 13164] 3

Le Blanc, Max [Dr.]: Die elektromotorischen Kräfte der Polarisation. . . . (Aus: „Zeitschr. f. physik. Chemie", VIII. Bd. 3. H. 1891.) Leipzig, W. Engelmann, 1891; 34 S. 8°
Leipzig, Phil. Fak., Hab.-Schr. v. 30. Jul. 1891

Le Blanc, M., die elektromotorischen Kräfte der Polarisation u. ihre Messung mit Hilfe des Oszillographen, s.a. Abhandlungen der deutschen Bunsen-Gesellschaft. No. 3.

Die elektromotorischen Kräfte der Polarisation und ihre Messung mit Hilfe des Oszillographen. Von M[ax] Le Blanc. Halle a. S.: Knapp 1910. 79 S. 8°
(Abhandlungen d. Deutschen Bunsen-Gesellschaft. Nr 3.) [10. 371]

Le Blanc, Max, Lehrbuch d. Elektrochemie. gr. 8. (VIII, 226 S. m. 32 Fig.) Leipzig 896. O. Leiner. n. 4. 80; geb. in Leinw. n. 5. 80

— Lehrbuch der Elektrochemie. 2. verm. Aufl. gr. 8. (VIII, 261 S. m. 33 Fig.) Leipzig 900. O. Leiner. n. 6. —; geb. in Leinw. 7. 25

Le Blanc, Max, Lehrbuch der Elektrochemie. 4. verm. Aufl. (VIII, 319 S. m. 25 Fig.) gr. 8. Leipzig 906. O. Leiner. n. 6. —; geb. in Leinw. n. 7. —
3. Aufl. (VIII, 284 S.) 903. n. 6. —; geb. n. 7. —.

le Blanc, Thomas, Commentarius amplissimus in psalmos Davidicos, in quo non tantum sensus litterales, sed omnes etiam mystici exponuntur. Köln, 1726. 6 Bde.
(Zuerst Lyon 1665—1676.) Eine spätere zu Köln veranstaltete Ausgabe führte den Titel: Psalmorum Davidicorum analysis, 8 Bde, Folio.

Leblanc, Thom., S. J., s.: Heiligung, die, d. Handarbeit.

Leblanc U.: Abhandlung üb. die Augenkrankheiten d. wichtigsten Hausthiere, vorzüglich d. Pferdes. Gekr. Preisschr. Deutsch bearb. v. J. Radius. Leipz. 1825. (12) 338 S. 3 Tvl. Hartmann.

Leblanc, U., Abhandl. über d. Augenkrankheiten d. wichtigsten Hausthiere, besonders des Pferdes. Eine gekrönte Preisschrift. Deutsch bearbeitet v. J. Radius. Mit 3 Steintaf. in Fol. gr. 8. Leipz. 825. (Lehnhold). 1 ℛ 16 gℛ

Leblanc W und A, der Maschinenbauer. 3 Bde mit Atlas. 1. und 3. Auflage.
(Schauplatz der Künste und Handwerke 143-44. 252) Weimar 1858. 62
vgl. Leblanc

Le Blanc du Roullet, Iphigenie in Aulis, s. **Breitkopf und Härtel's Text-Bibliothek Nr. 85.**

Leblois, L., Was ist eine christliche Kirche? s. **Schriften des protestantisch-liberalen Vereins in Elsaß-Lothringen.**

Le Blond, s.a. Blond, le.

— — Ausführlich abgehandelte Artillerie-Wissenschaft. Aus dem Französischen übersetzt und mit praktischen Anmerkungen und einem Beitrage versehen von J. W. Jäger. (Mit 23 Taf.) 8. Frankfurt und Leipzig 1766.

Le Blond. Élémens de tactique. Paris 1758. 4°.

— T. 1—3 der Kriegskunst. A. d. Franzöf. nach der 2. Aufl. v. 1762 von J. W. A. Jäger. Mit Taf. Franckfurt 1766—1769.

Le Blond. Vollständige Kriegskunst. Aus dem Franz. von Jäger. 4 Bde. 8 Frankfurth 1769—72.

— Versuch über die Lagerkunst oder Anleitung, ein Feldlager auszumessen und abzustecken. A. d. Franz. übs. von J. M. Grf v. Brühl. Mit Taf. rc. Colmar 1767. 197 S.
— — Neue u. verb. Aufl. Straßburg 1770.

Le Blond, A.

— Neueröfnete Gärtner-Akademie o.: die Kunst Pracht- u. Lustgärten samt dererselben Auszierungen u. Wasserwerken wohl anzulegen . . . aus dem Französischen ins Deutsche übers. v. F. A. Danreitter. Augsb. 1753. 368 S. 33 Tvl.

|Le| Blond A.: Die Gärtnerey, so wohl in ihrer Theorie o. Betrachtung, als Praxi o. Übung . . . aus dem Frantzösischen ins Teutsche übers. durch F. A. Danreitter. Augspurg 1731. 368 S. 36 Tvl.

Leblond, J. B., Reise nach den Antillen u. nach Südamerika, im J. 1767—802, nach dem Franz. von F. A. W. Zimmermann. 1r Thl. 8. Hamb. Bohn. 815.

Le Blond de Neuveglise, Robespierre's Leben und Laster von seiner Geburt bis zu seinem Tode. 8⁰. Augsburg **1795.**

— La vie et les crimes de Robespierre, surnommé le tyran, depuis sa naissance jusqu'à sa mort. 8⁰. Augsburg 1795.

Leblosredend, od. Gesch. ein. Stecknadel u. ihr. Bekannten. 2 Thle. 8. Frankf. Eßlinger. 788.

Le Bois des Gays, das neue Christenthum. Briefe an einen Weltbürger der Wahrheit sucht, bearb. nach dem Französischen von L. Tafel. 2. Aufl. 8. (225 S.) Philadelphia 868, Boericke. [Stuttgart, Neukirchl. Buchh.] geb. *

Lebon, Andre

Lebon, A., das Staatsrecht der französischen Republik, s.a. Handbuch des öffentlichen Rechts der Gegenwart.

Das Staatsrecht der französischen Republik. Bearb. v. André Lebon. Freiburg i. B. 1886. = Handbuch des Oeffentlichen Rechts der Gegenwart. Hrgg. v. H. Marquardsen. Bd. 4, Halbbd. 1, Abth. 6. 8° m.

Lebon, André, das Verfassungsrecht der französischen Republik, s.a. Recht, das öffentliche, der Gegenwart. VI.

Das Verfassungsrecht der französischen Republik. Von André Lebon, Prof., Paris. Tübingen: Mohr 1909. VI, 205 S. 4°(8°)
(Das öffentliche Recht d. Gegenwart. 6.) [09. 14154

Lebon, Camille, approb. Arzt aus Saargemünd: **Ueber das Mortalitätscontingent des Keuchhustens.** *Straßburg i. E. 1902: C. & J. Goeller.* (34 S.) 8°
Straßburg, Med. Diss. v. 1902

Le Bon, Gust., die Entwicklung der Materie. Nach der 12. Aufl. d. französ. Originals übers. u. überarb. v. Max Iklé. Mit 66 Abb. im Text u. auf 1 Taf. (XII, 295 S.) gr. 8. Leipzig 909. J. A. Barth. 4.80; geb. in Leinw. 5.60

— **Psychologie der Massen, s.a. Bücherei, philosophisch-soziologische. II. Bd.**

Psychologie der **Massen** [**Psychologie** des foules]. Von Gustave **Le Bon.** Autor. Übers. nach d. 12. Aufl. von Dr. Rudolf Eisler. Leipzig: W. Klinkhardt 1908. (XV, 153 S.) 8°
s. **Bücherei,** Philosophisch-soziologische. Bd 2. [07. 15513

Lebon, H. Ph., Nachr. v. einer ganz neuen Thermolampe etc. 8. Augsb. Daisenberger.

Lebon, Hub., das Ave Maria oder die poetischen Schönheiten des englischen Grußes. Deutsch bearb. nach der 2. Aufl. des Französ. 18. (87 S.) Trier 858, Lintz' Verlag.

—— der Schutzengel mein oder der Christ, einen Freund sich suchend in seinem Schutzengel. Deutsch bearb. nach dem Französ. 18. (88 S.) Trier 858, Lintz' Verlag.

Lebon, Hub., das Vater Unser oder die Schönheiten des Gebetes des Herrn. Deutsch bearb. nach der 2. Aufl. des Französ. 18. (85 S.) Trier 858, Lintz' Verlag. Thlr.

Leborne, (Prof.,) ..., erster Unterricht im Zeichnen. 1.—12. Hft. qu. gr. 4. (144 Bl.) Speyer 844, Lang. n. 6 ngr

Die Girondisten. Musikdrama in 4 Akten ⟨6 Bildern⟩ von André Lénéka u. Paul de Choudens. Musik von Fernand **Le Borne.** [Textbuch.] Deutsch von Otto Neitzel. Bonn, Berlin [usw.]: Ahn copyr. 1905. 63 S. 8°
(Ahns Text-Bibliothek. Nr 149.) [11. 11596

Mudarra. Grosse Oper in 4 Aufz. v. L[ouis] Tiercelin u. L[ionel] Bonnemère. Mus. v. Fernand Le Borne. Deutsche Uebers. v. A. Brunnemann. *Berlin & Leipzig: A. Ahn [1888].* (60 S.) 8°
= Operntext-Bibliothek, Ahn's. No 68. [99. 2987

Le Bossu, René. **Abhandlung vom Heldengedicht . . . Halle 1753. Ü:** ***Zopf, Johann Heinrich.*** **(ML)**

Le Boucher, Gaston, Grammatica francesa, s.: Tanty, F.

— Italienisch f. Mediziner. Unter Mitwirkg. v. Augusto Ricci. (VIII, 192 S.) 8. Leipzig (907). J. A. Barth. In Leinw. kart. 4.—

Le Boucher, Gaston, **Letture francesi. Brani scelti di letture graduate con esercizi di conversazione e vocabolario. (Metodo Gaspey-Otto-Sauer.) (VIII, 340 S. m. 1 Karte u. 1 Plan.) 8. Heidelberg 905. J. Groos. Geb. in Leinw. n. 3.—**

— Letture inglesi. **Brani scelti di letture graduate con esercizi di conversazione e vocabolario. (Metodo Gaspey-Otto-Sauer.) (VIII, 359 S. m. 1 Plan u. 1 Karte.) 8. Heidelberg 909. J. Groos. Geb. in Leinw. 3.—**

— Libro de lectura francesa. Trozos escogidos de lectura graduada con ejercicios de conversacion y diccionario. (Método Gaspey-Otto-Sauer.) (VIII, 242 S. m. 1 Karte u. 1 Plan.) gr. 8. Heidelberg 904. J. Groos. Geb. in Leinw. n. 3.—

Le Boucher, Gaston, Libro de lectura inglesa. Trozos escogidos de lectura gradnada con ejercicios de conversación y diccionario. (Método Gaspey-Otto-Sauer.) (VIII, 320 S. m. 1 Plan u. 1 Karte.) 8. Heidelberg 909. J. Groos. Geb. in Leinw. 3.—

Le Boucher, Gaston, Livro de leitura franceza. Trechos escolhidos de leitura graduada com exercicios de conversação e diccionario. (Methodo Gaspey-Otto-Sauer.) (VIII, 306 S. m 1 Karte u. 1 Plan.) 8. Heidelberg 905. J. Groos. Geb. in Leinw. n. 3.—

— Livro de leitura inglesa. Trechos escolhidos de leitura graduada con exercicios de conversação e diccionario. (Metodo Gaspey-Otto-Sauer.) (VIII, 320 S. m. 1 Plan u. 1 Karte.) 8. Ebd. 909. Geb. in Leinw. 3.—

— Systemat. Wörterbuch d. italienischen Umgangssprache, s.a. Kunst, die, der Polyglottie.

Systematisches Wörterbuch der Italienischen Umgangssprache. Von Gaston Le Boucher. Mit Angabe d. Aussprache nach d. phonet. System d. 'Association phonét. internat'. Wien & Leipzig: Hartleben [1909]. VIII, 181 S. 8°
(Die Kunst d. Polyglottie. T. 97.)
(Bibliothek d. Sprachenkunde.) [09. 5685

Le Bourgeois, F., Cologne. (VII, 72 S. m. 8 Taf.) 8. Köln (910). P. Neubner. Geb. in Halbleinw. 1.80

Le Bourgeois, F., **Cologne.** Jetzt: Freiburg i. B., J. Bielefeld. Geb. in Leinw. 2.25.

Le Bourgeois, F., Manuel des chemins de fer. (XI, 162 S. m. Abb., 2 Taf. u. 2 Karten.) kl. 8. Karlsruhe 906. Freiburg i/B., J. Bielefeld. Geb. in Leinw. n. 2. 80

— Notions de correspondance commerciale d'après J. Wenzely, s.: Sammlung kaufmännischer Unterrichtswerke. 15. Bd.

— Postes, télégraphes, téléphones. (XV, 280 S. m. Abb.) kl. 8. Freiburg i/B. 907. J. Bielefeld. Geb. in Leinw. 3. 50

Anatole France. Pages choisies. Hrsg. von J. F. Le Bourgeois. Mit 1 Pl. von Paris. [Nebst] Wörterbuch. Berlin: Weidmann 1908. 2 Bde 8° = Schulbibliothek franz. u. engl. Prosaschriften aus d. neueren Zeit. Abt. 1. Bdch. 59. (08. 5860

Le Bouthillier v. Rancé, Armand Johs., Reglement von La Trappe. Durchgesehen vom General-Capitel der Congregation. Ins Deutsche übersetzt und hrsg. von Bonaventura. gr. 8. (XII 419 S.) Graz 887, Moser. *

Lebovicz, Friedr. Leop. (geb. Bukarest 6. 9. 1843): Ueber Vorfall der Nabelschnur bei Beckenendelagen [!]. Berlin (1870). (40 S.) 8°
Berlin, Med. Diss. v. 23. Juli 1870

Le Boys des Guays, J. F., das wahre System der Religions-Philosophie in Briefen an einen Weltmann, der geneigt ist zu glauben. Uebersetzt aus dem Französ. von Rud. Tafel. Hrsg. von Arthur O. Brickman. 1. und 2. Folge. gr. 8. (VIII und 216 S.) Baltimore 860. (Philadelphia, Schäfer und Koradi.) geb. *

Lebram, Fritz, approb. Arzt: Aus d. Kgl. Universitätsfrauenklinik zu Königsberg i. Pr. Über Rupturen im Fundus uteri. *Königsberg i. Pr. 1901: H. Herrmann.* (30 S.) 8°
Königsberg, Med. Diss. v. 18. März 1901

Lebram, Mathias (geb. Köslin 28. 4. 1832): De remediis antipneumonicis. Berolini (1855). (30 S.) 8°
Berlin, Med. Diss. v. 20. Dez. 1855

Lebram, Paul, aus Berlin: Das Diverticulum Meckelii und die von ihm ausgehenden pathologischen Störungen. *Würzburg 1898 [vielm. 1899/1900]: Herlinger.* (21 S.) 8°
Würzburg, Med. Diss. v. 1898

Lebram, R: Preisliste über Gold- und Silberwaaren usw. 1901/1902. Berlin (1902)
Nebst: Nachtrag. 1902

Le Braz, Anatole, Sirenenblut, s. a. Universal-Bibliothek.

Sirenenblut. [Le Sang de la sirène.] 3 Erzählungen aus d. Bretagne von Anatole Le Braz. Autor. Übers. aus d. Franz. von Marie Caspari. Leipzig: Reclam (1910). 183 S. 8°
(Universal-Bibliothek. 5245/46.) (11. 154

Lebrecht, Michael

Lebrecht, Peter, eine Geschichte ohne Abentheuerlichkeiten, 2 Theile mit 1 Kupf. 8. Berlin, 795. 96. C. Nicolai. 1 Rthl.

Lebrecht, Peter, e. Gesch. v. Ludw. Tiek, m. K. 2 Bde. 8. Berlin. (Sommer in Lpz.) 796.

Weber, Eduard. Der Rattenkönig v Muckerland; oder, die puritanische Gefahr u ihre Abwehrung. Von Dr. Lebrecht (pseud.). Milw. 1908.

Lebrecht. Rückschreiben an meinen Vetter Asmus. Druck von J. F. Starcke. 1 Bl. 4.
Flugblatt. Berlin, 24. Nov. 1848.

Lebrecht, Der sogenannte Spar- und Kredit-Verein in Ulm und die Würtembergische Commissionsbank in Stuttgart. gr. 8°. Stuttgart, Aue, 1873. (28 S.)

Lebrecht, des Mönches Aegydius, verbessertes großes egyptisches Traumbuch nach alten egypt., schwed. und arab. Handschriften bearb. und zusammengestellt. Nebst den beigefügten Lotto-Nummern sowie dem Verzeichnisse der Glücks- und Unglückstage des Jahres; dem Lotto-Tarif und einer Anweisung, wie man spielen muß, um zu gewinnen. 5.—7. Aufl. 8. (106 S. mit 90 Bildern in eingedr. Holzschn.) Leipzig 873—75, Brauns.

Lebrecht, des Mönches Aegydius, verbessertes großes egyptisches Traumbuch, nach alten egypt., schwed. und arab. Handschriften bearb. und zusammengestellt. Nebst den beigefügten Lotto-Nummern, sowie dem Verzeichnisse der Glücks- und Unglückstage des Jahres, dem Lotto-Tarif und einer Anweisung, wie man spielen muß, um zu gewinnen. 8. und 9. Aufl. 8. (106 S. mit 90 Holzschn.-Bildern.) Leipzig 876,78, Brauns.

Lebrecht, des Mönches Aegydius, verbessertes großes egyptisches Traumbuch, nach alten egypt., schwed. und arab. Handschriften bearb. und zusammengestellt. Nebst den beigefügten Lotto-Nummern, sowie dem Verzeichnisse der Glücks- und Unglückstage des Jahres; dem Lotto-Tarif und einer Anweisung, wie man spielen muß, um zu gewinnen. 10.—12. Aufl. 8. (106 S. mit 90 Holzschn.-Bildern.) Leipzig 880—82, Brauns.

Lebrecht, des Mönches Aegydius, verbessertes großes egyptisches Traumbuch, nach alten egypt., schwed. und arab. Handschriften bearb. und zusammengestellt. Nebst den beigefügten Lottonummern, sowie dem Verzeichnisse der Glücks- und Unglückstage des Jahres; dem Lotto-Tarif und einer Anweisung, wie man spielen muß, um zu gewinnen. 13.—19. Aufl. 8. (122 S. mit 90 Bildern.) Leipzig 885—89, Brauns.

Lebrecht, d. Mönches Aegydius, verbessertes großes egyptisches Traumbuch, nach alten egypt., schwed. u. arab. Handschriften. Nebst den beigefügten Lottonummern 2c. Mit 90 Bildern. 20.—25. Aufl. 8. (122 S.) Lpz. 889—92, Brauns. — 75

Lebrecht, d. Mönches Aegydius, verbessertes großes egyptisches Traumbuch, nach alten egypt., schwed. u. arab. Handschriften bearb. u. zusammengestellt. Nebst den beigefügten Lottonummern, sowie dem Verzeichnisse der Glücks- u. Unglückstage d. Jahres; dem Lotto-Tarif u. e. Anweisg., wie man spielen muß, um zu gewinnen. Mit 90 Bildern. 25.—27. Aufl. 8. (122 S.) Leipzig 892—894. G. Brauns. — 75

Lebrecht, d. Mönches Aegydius, verbess. großes egyptisches Traumbuch, nach alten egypt., schwed. u. arab. Handschriften bearb. u. zusammengest. Nebst d. beigef. Lottonummern, sow. d. Verzeichnisse d. Glücks- u. Unglückstage d. Jahres; d. Lotto-Tarif u. e. Anweisg., wie man spielen muß, um zu gewinnen. M. 90 Bildern. 28. Aufl. 8. (122 S.) Leipzig 896. G. Brauns. — 75

Lebrecht, des Mönches Aegidius, verbessertes großes egyptisches Traumbuch, nach alten egypt., schwed. u. arab. Handschriften bearb. u. zusammengestellt. Nebst den beigefügten Lottonummern, sowie dem Verzeichnisse der Glücks- u. Unglückstage des Jahres; dem Lotto-Tarif u. e. Anweisg., wie man spielen muß, um zu gewinnen. Mit 90 Bildern. 30. Aufl. 8. (122 S.) Leipzig (901). G. Brauns. — 75

Lebrecht, des Mönches Aegidius, verbessertes großes egyptisches Traumbuch, nach alten egypt., schwed. u. arab. Handschriften bearb. u. zusammengestellt. Nebst den beigefügten Lotto-Nummern, sowie dem Verzeichnisse der Glücks- u. Unglückstage des Jahres; dem Lotto-Tarif u. e. Anweisg., wie man spielen muß, um zu gewinnen. Mit 90 Bildern. 31. Aufl. (122 S.) 8. Leipzig (904). G. Brauns. — 75

Lebrecht, des Mönches Aegydius, verbessertes großes egyptisches Traumbuch, nach alten egypt., schwed. u. arab. Handschriften bearb. u. zusammengestellt. Nebst den beigefügten Lotto-Nummern, sowie dem Verzeichnisse der Glücks- u. Unglückstage des Jahres; dem Lotto-Tarif u. e. Anweisg., wie man spielen muß, um zu gewinnen. Mit 90 Bildern. 33. Aufl. (122 S.) 8. Leipzig (907). G. Brauns. — 75

Lebrecht, Arthur, a. Nürnberg, Rechtsprakt. am Kgl. Amtsgericht zu Nürnberg: Die Rechtsverhältnisse des ⟨niedern⟩ Adels in Bayern. Nürnberg 1905: J. L. Stich. (44 S.) 8°
Erlangen, Jur. Fak., Ref. Rieker, Diss. v. 9. Dez. 1905
[Geb. 11. März 82 Nürnberg; Wohnort: Nürnberg; Staatsangeh.: Bayern; Vorbildung: Gymn. Nürnberg Reife Juli 01; Studium: München 6, Erlangen 2 S.; Rig. 18. Juli 05.]

Lebrecht, Chrph., fröhliche Weihnachten! Glückliches neues Jahr! D. schönsten Weihnachtslieder u. -Gedichte wie Neujahrs-Wünsche, auch f. Ansichts- u. Rohrpostkarten. 8. (96 S.) Berlin 898. A. Weichert. — 50

Lebrecht, (Ed.,) Gesch. v. Brasilien, s. Cabinetsbibl.

Lebrecht, Ed., Gesch. von Brasilien. gr. 12. Gotha 826. N. A. 832. Hennings u. H. in Erf. 4 ℊ (A. u. d. T.: Kabinetsbibliothek d. Gesch. 4r Bd.)

Lebrecht, F., Bether. Die fragl. Stadt im Hadrianisch-jüd. Kriege. Ein 1700jähr. Missverständniss. Beitrag zur Geschichte u. Geographie d. alten Palästina mit histor. Beilagen in hebr. Sprache. gr. 8. (VIII, 55 S.) Berlin 877. Adf. Cohn. n. 3. —

Lebrecht, F., krit. Lese verb. Lesarten z. Talmud. Berl. X, 64 p.
Schul-/Univ.-Schrift 1864

Lebrecht, F. S., s. Rabbi Davidis Kimchi radicum liber.

Lebrecht, Ferdinand
Der practische Zahnarzt, oder Gründliche Anweisung, wie man die Zähne stets gesund, schön und brauchbar erhalten, u.d. Krankheiten derselben richtig behandeln könne. Für alle Freunde der Zähne bearb. von Ferdinand Lebrecht. Magdeburg: Heinrichshofen 1830. VI, 48 S. 8°

Deutsche Familienbriefe. Zur Übung f. Ausländer von Florian Lebrecht. *Breslau: J. U. Kern 1902.* (62 S.) 8° [F.] [03. 1635

Lebrecht, Fürchtegott, kritische Lese verbesserter Lesarten und Erklärungen zum Talmud. Lex.-8. (X und 54 S.) Berlin 864, Peiser. *

Lebrecht, G., Stuttgart. 10 Orig.-Steinzeicngn. (in Farbdr.). 44×35 cm. Stuttgart (908). Deutsche Verlags-Anstalt. In Umschlag 5. —

Lebrecht, Hans, drei Tage aus dem Leben eines Zürcherischen Geistlichen. Ein geschichtl. Roman f. d. Volk. (2. Ausg.) 8. (246 S.) Leipzig 847, Verlagsbureau. n. 24 ngℓ

Lebrecht, J. Das württembergische u. badische Gesetz betr. Gewährleistung beim Viehhandel. gr. 8. (III, 72 S.) Stuttg. 890, Kohlhammer. * 1 —

Lebrecht, J. A., (Prediger z. Wolmirstädt) nur wenn Christus Geist d. Stellvertreter d. Kirche erfüllt, können wir hoffen, daß sie sich neu gestalten u. belebt werde, e. Synodalpredigt. 2e Aufl. gr. 8. Naumb. 823. (Wolbrecht in Leipz.) 8 ℊ

Lebrecht, Johs., geistliches Brennglas od. e. Romreise m. nützl. Abstechern. Ein Büchlein f. Arbeiter. gr. 8. (III, 91 S. m. Bildern.) Freiburg i/B. 897. Herder. n. — 40; geb. in Halbleinw. n. — 50

Denkschrift über die Tätigkeit des Bundes deutscher Verkehrsvereine in den Jahren 1902–1909... verf. von Rechtsanw. [Karl] Lebrecht in Leipzig. Leipzig 1909: (Engelhardt). 49 S. 8°
(Veröffentlichungen d. Bundes deutscher Verkehrsvereine. 1.) [10. 372 7

Lebrecht, [Karl]: Die Vereinheitlichung der deutschen Eisenbahnen. Vortr. Leipzig 1910. 8°

Lebrecht, Leo:
Der Arzt in Verhältnisse zur Natur, zur Menschheit und zur Kunst. Ein Versuch von L[eo] Lebrecht.
Mainz: Kupferberg 1821. XII, 107 S. 8°

— Examen chemicum pomorum colocynthidum. Heidelb. 817. Oswald. 4 ℊ

— s. ... Hurtado, die Ratanhiawurzel.

— Pharmacopoea extemporanea antisyphilitica, oder Auswahl d. vorzügl. Arzneiformeln der neuern Aerzte, gegen alle Gattungen venerischer Krankheiten u. ihrer Folgen. 8. Mainz 818. Kupferberg. 8 ℊ

— s. J. Tenon, einige ...

Lebrecht, Mayer, Antrittsrede, geh. bei sein. Installation in d. Synagoge zu Niederwerrn am 11. Juni 1840. gr. 8. (1¼ B.) Schweinfurt, (Wetzstein.)

Lebrecht, Mch., († im Sept. 1807.) die Fürsten von Siebenbürgen u. d. Schicksale d. Landes unter ihrer Regierung bis 1713. 2 Thle. 8. Herrmannst. 790—92. (Schaumburg in Wien). 3 ℔

Lebrecht, M., Siebenbürgens Fürsten (Gesch. ders.) Zeitschrift. 2 Thle. 8. Wien, Schaumburg. 797.

— Geschichte der Aboriginen: Dazischen Völker, in Abendunterhaltungen. 8. Herrmannst. 791. (Mahler in Pesth). 16 ℊ (Schaumburg in Wien). 1 ℔

— Vers. einer Erdbeschr. von Siebenbürgen. gr. 8. Herrmannstadt. (Pest, Eggenberger.) 789.

Lebrecht, Michael, Pfarrer von Kleinscheuren. Versuch einer Erdbeschreibung des Grossfürstenthums Siebenbürgen. 2. durchaus veränderte, vermehrte und verbesserte Auflage. Mit einer kleinen Generalkarte des Grossfürstenthums. 8. Hermannstadt 1804.

— Versuch einer Geographie von Siebenbürgen. gr. 8. Herrmannst. 789. (Eggenberger in Pesth). 12 ℊ

Lebrecht, Peter [Pseud.], s. a. Tieck, Ludwig

Lebrecht, P., (L. Tieck), Ritter Blaubart; ein Ammenmährchen. 8. Berl. 797. (Nauck in Leipz.) 12 ℊ

— der gestiefelte Kater; Kindermährchen. 8. Berl. 797. (Leipz., Nauck). 10 ℊ

Lebrecht, Pt. (Ldw. Tieck), die Ressource; e. Posse. 8. Berl. 797.

— Volksmährchen. 3 Bde. 8. Berl. 797. (Leipz., W. Nauck). 3 ℔ 12 ℊ

Lebrecht's letzte Lebenstage. 8. Berlin, Wever. (Sander.) 780.

Lebreux, Sarrovir, wie man Kaiser wird! 2–4. Thl. zu Napoleon III. von Eug. de Mirecourt. 8. (VI und 809 S.) Berlin 861, J. Abelsdorff's Verlag. à Thl. * 10 Ngr. *

Le Bret, s. Bret.

Bulle in Coena domini
— Geschichte der Bulle. von Le Bret. 1769. 2 vol. 8.

Lebrot. Poesie der Kriegskunst od. Feldzug der Franzosen in Egypten 1798—1800. A. d. Franz. m. Anmerk. vom Gr. v. Bismarck. (XVI, 940) 8. M. 4 Pl. u. 1 Krte. Stuttgart 1824. 10,50.

Lebret, A., die Strafrechtspflege der Gerichte des Königreichs Württemberg bearb. auf die Grundlage der neuesten Strafgesetzgebung und der Normalien und Präjudizien der höheren Gerichte nebst den auf die gerichtl. Strafrechtspflege bezügl. Beilagen. 2. Bd. 1. und 2. Thl. gr. 8. Stuttgart 854, Ed. Hallberger. *

Lebret. A.: Die Strafrechtspflege der Gerichte des Königreichs Württemberg. Bearb. auf die Grundlage der neuesten Strafgesetzgebung u. der Normalien u. Präjudicien der höheren Gerichte nebst den auf die gerichtl. Strafrechtspflege bezügl. Beil. Stuttgart. 3 Bde
Bd 1. Nach dem Tode des Verf. hrsg. von v. Steck. 1857.
„ 2, Th. 1. 2. 1857.

Lebret, Alb. (Stuttgart), Diss. sistens examen phys.-chemicum gypsi caerulei sulzae ad micrum nuper detecti. Präs. Carl Friedr. Kielmayer. Tübingen (Schramm) Mai 1803. 39 S. (3.—) 20635

Lebret B, über Bergbahnen und Berglokomotiven. 4° Stuttgart 1889

Lebret, Carl August, s. L e b r e t , Karl August

Lebret, Fr. K.

– s.a. **Napoleon u. Napoleon,** e. biograph. Skizze.

Lebret, Fr. C. Napoleon, biographische Skizze. 12. Stuttgart 1821.

– s. Richard **Philipps,** üb. d. Ursachen ꝛc.

Lebret, F. K., Napoleons Urtheile, s. **Napoleon.**

Le Bret, Friedr. Carl (Stuttgart), De prudentia imp. Rudolphi I. Diss. histor. Präs. Chr. Friedr. Roesler. Tübingen (Fues) 1783. 67 S. (5.—) 20636
Gew.: Jac. Alb. Bühler.

le Bret, J. F.: Magazin z. Gebr. d. Staaten- u. Kirchengesch., vornehml. d. Staatsrechts kathol. Regenten in Anseh. ihrer Geistlichk. *Ulm*, Stettin. 771—88. 10 Thle. m. e. Reg. gr. 8. (15 Thl. 12 Gr.)

L e b r e t, J. Fr.: „Vorlesungen über die Statistik", 2 Teile, Stuttgart 1783 ff.

Lebret, Joh. Friedrich

—. — (Präses), De formula concordiae Naumburgensi anni 1561. Diss. Tübingen (Hopffer) Mai 1798. (5.—) 20638
Resp.: Joh. Chr. Friedr. Reuchlin, Jac. Benj. Niethammer, Theoph. Ulr. Luz, Joh. Friedr. Freysinger, Carl Ludw. Fr. Helferich, Rud. Chr. Fr. Wolf, Ernst Carl Frank.

Lebret, Joh. Frdr.: De missione Jacobi Andreae Parisina. Tübingae: Hopffer [1799].

Le Bret, Johann Friedrich [Praes.], s. P f i s t e r , Johann Christian: De originibus et principiis allegoricae sacrarum litterarum interpretationis.

— **Joh. Friedr.,** Diss. theol. de usu versionis latinae veteris in ecclesia christiana occ. codicum Stuttgardiensium. Tübingen (Fues) Aug. 1786. 76 S. (5.—) 20637
Resp.: Carl Phil. Conz, Friedr. Carl Le Bret, Johs. Jac. Steinbeis, Chr. Friedr. Guckenberger, Gottl. Dav. Sarvey, Chr. Friedr. Nast, Ludw. Eberh. Klein, Friedr. Jac. Heinr. Caspart, Carl Gottl. Beurlin, Chr. Gottl. Hermann.

Lebret, Karl August

Lebret, Carl Aug., [J u l. A l f r e d], Lieder. 2. Ausg. 8. (VIII u. 275 S.) Stuttgart 851, Ed. Hallberger. 3/4 ₰

Lebret: Ueber die Militär-Gerichts-Verfassung in Württemberg. Mai 1847. Ludwigsbg. 1847.

— über die Militär-Gerichts-Verfassung in Württemberg, nebst dem preuß. u. [großherzogl.] hess. Militär-Straf-Prozeß. 1848. gr. 8. (198 S.) Stuttgart 848, Neff. 5/8 ₰

Le Bret, Louis, Waarenzeichenbuch der Spirituosen- u. Weinbranche (Waaren-Klasse 16 B.). Enth. sämmtl., bis 1. 7. 1901 in die Reichs-Zeichenrolle beim kaiserl. Patentamt eingetrag. Wortzeichen, sowohl wie diejen. Benenngn., welche in Bildzeichen (Etiketts u. Marken) als geschützt zu betrachten sind. (80 S. m. Abbildgn.) 8. Berlin 901. (Leipzig, H. A. L. Degener.) n.n. 1. 50

— dasselbe. II. u. III. Tl.: Enth. die vom 1. VII. 1901 bis zum 1. VI. 1904 bezw. 1. VI. 1904 bis 1. X. 1905 eingetrag. Warenzeichen einschliessl. der Freizeichen v. J. Tenenbaum. (45 u. 56 S. m. Abb.) 8. Ebd. (904. 905). à n.n. 1. 50

Lebreton, A., Untersuchungen über die Ursachen u. d. Behandl. mehrerer Krankheiten d. Neugeborenen. Aus d. Französ. v. G. Wendt. 8. Leipz. 820. Magaz. f. Ind. 12 gr

Lebrija, Antonio de, s.a. A n t o n i u s Nebrissensis.

Lebrija, Antonio de, **gramatica castellana.** Reproduction phototypique de l'édition princeps (1492). Publiée avec une préface par E. Walberg. (XV, 132 S.) 8. Halle 909. M. Niemeyer. 8.—

Lebring, Das Elektrizitätswerk, in Steiermark. Wien 1908. V: *Grünhut, Alfred.* (EB)

Lebrun's, Charles, Biographie u. Charakteristik, s.: Regnet, C. A.

Le Brün, s. Brün.

Lebrün, s. Pigault.

le Brun. Des weltberühmten Herrn le Brun Entwurf. Wie die Künstler die Affecten der Menschen exprimiren sollen, welchem beygefüget ein curioser Diskurs, so der Author in der Königlichen Academia von der Physiognomia gehalten. Aus dem Französischen übersetzt und mit Kupfern versehen. Augsburg 1704. 8°.

(le Brun), Expression des passions de l'ame. Augsb. fol. 1731.

Lebrun's Kochrecepte, enthaltend 161 Suppen, 127 Saucen, 66 Assietten 250 Relevées und 29 Purées. 1. Theil. 8. (233 S.) Wien, Seitler. 1870 50 kr.

Lebrun, A., Quinze jours à Paris, hrsg. von Philipp Rossmann, s. a. **Schriftsteller**, englische u. französische, der neueren Zeit. XV.

Quinze jours à Paris. Par A. **Lebrun**. Für d. Schulgebr. hrsg. von Dr. Philipp Roßmann. Mit 10 Abb. u. 1 Pl. von Paris. [Nebst] Wörterbuch. *Glogau: C. Flemming 1902.* 2 Bde 8°
— **Schriftsteller**, Englische u. französische, d. neueren Zeit. Bdch. 15. Ausg. A. [03. 12714

Quinze jours à Paris par A. **Lebrun**. Für d. Schulgebr. hrsg. von Dr. Philipp Rossmann. Mit 10 Abb. u. 1 Pl. von Paris. [Nebst] Wörterbuch. 2. verb. Aufl. Glogau: C. Flemming [1906]. 2 Bde 8°
— **Schriftsteller**, Englische u. franz., d. neueren Zeit. Bdch. 15. A. [07. 4395

[F.] Des Generals [Barthélemy Louis Joseph] **Lebrun** militärische Erinnerungen 1866—1870. Die Ereignisse vor d. Kriege. Seine Sendgn nach Wien u. Belgien. Uebs. v. O. von Busse, Oberstl. . . . i. Inf.-Rgt. . . . No 24. *Leipzig: Zuckschwerdt & C. 1896.* (212 S., 1 Facs.) 1 Bd 8. [98. 8377 II

Lebrun, C., Plafonds, s.: **Meister**, alte.

Lebrun, Carl, s. Lebrun, Karl

[LE BRUN, CH.] Tapisseries du Roy . . . Königliche Französische Tapezereyen oder überaus schöne Sinn-Bilder, in welchen Die vier Elemente, samt den Vier Jahr-Zeiten, neben den Denckssprüchen und ihren Außlegungen, vorgestellet werden. . . . verlegt Durch Joh. Ulrich Krauss, Kupfferstecher, Augsburg, gedruckt durch J. Koppmayer, 1687. Gr. 4°. 4 Bl. 142 S. mit schönem ornament. *Kupfertitel, 2 gestoch. Nebentiteln, 8 prächtigen doppelseitigen Kupfertafeln in ornamentalem Rahmen und 32 Emblemkupfern.* Neuerer HPgtbd.

Kat. 4. [illegible] 1672 [illegible] (mit etwas anderer Kollation). 1. deutsche Ausgabe (Text französisch und deutsch.) Die prächtige Kupferstichfolge nach den allegorischen Gemälden (Elemente, Jahreszeiten) Le Brun's (1619–90) gestochen von SEB. LE CLERC liegt hier in guten Gegenstichen von JOHANNA SYBILLA KRAUSIN, der Tochter [illegible] vor. Die Ornament- u. Emblemkupfer im Text sind nach Zeichnungen von JACQUES BAILLY gestochen. Die doppelseit. Kupfer sind mitgezählt. Von dieser Ausgabe gibt es verschiedene Varianten mit verschiedener Pagination. Der französische Text ist von ANDRÉ FÉLIBIEN SIEUR DES AVAUX ET DE JAVERCY verfaßt. Über die Übersetzung sagt das Vorwort: „Daher ist für gut angesehen worden, daß nicht allein die in Frantzösischer Sprach weitläuffig erklärte Sinn-Bilder, durch einen guten Freund H. S., sondern auch die Überschrifften derselbigen, in unsere Teutsche Mutter-Sprach von [illegible] deutlich übersetzet worden." — Die ersten Bll. sind etwas knapp beschnitten, das Datum auf dem Titel dadurch weggeschnitten. Wasserflecke a. d. Kupfertitel; [illegible] die ersten Bll. mit kleinen Wurmspuren, hie u. da etwas fleckig.

— — [Dasselbe Werk] verlegt durch Johann Ulrich Kraussen, Kupferstechern in Augspurg. Druckts Johann Jacob Lotter. 1710. 2 Teile in 1 Band. Schmal-folio. 3 Bl. (= gedr. Titel, Vorwort, *1. Kupfertitel*). 70 gez. Seiten auf 51 Bl (da die Rückseiten der Emblemkupfer unbedruckt sind). *2. Kupfertitel und 8 doppelblattgroße Kupfer. Mit 32 in der Pagination inbegriffenen Emblemkupfern.* Neueres HLn. — FdF. 1846 Fromm 146 b, Praz, p. 334. — Ränder leicht beschnitten

Lebrun, F., s. **Novellen-Album.**

Lebrun, F. M., pract. Abhandlung über die Kunst mit Béton zu bauen. Aus dem Französ. übers. u. mit einigen Anmerk. begleitet von A. L. Crelle. (Abgedruckt aus dessen „Journal für die Baukunst. Bd. XIX.") Mit 6 Figurentaf. gr. 4. Berlin 844, Reimer. $2^1/_4$ ℛ

Lebrun jun., F. M., der Steinmörtel, oder praktische Anweisung den Steinmörtel bei Gebäuden im Allgemeinen, besonders aber bei Bauten an und unter dem Wasser, bei Gewölben rc. statt jeder andern Art von Maurerarbeit mit Vortheil zu benützen. Aus d. Franz. gr. 8. Ulm 837, Nübling. $^7/_{12}$ ℛ

Lebrun, Fr., Handbuch der französischen Umgangssprache zum Gebrauch für Deutsche. Altona 868. Verlags-Bureau. 8. (242 S.) 15 ngr.

Lebrun, Henri, Ferdinand Cortez rc., siehe: **Bibliothek** f. die reifere christl. Jugend, 8. Bd.

Lebrun, Karl

— alles gefoppt, oder der 1ste April. Scherzhafte Scene. Mainz ... (Heinemann in Stolp.) 5 ℊ

Lebrun, Karl

Almanach Dramatischer Spiele zur geselligen Unterhaltung auf dem Lande. Begründet von Aug. von Kotzebue, hrsg. von Carl Lebrün. Jg. 29. 30. Forts. 5. 6. Hamburg: Hoffmann & Campe 1831, 1832. 8°

Lebrün, Karl, neue Bühnenspiele in Origin.-Lustspielen u. Bearbeitungen. 2 Bde. 8. Mainz, 1r Bd. 825. u. 2r Bd. 830. Kupferberg. Schreibp. 2 ℛ 16 ℊ (1r Bd. Enth.: humoristische Studien. 9 ℊ — Eine Freundschaft ist der andern werth. 10 ℊ — Die Wette, oder Jeder hat sein Plänchen, von Lebrun u. L. Kruse. 15 ℊ)

Lebrün, C(arl)., neue Bühnenspiele in Orig.-Lustspielen u. Bearbeitungen. 2. Bd. — A. u. d. T.: Neueste Bühnenspiele rc. 8. (18 B.) Mainz 830, Kupferberg.

Inh.: Die Stimme d. Natur. Schausp. in 4 Aufz. v. F. L. Schröder. Für d. Darstell. eingerichtet v. C. Lebrün. 11 Gr. — Zeitspiegel. Lustsp. in 3 Aufz. Nach Picard's u. Mazere's „trois quartiers" frei bearb. 12 Gr. — Hans Luft. Dramat. Skizze in 3 Abthln. Frei nach d. Franz. 11 Gr.
1. Bd. Ebendas. 1825 1 Thlr. 8 Gr.

Casanova im Fort Saint-André. Lustspiel in 3 Akten. Nach dem Französischen (des *C. Lebrun*) bearbeitet von Ludwig Osten (d. i. Carl Friedr. Ludw. Litzmann, Justizcommissar u. Notar in Salzwedel, geb. das. am 25 Juni 1785, † 18**). Magdeburg, Wagner u. Richter, 1837. 8°. 131 S.

— Vater Dominique, oder sauer ist süß; Drama. — Die Intrigue aus dem Stegreif. — Nummer 777. — Sympathie; Lstspl. — Die Verstorbenen; Posse. — Wanderer u. Pächterin. — Der Wunderring. — Brief u. Antwort. — Der Weiberfeind., s. A. v. Kotzebue, Almanach. Jahrg. 1819, 20, 21, 22, 23, 24. u. 1831.

Lebrun, Karl, Erzählungen u. Verselein. 8. Leip., 820. Kummer. 1 ℛ 8 ℊ

Lebrün, Carl, s. **Jahrbuch** für Theater u. Theaterfreunde.

— Lustspiele. Original u. Bearbeitungen. 2 Thle. 8. Mainz 820, 22. Kupferberg. 3 ℛ (Einzeln: 1r Thl. Pommersche Intriguen, oder das Stell dich ein; Lstspl. in 3 Aufz. 14 ℊ — Marquis Pomenars; Lstspl. in 1 A. Nach d. Französ. frei bearb. 6 ℊ — Lehrer, Schüler u. Corrector; Lstspl. in 1 A. Nach d. Französ. d. Vial. 10 ℊ — Mittel u. Wege, oder Still! ich weiß schon! Posse in 3 A. Nach d. Engl. des G. Colman frei bearb. 12 ℊ 2r Thl. Er ist sein eigner Gegner; Lstspl. in 3 A. Frei bearb. nach Picard. 14 ℊ — Ninon, Moliere u. Tartüffe; Lstspl. in 1 A. Nach Simon bearb. 6 ℊ — Die Schauspieler; Lstspl. in Versen. Mit 1 Prolog. Nach C. Delavigne. 16 ℊ)

— Lustspiele u. Erzählungen. (Enth.: Spiele des Zufalls; Lstspl. in 3 A. — Zeitungstrompeten; Lstspl. in 3 A. — Postwagenabentheuer; Posse in 3 A. — Schön Sisi, od. die Entstehung d. Alpenrose. — Bruder Gregor v. Jerusalem. — List über List.) 8. Mainz 827. Kupferberg. 1 ℛ 10 ℊ

— kleine Lustspiele und Possen. (Enth.: die Empfehlungsbriefe. 4 ℊ — Liebe und Geheimniß. 4 ℊ — Der Krämerzwist. 6 ℊ — Die diebische Elster. 10 ℊ) 8. Mainz 816. Kupferberg. 20 ℊ

Lebrün, Karl, neue kleine Lustspiele und Possen. (Enth.: Alles gefoppt oder der erste April. 5 ℊ — Die Zudringlichen, nach Picard. 10 ℊ — Weiberlist u. Männertreue. 6 ℊ — Shakspeare, Spiel in Versen. 5 ℊ) 8. Mainz 818. Kupferberg. 1 ℛ

— neueste kleine Lustspiele u. Possen. (Enth.: Ich irre mich nie, oder der Räuberhauptmann. 6 ℊ — Der Sylvesterabend, od. die Nachtwächter. 8 ℊ — Die beiden Philibert. 12 ℊ — Der Unschlüssige. 7 ℊ — Man muß nichts übertreiben. 9 ℊ — Der alte Jüngling. 7 ℊ) 8. Mainz 820. Kupferberg. 2 ℛ

Lebrün, Carl, Lustspiele und Possen. 8. ($21^1/_2$ B.) Mainz 839, Kupferberg.

Inh.: Casanova im Fort St. Andre, Intriguenlustsp. in 3 Aufz. — Der Wetterableiter, Posse in 2 Aufz. — Die Holländer, Lustsp. in 3 Aufz. — Zwei Namenstage für Einen, Posse in 3 Aufz.

Lebrün (der Kläger contra Cerf, Direct. d. Königstädt. Theaters in Berlin), Carl, der Mann mit d. eisernen Maske. Ein Rechtsstreit aus d. neu. Zeit, mit Actenbelegen. gr. 8. (4 B.) Hamburg 836, Nestler u. Melle. Thlr.

— Der Mann mit der eisernen Maske. Drama in 5 Abthll. Frei nach d. Franz. 8. Ebd. 838. 3/4 ₰ — Die Puritanerin, oder der englische Hof im J. 1710; Histor. Drama in 2 Acten. Nach d. Franz. 8. Ebd. 3/8 ₰ — Nachbarl. Späße; Schwank in 1 Aufz. Frei nach d. Engl. 8. Ebd. 1/4 ₰ — Vielliebchen, oder d. Tagebuch; Spiel in Versen in 1 Act. 8. Ebd. 833. 1/3 ₰

—— die Müßiggänger, s. Schnabel, C.

Lebrün, C. Nummer 777, s. Gesellschafts- u. Haustheater, neues.

Lebrün, C., Nummer 777, s. Universal-Bibliothek Nr. 604

— s. Palmer.

– s. Picard, Lustspiele u. Possen.

— les Rivaux d'eux-mêmes. Coméd. en 1 A. 8. Braunschw. 806. Pluchart. 6 gr

Lebrün, Karl, der Liebe u. des Zufalls Spiel, oder Maske für Maske, s. A. v. Kotzebue, Almanach 2c. 32r Jahrg.

—— Spiele für die Bühne. 2 Thle. 8. (42½ B.) Mainz 838, Kupferberg.
Hieraus auch einzeln:
Die Drillinge. Lustsp. in 3 Aufz. A. d. Franz. nach v. Bonin neu bearb. (5½ B.) 83. 10 Gr.
Die heimliche Ehe. Kom. Oper in 2 Aufz. Musik v. Cimarosa. Der Dialog neu bearb. (5 B.) 838. 9 Gr.
Der Elfenhügel. Romant. Drama in 4 Act. N. d. Dän. d. Prof. Heiberg. Musik v. Kuhlau. (8¼ B.) 839. 15 Gr.
Till Eulenspiegel. Lustsp. in 3 Aufz. v. Weidmann. Mit Aenderungen neu eingerichtet. (5¼ B.) 837. 9 Gr.
Der Mann mit der eisernen Maske. Drama in 5 Abthln. Frei n. d. Franz. (10¼ B.) 83. 18 Gr.
Die Puritanerin, od. d. engl. Hof im Jahre 1710. Histor. Drama in 2 Act. N. d. Franz. (5 B.) 838. 9 Gr.
Nachbarliche Späße. Schwank in 1 Aufz. Frei n. d. Engl. (3¼ B.) 839. 6 Gr.

—— humoristische Studien,

—— Vor- u. Nachspiele f. d. Bühne. 1. Bd. 8. (25½ B.) Mainz 833, Kupferberg.
Inh.: Vielliebchen. — Die Fledermäuse. — Dominique. — Brief u. Antwort (Lustsp. in 1 Act.) — Sympathie. (Lustsp. in 2 Act.) — Der Weiberfeind. (Posse in 2 Act.)
Davon sind einzeln zu haben:
Dominique, od. d. Besessene. Lustsp. in 3 Abthln. Frei n. d. Franz. d. Hrn. D'epagny u. Dupin. (6¼ B.) 11 Gr.

—— dass. 2. Bd. 8. (29 B.) Mainz 834, Kupferberg. Thlr
Inh.: Die kinderlose Ehe. — Der freiwillige Landsturm — Ein Fehltritt. — Poesie u. Prosa — Nummer 777. (Posse.) — Die Verstorbenen. (Posse.) — Die Intrigue. (Schwank.)
Davon sind einzeln zu haben:
Die kinderlose Ehe. Vaudeville-Posse in 1 Aufz. N. d. Franz. (4¼ B.) 7 Gr.
Ein Fehltritt. Drama in 2 Aufz. nach Scribe. (4½ B.) 9 Gr.
Der freiwill. Landsturm. Posse in 1 Aufz. (4 B.) 6 Gr.
Poesie u. Prosa, od. d. Hausverkauf. Lustsp. in 1 Aufz., nach d. Franz. v. J. Herzfeld. Neu bearb. (4¼ B.) 8 Gr.

Lebrun, L., et P. **Poitevin**, Analyse log. de langue Franç., siehe: Poitevin, P., Cours.

Lebrun, Laur., novus Apparatus Virgilii poëticus. 8maj. Cöln 768. (Nova Ed. !) ibid. 804. Rommerskirchen. 1 ₰ 12 gr

Lebrün, M., Handb. für Klempner 2c., s. Schauplatz d. Künste u. Handwerke 53r Bd.

—— Handbuch f. Klempner u. Lampenverfertiger. Mit e. Menge Figuren u. aus d. besten Ateliers entnomm. Modelle. 8. (13 B. u. 5 Stnt.) Quedlinburg 835, Basse.

—— Handbuch d. Modellir- u. Bildformerkunst. Od. Anweis., sowohl Statuen, als nach d. Natur in Gyps, Thon 2c., sowie Münzen, Cameen u. a. Gegenstände in Mastix, Schwefel, Talk 2c. zu modelliren. Nebst e. Anleit., Holz, Horn u. Schildpatt zu pressen u. erhabene Arbeit darauf hervorzubringen. A. d. Franz. übers. M. 1 Taf. Abbild. (qu. Fol.) 8. (10½ B.) Quedlinburg 832, Basse.

— theoretisch-prakt. Handbuch des Wagners, Stellmachers u. Chaisenfabrikanten 2c. Nach d. Franz. von J. C. Kinne. 2 Thle. Mit 6 Folio-Taf. 8. Weimar 835. Voigt. 3 ₰ (Vgl. Schauplatz der Künste u. Handwerke 65r Bd.

— vollständ. Handbuch f. Klempner u. Lampenfabrikanten. Nach d. Franz. bearb. von H. Leng. 2e Aufl., mit Zusätzen von Chr. H. Schmidt. Nebst erklärtem Verzeichniß der techn. Ausdrücke u. 240 Abbildd. u. Mustern aus den ersten Pariser Werkstätten auf 5 Taf. 8. Weimar 837. Voigt. 1⅙ ₰ (Vergl. Schauplatz der Künste u. Handwerke 53r Bd.)

Lebrun's, M., vollständiges Handbuch für Klempner und Metallwaarenfabrikanten, s. a. Schauplatz, neuer, der Künste und Handwerke.

Lebrun, M., Vollständiges Handbuch für Klempner und Metallwaarenfabrikanten enthaltend die Beschreibung und Bearbeitung der Metalle, die geometr. Schnittzeichnungen, die Erklärung der verschiedenen Arbeiten und Werkzeuge, die Grundsätze der Beleuchtungskunst, Abbildung und Beschreibung der neuesten Lampen, Thee- u. Kaffee-Maschinen, Laternen etc. Bauverzierungen aus Zinkguss oder gepresstem Zinkblech sowie die verschiedenen Dachdeckungsmethoden, Fabrikation der Blechblumen, das Formen und Giessen, das Metalldrücken, die Bronçirung, Aetzen der Metalle u. s. w. Bearb. von Th. Raetz. 6. gänzlich umgearbeitete und vermehrte Auflage. Weimar 1873. Text 8°. Atlas von 24 Foliotfln. mit 368 Abbild. 4°.

Lebrun, M. Vollständiges Handbuch für Klempner und Metallwaarenfabrikanten. Deutsch von Th. Rätz. Weimar, 1876.

Lebrun's, M., vollständiges Handbuch f. Klempner, Metallwarenfabrikanten u. Werkstätten v. Gas- u. Wasserleitungsanlagen. 8. Aufl., gänzlich umgearb., m. den neuesten Erfindungen u. Verbessergn. verm. v. Chr. Schröder. Mit e. Atlas v. 30 Großfolio-Taf. 8. (XVI, 296 S.) Weimar 889. B. F. Voigt. 9. —

—— vollst. Handbuch des Riemers u. Sattlers, s. Schauplatz d. Künste 2c., 64. Bd.

Lebrun, Handbuch des Wagners u. Chaisenfabrikanten, siehe: Schauplatz, neuer, der Künste u. Handwerke, 65. Bd.

—— die Kunst, in Papiermaché, sowie in Papier, Stein- u. Lederpappe, Sägespänen 2c. zu modelliren. Für Fabrikanten u. Dilettanten. A. d. Franz. übers. 8. (3 B.) Quedlinburg 832, Basse.

—— der vollkomm. Stellmacher u. Wagner. Od. Anweis., alle Arten v. Wagen, Rädern, Karren, Pflügen, Schlitten u. a. Fuhrwerke, nach d. neuesten Verbessern. u. Vervollkommn. anzufertigen. N. d. Franz. bearb. u. mit Zusätzen verm. 1. Thl. M. 6 Taf. Abbild. (auf 3 Bog. Fol.) 8. (9 B.) Quedlinburg 834, Basse.

—— dass. 2. Thl. — A. u. d. T.: Prakt. Handb. d. Kutschenfabrikation in ihrem ganzen Umfange. Nach d. Franz. bearb. u. mit Zusätzen verm. M. 10 Taf. Abbild. (qu. ½ Fol.) 8. (13⅛ B.) Ebds. 835.

Lebrun, Margarete, die Straßensängerin v. London. Großer Volksroman. 90 Hefte. (2876 S. m. Abbildgn.) 8. Dresden (905. 906). R. H. Dietrich. à Hft. — 10

Le Brun, Marie Luise Elisab., s.: Vigée-Le Brun.

Lebrun, N., s. Bibliothèque pour les enfants.

Lebrun, N., petite Bibliothèque pour les Enfans du premier et second age. 3 Vols. 12. Dresd. 827. Arnold u. W. 1 ⅔ 8 gr

Lebrun, P., Marie Stuart, s. Répertoire du Théâtre français.

Lebrün's, (P.,) Theorie über d. epidem. Krankheiten, aus d. Französ. mit Anmerkk. u. e. Abhandl. üb. d. erhaltende u. heilenden Naturkräfte d. Menschen v. C. F. Leune. gr. 8. Halle 790, ist Verlag v. Reinicke u. C.

Lebrün, s. Lebrun

Lebrun de Charmettes, s. Geschichte d. Jungfrau v. Orleans.

Lebsanft, Alfred, Medizinalprakt.: Aus d. Akad. f. prakt. Med. in Cöln, inn. Abt. (Prof. Hochhaus). Zur Histologie des Rückenmarks bei Meningitis cerebrospinalis epidemica. Tübingen: Pietzcker 1909. 34 S. 8°
Tübingen, Med. Diss. v. 15. Aug. 1909, Ref. v. Baumgarten
[Geb. 12. Juni 84 Ulm a. D.; Wohnort: Tübingen; Staatsangeh.: Württemberg; Vorbildung: Gymn. Ulm Reife O. 03; Studium: Tübingen 3, Leipzig 1, Tübingen 2, München 1, Berlin 1, Tübingen 2 S.; Coll. 8. März 09; Approb. 1. Juli 09.] [U 10. 4162

Lebschée, Carl Aug., Architektur- und Landschaftsmaler. Von Dr. *H. Holland*. (S.-A. aus Bd. 38 d. oberbayer. Archivs.) Mit Portr. (Lichtdr. von *J. Albert*). München, 1879. Kgl. Hof- u. Univers.-Buchdr. von Dr. C. Wolf & Sohn. Imp.-8°. Cart.*)
40 S. — Biographie u. sorgfältiges Verzeichniss von 663 Schöpfungen des Künstlers (Oelgemälde, Aquarelle, Zeichnungen, Radirungen, Lithogr., Holzschn., Stahlst.), und von 6 Elaboraten L's, welche in den Plenarversammlungen d. histor. Vereins von O.-B. vorgelesen wurden.

Lebschee, C., s. Lebschee, Karl August

Lebschee, Karl August

Lebschée, C. A., Ansicht d. Gebirgszuges v. der Roseninsel im Starnbergersee, nebst Verzeichniss der vorzüglichsten im Königr. Bayern v. Lamont u. A. gemessenen Höhepunkte. qu. gr. Fol. (Holzschntaf.) München 875. Stahl. — 30

Lebschée, Karl Aug., s. Sammlung maler. Burgen ꝛc.

Lebschée, C. (1800—77), malerische Topographie des Kgrs. Bayern in einer Reihe von Darstellungen etc., mit Begleitung eines historischen Textes. Nach der Natur u. auf Stein gezeichnet. München bey Hermann u. Barth 1830. Quer-Fol. Einige Bleistiftnot. Hlwdb.
Betrifft nur München u. Umgebung (mit Starnberger See). Frontisp., Plan von M. u. 50 (statt 80) Taf. (incl. diverser Pläne). Text deutsch u. französisch.

Lebst du in Gemeinschaft m. Gott? 3., durchgeseh. Aufl. 16. (19 S.) Dinglingen 897. (Frankfurt a/M., J. Schergens.) — 15

Lebst du, oder bist du todt? Eine Frage an Jedermann. 5. Aufl. (Ster.-Ausg.) 8. (32 S.) Barmen 865. (Berlin, Beck.) *

Lebst du, oder bist du todt? Eine Frage an Jedermann. 6.—8. Aufl. [Ster.-Ausg.] Hrsg. von der Wupperthaler Traktat-Gesellschaft. gr. 16. (32 S.) Barmen 876, Wiemann. *

Lebst du, oder bist du todt? Eine Frage an Jedermann. 9. Aufl. [Ster.-Ausg.] 8. (32 S.) Barmen 883, (Wiemann.)

Lebt denn meine Male noch? sowie viele andere neue Couplets u. Lieder. 8. (30 S. m. Bildern.) München 892. Münchener Verlags-Institut, F. Braunbeck. — 10

Lebub s. Lwow.

Lebus [Schlagwort]

Lebus, s.: Geologische Karten. Preussen 121.

Lebus. Ludt, A., Handkarte des Landes Lebus u. des Stadtkreises Frankfurt a. d. Oder. Entworfen u. gezeichnet v. L. unter Mitarbeit v. Pohlandt. 1 : 160,000. 38×35 cm. Farbdr. Berlin (909). Fussinger. — 25

Lebus [Verf.]

Lebus, Emerich, s.a. Schwänke, altfranzösische.

Altfranzösische Schwänke. (120 fabliaux, contes, Novellen u. Schwänke von Ruteboeuf bis Metel d'Ouville. Gesammelt u. hrsg. von Emerich Lebus). Leipzig: Zeitler 1907. 278 S. 8° A 12.12635 II

*Lebwohl, Otto: Zu Lucans bellum civile. S. 141—149. 8.
In: Festschrift zur Feier des 100jähr. Bestandes K. k. Staatsgymn. *Mähr.-Trübau* 1903.
Progr.

Lebwohl, Otto: Katalog der Lehrerbibliothek. 20; 25; 24 S.
Mähr. Trübau, Progr. 1902 – 1904

Lebwohl Otto: De versibus in Lucani de bello civili carmine propter codices suspectis. **Diss.** Wien. Univ.
II. 1898 PN 1107 1544

Lebzelter von Werfen, der, (Johann Oberreiter). Nach den Ergebnissen der beim k. k. Landesgerichte in Salzburg am 27. u. 28. Februar, am 1., 2. u. 4. März 1865 wegen Meuchelmord durch Vergiftung durchgeführten Schlußverhandlung, zusammengestellt von Aimé v. Wouwermans. 8. (56 S.) Salzburg, Mayr'sche Buchh. 1865. 30 kr.

Lebzelter, Ferd. Frz. X., kathol. Missionäre als Naturforscher u. Ärzte. Als Vorläufer u. Fahrtgenossen Alexander v. Humboldts. Gedenkschrift zur 100. Jährg. der Reise Humboldts in die Äquinoctial-Gegenden des Neuen Continentes. gr. 8. (96 S. m. 1 Bildnis.) Wien 902. St. Norbertus. n. 1. 50

Die österreichische Weltreisende Ida Pfeiffer 1797—1858. Mit besond. Berücks. d. naturwissenschaftl. Ergebnisse ihrer Reisen. Von Ferdinand Franz **Lebzelter**. Mit 1 Portr. Wien: Winkler & Wagner 1910. 225 S. 8° [II. 17766

a **Lebzeltern**, Car. Wolfg., De visu. Vindeb. 4°. 1719.

Lebzeltern, Seraphine v. Blangy-, s. Blangy-Lebzeltern

Le Camus, Ant.

Geschenke
— — für das schöne Geschlecht: oder die Kunst die Schönheit zu erhalten, aus dem Arabischen (i. e. Französ. des *Ant. Le Camus*) übersezt (!). 2 Thle. in 1 Bde. Mit 1 TKpf. Berlin u. Stralsund, bey Gottlieb August Lange 1766. 8°.
4 Bll., 280 fortl. bez. S.

le **Camus**, Grundsätze d. prakt. Seelenheilkunde. A. d. Franz. mit Anm. v. G. H. van *Eicken*. Elberf. 8°. *Tode*, med. chir. S. IV 59. 1798.

le **Camus, Ant.**, La médicine de l'esprit, ou l'on cherche 1. le mecanisme du corps, qui influe sur les fonctions de l'âme, 2. les causes physiques, qui rendent ce mecanisme ou defectueux, ou plus parfait, 3. les moyens qui peuvent l'entretenir dans son état libre et rectifié, quand il est gêné. 2 Vol. Par. 8°. Ins Deutsche mit d. Titel: Grundsätze der prakt. Seelenheilkunde u. mit Anm. v. Gerh. Wilh. v. *Eicken*. Elberfeld. 1798. 8°. Inhalt ausführlich in *Friedreich*, Literärg. 1830 S. 431—37. 1769

Le Camus. Diätet. Taschenb. f. Gelehrte. A. d. Franz. Elberfeld 1797.

Le Camus, E., falsche Exegese: Schlechte Theologie. Brief an die Direktoren meines Seminars üb. die Theorien in Herrn A. Loisy's Schrift; Autour d'un petit livre. Mit Genehmigg. des Verf. aus dem Franz. übers. v. Cl. Racke. (IV, 94 S.) gr. 8. Mainz 906. Druckerei Lehrlingshaus. n. 1.50

Le Camus, E., Leben unseres Herrn Jesus Christus. Nach der 4. Aufl. m. Genehmigg. d. Verf. aus dem Franz. übers. v. E. Keppler. 1. Bd. Mit 1 (farb.) Karte von Palästina zur Zeit Jesu aus R. v. Rieß' Bibelatlas. gr. 8. (XIII, 492 S.) Freiburg i/B. 893. Herder. n. 5.—; geb. in Halbfrz. n. 7.—

Le Camus, E., Leben unseres Herrn Jesus Christus. M. Genehmigg. d. Verf. aus dem Französ. übersetzt v. E. Keppler. 2. (Schluß-) Bd. M. 1 (farb.) Karte der Umgebg. v. Jerusalem u. Bethlehem aus R. v. Rieß' Bibelatlas. gr. 8. (VII, 599 S.) Freiburg i/B. 895. Herder. n. 6.—; geb. in Halbfrz. n. 8.— (kplt.: n. 11.—; geb. n. 15.—)

Le Camus, Graf Ed., ein Vorbild f. Lehrlinge, od.: Lebensbeschreibung des gottsel. Nunzio Sulprizio. 1817—1836. Mit Genehmigg. des Verf. ins Deutsche übertr. von J. Fuß. 8. (109 S.) Steyl 899. Missionsdruckerei. Geb. in Leinw. n. —80

Lecanu, A., Geschichte des Satans. Sein Fall, seine Anhänger, seine Offenbarungen, seine Werke, sein Kampf gegen Gott und die Menschen. Zauberei, Besessenheit, Illumnismus ꝛc. Geisterspuk in Kunst und Literatur, dämon. Verbindung. Aus dem Französ. gr. 8. (XI und 430 S.) Regensburg 863, Manz.

Lecanuet, Montalemberts Reise nach Irland u. seine Begegnung m. O'Connell 1830 u. 1847. Übersetzg. (63 S.) 8. Straßburg 909. J. Singer. 1.—

Le Carpentier, A., der erste Lehrmeister im Gesangunterricht. qu. gr. 4. Mainz 844, Schott's Söhne. 1½ ₰

Le Cat, (Claude Nicolas): Vermischte chirurgische Abhandlungen. Aus dem Französischen übersetzt. 258 S., gbd., Abb.

Leipzig: Weygand 1787
(Gallerie der berühmtesten Wundärzte Frankreichs. Bd 1, Abth.1)

JB 3.310/1,1

—, Sur le principe de l'action des muscles. Berl. 4°. Comm. de rebus in sc. nat. etc. I, P. 3. Lps. p. 423. 426. 1754.

le **Cat**, Claud. Nic., Traité de l'existence, de la nature, et des propriétés du fluide des nerfs, et principalement de son action dans le mouvement musculaire. Ouvrage couronné, en 1753, par l'acad. de Berlin: suivi des dissertations sur la sensibilité des méninges, des tendons, l'insensibilité du cerveau, la structure des nerfs, l'irritabilité Hallerienne. 331 pp. Berl. 1765 8°. *Haller*, Bibl. anat. II, 310. 1765.

Lecciones, cien, de historia sagrada. Obrita destinada para la enseñanza primaria. 8. (VIII, 152 S. mit Holzschn.) Einsiedeln 886, Benziger und Comp. cart. *

Lecco, Marco T., aus Belgrad in Serbien: Ueber die Constitution der Ammoniumverbindungen und des Salmiaks. Zür. Orell Füssli Cie Dr. 1875. 39 S. 8°.
Zürich. Phil. Diss. [v. 30. April 1875].

Lecco Thomas M., Dr.: Zur Morphologie des *Pancreas annulare* (mit 6 Taf.). S. 119. III. 91 . . . . 2.90
Separatabdruck

Lecerf, Emilie, geb. B..., poetische Kränze. Gedichte. 16. (X und 180 S.) Dessau 853, Gebr. Katz. *

Lecerf, Emilie, geb. Beck, poetische Kränze. Gedichte. Mit 2 Beigaben. 2. Aufl. 16. (X und 180 S.) Dresden 865, Bienecke. [Leipzig, Fries.] geb. mit Goldschn. *

Lecerf, Just. Amad., Gesänge u. Gesangübungen f. d. Jugend, in monatl. Lfgn. I. Hft. 6 Gesänge f. 4 männl. Stimmen. kl. 4. (4½ B.) Berlin 833, Trautwein. Mit Partitur (1 B.), 10 Gr.

—— dass. II. Hft., enthalt. 10 Gesänge f. zwei Soprane u. einen Alt. 2., verm. u. verb. Aufl. kl. 4. (4¼ B.) Ebds. 834. Mit Partitur (1 B.), 10 Gr.

—— dass. III. Hft., enthalt.: die Kunst zu treffen; nach e. neuen, f. Lehrer u. Lernende erleichternden, Verfahren u. mit besond. Rücksicht auf allmähl. Stimmbildung u. d. gleichzeit. Unterr. hoher u. tiefer Stimmen. I. Thl.; in 150 kleinen 1-stimm. Gesängen mit u. ohne Textworte. kl. 4. (4 B.) Ebds. 834.

—— dass. IV. Hft., enthalt.: die Kunst zu treffen etc. II. Thl.; in 130 kleinen 1-stimm. Gesängen mit u. ohne Textworte. kl. 4. (4½ B.) Ebds. 834.

Lecerf, Just. Theoph. (Leipzig), Interpretatio leg. V § 1 de his qui effuderint vel dejecerint. Präs. Chr. Christ. Dabelow. Lpz. (Weinedel) (25.) X. 1810. 15 S. (2.80) 20639

Lech und einige seiner Nachfolger, oder Geschichte der Entstehung des polnischen Reichs. 8. Leipzig, 795. Gräff. 1 Rthl.

Lech, Berchthold, Predigten, s.: Berthold v. Regensburg.

Lech, Frédéric: Aufruf vom 8. April 1887..., s. Haal, Bernard

Lech, Frédéric: Bericht über das Wirken des Marien-Vereins während der fünf letztverflossenen Jahre, abgestattet vom Direktor in der General-Versammlung vom 25. August 1885.
Luxemburg: Wittwe M. Bourger-Blum 1885. 21 S. 12°

Lech, Frédéric: Bericht über das Wirken des Marien-Vereins während der drei letztverflossenen Jahre, abgestattet vom Direktor in der General-Versammlung vom 16. August 1888. Ebd. (1888). 18 S. 12°

Lech, Frédéric: Bericht über das Wirken des Marien-Vereins vom Jahr 1888-1892, vorgelegt in der General-Versammlung vom September 1892.
Luxemburg: Franz Bourg-Bourger 1892. 15 S. 12°

Lech, Frédéric: Délibération du Conseil de fabrique de l'église de Notre-Dame, séance du 28 avril 1893. Bemerkungen zur Eingabe des Hrn. Dechanten von St. Michael vom 7. Februar 1893.
Luxemburg: Leo Bück [1893]. 12 S. 4°

Lech, Frédéric: Kleines Gebetbuch für die Luxemburger Schuljugend. Auszug aus dem Gebetbuch für das katholische Luxemburger Volk. Mit Genehmigung der geistlichen Obrigkeit.
Luxemburg: St. Paul.-Ges. [1888]. 234 S. 16°

Lech, Frédéric: Gebetbuch für das katholische Luxemburger Volk. Mit Genehmigung der geistl. Obrigkeit.
Luxemburg: St. Paul.-Ges. [1888]. XIV, 493 S. 16°

Lech, Frédéric: Gebete zur hl. Kommunion.
[Luxemburg: St. Paul.-Ges. 1888.] 8 S. 16°

Lech, Frédéric: Gedenkblatt zur Feier des goldenen Jubiläums des Luxemburger Cäcilienvereins (1844-1894.)
Luxemburg: Leo Bück 1894. 24 S. 8°

Lech, Frédéric: 1844-1894. Goldenes Jubiläum des Luxemburger Cäcilien-Vereins (Pfarrei zu Unserer Lieben Frau), gefeiert am 5. und 6. August 1894. Festprogramm.
[Luxemburg: Leo Bück 1894]. 2 S. 8°

Lech, Frédéric: Goldenes Jubiläum des Luxemburger Cäcilien-Vereins (Pfarrei zu Unserer Lieben Frau), gefeiert am 5. u. 6. August 1894. (1844-1894.)
[Luxemburg: Leo Bück. 1894.] 3 S. 8°

Lech, Frédéric: Leichenrede, gehalten in der Pfarrkirche zu Gostingen, unmittelbar vor der Beisetzung der sterblichen Ueberreste des hochw. Herrn Dr. Johann Peters, Canonicus Subregens und Professor am Priesterseminar zu Luxemburg, am 25. September 1897.
Luxemburg: P. Worré Mertens [1897]. 7 S. 8°

Lech, Frédéric: Leichenrede auf den sel. Herrn Clemens Hubert Weber, gehalten bei dessen Seelenamt in der Domkirche zu Luxemburg, am 17. Januar 1884. Mit bischöflicher Gutheissung.
Luxemburg: Pet. Brück 1884. 15 S. 8°

Lech, Fr., Lob dem Allerhöchsten! Vollst. Gebet- u. Andachtsbuch, enth. d. hl. Messe, Vesper- u. Completandachten u. Litaneien. Lateinisch u. deutsch nach dem röm. Breviere. 16. (XIV, 520 S. m. 1 Stahlst.) Kevelaer 896. J. Thum. Geb. in Leinw. m. Goldschn. 1. 50

— — [Luxemburg: St. Paul.-Druck. 1896.] XIV, 520 S. 16°

Lech, Frédéric: Maria Trösterin der Betrübten.
Gebetbuch ..., s. Langer, Jean

Lech, Frédéric: Die neue Muttergottes-Kapelle. Ansprache, gehalten am Tage der feierlichen Consekration, am Feste Mariä Geburt, 8. September 1885. Mit bischöflicher Gutheissung.
Luxemburg: St. Paul.-Druck (J. Hary) 1885. 15 S. 8°

Lech, Frédéric: Die Oktave der Trösterin der Betrübten. Vollständiges Muttergottes-Gebetbuch eigens verfasst für das katholische Luxemburger Volk.
Luxemburg: St. Paul.-Ges. 1894. Grössere Ausgabe. 540 S. 8°

– Dass. Kleinere Ausgabe. 160 S. 8°

Lech, Frédéric: Preise-Vertheilung an die Schüler der Sonntagsschule, Sonntag, 16. August 1896, 1/2 5 Uhr Nachmittags.
Luxemburg: St. Paul.-Ges. [1896]. 2, 1 S. 8°

Lech, Frédéric: Preise-Vertheilung an die Schüler der Sonntagsschule am Ende des Schuljahres 1896-1897, Sonntag, 22. August 1897, 1/2 5 Uhr Nachmittags.
[Luxemburg: St. Paul.-Ges. 1897.] 3 S. 8°

Lech, Frédéric: Sonntagsschule der Marianischen Sodalität. Preisevertheilung zu Ende des Schuljahres 1897-1898, gehalten am Sonntag, 21. August, 5 Uhr Nachmittag, im grossen Saale des Gesellenhauses.
Luxemburg: P. Worré-Mertens. [1898]. 4 S. 8°

Lech, Frédéric: Sonntagsschule der Marianischen Sodalität. Preisevertheilung zu Ende des Schuljahres 1898-1899, gehalten am Sonntag 20. August.
Ebd. [1889]. 4 S. 8°

Lech, Frédéric: Sonntagsschule der Marianischen Sodalität. Preisvertheilung zu Ende des Schuljahres 1899-1900, gehalten am Sonntag, 19. August...
Ebd. [1900]. 4 S. 8°

— d. andächt. Schulkind. Kathol. Gebet- u. Andachtsbuch f. d. liebe Jugend. Vermehrt durch d. latein. u. deutschen Kirchengesänge. 16. (240 S. m. 1 Farbendr.) Ebd. 896. Geb. n. — 50

Lech, Frédéric: Sonntagsschule der "Marianischen Sodalität". Sparkassen-Büchlein des Schülers ... eingetreten am ...
[Luxemburg: St. Paul.-Ges.] 5, 3 S. 8°

Lech, Frédéric: Statuten und Gebetbuch zum Gebrauche der Marianischen Sodalität. (Mit Gutheissung der geistlichen Obrigkeit.)
Luxemburg: St. Paul.-Ges. 1889. 159 S. 16°

Lech, Frédéric: Luxemburger Cäcilienverein. (Pfarrei zu Unserer Lieben Frau.) Statuten und Ordnungs-Reglement.
Luxemburg: V. Bück 1889. 12 S. 12°

Lech, Frédéric: Circular vom 13. April 1891 an die Bewohner der Stadt Luxemburg, enthaltend die Mitteilung des von der Schluss-Prozession in der Muttergottes-Oktave in der Zukunft einzuschlagenden Weges.
[Luxemburg: St. Paul.-Ges. 1891.] 1 S. 8°

Lech, Frédéric: An die verehrten Mitglieder der Sonntagsschule der Marianischen Sodalität. (Circular vom Monat August 1899.)
[Luxemburg: St. Paul.-Ges. 1899.] 4 S. 8°

Lech, Frédéric: Circular vom 1. August 1892 betreffend eine Luxemburger Pilgerfahrt nach Kevelaer am 16., 17. und 18. August 1892 und des bei dieser Gelegenheit darzubringenden Weihegeschenkes an das dortige Gnadenbild.
[Luxemburg: St. Paul.-Ges. 1892.] 2 S. 4°

Lech, Frédéric: Marianische Sodalität. An die verehrten Schutzmitglieder und Gönner der Sonntagsschule. (Circular vom 22. August 1897.)
[Luxemburg: St. Paul.-Ges. 1897.] 4 S. 8°

Lecha Bote: 1868t—1886t

Daily, except Sunday, 1868—74; tri-weekly, 1879—86. Independent. Sub-title: Ein unabhängiges deutsches Tageblatt für das Lecha Thal. For weekly edition, see Der Friedens-Bothe. Continued from Stadt- und Land-Bote. Circulation: 1876, 900 (est.); 1885, 700. Edited & published by Leisenring, Trexler & Co.
Allentown, PA

Lecha Fackel: **1869** Easton, PA

Die Lecha Fackel: **1869** Mauch Chunk, PA

Der Lecha Patriot: Mar. 1827—1872.

Weekly. Established as an anti-Masonic paper; later Whig; then Republican; supported Harrison & Tyler. Title varies: 1) Der Anti-Freimaurer und Lecha Caunty Patriot, 1827—?; 2) Der Lecha Patriot und Northampton Caunty Wöchentliche Anzeiger; 3) Der Lecha Patriot und Northampton Demokrat, 1839?—Mar. 1859?; 4) Der Lecha Caunty Patriot, Mar. 1859—?; 5) Der Lecha Patriot. Founded by John Roney, lawyer from Bucks County. Edited & published by G. Adolph Sage, Mar. 1839—?; by Guth & Sage, [in May 1841]; by Reuben Guth & Co. [in Jan. 1844]?—Apr. 1845; by Guth, Ruhe & Young, Apr. 23, 1845—Nov. 1847; by Solomon Gross & Edwin Reiper, Nov. 15—Dec.? 1847; by Reuben Guth, Jan. 1848?—Mar. 1849?; by Guth, Young & Trexler, Mar. 1849—Mar. 11, 1852; by Guth & Trexler, Mar. 18, 1852 — Apr. 1853; by Keck, Guth & Trexler, Apr. 1853—Mar. 1855; by Keck & Guth, Mar. 28, 1855—?; by Guth & Helfrich, Apr. 1, 1858—Mar. 1862; by Reuben Guth, Apr. 9—Nov. 19, 1862; by Reuben Guth & B. J. Hagenbuch, Nov. 26, 1862—Sept. 1864; by T. V. Rhoads, Oct. 4, 1864—?
Allentown, PA

Der Lecha Patriot und Northampton Caunty Jeffersonianer und Telegraph: Band 1, no. 1, Sept. 1831—?
Democratic weekly. The issue for Sept. 11, 1834 bears a double date-line: Easton: DER LECHA PATRIOT, Band 4, no. 2, Sept. 11, 1834; Allentown: NORTHAMPTON JEFFERSONIANER, Band 5, no. 38, Sept. 11, 1834. Small folio, each issue 4 pages. Editor and publisher not found.
Easton, PA

Le Chapelain, Charles Jean Baptiste. Advent- und Fastenpredigten; a. d. Franz. Augsb. 1770. 1772. Ü: *Stribel, Anton.* (ML)

Le Chapelain, C. J. B. Predigten auf den Advent ... a. d. Franz. Augsb. 1772. V: *Heyde, Joh. Daniel.* (ML)

Lecharron, Georges

— sauere Nieren, s.: Theater, kleines.

Lecharron, Georges, die Probelektion, } s.: Theater-Bibliothek, Regensburger.
— im Quartier, }

Le Chatelier, A., über den Einfluss v. Zeit u. Temperatur auf die mechan. Eigenschaften der Metalle u. auf die Materialprüfung. Vorgelegt dem internat. Kongress der Materialprüfungstechniker zu Paris (9.—16. VII. 1900.) (Deutsch u. französ.) (38 S. m. Fig.) hoch 4. Stuttgart 902. Freiburg i/B., J. Bielefeld. n. 4.—
Sonderabdruck aus: „Baumaterialienkunde".

Le Chatelier, L., Denkschrift über die Anwendung des Gegendampfes bei Locomotiven. Ins Deutsche übers. von Aug. Bochkoltz. Mit 2 (lith.) Figuren-Taff. (in qu. 4.) Wien, 869. Seidel & Sohn. gr. 8. (VII, 68 S.) n. 24 ngr.

Lecha Thal Beobachter: 1867?—1869? Machchunk, PA
Weekly. Edited & published by Josephus Lynn.

Lecha Thal Beobachter: 1867–1869?
Weekly.
Jim Thorpe, PA

Lechbote. – Der Lechbote. –
Augsburg. – 1.I.1848 – 30.VI.1851.

Lechdringhausen s. Alefeld, Frdr. (gen. Lechdringhausen).

Leche, Wilh., zur Entwicklungsgeschichte des Zahnsystems der Säugethiere, s.a. Zoologica. 37. Hft.

Leche, Wilh., zur Entwicklungsgeschichte des Zahnsystems der Säugetiere, s.a. Zoologica. 49.

Leche, W., Zur Entwicklungsgeschichte des Zahnsystems der Säugetiere etc. 1. T.: Ontogenie. (VI u. S. 105—160.) Mit Abb. 7 Taf. u. 9 Bl. Erkl. Stuttgart 95. Nägele. S.-Pr. M. 28.—, E.-Pr. M. 32.—

Leche, Wilh., über die Säugethiergattung Galeopithecus. Eine morpholog. Untersuchung. gr. 4. (92 S. mit 5 Taf.) Stockholm 886. (Berlin, Friedländer und Sohn.) *
Aus: Kongl. svenska vetenskaps-akademiens handlingar, besonders abgedruckt.

Leche, Wilh., zur Kenntniss des Milchgebisses und der Zahnhomologien bei Chiroptera. 2. Thl. gr. 4. (37 S. mit 2 lithogr. Taf.) Lund 878. (Berlin, Friedländer und Sohn.) *
Bildet die Fortsetzung zu der in: Lunds Univ. Årsskrift, Tom. XII, 1875, enthaltenen: Studier öfver mjölkdentitionen och tändernas homologier hos Chiroptera.

— **Säugethiere:** Mammalia, s.: Bronn's, H. G., Klassen u. Ordnungen des Thier-Reichs. VI. 5.

— Untersuchgn. üb. d. Zahnsystem lebender u. fossiler Halbaffen, s.: Festschrift zum 70. Geburtstage v. Carl Gegenbaur.

Zoologie von Prof. Dr. Wilhelm Leche. *Stockholm: Lith. inst. of the Gen. Staff of the Swed. army (1904).* (69 S.) 4°
= Hedin, Sven: Scientific results of a journey in Central Asia 1899–1902. Vol. 6, P. 1.

Lecher, Bruno, das Verfachbuch in Tirol und Vorarlberg, nebst allen auf dasselbe bezügl. Gesetzen und Verordnungen. Mit Benützung amtl. Quellen. gr. 8. (VII, 176 S.) Innsbruck 885, Wagner'sche Universitäts-Buchh. *

Lecher, Ernst, über die Absorption der Sonnenstrahlung durch die Kohlensäure unserer Atmosphäre. Lex.-8. (13 S.) Wien 880, (Gerold's Sohn.) **

Lecher, Dr. Ernst, Ueber die Absorption strahlender Wärme im Wasserdampf u. Kohlensäure. (Sitzb. d. k. Akad. d. W. 86. Bd, II. Abth. 1882. Juni.) gr. 8. (11 S. mit 2 Holzschn.) In Comm. geh. 12 kr.

—— und Jos. Pernter, über die Absorption dunkler Wärmestrahlen in Gasen und Dämpfen. Lex.-8. (38 S. mit 1 lithogr. Taf.) (Ebendas.) 880. *
Vorstehende vier Schriften sind aus: Sitzungsberichte der k. Akademie der Wissenschaften, besonders abgedruckt.

— Über die sogenannte „chemische Abstoßung". S. 82. II. 150 . . . . vgr.
Separatabdruck

—— über Ausstrahlung und Absorption. I. Abhandlung. Lex.-8. (50 S. mit 7 eingedr. Holzschn.) (Ebendas.) 882. **

Lecher, Ernst, Beeinflussung des elektr. Funkens durch Elektrisierung. gr. 8. (11 S. m. 2 Fig.) Wien 902. (C. Gerold's Sohn.) n. — 80
Sonderabdruck aus: „Sitzungsber. d. k. Akad. d. Wiss."

Lecher, Ernst, einige Bemerkgn. üb. Aluminiumanoden in Alaunlösung. [Aus: „Sitzungsber. d. k. Akad. d. Wiss."] gr. 8. (11 S.) Wien 898. (C. Gerold's Sohn.) n. — 30

Lecher, Ernst, experimentelle Bestimmung der Verbindungswärme von Kohlensäuregas und Ammoniakgas zu carbaminsaurem Ammoniak. Lex.-8. (18 S. mit 1 eingedr. Holzschn.) Wien 878, (Gerold's Sohn.) *

— Bestimmung d. Peltiereffektes Konstantan-Eisen bei 20° C. (16 S. m. 8 Fig.) gr. 8. Ebd. 906. — 60

Lecher, Ernst, Bestimmung spezifischer Wärmen v. Leitern bei verschiedenen Temperaturen. (31 S. m. 9 Fig.) gr. 8. Wien 908. A. Hölder. 1.25

— Elementare Darstellung zweier elektrischer Fundamentalsätze v. Standpunkte der Elektronentheorie. (7 S. m. 1 Fig.) gr. 8. Ebd. 906. — 35

—— über Edlund's Disjunctionsströme. Lex.-8. (14 S. mit 3 Holzschn.) (Ebendas.) 887. **

Lecher, Ernst, über Elektronen. (88 S. m. 1 Fig.) gr. 8. Prag (904). Germania, Lese- u. Redeverein d. deutsch. Hochschüler. (Nur direkt.) n. — 80
Sonderabdruck aus: „55. Bericht der Lese- u. Redehalle der deutschen Studenten in Prag".

— über die Entdeckung d. elektrischen Wellen durch H. Hertz u. die weitere Entwickelung dieses Gebietes. Vortrag, geh. in der Hauptsitzg. der Hamburger Versammlg. deutscher Naturforscher u. Aerzte, am 28. IX. 1901. gr. 8. (32 S.) Leipzig 901. J. A. Barth. n. 1. 20

— Über das Ohm'sche Gesetz u. die Elektronentheorie. (12 S.) gr. 8. Ebd. 907. — 45
5 Sonderabdr. aus: „Sitzungsber. d. k. Akad. d. Wiss."

— Konstanz der Thermoelemente bei langem Gebrauch. (4 S.) gr. 8. Ebd. 908. — 20

Lecher, E., üb. Convection der Elektricität durch Verdampfen. [Aus: „Sitzungsber. d. k. Akad. d. Wiss."] Lex.-8. (5 S.) Wien 887. (Tempsky.) n. — 20

Lecher, Ernst, üb. d. magnet. Kraftfeld e. v. elektr. Schwinggn. durchfloss. Spirale. [Aus: „Sitzungsber. d. k. Akad. d. Wiss."] Lex.-8. (7 S. m. 4 Fig.) Wien 895. (C. Gerold's Sohn.) n. — 40

— üb. die Messung der Dielektricitätsconstante mittelst Hertz'scher Schwingungen. [Aus: „Sitzungsber. d. k. Akad. d. Wiss."] Lex.-8. (15 S. m. 2 Textfig.) Ebd. 890. n. — 40

— über die Messung der Leitfähigkeit verdünnter Luft mittels des sogenannten elektrodenlosen Ringstromes. (15 S. m. 9 Fig.) gr. 8. Wien 903. (A. Hölder.) n. — 40

Lecher, Ernst, Neues üb. Blitzableiter, s.: Vorträge d. Vereines zur Verbreitung naturwissenschaftlicher Kenntnisse in Wien.

— e. Studie über unipolare Induction. [Aus: „Sitzungsber. d. k. Akad. d. Wiss."] Lex.-8. (32 S. m. 17 Fig.) Wien 894. (T. Tempsky.) n. 1. —

—— Eine Studie üb. elektrische Resonanzerscheinungen. Lex.-8. (22 S. m. 8 Textfig.) (Ebd.) 890. * — 60
Vorstehende 2 Schriften sind aus: Sitzungsber. d. k. Akad. d. Wiss., besonders abgedruckt.

— zur Theorie der Thermoelektrizität. (24 S. m. 11 Fig.) gr. 8. Ebd. 906. n. 1. —

— Thomson-Effekt in Eisen, Kupfer, Silber u. Konstantan. (26 S. m. 3 Fig. u. 1 Taf.) gr. 8. Ebd. 905. n. — 90
3 Sonderabdrucke aus: „Sitzungsber. d. k. Akad. d. Wiss."

— üb. e. theoretischen u. experimentellen Trugschluss in der Elektricitätslehre. gr. 8. (12 S. m. 11 Fig.) Wien 899. (C. Gerold's Sohn.) n. — 60

— die Versuche v. H. Hertz üb. den Zusammenhang v. Licht u. Elektricität, s.: Vorträge d. Vereins zur Verbreitung naturwissenschaftlicher Kenntnisse in Wien.

—— neue Versuche über den galvanischen Lichtbogen. Lex.-8. (19 S.) (Ebendas.) 887. *
Vorstehende drei Schriften sind aus: Sitzungsberichte der k. Akademie der Wissenschaften, besonders abgedruckt.

LECHER, Ernst
Einige Versuche mit dem Wehnelt-Interruptor von Prof. Dr. Ernst Lecher. (Mit 5 Textfiguren.) (Aus den Sitzungsberichten der kaiserl. Akademie der Wissenschaften in Wien. Mathem.-naturw. Classe; Bd. CVIII. Abth. II. a. Juni 1899.) [Wien. 1899. In Comm. Gerold's Sohn.] Gr.-8°. 7 S. fl. —.15

—— über die Wärmecapacität der Mischungen von Methylalkohol und Wasser. Lex.-8. (9 S. mit 1 eingedr. Holzschn.) (Ebendas.) 878. *
Vorstehende zwei Schriften sind aus: Sitzungsberichte der k. Akademie der Wissenschaften, besonders abgedruckt.

Lecher, Jos., prakt. Anweisung, wie der Landmann die hier beschriebenen, beim Rindvieh am häufigsten vorkommenden Krankheiten selbst erkennen u. heilen kann. 8. (52 S. u. 1 Abbild. in 4.) Innsbruck 847, Wagner. n. 8 ℊ

Lecher, Otto, der Ausgleich m. Ungarn u. die neue Taktik. Rede, geh. in der Volks-Versammlg. am 26. XII. 1898 in Neutitschein. gr. 8. (28 S.) Neutitschein 899. R. Hosch. n. — 50

Lecher, Otto, d. Kampf gegen d. Sprachenverordngn., s. a. Flugschriften, zeitgemäße.

Lecher, Otto: Der Kampf gegen die Sprachen-Verordnungen. 3 Reden. Hrsg. vom „Znaimer Dt. Verein für Stadt und Land". — Znaim: Fournier & Haberler 1897. 29 S. (Zeitgemäße Flugschriften. Nr 2.)

— Obstruction u. Patriotismus, s. a. Flugschriften, zeitgemäße. Nr. 3.

LECHER, Otto
(F) Obstruction und Patriotismus. Rede über die politische Lage, gehalten in der Volks-Versammlung am 16. April 1899 in Znaim vom Reichsrathsabgeordneten Dr. Otto Lecher. (Zeitgemässe Flugschriften Nr. 3.) Znaim. 1899. Fournier & Haberler. 8°. 27 S. fl. —.25

— Rede üb. das ungar. Ausgleichs-Provisorium, geh. in d. Sitzg. des österreich. Reichsrathes v. 28. bis 29. X. 1897. gr. 8. (VI, 106 S. m. Bildn.) Leipzig 897. G. H. Meyer. — 60

— die Wahrheit üb. die kathol. Volkspartei. 3 Reden. 8. (62 S.) Innsbruck 898. A. Edlinger. n. — 70

Lécherette [Schlagwort]

Lécherette, s.: Schweiz. Atlas.

Lechevalier, ..., grammaire des Dames. 8. Jena 778. (Hennings in Neisse). 16 ℊ

Lechevalier, Jean Baptiste.
Beschreibung der Ebene von Troja ... Leipzig 1792. Ü: *Dornedden, Carl Frdr.* (ErschDL) (MGT)

— Beschreib. d. Ebene von Troja; mit Anmerkk. v. Andr. Dalzel. Aus d. Engl. übers. v. K. F. Dornedden, u. mit e. Vorr. u. Zusätzen v. C. G. Heyne. Mit 4 Karten. gr. 8. Leipz. 792. Weidmann. 1 ℛ 16 ℊ Schrbp. 2 ℛ 16 ℊ

Lechevalier, ..., Reise durch d. Propontis u. Pontus Euxinus. Aus d. Französ. Mit 6 Karten. gr. 8. Liegn. 801. Siegert. (Leipz., Kollmann). 1 ℛ 16 ℊ Hbg. Pr. 1 ℛ

— Reise nach Troja oder Gemälde der Ebene von Troja rc. Aus d. Französ. frei bearbeitet von K. G. Lenz. Mit 7 Kpf. u. 1 Karte. gr. 8. Liegn. 800. (Altenb., Schuuphase). 1 ℛ Schrbp. 1 ℛ 4 ℊ

Lechevallier, über d. Anwend. d. Chlors, s. Cottereau.

Lechita, s.: Radnicki v. Lechita.

Lechla, Carl Rudolf, s. Lechla, Karl Rudolf

Lechla, Frz., die Landwirthschaft im Gerichtsamtsbezirke Geithain. 1. und 2. Aufl. gr. 8. (32 S.) Leipzig 875, (M. Schäfer.) *

Lechla, G. F., de donis extraordinariis Sp. S. in primitiva ecclesia. Lips. 1759. 4.

Lechla, Geo., drei Jahre in New-York. Eine Skizze, für das Volk nach der Natur gezeichnet. 8. (128 S.) Zwickau 862, Buchh. des Volksschriften-Vereins.

— **Gotth. Aug.,** Domino Friderico Platnero artium mag. et juris utriusque candidato summos juris utriusque honores D. 17. II. 1752. Lipsiae in aede Paulina soll. ritu capess. gratulatur. Lpz. (Fr. G. Jacobaeer) 1752. (4.—) 20641

— — u. **Haselau, Johs. Jac.** (Danzig), Disp. philol. de pretio sanguinis physico et religioso. Lpz. (Langenheim) 7. X. 1758. 30 S. (4.—) 20642

Lechla, Gotthelf Ehrenfr.: Entdeckter u. bestraffter Weiber-Mord, oder Species facti u. ausführlicher Acten-mäßiger Bericht von einem durch Gifft verübten Meuchel-Mord, Welchen am 28. May 1734 zu Püchau ein Ehe-Mann (Paul Gäbler) an seinem eigenen Weibe begangen. Leipzig 1735.

Lechla, Gottlob Friedrich [Praes.], s. Hofmann, Heinrich Gotthelf Noach: De donis Spiritus S. extraordinariis in ecclesia primitiva.

Lechla, Karl Rudolf

Lechla, Carl Rud. (Geringswalde), De staphylomate scleroticae. Diss. med. Lpz. (C. H. F. Hartmann) 28. V. 1830. 26 S. u. 1 Tafel. (3.—) 20640
Gew.: Dav. Ludw. Wigand, Chr. Aug. Fürcht. Hayner.

Lechla, Wilhelm: Ein Fall von primärem Nierencarcinom. *Leipzig: G. Fock 1898.* (24 S.) 8°
Würzburg, Med. Diss. v. 1898

Lechleitner, A., Diemelgrand un Emschersand. Geschichten ut Hessen un Westfalen. 12. (III, 110 S.) Bremen 879, [Kühtmann und Comp.] Fischer. *

Lechleitner, Christ. Über den roten Sandstein an der Grenze der Central- und nordtirolischen Kalkalpen. 40 S. 8. G. *Innsbruck* 1878. Progr.

Lechleitner, Frz., der Alpenrosenkönig. Ein tiroler Märchen. 8. (49 S.) München 900. J. Kutschera & Co. n. — 70

Lechleitner, F., tiroler Bauernspiele, s.a. Bücherschatz, deutscher.

Lechleitner, Frz., Tiroler Bauernspiele, s.a. Vom Jahrmarkt d. Lebens.

Lechleitner, Frz. Tiroler Bauernspiele. I.—III. 8. (217 S.) [Eisenach 890.] Wolfenb., Zwißler. [* 3 —] * 2 —; geb. [* 4 —] * 3 —
I. Joseph Speckbacher, der Schützenmajor v. Rinn, od.: Der Franzosenkrieg v. Anno 1809. Ein tiroler Nationalspiel in 5 Akten.
II. Sunnwendgluten. Eine tiroler Bauerntragödie in 4 Akten.
III. Die Schlangenburg auf Frankenstein. Eine tiroler Bauern-Ritterkomödie in 9 Bildern.

—— dass. — billige Ausg., s. Vom Jahrmarkt d. Lebens.
Das Werk erschien zuerst als 6. Bd. von Bücherschatz, deutscher (s. d.).

— **Bergsonnenschein. Märchen. Mit Zeichngn. v. Frz. Staffen. 8. (III, 272 S.) Berlin (902). Düsseldorf, Fischer & Franke. n. 4. 20; geb. in Leinw. n. 6. —**

— Buch der Minnelieder. [Aus: „L., der deutsche Minnesang".] gr. 8. (120 u. 147 S.) Wolfenbüttel 893. J. Zwißler. n. 3. —

Aus den Gefilden der Seligen. Ein Märchenbuch von Franz **Lechleitner.** Mit Zeichn. von Franz Stassen. *Berlin: Fischer & Franke [1903].* (260 S.) 8° [F.] [c4. 1904

— der deutsche Minnesang. Eine Darstellg. seiner Geschichte, seines Wesens u. seiner Formen. 2 Bücher. gr. 8. (XV, 402 u. III, 424 S.) Ebd. 893. n. 10. —; in 1 Halbfrzbd. n. 12. —; auch in 10 Lfgn. à n. 1. —

— **Monrepos. Eine Waldfabelei. Mit e. Geleitworte Carmen Sylvas (Ihr. Maj. der Königin Elisabeth v. Rumänien.) gr. 8. (66 S.) Neuwied 900. Heuser's Verl. n. 1. —**

— der Schreiber v. Konstanz. Eine Rheinseegeschichte aus den Tagen d. Minnesangs. 8. (VII, 442 S.) Ebd. 892. n. 3. 50; geb. n. 5. —

— dasselbe, s.a. Hausbibliothek, deutsche.

— **Sonnenkinder. Märchen. Mit Zeichngn. von Frz. Staffen. 8. (VII, 218 S.) Berlin (900). Düsseldorf, Fischer & Franke. Geb. in Leinw. n. 5. —**

— Tiroler Waldrast. Ein Liederbuch. 8. (8 u. 176 S.) Wolfenbüttel 893. J. Zwißler. 1. 80; geb. in Leinw. n. 3. —

— Wartburg-Novellen. 8. (164 S.) Ebd. 893. 1. 80; geb. in Leinw. n. 3. —; in 4 Hftn. à n. — 50
1. Die blonde Göttin. (32 S.) — 2. Der Mönch vom Methylstein. (40 S.) — 3. Herrn Wolframs schlimme Tage. (52 S.) — 4. Wartburgfrieden. (40 S.)

Lechleitner, Frz., Wartburg-Sprüche, s.: Scheffel, J. V. v.

Lechleitner, Fritz

Lechleitner, Fr., Entwürfe zu einfachen Renaissance-Meubeln. 12 Hefte. Fol. (à 3 Stnt. mit 1 Bl. Details in gr. Fol.) München 878, Mey und Widmayer. à Heft * ℳ 2,50. *

Lechleitner, Fritz, Möbelskizzen f. Laubsägerei, Holzbrand u. Kerbschnitt. (30 Bl. m. 8 S. Text.) gr. 4. München (903). Mey & Widmayer. n. 2. —

— **das Ulmer Münster. (Laubsägevorlagen.) (30 Bl.) 57×45 cm. Ebd. (903). 4. 50**

Lechleitner, F., Musterblätter f. Brandmalerei u. Tiefbrand. gr. 4. (28 Taf. m. 8 S. Text.) München (901). Mey & Widmayer. n. 3. —

Lechleitner, F., Musterblätter f. Einlegearbeit od. Holzmalerei. gr. 4. (24 farb. Taf. m. 8 S. Text.) München (900). Mey & Widmayer. 2. —

Lechleitner, Fr., Musterblätter f. Flachschnitzerei. 4. (32 farb. Bl. m. 8 S. illustr. Text.) München 895. Mey & Widmayer, Verl. n. 2. 50

— **Musterblätter für Holzbrand. III. u. IV. Mappe. gr. Fol. (Bl. 61—90 u. 91—120 in Farbdr.) Ebd. (900. 902). In Mappe à 12. —**

— Musterblätter f. Holzbrand. V. Mappe. (Bl. 121 bis 150 in Farbdr.) 45,5×57,5 cm. Ebd. (905). In Mappe 12. —; einzelne Bl. — 50
Fortsetzung s.: Musterblätter.

— Musterblätter f. einfache Kleineisenarbeiten. 4. (16 Taf. m. 4 S. illustr. Text.) Ebd. 894. 2. 50

— Musterblätter f. Metallarbeiten. 4. (16 Taf. m. 6 S. illustr. Text.) Ebd. 894. 2. 50

Lechleitner, Fritz, stylvolle Musterblätter f. Holzmalerei, Holzbrand u. Einlegearbeit. 24 (farb.) Blatt. 4. (8 S. Text.) München 891. Mey & Widmayer. n. 2. —; engl. Ausg. ohne Text n. 2. —

— stylvolle Musterblätter f. Kerbschnittarbeiten. 28 (farb.) Blatt. 4. (8 S. Text.) Ebd. 891. n. 2. 50; engl. Ausg. ohne Text n. 2. 50

— Werkzeichnungen f. Möbelschreiner m. Details in Naturgrösse. Nr. 1—57. Steindr. 45,5 × 56,6 cm. Ebd. 891. à n. — 40

G. J. Lechleitner: philosophiae theor. P. I. Logica. P. II. Disciplinar. metaphysicar. p. 1. P. III. Metaphysices p. 2. De Deo rer. omn. principio et fine ult. *Botzen* u. *Innsbruck* (*Wien*, Wimmer in C.) 820-25. gr8° 3 ₰ 3 gl

Lechleitner, G. J., Philosophia practica jus naturae. Smaj. (9¾ B.) Oeniponte 838. (Ratisbonae, Manz.) *

Lechleitner, G. J., Von dem Urgrunde und letzten Zwecke aller Dinge. Aus dem Latein. von Kaspar Sonnerer. Mit einem Vorwort von Jos. Görres. Regensburg, Manz, 1839, gr. 8°, XLII, 128 S., 2,25 Mk.

Lechleitner, H., Mineralog.-petrograph. Mittheilung aus dem Mühlviertel. (11 S.) gr. 8. Linz a/D. 898. Museum Francisco-Carolinum. (Nur direkt.) n. — 15

Lechleitner, Herm., das große Kunst- u. Wunderwerk. Erklärung der hl. Messe f. das gebildete u. gewöhnl. Volk. (VIII, 140 S.) 8. Brixen (906). (Preßvereins-Buchh.) n. 1. 40

Lechleitner Oskar: Der Kampf um die Rechtskraft der deutschen Konkordate im Bistum Trient.
II. 1909 PN 2823 Diss. Wien, Univ. 1028

Lechleitner, Thomas

— s. a. Anleit. zu e. neuen verbess. Philosophie.

— Anleit. zu eine. neuen verbesserten Philosophie: oder Samml. ub. d. Kantische Philosophie und der Dalbergischen Grundsätze der Aehnlichkeit in d. Natur. 2 Bde. 8. Ebend. 796.

— s. Begriff eines ökonom. Pastoral.

— Etwas über Aberglauben, d. Landvolke gewidmet. 8. Augsb. 795. (Eurich in Linz). 12 K

— Etwas vom Zorn. 8. Augsb. 795. (Eurich in Linz). 8 K

Lechleitner, Thom., christliches Hausbüchlein für alle Stände mit den nothwendigsten Unterweisungen und Andachtsübungen (Meß-, Beicht-, Kommunion- rc. Gebeten), besonders zur schmerzhaften Mutter Maria. Neu bearb. von Ant. Weiskopf. Mit 1 (lithogr.) Abbild. des Gnadenbildes von Beuron, nebst der Geschichte des Klosters. gr. 16. (VIII und 862 S.) Sigmaringen 860, Tappen. *

— institutiones logicae, metaphys. et philosophiae moralis etc. II Pts. 8. ibid. 781.

— institutiones philosophiae, methodo systematica adornatae. II Prts. 8. Augsb. 751. M. Rieger. 12 K

— institutiones theologiae moralis ex SS. literis deductae. 8. Ulm 776. Stettin. 8 K

— institutiones theologiae pastoralis. 8. Ulm 778. Stettin. 18 K

LECHLEITNER, Th., Katechismus für Eheleute. Augsburg 1797. Gr. 8.° M. Rieger.
Ehestandsalmanach II. p. 265.

— Katechismus d. Gesundheit. 8. Augsb. 795. Rieger. 2 K

— theolog. Moral oder Beweggründe, Pflichten u. Mittel d. Christen aus d. heil. Schrift u. Vernunft. 8. Augsb. 790. M. Rieger. 1 ₰

— systema positionum theologicarum praelect. dogmat. accommodatum. 8. Augsb. 774.

— systema positionum theologicarum, seu institut. theologiae dogmaticae. 8. Ulm 777. Stettin. 12 K

Lechler, Bienen-Kalender, s. Bienen-Kalender.

—— Garten-Kalender, s. Garten-Kalender.

Lechler, s.: Gottesdienstordnung f. d. Wochenbetstunden.

Lechler, Cornelie, s. Lechler, Kornelie

Lechler, Eugen (geb. Winnenden in Württ. 5. 3. 1861): Pathologie und Therapie des Abortus. Berlin (1883). (42 S.) 8°
Berlin, Med. Diss. v. 26. Juli 1883

Lechler, F. Fr.

— s. Luthers Katechismus.

— christliche Religionsgeschichte für Kinder. 12. Rostock u. Schwerin 826. 2e A. 832. Stiller. Schrbp. 3 K

Lechler, F. Fr., Selbstunterricht in d. deutschen Sprache; für diejenigen, welche die gewöhnlichen Fehler im Sprechen u. Schreiben jener Sprache vermeiden wollen. 8. Rostock 808. Stiller. 12 K

Lechler, Friedrich [pract. Arzt zu Rostock]: Beitrag zur Lehre von den schräg ovalen Becken .... Rostock, Buchdr. v. F. Ahrens jun. 1885; 41 S. u. 3 Taf. 8°.
Rostock, Med. Fak., Inaug.-Diss. v. 19. Aug. 1885.

(Lechler, Gg., u. Friedr. Pressel) Zur Erinnerung an Adolf Planck. S. 35—37. Progr. *Heilbronn* 1880.

Lechler, *Georg* Die Erlasse Theodorichs in Cassiodors Varien Buch I—V. 4 (XXXII S.) Progr. Karlsg. *Heilbronn* 1888 (554).

Lechler, Georg Rede bei der Lutherfeier 10. Nov. 1883. S. 21—26. Progr. *Heilbronn* 1884.

Lechler, Gotthard Victor

Lechler, Gotthard (Hrsg.), s. Beiträge zur sächsischen Kirchengeschichte.

Lechler, Ghard., die Bekehrung der Deutschen zu Christo nach ihrem geschichtlichen Gang. Eine Uebersicht. [Aus: „Theol. Stud. u. Krit."] gr. 8. (23 S.) Gotha 876. F. A. Perthes. n. — 60

—— de Thoma Bradwardino commentatio. gr. 4. (19 S.) Leipzig 862, Dürr'sche Buchh.

Lechler, G(otthard) V(ict.), der Entwurf einer Kirchenverfassung für Baden. gr. 8. (18 S.) Darmstadt 861, Zernin.
Aus: Allgemeine Kirchenzeitung, besonders abgedruckt.

Die Feier d. Andenkens an C. Friedr. Kregel von Sternbach, welche am 17. Juli 1886 . . . Statt finden wird, verkündigt Dr. Gotth. Lechler, d. Z. Decan d. theol. Facult. Nebst Abh.: Urkundenfunde z. Geschichte d. christlichen Alterthums. II. Theil. Leipzig, Druck v. A. Edelmann (1886); 28 + 1 S. 4°.

Zur Feier des Reformationsfestes und zum Rectoratswechsel ladet der Rector d. Universität D. B. Windscheid durch den design. Decan d. theolog. Facultät D. Gotth. Lechler ein. Mit Abhandl. Urkundenfunde z. Geschichte d. christlichen Alterthums. I. Teil. Leipzig, Druck v. A. Edelmann, 30. Okt. 1885; 55 S. 4°.

Lechler, Gotthard Victor, Geschichte des englischen Deismus. gr. 8. Stuttgart u. Tübingen 841, Cotta'scher Verl. 2½ ß

Lechler, G. V., Geschichte der Presbyterial- und Synodalverfassung seit der Reformation. Gekrönt von der haager Gesellschaft zur Vertheidigung des Christenthums. gr. 8. (XVIII und 297 S.) Leiden 854. (Rotterdam, Baedeker.) * *

Lechler, Ghrd. Vict., der Apostel Geschichten, s. Bibelwerk, theologisch-homiletisches.

— Robert Grosseteste, Bischof von Lincoln. Leipzig 867. (Dürr'sche Buchh.) gr. 4. (29 S.) 9 ngr.

—— Handbüchlein für Aelteste und Diakonen der evangelischen Kirche, und für solche die es werden wollen. 8. (VII und 83 S.) Frankfurt a. M. 857, Brönner. *

Lechler, Ghard. Vikt. Johannes Hus, s. Schriften d. Vereins f. Reformationsgeschichte.

—— die evangelische Kirche in der Gegenwart. Eröffnungsaufsatz bei Uebernahme der Mitredaction der „Allgemeinen Kirchenzeitung." gr. 8. (41 S.) Darmstadt 860, Zernin. *
Aus: Allgemeine Kirchenzeitung, besonders abgedruckt.

— der Kirchenstaat u. die Opposition gegen den päpstlichen Absolutismus im Anfang des 14. Jahrh. Ebend. 870. gr. 4. (34 S.) 12 ngr.

Lechler. de officio pastor. Jo. de Wiclif pr. ed. Lips. Schul-/Univ.-Schrift 1863.

—— zwei Predigten, zur Probe und zum Amtsantritt. gr. 8. (18 S.) Leipzig 858, C. F. Fleischer. *

Lechler. G. V., Sklaverei und Christentum. I. II. . Pr. 1877. 78. 30, 27 S. 4°. 2.—

Lechler, G. V., Urkundenfunde zur Geschichte des christl. Altertums. I. Gel. 1885. 55 S. 4°. 2.—
— — II. Gel. 1886 28 S. 4°. 1.20

Lechler, Ghard. Vict., Urkundenfunde zur Geschichte des christlichen Altertums. gr. 8. (III, 80 S.) Leipzig 886, Edelmann. *

—— Was in Christi Reich uns dargeboten wird. Predigt am 30. Januar 1859 (4. Epiphanias) über Evang. Joh. I, 47 bis 51 gehalten. gr. 8. (14 S.) Leipzig 859, C. F. Fleischer.

— Johann v. Wiclif u. die Vorgeschichte der Reformation. 2 Bde. gr. 8. (XXII, 743 u. VIII, 654 S.) Leipzig 873. F. Fleischer. n. 24. —

—— Wiclif, als Vorläufer der Reformation. Antrittsvorlesung, gehalten zu Leipzig den 9. Juli 1858. 16. (47 S.) Leipzig 858, C. F. Fleischer. *

Lechler, Gotthard Vict., das apostolische und das nachapostolische Zeitalter. Mit Rücksicht auf Unterschied und Einheit zwischen Paulus und den übrigen Aposteln, zwischen Heidenchristen und Judenchristen, dargestellt. Gekrönte Preisschrift von der Teylerschen theolog. Gesellschaft für das J. 1848. gr. 4. (XII und 348 S.) Haarlem 851. (Leipzig, T. O. Weigel.) *

—— das apostolische und das nachapostolische Zeitalter. Mit Rücksicht auf Unterschied und Einheit in Lehre und Leben. 2., durchaus umgearb. Aufl. der von der Teyler'schen theolog. Gesellschaft gekrönten Preisschrift. gr. 8. (XVI und 536 S.) Stuttgart 857. [Gotha,] Besser. *

—— das apostolische und nachapostolische Zeitalter mit Rücksicht auf Unterschied und Einheit in Leben und Lehre. 3. vollständig neu bearb. Aufl. gr. 8. (XVI, 635 S.) [Karlsruhe, 885.] Berlin, Reuther. *

Lechler, Johs. Chr. Friedr. (Pfeffingen / Baling.), Theses inaugurales medicae. Präs. W. Gottfr. Ploucquet. Tübingen (Fues) 1799. (4.—) 20643

Lechler, Karl, Abschieds-Predigt, gehalten am Sonntag Reminiscere 9. März 1884 in der St.-Kilians-Kirche zu Heilbronn. gr. 8. (11 S.) Heilbronn 884, Gebr. Henninger. *

Lechler, Karl v., Abschiedswort an d. evang. Gemeinde Ulm. Im August 1897. gr. 8. (14 S.) Ulm 897. H. Kerler. n. — 20

Lechler, Karl, s.: Ansprachen, fünf.

— Beicht- u. Abendmahls-Büchlein. 8. (IV, 40 S.) Heilbronn 882. Scheurlen's Verl. cart. n. — 20

— Beicht- u. Abendmahls-Büchlein. 2. Aufl. 8. (IV, 40 S.) Heilbronn 884. Scheurlen's Verl. cart. n. — 20

Lechler, Karl, Beicht- und Abendmahlsbüchlein. 3. und 4. Aufl. 8. (IV, 40 S.) Heilbronn 887,88, Scheurlen's Verlag. cart. *

Lechler, Karl. Beicht- u. Abendmahls-Büchlein. 5. u. 6. Aufl. 8. (40 S.) Stuttg. 890,91, J. F. Steinkopf. cart. * — 20

Lechler, Karl, Beicht- u. Abendmahls-Büchlein. 7. Aufl. 8. (40 S.) Stuttgart 893. J. F. Steinkopf. Kart. n. — 20

Lechler, Karl v., Beicht- u. Abendmahls-Büchlein. 8. Aufl. 12. (40 S.) Stuttgart 896. J. F. Steinkopf. Kart. n. — 20

Lechler, Karl, Beicht- u. Abendsmahls-Büchlein. 12. Aufl. (40 S.) kl. 8. Stuttgart 908. J. F. Steinkopf. Kart. — 20

—— der Evangelische Bund und die kirchlichen Parteien. Ein Wort zur Verständigung. 8. (31 S.) Stuttgart 887, Kitzinger. *
Vgl.: An den evangelischen Bund.

— s. a. Diaspora-Katechismus.

— Diaspora-Katechismus, d. i. kurzgefaßter Unterricht üb. die wichtigsten Unterschiede zwischen der evangel. u. kathol. Kirche, f. die Evangelischen, so hin u. her in der Zerstreuung wohnen. In Fragen u. Antworten zusammengestellt. 4. Aufl. gr. 16. (14 S.) Ebd. 900. n.n. — 10

—— die Erneuerung des Taufbundes und die erste Abendmahls-Feier. 8. (II, 18, 40 S.) Heilbronn 888, Scheurlen's Verlag. cart. *
Partiepreis bei 25 Exempl. *

—— Die Erneuerung d. Taufbundes u. die erste Abendmahls-Feier. 3. Aufl. [Unveränd. Abdr.] 8. (40 S.) Stuttg. 890, J. F. Steinkopf. cart. * — 30; m. Goldschn. * — 40

Lechler, Karl v., die Erneuerung des Taufbundes u. die echte Abendmahlsfeier. 5. Aufl. (Unveränd. Abdr.) 8. (16 u. 40 S.) Stuttgart 899. J. F. Steinkopf. Kart. n. — 30

— Die Erneuerung des Taufbundes u. d. erste Abendmahls-Feier. 7. Aufl. (Unveränd. Abdr.) (40 S.) kl. 8. Ebd. 909. Kart. p — 30; geb. m. Goldschn. — 40

— die Erziehung der konfirmierten Jugend zur Kirchengemeinschaft, e. Pflicht der deutsch-evangel. Kirche. Beitrag zu den Verhandlgn. üb. e. deutsch-evangel. Kirchenbund. gr. 8. (63 S.) Gütersloh 900. C. Bertelsmann. n. — 80

— die Erziehg. unsrer theologischen Jugend zum Kirchendienst. Denkschrift, im Anschl. an d. zwischen d. luther. Konferenz u. d. evang. kirchl. Vereinigg. am 23. IV. 1896 gepflog. Verhandlgn. verf. gr. 8. (78 S.) Stuttgart 897. D. Gundert. n. 1.—

Lechler, Karl v., die Fortbildung der Religion. (39 S.) gr. 8. Stuttgart 903. J. F. Steinkopf. n. — 60

—— brennende Fragen. Gutachten über den Stand der Gesetzgebung in der evangel. Landeskirche Württembergs. gr. 8. (64 S.) Heilbronn 882, Gebr. Henninger. *

Lechler, Karl, Gebetbüchlein für Kinder. 16. (IV u. 176 S.) Schw. Hall 848, Nitschke. 6 ngr.

Lechler, Karl, Gedächtnißfeier d. Tages v. Sedan m. der Schuljugend in der Kilianskirche zu Heilbronn geh. am 2. Septbr. 1874. gr. 8. (10 S.) Heilbronn 874. Scheurlen's Verl. n. — 20

—— das Gotteshaus, im Lichte der deutschen Reformation betrachtet. gr. 8. (III, 92 S.) Ebendas. 883. *

—— Der deutsch-evangelische Kirchenbund. gr. 8. (III, 171 S.) Gütersloh 890, Bertelsmann. * 2 —

Lechler, Karl, die Confessionen in ihrem Verhältnisse zu Christus. Andeutungen zu einer biblisch-theolog. Lösung der Confessionsfrage. 8. (XI, 247 S.) Heilbronn 877, Gebr. Henninger. *

— kurze Kriegs-, Trost- u. Siegeslieder für die tapferen Streiter in China. Aus der heiligen Schrift zusammengestellt. 12. (31 S.) Berlin 900. Schriftenvertriebsanstalt. — 25

— die bibl. Lehre vom hl. Geiste. gr. 8. (VII, 307 S.) Gütersloh 899. C. Bertelsmann. n. 4.80; geb. n. 5.60

— dasselbe. II. Tl. Philosophisch-dogmat. Begründg. gr. 8. (XVI, 390 S.) Ebd. 902. n. 5.60; geb. n. 6.40

— die biblische Lehre vom hl. Geiste. III. Tl. Praktische Verwertg. (VIII, 290 S.) gr. 8. Gütersloh 904. C. Bertelsmann. n. 4.60; geb. 5.50 (vollständig: 15.—; geb. 17.50)

Lechler, Carl, die neutestamentliche Lehre vom heiligen Amte in ihren Grundzügen dargestellt und auf die bestehenden Rechtsverhältnisse der evangelisch-luther. Kirche in Deutschland angewendet. gr. 8. (XX und 452 S.) Stuttgart 857, J. F. Steinkopf.

—— Predigt am 8. Aug. 1870, s. Predigten, sechs.

— Predigt am 12. Sonntag nach Trinitatis [zur Zeit der Cholera-Epidemie in Heilbronn]. geh. 8. (8 S.) Heilbronn 873. Scheurlen's Verl. n. — 20

—— Predigten. gr. 8. (IV, 317 S.) Ebendas. 879. *
geb. in Leinw. *

— das Sendschreiben Leo XIII. z. Canisiusfeier u. d. deutschen Oberkirchenbehörden. E. Wort zur Feier des 10. Novbr. gr. 8. (34 S.) Berlin 898. H. Walther. n. — 60

—— die Taufpatenschaft. Ein Mittel zur geistl. und sittl. Hebung der deutschen Jugend. Synodalvortrag. 8. (54 S.) [Heilbronn 886, Gebr. Henninger.] Berlin, Reuther. *

—— Worte herzlicher Ermahnung an unsere Söhne und Töchter. Zum Andenken an die Confirmation und erste Abendmahlsfeier. 1. Aufl. 1876. * 25 Pf.; 2.—10. Aufl. 8. (24 S.) Heilbronn 876—79, Scheurlen's Verlag. *

—— Worte herzlicher Ermahnung an unsere Söhne und Töchter. Zum Andenken an die Confirmation und erste Abendmahlsfeier. 11.—13. Aufl. 8. (24 S.) Heilbronn 880, 81, Scheurlen's Verlag. *

—— Worte herzlicher Ermahnung an unsere Söhne und Töchter. Zum Andenken an die Konfirmation und erste Abendmahls-Feier. 14. und 15. Aufl. 8. (24 S.) Heilbronn 885, 87, Scheurlen's Verlag. *

—— Worte herzlicher Ermahnung an unsere Söhne u. Töchter. Zum Andenken an die Konfirmation u. erste Abendmahls-Feier. 17. Aufl. 8. (24 S.) Ebd. 890. * — 15

— Worte herzlicher Ermahnung an unsere Söhne u. Töchter. Zum Andenken an die Konfirmation u. erste Abendmahls-Feier. 18. Aufl. 8. (24 S.) Stuttgart 893. J. F. Steinkopf. n. — 15

— Worte herzlicher Ermahnung an unsere Söhne u. Töchter. Zum Andenken an die Konfirmation u. erste Abendmahls-Feier. 19. Aufl. 12. (24 S.) Stuttgart 896. J. F. Steinkopf. n. — 15

— Worte herzlicher Ermahnung an unsere Söhne u. Töchter. Zum Andenken an die Konfirmation u. erste Abendmahls-Feier. 20. Aufl. (24 S.) kl. 8. Ebd. 907. — 15

Lechler, Kornelie

Lechler, Cornelie, von A bis Z. Ein ABC-Buch mit Bildern u. lust. Reimen. qu. gr. 4. (14 S. m. z. Tl. farb. Bild.) Nürnberg 897. Th. Stroefer. 1. 50

— Noah's Arche. Mit Reimen v. L. qu. gr. 4. (27 S. m. z. Tl. farb. Bild.) Ebd. 895. Kart. 2. —

Lechler, Cornelie, Augenweid u. Herzensfreud f. d. fröhliche, selige Jugendzeit. (32 S. m. z. Tl. farb. Abbildgn.) 31×26 cm. Nürnberg (908). Th. Stroefer. Kart. 3. —

— lustige Beute f. kleine Leute. Ein Bilderbuch mit Erzählgn. u. Verschen. gr. 4. (36 S. m. z. Tl. farb. Abb.) Ebd. 898. Kart. 3. —

— biblisches Bilder-ABC. qu. gr. 4. (12 S. m. farb. u. 2 schwarzen Abbildgn.) Ebd. (899). 1. 50

— Lieblings Bilder-Karussel. Mit heit. Reimen. 4. (16 S. m. Abb. u. 6 farb. Drehbild.) Ebd. 898. Kart. 2. —

— Bilderlust, s.: Voigt, Elise.

— der Kinder schönster Bilderschatz, m. 16 farb. u. 20 schwarzen Bildern v. E. Lange, G. H. Thomson u. A. u. poet. Texten. (30 S.) 4. Nürnberg (906). Th. Stroefer. Geb. 3. —

— Blatt f. Blatt s.: Pletsch, Osk.

— goldene Blätter. Bibeltexte u. geistl. Lieder, ausgew. v. L. qu. 12. (32 S. m. z. Tl. farb. Bildern.) Nürnberg 895. Th Stroefer. Kart. 1. 50

Lechler, Cornelie, ewige Blumen. Bibeltexte, ausgewählt v. L. 32. (32 S. m. farb. Bildern.) Nürnberg 894. Th. Stroefer. Kart. n. — 75

— Blütenduft aus Deutschlands Dichtergarten. 8. (96 S. m. Vignetten u. 4 Farbdr.) Nürnberg (899). Th. Stroefer. Geb. in Leinw. m. Goldschn. 2. —

Lechler, Cornelie, ein Buch vom Kätzchen f. unser Schätzchen. (16 S. m. z. Tl. farb. Abbildgn.) qu. gr. 4. Nürnberg (903). Th. Stroefer. — 75

— im alten u. im neuen Bunde. gr. 4. (13 S. m. z. Tl. farb. Illustr.) Ebd. 892. n. — 75

—— Dein Wille geschehe. Eine Auswahl v. Bibelsprüchen f. jeden Tag d. Monats mit Bildern u. Liedern. Illustrirt v. Fr. Hines. 4. (16 S.) Ebd. 889. cart. * 2 50

— Er ist dein Licht. Schriftworte u. Poesien, ausgew. v. L. kl. 4. (8 S. m. 2 farb. Bild.) Ebd. 895. M. Goldschn. — 75; m. Dedikation f. Konfirmanden — 75

— kleine Erzählungen f. Mädchen. Mit 5 Farbdr.-Bild. 2. Aufl. 4. (III, 64 S.) Stuttgart 896. F. Loewe. Geb. n. 2. —

— kleine Erzählungen f. Mädchen. (III, 74 S. m. 4 Farbdr.) gr. 8. Stuttgart (906). Loewe. Geb. 2. —

Lechler, Cornelie, Feierstündchen, s.: Bibliothek, meine.

— durch Feld u. Haide. qu. gr. 8. (26 S. m. z. Tl. farb. Bild.) Nürnberg 897. Th. Stroefer. Kart. 2. —

— fliege, mein Kindchen, fliege. qu. 4. (12 S. m. z. Tl. farb. Abbildgn.) Ebd. (899). Geb. — 60

— durch Flur u. Hain. gr. 4. (14 S. m. z. Tl. farb. Bildern.) Ebd. 894. n. — 75

— willkommene Freunde. 4. (14 S. auf Pappe m. z. Tl. farb. Abbildgn.) Ebd. 893. Kart. n. 2. 25

— Geburtstagsbuch, m. Versen. 16. (56 S. m. farb. Abbildgn.) Ebd. (899). Geb. — 75

— gedenke mein, je länger je lieber! Reime. (6 Bl. m. Illustr. in Form e. Stiefmütterchen-Blüthe.) München 889. Stroefer. n. — 40

Lechler, Cornelie. In seligem Geleite. Biblische Texte f. jeden Tag im Monat. 4 Hefte. 12. (à Heft 10 S. m. farb. Abbildgn.) [Münch. 890.] Nürnb., Stroefer. Mit Goldschn. à Heft * — 75
compl. in Etui * 3 50
1. In Gottes Hut. — 2. Stille zu Gott. — 3. Fröhlich in Gott. — 4. Nach Gottes Rat.

— heitere Gesellen. qu. gr. 4. (15 S. m. z. Tl. farb. Abbildgn.) Ebd. (901). 1. 50

— muntere Gesellschaft. 4. (14 S. auf Pappe m. z. Tl. farb. Abbildgn.) Ebd. 893. Kart. n. 2. 25

— Glaube, Liebe, Hoffnung in Spruch u. Lied. Ausgewählte Texte. 3 Tle. 16. (à 120 S. m. Farb- u. Tondr.-Bildern.) Ebd. 892. Geb. in Leinw. m. Goldschn. n. 2. 50; in Etuis n. 2. 80; jeder Tl. einzeln n. — 85

— Gott ist mein Licht. Biblische Texte m. Gedichten v. C. L. 16. (12 S. m. farb. Abbildgn.) Ebd. 892. n. — 75

— Gott schütze Dich. Bibeltexte u. geistl. Lieder, ausgewählt v. L. kl. 4. (12 S. m. z. Tl. farb. Bildern.) Ebd. 894. Kart. n. — 75

— Gott sei mit dir! Bibeltexte f. jeden Sonntag ausgewählt. 24. (32 S. m. farb. Bildern.) Ebd. 891. Kart. n. — 75

— Großmütterlein. Ein Bilderbuch f. kleine Leute m. Erzählgn. u. Versen. 4. (44 S. m. z. Tl. farb. Illustr.) Ebd. 892. Kart. n. 3. —

— Gruß aus der Heimath, s.: In treuem Gedenken.

— ein Guck ins Häuschen f. uns. Mäuschen. 4. (15 Bl. auf Pappe m. z. Tl. farb. Bild.) Ebd. 895. 2. 80

— aus Haus u. Hof. 4. (14 z. Tl. farb. Taf. auf Pappe.) Ebd. 893. Kart. n. 2. 80
Auch als Leporello-Album zu gleichem Preise.

— ein treuer Hausfreund. (Ausgestanzt.) qu. 4. (15 S. m. z. Tl. farb. Bild.) Nürnberg 895. Th. Stroefer. — 40

— unsere Hausfreunde. Lustige Verschen u. Reime. gr. 4. (26 S. m. z. Tl. farb. Bild.) Ebd. 896. Kart. 2. —

—— Unser Herr. Biblische Texte. 4 Bdchn. 16. (à Bdchn. 14 S. m. farb. Illustr.) Ebd. 889. In Leinw.-Etui * 1 85
Einzeln à Bdchn. * — 40
1. Sein Wille. — 2. Sein Weg. — 3. Sein Wort. — 4. Seine Liebe.

— meinem Herzblättchen. Ein neues Buch zur Unterhaltg. f. unsere Kleinen. 2 Tle. in 1 Bd. 4. (36 u. 35 S. m. Textbildern u. 4 Farbdr.) Stuttgart 893. F. Loewe. Kart. 2. 50; jeder Tl. allein, kart. à n. 1. 30; Pracht-Ausg. m. 8 Farbdr. geb. in Leinw. m. Goldschn. 4. —

— dasselbe. Mit Farbdr.- u. Textbildern. 2. Aufl. (7.—12. Taus.) 2 Bdchn. 4. (à 36 S.) Ebd. 894. In 1 Bd. kart. 2. 50; jeder Tl. allein, kart. à n. 1. 30

Lechler, Cornelie, die Himmel erzählen die Ehre Gottes und die Feste verkündiget seiner Hände Werk. Psalm 19, 1. Eine Auswahl von Bibelsprüchen für jeden Tag des Monats mit Bildern und Liedern, illustriert von Fr. Hines. 4. (32 S.) München 888, Stroefer. geb. mit Goldschn. *

— immer froh, tagaus, tagein. E. Panorama-Bilderbuch m. Versen. 4. (20 S. m. z. Tl. farb. Abb. u. 3 ausgestanzten farb. Bild.) Ebd. 896. Kart. 2. —

— in Ihm ist Ruh! Schriftworte u. Poesien, ausgewählt v. C. L. 16. (12 S. m. farb. Abbildgn.) Nürnberg 892. Th. Stroefer. n. — 75

— drei kleine Katzen. gr. 4. (15 S. m. z. Tl. farb. Abbildgn.) Nürnberg (899). Th. Stroefer. — 75

— im Kindergarten. Erzählgn. u. Reime. Imp.-4. (66 S. m. z. Tl. farb. Bild.) Nürnberg 895. Th. Stroefer. Geb. 6. —

— Kinderglück. Ein Bilderbuch m. Erzählgn. u. Versen. (36 S. m. z. Tl. farb. Abb.) gr. 4. Ebd. (903). Kart. 3.—

— Kinderlust. Ein Bilderbuch auf Pappe m. Versen. (2. [Umschlag-]Aufl.) gr. 4. (12 S. m. z. Tl. farb. Abbildgn.) Ebd. [899.] (902). Geb. n. 2.—

— fröhliche Kinderwelt, s.: Voigt, E.

— aus d. frohen Kinderzeit. Lustige Verschen. Mit 2 feinen Buntbild. m. plast. Fig. z. aufstellen u. m. vielen reiz. Text-Illustr. 4. (10 S.) Eßlingen 896. J. F. Schreiber. Kart. n. 1. 50

— fröhliche Kinderzeit, s.: Fraungruber, Hans.

— im frohen Kreise. qu. gr. 4. (26 S. m. z. Tl. farb. Abbildgn.) Nürnberg (899). Th. Stroefer. Geb. 2.—

— Kunterbunt. Ein neues Buch zur Unterhaltg. f. unsere Kleinen. Mit Farbendr.-Bildern u. Textabbildgn. 2 Tle. 4. (68; 67 S.) Stuttg. 892, Loewe. cart. à Tl. 2 25; beide Tle. in 1 Bd. cart. 4 50

— dasselbe. Ein Schatzkästlein zum Zeitvertreib f. unsere Kleinen. 2. Aufl. 2 Tle. in 1 Bd. 4. (68 u. 67 S. m. Textbildern u. 4 Farbendr.) Ebd. 893. Kart. 4. 50; jeder Tl. allein, kart. 2. 25

— Kunterbunt. Ein Schatzkästl. z. Zeitvertreib f. uns. Kleinen. M. Farbdr.-Bild. u. Textabb. 2 Tle. 3. Aufl. 4. (68 u. 67 S.) Stuttgart 897. F. Loewe. Kart. à 2. 25; in 1 Leinwbd. 4. 50

— Lieblings Kurzweil. (Ausgestanzt.) qu. gr. 4. (12 farb. S. m. eingedr. u. 2 S. illustr. Text.) Nürnberg 894. Th. Stroefer. n. 1. 50

— auf d. Lande. E. Aufstellbilderbuch m. lust. Versen. qu. 4. (6 farb. Taf. m. 8 S. illustr. Text.) Eßlingen 896. J. F. Schreiber. Kart. n. 1. 50

— Lasset die Kindlein zu mir kommen! gr. 4. (18 S. m. farb. Abbildgn.) Ebd. 890. cart. * 1 50

— lasset die Kindlein zu mir kommen. (15 S. m. z. Tl. farb. Abbildgn.) gr. 4. Ebd. (903). Kart. 1. —

— glückliche Leute, s.: Stroefer's Bibliothek fürs kleine Volk.

— Im Lichte der Ewigkeit. Biblische Texte, ausgewählt. 4 Hefte. 16. (à Heft 14 S. m. farb. Abbildgn.) [Münch. 890.] Nürnb., Stroefer. à Heft * — 40; compl. in Etui * 1 85
1. An sicherer Hand. — 2. Worte d. Friedens. — 3. Licht im Dunkeln. — 4. Seid fröhlich in Hoffnung.

— im Lichte der Liebe. Texte, ausgewählt v. C. L. 4. (12 S. m. z. Tl. farb. Abbildgn.) Ebd. 894. Kart. n. 1. 50

— Licht v. Oben. Biblische Texte u. geistl. Lieder, f. jeden Tag des Monats ausgewählt. 4. (16 z. Tl. farb. S. m. eingedr. Text.) Nürnberg 894. Th. Stroefer. Kart. m. Goldschn. n. 2. 50

— himmlische Lichtblicke. Bibeltexte, ausgewählt v. C. L. 32. (30 S. m. farb. Illustr.) Ebd. 892. Kart. n. — 75

— meinem Liebling. Ein neues Buch zur Unterhaltg. f. unsere Kleinen. Mit Farbdr.- u. Textbildern. 3. Aufl. v. „Meinem Herzblättchen". 2 Tle. gr. 8. (86 u. 85 S.) Stuttgart (900). Loewe. Geb. à 1. 20; in 1 Bd. 2. 50

— Herzblättchens Lieblinge. (10 [8 farb.] S. m. eingedr. Text. auf Pappe.) 21×27 cm. Nürnberg (909). Th. Stroefer. Kart. 1.80; in Leporelloform 1. 80

Lechler, Cornelie, Lieblinge der Kinderwelt. qu. gr. 4. (7 Farbendr.-Taf. m. 7 S. illustr. Text auf Pappe.) Stuttgart 894. F. Loewe. Kart. 3. 60

— Lieblings Bilder-ABC. kl. 4. (12 S. m. z. Tl. farb. Abb.) Nürnberg 898. Th. Stroefer. — 40

— Lieblings-Bilder-ABC. gr. 4. (15 S. m. z. Tl. farb. Abbildgn.) Nürnberg (902). Th. Stroefer. Geb. 1.—

— Lieblings-Schatzkästlein. qu. 4. (11 S. m. z. Tl. farb. Abbildgn.) Ebd. (901). Geb., auf Pappe 1. 20

— des Kindes Lieblingstiere. (32 S. m. z. Tl. farb. Abbildgn.) 4. Nürnberg (904). Th. Stroefer. Kart. 3. —

— Rotkehlchens Liedergruß. Ausgestanzt. (9 S. m. farb. Illustr.) München 889. Stroefer. n. — 65

— e. lieblich Loos. Bibeltexte u. Poesien, ausgew. v. L. qu. 12. (8 S. m. 2 farb. Bild.) Ebd. 896. — 50

— Aus Luft u. Duft. Gedichte, ausgewählt. In Schmetterlingsform ausgestanzt. (12 S. m. farb. Illustr.) Ebd. 889. * — 60

— aus Luft u. Duft. Gedichte, ausgewählt. In Schmetterlingsform ausgestanzt. (12 S. m. farb. Illustr.) Ebd. 890. n. — 60

— allerlei Lust u. Leid, s.: Stroefer's Bibliothek fürs kleine Volk.

— Lust u. Leid der Jugendzeit. Ein Bilderbuch. Illustr. v. Heinr. Merté u. A. 4. (76 S. m. z. Tl. farb. Bildern.) Ebd. 894. Kart. n. 3. —

— am Meeresstrande. E. Aufstellbilderbuch m. lust. Versen. qu. 4. (6 farb. Taf. m. 8 S. illustr. Text.) Eßlingen 896. J. F. Schreiber. Kart. n. 1. 50

— Mizi. In Katzenform ausgestanzt. (9 S. m. farb. Illustr.) München 889. Stroefer. n. — 65

Lechler, Cornelie, Jsa Nani u. D'sin Koo, Reisen macht d. Leute froh! hoch 4. (16 S. m. z. Tl. farb. Abb.) Nürnberg 898. Th. Stroefer. 1. 50

— aus Vögleins Nest. gr. 4. (14 S. m. z. Tl. farb. Bild.) Ebd. 896. — 75

— allerlei Neues. Ein Bilderbuch mit lust. Reimen v. L. 4. (28 S. m. z. Tl. farb. Bild.) Ebd. 895. Kart. 3. —

— der Nußknacker, s.: Reiß, Fritz.

—— Oster-Blüten. 3 Bdchn. 16. (à Bdchn. 5 Bl. m. Illustr.) Ebd. 889. cart. in Mappe * 1 50
1. Oster-Hoffnung. — 2. Oster-Freude. — 3. Oster-Segen.

— Osterhase. (Ausgestanzt.) Fol. (14 S. m. z. Tl. farb. Bild.) Ebd. 896. Kart. 1. —

— in Pelz u. Flaum. Prachtgestalten aus d. Thierreiche. In 2 Ausgaben. gr. 4. (à 12 farb. S. m. 2 S. illustr. Text auf Pappe.) Ebd. 896. Kart. à 3. —

— kleine Plaudereien. Erzählungen, Fabeln, Rätsel u. Gedichte. Als Festgabe f. unsere Kleinen gesammelt. 12. (94 S. m. 16 Bunt- u. 16 Textbildern.) Stuttgart 893. F. Loewe. Kart. 1. 20

— J. Trojan, R. H. Greinz, das Puppenhaus. 16 Farbendr.-Bilder m. Texten. (24 S. m. z. Tl. farb. Abb.) qu. gr. 8. Eßlingen (905). J. F. Schreiber. Geb. n. 2. 50

— am Quell des Lebens. Bibeltexte u. geistl. Lieder, ausgewählt v. L. kl. 4. (12 S. m. z. Tl. farb. Bildern.) Nürnberg 894. Th. Stroefer. Kart. n. — 75

— im Regen u. Sonnenschein. Erzählungen u. Verse. 4. (56 S. m. z. Tl. farb. Abbildgn.) Ebd. 893. Kart. n. 3. —

— goldene Reime f. die Kinderstube. Gesammelt u. hrsg. Mit 12 Farbdr.-Bildern nach Aquarellen v. W. Claudius, sowie 11 Vollbildern in Holzschn. nach Zeichngn. v. E. Klimsch. gr. 4. (24 S.) Stuttgart 890. Loewe. cart. 3. —

— goldene Reime f. die Kinderstube. Mit 12 Farbdr.-Bildern nach Aquarellen v. W. Claudius, sowie 11 Vollbildern in Holzschn. nach Zeichngn. v. E. Klimsch. 2. u. 3. Aufl. gr. 4. (24 S.) Stuttgart 891. 893. F. Loewe. Kart. 3. —; als Leinw.-Bilderbuch m. eingedr. Text., lackiert 4. —

— dasselbe. Unzerreißbare Ausg. gr. 4. (12 Farbdr. m. eingedr. Text auf Pappe.) Ebd. 891. Kart. 3. —

— goldene Reime f. d. Kinderstube. M. 12 Farbdr.-Bild. nach Aquarellen v. W. Claudius, sow. 11 Vollbild. in Holzschn. nach Zeichngn. v. E. Klimsch. 5. Aufl. 4. (24 S.) Stuttgart 897. F. Loewe. Geb. 3. —

— goldene Reime f. die Kinderstube. Gesammelt u. hrsg. Mit 12 Farbdr.-Bildern nach Aquarellen v. W. Claudius, sowie 11 Vollbildern in Holzschn. nach Zeichngn. v. E. Klimsch. 6. Aufl. 4. (24 S.) Stuttgart (900). Loewe. Geb. 3.—

— dasselbe. Volks-Ausg. gr. 4. (12 farb. Bl. m. Text.) Ebd. (901). Geb. 1. 50

— goldene Reime f. die Kinderstube. Gesammelt u. hrsg. Mit 12 Farbdr.-Bildern nach Aquarellen v. W. Claudius, sowie 11 Vollbildern in Holzschn. nach Zeichngn. v. E. Klimsch. 7. Aufl. (24 S.) gr. 8. Stuttgart (905). Loewe. Geb. 3. —

— Langöhrchens große Reise. Eine lust. Geschichte f. kleine Hasenfreunde. Mit 6 feinen Farbdr.-Bildern v. F. Flinzer. gr. 4. (8 S.) Ebd. 894. Kart. n. 1. —

— Ringel-Ringel-Reih, e. lust. Allerlei. Schatzkästlein zum Zeitvertreib f. unsere lieben Kleinen. Mit 4 Buntbildern u. zahlr. Textillustr. (III, 92 S.) Lex. 8. Stuttgart (910). Loewe. Geb. in Leinw. 3. —

— Schneeflocken, s.: Stroefer's Bibliothek fürs kleine Volk.

— sein Wort bleibt ewig. Bibeltexte f. jeden Tag des Jahres, ausgewählt v. C. L. 64. (144 S. m. farb. Abbildgn.) Ebd. 893. Geb. in Leinw. m. Goldschn. n. 1. 20

— sein Wort ist Leben. Bibeltexte u. geistl. Lieder, ausgewählt v. L. kl. 4. (12 S. m. z. Tl. farb. Bildern.) Ebd. 894. Kart. n. — 75

— in Seinem Schutz. Bibeltexte, ausgewählt v. L. 4 Hfte. 32. (à 8 S. m. farb. Bildern.) Nürnberg 894. Th. Stroefer. à — 40; in Etui n. 1. 80
1. Bei Ihm ist Ruh. — 2. Der Herr kennt die Seinen. — 3. Sein Weg ist Licht. — 4. Gott ist mein Hort.

—— Singet dem Herrn! Schriftworte u. Dichterstimmen. 4. (16 S. m. eingedr. farb. Illustr.) [Münch. 889.] Nürnb., Stroefer. cart. * 2 50

— Im Sonnenglanz bei Spiel u. Tanz, s.: Wunderlich, J.

— im Sonnenstrahl üb. Berg u. Thal. 4. (15 Bl. auf Pappe m. z. Tl. farb. Bildern.) Nürnberg 895. Th. Stroefer. 2. 80

— ein Sonntags-Bilderbuch f. unsere Kleinen. gr. 4. (34 S. m. z. Tl. farb. Abbildgn.) Nürnberg (900). Th. Stroefer. Geb. 3.—

— ein Sonntags-Bilderbuch f. unsere Kleinen. (18 S. m. z. Tl. farb. Abbildgn.) 4. Nürnberg (904). Th. Stroefer. Kart. 1. 50

— glückliche Stunden. Ein Bilderbuch m. Versen. 4. (4 farb. Taf. m. Klappbildern, eingedr. u. 19 S. illustr. Text.) Ebd. 894. Kart. n. 3. —

— glückliche Stunden. E. Panoramabilder-Buch. M. Gedichten. 4. (19 S. m. Bild. u. 4 farb. Aufstellbild.) Ebd. 897. Geb. 3. —

— Tagebuch für's christliche Haus. Sprüche u. Poesien, ausgewählt v. C. L. 12. (255 S. m. 12 Chromolith. u. 11 Tondr.-Bildern.) Ebd. 892. Geb. in Leinw. m. Goldschn. n. 4. —

— Tiere aus Haus u. Hof, s. Kull, Alb.

— Tiere aus allen Zonen, } s.: Kull, Alb.

— F. Flinzer u. B. Hörtkorn, lustige Tiergeschichten f. kleine Tierfreunde. M. 6 feinen Farbdr.-Bildern v. F. Flinzer. 4. (24 S.) Stuttgart 895. F. Loewe. Geb. 1. 80

— u. a., Tiergeschichten. Mit farb. u. schwarzen Bildern namhafter Künstler. (50 S.) 4. Eßlingen (903). J. F. Schreiber. Geb. n. 1. —

— u. a., Tiergeschichten. Mit farb. u. schwarzen Bildern namhafter Künstler. 2. Aufl. (50 S.) gr. 8. Eßlingen (907). J. F. Schreiber. Kart. 1. —

— lustige Tiergeschichten in Versen erzählt. M. 2 feinen Buntdr. m. plast. Fig. zum Aufstellen u. m. vielen reiz. Text-Illustr. 4. (12 S. Text.) Eßlingen 896. J. F. Schreiber. Kart. n. 1. 50

— F. Flinzer u. B. Hörtkorn, lustige Tiergeschichten f. kleine Tierfreunde. Mit 6 feinen Farbdr.-Bildern v. F. Flinzer. 2. Aufl. (24 S.) Lex.-8. Stuttgart (904). Loewe. Geb. 1. 80

— aus der Tierwelt, s.: Kull, Alb.

—- Trost im Leide. Bibelsprüche. 32. (33 S. m. farb. Abbildgn.) Ebd. 890. geb. m. Goldschn. * — 75

— unvergessen, s.: In treuem Gedenken.

— christliches Vergißmeinnicht. Sprüche u. Poesien, ausgewählt v. C. L. 12. (255 S. m. 12 Chromolith. u. 11 Tondr.-Bildern.) Nürnberg 892. Th. Stroefer. Geb. in Leinw. m. Goldschn. n. 4. —

— dasselbe. 16. (367 S. m. z. Tl. farb. Abbildgn.) Ebd. 893. Geb. in Leinw. m. Goldschn. n. 3. —

— Christliches Vergißmeinnicht. Sprüche u. Poesien, ausgewählt v. L. Mit (farb.) Titelbild v. Catharina Klein. (372 S.) 16. Nürnberg (907). Th. Stroefer. Geb. in Leinw. m. Goldschn. 1. 50

— dasselbe. Mit 12 (farb.) Monatsbildern. (372 S.) 16. Ebd. (907). Geb. in Leinw. m. Goldschn. 2. —

— das Vogel-A-B-C. Wie 's Vöglein lebt u. webt. gr. 4. (27 S. m. z. Tl. farb. Bildern.) Nürnberg 895. Th. Stroefer. Kart. 2. —

— für kleines Volk, s.: Voigt, E.

— lustiges Völkchen. E. Bilderbuch m. Versen u. heit. Erzählgn. v. L. gr. 4. (64 S. m. z. Tl. farb. Bild.) Ebd. 895. Kart. 4. 50

— was euch gefällt. Ein Bilderbuch m. Versen u. heit. Erzählgn. v. L. gr. 4. (40 S. m. z. Tl. farb. Bild.) Ebd. 895. Kart. 2. 50

Lechler, Cornelie, was geht u. steht im Alphabet. qu. 4. (15 S. m. z. Tl. farb. Abbildgn.) Nürnberg (901). Th. Stroefer. 1. 50

— was kann es Schöneres geben? Ein Bilderbuch m. Versen u. heit. Erzählgn. v. L. gr. 4. (40 S. m. z. Tl. farb. Bild.) Ebd. 895. Kart. 2. 50

— was man im Walde hört. Illustrirt v. H. M. Bennett. 4. (48 S. m. z. Tl. farb. Bildern.) Nürnberg 891. Th. Stroefer. Kart. n. 5. 50

—— Auf Gottes Wegen. Schriftworte f. jeden Tag im Monat. 4 Bdchn. qu. 16. (à Bdchn. 12 S. m. farb. Illustr.) Ebd. 889. In Leinw.-Etui * 1 60; einzeln à Bdchn. * — 35
1. Der gute Hirte. — 2. Auf sicherem Pfad. — 3. Durch Freud' u. Leid. — 4. Himmlische Fußspuren.

— auf seligen Wegen. Biblische Texte u. geistl. Lieder, f. jeden Tag des Monats ausgewählt. 8. (16 z. Tl. farb. S. m. eingedr. Text.) Ebd. 894. Kart. m. Goldschn. n. 2. 50

— bunte Welt f. kleine Leute. Erzählungen u. Verse. gr. 4. (36 S. m. z. Tl. farb. Abbildgn.) Ebd. 893. Kart. n. 3. —

— wie d. Kind sein soll! E. Kinderspiegel. M. 14 feinen Farbendr.-Bild. u. zahlr. Textabb. v. Jos. Mukarowsky. gr. 4. (IV, 52 S.) Eßlingen 898. J. F. Schreiber. Geb. n. 3. 50

— wie das Kind sein soll! Ein Kinderspiegel. Mit 14 feinen Farbendr.-Bildern u. zahlr. Textabbildgn. v. Jos. Mukarowsky. 2. Aufl. 4. (IV, 52 S.) Eßlingen (901). J. F. Schreiber. Kart. n. 3. —

— wie's im Hause geht. Erzählgn. u. Gedichte f. Kinder. M. 6 Farbdr. u. vielen Textbild. v. Osc. Pletsch. 8. Aufl. 4. (IV, 75 S.) Stuttgart 896. F. Loewe. Geb. 3. —

— wie's im Hause geht. Erzählungen u. Gedichte für Kinder. Mit 6 Farbdr.- u. vielen Textbildern v. Osc. Pletsch. 9. Aufl. 4. (IV, 75 S.) Stuttgart (900). Loewe. Geb. 3. —

— wie's im Hause geht. Erzählungen u. Gedichte f. Kinder. Mit 6 Farbdr.- u. vielen Textbildern nach Orig.-Zeichngn. v. Osc. Pletsch. 10. Aufl. (IV, 75 S.) gr. 8. Ebd. (904). Geb. 3. —

—— Aus Wiese' u. Feld, aus Wald u. Au'. Gedichte. 4 Bdchn. 12. (à Bdchn. 16 S. m. Illustr. u. farb. Umschlag.) Ebd. 888. cart. m. Goldschn. à * — 70; in 1 Etui * 3 —
1. Veilchengrüße. — 2. Wiesen-Duft. — 3. Maßliebchen. — 4. Immergrün.

— unsere Zuflucht. Schriftworte u. Poesien, ausgew. v. L. qu. 16. (8 S. m. 2 farb. Bildern.) Ebd. 895. — 50; m. Dedikation f. Konfirmanden — 50

Lechler, Max: Die chemischen und hydrographischen Verhältnisse der fränkischen Keuperformation ... Erlangen, Druck d. Univ.-Buchdr. v. E. Th. Jacob, 1892; 26 S. 8.
Erlangen, Phil. Fak., Inaug.-Diss. v. 1892

Lechler, Paul, neue Beiträge zur nationalen Wohnungsreform, s.: Schäffle, Alb.

Lechler, Paul, d. Glaube an d. Gottheit Christi. Eine Studie z. Theologie Ritschls u. Kaftans. [Aus: „Halte, was du hast".] gr. 8. (55 S.) Berlin 895. Reuther & Reichard. n. 1. —

Lechler, Paul, der erste Schritt zur nationalen Wohnungsreform, s.a. Zeitfragen, soziale. XIX.

— der erste Schritt zur nationalen Wohnungsreform. Vortrag, geh. zu Bielefeld am 21. X. 1898 in d. Generalversammlg. d. unter d. Protektorat J. M. d. Kaiserin steh. deutschen Vereins „Arbeiterheim". gr. 8. (28 S.) Berlin 899. E. Hofmann & Co. n. — 50

Der erste Schritt zur Nationalen Wohnungsreform. Von Paul **Lechler**, ⟨Stuttgart⟩. 2. neubearb. Aufl. Berlin: 'Bodenreform' [1905]. (18 S.) 8° [F. u. Ant.]
— Zeitfragen, Soziale. 19.

Lechler, Paul v.: Eine Waldstadt bei Stuttgart in Verbindung mit der Erschliessung des Solitude-Areals. Mit Abbild. und Plänen. Als Manusk. gedruckt. [Stuttgart, Juni 1910.] 4°.

Lechler, Paul, Wohlfahrtseinrichtungen über ganz Deutschland durch gemeinnützige Aktiengesellschaften. Ein Stück sozialer Reform. gr. 8°. Stuttgart, W. Kohlhammer, 1892. 2. erweit. Aufl. gr. 8°. Ebd. 1893. (20 S.)

— dasselbe durch gemeinnützige Privatthätigkeit unter Reichsgarantie. 4. neu bearb. Aufl. gr. 8. (84 S.) Ebd. 893. n. — 30

Lechler, Paul, die Wohnungsfrage u. die preuß. Ministerialerlasse v. 19. III. 1901. Vortrag, geh. zu Speyer am 30. V. 1901 in der Delegierten-Versammlg. des Gesamtverbandes der ev. Arbeitervereine Deutschlands. gr. 8. (27 S.) Berlin 901. C. Hofmann & Co. n. — 75

— die staatliche Wohnungsfürsorge, s.: Schäffle, Alb.

— nationale Wohnungsreform. M. e. Sonderabdr. aus „Deutsche Kern- u. Zeitfragen". Neue Folge. Von Alb. Schäffle. gr. 8. (93 S.) Ebd. 895. n. 1. —

Lechler, R., Choraltabellen für die evangelischen Volksschulen und den Kirchengebrauch Württembergs oder Register über die in der Volksschule gebräuchl. Choralmelodieen und alle zugehör. Lieder im Gesangbuch, und Nachweisung der zu jedem Liede passenden gangbaren Melodie. gr. 4. (13 S.) Stuttgart 881, Belser'sche Verlagsh. *
Aus: Schulwochenblatt, besonders abgedruckt.

Lechler, Rudolf

Lechler, Rud., meine Heimreise aus China über Hawaii und quer durch Amerika. gr. 8. (102 S. mit eingedr. Holzschn.) Basel 887, Missionsbuchhandlung. *
Aus: Missions-Magazin, besonders abgedruckt.

Lechler, R., acht Vorträge über China, gehalten an verschiedenen Orten Deutschlands und der Schweiz. Basel 861. Bahnmaier in Comm. gr. 8. (VII, 210 S. mit Holzschn. u. 5 Holzschntaf.) n. 14 ngr.

Lechler, Wilibald. Berberides Americae australis ... Stuttgardia 1857. H: *Zeller, Gotth. Vict.* (Ky)

Lechler, Willib., Berberides Americae australis. Accedit enumeratio plantarum, quas in America australi auctor detexit. gr. 16. (59 S.) Stuttgart 857, Schweizerbart'sche Verlagsh.

Lechler, Willib., Supplement zur Flora von Württemberg. 8. (4 1/2 B.) Stuttgart 844, Schweizerbart'sche Buchh.
Ein Supplement zu der 1834 bei Osiander in Tübingen erschienenen: Flora von Württemberg, v. Gust. Schübler u. G. v. Martens.

Lechleuthner, Anton [approb. Arzt aus Ebersberg]: Schussverletzungen ins Abdomen .... München, Kgl. Hof- u. Univ.-Buchdr. v. Dr. C. Wolf & Sohn, 1886; 29 S. 8°.
München, Med. Fak., Inaug.-Diss. v. 1886.

Lechleuthner, Karl [app. Arzt aus Ebersberg]: Aus d. patholog. Institute zu München. Zwei Fälle von Compressions-Myelitis mit direkter Compression des Rückenmarks ... München, Buchdr. v. M. Ernst, 1895; 25 S. 8.
München, Med. Fak., Inaug.-Diss. v. 1895

Lechmann, Fl., Waldmädchen u. Königstochter, s.: Bibliothek f. junge Mädchen.

Lechmann, J. P., Berechnung des beschlagenen u. runden Holzes nach Cubik-Fuß, in 61 Tabb. 16. Reutlingen 839, Fleischhauer u. Spohn. 5 gr 4 Bog.

Lechmann, J. P., Berechnung des beschlagnen u. runden Holzes in 73 Tabellen nach dem zehntheiligen Cubik-Maaß. 8. (79 S.) Reutlingen 847, Fleischhauer u. Spohn. 6 ngr

Lechmann-Tharnau, Paul

Lechmann-Tharnau, P., die Falschmünzer, s. a. Weichert's Wochen-Bibliothek.

Die Falschmünzer. Kriminalerzählung von P[aul] Lechmann-Tharnau. *Berlin: A. Weichert [1902].* (S. 57–96.) 8° [F.]
— Wochen-Bibliothek, Weichert's. Bd 136, [2.]

— die Kleinodien der Felsecks, s. a. Welt, alle.

Die Kleinodien der Felsecks. Kriminal-Novelle von Paul Lechmann-Tharnau. *Berlin: A. Weichert [1900].* (48 S.) 8° [F.]
= Welt, Alle. Bd 35.

Lechner, A[dolf]. Aktenpoesie des 16. Jahrhunderts. Mitgeteilt von Dr. A. L', a. d. Staatsarchiv Bern. [Sep.-Abdr. aus: Neues Berner Taschenbuch auf das Jahr 1907.] S. 267—278. 8. [Bern, K. J. Wyss, 1906.]

(Lechner, Ad[olf].) Die Chronik Anton Haffners von Solothurn. Separat-Abdruck aus dem «Anzeiger für Schweizerische Geschichte» 1907, No. 3. 2 S. 8. [Bern, K. J. Wyss.]

Lechner, A[dolf]. Systematische Darstellung der Leibniz'schen Theodicee. Zur 200-jährigen Erinnerung an das erste Erscheinen der «Essais de Théodicée ...», Amsterdam 1710. Separatabdruck aus der Schweiz. Theologischen Zeitschrift, Jahrg. 1910, Heft 3, 4 und 5.... II S. + S. 97—169. 8. Zürich, A. Schaufelberger.

Lechner, Ad[olf]. (B[althasar] A[nton]) Dunker und (Wilhelm) Tell. Separatabdruck aus den «Blättern für bernische Geschichte, Kunst und Altertumskunde» [Jahrg. 3, Heft 2]. 5 S. 8. (Bern, Gustav Grunau, [1907].)
(Aus Nr. 17 des ... Sonntagsblattes des «Bund» (1907) *verändert* und *verkürzt neu* abgedruckt.)

Lechner, A[dolf]. Mose's Hörner. Separat-Abzug aus dem «Solothurner Tagblatt», Juli 1903. 4 S. 8. [Solothurn, Zepfel.] N 6200^{15}

Lechner, A[dolf]. Aus andern Literaturen. ⟨Zur Methode der Bibelkritik.⟩ Separatabdruck aus der «Schweizer. theolog. Zeitschrift», Jahrg. 24 ⟨1907⟩, Heft 4. 5 S. 8. ⟨Zürich, August Frick.⟩

Lechner, Ad[olf]. Lienhard Louberer (der bernische Organist und Orgelmacher, verstorben 1504/1507). Separatabdruck aus den «Blättern für bernische Geschichte, Kunst und Altertumskunde» [Jahrg. 2, Heft 4]. 2 S. 8. (Bern, Gustav Grunau, [1906].)

Lechner, A[dolf]. Luther und Kopernikus. Von Pfarrer G[ustav] A. L' in Solothurn. [Sep.-Abdr. aus: Kirchenblatt für die reformierte Schweiz. Jahrg. 18, 1903. Nr. 34.] 1 S. fol. [Bern, N. Dürrenmatt-Egger, 1903.]

Lechner, Adolf: Das Obstagium oder die Giselschaft nach schweizerischen Quellen. Bern 1906. XVI + 228 S. 8°. [17. II. 06.]
Bern. Phil. Diss. 1905/1906.

Lechner, Adf., das Obstagium od. die Giselschaft nach schweiz. Quellen, s. a. Abhandlungen zum schweiz. Recht.

Das Obstagium oder die Giselschaft nach schweizerischen Quellen. Von Dr. Adolf Lechner. Bern: Stämpfli & Cie 1906. (XVI, 228 S.) 8°
Berner Dissertation.
— Abhandlungen z. schweizerischen Recht. H. 16.

Lechner, Ad[olf]. Ein Sturmhaubenspan. Separatabdruck aus den «Blättern für bernische Geschichte, Kunst und Altertumskunde» [Jahrg. 3, Heft 1]. 3 S. 8. (Bern, Gustav Grunau, [1907].)

Lechner, Ad[olf]. (Wilhelm) Tell und (B[althasar] A[nton]) Dunker. [Sep.-Abdr. aus: Sonntagsblatt des «Bund», Jahrg. 1907, Nr. 17.] 6 S. 8. [Bern, II. Jent.]

Lechner, Ad[olf]. Ein bernisches Tinten- und Siegelwachsrezept. Separatabdruck aus den «Blättern für bernische Geschichte, Kunst und Altertumskunde» [Jahrg. 2, Heft 4]. 3 S. 8. (Bern, Gustav Grunau, [1906].)

Lechner, Alex., syntagma philologicorum. 8. Wezlar 778. Winkler. 8 ℋ

Lechner, Alfred

— Die Eulersche Knickformel für zusammengesetzte Stäbe. S. 121. IIa. 1190 . . . —.40
Separatabdruck

— Die Fresnelschen Prinzipien und die Wellenbewegung in Gasen. S. 120. IIa. 1401 . . . —.30
Separatabdruck

Lechner, Alfred: Über die Schallgeschwindigkeit in Gasen und Dämpfen. – 1909. 26 S.
Diss. Wien, TH

Lechner, Alfr., üb. Schallgeschwindigkeit in Gasen u. Dämpfen. (12 S.) gr. 8. Wien 909. A. Hölder. —40
Sonderabdr. a.: „Sitzungsber. d. k. Akad. d. Wiss.“

— Theorie der Rollreibung (mit 9 Textfiguren). S. 122. IIa. 909 . . . 1.20
Separatabdruck

Lechner, Ant., Andacht zum göttlichen Herzen Jesu. Mit Morgen-, Abend-, Meß-, Beicht-, Kommunion- u. vielen anderen Gebeten. Mit Titelkpfr. 12. Augsb. 840. (Kollmann.) 1/4 ℋ

—— Anweisung f. Jungfrauen d. geistl. sowohl als weltl. Standes, um sie z. höchsten Vollkommenheit zu führen. Mit d. nothwend. Aenderungen neu hrsg. 3. Bd. — A. u. d. T.: Vollständ. Gebeth-Buch f. Jungfrauen. 8. Aufl. 8. (23 B. u. 1 Stahlst.) Augsburg 836, 38, (Kollmann'sche Buchh.)
1. u. 2. Bd. Ebendas. ... 1 Thlr. 12 Gr.

LECHNER, Anton (Pfaffenhofen): Ueber die Auktorität als Grundlage des christlichen Glaubens.- Augsburg: Wolff 1829. 2 Bl., 83 S.
14.1.1829 - Urk (Titel: De auctoritate qua fundamento fidei christianae.); P 43
Diss.Ingolst.-Landsh.-Mchn.

Lechner, Ant., über d. Auktorität als Grundlage d. christl. Glaubens. Eine gekr. Preisschr. 8. (5½ B.) Augsburg 829, Wolff. (Kollmann.)

—— christkathol. Gebethbüchlein f. Kinder. 18. (90 Seit. u. Ttlkpfr.) Augsburg 835, (Kollmann'sche Buchh.)

Lechner, Ant., mittelalterliche Kirchenfeste u. Kalendarien in Bayern. gr. 8. (VIII, 287 S.) Freiburg i/B. 891. Herder. n. 6.—

Lechner, Ant., Leben des heil. Leonhard. Mit Morgen-, Abend-, Meß-, Beicht- u. Communion-Andachten, nebst andern Gebeten. 2. Aufl. Augsburg 841, Wolff. 1/12 ℋ

—— (Primiz-) Predigt, „über d. Armuth im Geiste.“ gr. 8. (1 B.) Augsburg 831, Kollmann.

—— Predigt am 17. Sonnt. n. Pfingsten, als d. Tage d. allgem. Gebetes f. Abwendung d. Cholera, zu Augsburg bei St. Maximilian geh. 8. (1¼ B.) Augsburg 831, [Kranzfelder'sche Brlsh.]

Lechner, Carl, s. Lechner, Karl

Lechner, C. M., das Wesen der krankhaften Veränderg. Eine medizinisch-naturphilosoph. Studie. (42 S.) gr. 8. München (907). Verl. d. ärztl. Rundschau. 1.—

Lechner, Clemens Maria, s. Lechner, Klemens Maria

Lechner, Ernst, das Thal Bergell (Bregaglia) in Graubünden. Natur, Sagen, Geschichte, Volk, Sprache etc. nebst Wanderungen. Leipzig 865. Engelmann. 16. (VIII, 140 S. mit 1 lith. Titelbilde in Tondr. u. 1 lith. Karte in 4.) n. 16 ngr.

Lechner, Ernst, das Thal Bergell (Bregaglia) in Graubünden. Natur, Sagen, Geschichte, Volk, Sprache etc. nebst Wanderungen. 2. Aufl. (Mit Chiavenna.) 12. (IV, 148 S. mit 1 Titelbild und 1 Karte.) Leipzig 874, Engelmann. *

(Lechner, E[rnst].) La Bregaglia. Gita da Chiavenna a Maloggia e Schizzo storico. Versione (libera) dal tedesco ([di] G[iovanni] Stampa). Con 12 incisioni e carta. VI + 72 p. 8. Samaden, Engadin Press Co., 1904. [fr. 2. 50]

Lechner, Ernst, s. Dumengia-Saira, la.

—— über Erbauung. Eine Synodalpredigt, gehalten den 28. Juni 1863 an der evangelisch-rhät. Synode zu Marienfeld. gr. 8. (15 S.) St. Gallen 863, Huber und Comp. *

Lechner, Ernst, unsere Flotte. Ein Beitrag zu ihrer Kenntnis u. Wertbestimmg. [Aus: „Zeitschr. d. Vereins deutscher Ingenieure“.] gr. 8. (46 S.) Kiel 891. Lipsius & Tischer. n. 1.—

Lechner, Ernst. Graubünden. Illustrierter Reisebegleiter durch alle Talschaften. Mit Karte [und 1 Panorama]. IV + 232 + *Annoncen* 50 S. 8. Chur, Manatschal Ebner & Cie., 1903. [cart. fr. 2. 50]

Lechner, Ernst, Graubünden. Illustr. Reisebegleiter durch alle Talschaften. 2., vielfach ergänzte Aufl. (III, 293 S. m. 1 farb. Karte.) 8. Chur (905). (J. Rich.) Kart. n. 2.50

Lechner, Ernst, Graubünden. Illustr. Reisebegleiter durch alle Talschaften. 3. Aufl. (III, 296 S. m. 1 Karte.) 8. Chur 908. (J. Rich.) Geb. in Leinw. 2. 50

—— ed G. Heinrich, Istorias, s. Heinrich, G.

—— Piz Languard und die Bernina-Gruppe bei Pontresina, Oberengadin. Skizzen aus Natur und Bevölkerung. Zugleich als Wegweiser für Wanderungen entworfen. gr. 8. (X und 121 S. mit 2 Ansichten von W. Georgy in Kpfrst. und 1 chromolithogr. Karte der Bernina in Fol.) Leipzig 858, Engelmann. *

—— Piz Languard und die Bernina-Gruppe. Ein Führer durch das Oberengadin. (Natur, Wanderungen, Volksleben, Sprache, Geschichtliches etc.) 2. Aufl., erweit. Bearbeitung. gr. 16. (VIII und 147 S. mit lithogr. Panorama von Languard in qu. Fol., 8 Ansichten in Stahlst. und 1 chromolithogr. Karte in Fol.) Leipzig 865, Engelmann. *

Lechner, Ernst, das Oberengadin in der Vergangenheit u. Gegenwart. 3., völlig umgearb. Aufl. v. „Piz Languard u. die Berninagruppe“. Mit 12 landschaftl. Ansichten. gr. 8. (VII, 188 S.) Leipzig 900. W. Engelmann. Geb. n. 3.—

(Lechner, Ernst.) Die evangelischen Pfarrer der Gemeinde Thusis seit der Reformation. 8. Thusis 1887.

Lechner, Ernst. Pontresina. Mit 14 Illustrationen von J[ohann] Weber [wovon 1 Tafel] und einer Karte. (Europäische Wanderbilder. № 255.) 8. Zürich [1900].

— dasselbe, s. a. Wanderbilder, europäische. Nr. 255.

— Pontresina, s. a. Europe, illustrated. Nr. 176.

Lechner, Ernst. Pontresina. By Dr. Ernest Lechner. With 14 Illustrations by J[ohann] Weber and 1 Map. VI + 31 p. 8. Zurich, Art. Institut Orell Füssli, [1901]. [fr. —.50]
(Illustrated Europe. No 176.)

Lechner, Ernst, freie Skizzen zu religiösen Reden. 1. Heft. gr. 8. (VIII, 88 S.) St. Gallen 882, Huber und Comp. *

Lechner, Ernst, das Thal der Maira (Bergell). Wanderbild v. Maloja bis Chiavenna u. histor. Skizze. (VI, 76 S. m. Abbildgn. u. 1 Karte.) 8. Samaden 903. Engadin Press Co. Kart. n. 1. 60

Lechner, Ernst, Thusis u. die Hinterrhein-Thäler. Landschafts- u. Geschichts-Bilder. gr. 16. (VII, 160 S.) Chur 875. Hitz in Comm. n. 1. 60

Lechner, Ernst, Thusis u. d. Hinterrhein-Thäler. Landschafts- u. Geschichtsbilder. 2., erweit. Aufl. gr. 8. (VI, 159 S.) Chur 897. Hitz. n. 2. 50; geb. n. 3. 50

(Lechner, Ernst) Thusis-Andeer-Splügen (mit Avers und die Alpenpässe) St. Bernhardin und Splügen-Chiavenna. [Illustriert.] IV + 36 S. 8. Samaden, Simon Tanner, [1902].

Lechner, Ernst [Hrsg.], s. Volksbote, Rhätischer.

Lechner, Ernst, über physikalische Weltanschauungen, s.: Vorträge des Vereines zur Verbreitg. naturwissenschaftl. Kenntnisse in Wien. 50. Jahrg. 12. Heft.

Lechner, Ferdinand: Properzstudien. Bayreuth 1907: E. Mühl. (30 S.) 8°
Bayreuth, k. G P 907*

Lechner, Ferd., Friedrich v. Schiller als Vorläufer der religiös-humanistischen Weltanschauung vom Standpunkte der Freien Gemeinde betrachtet. gr. 8. (32 S.) Philadelphia 859, (Schäfer und Korabi.) *

Lechner, Franz von Paula

ΒΑΤΡΑΧΟΜΥΟΜΑΧΙΑ ΜΕΤΑΦΡΑΣΜΕΝΗ ΕΙΣ ΡΩΜΑΙΚΗΝ ΓΛΩΣΣΑΝ ΥΠΟ ΔΗΜΗΤΡΙΟΥ ΤΟΥ ΖΗΝΟΥ ΤΟΥ ΖΑΚΥΝΘΙΟΥ. Neu herausgegeben mit Erläuterungen u. Bemerkungen über den politischen Vers der Neugriechen von Franz v. P. Lechner, P. — 1837. Ingolstadt, Attenkofer. — S. 1—44 u. 1 S. Berichtigungen, in 8.
Progr. Neuburg.

Lechner, Franz v. Paula, *Βατραχομυομαχία μεταφρασμένη εἰς ῥωμαικὴν γλῶσσαν ὑπὸ Δημητρίου τοῦ Ζήνου τοῦ Ζακυνθίου.* Neu herausg. mit Erläuterungen u. Bemerkk. über den politischen Vers der Neugriechen. gr. 8. Ingolstadt 837. (Regensburg, Manz.) n. 7 ℳ, bei M. Rieger in Augsb. 1/4 ß

Sprachliche Bemerkungen zur gothischen Bibelübersetzung, angeknüpft an einen Abschnitt aus dem Evangelium des hl. Lukas, von Franz v. P. Lechner, P. — 1847. Ebend. — S. 1—2 Vorrede u. I—XVI.
Progr. Neuburg.

Jacobi Balde ludus Palamedis sive latrunculorum vulgo Scacchus. Das Schachspiel von Jakob Balde. Herausgegeben und erläutert von Franz v. P. Lechner, G. P. — 1843. Ebend. — S. 3—24.
Progr. Neuburg.

Lechner, Friedr. Wilh., gründl. Anweisung, nach ächt französ. Art die so sehr beliebten Palmwachslichter zu verfertigen; anwendbar f. jede Haushaltung. 8. (1 B.) Nürnberg 838, Riegel u. Wießner.

Lechner, Geo. Steph. Festrede bei der 300jähr. Jubelfeier des Königl. Gymnasiums zu Hof am 25. Aug. 1846 gehalten. gr. 4. Hof 846. (Grau.) 6 nℊ

Gefühle des Dankes und der Verehrung dem K. Studienrector und Professor Herrn Dr. Georg Stephan Lechner in Hof nach fünfundzwanzigjähriger Amtsführung dargebracht von den Zöglingen des Gymnasiums am 12. Nov. 1847. — H., Mintzel. (Hörmann.) — 1 Bog. ll. Fol. 6 achtzeil. Str.
Progr. Hof

In solennibus templi Curiensis primarii quod ante hos undecim annos incendio deflagravit et nunc refectum est a. d. VII. Kal. Novembres a. MDCCCXXXIV. rite inaugurandi laetos animi sensus piaque vota significant Gymnasii Curiensis Professores interprete Lechnero, Rectore. — — Ibid. — 1 Bog. — 21 atl. Strophen.
Progr. Hof

Lechner, Liederbuch, Hf. 1858, 36 S., 16°.

Explicantur tres loci Tusculanarum disputationum Ciceronis a Dr. Georg. Steph. Lechner, G. R. et P. — 1836. Ibid. — S. 3—12.
Progr. Hof

Nonnulla ad locum Ciceronis de off. III. 3. §. 13. Scrips. Dr. G. St. Lechner, G. R. et P. — 1824. Curiae Regnitianae typ. Minzelii. — S. 3—12.
Progr. Hof

Observationes in nonnullos Sallustii locos. Scrips. Dr. G. St. Lechner, G. R. et P. — 1828. Ebend. — S. 3—22.
Progr. Hof

Rede bei der am Jubelfeste der fünf- und zwanzigjährigen Regierung Sr. M. des Königs von Baiern Maximilian Joseph den 16. Febr. 1824 in der K. Studienanstalt zu Hof veranstalteten Feierlichkeit gehalten von Dr. G. St. Lechner, R. d. G. — Hof, Grau. — S. 3—14 in 8.
Progr. Hof

Sacra saecularia prima regiae literarum Universitati Friderico-Alexandrinae laeto animo piisque votis gratulatur una cum collegis Gymnasii Curiensis Rector Dr. G. St. Lechner. — 1843. Ibid. — 13 alt. Strophen.
Progr. Hof

Schicksale und Zustände des Gymnasiums in Hof bis in die ersten Jahre des 19. Jahrhunderts, I. Abtheilung, dargestellt bei der am 25. und 26. August 1846 begangenen Feier der dreihundertjährigen Einweihung desselben von Dr. Georg Stephan Lechner, Stdr. u. P. — 1846. Hof, Mintzel. (C. Hörmann) — S. III—IV u. 1—52.
Progr. Hof

Zwei Vorträge bei der Feier der dreihundertjährigen Stiftung des Gymnasiums zu Hof gehalten .... von Dr. Lechner, Stdr. u. P. — 1843. Ebend. — S. 3—16.
Progr. Hof

Lechner, Hans, Sommernächt'. Drama in 4 Akten. (IX, 81 S.) 8. Dresden 903. E. Pierson. n. 2. —

Lechner, Hedw., u. G. Berg, die Anfertigung der Damen-Garderobe, s.: Lehrbücher der Modenwelt.

Lechner, Hedw., u. Gunda Berg, die Anfertigung der Kindergarderobe, — die Anfertigung der Leib- u. Hauswäsche, s.: Lehrbücher der Modenwelt.

Lechner, Hedwig, s. Lehrbücher der Modenwelt.

Lechner, J., Darstellung der Thierseuchen, s.: Gesetze, die österreichischen, Taschenausg. 20. Bd.

Lechner, d. österr. Gesetze betr. Thierkrankheiten. Wien 880.

Lechner, J., Gnade und Wahrheit, s. Gnade und Wahrheit.

Lechner, J., der Huf u. seine Mechanik. Skizze üb. den anatom. Bau u. die Verrichtgn. des Hufes. Mit 32 Abbildgn. auf 8 Taf. samt erläut. Text. (24 S.) Lex.-8. Wien 904. (Hof- u. Staatsdruckerei.) n. 2. 50

Lechner, J.: Über Hufrotation. Vortrag. 4°
Aus: „Tageblatt" Nr 8 d. 54. Versammlung deutscher Naturforscher u. Aerzte zu Salzburg. 1881.

Lechner, J., Volkssagen und Schilderungen prachtvoller Gebirgsausflüge aus dem k. k. Salzkammergute. gr. 8. (IV und 112 S. mit 7 Illustr. Holzschnt.) Wien 859, Rospini. Thlr.

Lechner, J. Fr. W.

Lechner, J. Fr. W., das große Geheimniß, Levkoien-Saamen zu erziehen, der lauter gefüllte Stöcke liefert. M. 5 ill. Abbild. Hrsg. f. Natur- u. Blumenfreunde, u. auf 15jähr. Erfahr. gegründet. 12. (1 B.) Nürnberg 829, Riegel u. Wießner.

Lechner, J. Fr. W., die Kunst Aurikeln u. Primeln zu erziehen, welche d. vollkomm. Größe e. Preuß.- ja noch einige Linien üb. d. eines Kronthalers erreichen. gr. 12. (1⅓ B.) Nürnberg 831, Riegel u. Wießner. Thlr.

Lechner, (J. J.,) Catalogus Dissertationum cum veterum tum recentiorum varii argum. secund. literar. ordinem conscriptes. Tom. I. A. u. d. T.: Mögl. vollst. Verzeichniß d. in Deutschland u. andern Ländern herausgekommenen Dissertationen. 1r Bd. gr. 4. Nürnberg 826, Lechner.

Lechner, Ign., cohaereutia doctrinae theol. de fide et statu fidei. 4. Bamb. Göbhard. 769.

Lechner, Ign., († d. 5. Mai 1770.) Diss. de cohaerentiae doctrinae theol., de fide et statu fidei. 4. Bamb. 769. (Wesché in Frankf.) 3 xr

(Mehrere andere Dissertationen habe ich nicht aufgeführt.)

Lechner, Ign., Dissertatio de episcopo in Ecclesia et Ecclesia in episcopo. Bamberg 1768, 4°.

Lechner, Ign., De apostolorum olim divo Petro superstitum ad episcopum Romanum divi Petri successorem ordine in prefectura Ecclesiae. Bamberg 1768.

LECHNER, Johann: Hungarorum ad fidem Christi conversio, dataque eis per s. Stephanum, fundamento religionis christianae superaedificata, constitutio civilis. — (1857) 126 S. 8° (Handschr.) Diss. 170
Diss. Wien, Univ.

Lechner, Johann. Ein unbeachtetes Register König Friedrichs IV. (III.) 1440–1442. Sonderabdruck aus den „Mittheilungen des Instituts für österreichische Geschichtsforschung." XX. Band.
8. (Wien 1899.)

Lechner Johann: Curtius Verhältnis zu Diodor, eine quellenkritische Untersuchung mit einem Klitarch bei Curtius behandelten Anhang.
1896 PN 983 Diss. Wien, Univ. 783

Lechner, Joh. Bapt.

— leichte Manier, d. Rechenkunst zu erlernen. 8. Augsb. Wolf. 800.

Lechner, I. Bapt., method. artis arithmeticae. 8. Augsb. Rieger. 729. Rthlr.

Facillima artis arithmeticae methodus d. i. sehr leichter Unterricht und Lehrart der höchstnothwendigen und nutzbarsten Rechenkunst in den Druck gegeben von *Joh. Bapt. Lechner*. Augsb. M. Wolfs Wittib. 8. 347 S. 1749. *

— Frkft. 8. 1760.
— Liegnitz und Leipzig, Siegert. 347 S. 8. 1786.
— 16te Aufl. 247 S. 8. 1790.

Lechner, J. Bapt., vollständ. Rechenbuch. 8. Liegn. 797. Siegert. 6 xr

— vollständ. Rechenbuch enthalt. alle Arten v. Rechnungen. 25e Ausg. bearb. v. J. G. Bundschue. 8. Heilbr. 823. (Claß). 12 xr

— leichter Unterr. u. Lehrart d. Rechenkunst. 8. Liegn. ... 22e Aufl. 810. Siegert. 6 xr 25e umgearb., verb. u. verm. Aufl. 8. Augsb. 821. Wolff. 8 xr

Lechner, J. B., sehr leichter u. kurzer Unterricht in d. Rechenkunst. 23ste Aufl. Augsb. Wolf. 815.

Lechner, (Joh. Chrstn. Sigism.), Wörterschatz der deutschen Sprache f. Volks- u. Sonntagsschulen. Lex.-8. (4⅝ B.) Leipzig 844, Hinrichs'sche Buchh. Thlr.

Lechner, Johann Christoph Sigismund

Lechner, J. Cph. S., Karte von Mittel-Asien. (Zu Rosenmüller's Handb. d. bibl. Alterthumkunde gehörig.) gr. Fol. Leipz. 824. Baumgärtner. 12 xr

[Rede, bei einer Johannis-Festtafel gehalten von Joh. Christoph Sigism. **Lechner.** Leipzig 1833.] 3 Bl. 4°
Üb. das Wort: Es ist Hochmittag!

— s. E. F. K. Rosenmüller, Scholia in Vet. Test. in Compend. redacta.

Lechner, Joh. Geo., 100 Denkreime zum christlichen Unterrichte. 12., verb. Aufl. gr. 16. (19 S.) Augsburg 894. B. Schmid's Verl. — 15

Lechner, Joh. Geo., 100 Denkreime zum christl. Unterrichte. 16., verb. Aufl. 12. (16 S.) Kempten 896. J. Kösel. n. —10

Lechner, Joh. Geo., Fichtenzweige und Fingerzeige. Ein Lehr- und Gebetbuch, welches in gebundener Rede 12 Bausprüche, 18 Anreden an Aeltern, 10 Anreden an Jünglinge und Jungfrauen und 100 Beispiele nebst den nothwendigsten Gebeten enthält. 3. Aufl. 16. (VIII, 240 S.) Landsberg a. L. 875, Verza. *
Die 1. und 2. Aufl. waren nicht im Handel.

— Himmelfahrtsblumen. 4. Aufl. gr. 16. Ebd. 895. n. 1. —
1. Kurzer christl. Unterricht. 2. D. ehrwürd. Mart. v. Cochem Meßerklärg. in gedrängtem Auszuge. 3. D. Vaterunser, angew. als Morgen- u. Abend-Gebet, Meß-Gebet, Nachmittags-Andacht, Beicht- u. Communion-Gebet. 4. Denkreime zum christl. Unterrichte. (186 S.)

Lechner, Joh. Geo., Leibbuch für Braut- und Eheleute, Eltern und Kinder enth. 66 Hochzeitssprüche in gebundener Rede. Verm. und mit mehr als 200 erzähl. Gedichten und den gewöhnl. Gebeten. 2. verb. Aufl. 8. (444 S.) Neu-Ulm 873, (Helb'sche Verlagsh.) *

— Perlenschnur. Ein Lehr- und Gebetbuch, welches 100 Denkreime zum christl. Unterrichte, 100 Beispiele [erzähl. Gedichte] und die nothwendigsten Gebete enthält. 4. Aufl. 16. (VIII, 192 S.) Ebendas. 875. *
Die 1.—3. Aufl. waren nicht im Handel.

— dass. — Ein Lehr- und Gebetbuch, welches enthält: 1) 100 Denkreime zum christl. Unterricht, 2) 100 Beispiele [erzähl. Gedichte], und 3) die nothwendigsten Gebete. 5. verb. Aufl. 16. (239 S.) Dingolfingen 878, Ruffy.

Lechner, Joh. Geo., christkatholischer Religions-Unterricht in Denkreimen nach der Ordnung des Augsburger Diözesan-Katechismus. 12. (70 S.) Kaufbeuern 852. Leipzig, Hübner. n. 4 ngr

Lechner, Joh. Geo., Rosmarin-Strauß. Ein Erbauungsbuch, welches in gebundener Rede 1) 100 Brautsprüche, 2) 15 Bausprüche, 3) 300 Beispiele enthält. 4. verb. Aufl. 8. (XII, 447; 19, 32 S.) Kempten (881) 887, Kösel'sche Buchh. *

Lechner, Joh. Mich.

Lechner, Jh. Mich., s. Elementarschüler, der, 7s Bdchn.

Lechner, Joh. Mich., **Lehrkurs im bildenden Kopfrechnen,** s. Elementarschüler, der.

– s. Leitsterne 8r Bd.

Lechner, (Jehs.), de codice Aenipontano 579 quo continetur Ovidi remedia amoris, s.: Commentationes Aenipontanae.

— Regesta imperii, s.: Böhmer, Joh. Frdr.

Lechner, Joseph

— Prüfung d. Werkes; Versuch einer beurkundenden Darstellung d. Kirchenwesens in Baiern, Salzburgischer Diöceses Antheil. 4. Münch. . . Weber. 2 K

Lechner, Jos., Versuch einer beurkundenden Darstellung d. Kirchenwesens in Bayern, Salzburgischer Diöcese Antheils. 1r Bd. gr. 8. Salzb. 810. Mayr. 1 ß 2 K

Lechner, Karl Ein Beitrag zur Geschichte der Hannöver'schen Mission. 8 (S. 3—17). **Progr.** Deutsches Staats-G. *Kremsier* 1890.

Lechner, Karl, s. Belehnungs- u. Lehensgerichtsbücher, die ältesten, des Bisth. Olmütz.

Lechner, K., Die ältesten Belehnungs- und Lehensgerichtsbücher des Bisthums Olmütz. Lex.-8°. (XLIX, 338 S.) † K 8.— Brunn: Winiker 1902.

Lechner, Karl, psychomechanische Bestrebungen auf dem Gebiete der Psychiatrie. Vortrag, geh. in der Landes-Conferenz d. Irrenärzte zu Budapest. 8. (32 S.) Halle 901. C. Marhold. n. — 40

Lechner, Karl, die klinischen Formen der Schlaflosigkeit. (III, 118 S. m. Fig.) gr. 8. Wien 909. F. Deuticke. 2.50

Lechner, Karl Zur Geschichte des ehemaligen Franciscanerklosters in Kremsier. 8 (S. 3—21). **Progr.** K. k. deutsches Staats-G. *Kremsier* 1895.

Lechner, Karl: Geschichte des Gymnasiums in Innsbruck. I. T. S. 3—41. 8. II. T. S. 42—86. 8. III. T. S. 87—113. 8. IV. T. S. 115—136. 8. K. k. Staats-Gymn. *Innsbruck* 1907. 1908. 1909. 1910. **Progr.**

Lechner, Carl zur Pathogenese der Gehirnblutungen der luetischen Frühformen. Aus der Privat-Heilanstalt für Gemüths- und Nervenkranke des k. Rathes Dr. Frz. Schwartzer zu Budapest. gr. 8. (78 S.) Wien 881, Toeplitz und Deuticke. *
Aus: Jahrbücher für Psychiatrie, besonders abgedruckt.

Lechner, Karl: Eine tirolisch-bayrische Sprachinsel in Mähren. — in: Dr. A[ugust] Petermanns Mitteilungen aus Justus Perthes' geographischer Anstalt. Bd 32, H. 4. — Gotha: Perthes 1886. S. 109—113. 4° [Betr. die Wischauer Sprachinsel.]

Lechner, Karl Das grofse Sterben in Deutschland in den Jahren 1348—1351. 36, 46 SS. 8. **Progr.** *Mitterburg* 1882. 1883.

Lechner, Karl, das große Sterben in Deutschland in den J. 1348 bis 1351 und die folgenden Pestepidemien bis zum Schlusse des 14. Jahrh. gr. 8. (XI, 162 S.) Innsbruck 884, Wagner'sche Universitäts-Buchh. *

Lechner, Karl Die Waffensammlung im ehemaligen fürst-bischöflichen Schlosse Mumau im Jahre 1691. 8 (S. 3—21). **Progr.** Deutsches Staats-G. *Kremsier* 1889.

Lechner, Klemens Maria

Lechner, Clemens Maria [app. Arzt aus München]: Einige Fälle von Gehirnläsionen. E. Beitr. z. Lokalisationsfrage. M. 10 Taf. ... *München, Druck L. Buchner,* 1893; 2 Bl., 75 S., 10 Taf. 8.
München, Med. Fak., Inaug.-Diss. v. 1894

Lechner, Leopold, die Landparthie. Poetische Beschreibung des Würmsee's u. seiner Umgebung. München, mit Deschler'schen Schriften, 1840. 16⁰. Ppb. m. Goldschn.
Meist Hexameter. VI—154 S. (incl. Anhang in Prosa, S. 137 ff.); nebst 15 beziff. S. Musiknoten. — Selten!

Lechner, Leop., Lehrbuch der deutschen Sprache für Gewerbsschulen. 8. (XVI u. 258 S.) München 847, Kaiser in Comm. ½ ß

Lechner Ludwig: Zehn Jahre Jugendspiel. 20. Baden 02. **Progr.**

Lechner, Ludw., Schule u. Jugendspiel. Leitfaden f. Freunde des Jugendspieles u. Spielleiter insbesondere. Hiezu als 2. Thl.: „14 Rasenspiele" m. 14 Bildern, 19 Plänen, 2 Fig.-Taf. u. 2 Tab. (2. durchgeseh. Ausg.) gr. 8. (72 u. 132 S.) Wien 897. (Leipzig, Buchh. G. Fock.) Geb. in Leinw. n. 1.80; 2. Thl. allein, geb. n. — 90

Lechner, Maximilian

Lechner, Max., de arte Aeschyli rhetorica. gr. 4. (11 S.) Curiae Regnitianae 868. (Berlin, Calvary und Comp.)

Lechner, Max, s.: Blank, Emil.

—— zur Erinnerung an K. F. Hermann, F. W. Schneidewin, K. F. v. Nägelsbach, Ludw. v. Döderlein. Aufsätze. gr. 8. (37 S.) Berlin 864, Calvary und Comp. *

Commentatio de Euripide Rhetorum discipulo. — Von Max Lechner, G. P. — 1874. Ansbach, C. Brügel. — S. 3—20. Progr. Ansbach, K. Gymn.

—— de Euripide rhetorum discipulo. gr. 4. (20 S.) Onoldi 874. (Berlin, Calvary und Comp.) *

Lechner, Max., Festrede bei Einweihung des neuen Gymnasiums zu Hof am 7. Octbr. 1867 in der alten Aula gehalten. Lex.-8. (20 S.) Leipzig 868. (Erlangen, Deichert.) *

—— commentatio de Homeri imitatione Euripidea. gr. 4. (25 S.) Erlangae 864. (Berlin, Calvary und Comp.) *

Lechner, Maxim. De pleonasmis homericis. Pars I. II. 31, 42 SS. 8. **Progr.** *Ansbach* 1882. 1883.

Lechner, Maximilianus [Rect.]: De pleonasmis Homericis. Pars III. (Forts. d. P-Beil. Ansbach 1882. 83.) Norimbergae, *Onoldi typ. curav. C. Bruegel et filius,* **1890; 22 S. 8°**
Nürnberg, neues G, MP 1890 •

Lechner, Max, de Sophocle poeta 'Ομηρικωτάτῳ. gr. 4. (30 S.) Erlangen 859, (Blaesing.)

Lechner, Max, de Aeschyli studio Homerico. Commentatio. gr. 4. (28 S.) Berlin 862, Calvary und Comp. *

Lechner, Max, Übersicht einiger leichteren Turnübungen, Hof 1853, 8 S., 16°.

Lechner, M.: Commentatio de Rhetoricae usu Sophocles. 13 S. 4° – Hof, Progr. 1871.

Lechner, Max., de rhetoricae usu Sophocleo. Commentatio in annalibus gymnasii Curiensis aliquando incohata, ad finem nunc adducta. gr. 4. (35 S.) Berlin 877, Calvary und Comp. *

Lechner, Mch.

– s. Bemerkk. d. Hypokriten ꝛc.

— Predigten über d. Gesch. Jesu u. seiner Apostel. 1r u. 2r Jahrg. zu 2 Bdn. gr. 8. Münch. 794—96. Lentner. 5 ß 4 K jetzt 2 ß 16 K

Lechner, Mch., († d. 2. April 1813.) sollte in Gymnasien d. sittl. Fortgang d. Schüler nicht wie d. wissenschaftliche durch Preise ermuntert werden? gr. 8. Münch. 808.

— über d. Verbindung d. Sach- u. Sprachunterrichts in gymnast. Schulen. 8. Münch. 802.

Lechner, Melchior

Lechner, Melch., O. S. F., kleines Ablaßbüchlein f. die Mitglieder d. weltl. 3. Ordens d. hl. Franciscus. II. Aufl. 16. (VII, 188 S.) Innsbruck 897. F. Rauch. — 40; geb. in Leinwand n. — 60

— das Antoniusbrot. Ursprung u. Berechtigg. d. Antoniusbrotes, sow. Art u. Weise, dasselbe richtig zu geloben. M. Andachtsübgn. 16. (32 S. m. Titelbild.) Ebd. 898. n. — 10

— d. Bild d. braven Kriegers. Vorträge üb. d. wichtigsten Christen- u. Standespflichten d. Soldaten. gr. 8. (IV, 115 S.) Wien 896. H. Kirsch. n. 2.—

LECHNER, Melchior
(F) Das Buch des Kreuzes. Ein dreifacher Cyklus Fastenpredigten. Von P. Melchior Lechner. O. F. M Mit oberhirtlicher Approbation und Erlaubnis der Obern. Innsbruck. 1899. Rauch. 8.° 226 S. fl. 1.—

— unserer lieben Frau Edelknabe. Kurze Ansprachen an marian. Sodalen. (III, 289 S.) gr. 8. Ebd. 903. n. 2.—

— das Evangelium der Barmherzigkeit. Fastenpredigten. (V, 88 S.) gr. 8. Ebd. 903. n. 1.—

— d. Geist d. hl. Franciscus. Unterweisgn. f. d. Mitglieder d. weltl. 3. Ordens d. seraph. Heiligen. 12. (IV, 239 S.) Innsbruck 898. F. Rauch. n. 1.—

– [Hrsg.], s. Sankt-Francisci-Glöcklein

— St. Paschalis-Büchlein, enth. e. Lebensbild des Patrons der eucharist. Vereine u. die gebräuchlichsten Andachtsübgn. 2., verm. Aufl. gr. 16. (IV, 215 S. m. Titelbild.) Ebd. 901. n. 1.20

LECHNER, Melchior
(F) Das Vater unser. Fastenpredigten von P. Melchior Lechner. O. F. M. Innsbruck 1900. Rauch. Gr.-8°. 91 S. K 1.—

Lechner, Melch., O. Fr. M., wer ist Christus? 6 Fastenpredigten. (V, 103 S.) gr. 8. Innsbruck 903. F. Rauch. n. 1.—

Lechner, Oskar (Hrsg.), s. Modenwelt

Lechner, Oskar (Hrsg.), s. Wäschezeitung, Illustrierte

Lechner, Peter

— s. Andachtsübungen eines kathol. Christen.

Lechner, Pet., Beatification und Canonisation der Diener Gottes. Nach dem größeren Werke des Papstes Benedict XIV. bearb. gr. 8. (463 S.) Regensburg 862, Manz.

Lechner, Peter, Beispiele christlicher Vollkommenheit u. heroischer Tugend aus dem Leben der Heiligen. gr. 8. (XXIV, 676 S.) Regensburg 873. Manz. 4. 50

— Bericht einer Missionsreise nach den Vereinigten Staaten Nordamerika's. [Aus der „Sion" abgedr.] 8. (58 S.) Augsburg 851, Kollmann. 1/6 ℛ

Lechner, Petrus, Geschichte der Apostel sammt ihren Briefen u. der geheimen Offenbarung Johannes. Für den Bürgers- u. Bauersmann. 2 Thle. gr. 8. (VI u. 455 S.) Augsburg 849, Kollmann. 24 ngr

– s. Haus Postille, die alte.

—— geistliches Jahr. Fromme Uebungen für jeden Tag des Jahres aus den Schriften des heil. Frz. v. Sales und Fenelon's gesammelt durch Tricalet. 24 Lfgn. Lex.-8. (VII und 775 S. mit 12 Stahlst. und vielen eingedr. Holzschn.-Bildern.) Regensburg 863, Manz. à Lfg. 3¾ Ngr.

Lechner, Petr., Leben des heiligen Benedikt, Ordensstifters und ersten Abtes auf Monte Cassino. Mit 1 Stahlst. Regensburg 857. Manz. gr. 8. (329 S.) 1 ℛ 3 ngr.

— Leben des heil. Dominikus, Ordensstifters. Nebst Tagzeiten zu Ehren dieses Heiligen. Zum Frommen heilsbegieriger Christen nach Touron bearb. 12. (IV u. 144 S.) Ebd. 852. 1/4 ℛ

—— Leben der Heiligen aus dem Orden der Kapuziner. 3 Bde. gr. 8. München 863—65, Lentner'sche Buchh. [1. Bd. (XV und 377 S. mit 1 Stahlst.) 27 Ngr., 2. Bd. (X und 509 S. mit 2 Stahlst.) 1 Thlr. 3 Ngr., 3. Bd. (X und 464 S. mit 2 Stahlst.) 27 Ngr.]

—— Leben des heiligen Johannes von Gott, Stifters des Ordens der barmherzigen Brüder. Aus den Quellen dargestellt. gr. 8. (140 S.) München 857, Lentner'sche Buchh.

Lechner, Petrus, das Leben, Leiden u. Sterben unsers göttlichen Herrn u. Heilandes Jesu Christi. Nach den vier Evangelisten u. den besten Schriftauslegern für den Bürger- u. Bauernstand frei bearb. Mit 1 Stahlst. Lex.-8. Augsburg 844, Kollmann'sche Buchh. 2/3 ℛ

Lechner, P., das mystische Leben der heiligen Margareta v. Cortona, s. a. Vorbilder der christlichen Kirche aller Jahrhunderte.

—— das mystische Leben der heil. Margareth v. Cortona. Mit einem Anh.: Bericht aus dem myst. Leben der gottsel. Ordensjungfrauen Christina und Margareth Ebner aus Nürnberg. gr. 8. (XV und 323 S. mit 1 Stahlst.) Regensburg 862, Manz.

—— Leben und Werke des heiligen Johannes v. Kreuz, s. Sammlung der vorzüglichsten mystischen Schriften.

—— ausführliches Martyrologium des Benediktiner-Ordens und seiner Verzweigungen. Lex.-8. (VIII und 536 S. mit 1 Stahlst.) Augsburg 855, Schmid'sche Vrlgsh. * 1

—— der fromme Matthäus. Eine erbauliche Lebensbeschreibung, besond. für Jünglinge und Jungfrauen. 12. (50 S.) Augsburg 848, Kollmann'sche Buchh.

— das heil. Meßopfer, ein Meer der Gnaden. Dem gläubigen Christenvolke dargestellt. 8. (IV u. 219 S.) Augsburg 847, Rieger. 3/8 ℛ

—— das heilige Meßopfer ein Meer der Gnaden. Dem gläubigen Christenvolke dargestellt. Mit einem Anhange der gewöhnlichsten Gebete eines kathol. Christen. 2., verm. Aufl. 8. (252 S. mit 1 Stahlst.) Augsburg 859, Rieger'sche Buchh.

– s. v. Sales, Frz., Philothea.

Lechner, Petrus, Die hl. Schrift des Alten Testamentes. Nach der Vulgata und dem Grundtext erklärt. Abtei St. Vincent in Nordamerika, 1882 f., 3 Bde, 18 Mk.

Lechner, Petrus, Die hl. Schrift des Neuen Testamentes, nach der Vulgata und dem Grundtexte erklärt. Abtei St. Vincent in Nordamerika, 1881, Lex.-8°, 935 S., 10 Mk.

— s. Sion.

—— des Ordenslebens Wesenheit und Würde, Rechte und Pflichten. 8. (XVI, 603 S.) Ebendas. 872.

Lechner, R., allgemeine Bildungsmittel, s. Ausstellungs-Bericht, officieller.

Lechner, R.: Katalog photographischer Apparate und Utensilien. Wien 1899

(Lechner, Sigmund.) Chiavenna-Spluga e San Bernardino; Spluga-(Avers-)Andeer-Tosana (per Sigmondo Lechner). IV + 36 p. 8. Samaden, Simon Tanner, [1902].

Lechner, Thdr., die Bebauung der Kohleninsel im Zusammenhange m. dem Münchener Bahnnetze. Eine Studie. Mit 8 Plänen u. 9 in den Text gedr. Zeichngn. gr. 4. (26 S.) München 900. M. Rieger. n. 1.50

Lechner, Wilh., Feuerleitung der Infanterie. Handbuch zum Studium der einschläg. Bestimmgn. des Exerzierreglements u. der Schiessinstruktion f. die Infanterie u. Jägertruppe f. Lehrer u. Schüler an Korpsoffiziersschulen etc. sowie zum Selbststudium. Mit 10 Beispielen, 2 Taf. u. 2 Tab. (V, 109 S.) 8. Budapest 906. (Wien, L. W. Seidel & Sohn.) n. 3.—

Lechner, Wilh., Feuerleitung d. Infanterie. Handbuch zum Studium der einschläg. Bestimmungen des Exerzierreglements u. der Schiessinstruktion f. die Infanterie u. Jägertruppe f. Lehrer u. Schüler an Korpsoffiziersschulen, sonst. Offizierskursen, Einjähr.-Freiwilligen- u. Unteroffiziersbildungsschulen, sowie z. Selbststudium. Mit 15 Beispielen, 4 Taf. u. 2 Tab. 2. neu bearb. u. verb. Aufl. (132 S.) 8. Budapest 907. (Wien, L. W. Seidel & Sohn.) 3.50

— Infanterie-Schiesswesen. Handbuch zum Studium des theoret. Teiles der Schiessinstruktion u. einschläg. Tagesfragen f. Lehrer u. Schüler an Offizierskursen, Einjährig-Freiwilligen- u. Unteroffiziersbildungsschulen sowie zum Selbststudium. Erläutert an 85 Beispielen m. 7 Taf. u. 30 Textfig. 2. verb. u. verm. Aufl. (VII, 160 S.) 8. Ebd. 905. n. 2.50

— Infanterie-Schiesswesen. Handbuch z. Studium des theoret. Teiles d. Schiessinstruktion u. einschläg. Tagesfragen f. Lehrer u. Schüler an Korpsoffiziersschulen, sonst. Offizierskursen, Einjähr.-Freiwilligen- u. Unteroffiziersbildungsschulen sowie zum Selbststudium. Erläutert an 86 Beispielen m. 7 Taf. u. 30 Textfig. 5. Aufl. (VII, 166 S.) 8. Ebd. 3.50
4. Aufl. (VII, 163 S.) 907. 3.50.

Lechner zu Beerbach, Friedrich Wilhelm, s. Lechner

Lechner's photograph. Abreisskalender 1910. (Mit Abb.) Lex. 8. Wien, R. Lechner's Sort. 2.50

Lechner's photographische Bibliothek. I. II. gr. 8. Wien, R. Lechner's Sort. à n. 2.40
I. Anleitung zum Photographieren v. Ludw. David. I. Für Anfänger. 5., gänzlich umgearb. Aufl. Mit 2 Lichtdr.-Beilagen u. 63 Textbildern. (VII, 103 S.) 894.
II. Grundzüge der photographischen Perspective. Vorschule f. wissenschaftl. u. künstler. Photographie. Von Frz. Schiffner (54 S. m. 25 Fig.) 893.

Lechner's photographische Bibliothek. I u. IV. gr. 8. Wien, R. Lechner's Sort. n. 6.—; geb. n. 8.—
I. Anleitg. zum Photographieren v. Ludw. David. I. Für Anfänger. 7., neu bearb. Aufl. M. 2 Lichtdr.-Beilagen u. 74 Textbild. (V, 105 S.) 896. n. 2.—; geb. n. 3.—
IV. D. theoret. Grundlage f. d. Herstellg. d. Stereoskopenbilder auf d. Wege d. Photographie u. deren sachgem. Betrachtg. durch Stereoskopie v. Ant. Steinhauser. (VI, 149 S. m. 42 Fig.) 897. n. 4.—; geb. n. 5.—

Lechner's photographische Bibliothek. I. u. V.—VIII. Bd. gr. 8. Wien, R. Lechner's Sort. n. 19.—
I. Anleitung zum Photographieren. Von Ludw. David. I. Für Anfänger. 8. neu bearb. Aufl. Mit 2 Lichtdr.-Beilagen u. 67 Textbildern. (III, 106 S.) 900. n. 2.—
V. Lehrbuch der photograph. Chemie u. Photochemie. Von Alex. Lainer. 1. Thl.: Anorganische Chemie. 2. Aufl. (XI, 305 S. m. Abbildgn.) 899. n. 6.—; geb. n. 7.—
VI. Dasselbe. II. Thl.: Organische Chemie. 1. Abth. Photographische Chemie der Methanderivate. (128 S.) 898. n. 3.—
VII. Dasselbe. II. Thl.: Organische Chemie. 2. Abth. Photograph. Chemie der Benzoiderivate. (VII, 139 S.) (899.) n. 3.—
VIII. Receptarium f. Photographie. Von F. Probst. qu. 16. (171 Bl. auf Karton.) (902.) In Leinw.-Kassette n. 5.—

Lechner's photographische Bibliothek. I. IX. u. X. Lex.-8. Wien, R. Lechner's Sort. n. 18.50
I. Anleitung zum Photographieren. Ein Lehrbuch f. Anfänger u. Fortgeschrittene. Von Ludw. David. 9., gänzlich umgearb. u. erweit Aufl. Mit 8 Kunstdruckbeilagen u. zahlreichen Textbildern. (VII, 218 S.) 905. n. 5.—
IX. Photographische Belichtungs-Tabelle. Von J. Rheden. (13 Bl., 4 S. Text u. 4 S. Text auf Einbd. u. Futteral.) (903.) n. 3.50
X. Die Technik des Kombinations-Gummidruckes u. des Dreifarben-Gummidruckes. Von Herm. Cl. Kosel. Mit 4 Taf. u. 39 Textillustr. (128 S.) 906. n. 5.—; geb. n. 6.—

— Photographische Bibliothek. XI. u. XII. gr. 8. Ebd. 9.—
Glock, Leop., Theorie u. Praxis d. Skioptikons. 2. Aufl. Mit 36 Abb. (XVI, 212 S.) 908. (XII.) 4.—; geb. 5.—
Kaiss, A., u. Th. Illenberger, d. Projektionsapparat m. Episkop als Lehrmittel f. Volks- u. Bürgerschulen. Theoretische Erörtergn. üb. das opt. System der dia- u. episkop. Projektionsapparate, die bewährtesten Lichtquellen, die verschiedenen Projektionsbilder u. üb. einige Nebenapparate. Anleitung f. die Handhabg. u. Bedieng. des Projektionsapparates. Ratschläge üb. Errichtg. u. Instandhaltg. v. Projektionsanlagen. Mit 88 Abb. im Texte. (VIII, 215 S.) 907. (XI.) 5.—

Lechner's Eisenbahn- und Strassenkarte der österr.-ung. Monarchie im Masse 1 : 1,000.000. 2. verbesserte Auflage mit Terrain-Darstellung. (Mappe mit 4 Karten.) Fol. Wien (1902).

Lechner's Generalkarte von Galizien und der Bukowina. (1: 750.000.) Wien: Lechner 1905.

Lechner's Generalkarten. Herzogthum Kärnten. 1 : 300.000. Wien. [1901.] R. Lechner (Wilh. Müller). 56×67 *cm.* Gefalzt in Umschlag K 2.40, auf Leinen K 3.50

Lechner's Generalkarten. Herzogthum Krain. 1: 300.000. Wien. [1901.] R. Lechner (Wilh. Müller.) 62×58 *cm.* Gefalzt in Umschlag K 2.40, auf Leinen K 3.50

Lechner's Generalkarten. Küstenland. 1: 300.000. Wien. [1901.] R. Lechner (Wilh. Müller.) 84×53 *cm.* Gefalzt in Umschlag K 3.—, auf Leinen K 4.50

Lechner's Generalkarten. Erzherzogthum Nieder-Oesterreich 1 : 300.000. 65/75 *cm.* Wien. [1899.] R. Lechner (Wilh. Müller). Gefalzt in Umschlag fl. 1.20, auf Leinen fl. 2.—

Lechner's Generalkarten. Herzogthum Salzburg. 1 : 300.000. Wien. [1901.] R. Lechner (Wilh. Müller). 58×55 *cm.* Gefalzt in Umschlag K 2.40, auf Leinen K 3.50

Lechner's Mittheilungen aus dem Gebiete d. Literatur u. Kunst, der Photographie u. Kartographie. Red.: E. Wähner. 1. u. 2. Jahrg. Mai 1889—April 1891. à 12 Nrn. (B.) gr. 8. Wien, Lechner's Sort. à Jahrg. n. 2.—

— Mittheilungen aus dem Gebiete der Litteratur u. Kunst, der Photographie u. Kartographie. Red.: E. Wähner. 3.—5. Jahrg. Mai 1891—Apr. 1894. à 12 Nrn. (Bog. m. Abbildgn.) gr. 8. Ebd. à Jahrg. n. 2.—

— dasselbe. Red.: L. Hörmann. 6. Jahrg. Mai 1894—Apr. 1895. 12 Nrn. (Bog. m. Abbildgn.) gr. 8. Ebd. n. 2.—

Lechner's Mittheilungen aus dem Gebiete d. Literatur u. Kunst, d. Photographie u. Kartographie. Red.: L. Hörmann. 7.—9. Jahrg. Mai 1895—April 1898. à 12 Nrn. (Bog. m. Abb.) gr. 8. Wien, R. Lechner's Sort. à Jahrg. n. 2.—

— dasselbe. 10. Jahrg. Mai 1898—April 1899. 12 Nrn. (Bog. m. Abb.) gr. 8. Ebd. n. 2.40

— Mittheilungen aus dem Gebiete der Literatur u. Kunst, der Photographie u. Kartographie. Red.: L. Hörmann. 11.—14. Jahrg. Mai 1899—April 1903. à 12 Nrn. gr. 8. (à ca. 16 S. m. 1 Bildnis.) Ebd. à Jahrg. n. 2.—

— Mitteilungen aus dem Gebiete d. Literatur, Kunst, Kartographie u. Photographie. Red.: L. Hörmann. 15. Jahrg. Mai 1903—April 1904. 24 Nrn. (à ca. 16 S. m. 1 Bildnis.) gr. 8. Ebd. n. 4.—

— dasselbe. 16. u. 17. Jahrg. Mai 1904—April 1906. Ausg. m. literar. u. Ausg. m. photograph. Inhalt. à 12 Nrn. (à ca. 32 S. m. Abbildgn.) gr. 8. Ebd.
Jede Ausg. à Jhrg. n. 3. —
Fortsetzg., s.: Mitteilungen, Wiener, aus dem Gebiete der Literatur usw., bzw.: Mitteilungen, Wiener photographische.

Lechner's Mitteilungen aus dem Gebiete der Literatur, Kunst, Photographie, Kartographie. Weihnachtsnummer 1907. Gr.-8°. (96, LXVI S.)

— Ratgeber f. Photographen. Eine Anleitung zur Auswahl photograph. Behelfe. (X, 534 S. m. Abbild.) Lex. 8. Ebd. 909. 1. 50

Lechner's Touren-Karte für Radfahrer. Blatt XII. Innsbruck und Meran. Im Maße 1:300 000. Bearbeitet von Emil Letoschek. (Vereins-Karte des österreichischen Touring-Club.) Wien. 1899. 45×50 *cm* R. Lechner (Wilh. Müller).
Auf Leinen gefalzt fl. —.90

Lechner's Touren-Karte für Radfahrer. Blatt XI. Kufstein und Lienz. Im Maße 1:800.000. Bearbeitet von Emil Letoschek. (Vereins-Karte des österreichischen Touring-Club.) Wien. 1899. R. Lechner (Wilh. Müller). 45×50 *cm*.
Auf Leinen gefalzt fl. —.90

Lechner's Touren-Karte für Radfahrer. Blatt XIII. Trient und Verona. Im Masse 1:3,000.000. Bearbeitet von Emil Letoschek. (Vereins-Karte des Oesterreichischen Touring-Club.) Wien. 1899. 45×50 cm. R. Lechner (Wilh. Müller).
Auf Leinwand gefalzt fl. —.90

912 (436 . . .)

Lechner's Touren-Karte für Radfahrer. Blatt XIV. Venedig und Belluno. Im Masse 1:3,000.000. Bearbeitet von Emil Letoschek. (Vereins-Karte des Oesterreichischen Touring-Club.) Wien. [1901.] 45 × 50 *cm* R. Lechner (Wilh. Müller).
Auf Leinwand gefalzt K 1.80

Lechnert, Jo. Gottfried [Praes.], s. Stich, Jo. Gottlieb: Baptisma vicarium Marcionitarum.

von Lechsten, H. L. F. Geprüfte Grundsätze der Armen-Versorgung, Sicherheits-Anstalt und eines Land-Arbeitshauses für das Herzogthum Mecklenburg-Schwerin und Gustrow. 1ter Th. 8. *Schwerin, Bödner.* 1802.

Lechtal [Schlagwort]

Lechtal, s.: Oesterreich-Ungarn. Spezialkarte.

Lechtaler Alpen [Schlagwort]

Lechtaler-Alpen, s.: Alpen. Aegerter.

Lechthaler-Alpen, s.: Alpen. Brunn.

Lechtaler Alpen, s.: Tirol. Thöni.

Lechten, Aug. Emile [médecin praticien]: Recherches relatives à l'étude et au traitement de la résection de la hanche. Strasbourg, imprimerie E. Hubert et E. Haberer, 1876. 8. IV, 68 S.

Lechthaler, Alois: Einige allgemeine Bemerkungen zur neuen Auflage des Lehrplanes und der Instructionen für den Unterricht an den Gymnasien in Österreich, Capitel: Mathematik. (Umschlagtitel: . . . zum Erscheinen der neuen Auflage des . . .) 8 (S. 3—14). Progr. K. k. Staats-G. *Linz* 1900.

Lechthaler, Alois: Zur Lehre von den geometrischen Verhältnissen und Proportionen und der allgemeine Proportionalitätssatz. 8 (S. 14—23). Progr. K. k. Staatsg. *Linz* 1900.

Lechthaler Al. Siehe: Röggl Al.

Lechthaler A.: Die Singularitäten der ebenen algebraischen Curven in Cartesianischen Punkt — und Plücker'schen Linien-Coordinaten m. 17 Fig. 58. Melk 85. Progr.

Lechthaler, Alois, Zusprüche im Beichtstuhle, s.: Röggl, Alois.

Lechthaler, Isidor Die Darstellung der Unterwelt bei Homer Odyss. XI und Virgil Aen. VI; das Verhältnis Virgils zu Dante: dell' inferno. 8 (S. 3—50). K. k. Ober-G. *Meran* 1887. Progr.

Lechthaler, Isid. Die ὁσιότης (Frömmigkeit) bei Platon mit Rücksicht auf Schaarschmidt's Athetese des Dialogs Euthyphron. 52 S. 8. Progr. *Meran* 1879.

Leciejewski, Johs., der Lautwerth der Nasalvocale im Altpolnischen. Eine grammat. Studie. Lex.-8. (165 S.) Wien 886, (Tempsky.) *
Aus: Sitzungsberichte der k. Akademie der Wissenschaften, besonders abgedruckt.

Leciejewski, Johannes (*geb. Görchen in Pos. 20. 3. 1854*): Die Sprache des Florianer Psalters. Th. 1: Lautlehre (Eine von der philosophischen Facultät zu Breslau gekrönte Preisschrift). Breslau 1882. (54 S.) 8° *[Im Buchhandel 1882 bei Köhler in Breslau; fortges. in: Arch. f. slav. Philol. Bd 8. 1885.]*
Breslau, Phil. Diss. v. 24. Mai 1882

Leck, Hans, deutsche Sprachinseln in Wälschtirol. Landschaftliche und geschichtliche Schilderungen. Mit einem Vorwort von Hedinger. 8. (69 S. mit 1 photolithogr. Karte.) Stuttgart 884, Aue's Verlag. *

Lecke, Frz., s. Sigmar v. d. Lenne.

Lecke, Johannes [aus Norden]: Zur Casuistik der Diplegia facialis.... Göttingen, Druck d. Dieterichschen Univ.-Buchdr. W. Fr. Kaestner, 1889; 30 S. + 1 Bl. 8°
Göttingen, Med. Fak., Inaug.-Diss. v. 18. März 1889

Lecke, Rob., die Basilika zum heil. Bonifacius in München u. ihr Bilder-Epos m. seinen Episoden. Monographie. Mit 2 Stahlst. gr. 8. (41 S.) München 850, Rieger. n. 1/3 ₰

— freie Uebersetzungen alter berühmter Kirchenhymnen. 1. Abth.: Dies irae [in zwölf Varianten], Lauda Sion, Stabat mater, Veni Sancte etc. Nebst Anhang. 2. verm. Ausg. gr. 8. (132 S.) München 843. (Henzel.) 12 ngr

Leckelt, Bruno Über des Arnobius Schrift „adversus nationes" (Ihr dogmatischer Lehrgehalt.) 19 S. Progr. Rg. *Neisse* 1884.

Leckerbissen. Novellen v. Zola, Maupassant, Mendès u. anderen. *Berlin: R. Lüders & C. [1899].* (159 S.) 1 Bd 8. 19. 4273

Leckerbissen aus französischen Humoristen und Realisten, Zola, Villemot, Maupassant und Anderen. 8. (156 S.) Berlin 887, Jacobsthal. *

Leckerfreß, der Kölnische, was kochen wir heute? was kochen wir morgen? was kochen wir d. ganze Jahr? Oder wohlgeordn. Kochbuch für herrschaftl. Tafeln, als auch für bürgerliche Haushaltungen. Köln ... Imhof-Schwarz. 20 K

Leckner, höchst wichtige Erfindung der Rosafärbung aus Blauholz, wichtig für jeden Färber, leicht auszuführen aber auch in jeder Haushaltung. Ein verklebtes Couvert. Reichenbach 842. (George.) 1/2 ₰

Moralische Ansichten über den Krieg in Südafrika von W[illiam] E[dward] H[artpole] Lecky. *(Edinburg [1900]: R. & R. Clark.)* (15 S.) 8° [F. u. Ant.]
[oo. 6966 7

Lecky, Will. Edw. Hartpol, Charakter u. Erfolg. Aus The map of life übers. v. M. Barnewitz. (76 S.) kl. 8. Berlin 907. K. Curtius. Kart. 1. —

Lecky, Will. Edw. Hartpole, Entstehungsgeschichte und Charakteristik des Methodismus. Aus dem Engl. von Ferd. Löwe. gr. 8. (IV, 132 S.) Leipzig 880, C. F. Winter'sche Verlagsh. *
Aus: Geschichte Englands im 18. Jahrh., besonders abgedruckt.

Lecky's, Will. Edw. Hartpole, vier historische Essays. Swift-Flood-Grattan-O'Connel. Mit Bewilligung des Verf. übers. von H. Jolowicz. gr. 8. (III, 275 S.) Posen 873, Jolowicz. *

Lecky, Will Edw. Hartpole, Geschichte Englands im 18. Jahrh. Mit Genehmigung des Verf. nach der 2. verb. Aufl. des engl. Orig. übers. von Ferd. Löwe. 1. Bd. gr. 8. (XXIV, 619 S.) Leipzig 879, C. F. Winter'sche Verlagsh. *

—— Geschichte Englands im 18. Jahrh. Mit Genehmigung des Verf. nach dem engl. Orig. übers. von Ferd. Löwe. 2.—4. Bd. gr. 8. Ebendas. [2. Bd. (XVI, 692 S.) 880. *ℳ 9.; 3. Bd. (XII, 577 S.) 882. *ℳ 7.; 4. Bd. (XIV, 597 S.) 882. *ℳ 7.] *
1. Bd. Ebendas. 1879. *ℳ 8.

—— Geschichte des Geistes der Aufklärung in Europa, s.a. Bibliothek, historisch-politische.

Lecky, Will. Edward Hartpole, Geschichte des Geistes der Aufklärung in Europa, seiner Entstehung und seines Einflusses. Volks-Ausg., nach der 4. Aufl. des engl. Originals übers. von Imman. Heinr. Ritter. 2. (Titel-)Ausg. gr. 8. (XVI, 456 S.) Heidelberg (873)885, Weiß' Verlag. *

Lecky, W. E. Hartpole, Geschichte des Ursprungs und Einflusses der Aufklärung in Europa. Mit Bewilligung des Verf. übers. von H. Jolowicz. 2 Bde. gr. 8. (XXVIII und 324 S., VIII und 323 S.) Leipzig 868, C. F. Winter'sche Verlagsh. à Bd. * 1 Thlr. 15 Ngr. *

—— Geschichte des Ursprungs und Einflusses der Aufklärung in Europa. Deutsch von H. Jolowicz. 2. rechtmäss., sorgfältig durchgeseh. und verb. Aufl. 2 Bde. gr. 8. (XXVIII, 317; VIII, 323 S.) Leipzig 873, C. F. Winter'sche Verlagsh. *

Moralische Gesichtspunkte des Südafrikanischen Krieges [Moral Aspects of the South African War]. Von d. Right Hon. W[illiam] E[dward] [Hartpole] Lecky. (Uebers.) *London 1900: A. Siegle.* (16 S.) 8° [03. 8100 II

Das britische Kolonialreich [The Empire: its Value and its Growth]. Von W[illiam] E[dward] Hartpole Lecky. Übers. von J[ohannes] Imelmann. Mit e. Nachschrift von Hans Delbrück. Berlin: G. Stilke 1906. (31 S.) 8° [ ]
Erschien bereits in Preuß. Jahrbücher. Bd 75. 1894. [07. 7403

Lecky, William Edward Hartpole, English manners and conditions in the latter half of the XVIIIth century. Für den Schulgebrauch hrsg. v. Heinr. Hoffmann. (IV, 136 S. m. 1 Abbildg. u. 2 Karten.) 8. Leipzig 903. G. Freytag. Geb. in Leinw. n. 1. 50

—— Sittengeschichte Europas von Augustus bis auf Karl den Grossen. Nach der 2. verb. Aufl. mit Bewilligung des Verf. übersetzt von H. Jolowicz. 2 Bde. gr. 8. Ebendas. [1. Bd. (XII, 405 S.) 1870. *ℳ 5,40.; 2. Bd. (V, 323 S.) 1871. *ℳ 3,60.] *

—— Sittengeschichte Europas von Augustus bis auf Karl den Grossen. Nach der 2. verb. Aufl. mit Bewilligung des Verf. übers. von H. Jolowicz. 2. rechtmäss. Aufl., mit den Zusätzen der 3. engl. verm. und durchgesehen von Ferd. Löwe. 2 Bde. gr. 8. (XVI, 404; VII, 327 S.) Ebendas. 879. *

— Sittengeschichte Europas von Augustus bis auf Karl den Grossen. 3. rechtmäss. Aufl. (XVII, 732 S.) gr. 8. Leipzig 904. [A. Schumann's Verl.] Deutsche Verlagsaktiengesellschaft. n. 10. —; geb. n. 12. —

Lecky, W. E. E., Die Stellung der Frauen. Deutsch von H. Jolowicz. (Sep.-Abdr. aus des Verfassers Sittengeschichte Europas.) 8°. Leipzig 1871. (III, 83 S.)

— The American war of independence. Für den Schulgebrauch hrsg. v. G. Opitz. (XIV, 135 S.) 8. Leipzig 903. G. Freytag. Geb. in Leinw. n. 1. 60

Leclair, Ant. v., Beiträge zu einer monistischen Erkenntnisstheorie. gr. 8. (III, 48 S.) Breslau 882, Koebner. *

Leclair Anton Edler von: Beiträge zur Kritik des Kantschen Kategoriensystems.
II. 1875 PN 43 Diss. Wien, Univ. 2

Leclair, Ant. v., kritische Beiträge zur Kategorienlehre Kants. Mit einem Anhang: Kritische Bemerkungen zu Dr. G. A. Lindner's Lehrbuch der empir. Psychologie. gr. 8. (VIII, 142 S.) Prag 877, Tempsky. *

Leclair, Ant. v. Beiträge zur Lehre vom Urteil. (Im Anschlusse an die neuen Instruktionen für den Unterricht an den Gymnasien in Österreich.) 29 S. 8. Progr. *Mies* 1885.

Leclair, Ant. v., Erziehung u. Willensfreiheit. (20 S.) gr. 8. Wien 908. A. Pichler's Wwe. & Sohn. — 50
Sonderabdr. a.: „Loos, Hdb. d. Erziehgskde."

Leclair, Ant. v., Lehrbuch d. allgem. Logik, s.: Lindner, G. A.

Leclair, A. v. Lehrplan und Instructionen für den Unterricht an den Gymnasien in Oesterreich. Revidiert und theilweise umgearbeitet. I. Teil. Mies, G., 1886. XVII u. 138 S. Progr.

Leclair, Ant. v., der Realismus der modernen Naturwissenschaft im Lichte der von Berkeley und Kant angebahnten Erkenntnisskritik. Kritische Streifzüge. gr. 8. (IX, 282 S.) Ebendas. 879. *

Sonate (D dur) von Jean Marie Leclair (1697–1764). Bearb. von A(lfr.) Moffat. *(Berlin: N. Simrock 1899.)* (11 S.) 4° [Kopft.]
= Meisterschule d. alten Zeit. No 4. [00. 2198

Jean-Marie Leclair l'ainé. Zwölf Sonaten für Violine und Generalbass nebst 1 Trio f. Violine, Violoncell u. Generalbass. 2. Buch der Sonaten. Paris circa 1732. Mit e. ausgesetzten Generalbass hrsg. von Rob. Eitner. *Leipzig: Breitkopf & Härtel 1903.* (Getr. Pag.) 2°
= Publikation älterer prakt. u. theor. Musikwerke. Jg. 31. Bd 27. [03. 9741

Lecler, Antonine, die Gräfin v. Glostwood, oder der Katholizismus in England unter Karl II. Aus dem Französ. übers. von einem Priester der Münsterschen Diözese. 12. (872 S.) Aachen 862, Cremer'sche Buchh.

Leclerc, ..., Abrégé des études de l'homme à former. 2 Vols. 8. Bern, Soc. Typogr. 1 ₰ 8 ℔

Le Clerc, vergleichende Bemerkungen über die deutsche, französische u. englische Sprache. Gollnow. 4. 12 S. 1865.
Schul-/Univ.-Schrift

Leclerc, ..., s. Briefe holländ. Gottesgelehrten.

— Histoire de la Russie. 6 Vols. Avec cart. et plan. 4. Bern 783 et 87. Soc. Typogr. 50 ₰

Leclerc, ..., neue französ. Sprachlehre mit deutschen u. französ. Fragen u. Antworten, u. mit d. Orthographie v. Voltaire. gr. 8. Paderborn 808.

Le Clerc, Mutter Alexia, Leben v. ihr selbst, s.: Lebensbilder kathol. Erzieher.

Leclerc, C. N. (vormals S. J.), Die enthüllten Trappisten. Eine Geschichte, welche die gesamte Menschheit äusserst empörende u. Schauder erregende, wie auch auf Wahrheit gegründete Thatsachen enthält. Frankfurt 1803. 12°. Selten! (2 Fr. 50 c. Hanke, Zürich, 1894; 15 Mk. (sol) Gust. Fock, Lpz., 1908.)

Leclerc, Carl, s. Leclerc, Karl

Le Clerc, Daniel:

Clerc's [Daniel Le Clerc: Histoire de la médecine. Deutsch:] Philosophisch- praktisches Werk über die Arzneykunst, von Johann Hermann Pfingsten. Bdch. 1-4. Breslau: Korn 1786-87. 2 Bde ô

Bdch.1.2: 1786.
Bdch.3: 1787.
Bdch.4: 1786.

vgl. Leclerc, Pierre

Le Clerc, Guillaume, le Bestiaire, s.a. Bibliothek, altfranzösische.

Le Clerc, Guillaume, le Bestiaire. Das Thierbuch d. normann. Dichters G. L. Zum ersten Male vollständig nach den Handschriften v. London, Paris u. Berlin m. Einleitg. u. Glossar hrsg. v. R. Reinsch. 8. (441 S.) Leipzig 890. Reisland. n. 10. —

Le Clerc, J. Arthur, aus Ware, Mass., V. St. v. N.-Amer.: **Untersuchungen über Gehalt und Zunahme der Futterrüben an Trockensubstanz, Zucker und Stickstoffverbindungen in verschiedenen Wachstumsperioden.** *Halle a. S. 1903: (F. Stollberg in Merseburg).* (55 S.) 8°
Halle, Phil. Diss. v. 1903

Leclerc, J. B., Eponine et Sabinus. gr. 8. Liège. (Dresden, Walther in Comm.) 817.

Leclerc, J. M. J.

Leclerc, J. M. J., praktische Anleitung zum Drainiren, s. Werdermann.

—— Handbuch der Drainage oder theoret. und pract. Anleitung zur Trockenlegung feuchten Bodens. Aus dem Französ. übers. von Wilh. Abel. 8. (XIII und 352 S. mit eingedr. Holzschn.) Brüssel 855, Flatau. *

Leclerc, J. M. J., Handbuch der Drainage oder theoret. und prakt. Anleitung zur Trockenlegung feuchten Bodens. Aus dem Französ. übers. von Wilh. Abel. Neue (Titel-)Ausg. 8. (XIII und 352 S. mit 127 in den Text gedr. Abbild. in Holzschn.) Brüssel (855)60, Flatau. * –

Leclerc, J. M. J., vollständiges Handbuch der Trockenlegung d. Felder durch Unterdrains, s.: Schmidt, Glob. Frdr.

LeClerc, Jean, s.a. Clericus, Johannes

Le Clerc, Jean. Untersuchung des Unglaubens . . . a. d. Franz. . . . Halle 1747. Ü: *Spalding, Joh. Joachim.* (JL) (MGT)

Leclerc, Karl

Leclerc, Carl [aus Strassburg i. E.]: Ueber den Einfluss der Influenza auf das Wachsthum der Geschwülste der weiblichen Geschlechtstheile ... Wien, L. Bergmann & C., 1891; 29 S. 8.
Strassburg, Med. Fak., Inaug.-Diss. v. 1891

Leclerc, L., quatre recits de deux légendes, s.: Bibliothèque française.

Leclerc, Pierre

— Beschreibung e. neuern u. leicht. Art, d. vener. Krankheiten durch Quecksilber zu heilen. Aus d. Engl. v. J. D. P. C. Ebeling. 8. Leipz. 781.

Leclerc, Pierre. Beschreibung einer allgemeinen Himmelskarte; a. d. Franz. Nürnb. 1778. Ü: *Kordenbusch, Gg Frdr.* (Ky)

Leclerc, Pt., Beschreibung e. allgemeinen Himmelskarte; aus d. Französ. (v. G. F. Kordenbusch). Mit Kpf. gr. 4. Nürnb. 778. Hause. 1 ꝛß

Leclerc, Pt., philosoph.-prakt. Werk über die Arzneikunst, aus d. Französ. v. Th. H. Pfingsten. 4 Thle. 8. Bresl. 786 u. 87. W. G. Korn. 1 ꝛß 4 K

vgl. Leclerc, Daniel

Leclerc, Sebastian

— Abhandlung von d. theoret. u. prat. Geometrie, z. Gebrauch für Künstler, Werk- u. Baumeister; aus d. Französ. übers. v. K. H. Brucker. Mit Kpf. gr. 8. Augsb. 758. auch 764. Klett. 1 ꝛß 8 K

de Leclerc, Seb., Abhandl. d. Civilbaukunst, mit Anmerkk. u. e. Anh. von Tryglyphen, verm. v. M. Kraft, mit 181 Kpf. 2 Bde. 4. Nürnb. 796. Schneider u. W. 4 ꝛß

— s. Anfangsgründe d. Figurenzeichnenkunst.

— Anfangsgründe der Zeichnenkunst. Mit 4 Kpft. 4. Leipz. 803. Prag 829. v. Mayregg. (Joachim.) 1 ꝛß 12 K

— allgem. Lehrbuch d. Zeichnenkunst, oder Anweis. d. Anfangsgründe zur gründl. u. leichten Erlernung d. Zeichnenkunst. Mit 40 Tabellen. 8. Augsb. 805. Bürglen. 18 K

de Leclerc, Seb., Traité d'Architecture, avec des Remarques et des Observations, avec fig. 4., Nürnb. 782. Schneider u. W. 4 ꝛß

Leclerc Comte de Buffon, Georges Louis

s.: Buffon, Georges Louis Leclerc Comte de

Leclercq, J. B., une église réformée au 17. siècle ou histoire de l'église wallone de Hanau depuis la fondation jusqu' à l'arrivée dans son sein des réfugiés français d'après des documents inédits et impartiaux. Hanau 868. (König.) gr. 8. (III, 293 S.) n. 1 ꝛß 15 ngr.

Leclercq, M. T., s. Leclercq, Th.

Leclercq, Th.

— s. Album dramatique.

Leclercq, T., Comédies et proverbes dramatiques, siehe: Lévêque, T.

— L'homme propose, s. Répertoire du Théâtre franç. 2. Série, No. 5. A. — 9. A. — 21. A. — 24. A.

Leclercq, Th., l'humoriste, s. Album dramat., II.

Leclerq, Th., l'humoriste, s. Bibliothek gediegener und interessanter französ. Werke, herausg. v. Goebel.

— l'humoriste, Proverbe dramatique, s. Répertoire.

— l'humoriste, s.: Theaterstücke, ausgewählte französ.

— les interpretations, s. Bibliothek gediegener und interessanter französ. Werke, herausg. v. Goebel.

Leclercq, les interprétations, s.: Sammlung französischer u. englischer Textausgaben zum Schulgebrauch.

Leclerq, les interprétations, s. Théâtre français.

Leclerq, les inventions, s.: Sammlung französ. u. engl. Textausgaben zum Schulgebrauch.

— La Manie des proverbes, ou chacun pour soi etc., s. Répertoire du Théâtre français.

– le mendiant, s. Théâtre français.

— deux proverbes dramatiques, s. Théâtre franç. moderne.

Leclercq, Th., Proverbes dramatiques. Eine Auswahl für Schulen, mit Anmerkk. versehen von W. J. G. Curtman u. J. Lendroy. gr. 12. Offenbach 840. Heinemann. n. 1/3 ℛ

– s. Madame Sorbet, s. Répertoire du Théâtre

Leclerq, Th., dramatische Sprichwörter, s. Carmontel.

— le voyage, s. Bibliothek gediegener und interessanter französ. Werke, herausg. v. Goebel.

Leclère, F[rançois]: Contribution à l'étude du cours de la Sarine et de sa puissance d'alluvionnement. [Avec quatre figures dans le texte.] Fribourg, Imp. Fragnière Frères, 1919. VIII, 56 p. Carte. 8°.
Fribourg. Thèse sc. 1918/19. [141]

Leclerq, Heinrich, Kandidat des höheren Schulamts: Ueber die sog. Labradorporphyre der Umgegend von Brilon in Westfalen und einzelne ihrer Kontakterscheinungen. Bonn: C. Georgi 1904. (S. 59—102.) 8° ¶[Aus: Verhandlungen des naturhist. Vereins der preuss. Rheinlande u. Westfalens Bd 60.]
Münster, Phil. Fak., Ref. Busz, Diss. v. 15. Dez. 1904
[Geb. 17. März 80 Stolberg bei Aachen; Wohnort: Düren; Staatsangeh.: Preußen; Vorbildung: Realgymn. Aachen Reife O. 99; Studium: Aachen T.H. 3, Berlin 1, Münster 4 S.; Rig. 1. Juli 04.]

Leclerq, M. T., s. Leclercq, Th.

L'Ecluse, Charles de, et Gessner, Conr[ad] I. Caroli Clusii. Atrebatis, et Conr. Gesneri, Tigurini, Epistolae ineditae. Ex archetypis edidit, adnotatiunculas adspersit, nec non praefatus est Lud[olphus] Christ[ianus] Treviranus ... . 8. Lipsiae 1830.

Lecocq, Ch., Camargo, s. Vanloo, A.

—— Prinz Conti, s. Theater, neues Wiener.

—— der kleine Herzog, s. Meilhac, H., und L. Halevy.

Lecointe, Georges, im Reiche der Pinguine. Schilderungen v. der Fahrt der „Belgica". Mit 98 Abbildgn. u. 5 Karten. Ins Deutsche übers. v. Wilh. Weismann. (XI, 220 S.) 4. Halle 904. Gebauer-Schwetschke. n. 8.—

Lecointre, Laurent. Verbrechen, welche 7 Mitglieder des vormaligen Wohlfahrts- und Sicherheitsausschusses begingen; a. d. Franz. Berlin 1795. Ü: *Meyer, Friedrich Ludwig Wilhelm.* (Ky)

Lecointre, Lor., Verbrechen, welche 7 Mitglieder d. vormaligen Wohlfahrts- u. Sicherheitsausschusses begingen; aus d. Französ. (v. F. L. W. Meyer.) 8. Berl. 795. Voß. 1 ℛ 10 ℊ

Le Compte, Jrville Charles: The Sources of the Anglo-French Commentary on the Proverbs of Solomon contained in Manuscript 24862 ⟨Fonds Français⟩ of the Bibliothèque nationale of Paris. Collegeville, Pa. 1906: Thompson. (XX, 63 S.) 8°
Straßburg, Phil. Fak., Ref. Gröber, Koeppel, Diss. v. 1. Juli 1905
[Geb. 31. Juli 72 Pittston, Pa., U. S. A.; Wohnort: New-Haven (Conn.); Staatsangeh.: Vereinigte Staaten; Vorbildung: Central High School of Binghamton, N.-Y; Studium: Wesleyan University, Columbia University 1899/1900, Straßburg 4 S.; Rig. 1. Juli 05.]

Lecomte, Ferdinand

Lecomte, F. Guerre d'Orient en 1876/77. Tome II, 1re partie. In-8°. Lausanne, Benda. 1878.

Lecomte, Ferd., relation historique et critique de la guerre franco-allemande en 1870—71. Tome I. avec 3 (lith.) cartes. (in gr. 4.) gr. 8. (448 S.) Basel 873. Georg. n 8. —

Lecomte, Ferdinand. Relation historique et critique de la guerre franco-allemande en 1870–1871. ([Avec] Pièces annexes.) 4 Tomes. 8. 1872–1874.
Tome 1er. Avec 3 cartes. Genève et Bâle 1872. — Tome 2d. Avec 3 cartes. Paris 1873. — Tome 3e. Avec 4 cartes. Paris 1874. — Tome 4e. Avec 4 cartes. Genève et Bâle 1874.

Le Comte, Jean. Etude monographique de la vallée de Saas. Thèse Sciences Fribourg ⟨Suisse⟩. [Avec 13 planches.] IV + 88 p. 8. Viège, J. Sterren, 1928. V Fr

Le Comte, R. P. Louis, Charles le Gobien [& J. Bouvet]. Das heutige Sina. Von ... R. P. Louis le Comte ... [T. III von Charles le Gobien. T. IV von (J. Bouvet.)] ... durch Curieuse An verschiedene hohe Geist- und weltliche Standes-Personen ... gefertigte Send-Schreiben Den Liebhabern ... vorgestellet. Aus dem Frantzösischen übersetzet ... Franckfurt und Leipzig. Bey Christoph Riegeln / Buchh. in Nürnberg zu finden. Druckts Christoph Fleischer 1699 [—1700].
4 Teile. 8°.
I 1699: Tit., 14 Bl., 357 S.; 19 Taf. in Kupferst.
II 1699 Tit., 1 Bl., 384 S.; 3 Taf. in Kupferst.
III Bericht des Edictes welches der ... Kayser in Sina der Christlichen Religion zum besten ergehen lassen. 1700: Tit., 25 + 243 + 9 S. (21. 22 u. 63—68 doppelt).
IV Abbildung der ... Qualitäten des Sinesischen Regnanten Cham-Hy 1700: Tit., 1 Bl., 115 S.

Seelenliebe. Von e. Freundin Guy de Maupassants. (Einzig berecht. Übertr. von Arthur Schurig nach d. 34. Aufl. d. ⟨anonymen⟩ Orig. 'Amitié amoureuse' [Verf.: Mme H. Lecomte du Nouy].) Berlin & Leipzig: Hüpeden & Merzyn 1906. (VIII, 250 S.) 8° [F.] [07. 11651

Leçons de flore. Cours complet de Botanique par J. L. M. Poiret, suivé d'une Iconographie végétale en 56 planches coloriées. par P. J. F. Turpin 1 à 11 livr. in 8. Paris. 819.

Leçons françaises de littérature et de morale. Choix de morceaux en prose et en vers par Noël et de La Place, Boniface, C. André etc. 1. édit. 1862. * 14 Ngr. und 2. édit. 8. (240 S.) Triest 865, Coen. *

Leçons de la langue allemande ou méthode tant p. enseigner que p. apprendre l'allemand p. I. V. Oyer. gr. 8. Strasb. König. 803.

— de la langue franç. données à quelques académiciens etc. de Berlin. 8. Berl. Sander. (Gräff à Lpz.) 782.

— de la langue franç. données à quelques académiciens etc. de Berlin. 8. Berl. 782. (Wienbrack in Leipz.) 6 ℊ

Leçons de morale en prose à l'usage de la jeunesse. 24. Braunschw. 815. Plüchart. 8 ℊ cart. 10 ℊ

— de navigation, avec fig. gr. 8. Rouen 768. (Coppenrath in Münst.) 3 ℛ 8 ℊ

Leçons, premières, d'arithmétique. Jean Toutprêt, le petit calculateur. Arithmétique illustrée à l'usage de l'enfance. Ouvrage illustré de 10 planches chromolithogr. gr. 4. (10 Bl. Text.) Leipzig 876, Oehmigke's Verlag. cart. *

Leçons, premières, de morale et religion à l'usage des enfants de 7 à 9 ans. Par un père de famille. 2me édit. kl. 8. (48 S.) Bern 887, Schmid, Franke und Comp. *

Leconte, Émile. Études de l'Architecture dite Gothique. Notre-Dame de Paris. 60 Kupfertafeln. (Choix de monumens du moyen-âge, érigés en France dans les XII—XV. siécles.) Paris und Leipzig 1841. Fol.

Le Conte, Jos., die Lehre vom Sehen, s. a. Bibliothek, internationale wissenschaftliche.

Le Conte J, die Lehre vom Sehen. (Bibl. Intern. wissenschaftl. 55) Leipzig 1883

LE CONTENT, Mons., Akademischer Frauenzimmer-Spiegel, d. i. einige curieuse Liebes-Begebenheiten, so sich auf einer wohlbekannten Sächsischen Universität vor einigen Jahren zugetragen. Mit TKpf. O. O. 1718. 12°. 6 Bogen.
— — Dasselbe. O. O. 1719. 12°.
— — Dasselbe. 3. Aufl., vermehret. O. O. 1720. 12°. (Weller, Lex. Ps.)
(O. M. V. 1720. E 2 b.) — Sämmtlich höchst selten.

Le Coq. Topographische Karte, den grössten Theil von Westphalen enthaltend, sowie auch das Herzogthum Westphalen und einen Theil der Hannövrischen, Braunschweigschen und Hessischen Länder. Berlin 1805. 22 Bl. c. K. v.

Le Coq, A. v., ein manichäisch-uigurisches Fragment aus Idiqut Schahri. (S. 398—414 m. 1 Taf.) Lex. 8. Berlin 908. G. Reimer. 1.—

— Köktürkisches aus Turfan. (Manuskriptfragmente in köktürk. „Runen" aus Toyoq u. Idiqut-Schähri [Oase v. Turfan].) (S. 1047—1061 m. Abb. u. 4 Taf.) Lex. 8. Ebd. 909. —50
2 Sonderabdr. a.: „Sitzungsber. der preuss. Akad. d. Wiss.".

Le Coq, A. v., ein christliches u. e. manichäisches Manuskriptfragment in türkischer Sprache aus Turfan (Chinesisch-Turkistan). (S. 1202—1218.) Lex. 8. Berlin (909). G. Reimer. 1.—
Sonderabdr. a.: „Sitzungsber. d. preuss. Akad. d. Wiss."

Le Coq, C. A., s. Le Coq, K. A.

Lecoq, Henri, von der natürlichen u. künstlichen Befruchtung der Pflanzen, u. von der Hybridation, nach ihren Beziehungen zu der Gärtnerei, zu der Land- u. Forstwissenschaft, oder Studien über die Kreuzungen der Pflanzen aller vorz. Geschlechter des Ziergartens, der Gemüseländerei ꝛc. von Fd. Freih. v. Biedenfeld. 12. Weimar 846, Voigt. 1½ ₰

Lecoq, Henri, von der natürlichen und künstlichen Befruchtung der Pflanzen, und von der Hybridation, nach ihren Beziehungen zu der Gärtnerei, zu der Land- und Forstwirthschaft. Von Ferd. v. Biedenfeld. 2., verm. Aufl. 12. (XXXVI und 464 S.) Weimar 856, Voigt.

Lecoq, Henri, das Leben der Blumen. Aus dem Französ. übertragen von Ernst Hallier. Autorís. Ausg. 8. (X und 354 S. mit Titel in Holzschn.) Leipzig 862, Weber. *

Lecoq, K. A., Entwurf zu Vorlesungen über Terrainlehre u. Recognoscirung. Mit 2 Kpft. gr. 8. Dresd. 824. Arnold. 1 ₰ 12 ℛ

[Lecoq, Lud. Dan.]: De tutoris datione in testamento parentum inter liberos. Halae Sal. 1777.

Lecornué, (Director der Manége im Luxembourg, Dr.,) ..., Prüfung des Baucher'schen Systems der Reitkunst u. seine Anwendung bei unserer Cavalerie, nebst einigen Bemerkungen über das Werk des Grafen Savary v. Lanscosme-Brèves u. einem Briefe des Herrn E. Leroy. Aus dem Französ. von Cl. Frhr. v. Schorlemer. gr. 8. Braunschweig 843, Vieweg u. Sohn. n. ½ ₰ (11) 80 S.

Le Coultre, Jules, de l'ordre des mots dans Crestien de Troyes. gr. 8. (88 S.) Dresden 875, (v. Zahn's Verlag.) **
Diss. Leipzig

— Quintilien, s.: Recueil de travaux originaux.

Lecouppey, Felix s. Couppey.

Lecourbe, [Claude-Jacques], und Moreau, [Jean-Victor]. Instructionen der Generale L' und M' über die militärische Vertheidigung der südlichen Schweizergränze Anno 1800. Aus dem Französischen ([übersetzt und hrg. von Marc-Antoine] Fazy-Pasteur). 8. Zürich 1831.

Le Couteur, John, über die Varietäten, Eigenthümlichkeiten u. Classification des Weizens. Für alle Landwirthe, Nationalökonomen, Naturforscher, Obrigkeiten, welche Brottaxen reguliren, Bäcker u. Mehlhändler, übertr. von F. A. Rüder. Mit 1 lith. Taf. gr. 8. Leipzig 843, Hinrichs'sche B. ½ ₰

Le Coutre, Paul: Aus d. pathol.-anat. Inst. d. Univ. Königsberg. Ein Beitrag zur Kasuistik des freien Rautengrubencysticerkus. Memel 1912: Siebert. 29 S. 8°
Königsberg, Med. Diss. v. 22. Juli 1912, Ref. Henke
[Geb. 31. März 81 Memel; Wohnort: Memel; Staatsangeh.: Preußen; Vorbildung: Gymn. Memel Reife O. 06; Studium: Königsberg 10 S.; Coll. 27. Mai 11; Approb. 1. Juni 12.] [U 12. 2818

Le Coutre, Walt., Calcium-Carbid u. seine volkswirtschaftl. Bedeutung f. Deutschland. (139 S.) 8. Berlin 909. Verlag Dr. Wedekind & Co. Geb. 3.—

Le Coutre, Walter, Diplomkaufmann: Die Grundgedanken der Deutschen Preispolitik im Weltkriege 1914—1918. Berlin 1919: (Pätz, Naumburg a. d. S.). 60 S. 8° ¶ Vollst. b. Haude & Spener, Berlin.
Greifswald, R.- u. staatswiss. Diss. v. 6. Okt. 1919, Ref. Kähler (Nur in beschränkter Anzahl für den Austausch)
[Geb. 21. Nov. 85 Halle a. S.; Wohnort: Berlin; Staatsangeh.: Preußen; Vorbildung: Friedrichs-Werdersche OR. Berlin Reife 15; Studium: Berlin U. u. HaH. 10 S.; Rig. 6. Juni 19.] [U 19. 476

Lecouvrier, Louis

RANDON, Lucille. — Lecouvrier, Louis: Memoiren der Lucille Randon, uneheliche Tochter des Grafen von B***, von ihr selbst geschrieben, deutsch nach dem Originale des —. Lyon 1804. Handschrift. 8°. (In Wien, Stadtbibl.: Secr. J. 501.) Rarität!
953 beziff. Seiten, wovon S. 929—953 unbeschrieben. Als Druckwerk bisher nicht nachweisbar.

Lecoy, F., einfache u. leichte Lehrart zu Aufnahme d. Plans, nebst e. Tractat vom Nivelliren u. einem Auszug d. Regeln vom Zuschen, mit Kpft. wovon 9 ill. Neue verm. Aufl. v. A. Meyer. 8. Augsb. 814. v. Jenisch u. St. 1 ₰ 8 ℛ

Lectio, Funesta librorum quorumvis. XII. Cal. Jun. 1769. S. l. V: *Mayr, Bernh.* (Jes)·

Lection, eine gute. 64. (16 S.) Elberfeld 878, (Langewiesche's Buchh.) *

Lectionar. Episteln und Evangelien, nebst den epistolischen und evangelischen Lectionen auf alle Sonn- und Festtage, sowie die aus den vier Evangelisten zusammengezogene Geschichte von dem Leiden, Sterben und Auferstehen unseres HErrn JEsu Christi und die Beschreibung der Zerstörung Jerusalems. gr. 8. (323 S.) Hannover 876, Feesche. geb. in Halbfrzbd. *
geb. in Leder mit Goldschn. *

—— Episteln und Evangelien, nebst den epistolischen und evangelischen Lectionen für den Sonn- und Festtagsgottesdienst der evangelisch-lutherischen Kirche. Mit Genehmigung des königl. Landes-Consistoriums für den liturg. Gebrauch veranstalteter Abdr. 4. (IV, 371 S.) Hannover 876, Meyer. *
geb. in Chagrinleder *

Lectionarium für das Kirchenjahr 1850/51. 4. (15 S.) (Nördlingen 851, Beck'sche Buchh.) *

Lectionen, die, Episteln u. Evangelien für das katholische Kirchenjahr, mit besond. Berücksichtigung der Breslauer Diöcesan-Feste. Nach der vom apostol. Stuhle approbirten Bibelübersetzung von J. Fr. Allioli. Breslau 869. Aderholz. gr. 8. (334 S.) n.n. 15 ngr

Lectionen, Episteln u. Evangelien, die, f. das katholische Kirchenjahr, m. besond. Berücksicht. der Breslauer Diöcesan-Feste. Nach der vom apostol. Stuhle approbirten Bibelübersetzg. v. J. Fr. Allioli. gr. 8. (344 S.) Breslau 892. G. P. Aderholz. n. 2. —

Die LECTIONEN, Episteln und Evangelien auf alle Sonn- und Feiertage des ganzen Jahres mit beygefügten Passions- oder Leidensgeschichte unsers Heilandes. Zum Gebrauche der Nazionalschulen in dem Königreiche Hungarn und den damit verbundenen Staaten. Ofen 1802. Gedr. mit kön. Universitäts-Schriften. 262 S. - 190 mm
- Dass. Ofen 1816: Kön. Univ.-Schriften. 315 (10) S. 1 l. - 180 mm
- Dass. Ofen 1817: Kön. Univ.-Schriften. 315 (5) S. - 190 mm
- Dass. Hermannstadt 1819. Gedr. bey Martin von Hochmeister. 256 S. 4 l. - 160 mm

- Dass. Ofen 1820: Kön. Univ. Schriften.2, 318 S. - 180 mm
- Dass. Ofen 1831: Kön. Univ.-Schriften. 376 S. - 180 mm
- Dass. Ofen 1837: Kön. Univ.-Schriften. 376 S. - 180 mm
- Dass. Ofen 1845: Kön. Univ.-Schriften. 248 S. - 180 mm
- Dass. Ofen 1846: Kön. Univ.-Schriften. 248 S. - 180 mm
- Dass. Ofen o. J.: Kön. Univ.-Schriften. 288 S. - 180 mm
- Vgl. Die Lektionen. J. 1778. T. 0672. Die Episteln. J. 1809. T. 1172.

Lectionen, Episteln und Evangelien auf alle Sonn- und Wochentage der heil. Fastenzeit. 8. (144 S.) Olmütz 862, Grosse. *

—— und Evangelien, s. Evangelien und Lectionen, die.

Lectionen u. Evangelien, d. sonn- u. festtägl., mit Erklärungen. gr. 8. Augsb. 798. J. A. Veith. 16 ℋ

Lectionen, 150, f. den Unterricht in der Sprach-, Rechtschreib- u. Aufsatzlehre. f. Elementarschüler, m. besond. Rücksicht f. die häusliche Beschäftigung bearb. 3. wesentl. verb. Aufl. 8. (80 S.) Wesel 848. Bagel. 3 ngl.

Lectionen, latein. u. deutsche, f. Anfänger mit grammat. Erklärungen. 5 Hefte. 8. Wien 823, Geistinger, (Landshut, Krüll.)

LECTIONEN der Liebe oder die Kunst zu lieben für jetzige Zeiten. Paris (Leipzig, Joachim) 1805. (Weller, fing. Dr.) Ungemein selten! (3 Mk. 75 Pfg. vente G. Salomon, Dresde, 8 mars 1875.)

Lectionen, Politische, für die Deutschen des neunzehnten Jahrhunderts. Münch. 1820. V: *Pahl, Johann Gottfried von.* (NN) (MGT)

Lectionen zum Unterrichte des Soldaten der königl. bayer. Infanterie. kl. 16. Straubing 845, Schorner'sche B. 2 ngl

— welche durch d. ganze Jahr in d. kathol. Kirche, nebst d. Evangelien aus verschied. Büchern d. heil. Schrift gelesen werden. 8 Bresl. 784. W. G. Korn. 12 ℋ

Lectiones Ciceronianae, in usum scholarum. Regiomonti 1793. V: *Hasse, Johann Gottfried.* (Ky) (MGT)

Lectiones Ciceronianae in us. scholar. (ab J. G. Hasse). 8. Königsb. 793. (Michelsen in Leipz.) 5 ℋ

Lectiones in usum cleri. Editio tertia. Viennae 1822. V: *Schmid, Franz.* (Schmal)

— in usum cleri. Ed. IIIa. gr. 8. Wien 822. (Schaumburg). 18 ℋ (Volke). 12 ℋ (Wimmer). 16 ℋ

Lectiones Elementariae graece, sublevandae institutioni collegit, notul. et vocabulorum indicem adjecit C. C. Heyler. 8. Argentorati. (Lips., Gleditsch in Comm.) 808.

— elementariae graecae, sublevandae institutioni collegit, notul. et vocabulorum indicem adjecit C. C. Heyler. 8. Argentorati 808. Heitz. 16 ℋ

— eloquentiae graecae in usum auditorum philosophiae nunc primi et secundi. 8. Wien 808. Ed. n. 817. Schrämbl. 16 ℋ

Lectiones latinae varii argumenti in usum gymnasii Osnabrugensis . . . Helmstadii 1776. V: *Michaelis, Aug. Hnr.* (Ky)

— latinae var. argum. in us. gymnasii Osnabrug. coll. et ed. (A. H. Michaelis). 8. Helmst. 776. Ed. n. 781. Fleckeisen. 8 ℋ

— et preces in us. studiosae inventutis. c. fig. 18. Vien. Ant. Doll. 805.

— et preces in usum studiosae juventutis. Edit IVa. 12. Wien 822. (Schaumburg.) 12 ℋ (a. Wimmer). 16 ℋ

Lectiones statariae ad usum scholarum. Breslau 1804. V: *Etzler, Carl Frdr.* (ErschDL) (Gi)

Lectiones Syro-Arabico-Samaritano-Aethiopicae. Congessit ac tabulis elementaribus . . . instruxit D. Ioan. Godofr. Hasse. Regiomonti et Lipsiae 1788.

Lectiones Theocriteae. Lipsiae [1823]. V: *Spohn, Frdr. Aug. Wilh.* (Cat. d. Stadtbibl. Zürich. Zürich 1864—97.)

Lectiones, variae, ex M. T. Ciceronis edit. Oxoniensi et Neapolitana descriptae. — Edit. Ernestianae minoris Supplementum. Part. II. Vol. II. et III. 8. (116½ B.) Halae 830, libr. Orphanotrophei.
Part. I., et II. Vol. I. Ebendas. 1825, 27. 4 Thlr. 12 Gr., zusamm. genomm., brbgs. Pr. 4 Thlr. — Ciceronis Opera omnia, ex recens. J. A. Ernesti. Edit. nova, V Tl. 8. (363⅞ B. u. 3 Kpfrt.) Ebendas. 1820—24. 7 Thlr., brbgs. Pr. 4 Thlr.

Lectiones variantes Leonis, Grammatici . . . [Lipsiae 1808.] H: *Hardt, Ignaz.* (MGT)

Evangelisches Lectionsblatt : 1875? --
Weekly, for Sunday Schools. Organ of Deutsch-Reformirte Kirche in den Vereinigten Staaten. Advertised in KINDERFREUND. Cleveland, OH

Lectionsblätter, in Blumen- u. Fruchtzeichnungen für Blumenzeichn. u. Stickerinnen. Mit Erklärungen. 4. Leipz. 804. Leo. 6 ngl

Lectionskatalog f. d. Wintersemester 1895/96. Verlag des Vereines zur Abhaltung akademischer Vorträge für Damen. (39 S.) 8. In Comm. Wien: Gerold & Cie 1895. —.20

Lections-Katalog für das Winter-Semester 1896/97. Gr.-8. (55 S.) In Comm. —.20
Wien: Gerold & Cie 1896.

Lectionskatalog für das Winter-Semester 1897/98. (Verein zur Abhaltung akademischer Vorträge für Damen.) Gr.-8. (50 S.) —.20
Wien: Konegen 1897.

Verein zur Abhaltung akademischer Vorträge für Damen. Lectionskatalog für das Wintersemester 1899/1900 und Jahresbericht über das IV. Vereinsjahr 1898/99. Wien. 1899. Konegen. Gr.-8°. 48 S. fl. —.20

Lectionskatalog für das Wintersemester 1900/1901 und Jahresbericht über das V. Vereinsjahr 1899/1900. (Verein zur Abhaltung akademischer Vorträge für Damen.) Wien. 1900. Konegen. Gr.-8°. 48 S. K —.40

Lectionsplan zur zweckmässigen Einrichtung der Bürger- und Landschulen ... Halle 1792. V: *Voigt, Joh. Carl.* (Ky) (MGT)

Lectionsplan zur zweckmäß. Einrichtung d. Bürger- u. Landschulen (v. J. K. Voigt). 8. Halle 792. Waisenhaus-B. 4 gr

Lections-Plan für das Kgl. Gewerbe-Institut (1866/67 ff.: die Kgl. Gewerbe-Akademie) zu Berlin. W.-S. 1858/59. S.-S. 1859 [usw.]—S.-S. 1867.
Fortges. u. d. T.:
Verzeichniß der Unterrichts-Gegenstände der Kgl. Gewerbe-Akademie zu Berlin für das W.-S. 1867/68. S.-S. 1868 [usw.]—S.-S. 1875.
Fortges. u. d. T.:
Programm der Kgl. Gewerbe-Akademie zu Berlin für das Studienj. 1875/76—1878/79.
1859—1860/61. (Folgt: Lections-Plan für die zum Kgl. Gewerbe-Institut gehörige Musterzeichnen-Schule 1859—1860/61.)

Lections- und Lehrpläne für ein-, zwei- und dreiklassige Schulen. 2. Aufl. gr. 4. (38 S.) Warburg 878, Quick. *
Die 1. Aufl. war nicht im Handel.

Lections-Pläne und Schüler-Verzeichnisse. 16. (40 S.) Liegnitz 872, Krumbhaar.

Lections- und Übungs-Tabellen für die ersten Anfänger in der lateinischen Sprache. Berlin 1809. V: *Baumgarten, Johann Christoph Frdr.* (Ky)

Lections- u. Ueb.-Tabellen für d. ersten Anfänger in d. latein. Sprache. (von J. C. F. Baumgarten). 8. Berl. 809. Weiß. 18 gr Dopp. H. P. 1 rthl 12 gr

Lections-Verzeichniss der Kgl. Sächsischen Polytechnischen Schule zu Dresden [43.] für das W.-S. 1870-1871. S.-S. 1871.
Fortges. u. d. T.:
Programm der Kgl. Polytechnischen Schule zu Dresden für den ... Cursus. [Nebst] Ergänzungen betr. das S.-S. 44. 1871-1872; 45. 1872-1873.
Fortges. u. d. T.:
Programm der Kgl. Sächsischen Polytechnischen Schule zu Dresden für das 46. Lehrj., bzw. für das W.-S. 1873-1874; S.-S. 1874; für das S.-S. 1890. W.-S. 1890/91 [usw.]—S.-S. 1899.
Fortges. u. d. T.:
Kgl. Sächs. Technische Hochschule zu Dresden. **Verzeichnis** der Vorlesungen und Uebungen samt den Stunden- und Studienplänen. W.-S. 1899/1900. S.-S. 1900 [usw.]—W.-S. 1912/13.
47. Lehrj., bzw. für das W.-S. 1874-1875; S.-S. 1875.
Fortges. u. d. T.:
Kgl. Sächsisches Polytechnikum (1875-1876—1884-1885: zu) Dresden. **Programm** für das Studienj., bzw. W.-S.: 1875-1876—1888-1889. [Nebst] Ergänzung enth. das Verzeichniss der Vorlesungen für das S.-S. 1876—1889.
Fortges. u. d. T.:
Kgl. Sächsisches Polytechnikum Dresden. **Ergänzungs-Programm** giltig für das W.-S. 1889/1890.
Fortges. u. d. T.:
Verzeichniss der Vorlesungen und Uebungen an der Kgl. Sächs. Technischen Hochschule (1890/91: und Stundenpläne der fachwissenschaftlichen Abteilungen; 1891/92: samt den Stundenplänen der Abteilungen)

Lectürcabinet, Wiener, ic. m. K. 8. Wien, Frister. (Beygang in Lpz.) 793.

— 's Nachrichten, Wienerische, s. Abhandl. über Wissensch. Bücher.

Lectürcabinetsnachrichten, Wienerische. Wien 1778—79. V: *Carrach, Johann Philipp.* (MGT)

Lecture amusante et instructive. Ein neues Unterhaltungsblatt als Mittel zur gründl. Erlernung der französ. Sprache. Mit (eingedr. Holzschn.-)Illustr. Unter Mitwirkung namhafter Fachmänner redig. von Henri Simon. 1. und 2. Bd. à Bd. 2 Serien. à Serie 6 Hefte. gr. 8. (à Heft 32 S.) Leipzig 882,83, Literar. Museum. à Serie *
Einzelne Hefte à *

—— dass. — Mit (eingedr. Holzschn.-)Illustr. Unter Mitwirkung namhafter Fachmänner redig. von Ferd. Moesch. 3. und 4. Bd. à Bd. 2 Serien. à Serie 6 Hefte. gr. 8. (à Heft 32 S.) Ebendas. 884. à Serie *
Einzelne Hefte à *

— et Conversation, s. a. Bibliothèque, petite, Française.

—— et conversation. Collection de pièces de Théâtre, accompagnées de notes et suivies d'un questionnaire, à l'usage des écoles. 1. Série: Pièces modernes. 1. A. s. l. t.: Le diplomate, comédie-vaudeville en 2 actes par E. Scribe et C. Delavigne, munie de notes explicatives et philologiques et d'un questionnaire par C. Ploetz. 8. (VI und 74 S.) Berlin 850, G. Reimer.

—— le même. — 1. Série. 2. A. s. l. t.: La camaraderie ou la courte-échelle, comédie en 5 actes et en prose par Eug. Scribe, munie de notes etc. par C. Ploetz. 8. (VI und 138 S.) Le même 850.

—— le même. — 1. Série. 3. A. s. l. t.: Bertrand et Raton ou l'art de conspirer, comédie en 5 actes et en prose par Eug. Scribe, munie de notes explicatives et philologiques et d'un questionnaire par C. Ploetz. 8. (VI und 130 S.) Le même 850.

—— le même. — 2. Série: Pièces classiques. 1. A. s. l. t.: Athalie, tragédie en 5 actes et en vers, par Racine, munie de notes explicatives et philologiques et d'un questionnaire par C. Ploetz. 8. (VIII und 104 S.) Le même 851.

—— le même. — 2. Série: Pièces classiques. 2. A. s. l. t.: Le misanthrope, comédie en 5 actes et en vers par Molière, munie de notes etc. par C. Ploetz. 8. (VIII und 140 S.) Le même 851.

Lecture élémentaire et graduée à l'usage des instituts d'éducation. 2. édit. 8. Mayence 843, libr. de Faber. n. 1/3 ₰

Lecture élémentaire et graduée à l'usage des instituts d'éducation. 3. édit. revue, corrigée et augmentée. 8. (VIII u. 109 S.) Mayence 847, Faber. — 4. édit. revue, corrigée et augmentée. 8. (VIII u. 109 S.) Ebd. 852. n. 1/3 ₰

Lecture élémentaire et graduée à l'usage des instituts d'éducation. 5. Edit. revue et corrigée. 8. (VIII und 112 S.) Mainz 861, Faber'sche Buchh. *

Lecture élémentaire et graduée à l'usage des instituts d'éducation. 6. édit. revue, corrigée et augmentée. Mainz 868. Faber. 8. (VIII, 112 S.) n. 9 ngr

— française graduée, voyez C. C. *Saigey.*

— pour la jeunesse des deux sexes, ou Recueil de petits contes tirés des oeuvres de Berquin. 8. Berl. Nauck. 802.

LECTURE, s. auch Lektüre.

Lectüre, für die. 8. Braunschw. 788. Meyer. 8 gr

— über die, Geschenk für Jünglinge u. Mädchen, (v. C. S. von Ziegesar). 8. Stuttg. 793. Erhard. (Sattler). 9 gr

Lectüre, angenehme, f. Frauenzimmer. 12 Bde. 8. Leipz. 775—780. (Brockhaus). 6 ₰

Lectüre, angenehme, für Frauenzimmer, 12 Theile, 8. Leipzig, 775-80. Feind. 6 Rthl.

— angen., f. Frauenzimm. 12 Bde. 8. Leipz. Gleditsch. 775—80. (à 12 gr.)

— angen., f. d. kl. Jugend, z. Bild. ihr. Herz. v. Röchling. 6 Thle. 8. Ebend. 779.

— angenehme, für Hessens Töchter, e. Wochenschrift. 8. Gieß. 778. Krieger. 16 gr

— zur angenehmen, (v. J. H. Fr. Ulrich.) 1r Bd. 8. Nürnb. 782. Schmidmer. 1 ₰

Lectüre für die erwachsene Jugend ... Giesen 1778—79. V: *Röchling, Joh. Gottfried.* (Ky) (ML)

— für d. erwachsene Jugend; zum Unterr., Vergnügen u. Veredlung d. Herzens (v. Jh. Gf. Röchling). 3 Thle. 8. Marb. 778. 79. Krieger. 1 ₰ 12 gr Dass. f. d. kleine Jugend. 6 Thle. 8. Ebd. 770. 3 ₰

— beim Kaffee, ein Modebüchlein. 8. Bautzen 790. (W. Rauck in Leipz.) 8 gr

— für Kinder. 8. Halle 809. Gebauer. 12 gr.
Vorh. u. d. T.: Lieblingslektüre zum Unterricht und Vergnügen für Kinder

Lectüre für Kinder, zum Nutzen und Vergnügen ... Leipzig 1789. V: *Kosche, Christian Traugott,* später *Forbiger, Gottlieb Samuel.* (Ky) (ML)

Lectüre, Kleine. Breslau 1776. Ü: *Wiedmer, Gottfried Rud.* (Ky) (MGT) (OL)

LECTÜREN, Kleine. (Kleine Romane, Erzählgn., Gespräche u. 1 Abhandl.) Breslau, 1776. bey Joh. Friedr. Korn, d. ältern. 8⁰. Zahm.
Tit. m. Ornam.-Vign., 1 Bl. Inh., 380 S.

— neue, für Jünglinge. 1r Thl. als Fortf. d. Lectüre f. d. erwachs. Jug. rc. 4r. 8. Gieß. Krieger. 780.

— neue, für Jünglinge, zum Unterr., Vergnügen rc. 1r Bd. 8. Frankf. 792. Gebhard u. K. 10 gr

— zum Nutzen u. zur Unterhaltung für die Jugend. 8. Cilli 792. Jenko. 10 gr 8. Grätz 816. Miller. 8 gr

— nützliche u. angenehme. 2 Bde. 8. Liegn. 773, 74. Siegert. 2 ₰

Lectüre, Nützliche und angenehme, für Kinder. Leipzig 1778. V: *Kirsten, Joh. Adam Gotthard.* (Adel) (MGT)

— f. Personen v. Stande. 8. Bresl. 787. (Gosohorsky). 16 gr

LECTÜRE für Personen von Stande. Breslau, Meyer. 1787. 8°.
Geschichts- u. Romanen-Litt. (Cat.) Breslau, Korn, 1798.

LECTÜRE, Pikante, in Versen. Für die reifere Jugend und das höhere Alter beiderlei Geschlechts. 3 Heftchen (soviel ersch.?). Stuttgart, Paris und London, 1878. 12°.

Lectüre, Pikante. Wien 1888. V: *Wagner, E.* (EB)

— für Reisedilettanten. 1r—4r Bd. gr. 8. Frankf. 798—800. Herrmann. 6 ₰

— illuirte, fürs Herz und Vergnügen, a. d. Engl. 8. Zittau. Schöps. 786.

Lecture für Soldaten. Journal, herausgegeben mit Allerhöchster Bewilligung unter Redaction des Garde-Capitains J. Tschekmarew I. St. Petersburg 1848 und 1849.

— für einsame Stunden. 8. Manh. 798. Schwan u. Götz. 9 K

— für Stunden d. Muse, von A. Ch. Kayser. 5 Bdch. 8. Bayr. (Grau in Hof) 793. 94. (à 16 gr.)

— unterhalt. theologische, oder ausgesuchte Sammlung kl. kathol. Abhandl.; aus d. Latein. 8. Leipz. 789. Hertel. 18 K

Lectüre, Die, des Volkes. Wien 1886. 3. Aufl. Wien 1886. V: *Müller-Guttenbrunn, Adam.* (Kat. d. stat. Bureaus. Dresden 1890.)

Lectures, ou Recueil de contes p. Mr. de Berquin avec un vocabulaire etc. II Edit. 8. Berl. Nauck, 814.

Lectures pour l'âge le plus tendre, suiv. la méth., q. Moritz a observée d. son A. B. C. av. fig. gr. 8. Lps. Hinrichs. 801.

Lectures choisies etc., s. Bibliothèque française.

Lectures choisies. Französische Chrestomathie mit Wörterbuch von ... Karl Ploetz ... 23. Aufl. Berlin 1891. H: *Plötz, Richard.* (Berl)

Lectures choisies. gr. 8. (324 S.) Frankfurt a/O. 894. B. Waldmann's Sort. Geb. in Leinw. n. 3. —

Lectures choisies pour dames et demoiselles, s. Conteur, le, du foyer.

Lectures choisies des demoiselles. Arrangées par M. Calm. 3 vol. gr. 16. Kassel 880, Kay. à Bd. *ℳ 1. *
Inhalt:
Vol. 1. A Paris. (IV, 87 S.)
» 2. Tableaux de famille. (125 S.)
» 3. Nouvelles historiques. (111 S.)

Lectures choisies pour les jeunes personnes, s. Bibliothèque, française.

Lectures des Dames. Recueil choisi de Littérature française moderne. I. et II. Lex.-8. (31 B. u. Portr. d. Königin v. Griechenland.) Berlin 841. [Leipzig, Brauns.] 2 Thlr., hrbgs. Pr. *

— des Demoiselles. Par Mmes. Jul. Bécard, la Comt. de Bradi, E. Ferrand, E. Foa, A. de Savignac, MM. F. Drouin, E. Fouinet, H. Martin, H. Moreau. 16. (20¼ B. u. Ttlkpfr.) Berlin 838. [Leipzig, Brauns.] *

Lectures des Demoiselles. Par Mmes Juliette Bécard, la Comtesse de Bradi, Emma Ferrand, Eugénie Foa, Alida de Savignac; MM. Frédéric Drouin, Ernest Fouinet, Henry Martin, Hégésippe Moreau. (Mit Titelkpfr.) 16. Berlin 838. Morin. n. 1⅓ ₰

Lectures élémentaires etc., s. Lamotte, L. Al.

Lectures élementaires pour les premières années de la jeunesse. Avec une preface de ... Ströhlin. 8. Stuttg. 806. 4e Ed. 822. mit e. deutschen Wortregister. Steinkopf. 12 K

— pour les enfans. 12. Basel 777. Flick. (Neukirch). 6 K

— pour les enfans. 8. Vienne, Tendler. 777.

— pour les enfans, ou choix des petits Contes également propres à les amuser et à leur faire aimer la vertu. 8. Wien 777. Trattner. 8 K

— p. les Enfans à portée de leur intelligence naissante etc. VI Vol. 8. Berl. Lagarde. 789.

— françaises, ou recueil de dialogues, d'hist. et de comédie. II. Edit. revue, augm. et rédigée p. Mila. gr. 8. Berl. 802—6. (Nauck). 8 K

— françoises, ou recueil de dialogues, d'hist. et de Coméd. gr. 8. Berl. Quien. 806.

Lectures françaises à l'usage des écoles militaires. Wien 863. Gerold. 8. (VII, 359 S.) n. 1 ₰ 4 ngr.

Lectures géographiques. Tableaux de la nature décrits en prose et en vers par des plus célèbres auteurs franç. Ouvrage servant de développem. aux géographies élément., et pouvant être adopté dans les établissements d'instruction publ. et particul., publiées p. J. B. Einerling. (188 Seit.) 12. St. Pétersbourg 837, Einerling. (Leipzig, Volckmar.) Thlr.

Lectures pour la jeunesse ou contes et fables instructifs et agréables ... Carlsruhe 1816. V: *Hacke, Carl Freih. v.* (Ky)

Lectures pour la jeunesse ou contes et fables instructifs et agréables, destinés aux enfans du moyen âge. 12. Carlsruhe, Müller. 816.

— pour la jeunesse de deux sexes, ou Recueil de petits contes tirés des oeuvres de Berquin. 8. Berl. Nauck. 802.

Lectures illustrées. Journal pour les enfants de 8 à 16 ans. Nouv. série. VIIme année 1878. par an 12 cahiers de 12 p., pet.-in-4°, orné de gravures. Lausanne, Société des écoles du dimanche. (Bâle, Georg.) 1878.

Lectures illustrées. Journal pour les enfants de 8 à 16 ans. Nouv. série. VIIIe année, 1879. Par an 12 cahiers de 12 p., pet. in-4°, orné de gravures. Lausanne, Société des écoles du dimanche. (Bâle, Georg.) 1879 Par an 2 50

Lectures illustrées. Journal pour les enfants de 8 à 16 ans. Nouv. série. IXe année. 1880. Par an 12 cahiers de 12 p., pet. in-4°, orné de gravures. Lausanne, Société des écoles du dimanche. (Bâle, Georg.) 1880. Par an 2 50

—— nouvelles, des Demoiselles. Par Mmes. Jos. Junot d'Abrantès, E. Foa, A. de Savignac, MM. E. Fouinet, N. Fournier, le Comte de la Garde, H. Burat de Gurcy. 16. (13 B.) Berlin 840. [Leipzig, Brauns.] *

— nouvelles, des Demoiselles. Par Mmes. d'Abrantès, Eug. Foa, Alida de Savignac; MM. Ernest Fouinet, N. Fournier, le Comte de la Garde, H. Burat de Gurcy. 16. Berlin 840. Morin. n. 2/3 ₰

Lectures pédagogiques, hrsg. v. J. Wychgram, s.: Prosateurs français. 151. Lfg.

Lectures, Premieres françaises pour les écoles ... Strassburg 1829. 4. éd. 1840. V: *Willm, Joseph.* (Gi)

— premieres, françaises pour les écoles primaires. gr. 12. Strassb. 829. Levrault. 9 gr

— premières, françaises pour les écoles primaires. Avec un vocabulaire français-allemand. Nouvelle édition. 12. Vienne 844, Mayer et Co. relié 3/8 ₰

Lectures françaises, premières, pour les écoles primaires. Avec un vocabulaire français-allemand. Nouvelle Édition. 8. (VI und 210 S.) Vienne 851, Mayer et Comp.

Lectures Premières — françaises pour les écoles primaires. Avec un vocabulaire français-allemand. Nouvelle edition. 8. (1 Bl. 212 S.) Vienne. De l'imprimerie d'Antoine Schweiger. Chez Mayer et Comp. 1855.

—— premières, françaises pour les écoles primaires, avec un vocabulaire français-allemand. (Von J. Willm.) 8. (VIII und 184 S.) Triest 860, Coen. *

Lectures françaises, premières, pour les écoles primaires, avec un vocabulaire français-allemand (par J. Willm). 33e édit. 8. (VIII, 204 S.) Strassburg [Nancy] 870, Berger-Levrault und Sohn. geb.

Lectures françaises, premières, pour les écoles primaires, avec un vocabulaire français-allemand. 76e—78e édit. 12. (VI, 204 S.) Strassb. i. E. 890—92, Strassburger Druckerei u. Verlagsanstalt. cart. * — 80

Lectures françaises, premières, pour les écoles primaires, avec un vocabulaire français-allemand. 82e éd. 12. (VI, 204 S.) Strassburg 894. Strassburger Druckerei u. Verlagsanstalt. Kart. n. — 80

Lectures, premières, françaises pour les écoles primaires, avec un vocabulaire français-allemand. 85. éd. 12. (VI, 204 S.) Strassburg (902). Strassburger Druckerei u. Verlagsanstalt. Kart. n. — 80

—— premières, françaises, accompagnées de notes italiennes qui servent à expliquer les principales difficultés que peuvent offrir les mots et les tournures par L. Schor. 8. (VIII und 144 S.) Triest 860, Coen. *

Société littéraire de Strasbourg — LECTURES PUBLIQUES (avril, mai et juin 1864) ... Paris (&) Strasbourg 1864. Veuve Berger-Levrault et fils. 8°.

— rendues faciles et agréables, oder das französ. Lesen leicht gemacht. 2 Theile. 8. Halle 778. (Hahn in Hannover.) 8 gr

L'Ecuy, Jean Baptiste. Rede von dem Nutzen, den die Geistlichen ... dem Staate und der Gelehrsamkeit geleistet haben ... A. d. Franz. Wien 1781. Ü: *Korber, Norbert.* (AarF) (AarK) Wappler.

Lecuyer, O. S. D., der Priester als Erzieher. Autoris. Übersetzg. aus dem Franz. 8. (IV, 219 S.) Regensburg 901. Verlagsanstalt vorm. G. J. Manz. n. 1. 80

LEDA mit dem Schwan. Mit Illustrationen. (c. 1900.) (R. Klinger, Berlin, Cat. 20 [c. 1905], ohne Preisangabe, aber mit der Notiz: „Prickelnde Lektüre" [!].)

Ledden Hulsebosch, M. L. Q. van, makro- u. mikroskopische Diagnostik der menschlichen Exkremente. Mit 255 naturgetreuen Abbildgn. auf 43 Taf. in Lichtdr. Lex.-8. (VIII, 96 S.) Berlin 899. J. Springer. Kart. n. 30.—

Ledderhose, Hermann [aus Druxberge]: Über Xylidin und Pseudocumidinsulfonsäuren .... Rostock, Druck v. F. Ahrens jr. (1886); 41 + 1 S. 8°.
Rostock, Phil. Fak., Inaug.-Diss. v. 30. Nov. 1886.

Ledderhose, C. G., s. Ledderhose, Konrad Wilhelm

Ledderhose, Carl Friedrich, s. Ledderhose, Karl Friedrich

Ledderhose, Conrad Wilhelm, s. Ledderhose, Konrad Wilhelm

Ledderhose, Georg

Ledderhose, G., s.: Archiv f. öffentliche Gesundheitspflege in Elsass-Lothringen.

Ledderhose, G., Beiträge zur Kenntniss des Verhaltens von Blutergüssen in serösen Höhlen unter besond. Berücksicht. der peritonealen Bluttransfusion. gr. 8. (108 S.) Strassburg 885, Trübner. *

Ledderhose, G., die chirurgischen Erkrankungen der Bauchdecken u. die chirurgischen Krankheiten der Milz, s. a. Chirurgie, deutsche.

Ledderhose, G.: Die chirurgischen Erkrankungen der Bauchdecken und die chirurgischen Krankheiten der Milz. Mit 5 in d. Text gedr. Holzschn. Stuttgart 1890. XXX, 194 S.
(Deutsche Chirurgie. Lfg 45 b.)

Ledderhose, G., üb. Folgen u. Behandlung v. Fingerverletzgn., s.: Sammlung klin. Vorträge.

Ledderhose, Georg [appr. Arzt]. Ueber Glykosamin. Strassburg, Karl J. Trübner, 1880. 8. 23 S.

— die ärztl. Untersuchung u. Beurtheilg. d. Unfallfolgen. Lex.-8. (46 S.) Wiesbaden 898. J. F. Bergmann. n. 1.20

Ledderhose, Karl Friedr., Altes u. Neues aus dem Schatze christlicher Biographien. Basel 867. Spittler. 8. (III, 192 S.) n. 15 ngr.

—— Biographien, christliche, s. a. Biographien.

Ledderhose, Karl Friedr., christliche Biographien. 1. Bdchn.: J. J. Moser. — Fr. Moserin, geb. Vischer. — Joh. Georg Kaltenbach. 2. verm. Aufl. gr. 12. (XIV u. 312 S.) Heidelberg 852, K. Winter. n. 16 ngr.

—— dass. — 2. Bdchn.: Die Mission unter den freien Buschnegern in Surinam. 2., verm. Aufl. — C. H. v. Bogatzky. — J. G. Spangenberg. gr. 12. (XVI und 350 S. mit 1 Holzschnt.) Ebds. 854. *

—— dass. — 3. und 4. Bdchn. gr. 8. Ebds. 856. *

Inhalt:

Bdchn. 3. Leben und Schriften des M. Johann Friedr. Flattich, Pfarrers in Münchingen. 2 Abthlgn. 3., ganz umgearb. und verm. Aufl. Mit dem (lithogr.) Schattenriß und Facs. Flattich's. (VI und 381 S.) * 24 Ngr.

" 4. Philipp Melanchthon nach seinem äußern und innern Leben dargestellt. Mit des Reformators Bildniß (in Stahlst.) und Warpen. 1847. (IV und 340 S.) und: Das Leben des M. Johann Matthesius, des alten Bergpredigers im St. Joachimsthal. 1849. (IV und 188 S.) * 28 Ngr.

Ledderhose, Carl Friedr., christliche Biographien. 5. und 6. Bdchn. gr. 8. Heidelberg, K. Winter. à Bdchn. * 20 Ngr. *

Inhalt:

Bdchn. 5. Das Leben Johann Heermann's v. Köben, des Liedersängers der evangel. Kirche. (VIII und 224 S. mit lithogr. Portr.) 857.

" 6. Leben und Lieder des Dr. Friedrich Kayser, weiland Diakonus in Gernsbach. (VII und 144 S.) 859.

1—4. Bdchn. Ebendas. 1852—56. * 2 Thlr. 26 Ngr.

Ledderhose, Karl Fr., christliche Biographien. Heidelberg, K. Winter. 8.

7. Bdchn.: Leben und Schriften des Gottlieb Friedrich Machtholf, Pfarrers von Möttlingen. In 2 Abthlgn. 862. (IX, 206 S.) n. 16 ngr.

Ledderhose, Karl Friedr., christliche Biographien. 3. Bdchn. N. u. d. T.: Leben und Schriften des M. Joh. Friedr. Flattich, weil. Pfarrer in Münchingen. In 2 Abthlgn. 5. verm. Aufl. Mit dem Ergänzungsbd. von Ehmann, einem vollständ. Sachregister und dem Schattenriß, Fcs. und Pfarrhause Flattichs (auf 1 Stnt.). gr. 8. (XV, 514, und Ergänzungsbd. 209 S.) Heidelberg 873, C. Winter's Universitäts-Buchh. *

Ohne Ergänzungsbd. *

Separatausg. *ℳ 5.; geb. *

Ledderhose, Karl Friedr., christliche Biographieen. 12. Bdchn.: Wilhelm Stern, weil. Professor und Seminardirector in Karlsruhe, nach seinem Leben und Wirken geschildert. Mit dem (lithogr.) Bildniß und Facs. Stern's. gr. 8. (VII, 282 S.) Heidelberg 877, C. Winter's Universitäts-Buchh. *

1.—11. Bdchn. Ebendas. 1852—73. *ℳ 25,80.

— das Blutbad von Thorn im J. 1724. Ein Bild aus der Geschichte der Jesuiten. gr. 8. (36 S.) Basel 852, Bahnmaier. n. 3 ngr.

— das Büchlein von den Hottentotten u. ihrem ersten Apostel, Georg Schmidt. Für Jung u. Alt. Mit dem Bildnisse des Georg Schmidt (in Holzschn.) 8. (IV u. 56 S.) Basel 849, Schneider. n. 6 ngr.

Ledderhose, Carl Frdr., Herzog Christoph v. Würtemberg. Ein Lebensbild aus der Reformation. gr. 16. (VI, 168 S.) Eisleben 866. Christl. Verein im nördl. Deutschland. Geb. — 53

Ledderhose, Karl Friedr., Erinnerungen an Dr. Aloys Henhöfer. 2. verb. und verm. Aufl. 8. (IV, 90 S. mit dem Bildniß und Facs. Henhöfer's.) Heidelberg 885, C. Winter's Universitäts-Buchh. [*ℳ 1.20.] *

— Erinnerungen aus d. Leben des Pfarrers Johann Georg Kaltenbach von Mönchweiler, auf dem Schwarzwalde. Abgedruckt aus der Zeitschrift: Neue christliche Mittheilungen, von C. W. Krafft. gr. 8. Straßburg 839. (Rhein.) 1/6 ℳ

Ledderhose, Carl Friedr., Erinnerungen aus d. Leben Joh. Geo. Kaltenbachs, Pfarrers zu Mönchweiler auf dem Schwarzwalde. 2., verm. Aufl. 8. (10½ B.) Heidelberg 843, K. Winter. *

— Friedrich Wilhelm, der große Kurfürst, s. a. Biographien, christliche.

—— Friedrich Wilhelm, der große Kurfürst von Brandenburg. Für das deutsche Volk dargestellt. 2. (Titel-)Ausg. zur 200jähr. Erinnerungsfeier der Schlacht von Fehrbellin. 8. (VI, 297 S. mit 4 Holzschntaf. und dem Fcs. des großen Kurfürsten.) Ebendas. (869)74. *

—— Friedrich Wilhelm, der große Kurfürst von Brandenburg. Für das deutsche Volk dargestellt. 3. (Titel-)Ausg. zur 200jähr. Wiederkehr seines Todestages [29. April 1888]. 8. (VI, 299 S. mit 4 Holzschn. und dem Facs. des großen Kurfürsten.) Ebendas. 888. cart. *

Feine Ausg. geb. *

—— Paulus Gerhardt, der Liedersänger der evangelischen Kirche. Zur Erinnerung an seinen Todestag, den 7. Juni 1676. gr. 16. (24 S.) Gernsbach 876. (Berlin, Beck's Verlag.) *

—— Gott mit uns! Eine Sammlung der bewährtesten Gebete für alle Fälle des Lebens. Nach Albrecht, Arnd, Arnold, Augustin ꝛc. hrsg. 1. und 2. Aufl. gr. 8. (XXIV und 584 S. mit 1 Stahlst.) Mannheim 859, Bender. *

— — 4. Aufl. Mannheim 863. (Fecht.) 8. (XXIV, 512 S. u. 1 Stahlst.) 21 ngr.

—— Gott mit uns! Eine Sammlung der bewährtesten Gebete für alle Fälle des Lebens. Nach Albrecht, Arnd, Arnold ꝛc. hrsg. 4. Aufl. 1863. 21 Ngr. und 5. Aufl. 16. (XVI und 430 S. mit 1 Stahlst.) Mannheim [Stuttgart] 866, Wittwer. *

geb. mit Goldschn. *

Velinp. * 25 Ngr.; geb. mit Goldschn. *

Ledderhose, Karl Friedr., Gott mit uns. Eine Sammlung der bewährtesten Gebete für alle Fälle des Lebens. Nach Albrecht, Arnd, Arnold ꝛc. 6. Aufl. 16. (XVI, 430 S. mit 1 Stahlst.) Mannheim 872, Schneider. *

—— die Herzogin Henriette von Württemberg, s. Biographien, christliche.

—— Johann Jänike, der evangelisch-luther. Prediger an der böhmischen oder Betlehems-Kirche zu Berlin, nach seinem Leben und Wirken dargestellt und hrsg. von G. Knak. 8. (XII und 247 S. mit Portr. in Holzschn.) Berlin 863, (Beck.) *

Ledderhose, Karl Friedr., Jesus allein. Predigten, gehalten in St. Georgen, Brombach und Neckarau. gr. 8. (104 S.) Karlsruhe 884, Reiff. *

—— der siebenjährige Krieg. Ein Gemälde mit Licht und Schatten. 8. (VI und 181 S. mit 4 Holzschntaf.) Eisleben 865, Christlicher Verein im nördlichen Deutschland. geb.

— der siebenjährige Krieg. Ein Gemälde m. Licht u. Schatten. 3. Aufl. 8. (VI, 181 S. m. 4 Illustr.) Ebd. 891. Geb. 1.5

Ledderhose, Karl Fr., das Leben Carl Hnr. v. Bogatzky's. 8. Heidelberg 846, Karl Winter. n. 6 ngl

Ledderhose, Karl Frdr., aus dem Leben des württemberg. Pfarrers Johann Friedrich Flattich, s.: Charakterbilder, christl. Nr. 7.

Ledderhose, Karl Friedr. Aus dem Leben d. Markgrafen Georg Friedrich v. Baden. 8. (V, 108 S. m. Bildniß u. Facsim.) Heidelb. 890, C. Winter. * 2 —; geb. * 2 60

—— Leben des Dr. J. R. Hedinger, s. Sonntags-Bibliothek.

—— das Leben Johann Heermann's von Köben, des Liedersängers der evangelischen Kirche. 2. (Titel-)Ausg. 8. (VI, 224 S.) Heidelberg (857)76, C. Winter's Universitäts-Buchh. *

— Leben Valerius Herberger's, siehe: Sonntags-Bibliothek. 4. Bd. 5 u. 6. Hft.

—— aus dem Leben des Johann Tobias Kießling von Nürnberg, s. Bruderliebe, evangelische.

—— das Leben des L. Frz. Friedr. Lehr, nebst seinen Liedern. 8. (134 S.) Schaffhausen 850, Schalch.

—— Leben und Lieder der Gräfin Erdmuth Dorothea von Zinzendorf, geb. Gräfin von Reuß. 8. (VII, 152 S. mit dem Holzschn.-Portr. und dem Facs. der Gräfin.) Gütersloh 887, Bertelsmann. *M 2.—; geb. *

—— das Leben des M. Johann Mathesius, des alten Bergpredigers in St. Joachimsthal. 8. (IV und 188 S.) Heidelberg 849, C. Winter. *

Ledderhose, Karl Friedr., das Leben des Philipp Melanchthon. Ein Büchlein für das Volk. 3. Aufl. Hrsg. von der Wupperthaler Traktat-Gesellschaft. 8. (95 S. mit Portr.) Barmen 888, (Wiemann.) P *

Ledderhose, Carl Friedr., Aus dem Leben der Friederike Rosine Moser, geb. Vischer. Eine Beigabe zu Joh. Jak. Mosers Leben. 2. verm. Aufl. gr. 12. (III und 39 S.) Heidelberg 852, K. Winter.
Aus nachstehendem Werke besonders abgedruckt.

—— das Leben Johann Jakob Mosers. 2., verm. Aufl. gr. 12. (IV und 114 S.) Heidelberg 852, K. Winter. *
Aus des Verf.: Christliche Biographien 1. Bdchn., besonders abgedruckt.

—— Leben Johann Gottfried Schöners, s. Sonntags-Bibliothek.

—— Leben und Schriften des M. Johann Friedr. Flattich, Pfarrers in Münchingen. 2 Abthlgn. (in 1 Bde.) 4., umgearb. und sehr verm. Aufl. gr. 8. (VIII und 508 S. mit dem Schattenriß, Facsimile und Pfarrhause Flattich's auf 1 Stnt.) Heidelberg 859, K. Winter. *

— Leben u. Schriften d. M. Johann Frdr. Flattich, weil. Pfarrer in Münchingen. In zwei Abthlgn. 5. verm. Aufl. Mit dem Ergänzungsband v. Ehmann, e. vollständ. Sachregister u. dem Schattenriß, Facsimile u. Pfarrhause Flattichs (auf 1 Steintaf.) 8. (XV, 514 u. 209 S.) Ebend. 873. geb. n. 6. —

—— Leben und Schriften des Gottlieb Friedrich Machtholf, s. Biographien, christliche.

— aus dem Leben u. den Schriften v. Friedr. K. v. Moser, s.: Biographien, christliche.

Ledderhose, K. F.: Das Leben Aug. Gottl. Spangenbergs, Bischofs der Brüdergemeine. *Heidelberg: Universitätsbuchhandlung von Karl Winter 1846. (2), 131 S.*

—— Leben und Wirken des Missionars Dr. Felician v. Zaremba. 8. (IV, 142 S.) Basel 882, Missionsbuchhandlung. * geb. *

— Lebensbild Johann Jakob Rambach's, s.: Rambach, Joh. Jak., Betrachtungen üb. das ganze Leiden Christi.

— wunderbare Lebensführungen des von den Katholiken hart verfolgten Karl Dominik à Gasser, Baron von Thurn aus Schwyz. Neu-Ruppin 859. Bergemann. 8. (IV, 159 S.) n. 10 ngr.

—— Johannes Lemmerz. Ein südafrikan. Missionsbild aus der Brüdergemeine. Für Alt und Jung. 8. (IV und 77 S. mit eingedr. Holzschn.) Basel 862, Spittler. *

—— Graf Ludwig von Nassau, ein Ritter ohne Furcht und Tadel. Ein Lebensbild aus der niederländ. Geschichte. 8. (III, 127 S.) Norden 877, Soltau's Verlag. *

Ledderhose, Karl Friedr., Martin Luther, nach seinem äußern u. innern Leben dargestellt. (Mit Luthers Bildniß u. Facsimile mit Petschaft.) 8. Speier 836. Neidhard. 1 1/3 ℛ

—— Dr. Martin Luther, nach seinem äußern und innern Leben dargestellt. Zum 400jähr. Geburtstage Luthers. 1.—4. Aufl. mit dem Bilde Luthers in Lichtdr. 8. (X, 481 S.) Karlsruhe 883, Reiff. *M 2.; geb. *

—— Lutherbüchlein das ist wahre Geschichte des Lebens u. Todes Dr. Mart. Luthers z. 300jähr. Gedächtniß seines Todestages am 18. Febr. 1846. Für d. Volk. 8. (1 1/2 B.) Heidelberg 846, K. Winter.

Ledderhose, Karl Friedrich (Hrsg.), s. Machtholf, Gottlieb Friedrich: Leben und Schriften.

Ledderhose, Karl Frdr., Philipp Melanchthon, s.a. Bücherschatz, Barmer.

[F.] Philipp Melanchthon. E. Büchlein f. d. Volk z. 400. Geburtst. d. Reformators. Von Karl Friedr. Ledderhose, ev. Pfarrer. *Barmen: Wupperthaler Traktat-Ges. [1897].* (102 S. einschl. Titelportr., 5 Taf.) 1 Bd 8.
= Bücherschatz, Barmer. Bd 1. [97. 5791

—— Philipp Melanchthon nach seinem äußern und innern Leben dargestellt. gr. 8. (339 S. mit M's. Bildn. und Wappen.) Heidelberg 847, K. Winter. *

—— die Mission unter den freien Buschnegern in Surinam und Rasmus Schmidt. Ein Gemälde aus der Missionsgeschichte der Brüdergemeine, für Jung und Alt. 8. (VI und 90 S. mit 1 Holzschn.) Heidelberg 847, K. Winter.

—— die Mission unter den freien Buschnegern in Surinam. Ein Bild aus der Missionsgeschichte der Brüdergemeine für Jung und Alt. 2., verm. Aufl. 8. (IV und 112 S. mit 1 Holzschnt.) Heidelberg 854, K. Winter. *
Aus: Christliche Biographien 2. Bdchn., besonders abgedruckt.

— — nebst: Das Leben K. H. v. Bogatzky's. (3 Bl., 106 S.) und: Das Leben Aug. Gottlob Spangenbergs, Bischofs der Brüdergemeine. (2 Bl., 132 S.) Ebend. (854.) 8. n. 18 ngr.
Beide Schriften, bereits 1846 erschienen, wurden neuerdings als: Christliche Biographien. 2. Bdchn. ausgegeben.

—— die Mission unter den freien Buschnegern in Surinam. Ein Bild aus der Missionsgeschichte der Brüdergemeinde für Jung und Alt. 3.(Titel-)Ausg. 8. (IV, 112 S. mit 1 Holzschntaf.) Heidelberg (854)76, C. Winter's Universitäts-Buchh. *

—— Friedrich Mykonius, Pfarrherr und Superintendent von Gotha. Ein Leben aus der Reformationszeit. gr. 12. (VII und 336 S. mit Portr. in Holzschn.) Gotha 854, F. A. Perthes. *

—— Friedrich Mykonius, ein Zeuge aus der Reformationszeit. 8. (27 S.) (Ebendas.) 882.

— s. Predigten über Sonn- u. Festtags-Episteln.

— die vier Reformatoren, s. Eberle, C. G.

Ledderhose, Carl Friedrich s. Reformatoren. Die vier R'... Stuttgart 1862.

—— D. Jakob Reihing, der bekehrte Jesuit, s. Für die Feste u. Freunde d. Gustav-Adolfs-Vereins.

—— der große Seeheld Michiel de Ruiter nach seinem Leben dargestellt. 2. Aufl. gr. 16. (52 S. mit 1 Holzschntaf. und eingedr. Holzschn.) Barmen 869. (Berlin, Beck.)

— die Schreckenstage v. Thorn im Jahre 1724, s.: Bruderliebe, evangelische.

— Beata Sturm, genannt die Würtembergische Tabea, nach ihrem Leben dargestellt. Herausg. vom christl. Verein im nördl. Deutschland. Eisleben 854. Christlicher Verein. (Leipzig, G. E. Schulze.) gr. 8. (VI, 121 S.) n. 8 ngr.

—— Vie de Martin Luther. Ouvrage trad. de l'Allemand. gr. in-8. (21¼ B. u. Bildn.) Strasbourg 837, [Rhein.] * Scheurer.

—— Wahrheit oder Lüge? Eine Streitschrift wider das Büchlein des Dr. Alban Stolz: Diamant oder Glas. Jedem Aufrichtigen zur Prüfung und Beherzigung auf's Gewissen gelegt. 12. (23 S.) Carlsruhe 851. (Frankfurt a. M., Völcker.) **

—— Wilhelm von Oranien und der Abfall der Niederlande. Hrsg. vom christl. Vereine im nördl. Deutschland. 8. (262 S.) Leipzig 874, Christl. Verein im nördl. Deutschland. geb.

—— die Frau Dr. Friederike Williardts von Eßlingen. Ein schwäb. Familienbild. 8. (88 S.) Gütersloh 875, Bertelsmann. * ℳ 1,20.; geb. *

— die Wunderwege Gottes in dem Leben des Karl Dominik a Gasser Baron v. Thurn aus Schwyz. 8. (IV u. 158 S.) Schaffhausen 849, Schalch. 12 ngr.

Ledderhose, Carl Friedrich. Züge aus dem Leben des würtembergischen Pfarrers Johann Friedrich Flattich (1713–1797), sowie dessen dreissig Hausregeln ..., hrg. von K' F' L'. 2. verbesserte und vermehrte Aufl. 8. Basel *o. J.* [1840/56].

—— Züge aus dem Leben des württembergischen Pfarrers Joh. Friedr. Flattich. 5. Aufl. 8. (32 S.) Stuttgart 875, Buchh. der Evangel. Gesellschaft. *

—— Züge aus dem Leben Joh. Jac. Mosers. 12. (5⅙ B.) Heidelberg 843, K. Winter.

Ledderhose, Konrad Wilhelm

LEDDERHOSE, Conr. Guil.: Jurium Hassiae principum in Abbatiam Hersfeldens. ante pacis Guestphalicae tabul. brev. assertio. *Marburg*. 786. (Krieger in *Cassel*.) 4. (1 Thl.)

Ledderhose, Konr. Wlh., († d. 19. Dec. 1817.) Beitr. zur Beschreib. d. Kirchenstaates d. hessencasselschen Lande. gr. 8. Cassel 780. (Hahn in Hannov.) 1 Thlr

— s. Darlegung d. Ursachen, aus welchen Hessen-Cassel ꝛc.

— comment. de nexu dioecesano Abbatiae Hersfeld. ecclesiisque patronat. jure ad eundem Abbatiam olim spectant. 4. Marb. 786.

— kl. Schriften. 1r — 3r Bd. gr. 8. Marb. 787—89. Krieger. 3 Thlr 4r, 5r Bd. Eisenach 792—95. Wittekind. 2 Thlr 8 gr

— de usufructu paterno in Hassia, ejusque, qua hodie floret, amplitudine. 4. Marb. 771.

— Versuch e. Anleit. zum hessencasselschen Kirchenrechte. gr. 8. Cassel 785. (Luckhardt). 1 Thlr 12 gr Dass. neu bearb. v. Ch. P. Pfeiffer. Mit 2 Kpf. gr. 8. Marb. 821. Krieger. 3 Thlr

Leddihn, Adolf, Major des 11. Dragoner-Reg., Generalstabsofficier. Zusammensetzung, Marschordnung und Ausdehnung der Truppen- und Traintheile grösserer Heereskörper nach der Organisation vom Jahre 1870. (Mit 2 Beilagen.) 8. Wien 1871.

Leddihn-Richter, Jul. Ritter v., wie ich trotz 10-jähr. schweren Lungenleidens wieder gesund wurde. Eine neue Heilmethode f. Lungenkranke! Ein Mahn- u. Trostwort. Mit e. Bildnis des Verf., mehreren Sportaufnahmen (im Text) u. ärztl. Zeugnissen. (VIII, 75 S.) gr. 8. Wien 910. G. Szelinski. 1. —

Ledebour, Carl Friedrich von, s. Ledebour, Karl Friedrich von

Ledebour, F. G., Allgemeine Tierheilkunde nach homöopathischen und isopathischen Grundsätzen. Nebst vollständiger Belehrung über Bereitung und Wirkung der bis jetzt geprüften und in den Krankheiten der Haustiere mit Erfolg angewandten homöopathischen und isopathischen Heilmittel. 8. Nordhausen 837. Köhne. M. 1.50

Ledebour, F. G., der wohlunterricht. Pferdekäufer. 12. Nordhausen 837. Köhne. ⅜ Thlr

Ledebour, Karl Friedrich von:
Carol[us] Frider[icus von] Ledebour: Plantarum Domingensium decas . [Resp.:] Joh. Patric. Adlerstam. Gryphiae (1805): Eckhardt. 27 S. 8°
Greifswald, Phil.Diss.v.18.Mai 1805

— enumeratio plantarum horti botanici Gryphici. 8. Greifsw. 807. Supplementum I. II. 8. ibid. 809, 10.

— enumeratio plantarum, quarum semina in horto botanico univers. caes. Dorpat. servantur. 8. Petropoli 814. Appendix I. ibid. 821.

Ledebour, Car. Frider. a, Flora Altaica. Adjutoribus Car. Ant. Meyer et Al. a Bunge. IV Ti. et Index. 8 maj. Berolini, Reimer. [I. (Class. I—V. 29 B.) 829., II. (Cl VI—XIV. 30 B.) 830. à 2 Thlr., III. (Cl. XV—XVIII. 23½ B.) 831. 1 Thlr. 18 Gr., IV. (Cl. XIX—XXIV. u. Register. 23¼ B.) 833. 2 Thlr. 4 Gr.]

LEDEBOUR, Carl Friedrich v.: Flora rossica sive enumeratio plantarum in totius imperii rossici provinciis europaeis, asiaticis et americanis, hucusque observatum. - Stuttgart 1842-1853. 4 Bd. - Bd. 1: 1842. XVI, 790 S. - Bd. 2: 1844-1846. VI, 13, 937 S. - Bd. 3: 1846-1851. 13, 8, 866 S. - Bd. 4: 1853. XVI, 741 S. Accedit mappa geographica

Ledebour, Car. Fried. a, Flora Rossica, sive enumeratio plantar. in totius Imperii Rossici provinciis Europaeis, Asiaticis et Americanis hucusque observatarum. Vol. I. Fasc. I. et II. Lex.-8. (16½ u. 15½ B.) Stuttgartiae 841, 42. libr. Schweizerbart. à *

Ledebour, Car. Frid. a, flora Rossica sive enumeratio plantar. in totius imp. Rossici provinc. Europ., Asiat. et Americ. hucusque observatarum et mappa geograph. (in Fol.) Fasc. III—VIII, Lex.-8. Stuttgartiae, libr. Schweizerbart. [III. (20 B. u. mappa geograph.) 843. * 3 Thlr., IV. (13 B.) 43., V. (16⅞ B.) 44, VI. (16¼ B.) 45, VII. (14¾ B.) 46, VIII. (16¼ B.) 47. à * 1 Thlr. 25 Ngr.] Thlr. *
Fasc. I et II. Ibid. 1841, 42. à * 1 Thlr. 25 Ngr.

Ledebour, Car. Fridr. a, flora Rossica sive enumeratio plantarum in totius imperii Rossici provinciis europaeis, asiaticis et americanis hucusque observatarum. Fasc. IX—XIII. 8maj. Stuttgartiae 849—52, libr. Schweizerbart. [Fasc. IX—XI. (oder 3. Bd. 13 S. und S. 257—862.) * 4 Thlr. 23 Ngr., XII—XIII. (oder 4. Bd. S. 1—464.) à Fasc. * 1 Thlr. 25 Ngr.] Thlr. *
Fasc. I—VIII. Ibid. 1841—46. * 15 Thlr. 25 Ngr.

Ledebour, Carol. Frider. a, Flora rossica sive enumeratio plantarum in totius imperii Rossici provinciis europaeis, asiaticis et americanis hucusque observatarum. Fasc. XIV. (et ultim.) 8maj. (4. Bd. S. 465—741 und 16 S.) Stuttgartiae 853, libr. Schweizerbart. *
Fasc. I—XIII. Ibid. 1841—52. * 24 Thlr. 8 Ngr.

—— Icones plantar. novar. vel imperfecte cognitar. Floram Rossicam, imprimis Altaicam, illustrantes. V Ti. à 2 Fasc. (M. 500 Stat.) Roy.-Fol. (39 B.) Dorpati 829—34, Auct. (Lipsiae, Voss.) 215 Thlr., ill. ;

v. Ledebour, Kar. Frid., Index ad Floram Altaicam. 8maj. Berolini 834. Reimer. ½ ₰ (Alle 4 Bde. mit Reg. 7 11/12 ₰)

—— Monographia generis Paridum. Cum tab. aen. Roy.-Fol. (2½ B.) Dorpati (827). (Lipsiae. Voss.)

— observationes botanicae in Floram Russicam. 4. Petropoli 814.

—— über Pugionium cornutum Gaertn. gr. 4. (8 S. und 1 Stnt. in qu. Fol.) (München 851, Franz.)
Aus: Abhandlungen der II. Classe der k. Akademie der Wissenschaften 4. Bd. 3. Abth., besonders abgedruckt.

v. Ledebour, Ritter Karl Fr., Reise durch d. Altai-Gebirge u. d. soongarische Kirgisen-Steppe. Auf Kosten d. kaiserl. Universität Dorpat unternommen im J. 1826, in Begleitung d. Herren Karl Ant. Meyer u. Al. v. Bunge. I. u. II. 1e u. 2e Abthl. (II. 2e Abthl. enthält: Fr. v. Gebler's Bemerkk. über d. Insekten Sibiriens, vorzügl. d. Altai.) Mit 1 Atlas, Kpf. u. Kart. (14 Bl.) gr. 8. Berl. 829 u. 30. Reimer. 9 ₰ Velinp. 12 ₰ 6 ℊ

— supplementum enumerationis plantarum horti botanici Dorpatensis. 8. Dorpat 811.

Ledebur, Adolf

Ledebur, A., über den Bau u. die Bearbeit. des Flachses in Belgien, s. Arnemann, W.

Über die Bedeutung der Freiberger Bergakademie für die Wissenschaft des 18. und 19. Jahrhunderts. Antrittsrede geh. bei Übernahme d. Rektorats d. Bergakad. 1903 von A[dolf] Ledebur, Prof. Mit 16 Bildn. *Freiberg i. S.: Craz & Gerlach 1903.* (31 S.) 8° [F.]

Ledebur, A., üb. Darstellg. v. Werkzeugstahl auf steir. u. niederösterr. Werken. [Aus: „Stahl u. Eisen."] Lex.-8. (12 S. m. 1 Taf.) Düsseldorf 895. (Berlin, Polytechn. Buchh.) n. 1. —

—— Eisen u. Stahl in ihrer Anwendung f. bauliche u. gewerbliche Zwecke. Ein Lehr- u. Handbüchlein f. Alle, die sich d. Eisens bedienen. 8. (VIII, 163 S.) Berl. 890, Fischer's technolog. Verlag. geb. * 4 —

— die Gasfeuerungen f. metallurgische Zwecke. gr. 8. (VIII, 126 S. m. 70 Abbildgn.) Leipzig 891. Felix. n. 3. —

Ledebur, A., Handbuch der Eisen- u. Stahlgiesserei. Eine Darstellg. d. gesamten Betriebes, Regeln f. die Anlage der Giessereien u. e. Anleitg. zur Buchführg. u. Selbstkostenrechng. enth. Auf theoretisch-prakt. Grundlage bearb. u. f. den Gebrauch in der Praxis bestimmt. 2., neu bearb. u. erweit. Aufl. d. Handbuchs der Eisengiesserei. Mit 219 Abbildgn. gr. 8. (XII, 460 S.) Weimar 892. B. F. Voigt. 15. —; geb. n. 18. —

Ledebur, A., Handbuch der Eisen- u. Stahlgiesserei, umfassend die Darstellung des gesamten Giessereibetriebes, Regeln f. die Anlage v. Giessereien, sowie e. Anleitg. zur Buchführg. u. Selbstkostenberechnung. Auf wissenschaftl. Grundlage f. den Gebrauch im Betriebe bearb. 3. neubearb. Aufl. gr. 8. (VIII, 478 S.) Leipzig 901. B. F. Voigt. 15.—; geb. 18.—

Ledebur, A., Handbuch der Eisenhüttenkunde. Für den Gebrauch in der Praxis wie zur Benutzung beim Unterrichte bearb. 3 Abthlgn. Mit zahlreichen (eingedr. Holzschn. und lithogr.) Abbild. gr. 8. Leipzig, Felix. *
Inhalt:
Abthl. 1. Einführung in die Eisenhüttenkunde. (S. 1—287.) 883. * ℳ 10.
» 2. Das Roheisen und seine Darstellung. (S. 289—632.) 883. * ℳ 13.
» 3. Das schmiedbare Eisen und seine Darstellung. (XVI, S. 633—1012.) 884. * ℳ 17.

— Handbuch der Eisenhüttenkunde. Für den Gebrauch im Betriebe wie zur Benutzg. beim Unterrichte bearb. 2, neu bearb. Aufl. 3 Abthlgn. gr. 8. Leipzig, A. Felix. n. 42. —
1. Einführung in die Eisenhüttenkunde. (VI, 322 S. m. Abbildgn.) 893. n. 12. —
2. Das Roheisen u. seine Darstellung. (VI u. S. 323—635 m. Abbildgn.) 893. n. 13. —
3. Das schmiedbare Eisen u. seine Darstellung. (VIII, VI u. S. 637—1052 m. Abbildgn.) 894. n. 17. —

— Handbuch der Eisenhüttenkunde. Für d. Gebrauch im Betriebe wie zur Benutzg. beim Unterrichte bearb. 3., neu bearb. Aufl. 1. Abth.: Einführg. in d. Eisenhüttenkunde. M. zahlr. Abb. gr. 8. (IV, 358 S.) Leipzig 899. A. Felix. n. 12. —

— Handbuch der Eisenhüttenkunde. Für den Gebrauch im Betriebe wie zur Benutzg. beim Unterrichte bearb. 3 Abthgn. gr. 8. Leipzig, A. Felix. n. 42. —
1. Einführung in die Eisenhüttenkunde. 4., neu bearb. Aufl. (IV, 381 S. m. Abbildgn.) 902. n. 12. —
2. Das Roheisen u. seine Darstellung. 4., neubearb. Aufl. (VI u. S. 383—702 m. Abbildgn.) 902. n. 13. —
3. Das schmiedbare Eisen u. seine Darstellung. 3., neu bearb. Aufl. Mit zahlreichen Abbildgn. (XIII u. S. 665—1086.) 899. n. 17. —

— Handbuch der Eisenhüttenkunde. Für den Gebrauch im Betriebe wie zur Benutzg. beim Unterrichte bearb. 4., neu bearb. Aufl. Mit 407 Abbildgn. 3. Abth.: Das schmiedbare Eisen u. seine Darstellg. (VII u. S. 703—1148.) gr. 8. Leipzig 903. A. Felix. n. 17. — (Vollständig: n. 42. —; geb. in Halbfrz. n. 46. —)

— dasselbe. 5., neu bearb. Aufl. 1. Abtlg.: Einführung in die Eisenhüttenkunde. (VII, 408 S. m. Abbildgn.) gr. 8. Ebd. 906. n. 12.40; geb. n. 14. —

Ledebur, A., Handbuch der Eisenhüttenkunde. Für den Gebrauch im Betriebe wie zur Benutzg. beim Unterrichte bearb. 5., neu bearb. Aufl. 2. u. 3. (Schluss-) Abtlg. Mit zahlr. Abbildgn., teilweise als Taf. gedr. gr. 8. Leipzig, A. Felix. 32.60; geb. n 35.80
2. Das Roheisen u. seine Darstellung. (VI, 342 S.) 906. 14.—; geb. n 15.60
3. Das schmiedbare Eisen u. seine Darstellung. Mit zahlreichen Abbildgn., teilweise als Taf. gedr. (XII, 470 S.) 906. 18.60; geb. n 20.20
1. Abt. Ebd. 906. 12.40; geb. 14.—

—— vollständiges Handbuch der Eisengiesserei. Eine Darstellung des gesammten Betriebes, Regeln für die Anlage der Eisengiessereien und eine Anleitung zur Buchführung und Kalkulation bei dem Eisengiessereibetriebe enthaltend. Auf theoretisch-pract. Grundlage bearb. und für den Gebrauch in der Praxis bestimmt. Nebst einem Atlas mit 248 Abbild. auf 29 (lithogr. Fol.-)Taf. gr. 8. (XII, 389 S.) Weimar 883, B. F. Voigt.

dgl. 2. Auflage. Ebend., 1892.

Ledebur, A. Vollständiges Handbuch der Eisengiesserei. 3. Aufl. Leipzig 1901.

— die Legierungen in ihrer Anwendung f. gewerbliche Zwecke. Ein Hand- u. Hülfsbüchlein f. sämmtl. Metallgewerbe. 8. (IV, 161 S.) Berlin 890. S. Fischer Verl. geb. n. 4.—

— die Legierungen in ihrer Anwendung f. gewerbl. Zwecke. Ein Hand- u. Hülfsbüchlein f. sämmtliche Metallgewerbe. 2., teilweise neu bearb. u. erweit. Aufl. 8. (V, 165 S.) Berlin 898. Fischer's technolog. Verl. Geb. in Leinw. n. 4.—

— die Legierungen in ihrer Anwendung f. gewerbliche Zwecke. Ein Hand- u. Hülfsbüchlein f. sämtl. Metallgewerbe. 3. neu bearb. u. erweit. Aufl. (VII, 171 S. m. 7 Abbildgn.) 8. Berlin 906. M. Krayn. Geb. in Leinw. n. 4.—

— Lehrbuch d. mechanisch-metallurg. Technologie. (Verarbeitg. d. Metalle auf mechan. Wege.) 2. Aufl. M. 729 eingedr. Abb. gr. 8. (XIV, 799 S.) Braunschweig 897. F. Vieweg & Sohn. 26.—
Erschien auch in 5 Lfgn.

— Lehrbuch der mechanisch-metallurg. Technologie. (Verarbeitung der Metalle auf mechan. Wege.) 3. neu bearb. Aufl. Mit 754 Abbildgn. u. 2 farb. Taf. 2 Abtlgn. (XVI, 805 S.) gr. 8. Braunschweig 905. F. Vieweg & Sohn. n. 24.—; in 1 Leinw.-Bd. n. 25.50

—— Leitfaden für Eisenhütten-Laboratorien. gr. 8. (VI, 80 S. mit in den Text eingedr. Holzst.) Braunschweig 880, Vieweg und Sohn. *
Aus: Post, Jul., chemisch-technische Analyse, besonders abgedruckt.

Ledebur, A., Leitfaden für Eisenhütten-Laboratorien. 2. durch einen Nachtrag verm. Ausg. gr. 8. (VI, 88 S. mit eingedr. Holzst.) Braunschweig 885, Vieweg und Sohn. *
Aus: Die chemisch-technische Analyse, hrsg. von Jul. Post, besonders abgedruckt.

—— Leitfaden f. Eisenhütten-Laboratorien. 3. neubearb. Aufl. gr. 8. (VI, 98 S. m. Holzst. u. 1 Farbentaf.) Braunschw. 889, Vieweg u. Sohn. * 2 50
Aus: Chem.-techn. Analyse, hrsg. v. J. Post, besonders abgedruckt.

— Leitfaden f. Eisenhütten-Laboratorien. 4., neu bearb. Aufl. gr. 8. (VIII, 111 S. m. 14 Holzst.) Ebd. 895. n. 3.—

— Leitfaden f. Eisenhütten-Laboratorien. 5. neu bearb. Aufl. gr. 8. (VIII, 119 S. m. 21 Abb.) Braunschweig 900. F. Vieweg & Sohn. n. 3.—

— Leitfaden f. Eisenhütten-Laboratorien. 6. neu bearb. Aufl. (IX, 139 S. m. 24 Abbildgn.) gr. 8. Ebd. 903. n. 3.50; geb. in Leinw. n. 4.50

— Leitfaden f. Eisenhütten-Laboratorien. 8. neu bearb. Aufl. v. W. Heike. (IX, 158 S. m. 28 Abbildgn.) gr. 8. Braunschweig 907. F. Vieweg & Sohn. 4.50; geb. in Leinw. 5.—
7. Aufl. (IX, 130 S. m. 24 Abb.) 907. 3.50; geb. 4.50

—— die Metalle, ihre Gewinnung und ihre Verarbeitung, allgemein faßlich dargestellt. 7 Lfgn. gr. 8. (VII, 287 S. mit 64 in den Text eingedr. Holzschn.) Stuttgart 887, Weisert. à Lfg. * 50 Pf.; compl. geb. **

— Metallverarbeitung, s.: Handbuch der chemischen Technologie.

Ledebur, A., die Oefen für metallurgische Processe. Für Hüttenleute, Metallwaarenfabrikanten, Werkführer und Studirende der Metallurgie bearb. gr. 8. (VIII, 103 S.) Freiberg 878, Craz und Gerlach. *

Ledebur, A. u. J. A. Lütke, Reiseberich tc., s. Arnemann, W.

Ledebur, A., das Roheisen in Bezug auf seine Verwendung zur Eisengiesserei. Für Fabrikanten, Giessereibeamte, Formermeister etc. gr. 8. (V, 81 S. mit 2 lithogr. Taf. in qu. Fol.) Leipzig 872, Felix. *

—— das Roheisen mit besond. Berücksicht. seiner Verwendung für die Eisengiesserei. Für Studium und Praxis bearb. 2. vollständig umgearb. Aufl. gr. 8. (VI, 78 S. mit in den Text gedr. Holzst.) Leipzig 879, Felix. *

— das Roheisen m. besond. Berücksicht. seiner Verwendung f. die Eisengiesserei. Für Studium u. Praxis bearb. 3., vollständig umgearb. u. erweit. Aufl. gr. 8. (VIII, 94 S. m. 17 Abbildgn.) Ebd. 891. n. 4.—

Ledebur, A., das Roheisen m. besond. Berücksicht. seiner Verwendung f. die Eisengiesserei. 4., neubearb. Aufl. (VIII, 104 S. m. 21 Abbildgn.) gr. 8. Leipzig 904. A. Felix. n. 4.—

Ledebur, A., Chemisch-technische Untersuchung des Eisens. Braunschweig, 1908. 126 S. mit 24 Abb.

—— die Verarbeitung des Holzes auf mechanischem Wege. gr. 8. (X, 254 S. mit zahlreichen in den Text eingedr. Holzst.) Braunschweig 881, Vieweg und Sohn. *

—— die Verarbeitung der Metalle auf mechanischem Wege. Lehrbuch der mechanisch-metallurg. Technologie. Mit 652 in den Text eingedr. Holzst. 5 Lfgn. gr. 8. Braunschweig, Vieweg und Sohn. [1. und 2. Lfg. (VIII, S. 1—352.) 877. * ℳ 10.; 3. Lfg. (VI, S. 353—560.) 878. * ℳ 6,40.; 4. und 5. Lfg. (XVIII, S. 561—908.) 879. * ℳ 11,40.] *
dgl. 2. Auflage unter dem Titel: „Lehrbuch der mechanisch-metallurgischen Technologie". Ebend., 1897.

Ledebur, A. Versuche üb. die Beiz- u. Rostsprödigkeit d. Eisens u. Stahls, s. Mittheilungen aus den kgl. techn. Versuchsanstalten zu Berlin.

Versuche über die Beiz- und Rostsprödigkeit des Eisens und Stahls. Ausgeführt im Auftr. d. Minist. d. öffentl. Arbeiten. Bericht d. Prof. A[dolf] Ledebur nebst d. Versuchsergebnissen d. mechan.-techn. Versuchsanst. Berlin: J. Springer 1890. (30 S.) 4° [ʒ.]
= Mittheilungen aus d. Königl. techn. Versuchsanstalten zu Berlin. Jg. 8, Erg.H. 1.

Ledebur, Aug. Ludw. v., Erlebnisse aus den Kriegsjahren 1806 und 1807. Ein Zeit- und Lebensbild zusammengestellt aus (seinen) hinterlassenen Papieren. Nebst einigen kurzen Notizen über das Leben des Verewigten. gr. 8. (XV und 446 S.) Berlin 855, A. Duncker.

Ledebur, Carl von, s. Ledebur, Karl von

Ledebur, Caroline von, s. Ledebur, Karoline von

Ledebur, Heinr. Frhr. v., die kunst- und sittengeschichtliche Entwickelung der Heraldik. Vortrag, gehalten am 18. Febr. 1861 im berliner Hülfs-Verein für das german. Museum zu Nürnberg. gr. 8. (31 S.) Berlin 861, Hickethier.

Ledebur, Karl Frhr. v., König Friedrich I. von Preußen. Beiträge zur Geschichte seines Hofes, sowie der Wissenschaften, Künste und Staatsverwaltung jener Zeit. gr. 8. (V, 494 S.) Leipzig 878, O. A. Schulz. *

Ledebur, Karl Frhr. v., König Friedrich I. von Preußen. Beiträge zur Geschichte seines Hofes, sowie der Wissenschaften, Künste und Staatsverwaltung jener Zeit. 2. Bd. gr. 8. (316 S.) Schwerin 884, (Schmale.) *
1. Bd. Leipzig 1878, O. A. Schulz. * M 10.; geb. * M 12,50.

Ledebur, Karl Frhr. v., aus meinem Tagebuche. E. Beitrag zur Geschichte d. Schweriner Hoftheaters 1883—1897. gr. 8. (IV, 241 S.) Schwerin 897. E. Herberger. n. 3. —; geb. in Leinw. n. 4. 50

Ledebur, Carl Frhr. v., Tonkünstler-Lexicon Berlin's von den ältesten Zeiten bis auf die Gegenwart. 11 Lfgn. Lex.-8. (704 S.) Berlin 860. 61, Rauh. à Lfg. * 12 Ngr. *

Ledebur, Karoline von

Ledebur, Caroline Freiin v., Licht u. Leben. Christl. Anthologie, m. e. Vorwort von Otto v. Leixner. 8. (386 S.) Berlin 898. Schriftenvertriebsanstalt.
Geb. in Leinw. m. Goldschn. n. 4. —

Ledebur, Caroline Freiin v., Licht u. Leben. Christliche Anthologie m. e. Vorwort von Otto v. Leixner. Neue verm. u. verb. Aufl. (406 S.) kl. 8. Berlin 908. Schriftenvertriebsanstalt. Geb. in Leinw. 4. —

Ledebur, C. v., die Ruhe im Licht. Trostworte f. Hinterbliebene, gesammelt von v. L. (94 S.) 8. Berlin 905. Schriftenvertriebsanstalt. Kart. n. 1. 50

Ledebur, Caroline Freiin v., Sonnenlicht im irdischen Dunkel. Mit e. Vorwort v. Geo. Stosch. Hrsg. vom evangel. Trostbund. 12. (159 S.) Berlin 900. Schriftenvertriebsanstalt. Geb. in Leinw. n. 1. 50

Ledebur, Leopold Frh. v. Adelslexicon der preussischen Monarchie von Leopold Freiherrn von Ledebur ... Berlin, Verlag von Ludwig Rauh ... [1854—1856].
3 Bde 8°.
I: Tit., VIII + 494 S. II: Tit., 512 S. III: Tit., 363 S.

v. Ledebur, Leop Frhr., die heidnischen Alterthümer d. Regierungsbezirks Potsdam. Ein Beitrag zur Alterthümer-Statistik der Mark Brandenburg. gr. 8. (VI u. 106 S.) Berlin 852, Gebauer. n. 2/3 Thlr

Ledebur, Leop. v., allgemeines Archiv f. d. Geschichtskunde d. Preuß. Staates, s. Archiv, allgem., f. d. Geschichtskunde rc.

von Ledebur, Leopold: Kritische Beleuchtung einiger Punkte in den Feldzügen Karls des Grossen gegen die Sachsen und Slaven. Ein Beitrag zur Geschichte und Geographie der mittleren Zeit. Berlin, Posen und Bromberg 1829. IV, 195 S. 8°.

—— krit. Beleuchtung einiger Punkte in d. Feldzügen Karls d. Großen gegen d. Sachsen u. Slaven. Ein Beitr. z. Geschichte u. Geographie d. mittl. Zeit. 8. (12¾ B.) Berlin 829, Mittler.

—— Blicke auf d. Literatur d. letzt. Jahrzehents z. Kenntniß Germaniens zwischen Rhein u. Weser, mit besond. Rücksicht auf d. Land u. Volk d. Bructerer. gr. 8. (11½ B.) Berlin 837, Enslin'sche Buchh.

Ledebur, Leop. v., Einiges über das berühmte Altarbild: Das Jüngste Gericht in der Marien-Kirche zu Danzig. Berlin 859. Rauh. gr. 8. (25 S.) n. 5 ngr.

—— dynastische Forschungen. 1. und 2. Heft. Lex.-8. Berlin 853—56, Rauh. [1. (IV und 84 S.) 853. * 25 Ngr., 2. (65 S.) 856. * 20 Ngr.] *

— über die Frauen-Siegel des Deutschen Mittelalters. Vortrag, auf Veranstaltung des Berliner Hülfs-Vereins des Germanischen National-Museums zu Nürnberg, gehalten am 16. März 1859. Ebend. 859. gr. 8. (24 S.) n. 5 ngr.

von Ledebur, Leopold: Die fünf Münsterschen Gaue und die sieben Seelande Friesland's. Ein Beitrag zur Geographie des Mittelalters. Nebst einem urkundlichen Anhange und einer Charte. Berlin 1836. IV, 132 S. 8°. Gropius.

—— diplomat. Geschichte d. Stadt u. Herrschaft Vlotho. 8. (9½ B.) Berlin 829, Nauck.

—— Geschichte d. Kgl. Kunstkammer in Berlin. 8. (3½ B.) Berlin 831, Mittler.
Aus d. „Archiv f. d. Geschichtskunde d. Preuß. Staates" besond. abgedr.

— Geschichte der vormaligen Burg u. Festung Sparenberg. Nach Archivalien des geheimen Staatsarchives zu Berlin u. anderen urkundlichen Quellen bearb. Mit 1 Grundriß der Feste. gr. 8. Berlin 842, E. S. Lüderitz. ¾ Thlr

— d. Land u. Volk d. Bructerer, als Versuch einer vergleichenden Geographie d. ältern u. mittlern Zeit. Mit 2 ill. Karten. gr. 8. Berl. 827. Dümmler. 1 Thlr 12 gr VI, 334 S.

(v. Ledebur, Leopold.) Leitfaden für die Königliche Kunstkammer und das Ethnographische Cabinet zu Berlin. Berlin 1844. 8°.

v. Ledebur, Leop., der Maiengau oder das Mayenfeld, nicht Maifeld. Eine historisch-geographische Untersuchung. gr. 8. (Mit 1 Karte.) Berlin 842, E. S. Lüderitz. 5/12 Thlr 56 S., 1 Krt.

Ledebur, L. v., der Schulze Marsilius v. Berlin, s.: Schriften d. Vereins f. die Geschichte der Stadt Berlin.

von Ledebur, Frhr. Leopold: Das Königliche Museum vaterländischer Alterthümer im Schlosse Monbijou zu Berlin. Mit sechs Kupfertafeln. Berlin 1838. XI, 226 S. 8°.

— Nordthüringen und die Hermundurer oder Thüringer. Zwei Vorträge, gehalten in dem Verein für Märkische Geschichte u. in der geograph. Gesellschaft zu Berlin. gr. 8. Berlin 842, Oehmigke's B. n. 1/3 Thlr 60 S.

—— Nordthüringen und die Hermundurer oder Thüringer. Zwei historisch-geograph. Abhandlungen. gr. 8. (IV und 60 S.) Berlin 852. [Leipzig,] Förstner'sche Buchh. *

—— der Rangau. Geographische Entgegnung auf die Schrift des H. Haas: „Der Rangau, seine Grafen, mit neuen Forschungen über die Abstammung der Burggrafen von Nürnberg." gr. 8. (16 S.) Berlin 854, Rauh. *

— s. Repertorium der histor. Literatur f. Deutschland.

Ledebur, Leop. von, Repertorium der historischen Literatur für Deutschland, seit 1840. Bd. 1. Berlin 1843. 8. . . . .

v. Ledebur, L. Schauplatz der Thaten oder Aufenthalts-Nachweis des Kurfürsten Friedrich Wilhelm des Grossen. 8. Berlin 1840.

Ledebur, L. v., Ueber die Simolin-Báthory Frage. Als Manuscript gedruckt. Berlin 1861. 8. — 1870. 8.

— Streifzüge durch die Felder des königl. Preuß. Wappens. (Mit dem Wappen in Farbendruck.) Lex.-8. Berlin 842, E. S. Lüderitz. 1 Thlr

Ledebur, Leop. v., die Grafen von Valkenstein am Harze und ihre Stammgenossen. gr. Lex.-8. (VIII und 115 S. mit 2 Stammtaf., und 1 Stnt. mit 5 Siegel-Abbild.) Berlin 847, Mittler und Sohn.

— Vorträge zur Geschichte der Mark Brandenburg, gehalten im Jahre 1853 im Verein für die Geschichte der Mark Brandenburg, in Versammlungen des Treubundes u. s. w. Ebend. 854. 8. (48 S.) 7½ ngr.

von Ledebur, Leopold: Über die in den Baltischen Ländern in der Erde gefundenen Zeugnisse eines Handels-Verkehrs mit dem Orient zur Zeit der arabischen Weltherrschaft. Berlin 1840. 76 S., 1 Krt. 8°. Gropius.

Ledebur, Wilh. v., die Noth des Handwerkerstandes mit besonderer Beziehung auf die neuere Preußische Gewerbe-Gesetzgebung. Colberg 854. Post. 8. (3 Bl., 116 S.) 9 ngr.

Ledebur-Wicheln, Carl Frhr. v., geschichtliche Darstellungen aus der Vorzeit des Bisth. Paderborn. 12. (82 S.) Paderborn 890. Bonifacius-Druckerei. n. — 60

Ledeganck, Herm. Fr.

Ledeganck, H. F., Meeresrauschen. See-Gedichte. (IV, 80 S.) kl. 8. Dresden 905. E. Pierson. n. 1.50; geb. n. 2.50

Ledeganck, Herm. Fr., Sangur. Siamesische Sage. 8. (40 S.) Köln 899. P. Neubner. n. 1.—

Ledeganck, H. F., schartige Schwerter. Gedichte. (II, 77 S. m. Bildnis.) 8. Leipzig-Gohlis 909. B. Volger. 1.—

Ledeganck, Léon, approb. Arzt aus Brüssel: Aus d. Marburger chirurg. Universitäts-Klinik. Dreißig Jahre Hasenschartenchirurgie 1871—1901. *Marburg 1904: Köster & Schell.* (58 S.) 8°
Marburg, Med. Diss. v. 22. März 1904

Ledel, Jo. Sam., Breviarium epistolicum med.-consultatorium sive brevis manuductio ad epistolas med.-consultatorias conscribendas neo-medicis admodum utilis cui accesserunt observationum med.-physicarum decuriae tres. 158 pp. Sorav. 1734. 8°.

Ledel, I. Sam., breviarium epistolic. medico-consultator. 8. Sorau, Hebold. 734.

— bet- und beichtende Medicus. 8. Crossen, Hebold. 728.

Ledeli, M., Wien bei Nacht. Momentbilder aus dem Nachtleben der Großstadt m. in Heliograv. u. Autotypien ausgeführten Illustr. nach Originalen. Textlich geschildert v. E. Strobl u. A. Wilhelm. gr. 4. (43 S.) Wien 892. A. W. Künast. n. 8.—; geb. in Leinw. n. 9.—

Leder. — Fiv nie Leder ton Singn und Beden vaer Schleswig-Holsteen, s.a. Groth, Klaus

Leder, Fif nie, ton Singen un Beden voer Schleswig-Holstein. Hamb. 1864. H: *Groth, Claus.* (A)

Leder, fiv nie, ton Singn un Beden voer Schleswig-Holsteen. 8. (15 S.) Hamburg 864, Mauke Söhne.

Leder, Carl Hieron. Gottl., s. Leder, Karl Hieron. Gottl.

— **Dav.** (Sorau/Laus.), Ex orthographia Graecorum. Präs. Jo. Wilh. Kirchmaier. O. O. (Hake) 3. VII. 1706. (5.—) 20647
Widm. v.: Gg. Alb. Hamberger.

Leder, Ernst, die Praxis des Logarithmen-Rechnens unter Berücksicht. der einschläg. tabellar., graphischen u. mechan. Hilfsmittel. Ein Leitfaden f. Kaufleute, Techniker, Gewerbetreibende, überhaupt f. jeden prakt. Zahlenrechner. Mit 1 graph. Logarithmentaf. (127 S.) Lex. 8. Berlin 908. (W. H. Kühl.) 5.—; geb. 6.—

Leder, Friedrich Robert Hermann, s. Leder, Hermann

Leder, Fritz, a. Neisse: Über die absolute Intensitätsverteilung im kontinuierlichen Grund der Alkalimetallspektren, über die Strahlung der Hefnerlampe und des Osmiums. Kiel 1908: J. H. N. Thamssen, Tondern. (30 S.) 8°
Kiel, Phil. Fak., Ref. Lenard, Diss. v. 6. Jan. 1908
[Geb. 30. Okt. 82 Neiße; Wohnort: Kiel; Staatsangeh.: Preußen; Vorbildung: Realgymn. z. Heiligen Geist Breslau Reife O. 02; Studium: Kiel 8 S.; Rig. 21. Dez. 07.]

Leder, Hanns, erster Nachtrag zu Edm. Reitter's Uebersicht der Käfer-Fauna von Mähren und Schlesien. gr. 8. (56 S.) Brünn 873, (Hauptmann.) *

Leder, Hans, das geheimnisvolle Tibet. Reisefrüchte aus dem geistl. Reiche des Dalai-Lama. Mit 14 Abbildgn., meist nach eigenen Aufnahmen. (VIII, 110 S. m. 10 Taf.) 8. Leipzig 909. Th. Grieben. 2.20

Leder, (Fridericus Robertus) Hermannus (*geb. Warmbrunn in Schles. 19. 2. 1815*): De oleo jecoris aselli. Vratislaviae (1839). (42 S.) 8°
Breslau, Med. Diss. v. 14. Aug. 1839

Leder, Hermann, aus Lauban: Untersuchungen über Augustins Erkenntnistheorie in ihren Beziehungen zur antiken Skepsis, zu Plotin und zu Descartes. *Marburg 1901: R. Friedrich.* (93 S.) 8°
Marburg, Phil. Diss. v. [27. Aug.] 1901

Leder, Herm., Untersuchungen üb. Augustins Erkenntnistheorie in ihren Beziehungen zur antiken Skepsis, zu Plotin u. zu Descartes. (Diss.) gr. 8. (III, 93 S.) Marburg 901. N. G. Elwert's Verl. n. 1.80

Leder, J., Rechenbuch, s.: Morgenthaler, J.

Leder, Johs., der Thurmwart von Ilgenhain. Wahrheitsgetreue Erzählung aus dem Leben und Wirken des Chrph. Weißmann, weil. Präceptor und Titular-Kantor in Ilgenhain, von ihm selbst verfaßt. Für das deutsche Volk, seine Lehrer und Schulbehörden zum Druck befördert und mit einigen Anmerkungen und einem Anhängsel versehen. 8. (192 S.) Eisenach 877, Bacmeister. *

Leder, Johs., der Thurmwart von Ilgenhain. Wahrheitsgetreue Erzählung aus dem Leben u. Wirken des Chrph. Weißmann, weil. Präceptor u. Titular-Kantor in Ilgenhain, von ihm selbst verfaßt. Für das deutsche Volk, seine Lehrer u. Schulbehörden zum Druck befördert u. mit einem Anhängsel versehen. 8. (192 S.) Dresden 877. Bleyl & Kämmerer. n. 1.60

Leder, Karl Hieron. Gottl.

Leder, Carl Hieron. Gottl. (Löbau), Quaestio juris controv. ad actionem paulianam. Präs. Chr. Heinr. Breuning. Lpz. (Rumpf) 13. I. 1773. 12 Seiten. (5.—) 20646

Leder, Paul, Blitzschäden und ihre Verhütung. gr. 8. (16 S.) Hirschberg 886, Richter. *

Leder, Paul Aug., die Diakonen der Bischöfe u. Presbyter u. ihre urchristl. Vorläufer, s.a. **Abhandlungen, kirchenrechtl. 23. 24.**

Die Diakonen der Bischöfe und Presbyter und ihre urchristlichen Vorläufer. Untersuchungen über d. Vorgeschichte u. d. Anfänge d. Archidiakonats von Dr. **Paul August Leder**, Wien. Stuttgart: F. Enke 1903. (VIII, 402 S.) 8°
= **Abhandlungen**, Kirchenrechtliche. H. 23. 24. [05. 14704

Leder, Paul Aug., Lehrbuch des kathol. Kirchenrechts, s.: **Groß, Karl.**

Leder, Victor *(geb. Lauban [9. 6. 1842])*: Zur Behandlung des engen Beckens. Breslau (1868). (28 S.) 8°
Breslau, Med. Diss. v. 4. Aug. 1868

Lederarbeiter-Zeitung: Schweiz. Lederarbeiter-Zeitung — Journal des ouvriers sur cuir — Giornale degli operai del cuoio
v. Schweiz. Schuhmacherfachblatt.

Lederbogen, Friedrich, Seminarl.: Friedrich Schlegels Geschichtsphilosophie. Ein Beitr. z. Genesis d. histor. Weltanschauung. (Kap. 3. 4.) Leipzig: Dürr 1908. VIII, 26—85 S. 8° ¶(Ersch. vollst. als Buch ebd.)
Jena, Phil. Diss. v. 15. Sept. 1908, Ref. Eucken
[Geb. 27. Sept. 64 Hohendodeleben; Wohnort: Weißenfels; Staatsangeh.: Preußen; Vorbildung: Lehrersem. Barby bis O. 85; Studium: Jena 7 S.; Rig. 9. Mai 08.] [U 09. 2198

Lederbogen, F., Theorie u. Praxis des Turnunterrichts. Für Lehrer- u. Lehrerinnenseminare sowie f. Turnlehrerbildungsanstalten. Mit besond. Berücksicht. des Turnens in der preuß. Volksschule hrsg. (192 S. m. 80 Fig.) gr. 8. Leipzig 903. Dürr'sche Buchh. Kart. n. 2.40

— Theorie u. Praxis des Turnunterrichts. Für Lehrer- u. Lehrerinnenseminare. Mit besond. Berücksicht. des Turnens in der preuß. Volksschule hrsg. 2., verb. Aufl. (196 S. m. 30 Fig.) 8. Leipzig 907. [Dürr'sche Buchh.] Berlin, Union, Zweigniederlassg. Geb. 2.40

Lederbogen, F., Übungsgruppen. **E.** prakt. Anweisg. f. d. Betrieb d. Ordnungs-, Frei- u. Handgerätübgn. im Turnunterr. **Bearb.** auf Grund d. amtl. Leitfadens f. d. Turnunterricht in d. preuß. Volksschulen v. 1895. 8. (144 S. m. 15 Fig.) Leipzig 898. Dürr'sche Buchh. n. 1.20

— Übungsgruppen. Eine prakt. Anweisg. f. den Betrieb der Ordnungs-, Frei- u. Handgerätübgn. im Turnunterricht. Bearb. auf Grund des amtl. Leitfadens für den Turnunterricht in den preuß. Volksschulen v. 1895. 2., verb. Aufl. (138 S. m. 15 Fig.) 8. Ebd. 909. 1.20

Lederbogen, Wilh., Kameruner Märchen. Gesammelt u. übers. gr. 8. (VIII, 131 S.) Berlin (901). Deutscher Kolonial-Verlag. Geb. n. 1.50

Lederbörse, Internationale. Zeitschrift des Central-Verbandes der Lederhändler Deutschlands. Red.: F. Philips. 1. Jahrg. Septbr.—Dezbr. 1908. 16 Nrn. (à ca. 24 S.) 31×23 cm. Berlin, Kampffmeyer'scher Verlag. 2.50
Erscheint nicht mehr.
Seit Dez. 1908 mit 'Schuh u. Leder' vereinigt.

Lederer, Baronin, geb. Gräfin Szécsen, kurze Betrachtungen üb. d. Evangelien d. Sonn- u. Feiertage. Ein Lese- u. Erbauungsbuch f. Kinder. 16. (216 S. m. Titelbild.) Wien 897. Verl.-Buchh. „Austria". n.n. 1.20; geb. n.n. 1.55

Lederer's Geschäftsbuch für Bienenzüchter. Mit einem Inventar, Jahresabschluss, statist. Notizen und Geschäftskalender. 4. (134 S.) [Esslingen 881,82, Langguth's Buchh.] Dresden, Barth und Schirrmeister. cart. *

Lederer's Geschäftsbuch f. Bienenzüchter. M. e. Inventar, Jahresabschluss, statist. Notizen u. Geschäftskalender. (2. Ausg.) 4. (134 S.) Leipzig (882). Th. Thomas. Kart. n. — 60

Lederer A, deutsches ABC- und Lesebuch für die erste Volksschulklasse etc. nach dem ungarischen ABC- und Lesebuch von P Gönczy bearbeitet. Budapest 1873

Lederer, A., Erziehungslehre für israel. Aeltern, Lehrer u. Lehramtszöglinge. Pest 865. Lampel. 8. (VIII, 184 S.) n. 20 ngr.

Lederer, A., Heimatkunde vom Kronlande Ungarn. Ein geograf. Lehr- und Lesebuch für Schüler der obern Volksschulklassen und der Wiederholungsschulen. gr. 8. (X und 151 S. mit 2 lithogr. Karten in gr. 8. und 4.) Pest 859, Geibel. geb. *

Lederer, A., die Methodik der Gewöhnung, gegründet auf die Gesetze der Menschenkunde und Sittenlehre. gr. 8. (56 S.) Wien 879, Pichler's Wwe. und Sohn.
Aus: Der österreichische Schulbote, besonders abgedruckt.

Lederer, A. Spezif. Ursachen von Lungenerkrankgn b. d. K. K. Kriegsmarine. Wien 1885.

Lederer A, Wandtafeln: Druckschrift, deutsche. (12 T) Schreibschrift (12 T) In Umschlag. Imp. Breda 1871

Lederer, Adph., centrische und excentrische Dynamiden. Elementare Beiträge zu einer rationellen Atomen-Lehre. gr. 8. (VII, 61 S. mit 1 lithogr. Fig.-Taf. in qu. Fol.) Wien 877, (Hölder.) *

Lederer, Alb. Lor., 63 gesamm. geistl. Reimgebete nach Hübners Lehrart. 8. Nürnb. 738.

— katechet. Zergliederung erbaul. Festspr. u. Gebote. 8. Nrnb. Grattenauer. 739.

Lederer Anton. Über Einwirkung von Bariumhydroxyd und von Natrium auf einige Aldehyde. S. 110. IIb. 438 . . . . vgr.
Separatabdruck

Lederer, Arth., analytische Ermittelung u. Anwendg. v. Einflusslinien einiger im Eisenbetonbau häufig vorkommender statisch unbestimmter Träger. Hrsg. v. Rud. Wolle, Cementbaugeschäft, Leipzig. (IV, 88 S. m. 113 Fig. u. 13 Taf.) Lex.8. Berlin (908). W. Ernst & Sohn. Kart. 4.20; geb. 5.—

Lederer, Bernhard Hárdy, Dipl. agr.: Agrarstatistische Beiträge und Studien zur Alfölder Landarbeiterfrage. Halle a. S. 1910: Kaemmerer. 111 S. 8°
Halle, Phil. Diss. v. 1. Juni 1910, Ref. Conrad
[Geb. 28. Okt. 87 Budapest; Wohnort: Budapest; Staatsangeh.: Ungarn; Vorbildung: Staatl. Obergymn. Budapest Reife Juni 06; Studium: Halle 7 S.; Rig. 10. Mai 10.] [U 10. 1767

Lederer, Camill, über den Geschlechtsverkehr. (8 S.) gr. 8. Leipzig 906. Verlag der Monatsschrift f. Harnkrankh. n. — 30
Sonderabdruck aus: „Monatsschr. f. Harnkrankh."

— natürliche Kinderernährung. (68 S.) kl. 8. Wien 904. W. Braumüller. n. — 70

Lederer, Carl, s. Lederer, Karl

Lederer, Eduard [aus Miskolcs (Ungarn)]: Beiträge zur Anatomie der Tubarschwangerschaft .... Berlin, Buchdr. v. Gustav Schade (Otto Francke) (1888); 90 S. + 1 Bl. 8°
Berlin, Med. Fak., Inaug.-Diss. v. 9. Jan. 1888

Lederer, Ernst, s.a. Therapie, die, an den österreichischen Universitätskliniken.

Lederer, E., Die Therapie an den österr. Universitätskliniken. Gr.-8°. (200 S.) K 1.20
Wien: Hölder 1903

Lederer, E., Die Therapie an den österr. Universitätskliniken. 2. Ausgabe. Gr.-8°. (XI, 112 S.) † K 1.20
Wien: Alfred Hölder 1905

Lederer, E., Die Therapie an den österr. Universitätskliniken. III. Ausgabe: Ein Blick auf die gynäkologische Therapie in der Klinik. Gr.-8°. (65 S.) † K 1.20
Wien: Hölder 1906

Lederer, Eugen Leo

— Kapillaritätserscheinungen an schmelzenden Metallen (mit 1 Textfigur). S. 121. IIa. 17 . . . .
Separatabdruck

Lederer, E. L., über den elektrischen Widerstand v. Legierungen. (8 S. m. 2 Fig.) gr. 8. Wien 908. A. Hölder. — 35
Sonderabdr. aus: „Sitzungsber. d. k. Akad. d. Wiss."

Lederer, F. v., s. Lederer, Franz Xaver von

Lederer, Fel., zur Reform des Religionsunterrichtes. Gegen die 8. Zwickauer These. (III, III, 47 S.) 8. Leipzig 909. M. Költz. — 50

Lederer, Ferdin. Einführung in die Geschichte der deutschen Sprache. 37 S. Progr. G. *Arnstadt* 1881.

Lederer, [Ferdinand]: Heimatlied. S. 4. 4.
Progr. Fürstl. Gymn. *Arnstadt* 1905 (862).

Lederer [Prof.]: Schulrede über die deutsche Vaterlandsliebe. Arnstadt, fürstl. Hofbuchdr. v. E. Frotscher (1889); S. 3–16; 4°
Arnstadt, fürstl. G, OP 1889 (678)

Lederer, Franz, approb. Arzt aus Fürstenfeldbruck: Ein Fall von Pankreasnekrose. *Bruck b. München [1900]: A. Sighart.* (24 S.) 8°
München, Med. Diss. v. 1900

Lederer, Franz, a. Berlin: Die Ironie in den Tragödien Shaksperes. (Berlin: Mayer & Müller 1907.) (VII, 84 S.) 8°
Berlin, Phil. Fak., Ref. Brandl, Diss. v. 10. Aug. 1907
[Geb. 26. Aug. 82 Berlin; Wohnort: Berlin; Staatsangeh.: Preußen; Vorbildung: Sophien-Realgymn. Berlin Reife M. 01; Studium: Berlin 10 S.; Rig. 21. Febr. 07.]

v. Lederer, Frz. Xav., über d. wesentl. Vortheile d. Einimpfung d. Blattern; für d. Landvolk geschrieben. 8. Wien 796. Kaulfuß. 3 K

Lederer, Fr(anz) Xav(er) von: Über die wesentlichen Vorteile der Einimpfung der Kinderblattern. Für das Landvolk geschrieben. 56 S., gbd.
Wien: Rötzel 1797

JB 6.657

Lederer, Friedrich: Deutsche Aufsätze über Themen für obere Gymnasialklassen. T. 1. Straubing 1910: Attenkofer. 34 S. 8°
Straubing, k. G P 1910* [S 10. 255

Lederer, Gust., s. Förster's, Osk., Ratgeber in Geldsachen, f. Österreich bearb.

Lederer, J., s.a. Lederer, Johann Augustin

Lederer, I., s.a. Lederer, Josef

Lederer, J., s.a. Wagner, Felix.

— s. Rekruten, die jungen.

Lederer, J., von dem Ursprung der Verbindung Italiens m. Deutschland. 8. Insbruck, Wagner. 779.

Lederer, J., wie sollen wir unsere Kinder erziehen? gr. 8. (34 S.) Wien 899. (J. Eisenstein & Co.) n. — 60

Lederer, J. Casp., praes. A. Haller, De sensibus in genere. 40 pp. Gött. 4°. 1742

Lederer, Ign., Erinnerungen aus und an Pilsen. 16. (39 S.) Pilsen 862, Maasch. *

Lederer, Ignaz, die Eröffnung der böhmischen Westbahn auf der Strecke von Skurnian bis Furth am 14. October 1861. Mit Beigabe des Festprologes von Karl Victor Hansgirg. kl. 8. (23 S.) Pilsen, Maasch. 1861 16 kr.

Lederer, Ign., Sagen und Geschichten aus Böhmen. gr. 16. (III, 59 S.) Pilsen 869, Maasch. *

Lederer, Jo. Christian: De Ratione scribendi historiam philosophiae, s. Garve, Christian

Lederer, Johann Augustin

Lederer, J. Augustin, Hermeneutische Abhandlung über die Weissagung des Patriarchen Jakob. Augsburg, Doll, 1807, 1 Mk.

Lederer, J. A., Das heilige Lied Salomos im prophetischen Sinnbild. Augsburg, Wolf, 1788, 8°.

Lederer, Jh. Aug., nach dem David herrschten über d. Zunft Juda immer dessen Leibeserben bis zur Ankunft des Messias. Eine hermeneut. Abhandl. über d. Weissagung d. Patriarchen Jakobs. 8. Augsb. 807. Doll. (Landsh., Krüll). 9 K

Lederer, Jh. Chr., († d. 18. Oct. 1823.), s.a. *Orbis* pictus.

Lederer, J. C., neu umgearbeit. orbis pictus. 8. Lpz. Schwickert. 784.

— — Kupf. dazu, n. Ordn. d. Cap. in dems. (od. Kupf. zur Erkl. d. natürl. Gegenst. u. menschl. Beschäft. in d. Welt.) 2 Hefte. gr. 4. Ebend. 795. 87. (1e 2 Rthlr. 8 gr. 2e 3 Rthlr. 4 gr.)

Lederer, Ioannes Fredericus: Fragmentum indicis in C. Iulii Solini collectanea rerum memorabilium. C — Continuus. *Bayreuth 1901: L. Ellwanger.* (90 Sp.) 8° [Ant. u. F.] ¶(A u. B sind für den Thesaurus linguae Latinae eingesandt.)
Bayreuth, k. humanist. G, P 1901*

Lederer, Ioa. Frederic., fragmentum indicis in C. Julii Solini collectanea rerum memorabilium. C—Continuus. Progr. gr. 8. (90 Sp.) Bayreuth 901. (C. Giessel.) — 75

Lederer, Ioannes Fredericus: Alterum fragmentum indicis verborum in C. Iulii Solini collectanea rerum memorabilium (complectens voces) Contra—cyprum. *Bayreuth 1902: L. Ellwanger.* (50 Sp.) 8° [Ant. u. J.] ¶[Forts. d. P-Beil. 1901: C—Continuus. — A u. B sind für d. Thesaurus linguae Latinae eingesandt.]
Bayreuth, k. humanist. G, P 1902*

Lederer, Ioannes Fredericus: Tertium fragmentum indicis verborum in C. Iulii Solini collectanea rerum memorabilium D—dispar. Bayreuth 1909: Ellwanger. 58 S. 8° ¶[Forts. d. P-Beil. 1901. 02. C—cyprum. — A u. B sind für d. Thesaurus linguae Lat. eingesandt.]
Bayreuth, k. G P 1909* [S 09. 281

Lederer, Ioannes Fredericus: Quartum fragmentum indicis verborum in C. Iulii Solini collectanea rerum memorabilium. dispereo-dux. Bayreuth 1910: Ellwanger. 30 Sp. 8° ¶(Forts. d. P-Beil. 1901. 02. 09. C-dispar. — A u. B sind für d. Thesaurus linguae Lat. eingesandt.)
Bayreuth k. G P 1910* [S 10. 256

Geschichte der alten Lateinschule zu Thurnau. — Von Joh. Friedrich Lederer, S.-R. — 1890, Kulmbach, Fr. Dachert. — S. 3—24.
Progr. Thurnau. Privatlateinschule

Lederer, Joh. Nikol.: Joh. Nikol. Lederer, gen. Lentz, oder: Auf Umwegen zum rechten Ziel. Hrsg. und verlegt vom Verein f. innere Mission zu Nisky. 1870. 77 S. 8⁰
Bearb. des eigenhändigen Lebenslaufes.
[Erman, V. u. E. Horn: Bibliogr. d. deutschen Universitäten. 1 (1904) Nr 1072.] · Bresl U.

Lederer, Josef

Lederer, J., neue und leichte Art zu solmisiren. 4. Ulm, Wohler. 796.

Lederer, Jos., († d.... Oct. 1796.) Diss. apologetica, qua cultus SS. Angelorum et praesertim celeberrima S. Michaelis Archang. in monte Gargano apparitio vindicatur. 8. Augsb. 761. Riegers Buchh. 3 ℛ

— etwas aus China; e. Operette in 3 Akt. 8. Ulm 777.

— moral. Gedanken über d. Gebet d. Herrn. 8. Augsb. 774.

— d. hohe Lied Salomons, ein Singspiel über den Zustand d. Kirche Gottes von d. Zeiten Davids bis ans Ende d. Welt; oder d. jüdische u. christl. Jerusalem rc. gr. 8. Burghausen 788. ... 9 ℛ

Lederer, Jos., die Standhaftigkeit, od. Thomas Graf v. Aquin; ein Singspl. 4. Ulm 766.

— d. Standhaftigkeit im Glauben, für d. gemeinen Mann. 8. Ulm 784. Wohler. 6 ℛ

Lederer, Jul., die Ehe, wie sie war, ist u. sein wird. (26 S.). gr. 8. Nürnberg (907). (Leipzig, Leipziger Buchdruckerei.) — 30

— Gott u. Teufel im XX. Jahrh. (24 S.) 8. Ebd. (908). — 20

Lederer, Jul., Lepidopterologisches aus Sibirien. (Aus den Verhandlungen des zoologisch-botan. Vereins in Wien.) Wien (854.) Braumüller in Comm. gr. 8. (65 S. u. 8 lith. Taf.) n. 20 ngr.

Lederer, Jul., verfehlte Liebe — verfehltes Leben. Orig.-Roman. 8. (146 S. m. Bildnis.) Leipzig 902. (L. Naumann.) n. 1.—

Lederer, Julius [Hrsg.], s. Monatsschrift, Wiener Entomologische

Lederer, Jul., die Noctuinen Europa's, mit Zuziehung einiger bisher meist dazu gewählter Arten des asiatischen Russland's, Kleinasien's, Syrien's, und Labrador's. gr. 8. (XV und 252 S. mit 4 Stnt.) Wien 857, (Gerold's Sohn.) *

Lederer, Karl, a. Arnstadt in Thür.: Über einige Derivate des Ketotetrahydrochinazolins. Rostock 1906: C. Hinstorff. (70 S.) 8°
Rostock, Phil. Fak., Ref. Michaelis, Diss. v. 12. März 1906
[Geb. 21. Febr. 80 Arnstadt in Thür.; Wohnort: Arnstadt; Staatsangeh.: Preußen; Vorbildung: Fürstl. Gymn. Arnstadt Obersekunda-Reife O. 96; Studium: Rostock 9 S.; Rig. 2. März 06.]

Lederer, Karl: Einwirkung von Grignardlösungen auf basische Spaltungsprodukte der Alkaloide Hydrastin und Narkotin. Giessen 1909: Heppeler & Meyer. 75 S. 8°
Gießen, Phil. Diss. v. 16. März 1909, Ref. Naumann
[Geb. 6. Dez. 81 Jungbunzlau; Wohnort: Gießen; Staatsangeh.: Österreich; Vorbildung: Deutsche Staatsrealsch. Karolinenthal Reife Sommer 01; Studium: Techn. Hochschulen Wien 2, Darmstadt 5, Univ. Gießen 3 S.; Rig. 10. Febr. 09.] [U 09. 1219

Lederer JUDr. Karl, Lehrbuch des Handels- und Gewerberechtes für Handelsakademien und höhere Handelsschulen. Wien 1904. Alfred Hölder. Preis, gebunden 2 K 60 h.

Lederer, Carl [Dr. theol., k. Gymnasialprof. u. Religionslehrer]: Die Biblische Zeitrechnung vom Auszuge aus Ägypten bis zum Beginne der babylonischen Gefangenschaft mit Berücksichtigung der Resultate der Assyriologie und Ägyptologie .... (Ist auch Progr. d. K. Studienanst. Speier 1887/88.) Speier, in Komm. d. Ferd. Kleeberger'schen Buchh. (1888); 3 Bl. + 180 S. 8°
Würzburg, Theol. Fak., Inaug.Diss. v. 1888

Lederer, die biblische Zeitrechnung vom Auszuge aus Ägypten bis zum Beginne der babylonischen Gefangenschaft, m. Berücksicht. der Resultate der Assyriologie u. Ägyptologie. Inaug.-Diss. gr. 8. (V, 180 S.) Speyer 888. [Kleeberg.] Erlangen, Blaesing's Univ.-Buchh. n.n. 2. 60

Lederer, Leo, das österreichische Bergschadenrecht unter Berücksicht. d. deutschen Bergrechtes. gr. 8. (VI, 137 S.) Berlin 893. J. Springer. n. 4.—

LEDERER, LEONHARD. Synthese von Pyrrolderivaten. (Erlangen) Würzburg, 1885.

Lederer, Leo., Unzulässigkeit d. Verbauung verliehener Grubenfelder nach österreich. Rechte unter besond. Berücksicht. der Judikatur des k. k. Verwaltungsgerichtshofes. (79 S.) 8. Berlin 910. J. Springer. 2.—

Lederer, Ludov. Otto (geb. Marienburg in Westpr. 12. 2. 1809): De unguibus humanis. Berolini (1834). (45 S.) 8°
Berlin, Med. Diss. v. 10. Apr. 1834

Lederer, Marie, Erlebnisse eines Krampus. Von ihm selbst erzählt. Eine Weihnachtsgeschichte aus Wien. 4. (III, 26 S.) Wien 885, (Bermann und Altmann.) cart. *

Lederer, Marie, Hansl, der lust. Praterwurstl: Eine Wiener Kindergeschichte. (31 S. m. 14 Abbildgn.) 4. Wien 903 (A. Bermann.) n. — 90

Lederer, Max, der österreichische Entwurf des Jugendstrafrechtes. Kritische Bemerkgn. zur Regierungsvorlage. (81 S.) gr. 8. Wien 908. Manz. 1. 30
Sonderabdruck aus: „Allg. österr. Gerichts-Zeitg."

Lederer Max: Die Gestalt des Naturkindes im 18. Jahrhundert und ihre Ausläufer.
1905 PN 1849 **Diss.** Wien, Univ. 153

Amerikanische Jugendgerichte. Von Dr. Max **Lederer**, Prag. Wien: Manz 1908. (32 S.) 8° [F.] [08. 10565

Lederer, M., Das Probationsystem in den Vereinigten Staaten v. Nordamerika. [Aus: „Allg. öst. Gerichts-Ztg."] (20 S.) gr. 8. Wien, Manz. 1908 —. 50.

Lederer, Max [Hrsg.], s. Shakespeare, W.: Ein Sommernachtstraum.

Lederer, M, s. Zeitschrift f. Kinderschutz.

Lederer, Michael „Die Flechtenflora der Umgebung von Amberg". pg. 3—48. 8°. H. Böes.
Amberg, Progr. 1903/04

Lederer, Michael „Flora der Umgebung von Amberg oder Aufzählung der in diesem Gebiete wildwachsenden Blütenpflanzen und Gefässkryptogamen, sowie der häufigeren Zierpflanzen". pg. 3—72. 8°. H. Böes.
Amberg, Progr. 1906/07

Lederer, Mor., aus jüdischer Sphäre. (32 S.) 8. Brünn (909). Verlag der „Jüd. Volksstimme". —80

Lederer, Paul, die Entwicklung der südafrikan. Union auf verkehrspolitischer Grundlage, s.a. Forschungen, staats- u. sozialwissenschaftliche. 149. Heft.

Lederer, Paul: Die Entwicklung der südafrikanischen Union auf verkehrspolitischer Grundlage. ⟨Kap. 4, 6, 7 u. 8.⟩ (Leipzig: Duncker & Humblot 1910.) 47 S. 8° ¶(Ersch. vollst. als: Staats- und sozialwiss. Forschungen. H. 149.)
Berlin, Phil. Diss. v. 9. März 1910, Ref. Sering
[Geb. 8. Juni 79 Forchheim; Wohnort: Berlin; Staatsangeh.: Bayern; Vorbildung: Realgymn. Nürnberg; Studium: München Techn. Hochsch. 10, Univ. 4, Berlin 2 S.; Rig. 3. Febr. 10.] [U 10. 204

Lederer, Paul, Lehrbuch des Handels- u. Gewerberechtes f. Handelsakademien u. höh. Handelsschulen. (IV, 196 S. m. 1 Formular.) gr. 8. Wien 904. A. Hölder. Geb. in Leinw. n. 2. 30

Lederer, Ph., hebräische u. chaldäische Abbreviaturen, welche in dem talmud. Schriftthume u. in den Werken der hebr. Litteratur vorkommen. Gesammelt, alphabetisch geordnet, ins Deutsche übers. u. erläutert. gr. 8. (48 S.) Frankfurt a/M. 894. (J. Kauffmann.) n. 1. —

Lederer, Ph., Lehrbuch zum Selbstunterricht im babylonischen Talmud. Ausgewählte Musterstücke aus dem Talmud m. möglichst sinn- u. wortgetreuer Uebersetzg. d. Textes u. d. Commentars Raschi, m. sprachl. u. sachl. Erläutergn. u. m. e. Einleitg. in den babylon. Talmud versehen. Nach Materien geordnet u. bearb. 1. u. 2. Hft. gr. 8. (96 u. 104 S.) Preßburg 881 u. 887. (Frankfurt a/M., Kauffmann.) à n. 2. —

Lederer, Ph., Lehrbuch zum Selbstunterricht im babylonischen Talmud. Ausgewählte Musterstücke aus dem Talmud mit möglichst sinn- u. wortgetreuer Uebersetzung des Textes u. des Commentars Raschi, mit sprachlichen u. sachlichen Erläuterungen u. mit einer Einleitung in den babylonischen Talmud versehen. 1. Hft. gr. 8. (96 S.) Preßburg 881. (Wien, D. Löwy.) n. 2. —

Lederer, Ph., Lehrbuch zum Selbstunterricht im babylonischen Talmud. Ausgewählte Musterstücke aus dem Talmud mit möglichst sinn- und wortgetreuer Uebersetzung des Textes und des Commentars Raschi, mit sprachl. und sachl. Erläuterungen und mit einer Einleitung in den babylon. Talmud versehen. 1. Heft. gr. 8. (S. 1—96.) Preßburg 881. (Wien, Polák.) *
Nicht weiter erschienen.

Lederer, Ph., Lehrbuch zum Selbstunterricht im babylonischen Talmud. Ausgewählte Musterstücke aus dem Talmud mit möglichst sinn- und wortgetreuer Uebersetzung des Textes und des Commentars Raschi, mit sprachl. und sachl. Erläuterungen und mit einer Einleitung in den babyl. Talmud versehen. Nach Materien geordnet und bearb. 2. und 3. Heft. gr. 8. (104; 96 S.) Preßburg 887,88. (Frankfurt a. M., Kauffmann.) à Heft *M 2.—. *
1. Heft. (Ebendas.) 1881. *M 2.—.

Lederer, Ph., s.a. Schulchan aruch.

Lederer, Ph., Schulchan Aruch. 1. Tl. Die religiösen Satzgn., Vorschriften, Sitten u. Bräuche des Judentums in Synagoge, Schule u. Haus, nebst vollständ. System des synagog. Kalenders. Zum Handgebrauche f. Rabbiner, Lehrer, Kantoren, Synagogenvorsteher u. alle, welche sich m. den Gesetzen u. Normen der Religion vertraut machen wollen. 2. inhaltlich verm. u. verb. Aufl. In deutscher Sprache verf. u. nach den Quellen neu bearb. (112 S.) gr. 8. Rosenberg (Böhm.) 906. Rabbiner Lederer. n. 2. —

Lederer, Ph., Talmúd schel Bābel. Lehrbuch zum Selbstunterricht im babylonischen Talmud. Ausgewählte Musterstücke aus dem Talmud mit ... Uebersetzung des Textes und des Commentars Raschi, mit sprachlichen und sachlichen Erläuterungen und mit einer Einleitung in den babylonischen Talmud versehen. Nach Materien geordnet und bearbeitet von —. III. Heft enthaltend die wichtigsten Partien aus dem Traktate Chulin. Frankfurt a M. 1888.

Lederer, Philipp: Die Tetradrachmesprägung von Segesta. München 1910: Kastner & Callwey. 55 S. 4° ¶(Ersch. auch als Buch b. Buchholz, München.)
München, Phil. Diss. v. 10. März 1910, Ref. Wolters, v. Pöhlmann
[Geb. 25. Aug. 72 Bamberg; Wohnort: München; Staatsangeh.: Bayern; Vorbildung: Altes Gymn. Bamberg Reife Aug. 90; Studium: Bamberg Lyz. 1, München 6 S.; Rig. 10. März 10.] [U 10. 3669

Lederer, Rich., u. Frieda Lemberger, zur Frage der doppelten Innervation v. Muskeln des Warmblüters. (S. 95—109 m. 8 Fig.) gr. 8. Bonn 907. M. Hager. — 40
Sonderabdruck aus: „Archiv f. d. ges. Physiol."

Lederer Richard: Das Urteil über Schiller in den literarischen Strömungen der letzten 25 Jahre.
II. 1907 PN 2248 **Diss.** Wien. Univ. 215

Lederer, Siegfr., Handels-Betriebslehre. Ein Ratgeber f. Kaufleute u. Handlungsgehilfen. (IV, 76 S.) gr. 8. Wien 909. A. Hartleben. 2. —

— Handels-Korrespondenz, s.: Burchard, Gust.

Lederer, Siegfr. Eine neue Handschrift von Arrians Anabasis.
XVIII S. 8. **Progr.** Neust. G. *Prag* 1885

Lederer, S., eine neue Handschrift von Arrians Anablasit. gr. 8. (18 S.) Wien 885, (Pichler's Wwe. und Sohn.) *

Lederer, Siegfried Index in T. Macci Plauti militem gloriosum confectus. (Pars prior: litteras A - H continens). 8 (22 S.).
Progr. K. k. Staats-G. *Krems* 1891.

Lederer, Siegfried: Index in T. Macci Plauti Militem Gloriosum. (Umschlagtitel: ... Gloriosum, I.) 32 S. 8. II. S. 33 bis 58. 8.
K. k. Staats-Gymn. mit deutscher Unterrichtssprache *Prag-Neustadt, Stephansgasse* 1908. 1909.
Progr.

— Index in T. Macci Plauti militem gloriosum. (58 S.)
Lex. 8. Prag 909. Taussig & Taussig. 2. —

Lederer, Siegfried: Ist Vergil der Verfasser der Gedichte Ciris, Culea, Mosetum?
Phil. Diss., Prag 1882–1886

Lederer, Siegfried Ist Vergil der Verfasser von „Culex" und „Ciris"? Zugleich ein Beitrag zur Geschichte des Hexameters.
8 (S. 14–30, 1 Tab.). **Progr.** Akadem. G. *Wien* 1890.

Lederer, Siegfr. Ist Vergil der Verfasser v. „Culex" u. „Ciris"? Zugleich e. Beitrag zur Geschichte d. Hexameters. Mit e. Tab. als Beilage. gr. 8. (16 S.) Lpz. 890, Fock. * 1 —

Lederer, Siegfr., s.: Museum, das stereoskopische.

Lederer, Siegfr., das Problem e. künstlichen Weltverkehrssprache. Referat, erstattet am 3. I. 1899 im wissenschaftl. Verein f. Linguistik u. Volkskunde zu Prag. 4. (6 S.) Prag. (Konstanz, Verlag des Weltsprache-Zentralbüro's.) n. — 20
Sonderabdruck aus: „Prager Tagblatt".

Lederer, Siegfried, d. Uebertragen v. Photographien auf Glas, Porzellan, Muscheln, Holz, Papier etc. etc. [Erweit. Abdr. aus: „Süddeutsche Photogr.-Zeitg."] gr. 8. (16 S. m. 1 Taf.) Hamburg 895. Verlagsanstalt u. Druckerei. n. — 50

—— s. Volapükabuks.

Lederer, Steph., sehr ernste Enthüllungen zum Einheitskatechismus f. die katholisch-theolog. Welt dargestellt. (V, 47 S.) gr. 8. Augsburg 906. Lampart & Co. n. — 80

Lederer, Steph., das Hauptfundament d. Einheitskatechismus nach Deharbe, Linden, Schuster. (VIII, 55 S.) 8. Augsburg 908. Lampart & Co. 1. —

— eine sehr notwendige Reform auf dem Gebiete katholischer Lehre u. Praxis. (XXIX, 172 S.) gr. 8. Ebd. 906. n. 2. 50

Lederer, Stephan, der spanische Cardinal Johann v. Torquemada, sein Leben und seine Schriften. Gekrönte Preisschrift. gr. 8. (XI, 270 S.) Freiburg i. Br. 879, Herder'sche Verlagsh. *

Lederer, Theodor *August Heinrich* [pr. Arzt aus Marburg]: Zwölf Fälle von Commotio cerebro-spinalis resp. traumatischer Neurose mit spezieller Berücksichtigung der neueren objectiven Symptome. . . . Marburg, Univ.-Buchdr. (R. Friedrich), 1890; 68 S., 1 Tab. 8°
Marburg, Med. Fak., Inaug.-Diss. v. [12. Sept.] 1890

Lederer, Therese, geb. Kraus, Koch-Buch f. israelitische Frauen. Gründliche Anweisgn., ohne Vorkenntnisse alle Arten Speisen, vorzüglich die Orig.-Gerichte der israelit. Küche auf schmackhafte u. wohlfeile Art nach den Ritual-Gesetzen zu bereiten. Nach 30jähr. Erfahrgn. gesammelte u. geprüfte Recepte f. junge Hausfrauen, Wirthschafterinnen u. Köchinnen. 8. (XXII, 246 S.) Budapest 876. (Nautmann.) n. 2. —; cart. n. 2. 40

Lederer, Thom., Handbuch d. Hebammenkunst. 1r Thl., mit 8 Kpf. gr. 8. Wien 822. Armbruster. 1 fl 20 kr

Lederer, Thomas: Mutter und Kind. Oder: Schwangerschaft, Entbindung und Wochenbette; mit einem aus der Darstellung ihres natürlichen Verlaufes abgeleiteten Unterrichte für Frauen sich zweckmäßig zu verhalten. Nebst einer auf die Entwicklungsgeschichte des Kindes gegründeten Anleitung, zur naturgemäßen, die bestehenden Vorurtheile und Mißbräuche vermeidenden, Pflege und Erziehung desselben. 284 S., gbd., Abb.

Wien: Armbruster 1826

JB 3.838

Lederer, Thomas: Mutter und Kind, oder Schwangerschaft, Entbindung, Wochenbett, deren Verlauf und naturgemäße Pflege des Kindes in den ersten Lebensjahren mit Berücksichtigung der herrschenden Vorurtheile und Mißbräuche unserer Zeit. 2.verbess.und verm.Ausg. 302 S., gbd., Abb.

Wien: Rohrmann 1842

JB 3.843

Lederer, Viktor: Über Heimat und Ursprung der mehrstimmigen Tonkunst.
Phil. Diss., Prag 1903/1904

Lederer, Vict., über Heimat u. Ursprung der mehrstimmigen Tonkunst. Ein Beitrag zur Musik- u. allgemeinen Kulturgeschichte des Mittelalters. Hrsg. m. Unterstützg. der Gesellschaft zur Förderg. deutscher Wissenschaft, Kunst u. Literatur in Böhmen. 1. Bd. (XIV, 429 S. m. 1 Tab.) gr. 8. Leipzig 906. C. F. W. Siegel. n. 12. —; geb. in Halbfrz. n. 14. —

Keltische Renaissance. Eine Vorrede von Dr. Victor **Lederer**. Leipzig: C. F. W. Siegel 1906. (56 S.) 8°
— **Lederer**: Über Heimat u. Ursprung d. mehrstimm. Tonkunst. Vorrede.
[06. 7309

Lederer, W. L. A., s. A. L. Driesen, allgem. vollständ. Cours-Zinsen-Berechnung.

Allgemeines Ritter-Lieder-Buch. Unter Benutzung der grundlegenden Vorarbeiten ... im Auftr. d. Allgem. Deutschen Ritter-Ordens vervollst., zsgest. u. hrsg. von Parzival von Peltrapere, Grossmeister [d. i. Felix **Lederer-Prina**]. Buchschmuck von Walthari von Aquitanien. [Nebst] Die Weisen z. allg. Ritter-Lieder-Buch.
Berlin: Allg. Deutscher Ritterorden 1908. 1 Bd. 8°, 1 Bd. 4°

Lederer-Prina, Fel., Themen-Tafel zu E. Humperdincks „Die Heirat wider Willen". (2 S.) 8. Leipzig (905). M. Brockhaus. n.n. — 25

Ledergerber, Ildephons. Lukian und die altattische Komödie. 8. Einsiedeln ⟨Schweiz⟩, Benziger & Co., A.-G., 1905.
Ausg. A: Diss. Phil. Freiburg in der Schweiz .. von Lic. phil. P. J' Led', O. S. B. .... VIII + 136 [+ *Vita* 2] S.
Ausg. B: Wissenschaftliche Beilage zum Jahresbericht der Lehr- und Erziehungsanstalt ... Maria-Einsiedeln im Studienjahre 1904/1905. Von Dr. P. J' Led', O. S. B. VIII + 136 S.

De normis decidendi successionem familiarum illustrium controversam. Dissertatio inauguralis quam . . . defendit Joannes Philippus de **Ledergerw**. Goettingae mense Decembri 1757. (Goettingae 1779.) Siehe in: Joannis Stephani Pütteri Sylloge. Goettingae 1779. 8°

Lederhalle, Wiener, der Brüder Hahn. Wien 1876

Lederhandel, über den, in Baiern, mit besond. Rücksicht auf das Verhältniß des Herkommens zur res judicata. gr. 8. o. O. (Landsh.) 821. Thomann. 2 kr

Lederhandlung, die. Ein monatl. Korrespondenzblatt für polit., sociale und gewerbl. Reformen. Redact.: Friedr. Reuchlin. 2. Jahrg. 1863. 12 Nrn. (Bog.) Fol. Ansbach. (Berlin, Th. Grieben.) *

—— dass. — 3. Jahrg. 1864. 12 Nrn. (Bog.) Mit Beilagen. Fol. Ansbach. (Nürnberg, Zeh'sche Buchh.) *

Leder-Herold, der, 1897. Jahr- u. Handbuch f. d. ges. Leder-Industrie. Bearb. v. Aug. Pflug. gr. 8. (VIII, 184 S. m. 6 Bildnissen.) Berlin, Schuh & Leder. Geb. n. 4. —

Lederhofer, Marie. Patronen-Zeichnungen für alle Gattungen Damen- und Kinderkleider. Verf. und herausgegeben von —. Dritte Aufl. 8. (40 S. 1 Beilage). Wien, Druck von J. B. Wallishausser, 1853.)

Lederhofer, Maria. — Patronen-Zeichnungen für alle Damen- und Kinderkleider. Verfaßt und herausgegeben von — — Vierte verbesserte Auflage. 8. (36 S.) Wien. Druck von J. B. Wallishausser. 1853.

Lederhofer, Marie — Patronen-Zeichnungen für alle Gattungen Damen- und Kinderkleider. Verfaßt und herausgegeben von — —. Fünfte verbesserte Auflage. Wien, 1855. Druck von J. B. Wallishausser. (30 S. 8.)

Lederindustrie, die. F. A. Günther's deutsche Gerber-Zeitung. Ältestes Zentralorgan sämtl. Zweige der Gerberei, Lederindustrie u. verwandter Branchen. Organ des Central-Vereins der deutschen Leder-Industrie, des Verbandes der sächs. Leder-Produzenten usw. Mit der Wochenbeilage: „Ledertechnische Rundschau". Red.: Osk. Krahner. 52. u. 53. Jahrg. 1909 u. 1910. à 312 Nrn. (à ca. 16 S.) 40×28 cm. Mit Unterhaltungsblatt: Sorgenfrei. Wochenschrift zur Unterhaltg. u. Belehrg. Red.: C. Wilkens. 36. Jahrg. 52 Nrn. (à ca. 8 S.) 31,5×22,5 cm. Berlin, F. A. Günther's Zeitungsverlag. à Jahrg. 20. —

Die **Lederindustrie-Berufsgenossenschaft**, (Mainz). 1885—1910. [Mit Tab.] (Mainz 1910: Reuter.) 77 S. 4°

Leder-Interessent, der. Zeitschrift für Gerberei, Lederhandel und Lederindustrie. [Berichte über Leder, Häute und Felle.] Organ des Verbandes der Leder-Industriellen für Ost- und West-Preußen. 1. und 2. Jahrg. 1884 und 1885. à Jahrg. 24 Nrn. (à Nr. 2 Bog.) Fol. Berlin, Streisand. à Jahrg. *

—— dass. — 3. Jahrg. 1886. 52 Nrn. (à Nr. 2⅓ Bog.) Fol. Ebendas. *

—— dass. — Wochenschrift für den Lederhandel und die Lederindustrie. (Berichte über Leder, Häute und Felle.) Organ des „Verein Berliner Lederhändler" und Organ des „Verbandes der Leder-Industriellen für Ost- und West-Preußen". 4. Jahrg. 1887. 52 Nrn. (à Nr. 2—2⅓ Bog.) Fol. Ebendas. *

— dasselbe. Red.: A. Schönfeld. 5.—7. Jahrg. 1888—1890. à 52 Nrn. (B.) Fol. Ebd. à Jahrg. n. 10. —

Leder-Interessent, der. Zeitschrift f. den Lederhandel u. die Lederindustrie. 8.—10. Jahrg. 1891—1893. à 24 Nrn. (Bog.) Fol. Berlin, E. Streisand. à Jahrg. n. 10. —

Lederle, Albert, aus Ludwigshafen a./Rh., Regierungsakzessist in Speyer: Ueber die Frage der Möglichkeit der Nachprüfung und anderweiten Feststellung des Anmeldedatums eines Patentes durch die Nichtigkeitsinstanzen beziehungsweise die ordentlichen Gerichte. *Erlangen 1903: Junge & Sohn.* (39 S.) 8°
Erlangen, Jur. Diss. v. 25. Juli 1903

Lederle, Alfred, Rechtsprakt.: Das Recht der Gemeindebeamten in Baden. Borna-Leipzig 1909: Noske. IX, 92 S. 8°
Freiburg i. B., Rechts- u. staatsw. Diss. v. 1909, Ref. Rosin
[Geb. 15. Aug. 84 Freiburg i. B.; Wohnort: Freiburg i. B.; Staatsangeh.: Baden; Vorbildung: Gymn. Freiburg i. B. Reife Juli 04; Studium: Freiburg i. B. 8 S.; Rig. 5. Juli 09.] [U 10. 941

Lederle, C. F., ein Minnesänger auf Hohengeroldseck. Heimatlichen Sagen nacherzählt. (83 S.) 8. Rastatt (905). H. Greiser. n. — 80

Lederle, C. F., Rastatt u. seine Umgebung. (Zugleich e. Führer f. Besucher der Stadt.) Auf Anregg. des „Gemeinnütz. Vereins" u. der Stadtgemeinde Rastatt verf. 12. (III, 262 S. m. Abbildgn., 2 Plänen u. 1 Karte.) Rastatt 902. H. Greiser. n. 1. 20

— Rastatt u. seine Umgebung. (Zugleich e. Führer f. Besucher der Stadt.) Auf Anregg. des „Gemeinnütz. Vereins" u. der Stadtgemeinde Rastatt verf. 8. Taus. (Ster.-Aufl.) (III, 262 S. m. Abbildgn., 2 Plänen u. 1 Karte.) kl. 8. Ebd. 905. n. 1. 20

Lederle, Carl Friedrich, s. Lederle, Karl Friedrich

Lederle, Jos., das Harmonium, seine Geschichte, Construktion, Disposition und Benützung, für die HH. Geistlichen und weltl. Kirchenvorsteher, Kirchenbaubeamten, Concertdirektoren und Organisten verfaßt. 8. (IV, 63 S. mit 5 lithogr. Fig.-Taf.) Freiburg i. Br. 884. (Stuttgart, Metzler'sche Sortimentsh.) **

Lederle, Karl Friedrich

Lederle, C[arl] F[riedrich]: Geschichte des Gymnasiums. S. V bis VIII, 199 S.
Progr.

Lederle, Paul Heinrich: Ueber ein neues Untersuchungsbesteck. München 1910: Wolf. 7 S. 8°
München, Med. Diss. v. 8. Juni 1910, Ref. v. Angerer
[Geb. 20. Febr. 74 Hambach b. Neustadt a. H.; Wohnort: Hambach; Staatsangeh.: Bayern; Vorbildung: Gymn. Speier Reife Juli 93; Studium: Würzburg 2, Heidelberg 4, Erlangen 6 S.; Coll. 8. Juni 10; Approb. 27. Juni 99.] [U 10. 3536

Ledermann, Kavalier u. Landstreicher, s.: Heidelmann's, A., Pantomimen.

Ledermann, Bernhard [aus Breslau]: Beiträge zur Kenntniss der aromatischen Phosphorverbindungen .... Breslau, Druck v. Th. Schatzky, 1888; 30 S. + 1 Bl. 8°
Berlin, Phil. Fak., Inaug.-Diss. v. 16. Jan. 1888

Ledermann, Curt, s. Ledermann, Kurt

Ledermann, Franz, Verlagsbuchhändler: Die Unterschiede des Reugeldes (sg. Wandelpön) und der Vertragsstrafe im gemeinen Recht und neuem Reichsrecht. *Berlin 1904: (Koitzsch vorm. Otto Noack u. Co.).* (70 S.) 8°
Rostock, Jur. Diss. v. [10. Apr.] 1904

Ledermann, Frz., die Unterschiede des Reugeldes (sg. Wandelpön) u. die Vertragsstrafe im gemeinen Recht u. neuem Reichsrecht. Diss. (70 S.) gr. 8. Berlin 904. (E. Fleischel & Co.) n. 1. 50

[Umschlagt.:] Historische Betrachtungen aus der Sonderbundszeit v. Hans **Ledermann**, Pfarrer . . .
Meiningen: Verl. d. Buchdr. d. 'Oberhasler' 1897. (64 S.) 8°

Ledermann, Heinrich, aus Rawitsch: Ueber den Bau der Cotyledonen im Uterus von Bos in verschiedenen Schwangerschaftsperioden. ⟨Aus d. anat.-biol. Institut d. Universität Berlin.⟩ *Berlin (1903): E. Ebering.* (37 S.) 8°
Berlin, Phil. Diss. v. 29. Juli 1903

Ledermann, K., s. L e d e r m a n n , Reinhold

Ledermann, Karl [app. Arzt]: Drei Fälle von Pyopneumothorax ... München, k. Hof- u. Univ.-Buchdr. v. Dr. C. Wolf & Sohn, 1890; 41 S. 8.
München, Med. Fak., Inaug.-Diss. v. 1891

Ledermann, Kurt

Ledermann, Curt, Referendar aus Hirschberg i. Schl.: Worin unterscheiden sich die Vorschriften des Bürgerlichen Gesetzbuches über das Recht des Besitzers auf Ersatz von Verwendungen ⟨§ 994 ff.⟩ von den Vorschriften des corpus juris civilis? *Wüstegiersdorf 1902: M. Jacob.* (85 S.) 8°
Rostock, Jur. Diss. v. [14. März] 1902

Ledermann, Reinhold

Ledermann, R., üb. neuere Arzneiformen u. Arzneimittel in der Dermatotherapie. Nebst e. Anh.: Medicinische Bäder gegen Hautkrankheiten v. O. Rosenthal. (Beiheft zum medicin. Taschenkalender f. d. J. 1893.) gr. 16. (46 S.) Breslau 893. Preuss & Jünger. n. — 50

Ledermann, Rhold., die Behandlung der acuten Gonorrhoe, s.a. **Klinik, Berliner.**

Die B e h a n d l u n g der acuten Gonorrhoe. Von Dr. Reinhold **Ledermann** in Berlin. Berlin: Fischer 1899. (22 S.) 8⁰ (Klinik, Berliner. H. 137.)

— zur Behandlung geschlechtskranker Kassenmitglieder. Vortrag, geh. am 2. Mai 1893. [Aus: „Med. Reform".] gr. 8. (16 S.) Berlin 893. Th. Dracgor. — 60

Ledermann, Reinhold [aus Waldenburg i. Schl.]: Die subcutane Quecksilberbehandlung der Syphilis. (Eine geschichtliche Studie.) ... Berlin, Buchdr. v. Gustav Schade (Otto Francke) (1887); 48 S. 8°.
Berlin, Med. Fak., Inaug.-Diss. v. 28. Jul. 1887.

L e d e r m a n n , R e i n h o l d, die subcutane Quecksilberbehandlung der Syphilis. (Eine geschichtliche Studie.) Diss. Berlin 1887, Mayer & Müller. 8⁰. 48 S.

— das Resorbin u. seine Verwendung als Salbengrundlage. [Aus: „Allg. med. Central-Zeitg."] gr. 8. (6 S.) Berlin 89?. O. Coblentz. n. 1. —

— die Syphilis im wirtschaftlichen Leben. Vortrag, geh. am 17. Jan. 1893. [Aus: „Allg. med. Central-Zeitg."] gr. 8. (1? S.) Ebd. 893. n. 1. —

— die mikroskopische Technik im Dienste des praktischen Arztes. (Referat [m. Demonstrationen], erstattet im Referirclub der Aerzte v. Alt-Berlin am Dienstag, den 19. Juni 1894.) [Aus: „Allg. med. Central-Zeitg."] gr. 8. (10 S.) Ebd. 894. n. 1. —

— u. **Ratkowski,** die mikroskopische Technik im Dienste der Dermatologie. Ein Rückblick auf die letzten 10 Jahre. [Aus: „Archiv f. Dermatol. u. Syphilis".] gr. 8. (IV, 97 S.) Wien 894. W. Braumüller. n. 2. —

— u. **S. Blanck,** die mikroskopische Technik im Dienste der Dermatologie. Ein Rückblick auf die J. 1895—1900. gr. 8. (80 S.) Berlin 902. S. Karger. n. 1. 50
Sonderabdruck aus: „Dermatolog. Zeitschrift".

Ledermann, R., die mikroskop. Technik m. besond. Berücksicht. der Färbetechnik, s.a. **Handbibliothek, medicin. 6. Bd.**

Ledermann, R., Die mikroskopische Technik mit besonderer Berücksichtigung der Färbetechnik. [Medizinische Handbibl. 6. Bd.] 8⁰. (ill. 226 S. mit 5 Tafeln.) † geb. K 5.—
Wien: Hölder 1903

Ledermann, Rhold., die Therapie der Haut- u. Geschlechtskrankheiten. Für prakt. Ärzte. 3. durchgeseh. u. erweit. Aufl. des Therapeut. Vademekum der Haut- u. Geschlechtskrankheiten. (III, 318 S. m. Abbildgn.) 8. Berlin 907. O. Coblentz. Geb. in Leinw. 6. —

Ledermann, Rhold., therapeut. Vademecum d. Haut- u. Geschlechtskrankheiten f. prakt. Aerzte. gr. 8. (III, 159 S.) Berlin 898. O. Coblentz. Geb. in Leinw. n. 3. —

Ledermann, Rhold., therapeutisches Vademecum der Haut- u. Geschlechtskrankheiten f. praktische Ärzte. 2. durchgeseh. u. erweit. Aufl. 8. (III, 246 S.) Berlin 901. O. Coblentz. Geb. in Leinw. n. 4. 50

Zur V e r h ü t u n g und Bekämpfung der Syphilis. Von K. [vielm. Reinhold] **Ledermann,** Arzt in Berlin. Südende Berlin & Leipzig: Vogel & Kreienbrink 1902. (16 S.) 8⁰

Zur Verhütung und Bekämpfung der Syphilis. Von Dr. R[einhold] Ledermann, Spezialarzt in Berlin. 2. Aufl.
Berlin: Vogel & Kreienbrink 1903. (16 S.) 8⁰

Ledermann, Richard: Der Anschluss Bayerns an Frankreich im Jahre 1805. *München-Freising 1901: F. P. Datterer & Co.* (88 S.) 4° (8°) ¶ Aus: Forschungen zur Geschichte Bayerns, Bd 9, H. 3.
Heidelberg, Phil. Diss. v. 1901

Ledermann, Walter [Referendar]: Gehört die Lebensversicherungssumme zum Nachlasse des Versicherungsnehmers? . . . Breslau, Druck v. Otto Gutsmann (1888); 4 Bl. + 50 S. + 1 Bl. 8°
Breslau, Jur. Fak., Inaug.-Diss. v. 30. Jun. 1888

L e d e r m a n n, Walter, gehört die Lebensversicherungssumme zum Nachlasse des Versicherungsnehmers? Inaugural-Dissertation. gr. 8. (VII, 58 S.) Breslau 888, Köhler. *

Ledermann, W., Gesetz, betr. die Anstellung u. Versorgung der Kommunalbeamten, s.a. **Guttentag's Sammlung preuß. Gesetze.**

Ledermann. W.: Gesetz betr. die Anstellung und Versorgung der Kommunalbeamten. Vom 30. Juli 1899. Mit Einl., Erl. u. Sachreg. Berlin 1899.

— die Städte-Ordnung f. die 6 östlichen Provinzen d. preuß. Monarchie, s.a. **Guttentag's Sammlung preuß. Gesetze.**

Ledermann, Walt.: Die Städte-Ordnung für die sechs östlichen Provinzen der preußischen Monarchie vom 30. Mai 1853 nebst ihren gesetzl. Erg. erl. Berlin 1902.

Ledermann, William [aus Berlin]: Über cerebrale Kinderlähmung. '(Hemiplegia spastica infantilis.)' ... Berlin, Buchdr. v. G. Schade, *1897;* 27 S., 2 Bl. 8.
Berlin, Med. Fak., Inaug.-Diss. v. 4. Juni 1897

Ledermarkt, der. Organ f. den Lederhandel, den Häute-, Fell- u. Rauchwaarenhandel, die Leder- u. Lederwaaren-industrie. Gleichzeitig Organ f. die Veröffentlichgn. der Lederindustrie-Berufsgenossenschaft. Red.: Isidor Dreyfuß. 16. Jahrg. 1894. 104 Nrn. Nebst Beilage: Illustr. Unterhaltungsblatt. gr. 4. (à Nr. ca. 2½ Bog. m. Abbildgn.) Frankfurt a/M., Expedition. n. 20. —

Ledermarkt, der. Organ f. d. Lederhandel, d. Häute-, Fell- u. Rauchwaarenhandel, d. Leder- u. Lederwaarenindustrie. Gleichzeit. Organ f. d. Veröffentlichgn. d. Lederindustrie-Berufsgenossenschaft. Red.: Isidor Dreyfuß. 17.—20. Jahrg. 1895—1898. à 104 S. (à ca. 12 u. 8 S.) Nebst Beilage: Illustr. Unterhaltungsblatt. gr. 4. Frankfurt a/M. (Große Gallusstr. 1), Expedition. à Jahrg. n. 20. —

Ledermayer, J. v., s. Portenschlag.

Ledermüller, Mart. Froben., († d. 16. Mai 1769.) physikal.-mikroskop. Abhandl. vom Asbest, Amiant, Stein oder Erdflachs rc. Mit 6 ill. Kpf. 8. Nürnb. 774. Winterschmidt. 1 ₰ 8 ℊ Französ. Ebd. 776.

— mikroskop. Beiträge. 8. Nürnb. 759. Winterschmidt.

— letzte Beobacht. seiner mikroskop. Gemüths- u. Augenergötzungen. Als Schluß des dritten Theils. Mit 10 ill. Kpf. gr. 4. Nürnb. 776. Winterschmidt. 1 ₰ 14 ℊ

Physicalische Beobachtungen derer Saamenthiergens durch die allerbesten Vergrösserungs-Gläser und bequemlichsten Microscope betrachtet;... in e. Sendschreiben...mitgetheilet von M(artin) F(robenius) L(edermüller). Nürnberg: Monath 1756. 28 S. 8°

— physik.-mikroskop. Beschreib. eines besond. phosphorescirenden u. faserichten Steins. Mit 6 Kpft. gr. 4. Nürnb. 764. (Campe). 1 ₰ Mit 6 ill. Kpf. auf holl. Pap. 1 ₰ 12 ℊ Kupfer u. Text auf holl. Pap. 2 ₰

— Beschr. e. Winterknospe, od. wild. Roßkastanienbaums m. K. Nrnb. Winterschmidt. 766.

— Erzählungen in Briefen, worin ein Christ u. ein Freigeist rc. üb. d. Unsterblichkeit d. Seele sprechen. 4. Nürnb. 765. Monath u. K. 4 ℊ

— mikroskop. Frühlingssammlung. Fol. Nürnb. 764. Winterschmidt. N. A. davon ist dessen Versuch rc.

— mikroskop. Gemüths- u. Augenergötzung, bestehend in 100 nach d. Natur gezeichn. u. mit Farben erleucht. Kupfertafeln, sammt deren Erklärung. 4. Nürnb. 761. Winterschmidt. Drittes Funfzig, sammt Anweis., d. Mikroskope zu gebrauchen 762. N. Aufl. in 150 Kpf. 765. N. Ausg., mit 300 ill. Kpf. Ebd. 802. 13 ₰ 8 ℊ Holländ. P. 16 ₰ Dass. französ. III Vols. Mit Kpf. Ebd. 764—68. — Abgenöthigte Vertheidigung als Anh. dazu, mit ill. Kpf. gr. 4. Ebd. 16 ℊ

— Versuch bei angeh. Frühlingszeit die Vergrößerungswerkz. z. nützl. Zeitvertr. anzuwend. m. ill. K. a. deutsch. u. franz. Text. Fol. Nrnb. Campe. 765.
Holl. Pap.

— Versuch bei angehender Frühlingszeit d. Vergrößerungsgläser zum nützl. Zeitvertreib anzuwenden. M. ill. Kpf. Fol. (Nürnb.) 765. Winterschmidt. 6 ₰ Holl. Pap. 7 ₰ 20 ℊ Ins Französ. übers. v. Harrepeter. Fol. Ebd.

— Vers. e. Vertheid. d. Samenthierchen. m. K. 4. Nrnb. Monath u. K. 756.

Ledermüller, Mart. Froben., Versuch e. Vertheidigung d. Samenthierchen, nebst e. Beschreibung d. Leeuwenhökischen Mikroskopien rc. Mit 6 Kpf. 4. Nürnb. 758. Monath u. K. 8 ℊ

— Vorstell. u. Zergliederung e. angebl. Roggenpflanze, Staudenstock oder Gerstenkorn genannt. Mit 3 ill. Kpf. Fol. Nürnb. 765. (Campe). 1 ₰ 8 ℊ Holländ. P. 1 ₰ 20 ℊ

— physikal.-mikroskop. Zergliederung des Korns oder Roggens. Mit 4 Kpf. Fol. Lpz. (u. Nürnb.) 764. Winterschmidt. 1 ₰ 2 ℊ

Ledermüller, Mart. Froben., physikal-mikroskop. Zerglieder. e. kleinen Winterknospe d. Hippocastani od. e. wildwachsenden Rosskastanienbaums. Mit 3 Kpf. Fol. Nürnberg, 1764. (Winterschmidt.) — 25

Lederpappen-Bilderbuch m. Bildern u. Reimen. qu. 4. (10 S. m. z. Tl. farb. Bildern auf Karton.) Wesel 894. W. Düms. Kart. — 60

Ledersorten, die verschiedenen. Ihre Herstellg. u. Eigenschaften. Für die Schuhfabrikation u. den Schuhwarenhandel bearb. v. e. Gerbereiwerkführer. (77 S.) 8. Berlin 903. Kampffmeyer'scher Verlag. Geb. in Leinw. n. 2. —

Ledersorten-Tarif (G—63) für die k. k. Artillerie. (Mit 1 Taf.) 4. Wien 1872.

— — (Mit 1 Taf.) Beigeb.: 1. Nachtrag. (1887.) 4. Wien 1877—1887.

Ledersorten-Tarif (G—63.) für die k. u. k. Artillerie. (1877.) — (Ergänzung.) Beigeb.: 2. Nachtrag. (1897.) 4. Wien 1897.

Ledersteger, des deutschen Reiches Ausbau. 1. und 2. Aufl. gr. 8. (VI, 210 S.) Berlin 874, Mahlo. *

Ledersteger, Baron v. Das Gottesgnadenthum in der Monarchie. gr. 8. (21 S.) Berl. 889. Dümmler's Buchh. * — 50

—— Oesterreich's Mission im Orient. gr. 8. (18 S.) Berl. 892, Cassirer u. Danziger. * — 50

—— Der Schuß in Meyerling u. das monarchische Prinzip in Österreich-Ungarn. gr. 8. (17 S.) Berl. 889, Dümmler's Buchh. * — 50

Ledersteger, Alois Jos., aus der Jugendzeit. 16. (188 S.) Berlin 880, Mahlo. geb. *

—— das Schwinden des Deutschthums in Oesterreich, s. Zeit- und Streit-Fragen, brennende.

—— unser Verhältniß zur Thierwelt jetzt und früher. gr. 8. (23 S.) Berlin 881, (Mahlo.)

Ledersteger-Falkenegg, Wilhelm Alois Baron v., Referendar am Kgl. Amtsgericht zu Charlottenburg: Die Entwickelung der Stellvertretung im römischen Recht nach den lateinischen Quellen. *Erlangen 1902: F. Junge.* (VI, 107 S.) 8°
Erlangen, Jur. Diss. v. 27. Juni 1902

Lederstrumpf (Jos. Graf v. Frankenberg u. Ludwigsdorf), s.: Fuchs, der.

Lederstrumpferzählungen. (T. 1.) Köln a. Rh.: H. & F. Schaffstein [1905]. 8° [F.]
— Volksbücher, Schaffsteins, f. d. Jugend. Bd 13.

Lederwerke vormals Mayer, Michel & Deninger, Mainz, 1798—1898. — (Mainz 1898: Prickarts.) 44 S., 4 Taf. 4° 38 A.

Le Dhuy, Ad., Entret. s. la Musique, s. Maître Pierre No. 13.

Lebi, Max., Blumen-Märchen für die heranwachsende Jugend. gr. 8. (96 S.) Dresden 884, Meinhold und Söhne. geb.

— die Kultur der schönblühenden Orchideen, s.: Gartenbau-Bibliothek.

Lebjard, Thom., Collection von Illumination u. Feuerwerk, so b. publ. Festins in Hamburg vorgest. w. m. K. Fol. Hamb. 730.

Ledien, Franz: Aussichten des Gärtners in den afrikanischen Tropenländern, speziell am Congo. ([S.-A.] Gartenflora. 1886.) Berlin 1886. 34 S. 8°

Das Gewächshaus des Privatmannes. Von F[ranz] Ledien, Dresden. Mit 8 Abb. *Berlin: K. Siegismund [1900].* (V, 54 S.) 8° [F.]
= Gartenbau-Bibliothek. Bd 33.

Die Kultur der schönblühenden Orchideen für Blumenschnitt und Dekoration. Ein Ratgeber bearb. von F[ranz] Ledien. Mit 7 Abb. *Berlin: K. Siegismund 1900.* (IV, 100 S.) 8° [F.]
= Gartenbau-Bibliothek. Bd 24.

Ledien, Frz., s.: Sitzungsberichte u. Abhandlungen d. Genossenschaft „Flora".

Die schmalspurigen Staatseisenbahnen im Königreiche Sachsen. Im Auftr. des Kgl. Sächs. Finanzminist. u. nach amtl. Quellen bearb. v. Oberfinanzr. [Gustav Walther] Ledig u. Rechngsr. [Joh. Ferd.] Ulbricht. M. 40 Bl. Zeichngn, 1 Uebersichtskt. u. 1 graph. Darstellg. 2. verm. u. verb. Aufl. *Leipzig: W. Engelmann 1895.* (3 Bl., 159 S., 1 Kt., 30 Taf. bezw. Pl.; 1 Bd 4.(8.)

Ledig, Walt., über d. Einfluss d. Eisenbahnen auf Kultur u. Volkswirtschaft unt. bes. Berücksicht. der Thätigkeit d. Vereins deutscher Eisenbahnverwaltgn. Vortrag, geh. am 28. Juli 1896 zu Berlin bei der 50jähr. Jubelfeier d. Vereins deutscher Eisenbahnverwaltgn. gr. 8. (30 S.) Leipzig 896. W. Engelmann. n. — 80

Trautenau St. R.: Katalog der Lehrerbibl. OO. v. Anton Lediger. 65. (Beil.) Progr.

Ledigungsscheine, Verschiedene, Antwortschreiben und Intercessionales von hochfürstl. Brandenb. Regierung Oberamtleuten und andern Beamten. [Nürnberg 1755.] V: *Tauber, Joh. Leonh.* (will) (ML)

Lebineg, Frdr., Rechenbuch f. landwirtschaftliche Schulen. (VIII, 245 S.) gr 8. Wien 909. A. Hartleben. Geb. in Leinw. 4.50

Leding, Okko, die Freiheit der Friesen im Mittelalter mit den Versammlungen beim Upstallsbom. gr. 8. (57 S.) Emden 878, Haynel. *

Ledl, Artur: Studien zum attischen Epiklerenrechte. S. 3 bis 18. 8. (Schluß.) S. 3—17. 8.
Progr. K. k. erstes Staats-Gymn. *Graz* 1907. 1908.

Ledóchowska, Marie Therese Gräfin von
Ledóchowska, Gräfin M. Theresia, s. a.: Halka, Alex.

— Das Apostolat der marianischen Kongregationen hinsichtlich der Heidenmissionen. (Ansprache, geh. auf dem Sodatentag in Salzburg, den 20. VII. 1910.) (10 S.) kl. 8. Salzburg 910. St. Petrus Claver-Sodalität. — 10

— Ein Freiheitlicher am Kongo. Drama in 2 Akten. (24 S.) 8. Ebd. 910. — 80

Ledóchowska, Gräfin M. Theresia, Geschichte der kleinen Maria, die gar so gerne berühmt werden wollte. (16 S. m. Abbildgn.) kl. 8. Salzburg 908. St. Petrus Claver-Sodalität. — 10

— Maria, die Überwinderin der höllischen Schlange in Afrika. (Referat, vorgetr. anlässlich des marian. Kongresses zu Salzburg, im Juli 1910.) (13 S.) kl. 8. Rom 910. Salzburg, St. Petrus Claver-Sodalität. — 10

— Baronesse Mizzi. 6 dramat. Bilder aus der Gegenwart. 2. Aufl. (64 S.) 8. Salzburg 908. St. Petrus Claver-Sodalität. — 45

— dasselbe. Eine Skizze. (89 S. m. Abbildgn.) kl. 8. Ebd. 907. — 25

— Die Obdachlosen. (Isenza tetti.) Skizze aus dem italien. Volksleben. (32 S. m. Abbildgn.) gr. 8. Ebd. 910. — 20

Ledochowska, Maria Theresia Gräfin, mein Polen. Reise-Erinnerungen aus dem J. 1879. 8. (VIII, 158 S.) Graz 881. (Wien, Mayer und Comp.) *

Ledóchowski, Cardinal. Ein Nachruf aus der Feder der General-Leiterin der St. Petrus Claver-Sodalität (Maria Theresia Ledóchowska). (8 S. m. 1 Bildnis.) 8. Ebd. (902). — 10
Sonderabdruck aus: „Echo a. Afrika".

Ledóchowski, Heinr. Graf, meine Rom-Reisen v. 1885 u. 1889. 8. (70 S. m. 1 Bildnis.) Nikolsburg 895. (G. Thiérry.) n. — 60

Ledochowski, Josef Graf, s.a. Wetterprognose

Ledóchowski, Josef, Graf, Wetterprognose, giltig für Niederösterreich, Südmähren und Westungarn für den Monat Mai 1897. 24. Gefalzt —.10
Wien: Braumüller 1897

Ledóchowski, Josef, Graf, Wetterprognose, giltig für Niederösterreich, Südmähren und Westungarn für den Monat Juni 1897. 24. Gefalzt * —.10
Wien: Braumüller 1897

Ledóchowski, Josef, Graf, Wetterprognose, giltig für Niederösterreich, Südmähren und Westungarn für den Monat Juli 1897. 24 Gefalzt * —.10
Wien: Braumüller 1897

Ledóchowski, Josef, Graf, Wetterprognose, giltig für Niederösterreich, Südmähren und Westungarn für den Monat August 1897. 24. Gefalzt * —.10
Wien: Braumüller 1897

Ledóchowski, Josef, Graf, Wetterprognose, giltig für Niederösterreich, Südmähren und Westungarn für den Monat October 1897. 24. Gefalzt * —.10
Wien: Braumüller 1897

Ledóchowski, Josef, Graf, Wetterprognose, giltig für Niederösterreich, Südmähren und Westungarn für den Monat November 1897. 24. Gefalzt * —.10
Wien: Braumüller 1897

Ledóchowski, Josef, Graf, Wetterprognose, giltig für Niederösterreich, Südmähren und Westungarn für den Monat December 1897. 24 Gefalzt * —.10
Wien: Braumüller 1897

Ledóchowski, Josef, Graf, Wetterprognose, giltig für Niederösterreich, Südmähren und Westungarn für den Monat Januar 1898. 24. Gefalzt * —.10
Wien: Braumüller 1898

Ledóchowski, Josef, Graf, Wetterprognose, giltig für Niederösterreich, Südmähren und Westungarn für den Monat Februar 1898. 24 Gefalzt * —.10
Wien: Braumüller 1898

Ledóchowski, Josef, Graf, Wetterprognose, giltig für Niederösterreich, Südmähren und Westungarn für den Monat Mai 1898. 24 Gefalzt * —.10
Wien: Braumüller 1898

Ledóchowski, Jos. Graf, Wetterprognose, giltig f. Niederösterreich, Theile v. Oberösterreich, Südmähren u. Westungarn, beziehungsweise f. ganz Oesterreich-Ungarn f. d. Monate Juni—Decbr. 1898. 12. (à 1 Bl.) Wien 898. W. Braumüller. à n. — 20

— dasselbe. 3. Jahrg. 1899. 12 Nrn. 12. (à 1 Bl.) Ebd. à n. — 20

Ledóchowski, Jos. Graf, Wetterprognose, giltig f. Niederösterreich, Theile v. Oberösterreich, Südmähren u. Westungarn, beziehungsweise f. ganz Oesterreich-Ungarn. IV. Jahrg. 1900. 12 Nrn. 12. (à 1 Bl.) Wien, W. Braumüller. à n. — 20

Ledóchowski, Jos. Graf, Wetterprognose, gültig f. Niederösterreich, Teile v. Oberösterreich, Südmähren u. Westungarn, beziehungsweise f. ganz Österreich-Ungarn. V. Jahrg. 1909. 12 Nrn. (à ca. 4 S.) 12,5×8 cm. Wien, G. Eichinger. à Nr. — 20

Ledom, Gespräch üb. ökonomische Gegenstände ꝛc. 8. Münch. (Fleischmann in Commiss.) 810.

Ledos, Gabr., die hl. Gertrud (1256—? 1308). Autoris. deutsche Ausg. v. Emil Prinz zu Oettingen-Spielberg. (XI, 148 S. m. 1 Stahlst.) gr. 8. Regensburg 904. Verlagsanstalt vorm. G. J. Manz. n. 1.60

Lacordaire von Gabriel **Ledos**. Mit Genehm. d. Verf. übers. u. hrsg. von Sebastian Zeißner. Mit 1 Lichtdruckbilde. (Vorr.: Maria Joseph Ollivier.) Paderborn: F. Schöningh 1905. (VI, 164 S.) 8° [F.]

Ledoux, Alb. R., üb. einige Mesitylenderivate. Inaugural-Dissertation. 8. (36 S.) Berlin 875. (Göttingen, Vandenhoeck & Ruprecht's Verl.) n. — 80

Ledran, Henri François, s.a. Dran, H. Frz. le

— Abhandl. von d. Kur d. Schußwunden, (oder 3r Thl. d. chirurg. Anmerkk., die 1740 erschienen sind.) Aus d. Französ. 8. Nürnb. 776. Zeh. 8 gr.

Henri François Le Dran

[Observation de chirurgie. Deutsch:] Chirurgische Anmerckungen [Anmerkungen] sammt angefügten vielfältigen Bedencken darüber,... welche Heinrich Franciscus le Dran in 2 Th. beschrieben; anjetzo in das Teutsche übers. Mit e. Vorr. Christoph Jacob Trew. Th.(1-) 3. Nürnberg: Endter (3: Cremer) 1738-1740. 1 Bd 8°

(Th.1.2:) 1738.
Th.3: Le Dran: [Réflexions pratiques sur les plaies d'armes à feu. Deutsch:] Tractat [Traktat] oder Abhandlung von der Cur derer Schußwunden. 1740.

Le Dran, Henry François: Chirurgische Gutachten. (Consultations sur la pluspart des maladies qui sont du ressort de la chirurgie. Dt.) 308 S., gbd.

Leipzig: Junius 1773

JB 3.227

Ledran, Hnr. Frz., Gutachten über chirurgische Fälle; aus d. Französ. Mit einer Vorrede von Er. Platner. 8. Leipz. 773. (Brockhaus). 18 gr.

Henri François Le Dran

Heinrich Franciscus le Dran [Réflexions pratiques sur les plaies d'armes à feu. Deutsch:] Tractat [Traktat] oder Abhandlung von der Cur derer Schuß-Wunden, welcher von demselben statt e. 3.Th. seiner chirurgischen Anmerckungen, in franz. Sprache hrsg., nunmehro aber in die Deutsche...übers. worden. Nürnberg: Cremer 1740. 188 S. 8°

(= Le Dran: [Observation de chirurgie. Deutsch:] Chirurgische Anmerckungen. Th.3.)

Le Dran, Henry François: Tractat oder Abhandlung von der Cur der Schuß-Wunden. (Traité ou réflexions tirées de la pratique sur les playes d'armes à feu. Dt.) 192 S., gbd.

Nürnberg: Cremer 1740

JB 3.517

Le Dran, Henry François. Vergleichung der mancherley Manieren, den Stein aus der Blase zu ziehen ... Berlin 1733. Ü: *Matthiae, Georg.* (ML)

Henri François Le Dran

[Parallèle des différentes manières de tirer la pierre hors de la vessie. Deutsch:] Vergleichung der mancherley Manieren den Stein aus der Blasen zu ziehen. Welche Henry François le Dran ... in frantz. Sprache geschrieben hat; u. jetzo ins Teutsche übers. ist. Berlin: Rüdiger 1733. 176 S. 8°

Ledran, J. Chr., vollständ. Unterr. zur Verhütung, Erkennung u. Heilung d. Krankheiten d. Hausthiere ꝛc. 8. Sondersh. 805. (Joachim in Leipz.) 16 gr

Ledroit, J. M., d. wichtigsten Lehrsätze, Konstruktionen u. Berechngn. aus d. Raumlehre f. höhere Mädchen- u. Volksschulen. gr. 8. (31 S. m. 37 Fig.) Mainz 895. J. Diemer Verl. Kart. n.n. — 70

Ledroit, J. M. [aus Mainz]: Ueber die sogenannten Trachydolerite des Vogelsberges. (S.-A. a. d. XXIV Ber. d. oberhess. Ges. f. Natur- u. Heilkunde p. 188—154.) Giessen, Druck v. W. Keller, 1886; 22 + 2 S. 8°.
Giessen, Phil. Fak., Inaug.-Diss. v. 18. Febr. 1886.

Johannes Gutenberg u. seine Kunst. Von Prof. Dr. Joh. Ledroit. Mainz: Mainzer Verlagsanst. 1900. (XXXIV S.) 8°
(Erinnerung, Zur, an d. Gutenberg-Feier in Mainz 1900. [1.])

Karte der Entdeckungsfahrten im Norden. Bearb. v. Dr. Johann Ledroit. [Masst. 1:5,000,000.] *Leipzig: G. Lang* [1898]. 1 Ktnbl. gr. 2 in 4 Bl. (?) [98. 4902

Ledroit, Joh., d. Polarforschung im Norden u. ihre wichtigsten Ergebnisse, s.: Bücherei, geographische.

Ledrothal, Das, von G. St. Arco und Riva 1893. V: *Steiner, Gottlieb.* (margr)

Ledru, H. Pet., Reise nach den Inseln Teneriffa, Trinidad, St. Thomas ꝛc., s. Bibliothek d. Reisebeschreibb. 46r Bd.

— Dass., mit Anmerkk. von Sonini. Aus d. Französ., mit Bemerkk. begleitet, nebst e. allgem. Uebersicht d. ganzen westl. Archipels, vorzügl. in Rücksicht d. Colonialwaaren; von E. A. W. v. Zimmermann. 2 Bde. gr. 8. Elberfeld 812. (Schönian). 3 ℛ 8 gr

Le Dru, Pierre: Reise nach den Inseln Teneriffa, Trinidad, St. Thomas, St. Crux und Porto Rico auf Befehl der französischen Regierung, vom 30. Sept. 1796 bis zum 7. Juni 1798, unter der Leitung des Capitain Baudin unternommen, von Peter Le Dru beschrieben, und von Sonnini mit Anmerkungen versehen. Aus dem Französischen. Mit Bemerkungen begleitet, nebst einer allgemeinen Uebersicht des ganzen westindischen Archipels, vorzüglich in Rücksicht der Kolonialwaaren von C. A. W. v. Zimmermann. Bd. 1, 2. Leipzig 1811. 1 Bd. XX. 242; VIII, 236, (II), 84 S. 8°.

Ledru-Rollin, der 13. Juni. gr. 16. (55 S.) Berlin 850, Löwenherz. n. ⅙ ℛ

— Rede auf dem Banquet am 19. Jan. 1849 in Chateau-rouge, auf Deutschlands Zukunft und den Tod Robert Blums. Flugblatt. Druck von Wiede in Leipzig s. a.

— von dem Verfall Englands. Aus d. Franz. übers. v. Frdr. Schütz. 2 Bde. (à 5 Lfgn.) 8. (624 S.) Brüssel 850, Kießling & Co. 2 ℛ

— Englands gegenwärtiger polit. Verfall, s.: Bibliothek, Europäische, 341—343. Bd.

Ledschbor, Heinrich. Der Paratyphus B bei geschlachteten Kälbern mit miliaren Organnekrosen, und die Beurteilung solcher Kälber in Hinsicht auf die Tauglichkeit zum Genusse für Menschen. Aus dem Bakteriologischen Laboratorium des Städtischen Schlacht- und Viehhofes zu Breslau. Diss. Vet.-Med. Bern. (Sonderabdruck aus der «Zeitschrift für Infektionskrankheiten, parasitäre Krankheiten und Hygiene der Haustiere», Bd. 6, Heft 5 u. 6.) 50 S. 8. Berlin, Richard Schoetz, 1909.

Le Duc, der kleine Dolmetscher oder der beredte Franzose. Einfache und prakt. Methode, in kurzer Frist und ohne Lehrer geläufig französisch sprechen zu lernen. 8. (127 S.) Reutlingen 880, Enßlin und Laiblin's Verlagsh.

Leduc, E., über die chemische Zusammensetzung der hydraul. Kalke u. der Schlackencemente. (Deutsch u. französisch.) (5 S.) 82,5×23,5 cm. Stuttgart 901. (Freiburg i/B., J. Bielefeld.) 1. —
Sonderabdruck aus: „Baumaterialienkde."

Le Duc, Eman. (geb. Münster in Westf. 25. 3. 1818): De intestinorum helminthibus nonnulla. Berolini (1841). (32 S.) 8°
Berlin, Med. Diss. v. 6. März 1841

Folque de Candie von Herbert le Duc de Danmartin [Herbert Leduc]. Nach d. festländischen Hs. z. ersten Mal vollst. hrsg. von O[skar] Schultz-Gora. Bd. 1. Dresden: Gesellsch. f. Roman. Lit.: Niemeyer, Halle, in Komm. 1909. 8°
(Gesellschaft f. Romanische Literatur. Bd. 21.)

Leduc, Steph., die Ionen- od. elektrolyt. Therapie, s.a. Abhandlungen, zwanglose, aus dem Gebiete der Elektrotherapie. 3.

Die Ionen- oder elektrolytische Therapie. Von Dr. Stephan Leduc, Prof. Mit 26 Abb. u. Kurven. Leipzig: J. A. Barth 1905. 47 S. 8°
(Zwanglose Abhandlungen aus d. Gebiete d. Elektrotherapie u. Radiologie. H. 3.) [11. 8998

Ledvina Matthias: Ist Thomas von Štitný Autor des altböhmischen Werkes „Knizhy o hře šachove"? H. 1909 PN 2756 Diss. Wien, Univ. 2750

Ledwig, Ant. (Breslau), Diss. med. de noma adjecta singulari morbi historia. Breslau (Gust. Kupfer) 29. XII. 1830. 39 S. mit Biogr. (M.: Barb. Lindner.) (4.—) 20660
Gew.: W. H. G. Remer.

Ledwina, Gust., das bedeutungsvolle Jahr 1848. In seinen Hauptmomenten geschildert. (Gedichte.) gr. 16. (40 S.) Wien 849, Dirnböck. 6 ngr

Ledy, J., Armen-Seelen-Monat, s.: Propaganda-Schriften.

Ledyard, John, s. Sparks, Jared.

Lee, Hannah, oder: Ruhe für die Müden. Von der Verf. der Erzählung „Margarethe Braun." Aus dem Engl. von Wilh. Fischer. 2. Aufl. 8. (204 S.) Düsselthal 861, Rettungsanstalt.

Lee, Robert, oder der junge Uebelthäter und der alte Verbrecher. gr. 16. (92 S. mit eingedr. Holzschn. und 2 Holzschnt.) Cincinnati 860. (Bremen, Verlag des Tractathauses.) geb. *

Lee, Mrs., des Kindes eignes Buch. Nach dem Engl. Mit 7 Abbild. 12. Berlin 842, Hasselberg's Verlag. geb. ⅜ ℛ — color. ½ ℛ

Lee, Miß, Glück bessert Thorheit; ein Lstspl, nach d. Engl, für die deutsche Bühne eingerichtet, von Fr. Ldw. Schröder. 8. Hamb. 782.

— die Zufälle; ein Lstspl. in 5 Aufz. Aus d. Engl., v. Leonhardi; neu bearb. v. Schröder. 8. Berl, 782. Schöne. bK

(Lee, Ada.) Durch Nacht zum Licht. Aus dem Leben einer indischen Büsserin. Aus dem Englischen von Miss. S[amuel] Stamm. [Illustriert.] 40 S. 8. Basel, Missionsbuchhandlung, 1902. (M. —. 15 = fr. —. 20)

Lee, Alfred, aus Chicago: Über Ätiologie der Endocarditis und ihrer [!] Beziehung zur Bacteriologie. *Berlin (1898): G. Schade.* (29 S.) 8°
Berlin, Med. Diss. v. 9. Dez. 1898

Lee, Arthur Bolles

Lee, A. B., u. Paul Mayer, Grundzüge d. mikroskop. Technik f. Zoologen u. Anatomen. gr. 8. (IX, 470 S.) Berlin 898. R. Friedländer & Sohn. n. 15. —; geb. in Leinw. n. 16. —

Lee, A. B., u. Paul Mayer, Grundzüge der mikroskopischen Technik f. Zoologen u. Anatomen. 2. Aufl. gr. 8. (VIII, 513 S.) Berlin 901. R. Friedländer & Sohn. n. 15. — ; geb. in Leinw. n. 16. —

Grundzüge der mikroskopischen Technik f. Zoologen u. Anatomen von A[rthur] B[olles] Lee in Sierre u. Paul Mayer in Neapel. 3. Aufl. Berlin: R. Friedländer & Sohn 1907. (VII, 522 S.) 8° [07. 5016

Lee, A. B., u. Paul Mayer, Grundzüge der mikroskop. Technik f. Zoologen u. Anatomen. 4. Aufl. (VII, 515 S.) gr. 8. Berlin 910. R. Friedländer & Sohn. 15.—; geb. in Leinw. 16. —
3. Aufl. (VII, 522 S.) 907. 15.—; geb. 16.—

Lee, Edward H. [aus Chicago]: Zur Casuistik der Pfahlverletzungen ... Würzburg, Buchdr. d. „Neuen Bayer. Landeszeitg", 1892; 22 S., 1 Bl. 8.
Würzburg, Med. Fak., Inaug.-Diss. v. 1892

Lee, Harriet & Sophia Lee. Erzählungen aus Canterbury; a. d. Engl. Neue Aufl. O. O. 1810. Ü: *Oertel, Frdr. v.* (Ky)

Lee, Harry: Über den Wasserstoffgehalt des Elektrolyteisens. 1906. 72 S. 8°
¶ Vgl. Zeitschrift f. Elektrochemie. Jg. 13. 1907. S. 561 ff.; F. Foerster: Beiträge zur Kenntnis d. elektrochem. Verhaltens d. Eisens. Halle 1909. (Abhandlungen d. Deutschen Bunsen-Gesellschaft f. angewande phys. Chemie. Nr. 2.) S. 59 ff.
Dresden, Dr.-Ing.-Diss. v. 24. 7. 1906

Lee, Heinrich [Pseud.]
s. Landsberger, Heinrich [Wirkl. Name]

Lee, Heinr., Baccarat. Geschichten zum Dessert. 12. (320 S.) Berlin 894. H. Steinitz' Verl. n. 2. —

Lee, Heinr. (Heinr. Landsberger), Berlin v. heut'. Moderne Bilder aus der Reichshauptstadt. 1.—5. Taus. schmal 8. (128 S.) Berlin-Charlottenburg (899). Leipzig, P. E. Lindner. 1. —

Lee, Heinr., Miß Coolson aus New-York. Roman. (246 S.) 8. Berlin (904). C. Duncker. n. 3. 50

— Eine vom Brett'l. Roman. (364 S.) 8. Ebd. (904). n. 4. —

Lee, Heinr. (Heinr. Landsberger), das Examen, s.: Theater-Bibliothek, Berliner.

Lee, Heinr., die Frau aus Japan, s.a. Kürschner's Bücherschatz.

— die Frau aus Japan. Roman. (164 S.) 8. Berlin (905). H. Steinitz. n. 2. —

Die Frau aus Japan. Roman von Heinrich Lee. Berlin, Leipzig: Hillger [1910]. 110 S. 8°
(Kürschners Bücherschatz. Nr 715.)

— geliebte Frauen. Geschichten. schmal 12. (131 S.) Berlin 897. H. Steinitz. n. 1. —

— Der 70. Geburtstag, s.: Universal-Bibliothek.

— die Geliebte. Roman. 8. (286 S.) Berlin 897. C. Duncker. n. 3. —; geb. n.n. 4. —

— der Geliebte. Humoristischer Roman. 2. Aufl. 8. (184 S.) Berlin (902). R. Eckstein Nachf. n. 2. —; geb. n. 3. —

— die Geschichte vom Prinzen v. Wales u. andere Humoresken, s.a. Reuter's Bibliothek f. Gabelsberger-Stenographen.

— d. Geschichte vom Prinzen v. Wales u. A. 8. (144 S.) Berlin 898. H. Steinitz. n. 1. —

— Geschichten zum Dessert. 2. (Titel-) Aufl. v. Baccarat, Geschichten z. Dessert. 12. (320 S.) Ebd. (894) 896. n. 1. —

— Hammer u. Amboß. Ein lust. Roman. (192 S.) 8. Ebd. (905). n. 3. —

— Steffie's Heirath. Roman. 8. (261 S.) Ebd. 900. n. 3. —

— Der Held des Tages. Humoristischer Roman. (172 S.) 8. Berlin (910). H. Steinitz. 2. —

— der räthselhafte Herr. Komischer Roman. 8. (288 S.) Berlin (899). H. Steinitz. n. 3. 50

— Die goldene Kanne. Roman. (265 S.) 8. Berlin (908). C. Duncker. 3. 50

— der Knecht des Ruhms. Roman. (318 S.) 8. Berlin 905. C. Duncker. n. 3. 50

— Komtesse X. Roman. (292 S.) 8. Leipzig (905). B. List. n. 3. —; geb. n. 4. —

— Gräfin Leszek. Roman aus der Cirkuswelt. (228 S.) 8. Berlin (903). C. Duncker. n. 3. —

— glückliche Liebe. 12. (125 S.) Ebd. 896. n. 1. —

— der Liebesbrief u. Anderes. Humoresken. 8. (160 S.) Frankfurt a/M. 897. A. Vaternahm. n. 1. —

— M. K. Kriminal-Roman. (232 S.) 8. Ebd. (900). n. 3. —

— der Fall Oberthan. Roman. 8. (248 S.) Ebd. 899. n. 3.50

PARISERIN, Die. Roman (von *Heinrich Lee*, geb. in Hirschberg i/Schlesien 24. Juni 1862). (190*.) (Mk. 2—.) (2 Mk. 30 Pfg., franco, R. Klinger, Berlin, ca. 1905:)

„Der Roman, in dessen Vordergrund der echt gezeichnete Typus einer Pariserin steht, schildert mit Humor und Pikanterie das Leben und Treiben der letzten Weltausstellung. Unter den einzelnen packenden Bildern ist besonders das des berühmten Tanzlokals „Moulin rouge" hervorzuheben." — Zahm.

— die Pariserin. Roman. 8. (190 S.) Berlin 901. R. Eckstein Nachf. n. 2.—

(B) — Die Pariserin. 901. (LBB 82.) Jetzt: Berlin, H. Michel.

— die Sache „Pfeiffer". Roman aus dem deutschen Osten. (186 S.) 8. Berlin (904). R. Eckstein Nachf. n. 2.—

— Ein Pistolenschuß. Kriminalroman. (196 S.) 8. Berlin 902. H. Steinitz. n. 3.—

— der Prinzessinnen-Tänzer. E. vergnügte Garnison-Geschichte 2. Aufl. 8. (243 S.) Berlin 897. H. Steinitz. n. 2.—

— Radfahrer. Humorist. Roman. 8. (348 S.) Ebd. 897. n. 3.50

— die Radlerin. Roman. schmal 12. (234 S.) Berlin 897. C. Duncker. n. 2.—

— dasselbe. (Neue [Umschlag-] Ausg.) schmal 12. (234 S.) Ebd. (897) 898. n. 1.50

— Rosen-Rosel, s.a. Kürschner's, Jos., Bücherschatz.

— Rosen-Rosel. Ein Roman aus der Reichshauptstadt. 8. (149 S.) Berlin 901. C. Duncker. n. 2.—

— der Schlagbaum, s.: Theater-Bibliothek, Berliner.

— der Springer, s. Theater-Bibliothek, Berliner.

— deutsche Städtebilder aus dem Anfange des 20. Jahrh. (VII, 496 S.) 8. Berlin (906). C. Duncker. n. 3.50

— weibliche Studenten. Roman. 8. (298 S.) Leipzig (902). H. Seemann Nachf. n. 2.50

— die Sünden der Genußsucht, s.: Sünden, moderne.

— die Unbefleckte. 2. Aufl. 5. u. 6. Taus. 12. (155 S.) Berlin 896. H. Steinitz. n. 1.—

— Hans Wurst, s.: Universal-Bibliothek.

— Cirkusblut. Roman. Berlin: H. Steinitz (1900). 288 S. 8°

Lee, Henriette, u. Sophie, Erzählungen aus Canterbury; aus d. Engl. (v. Fr. v. Oertel). 2 Bde. 8. Berl. ... N. A. 810. (Reimer). 2 ⁄ 12 Ggr

Lee, Holme, the beautiful miss Barrington, s.: Collection of brit. authors.

— Basil Godfrey's Caprice, s. Collection of British Authors.

— Country Stories, s. Asher's Collection of English Authors.

Lee, Holme, Mrs. Denys of Cote, s. Collection of British Authors.

— echoes of a famous year, s.: Collection of brit. authors.

— Rufus Helstone, s.: Authors, english contemporary.

— for richer, for poorer, s. Collection of British Authors.

— a poor Squire, s.: Collection of british authors.

— Straightforward, s. Collection of British Authors.

Lee, Holme, Thorney-Hall, s. Ausland, das belletristische.

— Katherine's trial, s.: Collection of brit. authors.

— Ben Milner's wooing, s. Collection of British Authors.

Lee, Jennette, Onkel William, s.a. Engelhorn's allgemeine Roman-Bibliothek. 27. Jahrg. 4. Bd.

Onkel William. Von Jennette Lee. Autor. Übers. aus d. Engl. von B. Pogson. Stuttgart: Engelhorn 1910. 160 S. 8°
(Engelhorns Allgem. Roman-Bibliothek. Jg. 27. Bd 4.) [10. 16167 9]

Lee, Mary, und Catherine Lee, Rosamunde Fane, s. Universal-Bibliothek für die Jugend.

Lee, Mrs. R., Erlebnisse des Sir Thomas, s. Kletke, H.

Lee, R. W., s. Schirrmeister, G., Das bürgerl. Recht Englands.

Lee, Rawdon, der Foxterrier, s.: Thilo, Carl.

Auskunft über Auskunftsbureaus. Von Richard Lee. Leipzig: Deutscher Kampfverl. [1908] (30 S.) 8° [J.] [08. 13607]

Lee, Rob., the Anatomy of the Nerves of the Uterus. With 2 Plates. gr. Fol. London 841. (Leipzig, T. O. Weigel.) n. 3 1/3 Thlr

Lee, Robert: Untersuchungen über das Wesen und die Behandlung einiger der wichtigsten Krankheiten der Wöchnerinnen. (Researches on the pathology and treatment of some of the most important diseases of women. Dt.) Übers.und mit Zusätzen versehen von Karl Schneemann. 276 S., gbd.

Hannover: Helwing 1834

JB 4.017

Lee, Sidney, William Shakespeare. Sein Leben u. seine Werke. Rechtmäßige deutsche Uebersetzg. Durchgesehen u. eingeleitet v. Rich. Wülker. gr. 8. (XXIV, 469 S. m. 4 Taf.) Leipzig 901. G. Wigand. n. 7. —; geb. n. 8. —

Lée, Sophie, die beiden Emilien; aus d. Engl. v. Fr. v. Oertel. 8. ... 799. (Krappe in Leipz.) 1 ₰

Lee, Sophie: Erzählungen aus Canterbury, s. Lée, Henriette

Lee, Thom. Safford, von den Geschwülsten der Gebärmutter, s. Sammlung gekrönter Preisschriften.

Lee, Vernon, Ariadne in Mantua. Fünf romant. Szenen. (Autoris. Übertragg. aus dem Engl. v. Else Schulhoff.) (105 S.) kl. 8. Berlin 909. S. Fischer, Verl. 2. —

Lee, Vernon, Genius Loci. Ins Deutsche übertr. von Irene Forbes-Mosse (geb. Gräfin v. Flemming.) (XVI, 139 S.) 8. Jena 905. E. Diederichs. n. 3. —; geb. n. 4. —

— Genius loci and The enchanted woods, s.a. Collection of British authors.

Genius loci, and The enchanted woods. By Vernon Lee [d. i. Miss Violet Paget.] Copyright ed. Leipzig: Tauchnitz 1906. 302 S. 8°
(Collection of British authors. Tauchnitz Ed. Vol. 3888.)

— Hortus vitae and Limbo, s.a. Collection of British authors.

Hortus vitae and Limbo. By Vernon Lee [d. i. Miss Violet Paget]. Copyright ed. Leipzig: Tauchnitz 1907. 295 S. 8°
(Collection of British authors. Tauchnitz Ed. Vol. 3981.)

— Pope Jacynth, to which are added Ariadne in Mantua, s.a. Collection of British authors.

Pope Jacynth, to which are added Ariadne in Mantua and other romantic inventions. By Vernon Lee [d. i. Miss Violet Paget]. Copyright ed. Leipzig: Tauchnitz 1906. 278 S. 8°
(Collection of British authors. Tauchnitz Ed. Vol. 3866.)

Lee, Vernon, Schemen. Phantastische Geschichten. Aus dem Engl. übers. von M. v. Berthof. 8. (VIII, 298 S.) Wien 900. Wiener Verlag. n. 3. 50

— The spirit of Rome and Laurus Nobilis, s.a. Collection of British authors.

The Spirit of Rome and Laurus Nobilis. By Vernon Lee [d. i. Miss Violet Paget]. Copyright ed. Leipzig: Tauchnitz 1910. 310 S. 8°
(Collection of British authors. Tauchnitz Ed. Vol. 4175.)

Lee, William, Emploi de l'eau-de-vie et du sel pour la guérison des inflammations internes et externes, lésions, maux de tête etc. Avec une indication exacte de la préparation et de l'application du remède. Traduit de l'Anglais. gr. 16. (82 S.) Bern 859, (Blom.) *

—— Franzbranntwein und Salz, s.a. Franzbranntwein.

Lee, William, Franzbranntwein u. Salz, das sicherste u. schnellste Mittel gegen innere u. äußere Entzündungen. Oder: Praktische Anleitung, durch den Gebrauch von Franzbranntwein u. Salz Kopf-, Zahn- u. Ohrenschmerz, Rheumatismus &c. schnell u. ohne ärztliche Beihilfe zu heilen. Nach d. 8. Aufl. d. Originals in's Deutsche übertr. u. durch prakt. Erfahrungen verm. von einem Menschenfreunde. 8. (79 S.) Regensburg 850, Manz. — 2. verb. Aufl. 8. (80 S.) Ebd. 851. ¼ ₰

Lee, William, Franzbranntwein und Salz, das sicherste und schnellste Haus- und Heilmittel gegen innere und äußere Entzündungen &c. Der leidenden Menschheit mitgetheilt von dem Erfinder. Nach der 8. Aufl. des Originals ins Deutsche übertr. u. durch prakt. Erfahrungen verm. von einem Menschenfreunde. 3. verm. u. verb. Aufl. Regensburg 853. Manz. 8. (80 S.) 7½ ngr.

—— **Franzbranntwein und Salz, das sicherste und schnellste Haus- und Heilmittel gegen innere und äußere Entzündungen. Nach der 8. Aufl. des Orig. ins Deutsche übertragen von einem Menschenfreunde. 4., verm. und verb. Aufl. 8. (78 S.) Regensburg 861, Manz.**

Lee, Will., Franzbranntwein und Salz, das sicherste und schnellste Haus- und Heilmittel gegen innere und äußere Entzündungen. Oder: Praktische Anleitung, durch den Gebrauch von Franzbranntwein und Salz Kopf-, Zahn- und Ohrenschmerz &c. schnell und ohne ärztl. Beihilfe zu heilen. Der leidenden Menschheit mitgetheilt von dem Erfinder. Nach der in der 8. Aufl. des bereits in vielen Tausenden von Exemplaren verbreiteten engl. Orig. in's Deutsche übertragen und durch prakt. Erfahrungen verm. von einem Menschenfreunde. 4. sehr verm. und verb. Aufl. [2. Abdr.] 8. (78 S.) Regensburg 877, Manz.

Lee, William, keine Hämorrhoiden mehr. Belehrungen über das wahre Wesen der Hämorrhoidal-Krankheit u. deren radicale Heilung ohne Arzneien. Nach der 10. Aufl. aus d. Engl. übers. 8. (80 S.) Quedlinburg 851, Basse. ⅓ ₰

—— Hülfe ohne Arzt! Oder: Franzbranntwein und Salz, das schnellste und sicherste Heilmittel gegen innere und äußere Entzündungen, Verwundungen, Kopf-, Ohren- und Zahnschmerz &c. Mit genauer Angabe der Zubereitung und Anwendung dieses Mittels. Von dem Entdecker. Nach dem Engl. 3. Aufl. gr. 16. (32 S.) Bern 855, Heuberger's Buchh. *

Lee, William, Hülfe ohne Arzt od. Franzbranntwein u. Salz, das schnellste u. sicherste Heilmittel gegen innere u. äußere Entzündgn., Verwundgn., Kopf-, Ohren- u. Zahnschmerz, alte Schäden u. offene Wunden, Krebsschäden, Brand, entzündete Augen, Lähmgn. u. Verletzgn. aller Art &c. Mit genauer Angabe der Zubereitg. u. Anwendg. dieses Mittels. Nach dem Engl. 4. Aufl. 12. (32 S.) Bern 901. J. Heuberger. — 40

— Lečitelj kućni kod ranenjahi ušganjah, ili věština droždjenicom i soljom sva ranenja, prolomlenja, odtvorene i rakovite rane, zatrovac, parlotine etc. Neobhodno potrebita knižica za svakoga. Prevedena u jezik ilirski po Josipu Partašu. gr. 16. (40 S.) Agram 850, Suppan. 6 ₰

— lekarz domowy czyli łatwy sposób leczenia francuzką wódką z solą, różnych powierzchnych i wnętrznych skazeń i zapaleń, bez lekarza. Odkrycie dzielności i skutków. Wykład z niemieckiego przez K. A. Pokojskiego. 8. (62 S.) Thorn 847, Lambeck. ⅓ ₰

Lee, William, Salz u. Franzbranntwein! oder praktische Anleitung, wie man ohne Hilfe eines Arztes durch den Gebrauch von Franzbranntwein u. Salz viele Krankheiten schnell u. zuverlässig heilen kann. Nach der 10. Aufl. aus dem Engl. übersetzt von Carl Walter. 3. Aufl. Neutitschein 865. Enders. 8. (71 S.) n. 4 ngr.

—— **der Selbstarzt bei inneren und äußeren Entzündungen, oder Franzbranntwein und Salz, das schnellste und sicherste Heilmittel gegen die meisten Krankheiten, Verwundungen aller Art, durch Schuß-, Hieb- und Stichwaffen, Kopf-, Ohren- und Zahnschmerz, &c. &c. Mit genauer Angabe der Zubereitung und Anwendung dieses Mittels. Nach dem Engl. Nebst einem Anhang: „Dr. Hufelands Haus- und Reise-Apotheke." gr. 16. (32 S.) Wien 860, Wenedikt.**

— der Selbstarzt durch Franzbranntwein u. Salz bei äußeren Verletzungen u. Entzündungen aller Art. Gründliche Anweisung, mit diesem bewährten Heilmittel alle Verwundungen, Lähmungen, Schlagflüsse, offene Wunden &c., sowie überhaupt alle äußern u. innern Entzündungen ohne Hülfe des Arztes zu heilen. Ein unentbehrliches Handbüchlein für Jedermann. 7., nach neueren, besonders in Deutschland gemachten Erfahrungen umgearb. u. verm. Aufl. gr. 8. (VIII, 67 S.) Quedlinburg 879. Basse. n. 1. —

Lee, Will., der Selbstarzt bei äußeren Verletzungen u. Entzündungen aller Art. Oder: Das Geheimniß, durch Franzbranntwein u. Salz alle Verwundungen, Lähmungen, offene Wunden, Brand, Krebsschäden, Zahnweh, Kolik, Rose rc. zu heilen. A. d. Engl. 1—3. Aufl. 8. (à 2½ B.) Quedlinburg 843—45, Basse.

— der Selbstarzt bei äußeren Verletzungen u. Entzündungen aller Art. Oder: Das Geheimniß, durch Franzbranntwein u. Salz alle Verwundungen, Lähmungen, offene Wunden rc. ohne Hülfe des Arztes zu heilen. Aus d. Engl. 4. Aufl. 8. (40 S.) Quedlinburg 849, Basse. ⅓ ₰

— Selbstarzt bei äußeren Verletzungen, bei Entzündungen jeder Art rc. Oder: Entdeckung des Mittels, wie man mit einer Mischung von Franzbranntwein und Salz alle Verletzungen rc., sowie auch äußere u. innere Entzündungen selbst heilen kann. Eine nützliche Schrift für Hausväter u. Hausmütter rc. Nach dem Engl. 853. — 2. Aufl. Landsberg 854. Volger u. Klein. 8. (15 S.) n. 2⅓ ngr.

—— der Selbstarzt bei äußeren Verletzungen und Entzündungen aller Art. Oder: Das Geheimniß, durch Franzbranntwein und Salz alle Verwundungen, Lähmungen, offene Wunden, Brand rc. ohne Hülfe des Arztes zu heilen. Ein unentbehrl. Handbüchlein für Jedermann. Aus dem Engl. 5. Aufl. 8. (40 S.) Quedlinburg 857, Basse.

Lee, William, der Selbstarzt bei äußeren Verletzungen und Entzündungen aller Art. Oder: das Geheimniß, durch Franzbranntwein und Salz alle Verwundungen, Lähmungen, Schlagflüsse, offene Wunden rc., sowie überhaupt alle äußern und innern Entzündungen ohne Hülfe des Arztes zu heilen. Ein unentbehrl. Handbüchlein für Jedermann. Hrsg. von dem Entdecker des Mittels. Nach dem Engl. bearb. 6. verb. und verm. Aufl. gr. 8. (42 S.) Quedlinburg 871, Basse.

Lee, William. Der zuverlässigste Selbstarzt durch das neue Wunder-Heilmittel Franzbranntwein und Salz. Zur Hilfe der leidenden Menschheit entdeckt von dem Engländer. — 8. (48 S.) Wien, A. Dorfmeister 1853.

— der zuverlässigste Selbst-Arzt durch das neue Wunderheilmittel Franzbranntwein u. Salz. Zur Hilfe der leidenden Menschheit bei allen inneren u. äußeren Entzündungen, gegen die meisten Krankheiten rc. Nach der neuesten engl. Orig.-Aufl. Wien 864. Wenedikt. 8. (47 S.) n. 4 ngr.

— Universal-Heilmittel gegen innere u. äußere Krankheiten. Deutliche Anweisung, vermittelst einer Mischung von Franz-Branntwein u. Salz Augenentzündungen, den Brand, Halsentzündungen rc. u. noch viele andere Leiden sicher u. in auffallend kurzer Zeit ohne Beihilfe eines Arztes zu heilen. 16. (25 S.) Schw. Hall 852, Haspel. 4 ngr.

Lee-Hamilton, Mrs., s.: Holdsworth, Annie E.

Leeb, Franz, Stall- und Gestütmeister. Praktische Beobachtungen zum Behufe der Pferdezucht im Königreiche Ungarn und Grossfürstenthum Siebenbürgen. 8. Wien 1790.

Leeb, H., die Einnahme von Ulm 1702. Ein Beitrag zur Geschichte des bayr. Anteils am span. Erbfolgekriege, nach bisher noch unbenützten Quellen bearb. gr. 8. (VIII, 68 S. mit 1 Plan und 1 Entfernungsskizze [1 Stnt.].) Ulm 882, Wohler'sche Buchh. *

Leeb, H., die Einnahme von Ulm 1702. Ein Beitrag zur Geschichte des bayr. Anteils am span. Erbfolgekriege, nach bisher noch unbenutzten Quellen bearb. 2. unveränd. (Titel-)Aufl. gr. 8. (VIII, 68 S. mit 1 Plan und 1 Entfernungsskizze.) Ulm 885, Wagner'sche Verlagsh. *

Leeb, Hugo, Rechtsprakt.: Die staatsrechtliche Stellung des preußischen und bayerischen Kriegsministers. Borna-Leipzig 1909: Noske. x, 93 S. 8°
Erlangen, Jur. Diss. v. 8. Nov. 1909, Ref. Rieker
[Geb. 17. Sept. 79 Würzburg; Wohnort: München; Staatsangeh.: Bayern; Vorbildung: Ludwig-Gymn. München Reife Juli 98; Studium: München 10 S.; Rig. 21. Juli 09.] U 10. 736

Leeb, Joh., d. Gesellschaftsvermögen u. d. Gesellschaftsanteil bei d. Kommanditgesellschaft auf Aktien. 8. (49 S.) Zittau 895. Leipzig, Pahl. n. — 80

[F.] Leeb, Johannes [Dr. iur.]: Rechtliche Studie über den Eisenbahn-Personentransport-Vertrag nach der Verkehrsordnung für die Eisenbahnen Deutschlands vom 15. November 1892. München, J. Schweitzer, 1895; 36 S. 8.
Erlangen, Jur. Fak., Inaug.-Diss. v. 1895

— rechtliche Studien üb. d. Eisenbahn-Personentransport-Vertrag nach d. Verkehrsordng. f. d. Eisenbahnen Deutschlands v. 15. Novbr. 1892. gr. 8. (36 S.) München 895. J. Schweitzer, Verl. n. 1. —

Leeb, Karl, Plan vom Lager Lechfeld bei Augsburg. 1:15,000. Chromolithogr. Imp.-Fol. Augsburg 876, Rieger'sche Buchh. *

—— dass. — nach dem neuesten Material bearb. 1:15,000. 2. verb. Aufl. Lithogr. und color. qu. gr. Fol. Ebendas. 878. *

Leeb, Leopold, s. Jus canonicum.

Leeb, Leop., († d. ... 1785.) praelection. theologiae practicae. Prs. I. II. 8. Münch. 780. Lentner. 1 ₰

Leeb, W. Das 4. Feld-Art.-Reg. König. Mit Abb. u. 1 Krt. Stuttgart 1909. 131 S.

Leeb, Willib. Ludw., Sagen Niederösterreichs. Gesammelt, erzählt u. erläutert. 1. Bd. Mit e. Einleitg. v. Karl Landsteiner u. 8 Text-Illustr. gr. 8. (X, 156 S.) Wien 892. H. Kirsch. n. 2. 40

Leech, John [111.]
s. Dickens, Ch.: Boz' Sämmtliche Werke. 1847 - 1849.

Leede, Carl, Medizinalprakt.: Arthropathien bei Syringomyelie. München 1908: Kastner & Callwey. 51 S. 8°
München, Med. Diss. v. 1. Juni 1909, Ref. v. Angerer
[Geb. 8. Aug. 82 Washington, D. C.; Wohnort: Baltimore; Staatsangeh.: Vereinigte Staaten; Vorbildung: Realgymn. Osnabrück Reife O. 03; Studium: Freiburg i. B. 1, Göttingen 4, Berlin 1, München 4 S.; Coll. 1. Juni 09; Approb. 14. Mai 09.] [U 09. 3355

Leede, Osc., zum Vortrag ernste u. heitere Dichtungen, s.: Beyer, Herm.

Leede, William Hermann, Medizinalprakt.: Ein Fall von isolierter Fraktur des Trochanter major beim Erwachsenen. (Mit 1 Abb.) München 1908: Kastner & Callwey. 59 S. 8°
München, Med. Diss. v. 28. Mai 1909, Ref. v. Angerer
[Geb. 28. Mai 81 Washington, D. C.; Wohnort: Baltimore; Staatsangeh.: Vereinigte Staaten; Vorbildung: Realgymn. Osnabrück Reife O. 03; Studium: Freiburg i. B. 1, Göttingen 4, Berlin 1, München 4 S.; Coll. 28. Mai 09; Approb. 14. Mai 09.] [U 09. 3356

Leedegang, Jacobus (geb. am 2 Sept. 1834 in Numansdorp bei Dordrecht in Holl.): De gonarthrocace ... Dordraci, typ. H. R. van Elk 1865. 19 S. 8.
Bonn, Med. Fak., Diss. v. [26 Juli] 1865

van der Leeden, Gedanken eines Soldaten üb. die Vergangenheit, Gegenwart u. Zukunft, m. einem Hinblick auf d. Schrift: „An das preuß. Volk u. dessen Vertreter gegen den Eid auf die Verfassung". Geschrieben im Septbr. gr. 8. (40 S.) Torgau 848, Wienbrack in Comm. n. ⅙ ₰

Leeden, Rudolf van der, a. Preßbaum in Niederösterreich: Über die Umwandlung von Isonitrosoketonen in Ox-diazine. [Berlin] (1905: G. Schade.) (54 S.) 8°
Berlin, Phil. Fak., Ref. Fischer, Nernst, Diss. v. 22. Juli 1905
[Geb. 7. Sept. 80 Preßbaum in Niederösterreich; Heimatsort: Berlin: Staatsangeh.: Preußen; Vorbildung: Gymn. Hirschberg i. Schlesien Reife O. 99; Studium: Berlin 1, Wien 1, Berlin 9 S.; Rig. 10. Juli 05.]

20 sassische **Leeder** ut't Hochdütsche öwerdragen vun H. Hansen. (Kropp.) [1906.] 4°.

Leeder, Carl, s. Leeder, Karl

Leeder, Ehrenfried

Leeder, E., Atlas zur Geschichte des preuss. Staates in 10 Blatt. Zum Schulgebrauche bearb. u. allen Freunden der preuss. Geschichte gewidmet. Kpfrst. u. color. 1. u. 2. Aufl. Weimar 866, 69. Geographisches Institut. gr. 4. cart. n. 24 *ngr.*

— illustrirter Handatlas, s. Handatlas.

Leeder, E., physikalische Karte der Prov. Schlesien. Für den Schulgebrauch. 1:950,000. Fol. Görlitz [Liegnitz] 875, Wollmann. *

Karte der Provinz Schlesien. Für d. Schulgebr. entw. u. gezeichnet von E[hrenfried] **Leeder**. 14. Aufl. (Maßst. 1:950,000. Görlitz: R. Worbs & Co. [1907]; Geogr. Anst. Wagner & Debes, Leipzig.) (1 Kartenbl. 44×32 cm.) [lith.] [kol.] [07. 12390]

Leeder, E., illustrirter Plan von Görlitz. 1:10,000. Fol. Mit Strassenverzeichniss. (Mit 2 S. in 8.) Görlitz 875, Vierling. *

Leeder, E. Illustrirter Plan von Görlitz. 1:10000. Görlitz 1877. 1 Bl. c. l..

— Schul-Atlas zur biblischen Geschichte. Nebst beschreib. Text. 6. u. 7. Aufl. Essen 865, 69. Bädeker. gr. 8. (6 lith. Karten, wovon 5 in Buntdr., in gr. 8. u. 4. u. 24 S. Text in gr. 8.) n. 10 *ngr.*

Leeder, E., Schul-Atlas zur biblischen Geschichte, bearb., gezeichnet u. nebst Beschreibung hrsg. Enth. 6 (lith., z. Thl. color.) Karten (in gr. 8. u. qu. gr. 4.). Nebst beschreib. Text. 32. Aufl. gr. 8. (24 S.) Essen 880. Bädeker. n. 1. —

— dasselbe. 35. Aufl. gr. 8. (24 S.) Ebend. 881. n. 1. —

Leeder, E., Schul-Atlas zur biblischen Geschichte. 6 (lith. u. color.) Karten. Nebst beschreib. Text. 40. Aufl. gr. 8. (24 S.) Essen 884. Bädeker. n. 1. —

Leeder, Ehrenfr., Wandkarte der Alpen. Für den Schulgebrauch entw., gez. u. herausg. 1:750000. Essen, Baedeker, 1883. gr. Fol. 6 Bll. Chromolith. (M. 10.)

Leeder, Ehrenfr., Wandkarte von Deutschland nach seiner Neugestaltung. Für den Schulgebrauch entw., gez. u. herausg. M. 1:1 875 000. Essen, Baedeker, 1868. Imp.-Fol. 9 lith. u. kolor. Bll. . . . . (Br. Mus.)
—, — 2. Ausg. Ebenda 1869. . . . . (Br. Mus.)
—, — Im J. 1871. Für den Schulgebrauch entworfen, gezeichnet und herausg. 3. rev. Aufl.—11. Aufl. Ebenda 1871—85. . . . . (Br. Mus. z. T.)
—, — 12.—13. Aufl. besorgt von M. Leeder. Ebda. 1887—90. (M. 5.)

Leeder, E., Wandkarte von Deutschland. 9 Bl. Für den Schulgebrauch entworfen. 1:875,000. 9. Aufl. Chromolithogr. und color. Imp.-Fol. Essen 878, Bädeker. *
Auf Leinw. in Mappe *
Auf Leinw. mit Rollstäben *

Leeder, E., Wandkarte von Europa. 9 Bl. Für den Schulgebrauch entworfen. 1:8,700,000. 4. Aufl. Chromolithogr. und color. Imp.-Fol. Essen 877, Baedeker. *
Auf Leinw. im Mappe * *M* 12.; mit Rollstäben *

Leeder E, Wandkarte von Europa f. d. Schulgebrauch. 9. A. auf Lwd m St. Essen 1892

Leeder, E., Wandkarte der östlichen und westlichen Halbkugel. Für den Schulgebrauch. à 6 Bl. Fol. Essen 875, Baedeker. à Wandkarte *
aufgez. in Mappe à * *M* 12.; mit Stäben *

Leeder, E., Wandkarte der Provinz Hannover. 1:240,000. 6 Bl. Für den Schulgebrauch. Lithogr. und color. Imp.-Fol. Essen 878, Baedeker. *
Auf Leinw. * *M* 10,50.; mit Stäben *

Wandkarte der Provinz Pommern. Für d. Schulgebrauch entworfen, gezeichnet u. hrsg. von E[hrenfried] **Leeder**, Lehrer zu Görlitz. 4. verb. Aufl. (Massst. 1:300,000.) Köslin: A. Hoffmann; Geogr. Anst. Wagner & Debes, Leipzig 1900. (1 Kartenbl. 127×80 cm.) 2° [kol.] [07. 9469 B]

Leeder, E., Wandkarte der Prov. Schleswig-Holstein. Für den Schulgebrauch entworfen. 1:190,000. 4 Bl. Chromolithogr. und color. Imp.-Fol. Essen 877, Baedeker. *
Auf Leinw. in Mappe * *M* 10,50.; mit Stäben *

Leeder, E., Wandkarte des preussischen Staates. 1:750,000. 6 Bl. Für den Schulgebrauch entworfen. Chromolithogr. und color. Imp.-Fol. Essen 877, Baedeker. *
Auf Leinw. in Mappe * *M* 12.; mit Rollstäben *

Leeder, Ernst, die neuen Bestimmungen üb. die Eichung u. die Maß- u. Gewichts-Polizei f. das Deutsche Reich — Maß- u. Gewichtsordnung f. das Deutsche Reich vom 30. V. 1908 — in ihrer Bedeutung f. Gewerbetreibende aller Art u. Landwirte. Ausführungen f. die Praxis zur Vermeidg. v. Verstößen u. Bestrafgn. (31 S.) 16. Leipzig (908). M. Prager. — 30

— Der richtige Gebrauch u. die sachgemäße Behandlg. der Meß- u. Wiegegeräte. Anleitung u. prakt. Winke f. Gewerbetreibende aller Art u. Landwirte zur Instandhaltg. der Wagen u. Gewichte u. Maße. 2. Aufl. (30 S.) 16. Merseburg 910. Eichmeister a. D. Ernst Leeder. — 30

Leeder, F., der Schneeberg in Nieder-Oesterreich, s.: Touristen-Führer.

Leeder, Karl

Leeder, Carl, Beiträge zur Geschichte von Arnau. Lex.-8. (47 S.) Prag 872. (Leipzig, Brockhaus' Sortiment und Antiq.) *
Aus: Mittheilungen des Vereins für Geschichte der Deutschen in Böhmen, besonders abgedruckt.

Leeder, Karl, Beiträge zur Geschichte des k. u. k. Oberstjägermeisteramtes. (21 S.) gr. 8. Wien 908. A. Hölder. — 65
Sonderabdruck aus: „Archiv f. öst. Gesch."

Leeder, Maximilian (geb. Görlitz 7. 6. 1858): Die englische Kaperei und die Thätigkeit der Admiralitätsgerichte. Berlin 1881. (48 S.) 8°
Berlin, Phil. Diss. v. 17. Dez. 1881

Leeder, M., die englische Kaperei und die Thätigkeit der Admiralitäts-Gerichte. Ein Beitrag zur engl. maritimen Politik. gr. 8. (47 S.) Berlin 882, (Mayer und Müller.) *

Leeder, Maximilian [Dr.]: Der italienische Cursus des Kaiserlich Deutschen Archäologischen Instituts zu Rom. 1891. Grünberg i. Schl., F. Weiss Nachf., 1892; 1 Bl., 24 S. 4.
Grünberg i. Schl., Friedrich-Wilhelms-RG u. VS, OP 1892 (214)

Leeder, Max, die Schlacht v. Kay, s.a. **Festschrift usw. des Friedrich-Wilhelms-Realgymnasiums zu Grünberg in Schles.**

Leeder, Maximilian: Die Schlacht von Kay. Mit Schlachtplan und Übersichtskarte. 14 S. 4.
In: Festschrift zur Feier des 50 jähr. Bestehens des Friedrich-Wilhelms-Realgymn. *Grünberg i. Schl.* 1903.
Progr

Leéder, Osk., u. Heinr. Rosenberg, die Umgestaltung der Eisenbahn-Gütertarife Oesterreichs, s.a. **Schriften über Verkehrswesen. 3. Hft.**

Die Umgestaltung der Eisenbahn-Gütertarife Österreichs. Eine Studie z. Frage d. Verstaatlichung d. Privatbahnen von Oskar **Leéder** u. Dr. Heinrich Rosenberg. Mit 1 Karte. *Wien: A. Hölder 1903.* (51 S.) 8°
Aus: Österreich. Eisenbahn-Zeitung. 1903. No 7. 8.
— Schriften über Verkehrswesen. Reihe 1, H. 3. [03. 4746]

Leederbok, plattdütsch. Rutgeben v. d. allgem. plattdütschen Verband. 3. Uplag'. 12. (XIV, 112 u. 8 S.) Berlin 896. Hilfsverein deutscher Lehrer. — 75

Plattdütsch Leederbok. Rutgeben von den Allgemeenen Plattdütschen Verband. 4. Uplag'. Berlin. 1899. 8°

Leederbok, plattdütsch. Rutgeben v. den allgemeinen plattdeutschen Verband, E.-B. 5. Uplag'. 12. (XXIII, 152 u. 16 S.) Berlin 902. Hilfsverein deutscher Lehrer. — 75

Leeds, Josiah W., das Theater im Gegensatz zum Christentum, dargestellt. 8. (VIII, 76 S.) Berlin 891. Deutsche Evangel. Buch- u. Tractat-Gesellschaft. n. — 60

Leefhelm, Friedrich, approb. Arzt aus Bremen: Aus d. chirurg. Klinik zu Kiel. Ein Fall von Epitheliom des Unterkiefers nebst Bemerkungen über die Epitheliome der Kiefer im Allgemeinen. *Kiel 1902: Schmidt & Klaunig.* (22 S.) 8°
Kiel, Med. Diss. v. [21. Juni] 1902

Leefhelm, Ludwig, Apotheker a. Bremen: Das Verhalten der Organomagnesiumverbindungen gegen Alkylidenbasen und Hydramide. Erlangen 1906: Junge & Sohn. (58 S.) 8°
Erlangen, Phil. Fak., Ref. Fischer u. Paal, Diss. v. 4. Mai 1906
[Geb. 23. Mai 78 Bremen; Wohnort: Braunschweig; Staatsangeh.: Bremen; Vorbildung: Realgymn. Bremen Reife f. Obersekunda O. 95; Studium: Braunschweig T.H. 4, Erlangen 4 S.; Rig. 14. März 06.]

Die Ringelgans v. O. Leege. ⟨Mit Buntbild Taf. 1.⟩ (Magdeburg. 1910.) 8° Ausschnitt aus: Ornithologische Monatsschrift. Jg. 35, Nr. 1.

Leege, Otto, die Vögel der ostfriesischen Inseln nebst vergleichender Uebersicht der im südlichen Nordseegebiet vorkommenden Arten. (X, 198 S.) gr. 8. Emden 905. W. Haynel n. 4. —; geb. in Leinw. n. 5. —

Leehr, Gli., Beitr. zur Geschichte d. Schulanstalten im Fürstenthum Oels. 6 Stücke. 8. Oels 796.

Leehhore. Travestie nach Bürger's „Lenore." Vom Verf. der „Gütsteher." Wien 865. Herzfeld & Bauer. 8. (23 S.) n. 8 ngr.

Leehhorn, Travestie nach Bürgers Lenore vom Verfasser des „Gütsieber" 8. (23 S.) Wien, Herzfeld & Bauer. 1865. 40 kr.

Leeke, Ferd., ein Königstraum, s.: Fritsch, Vict. v.

Leeke, Ferd., Richard Wagner-Werk. Ein Bildercyklus. Begleitender Text v. Frz. Muncker. Fol. (15 Kupferdr.-Taf. nebst 8 S. Text.) München 894. F. Hanfstaengl. Geb. in Leinw. m. Goldschn. 45. —

Leeke, Paul, a. Magdeburg: Untersuchungen über Abstammung und Heimat der Negerhirse ⟨Pennisetum americanum (L.) K. Schum⟩. Halle a. S. 1907: E. Karras. (108 S.) 8° ¶(Aus: 'Zeitschrift f. Naturwissenschaften', 1907, Bd 79 H. 1 u. 2.)
Halle, Phil. Fak., Ref. Klebs, Diss. v. 3. Jan. 1907
[Geb. 20. Apr. 83 Magdeburg; Wohnort: Halle a. S.; Staatsangeh.: Preußen; Vorbildung: Guericke-Sch. (Realgymn.) Magdeburg Reife M. 01; Studium: Halle 3, München 1, Berlin 2, Halle 5 S.; Rig. 3. Mai 06.]

Leekeny, Joannes Carolus: Vindiciae verae ... corporis et sangiunis Christi in s. coena praesentiae ...,
s. Baumgarten, Siegm. Jakob [Praes.]

Leem, Knud

Leemius, C., de Lapponibus Finnmarchiae, eorumq; lingua, vita et relig. comment. c. fig. et notis, danice et lat. 4. maj. Hafniae. Haude. 768.

— — dass. a. d. Dänischen übers. v. Wolkmann. gr. 8. Lpz. Dyk. 771.

Leem, Knud. Nachrichten von den Lappen in Finmarken ... A. d. Dän. ... Leipz. 1771. Ü: *Volkmann, Joh. Jac.* (EngG)

— Nachrichten von den Lappen in Finnmarken, ihrer Sprache, Sitten, Gebräuche rc., mit Anmerkk. von J. E. Gunner. Aus d. Dän. übers. (v. J. J. Volckmann). gr. 8. Leipz. 771. Dyck. 1½ß

Leemann

Champagne, des Corps-Francs à Lucerne en Mars et Avril 1845. Ouvrage rédigé sur des matériaux authentiques et d'après les rapports de témoins oculaires. Avec un plan et une carte du théâtre des opérations. gr. in8. Berne 845, Jenni père. n. 1/3 ß — (Führt auch den Umschlags-Titel: Le livre rouge.)

[Leemann, .] Der Freischaarenzug und das Schicksal der Gefangenen in (*Umschlag:* Das rothe Büchlein oder der Fr' nach) Luzern im März und April 1845 (und die grausame Behandlung der wehrlosen Flüchtlinge und Gefangenen). Dargestellt nach zuverlässigen Quellen und den Berichten von Augenzeugen. Mit einem Plane und Uebersichtskarte. 8. Bern 1845.

Leemann, Vorschrift über die Verpflichtung der Gemeinde-Räthe, Rechner u. Gemeinde-Officianten. 2. Aufl. 8. (VII, 40 S.) Waldsee 869. Liebel. n. — 50

Leemann, Caspar, s. Leemann, Kaspar

Leemann, Ed., Zürcher Kegelbuch. Hrsg. unter Mitwirkg. v. Kegelfreunden u. Kunstkeglern. (20 S. m. Fig.) 12. Zürich-Selnau 900. (Gebr. Leemann & Co.) n.n. 1. 20

Leemann, H., s. Wegelin, D., Erinnerungen aus Rußland. — dess. Palästina.

Leemann, (Hans), s.: Juristen-Zeitung, schweizerische.

Leemann, Hans. Zur Kenntnis des 2. 4. 2'. 4'. 6'.-Penta- und 2. 4. 6. 2'. 4'. 6'.-Hexanitroazobenzols. Diss. Phil. [II.] Univ. Zürich. 64 S. 8. Zürich-Selnau, Gebr. Leemann & Co., 1908.

Leemann, Hans. Die Konkursgründe nach dem Bundes-Gesetz über Schuldbetreibung und Konkurs vom 11. April 1889. [Mit 2 Tabellen.] 8. Zürich, Schulthess & Co.
Ausg. A: Diss. Jur. Bern. II + 142 S. 1904.
Ausg. B: 142 S. 1905. [fr. 2. 40]

Leemann, Hans, die Konkursgründe nach dem Bundes-Gesetz üb. Schuldbetreibung u. Konkurs vom 11. IV. 1889. (142 S. m. 1 Tab.) 8. Zürich 905. Schulthess & Co. n. 2. 40

Leemann, Hans, das Notariats- u. Katasterwesen des Kantons Zürich. Eine Sammlg. der bezügl. Gesetze, Verordngn., Konkordate rc., m. Entscheidgn. der Gerichts- u. Verwaltungsbehörden u. Erläutergn. auf Grundlage der Praxis hrsg. gr. 8. (300 S.) Zürich 901. Schultheß & Co. n. 3. 60; geb. in Leinw. n.n. 4. 50

Leemann, Hans. Poesie und Humor im deutschen Recht. Eine rechtshistorische Studie. [*Aus:* «Berner Heim», Jahrg. 1903, Nr. 20—23.] *16 S.* 8. [Bern, Buchdr. Berner Tagblatt.]

— Sachenrecht, s.: Kommentar zum schweizerischen Zivilgesetzbuch.

— Der schweizerische Verlustschein, s.a. Abhandlungen zum schweizerischen Recht.

Leemann, Hans. Der schweizerische Verlustschein. Dargestellt auf Grund des eidgen. Schuldbetreibungs- und Konkursgesetzes und der Gerichtspraxis. VIII + 158 S. 8. Bern, Stämpfli & Cie., 1907. [fr. 3. 50]
Abhandlungen zum schweizerischen Recht, hrg. von Dr. Max Gmür Professor.... Heft 23.

Leemann, Heinr., Abhandlung über den Gebirgskrieg, s.a. Pasqual y Rubio.

Leemann, H., gewesener zweiter Secretär des schweizerischen Militärdepartements. Abhandlung über den Gebirgskrieg. Nach dem Spanischen des D. Santiago Pasqual y Rubio, gewesener Offic. vom Generalstab Mina's. Durch kriegsgeschichtliche Beispiele vermehrt. 8. Zürich 1858.

Leemann, H., Abriß d. Militär-Statistik d. Schweiz, mit geschichtl. Nachweisn. üb. d. Entwickl. d. eidgenöss. Kriegswesens, u. vergleich. militärstatist. Uebersichten einiger benachbarten Staaten. 3 Abthln. gr. 8. (31 1/8 B.) Bern 839, (Walthard'sche Buchh. 2 Thlr., Blnp.

Leemann, Heinr., Bürger u. Soldat. Allgemeines schweizer. Militärlesebuch zur Belehrung u. Unterhaltung, über Gegenstände des vaterländ. Kriegs- u. Soldatenwesens. 8. (VIII u. 268 S.) St. Gallen 851, Scheitlin & Zollikofer. 18 ngr

—— Bürger und Soldat. Allgemeines schweizer. Militärlesebuch zur Belehrung und Unterhaltung über Gegenstände des vaterländ. Kriegs- und Soldatenwesens. 2., wohlf. (Titel-)Ausg. 8. (VIII und 268 S.) St. Gallen (851)59, Scheitlin und Zollikofer.

Leemann, H[einrich]. Denkschrift über die Ereignisse im Jahr 1838. ([Mit] Beilagen [und 1 Tafel]. Den Milizen der Kantone Waadt und Genf zugeeignet.) 8. Biel 1840.

Leemann, H., das Kadettenbuch. Darstellungen aus dem Kriegs- und Soldatenwesen von den ältesten bis auf die neuesten Zeiten. Mit 24 lith. Abbildgn. in Tondr. Leipzig 854. Weber. 8. (XII, 336 S.) n. 2 ℛ. 15 ngr.

—— schweizerischer Militär-Almanach, s. Militär-Almanach, schweizerischer.

— die Milizeinrichtungen der Schweiz als Vorbild der Volksbewaffnung mit besond. Hinsicht auf Deutschland. gr. 8. (XII u. 230 S.) Bern 848. Zürich, Schultheß. 21 ngr

Leemann, H[einrich]. Souvenirs des évènemens de 1838. ([Avec] Pièces justificatives [et 1 planche]. Hommage aux milices vaudoises et genevoises.) 8. Berne 1840.

Leemann, Jacob, med. pract., Zürich: Zur Casuistik des Situs inversus viscerum totalis. Zürich 1907. 46 S. 8°. [21. V. 07.]
Zürich. Med. Diss. 1906/1907.

Leemann, Jacob. Zur Casuistik des Situs inversus viscerum totalis. Diss. Med. Univ. Zürich ... von Jakob L'.... 46 S. 8. Zürich(-Selnau), Gebr. Leemann & Co., 1907.

Leemann, Julius: Die Entwicklung des Verbandes landwirtschaftlicher Genossenschaften in Württemberg e.V. 1881–1906 für die 25. Verbandsversammlung am 7. Juni 1906. o.O. 1906.

Einladung zur akademischen Feier des Geburtsfestes S. M. des Königs Wilhelm II von Württemberg auf den 25. Febr. 1893 im Namen des Rektors und akademischen Senats der kgl. Eberhard-Karls-Universität Tübingen. — Beigefügt ist e. Abh.: Die Sicherung der Genossenschaften durch das Reichsgesetz vom 1. Mai 1889. Von Julius Leemann, o. Prof. d. Landw. in Tübingen. Tübingen, Druck v. W. Armbruster & O. Riecker, 1893; 3 Bl., 78 S. 4.

Leemann, Jul., die Sicherung der Genossenschaften durch das Reichsgesetz vom 1. Mai 1889. Progr. 4. (V, 78 S.) Tübingen 893. (F. Fues.) n. 2.—

Leemann, Kaspar

[Leemann, Caspar.] Eine zehntägige Schweizerreise vor Fünfzig Jahren mit 7 Fünffrankenthalern und 25 Zürcher Schillingen Sackgeld. (Wahrheitsgetreu und mit Originalnotizen.) 8. Zürich 1895.

Leemans, C., Altertümer v. Curaçao, Bonaire u. Aruba, s.: Beiträge zur Anthropologie usw. Niederl. Westindiens.

Leemans, Conrad, animadversiones in Musei Antiquarii Lugduno-Bat. inscriptiones Graecas et Latinas a L. J. F. Janssen editas. Add. tabula. 4maj. Lugduni-Bat. 842, Hazenberg. 1 ℛ

Leemans, Conr., Bibliotheca Reuvensiana, s. Bibliotheca.

Leemans, Conr., Description raisonnée des Monumens Egyptiens du Musée d'Antiquités des Pays-Bas, à Leide. gr. in-8. Leide 840. Hazenberg et Comp. (Leipzic, T. O. Weigel.) n. 2 2/3 ℛ; bei Weidmanns n. 3 1/6 ℛ

– s. Horapollinius Niloi Hieroglyphica.

— Lettre à M. François Salvolini, sur les Monumens Egyptiens, portant des légendes royales, dans les Musées d'Antiquités de Leide, de Londres, et dans quelques collections particulières en Angleterre, avec des observations, concernant l'histoire, la chronologie et la langue hiéroglyphique des Egyptiens, et une Appendice sur les Mesures de ce peuple. (Mit 32 Steintaf.) gr in-8. Leide 838. Hazenberg et Comp. (Leipzic, T. O. Weigel.) n. 3 1/3 ℛ

— Monumens Egyptiens du Musée d'Antiquités des Pays-Bas à Leide, publiés d'après les ordres du Gouvernement. Livr. I. (18 lith. Blätter u. 3 Bl. Text, in verziert. Umschlag. Nebst 1 Heft Text von 5 1/2 B. in gr. 8.) 1/2 in Imp.-Fol. Leide 839. Hazenberg et Comp. (Leipzic, T. O. Weigel.) n. 16 ℛ — Mit Verbindlichkeit für das ganze Werk nur n. 12 ℛ

Leemhuis, Frerich, bacc. jur. a. Holtgaste: Die Einigung im Grundbuchrecht des Bürgerlichen Gesetzbuches. Borna-Leipzig 1908: R. Noske. (IX, 55 S.) 8° [J.]
Leipzig, Jur. Fak., Diss. v. 22. Juli 1908
[Geb. 12. Febr. 83 Holtgaste (Ostfriesland); Wohnort: Holtgaste; Staatsangeh.: Preußen; Vorbildung: Gymn. Leer Reife O. 01; Studium: Göttingen 2, München 2, Göttingen 3 S.; Rig. 31. Juli 06.]

Leemius, C., s. Leem, Knud

Leendertz, Willem, die Evacuation von Kranken und Verwundeten im Kriege. gr. 8. (39 S. mit 2 lithogr. Taf.) Wien 887, Šafář. *

Leenen, Rudolf [Arzt aus Issum]: Ein Fall von traumatischem Hirnabscess und seine chirurgische Behandlung. . . . München, Buchdr. v. J. Fuller, 1891; 18 S. 8°
München, Med. Fak., Inaug.-Diss. v. 1891

Leenhoff, F. v., der Himmel auf Erden. 8. Leipzig, Frommann. 758. -

Leent, F. H. von. Einige Untersuchungen über Milchzucker, Galactose und Maltose und ihre Ammoniakverbindungen. Basel, 1894.

Leepin, Rhold., quantitative Hämoglobinbestimmungen nach Fleischl an Thieren unter der Einwirkung pharmakologischer Agentien. Diss. gr. 8. (116 S.) Jurjew (Dorpat) 891. (E. J. Karow.) n. 2. 40

Leer [Schlagwort]

Leer, Kreis, s.: Aurich, Reg.-Bez.

Leer, s.: Deutschland. Karte (Abt. Preussen). — Preussen. Messtischblätter.

Leer [Verfasser]

Leer, Heinr. Antonowitsch, strategische Aufsätze. Aus dem Russischen. 1. u. 2. Aufl. Breslau 869,70. Mälzer. gr. 8. (III, 211 S.) n. 1 ℛ 10 ngr.

Leer, Heinr. Ant., strategische Aufsätze. Aus dem Russ. 2. unveränd. Aufl. gr. 8. (III, 211 S.) Gera 876. Reisewitz' Verl. n. 4. —

—— positive Strategie oder kritisch-histor. Analysis der Gesetze über die Kriegskunst. In's Deutsche übertragen von Eug. Opačić. 2. vollständ. umgearb., um mehr als die Hälfte verm. Aufl. gr. 8. (XXIII, 400 S.) Wien 871, Seidel und Sohn. *

Leer, H., General-Major. Oeffentliche Vorlesung über den Krieg der Jahre 1870—1871 zwischen Frankreich und Deutschland von Sedan bis zur Kapitulation von Paris. (1. Artikel.) (Mit 49 Plänen auf 12 Blättern.) Separat-Beilage des „Wojenni Sbornik" 89. Bd. — St. Petersburg 1873.

Leer, Heinrich Antonowitsch, kaiserl. russ. Oberst im Generalstabe, etc. etc. Vorträge über Strategie. Aus dem Russischen übertragen von Eugen Opačić, k. k. Hauptm. 8. Wien 1868.

Leer, I. D., s. Leers, Johann Daniel

Leerbach, John, s.a. Leerbech

Leerbach, John, das Infanteriefeuer im Gefecht, s. Beiheft zum Militär-Wochenblatt.

LEERBAUCH, E. v. (ps.), Die wahre Ursache der Moralität in D*** (Dresden), oder die Doktorenversammlung am *** F*** 1805. Dresden, o. J. 8°. (3 Mk., Paul Neubner, Cöln, 1891.)
Sehr selten! — War auch ohne Orts- u. Formatsang. in Schmidt's in Dresden Leihbibl.-Cat. 1819. p. 425.

Leerbech, John, s.a. Leerbach

Leerbech, John das Infanteriefeuer im Gefecht, s.: Volkersen, F.

—— die Infanterie-Schiessinstruktionen Europa's und ihr Verhältniss zur modernen Taktik. Eine vergleichende Reglementsstudie. gr. 8. (206 S. mit 2 lithogr. Taf.) Berlin 882, Wilhelmi. *

Leers, Heinrich (Aachen)
Ueber die chemische Zusammensetzung des Chinidins.
[In: Annalen d. Chemie u. Pharmacie Bd 82 (1852) 147.]
Dr. phil. Giessen 29.4.1852.

LEERS, Johann Daniel: Flora Herbornensis. Exhibens plantas circa Herbornam ...-Giessen 1775. LIX, 288 S., 16 Taf. - Weitere Ausg. Berlin 1789. LXXVIII, 289 S., 16 Taf.

Leers, Jh. Dn., († 1774) Flora Herbornensis exhibens plantas circa Herbornam Nassoviorum crescentes secundum systema sexuale Linneanum distributas, cum descriptionibus variorum, in primis graminum, propriisque observationibus et nomenclatura, accesserunt graminum omnium indigenorum eorumq. adfinium icones CIV auctoris manu ad vivum delineatae aerique incisae. Cum XVI tabb. a. n. Einzige Originalausgabe, (besorgt von seinem Sohne). 8maj. Herborn (Giessen) 775. Heyer. 2 ₰ 12 ℊ (Kriegerin Marb.) 2 ₰

— Flora Herbornensis, secund. systema sexuale Linneana, etc. Ed. altera ed. K. L. Willdenow. Cum CIV icon. 8maj. Berl. 789. Himburg. 2 ₰ 12 ℊ

Leers, Otto [aus Hamburg]: Die operative Behandlung hochgradiger Kurzsichtigkeit ... Freiburg i. B., Buchdr. H. Epstein, 1896; 44 S., 1 Bl. 8.
Freiburg i. B., Med. Fak., Inaug.-Diss. v. 1896

Leers, Otto, die forensische Blutuntersuchung. Ein Leitfaden f. Studierende, beamtete u. sachverständ. Ärzte u. f. Kriminalisten. (XI, 212 S. m. 30 Fig., 3 [2 farb.] Taf. u. 1 Bl. Erklärgn.) 8. Berlin 910. J. Springer. 6.—; geb. in Leinw. n 6.80

Leers, Otto, zur Lehre v. den traumatischen Neurosen, s.a. Klinik, Berliner. 205. Hft.

Zur Lehre von den traumatischen Neurosen. Aus d. Unterrichtsanst. f. Staatsarzneikunde d. Univ. Berlin. Von Dr. Otto Leers, Berlin. Berlin: Fischer 1905. (38 S.) 8°
(Klinik, Berliner. H. 205.)

— Methoden u. Technik der Gewinnung, Prüfung u. Konservierung des zur forensischen Blut- bezw. Eiweissdifferenzierung dienenden Antiserums. (31 S.) gr. 8. Berlin 908. R. Schoetz. — 80

Leers, Rudolf [Dr]: Burchard II., Bischof von Halberstadt. 1059—1088. (Th. 1.) Eisleben, Druck v. E. Schneider, 1892; 1—35 S. 4.
Eisleben, k. G, OP 1892 (230)

Leers, Rudolf [Dr.]: Burchard II., Bischof von Halberstadt, als Führer des Sachsenaufstandes, 1073—1088. (Umschlagt.: Burchard ... Halberstadt. II. Tl.) (Forts. d. P-Beil. 1892.) Eisleben, Druck v. E. Schneider, 1894; 1—51 S. 4.
Eisleben, k. G, OP 1894 (232)

Leers, Rudolf: Mansfeldische Erbteilungen. 1420—1520. Eisleben 1910: Schneider. S. 1—20. 4°
Eisleben, k. Luther-G OP 1910 (328) [S 10. 257

Geschichte der Andreas-Loge „Florens" in Eisleben von 1878—1903 von R[ud.] Leers. 1903.
[ML. 32 (1903—1904) S. 139.]

Leers, Rudolfus [Saxo-Borussus]: De nominum, quibus tempora significantur, usu Plautino .... Halis, typ. A. Kloeppel, Islebiae, 1885; 40 S. 8°.
Halle, Phil. Fak., Inaug.-Diss. v. [26. Sept.] 1885.

Leers, Rudolfus, de nominum, quibus tempora significantur, usu Plautino. Diss. Halle 1885, Lippertsche Buchh. 8°. 40 S.

van Leersum, Evert Cornelis [pr. Arzt, Baarn '(Holland)']: Ueber Exstirpatio ani, Amputatio recti, und Resectio recti ... Utrecht, J. Nikerk, 1894; 4 Bl., 73 S., 1 Bl. 8.
Freiburg i. B., Med. Fak., Inaug.-Diss. v. 1894

Leersum, E. C. van, s.: Janus.

— s.a. Miniaturen der lateinischen Galenos-Handschrift der kgl. öffentl. Bibliothek zu Dresden.

Miniaturen der lateinischen Galenos-Handschrift der Kgl. Oeffentl. Bibliothek in Dresden Db 92—93 in phototyp. Reproduktion. Einl. u. Beschreibung von E[vert] C[ornelis] van Leersum u. W. Martin. Leiden: Sijthoff 1910. XXXVII S., 21 Taf. gr. 2°
(Codices Graeci et Latini photographice depicti. Suppl. 8.) [10. 5540

Lees, Florence S.

Lees, die Ernährung des Menschen, s.a. Gesundheit, Wohlstand u. Glück.

Lees, Florence S., die Ernährung d. Menschen, s.a. Gut, das höchste.

Lees, die Ernährung des Menschen. Eine gekrönte Preis-Abhandlung. Aus dem Engl. übers. von C. W. 8. (86 S.) Neustadt O/S. 858. Oppeln, (Clar.)

Lees, Florence S., Handbuch der Krankenpflegerinnen. Auf Wunsch Ihr. Maj. der Kaiserin-Königin nach der engl. Ausg. des Prof. Dr. Henry W. Acland in deutscher Sprache hrsg. von Paul Schliep. 8. (XX, 147 S.) Berlin 874, Hirschwald. *

Leesberg, François Xavier Hubert: Zur Minensteuerfrage. Luxemburg: Th. Schroell 1884. 16 S. 8°

Leese, A.

— nach Frankreich hinein, s.a. Eckstein's Reisebibliothek.

[F.] Nach Frankreich hinein. Erlebnisse a. d. Feldzuge 1870/71 v. A. Leese. *Berlin: R. Eckstein Nachf. [1896?].* (127 S.) 1 Bd 8.
= Reisebibliothek, Ecksteins. No 156. [97. 4904

Leese, A., Kriegserinnerungen e. Infantristen, s.a. Eckstein's Reise-Bibliothek.

Kriegserinnerungen eines Infanteristen v. A. Leese. (1. bis 5. Taus.) Berlin: R. Eckstein Nf. [1898]. (157 S.) 8° (Reisebibliothek, Ecksteins. No 176.)

Leese, A., in Feindes Land, s.a. Eckstein's 50 Pfennig-Bibliothek.

In Feindes Land. Feldzugs-Geschichten 1870/71 v. A. Leese. Berlin: R. Eckstein Nf. [1897]. (62 S., 1 Bl.) 8° (50 Pfennig-Bibliothek, Eckstein's. No 26.)

— von Sedan nach Paris, s.a. Eckstein's Reise-Bibliothek.

[F.] Von Sedan nach Paris. Erlebnisse a. d. Feldzuge 1870/71 v. A. Leese. *Berlin: R. Eckstein Nachf. [1896?].* (128 S.) 1 Bd 8.
= Reisebibliothek, Ecksteins. No 157. [97. 4905

Leese, Ernst, Kammergerichtsrefer.: Schuldenhaftung nicht rechtsfähiger Vereine. Straßburg 1910: Du Mont Schauberg. 83 S. 8°
Straßburg, Rechts- u. staatswiss. Diss. v. 18. Juli 1910, Ref. Kisch
[Geb. 30. Jan. 89 Erfurt; Wohnort: Kalkberge; Staatsangeh.: Preußen; Vorbildung: Protest. Gymn. Straßburg Reife M. 06; Studium: Straßburg 3, München 2, Heidelberg 1 S.] [U 10. 4021

Leese-Löwe, Adb.

—— scharfe und Platz-Patronen. Heitere und ernste Bilder aus Kriegs- und Friedenszeiten. 2. Aufl. gr. 8. (V, 98 S.) Berlin 888, Hoffschläger. *

Leese-Löwe, Adb., aus der Patronentasche eines Infanteristen. Heitere und ernste Bilder aus dem Soldatenleben in Krieg und Frieden. 8. (55 S.) Minden 881, Bruns' Verlag. *

Leese-Löwe, Adb., Pulverdampf. Ernste und heitere Bilder aus Kriegs- und Friedenszeiten. gr. 8. (III, 101 S.) Rathenow 886, Babenzien. *

Leesekamp, A., über die Theorie der algebraischen Gleichungen mit complexen Wurzeln. Hannover. 4. *39 p.* 1867.
Schul-/Univ.-Schrift

Leesekamp, Adph., die Elemente der ebenen Geometrie, zum Gebrauche in techn., landwirthschaftl. etc. Fachschulen bearb. gr. 8. (IV, 88 S.) [Kassel 879.] Eisenach, Bacmeister. *

(Leesemann): Species facti in Prozeßsachen der Königl. Regierung zu Coblenz, Klägerin, gegen S. des Hr. Friedrich Fürsten zu **Salm**-Kyrburg Durchl., Verklagten, betr. eine Forderung von 120000 fl. rheinl. Münster 1839.

Leesemann, Frid. (geb. [Münster in Westf.] 16. 5. 1834): De resectione articulationis cubiti. Berolini (1858). (32 S.) 8°
Berlin, Med. Diss. v. 14. Aug. 1858

Leesen, Aug. v., über die Fabrication der Soda. Inaugural-Dissertation. gr. 8. (71 S.) Göttingen 859, (Vandenhoeck und Ruprecht's Verlagsh.) * *

Leesen, Herm. v., Frédéric Bastiat. Sein Leben, seine freihändler. Bestrebgn. u. sozialökonom. Anschaugn. (XXXII, 170 S.) gr. 8. München 904. (E. Reinhardt.) n. 3. —

Leesen, Hermann v.: Beitrag zur Gebäude-Statistik der Stadt Basel. Basel 1899. 18 S., 14 Tab. 4°.
Basel. Phil. Diss. 1899/1900.

Die Familie Sieveking v. A. Leesenberg. Als Manuskript gedruckt. Berlin. 1886. 8°.

Leesenberg, A., Die Familie Sieveking. (2. Aufl.) Als Mscrpt. gedruckt. Berlin 1886. 8.

Leesenberg, A., über Ursprung und erstes Vorkommen unserer heutigen Wappen. gr. 4. (66 S. mit 5 lithogr. Taf.) Berlin 877, C. Heymann's Verlag. *
geb. mit farb. Titelbild

Leesen, Andr.: Beantwort. ein. wicht. Fragen v. Wechseln u. Wechselbriefen, ob nämlich d. Wechselbriefe alsobald präsentirt, u. folglich sonder Verzug versandt werden müssen. *Hamb.* 703. 4.

Leeser, Eugen, Gerichtsrefer.: Ueber die telephonische Vertragsannahme und ihre Verhinderung. Dülmen 1909: Sievert. 38 S. 8°
Leipzig, Jur. Diss. v. 3. Juli 1909
[Geb. 17. März 83 Dülmen; Wohnort: Dülmen; Staatsangeh.: Preußen; Vorbildung: Gymn. Rheine Reife O. 03; Studium: München 3, Berlin 1, Münster 2 S.; Rig. 3. Juli 09.] [U 09. 2587

Leeser, H., חֲלִימוּת לְשׁוֹן הַקֹּדֶשׁ Hebräisches Lehr- und Uebungsbuch für Schulen. 1. und 2. Kursus. gr. 8. Coesfeld 848, (Wittneven Vater.) [1. (XII und 128 S.) 848., 2. (IV und 163 S.) 851. à * 12½ Ngr.] *

Leeser, H., Hülfsbüchlein beim ersten Unterricht im Uebersetzen des Pentateuchs für israelitische Schulen. 1. und 2. Abthl. gr. 8. Oeynhausen 871, Eßmann und Comp.
Inhalt:
Abthl. 1. Hebräischer Text. (IV, 36 S.)
" 2. Deutsche Uebersetzung. (31 S.)

Leeser, J., Herr Professor Wundt u. der Spiritismus. 2. Aufl. gr. 8. (78 S.) Leipzig 879. Mutze. n. 1. 20

Leeser, Jacob: Beiträge zur Physiologie der Pupillarbewegung. Halle a. S. 1881: Plötz. 68 S., 1 Taf. 8°
Halle-Wittenberg, Med. Diss. v. 2. April 1881
Geb. Gehlenbeck (Kr. Lübbecke) 6. 8. 1858. V.
Teil der von der mediz. Fakultät Halle am 22. März 1881 gekrönten Preisschrift: Ueber die Art und Bedeutung der Pupillarbewegung und Pupillargröße des menschlichen Auges.
Vollst. im Buchhandel 1881 bei Bergmann in Wiesbaden u. d. T.: Die Pupillarbewegung in physiologischer und pathologischer Beziehung. IV, 124 S., 1 Taf.

Leeser, J., die Pupillarbewegung in physiologischer und pathologischer Beziehung. Mit einem Vorwort von Alfr. Graefe. Von der medicin. Facultät der Universität Halle-Wittenberg gekrönte Preisschrift. gr. 8. (IV, 124 S. mit 1 lithogr. Taf.) Wiesbaden 881, Bergmann. *

Leeser, Jos. (Lippe/Detmold), Diss. med. de mercurii in lue venerea efficacitatis causa. Göttingen (H. M. Grape) 1796. (4.—) 20662

Leeser, Samuel (geb. Dülmen in Westf. 1816): De eruptione [illegible] in puerperis observata. Berolini (1848). (20 S.) 8°
Berlin. Med. Diss. v. 29. Sept. 1848

Leeskabinet, het. Mengelwerk tot gezellig onderhoud voor beschaafde Kringen. (10. Jaarg.) 1847. 12 Nos 4. (à 6 B. u. 2 Kpfr.) Amsterdam (Amersfoort, Geb. Taats.) n. 6⅔ ƒ

Leest, Wilhelm: Syntaktische Studien über Balzac. . . . Königsberg i. Pr., Druck v. A. Hausbrand's Nachf. (1889); 2 Bl. + 99 S. + 2 Bl. 8°
Königsberg, Phil. Fak., Inaug.-Diss. v. 27. März 1889

Leest, W., syntaktische Studien üb. Balzac. Inaug.-Diss. gr. 8. (99 S.) Königsberg 889. (Gräfe & Unzer.) n.n. 2. —

Leete, C. St. (in der Vita: Charles Henry): The temperate lands of the Pacific their resources and development. An essay in comparative and applied geography. . . . Leipsic, printed by Frankenstein and Wagner, 1891; 20 S. 4°
Leipzig, Phil. Fak., Inaug.-Diss. v. [25. Mai] 1891

Le Transport international des voyageurs et des bagages par chemins de fer. Matériaux pour une convention à conclure. Par Denis de Leeuw. La Haye: Belinfante; Berlin: Puttkammer & Mühlbrecht [1910]. VIII, 131 S. 8° [10. 13946

[Leeuw, Ferdinand Leo de]: • Die Aufgaben der Lohnstatistik und ihre bisherigen Leistungen in Deutschland, Oesterreich und der Schweiz. 6 Bl., 113 S., 2 Bl. 4° (2°)
Halle-Wittenberg, Phil. Diss. v. 15. Nov. 1875
Geb. [Harlem (Niederlande) 13. 4. 1853]

van der Leeuw, Gul., animadversiones de usu verborum cum praepositionibus compositorum in novo testamento. 8maj. Leyd. 809. (Weidmann in Leipz.)

Leeuwarden [Schlagwort]

Leeuwarden, s.: Europa. Übersichtskarte.

Leeuwen jun., und M. B. Mendes da Costa, der Dialekt der homerischen Gedichte. Für Gymnasien und angehende Philologen bearb. Aus dem Holländ. übers. von E. Mehler. gr. 8. (VIII, 158 S.) Leipzig 886, Teubner. *

Leeuwen, Gerh. v., Erklärung der Apostelgesch. 4. Frft. 708.

Leeuwen, J. F. J. van, s.: Mnemosyne.

— Prolegomena ad Aristophanem. (V, 446 S.) gr. 8. Leiden 908. A. W. Sijthoff. 10. —

Docters **van Leeuwen, J. H. K.** [geb. zu Padang-Pandjang, Sumatra]: Ueber die Spaltung von Seignettesalz und der entsprechenden Ammoniumverbindung. Amsterdam 1897. 57 S. 8°.
Basel. Phil. Diss. 1896/97.

Leeuwen, Johs. van, de Aristophane Euripidis censore. Specimen literarium inaugurale. gr. 8. (VIII, 155 S.) Amstelaedami 876. (Leipzig, Harrasowitz.) n.n. 3. 40

Leeuwen, Johs. van, carmina latina. Post mortem poetae collegit filius. gr. 8. (VIII, 186 S. m. Bildnis.) Leiden 893. A. W. Sijthoff. n.n. 3. 25

— enchiridium dictionis epicae. 2 prts. gr. 8. Ebd. n. 14. 25
1. (V, 274 S.) 892. n. 4. —. — 2. (LXXII u. S. 275–606.) 894. n. 8. 25.

Leeuwen, Joh. van, Lycidas ecloga et Musae invocatio, carmina quorum auctori certaminis poetici praem. secundum e legato Jac. Henr. Hoeuft adiudicatum est. 8maj. (20 S.) Amstelodami 856, C. G. van der Post.

Leev weet Rath. Kummedjenspill mit Singsang in eenen Uptog. Von'n Olln Ritmärker. Musik von densülben. 8. (15 S.) Leipzig 877, C. A. Koch's Verlagsh. *
Musik dazu

Leewend, Wilh., e. moral. Gesch. aus d. wirkl. Welt, nach d. Holländ. v. Verf. d. Siegfr. v. Lindenberg. (J. G. Müller.) 3 Thle. 8. Hamb. Vollmer. 798—810. (I. 1. 2. u. II. 1. 5 Rthr. II. 2. 1 Rthlr. III. 1. 1 Rthlr. 8 gr.)

Leewend, Wilhelm, aus dem Holländ. d. Frau v. Becker u. dem Fräulein Decker. Angefangen von d. Verf. d. Siegfried v. Lindenberg. 6r Bd. oder 3ten Theils 2te Abtheil. erster Ausg. A. u. d. T.: Irrthum ist kein Verbrechen. 8. Hamburg, Herold. 821.
(das ganze Werke kostet 7 Thlr.)

Leexow, Karl Fr. v., Armee u. Homosexualität. Schadet Homosexualität der militär. Tüchtigkeit e. Rasse? (112 S.) 8. Leipzig (909). M. Spohr. 2. —

Le Fanu, Joseph Sheridan

Le Fanu, J. S., Guy Deverell, s. Collection of British Authors.

Le Fanu, J. S., the Room in the Dragon Volant, s. Asher's Collection of English Authors.

— Uncle Silas, s. Collection of British Authors

— Onkel Silas v. Bartram-Haugh, s. Romane, moderne, des Auslandes.

Le Fanu, Sheridan, das Zimmer „im Fliegenden Drachen", s.a. Kürschner's Bücherschatz.

— das Zimmer im „Fliegenden Drachen". Roman. Aus dem Engl. v. Beaulieu. 8. (133 S.) Berlin 875. Brigl. n. 2. 40

Das Zimmer im 'Fliegenden Drachen'. [The Room in the Dragon Volant]. Von (Joseph) Sheridan Le Fanu. Autor. Übers. von F[rida] v. Holtzendorff. Berlin, Leipzig: Hillger [1909]. 112 S. 8°
(Kürschners Bücherschatz. Nr. 668.)

Lefarth, Joh. Aug. Die Germanisierung der rechtselbischen Länder des deutschen Reiches. 18 S. Progr. Rg. *Aachen* 1876.

Lefarth, Joh. Aug., Lambert v. Hersfeld. Ein Beitrag zu seiner Critik. gr. 8. (77 S.) Düsseldorf 872. (Göttingen, Vandenhoeck und Ruprecht's Verlag.) *

Lefarth, Rud., Handbüchlein für andächtige Besucher des heil. Kreuzweges, ursprünglich für den heil. Kreuzweg bei Medebach verfaßt. Jetzt für alle Wallfahrten zum Kalvarienberge eingerichtet ic. v. einem Priester der Diöcese Paderborn. 16. (103 S. m. eingedr. Holzschn. u. 1 Holzschntaf.) Soest 852, Nasse. n. 3 ngr

Lefaurichon-Leroudier, ausgeführte Stickereien aus dem Atelier L.-L. 50 Lichtdr.-Taf. Fol. Stuttgart (904). J. Hoffmann. In Mappe n. 20. —

Léfèbre, Armand

— — ehemaliger Beamter im Ministerium der auswärtigen Angelegenheiten. Geschichte der Cabinette Europas während des Consulats und des Kaiserthums 1800—1815 nach den Actenstücken im Archive der auswärtigen Angelegenheiten zu Paris. Aus dem Französischen von Dr. A. Diezmann. (3 Bde.)
8 Leipzig 1845—1847.

Lefebre, Johann, a. Charlottenburg/Berlin: Aus d. Universitätsfrauenkl. zu Rostock. Die Placenta praevia im Grossherzogtum Mecklenburg-Schwerin in den Jahren 1906, 1907 und 1908. Rostock 1910: Adler. 46 S. 8°
Rostock, Med. Diss. v. 26. März 1910, Ref. Büttner, Sarwey
[Geb. 11. April 79 Berlin; Wohnort: Rostock; Staatsangeh.: Preußen: Vorbildung: Gymn. Rostock Reife O. 00; Studium: Leipzig Med. 1, Phil. 2, Jura Rostock 2, Med. Leipzig 2, Rostock 3, Berlin 5 S.; Coll. 11. Dez. 09; Approb. 1. Juli 07.] [U 10. 3911

Lefèbre, R., Französisch-deutsche Conversations-Uebungen. In 4 Abschnitten: 1. Gespräche über verschiedene Gegenstände; 2. Phraseologie mittelst der üblichsten Zeitwörter; 3. Gallicismen u. Germanismen; 4. Sprichwörter u. sprichwörtliche Redensarten. 8. (VIII u. 259 S.) Leipzig 847. Kummer. 2/3 ꝛf

Le febure, s. Febure, le.

Le Febure neue Abhandlung von messen mit der Wasserwaage, aus dem französischen übersezt durch *v. Holtzendorff*. Berlin. gr. 4. 1753.

Lefebure. Vom Angriff und der Vertheidigung der Festungen. A. d. Franz. 4. M. K. Berlin 1776.

Lefebure. L'art d'attaquer et de défendre les places. 2 v. 4. av. pls. Berlin 1757. 58. – 4. Breslau 1771. – 2 v. 4. Paris 1811.

Lefebvre, major au corps des ingénieurs de Prusse etc. Essai sur les mines. (Mit 5 Taf.) 4. Breslau 1774.

Le Febvre, k. preuss. Ingenieur-Capitain und ordentl. Mitglied der Academie der Wissenschaften zu Berlin. Die Kunst Festungen anzugreifen und zu vertheidigen. 1. Th. (Mit 13 Taf.) 4. Berlin 1758.

Lefebure, ..., Kunst, Festungen anzugreifen u. zu vertheidigen; aus d. Französ., mit Kpf. gr. 4. Bresl. 792. W. G. Korn. 1 rß 12 gl

— nouv. traité du nivellement, av. fig. gr. 4. Berl. 753. ... 1 rß 12 gl

Le Febvre. Versuch über die Minen. A. d. Franz. 4. M. Kpfrn. Breslau 1774. — ib. 1792.

— Versuch über d. Minen. gr. 4. Bresl. 792. Gebr. 8 gl Dass., mit Kpf. gr. 8. Wien ... N. A. 785. Trattner. 12 gl

Leféburc. Die Zahlenlotterie, dargestellt und erläutert in der Geschichte der Familie Breval. Eine gekrönte Preisschrift. Deutsch mit Anmerkungen und Zusätzen von Chr. L. Hahn. 8°. Wiesbaden, Schellenberg, 1826.

Lefébure, E., le mythe Osirien, s.: Etudes égyptologiques.

Lefébure, Guillaume

s.: Lefébure de Saint-Ildefont, Guillaume René

Lefebure de Fourcy

— M. Vincent, L. F. Ritter, neun Abhandlungen über eben so wichtige als interessante Gegenstände aus der Algebra u. niedern Analysis. Für höhere Lehranstalten, sowie vorzüglich zum Selbstunterrichte. (Herausgeg. von L. F. Ritter.) gr. 8. Stuttgart 844, Schweizerbart. 1¼ rß NB. Das im Nachtrage (Bd. I.) aufgeführte ist zu streichen.

Lefebure de Fourcy, analytische Geometrie in der Ebene u. im Raume, nebst der ebenen u. sphärischen Trigonometrie. Nach d. 5. Orig.-Aufl. in's Deutsche übertr. v. Fr. Gruner. gr. 8. (XII u. 540 S. m. 11 lith. Taf. in qu. 4.) Stuttgart 848, Ebner & Seubert (jetzt: Metzler). 1 rß 21 gl

Lefebure de Fourcy, Lehrbuch der descriptiven Geometrie, nebst einer die Theorie der Ebene u. geraden Linie im Raume enthaltenden Einleitung. Aus d. Französ. nach der 4. Originalaufl. von Hnr. v. Bünau. Mit 34 Figurentafeln. gr. 8. Chemnitz u. Schneeberg 845, Goedsche Sohn. n. 1⅞ rß

Le Febure Baron de Saint Ildefont, Guillaume René. Theoretisch-praktische Abhandlung über die Augenentzündung. Aus dem Franz. Frankf. a. M. 1802. Ü: *Burdach, Carl Frdr.* (R-N)

Lefebure, Baron v. St. Ildephon, Wlh. Reinh., theoret.-prakt. Abhandl. von d. Augenentzündung u. den daraus entstehenden Augenkrankheiten. Aus d. Französ. Mit 1 schwarz. u. 1 ill. Kpft. gr. 8. Frankf. 802. (Schäfer). 2 rß

Lefébure (de Saint-Ildefont, Guillaume René): Das Arsenik und der flüchtige Salmiakgeist als specifische Mittel gegen den Krebs (Remède éprouvé pour guérir radicalement le cancer occulte et manifeste ou ulcéré. Dt.) von (G. R.) Lefébure (de Saint-Ildefont) und (M.) Martinet. Übers. von Johann Gottfried Pfähler. 36 S., gbd.

Weimar: Hoffmann 1784
(Zwey specifische Mittel gegen den Krebs. 1)

JB 3.055/1

— sichere, leichte u. auf Erfahrung gegründete Art, sich selbst ohne große Kosten u. ohne Hülfe e. Arztes von den verschied. Arten d. Gonorrhöe oder Tripper zu heilen etc. Aus d. Französ. von G. v. E—r. 8. Hamb. 787. 2e A. Jena 789. (Leipz., Cnobloch). 6 gl

— Heilart aller Augenentzündungen. 3e Aufl. 8. (Leipz. 818. Schmidt). 4 gl

— sichere u. kurze Heilart d. Augenentzündungen. 8. Frankf. 803. Eichenberg. 6 gl Dass. 8. Marb. 800. Krieger. 2 gl

Lefébure (de Saint-Ildefont, Guillaume René): Sichere und kurze Heilart aller Augenentzündungen, sowohl der frisch entstandenen, als eingewurzelten, hartnäckigen, und öfters wiederkehrenden; der Röthe und des Triefens der Augenlieder, mit einer Darstellung der Eigenschaften und des Gebrauchs der Augensalbe. 32 S., gbd.

Bartenstein: Fixdorff & Kleinheinz 1812

JB 4.233

Lefebure, Baron v. St. Ildephon, Wlh. Reinh., sichere u. kurze Heilart aller Augenentzündungen, sowohl d. frisch entstandenen, als eingewurzelten etc. Mit e. Darstell. d. Eigenschaften u. des Gebrauchs d. Augensalbe. 8. Eslingen 819. Fixdorff u. K. 2 gl

— histoire anatomique, physiolog. et optique de l'oeil. 8. Strassb. 803. König. 20 gl

— Mittel, den verborgenen u. eiternden Krebs aus dem Grunde zu heilen. Aus d. Französ. von G. A. Juncker. 8. Straßb. 776. Stein. 2 gl

— recherche et découv. sur le fluide nerveux et l'esprit vital. 8. Frankf. 800. (Schäfer). 8 gl

— republique fondée sur la nature etc. II Part. 8. Frankf. 798. Eichenberg. 1 rß

Lefebure, Guillaume, le Roi voyageur incognito, ou l'école des voyageurs. Com. en 3 A. et en prose. 8. Frankf. 799. Eichenberg. 10 gl

Lefebure, ..., le roi voyageur incognito. 8. Frankf. 799. (Schäfer). 10 gl

Le Febure Baron de Saint Ildefont, G. R. Ueber den schwarzen Staar und die neu entdeckte Heilart desselben mittelst des Wasserstoffgases. A. d. Franz. Leipzig 1801. Ü: *Burdach, Carl Friedrich.* (R-N)

— üb. d. schwarzen Staar. Mit Kpf. gr. 8. Leipz. 801. (Schmidt). 20 gl

Lefébure (de Saint-Ildefont), Guillaume (René): Ueber den schwarzen Staar, und die neu entdeckte Heilart desselben mittelst des Wasserstoffgas. Nebst einigen merkwürdigen Krankengeschichten. (Traité de la paralysie du nerf optique, nommée amaurosis ou goutte-sereine... Dt.) 184 S., gbd., 3 Taf.

Leipzig: Wolf 1801

JB 4.232

— Untersuchung u. Entdeckung über d. Natur u. Wirkungsart des Nervenfluidums, des Lebensgeistes oder Lebensprincips ꝛc. 8. Leipz. 800. (Joachim). 8 gr

— Wegweiser für Personen, welche mit Brüchen behaftet sind. Aus d. Französ. gr. 8. Frankf. 800. Eichenberg. 12 gr

Lefebvre, s.a. Lefebure

Le Febvre: Zum Taschenbuche, s. Turpin.

Lefebvre, A., Trostworte, s.a. Bibliothek, ascetische.

Lefebvre, A., Trostworte. Frei aus dem Französ. von M. Hoffmann. 8. (XI, 366 S.) Freiburg i. Br. 879, Herder'sche Verlagsh.

Lefebvre, Armand, Geschichte der Cabinette Europas während des Consulats u. des Kaiserthums 1800—1815 nach den Actenstücken im Archive d. auswärtigen Angelegenheiten zu Paris. Aus dem Französ. von A. Diezmann. 1. Bd. Vom 18. Brumaire bis zur Einführung des Kaiserthums. 2. Bd. Von der Einführung des Kaiserthums bis z. Ende d. Feldzugs in Preußen (1806). 8. Leipz. 845, Thomas. à $1^1/_3$ Thlr

Lefebvre, Armand, Geschichte der Cabinette Europas während des Consulats u. d. Kaiserthums 1800—1815 nach den Actenstücken im Archive der auswärtigen Anlegenheiten zu Paris. Aus d. Franz. v. A. Diezmann. 3. Bd. Von dem Ende des Feldzugs in Preußen (1806) bis zu d. Ereignissen in Bayonne (Mai 1808). 8. (VI u. 489 S.) Leipzig 847, Thomas. $1^1/_2$ Thlr (1—3.: $4^1/_6$ Thlr)

Lefebvre, Chr., vereinfachte Reinigungsart d. Brennöls, sowohl im Kleinen als im Großen leicht u. mit Vortheil auszuführen. Nebst Angabe e. prakt. Verfahrens, Saamen-Oele in Thran zu verwandeln, so daß sie in vielen Fällen d. Fischthran ersetzen können. Für Deutschl. bearb. u. mit erläut. Anmerkn. vers. v. e. prakt. Chemiker. gr. 8. ... Frankfurt a. M. 830, (Krug.) Versieg.

Lefebvre, Chr., vereinfachte Reinigungsart des Brennöls, sowohl im Kleinen als im Großen leicht u. mit Vortheil auszuführen. Nebst Angabe eines prakt. Verfahrens, Saamenöle in Thran zu verwandeln, so daß sie in vielen Fällen den Fischthran ersetzen können. Für Deutschland bearb. von e. prakt. Chemiker. gr. 8. Gotha 830. (Krug). Versiegelt 1 Thlr 2e verb. Aufl. 832. Ebd. 1 Thlr 12 gr

—— neues chem. Verfahren d. Talg so auszulassen, daß sich weder Grieben bilden, noch ungesunde Gerüche dabei entwickeln, u. auch keine Feuersgefahr damit verbunden ist. Nebst e. neuen Methode, das Talg so zu verfeinern, zu bleichen u. zu härten, daß es zur Verfertig. d. vervollkommneten Lichter ꝛc., die d. ächten Wachslichtern ganz ähnl. sind, besond. geeignet wird. 1., u. 2., verb. Aufl. N. d. 2. (Franz.) Aufl. f. Deutschl. bearb. u. mit Anmerkn. vers. von e. prakt. Chemiker. gr. 8. (à $2^1/_4$ B.) Frankfurt a. M. 830, 32, Krug. Versieg.

— neues chem. Verfahren, das Talg so auszulassen, daß sich weder Grieben bilden, noch ungesunde Gerüche dabei entwickeln, u. auch keine Feuersgefahr damit verbunden ist ꝛc. gr. 8. Gotha 830. (Krug). Versiegelt 1 Thlr 12 gr

Lefebvre, Gust., s.: Menandri quatuor fabularum Herois, Disceptantium, Circumtonsae, Samiae fragmenta.

Service des antiquités de l'Égypte. Recueil des inscriptions grecques-chrétiennes d'Égypte par M. Gustave Lefebvre. Préf. de M. Gabriel Millet. Le Caire: Impr. de l'Inst. franç. d'archéol. orientale; (Leipzig: K. W. Hiersemann) 1907. (XL, 173 S.) 4° [08. 12608 2

Le Febvre, Phil.: Diss. inauguralis med. de bulimo.
Basel, med. Diss. 1703

Lefeldt, W., & Lentsch: Horizontale Schlagbuttermaschine Emaille. Schöningen (1893)

Lefeldt, W., & Lentsch: Horizontale Handbetriebscentrifuge für Milchentrahmung. D. R. P. Schöningen (1894) Fol.

Lefeldt, W., & Lentsch: Katalog für Molkerei-Einrichtung. Berlin 1894

Lefeldt, W., & Lentsch: Milchcentrifugen und Molkereimaschinen. Schöningen 1888

Lefeldt, W., & Lentsch: Die Milchentrahmungsmaschine Modell 94. Schöningen (1894) Fol.

Lefeldt, W., der gegenwärtige Stand der Abfuhr- u. Kanalisationsfrage in Großbritannien. Bericht an Se. Exc. den kgl. preuß. Minister f. die landwirthschaftl. Angelegenheiten. hoch 4. (102 S. m. eingedr. Holzschn.) Berlin 873. Wiegandt, Hempel & Parey. n. 2. 25

Lefeldt, W., & Lentsch: Vertikale Centrifuge für Milchentrahmung (Modell 1885/1890). Schöningen (1891) Fol.

Lefeuve, les anciennes maisons de Paris. Histoire de Paris, rue par rue, maison par maison. 5 vol. 5e édit. 8. (516; 518; 516; 744; 531 S.) Paris 875. Leipzig, Twietmeyer. *

Le Feuvre, Amy, Einspännercher, s.: Jugendheim.

Le Feuvre, Amy, zwei Freunde. Erzählung. (45 S.) kl. 8. Berlin (904). Deutsche evang. Buch- u. Tractat-Gesellschaft. — 20

— s.: Sons, probable.

Lefèvre, ein gutes Buch, der treueste Freund, s.: Merkblätter, landwirtschaftliche.

Lefèvre, les quatre saisons, représentées par la leçon de conversation française d'après 4 tableaux appelés „Strassburger Bilder". gr. 8. (VII, 94 S.) Cöthen 897. O. Schulze Verl. n.n. — 90; kart. n. 1. —

Lefevre, ..., traité de la Coeffure des Dames. 8. Dresd. 779. Walther. 8 gr

Lefevre, ..., les Vies des poëtes grecs, en abrégé avec les remarques de A. Reland. 8. Basel 766. Schweighäuser. 10 gr

— Zurück zur Scholle, s.: Merkblätter, landwirtschaftliche.

Lefevre, Geo., die Wunderkraft der Wärme, oder: Populäre Winke, sich vor Erkältung, Husten, Rheumatismen und Schwindsucht zu bewahren, und sich von diesen Krankheiten auf die leichteste Weise zu befreien. Nach der 2. Ausg. des engl. Originals übersetzt u. mit Anmerk. versehen von einem prakt. Arzte. 8. Pesth 845, Verlags-Magazin; jetzt: Leipzig, Haendel. $^1/_3$ Thlr

Lefèvre, J. B. F. E., Essai critique sur la peste. gr. in-8. Stuttgart et Tubingue 840. Cotta. $^1/_2$ Thlr

Lefèvre, Karl-Ulrich, a. Stettin: Untersuchungen über die Glucuronsäure und ihre quantitative Bestimmung. Göttingen 1907: Dieterich. (64 S.) 8°
Göttingen, Phil. Fak., Ref. Tollens, Diss. v. 5. Juli 1907
[Geb. 13. Juli 82 Stettin; Wohnort: Stargard i. Pom.; Staatsangeh.: Preußen; Vorbildung: Gymn. Stargard i. Pom. Reife M. 01; Studium: Heidelberg 1, Göttingen 3, Berlin 1, Göttingen 7 S.; Rig. 19. Juni 07.]

Lefèvre, P., Abriß der griechischen und römischen Geschichte für Quarta. 8. (34 S.) Oldenburg 887, Stalling's Verlag. *

Lefèvre, *Paul* [Dr.]: L' Automne représenté pour la leçon de conversation française d'après le tableau d'automne publié par la librairie dite de Strasbourg. Halberstadt, Druck v. F. Schilling, *1895;* 15—23 S. 4.
Halberstadt, OR, OP 1895 (275)

Lefèvre, Paul: Das altenglische Gedicht vom Hl. Gûthlâc, Halle a/S., Druck von E. Karras, 1883. 8. 40 S.

Lefèvre, Paul, Prof. Dr.: Katalog der Lehrerbibliothek, A—K. Halberstadt 1907: M. Arnold. (43 S.) 8°
Halberstadt, OR OP 1907 (327)

Lefèvre, Paul: Katalog der Lehrerbibliothek. (T. 2.) L—P. Halberstadt (1909): Hoerling. 30 S. 8° ¶[Forts. d. P-Beil. 1907.]
Halberstadt, OR OP 1909 (361) [S 09. 282

Le Fevre, Tannegui. Lehrart, Griechisch und Lateinisch zu lernen; a. d. Franz. Celle 1738. Ü: *Kayser, Christian Bernhard.* (ML) (Rotermund, Gel. Hannover. Bremen 1823.)

Lefèvre, Vikt., Abendstunden. Lehrreiche Erzählungen. Vom Unterrichtsministerium des Königr. Belgien preisgekrönt. Aus dem Fläm. übers. von Friedr. Knop. 8. (128 S. mit 2 Chromolithogr.) Düsseldorf 884, A. Bagel's Verlag. cart.

Lefflad, Mich., Regesten der Bischöfe von Eichstätt. 1. und 2. Abthl. gr. 4. Eichstätt, Krüll'sche Buchh. *
Inhalt:
Abthl. 1. Von 741—1229. (III, 54 S.) 871. *M 3;
» 2. Von 1229—1297. (73 S.) 874. *M 3,60.

Regesten der Bischöfe von Eichstätt. — Von Michael Lefflad, L. P. — Zweite Abtheilung. Von 1229—1297. — 1874. Eichstätt, Karl Brönner. — S. 3—74*.
Progr. Eichstätt, bischöfl. Lyzeum

Lefflad, Mich., Regesten der Bischöfe von Eichstätt. 3. Abthl. Fasc. 1 und 2. gr. 4. Eichstätt, Stillkrauth. *
Inhalt:
Fasc. 1. Von 1297—1305. (S. 1—36.) 881. *M 2.
» 2. Gebhardt, der letzte Graf von Hirschberg 1275—1305; Bischof Johann I. von Dirbheim 1305—1306. (S. 37—86 mit 1 genealog. Tab.) 882. *M 3.

Leffler, Anne Charlotte (Herzogin v. Cajanello), s. a.: Edgren-Leffler, A. Ch.

Leffler, Anne Charlotte, gerichtet, s.: Viktoria-Bibliothek. 22. Bd.

Leffler, Charlotte, Sonja Kowalewsky, s.a. Bibliothek d. Gesamtlitteratur d. In- u. Auslandes unter Kowalewsky.

— Sonja Kowalevsky, s.a. Romansammlung „Deva". 20.

Leffler, Anna Charlotte, Herzogin v. Cajanello, Sonja Kovalevsky, s.a. Universal-Bibliothek.

Leffler, Anna Charlotte, Herzogin v. Cajanello: Sonja Kovalevsky. Was ich mit ihr zusammen erlebt habe u. was sie mir über sich selbst mitgeteilt hat. [Sonja Kovalevsky. Hvad jag upplefvat tillsammans med henne och hvad hon berättat mig om sig själf; 1892.] Aus d. Schwed. übers. v. Heinrich v. Lenk. — Leipzig: Reclam (1894). 159 S. 8° (Universal-Bibliothek. 3297. 3298.)

[Kovalevskij.] — Sonja Kowalewsky. T. 1. 2. (2: Von [Anna] Charlotte Leffler). — Halle: Hendel [1896]. 8° (Bibliothek d. Gesamtlit. d. In- u. Auslandes. 935-938.)

— aus dem Leben, s.a. Kürschner's, Jos., Bücherschatz.

Aus dem Leben. Weinende Venus. Tante Malvine. Gustav bekommt d. Pfarre. Im Armenhaus. Von [Anna] Charlotte Leffler (Herzogin von Cajanello). Aus d. Schwed. von Ilse u. Klara Mautner. Mit Ill. von Adolf Hug. *Berlin, Eisenach, Leipzig: H. Hillger [1902].* (125 S.) 8° [J.]
— Bücherschatz, Kürschners. No 283. fog. 288

Leffler, A[nna] Ch[arlotte]: Eine Sommergeschichte. Roman. [Aus d. Schwed.] — Stuttgart, Leipzig, Berlin, Wien: Deutsche Verlags-Anst. 1895. 408 S. 8°

— verurteilt; e. Ball in der vornehmen Welt, s.: Sammlung v. besten Werken der Literatur der Gegenwart.

Leffler, Anne Charlotte [Herzogin v. Cajanello]. Weiblichkeit u. Erotik. Roman (aus dem Schwed.). 8. (284 S.) Stuttg. 892, Deutsche Verlags-Anstalt. * 3 —; geb. * 4 —

— Weiblichkeit u. Erotik. Roman. Autoris. Uebersetzg. aus dem Schwed. v. Mathilde Mann. 2. Aufl. 8. (291 S.) Stuttgart 902. Deutsche Verlags-Anstalt. n. 3. —; geb. n. 4. —

Leffler, Anna Charlotte, Herzogin v. Cajanello: Wie man Gutes thut. Schausp. in 3 Akten. Einzig berecht. Uebersetzg. v. Sophie Lewald. 8. (V, 103 S.) Dresden 898. H. Minden. n. 1. 50

Leffler, Gtli. Friedr., die augsburgische Confession, s. Confession.

Leffler, Hans *(geb. Neuninger in Anh. 19. 6. 1851)*: Ueber die Einwirkung der kohlensauren Alkalien auf Silikate. Breslau 1873. (48 S.) 8°
Breslau, Phil. Diss. v. 30. Juni 1873

Leffler, Heinr., Predigt am Kriegs-Buß- und Bettag, den 7. Aug. 1870. gr. 16. (16 S.) Nürnberg 870, Löhe. *

Leffler, Johan: Zur Kenntnis von den Lebens- und Lohnverhältnissen industrieller Arbeiterinnen in Stockholm. — Stockholm: Kôrsner 1897. 136 S., 13 Taf. 8° (Skrifter utg. af Lorénska Stiftelsen. 15.)

— — Leipzig: Duncker & Humblot 1898.

Leffler, Johan Anders, die schwedischen Zettelbanken. Inaugural-dissertation. gr. 8. (63 S.) Leipzig 876. (Simmel & Co.) n. 1. 60

Leffler, Joh., Lebens- u. Lohnverhältnisse industrieller Arbeiterinnen in Stockholm. 8°. Stockholm, Köerners Boktryckeri, 1897.

Leffler, d. schwed. Zettelbanken. 2. Aufl. Leipz. 879.

Leffler, O. E., und E. R. Öhrlander, Tetraglott-Lexikon för öfversättningar från Svenskan till Tyska, Franska och Engelska Språken, s. Öhrländer.

Leffler, Paula, der Harz. Festspiel zur Aufführg. in Mädchenschulen. 8. (44 S.) Braunschweig 902. (B. Goeritz.) n. — 60

Leffler, Paula, d. Deutschen Reiches Jugend. Festspiel z. Aufführg. in Mädchenschulen. gr. 8. (26 S.) Braunschweig 895. B Goeritz. n. — 50

— das neue Schulhaus. Festspiel zur Aufführg. in Mädchenschulen. 12. (24 S.) Ebd. 899. n. — 50

Leffler, Swen E., s. Geschichte der europ. Staaten von Heeren und Ukert 9e u. 12e Lfrg.

Leffler, Theophil Friedrich

Festum semisaeculare viro clarissimo ac summe venerabili D. Joanni Friderico Degen rerum ecclesiasticarum Consiliario atque Professori et suo et Collegarum nomine gratulatur Theoph. Frider. Leffler Progymnasii Subr. — 1825. Neapoli ad Aissam. — ½ Bog.
Progr. Neustadt a.d.A.

de **Leffleran**, Ant., De paralysi. 52 pp. Vienn. 8°. 1773

de **Lefflerau**, A., de paralysi. 52 pp. Vienn. 4°. 1775.

Lefflère, Ludw., der Basilisk oder: Greuel des modernen Themse-Babels. Ein Gemälde der Gegenwart aus der engl. Verbrecherwelt. (In 3 Bdn. oder 15 Heften.) 1. Heft. gr. 8. (1. Bd. S. 1—64.) Berlin 855, Faudel.

Lefflère, Ludw., der Basilisk oder: Greuel des modernen Themse-Babels. Ein Gemälde der Gegenwart aus der engl. Verbrecherwelt. (In ca. 20 Heften.) 1—15. Heft. gr. 8. Berlin 859, Verlags-Magazin. [1. und 2. Bd. (576 S.) 3. (S. 1—144.)] à Heft 3 Ngr.

Leffson, August, aus Meiningen: Immermanns Alexis. (Kap. 1 u. 2.) *Gotha 1903: F. A. Perthes.* (37 S.) 8° ¶ [Erschien vollst. 1904 ebenda.]
Berlin, Phil. Diss. 19. Dez. 1903

Leffson, Aug., Immermanns Alexis. Eine literarhistor. Untersuchg. (V, 106 S.) 8. Gotha 904. F. A. Perthes. n. 2. —

Lefholz, Carl: Beiträge zur Complication der Geburt durch Geschwülste der Weichtheile im kleinen Becken. Halle a. S. 1881: Plötz. 33 S. 8°
Halle-Wittenberg, Med. Diss. v. 13. Dez. 1881
Geb. Burgsteinfurt (Westf.) 2. 2. 1856. V.

LEFIN (ps.), Der gewaschene Peltz und die parfümierte Hose. 1703.
Weller, Lex. Pseud. — Rariss.

Lefkovits, Moritz: Die Staatslehre auf Kantischer Grundlage. Bern 1899. 74 S. 8°.
Bern. Phil. Diss. 1898/99.

Lefkovits, Mor., die Staatslehre auf kantischer Grundlage, s. a. **Studien, Berner, zur Philosophie u. ihrer Geschichte. XIV.**

Die Staatslehre auf kantischer Grundlage. Von Dr. Moritz Lefkovits. *Bern: Steiger & Cie. 1899.* (74 S.) 8°
= Studien, Berner, z. Philosophie u. ihrer Gesch. Bd 14. [09. 8101

Le Flaneur

Reiseskizzen. (Die Ostseeprovinzen, Deutschland u. die Schweiz.) Von *Le Flaneur*. Gr. In-8, VI. und 436 S. Leipzig, E. L. Kasprowicz. 1888 —

Lefler, F., Kindheit in den vier Jahreszeiten. Studien. 4 Chromolith. gr. 4. Leipzig 886. (Baldamus Sep.-Cto.) n. 4. —

Lefler, Frdr., das Intregal $\int \frac{dx}{\sqrt[3]{(x-x_1)^2(x-x_2)^2(x-x_3)^2}}$ u. seine Umkehrung. gr. 8. Inaugural-Dissertation. gr. 8. (32 S.) Jena 882. (Neuenhahn.) n. 1. —

Lefler, Methodisches aus d. Unterrichte in d. Arithmetik. Progr. gr. 8. (25 S.) Gotha 897. E. F. Thienemann. n. — 60

Lefler, H.. Kling, Klang, Gloria, s.: Labler, W.

— s.: Märchen-Kalender.

Lefler, H., u. J. Urban, österreichische Monatsbilder. 25 Compositionen (in Farbdr.) gr. 4. Wien 899. Artaria & Co. n. 7. —

Lefler, J., die Bücher der Chronika der drei Schwestern, s.: Musäus, J. K. A.

Lefleur, Alfr., die concessionirte Prostitution und die Bedingungen ihrer Zulässigkeit. Ein Beitrag zur Lösung der Bordell-Frage. 2. Aufl. 8. (60 S.) Berlin 878, Expedition der deutschen Gasthaus-Zeitung. *

Lefmann, G(otthold), appr. Arzt a. Heidelberg: Ueber psychomotorische Störungen in Depressionszuständen. Mit vier Tafeln. Leipzig: W. Engelmann 1904. (68 S.) 8° ¶ (Aus: Psychologische Arbeiten. Bd 4. H. 4.)
Heidelberg, Med. Fak., Ref. Kräpelin, Diss. v. 19. Dez. 1904
[Geb. 26. Okt. 80 Heidelberg; Wohnort: Heidelberg; Staatsangeh.: Baden; Vorbildung: Gymn. Heidelberg Reife Juli 98; Studium: Heidelberg 9 S.; Coll. 17. Juli 03; Approb. 13. Juli 03.]

Lefmann, Salomon

Lefmann, S., Franz Bopp, sein Leben u. seine Wissenschaft. 1. Hälfte. Mit dem Bildniss Frz. Bopps (in Kpfrst.) u. e. Anh.: Aus Briefen u. anderen Schriften. gr. 8. (IV, 176 u. 168 S.) Berlin 891. G. Reimer. n. 8. —

Lefmann, S., Franz Bobb, s. Leben u. s. Wissenschaft. 2. Hälfte. M. e. Anh.: Aus Briefen u. and. Schriften. gr. 8. (VI u. S. 177—381 u. VII u. S. 171—284.) Berlin 895. G. Reimer. n. 8. —

— dasselbe. Nachtrag. M. e. Einleitg. u. e. vollständ. Register. gr. 8. (IV, XLII, 129 S.) Ebd. 897. n. 4. —; geb. n.n. 5. 50 (Hauptwerk m. Nachtrag: n. 20. —)

Lefmann, Salom., de Aristotelis in hominum educatione principiis. gr. 8. (VIII und 108 S.) Berlin 864, G. Reimer.

Lefmann, S., Geschichte des alten Indiens, s.a. Geschichte, allgemeine, in Einzeldarstellungen.

Geschichte des alten Indiens. Von S. **Lefmann**. Mit Illustrationen und Karten. Berlin. 1890. = Allgemeine Geschichte in Einzeldarstellungen, hrgg. v. W. Oncken. Hauptabth. 1, Th. 3. 8°.

Lefmann, S., s.a. Lalita Vistara.

Lefmann, Salom., Lalita Vistara. Erzälung v. dem Leben u. der Lehre d. Clâkya Simha. Aus dem Orig. d. Sanskrit u. d. Gâthâdialects zuerst ins Deutsche übersetzt u. m. sachl. Erklaergn. versehen. 1. Lfg. gr. 8. (VIII, 221 S.) Berlin 874. Dümmler's Verl. n. 9. —

— über deutsche Rechtschreibung, s.a. Sammlung gemeinverständl. wissenschaftl. Vorträge.

Lefmann, S., Über deutsche Rechtschreibung. Berlin 1871. 8. (Samml. gem.-verst. wiss. Vortr. Bd. 6.) . . . .

Lefmann S, Reform der deutschen Rechtschreibung. (Slg wiss. Vortr. 129) Berlin 1871

Lefmann, Salom., August Schleicher. Skizze. Leipzig 870. Teubner. gr. 8. (VIII, 104 S.) n. 20 *ngr.*

Lefolii, H., die Rialsfaga. Nach der dänischen Wiedergabe. Uebers. von J. Claußen. 8. (VII, 223 S.) Leipzig 878. Barth. n. 3. 60

Le Fort, Frhr., kritische Blicke auf die deutsche Kavallerie nach den letzten Feldzügen. gr. 8. (80 S.) Berlin 873, Mittler und Sohn. *

Rede zur Eröffnung der neuen □ zu den wahren vereinigten Freunden im Or. von Br[ün]n. Gehalten den 9. des dritten Monats von einem Meister dieser □ [d. i. Lefort]. P[ra]g [1784]: S[chönfeld]. 8 S. 8°.

W. 12978 nennt den Redner nicht.

Le Fort, **Charles. Adhémar**, évèque de Genève ⟨1385–1388⟩ d'après de nouveaux documents. ⟨SA.⟩ 8. Berne 1887.

Le Fort, Charles. Der Kampf Genfs um die staatliche Selbstständigkeit und dessen erste Beziehungen zu den schweiz. Städten. Ein historischer Umriss. ⟨Autorisirte Uebersetzung ([von Jacob] K[eller. SA.]).⟩ 8. [Aarau 1883.]

Le Fort, **Charles** *s.* Lullin, Paul, et Le Fort, Charles.

Prinzessin Christelchen. Ein Hofroman von Gerta v. **Stark** [d. i. Gertrud Freiin v. **le Fort**]. Mit Ill. von Th. Volz. Berlin-Leipzig: W. Vobach & Co. [1904]. (174 S.) 8° [F.] [06. 9063 11

Le Fort, Gertr. Freiin, Gedichte. 8. (82 S.) Schwerin 900. (F. Bahn.) n. — 75

— die goldenen Spitzen. 8. (246 S.) Berlin 899. F. Grunert, Sep.-Cto. n. 3. —; geb. n. 4. —

Le Fort, H. Le registre du commerce et les raisons de commerce. Gr. in-8°. Bâle et Genève, H. Georg. 1893 5 —

Le Fort (H.), voir: *Siegmund.*

Le Fort, Henri. Le tribunal de police du Canton de Genève. Organisation, compétence, procédure. Textes de lois coordonnés et annotés. In-8°. 37 p. Genève et Bâle, Georg & Co. 1 20 1898.

Lefranc, Alex.

Lefranc, A., Samml. von Zeichnungen für Silberarbeiter 2c., s. Sammlung.

Lefranc, **Alex.**, der Silber-Arbeiter, od. Samml. v. Zeichnn. f. Silber-Arbeiter u. Silberwaaren-Händler, enthalt. alle Gegenstände von Kirchen-, Tafelgeschirren, u. a. Geräthen, mit Angabe d. ohngefähren Gewichts jedes Stückes, um bei deren Anfertig. als Richtschnur zu dienen; zugleich als Vorlegeblätter in Gewerb- u. a. Schulen dienl. 6 Hfte. 2. Ausg. gr. 4. (36 Kpfrtaf. u. ½ B. Text.) Leipzig 836 — 38, Baumgärtners Buchh. à * ¼ Thlr. •

Le Franc, Aubin

—— und Labiche, das hohe C., s. Both's, L. W., Bühnen-Repertoir.

— et **Labiche**, Embrassons-nous Folleville, s.: Répertoire du théâtre Français, Nr. 370.

Le Franc, Aubin, et **Labiche**, Fräulein Frau, siehe: Bühnen-Repertoir, Nr. 135.

— — Frisette, s.: Omnibus dramatique, Nr. 3. — Théâtre Français. Série IX. 6. livr.

Lefranc, Fräulein Gattin, s. Theater des Auslandes.

— — u. **Mélesville**, der Herzensdieb, s.: Bühnen-Repertoir, Nr. 114.

Lefranc, Homöopathisch, s. Theater, das, des Auslandes.

Le Franc, Aubin, Mißverständniß u. Resignation. Politisches Lustspiel in 3 Acten. 18. (VIII u. 92 S.) Leipzig 850. (Wien, Gerold.) n. 12 *ngr.*

— et **Nyon**, secours contre l'incendie, s. Répertoire du Théâtre français.

Lefranc, Eustache, de l'instruction publique en Belgique, dans ses rapports avec les institutions et les moeurs du pays; ou réponse d'un catholique constitutionnel à l'ouvrage publié par Monseigneur l'Évêque de Liége, sous le titre d'exposé des vrais principes de l'instruction etc. 1e Partie. gr. in 8. Liége 840 (Bruxelles, Muquardt.) 1¾ ₰

Lefranc, Joh. Frz. u. Joh. Peter Lentzen. Geschichte der Pfarreien d. Dekanates Crefeld. gr. 8. (X, 541 S.) M.-Gladb. 889. (Crefeld, Hoffmann u. van Acken.) * 5 —

Lefrançois, E., Mechanik. Beschreibung u. leichtfaßliche Darstellung der einfachen Maschinen nebst Erörterung der mechanischen Principien, auf denen sie beruhen. Zur Verbreitung eines allgemeineren Verständnisses der Maschinenkunde. Frei bearb. nach der französ. Ausg. Mit 65 in den Text gedr. Abbildgn. (Holzschn.) Leipzig 861. Abel. 8. (VIII, 176 S.) n. 24 *ngr.*

Lefrank, M., Biographien sämmtlicher auf dem Denkmal Friedrichs des Grossen zu Berlin dargestellten und namentlich aufgeführten Helden, Staatsmänner, Gelehrten und Künstler. Berlin (1856). 8.

Lefrank, M., s. Boz, die Geheimnisse von London.

Lefrank, M., der Humorist zc., s. Humorist.

Lefrank, M., die Zeitgenossen Friedrichs des Großen. Ein Denkmal der Macht, Ehre und Größe des preuß. Staats. Allen Vaterlandsfreunden dargebracht. 1. Heft. 8. (S. 1—64.) Berlin 851, Sacco.

Lefrank, M., die Zeitgenossen Friedrichs des Großen. Ein Denkmal der Macht, Ehre und Größe des preuß. Staats. A. u. d. T.: Biographieen sämmtl. auf dem Denkmal Friedrichs des Großen zu Berlin dargestellten und namentlich aufgeführten Helden, Staatsmänner, Gelehrten und Künstler. 2—15. Lfg. 8. (XVI und S. 65—944.) Berlin 853, Sacco. à Lfg. 4 Ngr.
1. Lfg. Ebendas. 1851. 4 Ngr.

Lefrank, M., Die Zeitgenossen Friedrichs des Grossen. Ein Denkmal der Macht, Ehre und Grösse des preussischen Staats. Berlin (1856).

Lefrank, S. J., Bellerophon, oder d. geschlag. Grattenauer, nebst e. Dedication an den Teufel. 8. Hamb. 803. Nestler u. M. 6 gr

Le Franq von Berkhey, Johan. Naturgesch. von Holland. A. d. Holl. ... Leipzig 1779. Ü: *Redlich, Joh. Christian Wilhelm.* (ERHN)

Lefrén, J. P.

Lefrén, des Königl. Schwed. Generals, Ansichten üb. Erziehung und Unterricht im Allgemeinen, und Bericht desselben über die Kriegs-Akademie zu Karlsberg bei Stockholm im Besond. Aus d. Schwed. übers. vom Major du Vignau. gr. 8. Berlin 836.

Lefren, J. P., über Kriegsentwürfe, mit Rückblicken auf ältere u. neuere Kriege. Aus d. Schwed. v. J. v. Xylander. 8. Augsb. 824. Wolff. 1 ℛ

Lefson, E., Anti-Stöcker. Offner Brief und Nachwort. gr. 8. (16 S.) Berlin 879, Schildberger. *

Lefson, Eduardus: De arthritide. Halae (1838): Karl Grunert. 42 S. 8°
Halle-Wittenberg, Med. Diss. v. 2. Apr. 1838
Geb. Driesen (Neumark) 22.7.1814. V.

Le Fur, Louis, u. Paul Posener, Bundesstaat u. Staatenbund. 1. Bd. Bundesstaat u. Staatenbund in geschichtl. Entwickelg. gr. 8. (XV, 384 S.) Breslau 902. J. U. Kern. n. 11.—

Legacy, a, s. Collection of British Authors.

Erbliche Belastung und Gattenwahl. Aerztl. Ratschläge f. Eltern erwachsener Kinder u. diese selbst von Dr. (A[ugust]) **Legahn**, Arzt in Berlin. *Berlin: Vogel & Kreienbrink 1903.* (63 S.) 8° [F.] [04. 4193

Legahn, A., physiologische Chemie, s. a. Sammlung Göschen.

Physiologische Chemie. Von Dr. A. Legahn. Mit Taf. T. 1. 2. Leipzig: Göschen 1905. 8°
1. Assimilation. 2. Dissimilation.
(Sammlung Göschen. 240. 241.) A 12. 11971 1

Legahn, August *Friedrich* [aus Blankenese in Holst.]: Ueber intravenöse Injection des Bacterium coli commune ... Berlin, C. Vogts Buchdr., *1896;* 29 S., 1 Bl. 8.
Berlin, Med. Fak., Inaug.-Diss. v. 31. Juli 1896

Le Gaillard, Bened. [Pseud.], s.a. Schumann, Friedrich August Gottlob

Legaillard, B., (F. A. G. Schumann), Junker Kurt v. Kröttensteins verliebte Heldenfahrt. 2 Bde. 8. Zwickau 801. Schumann. 2 ℛ 12 gr

Legal, Emmo *(geb. Kosten in Pos. 31.1.1859)*: Zur Entwickelungsgeschichte des Thränennasenganges bei Säugethieren. Breslau 1881. (32 S.) 8° *[Im Buchhandel 1881 bei Köhler in Breslau.]*
Breslau, Med. Diss. v. 24. Okt. 1881

Legal, Gustavus *(geb. Zuin in Pos. 8. 9. 1835)*: De fonte Jastrzemb, ejusque in morbos organorum sexualium muliebrium usu. Vratislaviae (1861). (30 S.) 8°
Breslau, Med. Diss. v. 30. Aug. 1861

Legal, Johann [app. Arzt]: Über Uterusruptur während der Geburt und während der Schwangerschaft ... Breslau, Druck d. Bresl. Gen.-Buchdr., 1897; 43 S. 8.
Würzburg, Med. Fak., Inaug.-Diss. v. 1897

Legalidade: Jahrgang 1, no. 1, Feb. 20, 1892 — no. 50, June 17, 1893. Sao Bento
Published by Phillip Maria Wolff. Published in German and Portuguese.

Legal-Inspections-Ordnung, badische. 8. Karlsr. 804. Müller. 3 kr

LEGAT, Bartholomaeus: De relatione mutua inter civitatem et ecclesiam. — (1833) 112 S. 8° (Handschr.) Diss. 34
Diss. Wien, Univ.

Legat, Geo., s. Machat's, J. B., französ. Sprachlehre.

Legat, Louis A., die Buchführung des Kleingewerbetreibenden (System Legat). Ein Leitfaden der gewerbl. Buchführg. f. Meisterkurse sowie zum Selbstunterricht. Ausg. A f. produzier. Gewerbe. (VII, 56 S.) 8. Wien 909. F. Deuticke. Geb. 1.—

Legat, Louis Alex., u. **Alex. Töpfel,** d. Technik des Bank-Contocorrentes nach d. Usancen d. Wiener Platzes. M. 28 Orig.-Musterbeispielen u. e. Sammlg. v. Übungsaufgaben. gr. 8. (VIII, 87 S.) Wien 898. A. Hölder. n. 1.80

Legatio cordium ab inversa Roma omnium amore ... Augusto III., regi Poloniarum cum salutatoria periphrasius Saxonia reduci obviam expedita ... 1736. Dresdae [1736]. V: *Sulkowski, August Graf von.* (Bem I, S. 1, 378)

Legation des Kardinals Sfondrato 1547—1548, bearb. v. Walt. Friedensburg, s.: Nuntiaturberichte aus Deutschland. 10. Bd.

Legations, British; a letter concerning the late aggression on the British embassy in Japan. [Dresde 1861.] V: *Henry, James.* (Cat. d. Stadtbibl. Zürich. Zürich 1864—97.)

Legationsrecht, Polnisches, w. d. päbstl. und großbrit. Abgesandte a. d. letzt. Reichst. zu Grodno genoss, h. 4. Frft. 727.

Legationssecretär, der, oder d. Kabalen geheimer Katholiken u. Jesuiten in Deutschland. Eine höchst merkwürd. fürstl. Bekehrungsgeschichte d. Jahres 1825, worin d. Uebertritt d. Herzogs u. d. Herzogin v. Anhalt-Köthen zur kathol. Kirche, d. russische Verschwörung ɾc. v. einem Jesuiten prophezeihet worden. Aus den Papieren des in Paris vergifteten geh. Legationssecretär R*** u. aus mündl. u. schriftl. Ueberlieferungen. Mit Anmerkk. über d. religiösen u. polit. Umtriebe d. Katholiken u. Jesuiten in Deutschland, Frankreich u. Rußland ɾc., herausg. von Dr. Eichmann. gr. 8. Stuttg. 828. (Brodhag). 1 ℛ 21 K

L e g a t i s, de, et nuntiis pontificum eorumq. factis et potestate. 8. Salzb. Duyle. (Halae, Waisenh.) 785.

Legband, Hans, aus Braunschweig: Die Alsfelder Dirigierrolle. *(Darmstadt) 1904: (L. C. Wittich).* (62 S.) 8° ¶ (Aus: Archiv f. Hess. Gesch. u. Altertumskunde, N. F. Bd 3, H. 3.)
Göttingen, Phil. Diss. v. [15. Juli] 1904

Legband, Paul: Münchener Bühne und Litteratur im achtzehnten Jahrhundert. München: Histor. Verein v. Oberbayern, G. Franz in Komm. 1904. (546 S.) 8° [F.] ¶ — Oberbayer. Archiv f. vaterländ. Geschichte Bd 51.
München, Phil. Fak., Ref. Muncker, Diss. v. 7. Juli 1901
[Geb. 28. Juni 76 Braunschweig; Wohnort: Berlin; Staatsangeh.: Preußen; Vorbildung: Neues Gymn. Braunschweig Reife M. 96; Studium: München 10 S.; Rig. 7. Juli 01.]

Legband, Paul, deutsche Literaturdenkmäler des 17. u. 18. Jahrh. bis Klopstock, s.a. S a m m l u n g Göschen.

Deutsche Literaturdenkmäler des 17. und 18. Jahrhunderts bis Klopstock. Ausgew. u. erl. von Dr. Paul Legband (2: von Dr. Hans L e g b a n d). 1. 2. Leipzig (2: Berlin & Leipzig): Göschen 1908–12. 8°
1 Lyrik. 1908. 2. Prosa. 1912.
(Sammlung Göschen. 364. 365.) A 12. 8322

Legband, Paul [Hrsg.], s. S c h m i d , Christian Heinrich. – Christian Heinrich Schmids Chronologie.

— s.: T h e a t e r, das deutsche, in Berlin.

Legde, Geschichte des 2. Badischen Dragoner-Regiments Nr. 21. Mit Abbildgn. u. 2 Übersichtskarten. gr. 8. (VI, 282 S.) Berlin 893. E. S. Mittler & Sohn. n. 7. —

Legea despre casatorie pentru catolici prein Patentea imperatesca dein 8. Oct. 1856. Pentru tote tierile imperiului austriei. *Blasiu* 1857. Cu *tipariulu Seminariului.* 55 S. 4°.
(Gesetz über die kathol. Eheangelegenheiten vom 8. Okt. 1856. Für alle Kronländer des Kaiserthums Oesterreich. *Blasendorf* 1857. *Seminar-Druckerei.*) — (Romanisch.)

L e g e l, Otto, Festsp. z. 50jähr. Stiftungsf. d. T. V. Bremerhaven 15. 5. 1909, Lehe 1909, 32 S., 8°.

Legel, Otto, Geschichte des Turnvereins B r e m e r h a v e n, gegr. 1859 (E. V.), 1909, 79 S., Gr.-8°.

Legel, Otto, die Sprache u. ihre Störungen m. besond. Berücksicht. der Sprachstörungen geistig Zurückgebliebener. Ein Handbuch f. Lehrer, bearb. u. m. Zeichngn. versehen. (VIII, 322 S. u. 15 S. Abbildgn.) 8. Potsdam 905. A. Stein. n. 3.50; geb. in Leinw. n. 4. —

Legel, Otto, des Kindes Sprachstörungen (Stottern, Stammeln, Lispeln u. s. w.) u. ihre Heilung. Mit e. Anleitg. zur Erlerng. des „Ablesens vom Munde" f. Schwerhörige u. e. Behandlg. der Sprachstörgn. schwachsinn. Kinder. Ein Büchlein f. Eltern, Erzieher, Erzieherinnen u. Kindergärtnerinnen. (222 S. u. 15 S. Abbildgn.) 8. Potsdam (908). A. Stein. 2.50; geb. in Leinw. 3. —

Legeler, Wilhelm
Legeler, W., u. Ed. **Nietner,** s. H a n d b i b l i o t h e k für Gärtner ɾc.

L e g e l e r, Wilh., M a t h e m a t i k, Zeichnenkunst, Physik u. Chemie f. Gärtner, s.a. H a n d b i b l i o t h e k f. Gärtner ɾc., I. Abthl. 1. Thl.

Legeler, Wilh., Mathematik. Zeichnenkunst, Physik u. Chemie in ihrer Anwendung u. Beziehung auf d. gesammte prakt. Gärtnerei. (Abth. d. Handbibliothek f. Gärtner etc.) Mit 1 Ifte Kpf. gr. 12. Berlin, 1839. Herbig. 2. —

Legeler, Wilh., der Mensch u. die Natur. Ein Lehrgedicht. gr. 16. (39 S.) Potsdam 851, Horvath'sche Buchh. 1/4 ℛ

Legeler, W., die practische Messkunst für Gärtner, Gartenfreunde, Oekonomen etc. Lex.-8. (XVI und 220 S. mit 176 in den Text gedr. Holzschn. und 1 in Stein grav. Figurentaf.) Berlin 861. [Leipzig, Wilfferodt.] *

Legeler, W., die practische Messkunst für Gartner, Gartenfreunde, Ökonomen etc. Mit 176 in den Text gedr. Holzschnitten u. 1 in Stein gravirten Figurentaf. Berlin 861. Riegel's Verlag. Lex.-8. (XVI, 220 S.) n. 1 ℛ 20 ngr.

Legeler, W., die praktische Messkunst für Gärtner, Landwirthe etc. 2., verm. Ausg. Lex.-8. (XVI und 235 S. mit 176 in den Text gedr. Holzschn. und 1 in Stein grav. Fig.-Taf.) Leipzig 863, Wilfferodt. *

Legeler, W., die praktische Messkunst und Mathematik für Gärtner, Landwirthe etc. 3. verb. und umgearb. Aufl., hrsg. von G. Eichler. gr. 8. (XVI, 310, 16 S. mit 240 in den Text gedr. Holzschn. und 1 in Stein grav. Fig.-Taf.) Leipzig 877, Wilfferodt. *

—— die T r e i b e r e i ɾc., s. H a n d b i b l i o t h e k s.a. Gärtner ɾc., VI. Abthl.

— u. Nietner, Ed., d. T r e i b e r e i. Eine prakt. Anleit. z. Cultur v. Gemüse u. Obst in Mistbeeten, Treibhäusern u. Talutmauern, nebst Erziehung u. Wartung d. Orangerie u. d. für's Orangeriehaus geeigneten Gewächse. (Abth. d. Handbibliothek f. Gärtner etc.) Mit 2 Kpf. gr. 12. Ebend. 1842. Herbig. 1. 5

Legeler, Wilh., wissenschaftliche Vorbereitung für Gärtner, s. Handbibliothek für Gärtner 1r Thl.

Die Legende: Jahrgang 1—7, no. 1, Oct. 1892—Oct. 1899.
Roman Catholic monthly. Sub-title: Eine katholische Monatsschrift zur Belehrung und Erbauung. Octavo, each issue 48 pages. Edited by the Rev. Oswald William Moosmüller, & published by the Benediktinern von Cluny, Wetaug, Pulaski County, Illinois.
Chicago, IL

Legende, d. alte, v. hl. A n t o n i u s v. Padua. Nach e. Mscr. d. XIII. Jahrh. d. Paduaner Basilika z. erstenmale in deutscher Uebersetzg. hrsg. v. d. Societät d. hl. Antonius v. Padua. 16. (102 S. m. Abb.) Padua 895. Tipografia Antoniana. n. 1. —

Legende von dem heil. Christoph und Meister Hans Hemling's Bild. Mit einer Vorrede von J. Merkel. Mit 3 Kpfrtaf. 16. Aschaffenburg 836. Pergay. 1/3 ℛ

Legende von Cyprian von Antiochien, s. L e m m , Oskar von

Legende, die, vom Ritter Herrn Peter Diemringer v. Staufenberg in der Ortenau, s.a. S c h ö n e m a n n, hundert Merkwürdigkeiten der Bibliothek zu Wolfenbüttel.

D i e L e g e n d e vom Ritter Herrn P e t e r D i e m r i n g e r von S t a u f e n b e r g in der Ortenau. (Hlzschn.: Das von Staufenberg'sche Wappen.) Hannover. Druck und Verlag von Fr. Culemann. 1849. 8°. Mit Hlzschn. (In Versen.)
Herausgeber F r i e d r. Culemann. Nach dem alten Druck (Straßburg 1480—1482, 14 Bl. in Folio) in der herzogl. Bibliothek zu Wolfenbüttel. Der Abdruck erschien unter dem Titel: „Hundert Merkwürdigkeiten der Herzogl. Bibliothek zu Wolfenbüttel ... von C. P. C. Schönemann. Und Legende vom Ritter Herrn Peter Diemringer von Staufenberg. ... Hannover 1849."

Legende. Die L' des h. Eligius. Njbl. Zürich s.a. [Vögelin, Friedrich Salomon].

Legende, Die, des heiligen Eligius. Zürich [1874]. V: *Vögelin, Friedrich Salomon.* (Cat. d. Stadtbibl. Zürich. Zürich 1864—97.)

— — v. heil. Engelbertus. s. Gebauer, A.

Legende, goldene, d. i. wahre u. kurze Glaubens- u. Lebensbeschreibungen d. Heiligen Gottes. Ein Erbauungsbuch zur Beförderung d. wahren Christenthums auf jeden Tag d. Jahres. Lex.-8. Aarau 830. Sauerländer. 2 ℛ 5 K 2e verb. wohlf. Ausg. Lex.-8. Ebd. 832. 1 ℛ 16 K

Goldene Legende. Leben[sbeschreibungen] d. lieben Heiligen Gottes für alle Tage d. Jahres. Nach P. Matthäus **Vogel** S. J. neu bearb. von P. Wilhelm Auer, Capuzinerordenspriester. [Darin enth.:] Lebensbeschreibung Sr. Heiligk. Papst Leo XIII. Das Konklave i. J. 1903. Thronbesteigung Sr. Heiligk. Papst Pius X. Eine Zugabe z. Erinnerung an d. Jahr d. Fertigstellung d. 'Goldenen Legende'. **Bd** 1. (2.) (In 23 H.) [In 1 Bd.] Augsburg: E. Mayer (H. 7–21: Köln a. Rh.: Schafstein & Co. 1904). (1076, 23 S.) 4°(8°) [F.] [c6. 5763]

Legende, Goldene, der Weltgeschichte, oder lehrreiche und merkwürdige Begebenheiten unter Menschen und Völkern. Landsberg 1792. V: *Geiger, Franz Xaver.* (Ky) (MGT)

Legende heiliger und gottseliger Handwerker und Künstler . . . Salzb. 1822. V: *Pillwein, Benedict.* (Schmal) (Hr)

— heiliger u. gottsel. Handwerker u. Künstler, von u. für den achtbaren Stand d. Handwerker u. Künstler. gr. 8. Salzb. 822. Mayr. 22 K Schrbp. 1 ℛ

— d. Heiligen, s. a. Leben Tabea.

— d. Heiligen, od. gründl. Goldgrube göttl. und himml. Offenb. 2 Thle. Fol. Prag. 720.

Legende der Heiligen, das ist: Eine schöne, klare u. anmuthige Beschreibung des Lebens, Leidens u. Sterbens von den lieben Heiligen Gottes auf alle Tage des ganzen Jahres, gesammelt u. verfaßt durch Dionysius v. Lützenburg, verbessert durch Martin v. Cochem. Neu herausgeg. von mehreren kathol. Geistlichen. (In 2 Thln.) 1. Thl., enthaltend die 1. Jahreshälfte. Lex.-8. (Mit 1 Abbild.) Landshut 844, Thomann. 1½ ℛ — 2. Thl. 1. u. 2. Hälfte. Lex.-8. Mit 1 Lithogr. Ebend. 844, 45. à ¾ ℛ (2 Bde. 3 ℛ)

Legende der Heiligen. Im Vereine mit Anderen hrsg. von Johannes Laicus. 1—3. Bdchn. à Bdchn. 12 Hefte. Mit eingedr. Holzschn. 12. Mainz, Kirchheim. [Bdchn. 1. (312 S.) 2. (292 S.) 3. (288 S.) 854—56. (à Heft 1 Ngr.)]

— d. Heiligen in Baiern. Herausg. zur Belehrung u. Erbauung. 8. Münch. 818. Lentner. 13 K

Legende der Heiligen für Kinder. Salzburg 1804. V: *Kumpler, Matthias.* (Hr)

—— der Heiligen auf jeden Tag d. Jahres, nebst d. Anwendung auf d. Glaubens- u. Sittenlehre. Hrsg. v. ein. Vereine kathol. Geistlichen d. Diözes Augsburg. In 4 Bdn. 1. u. 2. Bd. à 8 Hfte. Jed. m. 1 Stndr. 4. (118½ B.) Augsburg 834, 35, M. Rieger'sche Buchh. (Himmer.) à Hft.

—— der Heiligen auf jed. Tag d. Jahres. Hrsg. v. ein. Verein kathol. Geistlichen d. Diözes Augsburg. 3. u. 4. Bd. à 8 Hfte. 4. (128 B. u. 16 Stnt.) Augsburg 835, 36, Rieger'sche Buchh. à H. ⅓ Thlr.
1. u. 2. Bd. Ebendas. 1834 u. 35. 4 Thlr.

Legende, Die, von der heil. Jungfrau und Martyrin St. Katharina . . . Münster 1838. V: *Bornstedt, Louise von.* (Th)

Legende oder Kinderbibel, zum nützl. Schulgebrauche bearbeitet. 8. Landsh. 819. Thomann. 3 K

Legende, (die,) von den heiligen drei Königen, s.a. Johannes.

— die, von den heil. drei Königen, von Johann v. Hildesheim, aus einer v. Göthe mitgetheilten latein. Handschrift u. e. deutschen d. Heidelberger Bibliothek bearb. u. mit 12 Romanzen begleitet v. Gust. Schwab. 8. Stuttg. 822. v. Cotta. 1 ℛ 8 K

Legende, Die, von den heiligen drei Königen; neu herausg. von K. Simrock. Frankfurt 1842. V: *Hildesheim, Johann von.* (Bibl. d. Germ. Nat.-Mus. Nürnberg 1855.)

— die, von den heil. drei Königen. Volksbuch, der Verehrung der heil. drei Könige im Dom zu Köln gewidmet. Zum Besten des Dombau's neu herausgeg. von K. Simrock. 8. (Mit Holzschn.) Frankfurt a/M. 844, Brönner. n. ⅓ ℛ

— die, von den heil. 3 Königen. Volksbuch, der Verehrung der heil. 3 Könige im Dom zu Köln gewidmet. Zum Besten des Dombau's neu hrsg. v. K. Simrock. 8. (60 S. m. Holzschn.) Frankfurt a. M. 847, Brönner. n. ⅙ ℛ

— die, von der gnadenreichen Lebensführung und dem glorreichen Martertode der heil. Jungfrau u. Märtyrin Sankt Katharina. Aus Legendarien des 15. u. 16. Jahrh. zusammengetragen von dem Vrf. der „Pilgerklänge einer Heimathlosen." Mit einem einleit. Vorw. von Jos. Görres. (Mit Bildniß der Katharina.) 8. Münster 838. Deiters. ⅔ ℛ

Legende St. Leonhards. Mit einer Litanei zu Ehren dieses grossen Heiligen . . . München 1859. V: *Leoprechting, Carl Freih. v.* (Bücher-Samml. d. hist. Ver. v. u. f. Oberbayern. Münch. 1867.)

Legende, f. d. gemeinen Mann, z. nützl. Unterr. üb. Relig. Welt- und Menschenkenntn. etc. 4 Bde. m. K. 4. München Fleischmann. 788–90.

Legende, Die, des Martinian, s. Bios . . .

Legende, die, von Sankt Meinrad und von dem Anfange der Hofstatt zu den Einsiedeln vor 400 Jahren in Holztafeln geschnitten, in treuer Nachbildung, nebst dem Facsimile des ältesten Kupferstichs der Engelweihe vom Meister E., Abbildungen des Klosters und der Marienkapelle aus frühern Jahrhunderten, des Marienbildes nach Photographien etc., sowie mit Erläuterungen. Als Festgabe der Bibliothek von Einsiedeln zum Millenarium dieses Stiftes hrsg. von Gall Morel. gr. 8. (80 S., wovon 64 lithogr., mit 6 Stnt. in 8. und 4.) Einsiedeln 861, Gebr. Benziger. *

Legende einiger Musikheiligen ... Cölln [Breslau] 1786. V: *Marpurg, Frdr. Wilhelm.* (ML) (Wr) oder *Reichardt, Joh. Friedrich.* (Adcl) (MGT) (Ky)

— einiger Musikheiligen, e. Nachtr. zu den musikal. Almanachen u. Taschenbüchern. (Von Fr. Wlh. Marpurg.) 8. Köln 787. (J. F. Korn in Bresl.) 22 Kr

Legende, Neue, der Heiligen. Zwei Theile. 236 + 251 S. 8°. 10 + 10 Kupf. Salzburg, in der neuen Buchhandlung, 1784. Anhang zur neuen Legende der Heiligen. Salzb. bey Joh. Georg Mössle. 1784. 136 S. Neue Auflage. Zwei Teile. Mit 9 + 13 Kupf. Berlin u. Leipz. o. J. Anhang zur neuen Legende der Heiligen. 261 S. V: *Richter, Joseph.* (Bespr. Realzeitung 1784, Nr. 45, S. 718/723) (Petzek, Catalogus librorum prohibitorum, S. 109 verboten) (Hans Viktor Pisk: Josef Richter. Diss. Wien 1927, S. 89) .

— von Sanct Niclaus oder Samichlaus. Ein Weihnachtsgeschenk für Kinder von C. K. Mit 1 Titelkpfr. 12. (65 S.) Zürich 848, Hanke. 1/6 Thlr

Legende, Die, der heiligen Ottilie. [Leipz. 1816.] V: *Lindau, Wilh. Adolph.* (MGT)

Legende und Reliquien des Geistes vom heil. Bekenner und Kirchenlehrer Bonaventura [† 1274]. 8. (48 S.) München 874, Stahl.

Legende, die, des heil. Herzog Ruprecht, bei Bingen auf St. Ruprechtsberg leiblich rastend. Gegeben und gedruckt von Jak. Köbel zu Oppenheim auf Montag nach St. Gregorien des heil. Papstes Tag Anno MDXXIIII. Wiedergegeben von Frz. Falk. 8. (46 S. mit Holzschn.) Mainz 887, Kirchheim. *

(**Legende**. Die L. von der heiligen Verena und [die Entwicklung] der Krankenpflege ... .) Njbl. s. [Vögelin, Salomon].

— d. Weisen und Thoren, 2 Bücher. 8. Breslau, Korn d. ält. 768.

Legenden. In Bearbeitungen d. namhaftesten Dichter Deutschlands. 2 Bde. 8. (Mit 1 Titelkupf.) Leipzig 846, Barth. 2½ Thlr eleg. cart. 3 Thlr

LEGENDEN. In: Der kath. Christ. Jg. 8. 1866. In 22 Nummern.

LEGENDEN von *S. A.* Bdchn. 1. (wohl einz.). Mit gestoch. Titel u. Titelkpfr. Altona und Leipzig bei Bechtold, o. J. (179*). 8°. Zahm. 4 Bll. u. 124 S.

Legenden von S. A. Altona u. Leipzig 1797. V: *Albrecht, Johanna Sophie Dorothea geb. Baumer.* (MGT) (Schr) (LS)

Legenden (v. S. Albrecht). 1s Bdchen. (A. u. d. T.: Das höfliche Gespenst). 8. Altona 797. Bechtold. 16 Gr

Legenden, altenglische. Kindheit Jesu, Geburt Jesu, Barlaam u. Josaphat, St. Patrik's Fegefeuer. Aus den verschiedenen Mss. zum ersten Male hrsg. v. Carl Horstmann. gr. 8. (XLIV, 240 S.) Paderborn 875. Schöningh. n. 4. —

Legenden, die, von den zwölf heiligen Aposteln. Von einem Weltpriester der linzer Diözese. 8. (61 S. mit eingedr. Holzschn.) Linz 856, Huemer's Wwe. und Danner.

Legenden, Biblische, der Muselmänner. Aus arabischen Quellen zusammengetragen und mit jüdischen Sagen verglichen von G. Weil. Frankfurt a. M. 1845.

Legenden u. Erzählungen, burgund. 1. u. 2. Lfg. 12. Limburg 897. Limburger Vereinsdruckerei. Kart. n.n 1. 10

1. Raoul de Mont-Saint Jean od. d. Gefangene v. Mansurah. Episode aus d. 1. Kreuzzug d. hl. Ludwig. Legende aus d. XIII. Jahrh. Von E. B. Autor. deutsche Uebersetzg. v. F. v. B. (IV, 123 S.) n. — 60
2. Pot, Philipp, od. D. Ritter uns. lieben Frau. Episode aus d. Zeit d. Einnahme v. Constantinopel. Legende aus d. XV. Jahrh. Nebst 3 kleineren Legenden. Von E. B. Autor. deutsche Uebersetzg. von F. v. B. (III, 77 S.) n.n. — 50

Legenden, Christliche, oder Lebensgeschichte der Heiligen und Märtyrer ... Brünn 1824. H: *Gräffer, Franz.* (WBL)

Legenden, christl., oder Lebensgeschichte d. Heiligen u. Märtyrer, mit besond. Rücksicht auf d. Landespatrone d. österreich. Monarchie. Nach d. Ordnung d. Kalenders eingerichtet, u. mit sittl. Erwägungen u. Nutzanwendungen begleitet. Ein Haus- u. Familienbuch für Christen jedes Standes. Nach d. neuesten u. bewährt. Quellen. 2e Aufl. revidirt u. vervollständigt von A. Janitsch. 3 Bde in 12 Heften, mit 6 Abbildd. gr. 8. Wien 829. (Beck). 3 Thlr 16 Gr

Legenden, Christliche: Blumenlese religiös-moralischer Dichtungen ... Stuttg. 1832. V: *Lotter, Ephr. Ludw.* (BrMm)

— christl., Blumenlese religiös-moral. Dichtungen vom Herausgeber d. „Schule d. Weisheit etc." Mit e. Vorrede v. Prof. Gust. Schwab. gr. 12. Stuttg. 832. Steinkopf. 1 Thlr Velinp. 1 Thlr 8 Gr

Legenden und Erzählungen merkwürdiger Heiligen. Klgft., Leon, 1819.

Legenden aus der Geschichte des Mittelalters und der neuern Zeiten. Leipzig 1796. V: *Milbiller, Joseph.* (MGT) (BB) »1776« (Ky)

— aus d. Gesch. d. Mittelalters u. d. neuern Zeit, m. K. 2 Thle. 8. Lpz. Wolf. (Schmidt.) 796.

— aus der Geschichte des Mittelalters und der neuern Zeit. 2 Thle. Neue Ausg. 8. Frankf. a. M., Sauerländer. 819.

Legenden Heiliger Gottes und verehrter Landespatrone ... Salzb. 1822. V: *Pillwein, Benedict.* (Schmal) (Hr) (Th)

— Heiliger Gottes u. verehrter Landespatronen in Oesterreich, Ungarn, Böhmen, Mähren etc. Vom Verfass. d. Lebens- u. Leidensgeschichte d. Heilandes. Mit 1 Kpf. gr. 8. Salzb. 822. Duyle. 1 Thlr

Legenden, Neue, der Heiligen mit kritischen Bemerkungen . . . Salzburg [Wien] 1784. V: *Richter, Jos.* (WR) (BrMm) (Adel) (MGT) (WBL) V: *Steinsberg, Ritter von.* (MGT)

— neueste vermischt. Inhalts z. Nutzen u. Vergn. f. allerley Leser. 4 Bde. 8. Wien. (Kobler in Lpz.). 790—93.

—— fromme Sagen u. Erzähln., gesammelt v. J. P. Silbert. 2 Bde. 8. (57 B. u. S's. Portr.) Wien 830, Mechitaristen-Congregat.-Buchh.

Legenden, (27) auserlef., von Heiligen Gottes, welche zur Zeit ausgebrochener Seuchen die Kranken pflegten, oder überhaupt im menschlichen Leben sich theilnehmend bewiesen rc. 8. Linz 832. Huemer. (Haslinger.) 1/6 ℔

SIEBEN UND ZWANZIG auserlesene Legenden von Heiligen Gottes. Ein Lese- und Erbauungsbuch mit zweckmässigen Betrachtungen für gottesfürchtige Seelen in sorgenvollen Tagen. Großwardein 1836. Druck bei Josef Tichy. 100, 2 S. - 170 mm

Legenden des Neuen Testaments. In Bearbeitungen deutscher Dichter hrsg. von H. Bonaventura. 16. (IV und 106 S.) Breslau 857, Kern.

—— über die sieben Todsünden. Nach Collin v. Plancy, von einem kathol. Priester. 8. (373 S.) Wien 853, Mechitaristen-Congregations-Buchhandlung.

Legenden, Volkssagen, Gespenster- u. Zaubergeschichten, v. Ludw. v. Baczko. 8. Halle, Ruff. 815.

— Volkssagen, Gespenster- und Zaubergeschichten. Herausgegeben von Ludw. von Baczko. 2r 3r Band. 8. Halle, Ruff. 816—818. (2r 1 Thlr. 8 Gr. 3r 1 Thlr. 12 Gr.)

Legendenbuch aus dem Munde deutscher Dichter. 8. (XVI und 400 S.) Trier 854, Lintz'sche Buchh. Thlr.

Legenden-Flur aus dem deutschen Dichtergarten, s. a. Hungari.

Legenden-Flur aus dem deutschen Dichtergarten. Eine religiöse Festgabe, dargeboten von A. Hungari. 16. (XXI und 624 S. mit 1 Stahlst.) Frankfurt a. M. 853, Sauerländer's Verlag.

Légendes d'Allemagne, s. Sagen.

Légendes du moyen âge, ausgewählt u. erklärt v. F. J. Wershoven, s.: Auteurs français.

Le Gendre, Baumgartnerei. Aus d. Französ. 12. Zürich (1679). Neue Aufl. v. Joh. Commelin. (Wohlbestellter Gartenbau). 8. Hannover u. Wolfenbüttel, 1763. — 5
— s.: Engel, P. V.

Legendre, s. Hechel.

Le Gendre. Dissertation sur la question de balistique. Berlin 1782. 4°.

Legendre, Adrien-Marie, Abhandlung üb. die Kreismessung, s.: Rudio, F.

— **Abhandlungen üb. Variations-Rechnung, s.: Lagrange.**

Legendre, A. M., († d. 9. Jan. 1833.) d. Elemente d. Geometrie nebst d. ebenen u. sphär. Trigonometrie. Aus d. Französ., mit Anmerkl. v. A. L. Crelle. Mit 15 Kpft. gr. 8. Berl. 822. Maurers B. (Heinemann in Stolp.) 2 ℔

Legendre, A(drian). M(arie)., die Elemente d. Geometrie, u. d. ebenen u. sphär. Trigonometrie. A. d. Franz. übers. u. mit Anmerkn. begl. v. A. L. Crelle. 2. Aufl. d. Uebersetz. (N. d. 12. Aufl. d. Orig.) M. 15 Kpfrt. (gr. 4.) gr. 8. (27 B.) Berlin 833, Rücker.

Legendre, A. M., die Elemente d. Geometrie u. d. ebnen u. sphär. Trigonometrie. A. d. Franz. übers. u. mit Anmerkn. begleitet v. A. L. Crelle. 3. Aufl. d. Uebersetz. (N. d. 12. Aufl. d. Orig.) gr. 8. (24 B. u. 15 Kpfrt.) Berlin 837. Rücker u. Püchler.

Legendre, A. M., die Elemente der Geometrie u. der ebenen u. sphärischen Trigonometrie. Aus d. Französ. übers. u. m. Anmerkgn. begleit. v. A. L. Crelle. 4. Aufl. d. Uebersetzg. (Nach der 12. Aufl. des Origin.) gr. 8. (24½ B. u. 15 Kpfrt.) Berlin 844, Rücker u. Püchler.

Legendre, A. M., die Elemente der Geometrie und der ebenen und sphärischen Trigonometrie. Aus dem Französ. übers. und mit Anmerkungen begleitet von A. L. Crelle. 5. Aufl. der Uebersetzung. (Nach der 12. Aufl. des Orig.) gr. 8. (X und 879 S. mit 15 Kpfrt. in qu. 4.) Berlin 858, Rücker und Püchler.

Legendre, A. M., die Elemente der Geometrie und der ebenen und sphärischen Trigonometrie. Aus dem Französ. übersetzt und mit Anmerkungen begleitet von A. L. Crelle. 6. Aufl. gr. 8. (X, 379 S. mit 15 Kpfrt. in 4.) Berlin 873, Bernhardi. *

—— Geometrie, s. Hechel, C.

— Planimetrya, czyli początki Geometryi podług 15ge wydania francuzkiego. 2. Aufl. 8. Warschau 847, Orgelbrand. 5/6 ℔

— Versuch über d. Theorie d. Zahlen. Aus d. Französ. von M. Creizenach. 1r Thl., Methoden u. Lehrsätze zur unbestimmten Analytik enthaltend. gr. 8. Frankf. 829. Sauerländer. 1 ℔ 4 gr

Legendre, Adrien-Marie, Zahlentheorie. Nach der 3. Aufl. ins Deutsche übertr. von H. Maser. 2 Bde. Lex.-8. Leipzig 886, Teubner. [1. Bd. (XVIII, 442 S.); 2. Bd. (XII, 453 S.) à Bd. * ℳ 11.60. *

— **Zahlentheorie. Nach der 3. Aufl. ins Deutsche übertr. v. H. Maser. 2 Bde. 2. wohlf. (Titel-)Ausg. gr. 8. (XVIII, 442 u. XII, 458 S.) Leipzig 893. B. G. Teubner.** à n. 6. —

Legendre, F. L., klinische und anatomisch-patholog. Untersuchungen über die wichtigsten Krankheiten des kindl. Alters. Deutsch von M. W. Oppermann. gr. 8. (X und 230 S.) Berlin 847, Förstner'sche Buchh.

Legends of the Black Forest. Transl. from the German by D. Birnbaum. 8. (VII, 223 S.) Baden-Baden 888. Marx. cart. n. 2. 50

Legends of the Black Forest. (Neue Aufl.) (III, 128 S.) kl. 8. Baden-Baden (904). C. Wild. n. 1. 50; mit 14 Lichtdr.-Bildern. Geb. in Leinw. n. 3. —; mit 14 Photogr. n. 6. —

Legentil, ..., Reisen in d. Indischen Meere. 3 Thle, mit Kpf. gr. 8. Hamb. 781—83. Bohn. (Campe). 2 ℔ 10 gr

Legentil, nouveau voyage autour du monde, etc. III Vol. 8. Amst. (Flick, Bas.) 746. Rthlr.

— voyages dans les mers de l'Inde. III Vols, avec fig. 8. Bern. Typogr. Soc. 3 ℔ 8 gr

Leger, il faut un état, ou la revue de l'art. Proverbe en 1 A. 8. Braunschw., Pluchart. 6 gr

Léger, A., s. L é g e r , Thomas Alfried

Leger, Ant., d. Schlaukopfs, Leben u. Thaten, a. d. Engl. 3 Bde. 8. Lpz. Weidmann. 790.

Leger, Anton, 32 Predigten über untersch. Texte. 8. Basel, Brandmüller. 722.

Léger, Eug., trois mois de séjour en Moldavie. Naumburg 861. Pätz. 8. (163 S.) 20 ngr.

Leger, Jo. Jul. Friedr. (Vito. Villanus), Dogmata protestantium ex consiliis, auctore Joh. Chr. Pfafflo. Präs. Chr. M. Pfaffli nova expon. Tübingen (Hiob Francke) 10. VI. 1721. (3.80) 20672
Widm. v.: Chr. M. Pfaff.

Leger, Jh., ausführl. Geschichte d. Waldenser, oder d. evangel. Kirchen in den Thälern von Piemont. Aus d. Französ. übers. v. H. F. v. Schweinitz. Mit e. Vorrede v. S. J. Baumgarten. Mit vielen Kpf. 4. Bresl. 750. W. G. Korn. 3 ℛ

Léger, Jh., die evangel. Schweiz u. die verfolgten Waldenser im 17. Jahrh. Nach dem Französ. Mit einem Vorwort von Prof. Hagenbach. 8. Basel 845, Schneider. n. 1/6 ℛ

Léger, Th., d. Hausfrau als Mutter. Guter Rath für junge Frauen in d. Ehe, während d. Schwangerschaft, bei d. Entbindung, bei dem Stillen rc. u. insbesond. bei d. gewöhnlichsten Kinderkrankheiten. Aus d. Französ. v. Fr. Reinhard. 8. Ilmenau 826. Voigt. 18 gr

Léger, Thomas Alfried

— Führer durch d. Ruinen d. Heidelberger Schlosses. gr. 8. Heidelb. 816. 2e A. 819. (Groos). 12 gr

Des Dr. Thomas Alfried Leger Führer für Fremde durch die Ruinen des H e i d e l b e r g e r Schlosses. 3. Aufl., hrgg. v. Karl von Graimberg. Heidelberg. 1857. 8°.

Leger, Thom. Alfr., de architectura reipublicae utilissima oratio. 4maj. Manh. 822. (Heidelb., Groos). 8 gr

— Theorie d. bürgerl. Baukunst. Mit 36 Kpf. 4. Frburg 811. Herder. 1 ℛ 16 gr Hbg. Pr. 20 gr

Legerer, Pet., Beitrag zur Reform des Rechenunterrichtes in der Volksschule. 1. Bd. Nebst: Rechenbuch f. österreich. allgem. Volksschulen. Ausg. f. 5 class. Volksschulen, in welchen jeder Classe e. Schuljahr entspricht. 1.—3. Tl. gr. 8. (V, 74, 49, 66 u. 75 S. m. Fig.) Wien (XIV 2, Pereiragasse 15) 900. Selbstverl. n.n. 3.—

Legerer, Peter, Rechenbuch für Bürgerschulen. I. Klasse. Wien. K. k. Schulbücher-Verlag. Preis, gebunden 80 h. 1903.

Legerer, Peter, Rechenbuch für Bürgerschulen. II. Klasse. Wien 1904. K. k. Schulbücherverlag. Preis, in Ganzleinwand gebunden 1 K 10 h.

Legerer Peter, Rechenbuch für Bürgerschulen. I. Klasse. 3., nach dem Lehrplane vom 15. Juli 1907, Z. 2368, umgearbeitete Auflage. Wien 1908. Schulbücherverlag. Geb. K —.80.

Legerer Peter, Rechenbuch für Bürgerschulen. II. Klasse. Unter Mitwirkung von Josef G a b l e r, Karl H o c k e, Karl L a n g a s c h e k, Adolf N u r r e r verfaßt. 3., nach dem Lehrplane vom 15. Juli 1907, Z. 2368, umgearbeitete Auflage. Wien 1908. Schulbücherverlag. Geb. K 1.10.

Legerer, Peter: R e c h e n b u c h für die *Klasse* der Knabenbürgerschulen, s. L e g e r e r : R e c h e n b u c h für *Knabenbürgerschulen.*

– R e c h e n b u c h für *Knabenschulen*

Legerer Peter, Gabler Josef, Hocke Karl und **Nurrer Adolf,** Rechenbuch für die III. Klasse der Knabenbürgerschulen. Wien 1906. K. k. Schulbücherverlag. In Ganzleinwand K 1.20.

Legerer Peter, Rechenbuch für die III. Klasse der Knabenbürgerschulen. Unter Mitwirkung von Josef G a b l e r, Karl H o c k e, Adolf N u r r e r verfaßt. 2., nach dem Lehrplane vom 15. Juli 1907, Z. 2368, umgearbeitete Auflage. Wien 1908. Schulbücherverlag. Geb. K 1.20.

Legerer Peter, Rechenbuch für Knabenbürgerschulen. Unter Mitwirkung von G a b l e r Josef, H o c k e Karl und N u r r e r Adolf. Wien 1907. Schulbücherverlag. Geb. K 2.

(F) **Legerer,** P., Rechenbuch für Knabenbürgerschulen. Gr.-8°. (291 S.) Wien: Schulbücherverlag 1909 geb. K 2.—

Legerer, Peter: R e c h e n b u c h für die *Klasse* der Mädchenbürgerschulen, s. L e g e r e r : R e c h e n b u c h für *Mädchenbürgerschulen.*

Legerer Peter, Rechenbuch für Mädchenbürgerschulen. Unter Mitwirkung von G a b l e r Josef, H o c k e Karl und N u r r e r Adolf. Wien 1907. Schulbücherverlag. Geb. K 1.70.

Legerer Peter, Rechenbuch für die III. Klasse der Mädchenbürgerschulen. Unter Mitwirkung von Josef G a b l e r, Karl H o c k e, Adolf N u r r e r verfaßt. 2., nach dem Lehrplane vom 15. Juli 1908, Z. 2368, umgearbeitete Auflage. Wien 1908. Schulbücherverlag. Geb. K 1.20.

(F) **Legerer,** P., Rechenbuch für Mädchenbürgerschulen. Gr.-8°. (244 S.) Wien: Schulbücherverlag 1909 geb. K 1.70

(F) **Legerer,** P., Rechenbuch für die III. Klasse der Mädchenbürgerschulen. 2. Aufl. Gr.-8°. (110 S.) geb. K 1.20
Wien: Schulbücherverlag 1909

Legerer, Peter, Rechenbuch für österreichische allgemeine Volksschulen. Ausgabe für fünfklassige Volksschulen, in welchen jeder Klasse ein Schuljahr entspricht. Wien 1902. K. k. Schulbücher-Verlag. I. Teil. Preis, halbsteif gebunden 30 h.

Legerer, Peter, Rechenbuch für österreichische allgemeine Volksschulen. Ausgabe für fünfklassige Volksschulen, in welchen jeder Klasse ein Schuljahr entspricht. Wien 1903. K. k. Schulbücher-Verlag. II. Teil. Halbsteif gebunden 40 h.

Legerer, Peter, Rechenbuch für österreichische allgemeine Volksschulen. Ausgabe für fünfklassige Volksschulen, in welchen jeder Klasse ein Schuljahr entspricht. Wien. K. k. Schulbücher-Verlag. 1903. III. Teil, halbsteif gebunden 50 h.

Legerer-Merluzzi, Libro d'Aritmetica per le scuole cittadine maschili e femminili. Wien 1910. K. k. Schulbücherverlag. In Ganzleinw. geb. K 2.20.

Legerlotz, Friedrich Wilhelm Gustav, s. L e g e r l o t z , Gustav

Legerlotz, G.: Dr. Julius B r a k e l m a n n , ein biographischer Versuch. I. Th. 26 S. 2 Th. 52 S. – Soest, Progr. 1871, 1872.

Legerlotz: Die sogenannte epische Dehnung und Verkürzung bei Homer. 20 S.–Soest, Progr. 1862

Legerlotz. Gust., s.: Epik der deutschen Sagenkreise.

Legerlotz, Gust., aus den Hartknoch'schen Geschäftspapieren, s. Publikationen des Börsen-Vereines der deutschen Buchhändler.

Legerlotz, Gust., s.: Gudrun.

[F.] Legerlotz, Gustav [Dr., Dir.]: Aus Heimat und Fremde. Nach- u. Umdichtgn. (Th. 1.) Salzwedel, A. Menzels Buchdr., *1895*; 24 S. 4.
Salzwedel, k. G, OP 1895 (252)

[F.] Legerlotz, Gustav [Dr., Dir.]: Aus Heimat und Fremde. Nach- u. Umdichtgn. Forts. (d. P-Beil. 1895.) Salzwedel, A. Menzels Buchdr., *1896*; 16 S. 4.
Salzwedel, k. G, OP 1896 (253)

[F.] Legerlotz, Gustav [Dir. Dr.]: Aus Heimat und Fremde. Nach- u. Umdichtgn. Schluss (d. P-Beil. 1895. 96). Salzwedel, A. Menzels Buchdr., *1897*; 9—16 S. 4.
Salzwedel, k. G, OP 1897 (256)

— mittelhochdeutsches Lesebuch. Mit Einleitg. u. Wörterbuch, nebst e. Anh. v. Denkmälern aus älteren u. neueren Mundarten. 12. (XX, 134 S.) Bielefeld 892. Velhagen & Klasing. Kart. n. — 90

— Mittelhochdeutsches Lesebuch, s.a. Velhagen & Klasing's Sammlung deutscher Schulausgaben. 62. Lfg.

Mittelhochdeutsches Lesebuch. Mit Einl. u. Wörterb. nebst e. Anh. von Denkmälern aus ält. u. neueren Mundarten. Hrsg. von Dr. Gustav Legerlotz, Dir. zu Salzwedel. 2. Aufl. *Bielefeld & Leipzig: Velhagen & Klasing 1900.* (XX, 134 S.) 8°
= Sammlung, Velhagen & Klasings, Deutscher Schulausg. [Lfg 62.] [01. 4687

Mittelhochdeutsches Lesebuch. Mit Einl. u. Wörterbuch nebst e. Anh. von Denkmälern aus ält. u. neueren Mundarten. Hrsg. von Dr. Gustav Legerlotz. 2. Aufl. *Bielefeld & Leipzig: Velhagen & Klasing.* (XX, 134 S.) 8° [01. 7664 6

Legerlotz, Frid(ericus) Guil(elmus) Gustavus: Miscellanea etymologica, grammatica, critica. Halis Saxonum (1858): Gebauer-Schwetschke. 35 S. 8°
Halle-Wittenberg, Phil. Diss. pro impetratis honoribus v. 14. Aug. 1858
Geb. Genthin 28. 5. 1832. V.
Teildr.; enthält nur Kap. 2, 4, 9 und 6 der eingereichten Arbeit, reliqua posterius lucem videbunt. — Verf. war am 14. Mai 1858 promoviert worden. — Eine Forts. der Studien des Verf. zu S. 70—79: 13. Emendationes Hesychianae bilden seine: Etymologische Studien δοῦλος und seine nähere und fernere Verwandtschaft. 18 S. In: Festschrift zu der ... Einweihung des Neuen Gymnasiums zu Salzwedel. (1882). 8° (4°)

Legerlotz, Gustav *Georg Berthold* [aus Soest, pr. Arzt zu Wittingen]: Über progressive Muskelatrophie ... Berlin, Buchdr. O. Lange, 1894; 53 S., 1 Bl. 8.
Kiel, Med. Fak., Inaug.-Diss. v. [17. Apr.] 1894

Legerlotz, Gust., s.: Nibelungenlied, das, im Auszuge.

— s.: Nibelungenlied u. Gudrun.

Legerlotz, G., etymologische Studien: δοῦλος u. seine nähere u. fernere Verwandtschaft, s.a. Festschrift zu der Feier der Einweihung d. neuen Gymnasiums zu Salzwedel.

Legerlotz, Gust. Etymologische Studien. δοῦλος und seine nähere und fernere Verwandtschaft. 18 S. Progr. *Salzwedel 1882.

Legerlotz, Gust., aus guten Stunden. Dichtungen und Nachdichtungen. 1. und 2. Aufl. gr. 8. (XVI, 389 S.) Salzwedel 886, Klingenstein. *M 4.50.; geb. mit Goldschn. *

— metrische Uebersetzungen, s.a. Festschrift zu der Feier der Einweihung d. neuen Gymnasiums zu Salzwedel.

Metrische Übersetzungen. Von Gust. Legerlotz. 12 S. [Parodos aus Soph. Antig. Nach Anakreon. Nach Horaz. Nach Tibull. Nach Béranger. Nach R. Burns. Nach Ch. Dibdin. Nach G. P. Morris. Nach Berzsenyi. Nach Szemere.] Progr. *Salzwedel 1882

Metrische Übersetzungen aus antiken und modernen Dichtern von Gust. Legerlotz. S. 10—22. [Erst. Stas. aus Soph. Ant., Tibull II 1., Béranger, R. Burns, Th. Moore, Byron.] *Salzwedel* 1884. Progr.

Legerlotz, G. Ueber Ziel und Methode des französischen Unterrichts auf dem deutschen Gymnasium. Salzwedel, G., 1878. 6 S. 4. Progr.

Legers, Anton, s. Leger

Legers, Franz, aus Aachen: Auf welchen Augenblick kommt es bei der Verurteilung im Civilprozess an? (Nach justinianisch-römischem u. heutigem Reichsrecht.) *Aachen 1901: Gebr. Driessen.* (48 S.) 8°
Freiburg i. B., Rechts- u. staatswiss. Diss. v. 1901

Legers, Paul, cand. hist. a. Aachen: Kardinal Matthäus Lang. Ein Staatsmann im Dienste Kaiser Maximilians I. o. O. [1906]. (32 S.) 8° [F.] ¶(Aus: Mitteilungen der Gesellschaft für Salzburger Landeskunde.)
Bonn, Phil. Fak., Ref. Schulte, Diss. v. 27. Juni 1906
[Geb. 16. Mai 80 Aachen; Wohnort: Aachen; Staatsangeh.: Preußen; Vorbildung: Kaiser Karls-Gymn. Aachen Reife O. 01; Studium: Gießen 1, Berlin 1, München 1, Bonn 6 S.; Rig. 19. Juli 05.]

Kardinal Matthaeus Lang. Ein Staatsmann im Dienste Kaiser Maximilians I. Auf urkundl. Grundlage dargest. von Dr. phil. Paul Legers. Salzburg 1906: Gesellsch. f. Salzb. Landeskunde. (79 S.) 8° [F.]
Erw. Bonner Diss. 1906. Aus: Mitteilungen d. Gesellsch. f. Salzburger Landeskunde. Bd 46. [07. 490 5

Leges

LEGVM SECTIO V. FORMVLAE. Hannoverae 1886. Impensis bibliopolii Hahniani. — A. u. d. T.: FORMVLAE MEROWINGICI ET KAROLINI AEVI. Accedunt Ordines Iudiciorum Dei. Edidit KAROLVS ZEVMER. Insunt III tabulae. ib. 1886. — 4°.

Leges academicae a studiosis in regia Fridericiana observandae. Halae Magdeb. [um 1737].

Leges agrariae, pestiferae et execrabiles. Gottingae 1793. V: *Heyne, Chn Gottlob.* (MGT)

Leges Bajuvariorum, oder ältestes Gesetzbuch der Bajuvarier, nach einer uralten Handschrift der churf. Univ. Bibl. zu Ingolstadt, v. Joh. Nep. Mederer. *Ingolst.* 793. 8.

— Regis Canuti magni etc., s. Kölderup.

Antiquam legum Regis Canuti Magni versionem Latinam edendo notisque illustrando prolusit Janus Laurentius Andreas Kolderup-Rosenvinge. Havniae. 1826. (Lateinisch und angelsächsisch!) Progr. der Universität Kopenhagen. 4°.

Leges Graecorum sacrae e titulis collectae. Ediderunt et explanaverunt Ioa. de Prott, Ludov. Ziehen. Fasc. I. Fasti sacri, ed. Ioa. de Prott. Lex.-8. (VI, 60 S.) Leipzig 896. B. G. Teubner. n. 2. 80

Leges Graecorum sacrae e titulis collectae. Edd. et explanaverunt Ioa. de Prott, Ludov. Ziehen. Pars II. Fasc. I. Leges Graeciae et insularum, ed. Ludov. Ziehen. (VII, 372 S.) Lex.-8. Leipzig 906. B. G. Teubner. n. 12. —
Fasc. I. Ebd. 896. n. 2. 80.

Leges Constantini Theodosii Leonis, s.: Rechtsbücher, syrische. I.

— Danicae regis Christiani V. 4. Copenh. 710.

„Leges Discipulorum", abgedruckt aus: der Stadt Naumburg erneuerte Schul-Ordnung, publicirt im Jahre 1656. Naumburg. 1865.
Schul-/Univ.-Schrift

Leges ac formulae, Infinitinomii dignitatum indeterminatarum. Gottingae 1778. V: *Hindenburg, Karl Friedrich.* (StB FMath S. 84)

S. R. J.: **Leges fundamentales, pacificationes principaliores, recessus novissimus, diversae sanctiones pragmaticae.** *Cassel*, 701. 4.

Leges Gulathingenses regis Magni, legum reformatoris, s. jus commune Norvegicum. Magnus Konongs Laga-Baeters Gula-Things-Laag. Islandice, latine, danice. Cum 4 tab. aen. 4. (Hafniae, Gyldendal in comm.) 818.

— imperial. et ecclesiast. de non edendis, imprim., distrahend., retinendis vel legendis libris famosis. 4. Augsb. 764. Veith. 1 ℛ

Leges Marianae in fragmentis Evangelii ... Monachii 1794. V: *Seccard, Louis.* (Jes)

Leges nationum Germanicarum ed. Societas aperiendis fontibus rerum Germ. medii aevi. T. 1. *Hannoverae & Lipsiae: Hahn 1902.* 4°
— **Monumenta** Germaniae historica. Leges. Sectio 1, T. 1. [03. 1638

Leges novellae ad Theodosianum pertinentes [**Theodosius** II. Imperator: Constitutiones]. Ed. adiutore Th[eod.] Mommseno Paulus M[art.] Meyer. Berolini: Weidmann 1905. (CIX, 219 S.) 8°
— **Theodosius** II. Imperator: Codex. Ed. Th. Mommsen et P. M. Meyer. Vol. 2. [05. 15994

[*Kopft.*] **Leges** Civibus Academiae Borussicae Rhenanae praescriptae. [Bonnae, typ. P. Neusseri. 1818.] 1 Bl. 2. ¶ D. Druck wird im Okt. angeordnet. — Wieder abgedr. im Jahrb. d. Preuss. Rhein-Univ. I 1821 S. 19 ff.

Leges civibus academiae Borussicae Rhenanae praescriptae. Bonnae, typ. Kupferbergianis 1819. 2 Bl. 4. ¶ Wohl Neudruck der ins Jahrb. d. Preuss. Rhein-Univ. I 1821 S. 19 ff. aufgenommenen Ausg. v. 1818.

Leges civibus academiae Borussicae Rhenanae praescriptae. Bonnae, typ. Bohresianis 1821. 2 Bl. 4. ¶ Wohl Neudruck der ins Jahrb d. Preuss. Rhein-Univ. I 1821 S. 19 ff. aufgenommenen Ausg. v. 1818.

[*Kopft.*] **Leges** civibus academiae Borussicae Rhenanae praescriptae. (*Folgt S. 4:* Vorläufiges Reglement f. d. Univ. Bonn bis nach Publikation ihrer Statuten; — *S. 12:* Reglement f. d. Univ. Bonn in Betr. d. akad. Gerichtsbarkeit u. d. akad. Gesetze: — *S. 36:* Instruktion f. die ausserord. Regierungsbevollmächtigten bei d. Universitäten . . . 1819; — *S. 45:* Reglement f. d. künftige Verwaltung d. akad. Disziplin u. Polizeigewalt bei d. Universitäten . . . 1819; — *S. 55:* Auszug aus d. Königl. Bekanntmachung v. 18 Okt. 1819 d. Bundestags-Beschlüsse v. 20 Sept. 1819 betr.; — *S. 57:* Anhang zu d. akad. Gesetzen; — *S. 60:* Nachtrag.) (Bonn, gedr. bei C. F. Thormann) [1825]. 60 S. 8. ¶ D. Bekanntm. v. 18 Okt. 1819 ist wieder abgedr. bei Koch, Preuss. Univ. I 1839 S. 15 f.; für die übrigen Stücke s. beim J. 1823 Leges.

Leges studiosis in academia christiana Albertina quae Kiliae Holsatorum est praescriptae et ad continuam officii sui commonefactionem editae. Kiliae. 1838. 4°.

Leges Romanae Visigothorum, s. Haenel, F.

Leges, Saxonum, tres, quae extant antiquissimae aetate Caroli M. confectae. Notis illustravit C. G. Gärtner. Lipsiae 1730. 4. . . . .

Leges scholae Monasteriensis '(1574)'. *Münster i. W. 1898.*
in: Kgl. Paulin. Gymn. zu Münster. **Festschrift** z. Feier d. Einweihung d. neuen Gymnasialgebäudes . . . 1898. [98. 7977

Leges et statuta congregationis B. M. Virg. 12. Ingolst. Krüll. 775.

Legum **XII Tabularum Fragmenta cum variar. lect. delecta, paraphrasi et indicatis singulor. fragmentor. fontibus praelect. in usum edid. C. Zell.** 4. Frburg 825. Fr. Wagner. 15 ℛ

Leges Visigothorum ed. Karolus Zeumer. *Hannoverae & Lipsiae: Hahn 1902.* (XXXV, 570 S.) 4°
— Leges nationum germanicarum. T. 1.
— **Monumenta** Germaniae historica. Leges. Sectio 1, T. 1. [03. 1639

Leges Visigothorum antiquiores. ed. Karl Zeumer, s. a. Fontes iuris germanici antiqui.

Leges Visigothorum antiquiores. Ed. Karolus Zeumer. *Hannoverae & Lipsiae: Hahn 1894.* (XXII S., 1 Bl., 395 S.) 1 Bd 8.
(Fontes iuris Germanici antiqui in usum schol. ex Monumentis Germ. . . . editi.) [96. 9169

Feldpostbriefe eines 79ers. Erinnerungen an d. Feldzug 1870/71 von Karl **Legewitt.** *Essen-Ruhr 1900: Thaden & Schmemann.* (92 S.) [Umschlagt. F.] [03. 2200

Legge 9 Febbraio 1850 sulle competenze per atti civili, documenti, scritti ed atti di ufficio. (XXXIII, 957 S.) K 5.60
Wien: Hof- u. Staatsdruckerei 1906

Legge daziaria 25 maggio 1882 colle norme per l'esecuzione della tariffa daziaria generale, cogli schiarimenti ufficiali alla detta tariffa e con alcune instruzioni ed ordinanze relative ad affari doganali. gr. 4. (216 S.) Wien 882. k. k. Hof- u. Staatsdruckerei. n. 2. —

Assicurazione dei militari contro le malattie e gl'infortuni. 8. [Bellinzona, Tipografia Cantonale,] 1901.
[1.] Legge federale. ⟨Del 28 giugno 1901.⟩ 23 p. — [2.] Regolamento d'esecuzione per la legge federale.... ⟨Del 12 novembre 1901.⟩ 7 p.

Organizzazione del Dipartimento militare (federale). Legge federale. ⟨Del 20 dicembre 1901⟩. ([Promulgata] 7 aprile 1902.) 22 p. 8. [Bellinzona, Tipografia Cantonale,] 1902.

Legge federale sulla Tariffa doganale svizzera ⟨del 10 ottobre 1902⟩. Tariffa d'uso con indice alfabetico delle merci. Entrata in vigore il 1° gennaio 1906. IV + LXV + 407 p. 4. Berna, Stæmpfli & Cia, 1905. [fr. 1.—]

Legge federale sulla tariffa doganale svizzera ⟨del 10 ottobre 1902⟩. Tariffa d'uso con indice alfabetico delle merci. Entrata in vigore il 1° gennaio 1906. Edizione riveduta del 31 maggio 1907. IV + XCV + 411 p. 4. Berna, Stæmpfli & Cia, 1908.

Strade ferrate federali. Legge federale concernente le tariffe. 11 p. 8. [Bellinzona, Tipografia Cantonale,] 1901.

Legge 9 Marzo 1897 (B. L. I. N. 195) concernente l'imposizione del traffico di effetti (imposta sul traffico di effetti) assieme all'ordinanza di attuazione e all'istruzione e con un indice alfabetico. 12. (III, 154 S.) —.50
Wien: Hof- u. Staatsdruckerei 1898

Legge, nuova, sul vino. Legge 12. IV. 1907, concernente il commercio di vino, mosto e graspato. (23 S.) kl. 8. Innsbruck 908. Wagner. — 60

Legge povvisoria per l'organizzazione della gendarmeria nell'impero austriaco. Ordinanza del ministero dell'interno del 18 gennajo 1850, obligatoria per tutta la monarchia. 8. Vienna (1850).

Kgl. Institut z. Befoerderung d. Naturwiss. u. ihrer Anwendung (R. Istituto d'incoraggiamento in Napoli). Das Gesetz vom 8. Juli 1904 zur industriellen Entwicklung Neapels. [Legge recante provvedimenti per il risorgimento economico della città di Napoli.] (1. Ausg.) Neapel 1904. 22 S. 8°

Legge dei 11. V. 1874 valevole per la contea principesca del Tirolo e pel Vorarlberg concernente il regolamento pei casini di bersaglio. II. Regolamento pei tiri al bersaglio dei 6. IV. 1882 per gli i. r. casini di bersaglio nel Tirolo e Vorarlberg. Appendice, contenente relativi passi di legge e relative ordinanze. Module ed allegati tecnici. 12. (221 S.) Innsbruck 900. Wagner. n. 1. —

Legge e regolamento elettorale pelle rappresentanze distrettuali in Tirolo. Innsbruck 869. Wagner. gr. 16. (IV, 76 S.) n. 7½ ngr.

Legge, M., de Pilato Christi. 8. Neapel 779. (Pott u. Co. in Lausanne). 4 gl

Leggemann, Car., Lombroso's Theorie vom „geborenen Verbrecher", die „positive Strafrechtsschule" u. der Einfluß beider auf die Strafrechtspflege. gr. 8. (72 S.) Düsseldorf 899. (L. Voß & Co.) n. — 50
Sonderabdr. a.: „Jahresber. d. rhein.-westf. Gefängnis-Gesellsch."

Leggi fondamentali di stato della monarchia austriaca. 16. (176 S.) Innsbruck 868, Wagner'sche Universitäts-Buchh. *

Leggi in materia di stampa, sul diritto di autore di opere letterarie, artistiche e fotografiche, sulla tutela delle marche, e sulle patenti, s.: Raccolta di leggi ed ordinanze della monarchia Austriaca. V.

Leggi, nuove, sulle strade e sulle acque emanate per la contea principessa del Tirolo, munite di apposito indice alfabetico. gr. 16. (79 S.) Innsbruck 872. Wagner. n. — 75

— ed ordinanze concernenti i libri fondiari tirolesi, s.: Gesetze u. Verordnungen betr. d. tirol. Grundbücher.

— s. Raccolta di leggi.

Leggi scolastiche provinciali dei 30 Aprile 1892 par la contea principesca del Tirolo. I. Legge concernente la sorveglianza sulle scuole. II. Legge concernente le scuole popolare pubbliche. gr. 4. (47 S.) Innsbruck 892. Wagner. n. — 60

Leggi scolastici provinciali, s. Landes-Schulgesetze f. Tirol.

Leggi scolastiche per le scuole normali. 8. (14 p.) Vienna, Stamperia di Leop. Grund. 1853. Costa legato Car. 2 M. C.
Wien: Verlag der Schulbücher-Verschleiß-Administration

Legh, Chr., Esq., Reise durch Aegypten rc., s. Bibliothek d. neuen Reisebeschreibb. 14r Bd.

Legiehn, Friedrich [pr. Arzt]: Aus d. Königsberger chirurg. Klinik. Ueber die sogenannte Periostitis und Ostitis albuminosa (Ollier) nebst Mittheilung zweier Krankengeschichten.... Königsberg i. Pr., Druck v. M. Liedtke, 1890; 51 S. + 2 Bl. u. 1 Tab. 8°
Königsberg, Med. Fak., Inaug.-Diss. v. 1. März 1890

Legiehn, Friedr. Ueber die sogenannte Periostitis u. Ostitis albuminosa [Ollier], nebst Mittheilg. zweier Krankengeschichten. Aus der Königsberger chirurg. Klinik. Diss. gr. 8. (51 S. m. 1 Tab.) Königsb. i. Pr. 890, (Koch). * 1 —

Legiehn, Joh. [prakt. Arzt]: Ueber die Aetiologie der Beckenendlagen.... Königsberg in Pr., Druck v. R. Leupold, 1887; 45 S. + 1 Bl. 8°.
Königsberg, Med. Fak., Inaug.-Diss. v. 26. Febr. 1887.

Legiehn, Joh., über die Actiologie der Beckenendlagen. Inaugural-Dissertation. gr. 8. (45 S.) Königsberg i. Pr. 887, (Koch's Antiqu.) **

Legien, Carl, s. Legien, Karl

Legien, Hans, der Hochmeister. Ein Ritterspiel in 4 Akten. (76 S.) 8. Hamburg (904). [Verlagsanstalt u. Druckerei.] Berlin, K. W. Mecklenburg. 1. —

Legien, Karl

Legien, Carl, die deutsche Gewerkschaftsbewegung. Vortrag, geh. zu Berlin am 17. V. 1900. (1.—10. [Umschlag-]Tauf.) gr. 8. (à 18 S.) Berlin 901. Verlag der sozialist. Monatshefte. — 20

— das Koalitionsrecht der deutschen Arbeiter in Theorie u. Praxis. Denkschrift der Generalkommission der Gewerkschaften Deutschlands. Bearb. im Auftrage derselben. 8. (224 S.) Hamburg 899. Generalkommission der Gewerkschaften Deutschlands (C. Legien). 1. 50

Legien, C., der Streik d. Hafenarbeiter u. Seeleute in Hamburg-Altona. Darstellg. d. Ursachen u. d. Verlaufs d. Streiks, sow. d. Arbeits- u. Lohnverhältnisse d. im Hafenverkehr beschäft. Arbeiter. M. 1 Karte d. Hamburger Hafens. 8. (VIII, 103 S.) Hamburg 897. Verl. d. Generalkommission d. Gewerkschaften Deutschlands (C. Legien). — 30

— der Streik der Hafenarbeiter u. Seeleute in Hamburg-Altona. Darstellung der Ursachen u. des Verlaufs des Streiks, sowie der Arbeits- u. Lohnverhältnisse der im Hafenverkehr beschäft. Arbeiter. Mit 1 Karte des Hamburger Hafens. 3. Aufl. 8. (VIII, 119 S.) Ebd. 899. — 30

Legion, Die deutsche, Grundzüge einer Wehrverfassung für Deutschland. Stuttgart 1818. V: *Theobald, Jos. von.* (Ky)

Legion, d. deutsche, Grundzüge einer Wehrverfassung f. Deutschland, (von J. v. Theobald). gr. 8. Stuttg. 818. Metzler. 6 gl

Legion, die königlich deutsche, u. das hannoversche Corps bei Waterloo. Ein Erinnerungskranz für das Land Hannover zum Jubeltage des 18. Juni 1865. Von einem Vaterlandsfreunde. Hannover 865. Hahn'sche Hofbuchh. gr. 8. (64 S.) n. 6 ngr.

Legion, Die donnernde. Ein Oratorium in die Musik gesetzt von Barta. 17?? V: *Weidmann, Paul.* (Jahrb. d. Grillp. Ges. 13.)

— d. donnernde, ein Originaloratorium. 8. Dessau 783. Gelehrt. Buchh. 3 gl

Legion heiße ich, denn unser ist viel, Marcus 5, 9, oder Schädliche Wirkungen des Branntweingenusses. Mit 4 (chromolithogr.) Abbild. des menschl. Magens. 2. Aufl. 8. (16 S.) Hamburg 880, Koch. *

Legipont, Olivar., dissertat de adornanda bibliotheca. 8. Nrnb. Grattenauer. 747.

— itinerarium s. methodus apodemica peregrinationis nobil. et eruditae. 8. Augsb. Merz. 753.

Legis, s. Lex

Legis Actiones, die, und das Centumviralgericht der Römer. Ein Beitrag zur Rechtsgeschichte von e. Praktiker. 8. Zwickau 839. Laurentius. 3/8 ℛ

Legis, Gustav Thormond

– s.a. Glückselig, Ant. Thormond

†Legis, G. Th., (Ant. Thormond Glückselig,) Alkuna. — Nordische u. Nord-Slawische (u. wend.) Mythologie. M. 13 Kpfr., 1 kosmolog. Karte u. Stammt. gr. 8. (20½ B.) Leipzig 831, Hartmann. 2 Thlr., Schrbp.

† Legis, Gust. Th., (Ant. Thormond Glückselig,) Biographie d. Abbé J. Dobrowsky, Doct. d. Philos., emerit. Rect. d. k. k. Generalseminariums zu Hradisch in Mähren etc. gr. 4. (4 B., D's. Portr., Grabmal u. Facsim.) Leitmeritz 837, Medau.

Legis, Gust. Thorm., (Dr. Glückselig), aktenmäßige Darstellung des königl. böhmischen Erbhuldigungs-, Belehnungs- und Krönungs-Ceremoniels; bei Gelegenheit der Krönungsfeier Ferdinand's u. Maria Anna's. Mit 1 Abbild. der königl. böhmischen Reichskleinodien, ferner der Krönungskirche, des St. Wenzelsschwertes und der gewöhnl. böhm. Coronationsmünzen. gr. 8. Prag, Leitmeritz u. Teplitz 836. Medau. 1 ℛ

Legis Glückselig, Dr. Denkschrift über die Wiederauffindung der zu dem Prager Karolinischen Universitäts-Stiftungsbriefe dd. Pragae 7. idus. Apr. 1348 gehörigen Bulla aurea. Von — —. Leitmeritz und Prag, 1856. Druck und Verlag von Karl Wilhelm Medau. (33 S. 8)

Legis Glückselig, Dr. — Der Prager Dom zu St. Veit. Geschichtlich und kunstarchäologisch dargestellt durch — —. Mit vierzehn Tableaux nebst kleineren Lithographien und Vignetten. Prag und Leitmeritz, 1855. Druck und Verlag von Karl Wilhelm Medau. (VIII. 107 S. 4.) Mit einem Titelbild.

—— Fundgruben d. alten Nordens. 1. Bd. — A. u. d. T.: Die Ruinen u. ihre Denkmäler. Nebst Beiträgen z. Kunde d. Skaldenthumes. M. 5 Stndr. gr. 8. (16¼ B. u. Titvign.) Leipzig 829, Barth.

—— dass. 2. Bd. — A. u. d. T.: Edda, die Stammmutter d. Poësie u. d. Weisheit d. Nordens. — Lyrisch-epische Dichtungen, Mythen u. Sagen d. Gotho-German. Vorzeit. Zum erstenmal a. d. isländ. Urschrift übertr., mit ästhet.-krit. Bemerkn., mytholog. Erläutn., e. fortlauf. Commentar u. Register vers. 1. Abthl. gr. 8. (18¼ B. u. 1 kosmolog. Charte.) Leipzig 829, [Hartmann.]

—— diplomat. Geschichte d. aufgehob. Klöster, Kirchen u. Kapellen in d. kgl. Hauptstadt Prag. Aus d. Handschrift d. rc. Joh. Nep. Zimmermann neu hrsg. gr. 8. (20¼ B. u. 6 Abbild. u. Urkunden.) Leitmeritz 837, Medau.

Legis-Glückselig, Dr. Geschichten und Alterthümer der böhmischen Burg und Felsenstadt Wischehrad und der dasigen Kollegialkirche zu St. Peter und Paul. Mit 2 Holzschnitten, 6 Prospekten und Urkunden. 8. (186 S.) Prag und Leitmeritz, C. W. Medau, 1853.

— topographischer Grundriß von Prag u. dessen Umgebungen. Zunächst als Taschen-Wegweiser für Fremde. (Mit 1 Situationsplan von Prag u. der umliegenden Gegend. 8. Prag 835. Haase Söhne. In Leinwand cart. 1⅓ ℛ

—— Handbuch d. altdeutschen u. nord. Götterlehre. Für d. Gebr. in höh. Schulen u. z. Selbstunterr. 1. Aufl. 831. 16 Gr., 2. Ausg. (N. Tit.) (à 12¼ B.) 8. Leipzig 833, Volckmar.

Legis-Glückselig, Dr., s. Mährchen-Almanach für Jung und Alt.

Legis-Glückselig, Dr. Miniaturgemälde von Prag. Neuester Prager Taschenwegweiser und alphabetischer Auskunfts-Sekretär. Mit 12 Prospekten in Stahl gestochen. 16. (344 S.) Prag, C. Vetterl, 1853.

— s. A. Oehlenschläger, d. Götter d. Nordens.

Legis-Glückselig, Franz Wilh. Sieber. Ein biographischer Denkstein. 8. (VI und 90 S. mit Portr.) Wien 847, Beck'sche Universitäts-Buchh.

—— der Markomanische Thurm d. Veste Klingenberg in Böhmen u. dessen Inschrift; untersucht. M. 1 Abbild. gr. 8. (1 B.) Leipzig 829, Barth.
Aus dess. „Fundgruben etc.", 1. Bd., besond. abgedruckt.

Legis-Glückselig, Dr. Illustrirter Wegweiser durch Prag. Zunächst für Reisende, aber auch für Eingeborne, als Auszug aus dem größeren historisch-topograph. Werke über die Landeshauptstadt Prag. (Mit Ansicht vom Rathhause und Plane von Prag.) 8. (XXIV und 168 S.) Prag und Leitmeritz, C. W. Medau, 1853.

Legis-Glückselig, s. Legis, Gustav Thormond

Legislation du divorce, précédé du cri d'un honnête homme etc. gr. 8. Münst. 769. Coppenrath. 20 K

Législation fédérale relative à l'agriculture, s. a. Sammlung schweizer. Gesetze.

Législation fédérale rélative à l'agriculture. Publiée par le Département fédéral de l'agriculture. [Avec 6 formulaires.] (146 p.) 8. Bern, A. Benteli. 1909

Législation fédérale sur le commerce des denrées alimentaires et des objets usuels. Publié par le service sanitaire fédéral. (208 S. m. 6 Formularen.) 8. Bern 909. K. J. Wyss. Geb. in Leinw. 2. 50

Législation prussienne, nouvelle, réglant les rapports entre l'état et l'église. gr. 8. (380 S.) Berlin 874, van Muyden. *

Législation, la, pénale comparée. Publiée par l'Union internationale de droit pénal. 1. vol. Lex.-8. Berlin 894. O. Liebmann. Subskr.-Pr. n. 30. —; Einzelpr. n. 36. —
Le droit criminel des états européens. Publié sous les ordres de l'Union internationale de droit criminel avec le concours de B. Alimena, L. W. C. van den Berg, V. Berg etc. par Fr. v. Liszt. (XXVI, 706 S.)
Die deutsche Ausg. s. u. d. T.: Strafgesetzgebung, die, der Gegenwart.

— suisse en matière d'installations électriques. Recueil publié par le Département fédéral des postes et des chemins de fer. (189 S.) 8. Ebd. 908.
Berne, K. J. Wyss. Geb. in Leinw. 2. —

Législation, la, télégraphique. Étude, publiée par le bureau international des administrations télégraphiques d'après des documents officiels. gr. 8. (VI, 535 S.) Bern 876, (Jent und Reinert.) *

Legislaturperiode, die, des Hauses der Abgeordneten 1859—1861. Ein Rechenschaftsbericht. Lex.-8. (III und 90 S.) Berlin 861, G. Reimer. *
Aus den „Preußischen Jahrbüchern" besonders abgedruckt.

Legismund, J. H., rechtliches Bedenken in Betreff der neuesten Vorgänge auf dem Gebiete der Ehescheidung. Mit Rücksicht auf die am 1. Juni 1857 von dem Hofprediger Dr. Schwarz in der Schloßkirche zu Gotha vollzogene Trauung eines in Preußen geschiedenen Beamten. gr. 8. (15 S.) Merseburg 857, [Stollberg.]

Legitimatio, Die, ad causam eines haeredis testamentarii ... ist nothwendig .. O. O. 1769. V: *Heuschkel, Johann Melchior.* (ML) (Holz)

Legitime, Der, und die Republikaner ... Zürich 1833. 2. Aufl. Stuttg. 1844. V: *Sealsfield, Charles (= Carl Postl).* (EE) (Cat. d. Stadtbibl. Zürich. Zürich 1864—97.)

Legitime, der, u. d. Republikaner. Eine Gesch. aus d. letzten amerikan.-engl. Kriege. 3 Thle. 8. (49¼ B.) Zürich 833, Orell, Füßli u. Comp.

Legitime, der, u. die Republikaner. Eine Geschichte aus dem letzten amerikanisch-engl. Kriege. 3 Thle. 2. durchgesehene Aufl. 8. Stuttgart 844, Metzler'sche Buchh. 4 ₰

Legitimitätsfrage, die portugiesische. gr. 8. (VI und 17 S.) Köln 854, Bachem. *

Legler, A. Ch., s. Legler, Gottlieb Heinrich

Legler, Friedrich: Lesebuch für österreichische allgemeine Volksschulen, s. Reinelt, Emanuel

Legler, Gottlieb Heinrich

Legler, G. H. Ambühl im Schneisigen u. Alt-Weesen, s. Heer, Gfried. Die Schlacht von Näfels.

Legler, G. H., Ambühl im Schneisigen und Alt-Weesen. Kriegsgeschichtliche Studie als Beitrag zur 500jähr. Jubiläums-Festschrift der Schlacht bei Näfels. gr. 8. (31 S.) Glarus 888, (Baeschlin.) *

Legler, G. H., Bericht an den hohen Staatsrath des Kantons Tessin über das Project einer Wasserableitung aus dem Luganersee für Bewässerung der obern Lombardei und die Senkung der Hochwasserstände des Sees. gr. 8. (88 S. mit 4 lithogr. Plänen und Beilagen.) Glarus 883, (Baeschlin.) cart. *

Legler, G. H., Denkschrift über die Abflussverhältnisse des Bodensee's von Konstanz bis Stein. Glarus 1862.

Legler, Heinr. Theod. (Dresden), De hydrocephalo acuto. Diss. med. Lpz. (Phil. Reclam) 5. XI. 1844. 26 S. (3.—) **20675**

Legler, Hugo, englische Sprachlehre, e. Neubearbeitg. v. Emil Kade's Anleitg. zur Erlerng. der engl. Sprache. 2 Tle. (XVI, 397 u. VII, 285 S.) 8. Hamburg 898. 900. Dresden, W. Reuter. à 2.20; geb. à 3. —

Legler, Thom(as). Denkwürdigkeiten aus dem russischen Feldzuge vom Jahr 1812. Aus den nachgelassenen Papieren des Oberstlieut. Thom. L' von Dornhaus ... hrg. von seinem Sohne [Gottlieb Heinrich Legler]. 8A. 8. Glarus 1867.

Legner, Fr., s. Legner, J. Ehrfried

Legner, J. Ehrfr., († d. 10. Aug. 1819.) poet. Nachlaß, herausg. v. J. G. Roth. 8. Hirschb., Krahn. 16 ℊ

— über Pocken u. Pocken-Impfung. Bei Gelegenheit d. im Jahr 1814 im schles. Riesengebirge herrschenden Epidemie. gr. 8. Hirschb. 815. Thomas. (Nesener). 6 ℊ

Lego, A. v., Briefe eines pädagogischen Dunkelmannes aus dem 19. Jahrh. Beantwortet und hrsg. gr. 8. (V, 74 S.) Berlin 879, Nicolai'sche Verlagsb. *

Legoarant, B., nouveau dictionnaire critique de la langue française ou examen raisonné et projet d'amélioration de la 6me édit. du dictionnaire de l'Académie, de son complément, du dict. national et d'autres principaux lexiques, y compris le nouveau dict. universel de la langue franç. par Poitevin. Strasbourg 858. Berger-Levrault. 4. (XIV, 667 S.) n. 4 ₰. 16 ngr.

Legolibreto, s.: Esperanta biblioteko internacia. 1.

Legorju, Julie, der Handarbeits-Unterricht als Classen-Unterricht. Ein gründl. Leitfaden zur Ertheilung des Handarbeits-Unterrichts in Schulen. gr. 8. (VII, 176 S. mit 9 Stnt. in gr. 8., qu. 4. und qu. Fol.) Cassel 875, Kay. *

—— dass. — Leitfaden zur Ertheilung eines gründl. Handarbeits-Unterrichts in Schulen. 2. verb. und verm. Aufl. gr. 8. (XVI, 183 S. mit 16 Stnt.) Ebendas. 878. *

Legorju, Julie, der Handarbeits-Unterricht als Klassen-Unterricht. Leitfaden zur Erteilung eines gründl. Handarbeits-Unterrichts in Schulen. 3. verb. und verm. Aufl. gr. 8. (XIX, 223 S. mit 2 Tab. und 16 Stnt.) Kassel 881, Kay. *

—— dass. — 4. unveränd. Aufl. gr. 8. (XIX, 223 S. mit 1 Tab. und 16 Taf.) Ebendas. 882. *

Legorju, Julie. Der Handarbeits-Unterricht als Klassen-Unterricht. Leitfaden zur Erteilg. e. gründl. Handarbeits-Unterrichts in Schulen. 5. verb. u. verm. Aufl. gr. 8. (XX, 248 S. m. Textfig. u. 15 Taf.) [Kassel 889, Kay.] Frankf. a. M., Kesselring. * 4 —; geb. * 5 —

Legorju, Julie, der Handarbeits-Unterricht als Klassen-Unterricht. Leitfaden zur Erteilg. e. gründl. Handarbeits-Unterrichts in Schulen. Neu durchgesehen von Marie Legorju. 6. verb. u. verm. Aufl. gr. 8. (XX, 218 S. m. Abb. u. 16 Taf.) Frankfurt a/M. (902). Kesselring. Geb. in Leinw. n.n. 5.—

—— Hülfsbüchlein bei dem Handarbeits-Unterricht. Für die Hand der Schülerinnen der Volksschulen und der Mittelstufen der höheren Mädchenschulen. 8. (47 S. mit eingedr. Holzschn.) Ebendas. 884. *

Legorju, Julie, Hülfsbüchlein bei dem Handarbeits-Unterricht. 2. Heft: Für die Hand der Schülerinnen der oberen Klassen der höheren Mädchenschulen und zum Selbstunterricht. 8. (42 S. mit Fig.) Kassel 886, Kay. *
1. Heft. Ebendas. 1884. * 60 Pf.

Legorju, Julie, Hülfsbüchlein bei dem Handarbeits-Unterricht. Für die Hand der Schülerinnen der Volksschulen u. der Mittelstufen der höheren Mädchenschulen. Neu durchgesehen v. Marie Legorju. 1. Tl. gr. 8. (48 S. m. Fig.) Frankfurt a/M. 894. Kesselring. n. — 60

— Hülfsbüchlein bei dem Handarbeits-Unterricht. Für die Hand der Schülerinnen d. Volksschulen u. d. Mittelstufen der höh. Mädchenschulen. Neu durchgesehen von Marie Legorju. 1. Tl. 3. Aufl. gr. 8. (48 S.) Ebd. (902). n. — 60

Legouas, neuestes Handb. d. Wundarzneikunst, s. J. H. Robbi.

Legouas, neuestes Handbuch der Wundarzneykunst und der hierher gehörigen Grundwissenschaften. Frey bearbeitet von H. Robbi. 1r Thl. gr. 8. Leipzig, Hartmann. 821.

le Goullon und A. Lorey, Flora von Weimar, s. Lorey.

Legouvé, Ernest

Legouvé, Ernst — Alles durch Eroberung. Lustspiel in drei Akten. Nach dem Französischen des — — von Adalbert Prix. Als Manuskript gedruckt. Wien, 1855. Gedr. bei M. Lell und Kompagnie. (45 S. 8.)

Legouvé, E., et E. Scribe, Bataille de dames, s.: Répertoire du théâtre Français, Nr. 366. — Théâtre Français par Schütz. Série XII, 4. livr.

Legouvé, E., bataille de dames, s.: Scribe.

Legouvé, E., Beatrice, s. Emporeo drammatico.

— Hector Berlioz. Aus d. Erinnergn. Uebers. v. Susanne Bräutigam. 12. (40 S.) Leipzig 898. Breitkopf & Härtel. n. 1.—

—— die Blume von Tlemcen, s. Theater-Repertoir, Wiener.

Legouvé, E., la cigale chez les fourmis, s. Collection d'auteurs français.

Legouvé, les contes de la reine de Navarre, s. France, la, dramatique.

— — les contes de la reine de Navarre, s.: Répertoire du théâtre Français, Nr. 364. — Théâtre Français publié par Schütz. Série XII, 1. livr.

Legouvé, E., Les contes de la reine de Navarre, s: Scribe, Eug.

—— der Damenkrieg, s. Universal-Bibliothek.

— et Scribe, les doigts de fée, s. France, la, dramatique.

— Les doigts de fée, s.: Scribe, Eug.

Legouvé, les doigts de fée, s. Théâtre français publié par C. Schütz.

—— die Erzählungen der Königin von Navarra, s. Bloch's, E., Volks-Theater.

— — die Erzählungen der Königin v. Navarra, s.: Bühnen-Repertoir, Nr. 145. — Scribe, Eug.

Legouvé, Ernst, Editha v. Falsen. A. d. Franz. übers. v. Emil Wille. 8. (23 B.) Leipzig 841, Kollmann.

—— Feenhände, s. Scribe.

— — Frauenkampf, s.: Bühnen-Repertoir, Nr. 149.

—— un giovane scioperato, s. Emporeo drammatico.

—— Adrienne Lecouvreur, s. Bloch's, E., Volks-Theater.

— — Adrienne Lecouvreur, s.: Répertoire du théâtre Français, Nr. 357. — Théâtre Français publié par Schütz. Série X, 9. livrs. — Theater des In- u. Auslandes, 1. Bd. 1. Hft.

— Adrienne Lecouvreur, s.: Universalbibliothek

— dasselbe.
— die Märchen der Königin v. Navarra, } s.: Theaterbibliothek, classische.

Legouvé, la Mort de Henri IV. Roi de france. Trag. en 5 A. gr. 8. Rudolst., Hofbuchh. 4 gr.

— Souvenirs de jeunesse, hrsg. v. R. Scherffig, s.: Schulbibliothek französ. u. engl. Prosaschriften.

—— unsere Töchter und unsere Söhne. Mit Ermächtigung des Verf. übers. von Agathe Schmid. [Mit einem Vorworte von Mich.] 8. (VII, 295 S.) Troppau 881, (Gollmann.) * geb. mit Goldschn. *

— der Tod Heinrich IV., Königs v. Frankreich. Trspl. in 5 Aufz. übers. v. Schaul. 8. Stuttg. 808. (Sonnewald). 9 gr.

— an einer Wiege, s. Theater-Repertoir, Wiener.

Legoux de Flais, Alexandre.

Historisch-geographisch-politischer Versuch über Ostindien. . . . Leipzig 1810. Ü: *Zimmermann*, *Eberh. August Wilhelm von.* (CBH)

Le Goux de Flaix, histor.-geograph.-polit. Versuch über Ostindien, nebst d. Schilderung von dessen Handel. 1r Bd., mit Noten, Anmerkk. u. e. Vorrede von E. A. W. Zimmermann. 8. Leipz. 810. Wienbrack. 2 rthl 8 gr.

Legoux de Flaix, s. Legoux de Flais, Alexandre

LAIS, Die, von Corinth (Hetäre, geb. zu Hyccara in Sicilien). — Die Liebe ohne Vernunft oder (zahme) Geschichte der Lais, in fünf Theilen (aus d. Französ. des *Bénigne Le Goux de Gerland* übers.) Rostock und Leipzig, in der Koppenschen Buchhandlung. 1776. 8°.

Titel, 7 Bll. Vorr. (vom Juli 1775, unterz.: F. L. N---r) u. 260 S. (2 Mk. 50 Pfg. L. M. Glogau Sohn, Hamburg, 1888; jetzt theurer!)

Orig. ist wohl: Histoire de Lais, courtisane grecque, avec des anecdotes sur quelques philosophes de son temps. 2 tom. La Haye et Paris, Séb. Jorry, 1756. 12°. (Vendu 5 fr. 25 cts., Gay IV. p. 43.) Freilich behauptet der Uebersetzer in der Zueignungsschrift, das Original sei in Corinth (?) französisch herausgekommen. Damit ist wohl gemeint Les Amours de Lais, histoire grecque; par M. de S***. Corinthe (Paris) 1765. 12°. (Vendu 3½ frcs., Gay I. p. 77.) (In München.)

Legov, M., der Frechdachs, s.: Glaser's, Conr., Theater-Bibliothek.

Legov, M., s. Glaser's, Conr., Theater-Bibliothek.

— Hurra, der Kaiser kommt!, s.: Glaser's, Conr., Theater-Bibliothek.

— Husarenfieber, s.: Glaser's, Conr., Theater-Bibliothek.

— Deutscher Liederwald, s.: Kern, C. A.

— Ein Militärschwärmer, s.: Glaser's, Conr., Theater-Bibliothek.

— No. 13, s.: Glaser's, Conr., Theater-Bibliothek.

— Phrenologie, s.: Glaser's, Conr., Theater-Bibliothek.

Legowski, Jos., der Hochmeister des Deutschen Ordens Konrad v. Wallenrod und seine Behandlung in den Quellen und Bearbeitungen der Ordensgeschichte. Inaugural-Dissertation. gr. 8. (32 S.) Königsberg 879, (Beyer's Verlag.) *

Legowski, Leonhard Wl(adislaus), a. Zielen in Westpreußen: Beiträge zur experimentellen Ästhetik. Mit 10 Fig. im Text. Leipzig: W. Engelmann 1908. (81 S.) 8° ¶ (Aus: Archiv f. d. ges. Psychologie Bd 12 Heft 1/3.)
Würzburg, Phil. Fak., Ref. Külpe, Diss. v. 26. März 1908
[Geb. 6. Nov. 77 Zielen; Wohnort: Zielen; Staatsangeh.: Preußen; Vorbildung: Gymn. Culm Reife O. 99; Studium: Freiburg i. B. 1, Münster 4, Leipzig 2, Würzburg 4 S.; Rig. 25. Juli 07.]

LEGRADI, Theodor: Über das Nichin. — 1905. 38 Bl. Diss. Graz, Univ.

Légrády, Gebr., s. Adressenbuch von Budapest.

—— s. Firmenbuch aller Handels- und Gewerbetreibenden des Königreichs Ungarn.

v. Légrády, Emerich, was ist u. was enthält eine Constitution? Nach den Grundsätzen des neuesten constitutionellen Staatsrechtes f. die gegenwärtigen Zeitumstände zusammengestellt u. mit Beispielen erläutert. gr. 8. (22 S.) Wien 848, Lechner. n. ⅙ ℔

Legrain, Georges

Legrain, G., s.: Catalogue des monuments et inscriptions de l'Égypte antique.

— fouilles à Dahchour, s.: Morgan, J. de.

— Répertoire généalogique et onomastique du Musée du Caire. Monuments de la XVIIe et de la XVIIIe dynastie. (Service des antiquités de l'Égypte.) (X, 340 S.) Lex. 8. Genève 908. (Leipzig, K. W. Hiersemann.) nn 16. —

Legrain, Georges, Statutes et statuettes de rois et de particuliers, s.: Catalogue général des antiquités égyptiennes du musée du Caire.

Legrain, Jules, Amoretten u. Kindergestalten. 2 Halbbde. Fol. (à 16 Lichtdr.-Taf.) Berlin 897. M. Spielmeyer. In Mappe à n. 14. —

Legrand

Legrand, s.a. Legrand, Marc Antoine

Legrand, s.a. Legrand d'Aussy, Pierre Jean Baptiste

— romant. Biographie des Theodor Unger, genannt der große Karl. 8. Zerbst 809. (Kummer). 12 gr.

Legrand, Prof., Rasir-Spiegel oder die Kunst, Sich Selbst zu rasiren, nebst den nothwendigen Belehrungen über Rasirmesser, engl. Mineralpaste ꝛc. Aus dem Französ. übers. u. mit Recepten zu Seifenpulvern ꝛc. und sonst Interessantem verm. von Leop. Reinig. Mit 8 die verschiedenen Haltungen beim Rasiren bildlich erläut. Figuren (auch 1 lith. Quarttaf.) Weimar 846, Voigt. ⅓ ℔

Legrand, Specimen observationum in Aeschyleo Agamemnone. Basil. 778. 8. 4 gr.

Legrand, Antonius (geb. Benrath bei Düsseldorf 15. 10. 1820): De diagnosi encephalomalaciae. Berolini (1844). (26 S.) 8°
Berlin. Med. Diss. v. 4. Juli 1844

Legrand, César

Legrand, die Tätigkeit der Frau im Kriege. Autoris. Übersetzg. v. S. Heumann. (104 S. m. Abbildgn.) 8. Köln 908. P. Neubner. 2.50

Legrand, Ch., geistliche Uebungen zur Vorbereitung auf die erste heil. Kommunion für Katecheten und religiöse Institute. Autoris. Uebersetzung nach der 3. Aufl. 16. (VI, 200 S. mit 1 Bild.) Salzburg 888, Pustet. 60 Pf.; geb. in Leinw. *

Legrand, Christoph: Nervae Caesaris ex legibus et senatusconsultis ipso imperante factis succincta delineatio. (Resp.: Joh. Jakob Sternenberger). 18 S.–
Basel, Jur.Diss.v. 31.Aug.1779.

Legrand, Christoph: De legislatione Helvetiorum. 10 S.–
Basel, Jur.Diss.v. 6.Sept.1774.

Legrand, Christoph: Theses juridicae subitariae. (Resp.: Joh. Heinrich Wieland). 6 S.–
Basel, Jur.Diss.v. 27.Sept.1774.

Legrand, Daniel: Theses juridicae miscellaneae, s. Bernoulli, Joh. (Praes.)

Le Grand, Emil [aus Thunstetten]: Ueber die schwachsinnigen Kinder in der Schweiz. Bern 1903. 50 S. 8°.
Bern. Med. Diss. 1902/1903.

Le Grand, Emil. Über die schwachsinnigen Kinder in der Schweiz. Diss. Med. Bern. 50 S. 8. Bern, Stämpfli & Cie, 1903.

Legrand, H. L., der Graf v. Blois. 8. Eisenach 784. (Bärecke). 8 gr.

Legrand, J., gründliche Anweisung, alle möglichen Kleidungsstücke für Damen zuzuschneiden u. zu fertigen. Nebst Anleitung, die Kleidungsstücke nach der Mode abzuändern. Für Damenschneider, so wie für Damen zum Selbstunterricht. Mit 2 Taf. Zeichnungen u. 5 Tab. u. einem lackirten Maße. 8. Sangerhausen 843, Rohland. n. 1½ ℔

Le Grand, (I.), révolution Brabançonne. Essai historique suivi de la joyeuse entrée de Joseph II. gr. in-8. (14½ B.) Bruxelles 843. (Muquardt.) *

vgl. Le Grand, M.

Legrand, J. G., Description de Paris et de ses édifices, avec un précis historique et des observations sur le caractère de leur architecture et sur les principaux objets d'art et de curiosité qu'ils renferment. 2de Edit. 2 Vol. gr. 8. enrichi de 120 planches, avec un plan de Paris et de ses embellissemens. Strasbourg et Paris, Treuttel et W. 818.

Legrand, Joseph [pr. Arzt aus Oberhausen (Rhld.)]: Über das Reiskörper-Hygrom der Schleimbeutel am Trochanter major ... Bonn, Buchdr. J. Bach Wwe, 1895; 20 S., 1 Bl. 8. Bonn, Med. Fak., Inaug.-Diss. v. [2. Aug.] 1895

Legrand, Lukas: De j u r e emigrandi, s. W i e l a n d , Joh.Konrad (Resp.)

(Legrand, Lucas.) Aus dem Leben Johannes Bäumler's (1700–1778), eines Schuhmachers aus dem Canton Zürich. 8. Basel 1880.

Legrand, Lukas: O b s e r v a t i o n e s (miscell.) 14 S.– Basel, Jur.Diss.v. 9.Sept.1757.

Legrand, Lukas: O b s e r v a t i o n e s . 7 S.– Basel, Jur.Diss.v.4.Okt.1757.

Legrand, Lukas: O b s e r v a t i o n e s philosophicae, s. L e g r a n d , Lukas (Praes.)

Legrand, Lucas. Specimen conjecturarum miscellanearum, quas ... occasione vacantis historiarum cathedrae ... defendet L' L' ... . Respondente ... Jacobo Amadeo Iselio ... . Ad D. 30. Aug. ... 1764 ... . 8. Basileae.

Legrand, Lukas: T h e m a t a selecta ex jure naturae et gentium et ex doctrina civili, s. I s e l i n , Isaak (Praes.)

Le Grand, M., révolution Brabançonne. Essai historique suivi de la joyeuse entrée de Joseph II. gr. in-8. Bruxelles 843. (Muquardt.) n. 2⅓ ß

vgl. Le Grand, I.

Legrand, Marc Antoine

— der sehende Blinde. 8. Dresd. 752. Walther. 6 gr

Legrand, der sehende Blinde. Nachspl. in Versen nach d. Französ. gr. 8. Nürnb. 756. (Frankf.) Andreä. 3 gr

— dass. s. auch Blinde, d. sehende.

[Le Grand, M. A.] Cartouche Oder Die Diebe. Lustiges Schauspiel, Zu Paris aufgeführet von dem Königl. Frantzösischen Hof-Comödianten Monsr. Le Grand, Und wegen seiner Artigkeit ins Teutsche übersetzet. O. O. 1722. 4°. 56 S. Defekte alte Broschur. ub.
Fromm 14749. Die einzige noch zu Lebzeiten des später auch in Deutschland beliebten Lustspiel- und Operettendichters (1673—1728) erfolgte deutsche Übersetzung eines seiner Werke. Der Übersetzer scheint nicht bekannt zu sein.

Le Grand, Cartouche oder die Diebe, ein Lustspiel in 3 Handlungen aus dem Französischen des Herrn —. Breslau, Korn, 1761. 8°. (In Warmbrunn.)
Zwei viel frühere Uebersetzungen erschienen titulo: Cartouche mit seiner Diebs-Gesellschaft in einer Comödie vorgestellet. Aus d. Französ. des —. Hamburg, Thom. v. Wiering, 1722. 8°. 61 S. (6 Mk., mit 1 Vorband, A. Bielefeld, 1905.) — Cartouche oder die Diebe, Lustiges Schauspiel zu Paris aufgeführt von dem königl. Frantzös. Hof-Comödianten Le Grand .... O. O. 1722. 4°. 56 S.

— der Fluß der Vergessenheit. Lstspl. aus d. Französ. 8. Goldb. 771. Bisterfeld. 2 gr

Le Grand, Marc-Antoine, der König v. Schlaraffenland, s.: Meyer's Volksbücher.

— der Liebesteufel; e. Operette, s. A. G. Meißner.

Le Grand, Marc Antoine. Der Liebesteufel; ein Lustspiel a. d. Franz. O. O. 17?? Ü: *Kreuchauf, Frz Wilh.* (MGT)

Le Grand. Der Menschenfreund. Lust- spiel. O. O. und J. 62 S.

Le Grand. Die beyderseitige Probe, Lustspiel übs. von *A. W.* Hamburg, Martini, 1749. 40 S. = G. III, 366: 22.

— die gegenseitige Probe; ein Lstspl., s. A. G. Meißner.

— die schöne Rosette; ein Lstspl., aus d. Französ. (v. Karl Chrstn. Gärtner). 8. Leipz. 782. Dyck. 4 gr

Le Grand, Wilhelm. Leichenrede bei der Beerdigung des Herrn Pfarrer Jak(ob) Friedrich Ecklin, gehalten den 6. Mai 1861. 8. Basel.

Le Grand, W[ilhelm]. Leichen-Rede bei der Beerdigung von Herrn Christian Friedrich Spittler. Gehalten ... den 11 December 1867 ... [zu Basel] von W. Legrand ... . SA. 8. [Basel 1868.]

Legrand, W., die kirchl. Noth unserer protestant. Glaubensgenossen in der Nähe u. in der Ferne. 2. verm. Aufl. gr. 8. Basel 844. Bahnmaier. n. 1/12 ß

Legrand d'Aussy, Pierre Jean Baptiste. Erzählungen aus dem 12ten und 13ten Jahrhundert ... Halle 1795—98. Ü: *Lütkemüller, Sam. Christoph Abraham.* (GGr) (Jes)

Erzählungen aus dem XII. und XIII. Jahrhundert; mit historischen und kritischen Anmerkungen. Aus dem Französ. des *(P. J. Bt.) Le Grand* (von Sam. Chp. Abrah. Lütkemüller). 5 Thle. Mit 1 TKpfr. Halle und Leipzig, Ruff, 1795—1797. 8°. (3¼ Rthl.) (Th. 1—4: 8 Mk. Max Weg, Lpz.. 1897.) Cplt. sehr rar!
1—4: X—220; 244; 234; 252 S. (Goedeke VII, 650, f.)

Legrand, Erzählungen aus d. 12n Jahrhund. 5 Thle. 8. Halle 785—98. Reinicke. 3 ß 18 gr

— Reise durch Auvergne, im Ausz. aus d. Französ. 8. Bayr. 791. (Grau). 1 ß

Legrand d'Aussy, P.-J.-Bapt.: Reisen durch Auvergne. Umgearbeitet mit Anmerkungen und Zusätzen von Heinr. Fr. Link. Göttingen 1797. 274 S. 8°.

Le Grand d'Aussy, Versuch e. Geschichte d. Obstbaues in Frankreich. Aus d. Französ. 8. Frankfurt, 1800. (Guilhaumann.) — 15

Legrand du Saulle, die erbliche Geistesstörung. Vorlesungen geh. an der Ecole pratique zu Paris. Aus dem Franz. übersetzt v. Stark. gr. 8. (IV, 73 S.) Stuttgart 874. Lindemann. n. 2. —

Le Grave, Agnes, Dichtungen. Berlin 859. F. Duncker. 16. (VI, 153 S.) n. 25 ngr.

Le Grave, Agnes, erzählende Dichtungen. 3. Sammlung. Berlin 867. Mittler & Sohn. gr. 16. (VI, 182 S.) n. 22½ ngr. geb. mit Goldschn. n. 1 ß

Le Grave, Agnes, Dido. Tragödie in 5 Akten. gr. 8. (77 S.) Berlin 874, Denicke's Verlag. *

Le Grave, Agnes [Jeannette Holthausen], Fabelbuch. Ein frisches Feststräußchen für liebe Kinder. 2. Aufl. 4. (43 S. m. eingedr. Holzschn. u. 7 Chromolith.) Eßlingen 878. Schreiber. cart. n. 2. —

—— Frau Lee. Roman für gebildete Frauen und Jungfrauen. 8. (470 S.) Berlin 870, Habel. *M 5,60.; cart. *

†Le Grave Agnes [Jeannette Holthausen], mein Lieblingsbuch. Elf Erzählungen für wohlerzogene Kinder. 4 (IV, 76 S. mit 6 Chromolithogr.) [Leipzig 882, Albrecht.] Berlin, Neufeld. geb. *

Vergriffen.

Le Grave, Agnes (Jeannette Holthausen), u. a., mein Lieblingsbuch. Schöne Erzählgn. f. wohlerzogene Kinder. gr. 8. (120 S. m. farb. Bildern.) Fürth 894. G. Löwensohn. Kart. 1, —

Le Grave, Agnes, 50 Original-Fabeln. Ein frisches Feststräußchen für liebe Kinder. 4. (43 S. mit eingedr. Holzschn. und 7 Chromolithogr.) Eßlingen 876, Schreiber. cart. *

Le Grice, R. Erfahrungen auf dem Gebiete der practischen Photographie. gr. 8. (VIII und 100 S.) Aachen 857, Benrath und Vogelgesang. *

Legros, die Photographie auf ihrem neuesten u. vervollkommneten Standpunkte. Eine Anleitung, auf Glas u. Papier negative photographische Bilder auf einfachste Weise hervorzubringen 2c. Aus d. Franz. 8. (48 S.) Quedlinburg 852, Basse. 1/3 ₰

Legros, François: Theses theologicae scholastico-dogmaticae de Poenitentia, Extrema Unctione et Ordine. Quas in Auditorio Vici Tetradiani Treviris die 29 Januarii 1773 defendent ornatissimi et per-eruditi Domini . . . D. Franciscus Legros, ex Verlaine. SS. Theol. auditor. Opponent a mane . . . A prandio . . . SS. Theologiae auditores. Augustae Trevirorum [1773]. 19 S. 4°

Legros, Léon, Berechnung e. städt. Lichtverteilungsnetzes, s. Abhandlungen, techn., aus Wissenschaft u. Praxis. 8. Heft.

Legros, Léon. Berechnung eines städtischen Lichtverteilungsnetzes. Mit 31 Abbildungen. 40 S. 8. Zürich, Albert Raustein, 1904. (M.1.20)
Technische Abhandlungen aus Wissenschaft und Praxis. Hrg. von Siegfried Herzog. Heft 3.

L'Egru, Ch., das Gewächshaus. Eine Sammlung selbst gezogener Blumen. (Gedichte.) 8. (228 S.) Magdeburg 851, Heinrichshofen. 1 ₰

Legs, le, Comed. p. Marivaux. 8. Dresde, Walther. 765.

Legs d'un Philosophe mourant aux contemporains politiques. II Vol. 8. Bern, Typ. 791.

Leguat, Fr., und seine Gefährten; eine rührende Seefahrergeschichte. O. O. 1792. V: *Dürkheim, Friedrich.* (Ullrich, Robinson u. Robinsonaden. Weimar 1898.)

Leguat, Franz, u. seine Gefährten; e. rührende Seefahrergeschichte. 8. Dürkheim. (Braun in Heidelb.) 792.

Leguat, Franz, und seine Gefährten, eine rührende Seefahrergeschichte, 8. Heidelberg, 792. Pfähler. 8 ggl.

Leguat, Reisen n. zwey unbewohnten ostindischen Inseln. 8. Frft. 709.

Leguay, A., der Beruf zum Ordensstande. Oder gründliche Anleitung, um im Postulat u. Noviziat den wahren vom falschen Berufe zu unterscheiden. Aus dem Französ. Mainz 863. Kirchheim. 8. (XII, 244 S.) 18 ngr.

Leguay, A., der Beruf zum Ordensstande od. gründl. Anleitg., um im Postulat u. Noviziat den wahren vom falschen Berufe zu unterscheiden. Aus dem Französ. 2. Aufl. 8. (XII, 244 S.) Mainz 889. Kirchheim. 1. 80

—— die Novizen-Meisterin, ihr Amt und ihre Pflichten. Zum Gebrauche jener Personen, welche beauftragt sind, Seelen zu christl. und klösterl. Vollkommenheit anzuleiten. Aus dem Französ. 8. (VIII und 231 S.) Mainz 864, Kirchheim.

—— die vollkommene Ordensfrau, oder der Weg der Vollkommenheit im geistl. Leben. Zum Gebrauche gottgeweihter Personen. Aus dem Französ. 1. Aufl. 1862. und 2. Aufl. 8. (XVI und 394 S.) Mainz 866, Kirchheim.

Leguay, die vollkommene Ordensfrau od. der Weg der Vollkommenheit im geistl. Leben. Zum Gebrauche gottgeweihter Personen. Aus dem Franz. 3. Aufl. 12. (XVI, 394 S.) Mainz 891. F. Kirchheim. 2. 70

—— der Weg zur wahren Tugend. Eine Anleitung zur christl. Vollkommenheit für Alle, sie mögen in der Welt, oder im geistl. oder Ordensstande leben. Aus dem Französ. 8. (XX und 301 S.) Mainz 864, Kirchheim.

Leguay, A., der Weg zur wahren Tugend. Eine Anleitung zur christl. Vollkommenheit für Alle, sie mögen in der Welt, oder im geistl. oder Ordensstande leben. Aus dem Französ. 2. Aufl. 8. (XX, 301 S.) Mainz 882, Kirchheim.

Leguay, M. L., die Vorschule des Klosters, oder: der wahre und falsche Beruf. Ein Handbuch für Alle, welche sich dem Ordensstande zu widmen gedenken, oder in dem gottgeweihten Leben sich zu vervollkommnen wünschen. Mit einer Vorrede von Adph. Pfister. 12. (XII und 278 S.) Regensburg 863, Manz.

Leguay, M. L., d. Vorschule d. Klosters, od.: D. wahre u. falsche Beruf. Ein Handbuch f. alle, welche sich dem Ordensstande zu widmen gedenken, od. in d. gottgeweihten Leben sich zu vervollkommnen wünschen. 2., verb. Aufl. v. e. kathol. Priester d. Diöcese Regensburg. 12. (VIII, 319 S.) Regensburg 896. Nationale Verlagsanstalt. 1. 50

Leguil, Raph., O. F. M., le tiers-ordre de Saint-François d'Assise. Pourquoi y entrer? Pourquoi n'y entre-t-on pas? (88 S.) kl. 8. Metz 910. (Verlag d. „Sendboten".) — 35

Legwarth, Franz —. Gebt uns ein Rettungshaus. Eine Konferenz-Rede von — —. (16 S.) Gratz. Leykams Erben 1853.

Legwarth, F., heraus m. d. Stimm'! Couplets, ernste u. heitere Vorträge f. d. arbeit. Volk. 12. (32 S.) Wien 895. Wiener Volksbuchh. — 20

Legwarth, Frz., Herr lehre uns beten! Ein vollständiges Gebet- u. Erbauungsbuch für kathol. Christen. 2., verm. Aufl. Graz 870. (Moser.) 8. (IV, 432 S. mit 1 Stahlst.) n. 12 ngr.

Legwarth, Frz., u. Fritz Schönpflug, Herr August Meier der Hochtourist u. wie er ein solcher geworden ist. Zusamm' gemacht m. Kunst u. Witz. (64 S. m. Abbildgn.) 8. Wien (910). M. Perles. 1. 30

FSC
www.fsc.org
MIX
Papier | Fördert
gute Waldnutzung
FSC® C083411

Kolibri 360 GmbH
Ferdinand-Jühlke-Straße 7
99095 Erfurt, Deutschland
produktsicherheit@kolibri360.de